自然风光

云南石林

云南石林

云南石林玉女峰

云南丽江玉龙雪山

贵州黄果树瀑布

贵州龙门地质景观

贵州龙门地质景观

桂林山水

湖南张家界砂岩峰林地貌

桂林驼峰

湖南张家界将军点兵景观

新疆噶纳斯地质景观

新疆喀什雪山

西藏地质地貌景观

西藏尼洋河

台湾地质地貌景观

台湾野柳地质公园

台湾野柳地质公园

土耳其棉花堡

土耳其戈雷梅国家公园

土耳其戈雷梅国家公园

土耳其戈雷梅国家公园

越南夏龙湾斗鸡山

新西兰罗托鲁阿地热

新西兰罗托鲁阿地热

加拿大尼加拉瓜大瀑布

矿山企业

埕岛油田中心二号平台

山东东营黄河三角洲

乐安油田草4-17#井场

兖矿集团东滩煤矿煤炭洗选厂　孙庆华摄

兖矿集团东滩煤矿井下工作面　孙庆华摄

兖矿集团鲍店煤矿采放顶煤工作面 钱悍摄

兖矿集团兴隆庄矿区采空区恢复治理景观——兴盛园

山东黄金集团玲珑金矿　山东黄金集团供

山东黄金集团新城金矿矿工风貌　山东黄金集团供

山东黄金集团红岭矿业有限公司　　山东黄金集团新城金矿数字化管控中心

山东黄金集团归来庄矿业有限公司露天采场　山东黄金集团供

焦家金矿浮选机系统

焦家金矿大型选矿车间

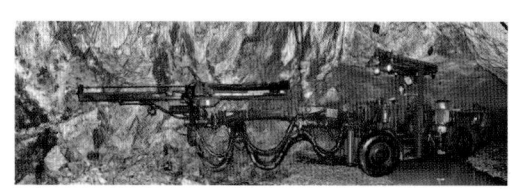

三山岛金矿瑞士 DD310 – 40 凿岩台车

三山岛金矿井下铲运现场

山东黄金集团三山岛金矿　山东黄金集团供

新城金矿环保尾矿库

山东黄金集团岩心库

山东黄金集团综合治理尾矿库旅游景区

鲁中矿业矿区全景

鲁中矿业选矿厂生产车间

鲁中矿业选矿再磨车间

鲁中矿业采矿凿岩台车施工现场

鲁中矿业采场铲运机出矿

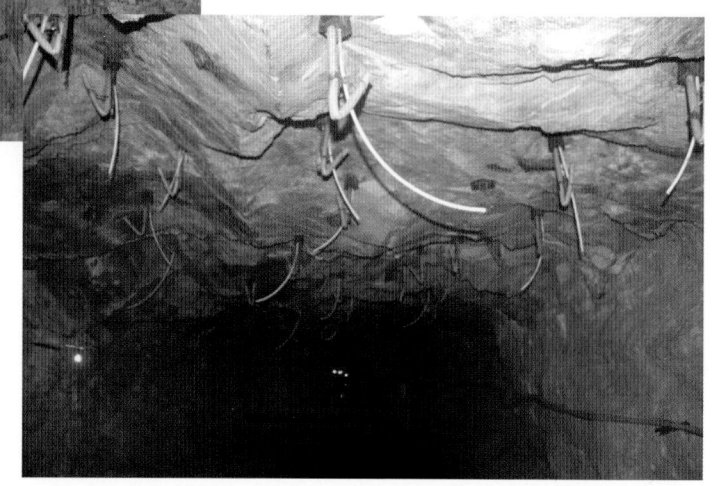

招远市河西金矿采场钢架、锚网联合支护

招远市河西金矿采场长锚索支护

临沂蒙山胜利一号露天采坑（坑长 330 m，宽 230 m，占地约 110 亩）

地矿知识大系

Encyclopedia of Geology and Mineral Knowledge

上册

孔庆友 主编

山东科学技术出版社

图书在版编目 (CIP)数据

地矿知识大系：全 2 册 /孔庆友主编. 一济南：山东
科学技术出版社，2014（2015. 重印）
ISBN 978－7－5331－7479－8

Ⅰ.①地… Ⅱ.①孔… Ⅲ.①地质 一普及读物②矿
产 一普及读物　 Ⅳ.① P5-49　② P617-49

中国版本图书馆 CIP 数据核字(2014)第 098707 号

地矿知识大系

孔庆友　主编

主管单位:山东出版传媒股份有限公司
出 版 者:山东科学技术出版社
　　　　　地址:济南市玉函路16号
　　　　　邮编:250002　电话:(0531)82098088
　　　　　网址:www.lkj.com.cn
　　　　　电子邮件:sdkj@sdpress.com.cn
发 行 者:山东科学技术出版社
　　　　　地址:济南市玉函路 16 号
　　　　　邮编:250002　电话:(0531)82098071
印 刷 者:山东新华印刷厂潍坊厂
　　　　　地址:潍坊市潍州路 753 号
　　　　　邮编:261031　电话:(0536)2116806

开本:787mm×1092mm　1/16
印张:130.5
彩页:40
版次:2014 年 7 月第 1 版　2015 年 8 月第 2 次印刷

ISBN 978—7—5331—7479—8
定价:400.00 元（上、下册）

《地矿知识大系》编辑指导委员会

《地矿知识大系》编著委员会

主　编　孔庆友
副主编　于学锋　李玉章　石绍海　张作金　谢海峰
编　委　（以姓氏笔画为序）

丁　锋	于　广	于学锋	万中杰	马金城	王玉玲
王世进	王光信	王伟宏	王志平	王怀洪	王昭坤
王禹生	王德洪	亓　鲁	车　锋	卞加升	方宝明
孔庆友	石业迎	石绍海	石绍辉	冯　婕	邢俊昊
邢　锋	吉孟瑞	巩贵仁	朱友强	朱　或	朱　潇
任　重	刘长春	刘晓丽	刘效良	刘海泉	刘祥元
刘瑞华	许洪泉	孙　斌	杨昌彬	李玉章	李　壮
李金镇	李香臣	李洪奎	李勇普	李　振	李振函
李新勇	肖东石	邹国强	宋印胜	宋明春	张　伟
张全健	张作金	张鲁府	张　强	张增奇	范存祥
林　海	金汝敏	周四海	周印章	周　群	郑福华
屈绍东	孟庆宝	孟祥三	赵长河	赵书泉	赵玉祥
胡智勇	段秀铭	侯新文	姜春永	祝德成	姚春梅
袁振林	徐东来	徐军祥	徐孟军	徐　品	高守荣
高树学	曹发伟	常允新	常洪华	崔书学	彭方思
彭晓军	韩景敏	焦秀美	谢海峰	潘拥军	

编　审　孔庆友　于学锋　张天祯　乔恩光　方宝明　邹国强
　　　　　谷庆宇　郑维平　冯长松　潘志刚　孔兆慧

《地矿知识大系》各篇编写组

第一篇　地质学原理

　　主编　孔庆友　李金镇

　　编者　邢俊昊　吕晓亮　高继雷　滕祥雷　刘节锋

第二篇　矿床学基础

　　主编　张作金　王禹生

　　编者　王广云　李仕明　李　振　邢俊昊

第三篇　地矿工作理论与方法

　　主编　于学锋　徐东来　张作金

　　编者　李仕明　胡艳霞　邱　伟　陈　磊　赵志强　郭加朋　马江全　周墩军

第四篇　煤矿开采

　　主编　谢海峰　张　强　潘拥军

　　编者　邵宗平　孙卫华　谭国龙　杨　洁　杨新恩

第五篇　煤矿选矿

　　主编　朱　彧　石绍辉

　　编者　石海明　彭澄伟　成　勇　王晓明　高　洁

第六篇　金属非金属矿产开采

　　主编　石绍海　车　锋　于　广

　　编者　武　龙　李　振　张海明　廉　杰　郑茂兴　付开菊　周业亭　董雯雯

　　　　　任进鹏　陈明磊　张文强　王懂懂　伊龙跃

第七篇　金属矿产选矿

　　主编　石绍海　冯　婕　王德洪

　　编者　苑光国　陈学云　王　雁　李连明　张　鑫　侯利民

第八篇　非金属矿产加工技术

　　主编　石绍海　冯　婕　王德洪

　　编者　苑光国　陈学云　王　雁　李连明　张　鑫　侯利民

第九篇　矿产资源导论

主编　孔庆友　李玉章

编者　潘拥军　张　晶　左晓敏　徐东来

第十篇　能源矿产资源

主编　张天祯　李玉章

编者　张　晶　孙　斌　祝德成　王奎峰　张春池　左晓敏　舒　磊

第十一篇　金属矿产资源

主编　李玉章　孙　斌

编者　张　晶　张作金　迟乃杰　徐东来　左晓敏　徐　强

第十二篇　非金属矿产资源

主编　李玉章　张　晶

编者　孙　斌　程　伟　徐东来　李　敏　徐　强

第十三篇　特种矿产资源

主编　徐孟军　石业迎

编者　赵　辉　刘来有　毕彦泽　胡艳霞

第十四篇　非传统矿产资源

主编　李金镇　周印章

编者　石业迎　高继雷　刘书锋　滕祥雷

第十五篇　山东地质

主编　张增奇　杜圣贤

编者　刘书才　王世进　徐东来　单　伟　刘凤臣　陈　军　胡艳霞

第十六篇　山东矿产资源

主编　于学锋　李金镇

编者　潘拥军　郭加朋　吕晓亮　于　松

第十七篇　山东地质遗迹资源

主编　姚春梅　徐　品

编者　王世进　刘善军　冯克印　刘玉让　王集宁　蒙永辉

第十八篇　世界主要矿业国矿业法律制度与政策

主编　孙　斌　熊玉新

编者　孙雨沁　迟乃杰　董延钰　郭广军　马晓东　张　婧

第十九篇　中国矿产资源法律制度与政策

主编　祝德成　刘瑞华

编者　曾庆斌　刘永贵　杨振毅　张　迪　郝　芝

第二十篇　矿政管理

主编　王伟宏　彭方思　刘晓丽　潘拥军　韩景敏

编者　李洪奎　贾广庆　吴国栋　石业迎　高善坤　胡玉禄　李　振

　　　邢俊昊　王　虹　王　峰　巩　固　赵景蒲　吕晓亮　王　冰

录　　排　邢俊昊　王秀凤　武阿娜

摄影图版　徐孟军　张　震　周　群　赵　辉　郑晓廷　邢俊昊　吕晓亮

前　言

　　自从人类在地球上诞生以来,就一直处于认识地球、利用资源的艰难探索历程之中。旧石器时代的石刀、石斧以及新石器时代仰韶文化(公元前5000年)中发现的彩陶,都充分证明我们的祖先早就开始利用矿产资源了。然而古时的人们认知水平较低,不能正确地解释一些天象和地球上所发生事件的奥秘。随着我国古代科学家科学认知的积累和西方地学的传入,逐渐形成了地质学这一重要基础学科。

　　地质学是研究地球的科学。它主要研究地球(主要是岩石圈)的物质成分、物理化学性质、结构构造、地球形状及表面特征、地球的生成和历史、地球上生命的发生及演化、地壳运动的形成和发展。地质学的分支学科十分广泛,主要有:研究地球物质组成的矿物学、岩石学、地球化学、地球物理学、同位素地质学、土壤学;研究地球历史的地史学、地层学、古生物学、前寒武纪地质学、第四纪地质学;研究地壳运动的构造地质学、火山学、地震学;研究地表特征和地质作用的地貌学、冰川地质学、海洋地质学、动力地质学;研究和开发能源及矿产资源的矿床学、石油天然气地质学、煤地质学、水文地质学;研究人类生存环境和工程建设的工程地质学、环境地质学、灾害地质学;以及研究相关问题的勘查地球物理学、勘查地球化学、地质调查技术、地质勘查技术、探矿工程技术、地球物质的测试分析技术、地质测绘技术、地质遥感技术、地质信息技术等。科学技术的不断创新发展,为地质学的发展以及人类开发、利用和保护地球创造了条件。

　　矿产资源指经过地质成矿作用而形成的、埋藏于地下或出露于地表,并具有现实或潜在开发利用价值的固态、液态或气态矿物或有用元素的集合体,是重要的自然资源。矿产资源是人类生产和生活资料的基本源泉,是国民经济和社会可持续发展的重要物质基础。当今社会92%的一次性能源、80%以上的工业原材料和30%的工农业生产用水及城乡居民用水均取自矿产资源。

　　地矿工作起源于人类社会对矿产资源的认识与利用,是认识自然、改造自然,满足人类物质生产和生活需要的重要工作,是运用地球科学理论和各种技术方法、手段对客观地质体进行调查研究,经济有效地摸清地质情况、查明矿产资源,并最终开发利用和保护资源的系列工作。随着现代科学技术的不断进步,地矿工作的服务领域和所需的各种地质理论及有关的自然科学理论与技术方法都在日新月异地发展,因此如何遵循地矿工作程序与规律,保证必要的地矿研究程度,是一个关系到地矿工作质量以及经济、社会与环境效益的十分重要的问题。

　　作为国家经济社会健康可持续发展的重要保障之一,地矿工作专业性强、理论要求高;矿业开发法律法规体系健全,矿政管理严格、规范,因而全面系统掌握各类地矿知识已成为当代地质技术人员和矿政管理人员的基本要求。虽然近年来国内外在地球科学诸多领域已出版过若干专著,但目前系统介绍地质矿产知识的专著较少,尤其是将地质学与矿床学基础理论、地质工作方法、矿产资源、采矿选矿与加工技术及方法、国内外矿产资源法律制度与政策以及矿政管理等各类地矿知识有机结合、全面论述的专著尚属首次。

鉴于此,本着有机结合、全面论述的原则,集知识性、权威性、可操作性于一体,以"成矿、找矿、采矿、选矿、用矿和管矿"为主线,山东省国土资源厅组织有关专家编写了这本《地矿知识大系》专著,旨在使读者全面系统地掌握地质矿产基本知识与矿业开发管理知识,熟悉国内外矿业法律制度与政策以及山东地质与资源的基本特征,以更好地指导地质找矿、资源开发利用与保护以及生态文明建设。

本书分上、下两册。上册主要内容为地质矿产知识,包括地质学原理、矿床学基础及地质工作理论与方法、采矿与选矿知识,还包括煤矿开采与选矿、金属非金属矿产开采与选矿以及非金属矿产加工技术与方法等,同时选编了煤、金属、非金属矿产典型矿山选矿实例;下册主要内容为矿产资源导论、能源矿产资源、金属矿产资源、非金属矿产资源、特种矿产资源、非传统矿产资源、国内外矿业法律制度与政策、矿政管理和山东地质与资源知识等。为了增加直观认识,书中还选辑了部分典型矿产、采矿与选矿、古生物化石以及地质地貌景观图片180余幅。

本书适合高等院校师生、地质矿产专业技术人员、矿业开发专业人员、矿产资源管理人员及广大地矿知识爱好者参阅。既可作为科普读物,也可作为系统了解地质矿产基本知识的专业工具书。

本书是山东国土资源、地矿、煤炭、冶金、黄金、化工、建材、核工业等系统部门广大地矿专业科技工作者共同努力的结果,是集体智慧的结晶。由于本书涉及内容广泛,参考资料较多,收录的参考文献与图片作者难免有所疏漏,恳切期望予以谅解。

在编写过程中,山东省国土资源厅、中国冶金地质勘查总局山东局、山东省地质矿产勘查开发局、山东省煤田地质局等单位给予了有力的指导和支持,并得到了胜利油田、山东能源集团、山东黄金集团、山东钢铁集团、兖矿集团等单位的大力支持;同时,山东中矿集团有限公司、招金矿业股份有限公司、济南李福煤矿有限公司、招远市河西金矿、济宁矿业集团有限公司、山东省微山湖矿业集团有限公司、山东兴盛矿业有限责任公司、淄博宏达矿业有限公司、山东华联矿业股份有限公司等单位也提供了宝贵的支持,在此一并表示感谢。囿于编者水平,不当与错漏之处,恳请各位读者给予批评指正。

《地矿知识大系》编著委员会

目　录

第一篇　地质学原理

第二篇　矿床学基础

第三篇　地矿工作理论与方法

第四篇　煤矿开采

第五篇　煤矿选矿

第六篇　金属与非金属矿产开采

第一篇

地质学原理

地质学是研究地球物质组成、发展历史、地壳运动与相关技术的科学

"宇之表无极,宙之端无穷"

地球的自转和公转导致了昼夜与四季的更替

地质作用塑造了地球的美丽面貌

地壳运动导致了沧海与桑田的变迁

构成地球的物质是化学元素、矿物和岩石

全球构造理论——板块构造说

地质年代是通过同位素年龄测定和古生物化石确定的

地球形成至今已有46亿年的高龄了

第一章　宇宙与地球

第一节　宇　宙

一、宇宙

宇是空间概念，宙是时间概念。宇宙是空间和时间的统一，即空间物质分布和变化发展的总称。宇宙是普遍的、永恒的、运动着的物质世界。早在战国年代，晋国尸佼在《尸子》一书中说"上下四方曰宇，往古来今曰宙"；汉代张衡说"宇之表无极，宙之端无穷"，都说宇宙在空间上无边，在时间上无穷。一般将地球和日、月、星、辰所散布和演化的无限太空中的物质世界称为宇宙。

宇宙在空间上是无限的，在时间上是无始无终的。在茫茫宇宙中，物质以各种各样的形式存在着，既有恒星、行星、卫星、流星、彗星等星体，也有以尘埃、气体、类星体、黑洞、X 射线源、γ 射线源等形式存在的，所有这些物质通称天体。每一种天体都处于永恒的运动之中，它们有形状和边界，也有起源和寿命。这些有限的物质组成了无限的宇宙，这就是辩证的统一。目前人们通过射电天文望远镜可以观测到距离地球 200 亿光年的天体，但那还不是宇宙的尽头，随着科学技术的发展，人类观测到的宇宙范围还会不断扩大。

二、银河系

宇宙中的各种天体按一定的规律组合在一起，并按一定的速度和周期进行自转和公转。由上 10 亿颗恒星及星际气体、尘埃物质组成的庞大恒星体系，称为星系。太阳所在的星系叫银河系，太阳在银河系中只是一颗普通的恒星，它距银河系中心约 3 万光年；银河系以外的其他星系统称为河外星系。

在无云和无月光的晴朗夜空，可以在天空看到一条银灰色的光带，这就是银河。其实它是由 1 400 多亿颗恒星组成的一个天体体系即银河系。银河系是一个巨大的漩涡状星系，众多的恒星围绕着其中心旋转。银河系呈透镜状，中间厚，四周薄，它的直径约为 10 万光年，中心厚约 15 000 光年，边缘部分的厚度约 1 000～6 000 光年。银河系质量为太阳系质量的 1 600 亿倍。银河系的年龄在 100 亿年以上。

三、太阳系

太阳系是由太阳和以太阳为中心、受太阳引力支配并围绕它作旋转运动的天体组成的天体系统。根据国际天文联合会 2006 年 8 月 24 日新的分类标准，太阳系包括恒星太阳、八大行星（按其与太阳距离的远近依次为水星、金星、地球、火星、木星、土星、天王星和海王星）、至少 164 颗已知的卫星、5 颗已经辨认出来的矮行星（冥王星、谷神星、阋神星、妊神星和鸟神星）和数以亿计的太阳系小天体。太阳系小天体包括小行星、柯伊伯带的天体、彗星和星际尘埃。

太阳系以太阳为最大，其质量约为整个太阳系质量的 99.86%，太阳绕银河系中心运行的速度约为 250 km/s。最远的行星海王星与太阳的平均距离为 44.97×10^8 km，相当于日地距离的 30.06 倍。八大行星基本数据见表 1 - 1 - 1。

表 1 - 1 - 1　　　　　　　　　　　　　八大行星基本数据

行星	距太阳的平均距离（10^8 km）	公转周期	自转周期（天）	赤道半径（km）	质量（地球=1）	体积（地球=1）	密度（g/cm^3）	卫星数量
水星	0.579	87.97 天	58.646	2 439	0.055 3	0.055	5.43	0
金星	1.082	224.7 天	243.02（逆转）	6 052	0.815	0.878	5.24	0
地球	1.496	365.26 天	0.997 3	6 378	1	1	5.52	1
火星	2.279	687 天	1.026	3 393.5	0.107 4	0.15	3.94	2
木星	7.783	11.86 年	0.410 1	71 400	317.833	1 316	1.33	16
土星	14.27	29.46 年	0.444	60 000	95.159	745	0.70	23
天王星	28.7	84.07 年	0.718（逆转）	25 600	14.5	65.2	1.60	15
海王星	44.97	164.8 年	0.768	24 300	17.204	57.1	2.27	8

引自孔庆友《山东地勘读本》，2002 年，略有删减。

因为地球是太阳系中的一员，所以地球的起源与太阳系的起源是分不开的。

到目前为止，关于太阳系起源的假说已不下 40 种，可以归纳为三大类。第一类为星云说，是目前比较流行的假说，主要有康德星云说和拉普拉斯星云说两种。康德星云说认为，形成太阳系的物质微粒最初分布于比现在的太阳系大得多的空间内，因万有引力，微粒彼此吸引，逐渐形成团块，较大的团块成为引力中心，又不断吸引四周的微粒和小团块而逐渐壮大，最后聚集成为太阳。有些微粒在向中心体聚集的过程中，因相互碰撞而偏转，便围绕中心体作圆周运动；这些微粒又各自形成小的引力中心，最后聚集成为行星；行星周围的微粒按同样的方式和过程聚集成卫星。拉普拉斯星云说认为，太阳系最初是一个灼热而旋转的星云，因冷却而凝缩，旋转速度加快，使星云呈扁平状，赤道部分突出。当离心力超过引力时，逐次分裂出许多环状物。最后，星云中心部分凝聚成太阳，各个环状物则碎裂并凝结成为围绕太阳运行的地球和其他行星；月球和其他卫星以相同方式由行星分裂而成。后来，也有人把康德星云说和拉普拉斯星云说合在一起，称为康德—拉普拉斯星云说。第二类假说为灾变说，认为先有一个原始的太阳，后来在另一个天体的吸引或撞击下分离出大量的物质，这些物质后来形成行星和卫星等天体。第三类假说为俘获说，即先有一个原始太阳，以后太阳俘获了银河系中的其他物质，这些被俘获的物质形成了行星和卫星等天体。

以上太阳系起源的各种假说，都有其不完善的地方，随着科学技术的发展，人们对宇宙的认识会逐渐加深，对地球和太阳系起源的认识也一定能更接近实际。

第二节 地 球

一、地球的形状、大小和表面形态

（一）地球的形状

地球的形状是指全球静止海面——大地水准面的形状。大地水准面既不考虑地球表面的海陆差异，也不考虑陆上、海底的地形起伏，它不但包括了现在的海面，也包括所有陆地底下的假想"海面"，它是计算地表高程的起算面。精密的经纬度测量和重力测量表明，地球不是一个正球体，而是一个赤道半径长、两极半径短的椭球体。这是由于地球自身旋转造成的，故又可视为旋转椭球体。由于大地水准球体与地球旋转椭球体相比，偏差很小，因此在大地测量中，就用旋转椭球体来代替大地水准球体进行计算。

（二）地球的大小

根据 1982 年自然地理统计资料，地球赤道半径为 6 378.140 km，两极半径为 6 356.755 km，平均半径为 6 371.004 km，扁率为 0.003 352 9，表面积为 $5.101 \times 10^8 \ km^2$，体积为 $1.083 \times 10^{12} \ km^3$。

（三）地球的表面形态

地球的表面形状是高低起伏、多种多样的，位于中国、尼泊尔边境上的珠穆朗玛峰，是地球上的最高峰，2005 年我国重测珠峰高度测量队的测量结果为海拔 8 844.43 m；西太平洋的马里亚纳海沟，是地球上的最低点，它在海平面以下 11 033 m，两者相差近 20 km，可见地球表面起伏是相当大的。

因为地球表面起伏不平，所以地表广大的低洼部分为海水所淹没，成为海洋；另一部分露出海面成为陆地。在地球的总面积中，海洋占 70.8%，陆地只占 29.2%。地球上的陆地并不是一个整体，而是被海水分隔成一些分离的陆块，其中大块的陆地叫大陆，小块的陆地叫岛屿，但两者之间没有绝对的标准。

陆地的表面形态，根据其起伏状况，可大致分为以下几类。①山地：许多山、山岭及其间的山谷组合成山地。坡度较陡，海拔在 500 m 以上的隆起地形称为山。山的分布往往是成群的，很少单独存在。呈条带状延伸的山叫山岭；平行排列延伸很长的若干条山岭叫山脉；组合在一起的若干条山脉叫山系。②高原：海拔较高、面积较大、顶面起伏较小的高地称为高原，其海拔一般在 500 m 以上。我国的青藏高原是地球上最高的高原，平均海拔 4 500 m。③丘陵：地形起伏较小，相对高差常小于 200 m，海拔小于 500 m 的低矮山丘叫丘陵。④盆地：四周山岭或高地环绕，中间地势低平，外形似盆的地形叫盆地，如我国的四川盆地、塔里木盆地等。⑤平原：地形起伏不大，海拔一般小于 200 m 的广大平坦的地区叫平原，大的平原都是地壳沉降和外力堆积作用的结果，如我国的松辽平原、长江中下游平原等。

地球表面被海水覆盖的广大地区也是起伏不平的，根据海水覆盖的深浅、地形的起伏特征及其与大陆的关系分以下几部分。①大陆架：又称陆棚，是围绕大陆的浅水平台，水深一般在 200 m 以内。它的宽度为几十到几百千米不等，平均为 75 km。其表面极为平坦，坡度不超过 1°。大陆架的地壳结构与大陆一致，是大陆向大洋的自然延伸部分。②大陆坡：是大陆到大洋底的过渡区。它的深度为 200 ~ 2 500 m，平均坡度为 4° ~ 7°。大陆坡上的地形常崎岖不平，其明显的特点是存在着许多像大陆上的山谷似的"V"字形峡谷，称为海底峡谷。③大洋底（大洋盆地）：这是海洋的主体部分，其深度一般为 2 500 ~ 6 000 m。大洋底部也是起伏不平的，有海岭、海山，也有海沟和深海盆地，其相对高差不亚于陆地。

二、地球的圈层构造

地球不是均质体，其组成物质的分布呈同心圈层。大致以地壳表层为界可分为地球的外部圈层和内部圈层。

（一）地球的外部圈层构造

地球的外部圈层指包围着地球表层的地球组成部分，根据其物理性质和状态不同可分为大气圈、水圈和生物圈。

1. 大气圈

大气圈是地球的最外圈，由空气、水蒸气、尘埃组成，它的底界就是海、陆表面，但没有明显的上界，逐渐过渡到星际空间。它可分为以下几个圈层。①对流层：由于地心的引力，大气圈的下部（8 ~ 18 km）气体密度大，物质稠密，集中了整个大气圈约 3/4 的质量。对流层的气温随高度的升高而降低，平均上升 100 m，气温就下降 0.65℃。该层温度、湿度分布不均匀，大气产生对流现象。它是地球上风、云、雨、雪等各种天气现象的发源地。它不仅与人类活动密切相关，而且是流水、风、冰川等各种外动力的源泉，对改变地表形态起着非常重要的作用。②平流层：在对流层之上至 50 km 高空的范围内，空气仅有水平流动。在平流层内，随着高度的增加，气温逐渐升高。在该层 20 ~ 30 km 的地方，有大量的臭氧，它能吸收大量的太阳辐射热和紫外线，因而对维护地表生态环境极为重要。如果臭氧层被破坏，将会使地球表面的温度升高，环境恶化。③中间层：在平流层之上至 80 ~ 90 km 的范围内，空气极为稀薄，由于没有臭氧层，因而气温随高度的增加而降低。④热成层：从中间层顶至 500 km 的高空，空气在太阳辐射和宇宙射线的作用下被加热，气温随高度的增加而增加。该层中空气密度仅有地面空气密度的几亿至上百亿分之一。自平流层以上空气极其稀薄，在宇宙射线和太阳紫外线的作用下，气体分子被电离为正离子和自由电子，因而平流层、中间层、热成层又统称为电离层。它不仅是极光的源地，也是无线电波的传播层。⑤扩散层：在热成层之上，地球的引力已很小，而且随高度增加引力越来越小，一部分大气分子可以摆脱地球引力而逃逸到星际空间中去。它是大气圈的最外圈。

2. 水圈

地球表面大多数地方为海水所覆盖，即使在陆地上也还有许多河流、湖泊、冰川以及普遍存在的地下水。这些不同水体组成一个包围地球的连续水层，称为水圈。

3. 生物圈

在大气层下部、地表及地下浅层，以及水圈内，由于条件适合于生物的生存，所以繁殖了大量的生物，这个由生物及其所处的地带组成的连续圈层就是存在于地球上的一个独特圈层——生物圈。

（二）地球的内部圈层构造

根据地震法、磁法、重力法等地球物理测量的资料和对地震波传播情况的研究，地球表面的密度为 $2.6 \sim 3.0$ g/cm^3，而地球的平均密度为 5.52 g/cm^3，这表明地球内部是不均匀的。地震波揭示地球内部存在两个界面，它将地球分为 3 个圈层，由外向内依次为：地壳、地幔和地核（图 1 - 1 - 1）。

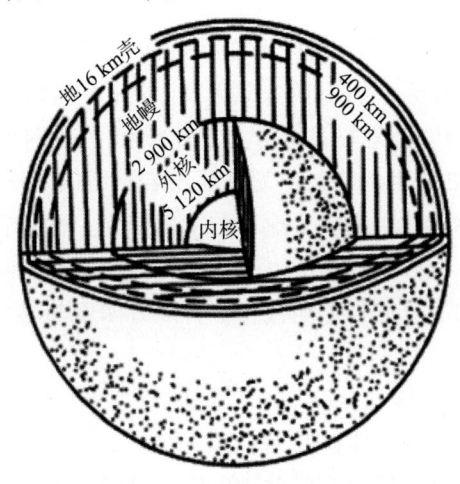

图 1 - 1 - 1　地球的内部构造

（引自孔庆友《山东地勘读本》，2002 年）

1. 地壳

地壳是由岩石组成的地球外壳，它的体积占地球总体积的 1.55%，质量只占地球总质量的 0.8%。地壳的厚度在不同的地方差异很大，在大陆上平均厚度 33 km，在喜马拉雅山地区，厚度可达 70 km；在大洋中平均厚度 8 km，最薄处仅 3 km 左右。

地壳可分为上下两层，其间的界面叫康拉德面。上层主要由富含硅、铝的沉积岩、岩浆岩、变质岩组成，平均密度为 2.7 g/cm^3，其下部有大量的花岗岩类岩石，因此叫花岗质层，又叫硅铝层；下层由玄武岩类的岩石组成，平均密度为 2.9 g/cm^3，其化学成分中硅、镁丰富，称为玄武质层，也叫硅镁层（图 1 - 1 - 2）。在大陆上，地壳具有这种双层结构，称为大陆型地壳；但在大洋中，地壳只有硅镁层，而缺乏硅铝层，称为大洋型地壳。

地壳不仅具有各种复杂的地质现象，而且还蕴藏着人类所需要的各种矿产资源，因此地壳是当前地质学研究的主要对象。

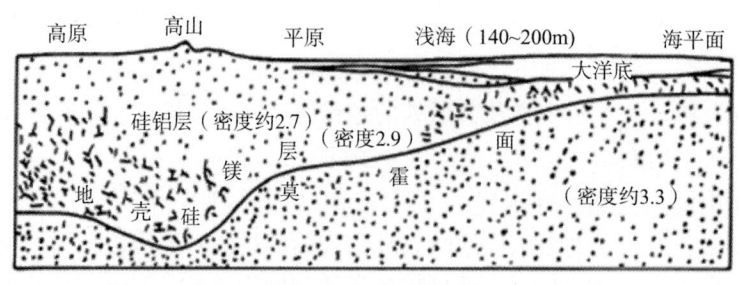

图 1 - 1 - 2　地球结构

（引自孔庆友《山东地勘读本》，2002）

2. 地幔

地壳下面存在一个明显的界面叫莫霍洛维奇面，简称莫霍面。它是一个不连续的面。莫霍面以上至地表为地壳，以下至 2 900 km 的深度为地幔。地幔的体积占地球体积的 82.3%，质量占 67.8%。地幔又可分为上地幔和下地幔两层。

从莫霍面到 650 km 处为上地幔，由超铁镁质岩石组成。从莫霍面向下至 60 km 处，仍为坚硬的岩石，它与地壳共同组成了地球的坚硬外壳，称为岩石圈。从岩石圈底部向下，岩石处于熔融状态，被称为软流层。一般认为软流层是岩浆的发源地，也是地壳运动的动力源。下地幔的化学成分与上地幔相似，随着深度的增加，密度越来越大。

3. 地核

在地球内部 2 900 km 的深处存在一个界面叫古登堡面。界面以上为地幔，以下至地心为地核。地核的体积占地球体积的 16.2%，质量占 31.3%，平均密度 10.7 g/cm^3。地核可分为外核、过渡层和内核。地核的物质成分可能主要为铁和镍。

三、地球的主要物理性质

（一）地球的质量

地球的质量为 5.976×10^{21} t。

（二）地球的平均密度

地球的平均密度为 5.52 g/cm^3。

（三）地球的重力加速度

理论上讲，地球的重力加速度随纬度增高而增大，理论计算赤道标准重力加速度为 978.3 cm/s^2；纬度 90° 为 983.3 cm/s^2。而实际测出的值与此有差异，这就叫重力差异。

（四）地球内部的压强

从地表到地心，随着深度的增加，压强也不断增加。但由于物质密度和重力的不同，压强增加的数值也不同。在近地表，深度每增加 1 km，压强将增加 2.74×10^7 Pa；而在地心附近，深度每增加 1 km，压强估计要增加 6.1×10^7 Pa。

（五）地球的磁性

地球是一个磁性球体，它的周围存在磁场，形成了一个有磁力作用的空间。按照地理学上的习惯，位于南半球的叫磁南极（S），位于北半球的叫磁北极（N）。地球的磁南极吸引着罗盘磁针的北极（N），而地球的磁北极则吸引着罗盘磁针的南极（S）。地磁磁极也是在不断变化的，因此在磁子午线与地理子午线之间存在一个夹角，叫磁偏角。罗盘测定的方位是磁方位。

（六）地球的温度

地球的热量一是来自太阳的辐射，二是来自地球内部。太阳辐射只能影响地表附近一定深度的温度变化，随着深度的增加影响逐渐减弱；在地下一定深度上，温度便不随昼夜和季节的变化而变化了，这一深度带叫常温层。常温层的温度一般相当于当地的年平均温度。

常温层以下的温度完全不受太阳辐射的影响，而是受地球内部热能的影响。火山、温泉、地下热水等许多自然现象表明地球内部的温度远远高于地表。在常温层以下，地下的温度随深度的增加而升高。一般每加深 100 m，温度平均约升高 3℃，这个数值称为地热增温率，或叫地温梯度。地温梯度只能在一定深度范围内使用，一般 50 km 深度以下就不能使用。而且，经实地测量，各地的地温梯度是不同的，海底的地温梯度高于大陆。

一般推测地心的温度为 4 000 ~ 6 000℃。

（七）地球的弹性

当地球某处受到力的冲击时，会产生振动，并以地震波的形式传向四面八方，说明地球具有一定的弹性。地震波主要有两种：纵波和横波。当地震波在不同的弹性介质中传播时，波速会产生变化。

四、地球的运动

（一）地球的公转

地球公转是地球围绕太阳的旋转运动。公转一周的时间是 365 日 5 时 48 分 45.6秒。公转轨道呈椭圆形，太阳位于椭圆的一个焦点上。地球在公转轨道上运行。

（二）地球的自转

地球自转指地球绕地轴的旋转运动。由于地球自转，就出现白昼黑夜和天体东升西落的现象。地球自转一周为一个恒星日，所需的时间为 23 时 56 分 4.1 秒。长期观测表明，地球自转速率是不均匀的，存在 3 种不同的变化：①长期变慢；②周期性变化；③不规则变化。

第二章　地质作用

第一节　地质作用分类

一、地质作用及其能源

地球表面有耸立的高山和低洼的平地，有植物繁茂的绿洲和浩瀚无垠的海洋。乍看起来，它们似乎是静止不变的。其实，从地壳形成到现在几十亿年的历史来看，它们和自然界的所有物质一样，都是处在不断运动、变化和发展之中的。根据科学的统计，每年地壳中要发生约五百万次地震。有些火山至今还喷射着火焰，涌泻出熔岩。许多原本生活在海洋中的生物，今天已成为高山上岩层中的化石。原来沉积形成的水平岩层，今天已发生了倾斜或弯曲。再从地表的一些自然现象来看，河流从山区携带着碎石、泥沙奔向海洋；汹涌澎湃的海浪冲击着岸边的岩石；瀑布从数十米高的悬崖上倾泻而下；清泉从岩石裂缝中涌冒出。根据这些事实不难理解，地壳确实不是静止不变的，而是无时无刻不在受着各种作用，促使其产生运动和变化。地质学中把产生这种作用的力量称为地质营力（即地质动力）。地质营力导致地壳的物质成分、地壳构造和地表形态等发生变化的作用，称为地质作用。

产生地质营力的能源有两种：一种是地球内部的能量，称为内能，主要有地内热能、重力能、地球旋转能、化学能和结晶能等；另一种是地球外部的能量，称为外能，主要有太阳能、潮汐能和生物能等。由内能产生的地质营力为地质内营力，由外能产生的地质营力为地质外营力。因此，按照引起地质作用的营力的不同，地质作用可分为两大类：由地质外营力引起的地质作用，称为外力地质作用（简称外力作用）；由地质内营力引起的地质作用，称为内力地质作用（简称内力作用）。

二、地质作用的分类

根据外力地质作用和内力地质作用的性质、方式和结果的不同，将外力作用分为风化作用、剥蚀作用、搬运作用、沉积作用和成岩作用 5 种类型；内力地质作用可分为岩浆作用、地壳运动、变质作用和地震作用 4 种类型。地质作用分类如下：

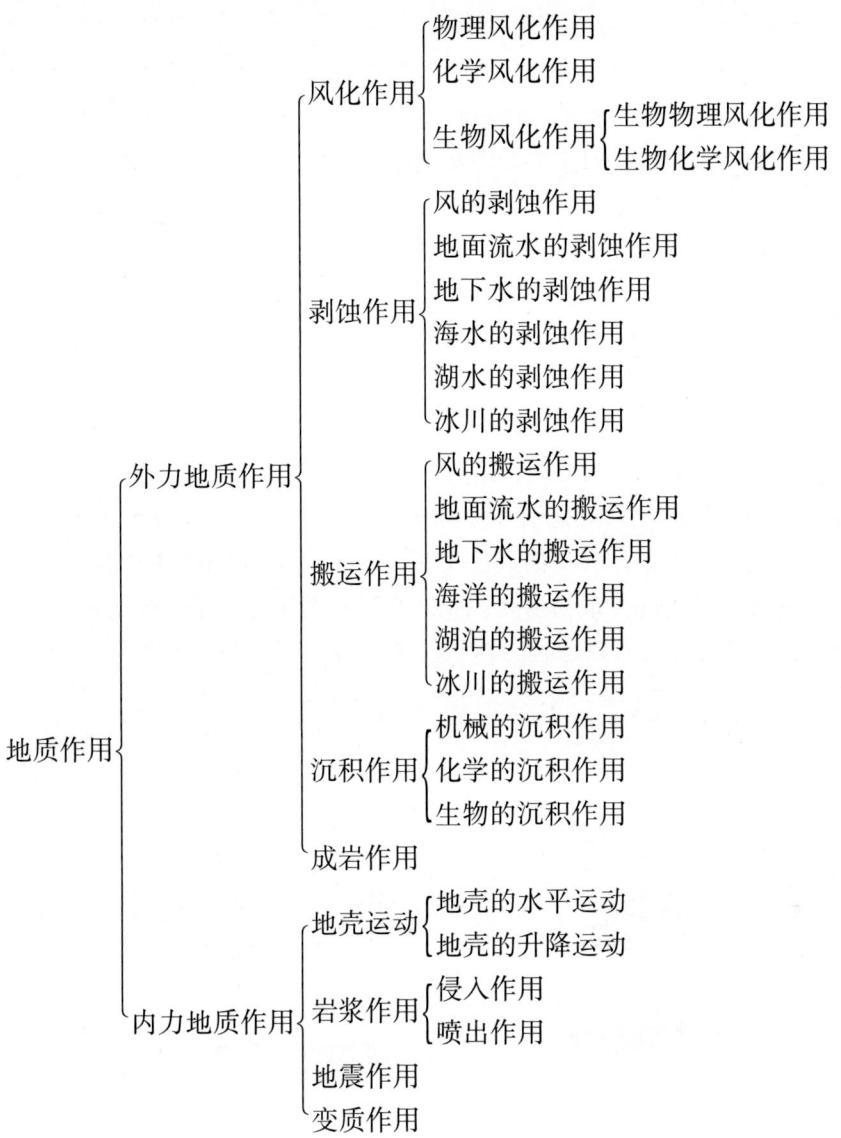

第二节　外力地质作用

一、风化作用

　　地表及接近地表的岩石，在大气、温度、水和生物的联合影响下，使原来的岩石在物理性质或化学成分上发生改变的作用，称为风化作用。风化作用产生的现象称为风化现象。引起岩石风化作用的因素是很复杂的。风化作用的性质和形式很多，一般可分为物理风化作用、化学风化作用和生物风化作用3种基本类型。

（一）物理风化作用

物理风化作用是指岩石在风化过程中，只改变其物理状态，不改变其化学成分的破坏作用。它使坚硬的岩石崩裂，使块状的变成粒状或碎屑，它是一种机械的破坏作用。

引起物理风化作用的因素很多，但主要的因素是温度和水，此外还有雷电闪击等。

1. 剥离作用

地表温度变化的幅度很大，特别是在干旱地区，其变化幅度可达 150℃ 左右（−70～80℃）。冬季和夏季，白天和黑夜，地表温度是不断变化着的。我国西北地区某些季节昼夜温差可达 40℃ 以上，在非洲大沙漠中，有些地方地面的昼夜温差更大，可达 60～80℃。

暴露在地表附近的岩石，由于地面的温差变化以及岩石中各种矿物的膨胀系数的不同，就产生了膨胀与收缩的差异，天长日久，岩石中便产生许多裂隙。岩石中矿物颗粒由原来紧密镶嵌变为松散，最后岩石外层改变了原来的物理性质，变成松散的风化产物，并逐渐与内层分离，这种现象称为剥离（图 1-2-1）。引起岩石剥离的作用称为剥离作用。由于岩石的突出棱角部分最易遭受风化，经过长期风化剥蚀棱角容易消失，使岩石表面变成椭圆形或球形，这种现象称为球状风化（图 1-2-2）。

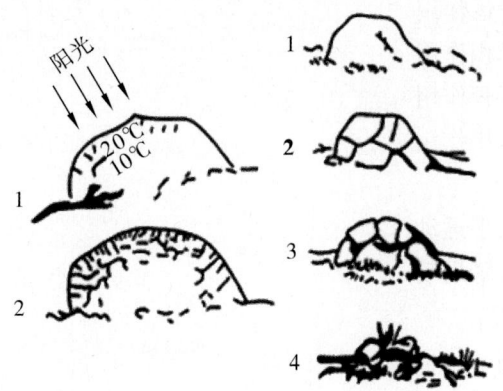

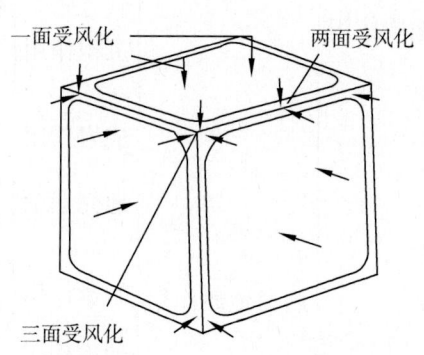

图 1-2-1　岩石剥离作用发展示意图　　　图 1-2-2　岩石的球状风化

2. 冰劈作用

岩石孔隙和裂隙中的水，在温度降至 0℃ 以下时，就会结冰。水在结冰时，体积膨胀，约增大 1/10 左右，可对裂隙周围产生很大的挤压力。在零下 22℃ 时，每平方厘米面积上可产生 108 kg 的压力，因而可使岩石的裂隙不断扩大，以致使其破裂成碎块，这种作用称为冰劈作用。在高山地区，初春和晚秋季节里，气温在 0℃ 上、下变化，白天冰化为水，晚上水又结成冰，这种反复的溶、冻作用，可使岩石崩裂，特别是裂隙发育的岩石，冰劈作用进行得更为强烈。在山坡较陡的地区经冰劈作用破裂成的岩石碎块，在重力或流水的影响下，可沿着山坡滚落而成岩锥（岩屑锥）。

（二）化学风化作用

化学风化作用是指岩石在大气、水以及水中溶解物质的作用下，使岩石发生化学变化，改变其化学成分，从而使岩石分解破坏，并能产生新的矿物。温度与化学风化作用关系很大，温度升高能促进化学反应的进行，温度每升高10℃，化学反应速度大约要增快一到两倍。

1. 氧化作用

空气和水中的游离氧是地表最重要的氧化剂。大气中含有21%左右的游离氧。水中约能溶解占其体积3%的空气。氧在地下所达到的深度各处不一，随着深度的加大含氧量逐渐减少，一般在地下水面以下，就几乎无氧化作用了。

氧化作用是自然界中最常见的化学作用，在水的帮助下，氧化作用进行得更加激烈。氧化作用可使矿物氧化，使低价离子变为高价离子，还可影响各种元素及其化合物的溶解度。矿物和岩石经过氧化作用后，不仅改变了其原来的化学成分，而且还会改变其物理性质，使其容易被分解和破坏，并形成新矿物。

最易被氧化作用破坏的是硫化物、有机化合物和含有氧化亚铁、氧化亚锰、钒、钴的矿物。由硫化物组成的矿床，在地表经过氧化作用以后，常常形成以褐铁矿为主要成分的疏松多孔的堆积体，这种堆积体称为铁帽。在铁帽的下部，往往可以找到较富的原生矿床。

2. 二氧化碳的化学风化作用

空气中CO_2的含量约占0.03%，CO_2比其他气体易溶于水，在河水和地下水中，CO_2的含量为大气圈中的1 700~2 700倍。水中CO_2的溶解度决定于温度和压力条件，当温度上升到30℃时，CO_2含量大约要减少1/2；当压力加大时，CO_2的溶解度增加。自然界水中所含的CO_2与水结合形成碳酸（H_2CO_3），少量离解为$H^+ + HCO_3^-$。这两种离子对矿物和岩石的溶解与分解起着重要的作用。富含碳酸的水比纯水对碳酸盐和原生铝硅酸盐矿物的破坏更为剧烈。

3. 水的化学风化作用

水的化学风化作用，对地表岩石的破坏也是极为剧烈的。自然界中的水，含有的化学活动性强的自由离子H^+和OH^-比纯水多，同时水中常常溶解有碱类或酸类物质，因而增强了水的化学风化作用。此外在化学风化作用过程中，如果没有水的参与，许多化学作用很难进行。①水解作用：水中含有少部分离解的离子（$H_2O \rightarrow H^+ + OH^-$），有些矿物与自由离子$H^+$和$OH^-$作用，形成易溶于水的氢氧化物，从矿物中解脱出来，因而可使矿物和岩石破坏。如正长石与水作用，可使正长石中的钾解脱出来形成易溶解于水的KOH而流失，正长石最后变为高岭石。②水化作用：有些矿物与水起反应，吸收水分子形成新的矿物。如硬石膏（$CaSO_4$）与水作用后形成石膏（$CaSO_4 \cdot 2H_2O$）。硬石膏形成石膏后其体积增大60%，对周围岩石产生很大压力，因而又能促使岩石发生物理破坏作用。经过水化作用形成的石膏，溶解度较硬石膏的溶解度大，因而加速了石膏的溶解。③含硫酸水的作用：硫化矿物氧化后，可产生大量的硫酸。有些火山温泉水的酸度很大（pH = 1~2），有些沼泽水的酸度也较大（pH = 4）。含硫酸的水对矿物和岩石的化学风化作用能力很强，能与它们进行化学反应，从而破坏它们。如含硫酸的水与石灰岩作用，产生溶解度小的硫酸钙（$CaSO_4$），也使石灰岩产生溶蚀现象。④含碱质水的作用：长石经过化学风化后，可产生碱金属的碳酸盐类（如Na_2CO_3和K_2CO_3），它们都易溶解于水，使水呈碱性。海水呈弱碱性（pH = 8 ~ 9）。含碱质的水能加大对SiO_2的溶解度，促进硅酸盐矿物和硅质岩石化学风化作用的进行。

（三）生物风化作用

地壳中生物有机体的总重量约为$n \times 10^{14}$ t，约等于地壳总重量的十万分之一，它们大部分在海洋中，主要为浮游生物。现已知植物和动物多达数百万种。有人曾研究过细菌的繁殖速度，发现某些细菌一昼夜可繁殖64次，如果在适宜条件下，这种细菌经过36小时的繁殖后，可把整个地球表面盖上一层。

对地壳重量来讲，生物有机体的重量虽然很小，但它们所引起的地质作用却十分巨大，而且也极为复杂。生物有机体的活动对地表的风化作用有着直接和间接的影响。

生物的风化作用按其作用性质不同可分为两类：一是生物物理风化作用，例如生长在岩石裂缝中的植物，随其长大，根部可逐渐把岩石胀裂开来，使岩石崩裂破碎；二是生物化学风化作用，例如微生物放出CO_2、O_2、H_2S等气体，为新陈代谢而汲取矿物中的某些元素等活动，对矿物、岩石具有强烈的化学风化作用。

（四）风化壳

各种岩石经过不同类型和方式的风化作用以后，形成的风化产物残留在基岩的表面上，这些残留在原地的风化产物叫残积物。残积物上部常生长着植物，发育成富含有机质的土壤。在大陆地壳的表层由风化残积物组成的一层不连续的薄壳称为风化壳。它的厚度各地不一，寒冷干旱地区比湿热地区薄。在易风化的岩石上部风化壳较厚，最厚处可达100 ~ 200 m，通常不超过几米或几十米。如果地壳下降，后来的沉积物沉积在风化壳之上，把风化壳埋藏在地层之中，这种风化壳称为古风化壳。在地质历史时期中，我国华北地区就有中奥陶世至早石炭世的古风化壳。

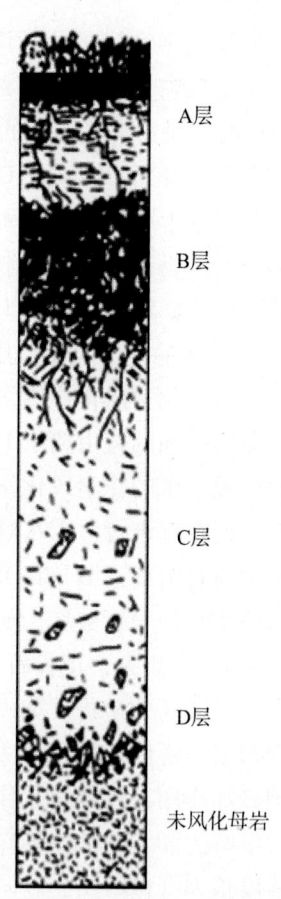

根据风化产物的不同，可将风化壳分成几个层（图1 - 2 - 3）。A和B为土壤层，A层处在氧化环境和酸性条件下，矿物风化得彻底，生成各种黏土矿物，B层化学风化进行得较轻，C层为碎屑层，由岩石风化成的大小不均的碎屑组成，D层是半风化的岩石，D层以下是未风化的母岩。

二、地面流水的地质作用

地面流水在重力作用下，在斜坡上以薄水层向低处流动的水，称为坡流；坡流向小沟和山涧汇集，形成一股股快速奔腾的水流，称为洪流；坡流和洪流都是暂时性流水。当它继续向低洼的地方流去，并切穿地下含水层，直接取得地下水的补给，从而获得比较稳定的水源，便形成常年性流水，这就是河流。可见，地面流水可分为暂时性流水和常年性流

图1 - 2 - 3 风化壳剖面构造
（引自孔庆友《山东地勘读本》，2002年）

A层
B层
C层
D层
未风化母岩

水两类。

（一）暂时性流水的地质作用

1. 坡流的地质作用

坡流（或称片流）无固定流槽，沿坡面呈薄层状或网状流动，仅能对斜坡上岩石的风化表层或松散土层进行破坏。它往往使地面均匀降低，就像从山坡上剥去一层皮一样，这种对坡面的破坏作用称为洗刷作用。洗刷作用使斜坡由陡变缓并逐渐降低。洗刷下来的物质在斜坡下部的坡麓地带堆积，形成坡积物（图1-2-4）。组成坡积物的颗粒通常以细小的砂土和亚黏土为主，并夹有粗砂和碎石。

图1-2-4　斜坡的洗刷与堆积

A—洗刷带；B—堆积带（坡积物）；C—其他成因的堆积

在长期坡流地质作用和重力作用影响下，山地不断被改造，其趋势是高度逐渐降低，山坡变缓。山麓坡积物围绕坡麓披盖，逐渐向上发展，可使山形外貌大为改观，甚至成为波状丘陵地形。

2. 洪流的地质作用

坡流顺着坡面向下流动，受地形影响，水层增厚，流速增大，逐渐分成许多小股流水，再向下汇聚成快速奔腾的洪流。洪流可以猛烈冲刷沟底和沟壁的岩石并使其遭受强烈破坏，形成冲沟。

洪流携带的大量泥沙、砾石、块石，到冲沟的出口处堆积下来，形成冲积锥或洪积扇；在特殊条件下形成泥石流，造成地质灾害。

（二）河流的地质作用

河流是塑造大陆地形的主要外营力，即使在其他外营力活跃的地方也不例外。河流大小悬殊，小河只几十千米长，大河长达几千千米。我国长江干流全长约6 275 km，是仅次于亚马孙河和尼罗河的世界第三大河流。

河流的发源地称为河源，河流一般发源于山区，泉水、沼泽、冰川往往是河流的源头。河流流入海洋、湖泊或较大河流的地方称为河口。从河源至河口，较大河流一般分为上游、中游、下游。

陆地上的单一的河流是很少见的，一般都有大小不等的支流加入主流，构成一个河流体系，称为河系（水系）。补给河系地表水和地下水的区域，称为流域。两个河系的边界是分水岭，它往往是两个流域之间的山脉或高地。秦岭就是长江流域和黄河流域的分水岭。

1. 河流的侵蚀作用

河水在河槽中流动对谷底和谷坡的冲蚀破坏作用，称侵蚀作用。其方式有流水本身冲击力产生的冲刷作用，有流水推移砂、砾对河床底部和两岸所产生的磨蚀作用，还有流水对可溶性岩石的溶蚀作用。

2. 河流的搬运作用

河流作为主要的外营力，不仅是因为它具有侵蚀能力，还在于它能搬运大量的物质。河流搬运物质的方式有拖运、悬运和溶运 3 种。

3. 河流的沉积作用

随着流速、流量或河床自然条件的变化，流水动能减小，河流搬运的泥沙等物质就从水流中沉积下来。由河流沉积作用形成的沉积物，称为冲积物（淤积物）。

三、地下水的地质作用

（一）地下水概述

埋藏在地面以下土层或岩石空隙中的水，统称为地下水。地下水主要是由大气降水、冰雪融水以及河流和湖泊水，渗透（流）到地下而形成的。

1. 岩石透水性

岩石或土层允许水透过的性能称为透水性。岩石或土层存在着大小不一、数量不等、形状不同的 3 种类型的空隙，即疏松土层的孔隙、坚硬岩石的裂隙和可溶岩石的溶隙。它们既是地下水流动的通道，又是储集地下水的仓库。根据岩石透水性的不同，岩层可以分为透水层和不透水层。

2. 地下水的基本类型

地下水按照埋藏条件可以分为包气带水、潜水和层间水、承压水（图 1 - 2 - 5）。

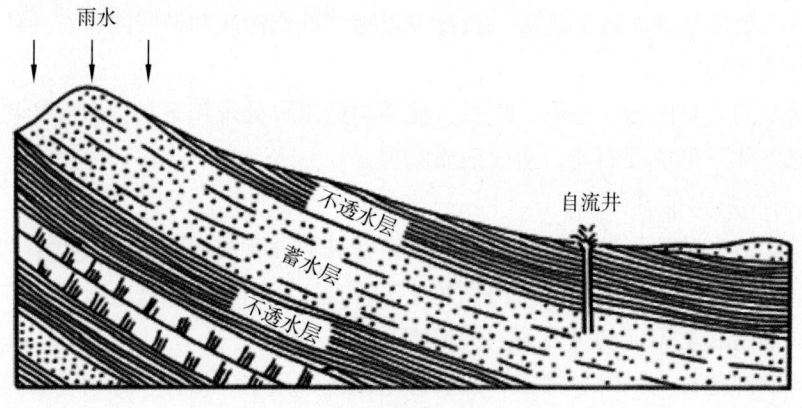

图 1 - 2 - 5 　承压水与自流井

3. 泉及其分类

地下水溢出地面形成泉。泉是地下水的天然露头。按照成因，泉可分为几种类型。①接触泉：指在透水性不同岩层（或岩石）接触处形成的泉。②裂隙泉：指地下水沿着岩石的裂隙流出地面形成的泉。③断层泉：指因断层作用，隔水层阻挡了潜水流，并使之沿断层裂隙流出地面形成的泉。④溶洞泉：指在可溶性岩石分布区，溶洞中的地下水流出地面形成的泉。

根据泉水运动的特点，可以分为上升泉和下降泉。凡在静水压力作用下，承压水自下向上运动而涌出地表的泉，称为上升泉；凡在重力作用下，潜水自高处向低处运动而流出地表的泉，称为下降泉。有些泉是由于侵蚀作用侵蚀到潜水面以下或切穿了含水层而形成的，这种泉称为侵蚀泉。泉水按温度还可以分为冷泉和温泉。一般将泉水温度超过20℃的称为温泉。

（二）地下水的潜蚀作用

岩石孔隙和裂隙中的地下水，在其缓慢的运动过程中，不断对周围的岩石进行着破坏和改造，这就是地下水的潜蚀作用。地下水的潜蚀作用可以分为物理破坏作用和化学溶蚀作用。

1. 地下水的物理破坏作用

地下水在较大裂隙和洞穴中流速较快，冲刷和溶蚀岩石，并使其逐渐扩大，最后导致地表岩土的沉陷和滑动，这就是地下水机械破坏作用的表现。由于大雨、地震或地下水的长期破坏，使斜坡上的土层或岩层在重力作用下整体向低处滑移，这种现象称为滑坡。

2. 地下水的溶蚀作用与喀斯特（岩溶）现象

地下水的溶蚀作用是指地下水通过溶解对岩石产生的破坏作用，它对可溶性岩石（碳酸盐类、硫酸盐及卤化物盐类岩石）尤为显著，形成喀斯特（岩溶）。

（三）地下水的搬运与沉积作用

1. 地下水的机械搬运与沉积作用

只有在洞穴中流动的地下水或地下河才有较强的机械搬运能力，可以搬运泥沙和石块，并在适当环境下形成机械沉积。洞穴中的机械沉积主要是石灰岩角砾和黏土，如果见有磨圆较好的砂砾（非碳酸盐岩的异地成分的砾石）堆积时，说明它可能曾与地表河流相沟通。

2. 地下水的溶运与化学沉积作用

地下水缓慢地流动在岩石的孔隙和裂隙中，与岩石的接触面积大，作用时间长，所以地下水中含有较多的溶解物质，它们随地下水的运动而被搬运。石灰岩中庞大的洞穴系统说明了地下水在可溶性岩石地区溶蚀搬运能力之巨大。地下水最为常见的化学沉积分布在洞穴内、裂隙中和泉的出口处，其成分主要是钙质、硅质和铁锰质。化学沉积作用的发生，是由于地下水中的溶解物质随着地下水所处的物理、化学环境变化而沉淀出来。其形态常见的有石钟乳、石笋、石柱、石幔、泉华、模树石（假化石）、岩脉和矿脉。

四、湖泊及沼泽的地质作用

（一）湖泊的地质作用

1. 湖泊的机械沉积作用

湖泊的机械沉积物，主要是由流入湖泊的河流带入的，其次是由湖浪侵蚀湖岸带而来的。这些碎屑物的粒径变化较大，有砾石、砂及黏土。它们在沉积过程中，受湖盆结构及湖水能量等因素控制。

2. 湖泊的化学沉积作用

湖泊的化学沉积主要受气候条件及地理位置的影响。在干旱气候区，由于降水量小，蒸发量大，使地表水和湖泊中的盐类物质的含量逐渐增多，湖泊逐渐变为咸水湖。当湖中溶解盐类达到饱和时，就会结晶沉淀下来，在湖底形成一层一层的（可以和泥沙交互成层）盐类沉积，并可形成一定规模的蒸发盐类沉积矿床。

3. 湖泊的生物沉积作用

在潮湿气候区，湖泊中繁衍着大量的生物。生物死亡后的遗体和湖泥一起堆积在湖底，它们在缺氧和富含 H_2S 的还原环境中，经过细菌分解，形成 C、H、O、N 的有机化合物，在水的作用下形成一种冻胶状的黏泥，称为腐泥。腐泥进一步变化可形成油页岩。如果湖盆继续下沉，腐泥不断沉积，在上部沉积物的覆盖之下，可以慢慢转变为烃类物质，可形成石油或天然气。大庆油田、大港油田、胜利油田都是湖泊沉积成因的油气田。

（二）沼泽的地质作用

沼泽是陆地表面被水充分湿润，并生长着大量嗜湿性植物，以及有泥炭堆积的地带。由于沼泽适宜生物生长，生物死亡以后就堆积在沼泽中，所以沼泽的地质作用以生物沉积作用为主，也有碎屑物及黏土的沉积。沼泽中的植物不断繁衍和新陈代谢，植物遗体不断在沼泽中大量堆积，经过复杂的变化，便可形成泥炭。泥炭在适当的温度、压力作用下进一步炭化，可逐渐形成褐煤，再继续变化则可形成烟煤和无烟煤。

五、海洋的地质作用

（一）海水的剥蚀作用

海水对海岸带和海底的破坏作用，称为海水的剥蚀作用。其作用方式有冲蚀、磨蚀和溶蚀 3 种。冲蚀和磨蚀是机械动力作用，溶蚀则是化学溶解作用。

1. 波浪的冲蚀作用

波浪到达海岸带后因水浅变成拍岸浪，对海岸有着强烈的冲蚀作用。在拍岸浪所及的高度范围内，基岩（俗称磐石，指出露于地表或被沉积物覆盖的基底岩石，一般指未被外力搬动的"生根"岩石）被冲蚀而形成的一个个岩洞，称为浪蚀洞（海蚀穴）；海蚀穴不断扩大，其上部岩石因失去支撑而崩落，形成陡峭的崖壁，称为海蚀崖。海岸带还可见到海蚀柱、海蚀拱桥等，这些都是海浪冲蚀作用的结果。

2. 海浪的磨蚀作用

海浪冲击海岸基岩时，退流还把破坏下来的岩块席卷而去。这些岩块在滨海的底部来回滚动，海浪以此为"工具"，对海底进行磨蚀。这些岩屑与矿屑也相互摩擦，棱角被磨圆，变成磨圆度很好的砾石和砂。

拍岸浪冲蚀海岸使海蚀崖不断后退，被破坏的碎屑在水下又不停地磨蚀基岩，形成海蚀平台，称为波切台。如果以后地壳上升，波切台可以高出海面形成海蚀阶地。广州东南七里岗可以见到这种海蚀阶地，它是近代地壳上升的证据。

3. 浊流的侵蚀作用

大陆坡上普遍发育着海底峡谷，横剖面呈 V 字形，谷坡很陡，与大陆上的峡谷颇为相似，因而有人认为它是河流侵蚀形成的，但有些峡谷位于海水面以下 2 000～3 000 m 的深度，很难说海底曾经发生过这样大幅度的下降。近年来，多数人认为海底的峡谷是浊流侵蚀的结果，因为在峡谷下游的尽头，往往有大量泥沙堆积形成的深海扇形地，显然，它是通过峡谷流到大洋底部的。

此外，潮汐和洋流也在进行海蚀作用，但其强度远不及波浪的作用。海水对海岸和海底的可溶性岩石，也可进行溶蚀作用。

（二）海水的搬运作用

海水进行海蚀作用的同时，又对海蚀碎屑和河流带来的物质进行搬运，其中波浪是海水搬运的主要动力。海水不但进行机械搬运，而且还进行化学搬运，海水将其溶蚀的物质及大陆上河流化学搬运来的物质，搬运和扩散到广阔的海域之中，成为大量海洋化学沉积的物质来源。此外，浊流搬运作用也能将陆源碎屑搬运到大洋盆地的边缘。

（三）海水的沉积作用

海洋是地球上最大的沉积场所。其沉积物的来源，不但有海蚀作用本身的产物，也有大陆上的风、地下水、河流及冰川等所搬运来的物质，还有海底火山喷发物和从宇宙中降落的陨石、尘埃，以及海洋中生物死亡后的遗骸等。海洋中沉积物的种类虽然繁多，来源也极为多样，但其中以河流搬运和海蚀作用带来的物质最为主要。

海洋沉积作用有机械的、化学的和生物的 3 种。在不同的海深环境下，海洋沉积物各有其特点。

1. 滨海沉积

由于滨海带临近陆地，海水动荡，砂、砾的磨圆度均很好，因而主要是机械沉积。只有在泻湖环境中，才有较好的化学沉积。

2. 浅海沉积

浅海是指位于水下岸坡（又称外滨，指海浪低潮线以下到波浪有效作用的下限这一带）以下，直至 200 m 深度的海区，又称大陆架。①浅海机械沉积物颗粒比滨海带要细，由近岸到深海处，依次沉积着粗砂、中砂、细砂、粉砂及粉砂质黏土，砾石极为少见。它们成岩之后形成各种砂岩和页岩，并具有良好的水平层理。②浅海中的化学沉积，除来自海水直接溶蚀的物质外，还有河流、地下水从大陆上搬运来的溶解物质和胶体物质。海水中的化学沉积作用是有一定顺序与规律的，这主要取决于溶解度的大小和介质的物理化学性质。其沉积顺序是 $Fe \rightarrow Al \rightarrow Mn \rightarrow SiO_2 \rightarrow P_2O_5 \rightarrow CaCO_3 \rightarrow CaSO_4 \rightarrow NaCl \rightarrow MgCl_2$。③浅海中繁殖着大量的生物，这些生物死后，遗骸在原地或经波浪等作用搬运到适当环境沉积下来，形成主要由生物遗骸组成的沉积物，经成岩后形成生物沉积岩。常见的有生物灰岩、珊瑚灰岩、硅藻土等。生物遗骸与泥沙沉积在一起，在缺氧的环境下，进行缓慢的分解作用及生物化学作用，使有机质中的氮、氧、磷、硫等分解排出，生成的碳氢化合物在适当的条件（温度、压力和覆盖层）下，经过运移，可集中并储集在疏松多孔的诸如礁灰岩和砂岩之中，从而形成石油或天然气矿床。

3. 半深海及深海沉积

此区水深超过200 m，波浪和阳光已不能影响海底，深水洋流和浊流活动也仅在有限范围内进行，所以在深海和半深海区沉积物颗粒极细，主要是悬浮于水中的黏土、漂浮于浅层海水中的浮游生物以及浊流搬运的物质，还有少量火山喷发及浮冰带来的碎屑成分。它们形成的沉积物主要有软泥、锰结核和浊流沉积形成的岩石——浊积岩。

六、冰川的地质作用

（一）冰川的剥蚀作用

冰川在运动过程中对地面岩石的破坏作用，称为冰川剥蚀作用。冰川之所以能够破坏岩石，是因为冰体本身有巨大的重量，而且又是运动着的。山岳冰川一般厚数百米，大陆冰川则在千米以上。具有如此巨大压力的冰体，在运动过程中必然对其底部和两侧岩石进行挖掘和磨蚀作用。所谓挖掘，就是冰体运动时将冰床突起的岩石或裂隙发育的岩石挖起并带走，而且还以它为工具，好像刨子和锉刀一样去挫磨冰床和两侧的岩石，这就是冰川的磨蚀（或刨蚀）作用。冰川的挖掘和磨蚀作用，可以挖掘出洼地，削平山嘴，并可在岩石上留下磨光面，或留下宽窄、深浅不一的冰川擦痕。冰川剥蚀作用的结果，可形成一些特殊的地貌形态。

（二）冰川的搬运作用

冰川在运动过程中，不仅破坏着岩石，而且可以推移和驮载岩石碎块，进行搬运作用。被冰川搬运的物质，除冰川挖掘和磨蚀作用的产物外，还有两侧山崖受冰劈作用而崩落到冰川表面的碎块。被冰川搬运的碎屑物称为冰碛石。它们分别被镶嵌在冰川底部（称为底碛）、冻结在冰川内部（称为内碛）、驮载在冰川表面（称为表碛，表碛又可分为侧碛和中碛）。所有这些冰碛石随着冰川运动，就像传送带一样，被输送到冰川的下游和末端。

（三）冰川的堆积作用

冰川所搬运的碎屑物质，到冰川下游，由于气温升高冰体消融而变薄，搬运能力减弱，或因冰床受阻，它们从冰体中分离堆积下来的作用，称为冰川堆积作用。冰川堆积作用一部分发生在冰川搬运的过程中，大部分发生在冰川消融殆尽的时候。这种由冰川搬运并直接堆积下来的物质，称为冰碛岩。

七、风的地质作用

（一）风的剥蚀作用

风以自身的力量和所携带的砂石对地表岩石进行破坏的地质作用称为风蚀作用。它以吹蚀（吹扬）和磨蚀两种方式进行。风吹过地表时，由于气流的冲击力和上举力，把岩石表面风化的疏松物质吹扬起来的作用，称吹蚀作用；风以其所携带的砂石冲击、摩擦岩石，并使其发生破坏的作用，称为磨蚀作用。风的吹蚀和磨蚀作用是同时进行的。

（二）风的搬运作用

风把碎屑物质携带到别处的过程，称为风的搬运作用。风的强弱、搬运物质的大小和相对密度不同，其搬运的方式也不同，主要有悬移、跃移、蠕移3种搬运方式。

（三）风的堆积作用

当风速降低或遇到障碍物（树丛、草丛、突出地形等）时，风所搬运的物质就会沉降下来，称为风积物。颗粒大的物质沉降速度快，搬运距离近，其成分以砂粒为主，称为风成砂；细的物质可以随风飘到很远的地方，随着风力的减弱而沉降下来，形成风成黄土。我国的黄土高原是典型的风成黄土，是在第四纪地质历史中形成的。

八、成岩作用

自然界的各种疏松沉积物被紧压、固结成为沉积岩的作用，称为成岩作用。在沉积物沉积以后，特别是在被后来沉积物覆盖以后，即转入成岩作用阶段。在成岩作用阶段，沉积物的孔隙度减小，逐渐被压固、胶结成为固结的岩石。

（一）压固脱水作用

在沉积地区随着沉积作用不断进行，沉积物愈积愈厚，上覆沉积物的重量就愈来愈大，在这种压力作用下，下伏沉积物的孔隙度减小，密度增大，体积缩小，其中附着的水分逐渐被排挤出去，增大了颗粒间的聚合力，从而使沉积物变得致密坚固。这种使松散沉积物紧密结合和失去水分的作用，叫做压固脱水作用，这种作用的强度与压力的大小和作用时间的长短有关。压固脱水作用进行到一定程度，不仅能排挤出孔隙中的水分，而且能使沉积物中的含水矿物脱水形成新的矿物，如使蛋白石变为玉髓、使石膏（$CaSO_4 \cdot 2H_2O$）变为硬石膏（$CaSO_4$）。由于经受压固作用，所以沉积岩的孔隙度比松散沉积物要小得多，压固作用还可促使某些泥质沉积物产生页理构造。在适当的强度和压力作用下，某些沉积物在成岩过程中还可发生局部溶解（压溶）作用，使原来平直的界面形成锯齿状的缝合线（图1-2-6），碳酸盐类岩石就常发育有良好的缝合线。此外，在压固脱水作用过程中，还能形成矿物晶体的假象，如有些沉积岩中就有食盐晶体的假象（图1-2-7）。压固脱水作用是泥质沉积物成岩过程中的主要作用。

（二）胶结作用

胶结作用是指由胶结物质把碎屑沉积物黏结起来变为坚固岩石的作用。常见的胶结物质有钙质、泥质、硅质、铁质以及石膏和海绿石等等。胶结物可以是原生水溶液中的物质，也可以是由地下水带来的或是由水与沉积物本身进行物理、化学反应的产物。胶结作用也能使沉积物孔隙度降低，它是使某些沉积物固结转变为岩石的主要因素。这种作用在碎屑沉积物的成岩过程中表现得最为突出。

（三）重结晶作用

沉积物中的矿物成分因压溶和固体扩散等作用，使物质中的质点重新排列组合的作用，称重结晶作用。它能使细小颗粒逐渐合并成粗大的晶粒，也可使非晶质沉积物变为晶质。例如，非晶质的蛋白石（$SiO_2 \cdot nH_2O$）经脱水之后，可变为隐晶质的玉髓，再经重结晶作用最后变为显晶质的石英。

图 1 - 2 - 6　缝合线

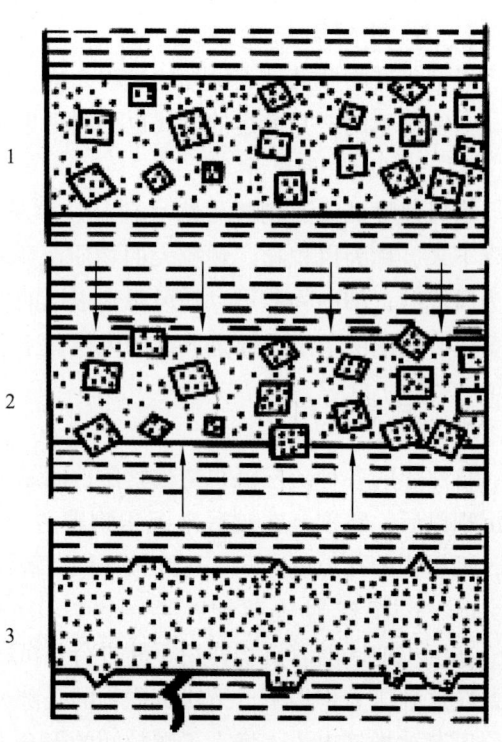

图 1 - 2 - 7　食盐晶体假象形成过程

1—在新鲜沉积物中的晶体；2—因压固作用，沉积物厚度变薄；3—层面上突起的晶体假象

（四）微生物及有机质的作用

原生沉积物中经常含有大量微生物。微生物在其生命活动过程中，能分解有机质而放出大量的 CO_2、NH_3、H_2S、CH_4、NO_2 等，并可分解出有机酸类物质。这些物质溶于水后，改变了地下水的性质，因而改变了沉积物介质的物理化学条件。例如，改变了溶液的酸碱度和氧化还原电位值后，会促使溶液中某些物质沉淀或结晶，变为固体，因而可促使疏松沉积物转变成为岩石。

上述各种作用，不是孤立进行的，它们是互相影响、互相联系的。

第三节　内力地质作用

一、地壳运动

地壳运动是指由地球内力引起地壳（或岩石圈）结构改变和地壳物质变位的机械运动。在漫长的地质历史时期中，可导致地壳的沧桑巨变。在内、外力地质作用中，内力地质作用是起主导作用的，因为地壳的升降、褶皱等运动，产生了地形的高低起伏，从而给外力地质作用创造了条件。在内力地质作用中，地壳运动占据支配地位。所以，可以说地壳运动在所有的地质作用中占主导地位。

（一）地壳运动的方向性

1. 地壳的水平运动

地壳的水平运动在一定的范围内其方向是一致的，但在不同的地区也可以是不一致的，甚至是相对的。这种水平方向的运动不仅可使地块发生水平位移，而且可使组成地壳的岩层发生褶皱和断裂。地壳间相背的水平运动可使地面大规模裂开，形成裂谷。

2. 地壳的垂直运动

地壳的垂直运动常表现为地壳大规模的隆起和凹陷，引起地势高低的变化和海陆变迁。由于垂直运动方向不同或速度的差异性，也可引起岩层发生倾斜、弯曲或断裂。

地壳的水平运动与垂直运动是相互联系与相互制约的，它们在时间和空间上，既有统一性又有差异性。

（二）地壳运动的周期性

地壳运动具有周期性的变化特点。地壳自形成以来曾发生过多次较强烈的地壳运动，导致海陆变迁及山系的形成，引起地壳结构及地表形态的演化，这就是地壳运动的周期性。不过，这种周期性变化并不是简单的重复，每一次运动的性质、方式及规模都是不一样的，也并不那么规律。

（三）地壳运动的区域性及速度

地壳运动具有一定的区域性。在有些地区内表现为大面积的隆起，遭受风化剥蚀；在另一些地区可能表现为大面积凹陷，接受沉积，可形成上千米厚的沉积岩层；在其他一些地带，则可表现为大规模水平挤压运动，形成高大的褶皱山系，如我国的喜马拉雅山、秦岭及昆仑山脉就是这样形成的。地壳运动的速度一般说都是缓慢的，如日本各岛目前正以每年约 18 cm 的速度向亚洲大陆靠近；但也有个别速度较快的，如我国台湾省的大壁断层，在 1906 年的一次活动中，水平位移达 240 cm。

二、岩浆作用

在地壳的深处及上地幔中的某些地方，由于局部温度的升高，形成囊状的硅酸盐岩浆熔体，这些地方被称为"岩浆库"。当地壳构造因素使岩浆库周围的压力失去平衡时，岩浆就会向压力小的方向（如裂隙和脆弱地带）运动，并侵入上升，有时能喷出地表。通常将岩浆的形成、活动以及冷凝的全部过程称为岩浆作用。

岩浆活动方式主要有 2 种，一种是岩浆冲破上覆岩层喷出地表，这种活动称为喷出作用或称火山活动；另一种是岩浆上升到地下一定位置，便冷凝、结晶形成岩石，这种岩浆活动称为侵入活动（图 1 - 2 - 8）。

（一）岩浆的喷出作用

喷出地表的岩浆以及其他喷出物，往往在喷出口周围堆积起来，形成锥形高地，这个锥形高地叫做火山（图 1 - 2 - 9）。火山口至岩浆源的通道称火山喉管。在这种通道中冷却凝固的一种管状岩体称为火山颈。火山如经过多次猛烈爆发或由于喷出在火山口的熔浆不断冷却收缩，可使火山口塌陷形成一个外形不完整的盆状火山口，称为破火山口。有时在较大的火山口的旁侧有分支的小火山口，称为寄生火山口。在寄生火山口周围由喷出物堆积的小锥形高地称为寄生锥。当火山喷发时，从火山口中涌泻出来大量灼热的硅酸盐熔融体，称为熔浆。熔浆可在地面流动，冷却以后形成各种形态的熔岩（即火山岩）。

火山猛烈喷发时，从火山口喷射到天空的熔岩碎屑和围岩碎屑总称火山碎屑岩。按碎屑的颗粒大小不同，又可分为火山弹和火山岩块（集块）、火山砾和粗火山灰、细火山灰（火山尘）。

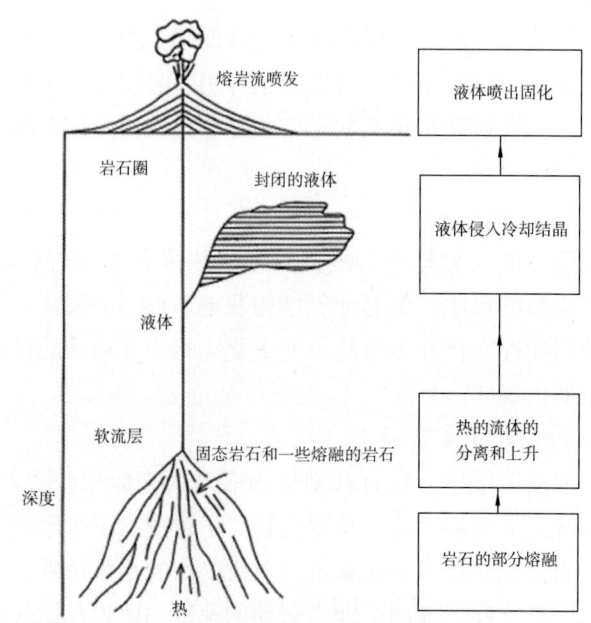

图 1 - 2 - 8　岩浆的形成及岩浆作用方式

（引自《地球是怎样形成的》）

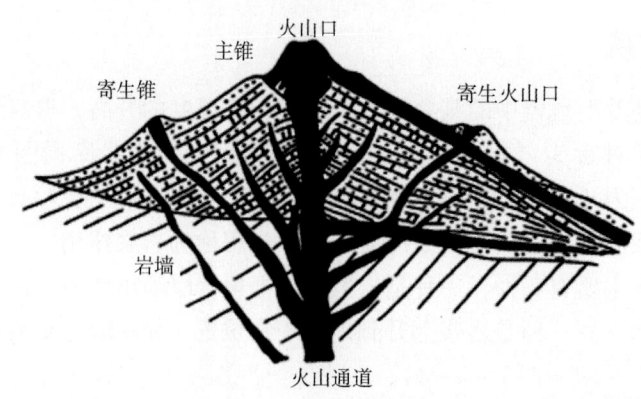

图 1 - 2 - 9　火山结构

（二）岩浆的侵入作用

岩浆在向地壳上部压力较小的方向侵入时，会逐渐消耗其活动的能量，当它上升活动的压力与上覆岩层的压力达到平衡时，岩浆就不能继续活动上升，并逐渐冷却凝固形成岩浆岩。从岩浆侵入到形成岩浆岩的过程，称为岩浆的侵入作用。岩浆侵入作用按其在地壳中侵入位置和环境的不同，可分为深成侵入作用和浅成侵入作用两种。①深成侵入作用是岩浆侵入到地下较深处凝固形成岩石的作用。这样形成的岩浆岩称为深成侵入岩，其岩体则称为深成侵入岩体。深成侵入岩岩体规模较大，岩体产状一般为岩基或岩株（图1-2-10）。②浅成侵入作用一般是岩浆侵入到地下较浅处凝固形成岩石的作用。这样形成的岩浆岩称为浅成侵入岩，其岩体称为浅成侵入岩体。浅成侵入体规模较小，岩体产状有岩床、岩盘、岩脉或岩墙（图1-2-10）。一般又把岩浆上升到接近地表的部位，但未能冲出地面，被封存地下，形成的小型岩浆体，称为次火山。

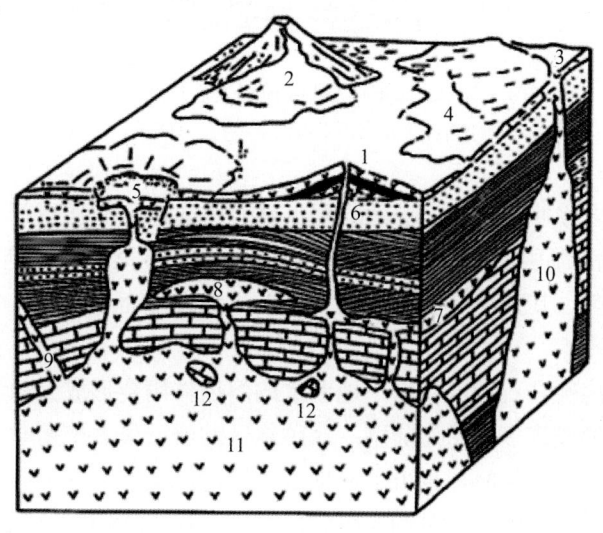

图1-2-10　岩浆岩的产状

（引自孔庆友《山东地勘读本》，2002年）

1—火山锥；2—熔岩流；3—火山颈；4—熔岩被；5—破火山口；6—火山颈和岩墙；7—岩床；8—岩盘；9—岩墙；10—岩株；11—岩基；12—捕房体

三、地震作用

地球内部积累的能量，在迅速释放时地壳会产生快速颤动，这就是地震。从地震的孕育、发生到产生余震的全部作用过程称为地震作用。地震是地壳运动的一种特殊形式。除内力可以引发地震外，山崩、坍陷等外力地质作用也可以引起或诱发地震。

（一）构造地震

地壳运动使岩层发生弯曲与断裂，断裂发生时引起地壳强烈的振动，这种地震称为构造地震。构造地震的发生次数最多，占地震总数的90%，破坏性也很大，传播面积最广，持续的时间长，历史上的大地震，大多数属此类型。例如我国唐山丰南7.8级地震，就属于构造地震。唐山丰南处在北东向沧东断裂带和东西向燕山褶皱带的交汇、复合部位。当北东向沧东断裂带继续活动时，它影响及改造了开平向斜构造，这时开平向斜西翼岩层发生变形及断裂，从而形成唐山断裂，引起地震（图1-2-11）。震源深度只有12 km。除此以外，最近若干年来在河北邢台，云南昭通、龙陵及通海，四川的甘孜、汶川，辽宁的海城等地发生的地震也都属于此类。

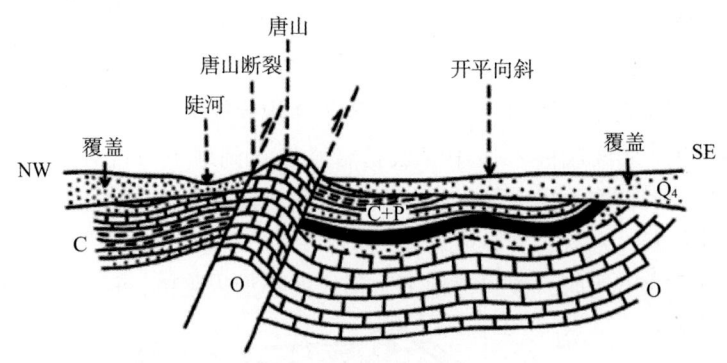

图 1 - 2 - 11　唐山 7.8 级地震发震构造示意图
(引自孔庆友《山东地勘读本》，2002 年)

（二）火山地震

火山爆发时，岩浆冲破地壳上部的岩层，就会引起地壳的强烈震动，这种地震称为火山地震。火山地震约占全部地震的 7%，在一般情况下火山地震所波及的范围不大，只限于火山周围地区，其强度随着火山爆发的形式和强度而不同。

（三）陷落地震

在石灰岩等可溶性岩石地区，由于地下水的溶蚀作用会形成大的洞穴；在侵蚀作用强烈的高山区，会形成许多的悬崖陡壁。这种地区的岩层失去平衡时，会发生地面陷落及崩塌现象，这种现象发生时，也可形成地震，这类地震统称为陷落地震。废弃的矿井塌陷、陨石坠落所引起的地震也可归属于陷落地震。这类地震影响范围很小，一般不超过数平方千米，强度也较弱，它只占地震总数的 3%。我国广西、贵州等省的石灰岩地区常发生这种地震。

引起地震的原因很多，除上述三种主要原因外，还有人类活动，如炸山采石、建筑大型水库、石油勘探中钻孔爆破和地下核爆炸等都会引起或诱发地震，这类地震称人工地震。

四、变质作用

地壳中原来的岩石，由于受到构造运动、岩浆活动或地壳内热流变化等内动力的影响，致使其矿物成分、结构构造及化学成分发生不同程度的变化，这种变化总称为变质作用。根据变质因素和地质条件的不同，可把变质作用分为 4 种主要类型。

（一）接触变质作用

岩浆侵入过程中，在它与围岩接触的地带，温度增高并从岩浆里析出大量挥发分和热水溶液与围岩发生作用，即接触变质作用。它能引起围岩中的矿物成分、结构、构造以至化学成分的变化。

（二）气成热液变质作用

由具化学活动性的气水溶液对岩石进行广泛的交代作用，使其矿物成分、化学成分及结构构造等发生变化的变质作用称气成热液变质作用，又称交代蚀变作用或围岩蚀变。也有把这种变质作用合并为接触变质作用的。

（三）动力变质作用

地壳运动时，岩石受定向压力（应力）的作用而发生破碎、变形、重结晶的一种变质作用，叫做动力变质作用。这种变质作用分布的范围狭窄，主要出现在断裂带附近。动力地质作用形成的碎裂岩、角砾岩和糜棱岩称为构造岩。

（四）区域变质作用

区域变质作用是指在大区域内，由于温度、压力和具化学活动性流体等因素的综合作用而使岩石发生变质的作用。区域变质作用的结果，可使岩石发生重结晶作用，并能形成很多变质矿物；由于定向压力很大，可使岩石产生变形、破裂，并形成片理构造和片麻状构造。

在不同地区、不同深度处，变质的因素和变质作用的强度是不同的。在同一个区域变质岩发育的地区，常常可以出现变质程度不同的岩石呈明显的带状分布，称为区域变质带。根据变质因素的强弱不同，一般将区域变质带划分为浅变质带（低级变质）、中变质带（中级变质）、深变质带（高级变质）。

第三章 矿 物

矿物是由地质作用所形成的结晶态的天然化合物或单质，它们具有均匀且相对稳定的化学组成（可用化学式来表达）和确定的晶体结构，它们在一定的物理化学条件范围内稳定，是组成岩石和矿石的基本单元。目前已发现的矿物约 3 000 种，其中绝大多数是无机物，如金刚石 C、黄铁矿 FeS_2、方解石 $CaCO_3$ 等；有机矿物如草酸钙石 $CaC_2O_4 \cdot H_2O$ 等，为数只有几十种，而且极少见。

第一节 晶 体

一、晶体与非晶质体

自然界中绝大多数的矿物都是晶体。古代人们把有几何多面体外形的自然形成的固体，称为晶体。例如石英、食盐、方解石、磁铁矿（图 1 - 3 - 1）。自 1912 年开始采用 X 射线研究晶体以来，才从本质上发现一切晶体不论外形如何，其内部质点（原子、离子或分子），毫无例外地在三维空间都是有规律地成周期性重复排列，构成"格子构造"。

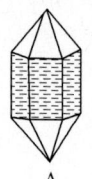 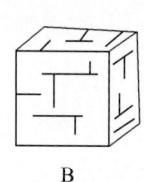 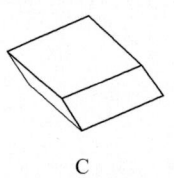 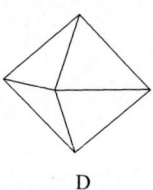

A   B   C   D

图 1 - 3 - 1 几种晶体的外形
A—石英；B—食盐；C—方解石；D—磁铁矿

格子构造是晶体与其他物体本质的区别。晶体是具有格子构造的固体，或者说，晶体是内部质点在三维空间成重复排列的固体（图 1 - 3 - 2）。与此相反，凡是内部质点在三维空间不做周期性重复排列的固体，称为非晶体（图 1 - 3 - 3）。

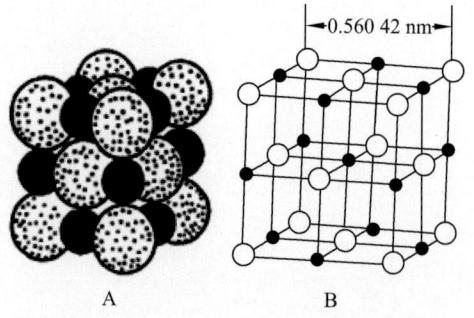

A   B

图 1 - 3 - 2 NaCl 晶体的格子构造
○—Cl^- ；●—Na^+

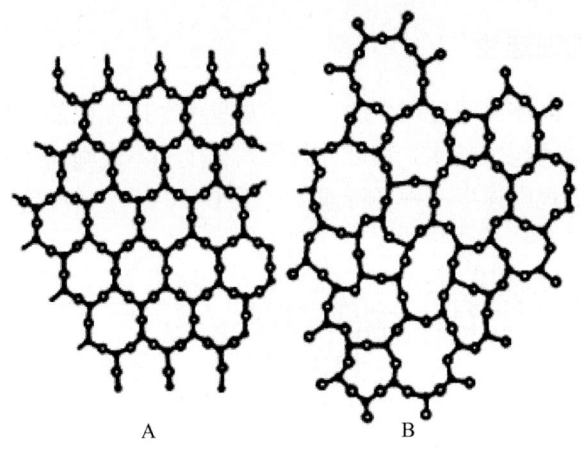

图 1 - 3 - 3　晶体（A）和非晶体（B）的内部质点排列情况

二、晶体的理想形态——单形与聚形

（一）单形

由同一种晶面（即性质相同、理想条件下同形等大的晶面）所组成的晶体为单形，如食盐的单形为立方体，它是由同形等大的六个正方形晶面所组成的。单形的名称，一般是根据晶面的数目、晶面的形状、单形横切面的形状以及所属晶系而拟定的。如菱形十二面体是由十二个菱形的晶面所组成的（图 1 - 3 - 4）。

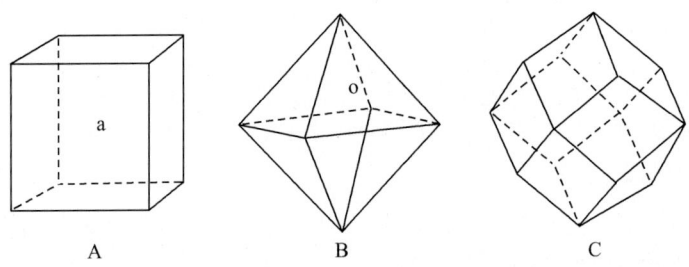

图 1 - 3 - 4　同一对称形的不同形态晶体

A—立方体；B—八面体；C—菱形十二面体

（二）聚形

由两种或两种以上晶面所组成的晶体称为聚形（图 1 - 3 - 5）。图中 B 就是立方体与八面体聚合而成。可见单形是构成聚形的基础。聚形往往改变了原有单形晶面的形状，相聚的单形越多，形状改变也就越大。

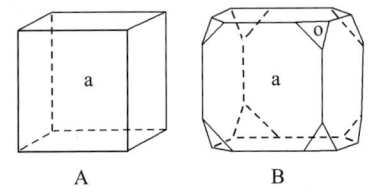

图 1 - 3 - 5　单形（A）与聚形（B）

三、晶体的规则连生

自然界里呈单独晶体出现是很少的，大多是呈两个以上的晶体自然地生长、聚集在一起，形成各种所谓的连生晶体。其可分为规则连生和不规则连生两大类。在规则连生中又包括同种晶体的规则连生——平行连生（图 1 - 3 - 6）和双晶（图 1 - 3 - 7）。

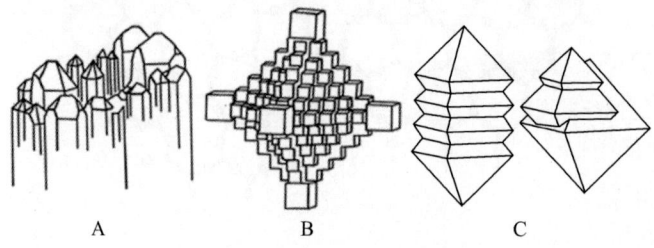

图 1 - 3 - 6　石英（A）、萤石（B）和明矾石（C）的平行连生

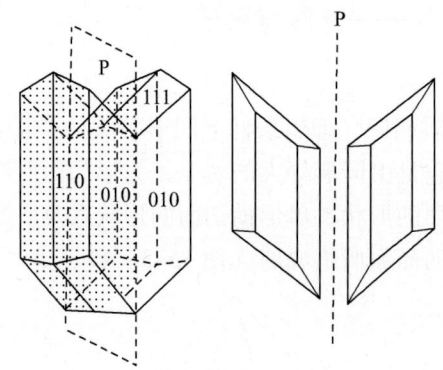

图 1 - 3 - 7　石膏双晶

（一）平行连生

若干个同种晶体，彼此平行地连生在一起，连生着的每个晶体的对应晶面和晶棱都相互平行。这种规则连生称为平行连生。

（二）双晶

双晶是两个或两个以上的同种晶体，按一定的对称规律形成的规则连生，其中一个单体与另一个单体成镜像反映关系；或者一个单体不动，另一个单体旋转180°后，可与不动的那个单体平行或重合。

第二节　矿物的化学成分和物理性质

一、矿物的化学成分

（一）矿物的化学成分类型

矿物的化学成分是由化学元素按照一定规律互相结合而成的，根据化学成分可分为单质和化合物两大类型。

1. 单质

由同种元素自相结合组成的矿物，称为单质矿物或自然元素矿物。如金刚石 C、自然金 Au、自然硫 S 等。这类矿物在自然界中数量较少。

2. 化合物

由两种或两种以上的不同元素的原子、离子或络阴离子等组成的矿物，称为化合物矿物。如方铅矿 PbS、铬铁矿 $FeCr_2O_4$、硬石膏 $CaSO_4$ 等。

（1）简单化合物

简单化合物是指由一种阳离子和一种阴离子结合而成的化合物。如食盐 NaCl、方铅矿 PbS、赤铁矿 Fe_2O_3 等。如果是由一种阳离子和一种络阴离子（酸根）组成的化合物，则称为单盐，如方解石 $CaCO_3$、镁橄榄石 $MgSiO_2$、重晶石 $BaSO_4$ 等。单盐也可归入简单化合物。

（2）复化合物

复化合物是指由两种或两种以上的阳离子与同一种阴离子或络阴离子组成的化合物。如黄铜矿 $CuFeS_2$、白云石 $CaMg(CO_3)_2$ 等，其中含络阴离子的复化合物称为复盐。复化合物的组成可以看成是由两种或两种以上的简单化合物或单盐以简单的比例组合而成，例如黄铜矿 $CuFeS_2$ 可以看成是 CuS 和 FeS 的组合，白云石为 $CaCO_3$ 和 $MgCO_3$ 的组合。

（二）类质同象

物质结晶时，晶体结构中某种质点（原子、离子、络阴离子或分子）的位置被类似的质点所占据，仍然保持原有的晶体结构类型，只是稍微改变其晶格常数的现象，称为类质同象。例如在菱镁矿 $MgCO_3$ 晶格中 Mg 的位置可被类似的质点 Fe 所置换，从而形成一系列 Mg、Fe 含量不同的类质同象混合晶体（简称混晶）。

（三）同质多象

化学成分相同的物质，在不同的物理化学条件（温度、压力、介质等）下，结晶为结构不同的若干种晶体的现象，称为同质多象（又称同质异象）。这些组分相同而结构不同的晶体，称为该成分的同质多象变体。例如金刚石和石墨就是 C 的两个同质多象变体。它们的成分都是碳质，而晶体结构则完全不同（图 1-3-8），同时在晶体形态和物理性质上也有显著的差别。

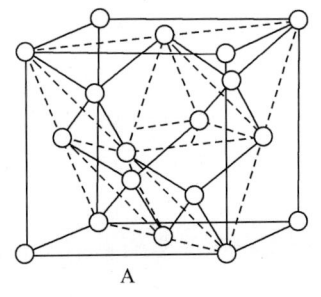
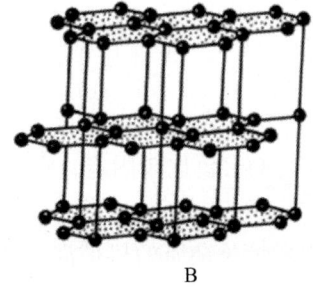

A   B

图 1-3-8 金刚石（A）与石墨（B）的晶体结构

（四）胶体矿物

胶体是一种或多种物质的微粒（1～100 nm）分散在另一物质中形成的混合物。前者称为分散相（又称分散质），后者称分散媒（又称分散介质）。在矿物中，分散相以固体为主，分散媒以液体——水为主。当分散媒远多于分散相时，称为胶溶体；而当分散相远多于分散媒时，则称为胶凝体。绝大部分的胶体矿物形成于表生作用中，如蛋白石 $SiO_2 \cdot H_2O$ 和部分黏土矿物。

（五）矿物中的水

根据水在矿物中的存在形式和它与晶体结构的关系，可将矿物中的水分为吸附水、结晶水、结构水 3 种基本类型。此外，还有性质介于吸附水和结晶水之间的沸石水（以中性水分子的形式存在于沸石族矿物晶体结构的孔穴和孔道中）和层间水（以中性水分子的形式存在于某些层状结构硅酸盐矿物的结构层之间）2 种过渡类型。①吸附水：是以中性水分子 H_2O 的形式机械地被吸附在矿物颗粒的表面或裂隙中，它不参与组成矿物的晶体结构，它在矿物中的含量也不固定。通常在化学式的末尾用 nH_2O 来表示，并与其他组分用圆点隔开，如蛋白石 $SiO_2 \cdot H_2O$。②结晶水：是以中性水分子 H_2O 的形式存在于矿物晶格中的特定位置，是矿物化学组成的一部分。水分子的数量与矿物的其他成分之间成简单的比例，且结合较牢固，如石膏 $CaSO_4 \cdot 2H_2O$。③结构水（化合水）：是以 OH^-、H^+、H_3O^+ 离子形式参与组成晶体结构，在晶格中占有确定位置，数量上与其他组分成一定比例，其结合强度远较结晶水大，如白云母 $KAl_2(AlSi_3O_{10})(OH)_2$。

（六）矿物的化学式

将矿物的化学成分用元素符号按一定原则表示出来，就构成了矿物的化学式。它是以单矿物的化学全分析资料为基础计算出来的，其表达方式有以下 2 种。①实验式：只表示组成矿物的元素种类及其原子数之比的化学式，如黄铜矿 $CuFeS_2$。实验式书写方便，其缺点是不能反映原子在矿物中相互结合的关系，忽略了矿物中的次要成分。②结构式：是既能表示矿物中元素的种类及其数量比，又能反映原子在晶体结构中相互关系的化学式，在矿物学中被普遍采用，如白云石 $CaMg(CO_3)_2$。

二、矿物的物理性质

（一）矿物的光学性质

1. 矿物的颜色

（1）自色

矿物本身固有的颜色称为自色。自然铜的铜红色、橄榄石的绿色、黄铜矿的铜黄色等都是自色。矿物的自色比较固定，在矿物鉴定上有着重要意义。

（2）他色

矿物由于外来带色杂质的机械混入或含有气液包裹体等因素引起的颜色称为他色。如纯净的石英为无色透明，但由于不同杂质的混入可染成紫色（紫水晶）、玫瑰色（蔷薇水晶）等。他色不是矿物固有的颜色，在矿物鉴定中意义较小。

（3）假色

由物理光学效应引起，与矿物本身无关，称为假色。一般有晕色、锖色、变彩等。如白云母、方解石等矿物的解理面上，由于照射到矿物表面的入射光受到矿物解理面或薄层包裹体表面的层层反射，造成光的干涉而呈现同心环状的色环，形成晕色。假色只对个别矿物如斑铜矿、拉长石等具有鉴定意义。

2. 矿物的条痕

矿物粉末的颜色称为条痕。一般是指矿物在白色无釉瓷板上划擦时所留下的粉末的颜色。矿物的条痕消除了假色的干扰，也减轻了他色的影响（主要呈现透射色），因而一般比矿物的颜色稳定得多。

3. 矿物的透明度

矿物透过可见光的程度称为透明度。矿物的透明度决定于矿物的化学成分和内部结构以及晶体内部所含杂质。在观察时要以一定的厚度作标准。通常以矿物碎片边缘能否透见他物为标准，将矿物透明度分为透明、半透明、不透明3级。

4. 矿物的光泽

矿物表面对可见光的反射能力称为光泽。通常根据矿物的反光强弱将光泽分为金属光泽、半金属光泽、金刚光泽、玻璃光泽4种。

（二）矿物的力学性质

矿物在外力（如刻划、敲打、挤压和拉引等）作用下，表现出来的各种性质称为矿物的力学性质，包括硬度、解理、断口、裂开等。

1. 矿物的硬度

矿物抵抗外力（如刻划、压入和研磨等）机械作用的能力称为硬度。硬度是矿物物理性质中比较固定的性质之一，是矿物的一个重要鉴定特征。矿物的硬度可分为相对硬度和绝对硬度。矿物学上所指的硬度一般为相对硬度——摩氏硬度。摩氏硬度由低到高分为10度：1－滑石；2－石膏；3－方解石；4－萤石；5－磷灰石；6－正长石；7－石英；8－黄玉；9－刚玉；10－金刚石。

2. 矿物的解理

矿物在外力作用（如打击、挤压）下，沿着一定的结晶方向裂成光滑平面的性质，称为解理。所裂成的光滑平面称为解理面。图1－3－9为方铅矿和萤石的解理及解理面。

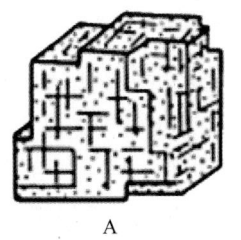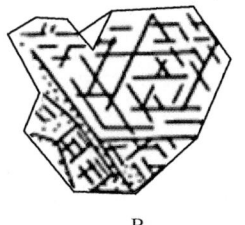

A　　　　　　　　　　　　B

图1－3－9　方铅矿（A）与萤石（B）解理

3. 矿物的断口

矿物在外力作用下（如打击等）沿任意方向断裂成凹凸不平的断面，称为断口。矿物中的断口与解理互为消长关系。解理完善程度高的矿物断口不发育，如云母、方铅矿等；解理不发育的矿物，断口很发育，如磷灰石、石英等。常见的断口有：贝壳状断口（图1-3-10）、锯齿状断口、参差状断口、土状断口等。

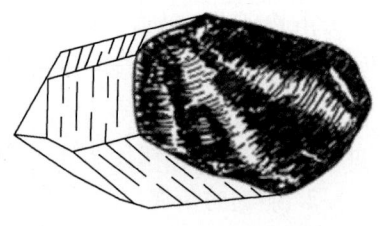

图 1-3-10　石英的贝壳状断口

4. 矿物的其他力学性质

除上述性质外，矿物还具有：①脆性：矿物易折断、破碎或易压成粉末的性质称为脆性，如石英、黄铁矿等。②展性：矿物易被捶击成薄片的性质称为展性，如自然金、自然铜等。③柔性：矿物能被小刀切成薄片的性质称为柔性，如石膏。④延性：矿物能被拉成细丝的性质称为延性，如自然铜、自然银等。⑤挠性：矿物受力后能弯曲，而作用力取消后不能恢复原来形状的性质称为挠性，如绿泥石、滑石等。⑥弹性：矿物受力后弯曲，但作用力取消后，在弹性范围内能恢复原状的性质称为弹性，如白云母等。

（三）矿物的相对密度

纯净而均匀的单矿物在空气中的质量，与4℃时同体积水的质量之比，称为矿物的相对密度。每种矿物都有自己的相对密度，因此，相对密度是鉴定矿物的一个重要常数，而且在矿物分离、选矿以及重力探矿方面都有重要意义。各种矿物的相对密度差别很大，小的如冰，仅0.92；大者如铱锇矿，可达22.4。大多数金属矿物的相对密度大于5，而非金属矿物的相对密度大多数在2.25～3.5之间。

（四）矿物的电性

1. 导电性

矿物对电流的传导能力，称为矿物的导电性。一般说，金属矿物的导电能力较强，称为电的良导体；非金属矿物的导电能力比较弱或不导电，称为电的半导体或绝缘体。

2. 压电性

某些矿物晶体，当受到机械作用的定向压力或张力时，能激起晶体表面荷电的现象，称为压电性。

3. 热电性

矿物单晶体当温度变化时，在晶体的某些结晶方向产生荷电的性质称为热电性。

（五）矿物的磁性

矿物在外磁场（如磁铁、电磁铁）的作用下能被外磁场吸引、排斥或对外界产生磁场的性质，称为矿物的磁性。根据磁性的强弱，可将矿物分为3类。①强磁性矿物：能被永久磁铁吸引的矿物，称为强磁性矿物，如磁铁矿、磁黄铁矿（碎屑）。②电磁性矿物：不能被永久磁铁吸引，但能被电磁铁吸引的矿物，称为电磁性矿物。③无磁性矿物：用强电流电磁铁也不能吸引的矿物，称为无磁性矿物，如石英、方解石等。

（六）矿物的放射性

含有铀、钍、镭等放射性元素的矿物，由于放射性元素的蜕变而能放出 α、β、γ

射线的性质，称为矿物的放射性。

（七）矿物的发光性

矿物受外界能量的激发，能发出可见光的性质，称为矿物的发光性。外界的能量有多种，如紫外线、X射线、阴极射线以及加热、摩擦、打击等等。如外界激发能量停止作用后，矿物即停止发光，这种发光称为荧光；如果外界激发能量停止作用后，矿物还能在一段时间内继续发光，这种发光称为磷光。

（八）矿物的其他性质

矿物除具有上述性质外，还具有：①吸水性：某些矿物有吸收空气中水分的能力，称为吸水性，如食盐、光卤石等。②挥发性：矿物在燃烧过程中，某些化学成分易挥发的性能，称为挥发性，如辉锑矿、雄黄、雌黄等。③易燃性：矿物加热时易燃烧，称为易燃性，如自然硫等。④可塑性：某些矿物加水后，能随外力所塑造的形状而产生变形，称为可塑性，如高岭石等。

第三节　矿物集合体的形态

矿物单晶体、规则连生晶体和同种矿物集合体的外表特征称为矿物的形态。因为自然界的矿物多数是以集合体的形态出现，所以，这里只介绍矿物集合体的形态。

同种矿物多个单体聚集在一起的整体就是矿物集合体，它的形态取决于单体的形态和它们的集合方式。根据集合体中矿物颗粒的大小，可分为3类：肉眼可以辨认单体的为显晶质集合体；显微镜下才能辨认单体的为隐晶质集合体；在显微镜下也不能辨认单体的为胶态集合体。

一、显晶质集合体

按单体的形态及其集合的方式可分为8种主要形态。①粒状集合体：由各方向发育大致相等的粒状矿物组成，如石榴子石等。②板状集合体：由板状矿物组成，如重晶石等。③片状和鳞片状集合体：前者由片状矿物组成，如辉钼矿；后者由细小片状矿物组成，如石墨等。④柱状集合体：由柱状矿物组成，如辉锑矿。⑤针状集合体：由针状矿物组成，如电气石、金红石等。⑥纤维状集合体：由针状或纤维状矿物互相平行密集排列而成，如纤维石膏、石棉（图1-3-11）。⑦放射状集合体：由针状、柱状或片状的许多同种晶体以一点为中心向外呈放射状排列而成，如放射状叶蜡石、红柱石（图1-3-12）。⑧晶簇：由许多单晶体所组成的簇状集合体，它们一端固着在共同的岩石裂隙或空洞基底上，另一端自由发育而有良好的晶形，如常见的方解石晶簇、石英晶簇（图1-3-13）等。

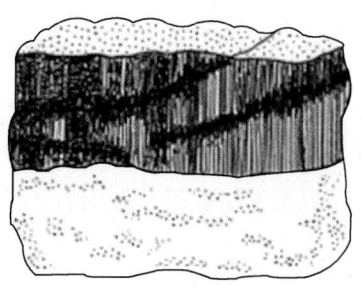

图 1 - 3 - 11 　石棉的纤维状集合体

图 1 - 3 - 12 　红柱石的放射状集合体

图 1 - 3 - 13 　石英的晶簇状集合体

二、隐晶质和胶态集合体

这类集合体可直接结晶或由胶体生成。常见的隐晶质和胶态集合体有以下 9 种。

1. 分泌体

在岩石的球状或不规则形状的空洞中，由胶体或隐晶质矿物自洞壁逐渐向中心层层沉积而成（图 1 - 3 - 14）。多数的分泌体具有由外向内的同心层状构造，分泌体的中心经常留有空腔，有的空腔壁上长有晶簇。分泌体直径 >1 cm 的称为晶腺，如玛瑙晶腺（图 1 - 3 - 15）；平均直径 <1 cm 的称为杏仁体，如火山岩中的杏仁体（图 1 - 3 - 16）。

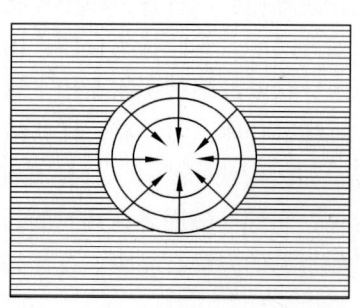

图 1 - 3 - 14 　分泌体的生长顺序

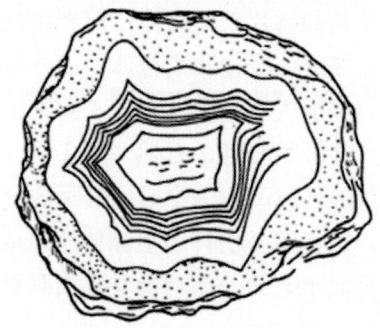

图 1 - 3 - 15 　玛瑙晶腺

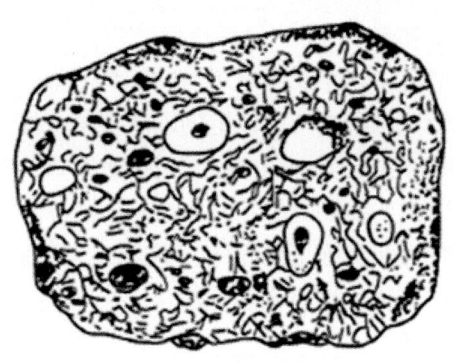

图 1 - 3 - 16　火山岩中的杏仁体

2. 结核体

结核体是围绕某一核心生长而成球状、凸镜状或瘤状的矿物集合体，如黄铁矿结核、磷灰石结核、钙质结核等。

3. 鲕状和豆状集合体

由许多如同鱼卵大小的圆球群所组成的矿物集合体，称为鲕状集合体，如鲕状赤铁矿。如果是像豌豆大小的，则称为豆状集合体。

4. 钟乳状集合体

钟乳状集合体由真溶液或胶体在开敞孔隙中慢慢结晶或凝聚而成。常见的有钟乳状、石笋状、葡萄状和肾状等。

5. 粉末状集合体

矿物呈粉末状散附在其他矿物或岩石表面上，如铜蓝等。

6. 土状集合体

矿物呈细粉状较疏松地聚集成块，如高岭石等。

7. 被膜状集合体

矿物呈薄膜覆盖在其他矿物或岩石表面上，如铜蓝等。

8. 皮壳状集合体

矿物呈较厚的层覆盖在其他矿物或岩石上，如菱锌矿等。

9. 块状集合体

块状集合体是指那些内部晶粒界限不清（晶粒可大可小，但肉眼看不出来）的致密块状体。如块状石英、块状磁铁矿等，晶粒常很大；而致密块状的铝土矿，其颗粒往往在 $1\mu m$ 以下。

第四节　矿物分类及常见矿物主要特征

一、矿物分类

矿物分类的方法很多，目前广泛采用的是以矿物的化学成分和结构为依据分类。

（一）自然元素大类矿物

自然元素大类是指自然界中以单质形式产出的矿物。如：金、银、铂、金刚石、石墨等。其中某些元素可以形成两种或两种以上的同质多象变体，如金刚石和石墨。某些元素可以形成类质同象，如银金矿（Au、Ag）、钯铂矿（Pt、Pd）等。自然元素矿物已知近 90 种，其中某些矿物可以富集形成矿床，如金、铂、硫、金刚石、石墨等。这类矿物中的金属矿物的共同特点是具强金属光泽、不透明、硬度小、比重大、无解理、富延展性，是电和热的良导体，化学性质稳定等。

（二）硫化物大类矿物

硫化物大类矿物是一系列金属元素与硫相结合而形成的化合物，其中以 Fe 的硫化物占绝大部分，其次为 Co、Ni、Cu、Pb、Zn、Ag、Hg、Sb、Bi、As 等。目前已知的矿物种数为 200 多种，占地壳重量的 0.15%，但往往富集成为具有重要经济价值的有色金属矿床。硫化物广泛存在类质同象，因此也是获得稀有分散元素的来源之一。硫化物类矿物，除个别矿物晶形较好外，一般多呈致密块状或粒状集合体。金属、半金属光泽，金刚光泽。半透明至不透明。金属色。大多数条痕呈深色。比重较大，一般在 4 以上。硬度较低，一般在 2~4 之间。

（三）卤化物大类矿物

卤化物大类矿物为金属阳离子与卤族元素（F、Cl、Br、I）阴离子相化合的化合物。矿物种数为 120 种左右，其中主要是氟化物、氯化物。卤化物类矿物一般无色透明，有玻璃光泽，比重小，硬度低。除氟化物外，多易溶于水。

（四）氧化物和氢氧化物大类矿物

氧的化合物大类包括一系列金属或非金属阳离子和氧阴离子或氢氧阴离子化合而成的化合物，并包括含水的氧化物。这类矿物种数约 200 种左右，其中石英为地壳中分布最广的矿物之一，其次为铁的氧化物和氢氧化物，以及 Al、Mn、Ti、Cr 等的氧化物。类质同象也很广泛。常有完好的晶形，集合体为致密或土状块体，有时呈隐晶质胶体。多数矿物含 Fe、Mn、Cr 等色素离子，因而颜色较深。半透明至不透明。半金属光泽为主。硬度一般大于 5.5。

（五）含氧盐大类矿物

含氧盐大类矿物包括含氧酸根（络阴离子）SiO_4^{4-}、PO_4^{3-}、SO_4^{2-}、CO_3^{2-}、WO_4^{2-} 等与一系列金属阳离子结合所组成的各种盐类矿物。它们是地壳中分布最广和最常见的矿物。根据络阴离子的不同类型，又可以分为硅酸盐类、硼酸盐类、磷酸盐类、砷酸盐类、钒酸盐类、硫酸盐类、钨酸盐类、钼酸盐类、铬酸盐类、碳酸盐类、硝酸盐类。其中硅酸盐、碳酸盐、硫酸盐、钨酸盐及磷酸盐 5 类矿物分布较广。

1. 硅酸盐类矿物

硅酸盐类矿物包括所有含硅酸根的矿物。这类矿物种类很多，在自然界分布非常广泛，约占矿物总数的三分之一，目前已发现的有 800 多种，占地壳总重量的 85%。它们是构成三大类岩石的主要造岩矿物。其中有些非金属矿物，如云母、石棉、高岭石等都是极为重要的非金属矿产。

2. 碳酸盐类矿物

碳酸盐类矿物是由金属阳离子和碳酸根 CO_3^{2-} 化合而成的盐类矿物。已知矿物种数有 95 种左右，其中方解石、白云石等都是分布极广的矿物，许多碳酸盐类矿物具有重要的经济价值。

3. 硫酸盐类矿物

硫酸盐类矿物是金属阳离子和硫酸根 SO_4^{2-} 化合而成的盐类矿物。本类矿物约有 180 种左右，仅占地壳总重量的 0.1%，它们是许多非金属矿物原料的主要来源之一。

4. 钨酸盐类矿物

钨酸盐类矿物是金属阳离子与钨酸根 WO_4^{2-} 化合而成的盐类矿物。钨对氧具有显著的亲和力，因而钨酸盐几乎是钨的唯一化合物。如，黑钨矿、白钨矿等，是金属钨的主要来源。

5. 磷酸盐类矿物

磷酸盐类矿物是金属阳离子与磷酸根 PO_4^{3-} 化合而成的盐类矿物。本类矿物多是外生的，仅少数是岩浆岩、伟晶岩或热液期形成的。自然界中以磷灰石最为常见。

二、常见矿物主要特征

常见矿物主要特征见表 1－3－1 及图 1－3－17。

表 1－3－1　　　　　　　　　常见矿物主要特征

分类	矿物名称	形态	物理性质	成因及产状	主要用途
自然元素矿物大类	自然金	等轴晶系；晶体少见；一般呈分散粒状或不规则树枝状集合体	颜色和条痕均为亮金黄色，金属光泽；硬度 2.5～3.0；具强延展性；为电和热的良导体；比重 15.6～18.3；化学性质稳定	产于岩浆期后高中温热液、火山中，低温热液及变质砾岩型金矿床及砂金矿床中	货币及装饰品；用于合金、电子及尖端工业
	金刚石	等轴晶系；晶体呈八面体、菱形十二面体、立方体等，以八面体常见	无色透明或带蓝、黄褐、黑等色；金刚光泽；解理平行 (111) 中等；硬度 10；比重 3.47～3.56	常产于金伯利岩砂矿中	高硬度切削、研磨，精密仪表零件及高温半导体材料、宝石
	石墨	六方晶系；单体呈片状或板状；常呈鳞片状或块状集合体	颜色与条痕均为黑色；半金属光泽；解理平行 (0001) 极完全；硬度 1；具滑腻感；比重 2.09～2.23	主要由富含有机质或炭质的沉积岩受区域变质作用所形成	高温坩埚，机械工业润滑剂，电极

（续表）

分类	矿物名称	形态	物理性质	成因及产状	主要用途
自然元素矿物大类	自然硫	斜方晶系；晶体常呈双锥或厚板状，通常呈粒状、块状、粉末状集合体	浅黄色；条痕白至微黄；金刚光泽；硬度1～2；解理不完全；断口贝壳状或参差状；比重2.05～2.09	由以下作用形成：由火山硫质喷气结晶；硫化氢不完全氧化；生物化学作用；某些沉积层中石膏的分解	主要用于制硫酸、杀虫剂、火药、火柴、橡胶
硫化物矿物大类	方铅矿	等轴晶系；晶体呈立方体，通常呈粒状或块状集合体	铅灰色，条痕灰黑色；金属光泽；解理平行（100）完全；硬度2～3；比重7.4～7.6	产于不同温度的热液矿床中；常与闪锌矿一起形成铅锌硫化物矿床；并常与黄铁矿、黄铜矿等矿物伴生	炼铅的主要矿物原料
	闪锌矿	等轴晶系；晶体常呈四面体的聚形，晶面上常有三角形晶纹，通常呈粒状、致密块状集合体	浅黄、棕至黑色；条痕白至褐色；金刚光泽、半金属光泽；透明至半透明；解理平行（110）完全；硬度3.5～4；比重3.9～4.1	成因与方铅矿相同	炼锌的主要矿物原料
	辰砂	三方晶系；晶体呈厚板状或菱面体；集合体呈粒状、致密块状	颜色和条痕均为红色；金属光泽；半透明；解理平行（1010）完全；硬度2～2.5；比重8.09～8.20	分布最广的汞矿物，是低温热液的典型矿物，常与辉锑矿、雄黄、雌黄、黄铁矿等共生	炼汞最重要的矿物原料
	黄铜矿	四方晶系；晶体呈四方双锥或四方四面体，但很少见；常呈粒状或致密块状集合体	黄铜色，条痕绿黑色；金属光泽；无解理；硬度3.5～4；比重4.1～4.3；导电	主要产于铜镍硫化物矿床、斑铜矿、接触交代铜矿床以及某些沉积成因的层状铜矿中	炼铜的重要矿物原料
	斑铜矿	等轴晶系；晶体极少见，常呈致密块状或粒状	新鲜面是暗铜红色，氧化表面呈紫、蓝斑状色；条痕灰黑色；金属光泽；硬度5；性脆；比重4.9～5.03；导电	常见于热液矿床，常与黄铜矿、方铅矿、闪锌矿、黄铁矿等共生；外生成因的形成于铜硫化物矿床的次生富集带中	炼铜的重要矿物原料

（续表）

分类	矿物名称	形态	物理性质	成因及产状	主要用途
硫化物矿物大类	磁黄铁矿	六方或单斜晶系；通常呈致密粒状或块状	暗铜黄色；条痕灰黑色；金属光泽；性脆；硬度4；比重4.58~4.65；较强磁性	分布于岩浆矿床、接触交代矿床和一系列热液矿床中；常与黄铜矿等硫化物共生	制取硫酸的原料
	辉锑矿	斜方晶系；晶体呈柱状或针状；集合体呈放射状或柱状晶簇	铅灰色；条痕黑色；金属光泽；不透明；解理平行（010）完全；硬度2；比重4.52~4.56	分布最广的锑矿物，主要为低温热液成因；常与辰砂、重晶石、雄黄、雌黄、方解石等共生	炼锑的重要矿物原料
	雌黄	单斜晶系；晶体呈短柱状，集合体呈片状、梳状、土状等	柠檬黄色，条痕鲜黄色；油脂光泽至金刚光泽；解理平行（010）完全；硬度1~2；比重3.48	低温热液的典型矿物，与雄黄、辉锑矿等共生；此外见于火山喷发物中，与自然硫等共生	提取砷的重要矿物原料
	辉钼矿	六方晶系；晶体呈片状、板状，底面常具花纹；集合体鳞片状	铅灰色；条痕微带绿的灰黑色；金属光泽；解理平行（0001）极完全；硬度1.5；比重4.62~4.73	主要产于与花岗岩、石英二长岩有关的高、中温热液矿床和接触交代矿床中	炼钼的最主要矿物原料
	黄铁矿	等轴晶系；常呈立方体或五角十二面体；集合体呈粒状和块状	浅黄铜色；条痕绿黑色；金属光泽；性脆；断口参差状；硬度6~6.5；比重4.9~5.2；逆磁性	地壳中分布最广的硫化物，形成于各种地质条件下；主要有热液型、沉积型和接触交代型	为制取硫酸的主要原料，也可提取硫黄
卤化物矿物大类	萤石	等轴晶系；晶体常呈立方体、八面体；常见立方体穿插双晶	绿、紫、蓝、黄等色；玻璃光泽；解理平行（111）完全；硬度4；性脆；比重3.18	主要为低温热液成因，常呈萤石脉产出；有时也大量出现于铅锌硫化物矿床中；沉积成因者较少	制取氢氟酸的原料；冶金熔剂；无色透明者作光学材料
	食盐	等轴晶系；晶体呈立方体，晶面上常呈阶梯状凹陷	无色透明；玻璃光泽，潮解表面呈油脂光泽；解理平行（100）完全；硬度2~2.5；性脆；比重2.16	常产于古代或现代炎热干燥地区湖盆中和泻湖中	食用及食物防腐剂；提取钠和制造盐酸的原料

（续表）

分类	矿物名称	形态	物理性质	成因及产状	主要用途
卤化物矿物大类	钾盐	等轴晶系；立方体或八面体；集合体呈致密粒状或块状	无色透明；玻璃光泽；解理平行（100）完全；硬度2；比重1.99；易溶于水，味苦咸且涩	成因与食盐相似，数量较食盐少	制造钾肥及钾化合物原料
氧化物和氢氧化物矿物大类	刚玉	三方晶系；晶体呈桶状或短柱状；集合体呈粒状、致密块状	蓝灰或灰黄色；质优者为红宝石或蓝宝石；玻璃光泽；无解理，硬度9；比重3.95~4.02	主要形成于富Al_2O_3、贫SiO_2的岩浆作用和变质作用形成的地质体中	作研磨材料和轴承；彩色透明者可作宝石
	赤铁矿	三方晶系；晶体呈菱面状；集合体常呈鲕状、肾状等	暗红色；条痕樱红色；无解理；硬度5.5~6，土状显著降低；比重5~5.3；抗风化	内生的主要以热液成因为主，外生的主要由胶体溶液凝聚而成；或由褐铁矿经脱水作用形成	炼铁的重要矿物原料
	金红石	四方晶系；四方柱和四方双锥的聚形；集合体为粒状或致密块状	褐红色—黑褐色；条痕浅褐色；金刚光泽；解理平行（110）中等；硬度6~6.5；比重4.2~4.3	在岩浆岩中作为副矿物出现；常产于变质岩系的石墨矿床或榴辉岩中	炼钛的重要矿物原料
	锡石	四方晶系；四方柱、四方双锥；常呈膝状双晶	红褐色—黑色；条痕淡黄；金刚光泽；解理不完全；硬度6~7；比重6.8~7；性脆	其生成与花岗岩关系密切；常产于气化—高温热液的锡石石英脉、接触交代的硫化物矿床中	炼锡的重要矿物原料
	软锰矿	四方晶系；针状或柱状；常呈肾状、结合状、块状集合体	颜色和条痕均为黑色；半金属光泽；解理平行(110)完全；硬度视结晶程度而异，2~6；比重4.75	主要有沉积型和风化型；后者为原生低价锰矿物氧化的产物	炼锰的重要矿物原料
	石英	三方或六方晶系；六方柱、六方双锥与六方柱的聚形	无色—白色，透明；玻璃光泽；无解理；贝壳状断口；硬度7；比重2.65	可形成于各种地质作用；其中有工艺价值的压电石英和光学石英主要产于伟晶花岗岩	电子、光学和熔炼石英原料及工艺石料

（续表）

分类	矿物名称	形态	物理性质	成因及产状	主要用途
氧化物和氢氧化物矿物大类	蛋白石	非晶质；通常呈致密块状、钟乳状、结合状、皮壳状等	蛋白色，因含杂质而呈各种颜色；玻璃光泽或蜡状光泽；硬度5~5.5；比重1.9~2.5；贝壳状断口	火山区温泉的沉积物或在外生条件下由硅酸盐矿物分解产生的硅酸溶胶凝聚而成；以及硅藻土中	色美者可以作宝石或工艺材料
	钛铁矿	三方晶系；晶体呈厚板状，但很少见；常呈不规则细粒状集合体	钢灰—黑色；条痕黑色；半金属光泽；不透明；无解理；硬度5~6；比重4.73；微具磁性	常与磁铁矿共生产于基性岩中；与碱性岩有关的内生矿床也常有钛铁矿产出；此外常见于砂矿中	炼钛的重要矿物原料
	磁铁矿	等轴晶系；八面体或菱形十二面体集合体；呈致密块状或粒状	铁黑色；条痕黑色；半金属光泽；不透明；硬度5.5~6.5；比重5.18；具强磁性	是岩浆、接触交代、沉积变质及与火山作用有关的铁矿床矿石的主要矿物成分	炼铁的重要矿物原料
	铬铁矿	等轴晶系；晶体呈细小的八面体；通常呈粒状或致密块状集合体	黑色；条痕褐色；半金属光泽；不透明；无解理；硬度5.5~6；比重4.3~4.8；具弱磁性	属于岩浆成因的矿物，常产于超基性岩中；风化后常转入砂矿中	炼铬的最主要矿物原料
	一水软铝石	斜方晶系；通常为隐晶质块体或具胶体形成物的各种外貌	白色或无色；条痕白色；玻璃光泽；解理平行(010)完全；硬度3.5；比重3.01~3.06	主要产于沉积铝土矿中，与三水铝石、高岭石共生；此外，也常为低温热液的蚀变产物	炼铝矿物原料
	一水硬铝石	斜方晶系；片状、板状、柱状或针状；集合体为鳞片状或结核状	白、灰、黄褐或灰绿色；条痕白色；玻璃光泽；解理平行(010)完全；硬度6.7；比重3.3~3.5	分布沉积于铝土矿和煤系中；也出现在经区域变质作用形成的一些结晶片岩中	炼铝矿物原料
	褐铁矿	常呈块状、土状、钟乳状或葡萄状	黄褐色或深褐色；条痕黄褐色；光泽暗淡；硬度1~4；比重3.3~4	含铁矿物经风化而成，亦可由氢氧化铁胶体沉淀而成	炼铁的矿物原料

（续表）

分类	矿物名称	形态	物理性质	成因及产状	主要用途
含氧盐矿物大类	橄榄石	斜方晶系；晶体呈短柱状、厚板状，但少见，通常呈粒状集合体	橄榄绿至黄绿色；玻璃光泽，解理不完全；硬度 6.5～7；比重 3.27～4.27	主要产于超基性岩和基性岩中，也是陨石的主要组分之一	含铁低者可作耐火材料，色优者可作宝石
	锆石	四方晶系；常呈四方柱和四方双锥聚形	褐黄色、灰色或无色；金刚光泽；硬度 7.5；比重 4.7；熔点 2 750℃	主要分布于花岗质岩石中，主要矿床是滨海砂矿和冲积砂矿床	制造耐酸、耐火的玻璃器皿原料及提取锆
	红柱石	斜方晶系；晶体呈柱状	灰黑、褐或红色；玻璃光泽，解理平行（110）中等；硬度 6.5～7.5；比重 3.13～3.16	常产于泥质岩与岩浆岩的接触带或区域变质岩的低压变质带中	高级耐火材料；色美透明者可作宝石
	蓝晶石（二硬石）	三斜晶系；晶体常呈扁平柱状或呈双晶	蓝或蓝灰色；玻璃光泽，解理平行（100）完全；垂直柱方向硬度 6.5～7；比重 3.53～3.65	典型区域变质应力矿物，由富含铝质的岩石在高压、中温条件下变质而成；常产于各种结晶片岩中	高级耐火材料，色泽优美者可作宝石
	夕线石	斜方晶系；一般呈长柱状、针状或纤维状集合体	常呈灰白色，含杂质呈黄、棕、灰绿等色；玻璃光泽；解理平行（010）完全；硬度 7；比重 3.23～3.27	典型的泥质岩高级热变质产物；产于岩浆岩与泥质岩的接触带，以及结晶片岩、片麻岩中	作高级耐火材料
	楣石	单斜晶系；扁平信封状晶体，有时为板状、柱状、针状集合体	呈黄、褐、绿、灰、红等色；条痕无色；树脂光泽，解理平行（110）中等；硬度 5～5.5；比重 3.29～3.60	常见于岩浆岩中；伟晶岩、某些变质岩以及砂矿中均可出现	纯洁透明者可作宝石
	绿帘石	单斜晶系；柱状、针状晶体；集合体呈放射状、粒状或块状	呈各种不同色调的绿色；玻璃光泽，解理平行（001）完全；硬度 6～6.5；比重 3.35～3.38	常见于接触交代矿床中	质优者可作宝石

（续表）

分类	矿物名称	形态	物理性质	成因及产状	主要用途
含氧盐矿物大类	绿柱石	六方晶系；六方柱状；集合体呈晶簇状、柱状等	常呈不同色调的绿色，亦呈白、浅蓝、玫瑰色等；玻璃光泽；硬度7.5~8；比重2.66~2.83	主要产于花岗伟晶岩中，气成—高温热液或热液矿床也有产出；亦可产于砂矿中	提炼铍的主要矿物原料，质优者为宝石
	电气石	三方晶系；柱状，柱面常有纵纹，横断面呈球面三角形	最常见为黑色；玻璃光泽；无解理；参差状断口；硬度7~7.5；比重3.03~3.25；具热电性和压电性	主要产于花岗伟晶岩和气成—高温热液矿脉中	质优者为压电材料；色优者可作宝石
	透辉石	单斜晶系；晶体呈短柱状；集合体为粒状、放射状、块状	浅绿或浅褐色；玻璃光泽；解理平行（110）中等；硬度5.5~6；比重3.22~3.33	夕卡岩的主要矿物；常与石榴子石、符山石等共生；基性和超基性岩中广泛产出	节能陶瓷原料
	普通辉石	单斜晶系；晶体呈短柱状；常呈接触双晶或聚片双晶	黑色或黑褐色；玻璃光泽；解理平行（110）中等；硬度5~6；比重3.23~3.52	基性和超基性岩主要造岩矿物之一	
	透闪石	单斜晶系；晶体呈长柱状、针状；集合体呈放射状或纤维状	白色或灰色；玻璃光泽；解理平行（110）中等；硬度5.5~6；比重2.9~3	典型的接触变质矿物，主要产于岩浆岩与碳酸盐岩接触带；有时见于结晶片岩中	
	普通角闪石	单斜晶系；晶体多呈长柱状或针状；集合体呈柱状、纤维状、粒状	暗绿至黑色；玻璃光泽；解理平行（110）中等，交角124°；硬度5~6；比重3.11~3.42	组成中性岩浆岩的主要矿物	
	滑石	单斜晶系；晶体少见，常呈致密块状、叶片状、纤维状集合体	无色透明或白色；解理面上呈珍珠光泽；解理平行（001）完全；硬度1；比重2.58~2.83	主要由富含镁的岩石经热液蚀变或接触变质形成	造纸等填料及漂白剂、耐火材料、陶瓷原料

（续表）

分类	矿物名称	形态	物理性质	成因及产状	主要用途
含氧盐矿物大类	叶蜡石	单斜晶系；晶体少见，常呈片状、放射状和块状集合体	白色；玻璃光泽；解理平行（001）完全；贝壳状断口；硬度1～2；比重2.65～2.90	主要是中酸性喷出岩、凝灰岩的水热变质产物；此外，也常产于富铝的结晶片岩和低温热液石英脉中	与滑石同；色泽优美者可作雕刻材料
	黑云母	单斜晶系；晶体呈六方板状或柱状；集合体为片状、鳞片状	黑色、深褐色；玻璃光泽，解理面上呈珍珠光泽；解理平行（001）极完全；硬度2.5～3；比重3.02～3.12	广泛分布于岩浆岩及变质岩中	
	白云母	单斜晶系；晶体呈假六方形的板状、柱状；集合体呈片状、鳞片状	无色透明；玻璃光泽；解理平行（001）极完全；硬度2.5～3；比重2.76～3.10；绝缘隔热性强	分布广泛的造岩矿物，三大岩石中均可出现	电气工业的绝缘材料；耐火材料；橡胶工业等
	伊利石	单斜晶系；呈极小片状、鳞片状；集合体呈土块状	白色；块状体可呈油脂光泽；硬度1～2；比重2.6～2.9	常见于黏土及黏土质岩石中	饲料添加剂及土壤改良剂等
	绿泥石	单斜晶系；晶体呈假六方体或柱状；常呈鳞片状集合体	呈各种不同的绿色；玻璃光泽；解理平行（001）完全；具挠性；硬度2～2.5；比重2.6～3.4	主要分布于低级区域变质岩中	
	蛇纹石	单斜晶系；通常呈致密块状或片状集合体	一般呈绿色；常具有蛇皮状青、绿色的斑纹；解理平行（001）完全；硬度2.5～3.5；比重2.5～2.62	主要由橄榄石、顽火辉石和白云石等受热液作用后形成	隔热保温及防火等材料及工艺石料
	高岭石	三斜晶系；晶体极细小；一般为致密块状、土状、疏松鳞片状	白色；解理平行（001）完全；硬度2.5；比重2.61～2.68；可塑性强，良好的绝缘性和稳定性	许多硅酸盐矿物（如长石、霞石）风化的产物；广泛分布在岩浆岩、变质岩的风化壳中	陶瓷原料，造纸、橡胶等填料；钻探用作泥浆

（续表）

分类	矿物名称	形态	物理性质	成因及产状	主要用途
含氧盐矿物大类	蒙脱石	单斜晶系；一般呈隐晶质土状集合体	白色或灰白色；硬度1～2；比重2～3；吸水膨胀，体积急剧增大数倍；具强吸附能力和离子交换性能	由基性火山岩水解蚀变而成；是黏土和黄土中常见矿物	用于陶瓷、造纸等工业及油脂和石油的净化
	正长石	单斜晶系；晶体常呈短柱状、厚板状，常见的双晶为卡斯巴双晶	肉红色或浅黄色玻璃光泽；两组完全解理，交角90°；硬度6；比重2.57	主要产于中、酸性和碱性岩浆岩、各种片麻岩、混合岩中；风化后可成高岭土	用于玻璃、陶瓷、搪瓷业等；可制取钾肥
	方解石	三方晶系；常呈柱状、板状、菱面体及复三方偏三角面体等；集合体为粒状、块状、钟乳状等	无色或白色；玻璃光泽；透明至半透明（无色透明者称为冰洲石）；菱面体解理完全；硬度3；比重2.71，双折率高，遇盐酸起泡	可形成于各种地质作用，自然界中分布很广，是组成石灰岩的主要成分	烧制石灰和制造水泥的原料；冶金工业作熔剂；冰洲石为高级光学原料
	菱镁矿	三方晶系；晶体呈菱面体，但少见；常为致密状集合体	无色或白色；玻璃光泽；菱面体解理完全；硬度3.5～4.5；比重2.9～3.1	白云岩、白云质灰岩经含镁热液交代而成；也可由超基性岩风化而成	制耐火材料和提炼镁
	菱铁矿	三方晶系；菱面体晶型；集合体为粒状、结核状、葡萄状、土状	灰黄至浅褐色，氧化后呈深褐色；玻璃光泽；菱面体解理完全；硬度3.5～4.5；比重3.9	形成于还原条件；热液成因的常产于金属矿脉中；外生成因的常产于页岩、黏土或煤层中	炼铁的矿物原料
	白云石	三方晶系；晶体呈菱面体；有时呈聚片双晶；集合体呈粒状或块状	无色或白色；玻璃光泽；菱面体解理完全，解理面常弯曲；硬度3.5～4；比重2.86	组成白云岩的主要矿物	用作耐火材料、熔剂和化工原料
	孔雀石	单斜晶系；晶体常呈柱状；集合体常呈钟乳状、结核状、皮壳状	颜色和条痕均为绿色；硬度3.5～4；比重3.9～4.03	含铜硫化物矿床氧化带中的风化产物，常与蓝铜矿共生	炼铜的矿物原料及工艺石料重晶石

（续表）

分类	矿物名称	形态	物理性质	成因及产状	主要用途
含氧盐矿物大类	重晶石	斜方晶系；板状晶体；集合体呈粒状、块状、结核状或钟乳状	无色或白色；玻璃光泽；解理平行（001）完全，平行（210）中等；硬度 3~3.5；比重 4.3~4.5	产于低温热液金属矿脉、重晶石脉或层状重晶石矿体中	钻井加重剂，X 射线防护剂及化工医药
	硬石膏	斜方晶系；厚板状晶体；集合体呈块状、柱状、纤维状	无色或白色；玻璃光泽，解理平行（010）完全，平行（100）、（001）中等；硬度 3~3.5；比重 2.89~2.98	主要产于盐湖或浅海潟湖中，可与石膏共生	主要用于水泥、造型、造纸行业
	石膏	单斜晶系；晶体呈板状；集合体呈纤维状、块状或土状等	无色或白色；玻璃光泽；解理平行（010）极完全，平行（100）、（001）中等；硬度 2；比重 2.3	主要产于盐湖或浅海潟湖中	用于水泥、造型、造纸；无色者作光学材料
	磷灰石	六方晶系；晶体呈六方柱状；集合体为块状、粒状或结核状	绿色较常见；玻璃光泽；硬度 5；比重 3.18~3.21；加热常可出现磷光	见于岩浆岩及沉积或岩浆岩型磷矿床中	制造磷肥和提取磷的重要矿物原料

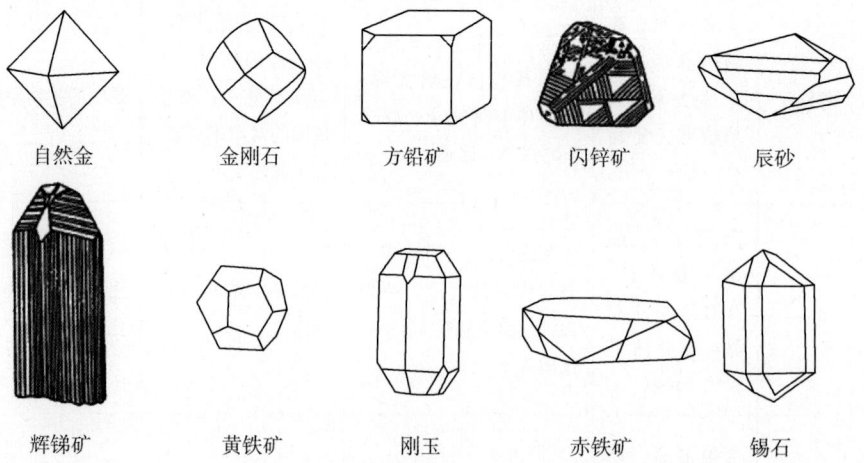

图 1-3-17　部分常见矿物的常见晶形

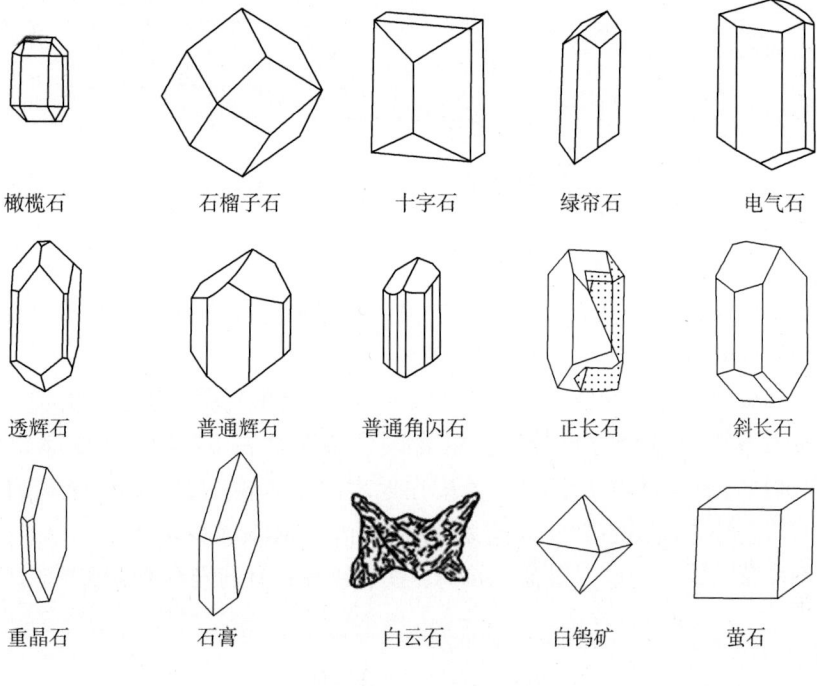

橄榄石	石榴子石	十字石	绿帘石	电气石
透辉石	普通辉石	普通角闪石	正长石	斜长石
重晶石	石膏	白云石	白钨矿	萤石

图 1 - 3 - 17（续）

第四章　岩　石

岩石是指地球上部（地壳和上地幔）由各种地质作用形成的、由一种和几种矿物或天然玻璃组成的、具有稳定外形的固态集合体。

岩石就其成因而言，可分为岩浆岩（火成岩）、沉积岩和变质岩 3 大类。在 3 大类岩石中，按占地壳重量百分比计算，以岩浆岩最多（占 64.7%），变质岩次之（占 27.4%），沉积岩最少（占 7.9%）。若按在地表的分布情况看，则以沉积岩分布最广泛，占所有岩石分布面积的 75%，而其他两类的分布相对较少。

岩石中蕴藏着丰富的矿产资源，如铜、铁、锡等，有的岩石本身就是矿产资源。

第一节　岩浆岩

一、岩浆岩的一般特征

岩浆是地壳深部或上地幔中高温炽热、以硅酸盐物质为主，并溶解有大量挥发分的熔融物质。由岩浆冷凝固结而成的岩石，称为岩浆岩。

（一）岩浆岩的化学成分

组成岩浆岩的化学元素比较广泛，几乎不同程度地含有地壳中所有的化学元素。岩浆岩主要由 SiO_2、TiO_2、Al_2O_3、Fe_2O_3、FeO、MnO、MgO、CaO、Na_2O、K_2O、H_2O 等氧化物组成。其中 SiO_2 的含量最多，是岩浆岩分类的重要依据。

（二）岩浆岩的矿物成分

岩浆岩中除了少数玻璃质岩石外，绝大多数的岩浆岩都是由矿物组成的。组成岩浆岩的主要矿物为橄榄石、辉石、角闪石、长石、石英等 20 多种。这些组成岩石的主要矿物统称为造岩矿物。其中长石含量最多，占整个岩浆岩矿物的 60.2% 以上；其次是石英和辉石，其他矿物的含量较少。

（1）按矿物的含量和作用可分为：①主要矿物：指在岩石中含量一般大于 10%，而且在岩石分类和命名上为主要依据的矿物。例如，辉石和斜长石就是辉长岩的主要矿物。②次要矿物：指在岩石中含量一般小于 10% 的矿物。③副矿物：指在岩石中含量一般不到 1%，个别可达 3% 的矿物。

（2）按矿物的成因又可分为：①原生矿物：指在岩浆结晶过程中形成的矿物。如橄榄石、辉石、角闪石、长石、石英等都是原生矿物。②次生矿物：指由原生矿物经过风化、蚀变等作用形成的新矿物。如橄榄石蚀变形成的蛇纹石，辉石、角闪石变成的绿泥石。

（三）岩浆岩的结构

结构指岩石组成物质（包括矿物或玻璃质）的结晶程度、颗粒大小、形状及相互关系所表现出来的特点。岩石的结构一般需要在手标本或显微镜下进行观察。

（1）按结晶程度可分为：①全晶质结构：岩石全由结晶的矿物组成。②半晶质结构：岩石中既有矿物晶体，又有玻璃质。③玻璃质结构：岩石全由非晶质即玻璃质组成。

（2）按矿物颗粒的绝对大小可分为：①显晶质结构：肉眼或用放大镜可以分辨矿物颗粒。②隐晶质结构：肉眼或用放大镜不能分辨矿物颗粒。

（3）按矿物颗粒的相对大小可分为：①等粒结构：同种主要矿物颗粒大小近乎一致。②不等粒结构：同种主要矿物颗粒大小不等。③似斑状结构：由两类不同大小的矿物颗粒组成，但颗粒大小相差并不悬殊，大的叫斑晶，小的叫基质，斑晶颗粒粗大，基质为中粗粒显晶质结构。如果基质为非晶质结构，则是不等粒结构中的斑状结构。

（4）按矿物的自形程度可分为：自形结构、半自形结构和它形结构。

（5）按矿物颗粒间的相互关系可分为：①文象结构：石英晶体呈尖棱状、象形文字状，有规律地镶嵌在钾长石晶体中。②反应边结构：在早先生成的铁镁矿物晶体的外围，形成了另一种铁镁矿物晶体，完全或局部围绕着早结晶的矿物，称为反应边结构（图1-4-1）。③环带结构：在一些类质同象的矿物晶体中，有不同成分的同类矿物的圈状结构，称为环带结构（图1-4-2）。

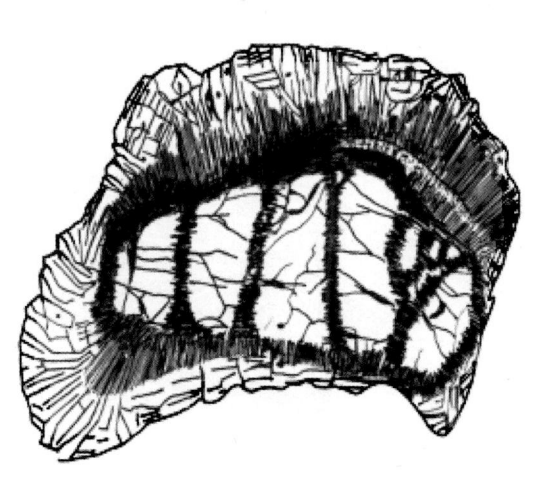

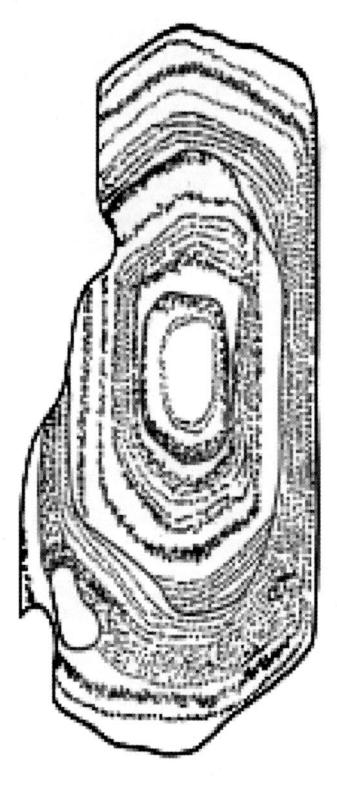

图1-4-1　反应边结构　　　　　　　　　　图1-4-2　环带结构

　　在各类岩浆岩中，除上述结构外，还有包含结构、辉长结构、花岗结构、辉绿结构、粗玄结构、粗面结构等。

（四）岩浆岩的构造

　　构造指岩石的组成物质（矿物集合体或玻璃质）在空间的排列方式及充填方式所表现出来的特点。岩石的构造一般需要在野外露头上和手标本上进行观察。岩浆岩的常见构造有：①块状构造：组成岩浆岩的各种组分，在整个岩石中呈无方向、均匀分布，即岩石各部分在成分和结构上具有一致性。②条带状构造：岩石中不同的矿物成分、结构、颜色等呈条带状分布，条带与条带之间彼此近于平行，相间排列（图1-4-3）。③斑杂构造：在岩石的不同部位，矿物成分或结构上的差别都很大，使整块岩石显示出不均匀的特点（图1-4-4）。④流纹构造：岩石中不同颜色的条纹、拉长的气泡以及长条状矿物，大致呈一定方向的流动状排列现象（图1-4-5）。⑤气孔构造和杏仁构造：气孔构造就是岩石呈现出蜂窝眼空洞；当空洞被次生矿物充填，形如杏仁，称杏仁构造（图1-4-6）。

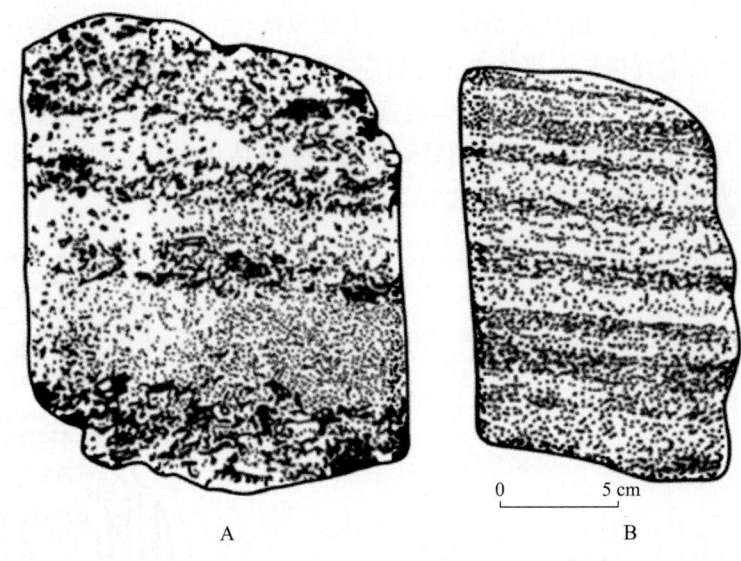

A　　　　　　　　　　　　　　　　B

图1-4-3　条带状构造

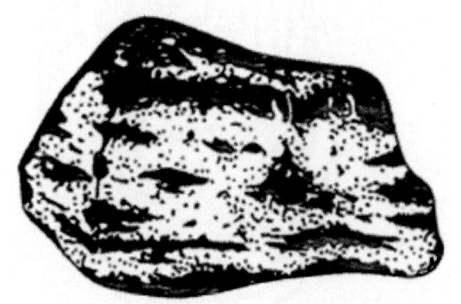

图1-4-4　斑杂构造

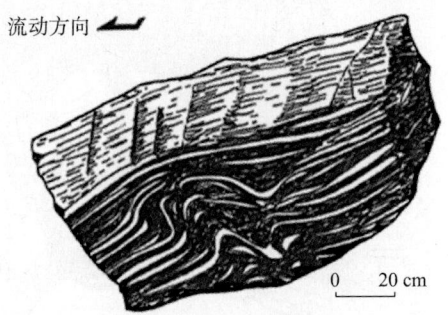

图1-4-5　流纹构造

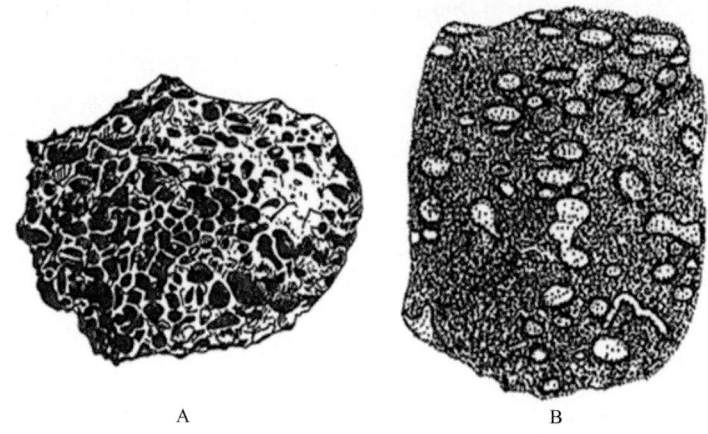

图 1 - 4 - 6　气孔构造（A）和杏仁构造（B）

（五）岩浆岩的产状

岩浆岩的产状主要指岩体的形态、大小、与围岩的关系，以及岩浆岩形成时所处的深度和构造环境等。

1. 侵入岩的产状

（1）岩墙、岩脉：岩墙指近于直立，厚度一般在几十厘米到几十米，甚至几千米，长数千米甚至几百千米的板状侵入体。闻名世界的津巴布韦大岩墙，厚 3 ~ 12 千米，长 500 多千米，呈南北延伸。岩墙往往成群出现，称为岩墙群。岩墙有成环状分布的、成放射状分布的等等。就成因来说，岩墙是岩浆沿着围岩的断裂贯入而成的。岩脉指规模比较小，厚度小而变化大，形状不规则，有分叉复合现象的脉络状岩体。岩脉的分布主要受岩石裂隙的控制。有人认为，岩脉是岩浆后期和伟晶阶段形成的，如伟晶岩脉。

（2）岩株（岩舌）：平面上呈近于圆形或不规则的等轴状，剖面上呈树干延伸而出露面积不超过 100 km² 的侵入体，称为岩株。岩株与围岩的接触面陡立。岩株边部常有许多枝状岩体插入围岩，称为岩枝。北京周口店花岗闪长岩体呈岩株产出，其出露面积达 56 km²，平面上近圆形，接触面比较陡。另外，著名的游览胜地华山，也是一个小型的花岗岩岩株。宁芜一带中基性岩岩株有丰富的"玢岩铁矿"产出。

（3）岩基：是一种巨大的侵入体，分布面积在 100 km² 以上，是平面上呈长圆形、长径数十千米甚至上千千米的不整合侵入体。常出现在褶皱区的隆起带。绝大多数由花岗岩和花岗闪长岩组成。我国南岭、秦岭、大兴安岭、天山等不同时代的褶皱带中，都有规模较大的花岗岩岩基。

2. 次火山岩的产状

次火山岩又称浅侵入岩。它的产状常与岩石成分有关。基性岩成分的次火山岩体由于其黏度较小，一般呈岩脉、岩墙或不规则形状；而中性及酸性成分的次火山岩体由于其黏度较大，一般呈岩脉、岩枝或岩基产出，面积可达百余平方千米。

按喷出方式可分为中心式喷发和裂隙式喷发两种。

（六）岩浆岩的分类

岩浆岩的分类方法很多，主要有化学分类法、矿物分类法、结构和构造分类法、产状分类法等，一般采用的是以定量矿物成分为主要基础，并结合化学成分、结构、产状的岩浆岩分类法。根据 SiO_2 的含量百分比，分为超基性岩、基性岩、中性岩、酸性岩大类，然后再根据 CaO、Na_2O、K_2O 的含量百分比，分为钙碱性系列和碱性系列（表1-4-1）。

表1-4-1　　　　　　　　　　　　岩浆岩分类

SiO_2（%）		<45	45~52	52~65		65~75				52~65		
岩类		超基性岩类	基性岩类	中性岩类		中酸性岩类	钙碱性系 酸性岩类	碱性系		钙碱性系 中性过渡性岩类	碱性系	碱性岩类
岩类		橄榄岩—苦橄岩类	辉长岩—玄武岩类	闪长岩—安山岩类	石英闪长岩—英安岩类	花岗闪长岩—流纹英安岩类	花岗岩—流纹岩类		正长岩—粗面岩类		霞石正长岩—响岩类
侵入岩	深成岩 全晶质等粒，半自形粒状或似斑状结构	橄榄岩 辉石岩 角闪岩	辉长岩 苏长岩 斜长岩	闪长岩	石英闪长岩	花岗闪长岩	花岗岩	碱性花岗岩	正长岩 二长岩	碱性正长岩	霞石正长岩、霓霞正长岩
侵入岩	浅成岩 全晶质细粒等粒结构，斑状结构	苦橄玢岩、金伯利岩	辉绿岩	闪长玢岩	石英闪长玢岩	花岗闪长斑岩	花岗斑岩		正长斑岩 二长斑岩		霞石正长斑岩
侵入岩	次火山岩 斑状或隐晶质细粒结构	苦橄玢岩、金伯利岩	辉绿岩	闪长玢岩	石英闪长玢岩	花岗闪长斑岩	花岗斑岩		正长斑岩 二长斑岩		霞石正长斑岩
喷出岩	无斑隐晶质或斑状半晶质玻璃质结构	苦橄岩	玄武岩 细碧岩	安山岩	英安岩	流纹英安岩	流纹岩	碱性流纹岩 流英岩 石英角斑岩	粗面岩 粗安岩	碱性粗面岩 粗安岩 角斑岩	响岩、白榴响岩
石英（Q）和似长石（F）（%）		Q=0 F=0	Q=0~微 F=0	Q=5~20 F=0	Q=20~60 F=0				Q=0~20 F=0~20		Q=0 F=10~60

（续表）

SiO$_2$（%）	<45	45~52	52~65	65~75		52~65	
斜长石（P）和碱性长石（A）（%）	P=0~10 A=0	P=40~90 A=0~10	P=30~70 A=0~10	P=0~30 A=0~30		P=0~35 A=0~35	P=0 A=50
铁镁矿物种属及其含量（%）	橄榄石、辉石、角闪石为主，其含量>90	以辉石为主，可有橄榄石、角闪石、黑云母等，其含量<90	以角闪石为主，辉石、黑云母次之，其含量一般在15~40	以黑云母为主，角闪石次之，其含量<15	以碱性角闪石、辉石次之，其含量<15	以角闪石为主，黑云母、辉石次之，其含量<50	以角闪石、辉石为主，富铁云母次之，其含量<50	以碱性铁镁矿物为主，其含量<50

注：表中没有列入碳酸岩、玻璃质岩和脉岩；据徐永柏《岩石学》。

二、岩浆岩各论

（一）橄榄岩—苦橄岩（超基性岩类）

超基性岩类在化学成分上的特点是：SiO$_2$ 含量较低，一般小于 45%，为硅酸不饱和的岩石。铁镁含量很高，其中 FeO 含量达 10%，MgO 可达 40%；而 Al$_2$O$_3$ 含量仅占 1%~6%；K$_2$O + Na$_2$O 小于 3.5%，多数小于 1%。在矿物成分上，以铁镁矿物为主，其中主要是橄榄石和辉石，其次是角闪石和黑云母，不含石英，基本上不含长石。如果含基性斜长石，最多也不超过 10%。金属矿物（如磁铁矿、铬铁矿等）常见。

1. 侵入岩

主要代表岩石为纯橄榄岩、橄榄岩、辉石岩等。它们的特征是：黑色、暗绿色或绿色，全晶质粗粒结构，块状构造，比重较大。橄榄岩类易蚀变成蛇纹岩。蚀变后岩石颜色变成暗绿色或绿色。

2. 喷出岩

常见的岩石有苦橄岩、金伯利岩等。苦橄岩成分相当于橄榄岩和辉石橄榄岩，含镁很高。岩石呈淡绿至黑色，具无斑隐晶质结构、微晶结构等。金伯利岩是含金刚石的母岩。组成矿物比较复杂，主要原生矿物有：镁铝榴石、镁橄榄石、金云母、碳硅石、钙钛矿、铬铁矿、钛铁矿及金刚石等。岩石呈灰色、灰黑色、灰蓝绿色、黄绿色等。具角砾结构和卵斑结构（橄榄石、金云母、镁铝榴石斑晶为浑圆状，基质由细粒橄榄石、金云母等组成）。

（二）辉长岩—玄武岩类（基性岩类）

基性岩类在化学成分上的特点是：SiO$_2$ 含量为 45%~52%，K$_2$O + Na$_2$O 含量平均为 3.6% 左右，Al$_2$O$_3$ 可达 14% 以上，CaO 可达 9% 以上。在矿物成分上，铁镁矿物含量可达 40%~70%，主要矿物是辉石。硅铝矿物 60%~30%，主要矿物是基性斜长石，不含或少含石英。

1. 侵入岩

主要代表岩石为辉长岩、苏长岩、斜长岩、辉绿岩以及辉绿玢岩等。颜色为灰—黑色。中—粗粒结构，辉长结构、辉绿结构，块状或条带状构造。暗色矿物以辉石为主，有时含有橄榄石和角闪石。浅色矿物以基性斜长石为主。

2. 喷出岩

主要代表岩石为玄武岩和细碧岩（海底喷发岩石）。颜色较暗，一般为黑、绿、灰绿、暗紫色等。斑状结构，气孔构造和杏仁构造普遍发育。

（三）闪长岩—安山岩类（中性岩类）

中性岩类在化学成分上的特点是：SiO_2 含量为 52% ~ 65%，$K_2O + Na_2O$ 含量约 5% ~ 6%，Al_2O_3 含量 16% ~ 17%，$FeO + Fe_2O_3$ 含量为 3% ~ 8%，CaO 含量为 4% ~ 7%。在矿物成分上，铁镁矿物只占 30% 左右，其中以角闪石为主，辉石和黑云母次之；硅铝矿物占 70% 左右，其中以中性斜长石为主，钾长石及石英较少。

1. 侵入岩

主要代表岩石为闪长岩、石英闪长岩、石英闪长玢岩。岩石为灰、灰白、浅绿等色。全晶质粒状结构及斑状结构，块状构造。暗色矿物与浅色矿物的比例为 1:2。

2. 喷出岩

以安山岩为代表。岩石常呈紫红色、灰绿色、浅褐色等颜色。斑状结构，块状构造、气孔状构造和杏仁状构造。安山岩以分布在南美安第斯山而得名。

（四）正长岩—粗面岩类（中性过渡性岩类）

本类岩石在化学成分上的特点是：SiO_2 含量为 60% 左右，与闪长岩相近。碱质含量高，$K_2O + Na_2O$ 占 9% 左右。根据碱质的含量可分为钙碱性系列和碱性系列，后者含 $K_2O + Na_2O$ 多数在 10% 以上。Al_2O_3 含量为 15% ~ 20%，CaO 含量为 3.5%。在矿物成分上，硅铝矿物含量较多，以碱性长石为主，也可含少量的斜长石和石英；铁镁矿物以角闪石为主，其次是辉石和黑云母，含量为 20% 左右。

1. 侵入岩

代表岩石为正长岩和正长斑岩。岩石呈浅灰色、浅红色。等粒结构、似斑状结构和斑状结构，块状构造。有时为似片麻状、条带状和斑杂状构造。

2. 喷出岩

代表岩石为粗面岩。岩石一般呈灰色、灰白色、浅褐黄色、粉红色、浅绿色等。斑状结构。斑晶多为长石，有时也有暗色矿物（如黑云母、角闪石）作斑晶；基质为隐晶质。块状、气孔状、流纹状构造常见。由于岩石断口和表面有粗糙感，故名粗面岩。

（五）花岗岩—流纹岩类及花岗闪长岩—流纹英安岩类（酸性岩类和中酸性岩类）

花岗岩—流纹岩类 SiO_2 含量高达 70%，一般大于 65%；花岗闪长岩—流纹英安岩类 SiO_2 含量在 62% 以上，都属于硅酸过饱和的岩石，习惯上称为酸性岩和中酸性岩。此外，FeO、Fe_2O_3、MgO 较低，一般低于 2%，CaO 低于 3%，K_2O、Na_2O 则有明显的增加，平均各为 3.5%。在矿物成分上，以硅铝矿物为主，铁镁矿物较少。硅铝矿物中，主要为钾长石、石英和酸性斜长石，其中石英的含量可达25%以上。铁镁矿物含量在15%以下，一般为5%～10%，常见的铁镁矿物是黑云母、角闪石，而辉石很少见。

1. 侵入岩

深成侵入岩的代表岩石是花岗岩和花岗闪长岩；浅成侵入岩的代表岩石是花岗斑岩和花岗闪长斑岩。岩石多为肉红色、浅灰红色、灰白色、灰色等。以颜色浅，并含多量的石英和钾长石与闪长岩区别。具细粒、中粒、粗粒的等粒结构，有时可见似斑状结构，浅成岩为斑状结构。块状构造，岩体边部可见似片麻状构造。

2. 喷出岩

流纹岩和流纹英安岩分别是花岗岩和花岗闪长岩成分的喷出物，它们与相应侵入岩的矿物成分基本相同，仅在结构、构造方面有差别。岩石多为灰色、灰红色、红色。具斑状结构，斑晶为石英和透长石，基质结晶程度较差。在此类岩石中还大量出现玻璃质结构的熔岩。以块状构造和喷出岩的流纹构造为本类岩石的构造特征。

（六）霞石正长岩—响岩类（碱性岩类）

碱性岩类在化学成分上的特点是：SiO_2 含量不饱和，约为50%～60%。碱质含量很高，Na_2O 为5%～10%，K_2O 为4%～6%，$Na_2O + K_2O > Al_2O_3$（分子数）。此外，FeO、Fe_2O_3 的含量仅有2%～4%，MgO 和 CaO 的含量较低，一般为1%～2%。同时，稀有元素的含量较高。在矿物成分上，不含石英，而出现似长石矿物（如霞石、白榴石、方钠石等），含量约在20%左右。主要矿物是碱性长石，含量在60%左右。铁镁矿物为碱性辉石、碱性角闪石和富铁云母，含量15%～20%。

1. 侵入岩

代表岩石为霞石正长岩和霞石正长斑岩。常为浅灰色、浅肉红色、红色、浅绿色。粒状结构，一般为中粒，有时为粗粒。因为霞石易于风化，所以岩石的表面常呈蜂窝状。

2. 喷出岩

代表岩石为响岩。成分相当于霞石正长岩。颜色灰到灰绿色。斑状结构。因某些响岩类岩石在沿节理击碎时能发出响声而得名。

（七）碳酸岩类

碳酸岩化学成分复杂，主要特点是 SiO_2 含量<20%，因此可归于超基性岩类。富含 CO_2。碳酸岩在外表上很像大理岩。颜色主要为白色、浅棕色。结晶粒状结构。

1. 侵入岩

主要岩石有黑云母碳酸岩、方解石碳酸岩、白云石碳酸岩、铁白云石碳酸岩、稀土碳酸岩等。

2. 喷出岩

按碳酸熔岩的组成特征，可分为两类，即钙、镁、铁碳酸熔岩和钠、钾碳酸熔岩。

（八）脉岩类

在岩浆岩中，除了前述各类岩石外，还有一种呈脉状或墙状充填在岩体或围岩裂隙中的岩石，就其成分和空间分布来说，它常和一定的深成岩体相关，然而又有一定差别，比如有的浅色矿物增多，有的暗色矿物集中，有的结晶细小，有的结晶特别粗大等等。呈脉状产出的，其矿物成分、化学成分、空间分布与深成岩有密切关系的岩石，统称为脉岩。脉岩的典型代表有煌斑岩、细晶岩和伟晶岩。

第二节　沉积岩

一、沉积岩的一般特征

沉积岩是在地表和地表以下不太深的地方形成的地质体。它是在常温常压下，由母岩的风化物或由生物作用和某些火山作用所形成的物质，经过搬运、沉积、成岩等地质作用而形成的层状岩石。如砂岩、页岩、石灰岩等都是常见的沉积岩。

（一）沉积岩的形成过程

沉积岩的形成大都经历了风化（剥蚀）、搬运、沉积和成岩 4 个阶段。它们是既连续又独立的阶段，也是相互叠置的发展阶段。在每个形成阶段中都会或多或少的在沉积物或沉积岩中留下其作用的痕迹，使之具备一定的特征。

风化作用主要在地表或接近地壳表层的地带发生，其风化产物是沉积岩的主要物质来源。风化产物除了少部分残积在原地外，大部分物质都要在流水、冰川、风等外地质营力的作用下被搬运，最后在特定的环境中沉积下来。沉积物沉积以后，发生一系列的变化，即开始了转变为沉积岩的过程。

（二）沉积岩的物质成分

沉积岩的物质主要来源于岩浆岩，所以其总平均化学成分和岩浆岩的总平均化学成分很相似，然而各类沉积岩间的化学成分却差别很大。

沉积岩中已发现的矿物有 160 余种，但主要的和经常出现的大约只有 20 多种。如：硅质矿物（石英、玉髓、蛋白石等）、黏土矿物（伊利石、蒙脱石、高岭石）、云母类矿物、长石类矿物、碳酸盐类矿物等。

（三）沉积岩的结构

沉积岩结构的含义大致与岩浆岩相似，即指组成沉积岩的颗粒的结晶程度、大小、形态及相互关系（充填、胶结）等。不同类型的沉积岩由于其形成的作用和方式不同，所以它们的结构类型是很不相同的。例如，由母岩的碎屑物质，经机械搬运和沉积作用而形成的碎屑岩具有"碎屑结构"；悬浮的细分散物质发生沉积或由胶体凝聚而形成的黏土岩具有"泥质结构"；由化学或生物化学沉积作用形成的岩石常具"晶粒结构"；由生物遗体或生物碎屑组成的岩石则具"生物结构"；由火山喷发作用形成的碎屑再经沉积作用而形成的火山碎屑岩具"火山碎屑结构"等。其中"碎屑结构"与"生物结构"是沉积岩所特有的结构。化学与生物化学成因的岩石的"晶粒结构"虽然与岩浆岩的"结晶结构"特征相似，但其形成的热力学条件却迥然不同。

（四）沉积岩的构造

沉积岩的构造是指沉积岩各组成部分的空间分布和排列方式，即由于成分、结构、颜色的不均一性而引起的岩石的宏观特征。沉积岩的构造主要有层理、层面构造、缝合线、叠层构造及结核等。

1. 层理构造

层理是最常见的一种沉积构造。层理是通过沉积岩中不同的物质成分、结构和颜色沿着垂直方向的突变或渐变所显示出来的一种成层构造。层或岩层是沉积岩系或沉积地层的基本组成单位。它具有基本均一的成分、结构、颜色和内部构造，上下以层面与相邻的层分开，空间上有一定的稳定性，是在较大区域内沉积环境基本一致的条件下形成的岩石地质体。

层理可以分为水平层理、波状层理和斜层理，斜层理又可分为斜交层理和交错层理（图1-4-7）。

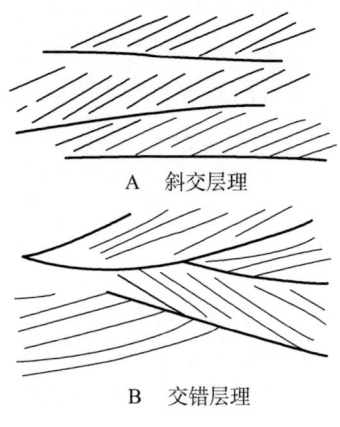

A　斜交层理

B　交错层理

图1-4-7　斜层理的类型

2. 层面构造

未固结的沉积物，由于机械原因或生物在其表面活动所造成的痕迹，有时可被后来的沉积物覆盖而保留在层面上，这种构造现象称层面构造。层面构造主要形成于岩层的顶面，但也可在上覆岩层的底面上留下印痕。层面构造包括：波痕、雨痕、泥裂、虫迹及各种印痕等（图1-4-8，图1-4-9）。

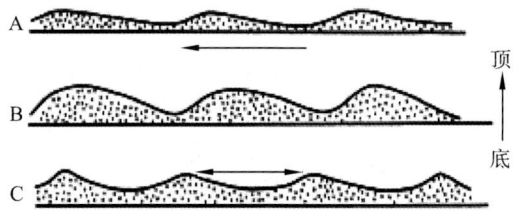

图1-4-8　几种不同成因的波痕

A—风成波痕；B—流水波痕；C—浪成波痕

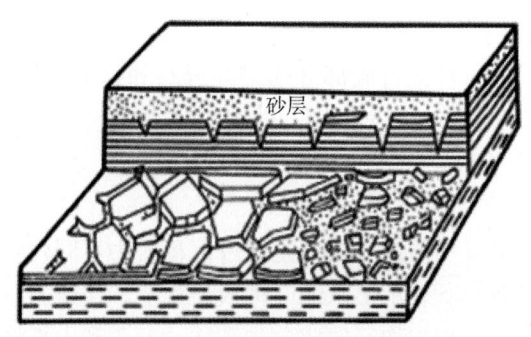

图1-4-9　泥裂生成掩埋示意图

层面构造也是沉积岩区别于岩浆岩和变质岩的依据之一。研究沉积岩的层面构造可以帮助恢复沉积环境，确定地层是否倒转等。

3. 生物成因的构造

由于生物的生命活动而在沉积物中形成的构造，称为生物成因构造。生物对沉积构造的形成和破坏都有极其重要的意义。它可以改造和破坏沉积物的原始层理，形成不显任何内部构造的块状均质岩石，也可以通过某些生物活动形成特殊的构造类型，如叠层构造、虫迹、虫孔等。

4. 结核

结核是指在成分、结构、颜色等方面与围岩有显著区别，且与围岩间有明显界面的矿物集合体。结核的成分有碳酸盐质、锰质、铁质、硅质、磷酸盐质和硫化铁结核等。结核形状有球形、椭球形、透镜状、不规则团块状等；大小悬殊，其内部构造也很不一致。结核常在碎屑岩、黏土岩、碳酸盐岩中成单个或串珠状群体出现。

结核按其生成阶段可分为同生结核、成岩结核和后生结核等3种（图1-4-10）。

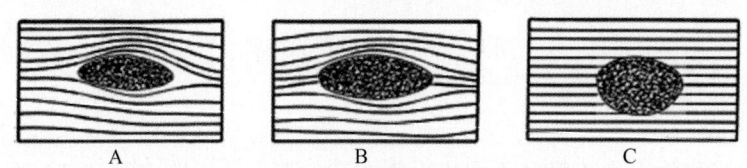

A　　　　　　　　　　B　　　　　　　　　　C

图1-4-10　结核的成因类型

A—同生结核；B—成岩结核；C—后生结核

5. 缝合线

在碳酸盐岩中，垂直于岩层的段面上常可见到不规则的齿状线，很像动物的头盖骨之间的结合线，称缝合线。在平面上缝合线呈参差起伏的面，该面称为缝合面。缝合线长短不一，波状起伏，从几毫米至几厘米。产状大多数与层理平行，但亦有斜交和垂直的。

（五）沉积岩的颜色

沉积岩的颜色是沉积岩一个很重要的直观标志。根据成因，沉积岩的颜色可分为原生色和次生色。原生色又分继承色和自生色两种。①继承色：组成本岩石的矿物碎屑和岩石碎屑所固有的颜色。②自生色：又称同生色，是化学沉积和生物化学沉积在成岩作用阶段生成的矿物所带有的颜色。③次生色：是沉积岩形成以后受到次生变化而产生的次生矿物的颜色。

（六）沉积岩的分类

沉积岩的分类主要是根据岩石的成因、成分、结构、构造等进行。常以成因作为划分基本类型的基础；并以成分、结构、构造等特征为进一步分类的依据。主要分为5大类（表1-4-2）。

表1-4-2　　　　　　　　　　　　　沉积岩的分类

陆源碎屑岩类（按粒度细分）	火山碎屑岩类（按粒度细分）	黏土岩类（按成分、固结程度细分）	碳酸盐岩类（按成分、结构成因细分）	其他岩类（按成分细分）
砾岩（角砾岩） 砂岩 粉砂岩	集块岩 火山角砾岩 凝灰岩	按成分细分： 高岭石黏土岩 蒙脱石黏土岩 伊利石黏土岩 按固结程度细分： 黏土、泥岩、页岩	按成分细分： 石灰岩、白云岩、泥灰岩 按结构成因细分： 亮晶异化石灰岩 泥晶异化石灰岩 泥晶石灰岩 原地礁灰岩 交代白云岩	铝质岩 铁质岩 锰质岩 硅质岩 磷质岩 蒸发岩 可燃有机岩

据孔庆友《山东地勘读本》，2002年。

1. 陆源碎屑岩类

主要是指由母岩机械破碎所形成的碎屑物质，经搬运、沉积而成的岩石。本类岩石可按陆源碎屑颗粒的大小细分为粗碎屑岩（砾岩和角砾岩）、中碎屑岩（砂岩）、细碎屑岩（粉砂岩）。

2. 火山碎屑岩类

主要指由火山喷发出来的火山碎屑物质就地或在火山口附近堆积而成的岩石。本类岩石可按火山碎屑的粒度细分为集块岩、火山角砾岩和凝灰岩等。

3. 黏土岩类

主要是指碎屑颗粒的粒度小于0.005 mm，并含有大量黏土矿物的呈疏松状或固结的岩石。

4. 碳酸盐岩类

主要由沉积的钙、镁碳酸盐矿物（方解石、白云石等）组成。主要岩石类型为石灰岩和白云岩。

5. 其他岩类

主要是母岩经强烈的化学风化所形成的真溶液和胶体溶液，搬运至水盆地中，经化学作用或生物化学作用沉积而形成的岩石。本类岩石按其成分、成因及化学分异的顺序可分为：铝质岩、铁质岩、锰质岩、硅质岩、磷质岩、蒸发岩、可燃有机岩等，其中以硅质岩类分布比较普遍，其他则较稀少。

二、沉积岩各论

（一）陆源碎屑岩类

陆源碎屑岩是指大陆区的各种母岩经风化作用机械破碎形成的碎屑物质，在原地或经不同地质营力的搬运，在适当的环境沉积，并被化学成因物质所胶结的岩石。此类岩石一般由碎屑物质和胶结物质两大部分组成，其中碎屑物质的含量在岩石中占50%以上。

陆源碎屑岩分布很广，数量仅次于黏土岩，居第二位。

1. 陆源碎屑岩的物质成分

主要由碎屑物质和胶结物质两部分组成。碎屑物质又分岩石碎屑（简称岩屑）和矿物碎屑（简称矿屑）两类。常见的胶结物有：碳酸盐质（方解石、白云石）、硫酸盐质（石膏、重晶石）、硅质（石英、蛋白石、玉髓）、铁质（赤铁矿、褐铁矿）等。黏土物质也可以对碎屑起胶结作用。

2. 陆源碎屑岩的碎屑结构分类

碎屑岩的结构类型主要是"碎屑结构"。它包括3方面的内容：碎屑颗粒自身的特点；胶结物的特点；碎屑与胶结物之间的关系。

（1）碎屑颗粒直径大于2 mm为砾；2～0.05 mm为砂；0.05～0.005 mm为粉砂。碎屑颗粒的棱和角被磨蚀圆化的程度，一般分为棱角状、次棱角状、次圆状和圆状。

（2）胶结物的特点指胶结物自身的结晶程度、颗粒大小、排列和生长方式等。按结晶程度分为非晶质胶结与晶质胶结两类。其排列和生长方式可细分为如图1－4－11所示结构。

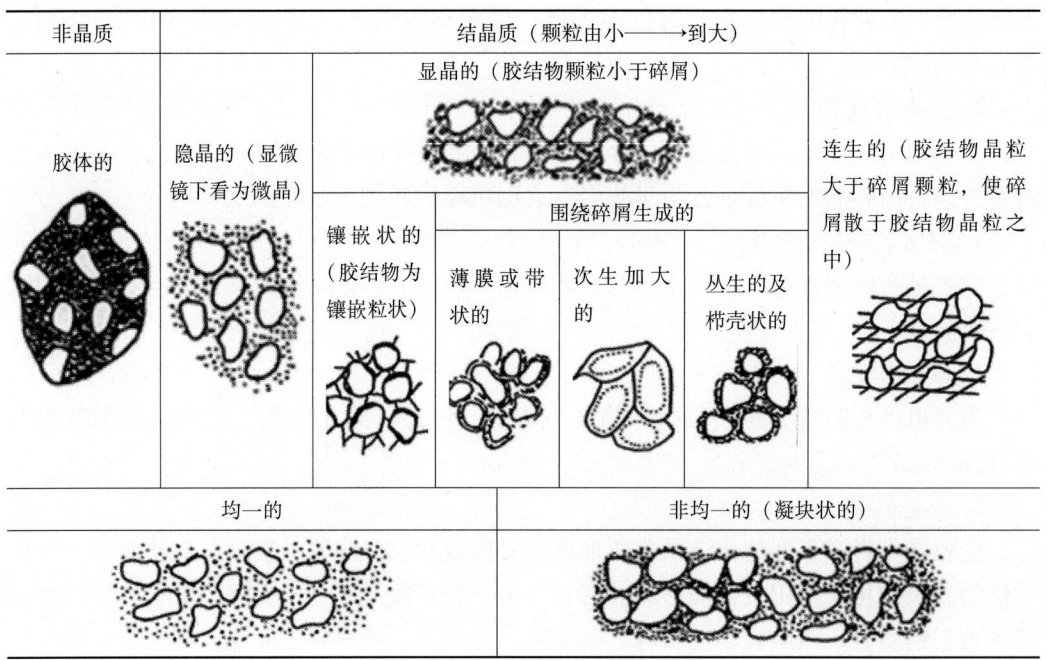

图1－4－11　胶结物的结构

（据孔庆友《山东地勘读本》，2002年）

（3）碎屑与胶结物之间的关系是指它们之间的结合关系，即胶结类型。一般可分为：①基底式胶结：碎屑颗粒互不接触，颗粒之间被多于30%的填隙物所充填。填隙物与碎屑大多数是同时沉积形成的（图1-4-12A）。②孔隙式胶结：碎屑颗粒紧密相接，填隙物充填在粒间孔隙中（图1-4-12B）。③接触式胶结：仅在碎屑颗粒相接触处有少量的胶结物，颗粒之间还有空隙存在（图1-4-12C）。④溶蚀式胶结：胶结物溶蚀并交代碎屑的边缘，使其成为港湾状。

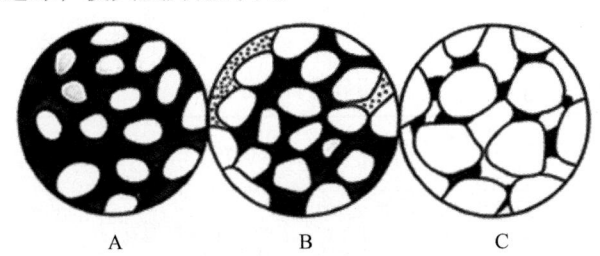

图1-4-12　胶结类型
A—基底式胶结；B—孔隙式胶结；C—接触式胶结

3. 陆源碎屑岩的分类和命名

根据岩石中碎屑的粒度，陆源碎屑岩可分为3类。①粗碎屑岩（砾岩和角砾岩）：碎屑直径在2 mm以上；②中碎屑岩（砂岩）：碎屑直径在2~0.05 mm之间；③细碎屑岩（粉砂岩）：碎屑直径在0.05~0.005 mm之间。

4. 陆源碎屑岩的主要类型

粗碎屑岩主要有砾岩、角砾岩；中碎屑岩主要有砂岩；细碎屑岩主要有粉砂岩。

（二）火山碎屑岩类

火山碎屑岩是火山爆发的碎屑物质从空气中坠落在陆地或水下堆（沉）积固结而成的岩石。典型的火山碎屑岩含火山碎屑物质90%以上；过渡类型的火山碎屑岩含火山碎屑50%以上，并混入一定数量的陆源沉积物或熔岩物质。

1. 火山碎屑物质

火山碎屑物质包括：①岩屑（带棱角的岩石碎块）；②晶屑（矿物晶体碎片）；③玻屑（火山玻璃碎屑）；④浆屑（火山爆发时被撕裂的熔浆）；⑤火山蛋（火山爆发时呈半塑性抛出的熔岩团块）。

2. 火山碎屑岩的结构和构造

根据火山碎屑物质的粒度和含量，火山碎屑岩的结构可分为：①集块结构：火山碎屑物粒度大于100 mm的占50%以上，并被相应的更细的火山碎屑物胶结而成的结构。②火山角砾结构：火山碎屑物粒度在2~100 mm之间，其含量在50%以上，并被相应的更细的火山碎屑物胶结而成的结构。③凝灰结构：火山碎屑物粒度<2 mm，其含量在70%以上，并被火山尘所胶结。④火山尘结构：由<0.01 mm的火山尘组成，致密，外貌似泥质岩石。⑤塑变结构：又称塑性变形碎屑结构和熔结碎屑结构。特点是岩石中除少数未变形的刚性碎屑外主要由塑变玻屑和浆屑彼此平行重叠熔结而成。

火山碎屑岩的构造主要有：①假流纹构造（似流动构造）：由颜色不同的经压扁拉

长的塑变玻屑和焰舌状塑变岩呈定向排列而成，貌似熔岩中流纹状构造。②火山泥球构造（包括火山灰球、火山豆石等构造）：主要由较细的中、酸性火山碎屑物所组成，混有一些陆源物质和硅质凝胶，呈球状、椭圆形和扁豆状。③层理构造：有平行层理和交错层理。

3. 火山碎屑岩的分类和主要类型

火山碎屑岩的分类一般是以火山碎屑岩的成因为前提，以火山碎屑的粒度、含量、成岩方式等因素作为依据，见表 1-4-3。

表 1-4-3　　　　　　　　　　　　　　　火山碎屑岩的分类

岩类		火山碎屑熔岩类	火山碎屑岩类			沉积火山碎屑岩类	
		火山碎屑熔岩	熔结火山碎屑岩	正常火山碎屑岩		沉积火山碎屑岩	火山碎屑沉积岩
火山碎屑含量（%）		100~90	>90	>90		90~50	50~10
成岩方式		熔浆胶结	熔结和压结	压结	压结、水化学胶结	水化学胶结	黏土胶结、压结
构造		碎屑定向差	似流动构造	不具层状构造	层状构造	层状构造	层状构造
火山碎屑粒度（mm）	>100	相应粒度含量 ≥50%	集块熔岩	熔结集块岩	集块岩	层状集块岩	沉集块岩	凝灰质巨砾岩
	2~100	≥50%	角砾熔岩	熔结角砾岩	火山角砾岩	层状火山角砾岩	沉火山角砾岩	凝灰质砾岩
	<2	≥70%	凝灰熔岩	熔结凝灰岩	凝灰岩	层状凝灰岩	沉凝灰岩	2~0.1 凝灰质砂岩
								0.1~0.01 凝灰质粉砂岩
								<0.01 凝灰质泥岩

据孔庆友《山东地勘读本》，2002 年。

从表 1-4-3 可以看出：①根据成因将火山碎屑岩分成 3 大类：火山碎屑岩类、火山碎屑熔岩类和沉积火山碎屑岩类。②再按火山碎屑物的含量和成岩方式划分出 5 个亚类：火山碎屑熔岩、熔结火山碎屑岩、正常火山碎屑岩、沉积火山碎屑岩和火山碎屑沉积岩。③按火山碎屑物的粒度及相应粒度的含量分为 3 个基本种属：即集块岩、火山角砾岩和凝灰岩。

（三）黏土岩类

黏土岩是主要由直径小于 0.005 mm 的黏土质颗粒组成的，并含大量黏土矿物的疏松状或固结的岩石。黏土岩是机械沉积的碎屑岩和化学沉积的化学岩之间的过渡类型的岩石，是沉积岩中分布最广的一类岩石。

1. 黏土岩的矿物成分

黏土岩的矿物成分以黏土矿物为主，其次为陆源碎屑矿物、自生非黏土矿物和有机质等。黏土岩中分布最广的是高岭石、伊利石和蒙脱石。

2. 黏土岩的结构和构造

黏土岩的结构，根据黏土矿物集合体的形状主要有 4 种。①胶状结构：岩石由凝胶老化形成，可见脱水形成的裂隙、贝壳状纹和球粒。②豆状结构：豆粒由黏土矿物组成，直径大于 2 mm。豆粒无核心和同心层结构。③鲕粒结构：鲕粒由黏土矿物组成，直径小于 2 mm。多具有核心和同心层结构。④砾状或角砾状结构：由黏土质沉积物受侵蚀而产生的碎屑（称同生碎屑或内碎屑，或叫泥砾）再沉积，又被黏土质胶结而成。

黏土岩的构造最常见的是层状构造。此外波痕、泥裂、虫迹、结核、水底滑坡等构造在黏土岩也常可见到。

3. 黏土岩的分类

按黏土岩中混入的砂或粉砂物质的数量可分为：黏土岩、含粉砂黏土岩、粉砂质黏土岩、含砂黏土岩及砂质黏土岩。

按固结程度可分为黏土、泥岩和页岩。

（四）碳酸盐岩类

1. 碳酸盐岩的矿物成分

碳酸盐岩的矿物成分主要有方解石、白云石、文石、菱铁矿、铁白云石等碳酸盐矿物。此外，还有石膏、硬石膏、重晶石、石盐、黄铁矿、白铁矿、海绿石以及自生石英和陆源碎屑矿物，如黏土矿物、石英、长石等。

2. 碳酸盐岩的结构

碳酸盐岩的主要结构有：①晶粒结构（结晶结构）：由结晶的碳酸盐矿物颗粒组成的结构。根据颗粒大小可分出砾晶、砂晶、粉晶、泥晶等结构类型。②生物结构：由原地生长的造礁生物，如珊瑚、海绵、苔藓虫、层孔虫及藻类等形成的礁灰岩所具有的结构。③碎屑结构：由于流水和波浪而产生的机械搬运和沉积作用所形成的石灰岩和白云岩常具有与陆源碎屑岩石类似的结构，称碎屑结构或粒屑结构。

3. 碳酸盐岩的主要岩石类型

（1）石灰岩：灰色、灰白色，晶粒结构等。又可具体分为碎屑灰岩、鲕粒灰岩、生物碎屑灰岩、微晶灰岩、泥晶灰岩等；还可根据其他矿物含量分为白云质灰岩、泥质灰岩等。

（2）白云岩：浅黄色、浅黄灰色，可分为同生白云岩、成岩白云岩、后生白云岩。

（3）泥灰岩：是石灰岩和黏土岩之间的一种过渡类型。

（五）其他沉积岩类

本类岩石大部分是由各种母岩经强烈的化学风化所形成的真溶液或胶体溶液，搬运至水盆地中，通过化学作用或生物化学作用沉淀而形成的岩石。

按岩石的成分、成因及化学分异的顺序可分为铝质岩、铁质岩、锰质岩、硅质岩（有硅藻土、碧玉岩、燧石岩等）、磷质岩、蒸发岩、可燃有机岩等。

第三节　变质岩

一、变质岩的一般特征

组成地壳的各种岩石所处的地质环境若发生巨大变化（如地壳运动、岩浆活动或地球内部热流变化等），会破坏岩石原来的平衡状态，使之在矿物成分、结构、构造，甚至在化学成分等方面也发生变化，而形成一种新的岩石类型。这种由地球内力作用引起的，原岩产生变化和再造的地质作用，称为变质作用；由变质作用形成的岩石，叫做变质岩。

（一）变质作用的方式

（1）重结晶作用：指原岩中的同种矿物基本上在固体状态下，通过溶解、迁移、再次沉淀结晶的作用。

（2）变质结晶作用：指原岩基本在固态情况下，通过一些特定的化学反应（又称变质反应）形成新矿物的作用。

（3）变形及破碎作用：塑性岩石在应力的长期作用下，会发生变形和褶皱。在变形和褶皱的同时，还将伴随着矿物的机械转动和垂直压应力方向的重结晶作用，使片状、柱状矿物成定向排列，从而形成片理构造，出现矿物弯曲、岩石破碎现象等。

（4）变质分异作用：指矿物成分及结构构造都比较均匀的岩石，在不发生重熔交代作用的情况下，形成矿物成分和结构构造不均匀的变质岩的变质作用。

（5）交代作用：指岩石的物质组分发生带出和带入的复杂置换过程。可改变原岩的化学成分，分解原有矿物和形成新的矿物，是在有溶液参与的固态下进行的。又可分为渗透交代作用和扩散交代作用两种。

（二）变质岩的矿物成分

岩浆岩中绝大多数矿物都可以在变质岩中稳定存在；沉积岩中除那些在地表低温、低压条件下形成的黏土矿物，以及化学及生物化学成因的矿物外，其他的矿物如碎屑矿物（石英、长石、云母、角闪石等）都可以在变质岩中稳定存在。

有些矿物在岩浆岩和沉积岩中很少出现，是变质岩的特有矿物，如夕线石（又称矽线石或硅线石）、蓝晶石、红柱石、十字石、堇青石、硅灰石、透闪石、符山石等。

（三）变质岩的结构

1. 变余结构

变质程度较低的岩石，由于重结晶和变质结晶作用进行得不完全，常常保留着原岩的某些结构，称为变余结构，如变余砂状结构。

2. 变晶结构

变晶结构是原岩在固态下通过重结晶、变质结晶作用而形成的结晶质结构的总称。①根据矿物的自形程度可分为自形变晶结构、半自形变晶结构和他形变晶结构。②根据矿物颗粒的绝对大小可分为粗粒变晶结构、中粒变晶结构、细粒变晶结构和微粒变晶结构。③根据矿物颗粒的相对大小可分为等粒变晶结构、不等粒变晶结构、斑状变晶结构。④根据矿物的结晶习性与形态可分为粒状变晶结构（花岗变晶结构）、鳞片变晶结构、纤维变晶结构。⑤根据矿物颗粒的相互关系可分为包含变晶结构（变嵌晶结构）、筛状变晶结构、残留结构、次变边结构。

3. 交代结构

指由交代作用形成的结构。主要出现在混合岩中。主要有交代蚕食及交代残留结构、交代蠕虫结构、交代净边结构等。

4. 碎裂结构

由动力变质作用使岩石发生机械破碎而形成的结构。主要出现在动力变质岩中。主要有碎斑结构、糜棱结构、压碎结构等。

（四）变质岩的构造

1. 变余构造

岩石变质后，仍保留着原岩的构造特征，称变余构造。如保留气孔、流纹等构造。

2. 变成构造

原岩在变质作用过程中，通过重结晶和变质结晶等所形成的构造。这类构造在变质岩中占有重要地位。常见的有：斑点构造、板状（劈理）构造、千枚状构造、片理构造、片麻状构造、条带状构造、眼球状构造、块状构造等。

二、变质岩各论

根据变质作用发生的地质环境的差异，即变质作用类型的不同，一般可将变质岩石分为4类：接触变质岩类、气成热液变质岩类（蚀变岩类）、动力变质岩类（破碎岩类）和区域变质岩类。

（一）接触变质岩类

接触变质岩类是由接触变质作用形成的岩石，主要分布在岩浆侵入体与围岩的接触带附近。主要岩石有夕卡岩（又称矽卡岩）、斑点板岩、云母角岩、大理岩、石英岩、基性角岩等。其中夕卡岩是最具代表性的接触变质岩石。其一般为暗绿色、暗红色，少数呈浅灰色；具有典型的不等粒变晶结构、纤维变晶结构、斑状变晶结构及包含变晶结构；矿物晶形一般完好，颗粒粗大，有时呈细粒状或致密状。岩石多为块状、角砾状、斑杂状、条带状等构造；含较多的石榴子石和金属矿物，比重大。夕卡岩可分为钙夕卡岩和镁夕卡岩两类。夕卡岩主要产于中酸性侵入体与碳酸盐岩（石灰岩、白云岩等）的接触带中。

（二）气成热液变质岩类（蚀变岩类）

气成热液变质岩是由气成热液变质作用形成的岩石。它主要受原岩成分及气成热液的性质、交代作用的方式两方面因素的控制。这类岩石可划分成很多类型，一般常见的有蛇纹岩、云英岩、青盘岩、次生石英岩等，其中蛇纹岩和云英岩较多见。

1. 蛇纹岩

黄绿至暗绿色，含磁铁矿、铬铁矿时呈黑色，含褐铁矿时呈红褐色，有时由于色调深浅不一，形成斑驳状花纹，很像蛇皮，故名蛇纹岩。致密块状，质地较软，略具滑感。矿物成分主要由各种蛇纹石组成。由超基性岩浆岩经热液蚀变作用形成。

2. 云英岩

浅灰、灰绿、浅粉红色等。具中粗粒花岗变晶结构、鳞片花岗变晶结构及交代结构，块状构造。矿物成分主要由云母和石英组成。由花岗岩类岩石在高温气水热液作用下，经交代蚀变而形成。

（三）动力变质岩类（碎裂岩）

动力变质岩是由动力变质作用形成的岩石。根据结构构造特征、原岩特点及所受应力的性质等，一般可分为构造角砾岩、碎裂岩、糜棱岩、玻状岩（假熔岩）等。

1. 构造角砾岩

构造角砾岩是由构造运动（主要是断裂运动）使岩石发生破碎而形成的一种角砾状岩石。岩石是大小不等的角砾由成分与之相同的细碎屑或次生的铁质物质等胶结而成的。根据形成时的应力性质不同，可分为由张应力形成的张性角砾岩和由压应力形成的压性角砾岩。

2. 碎裂岩

碎裂岩是原岩受到强烈应力作用破碎形成的，其破碎程度超过构造角砾岩。具碎裂结构或碎斑结构。裂隙间常为磨碎物质或次生铁质、硅质、碳酸盐所充填。

（四）区域变质岩类

区域变质岩是由区域变质作用所形成的岩石。区域变质岩大多数为结晶质岩石，其中以结晶片岩为主，在多数情况下，岩石中的矿物呈定向排列，形成明显的片理和片麻理。区域变质岩中蕴藏着大量金属、非金属矿产，如铁、铜、金、铀、磷、硼、菱镁矿、石墨、石棉等，这些矿产有时可形成规模巨大的工业矿床。

一般将区域变质岩划分为板岩、千枚岩、片岩、片麻岩、角闪岩、变粒岩、麻粒岩、榴辉岩、大理岩、石英岩等基本岩石类型。

1. 板岩

颜色常为浅灰色、绿灰色，含三价铁时呈红色，含二价铁时呈绿色，含炭质时呈黑色。重结晶及变质结晶作用都很微弱，故新生矿物很少。结构常为隐晶质致密状。矿物成分除原岩中仍保留的黏土矿物外，可见少量的绢云母、绿泥石等新生矿物。板状构造是板岩的重要特征。板理面光滑并略具光泽。按颜色和所含成分等可分为灰绿色板岩、钙质板岩等。

板岩是由泥质、粉砂质、中酸性凝灰质岩石经低级区域变质作用而形成的。

2. 千枚岩

颜色常为黄褐色、灰绿色。具明显的丝绢光泽，破裂面较板岩薄，面上常有皱纹状的波状起伏。由于变质程度比板岩高，所以原岩已基本上全部重结晶及重组合，形成绢云母、绿泥石、石英、钠长石、黑云母、硬绿泥石等新生矿物。由于绢云母及绿泥石等矿物的定向排列，形成岩石的千枚状构造。按颜色和矿物成分等可分为黄色绢云母千枚岩、灰绿色绿泥千枚岩等。

千枚岩也是泥质、粉砂质、中酸性凝灰质岩石经低级区域变质作用而形成的。

3. 片岩

片岩是一种具片理构造，富含片状或柱状矿物的岩石。片理构造是由片状和柱状矿物定向排列而成。常见的片状、柱状矿物有云母、绿泥石、滑石、角闪石、阳起石等，其含量一般在30%以上。粒状矿物主要为石英和长石。片岩变质程度比板岩和千枚岩高，所以结晶颗粒较粗。一般为鳞片变晶结构或纤维变晶结构，有时具斑状变晶结构。按主要片状或柱状矿物的不同可分为云母片岩、滑石片岩、绿泥片岩、夕线石榴片岩等。

4. 片麻岩

片麻岩是一种具片麻状构造，矿物成分主要由石英、长石及一定量的片状、柱状矿物组成的岩石。还经常含少量的夕线石、蓝晶石、石榴子石、堇青石等特征变质矿物。片麻岩的变质程度比片岩高，因此结晶颗粒比片岩粗，常为中粗粒花岗变晶结构。根据所含片状、柱状矿物的不同可分为云母片麻岩、角闪片麻岩、辉石片麻岩等。

5. 变粒岩

变粒岩是一种片理、片麻理不发育，具细粒、等粒变晶结构的岩石。矿物成分以石英、长石等浅色矿物为主（一般含量 >70%），暗色矿物黑云母、角闪石、电气石、石榴子石等含量一般 <30%。一般为块状构造，有时具片理或片麻理。

变粒岩是由粉砂岩、硅质页岩、泥质较多的砂岩或成分与之相近的凝灰岩，经中级区域变质作用的产物。

6. 角闪岩（斜长角闪岩）

角闪岩是主要由角闪石和斜长石组成的岩石，含少量石榴子石、黑云母、辉石、石英等。颜色一般较暗，细粒—粗粒变晶结构。块状构造，有时具片理构造、片麻状构造及条带状构造等。

角闪岩主要由基性岩、泥质灰岩、钙质页岩等在中高级变质条件下形成。

7. 麻粒岩

麻粒岩是一种颗粒较粗，变质程度很深的岩石。一般为中粗粒等粒或不等粒变晶结构，有时为斑状变晶结构、交代结构等。矿物成分以含紫苏辉石和透辉石为特征，浅色矿物为斜长石、钾长石和石英。根据暗色矿物与浅色矿物含量的不同，麻粒岩可分为辉石麻粒岩、长英麻粒岩等。

麻粒岩是各种熔岩、凝灰岩及含铁镁钙质较高的沉积岩在高级区域变质作用条件下形成的。

8. 榴辉岩

榴辉岩是一种主要由辉石和石榴子石组成的变质程度很深的岩石。一般为中粗粒不等粒变晶结构，块状构造，有时呈斑杂状或片麻状构造。比重大，一般可达 $3.6 \sim 3.9$。

一般认为榴辉岩是由基性—超基性岩浆岩变质而成。

第五章 地质构造

第一节 构造形迹

构造形迹指在地壳发展过程中，各类岩石在动力地质作用下产生的永久形变造成的地质构造形体和岩块、地块相对位移的踪迹。

一、岩层的接触关系及产状

（一）岩层的接触关系

岩层与岩层之间的接触关系有整合接触、假整合接触及角度不整合接触3种形式。

1. 岩层的整合接触

沉积盆地接受沉积物是按一定顺序进行的，早期沉积形成的老岩层在下面，后沉积形成的新岩层在上面。如果地壳处于比较稳定的不断下降之中，其沉积作用是连续的，形成的岩层按沉积顺序依次重叠在老岩层上面，其生物群特征也是递变的，在时间上是连续的。这种连续沉积的上下岩层是平行一致的，这种接触关系称为整合接触。

2. 岩层的假整合接触（平行不整合接触）

一个沉积盆地持续下降，才能不断地接受沉积物。如果以后地壳上升，则已形成的老岩层露出水面，沉积作用停止（沉积间断），并因露出水面使岩层遭受风化、剥蚀，形成剥蚀面。在剥蚀面上可见有风化与剥蚀的产物。当地壳再次下降，盆地重新接受沉积时，新的沉积物则沉积在剥蚀面上。经受过这种变化形成的新老岩层之间虽然是彼此相互平行的，但这两套岩层的岩性和其中的古生物化石则有明显的差异。这种具有剥蚀面的上、下两套岩层间互相平行的接触关系称为假整合接触，亦称平行不整合接触（图1-5-1）。

图1-5-1 岩层的假整合接触

3. 岩层的角度不整合接触

早期形成的岩层，由于地壳运动使其发生褶皱变形或倾斜，同时上升露出地表，进而遭受风化与剥蚀作用，以后再下降接受沉积，结果在前后形成的岩层之间，不仅具有一个剥蚀面，而且上、下两套岩层间是彼此互不平行的，以不同角度呈斜交接触。这种经历过两个不同发展阶段形成的，上、下岩层之间具有不同特点的古生物化石和呈斜交的接触关系称为角度不整合接触（图 1 - 5 - 2）。

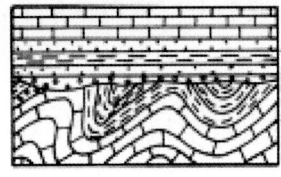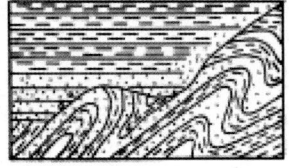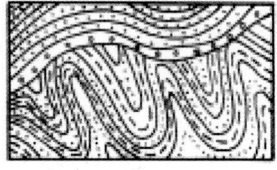

图 1 - 5 - 2　岩层的角度不整合接触

（二）倾斜岩层及其产状

1. 倾斜岩层

原始沉积的岩层，若未受到地壳运动的影响，则仍然保持原来的近似水平的状态。如经过地壳运动，则可使岩层发生变位形成倾斜岩层。一系列岩层向同一方向倾斜，而且倾角近于一致时，称单斜岩层，亦称单斜构造（图 1 - 5 - 3）。

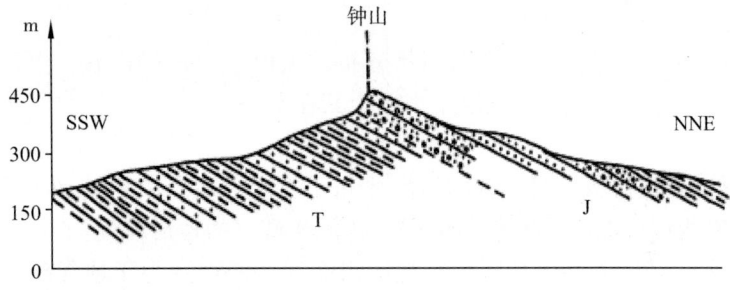

图 1 - 5 - 3　南京钟山的单斜岩层

2. 倾斜岩层的产状要素

倾斜岩层的空间位置是用产状要素来确定的。岩层的产状要素包括走向、倾向和倾角。只要知道倾斜岩层的走向、倾向及倾角大小，就可以恢复倾斜岩层的空间状态（图 1 - 5 - 4）。

（1）走向：倾斜岩层层面与水平面相交的直线称走向线，走向的延伸方向叫做岩层的走向。

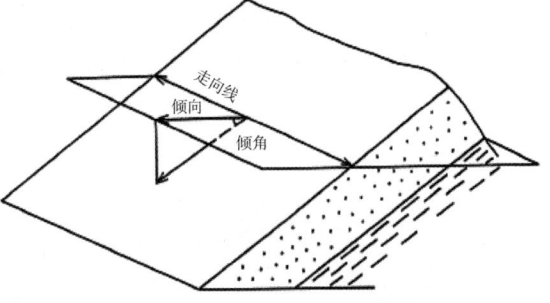

图 1 - 5 - 4　岩层的产状要素

（2）倾向：在岩层面上垂直于走向线，沿岩层倾斜面向下倾斜的方向所引的直线，为真倾斜线。真倾斜线在水平面上投影线所指的方向即岩层倾斜的方向，通称岩层的倾向。

（3）倾角：真倾斜线与其在水平面上投影线之间的夹角，叫倾角。倾角的大小可表示倾斜岩层的倾斜程度。当倾角接近于 0° 时，称水平岩层；倾角近于 90° 时，称直立岩层。

（三）岩层厚度的测定

岩层是具有三维结构的板状地质体。为了真正确定岩层或地质构造的空间位置，还应同时实测岩层的厚度。岩层的厚度是指同一岩层从顶面到底面的距离。测量线必须同时垂直于顶面和底面，才能量得岩层的真厚度。若测量线与顶面和底面斜交，则量得的是假厚度。显然，假厚度恒大于真厚度。图1-5-5表示露头上岩层出露宽度（假厚度）与真厚度的关系。

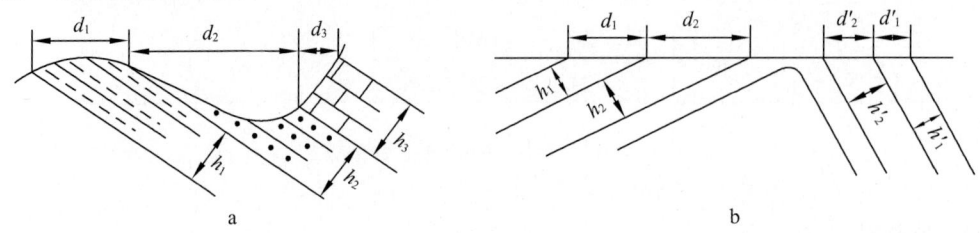

图1-5-5　倾斜岩层出露宽度与岩层厚度、倾角及地形的关系

a—岩层倾角和厚度相同，地形不同；b—岩层倾角、厚度都不同，但地面坡度相同

岩层呈水平产出时，没有倾向，倾角为零，其走向可以是任意方向。它的空间位置受岩层厚度控制。

似层状地质体（如岩脉、岩饼和面状分布的火山岩等）的产状，可以通过测量其延展面的走向、倾向、倾角和平均厚度来确定其在空间的位置。

（四）"V"字形法则

"V"字形法则是指当不同产状的岩层分布于不同坡度及坡向的地形区时，如何根据地层出露线有规律弯曲的现象判断地层产状的法则。当地层倾向与地形坡向相反时，地层出露线弯曲方向与地形线相同，但地层出露线弯曲程度小于地形线，称"相反相同"（图1-5-6）。当地层倾向与地形坡向一致、地层倾角大于地形坡度角时，地层出露线弯曲方向与地形线弯曲方向相反，称"相同相反"（图1-5-7a）；当地层倾向与地形坡向一致、地层倾角小于地形坡度时，地层出露线弯曲方向与地形线一致，但地层出露线弯曲程度大于地形线，称"相同相同"（图1-5-7b）。

利用"V"字形法则，不仅可以在地形地质图上间接"读"出研究区岩层的空间展布特征，也可以在野外研究中，直接根据岩层出露线的弯曲特征，分析岩层向地下延伸的规律。

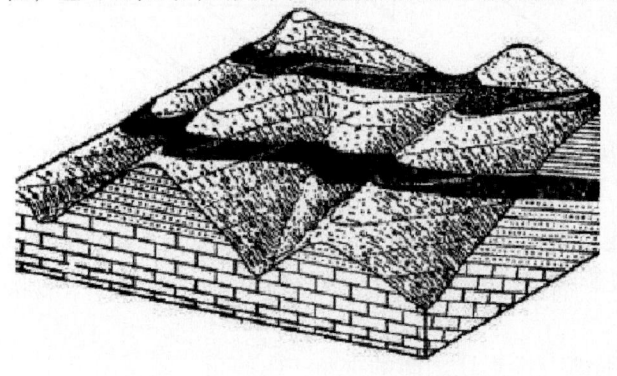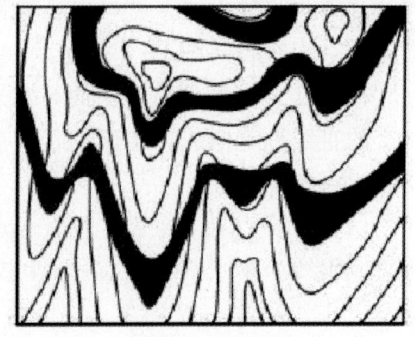

图1-5-6　"V"字形法则（1）

左图：地层倾向与地形坡向相反；　右图：在地形图上地层出露线与地形线弯曲方向一致，但弯曲程度小于地形线

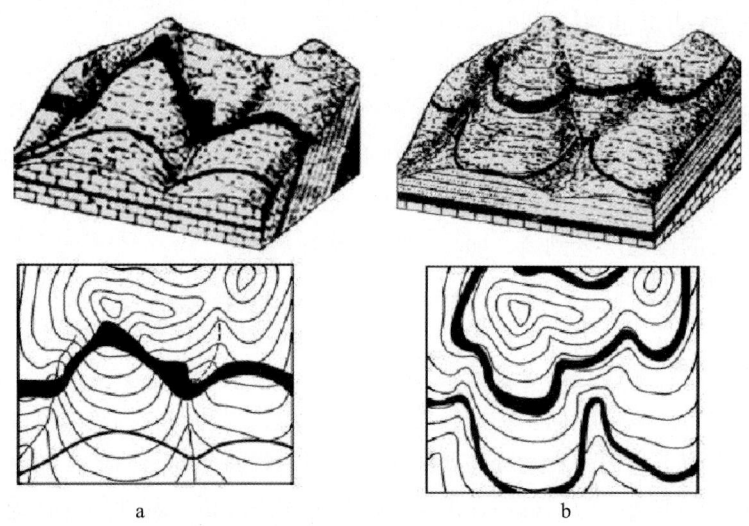

图 1 - 5 - 7　　"V"字形法则（2）

a—上图：地层倾向与地形坡向相同，但地层倾角大于地形坡角；下图：在地形图上地层出露线与地形线弯曲方
向相反。b—上图：地层倾向与地形坡向相同，但地层倾角小于地形坡角；下图：在地形图上地层出露线与地形
线弯曲方向相同，但地层出露线弯曲程度大于地形线

二、褶皱构造

　　岩层并非绝对刚体，在一定条件下受力时，可以产生塑性变形，使原来岩层中近于
平直的面，通常是指层理面，形成各种弯曲的形态，这种弯曲的岩层称为褶皱。褶皱是
地壳运动所形成的一种最常见的地质构造。褶皱的规模大小不一，小的只有几厘米，可
以在一块手标本上看到；大的褶皱可发育在几十或几百千米的范围内。

　　（一）褶皱要素

　　褶皱的形态是多种多样的。为了研究和描述褶皱形态和空间展布特征，应先了解组
成褶皱的形态要素，常用的褶皱要素有核部、翼部、枢纽和轴面（图 1 - 5 - 8）。

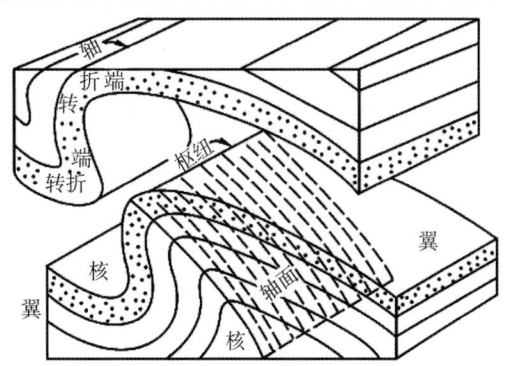

图 1 - 5 - 8　　褶皱要素示意图

①核部：核部是指褶皱中心部分。②翼部：翼部是指褶皱的核部两侧的地层，简称翼。③枢纽：岩层褶皱面上
最大弯曲点（或褶皱顶或底从一翼转向另一翼的点）的连线，称为枢纽或枢纽线。④轴面：褶皱内各相邻岩层
褶皱面上的枢纽联成的面称轴面。

（二）褶皱的基本形态

1. 背斜构造

尽管褶皱有各式各样的形态，但根据其核部与两翼岩层的相互关系，可将褶皱分为背斜构造和向斜构造两种基本形态。背斜在形态上一般讲是一个中间向上拱起的弯曲。组成背斜的两翼岩层倾向相背，风化剥蚀后核部出露老地层，两翼出露新地层，从核部到翼部地层时代顺序是从老到新，而且呈对称状态。

2. 向斜构造

向斜在形态上是一个中间向下拗的弯曲，其两翼地层倾向相向，核部为新地层，从翼部到核部地层时代顺序是由老到新。以轴面平分，地层呈对称重复。

在野外确定背斜构造和向斜构造，关键是要弄清背斜和向斜构造的核部与翼部地层的新老关系，查清了它们的新老顺序就能正确地判断背斜和向斜构造。图 1 - 5 - 9 所示的褶皱，外形上好似一个向斜构造，但从地层新老关系分析，其地层是核部老，向两翼逐渐变新，因而就可判断它是一个（扇形的）背斜构造，而不是向斜构造。

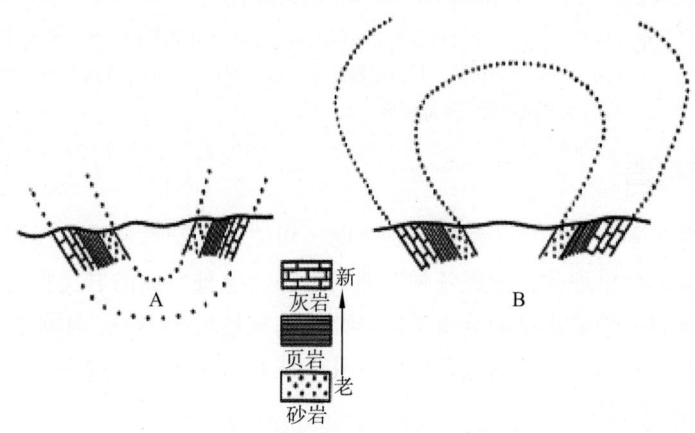

图 1 - 5 - 9　一个扇形褶皱构造

A—不正确的判断；B—正确的判断

（三）常见的几种褶皱构造

1. 直立褶皱

这种褶皱的两翼岩层倾向相反，倾角大致相等，褶皱轴面直立，故又称直立褶皱或称对称褶皱（图 1 - 5 - 10）。

2. 斜歪褶皱

这种褶皱的两翼岩层倾向相反，但倾角不等，褶皱轴面倾斜，这种褶皱又称不对称褶皱（图 1 - 5 - 11）。

3. 倒转褶皱

这种褶皱的两翼岩层向同一方向倾斜，褶皱轴面也向该方向倾斜。这种褶皱其一翼地层层位正常，另一翼地层层位发生倒转（图 1 - 5 - 12）。当这种褶皱的倒转翼和正常翼倾角大致相等时，称为同斜褶皱。

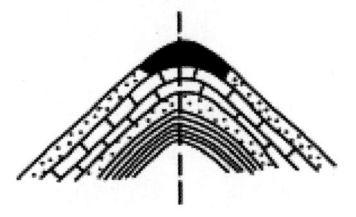

图 1 - 5 - 10　直立褶皱

图 1 - 5 - 11　斜歪褶皱

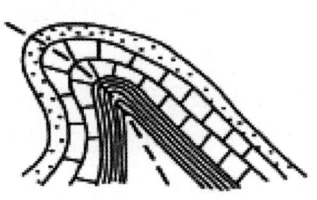

图 1 - 5 - 12　倒转褶皱

4. 倾伏褶皱

当褶皱的枢纽呈倾斜状态时，称倾伏褶皱。倾伏褶皱在平面上，两翼岩层呈弧形弯曲，可从一翼转向另一翼。背斜的这种弧形弯曲在其倾伏端，向斜的弧形弯曲在扬（昂）起端（图 1 - 5 - 13）。

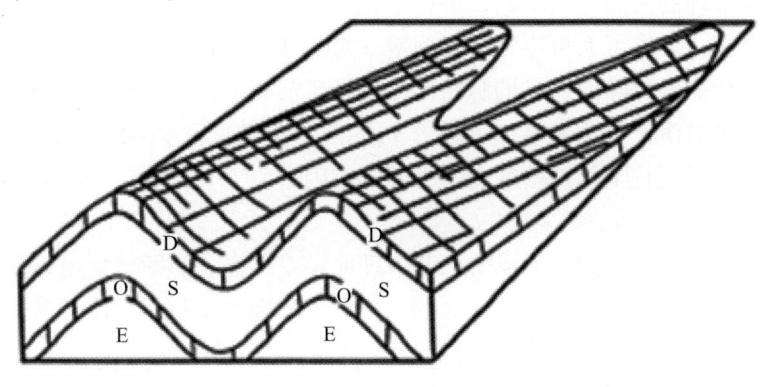

图 1 - 5 - 13　倾伏褶皱

5. 穹窿构造和构造盆地

穹窿是一个外形较圆的隆起构造。其核部为老地层，四周为新地层。其岩层从构造的中心（核部）向四周倾斜。

构造盆地则是一个外形较圆的凹陷。其中心（核部）为新地层，四周为老地层。岩层倾向从四周向中心倾斜。

（四）褶皱的组合

褶皱大部分不是孤立分布的，而往往是成群出现的，因而可出现一定的组合形式，主要可以分为复背斜和复向斜 2 种。

1. 复背斜

在地壳运动产生的水平挤压力较强烈的地区，往往可形成由一系列较小的背斜与向斜组成的大型背斜构造，这个大型背斜构造称为复背斜。

2. 复向斜

复向斜的成因同复背斜情况一样，只不过它是由一系列小的背斜与向斜组成一个大型向斜构造。

三、断裂构造

岩层受力不仅会变形，当这种力超过一定强度极限时，它会遭到破坏或产生破裂，形成断裂构造。断裂构造可分为节理和断层两大类。

（一）节理

岩层破裂后，破裂面的两侧岩石，没有明显的位移或只有微小的位移时称节理。节理是岩石中极为普遍的一种断裂构造，它常成组出现，并沿着一定方向呈有规律的排列。节理的大小很不一致，短者仅有几厘米长，长者可达几十米或更长，其破裂的情况也不相同，有的是张开的，也有的是闭合的，其明显程度也不一样。

节理的成因有多种。在岩石形成过程中产生的节理称为原生节理，如喷出岩在冷凝固结过程中产生的柱状节理。成岩后形成的节理为次生节理。岩石经风化作用而产生的节理即是次生节理，又称风化节理，属非构造节理。由构造运动产生的节理称为构造节理，属于次生节理。

根据形成节理的力的性质不同，可把节理分为张节理和剪节理 2 种。这两种节理在岩石中广泛分布，规模可大可小，常成为地下水运移的通道，有些甚至是矿液的通道和成矿场所。例如著名的赣南钨矿的脉状矿体就是矿液充填在张节理中形成的。在工程地质上对岩石节理的研究极为重要，相互平行的两组节理交叉共存可将岩石切成菱形块体。节理的发育程度是工程地基强度的重要影响因素。

1. 张节理

张节理是在引张力作用下形成的。其节理面参差不齐、粗糙，常呈锯齿状。如果张节理发生在砾岩中，节理面往往绕过砾石。一般张节理延长距离较短。从垂直节理面的断面观察，其裂口上大下小，呈楔形，深度不大（图 1 – 5 – 14）。在背斜构造的顶部或较大的隆起区常见这种节理。

2. 剪节理

剪节理是由于岩石遭受剪切力（扭）作用而形成的。剪节理常成对出现，即由二组节理组成，两组节理呈交叉状，故又称"X"型节理。节理面平直而光滑，它能把砾石切断、错开，节理延伸较长，有时在节理面上可有摩擦的痕迹。剪节理一般在褶皱构造的两翼部位较清楚，有时一组较明显，另一组较隐蔽（图 1 – 5 – 14）。

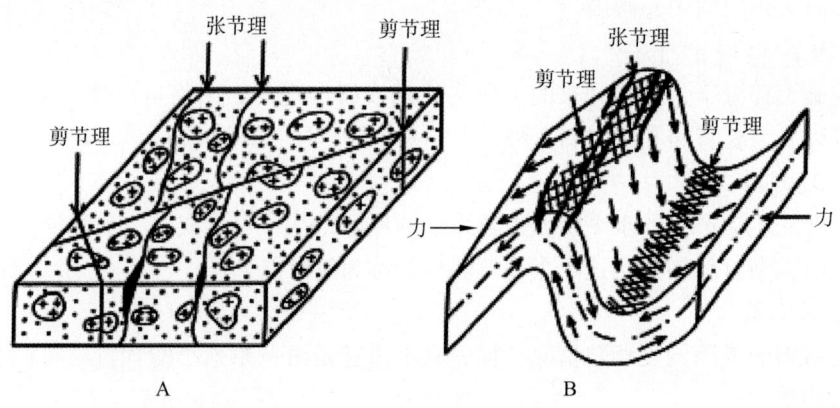

图 1 – 5 – 14　节理

A—砾岩中张节理、剪节理；B—褶皱核部的节理

（二）断层

岩层断裂后，两侧岩块若发生显著的相对位移，则形成断层。断层的规模大小不一，其延伸长度有的很小，有的可达数百公里、数千公里；有的断层相对位移只有几厘米或几米，但也有达到几百米或几千米甚至更大的。断层也是最常见的一种地质构造现象。

1. 断层要素

（1）断层面：岩层受力作用后发生相对位移的破裂面叫断层面。断层面上常留有断层擦痕。断层面通常是倾斜的，但也有直立的或近于水平的。断层面也和层面、节理面一样可用测量其走向、倾向及倾角的方法来确定它们的空间位置（图 1 - 5 - 15）。

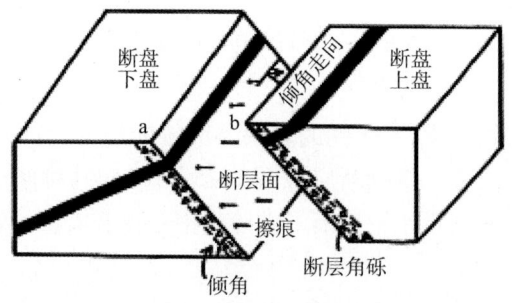

图 1 - 5 - 15　断层要素图

（a、b 原为一点）

（2）断层线：断层面与地面的交线叫做断层线。断层线并非一条简单的线，往往是一条宽窄不等呈带状分布的破碎地带，简称破碎带。

（3）断盘：断层面两侧的断块称为断盘。位于断层面上方的断盘叫上盘；位于断层面下方的断盘称为下盘。当断层面直立时，则用方位来命名，如断层面走向东西延伸，则称北盘和南盘。

此外，也可按断盘相对运动方向来命名，相对上升的一盘称作上升盘；相对下降的一盘称作下降盘。

（4）断距：断层两盘相对移动开的距离叫断距。小断层的断距仅几米或更小，大断层的断距可超过 100 km。

2. 断层的基本类型

（1）正断层：上盘相对下降，下盘相对上升的断层，称为正断层（图 1 - 5 - 16）。这种断层大部分是由于受到张力作用形成的。其破碎带中常有大小不等带棱角的岩石碎块和岩屑组成的断层角砾岩。

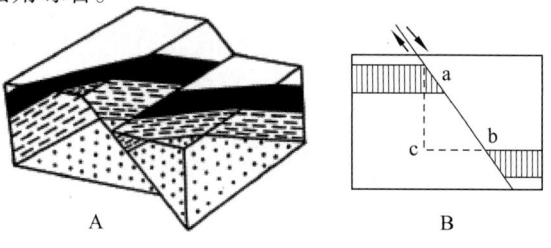

A 　　　　　　　　　　 B

图 1 - 5 - 16　正断层

A—立体图；B—剖面图

　　（2）逆断层：上盘相对上升，下盘相对下降的断层称为逆断层。逆断层一般发育在强烈的地壳运动地区，是由侧向挤压力作用产生的。

　　上盘断块可被推挤上升重叠在下盘断块之上（图1-5-17）。这种断层的断层面常呈舒缓波状，破碎带中角砾和岩屑的棱角常不明显。

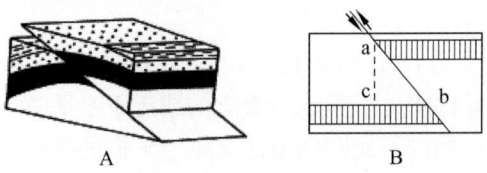

图1-5-17　逆断层示意图

A—逆断层立体图；B—逆断层剖面图

　　（3）平移（推）断层：断层两侧的岩块，沿着断层面走向的水平方向相对移动的断层，称为平移断层，也称作平推断层（图1-5-18）。这种断层的断层面一般平直光滑，有时好似镜面，常有大量水平擦痕。破碎带中存在着大量的剪裂破碎岩石，常被碾磨成粉状物质，称断层泥。

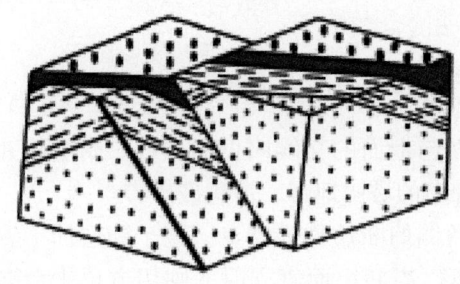

图1-5-18　平移断层

　　3. 断层的组合——地垒和地堑

　　断层往往成组出现，形成各种组合形态，地垒和地堑是两种特殊的组合形态。地垒是指两侧被断层所切，可以是两个，也可以是多个，中央部分相对上升，两侧相对下降的构造；而地堑则正好相反，其中央部分相对下降，两侧部分相对上升（图1-5-19）。

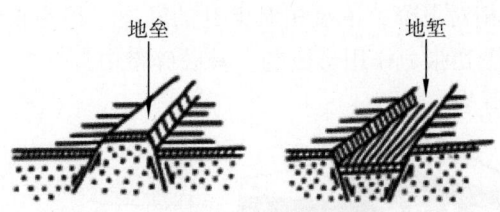

图1-5-19　地垒与地堑

第二节　地壳运动的几种主要学说

　　各种构造形迹都是地壳运动的结果。关于地壳运动的起因、地壳构造特征及其演变规律的问题，是地质学上长期争论和探索的重大问题，曾出现过多种不同的学说。板块构造学说和地质力学的兴起，将地质学的发展推向一个新阶段。下面简要介绍几种主要构造学说。

一、板块构造学说

（一）板块构造的概念

　　板块构造学说是在 20 世纪 60 年代末期，由地质学家伊萨克斯（B. Isacks）、麦肯齐（D. P. Mckenzie）提出的。它是在 20 世纪 10 年代魏格纳（A. L. Wegener）的大陆漂移说以及 20 世纪 60 年代赫斯（H. H. Hess）和迪茨（R. S. Dietz）的海底扩张说的基础上发展建立起来的。板块构造学说是随着海洋地壳的研究而兴起的，现已发展到大陆壳的研究，所以又被称为新全球构造学说。

　　板块构造学说认为刚性的岩石圈"漂浮"于软流层（或低速带）之上，其厚度约为 70~100 km（陆壳与海洋壳有差异），但这种刚性的岩石圈并不是一个整体，而是被不同性质的断裂或边界分割为许多块体。由于块体相对于地球半径来说呈很薄的板状，故这些被分割的块体称为岩石圈板块，简称板块（图 1 - 5 - 20）。这些大、中、小的板块，因受其下部地幔物质对流的驱动，而发生相对运动。这种运动是以水平运动为主的。各板块之间的边界往往为深大的断裂构造。板块运动时，还会引起岩浆活动、变质作用、地震作用，并引起地表沉积环境的变化。

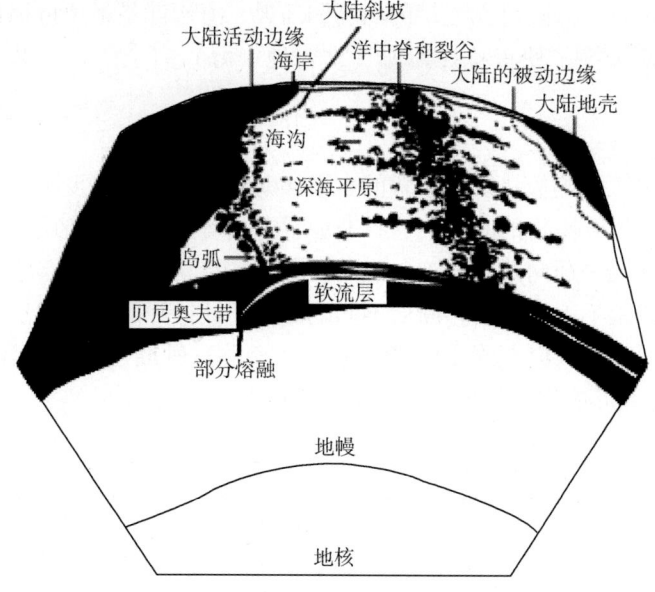

图 1 - 5 - 20　地球板块构造示意图
（据孔庆友《山东地勘读本》，2002 年）

（二）板块运动的方式

板块以每年数厘米的速度不停地运动着，它的相对运动方式有以下 3 种。

1. 离散运动

离散运动是指两个板块相背的运动，拉张处基性和超基性岩浆不断上涌，形成新的岩石圈。这里好像是制造新地壳的"工厂"，新"生产"的地壳不断扩展，并推动着两侧较老地壳向相反方向运动（图 1 - 5 - 21）。这种新地壳的生长地，也是新板块的边界，即板块的生长边界。东非长达 2 900 km 的裂谷系统被认为是板块被拉张破裂的最初阶段。

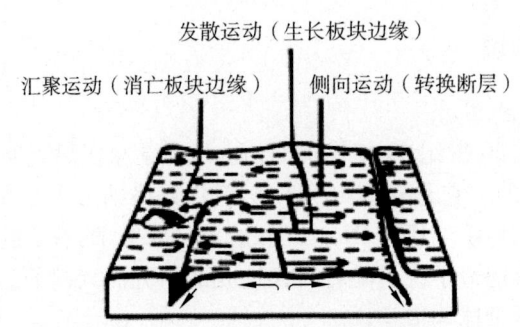

图 1 - 5 - 21　板块构造边界类型示意图

2. 汇聚运动

它是一种挤压而敛合性的相向运动，即两板块发生相向挤压运动，产生碰撞。一个板块可以俯冲到另一个板块之下，形成板块间的叠覆现象。俯冲下去的板块葬身（消亡）于上地幔之中，造成板块的消减，故有人又称为板块的消亡边界。板块碰撞的地方，构造活动强烈（常发生强烈地震），岩浆活动频繁，并伴有变质作用发生，往往形成地球上新的造山带。海陆边界地带的山脉和岛弧、海沟就是板块碰撞的产物。如印度洋板块与欧亚板块碰撞，使古特提斯海（即古地中海）完全闭合，形成雄伟的喜马拉雅山脉。

3. 侧向错动

当海底分裂时，两侧板块发生相背的水平移动，由于移动速度不一，于是大致垂直于分裂带发生许多近于平行的断层。这种断层看上去有点像平移断层，实际上它与平移断层不同，这种断层一面向两侧分裂，一面发生水平错动。它与平移断层相似之处在于错开了洋脊，但错距不大；与平移断层不同之处在于被错开的洋脊段落再向外的广大范围其两盘位移方向为同向以至同步。1965 年威尔逊称这种断层为转换断层（图 1 - 5 - 22）。这种断层也可形成板块边界，称转换断层边界。

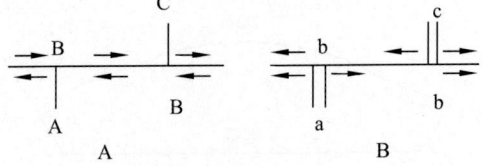

图 1 - 5 - 22　平移断层与转换断层的区别

A—平移断层；B—转换断层

上述板块的 3 种运动方式，形成不同的板块边界，它们也是划分板块的根据，但它们都是大洋中及大陆与海洋接触部位的边界。在大陆内部，板块边界的划分可以地缝合线为依据，地缝合线是两个大陆板块相向移动造成的，它们的前缘由于相互碰撞挤压，地壳发生强烈变形，从而形成褶皱山脉，并伴有岩浆侵入活动及变质作用。地缝合线是寻找古板块构造的重要标志。

（三）世界板块的划分

全球板块构造的划分是勒皮雄在 1968 年首先提出的，他将全球划分为 6 大板块，以后陆续有人对全球板块构造进行了详细划分。所谓 6 大板块是太平洋板块、欧亚板块、非洲板块、美洲板块、印度洋板块（即印度澳大利亚板块）和南极洲板块（图 1 - 5 - 23）。

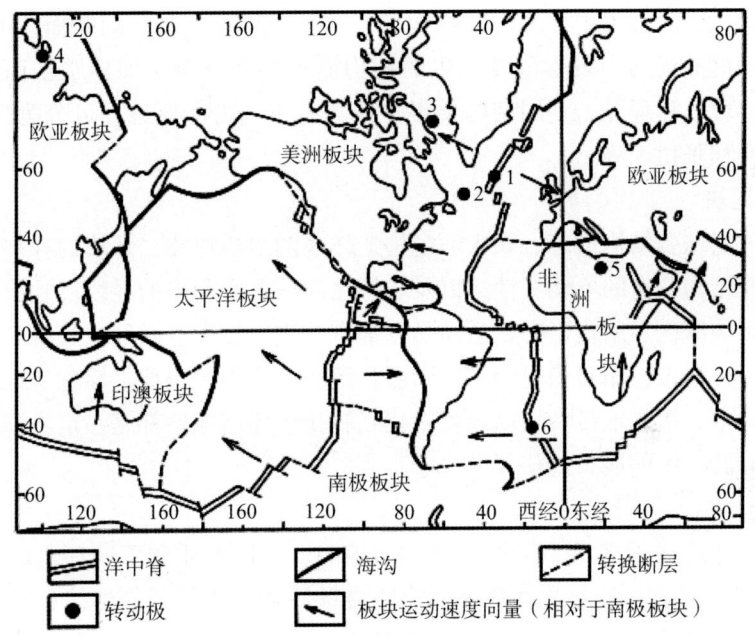

图 1 - 5 - 23　全球 6 大板块构造

（据《中国大百科全书·地质学》，1993 年）

上述 6 大板块，就面积而言，太平洋板块最大，它以海洋地壳为主。其余的板块既包括大陆，又包括了海洋。可见，板块的划分是不受陆地和海洋的限制的。这些板块的形成时间，多数都在中生代的中侏罗纪和白垩纪时期。

二、地质力学

（一）地质力学概念及其应用

地质力学是我国著名地质学家李四光创立的。它是力学与地质学相结合的边缘科学，即用力学原理研究地壳构造和地壳运动及其起因的科学。它从地质构造的现象（构造形迹）出发，分析地应力分布状况和岩石力学性质，追踪力的作用，从力的作用方式追索地壳运动方式，探索地壳运动的规律和起源。地质力学认为结构要素、构造地块和构造体系是地质构造的三重基本概念，对于探索地壳运动规律具有极其重要的意义。

地质力学认为地壳运动的方式是以水平方向的运动为主，而水平运动则起源于地球自转速度的变化。李四光把地球自动调节自转速度变化的作用称为"大陆车阀作用"，因而把这一假说称为"大陆车阀假说"。地球自转速率变化动力的作用方向主要是由高纬度向低纬度，形成三大类型的构造体系，即纬向构造体系（东西向构造带）、经向构造体系（南北向构造带）和扭动构造体系。

（二）地质构造三重基本概念

1. 结构要素（构造要素）

指存在于各种地质体中的基本地质构造形迹，主要有结构面和构造线条两类。它是标志地质构造存在或划分构造地块的基本单位。结构要素可分为原生结构要素和次生结构要素。前者指成岩过程中形成的结构面和构造线条，如层理、间断面、不整合面等；后者指岩石在机械运动中发生形变产生的结构面和构造线条，如褶皱轴面、各种破裂面、一部分节理、片理等。不同结构要素往往具有不同力学属性，可分为压性、张性、扭性、压扭性和张扭性等。

2. 构造地块

指具有一定综合结构形态、属于一定构造体系的地质块体。地块的存在常由地壳物质组成或地壳结构构造的不均一性，以及它们之间常具有明确的界线反映出来。地块的规模大小、影响深度、结构形态、活动强度都有差别。比较活跃的狭长带状地块，称为褶皱地带，简称褶带；相对稳定的不规则板状地块，称为块垒地，简称块地。在长期复杂的地壳运动中，褶皱地带和块垒地可以相互转化。任何地块都是一定类型构造体系的组成部分，并有一定的展布规律。

3. 构造体系

指具有成生联系的各种不同形态、不同等级、不同性质和不同序次的结构要素所组成的构造带，以及构造带之间所夹的岩块或地块组合而成的总体。构造体系的规模很不相同，有的限于一块手标本，有的纵横几百公里，甚至更加宏伟。近年来，构造体系的概念有了发展，不仅包括具有成生联系的各种地质构造，而且包括受这些地质构造制约的各种地质作用和各种地质现象，它们也是鉴别构造体系存在的重要标志和依据。

（三）三大类型构造体系

1. 纬向构造体系

又称东西向构造带。一是指走向东西的剧烈挤压带，在我国相当发育，突出的至少有 3 个带，即阴山天山构造带、秦岭昆仑构造带、南岭构造带；二是指包括一系列东西复杂构造隆起带和相间出现的拗陷带的总称；三是指一切东西方向的构造形迹。

2. 经向构造体系

又称南北向构造带，指分布方向大体与地球经度一致、具有一定规模的构造带。主体由走向南北的挤压带或张裂带构成，并有扭断裂与它斜交、横断裂与它直交。它们一般是东西向挤压作用或引张作用形成的。我国的经向构造体系，在东半部相当发育，一般规模相对较小，并以挤压性为主。它们常被巨型纬向构造带分割，有大致南北对应之势。

3. 扭动构造体系

指地壳的某一部分对其邻近部分，产生相对扭动而形成的构造体系。一般规模不大，只有少数达到大型或巨型。这一构造体系比较复杂，构造型式甚多，如多字型构造、山字形构造、旋扭构造、棋盘格式构造和入字型构造等。

三、其他构造学说

（一）多旋回构造说

多旋回构造说是黄汲清 1945 年提出的，是探讨地槽地带的一般发展规律的学说。所谓地槽，指地壳上的一些沉降很深的狭长的或盆地状的槽形活动地带。多旋回说认为，在地槽发展的全部过程中，不但构造运动是多旋回的，而且岩浆活动、沉积建造、变质作用和成矿作用也是多旋回的。一般说来，每一旋回先出现基性超基性岩，之后，地槽部分褶皱，同时有花岗岩侵入。随后有安山岩喷发，这就形成了一个构造岩浆旋回。这样的旋回可以出现若干次，然后才使地槽系全部褶皱封闭。板块构造运动也是多旋回发展的。

（二）断块构造说

断块构造说是张文佑 1958 年提出的，这一假说认为岩石圈被断裂分割成大小不等、深浅不一、厚薄不同和发展历史不同的断块，由此构成岩石圈的多层、多级和多期发展的断块构造。断裂的形成和发展过程是：由剪切开始，拉张完成。构造应力场产生的基本原因是地球内部的热力和重力所引起的膨胀（拉张）和收缩（挤压）。

（三）地洼构造说

地洼构造说是陈国达 1956 年提出的，地洼学说主要内容包括 3 部分：一是阐明一种新的大地构造单元活化区，后又叫地洼区；二是提出地壳动"定"转化递进说，认为地壳是通过活动区与"稳定"区互相转化，螺旋式发展的；三是提出地洼（递进）成矿理论。

（四）波浪状镶嵌构造说

波浪状镶嵌构造说是张伯声 1962 年提出的，他认为地壳是由不同级的构造带或结构面分割成为一级套一级的块体，这些块体又为夹在它们之间的构造带或结构面结合起来，这种现象叫做镶嵌。在同一地应力场的作用下，所形成的构造带或结构面呈有规律的定向排列。构造带和夹在它们之间的地块的相间分布，在构造地貌上显示波状起伏，形成地壳波浪。不同方向的地壳波浪交织成网，规定着镶嵌在网目中的地块的形状及排列方式。地壳的这种构造格局称为波浪状镶嵌构造。

（五）地槽—地台构造说

地槽—地台构造说简称槽台说。自从霍尔（J. Hall，1859）和丹纳（J. Dana，1873）提出地槽概念，修斯（E. Suess，1885）和奥格（G. E. Haug，1900）提出地台概念并区分地壳为地槽和地台两大基本构造单元以来，就逐渐形成了地槽—地台学说。该学说的要点是：地壳可分为两种基本构造单元，即活动性较强的地槽和稳定性较大的地台，而且地槽经过发展也可以转变为地台。地槽是巨大窄长的沉积盆地，在其发展初期表现为强烈的沉降作用，在沉降过程中，不断接受沉积，形成厚度巨大的沉积岩层，并且常常伴有火山活动；在其发展后期，则表现为强烈的上升作用，地槽回返使其中的沉积岩层遭受强烈褶皱，并且隆起为山，还伴有强烈的岩浆活动和变质作用。地槽经过这样的变动后，逐渐稳定下来，进而转化为地台。剥蚀作用又使之最后达到准平原化。由于地台的稳定性较大，只能发生一些幅度和频率都不大的升降运动，所以它的沉积物的厚度和厚度变化都不大，岩相稳定；地层没有发生较强的构造变动，岩层产状平缓；岩浆活动和变质作用都微弱。

第六章 地 史

地史学即历史地质学，是研究地球历史的科学。其研究的主要内容是：研究古生物发展史，以确定岩层的时代顺序及其划分和对比；研究地质时期的沉积发展史，确定岩层的形成环境及其分布特征，用以推定当时的自然地理环境，重塑古地理，如海陆分布的轮廓和气候条件等；研究地壳的构造发展史以及与古构造演化有关的岩浆活动和变质作用。

第一节 古生物

古生物指的是地史时期的生物，现已大部分灭绝。少数延续至今的古生物称为活化石。现代生物与古生物在时间上并无严格的界线，但目前一般指全新世（开始于距今约一万年）以前的生物称为古生物，研究古生物的形态、构造、分类、生态、出现时代及进化规律的科学称古生物学，其主要研究对象是化石。

一、化石

化石指由于自然作用保存在地层中的古生物的遗体和遗迹。由于生物本身条件和外界环境的不利影响，古生物的遗体和遗迹只有极少部分能保存为化石。

由生物遗体本身保存而成的化石，统称实体化石；生物遗体留在围岩中的印模和复铸物称为模铸化石；古生物的生活活动在沉积物中留下的痕迹如足迹、爬痕、潜穴、钻孔、粪化石等称遗迹化石；组成生物体的有机物组分经分解后形成各种有机化合物，如各种烃、脂肪酸、氨基酸、糖等，保存在各时代地层中的这类有机化合物是过去存在过生物的佐证，被称为化学化石或分子化石。

二、古生物的分类

和现代生物一样，古生物的分类有七个基本单位，从大到小依次为界、门、纲、目、科、属、种。种是分类的最基本单位。但多数生物门类可进一步细分，即在原有七个基本单位之间设置辅助单位，这些辅助单位是在基本单位名称之前冠以"超"或"亚"而成。如亚门、亚纲、亚目、亚科、亚属、亚种；超纲、超目、超科等。亚门、超纲均指位于门和纲之间的分类单位，余类推。以"北京直立人"（即北京猿人）为例，北京直立人的分类位置是动物界、脊索动物门、脊椎动物亚门、哺乳纲、灵长目、人科、人属、直立种、北京亚种。

三、生物的进化规律

自然界中的生物种类繁多，形态不同，生活方式多异。但所有生物都是由共同的祖先经历漫长时间和环境的变化，从低等到高等，由简单到复杂逐渐分化演变而成的。生物这种分化、演变发展的过程称为生物的进化。生物的进化有一定的规律，一般有：①进化的不可逆性：生物进化的不可逆性指生物在发展进化过程中不能简单地重复过去，即生物的器官及其他特征在发展过程中已经消失则不能再生。②趋异及趋同：趋异指同一类生物由于适应不同的生活环境而发生形态上的变化；趋同指亲缘关系较疏远的不同生物，由于长期处于相同的生活环境中而呈现形态上相似的特征。③特化：特化指生物对某一特定环境具有高度的适应能力，部分器官构造特别发展，某些部分明显退化。④相关律：相关律指生物某种器官构造发生变异，必然会有其他的器官构造相应随之变化。⑤生物的绝灭和生态演替：这是指生物在进化的漫长时间里，旧种陆续绝灭，新种不断兴起，旧种绝灭所空出的生态位置被新种所填补和占有的现象。

第二节　地层的划分对比及地质年代

一、地层的划分与对比

地层是指具有一定层位的一层或一组岩石，一般是沉积岩、火山岩以及由它们变质形成的变质岩。地层划分是指把一个地区的岩层，根据其岩石特征、生物特征或形成时代等共同属性和原始层序划分为各个分层，然后把这些分层合并为较大的组合，建立地层单位。地层对比是把不同地区的地层单位，根据岩性、化石或形成时代等特征进行比较研究，论证这些地层单位在特征及层位上是相当的。

地层的划分、对比总是从研究一个地区的标准剖面开始的，然后再和相邻地区的剖面进行对比，从而建立起区域地层系统。地层划分、对比的主要方法有地层层序律法、生物地层学法、岩石地层学法、构造事件法、地球物理学法、同位素年龄法等。

二、地层单位

由于地层划分的依据不同，也就有多种类型的地层单位，目前国际上的趋向是把地层单位分为 3 大类型：岩石地层单位、生物地层单位和年代地层单位（表 1 - 6 - 1）。

（一）岩石地层单位

以地层的岩性、岩相特征作为主要依据而划分的地层单位，叫岩石地层单位。这种地层单位主要用来反映一个地区的沉积过程和环境特征，因而只能适用于一定范围。地方性或区域性地层层序主要是由这类单位构成的。它是一般地质工作的基本实用单位。岩石地层单位分为群、组、段、层等 4 级。

（二）生物地层单位

以含有相同的化石内容和分布为依据划分出来的，并与相邻层化石有区别的岩层叫做生物地层单位。它可以用化石类型、化石分布范围、化石的系统演化阶段等来建立。在地层层序中有些不含化石的部分，就不是生物地层划分的对象，所以生物地层单位是不连续的。生物地层单位一般称为生物带。经常使用的有组合带、延限带、顶峰带3种。

（三）年代地层单位

年代地层单位是指以地层形成的地质时代间隔作为依据而划分的地层单位。这种单位代表地质历史的一定时间范围内形成的全部岩石，其顶、底界限都是以等时面为界。年代地层单位与地质年代单位互相对应，是完全吻合的。年代地层单位包括宇、界、系、统、阶、时间带等由大到小的6个等级。

表 1-6-1 　　　　　　　　　地层划分类型和地层单位

地层划分类型	地层单位
岩石地层	群 　组 　　段 　　　层
生物地层	生物带 　组合带 　延限带 　顶峰带 　其他各种带
年代地层	宇 　界 　　系 　　　统 　　　　阶 　　　　　时间带

三、地质年代单位

所谓地质年代是指从最老地层到最新地层中每一地层单位形成所代表的时间间隔。我们研究地壳发展历史，就必须把地球历史上的各个事件发生的时间、顺序弄清楚，把它们排列在固有的年代序列中。因此地质学家以岩石学方法、古生物学方法、同位素年龄法等，确定地质事件的时间，并用于编制地质年代表，用它把漫长的地质年代编排和划分成为适当的单位，用以对地质历史作系统的研究。

（一）地质年代单位

地质学的时间概念，包括相对地质年代和同位素年龄两种。相对地质年代是指地层或地质事件时间方面的相对新老关系，它是通过地层层序和其中所含的生物化石确定的。年代地层单位有明确的时限，它代表某一段地质历史时期中形成的地层，因而可以引伸出相应的地质年代单位。如二叠系，其形成的时间间隔称为二叠纪。年代地层单位及其对应的地质年代单位见表 1-6-2。

表 1-6-2　　　　　　　　　　年代地层单位与地质年代单位

年代地层单位	地质年代单位
宇 　界 　　系 　　　统 　　　　阶 　　　　　时间带	宙 　代 　　纪 　　　世 　　　　期 　　　　　时

（二）地史表

见表 1-6-3、图 1-6-1、图 1-6-2、图 1-6-3。

表 1-6-3　　　　　　　　　　　　　地史表

地质年代（地层单位及代号）				同位素年龄（Ma）	生物界		构造阶段（构造运动）	地层	矿产
宙（宇）	代（界）	纪（系）	世（统）		植物	动物			
显生宙（宇）PH	新生代（界）Cz	第四纪（系）Q	全新世（统）Qh	0.01	被子植物繁盛	人类出现	新阿尔卑斯构造阶段（喜马拉雅构造阶段）	冰碛、洞穴堆积、土状堆积、坡积、残积层等发育，沉积物没有固结成岩。西部多次发生冰川活动；东部仍以河湖相沉积为主	砂矿、盐类、泥炭、鸟粪、锰结核等
			更新世（统）Qp	2.60					
		新近纪（系）N	上新世（统）N_2	5.3		哺乳动物与鸟类繁盛		海陆分布，地形逐渐接近现代。我国以陆相为主，海相沉积仅局限部地区，自始新世末期，喜马拉雅山自浅海隆起后，大陆内部不再有海侵。东部为一系列山间断陷盆地的湖相、湖沼相、河湖相碎屑堆积	石油、天然气、油页岩、褐煤、石膏、食盐、自然硫等
			中新世（统）N_1	23.3					
		古近纪（系）E	渐新世（统）E_3	32					
			始新世（统）E_2	56.5					
			古新世（统）E_1	65					

（续表）

地质年代（地层单位及代号）				同位素年龄（Ma）	生物界		构造阶段（构造运动）	地层	矿产
宙（宇）	代（界）	纪（系）	世（统）		植物	动物			
显生宙（宇）PH	中生代（界）Mz	白垩纪（系）K	晚白垩世（统）K$_2$	96	裸子植物繁盛	爬行动物繁盛	老阿尔卑斯构造阶段 / 燕山构造阶段	华北地区在早石炭世后期下降，接受沉积，为一套海陆交互相含煤沉积，是我国主要产煤地层。二叠纪始，陆地面积扩大，华北以陆相沉积为主，华南以海相沉积为主。三叠纪后，海侵范围渐小，在我国，海相、陆相、海陆交互相均有。白垩纪时，岩浆活动强烈	煤矿、膏盐、盐矿、石油、天然气、铜矿等
			早白垩世（统）K$_1$	137					
		侏罗纪（系）J	晚侏罗世（统）J$_3$						
			中侏罗世（统）J$_2$						
			早侏罗世（统）J$_1$	205			印支构造阶段		
		三叠纪（系）T	晚三叠世（统）T$_3$	227					
			中三叠世（统）T$_2$	241					
			早三叠世（统）T$_1$	250					
	古生代（界）Pz	二叠纪（系）P	晚二叠世（统）P$_3$	257	蕨类及原始裸子植物繁盛	两栖动物繁盛	（海西）华力西构造阶段		华北为主要含煤地层，山西式铁矿、黄铁矿、铝土矿、耐火黏土等
			中二叠世（统）P$_2$	277					
			早二叠世（统）P$_1$	295					
		石炭纪（系）C	晚石炭世（统）C$_2$	320					
			早石炭世（统）C$_1$	354					
		泥盆纪（系）D	晚泥盆世（统）D$_3$	372					

（续表）

地质年代（地层单位及代号）				同位素年龄（Ma）	生物界		构造阶段（构造运动）	地层	矿产
宙（宇）	代（界）	纪（系）	世（统）		植物	动物			
显生宙（宇）PH	古生代（界）Pz	泥盆纪（系）D	中泥盆世（统）D_2	386	裸蕨植物繁盛	鱼类繁盛	加里东构造阶段	自中奥陶世后期，华北地区海退，上升为古陆，华南仍为海相沉积。中志留世后，除少数地区外，普遍海退，形成广布的陆相堆积和海陆交互相堆积	奥陶系底部的邯邢式铁矿、锰、石膏、石煤、磷、铜、陶土等
			中泥盆世（统）D_1	410					
		志留纪（系）S	顶志留世（统）S_4	411					
			晚志留世（统）S_3	424					
			中志留世（统）S_2	428					
			早志留世（统）S_1	438					
		奥陶纪（系）O	晚奥陶世（统）O_3		真核生物进化藻类及菌类植物繁盛	海生无脊椎动物繁盛			
			中奥陶世（统）O_2						
			早奥陶世（统）O_1	490				我国大部地区接受海侵，形成发育良好的海相沉积岩层，以碳酸盐类为主。山东张夏地区寒武系剖面为我国标准剖面	底部的磷矿、镜铁山式铁矿、石膏矿、石煤、稀土矿等
		寒武纪（系）∈	晚寒武世（统）$∈_3$	500					
			中寒武世（统）$∈_2$	513					
			早寒武世（统）$∈_1$	543					

（续表）

地质年代（地层单位及代号）				同位素年龄（Ma）	生物界		构造阶段（构造运动）	地层	矿产
宙（宇）	代（界）	纪（系）	世（统）		植物	动物			
元古宙（宇）PT	新元古代（界）Pt_3	震旦纪（系）Z	晚震旦世（统）Z_2	630	裸露无脊椎	动物出现	晋宁运动	下部为变质岩，构成地台的基地。中、上部在华南为基本未变质的沉积岩。华北为古陆。震旦纪是地史上第一次大冰川，在我国可分为三期	鞍山式铁矿、黄龙式铁矿、江口式铁矿及锰、磷矿及石墨、滑石、菱镁矿、钛矿等
			早震旦世（统）Z_1	800					
		青白口纪（系）Qn		1 000					
	中元古代（界）Pt_2	蓟县纪（系）Jx		1 400					
		长城纪（系）Ch		1 800			吕梁运动		
	古元古代（界）Pt_1			2 500			五台运动		
太古宙（宇）AR	新太古代（界）Ar_4			2 800	原核生物		阜平运动	多次地壳变动，受岩浆活动及变质作用影响。除少数地区为轻变质或不变质岩层外，绝大部分为复杂的变质岩系，并广泛轻剥蚀。绿岩带与花岗岩带相间排列是普遍特征之一	鞍山式铁矿、金、铜、镍、铬、铂、云母、石英、石墨、刚玉等
	中太古代（界）Ar_3			3 200					
	古太古代（界）Ar_2			3 600					
	始太古代（界）Ar_1					生命开始出现	地球形成		

据《中国地层指南及中国地层指南说明书》，2001 年。

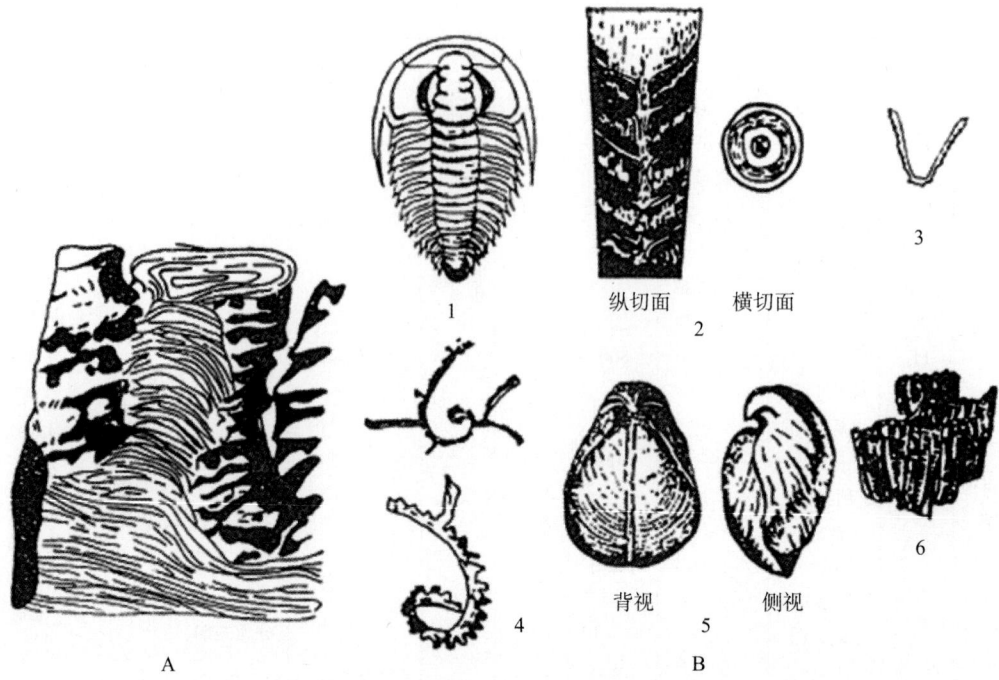

图 1 - 6 - 1　震旦纪和早古生代主要化石

A—震旦纪叠层石；B—早古生代化石：1—三叶虫；2—头足类；3，4—笔石；5—腕足类；6—珊瑚

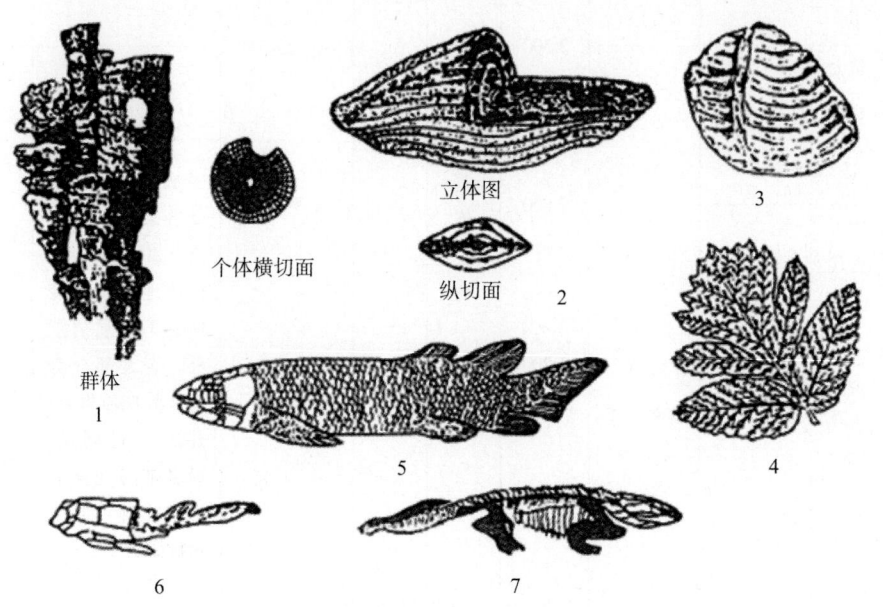

图 1 - 6 - 2　晚古生代主要化石

1—珊瑚类；2—纺锤虫；3—腕足类；4—古植物；5—肺鱼；6—沟鳞鱼；7—两栖类

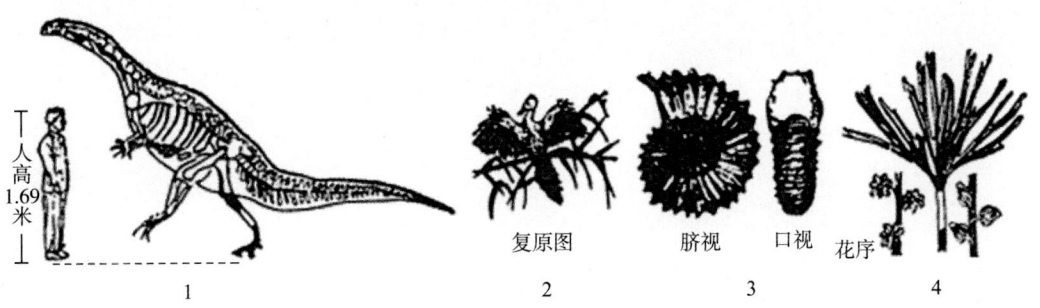

图 1 - 6 - 3　中生代主要化石

1—爬行动物（恐龙）；2—始祖鸟；3—菊石；4—古植物（裸子植物）

第二篇

矿床学基础

地球内外力作用导致了内生矿床和外生矿床的富集与形成

不同的成矿作用都会形成特定的矿床

矿质来源、运移通道和赋存空间是成矿"三要素"

形成热液矿床的充要条件是温度、压力和流体

矿床经济技术评价结果是矿产开发利用的重要依据

成矿新理论不断创新，矿床新类型不断涌现

第一章 概　述

在矿产勘查、开发、加工利用过程中，逐渐形成了以矿产在地壳中形成条件、成因、聚集分布规律为研究内容的矿床学科。矿床学是地质学的重要子学科，是从事矿产勘查、开发和管理工作的重要理论工具。篇幅所限，本章主要介绍矿床学的基本概念、基础知识。

第一节　矿产及分类

矿产是自然界产出的有用矿物资源，是金属矿产、非金属矿产和能源矿产的总称。它是一种基本的生产资料（原材料），是人类社会赖以生存和发展的重要物质基础。

矿产资源按其产出状态可分为固体矿产、液体矿产和气体矿产。按矿产的性质及其主要工业用途，又可分为金属矿产、非金属矿产、能源矿产和地下水资源四类。

一、能源矿产

能源矿产是指能为社会生产和人类生活提供能源的地下资源。它既是经济社会发展所需的主要能源，又是重要的化工原料。从其化学成分看，主要是由碳氢化合物组成，应该属于非金属矿产，但其形成条件和用途与一般非金属矿产大不相同，而且经济价值特别重大，因此，将其独立分出。按其产出状态可分为三类：

（1）固体的：煤、石煤、油页岩、油砂、天然气水合物、地沥青等。

（2）液体的：石油、地热水等。

（3）气体的：天然气、煤层气、页岩气等。

二、金属矿产

从中可提取某种金属元素的矿物资源称金属矿产，按工业用途及其物理、化学性质可分为：

（1）黑色金属：包括铁、锰、铬、钒、钛等。

（2）有色金属：铜、铅、锌、铝、镁、镍、钴、钨、锡、钼、铋、汞、锑等。

（3）贵金属：金、银、铂、钯、锇、铱、钌、铑等。

（4）稀有金属：钽、铌、锂、铍、锆、铯、铷、锶等。

（5）稀土金属：按地球化学性质和共生关系，分为两类：

①轻稀土金属（铈族元素）：镧、铈、镨、钕、钐、铕等。

②重稀土元素（钇族元素）：钇、钆、铽、镝、钬、铒、铥、镱、镥等。

（6）分散元素：锗、镓、铟、铊、铪、铼、镉、钪、硒、碲等。

三、非金属矿产

非金属矿产是指从中可提取某种非金属元素或可直接利用的矿物资源。工业上除少数非金属矿产是用来提取某种元素（如磷和硫）外，大多数非金属矿产是利用其矿物或岩石的某些物理、化学、电学性质和工艺特性。例如，金刚石大多是利用它的硬度和光泽，花岗岩是利用其坚固性和色泽。按非金属矿产的工业用途可分为：

（1）冶金辅助原料：石灰岩、白云岩、萤石、菱镁矿、耐火黏土等。

（2）化工原料：磷灰石、磷块岩、黄铁矿、钾盐、岩盐、明矾石、石灰岩等。

（3）工业制造业原料：石墨、金刚石、云母、石棉、重晶石、刚玉等。

（4）陶瓷及玻璃工业原料：长石、石英砂、高岭土、黏土等。

（5）建筑及水泥原料：砂岩、砾岩、浮石、石灰石、石膏、花岗岩、珍珠岩及各种石材等。

（6）宝玉石：金刚石、硬玉、软玉、玛瑙、蔷薇辉石、绿松石、电气石、绿柱石等。

此外，还有铸石材料（如辉绿岩）、研磨材料（如石榴子石、刚玉等）以及新技术需要的矿物原料。

四、地下水资源

地下水资源包括地下矿泉医疗水、地下热水以及有用元素（溴、碘、硼、镭等）含量达到提取标准的卤水等。

第二节　矿体及其形态、产状

一、矿体及围岩

1. 矿体

矿体是在地壳演化过程中形成的、占有一定空间位置（具有一定几何形态），并由矿石（可有部分夹石）组成的地质体。它是矿床的基本组成单位，是开采和利用的对象。一个矿床至少由一个矿体组成，也可以由大小不同的两个或多个，甚至十几个乃至上百个矿体组成。例如一个石英脉型黑钨矿矿床，可以由几条矿脉至几百条矿脉组成。

矿体内部的矿物成分通常是不均匀分布的，沿着矿体的走向和倾向往往会有较大的变化，在局部地段可能矿石矿物相对集中，矿石品位增高，因而形成富矿段或者富矿体；在有的地段矿石矿物相对较少，矿石品位较低。此外，在矿体（或矿脉）中还常有夹石，它们是夹杂在矿体中在当前技术经济条件下没有开采利用价值的岩石。

2. 围岩

围岩有两重含义，一是指侵入体周围的岩石，二是指矿体周围的岩石。矿床学中主要指后者，即围岩是指在当前技术经济条件下，矿体周围（包括顶底板）无开采利用价值的岩石。

矿体与围岩的界线可以是清晰的（如脉状矿体），也可以是模糊、逐渐过渡的，如斑岩型矿床的矿体，其矿石往往具有细脉浸染状构造，肉眼很难区分矿体与围岩的界线，需要依据矿石的化学分析结果、矿石的品位指标才能圈定矿体与围岩的界线。

二、矿体的形态

矿体形态是指矿体在地壳中占据三维空间（位置）的几何状态，如层状、脉状、透镜状等。矿体的形态由多种控矿因素决定，不同成因的矿床，其控矿因素不同，矿体的形态也相应不同。一般说来，由沉积作用形成的矿床，矿体往往呈层状或似层状，因受后期构造挤压，这种层状矿体可能产生褶皱、变形；而由成矿流体充填作用形成的矿床，矿体的形态则受构造裂隙控制，多呈脉状产出。

任何矿体都具有一定的形态和产状。根据矿体在三维空间发育的长度比例不同，矿体的形态分为三种最基本的类型（图 2 - 1 - 1）。

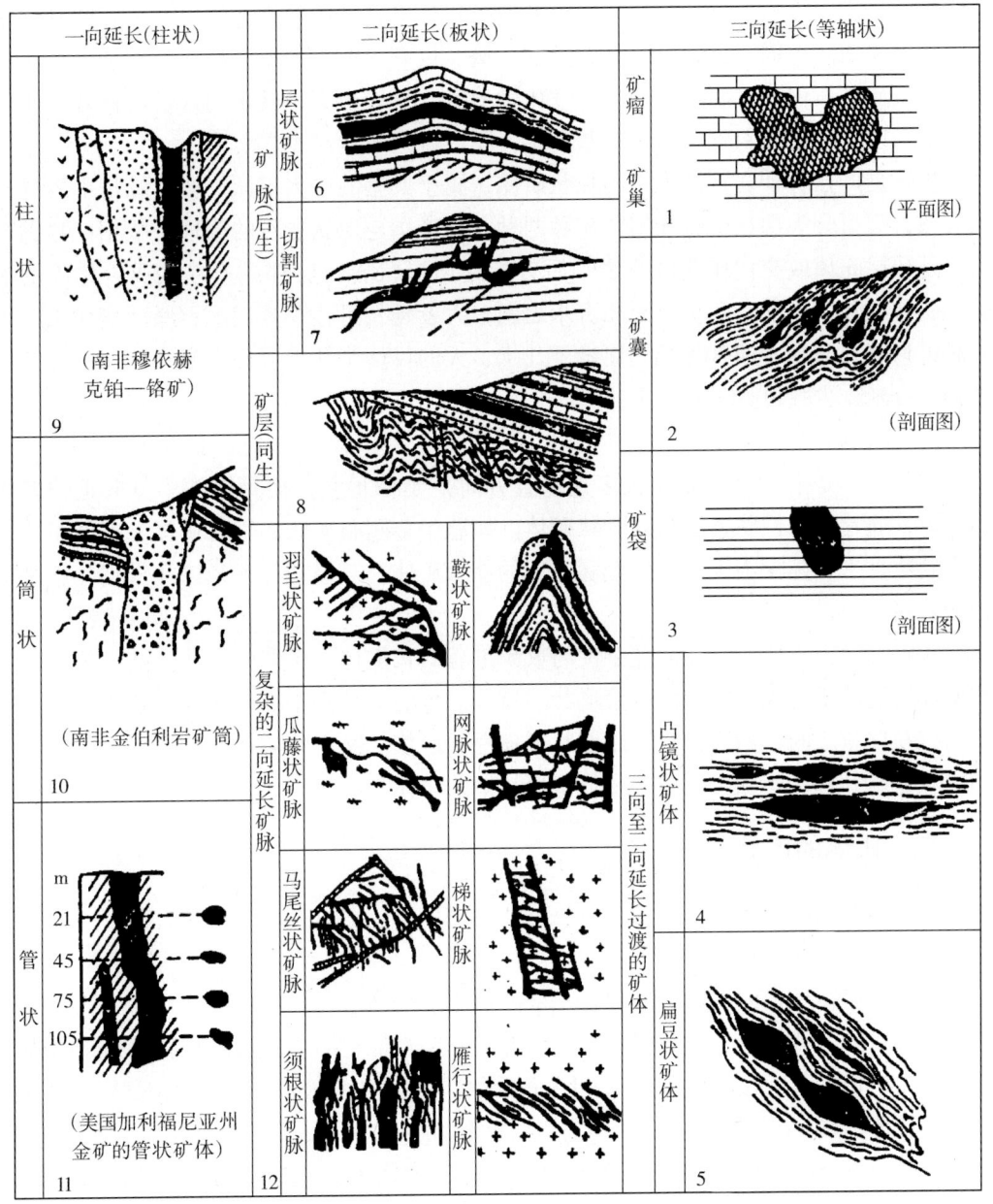

图 2 - 1 - 1　矿体形状综合示意图（据袁见齐等，1985）

1. 等轴状矿体

等轴状矿体指三轴在三维空间大致均衡延伸的矿体。按其规模又有不同名称，例如直径数十米以上的称矿瘤；直径只有几米的称矿巢；直径更小的称矿囊或矿袋等。如果矿体在一个方向上较短，并且中厚边薄，则称为凸镜状或扁豆状。这种矿体在同生矿床或后生矿床中都很常见。

2. 板状矿体

板状矿体是二向（长度和宽度）延伸较大，而第三方向（厚度）延伸较小的矿体，亦可称为矿层或矿脉。

矿层是指由沉积或沉积变质作用形成的板状矿体，矿体与周围岩层是在相同的地质环境中大体同时形成的，因此二者的产状一致。也有人把产于超基性—基性杂岩体中的层状铬铁矿矿体称为矿层。矿层的厚度比较稳定，延展也大，其走向延长可达几千米到数十千米以上，沿倾斜延深可长达数千米，厚度常达数米甚至数百米。

矿脉是产在各种岩石裂隙中的板状矿体，属于典型的后生矿床。按矿脉与围岩的产状关系，又可分为层状矿脉和切割矿脉两种。前者指与层状岩石的层理产状相一致的矿脉，是顺层充填或交代作用的产物；后者指穿切层状岩石层理或产在火成岩体中的矿脉。矿脉的长度一般在几十米至几百米之间，大者延长可达千米以上；厚度变化大，薄矿脉可只有几毫米，通常为几十厘米至几米，大的可达十几米至几十米；延深一般几十米到几百米，少数可达千米以上。

3. 柱状矿体

柱状矿体是指一个方向（大多是垂直方向）延伸很大，而另外两个方向延伸较小的矿体，通常称为柱状、筒状或管状矿体。如原生金刚石矿床的管状矿体，直径可达几十米到数百米，延深很大。一般金属矿床的柱状矿体，其横截面直径以几米到几十米的最为普遍。

实际上，由于成矿条件的复杂性与成矿过程的长期性，矿体的形状往往较复杂，一些矿体可能属于上述三类型的过渡形状。有些矿体的形状介于等轴状与板状之间，或介于板状与柱状之间，如透镜状、眼球状或扁豆状矿体。又有些矿体的形状很不规则，例如网状矿脉和梯状矿脉，还有一些形状更复杂的矿体。

三、矿体的产状

矿体的产状是指矿体产出的空间位置和地质环境，它包括以下主要内容。

1. 矿体的空间位置

一般由矿体的走向、倾向和倾角三个产状要素来确定。但对凸镜状、扁豆状以及柱状矿体等，除了测量其走向、倾向和倾角外，还要测量它们的侧伏角和倾伏角，以便准确地判定它们的空间位置。如图 2-1-2 所示，侧伏角（$\angle abc$）是矿体最大延伸方向 bc（即矿体轴线）与走向 ab 之间的夹角，倾伏角（$\angle dbc$）则是矿体最大延伸方向 bc 与其水平投影线 db 之间的夹角。确定这类矿体的侧伏角和倾伏角对矿床的勘查和开采都有重要意义。

2. 矿体的埋藏情况

矿体的埋藏情况是指矿体出露地表还是隐伏于地下、埋藏深度如何等。如矿体大部分出露地表，或由于产出浅，经剥离后可以开采的，称为露天矿。而完全隐伏的则称为隐伏矿或称盲矿。

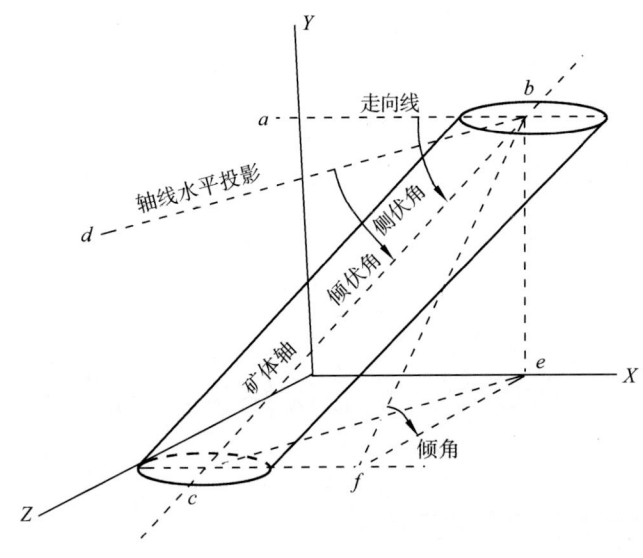

图 2 - 1 - 2　矿体产状要素图

第三节　矿石、脉石（夹石）

一、矿石

矿石是矿体的组成部分，是从矿体中开采出来的、能从中提取有用组分（元素、化合物或矿物）的矿物集合体。矿石一般由矿石矿物和脉石矿物两部分组成。

矿石矿物是指可被利用的金属和非金属矿物，也称有用矿物，如铁矿石中的磁铁矿，铬铁矿石中的铬铁矿，铜矿石中的黄铜矿、斑铜矿和孔雀石，铅锌矿石中的方铅矿、闪锌矿，金矿石中的自然金，石棉矿石中的石棉，硫铁矿石中的黄铁矿与磁黄铁矿等。

脉石矿物是指矿体中暂不能被利用的矿物，也称无用矿物，如铁矿石中的石英、绿泥石、长石、云母，铬矿石中的橄榄石和辉石，铜矿石中的石英、绢云母、绿泥石等，铅锌矿石中的石英、方解石等不含铅、锌的矿物，金矿石中的石英、云母等不含金矿物，石棉矿石中的白云石和方解石等。脉石矿物主要是非金属矿物，但也可能是金属矿物，如铜矿石中达不到综合利用量的方铅矿和闪锌矿、硫铁矿石中达不到综合利用量的闪锌矿和黄铜矿，都因量少不能综合利用，而称其为脉石矿物。

矿石矿物和脉石矿物的划分是相对的、动态的，也是针对具体的矿床而言的。随着人类对新矿物原料需求不断增长、选矿工艺和综合利用技术不断革新，目前尚无利用价值的某些脉石矿物，将来有可能成为矿石矿物。

二、脉石

脉石一般泛指矿体中不可利用的矿物和岩石，包括围岩的碎块、夹石和脉石矿物，它们通常在矿床开采和选矿过程中被废弃。

三、夹石

夹石是指矿体内部不符合工业要求的岩石，其厚度大于夹石剔除厚度时，可从矿体中剔除。开采矿石中混入围岩和夹石，会相对地降低矿石的品位，一般常称其为矿石贫化。

第四节　矿石的结构、构造

一、矿石结构的概念及主要类型

1. 矿石结构的概念

矿石的结构是指矿石中矿物颗粒的特点，即矿物颗粒的形态、相对大小及其空间相互关系等所显示的形态特征。按照矿物是否结晶可以分为显晶质结构和隐晶质结构。一般由内生成矿作用形成的矿床，其矿石通常为显晶质结构；而由化学沉积作用形成的矿床，其矿石多为隐晶质结构。

2. 矿石结构的主要类型

常见金属矿石结构有以下主要类型：

（1）自形粒状结构：由一种或多种矿物组成的矿石，多数（一般≥80%）矿物颗粒呈完好的自形晶。岩浆矿床中铬铁矿、磁铁矿、裂隙或晶洞中的矿物晶体常具有自形结构。

（2）半自形粒状结构：由一种或多种矿物组成的矿石，多数（一般≥50%）矿物颗粒呈半自形晶。

（3）他形粒状结构：矿石中的金属矿物多数（一般≥50%）无完好的晶形、见不到矿物的晶面，呈形状不规则的他形晶。

（4）海绵陨铁结构：他形金属矿物（集合体）产在自形或半自形的硅酸盐矿物晶隙之间，是岩浆分异过程中金属矿物晚于硅酸盐矿物晶出的一种典型结构。岩浆成因的铜镍硫化物矿石常具有这种结构。

（5）斑状结构：矿石中的一种矿物呈具有一定自形程度的粗大斑晶，分布在细粒矿物组成的基质中。相对而言，斑晶通常早于基质矿物形成。

（6）包含状结构：在矿石的一种粗粒矿物中，包含有其他矿物的细小晶体。

（7）文象结构：某种矿物呈蠕虫状，似象形文字，分布在另一种矿物中。两种矿物的接触界线是平滑的，这种结构通常是固熔体分离而成的。

（8）骸晶结构：某种矿物具有比较完整的晶形，在其晶体内部常被另一种矿物所占据，但仍保留晶体的外形轮廓。

（9）假象结构：某种先成矿物或生物有机体结构被后期矿物全部交代，但仍保留着先成矿物的晶形或生物有机体的形态。

（10）残余结构：某种矿物颗粒被部分交代后，其残余体可保留个别晶面、解理或呈孤岛状分布在交代矿物中，各残余体之间有的结晶方位多具一致性，连接这些残余体可以恢复原来矿物颗粒的大致轮廓。

（11）网状结构：在某种矿物颗粒的不规则裂隙中，分布有另一种交织成网状的矿物细脉。

（12）镶边结构（反应边结构）：某种矿物颗粒的外缘有另一种矿物呈镶边状包围（产出）。

（13）花岗变晶结构和斑状变晶结构：前者是近于等粒状的重结晶矿物颗粒紧密镶嵌的结构；后者指矿物粒径相差悬殊，粗大的粒状变晶分布在细粒致密变晶基质中的结构。变晶可保留胶状残余或反映受动力作用的痕迹如双晶、碎裂或变形等。

另外还有乳浊状结构（乳滴状结构）、叶片状结构、碎屑结构等。矿石结构的形态类型主要反映矿石中矿物颗粒的形貌特点，由于成矿作用与成矿条件的复杂性，不同成因矿床的矿石结构也各不相同。

二、矿石构造的概念及主要类型

1. 矿石构造的概念

矿石构造是指组成矿石的矿物集合体的特点，即矿物集合体的形态、相对大小及其空间相互关系等所反映出来的形态特征。也包括矿物颗粒与矿物集合体的形态特征。

2. 矿石构造的主要类型

矿物集合体空间的相互结合关系形成了各种形态的矿石构造。金属矿石的构造主要有以下类型：

（1）块状构造：矿石矿物含量为80%或以上，且矿物颗粒粒径相近，矿物集合体为不规则的或不定形状，分布无方向性，致密均匀且无空洞。富矿石多呈块状构造。

（2）浸染状构造：矿石矿物集合体的形状不定，一般小于5 mm，多呈星散状较均匀地分布在矿石中。矿石矿物含量约为55%～80%时称为稠密浸染状构造，矿石矿物含量约为30%～55%时称为中度浸染状构造，矿石矿物含量小于30%时称为稀疏浸染状构造。

（3）斑点状构造和斑杂状构造：矿石矿物集合体呈近等轴状的斑点，斑点大小比较均匀，多数可达5 mm，分布较均匀且无方向性时称为斑点状构造；矿石矿物集合体的形状不规则，大小不一，且分布不均匀（某些部位较稠密，某些部位较稀疏）时称斑杂状构造。

（4）条带状构造：矿物集合体呈单一方向延长的条状或带状，且条带彼此间平行或近于平行分布。

（5）片状和片麻状构造：片状构造是指矿石的矿物集合体的形态为延长的，由柱状或片状矿物呈定向排列与平行分布且显片理面的构造。若除片状和柱状矿物外，还夹有呈定向排列的粒状矿物，但延续性不强，显示出片麻理，则称为片麻状构造。

（6）鲕状构造：矿石的矿物集合体形态为浑圆的，形似鲕粒，其直径约为 2 mm 或更小些，鲕粒较密集，其间胶结物较少，鲕粒与胶结物的组分可以相同或各异，鲕粒内具有同心环带结构。

（7）豆状构造：矿石的矿物集合体为浑圆状，形似豆粒，其大小一般为 5～10 mm，豆粒可相互连接，但无固定分布规律，有时亦可呈定向排列。外生条件下形成的豆粒内部常具同心环带。

（8）肾状构造：矿石的矿物集合体的形态呈半球或半椭球的凸面，形似肾状，一般约 10 mm 或更大些，其内部呈半圆形同心环带。

（9）结核状构造：矿石的矿物集合体呈大小不等（由几毫米到几十厘米）的球状或椭球状的独立结核，结核内部具有同心壳层。鲕状、肾状及结核状是胶状构造的特殊形态。

（10）胶状构造：矿石的矿物集合体主要为隐晶质或非晶质，形态复杂，表面具球状、椭球状或弧形凸起，断面呈弯曲环带、同心环带、贝壳状或波浪状，环带间界线可清楚或逐渐过渡，也可由孔隙或组分不同而分开，可具有星状孔隙或干裂纹，裂纹可平行或近于垂直环带（亦有呈网状裂纹的）。

（11）土状或粉末状构造：矿石的矿物集合体呈疏松粉末，粉末聚集形成土状或呈粉末状的被膜，且粉末是由次生矿物组成的。

（12）角砾状和环状构造：角砾状构造是指一组（包括围岩或矿石的）矿物集合体呈破碎角砾，被另外一组矿物集合体胶结，胶结物可由矿石矿物或脉石矿物组成。若是以角砾为核心，由某种或多种矿物集合体依次呈环状包围便称为环状构造。

（13）晶洞状构造：是指在围岩或矿石的裂隙或空洞内，生长着具有一定完好晶面的矿物集合体且保留有部分空洞的构造。空洞内的矿物晶体群称为晶簇。

（14）多孔状和蜂窝状构造：多孔状构造是指矿石疏松，有许多形和大小不一的孔洞，且孔洞分布多无一定规律的构造。若孔洞的分隔壁是由难溶矿物组成的骨架，且孔洞呈矩形、方形或菱形等规则几何形态，则称为骨架状或蜂窝状构造。

另外，还有皮壳状构造、纹层状构造、叠层状构造、气孔状构造等。

第五节　矿石的组分、品位和品级

一、矿石的组分

矿石的组分分为化学成分和矿物成分，例如铁矿石的化学成分有 Fe、S、P、SiO_2、

CaO 等，矿物成分有磁铁矿、赤铁矿、石英等。从工业利用的角度来说，矿石的组分包括矿石的有用元素、化合物、有用矿物和一些有害或有益微量元素。按照组分的用途不同，矿石的组分可以分为以下几类：

（1）有用组分：指矿石中可提取利用的有用元素、有用化合物和有用矿物。如铁矿石中的铁元素，磷矿石中的 P_2O_5，宝石矿中的宝石矿物。

（2）无用组分：指矿石中不能提取利用的元素或化合物。如铜矿石中的石英和绢云母。

（3）伴生有益组分：指可综合利用的组分或能改善冶炼产品性能的组分。前者如铜矿石中的 Au、铅矿石中的 Ag 等元素常可被综合利用；后者如铁矿石中的 Mn、V、Co 等元素，它们的存在可改善钢铁的性能。

（4）有害组分：指对选矿和冶炼工艺或对其冶炼产品有不良影响的组分。例如金矿中的 As 是有害组分，它不利于金的氰化选矿；铁矿石中的 S、P 都是有害组分，它们会降低钢铁的韧性和强度。

二、矿石的品位

矿石的品位是指矿石中有用组分的含量。一般用质量百分比（%）来表示。因矿种不同矿石品位的表示方法也不同。大多数金属矿石，如铁、铜、铅、锌等矿石，是以其中金属元素含量的质量百分比表示；有些金属矿石的品位，则是以其中的氧化物，如 WO_3、V_2O_5 等的质量百分比表示；大多数非金属矿物原料的品位，是以其中有用矿物或化合物的质量百分比表示，如云母、石棉、钾盐、明矾石等；贵金属（如金、铂）矿石的品位一般以 g/t 表示；原生金刚石矿石的品位，以 mg/t（或克拉/吨，记作 ct/t）表示；砂矿品位一般以 g/m^3 或 kg/m^3 表示。

矿石品位是衡量矿石质量好坏的最主要指标。在矿床勘查工作中，为合理地评价矿床的工业价值，矿石的品位通常用边界品位和工业品位两个指标来综合表示。

边界品位是用于圈定矿体边界的单个样品有用组分含量的最低要求，是用来划分矿与非矿（围岩或夹石）界限的分界品位。一般来说，边界品位的下限不得低于选矿后尾矿砂中有用组分的含量，应是尾矿砂品位的 1~2 倍。

工业品位是指在单个工程（如钻孔或探槽）中单矿层或者储量计算的既定块段中，有经济效益（能够至少保证偿还开采、运输和加工利用等各项成本费用）的有用组分的最低平均含量。工业品位是用来确定经济上可采或经济平衡的品位，也就是采出矿石的收入值等于全部投入费用、采矿利润为零时的品位。一般地说，工业品位主要决定于以下几个因素：

（1）矿床的规模大小：矿床的规模愈大，工业品位要求愈低，如对铜矿来说，大型矿床的品位为 0.2%，而小型矿床则一般为 0.3% 左右。

（2）矿石综合利用的可能性：如在斑岩型铜矿床中伴生的钴，只要达到万分之几便可综合利用。由于钴等有用元素的存在，扩大了矿床的工业价值，因此对铜的工业品位也可适当降低。

（3）矿石的工艺技术条件：对易选冶的矿石工业品位要求低于难选冶矿石。

（4）伴生有益与有害组分：矿石中伴生的有益组分和有害组分，也影响工业品位指标。

三、矿石的品级

矿石品级（或称技术品级）是矿石工业品级的简称，是矿产工业（指标）要求的一项内容。它是指在一个工业类型的矿石中，根据矿石的有用组分、有害组分的含量，物理性能、质量的差异以及不同用途的要求等，对矿石（矿物）所划分的不同等级。

对于金属矿石，常根据金属元素、有益和有害组分来划分工业品级。例如铁矿石，根据矿石的铁品位，将矿石划分为炼钢用铁矿石、炼铁用铁矿石（国外将两者合称为直接入炉矿或直运矿）和需选铁矿石。

对于某些非金属矿石，主要根据矿石或矿物的工艺技术特性以及不同用途和加工方法，将矿石划分出几种等级。如耐火黏土根据有用组分、有害组分的含量及物理性能（耐火度、烧失量），可以分为多种用途的不同等级。

因此矿石品级的划分，不同矿种有不同的要求。它是合理开采、利用矿产资源的重要依据。矿石品级的划分，同样是随着选矿和加工工艺技术的发展而变化的。

第六节　成矿过程及成矿作用

一、元素在地壳及上地幔中的分布规律

矿床是地壳的组成部分，成矿物质主要来自地壳和上地幔。因此，了解元素在地壳及上地慢中的分布量，对研究矿床的成因和分布规律，具有十分重要的意义。元素在地壳中的平均含量称为它的丰度值，也称克拉克值。某一地质体（矿床、岩体或矿物等）中某种元素的平均含量与其克拉克值的比值为其浓度克拉克值，也叫富集系数。矿床工业品位与相应元素克拉克值的比值为其浓度系数。

元素在地壳和上地幔中的分布具有如下规律：

各种元素在地壳和上地幔中的分布量，相差极为悬殊，具有明显的不均一性。如分布量最大的为氧，在地壳中为 46%，上地幔中为 43%；最少的为氙，在地壳中为 1.6×10^{-11}，上地幔中为 1.9×10^{-12}，两者相差可达 11 ~ 12 个数量级。

地壳中和上地幔中分布量最多的 7 种元素 O、Si、Al、Fe、Ca、Na、Mg 合计约占地壳总成分的 99.4%，上地幔总成分的 99.11%。

元素在地壳和上地幔中的分布具有一定的规律。上地幔中铁族元素（Fe、Cr、Co、Ni）、铂族元素（Pt、Ru、Rh、Pd、Os、Ir）和 Mg 比较集中，分布量比地壳大几倍到十几倍；而在地壳中，稀有元素（Li、Be、Nb、Ta）、稀土元素以及放射性元素（U、Th、Ra）比上地慢的分布量大几倍到十几倍；挥发分元素（S、P、F、Cl、B）在地壳

中的分布量比上地幔大 2~4 倍。

二、元素的富集成矿条件

元素能否富集成矿主要取决于以下三个方面。

1. 元素丰度

一般说来，丰度值高的元素在地壳中比较容易富集成矿，并形成数量众多，分布广泛，而且规模巨大的矿床，如铁矿、铝土矿、石灰岩和盐类矿床等；其中的成矿元素只要富集几十倍就可以形成大型高品位的矿床。

2. 元素的聚集亲合能力

元素富集成矿的可能性，并不完全取决于元素克拉克值的高低，还决定于元素的地球化学性质。聚集能力强的元素易于成矿，反之就不易成矿。如金的克拉克值相当低，为 4×10^{-9}，但具有较强的聚集能力，因而在地壳中常有大型金矿产出。

3. 成矿地质条件

矿床不是偶然地产在地壳内的，而是在有利地质环境、一定阶段的特定物理—化学条件下的产物。因此，元素能否富集成矿与成矿地质条件密切相关。

三、元素聚集成矿的方式

在成矿过程中，成矿元素绝大部分是呈固体矿物出现的，但也有一些呈气体、液体产出。在自然界中，元素聚集形成矿石矿物的方式多种多样，主要有结晶作用、化学作用、交代作用、离子交换作用及类质同象置换作用等。

1. 结晶作用

结晶作用包括熔融状态的岩浆因温度、压力的变化，使矿物从中结晶出来；气体物质因条件改变而结晶为固体的凝华；含矿溶液因蒸发作用而结晶出矿物等多种形式。

2. 化学作用

一些矿物由化学反应生成，根据不同化合物的化学反应又可以分为化合作用、胶体化学作用、生物化学作用三种形式。

3. 交代作用

交代作用实质上也是一种化学作用，在各种地质条件下都可以发生，是一种特殊的地质作用。所谓交代作用，即是溶液与岩石在接触过程中，发生了一些组分带入和另一些组分带出的地球化学作用，因此也称为置换作用。

4. 离子交换及类质同象置换作用

离子交换成矿方式，在内生和外生作用中都广泛存在，尤其在许多稀有、分散元素矿床形成过程中占重要地位。如岩浆中铌铁矿（或铬铁矿）的生成过程：$2Na(Nb, Ta)O_8 + Fe^{2+}$ 硅酸盐通过离子交换形成 $Fe(Nb, Ta)_2O_8 + 2Na^+$ 硅酸盐。

四、成矿流体的来源、主要成分及化学性质

1. 成矿流体的来源

现代地质环境中，能够获得或集中最大量水体的环境是大气降水环境、沉积盆地及海洋环境。这些不同环境来源的水也都不同程度地参与了成矿作用。岩浆作用和变质作用也带来丰富的热水流体，而且岩浆和变质作用带来的热能对成矿作用的发生有更重要的意义。

（1）大气降水：大气降水是地表水蒸发再降落于地面的水。在地表，大气降水的活动能量很强，它直接参与了表层岩石的风化剥蚀、迁移、分散或富集成矿。大气降水渗入地下之后，将与过程岩石发生一系列水岩反应，或与其他流体混合，而逐渐演化为不同成分、不同物理化学性质的流体溶液。

（2）海水：海洋面积占地球表面的71%以上，海水的体积更为可观，约为 $1.37 \times 10^9\ km^3$。矿床学研究表明有许多成矿作用是在海洋中发生的，现代海底地热区仍是重要的成矿区，因此海水作为一种成矿流体来源具有十分重要的意义。

（3）建造水：建造水是指沉积物沉积时含在沉积物中的水，因此又称封存水。这种水最初来自地表，与沉积物一起沉积，并与矿物颗粒密切接触，长期埋藏于地下，且与其周围的矿物发生广泛的水岩反应，因而明显改变了原有地表水的性质，不同的赋存环境下表现出各自的特征，并在氢氧同位素组成方面也与地表水不同。

（4）岩浆热水：广义的岩浆热水是指所有与岩浆作用有关的热液，包括由岩浆液态不混溶作用分离出来的热液和岩浆在结晶分异过程中形成的热液，也包括一些与岩浆达到同位素平衡的围岩中的热流体。岩浆热液是一种以水为主体，富含多种挥发分和成矿元素的热流体。

（5）变质热水：变质水是在变质作用过程中，因矿物和岩石的脱水作用而形成的富含 CO_2 型流体，H_2O 占80%以上，CO_2 约为 5% ~ 20%，盐度一般小于3%。对某一种具体的变质流体而言，其成分取决于变质程度和发生脱水的变质相。

2. 成矿流体的主要成分

成矿流体的主要成分有：

水是最主要的组分；

Na、K、Ca、Mg、Sr、Ba、Al、Si 等及 Cl^-、F^-、SO_4^{2-} 等；

溶解的气体有 H_2S、CO_2 及 HCl 等；

成矿元素主要为亲铜元素 Cu、Pb、Zn、Au、Ag、Sn、Sb、Bi、Hg 等，其次为过渡性元素 Fe、Co、Ni 等，以及 W、Mo、Be、U、In、Re 等元素；

其他微量元素有 Li、Rb、Cs、Br、I、Se、Te 等。

在气成热液成矿作用过程中，水、氧、硫、氯和二氧化碳的性状，特别是硫和氧的性状对成矿作用的影响是相当重要的。

3. 成矿流体的化学性质

根据对气水热液矿床中主要矿物成分、围岩蚀变、矿物包裹体的研究，以及大量现代地热系统的实验成果，普遍认为在气水热液成矿作用过程中，气水热液的化学性质是变化的。它随着温度、压力的降低，流经围岩性质的不同以及气水热液与围岩相互间的作用，气水热液与其他溶液的混合等因素的影响而变化。

气相中含有许多酸性组分（如 HCl、HF、SO_2 等）。当酸性气体离开岩浆源向上移动时，温度降低且使气水热液变为酸性液体；若与围岩反应（向热液中带入更多的碱金属组分），则可以变为碱性溶液，例如高温热液蚀变云英岩化。

柯尔仁斯基研究了岩浆期后阶段产生的矿物组合，划分出气水热液的早期碱性阶段及以后的酸性阶段和晚期的碱性阶段。

尽管气水热液的 pH 在成矿作用过程中是有变化的，但大多数化学反应是在中性、弱碱性和弱酸性环境中进行的。

关于气水热液的氧化—还原状态，根据矿床中主要矿物成分的分析，可发现 Fe^{2+} 常比 Fe^{3+} 占优势，硫化物要比硫酸盐多得多，而 As、Sb 等也多以低价的 As^{3+}、Sb^{3+} 状态出现。因此，可以推论在气水热液成矿作用中，多数情况是还原环境。

五、成矿流体运移、元素迁移与沉淀

1. 成矿流体运移

流体在地下运移流动的空间，主要有岩石成岩过程中及成岩后地质作用所形成的孔隙、孔洞、裂隙等。

2. 成矿元素的迁移形式

成矿元素在热液中的迁移形式主要有卤化物、硫化物、易溶络合物、胶体等论点。

3. 成矿元素的沉淀

含矿热液是一个非常复杂的多组分的天然系统。通过岩石的孔隙、裂隙经过一定距离的迁移后，环境的物理、化学条件（如温度、压力、pH、氧化还原电位等）发生变化，或含矿热液与流经的各种不同成分围岩相互作用，或不同成分和性质的水溶液相互混合等，这些不仅使热液本身的性质和成分发生变化，而且会引起一系列化学反应，促使成矿元素沉淀。

六、成矿期、成矿阶段及矿物生成顺序

1. 成矿期

成矿期是指在一个具有相同成岩成矿动力学背景和物理化学条件的较长时间地质作用中，形成矿床的成矿作用过程。从宏观来看，根据成矿作用、成矿物理化学条件的不同，可以划分出岩浆成矿期、伟晶岩成矿期、气成热液成矿期、热水喷流—沉积成矿期、风化成矿期、沉积成矿期以及变质成矿期等。

矿床的形成可以经历一个或多个成矿期，不同成矿期形成的矿物成分及其组合、结构构造、围岩蚀变，甚至矿体形态与产状等都可能会有明显差别。早期形成的矿床、矿体可以被晚期的成矿作用叠加、改造、破坏和再富集。

2. 成矿阶段

成矿阶段是指在成矿期内一个较短的成矿作用过程，表示一组或一组以上矿物在相同或相似地质和物理化学条件下形成的过程。

同一个成矿期内可以有一个或者多个成矿阶段，它们有一定的先后顺序。由于构造作用和物理化学条件的变化，早阶段的矿物往往被后阶段生成的矿物穿插交代。

3. 矿物生成顺序

在同一成矿阶段中不同矿物结晶的先后顺序叫做矿物的生成顺序。在一般情况下，生成顺序符合能量降低的顺序，但此顺序也可被其他因素如浓度、pH、氧化还原电位所影响。

正常情况下，脉石矿物的结晶顺序，首先是硅酸盐，然后是石英，最后是碳酸盐（如方解石）和硫酸盐类矿物（如天青石和硬石膏等）。矿石矿物形成的次序也有规律，一般情况下首先形成高价离子的氧化物和含氧盐，如首先是黑钨矿、锡石、独居石、黄绿石、磁铁矿等先结晶析出；其次是铁、镍、钴、铜、铅、锌等二价元素的硫化物和砷化物形成，如磁黄铁矿、毒砂、黄铁矿、针镍矿、砷镍矿、黄铜矿、方铅矿、闪锌矿等；再次为砷、锑的硫化物以及金、银的硒化物和硫化物。

七、成矿作用

成矿作用即是在地球的演化过程中，使分散在地壳、上地幔和水圈中的化学元素，在一定的地质环境中相对富集而形成矿床的作用。按作用的性质和能量来源，将成矿作用划分为内生成矿作用、外生成矿作用、变质成矿作用与叠加成矿作用，相应地形成内生矿床、外生矿床、变质矿床和叠生矿床。

1. 内生成矿作用

主要是指在地球内部热能的影响下形成矿床的各种地质作用。内生成矿作用除了能到达地表的火山和温泉外，都是在地壳内不同深度、压力、温度以及不同地质构造条件下进行的。内生矿床多数是在较高温度、较大压力条件下，在地壳中形成的。内生成矿作用是十分复杂、多样的，主要有上地幔部分熔融产生的玄武岩浆和超基性岩浆，地壳硅铝层重熔产生的中酸性岩浆，以及大洋板块插入大陆板块下的地幔中熔融而产生的安山质岩浆，在上升冷凝过程中所发生的成矿作用；还包括在地壳上部沉积盖层中，由于大气降水在地下深部环流过程中受热，溶解盖层中分散的有用元素，在有利地质环境中发生的成矿作用。

内生成矿作用按其物理化学条件不同，可分为岩浆（火山）成矿作用、伟晶成矿作用、接触交代成矿作用和热液成矿作用。

2. 外生成矿作用

主要是指在太阳能的影响下，在岩石圈上部、水圈、大气圈和生物圈的相互作用过程中，导致在地壳表层形成矿床的各种地质作用。外生成矿作用基本上是在温度、压力比较低（常温、常压）的条件下进行的。外生矿床的成矿物质主要来源于地表岩石、矿物、生物有机体、火山喷发物。

外生成矿作用可分为风化成矿作用、沉积成矿作用和生物化学能源成矿作用三大类。

3. 变质成矿作用

在内生作用或外生作用中形成的岩石或矿床，由于地质环境的改变，特别是经过深埋或其他热动力事件，它们的矿物成分、化学成分、物理性质以及结构构造等都要发生改变（甚至使原来的矿床消失，如盐类矿床），可以产生某种有用矿物的富集而形成新矿床或者使原来的矿床经受强烈的改造，成为具有另一种工艺性质的矿床，这些地质作用都称为变质成矿作用。

变质成矿作用，按其产生的地质环境不同，可分为接触变质、区域变质、动力变质和混合岩化成矿作用。

4. 叠加成矿作用

在漫长复杂的地质演化过程中，多次成矿事件的叠加是产生叠生矿床的主要原因。叠加成矿是复杂地质过程的一种具体表现，是一个地区内不同地质历史演化阶段不同成矿作用在同一空间上叠加复合而形成的。现代矿床学研究表明，许多矿床尤其是一些大型矿床不是单一地质作用形成的，而是内生作用、外生作用与变质作用共同作用的结果。

地球上的成矿作用是复杂多样的，可能还存在人们尚未揭示的成矿作用。

第七节　矿床及分类

一、矿床

矿床是矿产在地壳中的集中产地。它是指在地壳中由地质作用形成的，其所含有用矿物的数量和质量，在一定的经济技术条件下能被开采利用的综合地质体。矿床的概念中包括地质的和经济技术的双重意义。一方面，矿床是地质作用的产物，矿床的形成取决于地质作用；另一方面，矿床的范围及其利用价值随经济技术条件的发展而改变。

二、矿床的分类

从不同角度，矿床有不同的分类方式。按矿床与围岩生成的先后，分为同生矿床、后生矿床、叠生矿床；从工业利用的角度，将矿床分为不同的工业类型；依据成矿作用，分为不同的成因类型。

1. 同生、后生、叠生矿床

（1）同生矿床：是指矿体与围岩在同一地质作用（成岩成矿作用）过程中，同时或近于同时形成的矿床。例如，由沉积作用形成的沉积矿床、在岩浆结晶分异过程中形成的岩浆矿床等都属于同生矿床。

（2）后生矿床：是指矿体和围岩分别由不同的地质作用形成，矿体的形成明显晚于围岩的一类矿床。例如沿地层层理面产出的或穿切层理的各种热液矿脉、穿切沉积岩或变质岩的石英脉型黑钨矿矿床、充填交代型金矿床等，它们是岩层形成后，含矿流体在其裂隙中以充填或交代的方式形成的，都属于后生矿床。

（3）叠生矿床：是指由先期地质作用形成矿床（体）、又叠加了后期发生的成矿作用而形成的具有双重（或多重）成因的矿床。

2. 矿床的工业类型

矿床的工业类型是在矿床成因类型的基础上，从工业利用角度进行的矿床分类。对多数矿床来说，其成因类型是多种多样的，但具有重要利用价值、作为主要找矿对象的，常常是其中的某些类型。以铁矿为例，成因类型多达十几种，但就世界范围来讲，只有沉积变质型（占世界铁矿储量的 60%，我国为 48.7%）、海相沉积型（占世界铁矿储量的 30%，我国为 15%）、岩浆型、矽卡岩型和热液型等工业价值较大。一般把这些作为某种矿产的主要来源，在工业上起重要作用的矿床类型，称为矿床工业类型。

3. 矿床的成因分类

地壳中的矿床种类繁多，需要对它们进行分类以便于研究。按照矿床的形成作用和成因划分的矿床类型，称为矿床成因类型。

由于矿床的形成具有复杂多样性，中外学者对矿床成因类型的划分问题也有不同的观点。这里采用翟裕生、姚书振、蔡克勤主编《矿床学》第三版的分类方式（表 2－1－1）。此分类方案，一级分类与三大类地质作用相对应，即分为内生矿床、外生矿床、变质矿床以及叠生矿床四大类；二级分类是按照在一定地质环境下的主要成矿作用系列来划分的，如将内生矿床分为岩浆矿床、伟晶岩矿床、接触交代矿床等；三级分类有一定灵活性。

表 2－1－1　　　　　　　　　　　　　　矿床成因分类

内生矿床	岩浆矿床	岩浆分结矿床
		岩浆熔离矿床
		岩浆爆发矿床
		岩浆凝结矿床
	伟晶岩矿床	
	接触交代（矽卡岩）矿床	
	热液矿床	岩浆热液矿床
		层控热液矿床
	火山成因矿床	火山岩浆矿床
		火山气液矿床
		火山—沉积矿床
外生矿床	风化矿床	
	沉积矿床	机械沉积矿床
		蒸发沉积矿床
		胶体化学沉积矿床
		生物—化学沉积矿床
	生物化学能源矿床（煤、石油、天然气、页岩气矿床）	
变质矿床	接触变质矿床	
	区域变质矿床	
	动力变质矿床	
	混合岩化矿床	
叠生矿床		

第二章　内生矿床

以内生成矿作用为主形成的矿床统称为内生矿床。由于内生成矿作用的复杂多样性，内生矿床又可细分为不同的成因类型，按其物理化学条件不同，分为岩浆矿床、伟晶岩矿床、接触交代矿床、热液矿床和火山成因矿床。

第一节　岩浆矿床

一、概述

岩浆矿床是由各类岩浆在其生成、运移或就位过程中，主要通过分异作用和结晶作用使岩浆中分散的有用物质聚集，或者在特殊条件下固结成具有经济价值的地质体所形成的矿床。岩浆矿床矿质的分异和结晶成矿作用发生在岩浆完全固结之前，因此又称为正岩浆矿床；也包括富含某种成矿组分的熔浆或矿浆，通过火山爆发或喷溢作用形成的火山—次火山岩浆矿床。

岩浆矿床具有以下基本特点：

（1）成矿作用与母岩的成岩作用基本上是同时进行的，成矿作用随母岩的完全固结而结束，因此，岩浆矿床是同生矿床。

（2）矿体一般产于岩浆岩母岩体内，甚至岩体本身就是矿体，如某些含金刚石的金伯利岩等，而由熔离作用或压滤作用形成的贯入式矿体则可以产于母岩体附近的围岩中。浸染状矿体与母岩多为渐变或迅速过渡关系，而贯入式矿体则具有清楚、明显的边界。

（3）矿石的矿物成分与母岩基本相同，主要脉石矿物就是母岩的造岩矿物。但是晚期岩浆矿床矿石的脉石矿物要复杂一些，可以含有热液成因矿物。

（4）成矿温度一般在岩浆结晶的温度范围内，不同矿床成矿温度变化很大，大致在 1 500～500℃之间，而有些硫化物矿床形成温度甚至可低到 300℃ 以下。除火山岩浆矿床外，矿床形成的深度多数在地下几到几十千米的深处。

（5）形成于岩浆结晶分异早期的矿床一般不伴有围岩蚀变，而形成于岩浆结晶分异晚期的矿床可以伴有一定程度的围岩蚀变。

岩浆矿床在国民经济中具有重要地位，产有铬、镍、钴、铂族元素、钒、钛、铁、铜、铌、钽、铀和稀土元素等金属矿产，还有金刚石、磷灰石、多种宝石以及花岗石、珍珠岩等非金属矿产。

二、岩浆矿床成矿地质条件

岩浆矿床的形成是多种因素综合作用的结果，其中主要地质因素是岩浆（岩）、大地构造和围岩因素。

1. 岩浆（岩）条件

岩浆是成矿物质的来源和载体，而岩浆岩即是成矿的母岩。一定类型岩浆矿床的形成经常与一定成分的岩浆岩有关，即岩浆岩具有明显的成矿专属性特征（表 2 - 2 - 1）。

表 2 - 2 - 1　　　　　　　　　　　　岩浆岩的成矿专属性

主要岩浆矿床类型	有关的侵入岩
铬铁矿矿床	含镁高的超基性岩，特别是纯橄榄岩，次为橄榄岩和橄辉岩，以及它们被蚀变而成的蛇纹岩
铂族元素矿床	含镁高的及含铁高的超基性岩，前者与铬尖晶石矿床有关，后者与铜镍硫化物矿床有关
钒钛磁铁矿矿床	辉长岩、斜长辉长岩，次为斜长岩和橄榄辉长岩
铜镍硫化物矿床	含铁较高的单斜辉石和斜方辉石所组成的基性岩和超基性岩，特别是苏长岩和橄榄苏长岩，次为辉长苏长岩及辉石岩
金刚石矿床	金伯利岩、钾镁煌斑岩
磷灰石—磁铁矿矿床	基性岩和偏碱性超基性岩
铌—稀土元素矿床	超基性—碱性杂岩中的碳酸岩
稀有—稀土元素矿床	花岗岩类

岩浆岩体的规模也是岩浆成矿的重要因素，一般来说，岩浆岩体规模大，提供成矿物质多，易形成大型矿床。成矿岩体的形态和产状对矿体的形状、产状也有一定的控制关系。岩浆的分异程度高、岩性岩相复杂，有利于成矿元素富集。岩浆中含有适量的挥发性组分有利于形成岩浆矿床。

2. 构造条件

岩浆矿床与特定的岩浆岩相关，而一定类型的岩浆岩又与特定的大地构造环境相联系。如板块构造中，大陆板块内部发育的大型线性断裂构造，切割深度大，有些大型的断裂被认为是大洋板块转换断层的登陆部分；一些幔源的超基性岩浆或碱性岩浆沿断裂侵位，可以形成金刚石矿床、蓝宝石矿床以及与碳酸岩有关的矿床等。

3. 围岩影响

岩浆在其生成到就位的运移过程中可以熔化或溶解其围岩的物质，使岩浆改变成分，这种作用叫同化作用，而不完全的同化作用叫混染作用。岩浆的同化、混染作用从围岩中吸收了某些组分，可以影响岩浆的分异成矿进程。同化作用的强度既取决于岩浆的成分和热状态，又与围岩的性质有关。一般来说，岩浆的温度高、含挥发性组分多、规模大以及侵位深度大，其同化围岩的能力就强；而围岩性质活泼，破碎强烈，则易于被岩浆同化。

三、岩浆成矿作用与相应的岩浆矿床

岩浆是岩浆矿床成矿物质的载体，起源不同的岩浆可形成不同的矿床类型。概括地说，成矿岩浆主要有三种来源，即地幔岩石的部分熔融、地壳岩石的重熔和陨石撞击引起的熔融。岩浆矿床的成矿物质一般是与母岩同源的，但是岩浆在侵入就位过程中可以通过同化围岩而获得部分成矿物质。大多数岩浆矿床的有用矿物是岩浆的自生矿物，即从岩浆中结晶出来的矿物。

岩浆成矿作用分为岩浆分异成矿作用、岩浆熔离成矿作用、岩浆爆发成矿作用和岩浆凝结成矿作用。岩浆中的物质分异作用分为结晶分异和液体不混熔分异两类。

1. 岩浆结晶分异作用与岩浆分结矿床

（1）岩浆结晶分异作用：岩浆是一种成分复杂的物理化学系统，一般是由硅酸盐、重金属和一些挥发分组成的。岩浆在冷凝过程中，各种组分按照一定的顺序先后结晶出来，同时导致液相成分的相应改变。矿物的结晶顺序一般是按照矿物的晶格能、键性和生成热降低的方向进行的。岩浆中矿物的顺序晶出，并在重力和动力作用下发生分异的过程，叫做岩浆结晶分异作用。

（2）岩浆分结矿床：由于岩浆的结晶分异作用使有用物质富集而形成的矿床叫岩浆分结矿床。根据有用矿物与主要造岩矿物结晶时间的相对早晚，又划分为早期岩浆分结矿床（简称早期岩浆矿床）和晚期岩浆分结矿床（简称晚期岩浆矿床）。

早期岩浆矿床是指有用矿物在主要含矿岩浆结晶的早期结晶，并在重力或动力作用下聚集所形成的矿床。晚期岩浆矿床是指在含矿岩浆结晶分异过程中，造岩矿物先结晶，使成矿物质向残余岩浆中聚集，在岩浆即将固结时矿石矿物集中结晶所形成的矿床。对于金属矿床而言，早期岩浆矿床的意义不大，铬、铂等一般只形成小规模的早期岩浆矿床型矿体，而铬、铂族元素、铜—镍硫化物、钒钛磁铁矿、磷灰石以及稀土元素的岩浆矿床一般易形成晚期岩浆矿床。

2. 岩浆熔离作用与岩浆熔离矿床

（1）岩浆熔离作用：岩浆熔离作用也叫岩浆液态分离作用，或称为岩浆不混熔作用，是指在较高温度下一种成分均匀的岩浆熔体，当温度和压力下降时，分离成两种或两种以上互不相融的熔融体的作用。岩浆熔离作用可以使有用组分高度富集于某个或某几个分熔的熔体相中，是一种非常有效的成矿作用。

影响岩浆熔离作用的因素复杂，除了岩浆成分、温度和压力外，某些特殊成分围岩的同化作用，以及岩浆体系硫逸度和氧逸度的变化等，也对岩浆的熔离成矿作用产生不同程度和不同性质的影响。

（2）岩浆熔离矿床：岩浆演化的早期，在较高的温度条件下，通过岩浆组分的熔离作用产生矿浆熔融体，经结晶和固结作用形成的矿床叫岩浆熔离矿床。除了一些与基性—超基性岩有关的铜镍硫化物矿床属于岩浆熔离矿床以外，有人主张一些铬铁矿矿床、与中酸性岩浆有关的铁矿床以及部分稀有金属矿床也是通过岩浆的熔离作用形成的。

3. 岩浆爆发成矿作用

有些岩浆矿床的矿石矿物在地下深处很高的温度和压力下结晶（如金刚石），在其向上侵位的过程中，随着温度、压力等物理化学条件的改变，这些矿物与捕获它的岩浆或运载这些矿物的残余岩浆熔体处于渐进的不平衡状态，早期结晶的矿石矿物会被运载岩浆熔蚀，或者被其他矿物交代。因此，这类矿床的形成要求一个快速的输运和保存机制，使早期在高温高压下结晶的矿石矿物能迅速通过不安全地带，快速输运是成矿作用的重要组成部分。这种成矿作用称为岩浆爆发成矿作用。

含金刚石的金伯利岩（角砾云母橄榄岩）往往呈岩筒状产出，发育角砾构造，说明在岩浆管道中岩浆快速上升，由于内压增加引起爆发作用，使岩浆中携带的金刚石和早晶出的橄榄石等矿物，连同围岩呈角砾被岩浆胶结。这种反复沿岩筒或其他火山机构发生的爆发作用是含金刚石金伯利岩的主要成因。

4. 岩浆凝结成矿作用及岩浆凝结矿床

岩浆凝结成矿作用是指具有某种成分的岩浆在特定的条件下快速冷凝或结晶而形成矿床，也包括正常的岩浆岩被保存未遭后来地质作用破坏而形成具有经济价值的矿床的作用。

岩浆凝结矿床是指由岩浆的结晶分结分异作用、熔离作用或岩源物质的分离熔融所产生的具有特殊组分的岩浆，通过固结和结晶作用形成的矿床，以及通常组分的岩浆在特定条件下凝结并保持良好物理性能所形成的矿床，如花岗岩石材矿。

四、岩浆矿床的主要类型

1. 与镁质超基性岩有关的铬（铂）矿床

产于镁质超基性岩中的铬铁矿（铂）矿床，主要属于晚期岩浆矿床。根据产出的地质构造条件和矿床特征，铬铁矿矿床可分为层状杂岩体中的铬铁矿矿床和蛇绿岩套中的铬铁矿矿床（阿尔卑斯型）两大类。

层状杂岩体中的铬铁矿矿床主要与辉石岩及辉石橄榄岩相伴生，岩体中火成堆积构造和结构明显，矿体呈多层状，往往位于岩体或韵律层下部，矿层下盘与围岩界限明显。此类矿床规模巨大，且常伴生有铂、镍及钒钛磁铁矿等，如南非布什维尔德铬铁矿矿床。

产于蛇绿岩套中的阿尔卑斯型铬铁矿床成矿地质条件复杂，又可分为主要受岩相控制的和主要受构造控制的两类。

铬铁矿资源分布极不平衡，南非、津巴布韦和原苏联集中了世界储量的90%，其中以南非储量最大。我国的西藏、甘肃、内蒙古、新疆、青海等地也产出铬铁矿矿床。

2. 与铁质超基性—基性岩有关的钒—钛—铁矿床

此类矿床一般属晚期岩浆矿床。矿床中最主要的矿石矿物是磁铁矿和钛铁矿，两者呈格架状、叶片状紧密连生。钛铁矿由与磁铁矿呈固溶体结构的钛铁晶石氧化而成。矿石通常含钒，以类质同象混合物产于磁铁矿中，因此又称为钒钛磁铁矿矿床。

含矿基性杂岩体有层状岩体和非层状岩体两种产状。

层状岩体一般产于大陆裂谷环境，也有产在洋脊区的构造伸展带的，规模较大，呈岩盆状或单斜状。主要岩性为辉长岩、苏长岩以及闪长岩，有时可出现橄辉岩。岩体分异较好，火成堆积构造和韵律层发育。就整体而言，从上到下岩石的基性程度和含矿性增高。下部韵律层较上部韵律层含矿性好。在每一个韵律层中，下部含矿性又常比上部好。每个韵律层的上部通常为浸染状、条带状矿石，向下渐变为稠密浸染状和块状矿石。矿层较稳定，规模也较大。在岩体边部矿层常较薄，品位变贫。矿石中金属矿物主要由氧化物组成，有时有少量硫砷化物。矿石构造以条带状、浸染状和块状为主，斑杂状和云雾状构造次之。我国四川攀枝花矿床基本属此种类型。

非层状岩体几乎都产于地台或地盾区，形成时代属前寒武纪，特别是早元古代和太古宙。岩体多由斜长岩、辉长岩等组成，以斜长岩为主，为多次侵入的复式岩体。矿体分两类，一类为产于辉长岩中的浸染状矿体，呈似层状，产状与原生条带构造一致，与围岩呈过渡关系。主要矿物成分为磁铁矿、钛铁矿、赤铁矿、斜长石、辉石、纤闪石和绿泥石等，次要矿物有磷灰石和金红石。矿石富磷（0.93%）少钛，具海绵陨铁结构。另一类为产于斜长岩原生裂隙和断裂中以及斜长岩与辉长岩接触带中的凸镜状和脉状矿体。在平面上常呈雁行状排列，产状陡立，与围岩界线清楚。矿体主要由致密块状矿石组成，富钛而少磷（0.07%）。矿体中有斜长岩碎块，近矿围岩有绿泥石化、绿帘石化。矿床成因为结晶分异—贯入类型，并以矿浆贯入式矿体为主。例如我国河北大庙—黑山钒钛磁铁矿矿床。

世界主要产出此类钒钛磁铁矿床的国家有南非、坦桑尼亚、美国和加拿大等。

3. 与镁铁质超基性岩—基性岩有关的铜镍硫化物矿床

此类矿床主要与基性杂岩（苏长岩、辉长岩等）有关，部分与超基性杂岩（辉橄榄岩、二辉橄榄岩）有关。含矿岩体大多分布于地台区及其边缘，属前寒武纪的占大多数。

矿体的形态、产状及分布，既受岩相控制，也受岩体形态、岩浆通道位置及原生构造等因素控制。可将矿体分为似层状矿体、凸镜状矿体（上悬矿体）、脉状贯入矿体三类。

矿石中金属矿物以磁黄铁矿、镍黄铁矿和黄铜矿为主，其次为黄铁矿和紫硫镍矿，尚有少量针镍矿、砷镍矿、墨铜矿、方铜矿、辉钼矿、磁铁矿及铂族元素和贵金属等。矿石结构以半自形—他形粒状、海绵陨铁及固溶体分离等结构为主，有少量交代残余和碎裂结构等。矿石构造主要为浸染状和致密块状构造。常伴生钴，呈类质同象赋存于镍黄铁矿中，少量在磁黄铁矿及硅酸盐矿物中。

熔离矿床具有很大的经济价值，它是铜、镍、铂的重要来源。我国甘肃、吉林、四川、云南、辽宁和河北等省皆有产出。我国甘肃金川、加拿大肖德贝里、俄罗斯诺里尔斯克和南非印西兹瓦等都是世界著名的矿床。

4. 与碱性岩—超基性岩—碳酸岩有关的磷灰石—磁铁矿—稀有稀土元素矿床

此类矿床的成矿母岩包括正长岩、霞石正长岩、霞石岩、霓霞岩、磷霞岩、碳酸岩及其他超基性岩。与这类碱性—超基性杂岩有关的矿床有磁铁矿、钛铁矿、磷灰石、霞石、蛭石、烧绿石以及铌、钽、铈等稀有稀土金属矿床。矿床规模不等，大型的磁铁矿、磷灰石及霞石矿床资源储量可达数十亿吨。

这类矿床成因上多为晚期岩浆矿床，成矿过程中伴有明显气液活动，矿体围岩常常发育较强的蚀变。

5. 与金伯利岩、钾镁煌斑岩有关的金刚石矿床

成矿的金伯利岩或钾镁煌斑岩岩体规模不大，多呈筒状、透镜状或岩墙状产出（图 2 - 2 - 1）。金伯利岩往往与大面积分布的层状暗色火山岩建造相伴，如基性熔岩、基性火山凝灰岩及次火山岩等，暗色岩建造往往早于金伯利岩的形成。而当金伯利岩与碱性岩—超基性岩—碳酸岩建造伴生时，金伯利岩的含矿性不好。

就世界范围而言，金刚石矿床的成矿时代主要有晚元古代、泥盆—石炭纪、三叠—侏罗纪及白垩—新近纪。金刚石矿床分布很不广泛，只有近 30 个国家发现了金刚石矿床，主要是非洲南部的一些国家。我国在辽宁、山东等地也有原生金刚石矿床。

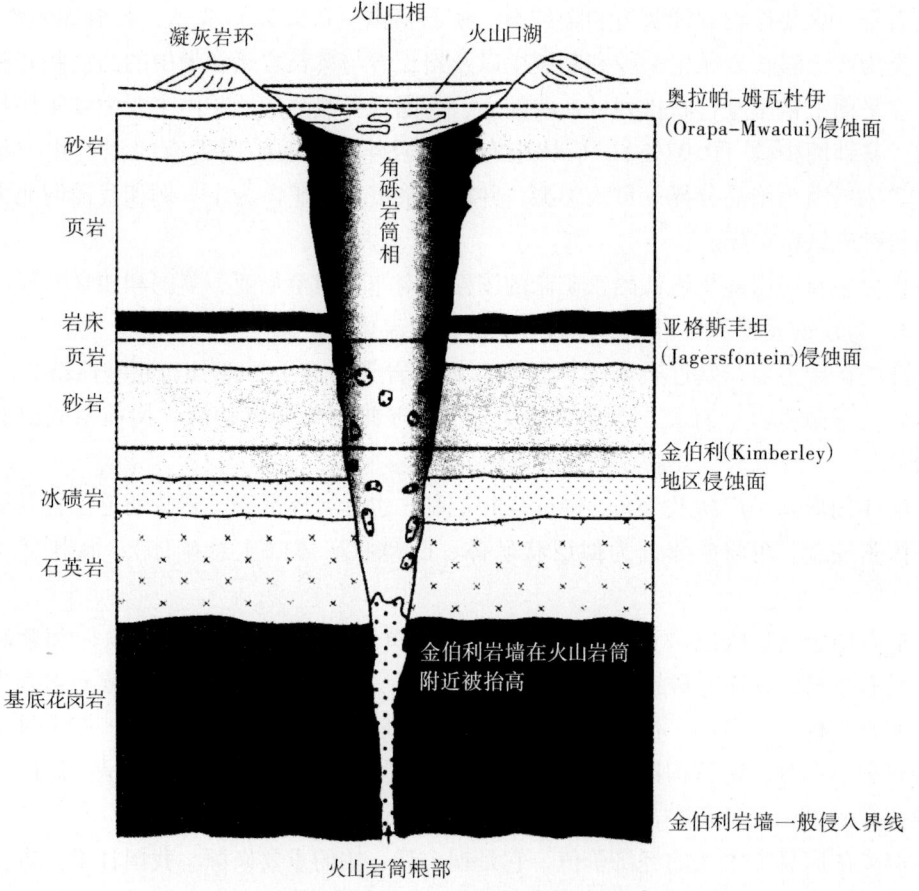

图 2 - 2 - 1　含金刚石金伯利岩筒剖面图（深 2 500 m）

6. 花岗石矿床

花岗石是一种重要的建筑石料，它泛指产于岩浆岩以及深变质岩的石料，岩性上包括花岗岩、花岗闪长岩、闪长岩、辉长岩和橄辉岩等岩石。岩浆岩的色泽美观、结构均匀奇特、质地坚硬、符合一定的物理和化学指标、加工性能良好、能加工成一定块度荒料的，都可以构成花岗石矿床。

第二节　伟晶岩矿床

一、概述

伟晶岩是指由结晶粗大的矿物组成，具有一定内部构造特征的岩脉、岩墙或透镜体状的地质体。伟晶岩的巨大矿物晶体是良好的非金属原料和宝石，同时，其中常常发生稀有元素的高度富集，当伟晶岩中的有用矿物或有用组分富集达到工业要求时，即成为伟晶岩矿床。

伟晶岩一般可分为岩浆伟晶岩和变质伟晶岩两大类。岩浆伟晶岩与一定的侵入体有密切成因联系，是在岩浆活动的晚期或侵入体冷凝的最后阶段形成的。变质伟晶岩与变质作用有关，是混合岩化晚期阶段伟晶岩化作用的产物。

伟晶岩矿床作为一个独立的矿床类型，有着特殊的成因和工业意义。它是某些稀有元素和稀土元素矿产的重要来源，如 Li、Be、Nb、Ta、Cs、Rb、Zr、Hf、Y、Ce、La 等，有些伟晶岩矿床中的 U、Th 以及 Sn、W 等有经济意义。而长石、石英和云母等则是本类矿床中重要的非金属矿产。另外，在一些伟晶岩矿床中，还产出宝石类矿物，如黄玉、绿柱石、水晶、电气石等。

二、伟晶岩矿床的特点

1. 伟晶岩矿床的物质成分

（1）化学成分：伟晶岩矿床中至少集中有 40 种以上的化学元素，主要是氧和亲氧元素 Si、Al、Na、K、Ca 等，稀有、分散、稀土和放射性元素 Li、Be、Nb、Ta、Cs、Rb、Zr、Hf、La、Ce、U、Th 等，以及 Sn、W、Mo、Fe、Mn 等金属元素和 F、Cl、B、P 等挥发组分等。

（2）矿物成分：伟晶岩中的矿物成分丰富多彩，以花岗伟晶岩中的矿物种类最为复杂，据统计在 800 种以上。常见的矿物主要有石英（包括水晶等）、斜长石、微斜长石、正长石、白云母、黑云母、霞石和辉石等硅酸盐类矿物以及稀有和放射性元素矿物、稀土元素矿物、其他金属矿物、含挥发组分矿物等。

2. 伟晶岩矿床矿石的结构构造

伟晶岩结构的特征是矿物颗粒粗大，它比相应的侵入岩中同种矿物大几倍、几十倍，甚至几千倍。例如，伟晶岩中已知最大的微斜长石质量达 100 t，绿柱石达 50 t，铌钽铁矿达 300 kg，锂辉石晶体长达 14 m，黑云母面积达 7 m²，白云母面积达 32 m²。伟晶岩的粒级划分与一般的侵入岩不同，有其独特的标准：细粒为 0.5 ~ 2 cm，中粒为 2 ~ 5 cm，粗粒为 5 ~ 15 cm，块状体大于 15 cm。

巨晶结构（伟晶结构）为伟晶岩所特有的结构，另外还有文象结构、粗粒结构和似文象结构、细粒结构等。

伟晶岩的构造比较复杂，有由一种结构单元组成的块状构造，也有由两种或两种以上结构单元组成的混杂状构造、斑杂状构造和树枝状构造等。

3. 伟晶岩矿床的带状构造

在伟晶岩矿床中，由伟晶岩的不同结构类型组成的条带，沿伟晶岩体的走向和倾斜，呈有规律的分布而形成。发育完好的伟晶岩体一般可分四个带（图 2 - 2 - 2）。

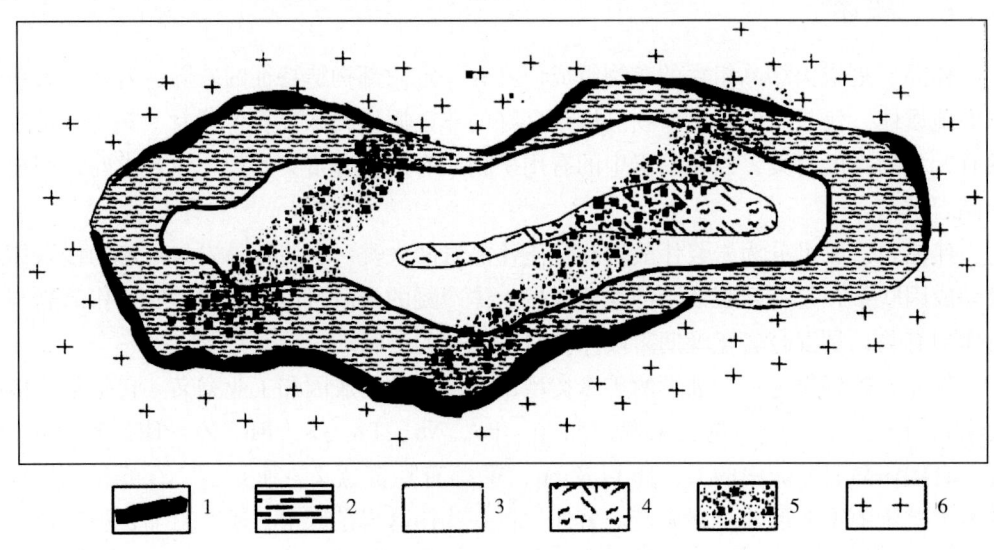

图 2 - 2 - 2　伟晶岩体带状构造示意图

1—边缘带；2—外侧带；3—中间带；4—内核带；5—裂隙充填和交代；6—花岗岩

（1）边缘带：主要由细粒的石英、长石组成，又称长英岩带。

（2）外侧带：主要由文象花岗岩和由斜长石、钾微斜长石、石英、白云母等矿物组成，又称文象伟晶岩带。

（3）中间带：该带位于外侧带和内核带之间，主要呈粗粒结构、似文象结构和块状结构，是伟晶岩矿床的主要部分。

（4）内核带：矿物颗粒结晶特别粗大，由石英、石英—长石或石英—锂辉石块体组成。

4. 伟晶岩矿床的形状、产状和规模

伟晶岩体的形态复杂，产状多样，常见的有脉状、透镜状、囊状、筒状、网状及不规则状等多种形态（图 2 - 2 - 3），其中以各种规则或不规则的脉状和透镜状为主。

伟晶岩脉的产状有陡有缓。陡倾斜甚至直立的岩体，其相带一般是左右对称，矿化富集在脉的上部或顶部，特别是脉体的膨大部分；而缓倾斜的伟晶岩体，上下可以不完全对称，矿化多富集在脉体的上部。

有工业价值的伟晶岩体大小差别很大，厚度从几厘米到几十米，甚至达300 m，以0.5～30 m为主；沿走向长几米到几百米，甚至上千米，以20～300 m居多；延深由几十到几百米。

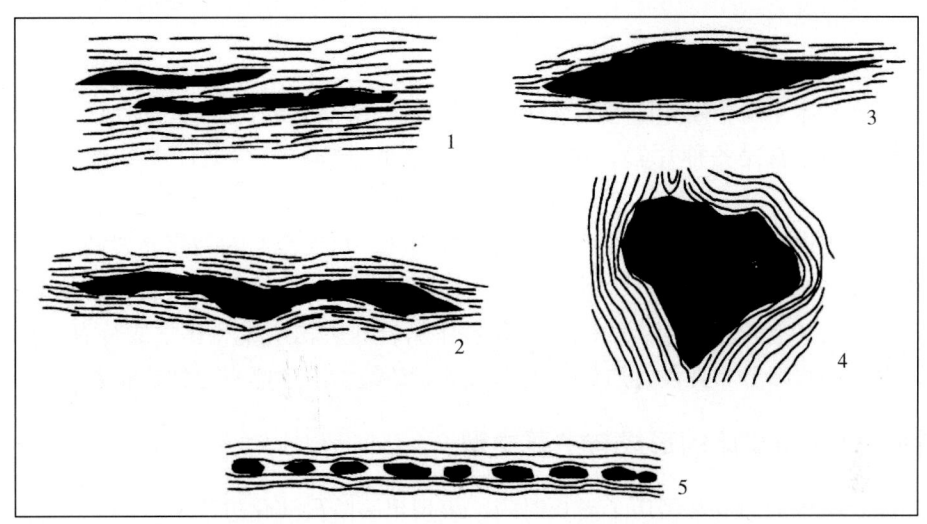

图2-2-3　伟晶岩矿体形态图（据袁见齐等，1985）

1—规则的脉状体；2—不规则脉状体；3—透镜状体；4—囊状体；5—串珠状体

三、伟晶岩矿床的形成条件

1. 物理化学条件

（1）温度：由于伟晶岩的形成过程较长，因此其形成温度变化范围很大。根据现代岩矿测温资料，伟晶岩的形成温度大约从700℃开始，一直持续到100℃左右。

（2）压强及深度：伟晶岩形成时的压强，根据B. 施马京的实验资料，开始时可能达到800～500 MPa，在作用结束时降到200～100 MPa。伟晶岩矿床形成的深度较大，大多产于3～8 km甚至更深。

（3）矿化剂的作用：在有工业价值的伟晶岩中，碱交代现象（如钾长石化、钠长石化、云母化、云英岩化等）很发育，而Li、Be、Nb、Ta等稀有元素矿化也往往在碱交代过程中发生。这些现象表明伟晶岩的形成与K、Na、H_2O、F、Cl、B等矿化剂之间的关系十分密切。

2. 岩浆岩条件

众多伟晶岩及伟晶岩矿床在成因上和空间上都与花岗岩类侵入体有密切关系，通常情况下，花岗岩体愈大，伟晶岩脉愈多，伟晶岩区愈大。一般孤立的"小侵入体"基本上不形成伟晶岩。

分布在变质岩区的伟晶岩，可能与混合岩化和花岗岩化作用过程有关，是区域变质作用的产物。

3. 地质构造条件

地质构造对伟晶岩的分布具有明显的控制作用。伟晶岩主要分布在褶皱带内的区域断裂带附近、古陆边缘或内部的基底出露区、不同构造单元的交界地段等部位。沿着区域性断裂带，伟晶岩带断续延伸达几十千米到几百千米以上，宽度往往为几千米到十几千米。

4. 围岩条件

伟晶岩矿床主要产生在区域变质作用较强烈和花岗岩侵入体发育的地区，因此伟晶岩矿床的围岩经常是各种片岩、片麻岩、混合岩和花岗岩，少数产在基性岩和超基性岩中。

围岩的物理性质影响裂隙的性质及其发育程度，从而也影响到伟晶岩的产状、形态和发育程度。块状岩石利于厚大的筒状、透镜状伟晶岩的形成，片状岩石中伟晶岩虽可密集，但规模一般较小。围岩的化学成分对伟晶岩的矿物组成和化学成分有重要影响，如白云母伟晶岩多分布在由泥质岩石变质成的含矽线石、蓝晶石等的富铝片岩中。

四、伟晶岩矿床的形成与主要类型

伟晶岩矿床的形成常经历了漫长时间，表现出多阶段演化过程。

在伟晶岩矿床形成的前期，结晶作用（分异作用）是主要的；在伟晶岩矿床演化的后期阶段，交代作用是比较发育的。

在结晶作用阶段，由于温度的降低，使组成伟晶岩矿床的主要矿物，如长石、石英和云母，以及一些稀有元素矿物，如绿柱石、铌—钽铁矿等，从伟晶岩熔浆中逐渐结晶出来。在比较稳定的封闭环境中，在挥发组分的参加下，随着结晶作用的进行，可产生分异的现象，形成完好的带状构造。

在伟晶岩演化的后期阶段，交代作用为主导是伟晶岩成矿作用的一个转折点。引起交代作用的流体，主要是伟晶岩熔体分异演化所残留下来的一部分。交代作用表现为早期晶出的矿物为后期矿物所交代。交代作用与稀有金属矿化关系最为密切。

（一）伟晶岩矿床的成因

伟晶岩及伟晶岩矿床的成因，主要有三种观点：

（1）岩浆结晶成因：这一观点认为在岩浆结晶的末期能形成富含挥发组分的伟晶岩岩浆，在相对封闭和高温、高压的条件下，缓慢冷却结晶而形成伟晶岩。

（2）热液交代成因：这一观点否认有特殊的富含挥发组分的伟晶岩岩浆，认为伟晶岩是气化热液对原岩交代改造的结果。

（3）岩浆结晶与热液交代综合成因：这一观点认为伟晶岩是以复杂的方式通过综合途径形成的，其形成过程可分为两个独立阶段：首先是岩浆阶段，残余熔浆充填裂隙，按照岩浆结晶的方式依次结晶形成带状伟晶岩。这个阶段是半封闭的，可能从伟晶岩中分异出部分物质。第二阶段是交代作用阶段，在这一阶段，系统完全是开放的，由深部岩浆房上来的含矿气水溶液交代早期形成的矿物，使成矿元素得以富集，形成成分和结构复杂的伟晶岩体。

大多数学者认为，伟晶岩是在复杂的岩浆—流体系统中形成的，早期从岩浆熔体中结晶，中晚期主要形成于热液系统中，发生了复杂的交代作用，金属矿化作用则主要发生于中晚期。

（二）伟晶岩矿床的主要类型

伟晶岩矿床的类型很多，划分方法不一。在实际工作中，可以根据研究目的不同，选择和制定灵活、适用的分类方案。按矿产种类划分，主要有以下类型。

1. 稀有金属伟晶岩矿床

稀有金属伟晶岩矿床是锂、铍、铌、钽等矿床的重要类型。一般都与一定的花岗岩存在空间联系，多分布在花岗岩体的内外接触带中。围岩为各种片岩、闪长岩和辉长岩等。

矿体的形态呈岩株状、脉状以及似层状，矿体规模变化很大。此类伟晶岩矿床最重要的特征是具有复杂的交代作用，即钠长石化作用和稀有元素矿物交代作用。矿物成分十分复杂，除微斜长石和石英外，还有钠长石、锂辉石、锂云母以及磷灰石、电气石、白云母、绿柱石、铌铁矿、钽铁矿、锡石、磷铝石、透锂长石等。

该类矿床具有重要的工业意义，从中可开采提取锂的锂辉石、透锂辉石、磷铝石、锂云母，提取铍的绿柱石，提取铯的铯榴石、含铯锂云母，提取铷的含铷锂云母等。这类矿床在我国分布较广，也有规模大的矿床。

2. 稀土元素伟晶岩矿床

这类矿床一般分布在太古代岩层中，常与同期的花岗岩、混合岩及结晶片岩组成的杂岩有关。

矿床的分异作用一般不明显，岩体内部构造也较简单。矿物成分除微斜长石、石英外，往往含有白云母。主要稀土矿物为褐帘石、硅铍钇矿、独居石、铌钇矿、黑稀金矿、杂钇铌矿、钛铌铀矿等。这类伟晶岩矿床一般工业价值较小。

3. 白云母伟晶岩矿床

这类矿床绝大多数产在前寒武纪的深变质岩中，围岩往往是花岗质片麻岩、结晶片岩、大理岩、角闪岩等。区域内常有花岗岩的侵入活动。矿体就是含白云母的花岗伟晶岩，伟晶岩体呈板状、透镜状或巢状，长数十米至数千米，厚数十厘米至数十米，延深可达一二百米。矿脉常成群出现，脉体内分带现象清楚。这类矿床是工业用白云母的主要来源，特别是那些片度大、纯度高、质量好的白云母。

4. 含水晶的伟晶岩矿床

这类伟晶岩矿床多分布于花岗岩侵入体的顶部接触带附近。主要矿物为微斜长石、石英、更长石或钠长石、黑云母、正长石，次要的有黄玉、绿柱石、电气石、萤石和钛铁矿等。含水晶伟晶岩脉分布很广，但仅在少数脉中生有一定数量的优质晶体。

5. 长石伟晶岩矿床

这类矿床产于花岗岩、片麻岩和结晶片岩中。矿体常呈板状，长几十米到数百米，厚从几厘米到二十多米。主要由钾长石（钾微斜长石、正长石和条纹长石）和石英组成。

这类矿床单个矿体一般不大，但在一个区域内往往成群分布，故总的储量较大。

第三节　接触交代（矽卡岩）矿床

一、概述

接触交代矿床是指在中酸性—中基性侵入岩类与碳酸盐类岩石的接触带上或其附近，由含矿气水热液交代作用而形成的矿床。在这类矿床中，发育有由石榴子石（钙铝榴石—钙铁榴石）、辉石（透辉石—钙铁辉石）及其他钙、镁、铁、铝的硅酸盐矿物组成的矽卡岩，矿体与矽卡岩在空间上、时间上和成因上有密切联系，故又称为矽卡岩矿床。

矽卡岩矿床是一种具重要工业意义的矿床类型，其分布较广。我国是世界上矽卡岩矿床最发育的国家之一，已知的矿产有铁、铜、铅、锌、钨、锡、钼、铋、金、铍、铀、钍、稀土、硼、硫、金云母、透辉石、硅灰石、石榴子石、水晶等。矽卡岩矿床是我国富铁矿、富铜矿和钨、锡、铋矿的主要矿床类型，是钼、铍、铅、锌、金、银等矿床的重要类型及硼、金云母、透辉石、硅灰石、透闪石等非金属矿产的主要来源。

由于接触交代矿床有其典型的特征，本书将其作为一种独立的矿床，也有书籍将它归为热液矿床，作为热液矿床的一个亚类。

二、接触交代矿床特点

1. 矿体的产状、形状和规模

矿体分布在侵入岩及其周围岩石的接触带上或其附近。以产于外接触带的蚀变碳酸盐岩（矽卡岩）中为多，少数产于内接触带的蚀变侵入岩中。一般产在距接触面一、二百米范围内，个别可远达千米以上。

矿体的形状、产状均比较复杂，常呈似层状、透镜状、巢状、柱状、脉状等。规模大小不一，有直径数米的小矿体，也有长数千米、延深达千米以上的巨大矿体。一般为中等规模，厚 $10 \sim 30$ m，沿走向长 $200 \sim 500$ m。除有的钨、钼、锡、铁、铜等矿床可达大型外，多数矿床为中小型。

2. 矿石的物质成分及结构构造

矿石物质成分复杂，以金属氧化物和硫化物为主，如磁铁矿、赤铁矿、锡石、白钨矿、方铅矿、闪锌矿、黄铜矿、黄铁矿、毒砂等。脉石矿物主要有石榴子石、辉石及其他钙、镁、铁、铝的硅酸盐矿物。矿石的结构构造多样，有自形结构、半自形结构、块状构造、浸染状构造、条带状构造、晶洞构造等。

3. 矿床分带性

接触交代矿床常具分带性，一般在靠近岩浆岩一侧形成内矽卡岩带，称为内带；靠近围岩一侧形成外矽卡岩带，称为外带。

三、接触交代矿床的形成条件

岩浆岩、围岩和构造是形成接触交代矿床的基本地质条件。

1. 岩浆岩条件

岩浆演化过程中析出的含矿热液是形成接触交代矿床的先决条件，与接触交代矿床关系最密切的主要为中酸性岩浆岩。

接触交代矿床成矿元素组合与岩浆岩性质有密切联系，即岩浆岩侵入体与接触交代矿床有明显的成矿专属性，不同酸度的岩浆岩侵入体所生成的矿化组合不一样，如与辉长岩、辉绿岩、闪长岩和二长岩类有关的接触交代矿床主要是铁、钴（铜、金）矿床。

从岩体的产状看，一般是侵位于中深到浅成环境的岩体最有利于接触交代矿床的形成。从岩体的形成时代看，我国大多数与接触交代矿床有关的侵入体，在东部以燕山期为主，而西部则主要为海西期。

2. 围岩条件

围岩岩性是决定矽卡岩及矽卡岩矿床形成的重要条件，它不仅影响成矿物质的沉淀，同对也影响成矿作用方式、矿体规模及矽卡岩和矿石的物质成分。有利成矿围岩主要是各种碳酸盐岩石，如石灰岩（或大理岩）、白云质灰岩、白云岩、泥灰岩和钙质页岩等，其次是火山岩如安山岩、英安岩和凝灰岩等。

不同成分的碳酸盐岩石控制着矽卡岩的成分和矿物组合。在富钙质的碳酸盐岩和其他岩石中，出现以钙质系列的石榴子石和辉石为特征的钙矽卡岩；而在镁质碳酸盐岩中，出现以镁橄榄石、透辉石和尖晶石等为特征的镁矽卡岩。

如果侵入体附近有角岩和石灰岩直接接触，在热液参与下，角岩在一定程度上可以起着类似岩浆的作用，能与石灰岩发生双交代作用而形成矽卡岩。

3. 构造条件

构造控制含矿溶液的通道，也为成矿提供有利的空间。

（1）侵入体与围岩的接触带构造：矽卡岩矿床绝大部分受接触带构造控制。岩体的凹入部位对成矿有利，这是由于在凹部断裂裂隙发育，围岩易破碎，矿液常易于集中，并能与有利围岩进行充分的交代作用而成矿。

（2）围岩层理、层间破碎带及构造裂隙：在接触带附近的有利围岩中，层理发育且显著，特别是不同岩性岩层之间的层间剥离、层间破碎带及构造裂隙等，对矽卡岩矿床形成具有特殊意义。由于存在这些构造，不仅在接触带上，有时甚至在远离侵入体的围岩中，也能形成较大的矿体。

（3）褶皱构造：褶皱构造主要表现为对岩体及含矿溶液流通的控制。一般在褶皱轴面发生弯曲处、褶皱倾伏端及褶皱的方向和性质发生变化处，往往有利于岩浆的侵入和与其伴随的矿化。因此，矽卡岩矿床常产于褶皱轴附近或翼部，如箱状背斜翼部具有平卧褶皱处常有矿体富集（图2-2-4A）；当褶皱构造为倾伏背斜时，矿床常产于倾伏端，尤其在两翼岩层受断裂破坏有岩浆侵入的地段（图2-2-4B）。

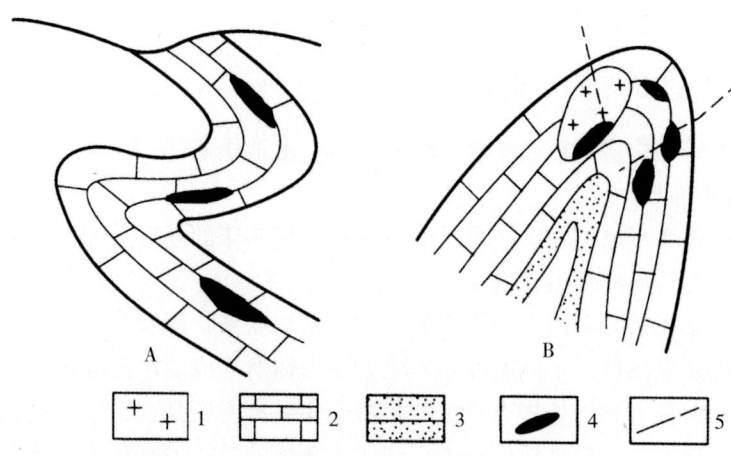

图 2 - 2 - 4　褶皱和矿化的关系（据袁见齐等，1985）

1—岩浆岩；2—石灰岩；3—砂岩；4—矿体；5—断层

（4）捕房体构造：捕房体构造是指岩体内部石灰岩等捕房体的接触带构造。它的规模可由几十米到数百米，甚至更大。矿化往往沿捕房体边部断续分布，有时整个捕房体都被交代，形成相当规模的矿体。

4. 物理化学条件

（1）温度条件：接触交代矿床形成的温度范围较大，从简单的矽卡岩化开始到矿化结束，温度不断下降。一般认为矽卡岩矿物的形成温度在 800～300℃ 之间，而金属矿物的形成温度约在 500～200℃ 之间。

（2）深度和压力条件：接触交代矿床的形成深度一般在 1～4.5 km 之间，但有的含钨矽卡岩可在 4～6 km 深度下形成，大多数形成在中—浅成深度条件下。压力条件大约为 $(3～30) \times 10^7$ Pa，其中 $(1～3) \times 10^8$ Pa 为较深环境，$(3～10) \times 10^7$ Pa 为较浅环境。

四、接触交代矿床的成矿作用和成矿过程

1. 成矿作用

接触交代矿床是多期多阶段气液交代作用的产物。形成矽卡岩的主要作用是不同岩性岩石之间的渗滤交代作用和双交代作用。

（1）接触渗滤交代作用：是由含矿气水溶液沿着被交代岩石的裂隙系统渗滤而引起的。

（2）接触扩散交代作用：或称双交代作用，经常发生在两种物理化学性质不同的岩石接触带中。溶液沿着岩浆岩和石灰岩的接触面流动时，由于 Ca、Si、Al 等组分在两种岩石孔隙溶液中存在化学位和浓度的差异而发生相向的扩散。

接触渗滤交代作用和接触扩散交代作用常常相互伴随，且有复杂多样的配合形式。

2. 成矿过程

对矽卡岩矿床的矿物共生组合的研究表明，其成矿过程具有明显的多期性和多阶段

性。钙矽卡岩矿床的形成过程综合起来可分为两个成矿期和五个成矿阶段。

（1）矽卡岩期：主要形成各种钙、铁、镁、铝的硅酸盐矿物，这时没有石英出现。这个成矿期又分为以下三个成矿阶段。

①早期矽卡岩阶段：主要矿物是硅灰石、透辉石、钙铁辉石、钙铝榴石、钙铁榴石、方柱石等，其特征是以岛状和链状的无水硅酸盐为主，一般称为干矽卡岩阶段。

②晚期矽卡岩阶段：这一阶段形成的矿物对早期矽卡岩阶段的矿物具有明显的交代作用，主要矿物有阳起石、透闪石、角闪石、绿帘石类等，其特征为带状或复杂链状构造的含水硅酸盐类矿物，故又称为湿矽卡岩阶段。

③氧化物阶段：介于矽卡岩期和石英硫化物期之间，具有过渡性质。在这一阶段中形成长石类矿物如正长石、酸性斜长石，云母类矿物如金云母、白云母及少量的黑云母。矿石矿物有白钨矿、锡石、赤铁矿、少量磁铁矿。

（2）石英—硫化物期：这一成矿期中，二氧化硅一般不再和 Ca、Mg、Fe、Al 组成矽卡岩矿物，而是独立地形成大量的石英，并有典型的热液矿物如绿泥石、方解石等，该期有大量金属硫化物形成。它又可分为两个成矿阶段：

①早期硫化物阶段：此阶段生成的矿石矿物主要是各种铜、铁、钼、铋、砷的硫化物，如黄铜矿、黄铁矿、磁黄铁矿、毒砂、辉铋矿等，故亦称为铁铜硫化物阶段。它们主要是在高—中温热液条件下形成的。

②晚期硫化物阶段：此阶段金属矿物主要为方铅矿、闪锌矿、黄铁矿和黄铜矿，因此又称为铅、锌硫化物阶段。此阶段的矿物主要是在中温热液条件下形成的。

矽卡岩矿床的发展是一个复杂的过程，并不是所有矽卡岩矿床的形成过程都符合上述顺序。实际上自然界矿床的形成要复杂得多，就一个具体矿床来说，它的形成过程常可划分出更多的矿化阶段，或只是上述过程中的某几个阶段。

3. 接触交代矿床的成因

多数研究者认为，矽卡岩矿床是在多种多样的条件下形成的，其成矿的温度、压力、深度和围岩条件是多变的。因此一些矽卡岩矿床是多成因的，翟裕生等（1982）认为该类型铁矿是多成因的，既有接触交代、热液充填交代，又有矿浆贯入，这几种成矿机制可以单独形成矿床，也可以两种或三种方式共同出现在一个矿床中。成矿流体经历了由矿浆到气化热液的不同演化阶段。

尽管许多学者认为矽卡岩矿床是多成因的，但一般认为无论是在中国还是在世界上，接触交代成因的矽卡岩矿床还是占大多数。

五、接触交代矿床的分类

关于接触交代矿床的分类，主要有下面几种：

1. 按矿化与矽卡岩的关系分类

（1）同时矿化型：矽卡岩矿物和有用矿物同时沉淀。空间上，矽卡岩体和矿体是一致的，矽卡岩体即为矿体，如某些磁铁矿矿床、硼矿床和石墨矿床。

（2）伴随矿化型：有用矿物的沉淀直接交代矽卡岩矿物组合，矿化富集于矽卡岩的局部地段，如磁铁矿矿床、辉钼矿矿床、白钨矿矿床。

（3）叠加矿化型：有用矿物的沉淀与较晚期的热液活动有关，矿体明显地叠加在早阶段的矽卡岩之上。大部分 Cu、Mo、Pb、Zn、Al、Sn、Tb、U 等矿床属此类型。

2. 按形成矽卡岩的原岩成分分类

（1）钙矽卡岩型：系交代石灰岩而形成，它是矽卡岩矿床中分布最广的一种类型。有关的矿床如 Fe、Cu、Pb、Zn、W、Sn、Mo 等金属矿床。

（2）镁矽卡岩型：系交代白云岩或白云质灰岩而形成，分布不广，主要为非金属矿床，如硼、金云母、石棉等。

3. 按矿床的多成因及矿化叠加分类

（1）层控—矽卡岩矿床：这类矿床受地层（可能有些为矿源层）控制明显，后又经矽卡岩化作用的叠加。如我国长江中下游的铁矿以及铜官山型铜矿等。

（2）云英岩—矽卡岩型矿床：这是与花岗岩类杂岩体有关的复合矿床类型。我国湖南柿竹园 W – Sn – Mo – Bi 矿床是典型代表。

（3）斑岩—矽卡岩复合型矿床：这是与花岗闪长岩和石英二长岩类具斑状结构的岩株有关的矽卡岩矿床。在接触带上为矽卡岩矿床，在斑岩内部为斑岩型矿床，这在铜钼矿床中尤为明显。我国湖北的铜山口、江西城门山、西藏玉龙等矿床都是典型的斑岩—矽卡岩复合型矿床。

4. 按矿种分类（本书所采用的分类）

如矽卡岩铁、铜、钨、锡、钼、铅、锌、铍以及硼矿等。

六、接触交代矿床的主要类型

接触交代矿床的主要类型有铁、铜、钨、钼、锡、铅、锌、金、铍、硼等。

1. 铁矿床

就世界范围来说，接触交代铁矿床大多产于大洋岛弧地带，多与中到浅成的闪长岩—辉长岩类有关，有少量与花岗闪长岩和斜长花岗岩有关。侵入岩普遍具钠化现象（钠长石化、方柱石化）。硅酸盐主要为钙矽卡岩矿物。矿石成分简单，以铁的氧化物为主，硫化物较少，常伴有铜、钴、锌和金。

我国的矽卡岩铁矿的围岩常有一定的地层层位。在北方主要为中奥陶世或早—中奥陶世的较纯石灰岩、白云质灰岩。

矿体形态为层状、似层状、透镜状、囊状以及豆荚状、楔状和不规则状。矿石矿物为磁铁矿、赤铁矿、假象赤铁矿，有少量的黄铁矿、黄铜矿、闪锌矿等；非金属矿物主要为透辉石、钙铁辉石、钙铁榴石，其次有方柱石、阳起石、绿帘石等。矿石构造以致密块状为主，也有浸染状、条带状等。矿石品位较富，含铁一般为 40% ~ 50%，常可综合利用 Co、Cu 等元素。

接触交代铁矿床在我国分布广泛，是富铁矿石的主要来源。如湖北的铁山、程潮、金山店铁矿床，河北的中关、西石门铁矿床，山东的济南、金岭、莱芜铁矿床，陕西的木龙沟铁矿床，新疆的磁海铁矿床等。在国外有俄罗斯的铁山、美国的康沃尔铁矿床等。

2. 铜矿床

矿床主要与大陆边缘造山带的钙碱性花岗闪长岩到石英二长岩、石英闪长岩有关。少数矽卡岩铜矿与大洋岛弧环境的石英闪长岩—花岗闪长岩有关。当围岩为石灰岩时形成钙矽卡岩型铜矿床，为白云岩时则形成镁矽卡岩型铜矿床。主要的矿石矿物是黄铜矿，有时有少量斑铜矿。矿石中含铜量可达 2% ~ 8%。有时与早期生成的磁铁矿伴生为铜—铁矿床；有时和辉钼矿伴生为铜—钼矿床；有时和铅、锌组成多金属矿床。矿石中常含有钴和少量金。

矽卡岩铜矿在我国分布广泛，如吉林、辽东的天宝山、石嘴子铜多金属矿床等。

3. 钨矿床

矽卡岩钨矿床以产在大陆边缘造山带为特征。主要产在石灰岩和花岗岩以及石英二长岩、花岗闪长岩岩基和岩株的接触带上。侵入岩的矿物颗粒较粗，且伴有伟晶岩、细晶岩等，是在较高的温度和较深的环境中形成的。当不纯石灰岩与页岩等呈互层时，对成矿最为有利。

矿体常呈层状、扁豆状，规模以大型居多。组成矽卡岩的矿物以含铁少为特点，主要为钙铝榴石、透辉石、角闪石、金云母，其次有符山石、萤石、正长石、绿帘石、方解石、石英等。主要金属矿物为白钨矿，其次为黄铁矿、闪锌矿、方铅矿、辉钼矿、辉铋矿、毒砂、锡石等，白钨矿颗粒细，多在 0.5 cm 以下。矿石中 WO_3 含量一般为 0.4% ~ 0.7%，有些矿床可综合利用铋、钼。

该类矿床规模一般为中到大型，除湘、赣、闽、粤有分布外，在新疆、云南、河南、甘肃等地区也有发现。

4. 钼矿床

与矽卡岩铁矿、铜矿、钨矿比较，与矽卡岩钼矿床有关的侵入岩分异演化得更为充分。矿床常产于花岗岩、花岗斑岩、花岗闪长岩、斜长花岗岩等岩体与石灰岩的接触带及其附近的围岩中。

矽卡岩矿物以钙铝榴石、透辉石为主，金属矿物以辉钼矿为主，有时可和黄铜矿、白钨矿伴生形成铜钼或钨钼矿床。辉钼矿常呈小颗粒浸染状散布在矽卡岩内，矿石中钼的含量通常为 0.1% ~ 0.3%。矿体呈似层状、透镜状、不规则状。矿床规模一般不大，但也有大型的，如我国辽宁杨家杖子钼矿。

5. 金矿床

与金矿成矿有关的侵入体主要为中新生代的闪长岩、闪长玢岩、石英闪长岩、花岗闪长（斑）岩和流纹斑岩岩株或岩墙。围岩时代从前寒武纪、古生代到新生代均有。除了独立的矽卡岩金矿床外，在许多矽卡岩铜矿床、铁铜矿床和铅锌矿床中常伴生金，可供综合回收利用。

属于这类矿床的如我国湖北大冶鸡冠嘴、鸡笼山，安徽的马山、包村，山东沂南等。

第四节　热液矿床

一、概述

热液矿床是指含矿热水溶液在一定的物理化学条件下，在各种有利的构造和岩石中，由充填、交代及沉积等成矿方式形成的有用矿物聚集体。

热液矿床的主要特点：

（1）含矿热液多来源：有来自深部的岩浆热液，有来自火山—次火山的热液，有来自地下的地下水热液，有与深构造层变质作用有关的变质热液，以及不同来源的含矿热液在长距离运移循环过程中经混合而成的混合热液等。由于含矿热液的来源不同，成矿地质环境不同，因而形成众多的矿床类型，其矿床地质特征也各不相同。

（2）含矿热液的成分复杂：主要是水，并含有多种挥发性组分 S、CO_2、Cl、F、B 等。此外，还含多种金属组分 Fe、Cu、Pb、Zn、Hg、Sb、Ag、Au、W、Sn、Mo、Co、Ni、Bi、Nb、Ta、U 等。物质成分比较复杂，因而形成的矿床种类多，常可以综合利用。

（3）形成温度低、深度浅：较其他内生矿床，热液矿床形成的温度，一般在 400℃ 以下，最高在 500～600℃，最低在 50℃ 左右。矿床形成的深度为深—中深（4.5～1.5 km），或浅到超浅（1.5 km～近地表），甚至在地表或海底形成。

（4）成矿时间一般晚于围岩：属后生矿床，而喷流沉积（SEDEX）型矿床则具有同生矿床特点。

（5）构造控制作用极为显著：各种构造空隙既是含矿热液运移的通道，也是矿质沉淀的场所；同沉积构造和褶皱构造对一些矿床的形成起重要的控制作用。

（6）成矿方式以充填作用和交代作用为主：因此矿体多呈脉状、网脉状、似层状、凸镜状等多种形态。矿石构造常呈栉状、对称带状、皮壳状、角砾状、晶洞状、浸染状及块状等。

（7）矿石物质成分复杂：金属矿物以硫化物、氧化物、砷化物及含氧盐等为主，非金属矿物有碳酸盐、硫酸盐、含水硅酸盐、石英等。

（8）矿床形成过程的多期多阶段性：热液矿床的成矿过程往往是长期而复杂的，常具明显的多期性和多阶段性。

（9）矿床围岩蚀变发育：矿化蚀变具有明显的分带性。

综上所述，热液矿床类型众多，工业价值巨大，它包括大部分有色金属矿产（Cu、Pb、Zn、Hg、Sb、W、Sn、Mo、B 等）和一些稀有、分散元素矿产（Li、Be、Nb、Ta、Ga、Ge、In、Cd 等）以及放射性元素（U）矿产。此外，还有黑色金属 Fe 和许多非金属矿产如硫、石棉、重晶石、萤石、水晶、明矾石、菱镁矿、冰洲石等。

二、热液矿床的成因分类

热液矿床的形成是一个复杂的过程，影响因素甚多。多年来，很多学者对热液矿床进行过研究，提出了各种不同的分类方案。至今，W. 林格伦的分类及其补充修改的分类，仍在一定程度上广为流行。其中，高温热液矿床、中温热液矿床、低温热液矿床的概念在我国应用较广泛。现将高、中、低温热液矿床的主要鉴别特征概述如下。

1. 高温热液矿床

高温热液矿床形成温度约为 $600 \sim 300℃$，压力为（$2 \sim 10$）$\times 10^7$ Pa，形成深度大约在 $4.5 \sim 1$ km。但浅成高温热液矿床形成深度小于 1 km，压力小于 2×10^7 Pa。

由于成矿时温度较高，且矿液中富含挥发分，因而在近矿围岩和岩体内部都发生强烈蚀变，最重要的蚀变种类是云英岩化、钠长石化、钾长石化、电气石化、黄玉化等。

矿石的矿物成分主要是氧化物和含氧盐类，其次是硫化物。矿石多具粗粒结构，带状或对称带状构造。矿体常受各种裂隙构造控制，多以充填方式成矿，矿体常呈不规则的脉状、串珠状等。

2. 中温热液矿床

中温热液矿床形成温度 $300 \sim 200℃$，压力（$1 \sim 5$）$\times 10^7$ Pa，深度 $2 \sim 0.5$ km。矿床在空间上往往与中小型、中深成侵入体有关。

矿床的围岩蚀变发育，种类较多，典型的有绿泥石化、绢云母化、黄铁长英岩化、硅化、碳酸盐化以及蛇纹石化等。矿石的矿物组成复杂。矿物结晶粒度中等，矿石构造以角砾构造及带状构造较为常见，有时也出现胶状构造。由于成矿方式的不同，本类矿床的矿体形态多样，有脉状、网状、梯状、鞍状、似层状、扁豆状、囊状、柱状等。

3. 低温热液矿床

低温热液矿床形成温度在 $200 \sim 50℃$，压力小于 10^7 Pa，形成深度大多在几百米至地表范围内。

围岩蚀变以高岭土化、明矾石化、泡沸石化、重晶石化、石膏化等为其特点。本类矿床的矿石常由一系列的低温矿物组成。矿石结构一般细小，角砾状构造很普遍。矿体形态复杂多样，由充填作用形成的矿体主要呈各种脉状、凸镜状和似层状等。

需要指出的是，常用的温度及深度分类方案存在较大的不足。影响热液矿床形成的因素，除温度、深度、压力以外，还有成矿热液及成矿物质的来源、成矿方式、介质（包括围岩）的性质以及成矿的地质环境等。

翟裕生教授等编著的《矿床学》一书中，按成矿地质条件、含矿建造、矿化蚀变特点，兼顾含矿流体来源与成矿复杂程度，并参考热液矿床成矿模式研究的成果，将热液矿床划分为岩浆热液矿床、层控热液矿床、复成热液矿床三大主要类型（表2 - 2 - 2）。

表 2 - 2 - 2　　　　　　　　　　　　热液矿床分类

岩浆热液矿床	层控热液矿床	复成热液矿床
• 钠长岩型稀有、稀土元素矿床 • 云英岩型钨、锡等矿床 • 脉型及构造蚀变岩型钨、锡、钼、铜、铅、锌、金、石棉、滑石等矿床	• 喷流沉积(SEDEX)型铅锌矿床 • 密西西比河谷型(MVT)铅锌矿床 • 金顶式铅锌矿床 • 卡林型金矿床 • 砂页岩型铜矿床 • 砂岩型铀矿床 • 黑色页岩型多元素金属矿床 • 其他层控热液矿床(汞、锑、水晶等)	• 奥林匹克坝式铜铀金矿床 • 白云鄂博式铁稀土元素矿床 • 穆龙套式金矿床

注：不包括接触交代矿床，与火山、次火山有关及与变质热水有关的热液矿床，它们分别在其他节中介绍。

三、热液矿床的围岩蚀变及矿床分带

1. 围岩蚀变的主要类型及其含矿性

围岩蚀变是含矿热液与围岩相互作用（水—岩反应）的结果。岩石在气水热液作用下，发生一系列旧矿物被新的更稳定矿物所代替的交代作用，称为蚀变作用。热液矿床矿体四周的围岩在成矿作用过程中经常发生蚀变作用，称为围岩蚀变。遭受了蚀变的围岩称为蚀变围岩。在蚀变强烈地段，原岩全部或绝大部分被蚀变矿物交代，形成以蚀变矿物为主的岩石，简称为蚀变岩。

围岩蚀变的种类很多，一般是根据蚀变作用所产生的主要矿物来命名，如绢云母化、绿泥石化、石英化等；也可根据蚀变后的岩石命名，如云英岩化、矽卡岩化、青磐岩化等；有的则以特征性的交代元素、化学组分或化合物作为命名依据，如钾化、钠化以及碳酸盐化和硫酸盐化等；甚至还有的用蚀变岩石的颜色或颜色的变化来概括命名，如红色蚀变、浅色蚀变和褪色蚀变等。常见的围岩蚀变主要有下述类型。

（1）矽卡岩化：矽卡岩是由石榴子石（钙铝榴石—钙铁榴石系列）、辉石（透辉石—钙铁辉石）及其他一些钙、铁、镁的铝硅酸盐组成的岩石，它主要发生在中酸性侵入体与碳酸盐类岩石的接触带或其附近，在中等深度条件下，经气水热液的高温交代作用而形成。与矽卡岩有关的矿产主要有钨、锡、钼、铁、铜、铅、锌等。

（2）云英岩化：是一种重要的高温气水热液蚀变作用，主要发生在花岗岩类及硅铝质围岩中。云英岩主要由石英和白云母组成，有时还含有锂云母、铁锂云母、黄玉、电气石、萤石、绿柱石等非金属矿物以及黑钨矿、白钨矿、锡石、辉钼矿等金属矿物。云英岩化常与钨、锡、钼、铋、铌、钽、铍、锂等矿床有关。

（3）钾长石化：包括微斜长石化、天河石化、透长石化、正长石化和冰长石化。由于这些矿物的成分几乎完全相同，因此统称为钾长石化。钾长石化与许多类型矿床有成因联系。

（4）钠长石化：是一种分布广泛和具有重要意义的蚀变作用。这种蚀变作用发生的温度范围较大,从气化—高温到低温阶段都可发生。不同性质的岩石都可发生钠长石化,在中、基性火成岩中,钠长石化的现象更为常见。钠长石化不仅与许多稀有元素(如铍、铌、钽、稀土等)矿床,也与钨、锡、金、铁、铜、磷、黄铁矿等热液矿床有密切的成因联系。

(5)青磐岩化(亦称变安山岩化):是指安山岩、玄武岩、英安岩及部分流纹岩,在中低温热液作用下,主要是在热液中二氧化碳、硫和水等作用下产生的一种蚀变作用。与青磐岩化有关的矿床有斑岩型铜钼矿床、热液型黄铁矿矿床、脉状铜矿和多金属矿床、金和金—银矿床等。

(6)绢云母化:是一种非常广泛和重要的中低温热液蚀变作用。它分布很广泛的原因是它在中低温热液条件下比较稳定,以及在热液中常含有钾。在各类火成岩中,以中、酸性火成岩最易绢云母化。绢云母化常与各种中温热液硫化物矿床伴生,特别是斑岩型铜钼矿、黄铁矿型铜矿和多金属硫化物矿床。

(7)绿泥石化:也是一种重要而常见的中、低温热液蚀变作用。与绿泥石化有关的原岩多种多样,主要是一些中性—基性的火成岩,如安山岩、闪长岩、玄武岩和辉长岩等,部分酸性岩和泥质岩也可产生绿泥石化。与绿泥石化有关的主要是铜、铅、锌、金、银、锡和黄铁矿矿床等。

(8)硅化:硅化使被蚀变岩石的石英或蛋白石的含量增加。二氧化硅一般是由热液带入,或由于热液淋滤其他组分,残留下稳定的二氧化硅而形成。硅化作用是一种最普遍、最广泛的热液蚀变,从高温到低温都可以发生,但在中温热液矿床中最为常见。与硅化有关的原岩种类很多,从基性到酸性的火成岩、片麻岩以及各种碳酸盐岩石和钙质页岩等,都可以遭受硅化。与硅化有关的矿产主要有铜、钼、铅、锌、金、银、汞、锑、黄铁矿和重晶石等。

(9)碳酸盐化:也是一种很普遍而重要的热液蚀变。碳酸盐化可进一步分为方解石化、白云岩化、菱铁矿化和菱镁矿化等。

除上述的蚀变类型外,诸如黏土化(泥化)、蛇纹石化、明矾石化、电气石化、方柱石化、绿帘石化、钠质辉石化、钠质角闪石化、霓石化、沸石化、重晶石化等均是较常见的重要蚀变。大量热液矿床围岩蚀变的研究表明,上述围岩蚀变类型很少单独出现,大部分矿床都具有两种以上的围岩蚀变类型,它们往往围绕成矿流体活动中心呈带状分布。

2.矿床分带

矿床分带是指在矿区(田)内不同类型矿床在空间上有规律的分布;矿体范围内,矿物成分、化学成分、矿石结构构造在空间上有规律的变化。在我国矿床分带现象很普遍,如辽宁锦西杨家杖子矽卡岩型钼矿床,在近花岗岩接触带为磁铁矿矿体,稍外为辉钼矿矿体,更外有方铅矿矿体。

影响这种分带的因素较为复杂,概括起来可分为两种:一为内因,即各种物质成分的地球化学习性,含矿热液的浓度和性质及成矿物质的来源等;另一种为外因,即温度、压力、围岩性质、地质构造等因素。而带状分布就是这两种因素影响的综合结果。

四、岩浆热液矿床

岩浆热液是指岩浆结晶分异过程中分出的气水溶液,由它所形成的矿床即为岩浆热液矿床。这类矿床多产于造山运动的中、晚期以及地台活化期的酸性、中酸性和偏碱性的岩浆活动地区。

1. 岩浆热液矿床的形成条件

(1) 矿床与岩浆岩的关系:矿床形成与岩浆岩有密切的时间、空间和成因联系。在时间上矿床形成于地质构造演化为某一构造—岩浆期;在空间上,它们有规律地分布在同一构造单元之中,例如我国南岭成矿区中,W、Sn、Mo、Nb 和 Ta 常分布在侵入体内外接触带中,Pb、Zn 一般距侵入体稍远。从物质成分上,矿床与侵入体之间存在着地球化学的亲缘性(成矿专属性)。

(2) 矿床与构造的关系:岩浆热液矿床受构造控制十分明显,主要是侵入体及围岩的原生构造、接触带构造和断裂、褶皱等构造的控制。

(3) 矿床与围岩的关系:高温岩浆气液矿床大都产于岩浆岩体内及其附近的硅铝质沉积岩或变质岩系中,而中低温岩浆气液矿床则多产于钙镁质岩或火山岩中。围岩的物理、化学性质对矿质的沉淀有显著影响。脆性大的岩石,如石英岩、硅化岩石、花岗岩、砂岩等,受应力生成很多裂隙,有利于热液的流通和沉淀。

2. 岩浆热液矿床成矿作用

岩浆热液矿床一般认为是由岩浆分泌出来的含矿气水溶液,在侵入体内及其附近围岩中,以交代和充填的成矿方式,将有用物质聚集起来而形成的。这类矿床的形成作用发生在岩浆结晶作用的末期和期后。

在岩浆热液作用的早期,由于 F、Cl 阴离子大量存在,溶液 pH 值低,多呈酸性、弱酸性。此时,大量的 W、Sn 等矿物在合适的地质条件下富集形成高温热液脉状矿床。

岩浆热液作用的中期,即在中温(200~300℃)、中深(1~3 km)的条件下,则形成以硫化物、复硫盐类为主的多金属矿床。它们虽然与侵入体关系较密切,但在空间上仍有一定距离。

岩浆热液作用晚期(200~50℃),形成低温的蚀变和矿化组合,常形成辰砂、辉锑矿、雌黄、雄黄、自然金、自然银等矿床。某些金属则以碳酸盐形式从热液中沉淀出来,形成菱铁矿、菱锰矿、菱镁矿等矿床。

3. 岩浆热液矿床的主要类型及特征

(1) 钠长岩型稀有、稀土元素矿床:这类矿床主要指与花岗岩有关的 Li、Nb、Ta、Rb、Cs、Zr 及稀土元素的各类矿床。它们主要的围岩蚀变为钠长石化,钠长石化的结果使花岗岩变成一种中细粒的浅色岩石——钠长岩。

钠长石化花岗岩形成深度较浅,含矿岩体多为复式岩体,这类岩体的 SiO_2 含量明显偏高,常大于 73%,一般在 74%~75% 之间,部分大于 75% 者属超酸性花岗岩。

矿床常位于酸性花岗岩上部的蚀变花岗岩体内,矿石呈浸染状分布。主要矿石矿物有钽铁矿、铌铁矿、铌—钽铁矿、细晶石和锂云母等。伴生金属矿物有锆石、磷钇矿、钍石、独居石、氟碳钙钇矿、褐钇铌矿和黑稀金矿等。矿床中的有用元素除 Nb、Ta、W、Sn、Be 外，常有 Li、Rb、Cs、Zr、Hf、(Th)、(U) 及稀土元素等。

矿床中交代蚀变现象普遍而强烈，多为面型交代蚀变，蚀变分带明显，在发育完整的情况下，自下而上依次为钾化带—钠化带—云英岩化带—似伟晶岩带—石英壳。

这类矿床在我国南方分布广泛，如广东、广西、江西、湖南等地的含铌、钽、稀土元素钠长岩型矿床。

(2) 云英岩型钨、锡等矿床：此类矿床具有特殊的围岩蚀变——云英岩化，它主要发生在酸性侵入体（花岗岩、石英斑岩）的顶端突出部位，以及岩体顶板的浅变质岩（板岩、千枚岩）和砂岩中，顶板的基性岩和碳酸盐岩中也可见及。云英岩可按形态分为两种类型：①有石英脉充填的云英岩（脉侧云英岩）；②无石英脉充填的云英岩（致密云英岩）。

矿床的形成，在时间上稍后于岩浆岩体，在空间上位于岩体之内、外接触带。其特征有：①与矿床有关的花岗岩体，其特征元素有 W、Sn、Be、Nb、Ta、V、Th、Li、Rb、Cs 及稀土元素（主要为钇族）等，均有较高的丰度，与矿床中的矿物极其近似。②赋存于沉积岩或变质岩中的矿床（如漂塘、大吉山等），经钻孔揭露，深部有花岗岩体存在，有的虽未揭露岩体，但已发现热液变质带或酸性脉岩等标志（如岿美山）。③矿体形态复杂，有脉状、带状、似层状、筒状、囊状等。④矿石中共生矿物复杂，多期、多阶段矿化明显，有较多含挥发性组分的矿物。⑤近矿围岩蚀变强烈，常有多种蚀变重叠。

(3) 脉型及构造蚀变岩型钨、锡、钼、铜、铅、锌、金、石棉、滑石等矿床

岩浆热液脉型矿床及构造蚀变岩型矿床是岩浆热液矿床重要的类型之一。它们形成于岩浆期后热液活动时期，是岩浆期后含矿热液充填或充填—交代的产物，大都产于岩浆岩体及其附近的硅铝质沉积岩或变质岩系中。矿床受构造控制十分明显，主要受断裂裂隙构造、破碎带构造、接触带构造等控制。

这类矿床有重要的工业价值，是钨、锡、钼、铜、铅、锌、金以及石棉、滑石等矿产的重要矿床类型。按矿石建造，可划分为脉型钨、锡、钼矿床，脉型铜、铅、锌矿床，脉型金矿床，构造蚀变岩型金矿床及脉型石棉、滑石矿床等亚类。

五、层控热液矿床

（一）概述

在自然界，还有相当一部分与岩浆活动无直接关系的热液矿床，它们主要产在沉积岩地区，矿石建造与沉积岩类型和岩性有密切的相关性，我们暂统称为层控热液矿床。这类矿床主要产于地壳浅部和表层，包括造山带的地热异常区和断裂、裂谷带内的地热异常区。

这类矿床的主要金属矿产有 Cu、Pb、Zn、Au、Ag、Hg、Sb、As、U、V、Ni、Mo 等。非金属矿产有水晶、冰洲石、石棉、蛇纹石、重晶石等。

（二）层控热液矿床的特点

层控热液矿床的特点如下：

（1）矿床受地层、岩性（岩相）控制：矿床常产于一定时代的地层层位中，矿体常集中在某些岩性地段。主要的赋矿层位有：①海相、泻湖相碳酸盐岩，往往与白云质碳酸盐岩和礁相杂岩有联系；②红色碎屑岩系中的浅色带及其接触带；③黑色页岩。

（2）矿体受构造控制明显：岩层的层间构造带、褶皱、断裂及裂隙对成矿有利。

（3）多为二向至三向延伸的矿体：矿床在空间上沿一定层位呈带状展布，呈凸镜状、囊状或脉状。

（4）矿石成分简单：矿石的矿物成分简单，除矿石矿物较富集外，其他成分与围岩相似。脉状矿体中矿物颗粒较粗大，并呈带状分布，有时晶体生长完好。

（5）围岩蚀变较弱：主要有硅化、碳酸盐化、黏土化、钠长石化、重晶石化等。

（6）形成深度较浅：一般小于 1.5 km，压力在（3~5）× 10^7 Pa 以下，温度在 200~50℃ 之间。

这类矿床除矿区附近无岩浆岩或肯定与岩浆岩无成因关系外，其他特征大都与岩浆热液矿床相类似，基本上也属于后生矿床。

（三）层控热液矿床的成矿作用

层控热液矿床的成矿作用有下列几种：

（1）压实热液作用：岩石在压实过程中，岩层中的孔隙水受压而被释放出来。如原为海相沉积物，在成岩压实过程中，可释放出以卤化物为主的热卤水。在这些热液的作用下，可形成后生的金属和非金属矿床，如某些泥质岩中的铅锌矿脉可能是这种成因造成的。

（2）下渗水环流热液作用：下渗水沿断裂、裂隙带循环过程中，经过加温，能使围岩中有用组分活化转移，并在有利的岩相岩性条件下，通过沉积作用或充填交代作用富集成矿，如卡林型金矿、MVT 型铅锌矿床、SEDEX 型铅锌矿床等。

（3）热泉堆积作用：一般发生在年轻和正在进行矿化作用的地区。热泉水基本上是大气降水，一般含有较高的 Hg、As、F 等元素。如美国加利福尼亚州的汞矿床就是一例。

（4）侧分泌作用：成矿组分从附近围岩中析出。热液可能是大气降水、原生水，或结晶时的释放水。矿质被热液带到附近岩层中沉淀富集成矿。

（四）层控热液矿床的主要类型及特征

1. 喷流沉积（SEDEX）型铅锌矿床

以沉积岩容矿的喷流沉积型铅锌矿床（sedimentary exhalative deposit），简称 SEDEX 型矿床。从世界范围看，该类矿床在成分上富含 Pb、Zn，伴生 Ag 和 Ba，贫 Cu，几乎不含 Au。大而富是这类矿床的重要特征。统计资料表明，SEDEX 型矿床平均矿石量为 6 000 万 t，Pb + Zn 平均品位为 11.9%。

（1）主要特征：

①成矿时代及构造环境：成矿时代主要为中元古宙（17 亿~14 亿年）和古生代早中期（4.5 亿~3 亿年），许多矿床是经过变质的。矿床主要形成于拉张的构造环境，具体构造背景是受裂谷控制的克拉通内或其边缘的沉降盆地或拉张的断裂凹陷带、

地堑。

②容矿岩石：主要为细碎屑岩（页岩、粉砂岩），以及部分碳酸盐岩。这些容矿岩石有三个特点：一是颗粒细，有大量的细粉砂级或黏土级的碎屑物质；二是碳酸盐、二氧化硅、黄铁矿（或磁黄铁矿）和有机质含量较高；三是具有板状劈理和沿层理裂开的特征。

③矿床特征：一般情况下由上、下两部分构成，即上有层状矿体，下有脉状或网脉状矿化（体）。

④矿石构造：在层状矿体中，矿石具有非常发育的沉积构造：条带状构造、纹层状构造、粒级层理、韵律层和软沉积滑动变形构造。常见成岩期形成的梯状脉（亦称砖墙状构造）。

⑤矿石矿物：以简单硫化物为主，有黄铁矿、磁黄铁矿、闪锌矿、方铅矿和少量黄铜矿，有时可见白铁矿和毒砂。

⑥矿化分带：具有明显矿化分带。同生断层作为热卤水的主要通道和成矿物质的补给带。从补给带向上和向外，随着物理化学条件的变化出现金属分带现象：从断裂带由内向外呈 $Cu - Pb - Zn - Ba - Fe$ 分带；从深部至浅部呈 $Cu - Zn - Pb - Ba - Fe$ 分带。

（2）矿床成因：根据该类矿床主要特征、成矿环境及控矿条件，大多数学者都认为由海底喷流沉积形成。目前关于 SEDEX 型矿床的成矿模式主要有两种观点：盆地压实卤水模式和海底热液对流模式。前者认为形成 SEDEX 型矿床的流体和金属都是在盆地沉积物压实过程中，由于地热增温等原因从厚层沉积岩堆中释放出来的；与前者认识不同，许多研究者认为 SEDEX 型矿床形成于海底热液对流系统中。

2. 密西西比河谷型（MVT）铅锌矿床

本类矿床是世界铅锌矿的最主要类型。美国密西西比河谷型（Mississippi valley - type）铅锌矿床，简称 MVT 型铅锌矿床，是以广泛分布于美国中部寒武纪至石炭纪碳酸盐建造中的许多巨大铅锌矿床而得名。

（1）MVT 型铅锌矿床主要特征：

①含矿建造：矿区范围很大（矿化面积可达几百平方千米），大多赋存于一些大型盆地（通常在盆地的边缘或盆地之间）的未变质岩层内，矿床主要赋存于厚的碳酸盐岩（主要为白云岩）建造中，尤其是白云岩及少部分与其共生的砂质或泥质岩，受一定的层位控制，具明显的层控特征。

②矿体与矿石特征：矿化最富的地段，是靠近沉积盆地的边缘，邻近穹隆状隆起区、生物礁，岩相变化的接触带，尤其是地层不整合面及其附近不同成因的角砾带、断裂裂隙带等处。矿体大多呈层状、似层状，部分呈脉状。矿化稳定，规模巨大。

③矿石成分简单：金属矿物主要是方铅矿、闪锌矿，其次是黄铁矿、白铁矿及少量黄铜矿。非金属矿物主要有白云石、重晶石、萤石、方解石等，有时含菱铁矿、铁白云石及非晶质二氧化硅。矿石多具浸染状、细脉状构造，有时有层纹状和角砾状构造。

④成矿溶液：成矿温度较低，MVT 矿床闪锌矿、重晶石、方解石和萤石的流体包裹体均一温度一般为 $80 \sim 220℃$，有时可接近 $300℃$。成矿溶液为含盐度高、富含有机

质的 Na – Ca – Cl 型卤水，含少量 CO_2 及 H_2S。

⑤成矿物质来源：来自一个或几个壳源物质。

（2）矿床成因：目前比较一致的意见认为，本类矿床属后生交代矿床，但其中部分具有典型胶状构造和层纹状构造的铅锌矿石有可能是同生的。主要成矿元素是在高盐度的热卤水中呈卤化物络合物的形式搬运。

对于 MVT 型铅锌矿床成矿金属的迁移形式和沉淀机制，目前主要有三种观点：混合模式、还原模式和共同迁移模式。

关于成矿流体的驱动力，有的学者提出盆地沉积成岩压实作用可作为形成 MVT 矿床流体的驱动力；有的学者提出了构造应力模式，构造挤压使岩石空隙中的流体被挤出。

3. 卡林型（Carlin – type）金矿床

卡林型金矿（Carlin – type gold deposits）这一名称最早由美国人 S. 拉德克提出，指产于渗透性良好的角砾薄层碳质粉砂质碳酸盐岩中，呈微细浸染状的金矿床。后来的勘查工作表明，该类型金矿容矿岩石不仅局限在碳酸盐岩中，在硅质岩、粉砂岩和凝灰岩中也较发育。因此，将卡林型金矿床概括为：主要产于沉积岩中的微细浸染型金矿床，又简称为微细浸染型金矿。

（1）卡林型金矿床的主要特征：

①卡林型金矿往往发育于地壳活动较为强烈的区域，成矿区域内具有强烈构造活动，矿化分布明显受构造控制。

②矿床内岩浆岩不发育，可见少量岩脉，深部常有隐伏岩体。

③富矿围岩主要是碳酸盐岩、含钙的细碎岩、硅质岩，少量为火山岩。

④矿石具浸染状、网脉状及角砾状等构造，具有黄铁矿、毒砂、雄黄、雌黄、辉锑矿、重晶石和石英等与成矿有关的中低温矿物组合。

⑤围岩蚀变是以硅化、碳酸盐化，以及绢云母化、蒙脱石化、伊利石化等为主的中低温热液蚀变。

⑥成矿元素以 Au – As – Sb – Hg – （U）组合为特征。

⑦成矿时代跨度大，我国陕甘川金三角区的成矿年龄为 210 ~ 45 Ma。

（2）矿床成因：对卡林型金矿床的成因认识，主要有：①与岩浆有关（由于岩浆活动而产生的岩浆流体或由岩浆热驱动的外部流体的循环）；②变质成因（区域变质时释放的流体成矿）；③非岩浆成因（区域拉张时非岩浆流体的循环）；④盆地流体成因；⑤综合成因等。

4. 砂页岩型铜矿床

砂页岩型铜矿是以砂岩、页岩等沉积岩为容矿岩石的层状铜矿床。它是世界上铜矿的主要工业类型之一，占世界铜储量30%左右，仅次于斑岩型铜矿而位居第二。矿床以规模大、品位高、伴生组分多为特点，因而其经济价值巨大。著名的矿床如中非铜矿带等矿床，我国滇中、湖南等地亦有此类型矿床。

（1）砂页岩型铜矿主要特征：

①砂页岩型铜矿床大多在近海盆地或内陆盆地中形成。

②矿床产于一定层位，或受一定层位的控制，容矿沉积岩包括砂砾岩、砂岩、页岩、泥岩、泥灰岩、白云岩等。

③矿体呈层状、似层状展布，又常有较多的局部变化。

④铜矿石常呈层纹状、浸染状构造等，但也常出现经改造形成的细脉状、网脉状、角砾状、块状等构造。

⑤铜矿石矿物组合主要有黄铜矿、斑铜矿、辉铜矿、黄铁矿、自然银，外围有方铅矿与闪锌矿组合。

⑥海相砂页岩型矿床一般品位高，规模大；陆相砂页岩型铜矿床往往规模较小，品位低到较高。

（2）矿床成因：关于砂页岩型铜矿床的成因，长期以来都有争论，存在同生的和成岩后生的两种观点。一般都认为成矿物质来源于剥蚀区，铜可能以悬浮物和易溶盐两种形式被搬运，然后在沉积盆地边缘地带堆积下来。

5. 砂岩型铀矿床

砂岩型铀矿是以砂岩为主岩（储层）的铀矿床。自20世纪50年代以来，砂岩中的铀矿开始被重视，随后找到大量砂岩型铀矿床。目前，砂岩型铀矿占世界总储量的30%～40%，是当前世界铀产品的重要来源之一。国外砂岩型铀矿分布在美国、乌兹别克斯坦、俄罗斯、蒙古、澳大利亚、阿根廷及非洲的一些国家。

砂岩型铀矿床有许多不同的分类。国际原子能机构（IAEA）的世界铀矿床分布图阅读指南（1996）把砂岩型铀矿床再分为卷状、板状、底河道和前寒武纪砂岩四个亚类。有些学者把砂岩铀矿床首先分成同生（沉积—成岩）、后生两大类。我国学者根据矿床形成的主成矿作用与成矿环境，将砂岩型铀矿分为5种类型：①沉积成岩型；②潜水氧化型（基底古河道砂岩型铀矿基本上属此亚类）；③层间氧化型；④古热水改造型；⑤热液脉型。其中，潜水氧化型和层间氧化型是可地浸砂岩型铀矿的主要类型。

6. 黑色页岩型多元素金属矿床

黑色页岩大多是生物化学沉积的，含有多元素金属矿产并具有工业开采价值的矿段，往往是受后期地下水热液或变质热液叠加改造过的。由于常见的含矿岩石是碳质或沥青质黑色页岩，故统称为黑色页岩型多元素金属矿床。

黑色页岩矿床的重要特点是明显受层位控制。矿体通常为层状，含矿岩石中碳质、沥青质、黄铁矿等硫化物多以微粒浸染体或纹层产出。矿床中富集的金属可以出现种种不同的组合，如 $Cu-Pb-Zn$、$U-V$、$Co-Mn$、$Ni-Mo$、$Au-Ag$ 及 Pt 族，还伴生 Ba、As、Sb、Hg、Tl、Se、Te 等多种元素。黑色页岩含矿岩系分布范围很广阔，但金属富集达到工业品位的地段则常常只是很少一部分。矿床中的硫化物颗粒微细，有些金属硫化物甚至呈隐晶质状态，再加上成分复杂，矿石的选冶常有一些需要解决的特殊问题。

黑色岩系型多元素金属矿床由于含矿岩系和矿层稳定，展布范围广阔，矿床规模大，可综合利用的元素多，故具有很高的工业价值。根据元素组合特点等分为：镍、钼多元素矿床，钒、铀多元素矿床，银钒矿床，钴、锰多元素矿床四个亚类。

对黑色岩系中多元素金属矿床也存在同生成因和后生成因的不同认识。最早提出德国东部曼斯费尔德含铜页岩矿床属同生沉积成因，且无多大争议；另外，也有晚期成岩或成岩再活化等观点。

7. 其他类型层控热液矿床

除上述主要类型外，还有许多金属、非金属矿床属于层控热液矿床的范畴，如汞、锑、硫、石棉、重晶石、水晶、冰洲石等矿床。其中，汞、锑、水晶矿床规模较大，分布较广，具有重要的经济价值。代表性的矿床有湖南锡矿山超大型锑矿和贵州万山大型汞矿。

六、复成热液矿床

复成热液矿床与岩浆热液矿床和层控热液矿床不同，它们是由不同期次、不同成因的含矿热液复合叠加形成的矿床。这类矿床成矿作用复杂，往往经历了两期以上大规模成矿作用的同位叠加复合，或由两个及两个以上不同类型含矿热液复合成矿。其显著特点是成因复杂，矿床规模巨大，多矿种共生，多种成矿元素都可分别构成大型或特大型矿床。代表性的矿床有奥林匹克坝铜金铀稀土矿床、白云鄂博稀土铌铁矿床、穆龙套金矿床等。

第五节　火山成因矿床

一、概述

火山成因矿床系指与火山、次火山岩有时—空及成因联系的金属和非金属矿床。在大陆或海洋中都有与火山活动有关的成矿作用。火山矿床类型多，分布广泛，矿产丰富，如 Fe、Cu、Au、Ag、Pb、Zn、Mn、Mo、Ni、U、B、Li、Sn、W、Be、稀土、Nb（Ta）等金属矿产，还有黄铁矿、金刚石、明矾石、沸石、叶蜡石、石膏、重晶石、高岭土等非金属矿产，在国民经济中意义很大。

火山成因矿床具有以下共同特点：

（1）矿床位于同构造旋回的火山岩浆—构造活动带中，在矿区内或其附近有同期次火山岩或侵入体分布。

（2）矿体受火山机构及次火山岩侵入接触构造体系控制明显。

（3）含矿介质比较复杂，有岩浆、喷气、热液及火山烤热的海水或湖水。

（4）矿床产生在地表（陆面、水下）或地下浅处（0～1.5 km），成矿温度可从 1 000℃～几十摄氏度。

（5）矿石物质成分及结构构造复杂多样。

二、火山成因矿床的形成条件

1. 火山成因矿床与火山建造的关系

火山建造（或火山岩组合、火山岩系列）是指在一定的大地构造单元和发展阶段，在地壳表层形成的一套火山岩组合，包括超基性、基性、中性、酸性的喷溢相—次火山相岩石。

一定类型的矿床常常与含矿岩系中某一特定建造有密切关系，即火山成矿作用与火山建造有一定的专属性。主要的火山矿床与含矿火山建造有：

（1）金刚石矿床产于富钙偏碱性的超基性次火山岩建造（金伯利岩、钾镁煌斑岩）中。

（2）火山岩浆熔离 Cu－Ni 矿床多产于超铁镁质火山岩建造中，如科马提岩系中的 Cu－Ni 矿床。

（3）有色金属、稀有金属、Au－Ag、Au、萤石等脉状矿床常产于陆相流纹岩建造中。

（4）铁矿常与富碱（钠）和镁的基性岩、偏碱性的中性火山岩建造有关。如西伯利亚与暗色岩建造有关的铁矿床、我国宁芜地区玢岩铁矿等。

（5）斑岩铜钼多金属矿床与含钾较高的中、酸性陆相超浅成、浅成火山—侵入岩建造有关。

（6）块状硫化物矿床多产于富钠质的基性、酸性的海相火山岩建造中。

（7）海相火山—沉积 Fe－Mn 矿床常与含铁硅质—碧玉岩建造有关。

2．火山成因矿床的构造控制

火山矿床受构造控制明显。区域性的断裂构造常常控制火山岩带和矿带（田）的分布，而巨大的火山口、破火山口、线状断裂等火山构造控制了矿床。火山岩筒和近火山口的构造隆起，往往是火山岩浆矿床的良好成矿部位；在巨大的破火山口中，放射状断裂和环状断裂具有直接的容矿作用；火山沉积矿床常围绕火山口向四周外围分布。

三、火山成矿作用及矿床分类

火山成矿作用比较复杂。在火山成矿作用中，携带成矿物质的介质可以是岩浆，也可以是喷气和热液，其中火山热液是最活跃、最积极的因素。成矿物质的析出和集中又决定于岩浆性质和所处的地质构造条件。火山热液在运移过程中可与围岩发生物质成分的交换，引起围岩蚀变，也可与地下水、海水、地表水混合，引起热液性质的改变。由于成矿作用的复杂性，对火山矿床的分类也有各种不同的看法和分类方案。根据主要的成矿作用及成矿环境，将火山成因矿床分为三种类型：

火山—岩浆成矿作用形成的火山岩浆矿床；

火山—次火山气液成矿作用形成的火山气液矿床；

火山—沉积成矿作用形成的火山—沉积矿床。

四、火山岩浆矿床

火山岩浆矿床，主要指岩浆在深部经分异作用而形成富集某种成矿物质的特殊熔浆，后经火山喷发作用将含矿熔浆带至地表或火山颈中冷凝而形成的矿床。按成矿机制又可分为火山岩浆喷溢矿床和火山岩浆熔离矿床两类。

1. 火山岩浆喷溢矿床

它是由熔浆沿断裂或火山口喷溢到地表而形成。除金属矿产外，一些火山熔岩本身也是重要的非金属矿产。典型的金属矿床如智利的拉科铁矿床，矿石几乎全部由磁铁矿—赤铁矿组成，含有很小的针状磷灰石、石英、阳起石、方柱石等，矿石平均含铁 65% 、磷 $0.3\% \sim 0.4\%$ 、硫 0.1% 、SiO_2 $1\% \sim 2\%$ ，矿石资源储量达 10×10^8 t。

2. 火山岩浆熔离矿床

这类矿床主要与超基性、基性火山岩及次火山岩有关。矿床或赋存于地表熔岩流中，或在超基性、基性次火山岩体内部，主要矿石矿物为金属硫化物，其形成作用主要与熔离—贯入作用或熔离喷溢作用有关，例如科马提岩系中的硫化镍矿床。

五、火山喷气热液矿床

（一）概念、特点及分类

1. 概念

在火山喷发作用的晚期或间隙期，火山喷气和热液活动非常强烈。这些喷气和热液，通常含有大量重金属化合物。在一定地质条件和物理化学条件下，这些含重金属的气液和围岩（或海水）之间或气液之间发生复杂的相互作用，促使有用组分聚集和沉淀而形成的矿床，称为火山喷气热液矿床，又可分为火山喷气矿床和火山热液矿床。

这类矿床不仅包括了火山喷气矿床及火山热液矿床，还包括与浅成、超浅成的次火山岩有密切成因联系的热液矿床。

火山气液矿床分布很广，规模较大，矿种多，矿石质量好，具有重要的经济意义。主要矿产有 Fe、Cu、Mo、Sn、Pb、Zn、Au、Ag、U 等以及某些稀散金属和非金属矿产。

2. 特点

（1）矿床产于一定的火山岩、次火山岩系中，矿化主要在火山旋回晚期或两个旋回的间隙期。

（2）矿化发生在地表、海底或地下浅处（小于 $1 \sim 2$ km），成矿温度大体在 $600 \sim 50℃$ 之间。

（3）含矿介质有喷气（水蒸气及其他气体如氟、氯等的混合物）、热液，或火山口附近被烤热的湖水、地表水、海水、地下水等。

（4）火山口、火山颈、角砾岩筒、环状裂隙、放射状裂隙等火山机构控矿明显，因此矿体具有独特的形态和特征。

（5）多数矿床中蚀变作用强烈且复杂，蚀变范围广泛，与矿化关系密切。

（6）矿石物质成分和结构构造复杂多样，垂直分带间隔较小，各带重叠交错，矿床的金属含量不均匀，且不稳定。

3. 成矿作用

（1）火山喷气成矿作用：火山喷发时，常喷出大量的气体和重金属化合物，当它们与围岩发生复杂的相互作用，或发生简单的凝华作用，或不同的气体间相互反应时，在火山口、喷气孔及其周围形成有用矿物的堆积，这种成矿作用称为火山喷气成矿作用，由这种作用形成的矿床称为火山喷气矿床。

（2）火山热液成矿作用：火山喷出的大量含矿气体，当外压力大于临界压力（如在深海盆地中）时，或当温度下降到临界温度以下时，就凝聚成为含矿热液。这些热液与火山岩或其他围岩发生作用而沉淀出有用组分，或与海水或地下水相互作用而发生有用物质沉淀，有时也直接充填在火山岩的气孔或裂隙孔洞中成矿，这种作用称火山热液成矿作用，由该作用形成的矿床称为火山热液矿床。

（3）次火山热液成矿作用：在火山活动的晚期或间隙期，常伴随有浅成—超浅成相次火山岩的侵入活动，它们大多产在火山机构的各种断裂裂隙中，与相应的火山岩密切共生。与次火山热液有成因联系的矿床称为次火山热液矿床，又称斑岩型、玢岩型矿床。

关于火山气液矿床的热液及成矿物质来源，一是来自形成火山熔浆的上地幔或地壳的硅镁层、硅铝层；二是火山熔浆自深部向上运移过程中，从围岩中萃取出来的有用组分。此外，还有相当部分是由地表水、地下水或海水向深部循环时，从围岩中淋滤而来的成矿元素。

火山气液的成矿方式主要是以沉淀作用或充填作用形成各类矿床。因火山热液具有一定温度，所以可使围岩产生多种多样的、规模很大的蚀变作用。蚀变种类主要有：硅化、绢云母化、冰长石化、方解石化、绿泥石化等。

4．分类

以成矿地质背景为基础，根据火山喷发环境，分为陆相和海相两类；再结合成矿作用分为以下三个亚类：

与陆相火山气液作用有关的矿床——浅成低温热液矿床；

与陆相次火山热液作用有关的矿床——斑（玢）岩型矿床；

与海相火山热液作用有关的矿床——VMS 型矿床。

（二）与陆相火山气液作用有关的矿床

1．陆相火山—喷气矿床

由火山喷气作用形成的矿床为数不多，规模也不大，仅限于火山活动区。矿床产在地表或地表附近。有关矿产主要为自然硫、雄黄、雌黄、萤石和硼矿等。

2．陆相火山—热液矿床

在陆相火山成矿作用中，在地表或近地表，由火山热液中成矿物质直接晶出或经化学反应生成的矿床，称为陆相火山—热液矿床。

这类矿床主要产于基性、中性、酸性火山岩及火山碎屑岩中。矿床形成于近地表条件下，矿化深度一般为 200～400 m，少数超过 650 m。成矿温度范围较宽，为 300～90℃，在 200℃以下可以形成重要的工业矿体。矿体呈脉状、网脉状、似层状、巢状及其他不规则状，常与各种内生角砾岩（特别是热液角砾岩）有关，控矿构造为火山构造或张性—剪切性断裂系统。主要通过充填作用成矿，矿石具条带状、壳层状、晶洞状、晶簇状构造和胶状—变胶状结构。

该类矿床的特征蚀变是青磐岩化、泥质蚀变、高级泥质蚀变、明矾石化、冰长石化、低温硅化。

主要矿产有 Cu、Au、Ag、Pb、Zn、Hg、Sb、As、Fe、萤石、冰洲石、高岭石、重晶石、明矾石、叶蜡石、沸石等。主要浅成低温热液矿床有以下几种类型：

（1）浅成低温热液金—银矿床：浅成低温热液金—银矿床与破火山口或火山穹丘中的断裂、裂隙系统具有密切的空间分布关系，主要赋存于火山岩及其同时代的火山沉积岩中，有时也产出于其下的各类基底岩石中。

根据矿物种类和热液蚀变组合，又可细分为冰长石—绢云母型硫化物矿床、高岭石—明矾石型硫化物矿床。典型矿例，前者有吉林的刺猬沟、安徽的东溪等，后者有福建的紫金山、美国的戈诺德菲尔德矿床等。

（2）玄武岩中的自然铜—沸石矿床：在玄武岩、安山岩和玢岩中自然铜呈杏仁状气孔充填，而在火山碎屑岩中则以胶结物形式存在，同时也有呈短小细脉充填的。与自然铜共生的有沸石、葡萄石、石英、方解石等矿物。矿石中含铜量不等，分布不广，规模不大。

（3）与火山岩有关的铅锌多金属矿床：这类矿床发育在地槽褶皱带中的凝灰岩、页岩或其他喷出岩中，并常伴随有浅成侵入岩墙。矿体多分布于火山沉积岩层平缓的褶皱脊线内或在背斜翼部的层间破碎带中，呈鞍状、层状和凸镜状。围岩常发生角岩化、绢云母化、绿泥石化。矿呈致密块状，或在角岩中呈浸染状，主要矿物成分为黄铁矿、方解石、闪锌矿、黄铜矿，有时有重晶石。常有规模较大或巨大的矿体。例如我国云南边境（与缅甸相连）的老银厂矿区，矿体产于中酸性岩中，呈复杂的凸镜体状，并富含 Cu、Au、Ag、Co。

（4）汞和汞锑矿床：与火山作用有关的汞矿约占世界汞矿床的半数以上。矿体产在玄武岩、安山岩和流纹岩中，少数产在碱性岩、粗面岩中。这类矿床主要分布在环太平洋和地中海的新生代火山活动带。含有汞矿体的围岩是多种多样的，有火山岩、沉积岩、变质岩，特点是附近常有火山及热泉活动。喷出岩和沉积岩中的汞矿体呈裂隙脉状、网脉状和浸染矿石带，其中有小矿巢及角砾岩带中的辰砂富矿体。与火山活动有关的现代热泉，常有汞锑矿体，含汞、锑、砷、硼等化合物，在热泉的沉积物中含汞、锑和更富的硫。

（5）萤石矿床：火山岩中的萤石矿床是最重要的矿床类型之一。浙江省中生代建德系火山岩中的脉状萤石矿床，矿石质量好，储量大，是我国最主要的萤石产区。

（6）明矾石矿床：明矾石矿床产于蚀变的中酸性喷出岩，如流纹岩、安山岩及凝灰角砾岩中。矿床附近有浅成、超浅成侵入岩，如斑岩类和细粒花岗岩，呈岩株、岩脉或位于火山颈。火山岩经次生石英岩化区域性蚀变，并发育不同的蚀变矿物相，如高岭石相、叶蜡石相，当明矾石化极发育时便构成明矾石矿床。我国浙江、安徽的明矾石矿床，规模巨大，储量丰富。

（7）火山热液铀矿床：有关的火山岩为高硅、高碱的流纹岩、粗面岩，矿区内常有浅成—超浅成侵入岩，多见于大陆裂谷带的破火山口中。矿物组合为水硅铀矿、沥青铀矿、钛铀矿与黄铁矿、雄黄、雌黄、白钛石、辉钼矿、萤石、石英、冰长石、重晶石伴生，矿体或呈脉状或充填于角砾岩的开放性孔隙中，受角砾岩控制。典型矿床有美国的瑞斯瓦利铀矿床、我国江西的相山铀矿床。

（三）斑岩型矿床

1. 斑岩型矿床及其特点

斑岩型矿床过去又称为"细脉浸染型矿床"，主要以铜、钼为主，也有斑岩钨矿（含钼）、斑岩锡矿。

这类矿床的特点是：①与矿床有关的主要是浅成—超浅成花岗闪长斑岩、石英闪长斑岩、石英二长斑岩、花岗斑岩、英安山玢岩等次火山岩，含矿热液来源于次火山岩体冷凝结晶过程中挥发性组分的蒸馏和气化作用；②矿床产于次火山岩中或其与围岩的接触带内，以及附近喷出岩、火山碎屑岩以至沉积岩和变质岩中；③次火山热液是在浅成—超浅成条件下，外压力骤然降低，挥发组分自熔浆中强烈析出而形成的，具有较强的蒸气压力，可以爆破围岩，开辟前进道路，因而造成隐爆角砾岩筒，以及放射状、环状断裂系统，形成独特产状的矿体；④斑岩型矿床与火山活动息息相关，受深大断裂控制，矿床（田）常呈带状分布，矿体受岩体原生构造控制，形态复杂，变化大；⑤由于成矿温度下降较快，以及热液的脉动式活动，造成复杂多样的矿石组合和矿石结构构造；⑥矿床规模大、埋藏浅，矿石品位低，但矿化分布均匀，易采易选；⑦矿石中可供综合利用的矿产多，除 Cu、Mo、W、Sn、Au、Pb、Zn 外，尚可综合利用 Ag、Se、Te、Re 等元素，它们具有重要的工业价值。

2. 斑岩型铜矿床

斑岩型铜矿床是世界上最重要的矿床类型之一，约占世界铜资源储量的50%以上。这类矿床有4个特点：一大、二贫、三易选、四露采。斑岩铜矿尽管品位低，但以其规模巨大、全岩均匀矿化、埋藏浅、适于露采、易选，并常伴有 Mo、Au、Ag 等有益元素可综合利用等特点，成为世界上最重要的铜矿类型。典型矿床有江西德兴斑岩铜矿等。

（1）斑岩型铜矿床地质特征：在时间上、空间上、成因上，矿床均与斑状结构的中酸性浅成或超浅成的小侵入体有关，如花岗闪长斑岩、石英二长斑岩、石英斑岩等。

岩体时代一般较年轻，典型的斑岩铜矿床从晚古生代到中新生代，尤以中新生代占绝对优势。

矿床受区域断裂—构造带控制，故常呈带状分布。矿体常受次一级构造控制，即受岩体和围岩中的微裂隙（层间裂隙、片理、原生裂隙等）控制。

矿体的围岩岩性对成矿有一定影响。矿床的围岩蚀变很发育，蚀变范围可达几百米到几千米。常具明显、有规律的水平和垂直分带现象。多数情况自岩体中心向外可分为：钾化带（钾质蚀变带）、石英—绢云母化带（似千枚岩化带）、泥化带（黏土化带）、青磐岩化带。

矿体形态主要受各种复杂地质条件控制，如侵入体的形态、接触面的形状和产状、成矿前裂隙构造及围岩蚀变等。

　　矿石中金属矿物有黄铜矿、辉钼矿、斑铜矿、黝铜矿、方铅矿、闪锌矿、磁铁矿、辉铋矿、金、银等，常伴有黄铁矿。非金属矿物多为蚀变矿物。矿石构造以细脉浸染状为主，也有致密块状、角砾状等。

　　矿石品位一般较低，但矿化均匀。矿化分带明显，自矿化中心向外为：Mo - Mo、Cu - Cu - Cu、S（黄铁矿）- Au、Ag。

　　斑岩型铜床常与其他类型矿床相伴生。

　　（2）斑岩铜矿的成因：矿床形成经历了从高温到低温的过程，形成深度介于浅成—超浅成。与矿化有关的斑岩，多数是在钙碱系列火山喷发末期或间歇期侵入的，是次火山环境的产物。它们与火山岩浆同源，与相应的火山岩密切共生，故认为是典型的次火山热液矿床。

　　关于斑岩及铜、钼等金属来源，多数人根据同位素分析和岩石中金属含量对比等资料，认为含矿斑岩体和大部分矿质来自地壳深处—上地幔和地壳分界面附近分异出来的中—中酸性岩浆。含矿热液可能部分来自大气降水，少部分铜可能来自围岩。

　　（四）玢岩铁矿

　　"玢岩铁矿"一词类似斑岩铜矿的概念，用来代表在特定地质条件下具有统一成因的一组矿床。玢岩铁矿是指在陆相安山质火山岩分布区，与辉石闪长玢岩—次火山岩或火山—侵入岩体有空间、时间以及成因上联系的一组以铁为主的矿床。

　　1. 成矿条件

　　宁芜地区是我国陆相火山作用比较发育的典型地区。在构造上是长江中下游的一个中生代断陷盆地。晚侏罗—早白垩世火山活动剧烈，有大规模的火山喷发及侵入活动，形成总厚约2 500余米的火山岩系，覆盖面积达1 500余平方千米。火山活动由老到新可分为龙王山、大王山、姑山、娘娘山四个旋回。在每一旋回末期，均有相应的次火山岩产出，造成岩浆分异铁的有利条件。

　　宁芜地区的铁矿均与大王山旋回喷发结束阶段的富钠辉长岩、闪长玢岩、辉石安山岩、粗面岩的次火山岩体有关。铁矿往往围绕着火山—侵入活动中心分布。

　　2. 矿化类型

　　每个火山—侵入活动中心（带）的次火山岩（主要是闪长玢岩—辉石闪长岩）从内部到接触带以至邻近围岩中，往往出现以下几种矿化类型：

　　（1）岩体中心浸染状和细脉状矿化：属晚期岩浆到高温气液交代矿床，为浸染状及细脉状钠柱石—（钠长石）—透辉石—磷灰石—磁铁矿组合（陶村式）。

　　（2）岩体顶部及边部的脉状、网脉状、角砾状矿化：属伟晶高温气液交代—充填矿床，为阳起石—（透辉石）—磷灰石—磁铁矿组合（凹山式）。

　　（3）岩体与前火山岩系沉积岩接触带内外的块状、角砾状、脉状、网脉状矿化：属接触交代—充填矿床，为（透辉石—阳起石—碱性长石）—金云母—磷灰石—磁铁矿组合（凤凰山式）及矿浆充填矿床（姑山式）和伟晶高温气液交代—充填矿床（凹山式）。

　　（4）岩体附近火山岩中的脉状矿化：为中低温热液充填型石英—镜铁矿组合（龙

虎山式），及层状、似层状矿化，属火山—沉积矿床（龙旗山式）。

上述不同的矿化类型基本上是同一成矿作用从高温到低温的连续演化过程的产物，各阶段之间并无明显界线，只因地质条件不同而形成不同的成因类型。几种矿化有着密切的成因关系，它们可互为找矿的标志，发现其中一种，就应注意找寻其他几种类型矿床。玢岩铁矿各类型铁矿床的空间分布及相互关系如图2-2-5所示。

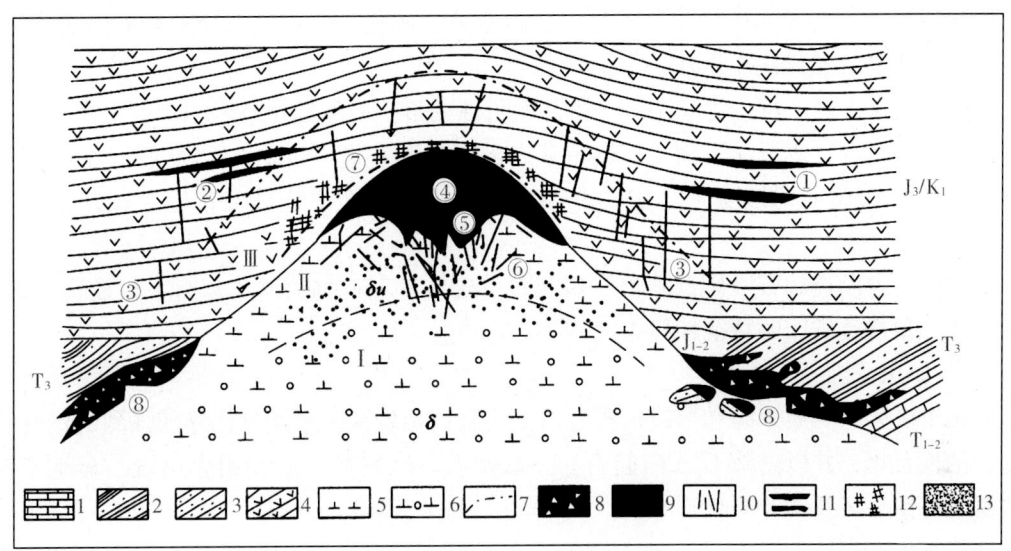

图2-2-5　玢岩铁矿床理想模式

（据宁芜研究项目编写小组，1978）

1—青龙群石灰岩（T_{1-2}）；2—黄马青组砂页岩（T_3）；3—象山群砂岩（J_{1-2}）；4—龙王山、大王山两旋回火山岩（J_3/K_1）；5—辉长闪长玢岩，6—辉长闪长岩；7—蚀变分带界线；8—角砾岩化带及角砾状矿石；9—块状矿石；10—镜铁矿或磁铁矿脉；11—层状铁矿；12—黄铁矿化；13—浸染状磁铁矿化。矿化式：①龙旗山式；②竹园山式；③龙虎山式；④梅山式；⑤凹山式；⑥陶村式；⑦向山式（黄铁矿）；⑧姑山式、凤凰山式。蚀变带：Ⅰ—下部浅色蚀变带；Ⅱ—中部深色蚀变带；Ⅲ—上部浅色蚀变带

3. 与矿化有关的岩体岩石化学特征

与铁矿有成因联系的辉长闪长岩—闪长玢岩是一套中基性富钠质次火山岩，SiO_2平均含量53.88%，$K_2O + Na_2O$平均含量6.97%，$Na_2O : K_2O$平均为2:1，钙碱指数为52.5，属碱钙性岩石，为大王山旋回末期的产物。

4. 矿体形态

与矿床构造特点紧密关联的矿体形态复杂多样，包括以下几种：

角砾岩体及角砾岩筒状矿体；

产于钟状构造中的钟状、环状和半环状矿体；

岩体顶部及邻近围岩中的裂隙和脉状矿体；

岩体中原生裂隙构造控制似层状矿体的浸染状矿化。

5. 围岩蚀变与矿化

与铁矿床有关的围岩蚀变，早期蚀变主要形成一些不含水的铁镁硅酸盐矿物，如方

柱石化、辉石化、石榴子石化，统称为类矽卡岩化。钠长石化晚于并交代方柱石而呈方柱石假象，后阶段伴随磁铁矿化，在岩体中形成陶村式浸染状矿石，随着气成作用的加强，铁矿化加强，凹山式、梅山式铁矿是早期蚀变最后阶段的产物。中期蚀变为"青磐岩化"，主要形成含水硅酸盐矿物，如阳起石化、金云母化、绿帘石化、绿泥石化以及碳酸盐化等，并伴随广泛的磁铁矿化，后阶段黄铁矿化加强。晚期围岩蚀变主要以泥化、碳酸盐化为主（或称"泥英岩化"），伴有黄铁矿化。磁铁矿部分呈假象赤铁矿化，并在铁矿外围形成黄铁矿化外壳。

蚀变带自下而上可分为三个带：下部浅色蚀变带，为碱性长石岩相带；中部深色蚀变带，为方柱石、辉石 + 石榴子石岩相带，它们均为早期"类矽卡岩蚀变"，中期"青磐岩化"叠加在早期蚀变带（中、下蚀变带）内；上部浅色蚀变带即为晚期蚀变的"泥英岩化"。

铁矿石中以透辉石（阳起石）—磷灰石—磁铁矿三矿物为基本组合，以及富含钒、钛元素，是这类矿床的特征性标志。

6. 矿床成因

关于矿床的矿质来源和形成过程有以下认识：玢岩铁矿早期矿化伴随强烈的钠柱石化、钠长石化，并以透辉石（阳起石）—磷灰石—磁铁矿三矿物组合出现，显示了铁的富集与钠、氯及磷等矿化剂有关，铁可能以 Na_3（$FeCl_6$）、Na_3［Fe_3（PO_4）$_3$］等形式迁移富集在岩体的顶部及边部。钠长石化对围岩中的铁可以起活化、转移、富集作用，在岩体冷却过程中，由结晶分异及气体缓慢渗滤交代作用形成陶村式矿体。由于钠长石化的结果，促使后期铁矿大量析出，随着气成作用的迅速加强，气液温度骤然升高，隐蔽爆破等作用使岩体及附近围岩产生角砾岩化带及裂隙带，高温气液迅速冲入岩体上部甚至围岩裂隙中，充填在角砾岩带及裂隙带内，形成凹山式铁矿体。随着成矿温度的下降，水热溶液作用加强，类青磐岩化蚀变也随之加强。随着气液成分的改变，广泛的磁铁矿化转变为黄铁矿化，这一阶段的蚀变作用叠加在早期蚀变带之上。火山作用晚期，水的作用加强，使磁铁矿转变为赤铁矿。由于 SO_2、SO_3、CO_2 作用的加强，发育了硬石膏化、明矾石化、碳酸盐化等中低温热液蚀变，相应形成了黄铁矿的富集。

（五）与海相火山热液作用有关的矿床

1. 概述

这类矿床的成矿作用是在海洋的底部或接近海底条件下进行的，相对陆相火山喷发来说，是一个减压、降温的成矿环境。据资料，这类矿床的形成温度一般在 500 ~ 400℃。矿床的形成主要与海相火山喷发间隙期或晚期的火山气液作用有关。

海底火山热液硫化物矿床中，金属硫化物特别富集。其中，金属硫化物含量常达60% 以上的块状矿石在矿床中占相当大的比例，人们又称其为火山热液块状硫化物（VHMS）矿床或火山成因块状硫化物矿床（volcanic - hosted massive sulfide deposit，VMS），VMS 型矿床是现在更广泛使用的名称。

该类矿床具有如下特点：

（1）海底火山—气液矿床的矿体形态为与火山岩呈整合产出的层状、凸镜状以及交错脉状、网脉状的低品位矿体。层状矿体和交错网脉状、脉状矿体共生的现象很常见。

（2）矿床的成矿元素主要是亲铜元素、部分铁族元素和造岩元素。常见矿物有黄铁矿、白铁矿、黄铜矿、黝铜矿、方铅矿、闪锌矿、辉银矿、硬石膏等。

（3）矿石构造主要有块状、层纹状、条带状、浸染状，次为胶状、变胶状，发育各种交代结构。

（4）该类矿床常具有强烈的围岩蚀变，一般在矿体下盘岩石中最为发育。常见的围岩蚀变有硅化、石英绢云母化、青磐岩化、泥化、黄铁矿化、重晶石化，石膏—硬石膏化等。围岩蚀变往往有明显的分带现象。

（5）这类矿床多产在不同岩相、不同岩性火山岩的接触部位，火山熔岩、火山碎屑岩的顶部或其附近，以及与上覆沉积岩的界面处。它和火山—沉积矿床密切相关，实际上是一种复合型矿床。

2. 海相火山热液矿床的主要类型

海相火山热液矿床中，工业价值较大的主要有 VMS 型矿床和铁矿床。

（1）VMS 型矿床：VMS 型矿床包括地质时期早已形成的绿色凝灰岩建造中的"黑矿"矿床、细碧角斑岩建造中的含铜黄铁矿型矿床和现代海底正在形成的多金属硫化物矿床。

①绿色凝灰岩建造中的"黑矿"矿床：这类矿床均产于绿色凝灰岩区，矿体附近以中性、酸性熔岩和火山碎屑岩为主，还有斑状次火山岩的侵入体和角砾岩。

矿体大多呈层状，也有呈不规则状产出者，在层状矿体的下部常有一些网脉型矿石。矿床中矿物种类繁多，最常见的有黄铁矿、闪锌矿、方铅矿、黄铜矿、斑铜矿、黝铜矿、银金矿、自然银、石膏、硬石膏、重晶石、赤铁矿和一些硅酸盐矿物。其特点是富含铅、锌，而含铜较少。此外，银的含量高，金不太重要。矿石构造多为块状、浸染状、纹层状等，粒度分级现象较明显，再沉积的角砾状矿石也很常见。

围岩蚀变一般为硅化、绢云母化、绿泥石化和泥化，且呈带状分布。

②细碧角斑岩建造中的含铜黄铁矿型矿床：含铜黄铁矿型矿床是海相火山热液矿床中最重要的类型之一。含矿岩系属细碧角斑岩建造。这类矿床的矿体，以整合产出的层状矿体为主，也有交切脉状矿体，以及两者复合的矿体。矿石构造主要为块状，次为浸染状、揉皱状。根据矿石建造，这类矿床可分为黄铁矿矿床、黄铁矿型铜矿床（含铜黄铁矿型矿床）、黄铁矿型多金属硫化物矿床。

这类矿床规模大，矿层稳定，矿石品位高，并常伴生多金属。我国甘肃白银厂黄铁矿型铜多金属矿床，就是这类矿床的著名实例。

（2）海相火山岩建造中的铁矿床：

①流纹岩—安山岩建造中的菱铁矿矿床：矿体呈层状整合产在海相流纹岩—安山岩建造中。菱铁矿矿床的形成与海底酸性火山喷气、热液—沉积作用有关。菱铁矿矿层和硫化物及带状燧石层紧密共生，矿体底盘围岩蚀变强烈而广泛。加拿大海伦铁山菱铁矿矿床系一大型海相火山—气液沉积成因矿床，查明储量 5 000 万吨以上，总储量估计可达数亿吨。

②基性—中性火山岩建造中的赤铁矿—磁铁矿矿床：与该类矿床伴生的均是以基性—中性岩为主的火山岩，且以偏碱富钠为特征，并常伴有硫化物矿层或矿化，铁矿一般均产在偏基性的岩石中。我国新疆谢尔塔拉铁矿床属此类型。

③现代海底 VMS 型矿床：现代海底 VMS 型矿床主要含有 Cu、Zn、Pb、Ag 和 Au 等。所含的矿物通常以黄铁矿、白铁矿、闪锌矿、黄铜矿、斑铜矿、方铅矿、磁黄铁矿为主。一般认为，现代海底 VMS 矿床与海底热液活动有密切联系。

（六）火山—沉积矿床

1. 概述

火山喷出物中经常含有大量成矿物质，它们一旦进入水盆地后，即与海水、湖水以及水中的非矿质组分发生作用并沉淀下来而形成的矿床，称为火山—沉积矿床。

它除具有一般沉积矿床的特点外，还有自己独特之处：

（1）矿体主要产于火山碎屑岩（以凝灰岩为主）中，部分产于火山岩系中的砂岩、泥质岩及碳酸盐岩夹层中。

（2）矿体与火山岩或火山沉积岩呈互层产出，沿水平方向矿体有时逐渐过渡为火山岩，矿体中常含有火山碎屑物。

（3）矿石成分常以低价的金属氧化物和硫化物为主，富含硅质或钠质。矿石构造以层纹状、条带状和浸染状为特征。

（4）成矿一般不受海侵层序控制。在空间上，火山—沉积矿床一方面与正常海相沉积矿床过渡，另一方面又可以与火山热液矿床过渡。

2. 火山—沉积矿床的形成作用

火山喷出物中除固体物质外，与之伴随的还有火山喷气和火山热液。火山喷发晚期或喷发间歇期，大规模的岩浆喷溢已经停止，但喷气和热液仍在继续活动，这些富含矿质的酸性气液，其主要成分是 $SiCl_4$、$FeCl_3$、HCl、HF、H_2S、SO_2、CO_2 以及各种金属的氯化物、氟化物、硫酸盐及其他络合物等，它们呈真溶液或胶体溶液，沿着裂隙和空隙向上运移，源源不断地喷溢至地表水体中。当这些高温的含矿气液与空气或水接触时，由于物理化学条件改变而生成各种矿物沉淀下来，从而聚集成矿床。

3. 火山—沉积矿床的类型

按沉积环境可分为陆相和海相火山沉积矿床，其中以海相为主。

（1）陆相火山—沉积矿床：主要指与陆相火山活动有关，并发生于陆相水域中的火山—沉积矿床，矿体的围岩多为陆相火山—沉积岩类。有关的矿产有 Fe、Mn、B、Li 等。

（2）海相火山—沉积矿床：是海底火山活动过程中所产生的热气和热液涌到海底，成矿物质通过化学沉积方式与海底沉积物相互作用而沉淀成矿。

海相火山—沉积矿床的成矿作用是在海面下一定深度进行的，主要是在海底进行的。这类矿床分布广，规模大，有较高经济价值，是铁、锰、铅、锌等矿床的重要来源之一。典型矿床有德国兰第耳铁矿床、甘肃桦树沟铁铜矿床。

第三章　外生矿床

在太阳能的影响下，在岩石圈上部、水圈、气圈和生物圈的相互作用过程中，导致在地壳表层形成矿床的各种地质作用称为外生成矿作用，形成的矿床称为外生矿床。外生成矿作用的能源，主要是太阳的辐射能，也有部分生物能和化学能，基本上是在温度、压力比较低（常温、常压）的条件下进行的。外生矿床的成矿物质主要来源于地表的矿物、岩石、生物有机体、火山喷发物，部分可来自星际物质（陨石）。

外生成矿作用可分为风化成矿作用、沉积成矿作用和生物化学能源成矿作用三大类，所形成的矿床分别称为风化矿床、沉积矿床、生物化学能源矿床。风化作用和沉积作用是表生作用的两个方面，是互相连接的表生作用的不同发展阶段。风化作用过程中各种组分以原地淋滤集中或仅作短距离迁移集散为特征，而沉积作用则是各种组分经过长途搬运到异地水体中沉积聚集的过程。

第一节　风化矿床

一、概述

1. 风化矿床的概念及特点

地壳表层的岩石和矿石在太阳能、大气、水和生物等地质外营力的作用下，发生物理、化学以及生物化学变化，并使有用物质原地聚集形成矿床的地质作用叫风化成矿作用，由这种作用形成的矿床称为风化矿床。风化矿床具有如下特点：

（1）风化矿床大部分都是古近纪—新近纪和第四纪形成的，因此它们经常出露于地表，埋藏浅，适于露天开采。

（2）分布范围与原岩或原生矿床出露的范围基本一致或相距不远，所以风化矿床除自身具工业价值外，常可作为寻找原生矿床的重要标志。

（3）矿石多呈胶状结构和残余结构，矿石构造以多孔状、粉末状、皮壳状、网格状和结核为主。

（4）组成物质是在风化条件下比较稳定的元素和矿物，有自然金、铁、锰、铝的氧化物和氢氧化物、碳酸盐、硫酸盐、磷酸盐、高岭土以及被黏土矿物吸附的稀土元素等。

（5）主要矿产有铁、锰、铝、镍、钴、金、铂、铜、铅、锌、钨、锡、铀、钒、稀土元素、金刚石、刚玉、蓝晶石、重晶石、磷块岩、菱镁矿、高岭土、黏土等，其中有些矿产占世界产量的较大比重，例如，世界上大部分铝土矿是由风化成矿作用形成的，镍储量的80%以上来自风化成矿作用形成的红土型镍矿，富锰矿石几乎全部是由贫矿石经过风化成矿作用形成的。

2. 风化矿床形成的地质条件

风化壳及风化矿床的形成，与气候、原岩特征、地质构造、地形地貌、水文地质以及持续时间的长短等天然因素有密切的关系。

（1）气候：气候条件是决定岩石风化类型和强度的基本要素。气候控制温度的高低、降雨量多少以及生物的种类和数量，降雨量影响化学风化的进行，温度则控制化学反应的速度。

在极地冻土地带，温度和湿度太低，降水为雪，一般不形成风化壳，仅由机械碎屑物质形成残积砂矿。

在温带内陆沙漠和热带沙漠地区，蒸发量远远大于降水量，水的作用微弱，生物稀少，多以物理风化作用为主。

在热带和亚热带湿润炎热地区，气温较高，雨量充沛，生物活跃，岩石往往发生强烈的化学风化作用，最有利于形成风化壳。因此，巨大的铁、锰、铝风化矿床主要分布在热带和亚热带湿热气候地区。

（2）原岩特征：原岩是风化壳中成矿物质的直接来源，原岩性质和成分直接影响风化壳的发育程度和化学组成。不同种类的风化矿床取决于原岩成分的不同，例如，富含 Fe、Ni 的超基性岩和基性岩，可形成红土型铁矿床和镍矿床。

（3）地质构造：地质构造条件对风化矿床的形成、风化产物的保存和形成矿床，均具有重要的意义。构造运动相对稳定的地台区或经长期改造的准平原地区，由于各种风化产物易于保留在原地，能够形成巨厚层的风化堆积物。

（4）地形地貌：地形地貌对风化作用能否彻底进行以及风化产物能否很好地堆积下来，是十分重要的外界条件。一般来说，高差不大的山区、丘陵地带和准平原地区，地势起伏不平，地下水位较高，生物繁盛，地下水和地表水流动缓慢，有利于风化作用。

（5）水文地质：风化矿床的形成，与地表水和地下水的运动状况及其化学类型有关，它们是决定风化矿床的规模、形状，甚至矿床类型的重要因素。

地下水具有垂直分带性，这种特性又决定了风化矿床的垂直分带特点。一般将地下水划分为渗透带、流动带、滞流带三个带，渗透带位于地表与地下水面（潜水面）之间，其中的水分来自大气降水，因富含氧气和二氧化碳，故岩石易于发生强烈的物理、化学分解作用，是风化作用最强烈的带；流动带位于地下水面和停滞水面之间，地下水为潜水，季节变化的影响不如上带明显，分解和氧化能力均十分微弱，此带又称"还原带"或"胶结带"；停滞水带位于侵蚀基准面以下，原生矿几乎不发生变化，该带又可称为"原生带"。

（6）时效条件：具备一个较长时间的、稳定的地质环境，可使原岩的风化作用进行得更彻底。

3. 风化矿床的成矿作用

根据风化作用的因素和性质将风化作用分为三大类型：物理风化作用、化学风化作用及生物风化作用。

（1）物理风化作用：在地表或近地表条件下，原岩、原生矿物在原地产生机械破碎而不改变其化学成分的过程称物理风化作用。

（2）化学风化作用：实际上就是富含氧及二氧化碳等物质的水与矿物发生化学反应的过程，是通过氧化作用、水化作用或水合作用、水解作用、酸的作用等方式进行的。

（3）生物风化作用：是指生物对岩石、矿物产生的破坏作用。这种作用可以是机械的，也可以是化学的，在许多情况下，岩石的风化作用是由生物的活动开始的，覆盖在岩石的表面的细菌、真菌、藻类以及地衣等，用自身分泌出来的有机酸分解岩石。

风化矿床的形成，是某些元素在风化壳中迁移和集中的结果。原岩风化分解出的某些元素迁移流失，而另一些元素由于难以迁移则富集成矿。化学元素在风化壳中迁移能力的大小，主要取决于元素本身的性质和它们所组成的矿物种类以及所处的地表环境。B. 波雷诺夫根据火成岩地区排出的河水中干残物质的平均化学成分对比和计算结果，得出了风化壳中元素迁移的序列（表 2-3-1）。

表 2-3-1　　　　　　　　　　风化壳中元素的迁移序列

	元素迁移序列	迁移序列中的元素或组分	迁移等级指标
1	强烈迁移的元素	Cl、（Br、I）、S	$2n \times 10^1$
2	容易迁移的元素	Ca、Na、Mg、K	$2n \times 10^0$
3	可迁移的元素	SiO_2（硅酸盐的）、P、Mn、Cu、Ni	$n \times 10^{-1}$
4	稍可迁移的元素	Fe、Al、Ti	$n \times 10^{-1}$
5	实际不迁移的元素（组分）	SiO_2（石英）	$n \times 10^{-\infty}$

二、矿化的表生变化与次生富集作用

各类矿床的地表和近地表部分，在风化作用下都要发生变化，尤其是金属硫化物矿床的变化比较强烈，这种变化称为表生变化。表生变化的结果，改变了原矿体的结构、原矿石的矿物成分和化学成分。了解这种变化特点，有助于我们推测深部矿体的类型。此外，铜、银、铀、铁等矿床在表生变化过程中，可以发生次生富集，从而大大提高矿床的工业价值。因此，了解并研究矿床的表生变化和次生富集作用具有重要意义。

1. 金属硫化物矿床的表生变化

（1）金属硫化物矿床的表生分带：金属硫化物矿床的地表—近地表部分，长期经受强烈的化学风化作用，可发育完整的表生分带（图 2-3-1），自上而下为：

①氧化带：位于潜水面以上，大致相当于地下水渗透带，自上而下发育三个亚带：完全氧化亚带（铁帽）、淋滤亚带、次生氧化物富集亚带。

②次生硫化物富集带：位于潜水面以下、停滞水面以上，相当于地下水流动带。

③原生硫化物矿石带：位于停滞水面以下，相当于停滞水带。

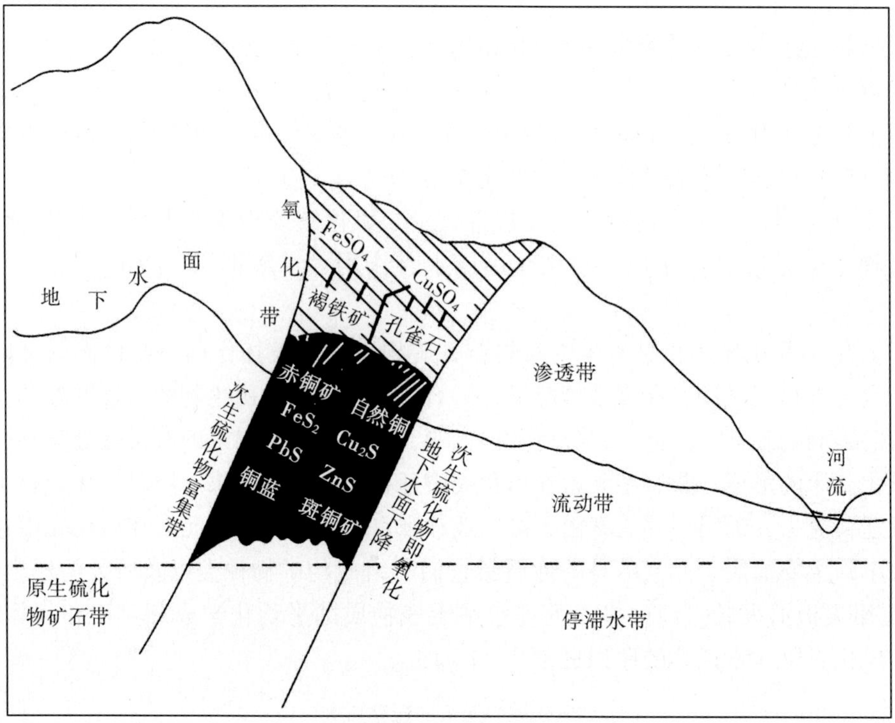

图 2 - 3 - 1　硫化物铜矿床表生分带示意图（引自袁见齐等，1985）

（2）金属硫化物矿床的氧化带：在氧化带，金属硫化物主要发生氧化和淋滤，还有次生氧化物的沉淀富集。氧化使大部分矿物发生了变化，形成可溶性盐类，因而被淋滤。在氧化带表层，铁和锰的硫化物、碳酸盐最终形成氧化物或氢氧化物（褐铁矿），它们和难溶物质如黏土等残留地表，构成铁帽。

氧化带内有两种主要的化学变化，一种是某些矿物被氧化、溶解和搬运，另一种是使硫化矿物转变成氧化矿物。氧化带中的硫化物一般都很容易转变为硫酸盐，特别是硫化物矿石中常见的黄铁矿和磁黄铁矿，氧化后形成硫酸铁和硫酸，对其他硫化物矿物的分解发挥着重要作用。化学反应方程式如下：

$$FeS_2（黄铁矿）+ \frac{7}{2}O_2 + H_2O \rightarrow FeSO_4 + H_2SO_4$$

硫酸亚铁很不稳定，进一步氧化生成硫酸铁：

$$4FeSO_4 + 2H_2SO_4 + O_2 \rightarrow 2Fe_2(SO_4)_3 + 2H_2O 或$$

$$12FeSO_4 + 3O_2 + 6H_2O \rightarrow 4Fe_2(SO_4)_3 + 4Fe(OH)_3$$

硫酸铁水解后生成氢氧化铁及硫酸：$Fe_2(SO_4)_3 + 6H_2O \rightarrow 2Fe(OH)_3 + 3H_2SO_4$

黄铁矿等铁硫化物的氧化产物中，氢氧化铁继而转变成褐铁矿和赤铁矿保留下来，而硫酸铁则是一种很强的氧化剂，能促使铁、铜、铅、锌等的硫化物氧化成硫酸盐：

$$FeS_2 + Fe_2(SO_4)_3 \rightarrow 3FeSO_4 + 2S$$

$$CuFeS_2（黄铜矿）+2Fe_2(SO_4)_3 \rightarrow CuSO_4 +5FeSO_4 +2S$$

$$ZnS（闪锌矿）+4Fe_2(SO_4)_3 +4H_2O \rightarrow ZnSO_4 +8FeSO_4 +4H_2SO_4$$

$$PbS（方铅矿）+Fe_2(SO_4)_3 +H_2O +\frac{3}{2}O_2 \rightarrow PbSO_4 +2FeSO_4 +H_2SO_4$$

可见，金属硫化物在氧化带中先氧化成金属硫酸盐；由于 $CuSO_4$、$ZnSO_4$ 等是易溶的，因而被淋失而带出氧化带，$PbSO_4$ 难溶则在氧化带中沉淀下来生成铅矾。在某些情况下，铜和锌等也可在氧化带中形成堆积，如由于围岩或脉石矿物中含有大量碳酸盐或硅质岩，$ZnSO_4$ 可形成菱锌矿（$ZnCO_3$）、异极矿 $[Zn_4Si_2O_7（OH）_2 \cdot H_2O]$，$CuSO_4$ 可形成孔雀石、蓝铜矿和硅孔雀石；或在干燥条件下因蒸发生成胆矾、水胆矾等矿物而在氧化带中残留下来。$Fe_2(SO_4)_3$ 是一种难溶的胶体化合物，在原地沉淀、脱水后变成褐铁矿、水针铁矿、针铁矿、水赤铁矿、赤铁矿，在氧化带残留富集形成"铁帽"。

（3）硫化物矿床的次生富集带：从硫化物矿床氧化带中淋滤出来的某些金属的易溶硫酸盐溶液，当渗透到潜水面之下的还原环境时，便以交代原生硫化物的方式生成新的硫化物，这些新的硫化物称为次生硫化物。例如，当硫酸铜溶液交代原生硫化物时，便可产生辉铜矿、铜蓝等次生铜矿物，其反应式如下：

$$14CuSO_4 +5FeS_2（黄铁矿）+12H_2O \rightarrow 7Cu_2S（辉铜矿）+5FeSO_4 +12H_2SO_4$$

$$CuSO_4 +PbS（方铅矿）\rightarrow CuS（铜蓝）+PbSO_4（铅矾）$$

$$CuSO_4 +ZnS（闪锌矿）\rightarrow CuS（铜蓝）+ZnSO_4$$

$$CuSO_4 +CuFeS_2（黄铜矿）\rightarrow 2CuS（铜蓝）+FeSO_4$$

$$3CuSO_4 +5CuS（铜蓝）+4H_2O \rightarrow 4Cu_2S（辉铜矿）+4H_2SO_4$$

交代反应的结果，大幅度提高了原矿石的金属含量，这类次生富集金属的作用称为次生富集作用。次生富集矿石的品位，可较原生矿石提高几倍至几十倍。在某些情况下，不具工业价值的原生含矿岩石，经次生富集作用可变为矿石甚至富矿石。发生这种次生硫化物富集作用的地带，即为硫化物矿床的次生富集带。

必须指出，硫酸盐溶液交代原生硫化物，通常按元素的亲硫性顺序进行，这一序列称为修曼序列，其顺序为：$Hg – Ag – Cu – Bi – Cd – Pb – Zn – Ni – Co – Fe – Mn$，由前至后，元素的亲硫性变小。这个序列中前面的金属盐类，可以交代位于其后面的金属硫化物，产生位于前面的金属硫化物（次生硫化物）沉淀，同时位于后面的金属形成硫酸盐而进入溶液。

2. 金属氧化物/含氧盐矿床的表生变化

（1）含铁石英岩（贫铁）矿床的表生变化：前寒武纪有大量的含铁石英岩（条带状磁铁矿，或称为 BIF）型矿石，它们经过长期的表生变化而形成富铁矿石，大大提高了矿床的工业价值。表生变化的过程首先是原贫矿石（含 Fe 量30%左右）淋去氧化硅和碳酸盐类，留下富铁残余物，含 Fe 升高到50%～60%，原来的磁铁矿氧化为赤铁矿，矿石呈多孔状；其次，在淋滤矿石的孔穴和条带状空隙中再沉淀氧化铁，主要是针铁矿，使矿石的铁含量较淋滤后的多孔矿石更高，氧化硅含量更低，矿石中残留有原条带构造；最后，铁氧化物重结晶和失水产生青灰色块状赤铁矿，几乎无层状构造残余，含铁可达60%以上。赤道附近一些沉积变质铁矿，在丰富的雨水和适宜的温度条件下，

浅部矿体被风化次生富集形成高品位的赤铁矿。如塞拉利昂唐克里里铁矿床（图
2－3－2），矿床氧化带厚度约100 m，氧化带自上而下表现为矿石品位逐渐降低，最上
部矿石风化淋滤，矿石再胶结，形成块状赤铁矿盖层，TFe（全铁）平均品位为
58.1%，SiO_2、Al_2O_3 平均含量分别为2.4%、6%；向下为松软破碎的褐铁矿、针铁矿、
赤铁矿混合矿，TFe 平均品位为40%，SiO_2、Al_2O_3 平均含量分别为21.4%、11.2%；
深部原生磁铁矿 TFe 平均品位为29.3%，SiO_2、Al_2O_3 平均含量分别为45.5%、5.5%。

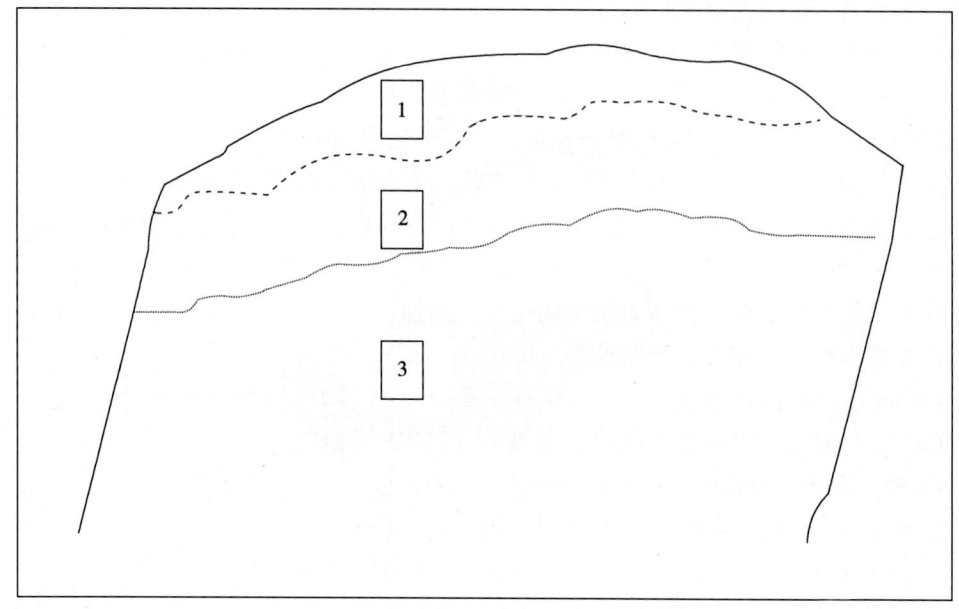

图2－3－2　唐克里里铁矿垂向分带示意图
1—赤铁矿；2—混合矿；3—磁铁矿

（2）碳酸锰矿床的表生变化：在表生条件下，原生碳酸锰矿石（由菱锰矿、锰方
解石及钙锰矿组成）经氧化使低价碳酸锰变成稳定的高价锰化合物，填充于碳酸锰矿石
裂隙中，或呈网格状构造残留于原地。氧化锰矿物有软锰矿（MnO_2）、硬锰矿
（$mMnO \cdot MnO_2 \cdot nH_2O$）等。次生氧化矿石品位高于原生碳酸锰矿石。

三、风化矿床的分类及主要类型

（一）风化矿床的分类

根据风化矿床的形成作用和地质特点分为以下三类。

（1）残积及坡积砂矿床：原生矿床或岩石遭受风化作用，其中未被分解的重砂矿
物或岩石碎屑，残留在原地或沿斜坡堆积起来形成的矿床。

（2）残余矿床：原生矿床或岩石经化学风化作用和生物风化作用，形成一些难溶
表生矿物，残留在原地表，其中有用组分达到工业要求时，即为残余矿床。此类矿床以
残余黏土矿床、红土型铁矿、红土型铝土矿、离子吸附型稀土元素矿床等为代表。

（3）淋积矿床：原岩或贫矿体经化学风化作用，某些易溶物质被水带到风化壳下
部的潜水面附近沉淀下来所形成的矿床，称淋积矿床。如蛇纹岩风化壳中的硅酸镍矿和

淋积型铀矿。

（二）典型的风化矿床

下面介绍几种重要的风化矿床。

1. 离子吸附型稀土元素矿床

我国华南南岭地区含稀土矿物的燕山期花岗岩在有利地质地貌条件下，形成了特大型稀土元素矿床。原岩中稀土元素含量 0.02% ~ 0.03%，原岩遭风化后在近地表的黏土层中稀土元素的含量提高到 0.088%，最高达 0.43%，以重稀土元素为主，有重要的经济价值。

这类矿床主要产于含有稀土矿物的花岗岩、碱性岩、碳酸岩及火山岩的风化壳中。花岗岩类原岩容易被风化，原岩中的稀土矿物如氟碳钇钙矿、氟碳铈矿等和硅酸盐矿物一起被破坏，稀土矿物和含稀土造岩矿物中的稀土元素转变为带正电荷的离子呈络合物或碳酸盐的形式被释放至溶液中，在地表酸性条件下稀土元素呈正三价的离子迁移。

含稀土元素的弱酸性溶液向风化壳下部渗透的过程中，酸度变小，pH 值逐渐升高，当 pH 值为 6 ~ 8 时，稀土元素的迁移能力大大降低，而黏土吸附稀土元素的能力增强，因而稀土元素被高岭石、多水高岭石和水云母等黏土矿物吸附，使稀土离子在风化壳中富集成矿。离子吸附型稀土元素矿床具明显的垂直分带，自下而上为：未风化基岩、半风化带、完全风化带、富铁残积层，完全风化带中稀土元素最为富集。

2. 红土型镍矿床

红土型镍矿床由含有镍的超基性岩风化而来，如纯橄榄岩、橄榄岩、辉石岩等。原岩中，镍的含量通常为 0.1% ~ 0.2%。这些含镍较低的镁硅酸盐，如由橄榄石、辉石、蛇纹石组成的超基性岩，在热带或亚热带湿热的气候条件下遭受长时期强烈的风化作用时，含镍的硅酸盐矿物发生分解，镍从原生矿物的晶格中解脱出来，呈离子状态进入溶液，被风化层中的黏土矿物及针铁矿所吸附，或从胶体中直接沉淀，产生次生富集，矿石中镍的含量达到 1.8% ~ 3.0%。

在超基性岩石中发育的典型的红土型剖面，一般包括五个不同的分带（J. C. 萨玛玛，1991），从剖面的顶部到底部，依次为褐铁矿带、黏土带（过渡带）、残余土带、母岩氧化带，一般母岩氧化带中的矿体规模大、品位高。

红土型镍矿床是镍矿的一种重要工业类型，有的矿床规模十分巨大，典型实例有大洋洲新喀里多尼亚的镍矿和西澳大利亚 Bulong 红土型 Ni – Co 矿床。

3. 红土型铝土矿

红土型铝土矿床主要发育在热带和亚热带地区的铝硅酸盐岩石（如霞石正长岩、玄武岩等）以及灰岩的风化壳中。在这样的地区，化学风化作用强烈，对岩石具有很强的破坏力。

硅酸盐岩石中的组成矿物，如长石、似长石类、辉石、角闪石、云母等都可转变成黏土矿物，它们分解出来的碱金属和碱土金属进入溶液，因而溶液具有碱性，这对于从母岩中分离出来的 Al_2O_3、Fe_2O_3、SiO_2 所形成的胶体溶液产生重要的影响。SiO_2 溶胶在碱性介质中不易沉淀而呈硅胶或硅酸被地下水或地表水携带，产生去硅作用，而

Al_2O_3、Fe_2O_3 的溶胶则可在原地凝聚，从而形成铁含量较高的红色铝土矿。

4. 红土型铁矿

在风化作用中，岩石中的二价铁最终都要转变为三价铁。当风化作用发生于赤道附近的热带及亚热带地区时，这种转变更为彻底。形成红土型铁矿的母岩是含铁较高并易于风化的岩石，如超镁铁质岩和含铁多的碳酸盐岩。

原岩经风化分解后释放出来的氧化镁、氧化钙一般呈易溶性重碳酸盐被地下水带走；二氧化硅在碱性介质中不易沉淀而呈硅胶或硅酸被地下水或地表水携带，产生去硅作用；由于三价铁氧化物的溶解度很小，在氧化带中很稳定，因而残留于地表，形成铁矿床。这类矿床在古巴、菲律宾、印度尼西亚等国的铁矿资源中占有重要地位。

5. 风化型高岭土矿

风化型高岭土矿床由富含铝硅酸盐矿物（主要是长石类）的岩浆岩、变质岩及长石砂岩类沉积岩经化学风化作用形成。例如，正长石风化成高岭石时，钾以 K_2CO_3 形式流失，其化学反应式为：

$$4K[AlSi_3O_8]（正长石）+4H_2O+2CO_2 \longrightarrow Al_4[Si_4O_{10}](OH)_8（高岭石）+2K_2CO_3+8SiO_2$$

我国东南各省的花岗岩及花岗伟晶岩风化壳中有丰富的高岭土资源，闻名世界的中国瓷器就是以它们为原料制成的。

第二节　沉积矿床

一、概述

1. 沉积矿床的概念及特点

地表的岩石、矿石等物质，在水、风、冰川、生物等营力的风化作用下破碎、分解、搬运到有利的环境中，经过沉积分异作用形成各类沉积物，当其中有用物质富集到质和量都达到工业开采要求时，便构成了沉积矿床。

沉积矿床具有以下特点：

（1）沉积矿床产于沉积岩系和火山—沉积岩系中，矿体和其顶、底板岩层同属沉积成因。矿体多呈层状、似层状和透镜状，具明显的层理。矿体与围岩产状一致，常为整合接触关系。

（2）沉积矿床在区域沉积岩系中有特定的地层层位。

（3）沉积矿床一般规模较大，矿层沿走向展布很广，可达数千米，分布面积可达几万、甚至几十万平方千米。含矿岩系的厚度数米至数百米不等，最厚可达千余米。

（4）沉积矿层是沉积岩系的组成部分，由于沉积作用较为复杂，因而沉积矿床的物质组成也较为复杂，有氧化物、含水氧化物、含氧盐类、卤化物、自然元素等。

2. 沉积矿床的形成条件

沉积矿床是在地壳表层水体中形成的，属于地球表层的水域与大气圈、生物圈和地壳浅部圈层相互作用的产物。研究沉积矿床的基本问题有：成矿的地质环境；沉积矿层和含矿岩系的成因、成矿作用过程；沉积分异作用和矿床在时间、空间上的发生、演化和分布规律。这些都涉及成矿物质来源、气候影响、岩性岩相条件、古地理和地质构造因素等。

（1）成矿物质来源：大陆表层的风化产物是沉积岩和沉积矿床矿物的主要来源，其次还有火山喷出物和生物残骸等。这些物质经沉积分异作用在水体内的特定地带沉积下来并富集成矿。

（2）古气候与古纬度条件：气候因素对某些沉积矿床的形成有重要影响。例如，蒸发沉积的盐类矿床一般在干旱气候环境中形成，地质历史时期的巨型蒸发盐盆地大多位于南、北纬 $10°\sim40°$ 之间。

（3）岩性岩相条件：沉积矿床形成和储存于沉积岩系特定的岩性岩相中。例如，海相沉积赤铁矿层大都位于石英砂岩和页岩交互的层序中，是潮下浅水相环境的产物。

（4）沉积盆地和地质构造条件：任何沉积矿床和含矿岩系都是地壳运动的产物，因为沉积盆地的发育严格受大地构造条件控制。由于构造动力学背景不同，各类盆地的发展演化史及蕴含的沉积矿床也不同。例如，现代洋脊和深海平原地区有重要的锰结核沉积物和富金属的软泥。

3. 沉积矿床的成矿作用

沉积矿床成矿物质的携运主要以流水为动力，包括河水、湖水和海水，地下水和盆底深部水也有参与。流水携带成矿物质的形式有：①不同粒径的碎屑颗粒；②机械悬浮物和胶体溶液；③真溶液。它们随着流水而迁移，在适当地点沉淀堆积形成沉积矿床。因此，沉积成矿作用与沉积岩的沉积成岩作用并无本质上的不同，只是在形成矿层时要有其特殊的富集条件。沉积矿床的基本成矿作用为沉积分异作用，依据其形式不同，可分为以下几种。

（1）机械沉积分异作用：碎屑物质在被水、风、冰川等外营力搬运过程中，在重力分选作用影响下，按颗粒大小、形状、密度的差异，在不同部位依次沉积，称为机械沉积分异作用。许多耐风化、密度大的重砂矿物，如自然金、锡石、金刚石、铂族元素矿物、黑钨矿、白钨矿、独居石、锆石、钛铁矿、铬铁矿、金红石以及宝玉石类等，可以在河流和海滩等有利场所形成砂矿床。

（2）化学沉积分异作用：成矿物质以胶体粒子和真溶液状态搬运时，沉积分异作用受化学特性的制约，当影响分异的主要因素如成矿物质的溶解度、介质的 pH 值和氧化还原电位值等发生变化时，物质发生沉淀并富集成矿，称为化学沉积分异作用。如沉积形成的铝土矿、赤铁矿、石灰岩、石膏、岩盐矿等。

（3）生物化学沉积分异作用：由生物（包括菌藻类）或生物化学作用促使有机或无机成矿物质沉积分异的过程，统称为生物化学沉积分异作用。生物直接参与沉积成矿作用指由生物有机体本身或其分泌物，以及死亡后的分解产物直接沉积分异的成矿作用。例如煤层、生物灰岩、硅藻土、生物磷块岩等由生物体形成；石油和天然气由生物埋藏降解形成。生物间接参与沉积成矿作用指在生物有机体分解产物如腐殖酸、H_2S、CH_4、NH_3 等的影响下，通过化学作用的方式（包括改变介质的物理化学条件）促使成矿元素分异的作用。

4. 沉积矿床的成因分类

根据沉积矿床成矿物质的物理、化学特点，成矿物质来源和沉积成矿分异作用，将沉积矿床分为下列四类：

机械沉积矿床（砂矿床）；

蒸发沉积矿床（盐类矿床）；

胶体化学沉积矿床；

生物—化学沉积矿床。

二、机械沉积矿床（砂矿床）

1. 机械沉积矿床的概念及特点

岩、矿石风化产生的碎屑，残留原地或经流水、冰川、风等营力搬运后沉积下来，其中的有用矿物富集起来就形成砂矿床。其主要特点有：

（1）砂矿床形成的时代有第四纪和近代的，也有古代的。可以是露天产出的或是埋藏的，一般情况下，矿床是松散沉积物，含矿层埋藏不深，开采便利，不需破碎加工。

（2）砂矿体的形状有钟状、层状、透镜状、缟带状、串珠状和巢状。砂矿床的规模相差悬殊。河流上游小的巢状和透镜状河滩或河床砂矿，长轴往往不到 10 m；另一方面，在成矿条件好的河谷中，砂金矿可延伸几千米，有时到 15 km 甚至更长，海滨砂矿体延伸更远，例如大西洋巴西海岸的海滨砂矿体延伸 200~300 km，其单个串珠状矿体长达 1 km。

（3）不是所有的矿物都能富集成砂矿，能富集成砂矿的矿物通常密度大，硬度高，在氧化带中具有化学稳定性。具备这些条件的有用砂矿矿物有自然金、自然铂、辰砂、铌铁矿、钽铁矿、黑钨矿、锡石、白钨矿、独居石、磁铁矿、钛铁矿、锆石、刚玉、金红石、石榴子石、黄玉、金刚石等。

2. 机械沉积矿床的形成条件和成因分类

机械沉积矿床的形成主要取决于重砂矿物的来源、搬运介质条件。重砂矿物可以来源于原生矿床，也可以来源于区域内的岩浆岩、变质岩等岩石中的副矿物。流水搬运碎屑颗粒的能力主要与流速以及碎屑的体积和密度有关。

成因分类：在原岩、矿石破坏的原地形成残积矿床；风化和分解的物质沿着斜坡移动形成坡积矿床；在斜坡山麓和山前堆积形成洪积砂矿床；风化碎屑被流水搬运并在河道上沉积下来形成河流砂矿床，也叫冲积砂矿；湖泊和海洋的湖/海滨分布有滨岸砂矿床。此外，冰川活动可以形成冰川砂矿床，风的活动可以形成风成砂矿床。在这些砂矿床类型中，冲积砂矿床与海滨砂矿床最为重要。

3. 砂矿床的主要类型

（1）冲积砂矿床：冲积砂矿床指风化作用产生的含矿碎屑在河流水搬运过程中因其大小、密度、形态和水流性质等不同而先后沉积（机械沉积分异），在河流不同部位沉积的有用物质富集区。按其产出的地形地貌部位可分为河床的、河漫滩的、阶地的等亚类（图2-3-3）。

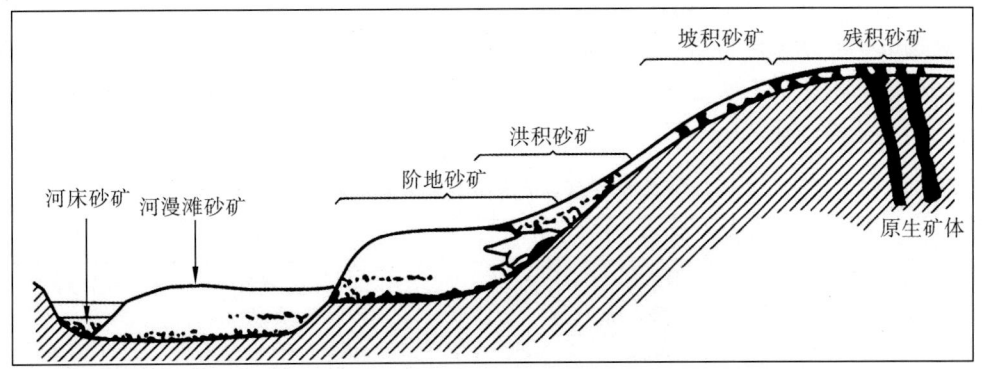

图 2-3-3　不同类型砂矿床在河流地貌（剖面）中的相对位置（引自袁见齐等，1985）

河床砂矿床：分布在现代河床中，是正在形成的现代砂矿床。沉积层一般厚度不大，主要是粗碎屑、细砂。河床砂矿一般存在时间短暂，随着河流侧蚀改造可逐渐消失或转变为河漫滩砂矿床。

河漫滩砂矿床：分布在由冲积层构成的河漫滩中，沿河流方向呈狭长带状、透镜状分布。含矿层较稳定，厚度亦较河床砂矿床大，伸展可达几百米至几十千米，宽几十米到几百米，是河流砂矿中最具价值的。冲积层二元结构清楚，层理明显，自上而下可划分出：①土壤层，由淤泥和黏土组成，含有机质和植物残骸；②泥炭层，由砂、黏土、有机质组成；③小砾石层或含砾砂层，可含重矿物；④粗砾石层，主要的含矿层；⑤基岩，为砂矿的基底。

阶地砂矿床：分布在河谷阶地上，主要特征与河漫滩砂矿相似，但常因冲刷侵蚀而保留不全。

冲积砂矿床是金、金刚石、锡石、铂族金属、水晶、宝玉石等的重要矿床类型。我国砂金矿床分布广泛，其中以黑龙江、吉林、河北、青海、新疆、西藏等省区砂金矿床较多。

（2）海滨砂矿床：这类矿床是由海滨波浪及岸流作用使重砂矿物在海滨的浪击地带富集形成的。成矿物质来自河流搬运来的陆源碎屑，亦可由近岸岩石或矿石经海浪的侵蚀冲刷而来。

现代海滨砂矿床大致位于海岸线附近。而较老的海滨砂矿床，因海岸上升，则成为海成阶地砂矿床；如果海岸下降，则成为海滨埋藏砂矿床。海滨砂矿矿种甚多，主要有磁铁矿、钛铁矿、锆石、独居石、石英等。海滨砂矿有重要的工业意义。

（3）洪积砂矿床：洪积砂矿床是由山区间歇性急流沉积形成的，常见于山麓残积、冲积锥、冰碛地形中。此类沉积物因快速堆积而分选极差，无明显层理，有用物质在冲洪积物中多呈小凸镜体产出，一般规模不大，工业意义较小。主要矿种有锡、铂、钨、水晶、玉石等。其中，玉石意义较大，如新疆和田籽玉料，主要产于河谷冲洪积物中。

三、蒸发沉积（盐类）矿床

1. 蒸发沉积矿床的概念及特点

蒸发沉积矿床是指水盆地中溶解度较大的无机盐类，通过蒸发浓缩产生各种盐类矿物沉淀形成的矿床，主要是钾、钠、镁、钙的氯化物、硫酸盐、重碳酸盐、碳酸盐、硼酸盐和硝酸盐等（表2-3-2），因此又称盐类矿床。

表2-3-2　　　　　　　　　蒸发沉积盐类矿床中的常见盐类矿物

类别	矿物	化学式
氯化物	食盐	$NaCl$
	钾盐	KCl
	光卤石	$KCl \cdot MgCl_2 \cdot 6H_2O$
氯化物—硫酸盐	钾盐镁矾	$KCl \cdot MgSO_4 \cdot 3H_2O$
硫酸盐	硬石膏	$CaSO_4$
	石膏	$CaSO_4 \cdot 2H_2O$
	芒硝	$Na_2SO_4 \cdot 10H_2O$
	无水芒硝	Na_2SO_4
	泻利盐	$MgSO_4 \cdot 7H_2O$
	钙芒硝	$Na_2SO_4 \cdot CaSO_4$
	钾芒硝	$3K_2SO_4 \cdot Na_2SO_4$
	杂卤石	$2CaSO_4 \cdot K_2SO_4 \cdot MgSO_4 \cdot 2H_2O$
	无水钾镁矾	$K_2SO_4 \cdot MgSO_4$
	软钾镁矾	$K_2SO_4 \cdot MgSO_4 \cdot 6H_2O$
	白钠镁矾	$MgSO_4 \cdot Na_2SO_4 \cdot 4H_2O$
碳酸盐	天然碱	$Na_2CO_3 \cdot NaHCO_3$
	水碱	$Na_2CO_3 \cdot 10H_2O$
硼酸盐	钠硼解石	$NaCaB_5O_9 \cdot 8H_2O$
	硬硼钙石	$Ca_2B_6O_{11} \cdot 15H_2O$
	柱硼镁石	$MgB_2O_4 \cdot 3H_2O$
硝酸盐	钠硝石	$NaNO_3$
	钾硝石	$KaNO_3$

盐类矿床按矿石物态可分为固态和液态（卤水）两类。古盐矿主要由固态（盐类）矿石组成，也有固液并存的矿床。

盐类矿床种类繁多，一般分为海相和陆相两类。海相盐类矿床按盐类溶解度大小分异沉积，依次出现碳酸盐岩（石灰岩、白云岩、菱镁矿岩）、石膏、硬石膏岩、食盐岩和钾盐岩。陆相盐类矿床化学组成复杂，往往富含 Na_2SO_4 组分，蒸发析盐时依次出现石膏岩、钙芒硝岩、芒硝岩、食盐岩、钾盐岩等。

含盐岩系的岩性岩相组合基本上有两类：由石灰岩、白云岩和少量粉砂岩、泥岩组成的海相碳酸盐岩系；陆相红色碎屑岩系，则在红色砂泥岩中含盐类岩层，含盐段常为灰色、黑色的粉砂质泥岩和各类盐岩互层。

盐类矿体以层状、似层状产出。由于盐类都依溶解度大小依次沉积，成为石膏、食盐、钾盐等多矿种的组合矿床，所以按照岩相分带规律可以有效指导找矿勘查工作。

盐类矿物具有易溶、易熔、易塑性变形的特点。

2．蒸发沉积矿床的形成条件及成矿作用

蒸发沉积作用是最基本的成矿作用。干旱气候条件，封闭或半封闭的水盆地环境造成蒸发量远大于补给量，是水体中盐类物质浓缩的必要条件。充足的物质来源是盐类矿床形成的前提条件，其物质的来源是多方面的，如大陆岩石的风化、古盐层的溶解，来自地壳深部的火山气液等。

3．蒸发沉积矿床类型

按沉积环境，可将盐类矿床分为海相的和陆相的两类。按成分，主要有石膏和硬石膏、食盐及钾盐等矿床。

（1）海相碳酸盐岩系中的盐类矿床：著名的有加拿大萨斯喀彻温钾盐矿床，它位于加拿大西部地台区，含矿岩系出现于中泥盆统。中国的海相碳酸盐岩系中的盐类矿床（包括石膏—硬石膏矿床、食盐矿床、钾盐矿床）出现于寒武纪、奥陶纪、泥盆纪和三叠纪等。华北早奥陶世石膏（硬石膏）矿床分布广泛，矿层直接出露地表，储量丰富。太原西山、灵石等地是我国重要的石膏产区。

（2）陆相碎屑岩系中的盐类矿床：此类矿床表现为陆源碎屑岩与膏盐岩交替沉积。我国主要的成盐高峰期有中侏罗统、白垩系、古近系、新近系和第四系。陆相碎屑岩系主要由红色砂泥岩组成，俗称"红层"和"红层盆地"，具有近源和干旱气候沉积物的特征。此类含膏盐的盆地几乎遍布我国大陆各省区，山东省中西部、南部的石膏矿、岩盐矿属于此类。

四、胶体化学沉积矿床

1．胶体化学沉积矿床的概念及特点

胶体化学沉积矿床是一类以胶体形式搬运，并经沉积分异作用形成的矿床。其主要特点有：

胶体化学沉积矿床以铁、锰、铝和黏土矿床最为重要，其成矿物质主要来自地质构造比较稳定、经过长期风化的准平原地区。矿体的赋存位置主要是沉积间断面之上海侵岩系的底部（铝土矿床），或下部（铝土和铁矿床），或中部（铁和锰矿床），以及上部（锰矿床）。

矿床常产于一定地质时代的沉积岩系和火山—沉积岩系内，层位稳定，分布面积广大，产状与围岩一致。

矿体为层状或凸镜状，沿海湾或湖盆边缘分布。铝土矿和黏土矿矿床在近岸处沉积，铁矿产在陆棚带的上部，而锰矿则在距海岸稍远处的陆棚带中下部沉积。

矿石成分以氧化物、氢氧化物、碳酸盐和黏土类层状硅酸盐矿物为主。矿石矿物常具鲕状、豆状、肾状构造，具有胶体成因的结构构造特征。

矿床规模大，具有很大的经济意义。

2. 胶体化学沉积矿床的形成条件及成矿作用

在地表条件下，化学和生物化学作用可促使各种无机和有机的成矿物质发生分解，形成含矿的细悬浮物和胶体溶液，经搬运、分异、富集，在适宜条件下沉积形成矿床。

影响矿床形成的条件有：

（1）成矿物质来源：胶体化学沉积矿床的物质来源是多方面的，以陆源风化物质为主。此外，海底火山喷出物的水解产物也有重要作用。

（2）古气候和古地貌条件：温暖潮湿的气候有利于化学风化，也有利于生物发育，提供丰富成矿物质的同时，也为地表水和海盆地表层水体提供充足的有机质和腐殖酸，使铁、锰、铝的胶体迁移有足够的护胶剂。

（3）地质构造条件：胶体化学沉积矿床一般分布于长期稳定的克拉通（地台）内的陆表海盆地，或其边缘的陆缘海盆地中，这是因为海侵从大洋向古陆方向推进时，这些长期沉降的地区是成矿的有利场所。

3. 胶体化学沉积矿床的主要类型

（1）沉积铁矿床：根据形成时的地质环境和古地理条件，沉积铁矿床大致可以分为浅海相沉积铁矿和海陆交替相或湖相沉积铁矿两个类型。后一类矿床中许多铁矿层与煤系地层有密切关系，矿体多呈层状、似层状和透镜状，厚度不大；矿石矿物主要为菱铁矿，次为赤铁矿；矿石中等品位者居多，矿床规模较小，意义不大。

浅海相沉积铁矿床产于中元古代早期以及其他地质时代的地台型海相地层中，少量含矿地层具有边缘凹陷或类似冒地槽沉积的性质。矿体一般呈层状，层位稳定，大多具一定规模或规模较大。其中一部分为富矿体，但往往含磷较高。矿石常具鲕状、块状构造，矿石矿物以赤铁矿、菱铁矿为主，常见有鲕绿泥石。赤铁矿型矿石的 TFe（全铁）含量为 $30\% \sim 55\%$，SiO_2 为 $15\% \sim 35\%$，两者数量互为消长。菱铁矿型矿石的 TFe 含量为 $25\% \sim 40\%$。

我国有许多不同地质时代的海相沉积铁矿床，其中最古老的是河北北部等地形成于中元古代早期的宣龙式铁矿，分布最广的是泥盆纪的宁乡式铁矿。此类矿床查明资源储量约占我国铁矿资源总量的 10%。

（2）沉积锰矿床：沉积锰矿床是锰矿床中最重要的成因类型，是锰资源勘查和开采的主要对象。沉积锰矿床中海相沉积锰矿床占绝对优势，而陆相沉积锰矿床数量少，且规模小。

海相沉积锰矿床形成于浅海陆棚环境，赋存于海侵层序的中上部，有固定层位。含矿岩系的岩类组合有 4 类，分别为黑色页岩型、粉砂泥岩型、碳酸盐岩型和硅—泥—灰岩型。矿体呈层状、似层状和透镜状。矿石类型有氧化物矿石和碳酸盐矿石两类。

我国沉积锰矿分布广泛，成矿层位多，其查明资源储量占我国锰资源总量的71.4%。主要矿床有辽宁瓦房子上元古界锰矿床、湖南湘潭震旦系锰矿床、广西大新下雷泥盆系锰矿床和贵州遵义上二叠统锰矿床等。

（3）沉积铝土矿和黏土矿床：在地表条件下，氧化铝的活性较小，因此铝硅酸盐矿物在风化过程中开始转变为伊利石、蒙脱石和高岭石一类的黏土矿物，最终变为铝土矿 [一水硬铝石 $\alpha - AlO (OH)$、三水铝石 $Al (OH)_3$]。这些在不同风化阶段出现的黏土矿物，被流水携带到沉积盆地中，当其质量和数量都达到工业要求时，即成为各类黏土矿床和铝土矿床。

我国海相铝土矿主要形成于石炭纪和三叠纪。重要的海相沉积铝土矿床，几乎都产于古陆边缘的石灰岩风化侵蚀面之上。如华北中石炭统底部的G层铝土矿，皆覆于奥陶系石灰岩的侵蚀面上。

沉积黏土矿床依黏土矿物成分划分为：沉积高岭土矿床、耐火黏土（一水铝石为主）矿床、膨润土矿床、凹凸棒石（坡缕石）矿床、累托石矿床等。矿床种类较多，各类矿床的形成条件也有差别，但共同的特点是主要产于中新生代陆相沉积盆地内，特别是与火山碎屑和火山岩的蚀变改造有较密切关系。

五、生物化学沉积矿床

1. 生物化学沉积矿床的概念和特点

通常人们把由生物体本身直接沉积而成的矿床，称为生物沉积矿床；而把由有机体死亡后分解产生的气体和有机酸参与沉积成矿作用的矿床称为生物—化学沉积矿床。显然，这两者之间难以绝对区分，因此统称为生物化学沉积矿床。

其特点是：①矿床常分布于浅海盆地的边缘，温暖湿热的气候条件提供了生物繁育的环境，矿层在含矿地层中有较固定的时代和层位。②含矿段岩层多为富含有机碳的页岩、砂岩、碳酸盐岩，矿层和围岩中比其他沉积矿床有更为丰富的化石和更高的有机质含量。③矿体主要为层状、似层状、凸镜状和扁豆状，在垂直剖面上常具旋回性，出现几个矿层；单个矿层一般在走向上延伸较长，但沿倾向延伸较小，并受海水进退的影响，在倾向上出现雁行式分布。④矿石常有生物化石、生物组构和有机碳的含量高等特点。⑤在硫的生物—化学演化过程中，硫的稳定同位素会发生不同程度的分馏。

2. 生物化学沉积矿床的主要类型

生物化学沉积矿床按矿种和成因可以分为沉积磷块岩矿床、沉积硫（黄铁矿和自然硫）矿床、沉积多金属硫化物矿床、碳酸盐岩（水泥灰岩等）矿床、硅藻土矿床。

（1）沉积磷块岩矿床：磷块岩是富含磷质的沉积岩，是主要由生物化学沉积作用形成的矿床。地壳中磷来源于岩浆岩中的磷灰石和火山喷发物，以及古老的含磷沉积岩层（包括古老的磷矿床），它们在风化分解后磷质被富含 CO_2 和有机酸等的地表水溶解并带入水盆地，通过生物作用富集沉积成磷矿床。

磷块岩中的磷矿物属碳氟磷灰石类质同象系列，其结晶状态有非晶质、隐晶质、层纤状和柱粒状。与磷灰石伴生的矿物有方解石、白云石、海绿石、硅质、有机质等。磷块岩的矿石构造主要有块状、条带状，还常见有结核状、层状、网脉状构造等。矿石结构常见有凝胶结构、内碎屑结构、球粒结构、生物碎屑结构等。

迄今为止已发现的磷块岩矿床都是海相沉积的。按产状，磷块岩可分为层状磷块岩和结核状磷块岩两个类型。磷块岩矿床是各类磷矿中最重要的工业类型，其资源储量占世界磷矿总资源储量的 80%。我国云南、贵州、湖北、四川等地区均有分布，代表性矿床有云南昆阳磷矿床、四川什邡磷块岩矿床等。

磷块岩矿床的地质时代十分宽广，自元古宙至今，各时代几乎都有磷矿床分布。世界上形成磷块岩的主要时代为震旦纪、寒武纪、二叠纪、白垩纪、第三纪。我国沉积磷矿床的主要时代为晚震旦世和早寒武世，其次为泥盆纪、石炭纪、奥陶纪等。

（2）硅藻土矿床：硅藻土是一种生物成因的硅质沉积岩，主要由生活在海洋和湖泊中的微体硅质生物遗骸堆积形成。硅藻土的化学成分以 SiO_2 为主，矿物成分是蛋白石及其变种。通常硅藻土呈黄色或浅灰色，块状而质轻，硬度 1～1.5，疏松多孔，吸附性强，能隔热隔音，热稳定性好，除溶于氢氟酸外，不溶于其他酸类，故其工业用途极为广泛。

第三节　生物化学能源矿床

生物化学能源矿床是一种由碳氢化合物或其衍生物组成的可燃资源，是古代动植物的遗骸在地层中经过长期历史演变形成的能源矿产，其中以煤、石油、天然气最为常见。按矿床成因，应归属生物化学沉积矿床，由于这些矿产有其自身特性，对生活、生产中具有重要意义，在此专篇介绍。

一、煤矿床

1. 煤的组成和煤岩类型

煤的成分很复杂，物质组成不均一。在化学组成上包括有机质和无机质两部分，以有机质为主；有机质组分主要是 C、H、O、N、S、P 等元素，煤中的无机质主要是水分和矿物杂质，如黏土矿物、黄铁矿等。在煤岩组成上，煤中的有机质主要包括由植物残体组成的形态分子和凝胶化物质构成的基质，形态分子包括木质组织碎片、孢子、花粉、角质层和树脂等。

根据煤中形态分子和基质的比例和配合关系，可将煤分为 4 种煤岩类型：

（1）镜煤：肉眼观察呈黑到深黑色，玻璃光泽强，结构均一，性脆，具贝壳状断口，有垂直的内生裂隙；在薄片中为透明或半透明，颜色由橘红、橙红至褐色，呈均一体，凝胶化物质一般约占 95% 以上。镜煤的挥发分和氢含量均较高，灰分低，黏结性强；含镜煤成分较多的烟煤宜炼焦。镜煤是在沼泽含水丰富、湿度很大而且没有氧气的还原环境中形成的。

（2）丝炭：颜色暗黑，具明显的纤维状结构和弱的丝绢光泽，外观像木炭，疏松多孔，硬度小而脆性大，易成粉末染指；在薄片中，丝炭的植物组织、细胞结构保存清楚，细胞壁呈黑色，细胞腔常为矿物填充。丝炭中挥发分和氢含量均较低，碳含量高，灰分高；丝炭无黏结性，不宜炼焦。丝炭是在氧化环境下的积水较少湿度不够的泥炭沼泽中形成的。

（3）暗煤：一种复杂的煤岩类型，肉眼观察呈灰色或黑灰色，光泽暗淡，质地致密，硬度和韧性都很大，内生裂隙少，断口粗糙；在薄片中形态分子多而复杂，凝胶化物质较少，矿物质含量较高。

（4）亮煤：也是一种复杂的煤岩类型，它的一些性质介于镜煤和暗煤之间，光泽较强，性脆易碎，内生裂隙发育，黏结性较高；薄片下观察主要由透明的凝胶化物质组成，形态分子较少（不超过50%）。

2. 成煤作用

（1）成煤的原始物质和堆积环境：煤是由植物遗体和极少部分的动物遗体堆积而形成的。植物分为高等植物和低等植物，高等植物包括苔藓植物、蕨类植物、裸子植物和被子植物，主要由纤维素及木质素组成；低等植物主要是藻类和菌类，主要由蛋白质和脂肪组成。业已查明，从低等植物至高等植物都可参与成煤作用，由高等植物形成的煤称为腐殖煤；由低等植物形成的煤称为腐泥煤。

植物遗体堆积并转变为煤需要的基本条件是：①已死亡的植物遗体必须与空气隔绝，以免因氧气的进入使其经受十分强烈的微生物作用而彻底破坏分解；②该地区植物生长必须十分茂盛，并持续繁殖。沼泽环境最符合上述两个条件。

（2）煤的形成作用：由植物转化成煤，一般需经过泥炭化/腐泥化和煤化两大作用阶段。煤化作用是由泥炭向褐煤、烟煤和无烟煤转变的过程。煤化作用包括成岩作用和变质作用两大阶段。

①泥炭化作用：在泥炭化过程中，生物化学作用十分重要，植物遗体中的有机化合物发生一系列化学变化，转变为泥炭的作用称为泥炭化作用，腐殖酸、沥青质是泥炭的最主要成分。

②腐泥化作用：是指浮游生物和菌类死亡后，植物中的脂肪和蛋白质遭到分解，经过聚合作用转化为腐泥的过程。在腐泥化过程中形成大量的沥青，因此腐泥化作用又称为沥青化作用。腐泥就是腐泥煤的前身。若腐泥中矿物质超过一定数量，就是油页岩的前身。

③煤的成岩作用：从泥炭转变为褐煤是成岩作用过程，煤的成岩作用是在较低温度（约70℃以下）和较小压力下进行的，这种作用使泥炭逐渐压实，大量脱水，孔隙度减小并逐渐固结，还发生还原性化学变化，结果使有机体中的碳含量逐渐增加，氧和腐殖酸含量逐渐减少。

④煤的变质作用：由褐煤转变为烟煤、无烟煤直至石墨是变质作用过程。煤的变质作用是煤在地壳内受相对高温和高压影响，使其化学成分、物理性质和工艺性质等均发生显著变化的物理化学过程。在化学成分上，碳的含量增加，氢和氧的含量减少，腐殖酸急剧减少，到烟煤阶段完全消失；在物理性质方面，随着变质程度的加深，煤的颜色

由褐色、黑色变为黑灰色，光泽变强，由褐煤不具光泽至无烟煤具有似金属光泽，结构更紧密，密度增加；在工艺性质上，挥发组分和水分减少，发热量增大（至无烟煤阶段又略下降），而黏结性则以烟煤为最强。

3. 聚煤盆地与含煤地层

聚煤盆地是指地质历史上接受沉积时属同一构造单位并形成含煤岩系的盆地。盆地大小、形状、沉降幅度和速度以及盆地之间的组合规律，直接决定了含煤岩系形成的原始分布、厚度、类型和其他特点。聚煤盆地可按成因分为侵蚀盆地和坳陷盆地两类（图2-3-4）。侵蚀盆地是指地表受侵蚀作用形成的盆地，属于非构造成因，所形成的煤系厚度小，岩性变化大，分布零散。坳陷盆地是由于构造运动引起的基底逐渐沉降形成的，当构造运动表现为坳陷时，形成波状坳陷，此类坳陷范围较大，沉积基底比较连续，形成的含煤岩系沿走向和倾向的变化比较有规律；当地壳运动主要表现为断裂时，由下陷的断块造成断裂坳陷，盆地的一侧或两侧有控制性断裂，沉积基底面也不连续，沉积层在平面上呈长条状。

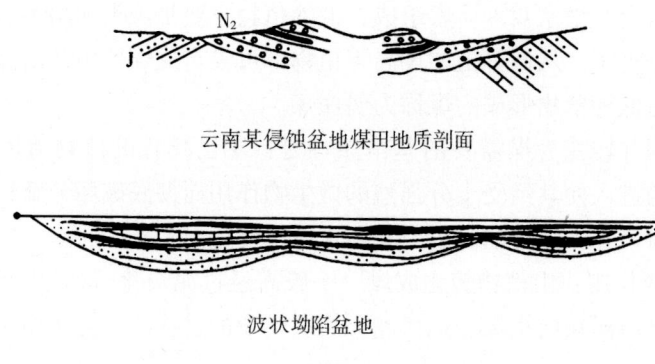

云南某侵蚀盆地煤田地质剖面

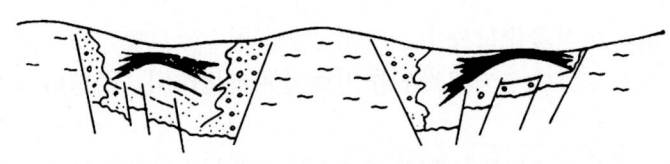

波状坳陷盆地

断裂坳陷盆地

图2-3-4　侵蚀盆地和坳陷盆地示意图

煤层是指泥炭层经过煤化作用，由有机质和矿物质转变而形成的层状、似层状地质体。含煤岩系或称煤系（亦称含煤建造），是指一套含有煤层的沉积岩系。含煤岩系组成上，主要为一套黑色、灰黑色为主的沉积岩，包括砾岩、砂岩、泥质岩和煤层，有时也见灰岩、黏土岩、火山碎屑岩，还常伴生有油页岩、菱铁矿、铝土矿、耐火黏土等沉积矿产；在岩相组成方面，陆相、过渡相和海相都有，尤以沼泽相和泥炭沼泽相的存在为重要特征；含有丰富的植物化石，且多集中于煤层的附近；具明显的旋回结构，岩性和岩相旋回都非常清楚。

二、石油和天然气矿床

1. 石油和天然气组成及其特征

石油是以液态形式存在于地下岩石孔隙或裂缝中的可燃有机矿产。广义上的天然气是指天然存在于自然界的一切气体，分为烃气、氮气、二氧化碳气和硫化氢气等。这里介绍的是狭义的天然气，即沉积圈中以烃类为主的天然气。依其存在的相态可分为游离气、溶解气、吸附气和气水合物，其中，游离气是气藏中天然气存在的基本形式。

（1）石油组成及其特征：石油是成分极其复杂的混合物，溶有大量烃气及少量非烃气，并溶有数量不等的固态物质。天然石油也称原油。

石油在透射光下呈淡黄、褐黄、深褐、淡红、棕色、黑绿色及黑色。其颜色的深浅主要与胶质、沥青质的含量有关，胶质、沥青质含量愈高，则颜色愈深。石油的密度一般介于 $0.75 \sim 0.98$ g/cm^3 之间。

石油的元素组成以碳、氢占绝对优势，一般在 95% ~99% 之间，平均为 97.5%。其他为氮、硫、氧和一些微量金属元素。碳、氢元素质量比（C/H）的平均值约为 6.5。

在成分上石油以烃类（碳氢化合物）为主，包括正构烷烃、异构烷烃、环烷烃、芳香烃和环烷芳烃；此外，还有数量不等的非烃化合物，如氮、硫、氧化合物和有机金属化合物。

（2）天然气组成及其特征：天然气通常是指地壳中以烃类为主的气藏中的可燃气。开发和有效利用的天然气主要是聚集达到一定规模的游离气，地下的天然气也可能以溶解气的形式存在于原油或水中。

天然气密度一般为 $0.65 \sim 0.75$ g/L。一般天然气液化后，体积缩小 1 000 倍，故在天然气与原油的产、储量换算中，常采用 1 000 m^3 天然气相当于 1 m^3 原油，其利用价值也大致相当。

天然气的成分以烃类为主，有部分 N_2、CO_2、H_2S 等非烃气及痕量到微量的惰性气体。烃类中以甲烷（称为轻烃）为主，其次依次为乙烷、丙烷、丁烷和异丁烷（合称为重烃）。

天然气的分类方案很多，最常用的主要有两种：一是开发者根据产状分为气藏气、气顶气、凝析气、地压气和气水合物；二是勘探者常根据成因分为有机成因气和无机成因气。大多数人认为烃气主要为有机成因，并进一步分为生物气、伴生气、裂解气和煤成气。

2. 石油与天然气的成因

关于石油、天然气成因的观点很多，主要为有机起源与无机起源两大类。经过长期的生产实践和科学研究，目前普遍认为石油是由岩石中所含的大量有机物质转化而来的。有机物包括高等动植物在内，其中的蛋白质、脂肪和碳水化合物等可作为生成石油的物质成分，它们在一定的物理—化学因素和地质作用下转化为石油。

生物死亡后，有少部分有机质进入到沉积物中，一部分是生物体中的稳定成分，它们甚至完全地保存了原有的生物化学结构，并作为地球化学化石被沉积有机质所继承；其余有机物质在成岩过程中逐渐转变成可溶于有机溶剂的沥青与不溶于有机溶剂的干酪根两大部分。一般认为，干酪根是生油母质，而沥青被视为干酪根热解过程的中间产物和伴随产物。现在对干酪根较为通行的理解是，沉积岩中不溶于碱、非氧化型酸和非极性有机溶剂的分散有机质（Hunt，1979）。干酪根在沉积有机质中的含量可达70% ~ 90%，甚至更高。与干酪根相对应，岩石中可溶于有机溶剂的部分叫沥青，包括烃类以及含氮、硫、氧的非烃有机化合物（胶质和沥青质等）。亨特（Hunt）根据实验结果，提出了干酪根热降解成油的观点，这一认识得到广泛的重视和认同。

石油的生成取决于：①大量的有机物质来源；②有利于有机质保存的还原环境；③促使有机质向石油转化的合适温度、压力以及细菌、催化剂作用等。

3. 油气藏与油气田

有机质转化为油气后，要经历从生油岩中排出，在储集层或其他通道中运移的过程，最后到达圈闭聚集成油气藏。

（1）油气藏的概念及有关术语：油气藏是单一圈闭内具有独立压力系统和统一油水（或气水）界面的油气聚集，是地壳中最基本的具有工业利用价值的油气聚集单位。一般所说的油气藏是油藏和气藏的统称，包括纯油藏、纯气藏和有油又有气的油气藏。油气藏的大小通常用储量来表示。在描述油气藏时常要用到下列概念。

①油（气）水界面：在地下岩石孔隙中油、气、水按相对密度分异，油和气因密度小，占据构造高部位，水居其下。油（或气）与水之间的接触面称为油（或气）水界面。实际生产中常将100%产油（或气）的底界作为油（或气）水界面。

②油气柱高度：系指油气藏顶点到油（气）水界面的垂直距离，是指示油气藏大小的一个重要参数。

③含油边界和含油面积：通常把油水界面与储集层顶、底面的交线称作含油边界，其中与顶面的交线称外含油边界，与底面的交线称内含油边界。由相应含油边界所圈定的面积分别称为外含油面积和内含油面积。

④气顶和油环：在油气藏中油气按相对密度分异，气总是占据油气藏的最高部位，形成气顶，油居中，水在最下面。在这种情况下，油在平面上呈环带状分布，称为油环。

（2）油气藏的形成：油气藏是油气聚集的最基本单位。它的形成首先要有产生大量油气的生油（气）岩（烃源岩）；其次要有具渗透性的储集岩，以容纳从生油岩中运移出来的油气；第三要有储集岩与非渗透性盖层或其他遮挡因素所组成的圈闭，以捕捉和聚集油气。

①生油（气）岩：生油（气）岩又称为源岩或母岩。对其定义不完全统一，有的认为可能产生或已经产生油气的岩石都可叫生油（气）岩，生油（气）岩主要是低能带黏土和碳酸盐淤泥沉积物。

②储集岩：指能够储存油气，又能输出油气的岩石。由储集岩构成的地层，称储集层或储层。储集岩必须同时具备良好的孔隙性和渗透性。砂岩的孔隙度高，并且渗透性能好，因而是良好的储集层，其次为石灰岩和白云岩。

③盖层：指位于储集层之上，能对储集层起封隔作用、阻止油气向上逸散的岩层。

④圈闭：是能聚集并保存油气的场所。

⑤油气运移与聚集：油气运移作用是指油气在地下由自然因素所引起的位置转移。油气在储集层中从高势区向低势区运移的过程中，遇到圈闭就不再继续运移而在其中聚集起来，形成油气藏。油气在圈闭中积聚形成油气藏的过程称为油气聚集。

（3）油气藏的类型：根据控制油气藏形成的地质因素，可将油气藏分为：构造油气藏、地层油气藏、水动力油气藏以及上述基本类型相结合的复合油气藏四大类。

①构造油气藏：构造油气藏都是以储集层顶面发生局部变形而形成的圈闭为油气储集场所。按照构造变形以及储集层的特点，主要可分为背斜油气藏、断层油气藏、裂缝性背斜油气藏和刺穿油气藏四个亚类（图2-3-5）。

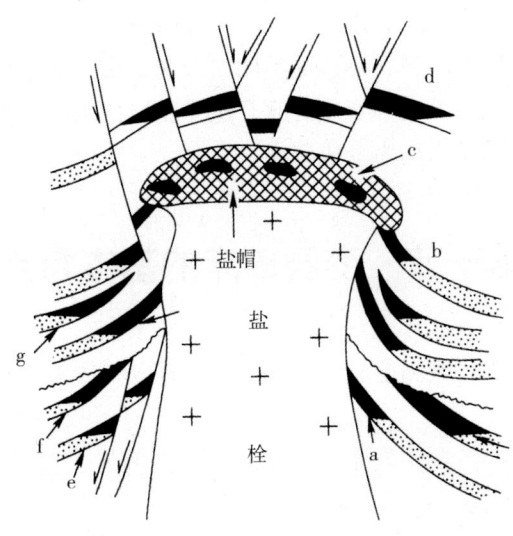

图2-3-5　盐丘油气田理想示意剖面图

a—盐栓遮挡油气藏；b—盐帽沿遮挡油气藏；c—盐帽内的透镜状油气藏；d—背斜油气藏；e—断层油气藏；f—不整合油气藏；g—岩性油气藏

②地层油气藏：储集层因地层变化（地层被削蚀、超覆、砂或多孔储集层的楔入或尖灭、侧向渗透性变差或变为非渗透性等）而形成的圈闭称为地层圈闭。其中的油气聚集称为地层油气藏。岩性油气藏和不整合油气藏是地层油气藏的主要类型。

③复合油气藏：复合油气藏广泛存在，既有同一大类中各亚类的复合，也有不同大类的封闭因素联合形成油气藏。这里指的是其圈闭由构造、地层、水动力三种因素中的两种或三种联合构成。

（4）油气田：在地面的同一区域下，油气藏类型和数目可以是单一的，也可以是多组合的，即存在着不同圈闭类型或同种圈闭的多个油气藏。一般把受单一地质因素控制的同一区域内油气藏的总和称为油气田。如果在同一区域下，圈闭中只聚集了石油或天然气，则分别称为油田或气田。

第四章　变质矿床

由内生作用和外生作用形成的岩石或矿物，由于其所处地质环境改变，温度和压力增加，从而导致它们的矿物成分、化学成分、物理性质以及结构构造发生变化，这种变化过程称为变质作用。由变质作用形成的矿床，称为变质矿床。变质作用本质上属于内生地质作用的范畴，即其能量和介质主要来自于岩石圈。

变质矿床依变质前矿石、岩石建造的不同以及在变质前后成矿组分和组构的变化状况，可分为两类，即受变质矿床和变成矿床。遭受变质作用改造过的矿床称为受变质矿床，由变质作用新形成的矿床称为变成矿床。

第一节　变质矿床的基本特点

变质环境中的受变质矿床和变成矿床一般都具有变质作用前原岩石、矿石的特征和变质过程中新形成的特征。

矿床产于变质岩系中，含矿岩系主要由片岩、片麻岩、变粒岩、大理岩、石英岩、混合岩等各类变质岩组成。

矿床中矿体的形态既受原来岩层或矿体的控制，也受变质作用强度和类型的制约，形态一般比较复杂，如透镜状、串珠状及其他不规则状，但也有较规则的板状或似层状矿体。

变质矿床的矿物成分和化学成分与原来的岩石或矿石相比，往往会产生显著变化。变质矿床的常见矿物有：①自然元素类，如石墨、自然金等；②氧化物类，如磁铁矿、赤铁矿、金红石等；③含氧盐类，如磷灰石、菱铁矿、菱镁矿等；④硅酸盐类，如红柱石、矽线石、蓝晶石、石榴子石、硅灰石、石棉、滑石、蛇纹石、叶蜡石、绿泥石、蛭石等。在某些变质的沉积型和火山—沉积型矿床中，还大量出现铜、铅、锌等金属硫化物。

岩石和矿石结构构造也会发生一系列变化。变质岩较常见的结构为各种变晶结构，如花岗变晶结构、斑状变晶结构、鳞片变晶结构、纤维变晶结构等，同时有些可能还保留有各种残余结构。变质岩构造主要有千枚状构造、板状构造、片状构造、片麻状构造、碎裂构造、碎粉岩构造、糜棱岩构造等。

第二节　变质矿床的形成条件

从地质学观点看，变质矿床的形成，既受制于其所处的宏观地质构造环境和构造运动，也取决于原岩组成、结构和性质。从热力学观点看，变质矿床的形成主要取决于所处的热力学体系和物理化学条件。

一、地质条件

在地壳的不同构造单元中，由于岩石建造、构造体系、构造热动力、热流体和埋深等不同，可以产生不同的变质作用，进而决定了成矿物质的聚散、迁移、沉淀发生的方向、时间、位置和强度。

1. 地质构造背景

变质矿床在空间上和成因上都与一定的地壳地质构造单元中的变质岩系有关。其成矿时代自太古宙至新生代均有产出，但以前寒武纪的古老变质结晶基底中产出的变质矿床最为广泛，此外，显生宙造山带、现代板块构造体系下的构造活动带也形成一些变质矿产。

2. 原岩建造

原岩建造的含矿性是形成变质矿床的物质基础。变质前原岩中成矿物质的初始富集程度通常不同，有些原岩在遭受变质作用之前，其所含的成矿物质已达工业品位和一定规模，在变质作用下可形成受变质矿床。而在更多的情况下，原岩建造只是相对于其他岩石建造的类似岩石，成矿元素相对富集一些，远没有达到工业开采的要求，但经过变质作用，成矿元素最终聚集形成工业矿体，这就是变成矿床。与变质矿床有关的含矿原岩建造，最重要的是沉积型和古火山及火山—沉积型含矿原岩建造。

3. 变质热液

变质热液是在变质作用过程中形成的，主要由 H_2O 和 CO_2 组成，有时还包括 F、Cl、B 等。变质热液对变质矿床的形成有重要控制作用。研究表明，存在区域变质热液的条件下，铁的氧化物或碳酸盐，如磁铁矿、菱铁矿，在不同的物理化学条件下，可以溶解进入变质热液，并迁移富集形成变质热液富铁矿床。

二、物理化学条件

当变质作用发生时，所处的物理化学条件会发生变化，其中温度和压力的变化是引起变质成矿作用的最主要热力学因素。温度和压力是变质成矿作用过程中的两个相互关联和相互制约的重要因素，它们常联合起来发生作用。

第三节　变质成矿作用与变质矿床的分类

一、主要变质成矿作用

1. 接触变质作用

接触变质作用主要是由岩浆侵位而引起围岩温度增高所产生的变质作用，压力对其影响较小，因此也称为岩浆热变质作用。

2. 区域变质作用

在板块运动过程中，由于存在规模巨大的构造应力作用并伴随不同程度的构造热流异常和深部岩浆的上侵活动，在高温、高压以及岩浆活动的联合作用下，地壳中原来的岩石（包括矿床）将发生大面积的强烈改组和改造，这种变质作用称为区域变质作用。其特点是，变质区域范围大，温度可从低温至高温。其成矿作用除了重结晶作用和重组合作用外，往往发生变质交代作用，即变质热液在变质过程中交代了含矿原岩建造，使成矿物质发生活化、迁移、富集。

区域变质作用形成的矿床的矿种较多，一般规模较大具有重要经济意义的有铁、铜、金、铀及磷、硼、菱镁矿、云母、石墨和石棉等金属和非金属矿产。

3. 动力变质作用

动力变质作用的产生，常和一定的构造运动（挤压、剪切等）相联系，是在地壳构造运动过程中产生的强定向压力（应力）的作用下，岩石发生破碎、变形，在破碎、变形的同时，不同地质体之间的相互剧烈摩擦，使巨大的机械能转化为热能，造成原岩石的矿物成分、结构构造发生变化，在形成的构造动力变质岩中常见有糜棱岩、片岩、碎裂岩等。

4. 混合岩化作用

混合岩化作用是区域变质作用进一步发展演化的高级阶段，岩石、矿石发生了部分重融。混合岩化矿床属于变质作用后期由固态重结晶转向重熔过程的转化阶段形成的矿床。主要矿产有伟晶岩型白云母和稀有金属矿床、电气石变粒岩中的硼矿床和硅—铁建造中的富铁矿床等。

二、变质矿床分类

以变质矿床形成的地质条件和变质成矿作用类型为依据，将变质矿床划分为四个成因类型（表2-4-1），即接触变质矿床、区域变质矿床、混合岩化矿床和动力变质矿床。

表 2 - 4 - 1 主要变质矿床及矿床实例

类型	主要亚类	实例
接触变质矿床	接触变质铁矿床	俄罗斯外贝加尔巴列伊铁矿床
	接触变质石墨矿床	湖南郴州鲁塘石墨矿床
	接触变质红柱石矿床	河南西峡桑坪红柱石矿床
区域变质矿床	区域变质铁矿床	辽宁鞍山—本溪地区（Algoma 型）铁矿床；澳大利亚的哈默斯利（Superior 型）铁矿床
	区域变质金矿床	变质砾岩金矿床，如南非兰德盆地中金铀砾岩型矿床；绿岩型金矿床，如内蒙古大青山新地沟金矿床
	区域变质磷矿床	江苏海州锦屏磷矿床
	区域变质石墨矿床	山东南墅石墨矿床
	区域变质石棉矿床	安徽宁国县透闪石石棉矿床
	区域变质蓝宝石矿床	新疆阿克陶蓝宝石矿床
混合岩化矿床	混合岩化硼镁矿床	辽东—吉南硼镁铁矿床
	混合岩化云母矿床	河北灵寿小文山碎云母矿床
动力变质矿床	动力变质云母矿床	台湾省台东海瑞乡绢云母矿床
	动力变质蓝晶石、矽线石矿床	河南南阳隐山蓝晶石矿床；黑龙江鸡西市三道沟矽线石矿床
	翡翠矿床	缅甸道茂翡翠矿床

第四节　常见变质矿床类型

一、变质铁矿床

变质铁矿床主要是区域变质铁矿床，是世界最重要的铁矿工业类型。此类矿床分布十分广泛，有不少大型、特大型矿床，如北美的苏必利尔湖铁矿、塞拉利昂的唐克里里铁矿、俄罗斯的库尔斯克和克里沃罗格铁矿，我国的鞍山铁矿等。该类型铁矿占世界铁矿总资源储量的 60%，在我国约占铁矿总资源储量的 50%。

世界上已发现的变质铁矿床属于沉积—变质铁矿，是形成于前寒武纪（主要为太古宙到古元古代）的沉积铁矿床或沉积含铁建造，在受到区域变质作用或混合岩化作用改造后形成的。因其矿石主要由硅质（碧玉、燧石、石英）和铁质（赤铁矿、磁铁矿）薄层呈互层状，又称为条带状硅铁建造（banded iron fomation，简称 BIF 型铁矿）。

1. 区域变质铁矿的一般地质特征

此类矿床多产于古老陆台的前寒武纪变质岩系中。在全球古老陆台变质基底中几乎都有产出，往往分布面积广，储量巨大。现已发现的含矿带长达数十千米至数百千米，面积可达几百至几千平方千米，含矿岩系厚数百米，单个矿床的储量从数十亿吨至数百亿吨。

此类矿床的形成与前寒武纪地壳的组成与演化密切相关。根据矿床形成时代及含矿建造的不同，可分为阿尔戈马（Algoma）型和苏必利尔（Superior）型。

（1）阿尔戈马型铁矿：主要形成于新太古代（约 2 500 Ma）。铁矿的形成在空间和时间上与活动陆缘裂谷海底火山活动密切相关，世界各地此类含铁建造都发育于新太古界的绿岩带中。阿尔戈马型 BIF 主要与绿岩带中上部的火山碎屑岩相伴生，并靠近浊积岩组合。原岩为基性火山岩及少量安山质岩石、中酸性火山岩和黏土质沉积岩，一般都经受了绿片岩相和角闪岩相的区域变质作用。加拿大的阿尔戈马型铁矿和我国的鞍山式铁矿等属于此类。

（2）苏必利尔型铁矿：苏必利尔型铁矿主要形成于古元古代（2 200～1 800 Ma）。含铁建造形成于被动大陆边缘的开阔海盆地中。其含铁矿建造中也常有火山岩存在。其层序自下而上一般为：白云岩、石英岩、红色或黑色铁质页岩、铁矿建造、黑色页岩和泥质板岩等。铁矿层中含铁矿物与燧石组成条带状铁矿石，含铁矿物中氧化物相主要为磁铁矿或赤铁矿，或是它们的混合物。大多数苏必利尔型 BIF 未遭受变质或遭受浅变质（绿片岩相），部分变质较深可达角闪岩相。此类铁矿在各大陆皆有分布，其中著名的有澳大利亚的哈默斯利，巴西的 Minas Cerais，美国和加拿大的苏必利尔湖区，加拿大魁北克省的拉布拉多（Labrador），南非的波斯特马斯堡，印度的比哈尔、奥里萨等铁矿。

2. 区域变质铁矿的成因

关于区域变质铁矿的成因，目前对 BIF 型铁矿床研究比较多，大多数研究者认为其形成经历了沉积和变质改造两个阶段，即早阶段在海底沉积铁质和硅质，初步富集铁质，后经晚阶段区域变质作用改造形成变质铁矿。磁铁矿为主的富矿体主要由混合岩化变质热液交代形成。关于铁的来源，目前多认为与海底火山作用有关。

二、变质磷矿床

沉积—变质磷矿床主要是由海相沉积磷块岩经区域变质而成。其围岩主要为云母片岩、石英白云母片岩和白云质大理岩，少数含绿泥石片岩、千枚岩等。这类磷矿品位高、规模大，具有重要工业价值，是我国主要磷矿床工业类型。

沉积—变质型磷矿床多赋存于前寒武纪中深区域变质岩系中，含磷岩系由片麻岩、变粒岩、云英片岩、白云质大理岩、炭质板岩等组成，原岩主要是细碎屑岩、砂质黏土岩、有机质泥岩、碳酸盐岩等一套夹有中—基性火山岩的组合。矿体与变质白云岩层密切共生，呈层状或透镜状产出，往往有多个磷块岩矿层，一般产于各岩层的过渡带或碳酸盐岩层内。矿石主要由细晶磷灰石组成，次为白云石、金云母、石英，有时含锰的氧化物。矿石含 P_2O_5 一般 8%～9%，高者可达 20%。磷矿石具鳞片变晶结构，条带状、条纹状构造，有的还保留原生的沉积角砾状构造。

这类变质磷矿床在世界上分布较广泛，我国吕梁期（1 700～2 000 Ma）是此类变质磷矿的形成期，主要分布于江苏、安徽、湖北、吉林等省，江苏海州锦屏磷矿床为主要代表。

三、变质金矿床

变质金矿床的主要工业类型有两种，即早前寒武纪绿岩带金矿床和元古宙含金—铀砾岩矿床。

1. 早前寒武纪绿岩带金矿床（greenstone – hosted gold）

变质金矿床是世界金的主要来源。世界上绝大多数变质金矿床都分布于前寒武纪绿岩带。

所谓绿岩带，一般认为是由以镁铁质火山岩为主的变质火山—沉积岩系组成，呈带状或不规则的复杂向形构造，分布在同构造期的花岗岩或片麻岩内，可能是火山—沉积盆地的变质残留体。绿岩带主要形成于太古宙—古元古代，形成时期为2 000～3 400 Ma。

根据绿岩带中金矿床成矿元素来源、成矿地质特征、成矿作用和成矿时代等，初步把产在前寒武纪绿岩带中的金矿床分为原生型金矿床和再生型金矿床两类。根据其产出岩层，又分为变质硅铁建造中的细脉—浸染状变质金矿床和变质火山—沉积岩中的细脉—浸染状金矿床。

2. 含金—铀砾岩型矿床

含金—铀砾岩型矿床具有沉积和变质热液成矿的双重特征，一般都把它列入变质矿床范畴。这类矿床产于前寒武纪石英片岩系的变质砾岩层内，目前仅在南非、加拿大等少数国家和地区发现，但其规模巨大，有重要的工业意义。这类矿床以南非维特瓦特斯兰德金—铀矿床为代表，故也被称兰德型金矿，该地区是全球金矿最丰富的矿集区之一。

四、石墨矿床

石墨矿床主要有两种类型：一类是产于结晶片岩中的石墨矿床，属区域变质矿床；另一类是含煤岩系经岩浆接触热变质作用而形成的接触变质矿床。

区域变质石墨矿床通常产于前寒武纪片麻岩、片岩、大理岩等区域变质岩系中。矿体多呈似层状或透镜状，长数百米至数千米，厚数米。石墨呈鳞片变晶状，品级多属晶质石墨，质量较好，石墨片径零点几至几毫米，可选性好，但含量较低，一般为3%～5%，最高可达20%～30%。矿石中脉石矿物有云母、石英、方解石和长石等。

区域变质石墨矿床分布于黑龙江柳毛、河南灵宝、山东南墅和刘戈庄、内蒙古的兴和、湖北三岔垭等地，山东南墅石墨矿是此类变质石墨矿床的典型矿床。

接触变质石墨矿床产于侵入接触带，远离接触带，石墨渐变过渡为煤层。这类矿床中，石墨含量高，有时可达到90%，但多数为隐晶质石墨，质量较差。湖南郴州、吉林烟筒山等地产有这类矿床。

五、混合岩化热液硼矿床

此类矿床又称前寒武纪沉积变质再造硼矿床，分布于我国辽东—吉南一带。辽—吉东部的新太古界宽甸群地层中产有铁、铅、锌、金、钴、硼、黄铁矿、磷矿、菱镁矿、滑石、玉石等金属和非金属矿产，是一个区域上重要的含矿层位。

宽甸群以富硼的变粒岩、浅粒岩为主，混合岩化强烈，重熔交代混合岩和层状混合岩发育，并夹有富镁大理岩，厚约 3 600 m。含硼岩系的原岩为一套海底火山喷发沉积，黏土岩夹镁质碳酸盐岩建造。

营口、凤城、宽甸、集安四个硼矿床集中分布区，应是辽—吉古裂谷带内的四个次级火山—沉积盆地，蒸发沉积环境有利于硼酸盐的浓缩富集，区域变质作用和混合岩化使含硼岩系的硼组分进一步迁移富集，并发生强烈的变质交代作用，并在构造的有利部位形成硼矿床。因此，此类矿床经历了火山喷发—蒸发沉积阶段后，叠加了区域变质变形和混合岩化阶段，由变质热液多阶段交代作用形成。

六、其他类型变质非金属矿床

变质矿床中除了上述非金属矿床外，还有一些比较重要的非金属矿床和部分宝玉石矿床，如石棉、云母、高铝硅酸盐矿物（蓝晶石、矽线石、红柱石）、滑石、叶蜡石、菱镁矿、翡翠、蓝宝石、软玉等。

1. 变质石棉矿床

变质石棉矿床包括两类，一类为产于变质基性火山岩及铁质岩石中的蓝石棉（碱性角闪石的纤维状变种）矿床；另一类为位于镁质碳酸盐岩石中的透闪石石棉矿床。两类均为区域变质作用形成。

2. 云母矿床

碎云母是小片白云母的工业统称，包括绢云母以及云母片岩、云母片麻岩中可采的小片白云母，其特点是片度小，集中易采。碎云母矿床是云母矿床的一个亚种，是工业白云母的替代品。矿床成因类型有混合岩化型碎云母矿床、动力变质作用和热液交代型绢云母矿床。

3. 蓝晶石—红柱石—矽线石矿床

红柱石、蓝晶石和矽线石均为 Al_2SiO_5 的同质异象变体，因温度和压力不同而形成不同的矿物，常常共生在一起。三者常产于同一区域变质带中，因温度和压力的差异而规律地相邻分布。已知的成因类型有三种：①片麻岩型蓝晶石或矽线石矿床；②片岩型红柱石或蓝晶石或矽线石矿床；③接触变质型红柱石矿床。

4. 翡翠矿床

翡翠矿床一般分布于板块俯冲碰撞带，而且常分布于双变质带的高压低温变质带中。翡翠矿床的原岩主要是一套基性—超基性岩。矿床一般分布于断裂作用最发育的部位。实际上，许多硬玉岩就是构造动力变质岩。

缅甸是玉石类翡翠的主要产出国，全球 95% 以上的商业翡翠产于缅甸，主要类型为原生变质翡翠矿床，盛产于缅甸北部克钦邦的帕岗—道茂一带。

缅甸翡翠矿床的成因，可能是上地幔的碱质超基性岩浆分异派生的钠长岩脉，在高压低温变质条件下形成硬玉，并有 Cr^{3+} 进入硬玉晶格而形成翡翠。

5．蓝宝石（刚玉）矿床

变质岩型蓝宝石矿床处于造山带或古老地台（盾）中的区域变质带。含矿岩体分布于富铝质混合片麻岩中，主要为刚玉黑云钾长（斜长）或二长混合片麻岩，常呈花岗结构、伟晶结构，片麻状构造、眼球状或条带状构造，岩石富铝、贫硅、低钙。矿体在混合片麻岩中呈似层状、透镜状产出，与围岩产状协调，受富铝岩石层位及混合岩化程度控制。蓝宝石多分布于眼球体或条带的中心，长石环绕在其周围，刚玉宝石晶体呈柱状、桶状、腰鼓状、板状等，颜色多为蓝紫色、棕褐色、灰绿色、豆青色等，半透明至不透明，常有金红石、磁铁矿等粒状晶质包体，双晶及裂理发育，颗粒较大，品种有中低档蓝宝石及星光蓝宝石。代表矿床是河北太行山、新疆阿克陶、内蒙古阿拉善、河南灵宝、陕西佛坪等地的蓝宝石矿床。

第五章　矿床技术经济评价

决定矿床工业价值的因素很多，主要有以下三个方面：

一是矿床本身的特征和性质，包括矿体的形态、产状，矿石储量和质量（品位、有益和有害组分含量），矿石综合利用价值以及矿床开采、加工、选矿、冶炼技术条件等。

二是社会经济发展对矿产的需求及市场价格，主要包括社会经济发展过程中对各类矿产的需求数量、矿床的地理分布等。

三是矿床开采外部条件及环境因素，如矿区的供电、供水、气候、交通运输条件等，以及矿床开发过程中对环境的影响等因素。

当矿床的开采技术条件等内在因素及外部条件满足开发利用的要求时，矿产开发的经济意义如何，需要开展矿床技术经济评价工作。所谓矿床经济评价就是根据矿产地质勘查工作所获得的资料，选取合理的评价参数，采用一定方法预估矿产未来开发利用的经济价值和经济、社会效益，为后续矿产地质勘查和矿山建设投资决策，乃至提高矿山开发效益，提供科学依据。

矿床技术经济评价分为国民经济评价（宏观）和企业经济评价（微观），本章主要介绍企业经济评价。

企业经济评价（或称企业财务评价）是从企业的角度出发，根据现行政策和矿产品价格情况，对矿床勘查项目未来开发利用的经济效益进行财务评价，实际上就是对矿产开发进行盈利性分析，因此计算出来的经济效益是微观的、近期的和局部的。

第一节　矿床技术经济评价的阶段划分及要求

一般情况下，与矿床地质勘查的普查、详查和勘探三个勘查阶段所对应的技术经济评价分别称为矿床概略技术经济评价、矿床初步技术经济评价和矿床详细技术经济评价。由于不同阶段对矿床地质特点的认识程度不同，因此各阶段矿床技术经济评价的目的、要求和内容也不同，分述如下。

一、矿床概略技术经济评价

其目的是为矿床能否转入详查阶段和有无进一步工作的价值提出意见和建议。矿床经过普查工作之后，获得的地质信息和基础资料较少，只是粗略地查明了矿床规模、矿石质量、矿石加工技术性能、开采技术条件以及矿区自然经济条件等。首先，对这些资料是否达到本阶段工作程度的要求，提出评述意见；再着重分析该矿产的国际市场供需现状、发展趋势及国内供需形势和资源保证程度，根据国家的资源开发政策与中、长期规划，结合本矿床资源量的概略远景、相应的试验研究资料和矿山基本建设的内外部条件，评价矿床开发利用的可能性及国民经济意义；然后，利用有关矿产规范中的工业指标估算资源储量，通过采用拟定的开发方案和有关技术经济参数，用静态经济技术评价方法，概略估算未来开发利用的可能盈亏情况。

矿床开发经济意义的概略评价，所采用的工业指标及参数通常是规范中的或经验数据，采矿成本是根据同类矿山生产估计的。其目的是为了确认投资机会。由于概略研究一般缺乏准确参数和评价所需的详细资料，所估算的资源量只具有内蕴经济意义。

二、矿床初步技术经济评价

首先，对矿产勘查资料是否达到本阶段工作程度的要求提出评述意见；在阐明矿床开发的国民经济意义的前提下，对该矿床未来开发建设与开采的地质、资源、生产、技术、市场等具体条件做出初步分析。根据本阶段试验研究结果，参考同类矿山的实际情况拟定采选方案，利用接近该矿床实际情况的技术经济参数，用静态或动态经济评价方法，计算、分析矿床开发的经济评价指标，以初步反映矿床未来开发利用的经济价值和经济效益。

矿床开发的初步技术经济评价，其结果可以为是否进行勘探或可行性研究提供决策依据。进行这类研究，通常有较为可靠的矿产资源储量数据、实验室规模的加工选冶试验资料，以及通过查询价目表或与类似矿山开采对比所获取的投资及成本数据。当评价结果用作矿山建设决策依据时，应选择当时的市场价格及适合的指标、参数，且论证项目应尽可能全面。

三、矿床详细技术经济评价

首先，对矿产勘查资料是否达到本阶段工作程度的要求提出评述意见；详细分析矿产资源形势、市场条件、产品方向与前景，根据矿山建设项目建议书与矿山总体规划，详细分析未来矿山设计建设与生产经营的具体条件。然后，根据有关部门正式批准的矿产工业指标估算资源储量，根据相应试验研究的结果，结合矿床具体技术经济条件，经过比选、优化，拟定矿山建设的合理方案，采用符合矿区具体经济条件的参数，计算矿床开发利用的微观经济效益，必要时还应计算与分析宏观经济效益。其评价结果可作为矿山建设可行性研究和矿山设计与合理开发的依据。

矿床详细技术经济评价，其结果可以详细评价拟建项目的技术经济可靠性，可作为投资决策的依据。所采用的成本数据精度高，通常依据勘探所获得的储量数据及相应的加工选冶性能试验结果，其投资、成本等参数是当时的市场价格，并充分考虑了地质、工程、环境、法律和政府的经济政策等各种因素的影响，具有很强的时效性。

第二节　矿床技术经济评价的方法和步骤

一、矿床技术经济评价方法

矿床经济技术评价的方法有类比法、数理统计法、计算法。

1. 类比法

类比法的实质是将拟评价的矿床与相类似的正在设计建设或开采的矿床进行比较分析，估算各项经济技术指标，确定矿床未来开发利用的大致经济价值和经济效益。

为了提高类比法的效果，实际应用时应该认真分析矿床的工业类型、规模、品位、埋藏深度等地质特点及其与类比矿床的相似程度，尽可能选择相似程度较高的矿床进行类比。

2. 数理统计法

数理统计法是对一些具有类似技术经济特点的矿床，分析它们的各种技术经济指标之间的关系，运用数理统计的相关分析法，求得相关系数，并根据地质评价和勘探阶段获得的基本数据，确定矿床将来开发利用的经济价值和可能获得的经济效益的方法。

3. 计算法

该方法是依据地质勘查所获得的矿床地质、地理、经济和采选冶技术资料和数据，利用适当的公式，计算矿床未来开发利用可能获得的经济价值和经济效益的方法。计算法是一种定量评价的方法，评价结果比较准确可靠，尽管计算工作比较复杂，而且必须占有采、选、冶乃至矿产品销售等方面的大量基础资料，但目前仍为国内外最为常用的经济评价方法。

二、经济评价工作的步骤

矿床技术经济评价工作一般按如下几个步骤进行：

1. 确定目标

根据矿床地质勘查阶段的性质和特点，确定评价的任务和所要达到的目标。

2. 收集和整理资料

所需收集的资料主要有：

（1）矿床地质勘查工作费用。

（2）矿体的形态、产状、空间分布规律以及不同级别的矿产储量和资源总量。

（3）矿石的质量，包括有用组分含量、伴生的有益和有害组分含量、矿物成分、矿石结构和构造、矿物嵌布特征、粒度及矿石选冶加工性能等。

（4）矿床开采技术条件，如矿体埋藏深度、水文地质条件、顶底板围岩和矿体稳固程度、矿体受构造破坏程度。

（5）矿区自然、经济地理状况及内外部建设条件。

（6）社会政治因素。

（7）矿产资源经济形势等。

对收集到的资料和数据，要进行加工整理、汇总归类和可靠性分析，使资料和数据具有系统性、全面性、可靠性。

3．拟定采、选方案，确定技术经济指标

根据矿床的具体地质特征、当前的开采技术水平和技术加工试验成果等，拟定未来矿山企业的开采和选矿工艺流程的可能方案，通过类比和计算确定下列重要参数和技术经济指标：

（1）矿山企业的年生产能力（原矿或精矿）及服务年限。

（2）矿床开发的基建投资、流动资金和资本化利息。

（3）最终产品（原矿、精矿或金属）的生产成本。

（4）原矿或精矿的品位。

（5）采矿损失率和矿石贫化率。

（6）有用组分的加工（选矿和冶炼）回收率和产率。

（7）根据最终产品的质量，确定其价格。

4．企业经济评价

主要任务是从企业的角度出发，按照现行的市场价格，借助财务分析表，计算矿床开发后的微观经济效益。

5．国民经济评价

主要任务是从国民经济整体角度出发，按照调整后的经济参数，借助经济分析表，计算矿床开发后的宏观经济效益。

6．不确定性分析

7．综合评价

主要任务是通过企业经济效益和国民经济效益的综合评价与论证，提出评价项目是否转入下一步勘查或开发的决策建议。

8．编写评价报告

第三节　矿床技术经济评价的主要指标

按照是否考虑货币的时间因素，矿床技术经济评价指标分为静态和动态评价指标两大类。

一、静态评价主要指标

在整个矿床开发周期内不考虑时间因素对货币的影响，计算矿床全采期可能获得的经济价值和经济效益，又称为不计时评价法。该法计算简便，多用于中小型矿床或大型矿床的概略技术经济评价。常用的评价指标为矿床开发总利润、投资利润率、投资收益率、投资回收期等。

1. 总利润（总收益）

所谓总利润额就是总收入（矿产品价格×产量）或总提取价值扣除生产总成本和税金（总收入×税率）之后的余额。可用如下公式表示：

总利润额＝总收入（或总提取价值）－总成本－税金

　　　　＝（矿产品价格×产量）－（生产经营成本＋基建投资额＋勘查投入）－

　　　　（总收入×税率）

由于矿山生产的产品不同，有原矿、精矿、金属等三种，相应的计算公式也有差别。下面介绍产品为原矿和精矿时的计算方法，一些书籍中也介绍了产品为金属时的计算方法，考虑到计算到金属的情况相对不多，另外，计算到金属时，是否要考虑冶炼工序的投入等问题值得探讨，在此不作介绍。

（1）当产品为原矿时（不计税金）

$$P = \left[Z_p - S_m \right] \cdot Q \frac{K_m}{1 - K_f} - J - S_K$$

式中　P——总利润或称为总收益（万元）；

　　　Q——矿床查明资源储量（万 t）；

　　　Z_p——矿石的市场价格（元/t）；

　　　S_m——矿石的开采总成本（元/t）；

　　　K_m——采矿回采率（%）；

　　　K_f——采矿贫化率（%）；

　　　J——矿山建设投资（万元）；

　　　S_K——矿山勘查投入（万元）。

（2）当产品为精矿时（不计税金）

$$P = \left[Z_d \frac{C \cdot K_d (1 - K_f)}{C_d} - (S_m + S_d) \right] \cdot Q \frac{K_m}{1 - K_f} - J - S_K$$

式中　Z_d——精矿的市场价格（元/吨）；

　　　C——矿床地质品位（%）；

　　　K_d——选矿回收率（%）；

　　　C_d——精矿品位（%）；

　　　S_d——按原矿计算的选矿成本（元/吨）；

　　　其他代码同上。

上述两公式中前一部分为矿山利润总额，减去后面的矿山建设投资和勘查投入后，即为总收益。如果 $P > 0$，则说明矿石的提取价值大于矿石勘查、建设、开采和加工成本之和，开发该矿床是有利可图的，反之则出现亏损。

2. 投资利润率

指矿山企业在正常情况下，年净利润额与矿山建设总投资额之比，为单位投资所创造的利润，是衡量投资利润水平的指标。计算公式为：

$$PR = \frac{P_r}{J} \times 100\%$$

式中　PR—投资利润率（%）；

　　　P_r—矿山开采年度利润（万元）；

　　　J—矿山建设总投资（万元）。

3. 投资收益率

考虑到将折旧费和部分维简费用也列为收益，可按下式计算投资收益率：

$$RR = \frac{P_r + DE}{J} \times 100\%$$

式中　RR—投资收益率（%）；

　　　DE—年折旧和折旧性质维简费（万元）。

4. 投资回收期

投资回收期即为投资返本期，也就是投资收益率的倒数，即：

$$T = \frac{1}{RR} = \frac{J}{P_r + DE}$$

式中　T—投资回收期（年）。

二、动态评价主要指标

动态评价法考虑到在矿床开发整个时期内时间因素对货币的影响，故称计时评价法，其实质就是按一定贴现率，将矿山企业年获得的利润（收益）折算到投产时或基建时的值，以此来衡量矿床开发的经济价值和经济效益，因此也称为贴现法。评价指标常用总现值、净现值、总现值比、净现值比、内部收益率、动态投资回收期等。

1. 总现值（PV）

该指标的实质是把矿山企业每年生产经营的净现金流，逐一贴现成矿山投产时的现值，然后将各年现值累计相加获得总现值。计算公式如下：

$$PV = PV_1 + PV_2 + PV_3 + \cdots + PV_n$$

$$= \frac{A_1}{(1+r)^1} + \frac{A_2}{(1+r)^2} + \frac{A_3}{(1+r)^3} + \cdots \frac{A_n}{(1+r)^n}$$

式中　PV—总现值；

　　　PV_1、$PV_2 \cdots PV_n$—矿山企业第 1、2$\cdots n$ 年现金流净值的贴现值（万元）；

　　　A_1、A_2、$\cdots A_n$—矿山企业第 1、2$\cdots n$ 年的现金流净值（万元）；

　　　r—贴现率，一般采用行业基准收益率（%）。

上式可简化成：

$$PV = \sum_{t=1}^{n} A_t \frac{1}{(1+r)^t}$$

式中　A_t—矿山企业第 t 年的净现金流（万元）；

　　　t—开采年份，$t = 1, 2, 3, \cdots n$。

矿山企业的现金流一般按年度计算，如果开采过程中每年获得的现金流相等（$A_1 =$

$A_2 = \cdots = A_n = A$），则可用等比数列前 n 项和的公式，推导出以下总现值的计算公式即谟尔基勒公式：

$$PV = A \cdot \left[\frac{(1+r)^n - 1}{r (1+r)^n} \right]$$

式中 $\left[\dfrac{(1+r)^n - 1}{r (1+r)^n} \right]$ 为等额多次支付现值系数，其值可查复利表求得。

2. 净现值（NPV）

净现值是目前广泛采用的一种矿床动态经济评价指标，系指按设定的折现率（一般采用基准收益率）计算的项目计算期内净现金流量的现值之和。

矿床价值的现值＝总现值－矿山建设投资的现值，关系式用下列公式表示：

$$NPV = PV - J_x$$

$$J_x = \sum_{t=0}^{p-1} J_t (1+i)^t$$

式中　NPV—净现值（万元）；

PV—总现值（万元）；

J_x—基建投资总现值（万元）；

t—投资年份，$t = p-1$，$p-2$，$\cdots 2$，1，0；

J_t—第 t 年投资现值（万元）；

i—贷款年利率（％）；

p—矿山基建周期（年）。

上式是折算到投产日的净现值，也有折算到基建开始时的，公式略有差别。

综上，如果评价矿床预期的净现值大于或等于零，说明该矿床开发能取得大于或等于基准收益率的良好经济效益，在经济上是可取的。

3. 总现值比（PVR）

总现值比就是总现值与矿山建设投资总现值之比。计算公式为：

$$PVR = \frac{PV}{J_x}$$

式中　PVR—总现值比。

4. 净现值比（NPVR）

净现值比是净现值与全部投资额现值和的比值，其含义是单位投资的现值所"创造"的净现值收益，即：

$$NPVR = \frac{NPV}{J_x}$$

式中　NPVR—净现值比。

净现值比大，说明单位投资取得的净现值大，经济效益好，反之则经济效益差。

5. 内部收益率（IRR）

内部收益率系指矿床评价期内净现金流量现值累计等于零（即 NPV＝0）时的折现率。它是反映评价对象经济效益的一项基本指标，又称动态投资收益率，或贴现收益率。表示式为：

$$NPV = PV - J_x = 0$$

$$\sum_{t=1}^{n} A_t \frac{1}{(1+r)^t} = \sum_{t=0}^{p-1} J_t(1+i)^t$$

式中　A_1，A_2，…A_n—矿山企业生产期逐年现金流入（万元）；

　　　J_0，J_1，…J_{p-1}—矿山企业建设期逐年现金流出（万元）；

　　　p—矿山企业建设周期（年）；

　　　n—矿山企业生产周期（年）；

　　　r—待计算的折现率 IRR（％）。

在实际工作中，内部收益率 r（IRR）可用计算机或专用小型计算器计算，也可用内插法计算。内插法求解 r（IRR）时，必须先进行试算，即选定 r_1 和 r_2 两个贴现率代入上式分别计算净现值，一个使 NPV（r_1）为正值，另一个使 NPV（r_2）为负值，说明内部收益率在这两个贴现率之间，然后用内插法求出 r。

内部收益率是矿床经济评价的重要指标。计算出内部收益率后，将其与基准收益率相比较，大于基准收益率，经济效益好。目前我国尚无统一的基准收益率指标，不同矿山可参考下列数值：黑色金属矿山 8％～10％，有色金属矿山 8％～12％，贵金属矿山 10％～15％，化工矿山 7％～10％。

6. 动态投资回收期

动态投资回收期是在考虑投资利息的情况下，回收全部投资所需的时间。净现值累计由负值变为零的时点，即为项目的投资回收期。计算公式为：

$$T = \frac{-\lg\left(1 - \dfrac{J_x \cdot i}{A}\right)}{\lg(1+i)}$$

式中　T—动态投资回收期（年）；

　　　A—投产后年可用于偿还本息的资金额（万元）；

　　　J_x—矿山建设投资的现值（万元）；

　　　i—年贷款利率（％）。

三、不确定性分析

前述的经济评价方法和指标都是在假设完全确定的情况下求得的，对矿山生产项目而言，由于储量和平均品位需要估算，矿产需求与价格需要预测，以及政策和经营方面的原因，可能产生较其他行业大得多的不确定性，尽管有时每个因素的不确定性可能不大，但它们的累积影响往往很大，因此需要进行不确定性分析，以预测项目开发者可能承担的风险，确定项目的可靠性。

不确定性分析包括盈亏平衡分析、敏感性分析，简述如下：

1. 盈亏平衡分析

盈亏平衡点是企业盈亏的分界点，在盈亏平衡点上，企业的收入与支出相等。盈亏平衡点分析就是通过改变对矿山开发效益影响较大的矿石价格、成本和产量等因素，引起盈亏平衡点移动的方法来分析其不确定性。采用这种方法可以确定企业在某一市场价格和生产能力水平时的盈利情况。当它们的关系均为线性关系时，称为线性盈亏平衡点分析。

2. 敏感性分析

所谓敏感性分析就是研究对经济评价起作用的各个因素发生变化的时候，对矿山开发经济效益的影响程度，也就是研究反映矿床经济效益的指标（例如投资收益率、投资回收期或净现值等），随其影响因素（例如储量、品位、售价、成本、产量和投资等）的不同而变化的规律。敏感性的强弱，是指经济效益指标对其影响因素的敏感程度大小。如果某种影响因素不太大的变化，就使经济效益指标发生较大的变化，则说明经济效益指标对这种因素敏感性强，灵敏度大。因此，敏感性分析也称敏感度分析或灵敏度分析。

敏感性分析是矿床经济评价中常用的一种不确定性分析方法。通过敏感性分析，可以掌握每个因素的变化与经济效益的关系，了解其中的规律和数量关系，找出影响矿床经济价值和经济效益的有利因素和不利因素，以及影响矿山开发经济效益的最关键因素，从而为决策者和经营者提供科学依据。

第 三 篇
地 矿 工 作 理 论 与 方 法

地矿工作是国民经济和社会发展的基础性和先行性工作

区域地质调查是地质找矿的基础和前提

矿产预查、普查、详查和勘探是找矿工作的四大阶段

专业地质勘查工作分为水、工、环、物、化、遥

矿山地质工作可为矿山企业提供技术支撑和接续资源

"3S"技术是数字地球的技术基础和核心

地质工作服务社会的新领域逐渐扩大

第一章　地质调查

第一节　概　述

地质调查，泛指一切以地质现象（岩石、地层、构造、矿产、水文地质、地貌等）为对象，以地质学及其相关科学为指导，以观察研究为基础的调查工作。根据工作重点的不同，可分为区域地质调查、矿产地质调查等。

一、工作程序

地质调查工作，虽然整体上是连续的，但一般应遵循立项论证、设计编审、组织实施、野外验收、报告编审五个程序。

（一）立项论证

由主管部门组织专家对立项建议书所选项目的合理性与技术经济可行性进行论证，并下达地质调查任务书。

立项建议书的内容一般包括：项目名称、目的任务、立项依据、以往地质工作研究程度、工作区范围、拟采用的技术方法和手段、主要实物工作量、经费预算、预期成果与效益分析、质量保证与组织管理措施及附（插）图附件等。

（二）收集资料和设计编审

充分收集和综合工作区前人已有的地质、矿产、物探、化探、遥感等资料，进行地质踏勘和航片、卫片的地质解译，编写工作设计。设计书编写要求简明扼要、重点突出、简详合适。设计编写的工作程序包括：确定任务、资料收集、现场踏勘、设计编制等。

设计编写完毕要上交主管部门或业主审批，只有经过批准后才能具体实施。

（三）组织实施

主要内容包括：各类地质剖面的测制和研究，系统的路线地质填图及矿产调查，为配合地质填图而开展的物探测量、化探测量、少量工程，各类样品的采集等。

调查工作的组织与实施必须严格按照设计进行。在实施过程中要协调好各项工作，取全、取准基础资料，加强质量监控和综合研究，发现问题及时处理，必要时可根据实际情况修改设计，涉及重大问题要报原审批单位批准。

（四）野外验收

地质调查野外工作结束前，应按照有关规范和设计的要求，由投资人或勘查单位上级主管部门组织，对工作区的工作程度和第一手资料的质量进行野外检查验收。检查验收中发现的重大问题，应责成工作单位在报告编写前解决。未经野外验收，不应进行报告编写。

（五）报告编制、审批和资料汇交

地质调查的最终资料整理应在野外工作全部完成，各种原始资料已经过初步整理，并经主管部门组织野外验收通过，或者已按验收意见做过野外补充工作后进行。此阶段应对所获资料进行系统整理和综合研究，编制各种成果图件。报告编写工作必须在取全、取准第一性资料并符合相应规定的工作程度基础上进行；报告要做到客观、真实、全面反映工作成果；报告内容要讲究针对性、实用性和科学性，重点突出、内容清晰、结论明确。

调查报告编制完成应按有关规定呈报上级主管部门审批，批准后的报告及相关资料才可进行复制印刷并汇交到相关部门。

二、工作方法与技术

地质调查方法主要有：地质测量法、砾石找矿法、重砂测量法、地球化学测量法、地球物理测量法、遥感遥测法、探矿工程法等。

（一）地质测量法

地质测量是根据地质观察研究，将区域或矿区的各种地质现象客观地反映到相应的平面图或剖面图上。

地质测量的比例尺大小反映区域地质调查工作的精度，一般比例尺越大，工作越详细。按比例尺的大小，区域地质调查可分为小比例尺（1∶1 000 000～1∶500 000）、中比例尺（1∶250 000～1∶50 000）和大比例尺（1∶10 000 或更大）等三种类型。

1. 小比例尺（1∶1 000 000～1∶500 000）地质测量

小比例尺地质测量是一项综合性的找矿工作，主要目的是确定找矿工作布局。一般在地质上的空白区或研究程度较低地区进行，或者是为了获得系统全面的基础地质矿产资料。在局部曾进行过较大比例尺地质测量的地区，也可进行已有资料的整理汇编，并适当进行野外补充编集成图。具体任务是：

（1）系统查明区域地层、岩石、地质构造特征，阐明区域构造演化历史。

（2）系统收集区域矿产情报及矿点资料，对其中典型的、有意义的矿点进行检查评价，阐明区域一般成矿特点。

（3）根据区域地质特征及成矿作用，分析该区的找矿地质条件及成矿标志，指出今后进一步工作的性质，拟定找矿工作布局。

2. 中比例尺（1∶250 000～1∶50 000）地质测量

一般是根据小比例尺地质测量，或根据已有地质矿产资料所确定的成矿远景地段，以及已知矿区外围，开展中比例尺地质测量。具体任务是：

（1）查明区域成矿地质条件、控矿因素、成矿标志，总结成矿规律，进行成矿预测，提出进一步找矿的有利区段。

（2）对已发现的矿点进行检查评价，对其中远景较大者进行较详细的工作，并做出较确切的评价，明确是否进行详查或勘探。

（3）对区域内在地表露出的矿点及矿体进行调查，并对其深部的含矿前景进行评价，工作中可配合物探、化探、钻探等其他方法，必要时可采用少量地表工程进行揭露。

3. 大比例尺（1:10 000 或更大）地质测量

大比例尺地质测量是在矿区范围内开展的精度较高的地质测量工作。具体任务是：

（1）详细查明矿区内矿床形成的地质条件及矿化标志，特别要查明具体的控矿因素，如控矿构造的类型及性质，控矿岩体赋存矿体的有利部位等。

（2）总结矿化规律，提出矿产勘查的具体准则，明确寻找矿体的具体地段。

（3）对已知矿床进行深入细致解剖，研究矿床的矿化类型、控矿因素、矿床形成机制，从矿床的浅部地质特征予以揭露研究，对深部含矿前景进行定性及定量预测。

（4）结合其他各种技术方法所获得的信息，在矿区范围内开展隐伏矿体的勘查。

随着各种勘查技术手段的应用及提供的资料越来越多，地质测量工作效率大大提高，研究的范围及深度不断扩大，一些国家已进行立体地质测量，研究深度可达500 m。

（二）砾石找矿法

矿体露头风化后所产生的矿砾或与矿化有关的岩石砾石，在重力、水流、冰川的搬运下，散布的范围大于矿床的分布范围。根据这种原理，沿山坡、水系或冰川活动地带研究和追索，进而寻找矿床的方法，称砾石找矿法。

按矿砾（岩砾）的形成和搬运方式，砾石找矿法可分为河流碎屑法和冰川漂砾法。

（三）重砂测量法

重砂测量是以各种疏松沉积物中的自然重砂矿物为主要研究对象、以解决与有用重砂矿物有关的矿产及地质问题为主要内容、以重砂取样为主要手段、以追索寻找砂矿和原生矿为主要目的的一种地质找矿方法。

1. 重砂矿物异常的形成及其分布

矿源母体暴露地表后，经物理风化作用，形成碎屑物质，进一步机械分离促使其中的单矿物分离出来。在长期的地质作用过程中，由于各单矿物的稳定性不同，有些被淘汰，有些被保留下来。其中部分稳定的重砂矿物保留分散在原地附近，部分受地表流水及重力作用，以机械搬运的方式沿地形坡度迁移到坡积层，形成高含量带，与原残积层一同组成重砂矿物的异常分布；另外，尚有部分矿物颗粒进一步迁移到沟谷水系中，由于水流的搬运和沉积，使之在冲积层中形成高含量带，称之为重砂矿物异常。因此，重砂矿物异常的分布范围较矿源母体大得多，较易被发现，成为重要的直接找矿标志。重砂矿物异常的分布规律是：

（1）重砂矿物异常的形态与矿源母体的形态、产状及其所处的地形位置有直接关系。等轴状矿体所形成的异常呈扇形；脉状及层状矿体顺地形等高线斜坡分布，则形成梯形的重砂矿物异常；矿体若与地形等值线垂直，则形成狭窄的扇形重砂矿物异常。

（2）重砂矿物异常中重砂矿物含量与其迁移距离有直接关系。即距矿源母体较近，重砂矿物含量高；距矿源母体较远，则重砂矿物含量低。据此可追索寻找原生矿源体。此外，对于重砂矿物异常，重砂矿物含量尚与坡积层厚度有关，当坡积层厚度小于 5 m 时，重砂矿物含量由地表向下逐渐增高。

（3）重砂矿物异常中重砂矿物的粒度及磨圆度与其原始的物理性质及迁移距离有关。矿物稳定性越强，迁移距离越小，则矿物颗粒大，磨圆度差，呈棱角状；反之，粒度小，呈浑圆状。

2. 重砂测量样品采集

重砂取样是重砂测量的重要环节，取样质量的好坏直接影响重砂测量的效果。根据重砂取样的种类、目的、任务及地形地貌特征，重砂取样总体布置方法分为三种。

（1）水系法。是目前应用最广的一种重砂取样布置方法。通常对调查区二级以上水系进行取样。样点的布置可依据下述原则：

①大河稀，小河密，同一条水系则上流密，下流稀，越近源头，取样密度越大。

②河床坡度大，跌水崖发育，流速大、流量小的溪流，应密，反之应较稀。

③主干溪流的两侧支沟发育且对称性好，则样点可放稀，反之应加密。

④垂直岩层主要走向的溪流应密，而平行岩层主要走向的溪流可放稀。

⑤对矿化、围岩蚀变发育地段，岩体接触带，岩性发生重大变化处的溪流冲积层，应加密取样。

水系法取样间距可根据不同河流的级别确定（表 3 - 1 - 1）。

表 3 - 1 - 1　　　　　　　　　　　不同长度的河流中重砂取样间距

河流长度/km	沟谷性质	取样间距/m
<3	冲沟、切沟	200 ~ 300
3 ~ 10	小溪	300 ~ 400
10 ~ 20	小河	400 ~ 500
>20	大河	500 ~ 700

（2）水域法。是按汇水盆地中各级水流的发育情况进行布样。取样前应对汇水盆地的水域进行划分，然后将取样点布置在各级水域中主流与支流汇合处的上游，以控制次级水域中有用矿物含量和矿物组合特征。

取样时应逆流而上，对各级水域逐一控制，对没有出现有用矿物的水域逐个剔除，对出现有用矿物的水域逐级追索，直至最小水域，达到追索寻找矿源母体的目的。水域取样每个样品的控制面积因地质构造复杂程度和地貌条件而异：地质构造复杂成矿有利地段，四级支流和微冲沟，每个样品控制面积在 $1.5 ~ 2 \ km^2$；地质条件中等地区，三级支流，每个样品控制面积为 $3 ~ 4 \ km^2$；地质条件简单地区，每个样品控制面积 $5 ~ 8 \ km^2$（图 3 - 1 - 1）。

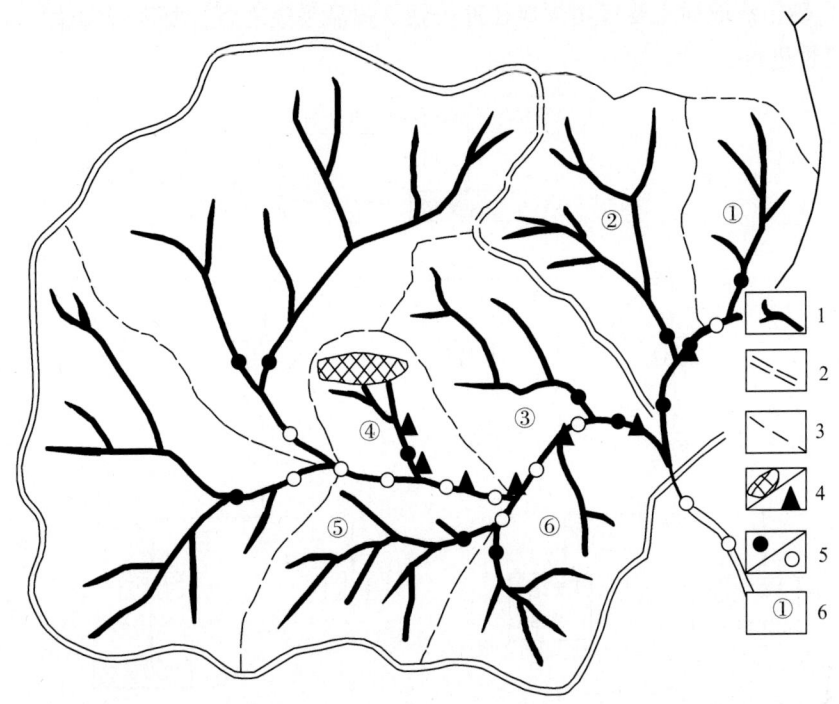

图 3 - 1 - 1　水域划分及采样点分布示意图（据长春地质学院找矿教研室，1979）

1—河流；2—三级水域界限；3—四级水域界限；4—矿体；5—最小水域法采样点/水系法
等距离采样点；6—水域编号

（3）测网法。以重砂取样线距和点距组成纵横交叉的网格，样点布在"网格"的
结点上，以圈定有用矿物的重砂矿物异常，进而寻找原生矿床，或者为了对砂矿进行勘
查，从而进行远景评价。取样时线距应小于晕长的一半，点距应小于晕宽的一半。因重
砂样品采取的对象不同，可采用以下几种方法：

①浅坑法。以冲积物、坡积物和残积物为采取对象，以寻找原生矿床为主要目的。
目前多采用在一个取样点运用"一点多坑法"的方式进行采样，以增强样品的代表性。
取样深度视取样对象而定，冲积层取样深度 20 ~ 50 cm；坡积层取样深度可在腐殖层以
下 20 ~ 50 cm；残积层取样深度决定于残积层厚度，样深均应达到基岩顶部。取样原始
重量要求为 20 ~ 30 kg，以保证获得 20 g 灰砂为准。

②刻槽法。主要用于阶地重砂取样，在阶地剖面上进行。首先取表面的松散物质，
然后从顶部到基岩垂直其厚度，以 50 cm 长的样槽按层分段连续取样，样槽规格以保证
取得一定数量的原始样品重量为准。

③浅井法。冲积层、坡积层、残积层及阶地等松散沉积物厚度较大时采取的取样方
法，目的是勘查现代砂矿或古砂矿。在浅井施工过程中，用刻槽、剥层或全巷法采集样
品。其中剥层法应用较多，它是沿砂矿可采部位将整个剖面取样，开采时沿掌子面取
样。剥层规格为：深度 5 cm、10 cm、15 cm、20 cm 不等，宽度一般为0.5 ~ 1 m。

④砂钻法。在松散物很厚时采用，主要用于砂矿勘查。将钻孔中所取得的砂柱作为
样品，样品长 0.2 ~ 1 m，视具体矿产种类而定。例如，砂金矿 0.2 ~ 0.5 m，砂锡矿

0.5~1 m。砂钻法取样主要运用大口径冲击钻。样品采集之后，要进行淘洗，一般按图3-1-2流程进行。

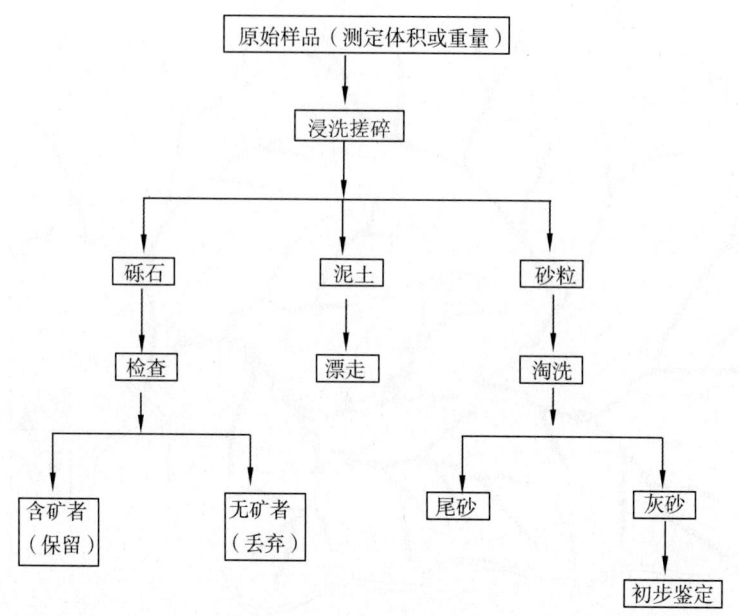

图 3-1-2　样品淘洗流程

3. 重砂测量成果图件

根据重砂样品的详细鉴定结果，按矿种或矿物组合以不同方式编制成图，结合地质地貌特征，圈定重砂矿物异常区，编绘重砂成果图。重砂成果图是重砂测量的最终成果，是进行重砂矿物异常分析评价的依据。重砂成果图要求：反映重砂矿物的分布规律；反映工作区地质特征，如成矿地质条件、控矿因素、成矿标志及矿化特征；反映工作区地形地貌特征；圈定重砂矿物异常区，对异常区进行评价和检查；圈定成矿有利地段，甚至追索寻找矿源母体以达到找寻砂矿及原生矿体的目的。重砂成果图的底图应选用同比例尺或较大比例尺的地形地质图或矿产地质图。

重砂成果图表示方法有圈式法、符号法、带式法和等值线法四种。

4. 重砂矿物异常区的评价

目前常从以下几方面评价异常区：有用矿物含量、矿物共生组合、矿物标型特征、重砂矿物搬运的可能距离、重砂矿物空间分布特征以及异常区地质地貌条件等。

（1）有用矿物含量。是评价异常区的基本依据，代表重砂矿物异常的强度：连续的高含量点的出现，表明异常不是偶然的，由矿化引起的可能性极大；而那些孤立高含量点则很可能是由偶然因素引起的。考虑高含量时必须研究一切可能影响含量的因素：矿源母体中的该矿物含量特征、取样处疏松沉积物类型、取样点所处的地质条件和地貌特征、矿床类型和产状等。

（2）重砂矿物标型特征。可反映矿物及其"母体"形成时物理和化学条件，表现在形态、成分、物理性质、化学性质、晶体结构等方面的特点。重砂矿物的标型特征对评价异常区具有特殊意义，它可提取一些难得的成矿信息，特别对判断原生矿床的成因类型能提供更可靠依据。

（3）重砂矿物共生组合。从找矿角度出发，利用重砂矿物共生组合，可分辨真假异常及作为找矿标志，还可利用重砂矿物共生组合判断原生矿的成因类型。

（4）重砂矿物搬运的距离。分析重砂矿物搬运的距离，对于确定原生矿床的位置及评价砂矿床具有重要意义。影响重砂矿物搬运距离的因素，一方面是重砂矿物的稳定程度，另一方面是迁移环境。根据经验数据，锡石砂矿距原生矿床一般不超过 $5 \sim 8km$，自然金搬运距离可达数百千米，但具工业意义的砂金矿富集在距原生矿床不远的地方。在判断重砂矿物搬运距离时，必须注意其磨圆度及矿物的形态特征。

（5）重砂矿物空间分布特征。重砂矿物的空间分布严格受区内各地质体控制。在进行异常区评价时，应将重砂矿物的分布与成矿的地质、地貌条件联系起来，以便追索寻找原生矿。

重砂矿物异常检查的目的在于分析引起"异常"的原因，对"异常"的找矿意义作出评价，具体做法有以下几种：

①对异常区加密重砂取样，取样密度视工作目的要求确定，可以为 $20\ m \times 50\ m$，$50\ m \times 100\ m$，也可以 $100\ m \times 100\ m$。

②为了查清有用矿物的矿源母体，对异常区的各种岩石和矿化蚀变等地质体，采取一定数量的人工重砂样品。

③残坡积层的重砂取样，当发现有用矿物的高含量带，且其粒度、形态及伴生矿物等方面都具有接近原生矿床的特征时，应在取样点附近施以剥土或槽井探工程，进而查明异常的空间分布，圈定原生矿体的范围。

经过调查研究判断是由矿体或与矿体有关的地质体所引起的异常时，应对此有希望地段以必要的钻探或坑探工程进行揭露、验证，查明有用矿物在垂直方向上的变化规律及原生矿床的关系。

（四）地球化学测量法

地球化学测量法（又称地球化学探矿法，简称化探）以地球化学和矿床学为理论基础，以地球化学元素分布为主要研究对象，通过调查有关元素在地壳中的分布、分散及集中的规律，达到发现矿床或矿体的目的。

化探是通过系统的样品采集来捕捉找矿信息的。由于采样的介质不同，所形成的元素晕也不同：以岩石为采样对象，形成原生晕；以土壤为采样对象，形成次生晕；以河流底部沉积为采样对象，形成分散流；以气体为采样对象，形成气晕；以植物为采样对象，形成生物化学晕等。

化探的种类及应用见表 3 - 1 - 2。

表 3 - 1 - 2　　　　　　　　　　化探方法的应用及地质效果表

方法	研究寻找的矿种	采样对象	应用范围	应用效果和实例
岩石测量	铜、铅、锌、锡、钨、钼、汞、锑、金、银、铬、镍、铀、锂、铌	岩石、古废石堆、断裂碎屑物等	区域地质测量、矿产普查、含矿区评价、矿床勘查、矿山开发	研究地球化学省、指导探矿工作掘进、寻找盲体或追索矿体、评价地质体的含矿性均取得良好效果（如青城子铅矿）
土壤测量	能寻找的矿种较多，对有色和稀有金属铜、铅、锌、铅、锑、汞、钨、锑、钼、镍、钴、贵金属金、银，黑色金属铬、锰、钒，以及某些非金属（磷）等矿种均可采用	残坡积层土壤、矿帽	矿产普查、含矿区普查广泛应用；配合 1∶20万、1∶5万、1∶1万、1∶2 000地质填图进行	多目标地球化学扫面寻找松散层覆盖下的矿体是一种有效的方法，有时寻找盲矿体也有效（广西某队应用此法发现一个大型钼钒矿）
水系沉积物测量（分散流）	铜、铅、锌、钨、锡、钼、汞、锑、金、银、铬、镍、钴、锂、铷、磷等，也可寻找铌、钽、铍等稀有金属矿床	水系沉积物、淤泥等	配合 1∶20 万 ~ 1∶25 万区调或化探，方法简单，效率高，是目前区域化探的主要方法	近年来应用于区域地质填图和矿区外围找矿，取得显著成绩（广东河台金矿就是用此法发现的）
水化学测量（水化学）	目前仅限于寻找硫化物多金属矿，如铜、铅、锌、钼、镍、钴、汞、盐类、石油、天然气及铀矿	水（泉水、地下水、井水等）	气候比较潮湿，地下水露头条件良好，水文网密度大，而水量小的地区最适用	能指示埋藏较深的盲矿床，在切割强烈的山区，找矿深度可达 200 m（如江西钾盐矿床普查中起了特别重要的作用）
生物测量	含铜、铅、锌、钴、钼、镍、钒、铀、锶、钡等元素的矿	以草本植物或木本植物的叶为主	适用于大比例尺勘查找矿	能发现的矿化深度较深，通常能发现深11 ~ 15 m 的矿体，在特别有利的条件下能发现深50 m的矿体
气体测量	寻找石油、天然气、放射性元素及含挥发分的各类矿床，如汞、金、铜、铅、锌、锑、铋、钛、铀、钾盐、硝酸盐等	地面空气、土壤中气体、空气中微尘	地面空气测量对大、中比例尺普查找矿均可采用，土壤中气体测量在含矿区找矿可广泛采用	地面空气测量对大、中比例尺普查找矿能反映出矿床或矿带；土壤中气体测量能圈出矿体大致位置（如白银厂黄铁矿型铜矿）

（五）地球物理测量法

地球物理测量法又称地球物理探矿法（简称物探）。物探是通过研究地球物理场或某些物理现象，如地磁场、地电场、重力场等，以推测、确定欲调查的地质体的物性特征及其与周围地质体之间的物性差异（物探异常），进而推断调查对象的地质属性，结合地质资料分析，达到发现矿床（体）的目的。

　　物探的适用面非常广泛，几乎可应用于所有的金属、非金属、煤、油气、地下水等矿产资源的勘查工作中。与其他找矿方法相比，物探的一大特长是能有效、经济地寻找隐伏矿体和盲矿体，追索矿体的地下延伸，大致圈定矿体的空间位置等。在大多数情况下，物探不能直接找矿，仅能提供间接的成矿信息，供勘查人员分析和参考；但在某些特殊情况下，如在地质研究程度较高的地区，用磁法寻找磁铁矿床，用放射性测量找寻放射性矿体，可以作为直接的找矿手段进行此类矿产的勘查工作。

　　当前找矿对象主要为地下隐伏矿床及盲矿体，物探的应用日益受到人们的重视，这也促使物探本身的迅速发展。据地质体的物性特征发展了众多具体的物探方法。物探的实施途径也从单一的地面物探发展到航空物探、地下（井中）物探及水中物探等。探测深度也从 $n \times 10$ m 发展到目前 $n \times 1\,000$ m（大地电磁法）。

　　地球物理测量的方法有以下几种：

　　（1）重力勘探。是利用组成地壳的各种岩体、矿体的密度差异所引起的重力变化而进行地质勘探的一种方法。

　　（2）磁法勘探。自然界的岩石和矿石具有不同磁性，可以产生各不相同的磁场，它使地球磁场在局部地区发生变化，出现地磁异常。利用仪器发现和研究这些磁异常，进而寻找磁性矿体和研究地质构造的方法称为磁法勘探。

　　（3）电法勘探。是根据岩石和矿石电学性质（如导电性、电化学活动性、导磁性和介电性，即所谓"电性差异"）找矿和研究地质构造的一种方法。

　　（4）地震勘探。是利用人工激发的地震波在弹性不同的地层内传播规律勘测地下的地质情况。在地面某处激发的地震波向地下传播时，遇到不同弹性的地层分界面就会产生反射波或折射波返回地面，用专门的仪器可以记录这些波，分析所得记录的特点，如波的传播时间、震动形态等，通过专门的计算或仪器处理，能够准确地测定界面的深度和形态，判断地层的岩性，勘探含油气构造甚至直接找油，勘探煤田、盐岩矿床、个别的层状金属矿床以及解决水文地质工程地质等问题。

　　（5）测井。是在钻孔中使用的地球物理勘探方法的通称。根据所利用的岩石物理性质不同，可分为电测井、放射性测井、磁测井、声波测井、热测井和重力测井等。根据地质和地球物理条件，合理地选用综合测井方法，可以详细研究钻孔地质剖面、探测有用矿产、详细提供估算储量所必需的数据。

　　（6）放射性物探。又称"放射性测量"，是放射性地球物理勘探的简称。是根据放射性射线的物理性质，利用专门的仪器，如辐射仪、射气仪等，通过测量放射性元素的射线强度或射线浓度来寻找放射性元素矿床的一种物探方法。同时，也是寻找与放射性元素共生的稀有元素、稀土元素以及多金属元素矿床的辅助手段。具体方法有：地面 γ 测量、航空 γ 测量、辐射取样、γ 测井、射气测量、径迹测量和物理分析等。

　　（7）红外探测。是通过波动式的红外仪器，接受地表辐射的红外能，探测地球资源的方法。各种物质由于其成分、结构以及所处的地质条件不同，自身的温度与辐射特性也不同，可反映出不同的红外图像。对红外图像进行分析，可以判别物体的成分、结构、性质以及所处的状态，从而区别物体。在飞机或宇宙飞行器上应用红外照相与红外扫描成像的方法，分别在白天和夜间接受地表的红外能，进行地球资源探测。特别是在大面积水文地质普查中，用于水文地质填图；还用于调查大地构造变动，寻找与热作用有关的矿床；用于监视火山活动、森林着火，监视水和空气的污染、植物生态变化情况等；广泛用于军事侦察。

（8）遥感找矿。是通过遥感的途径对工作区的控矿因素、找矿标志及矿床的成矿规律进行研究，从中提取矿化信息而实现找矿目的的一种技术手段。遥感找矿是一种高度综合性的找矿方法，必须与地质学原理和野外地质工作紧密结合，才能获得可靠的结论。

遥感找矿的技术路线是：以成矿理论为指导，以遥感物理为基础，通过遥感图像处理、解译以及遥感信息地面成矿模式的研究，同时配合野外地质调查及验证和室内样品分析，保证遥感找矿的有效性。

遥感找矿具有视域开阔、经济快速、易于正确认识地质体全貌、对地下及深部成矿地质体特征具一定的"透视"能力的特点，并能多层次（地表、地下）、多方面（地质、矿产）获取成矿信息。

遥感找矿是现代高新技术在矿产勘查领域内应用的直接体现：从地质体物理信息的获取、数据处理和判译，直到最后形成各种专门性的成果性图件，整个过程涉及现代光学、电学、航天技术、计算机技术和地学领域内的最新科技成果。因此，与传统的找矿方法相比，遥感找矿具有明显的优势和发展前景。

但最需要强调的是，迄今为止，遥感找矿并不是一种直接的找矿方法，其获取的信息多是间接的地矿化信息，在矿产勘查工作中，必须与其他找矿方法相配合，才能最终发现欲找寻的矿产。

（六）探矿工程法

探矿工程是一种主要的勘探技术手段，其最大的优点在于可以直接验证或观察矿体或地质现象。特别是坑探工程，人员可以进入地下，对矿体进行直接的观察、编录和取样，而钻探工程除探测深度大外，仍可以通过岩心对矿体进行观察、描述和取样分析，无论是坑探或钻探都是一种直接探矿方法，是目前其他方法所不能代替的。

探矿工程可分为两大类，即坑探工程和钻探工程。坑探工程又分为地表坑探工程（剥土、槽探、浅井），又称轻型山地工程；地下坑探工程（穿脉、沿脉、斜井等），又称重型山地工程（包括钻探）。

1. 坑探工程

坑探工程指在岩土中挖掘坑道，以便勘查揭露矿体或者进行其他地质勘查工作。坑探工程据其使用的条件和作用可以分为如下主要类型：

（1）探槽（TC）。是在地表挖掘的沟槽形的坑道，其横断面为倒梯形，深度一般小于 3 m。施工时要求槽底深入基岩大于 0.3 m，槽底宽 0.6～0.8 m，槽口宽度取决于松散沉积物的稳定性、含水情况以及探槽深度。探槽施工简便，成本较低，故被广泛应用。探槽施工的目的是：揭露各种地质现象，特别是了解不同地质体的接触关系，确定地质界线；了解各种地质体沿厚度方向的变化情况。

（2）浅坑（QK）。是一个方形或不规则形状、挖掘深度一般不超过 1 m 的坑穴。施工目的是揭露厚度小于 1 m 的松散沉积物掩盖下的各种地质现象，或是为了采取样品。有时在地形条件允许情况下，只将松散沉积物挖掉，称为剥土。

（3）浅井（QJ）。是从地表沿铅垂方向向下挖掘，深度和断面较小的一种探矿坑道。断面一般为长方形，断面面积 1.2 ~ 2.2 m^2，深度一般不超过 20 m。水平断面为圆形的浅井称小圆井，其断面直径 0.8 ~ 1 m，深度一般不超过 5 m。浅井施工目的是了解厚度大于 3 m 小于 5 ~ 20 m 松散沉积层掩盖下的基岩、地质、矿产情况和采集样品。当被揭露的矿体厚度较大或倾角很陡时，或者是一组平行分布的矿体时，还可以挖掘带叉浅井（即在浅井底部再继续挖掘垂直于矿体走向的水平坑道），如图 3 - 1 - 3 所示。

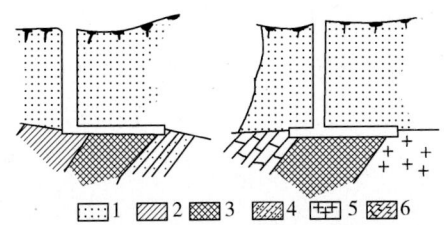

图 3 - 1 - 3 带叉浅井示意图
1—腐殖层及浮土；2—页岩；3—砂岩；4—灰岩；5—花岗岩；6—矿体

（4）坑道（KD）。主要用于揭露地下一定深度范围内的矿体或地质体，由于成本高，施工困难，多用于矿床勘探阶段，在使用时应考虑矿床开采的需要。坑道的类型有如下 7 种：平硐（PD），从地表向矿体内部掘进的水平坑道，断面形状为梯形和拱形；石门（SM），在地表无直接出口与含矿岩系走向垂直的水平坑道；沿脉（YM），在矿体中沿走向掘进的地下水平坑道；穿脉（CM），垂直矿体走向并穿过矿体的地下水平坑道；竖井（SJ），直通地表且深处和断面都较大的垂直向下掘进的坑道；斜井（XJ），在地表有直接出口的倾斜坑道；暗井（AJ），在地表设有直接出口的垂直或倾斜的坑道。地下坑探工程是在地下深部掘进的一些坑道，如：竖井、平硐、穿脉、沿脉暗井、天井、上山、下山等（图 3 - 1 - 4）。

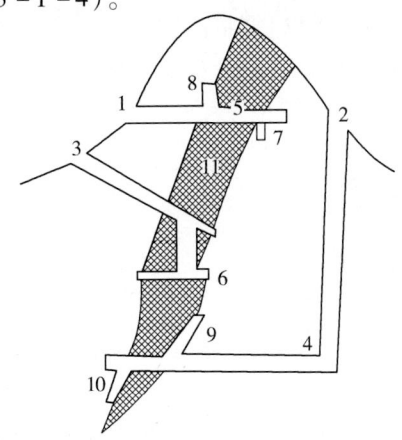

图 3 - 1 - 4 地下坑道
1—平硐；2—竖井；3—斜井；4—石门；5—沿脉；6—穿脉；
7—暗井；8—天井；9—上山；10—下山；11—矿体

2. 钻探工程

钻探工程通过钻探机械向地下钻进钻孔，从中获取岩心、矿心，借以了解深部地质构造及矿体的赋存变化规律。钻探工程是主要的矿产勘查手段。

（1）浅钻。垂直钻进的浅型钻，其钻进深度在 100 m 之内，用以勘查埋深较浅的矿体。当涌水量大而无法用浅井勘探时，采用浅钻在矿点检查及物探、化探异常的验证时经常使用。

（2）岩心钻。是机械回转钻，备用一整套的机械设备如钻塔、钻机、水泵、柴油机或电动机、钻杆及套管等。用以深度较大的矿体，可垂直钻进，也可倾斜钻进。

（七）数字地球与 "3S" 技术

"3S" 技术及其集成是地球空间信息科学的技术体系中最基础和基本的技术核心，而地球空间信息科学又是数字地球的核心。所以，也可以说 "3S" 技术是数字地球的核心的核心。

1. 数字地球

数字地球是以计算机技术、多媒体技术和大规模存储技术为基础，以宽带网络为纽带，运用海量地球信息，对地球进行多分辨率、多尺度、多时空和多种类的三维描述，并利用它作为工具来支持和改善人类活动和生活质量。简要地讲，是对真实地球及其相关现象统一的数字化重现和认识。通俗地讲，就是用数字的方法将地球、地球上的活动及整个地球环境的时空变化装入电脑中，实现在网络上的流通，并使之最大限度地为人类的生存、可持续发展和日常的工作、学习、生活、娱乐服务。

数字地球的核心是用数字化的手段来处理整个地球的自然和社会活动诸方面的问题，最大限度地利用资源，并使普通百姓能够通过一定方式方便地获得他们所想了解的有关地球的信息。其特点是嵌入海量地理数据，实现多分辨率、三维对地球的描述，即 "虚拟地球"。

要在电子计算机上实现数字地球，需要诸多学科，特别是信息科学技术的支撑。这其中主要包括：信息高速公路和计算机宽带高速网络技术、高分辨率卫星影像、空间信息技术、大容量数据处理与存储技术、科学计算以及可视化和虚拟现实技术。

2. "3S" 技术

"3S" 技术是全球定位系统（GPS），地理信息系统（GIS）和航空航天遥感技术（RS）的统称。没有 "3S" 技术的发展，现实变化中的地球是不可能以数字的方式进入计算机网络系统的。

（1）空间定位技术。空间定位技术主要有美国的全球定位系统（GPS）、俄罗斯的 "格洛纳斯" 定位系统（GLONASS）、我国的 "北斗" 卫星导航系统（BDS）和欧盟的伽利略定位系统（GALILEO）等。

GPS 作为一种目前全球应用最广泛的现代定位方法，已在越来越多的领域取代了常规光学和电子仪器。20 世纪 80 年代以来，GPS 卫星定位和导航技术与现代通信技术相结合，在空间定位技术方面引起了革命性的变化。应用 GPS 空间定位技术同时测定三维坐标的方法将测绘定位技术从陆地和近海扩展到整个海洋和外层空间，从静态扩展到动态，从单点定位扩展到局部及广域差分，从事后处理扩展到实时（准实时）定位与导航，从绝对精度和相对精度扩展到米级、厘米级乃至亚毫米级精度，大大拓宽了它在全球的应用范围。

北斗卫星导航系统（BDS）是中国自行研制的全球卫星定位与通信系统，是继美国全球定位系统（GPS）和俄罗斯"格洛纳斯"（GLONASS）之后第三个成熟的卫星导航系统。2012年12月27日，北斗系统空间信号接口控制文件正式版正式公布，北斗导航业务正式对亚太地区提供无源定位、导航、授时服务，已经对东南亚实现全覆盖。系统由空间端、地面端和用户端组成，可在全球范围内全天候、全天时为各类用户提供高精度、高可靠的定位、导航、授时服务，并具短报文通信能力，已经初步具备区域导航、定位和授时能力，定位精度10 m，测速精度0.2 m/s，授时精度10 ns。北斗卫星导航系统与其他三个定位系统一样，已经成为联合国卫星导航委员会认定的供应商，到2020年将建成由5颗静止轨道卫星和30颗非静止轨道卫星组网形成的全球卫星导航系统，届时将形成覆盖全球的空间定位、导航和授时服务能力。

（2）航空航天遥感（RS）技术。当代遥感的发展主要表现在它的多传感器、高分辨率和多时相特征。遥感信息的应用分析已从单一遥感资料向多时相、多数据源的融合与分析，从静态分析向动态监测过渡，从对资源与环境的定性调查向计算机辅助的定量自动制图过渡，从对各种现象的表面描述向软件分析和计量探索过渡。近年来，由于航空遥感具有的快速机动性和高分辨率的显著特点使之成为遥感发展的重要方面。

（3）地理信息系统（GIS）技术。随着"数字地球"这一概念的提出和人们对它的认识的不断加深，从二维向多维动态以及网络方向发展是地理信息系统发展的主要方向，也是地理信息系统理论发展和诸多领域的迫切需要，如资源、环境、城市等。在技术发展方面，一个发展是基于Client/Server结构，即用户可在其终端上调用在服务器上的数据和程序。另一个发展是通过互联网络发展InternetGIS或Web－GIS，可以实现远程寻找所需要的各种地理空间数据，包括图形和图像，而且可以进行各种地理空间分析，这种发展是通过现代通讯技术使GIS进一步与信息高速公路相接轨。另一个发展方向，则是数据挖掘（DataMining），从空间数据库中自动发现知识，用来支持遥感解译自动化和GIS空间分析的智能化。

（4）"3S"集成技术。"3S"集成是指将上述三种对地观测新技术及其他相关技术有机地集成在一起。这里所说的集成，是英文Intergration的中译文，是指一种有机的结合，在线的连接、实时的处理和系统的整体性。GPS，RS，GIS集成的方式可以在不同技术水平上实现。"3S"集成包括空基"3S"集成与地基"3S"集成。

空基"3S"集成：用空—地定位模式实现直接对地观测，主要目的是在无地面控制点（或有少量地面控制点）的情况下，实现航空航天遥感信息的直接对地定位、侦察、制导、测量等。

地基"3S"集成：车载、舰载定位导航和对地面目标的定位、跟踪、测量等实时作业。

3. 数字地球的应用

在人类所接触到的信息中，有 80% 与地理位置和空间分布有关，地球空间信息是信息高速公路上的货和车。数字地球不仅包括高分辨率的地球卫星图像，还包括数字地图，以及经济、社会和人口等方面的信息。

数字地球可以应用于社会经济、政治、文化、军事、科学、生活等各个方面。在计算机中利用数字地球可以对全球变化的过程、规律、影响以及对策进行各种模仿和仿真，从而提高人类应付全球变化的能力；可以广泛地应用于对全球气候变化、海平面变化、荒漠化、生态与环境变化、土地利用变化的监测；可以对社会可持续发展的许多问题进行综合分析和预测；可以用于现代化战争，加强国防建设；可以为科学家特别是地学家提供更好的服务，地壳运动、地质现象、地震预报、气象预报、土地动态监测、资源调查、灾害预测和防治、环境保护等无不需要利用数字地球。

数字地球的应用将对社会各个方面产生巨大的影响。从经济方面看：国家基础建设现代化、加速我国西部开发步伐、城市可持续发展、智能化交通、绿色农业等都将成为现实，将极大地促进经济可持续发展。从人民生活方面看：房地产信息、旅游信息、商品信息等都可以放入数字地球中，让人们任意挑选，将大大提高人民生活质量。

数字地球的提出是全球信息化的必然产物，是一项长期的战略目标。数字地球的建设与发展为加快全球信息化的步伐，在很大程度上改变人们的生活方式，并创造出巨大的社会财富，为人类社会的发展做出巨大贡献。

"3S"技术作为数字地球的技术基础和核心将得到迅速发展。一方面，数字地球的研究和建设为"3S"技术的发展创造了条件，另一方面，"3S"技术的发展为数字地球的建设提供了技术支持。

第二节　区域地质调查

一、目的任务

区域地质调查是地质工作的先行步骤，又是地质工作的基础工作。它是指在选定地区的范围内，在充分研究和运用已有资料的基础上，采用必要的手段，进行全面系统的综合性的地质调查研究工作。其主要任务是，通过地质填图、找矿和综合研究，阐明区域内的岩石、地层、构造、地貌、水文地质等基本地质特征及其相互关系，研究矿产的形成条件和分布规律，为进一步的地质找矿工作提供基础地质资料。

二、工作内容和要求

区域地质调查工作的范围，一般按经纬度进行分幅，或按工作任务要求划分。

按工作的详细程度，可分为小比例尺（1∶1 000 000、1∶500 000）区域地质调查、中比例尺（1∶200 000、1∶100 000）区域地质调查和大比例尺（1∶50 000、1∶25 000）

区域地质调查。同一地区一般先进行小比例尺地质调查，然后进行大比例尺地质调查。在特殊情况下，也可按实际需要在选定地区内直接进行中比例尺或大比例尺的地质调查。

小比例尺区域地质调查指在大面积的地区内所进行的综合性地质调查研究工作。其主要任务是通过地质填图、矿产调查和综合研究，初步阐明区内的地层、岩石、构造、水文地质、地貌等地质特征，预测矿产远景，为较大比例尺的地质调查或矿产普查以及其他工作提供资料依据。

中比例尺区域地质调查主要任务是通过地质填图、矿产调查和综合研究，阐明区内的地层、岩石、构造、水文地质、地貌等地质特征，初步查明各种矿产的分布规律，指出找矿远景地区，为进一步工作提供综合性地质资料。

大比例尺区域地质调查一般是在中比例尺区域地质调查的基础上，根据需要选择有利地区所进行的综合性地质调查研究工作。其主要任务是通过地质填图、矿产调查和综合研究，系统地查明工作地区的地质特征，寻找矿产，研究成矿规律，圈定进一步详细普查的地段或提供矿床勘探基地，同时为工农业建设、国防建设、科学研究等有关部门提供详细的地质资料。

（一）区域地质调查的准备工作

区域地质调查是通过区域地质填图（测量）查明区域内地层、岩石、构造矿产、水文地质和地貌等基本特征及其相互关系；探索和查明各种矿产的成矿地质条件和分布规律，检查或重点评价矿产的赋存情况，圈出远景区或预测区，指出进一步找矿方向；为资源和环境科学提供基础性资料，为国民经济建设、国防建设和国土整治和科学研究等提供最重要的基础地质资料，为上层决策者提供理论依据。

1. 资料的搜集、整理与研究

地质调查前应系统地搜集区域内和邻区前人工作成果资料，以便对调查区内地质矿产情况获得初步了解，并结合实际情况进行去粗取精、去伪存真的综合分析研究，总结前人工作的经验教训，从而制订出合理正确的工作方案，使区域地质调查工作重点明确、针对性强，避免盲目性和少走弯路。

（1）资料收集的内容

①地形底图。区域地质调查野外工作所用地形底图的比例尺至少要比最终成果图的比例尺大一倍。例如，1∶200 000 区域地质调查使用 1∶100 000 或 1∶50 000 地形图；1∶50 000区域地质调查使用 1∶25 000 或 1∶10 000 地形图。此外，还应准备调查区四周邻幅的地形图。

②航空相片和卫星相片。航空相片、卫星相片所提供的信息对区域地质调查是非常有价值的。卫星相片拍摄的面积大，视域广阔，因而可以从宏观上反映地质现象的空间分布特征和相互关系，可以一目了然地看出调查区所处的构造环境以及构造格架的轮廓和特点，特别是对构造单元的划分，区域性线性构造和环状构造等在卫星相片上反映得异常清楚。

卫星相片具较强的透视信息效果，可以较好地反映深部特征或隐伏构造。因此，在区域地质调查工作之前，搜集和研究有关卫星相片等资料，是区域地质调查的一个重要技术手段。

卫星相片比例尺小，不能反映更多的细节，因而不能代替常规的航空地质摄影资料。因此，有关调查区的所有航空摄影资料，只要对地质矿产调查有用，均应尽可能搜集。野外用航空相片的比例尺，至少要大于地质调查比例尺一倍以上，以便于在相片上定点和圈定地质界线。

③工作成果资料。包括各种地质调查，矿产普查勘探，航空及物、化探，水文地质及其他专题科学研究等的报告，已发表或未发表的论文，图件以及有实际资料档案。顺带提出，"口头"资料也是新发现的重要线索。此外，前人在调查区内采集的矿物、岩石、古生物等标本和薄片，已有钻孔的岩心以及邻区的有关标本等实物资料，调查区内的自然地理资料、经济地理资料、工农业生产有关情况都应搜集。

（2）资料的综合研究

①地球资源卫星相片和航空相片的地质解释。

②地质矿产资料的整理评价和综合研究。对搜集来的地质矿产资料，既不能盲目信从、照搬照抄；又不应轻易否定。应根据实际，由此及彼、由表及里地综合分析研究，从而发现规律性的东西，作为指导设计和今后工作的依据。其具体内容有：详细了解前人在调查区内所做过的工作，有关资料和图件，工作精度及其效果，可供利用的程度；编制地质矿产研究程度图。基础地质资料的整理和研究：着重弄清前人对调查区地质和矿产的认识程度，明确已经解决了的重要地质问题和资源环境评价；提出前人尚未解决的遗留问题，从而确立需要进一步研究的内容，初步明确解决这些问题的方向和途径。同时，根据工作需要编制专门性图件，如综合地层柱状图、构造纲要图和地质草图等。自然资料的整理研究：对调查已知的各种资源（矿产、旅游等），逐一记录，编制登记卡片，对所有的物、化探异常也应进行登记，然后编制自然资源分布图和开发预测图等。

2. 野外踏勘路线的选择

在野外工作开始阶段，有关人员应对全区作概略性的实地观察了解即踏勘。踏勘的目的和具体任务是：对测区的典型地层剖面、填图单位的划分标志，各类地质体的主要特征、分布范围和接触关系，主要标志特征和资源情况等，进行现场观察。此外，还应了解测区的自然地理和经济地理情况等，以便为设计提供直接依据。

3. 地质调查设计书的编写

在详细研究前人工作成果和对航空资料进行初步解释及野外现场踏勘后，便可着手编写设计书。设计书是根据上级下达的任务规范要求，结合调查区的具体情况制订的工作方案。批准后的设计书是进行野外地质调查，检查完成任务情况，验收评价成果质量的主要依据。

（二）地质测量（填图）方法

地质测量（填图）是由地质工作者在工作区范围内，选择一定的观测路线和观测点，对地质露头进行系统的观测、研究和描述；通过一定的方法，采用各种符号、色谱和花纹，按一定比例尺将出露在地表的地层、岩体、褶皱、断裂和矿产等概括地投影到地形图上的工作。地质图是反映一个地区地质情况的最基本的图件，是区域地质调查工作要完成的最主要任务之一。

1. 观测路线的布置原则和方法

选择一定的路线和观测点进行系统的野外观测，是地面地质调查的基本方法。为了尽可能地做到跑最短的路线，而又能观测和搜集到尽可能多的地质信息，就必须根据具体的任务和要求，使路线的布置与基地的选择和搬迁做到紧密结合。同时，还要考虑到构造性质和构造的复杂程度。观测路线的布置有两种方法：

（1）穿越法。地质人员原则上垂直地层走向或区域构造线方向，按一定的间隔横穿整个调查区，研究地质剖面，标定地质界线。而路线之间的地质界线则用插法或"V"字形法则来填绘。此法优点是，能比较容易查明地层层序、接触关系、岩相纵向的变化以及地质构造的基本特点，且工作量较小，所获资料较多。缺点是两条路线之间的地质界线不能直接观测到，联络的地质界线难免与实际有出入；对岩相、厚度沿走向的变化不易查清，且有可能漏掉主要的小地质体、矿点、横断层等。填图比例越小、路线间距越大，上述缺点越明显。

（2）追索法。沿地质体、地质界线或构造线的走向布置路线，适用于追索岩浆岩岩体、断层、含矿层、标志层和地层不整合界线等。其优点是：可以细致地研究地质体的横向变化，特别是对确定接触关系、断层和含矿层的研究；可以准确地填绘地质界线，有利于研究专门问题。缺点是工作效率低，多用于大比例尺，如矿区的填图。

实际工作中，两种路线常配合交替使用。例如，在穿越路线上，为了确定接触关系或横向变化等，需经常向路线两侧作短距离的追索；在追索路线上，也必须经常穿越走向以了解地质体纵向上的变化。例如，在追索岩体界线中，需配合穿越路线，以了解岩体由边缘至中心岩性岩相的变化。

穿越法和追索法都是指观测路线相对于地质构造走向线的关系而言的。其布置是以预期要解决的地质任务为根据的。在这个前提下，还必须考虑自然地理条件（如逾越情况）、露头情况等因素。总之，观测路线的布置必须因地制宜、灵活多变，以满足调查比例尺的精度要求，又能发挥最佳效率。

每一条观测路线的布置都应有既定的目的和任务。一般地说，经过航空相片的初步解释和踏勘之后，每条路线的内容都是预先设计的。

2. 观测点的布置原则和标测方法

（1）观测点的布置以能有效地控制各种地质界线和地质要求为原则。一般应布置在填图单位的界线上、标志层、化石层；岩性和岩相明显变化的地方；矿化现象、蚀变带、矿体；褶皱轴部及转折端，断层及节理的岩层产状急剧变化处；河流冲沟切割的剖面和采石场等人工露头处。此外，还有水文、地貌、风景、出土文物地点等位置上，切忌机械地等距离布点。

（2）观测点标测方法，在地形图上标定观测点的位置必须准确，不能超过填图精度要求，允许误差不得超过 1 mm。常用的定点方法有三种：

①目测法。是最简便的方法。当地形地物特征显著，如烟囱、桥、涵洞、孤立大树、凉亭、坟包、独立石等，选择其中离点位最近的一个地物，用罗盘定方向，目估点位与物之间的实际距离，按比例在地形图上定出点位。这种方法相对粗糙，但在填图过程中是不可缺少的。特别是在沟谷或悬崖等不开阔处无法用后方交汇时，就更显出目测法的优越性。

②后方交汇法。当地形特征不明显时，则采用后方交汇法。其方法就是用前方已知地物点的方位来交汇后未知点的位置。首先在点的周围找出三个或三个以上明显地形或地物（三角控制点、古塔、桥梁、凉亭、孤树、独立石、公路交叉口、河流交汇处、山峰、烟囱、水塔等），用罗盘测出待定点位于已知点（地形地物）的方位，然后用量角器在地形图上分别从三个已知点按所测方位角向中心交汇，三线交点即待定点位置（图3－1－5）。事实上，往往交汇出一个三角形。如果三角形不大，则取其重心作为点位。如果三角形太大，则要重新交汇。

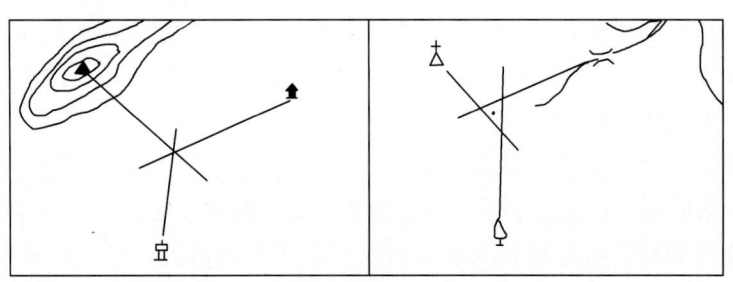

图 3－1－5　后方交汇法标定观察点位置

③GPS 法。利用遥感卫星定位测定仪，直接定量测定某点的经度、纬度。

在目测法和后方交汇法选用已知地形、地物点时，要注意以下几点：

·选用的目标不能太大。例如，选尖山峰，而不能选平坦的山峰否则方位不准、误差较大。

·选用的已知点与观测点之间距离要大致相等，如果距离差距过大，也会出现较大的误差。

·选用已知点方向线之间夹角应尽可能大于45°（补角小于135°）以减少绘图时产生误差。

3. 观测路线和观测点的密度定额

观测路线和观测点的密度额是地质测量的质量标准。不同大小比例尺地质调查观测路线和观测点的间距参考相关规定。

4. 路线地质观测程序、内容和编录方法

（1）路线地质观测点的一般观测程序

①标定观测点的位置。

②研究与描述露头地质特征和地貌。

③测量地质体的产状要素及其构造要素。

④采集标本和各种样品。

⑤追索与填绘地质界线。

⑥沿前进方向进行路线观测和描述，并测绘路线地质剖面图（信手剖面图或素描剖面图）。

对地质现象进行观测研究与描述时，应防止片面理解，不要仅仅局限于观测点上及其附近。应当强调在路线上连续地进行地质观测，即应当详细观测和描述完一个观测点后，沿路线连续观测和记录到下个观测点，以便了解地质要素在点与点之间的变化情况。如果孤立地进行点上的观察和描述，中间缺乏足够的系统性、综合性的路线观察资料，将很难对区域地质特征得出完整的认识。

（2）地质路线的观测内容和要求。由于地质现象纷繁复杂，很难用一个统一的公式化的要求来表达每条观测路线。在野外进行地质观测研究的过程中，必须坚持严肃认真、实事求是的科学态度；坚持实践第一的观点，重视第一手资料，客观地反映实际情况，不能对现象的取舍带有主观随意性，应该勤追索、勤敲打、勤观察、勤测量、勤编录。调查过程中，还必须对观察到的资料和数据不断地进行综合分析，这样不仅可以对发现的问题随时做出正确的判断或提出解决问题的方案，及时地在现场进行检查和验证，还可以对前进途中可能出现的情况作出预计，提高路线调查的预见性和主动性。

（3）地质路线观测编录方法。关于野外地质观察记录，要求对观测点和观测路线上所见到的全部客观地质现象都要进行仔细、全面的观测记录，不得轻易放过任何一种地质现象。文字记录要注意措词准确、充实，避免要领含糊、词不达意、语焉不详等毛病。注意重点突出、主次分明，对重要的地质现象或首次观察到的现象要详细记录，表达其主要特征；对一般地质现象或多次见到的地质现象则可以简略一些，重点记录其出现的特殊性或变化情况。此外，也应该记录观察者对客观地质现象的分析判断、推理和综合归纳。但在文字上必须明确区分开来，使人一目了然地知道哪些是第一手资料，哪些是观察者的推理判断。

每条路线结束后，都应该做路线的地质小结，以便及时总结规律，发现问题，深化认识，为下一步工作方案提供依据。

观测和描述应在现场进行，切忌依靠记忆离开现场后补写。

①地质观测点的描述内容。

a. 日期、天气情况。

b. 路线与任务。

c. 人员分工。

d. 点号。即观测点的编号，用调查区统一的编号注明，并写出该点的所在图幅的名称。

e. 点位及高程。要写明观测点的地理位置和坐标网及构造部位以及后方交汇方向。高程则根据气压计或实际交汇等确定的，在记录时应予以说明清楚，以便使人们了解其可靠性。

f. 点性或目的。目的指需要解决什么问题。比如，是描述标志层及其变化、地层界线和接触关系，还是观察褶皱或断裂构造等。

g. 露头情况。描述观测点附近的露头好坏、出露哪些地层、露头性质（天然露头还是人工采石场），露头面积大小，延伸情况，风化程度和植被覆盖等情况。

h. 地貌特征。描述观测点附近的地形形态特征。比如，是山坡、山脊、陡崖或冲沟等，组成的岩性，成因及其与地质构造关系。

i. 岩性描述。一般描述的顺序是由老到新，也可以反过来描述。首先应将界面上下两地层单位的接触关系和时代略加说明，然后再分别描述其岩性和其他特征。

j. 沿途描述和路线小结。一个观测点描述完后，应该连续观测描述到下一个观测点；一条路线观测完后要认真作出路线小结。这样，可以及时地使野外资料系统化，使原始记录成为一个有机的整体，而不是一些孤立的地质点的描述。

②地质素描。在野外地质编录中，除文字描述外，还必须绘制路线地质剖面图或信手剖面图和各种地质素描图，使图文并茂，相互印证。

a. 路线地质剖面图或信手剖面图。是在野外路线观测过程中连续勾绘的地质剖面图。它的精度不高，其距离和高差是目估或步测的，可反映路线上褶皱、断裂、岩体等地质体在空间上的特征及其相互关系。

b. 路线地质图。实际上是一条观测路线的平面图，将一系列连续的路线地质图组合起来，就构成了一幅地质图。当逾越程度不良、观测路线为折线时，路线地质图就比信手剖面图优越些。

c. 地质素描图。有三种：一种是用花纹图例表示地质内容的平面图像素描图，主体感稍差，但地质内容比较鲜明突出，如平面素描图、剖面素描图、露头素描图等；第二种是主体图像素描图，用于反映区域构造或地貌；第三种是近景素描图，用于小型构造，各种接触关系，标本或露头的特写素描（相当于静物写生）等。

③地质摄影。地质摄影比素描更真实准确，简单方便，是地质编录的重要手段之一。因自然界各种景物的干扰，照片往往地质主题不突出。所以，地质摄影不能代替地质素描。如果素描以相片为依据，则素描更准确，效果更佳。

5. 标本及样品的采集

在区域地质测量过程中需要采集的标本及样品种类繁多，主要有地层标本，岩石标本、化石标本、矿石标本、构造标本、岩组分析定向标本和硅酸盐分析（全岩分分析）样品、孢粉鉴定样品、同位素地质年龄样品、人工重砂样品及古地磁样品等。采样工作量应列入设计项目，有目的地针对某项样品或标本的用途和要求，进行有效的采样、加工处理和实验工作。

标本采样时应注意代表性和真实性，根据设计书的任务和要求，选择合适的地点采样，不可信手拈来，甚至捡取来历不明的岩块。一般供鉴定原始成分的样品，采样岩石应十分新鲜，没有次生破坏或混入物。手标本即观察标本或陈列标本，也要尽可能采集新鲜岩石，有时根据特殊要求，最好能适当保留一点风化面，以便能全面地再现岩石的野外直观特征。

标本的规格，陈列标本一般不小于 9 cm×6 cm×3 cm；供鉴定用的标本以能反映实际情况和满足切制片，薄片以及手标本观察的需要为原则，一般不小于 6 cm×4 cm×

3 cm；对于矿物晶体，化石和构造标本规格不限。

标本采集后，应立即填写标签和进行登记并在标本上编号，以防混乱。在记录本上应记明采样位置和编号。送实验室的岩矿样品，应附剖面或柱状图。送出的样品应留副样，以便核对鉴定成果，帮助提高对标本的肉眼鉴定能力。

6. 野外数字填图技术

掌上机、GPS + WINCE、GIS、手写输入与电子词典是野外数据采集信息化的基本技术。采用这些设备可实现野外地质数据一次性的数字化采集，并通过对所采集数据的计算机处理，提高地质填图与编图的效率，进一步实现大范围数据的无缝数据库和数据互操作。

掌上机能够描述与管理复杂的信息、具有足够的存储容量、体积小、重量轻、功耗低、至少能连续工作 10 小时以上。满足这种要求的设备是最终实现野外数据采集信息化的硬件基础。经过近几年的发展，可用于野外数据采集的掌上机无论其物理性能，还是数据管理、处理与接口等性能，已经基本可以满足野外数据采集的要求。目前代表产品以 HP688 机型为主。

（1）数字填图技术主流程的步骤

①对搜集能反映测区地质研究程度的已有最新成果资料进行数字化，生成历史的 4D 产品，并建立相应的数据库。

②建立测区（或图幅）的电子字典库、项目标准化进程（地质实体对象数据模型）。

③将测区已有的 4D 产品整合在同一空间上，通过 CF 卡存储，作为野外数据采集系统基础背景图。在基于 3S 技术、正射影像图与 GPS 辅助定位的图形界面的掌上机区调野外数据采集系统上，通过提供的电子工具，对连续的野外地质路线观测与观察，获得翔实的第一手基础资料，取全、取准野外各项原始地质资料，空间数据掌上矢量化，点状实体符号化。

④在 PC 数字填图系统上，进行行业标准化进程（地质实体对象与概念地质对象数据模型），数据交换，当天野外数据进库、路线总结、地质连图等。完成当天野外工作。

⑤在 PC 数字填图系统上，更新编稿电子野外手图。建立以图幅为单位的样品数据库、专题数据库、剖面数据库、地质点库、数字地质图空间数据库、影像数据库。

⑥实现多源区调数据与空间数据的挂接、检索与分析与应用。

⑦步骤④~⑥循环，至野外工作结束。

⑧在 PC 数字填图系统上，生产新的 4D 产品：数字地质图、各种专题图、国家级空间数据库。

（2）野外观测数据采集图层划分

见表 3 - 1 - 3。

表 3 - 1 - 3　　　　　　　　野外观测数据采集图层划分表

类别	图层内容	图层名称	图层含义	图层类型
野外路线图层	野外路线图层	GROUTE	野外计划路线与信息	弧段
	地质点图层	GPOINT	地质定点位置与信息	点
	地质界线图层	BOUNDARY	地质界线与信息	弧段
	分段路线图层	ROUTING	分段路线长度、方向等信息	弧段
	采样图层	SAMPLE	采样位置与采样信息	点
	产状图层	ATTITUD	产状位置与采样信息	点
	素描图图层	SKETCH	素描位置与素描信息	点
	照片图层	PHOTO	照片位置与素描信息	点
	化石采样图层	FOSSIL	化石采样位置与化石信息	点
	自由图层	FREE	野外路线自由标注图层	
GPS 图层	GPS 图层	GPS	野外实际观测路线轨迹	点
地理图层	地理注释	DILIZT		点
	地理线状	DILIARC		弧段
	地理面状	DILIPOLY		多边形
历史	遥感地质解释图，历史地质图			

（3）编码

①地质点号：首为字母 D（D 为地质点），后由 4 位数字组成。

②路线号：首为字母 L，编号由 001 ~ 999。

③剖面号：首为字母 P，剖面号由 01 ~ 99。

④导线号：导线号数字范围由 1 ~ 9 999，书写格式为 1 ~ 2，2 ~ 3…

⑤样品类型编码规则：样品类型编码 + 地质点号 - 顺序号。例如：地质点号为 1001，采样类型为标本，第一块标本，则该样品编号为 B1001 - 1。

第三节　矿产地质调查

一、目的任务

矿产地质调查是矿产勘查的前期基础工作，是为矿产勘查提供靶区的区域找矿工作。矿产地质调查的目的是查明工作区矿产资源前景，解决矿产勘查后备选区问题，为政府矿产资源规划管理、保护和合理利用资源、促进矿业可持续发展服务。

二、工作内容及要求

以 1∶50 000 区域矿产地质调查为例，详述工作内容及要求。

（一）矿产地质填图

1. 矿产地质填图的特点

1∶50 000 区域矿产地质调查中的矿产地质填图，是以找矿为主要目的的 1∶50 000 区域矿产地质调查工作。通过矿产地质填图，提高测区内矿产地质研究程度，大致查明地质及矿化特征，发现新矿（化）点，为物化探异常解释、成矿规律研究和找矿靶区圈定提供基础地质资料。

2. 矿产地质填图的内容及要求

（1）未开展过区调的地区，矿产地质填图必须以野外实测为主。已进行过区调的地区，采用野外调查和室内修编相结合的方式进行，主要任务是实测与成矿有关的含矿层、标志层、控矿构造、矿化带、蚀变带、物化探异常区和与成矿有关的其他地质体。

（2）通过矿产地质填图，大致查明区内地层、构造和岩浆岩的产出、分布、岩石类型、变质作用等特征，深入研究与成矿有关的地质体和构造。初步了解含矿层、矿化带、蚀变带、矿体的分布范围、形态、产状、矿化类型、分布特点及其控制因素、矿石特征。

（3）矿产地质填图方法要充分考虑区内地形、地貌、地质的综合特征及已知矿产展布特征，对成矿有利地段要有所侧重。对沉积岩区、侵入岩区、火山岩区、变质岩区及构造复杂区，要分别确定填图工作重点。

（4）矿产地质填图的工作标准及精度要求，按中国地质调查局技术标准。

（二）地球物理勘查（物探）

1. 地球物理信息的特点

地球物理勘查是进行深部地质勘查和区域成矿研究的不可缺少的重要手段。地质勘查中的地球物理信息具有以下几个特点：

（1）客观性：地球物理场是相关地质现象存在的一种客观反映，也是地质信息的载体。例如：磁异常反映地下磁性地质体的存在；重力负异常与低密度地质体有关；视电阻率断面则反映地下一定深度内的电性结构或分布，等等。

（2）先导性：地球物理异常对寻找隐伏矿和解决深部地质构造问题、认识成矿环境有重要意义。地球物理勘查具有信息量大、参数多，反映的地质现象范围宽、深度大等优势，常作为地质矿产勘查的先导方法。通过对地球物理异常的数学物理解释，可判断其异常地质体的形态、产状及其构造背景；结合有关物性参数和已有地质资料的解释，可作出关于异常性质的判断。

（3）多解性：实际地质现象的错综复杂，地球物理场的多值性和实际地质体场源的等效性，使得地球物理异常在处理和解释结果上存在多解性。此外，由于观测数据常带有不可避免的测量误差和难以消除的干扰等诸多外界因素，也将不可避免地造成地球物理数据解释的多解性。

（4）局限性：由于地质现象具有多种多样的属性，任何一种物探方法都不能对其进行全面反映。因此，单方法或几种方法观测这种多元信息源体，只能获取某种或某些属性。加之地质体引起的异常一般范围较大，若观测范围有限，也会造成异常的局限。

（5）地区性：同类地质体所处的地质构造背景不同，会造成地球物理异常的差异，而且地球物理场是不均匀的，存在着地区性差别。

2. 地球物理勘查的主要工作内容及要求

在工作程度较低的地区，根据地球物理条件，一般应开展高精度地面磁测，以寻找一定规模的弱磁性矿产（包括黑色金属、有色金属、贵金属矿产等），研究成（控）矿地质构造，结合地质与化探，寻找隐伏矿产和圈定矿产预查靶区。已完成大比例尺航空物探，或已证明存在较严重干扰、直接和间接找矿效果差的地区不宜安排此项工作。在工作程度较高，地形和成矿条件优越，以寻找隐伏—半隐伏大中型矿床为目标的地区，可适当开展 1∶50 000 ~ 1∶25 000 万的高精度重力和电法工作。地球物理勘查的主要工作内容如下：

（1）物探工作一般采用规则网。地形高差较大，规则网困难地区可采用半自由网，对区内各类岩石、矿石进行系统的物性参数测量和研究。

（2）矿点、重要矿化蚀变带及分析筛选的物（化）探矿致异常应进行 1∶5 000 ~ 1∶10 000 的物探剖面测量。具有找矿远景的地区，应开展 1∶10 000 面积性物探测量工作。

（3）物探剖面测量可根据地质地球物理条件，选择采用电法、高精度磁法、高精度重力及各种电磁法等物探方法。面积性物探工作可以在剖面测量的基础上，以一种方法为主，其他方法为辅，相互配合。

（4）观测资料应按相关方法的技术标准整理和成图。明确数据处理方法与目的，按技术要求编制实际材料图、剖面平面图、等值线平面图、综合剖面图、推断成果图等，图件比例尺与工作比例尺相同。要求分幅提交 1∶50 000 系列图件；同时，按项目提交全区的剖面平面图、等值线平面图、数据处理图件及推断成果图，成图比例尺一般为工作比例尺。

（5）根据工作目标、工作基础及工作任务，对物探异常进行定性解释，应采用地质、物探、化探综合信息的方法，分析和辨识有直接或间接找矿意义的异常，特别注意筛选具有寻找大矿前景的异常，并通过初步查证进一步解释推断。对定性解释推断的重要矿致异常，要进行定量解释。要求定量解释剖面观测精度高，剖面通过异常中部且曲线完整达到背景场，并搜集或实测一定数量的物性标志层参数资料，选择通用性较强、稳定性较好的解释方法，定量反演异常源的埋深、形态、产状和边界。

（6）地球物理勘查的工作标准及精度要求，按《地面高精度磁测技术规程》（DZ/T 0071 – 1993）、《时间域激发极化法技术规定》（DZ/T 0070 – 1993）、《地面瞬变电磁法技术规程》（DZ/T 0187 – 1997）和中国地质调查局地质调查技术标准《矿产远景调查技术要求》（DD 2010）等有关技术标准执行。

（7）按相应规范要求编写提交工作成果报告。

（三）地球化学勘查（化探）

1. 地球化学信息的特点

地球化学信息找矿是区域矿产勘查中十分常用的一种技术手段。它通过圈定主成矿元素或相关元素组合异常，缩小找矿靶区，指导探矿工程部署。地球化学异常具有直观性、元素组合和分带、位置的相对性、表生作用带来的复杂性等特点，在实际找矿工作中对异常的识别与筛选，是实现找矿突破的关键所在。

（1）化探异常提供的基本上是矿（化）体的直接信息。例如：铜矿会出现 Cu 及与之有关的一套指示元素或组分的异常；铅锌矿会出现 Pb、Zn 及与之有关的一套指示元素或组分的异常等。由地球化学图可以直观发现和研究元素的异常特征，如浓集中心、浓度分带、异常的规模、形态、变化趋势等。

（2）矿（化）体的地球化学异常是指一些或一系列指示元素或组分异常，由矿（化）体的化学组成决定，这些元素或组分在空间上呈现一定的浓度分带和组分分带，这种分带是成矿时的地质和地球化学条件决定的。根据指示元素或组分的组合和含量特征，可以判断引起异常的可能矿种和矿床类型；根据指示元素或组分的相对强度和分带，可以判断矿（化）体的剥蚀程度，进一步还可以研究成矿系列的空间分布特征等问题。

（3）无论是土壤测量还是水系沉积物测量所获得的异常，往往会与异常源地有不同程度的位移（偏移）。这种位移与表生介质本身的位移程度和采样的布局有关。特别是地球化学异常的位移更为明显，可达几千米甚至更大的距离。因此，查明异常与异常源的空间关系，就成为异常查证中的首要任务。元素的分析测试应有足够的灵敏度和检出限，元素的报出率大于90%。

2. 地球化学勘查的主要工作内容及要求

区域矿产地质调查工作区一般应部署 1：50 000 面积性的化探工作，重点地区或针对各类异常的矿产检查区，应布置 1：5 000～1：10 000 化探剖面或 1：10 000～1：25 000 面积测量。

（1）1：50 000 化探一般采用水系沉积物测量或土壤测量（岩屑测量）方法。化探工作应根据调查区的景观条件和地质矿产特征，按行业技术标准的要求，制定具有较强针对性的化探工作具体技术方案。采样方法尚不成熟的特殊景观地区，要求开展地球化学测量方法有效性试验。

（2）水系沉积物测量采样介质应为代表汇水域基岩成分的岩屑物质；土壤测量的采样介质应为代表基岩成分的残坡积物。采样粒度应根据化探方法技术试验结果确定，对成熟的地区，按原粒度取样。同一调查区化探工作的采样介质和采样技术条件应尽量保持一致。

（3）样品分析一般按单点样分析，化探分析元素的选择应根据调查区 1：200 000 区域化探反映的异常元素组分和区域已知成矿元素、伴生元素的种类综合确定，一般选择分析 12～18 种元素。

（4）1：50 000 化探野外工作应及时整理各类野外原始资料，按技术标准编制采样点位图、原始数据图、地球化学图、地球化学异常图、异常剖析图及其他专题解释图件。系统整理化探异常的面积、强度、规模、浓度分带、组分分带、各种比值等数据。研究分析化探异常分布规律、元素组合规律及与物探异常关联对比等，结合异常地质背景和成矿条件，以及地表矿（化）点、蚀变带分布，对化探异常进行定性解释和分类排序。

（5）按相关规定统计背景值和异常下限。全测区可用统一的异常下限，如果工作区地质情况复杂，则需要划分子区分别计算不同地质单元的背景平均值和异常下限。单元素地球化学图件比例尺与工作比例尺一致，要求分幅提交 1∶50 000 系列图件。同时，按项目提交全区的单元素地球化学图、综合异常图及解释推断图，联幅成图比例尺一般为工作比例尺。

（6）1∶50 000 化探异常中定性解释的矿致异常均应进行概略检查，具较大资源潜力的矿致异常应进行重点检查。

（7）根据不同测区目标矿种和具体工作任务，结合调查区具体工作程度，确有必要的可有选择地安排自然重砂测量工作，一般以 1∶50 000 比例尺为宜。

（8）地球化学勘查的工作标准及精度要求，按《地球化学普查规范（1∶50 000）》（DZ/T 0011 – 91）、《土壤地球化学测量规范》（DZ/T 0145 – 1994）、《岩石地球化学测量技术规程》（DZ/T 0248 – 2006）标准执行。

（9）按规范要求编写提交工作成果报告。

（四）遥感地质信息提取

1. 遥感信息的特点

（1）多源综合性：遥感信息是多源的，它是一定地域的地下（浅表的和深部的）、地面（岩石、土壤、植被、水体）、岩石圈、水圈、生物圈、大气圈各种现象的综合信息。

（2）宏观概括性：遥感信息具有视野广阔、概括总体的优势。遥感信息的每一个"点"信息（数值），都是代表地面一定面积内"群体"的综合信息。

（3）光谱的局限性：遥感信息是地物光谱信息。不论是航空遥感或是航天遥感，不论是全息摄影，或是多波段摄影扫描，受"大气窗口"的限制，或受传感器的限制，获取的光谱信息只是地物光谱中的"片断"，有一定的局限性。

（4）判译的多解性：信息源的多源综合性决定了遥感信息多因性，加上遥感信息随时间（季节）的可变性、随传感器性能的可变性、信息分辨力的可变性，造成遥感信息的判译具有多解性。

2. 遥感地质解译的主要内容及要求

区域矿产地质调查中的遥感工作比例尺为 1∶50 000，主要工作任务是遥感影像制图、遥感地质解译、遥感异常提取。其中，遥感异常提取是指在基岩裸露、半裸露区提取与成矿有关的遥感异常，为编制成矿规律图和进行矿产预测提供资料。主要工作内容和要求如下：

（1）1∶50 000 遥感影像图采用 ETM +（或 TM）图像数据编制，大于 1∶25 000 影像图可采用 SPOT-5、IKONOS、QUICKBIRD 或航空摄影相片编制。影像图必须由低分辨率合成图像与高分辨率图像经保真融合处理（获取图像高空间分辨率和高光谱保真度）制成。

（2）遥感地质解译的重点是与成矿关系密切的线性构造和环形影像。通过断裂构造的解译，确定较大的断裂、剪切带、破碎带、并作分级处理，对其性质、时代和成矿关系进行分析，特别是对控矿断裂的识别，区分成矿前和成矿后的断裂，确立含矿构造带。通过对环形构造或椭圆形构造的解译分析，识别出露岩体、半出露的、浅隐伏和深隐伏岩体的分布，研究侵入体的内部结构、节理系统、含矿岩脉、矿化蚀变晕圈等，分析岩浆活动期次，岩体穿插关系及复杂程度。

（3）遥感异常，一般采用 ETM +（或 TM）数据，异常提取以主成分分析法为主，光谱角制图为辅。前者采用 B（1，4，5，7）波段提取羟基为主的基团异常，用 B（1，3，4，5）波段提取以铁染为主的变价元素异常；后者利用调查区已知矿床、矿（化）点统计光谱作为参考光谱，提取与之类似的异常，通过利用多种参考光谱逐次提取，以实现对调查区异常进行分类。有条件时也可采用 ASTER 或 HYPERION 图像数据提取蚀变（单）矿物。异常提取过程中，所有去干扰处理均必须有相应的数学模型为依据（严禁随意删除）。

（4）所有遥感异常区带，均应根据异常特征、成矿地质条件等进行找矿远景分级。

（5）遥感地质解译的工作标准及精度要求，参照《遥感影像平面图制作规范》（GB/15968 - 2008）、《区域地质调查中遥感技术规定（1∶50 000）》（DZ/T 0151 - 1995）标准执行。

（五）矿产检查

矿产检查是指对区域矿产地质调查工作过程中发现的地质、矿产、物探、化探、遥感等各类异常、矿化信息和地表找矿线索进行的综合检查和初步评价工作。矿产检查工作强调针对测区具体情况，采取大比例尺矿产地质填图、物化探工作以及适量的地表工程，对各类异常、矿（化）点矿化线索、蚀变进行综合检查，一般不安排单方法的异常查证工作。矿产检查按工作程度分为概略检查和重点检查两类。

1. 概略检查

对矿产地质填图中发现的含矿层、矿化带、蚀变带和其他重要找矿线索，物探、化探工作中圈定的具有扩大找矿远景的矿致异常（甲类）和推断有找矿前景的物探、化探、遥感异常（乙类异常），已知矿点及矿化点（包括新发现的以及群众报矿点）、民采点、老硐等都应进行概略检查。

概略检查阶段一般选用地表追索，地质、地球化学（土壤或岩石）、地球物理（高精度磁测、激发极化法、高精度重力等）剖面测量，地表工程施工与化学样品采集等技术方法进行评价。

地球化学测量、地球物理测量中一般应选用两种或多种方法进行评价，以利综合评价，对有色金属矿产要布设物探剖面。

矿（化）体（层）、蚀变带的分布范围和规模以地表追索、GPS 定点进行。必要时应用少量探槽揭露。地表追踪的路线间距和采样密度确定以能控制矿（化）层、矿化带、蚀变带范围、规模，不遗漏区内可能存在的矿化现象为标准。

矿（化）体露头采集化学样时应尽可能采用刻槽法，无法采用刻槽法时，要注意取样的代表性和连续性。对有找矿远景的地段必须采取刻槽样和代表性岩矿标本，了解其矿物组成、有益组分及含量等。

检查结束后，应及时提交检查工作简报，提出是否进一步开展重点检查的工作建议。概略检查应提交如下技术资料：野外记录本，大比例尺地质矿产调查实际材料草图，样品分析（鉴定）报告，物化探成果图，概略检查地质简报等。

2. 重点检查

对经概略检查初步确定有找矿前景和进一步工作价值的矿（化）点择优进行重点检查。

重点检查阶段一般选用大比例尺地质测量，地质、地球化学（土壤或岩石）、地球物理（高精度磁测、激发极化法等）剖面测量，1∶10 000～1∶25 000 面积性物化探测量，轻型山地工程揭露等技术方法进行评价。

每一个评价对象均需要填制 1∶10 000～1∶25 000 地质草图，不少于 2～3 条地质、化探（物探）剖面控制，地表矿化强烈或地表露头矿等地段，要安排槽探工程揭露，必要时可施工少量浅井或浅坑对其浅部进行了解。评价目标矿种为有色金属、黑色金属、煤等时，对有物探工作前提条件的测制地质、物探、化探综合剖面。根据目标矿种找矿工作需要，可适当安排大比例尺的面积性物化探工作。

用于揭露重要地质界线、重要含矿层位、蚀变带、矿（化）带、矿（化）体在地表及近地表的实际位置而施工的剥土、浅井、浅钻、探槽等山地工程，应按规范要求进行地质编录，针对蚀变带、矿（化）带、矿（化）体施工的工程应刻槽取样。对于矿化蚀变岩石要刻槽采样。控制矿（化）体的工程要求揭露其顶底板。对于重要地质现象要绘制比例尺不小于 1∶50 的素描图、拍照或摄像。要取全、取准各类测试样品并标绘在素描图上。

检查评价工作结束后应及时提交检查评价工作报告，提出是否进一步工作的建议。重点检查应提交如下技术资料：大比例尺地形地质草图，实际材料图，工程素描图，物探、化探成果图（包括反演、推断解释图），矿（化）体采样平面图，大比例尺重要地质剖面图，预测资源量估算图，各类样品分析（鉴定）报告，矿产检查地质报告。

对于工作区内前人采矿遗迹（采坑、老硐）要进行调查，绘制采坑、老硐的平面图、剖面图。对可观察的老硐要进行地质编录，并重新采取刻槽样，分析矿石质量，了解矿石的类型、矿化类型、矿体的规模、形态、产状、矿体与围岩的关系、蚀变特征及矿化标志等。

地质编录和取样工作按《固体矿产勘查原始地质编录规定》（DZ/T0078－1993）标准执行。

（六）综合研究

1. 综合研究的目的任务

区域矿产地质调查中的综合研究总目标是：通过对各种信息的综合分析研究和各类综合图件的编制，深化成矿地质背景、控矿因素、找矿标志等认识，研究具有直接或间接找矿指示意义的物探、化探、遥感异常；了解新发现矿化点的规模、形态及矿石质量、类型；开展地质、地球物理、地球化学及遥感信息综合矿产预测，圈定并优选找矿靶区。

2. 综合研究的内容及一般要求

综合研究是一项日常性、持续性和长期性的工作，在不同的阶段，有不同的研究目的、研究内容和研究重点。一般来说，在立项论证和设计编制阶段的综合研究，主要是为项目立项、工作方法技术（组合）的优选提供依据；在项目实施阶段的综合研究，主要是根据阶段性成果，初步优选找矿靶区，将所获实际资料进行综合分析、研究矿化情况，为确定进一步矿产检查工作部署提供依据；而项目成果报告编制阶段的综合研究，是对项目已有综合资料的再深入分析研究，圈定及优选找矿靶区。对工作区作出评价和下步工作提出建议。综合研究工作的一般要求如下：

（1）综合研究必须贯穿项目的全过程，且应对新获资料要及时进行。

（2）在立项和设计阶段的综合研究中，广泛搜集已有物探、化探、遥感数据及圈出的异常资料，已知的矿产、地层、构造、岩浆岩（喷出岩、侵入岩）资料，工作区所属的成矿区带（Ⅳ、Ⅴ）、自治区规划的远景区等资料，主要矿床成因类型，与成矿有关的控矿地层时代、岩性、岩组，喷出岩时代、岩性组合，侵入岩时代、岩性，构造的类型（褶皱形式），断裂的性质（包括断层产状）、延展方向，围岩蚀变等找矿的其他标志，分析工作区内可能影响区域找矿的主要地质问题，提出应在调查过程中必须十分注意观察的各种地质现象。认真分析以往工作存在的主要问题，对已有的地质、成矿等认识进行可靠性分析。上述内容经精炼后写在设计书中。

（3）在项目实施过程中的综合研究中，要将野外观察到的内容随时与原先的认识进行对比，是否见到了预测的现象，是否有新的重要地质情况；要进行阶段性的对比总结，及时编制综合图件，分析野外调查结果与原预测情况的变化，不断进行修正。不断进行预测（认识）—野外调查（实践）（验证）—修正认识（再认识），逐渐深化工作区的地质认识，从量变到质变，实现找矿突破。在工作中注意矿床成矿系列研究，分析矿床在区域上的水平和垂直分带，做到顺藤摸瓜，在已知矿床外围或深部发现新的矿床（体）或矿化线索。

（4）综合研究使用的原始资料必须真实、准确，尽量使用先进理论、方法和手段。各类综合图件的编制方法及内容按相关规定进行，做到规范化、标准化。

（5）针对不同矿种和矿化类型，综合研究应结合实际，并注意以下内容：在沉积岩及火山—沉积岩分布区，注意研究地层建造（即同生成矿的共生—伴生地质体）的成矿控制作用；对侵入体要研究侵入期次、顺序、时代、演化规律、与围岩和矿产的关系及时空分布、控矿特征；对火山岩要研究火山岩的成分、结构、构造、层面构造和接触关系，探讨火山作用与区域构造及成矿的关系，确定与成矿有关的火山喷发时代；对变质岩区要研究各类变质岩的含矿层、含矿建造及矿产在变质岩中的分布规律，变质岩石、变质带及变质相对矿床、矿化的控制作用。重视研究褶皱、断裂构造或韧性剪切带、构造活动等及新构造运动对沉积作用、岩浆活动、变质作用、矿化蚀变、成矿的控制作用、对矿体的破坏作用以及矿体在各类构造中的赋存位置和分布规律。

（6）对工作区内勘查程度较高的矿床，研究成矿规律，包括：区域构造背景、控矿构造性质、主攻矿种、矿床类型、形成时间、空间分布及其特征，应用已知矿床模式或划定的矿床成矿系列，编制相应图件。

（7）化探数据处理应注意化探工作中的一些典型问题研究："高、大、全"异常与"弱小"异常的关系问题；异常的空间结构问题；组成异常的前、中、尾晕元素异常问题；负异常问题；异常元素的分带性问题；原生晕与次生晕异常模型问题；不同地球化学景观区化探数据处理问题；不同地质背景的化探数据处理问题；化探异常与其他矿化信息的综合应用问题等。按项目进行多元素相关分析、聚类分析、因子分析等，圈定单元素地球化学异常、制作（组合）综合异常图等，建立典型矿床地质、地球物理、地球化学找矿模型，指导异常筛选和查证工作。

（8）尽可能地搜集、分析和利用测区已有的物探资料及其推断成果，有条件时可对物探数据资料进行重新处理。一般应进行多种条件的化极、延拓、求导等处理，深入挖掘老资料中的直接和间接找矿信息。对区域矿产地质调查区取得的 1∶50 000 高精度磁测、重力资料及激发极化法测量资料应进行系统的数据处理和分析解释。一般也应对高精度磁测数据进行滤波、位场转换、解析延拓、局部异常的求取等数据处理。要结合区内物性资料，对区内地层、岩体和构造进行推断，综合研究成矿环境和地球物理找矿标志。应通过不同的数据处理方法对重要成矿区带的物探异常（包括弱重磁异常）进行提取和异常辨识，结合物性与化探资料分析局部异常的直接找矿意义，进行定性解释推断。有重要意义的矿致异常应进行异常源的三维或二维定量反演计算。开展 1∶10 000 等大比例尺物探异常查证工作的资料处理，对电法、磁力、重力异常要进行再处理，更详细的全面定量反演，为进一步的工程验证提供布置依据。通过大比例尺物探数据的各类常规处理和对场源空间特征的分析，结合区域地质矿产特征，系统地推断控矿构造、岩体、地层或标志层。对间接找矿的标志，也应尽可能地进行粗略的定量反演，进行三度空间的地质矿产特征分析。

（9）深入研究物探、化探和遥感找矿信息，深入研究实测的地、物、化、遥、重砂等资料，提取找矿信息，进行综合分析和资料的综合整理（包括已有资料整理），分析区域成矿地质背景，总结区域成矿地质条件和成矿规律，开展多元信息综合矿产预测，编制综合成果图及矿产预测图，划分成矿远景区，圈定找矿靶区，对区域矿产潜力做出综合评价。

（10）地质资料综合整理和综合研究工作质量按《固体矿产勘查地质资料综合整理、综合研究规定》（DZ/T 0079 - 1993）和中国地质调查局技术标准《矿产远景调查技术要求》（DD 2010）等执行。

第二章　固体矿产勘查

第一节　概　述

固体矿产勘查，是指在一定的地区内，为寻找和评价国民经济和国防建设需要的矿产资源而进行的地质调查研究工作。目的是发现矿点、矿化区或矿床，并详细查明具有工业利用价值的矿床，最终的目的是为矿山建设、设计提供矿产资源/储量和开采技术条件等必需的地质资料，以减少开发风险和获得最大的经济效益。

固体矿产勘查的内容包括：勘查区地质、矿体地质、开采技术条件、矿石加工技术性能和综合评价等。

固体矿产勘查的基本任务是：

1. 根据国民经济和国防建设及国家战略储备对矿产资源的需求，对矿产资源形势进行综合分析，确定找矿项目与地区。

2. 研究工作区的地质条件和矿化信息，特别是与矿产形成和分布关系密切的地质条件，预测可能存在矿产的有利地区或地段。

3. 深入研究成矿地质条件、成矿规律，加强成矿预测，以便在矿产地质基础理论的指导下，与时俱进地进行科学找矿。

4. 综合运用有效的技术手段和方法，循序渐进地进行找矿和工程控制，并在系统地质工作的基础上，作出地质经济评价。

以上任务用以解决找什么？到哪里去找？怎样找？找到后怎样评价？为国民经济建设解决矿产资源保障的问题。固体矿产勘查工作阶段分为：预查、普查、详查和勘探4个。以上各阶段工作的目的任务可总结成表3-2-1。

表3-2-1　　　　　　　矿产勘查阶段目的任务及划分简表

阶段任务	预查	普查	详查	勘探
范围	据前人资料选区	经预查圈定的矿化潜力较大地区	普查后经概略研究后圈出的详查区	已知有价值矿区，经详查圈出的勘探区
方法	综合研究，与已知类比，野外观测	地质、物探、化探、遥感、探矿工程等	采用各种方法手段	应用各种勘查手段和有效方法

（续表）

阶段任务	预查	普查	详查	勘探		
控制程度	极少量工程验证	数量有限取样工程	系统的取样工程	加密各种取样工程		
地质、开采技术条件研究程度	初步了解资源远景	对成矿地质条件初步查明，大致了解开采技术条件，对矿（化）体作出初步评价	作出是否具工业价值评价，对成矿地质条件、开采地质条件基本查明	满足开发要求，详细查明成矿地质条件及开采地质条件		
可行性评价	初步了解资源远景	概略研究	概略研究或预可行性研究	概略研究或可行性研究		
要求	圈出可供普查的矿化潜力较大地区	对矿化作出初步评价，大致了解开采技术条件	做出是否具工业价值评价，基本查明开采技术条件	满足投资者开发要求，详细查明开采技术条件		
目的	为普查提供依据	对有价值地段圈出详查区范围，提供投资机会选择	圈出勘探区范围，为制定矿山总体规划、项目建议书提供依据	为矿山设计和矿山开发提供依据		
矿体连续性		矿体连续性是推断的	基本确定矿体连续性	肯定矿体连续性		
资源量类别要求	（334?）	（333）	（334?）	（332）	（333）	（331）（332）（333）
资源量可信度	可信度很低	低	很低	较高	低	高 较高 低
资源储量类别（地质可靠程度）	预测的	推断的＋预测的		控制的＋推断的		探明的＋控制的＋推断的
经济意义可信度	低			一般		高
勘查阶段确定	从勘查结果所圈连的矿块（体）最高地质可靠程度类别（331、332、333、334?）及开采地质条件查明程度（满足相应勘查阶段要求）确定					

第二节 预 查

预查是通过对区内资料的综合研究、类比及初步野外观测、极少量的工程验证，初步了解预查区内矿产资源远景，提出可供普查的矿化潜力较大地区，并为发展地区经济提供参考资料。

预查的主要工作是：

全面收集调查区内的地质、矿产、物探、化探、遥感、重砂、探矿工程等各种有关信息及研究成果，并运用新理论新方法进行深入的综合分析研究。

对有希望的地区，应选择几条路线，进行比例尺为1:50 000或1:25 000的路线地质踏勘，辅以有效的物探、化探方法，并选择有代表性的异常进行Ⅱ～Ⅲ级查证，圈出可供普查的矿化潜力较大地区。

对发现的矿（化）点或经类比认定为矿引起的异常及有意义的地质体进行研究，与地质特征相似的已知矿床从基本特征、成矿地质条件等方面进行类比、预测，必要时可投入极少量工程进行追索、验证，采集测试样品。

寻找的矿产与地表（下）水关系密切时，应收集、分析区域水文地质、工程地质资料，为开展下一步工作提供设计依据。

应圈出预测矿产资源范围，当有估算资源量的必要参数时，可以估算预测的资源量。

第三节 普 查

普查是通过对矿化潜力较大地区开展地质、物探、化探工作和取样工程，以及可行性评价的概略研究，对已知矿化区作出初步评价，对有详查价值地段圈出详查区范围，为发展地区经济提供基础资料。

普查的主要工作是：

通过1:25 000～1:5 000比例尺的地质填图和露头检查，对区内地质特征的查明程度应达到相应比例尺的精度要求，成矿地质条件达到大致查明程度。

通过1:10 000～1:2 000比例尺地质填图和有效的物探、化探、遥感、重砂等方法手段及数量有限的取样工程，大致控制主要矿体特征，地表要用取样工程稀疏控制，深部要有工程证实，不要求系统工程网度；大致查明矿石的物质组成、矿石质量，并进行相应的综合评价。对物探、化探异常进行Ⅰ～Ⅱ级验证。

大致了解开采技术条件，包括区域和测区范围内的水文地质、工程地质、环境地质条件，为详查工作提供依据。对开采条件简单的矿床，可依据与同类型矿山开采条件的对比，对矿床开采技术条件作出评价；对水文地质条件复杂的矿床，应进行适当的水文地质工作，了解地下水埋藏深度、水质、水量以及近矿围岩强度等。

对已发现的矿产，应与邻区同类型已开采矿山，从矿石物质组成、主要矿石矿物、脉石矿物、结构构造、嵌布特征、粒度大小、有害组分及影响选冶条件等因素进行全面的对比，并就矿石加工选冶的性能作出概略评述。对无可类比的或新类型矿石应进行可选（冶）性试验或实验室流程试验，为是否值得进一步工作提供依据。对饰面石材还应作出"试采"检查。

依据普查所获得的地质矿产资料及国内、外市场情况，进行概略研究，研究有无投资机会，是否值得转入详查，并采用一般工业指标估算资源量。

第四节　详　查

详查又称初步勘探或评价勘探，是对详查区采用各种勘查方法和手段，进行系统的工作和取样，并通过预可行性研究，作出是否具有工业价值的评价，圈出勘探区范围，为勘探提供依据，并为制定矿山总体规划、项目建议书提供资料。作为小矿体或复杂矿体，经施工无法达到勘探要求的，工作只到详查阶段。

详查的主要工作是：

通过 1∶10 000 ～ 1∶2 000 地质填图，基本查明成矿地质条件，描述矿床的地质模型。

通过系统的取样工程，有效的物探、化探工作，控制矿体的总体分布范围，基本控制主矿体的矿体特征、空间分布，基本确定矿体的连续性，基本查明矿石的物质组成、矿石质量，对可供综合利用的共、伴生矿产，进行相应的综合评价。

对矿床开采可能影响的地区（矿山疏排水水位下降区、地面变形破坏区、矿山废弃物堆放场及其可能污染区）开展详细的水文地质、工程地质、环境地质调查，基本查明矿床的开采技术条件。选择代表性地段，对矿床充水的主要含水层及矿体围岩的物理力学性质进行试验研究，初步确定矿床充水的主（次）要含水层及其水文地质参数、矿体围岩岩体质量及主要不良层位，估算矿坑涌水量，指出影响矿床开采的主要水文地质、工程地质、环境地质问题，对矿床开采技术条件的复杂性作出评价。

对矿石的加工选冶性能进行试验和研究，易选的矿石可与同类矿石进行类比，一般矿石进行可选性试验或实验室流程试验，难选矿石还应进行实验室扩大连续试验。饰面石材还应有代表性的试采资料。直接提供开发时利用，试验程度应达到可供设计的要求。

在详查区内，依据系统工程取样资料，有效的物探、化探资料以及实测的各种参数，采用合理的工业指标圈定矿体，选择合适的方法估算相应类型的资源量，或者经预可行性研究，分别估算相应类型的储量、基础储量、资源量。为是否进行勘探决策、矿山总体设计、矿山建设项目建议书的编制提供依据。

第五节　勘　探

一、概述

勘探是对已知具有工业价值的矿区或经详查圈出的勘探区及生产矿区，通过应用各种勘查手段和有效方法，加密各种采样工程以及可行性研究，为矿山建设和生产，在确定矿山生产规模、产品方案、开采方式、开拓方案、矿石加工选冶工艺、矿山总体布置、矿山建设设计等方面提供依据。

勘探工作应坚持从实际出发、循序渐进、全面研究、综合评价、经济合理的原则。

依据工作阶段，可分为详细勘探和开发勘探。

二、详细勘探

在详查的基础上，通过应用各种勘查手段和有效方法，加密各种采样工程以及可行性研究，为矿产资源开发前，提供翔实的各类地质资料的必要工作阶段，也是现在执行各类矿产勘查规范统称的"勘探"。

详细勘探的主要工作是：

通过 1∶10 000～1∶2 000（必要时可用 1∶500）比例尺地质填图，加密各种取样工程及相应的工作，详细查明成矿地质条件及内在规律，建立矿床的地质模型。

详细控制主要矿体的特征、空间分布；详细查明矿石物质组成、赋存状态、矿石类型、质量及其分布规律；对破坏矿体或划分井田等有较大影响的断层、破碎带，应有工程控制其产状及断距；煤炭第一水平范围内的古河流冲刷、古隆起、较大陷落柱应有工程控制；对首采地段主矿体上、下盘具工业价值的小矿体，应一并勘探，以便同时开采；对可供综合利用的共、伴生矿产，应进行综合评价，共生矿产的勘查程度应视该矿种的特征而定。

异体共生的应单独圈定矿体；同体共生的，需要分采分选时，也应分别圈定矿体或矿石类型。

对影响矿床开采的主要水文地质、工程地质、环境地质问题要详细查明。通过试验，获取计算参数，结合矿山工程计算首采区、第一开采水平的矿坑涌水量，预测下一开采水平的涌水量；预测不良工程地质和问题；对矿山排水、开采区的地面变形破坏、矿山废水排放与矿渣堆放可能引起的环境地质问题作出评价；未开发过的新区，应对原生地质环境作出评价；老矿区则应针对已出现的环境地质问题（如放射性、有害气体、各种不良自然地质现象的展布及危害性）进行调研，找出产生和形成条件，预测其发展趋势，提出治理措施。在矿区范围内，针对不同的矿石类型，采集具有代表性的样品，进行加工选冶性能试验。可类比的易选矿石应进行实验室流程试验，一般矿石在实验室流程试验基础上，进行实验室扩大连续试验，难选矿石和新类型矿石应进行实验室扩大连续试验，必要时进行半工业试验。

勘探时未进行可行性研究的，可依据系统工程及加密工程的取样资料，有效的物探、化探资料，各种实测的参数，用一般工业指标圈定矿体，并选择适合的方法，详细估算相应类型的资源量；进行了预可行性研究或可行性研究的，可根据当时的市场价格论证后所确定的、由地质矿产主管部门下达的正式工业指标圈定矿体，详细估算相应类型的储量、基础储量和资源量，为矿山初步设计和矿山建设提供依据。探明的可采储量应满足矿山返本付息的需要。

三、开发勘探

开发勘探是在矿山基建和生产过程中，为矿山基本建设的顺利进行和矿山持续、正常生产，以及合理开发和充分利用矿产等目的，而对矿床进行深入研究和探矿工作。其目的在基建和开发阶段，准确的圈定矿体，确切查明矿体内部构造及各种矿石类型的空间分布细节，提高资源/储量级别，精确估算资源/储量，为指导基建施工和编制矿山开采生产计划提供更加准确可靠的地质资料。此外，还要探明过去尚未发现的隐伏矿体，扩大矿床资源/储量，延长矿山服务年限。

开发勘探以矿山基本建设和持续生产为基本目的，所以不像前几个阶段要求那么具体，针对性比较强。依据需要可以局部投入，也可以全区投入研究，投入的手段也是有针对性的，可以开展综合性的工作，也可以只使用某一种有效手段，目的是能达到较准确的指导基建和生产施工。

例如：以基建为目的的勘探，基本任务在于指导基建井巷工程的施工，为先期生产地段提供足够数量和一定比例的生产储量；生产勘探，则是在矿山开采过程中，为保证矿山持续生产，准备开拓、采准和备采三级矿量，延长矿山服务年限，充分利用地下资源，以及解决生产过程中的其他地质问题而进行的勘探和地质研究工作。所以，工作量投入由矿山决定。

第三章 专业地质

第一节 水文地质勘查

一、概述

水文地质指自然界中地下水的各种变化和运动的现象。水文地质学是研究地下水的科学。它主要是研究地下水的分布和形成规律，地下水的物理性质和化学成分，地下水资源及其合理利用，地下水对工程建设和矿山开采的不利影响及其防治等。

随着水文地质科学的发展，它的研究内容越来越广泛，主要研究内容可归纳为六个方面。

1. 地下水的形成与转化

阐述地下水起源与形成的基本知识（包括地下水的赋存条件），并探讨大气水、地表水、土壤水与地下水相互转化、交替的基本规律（图3－3－1）。

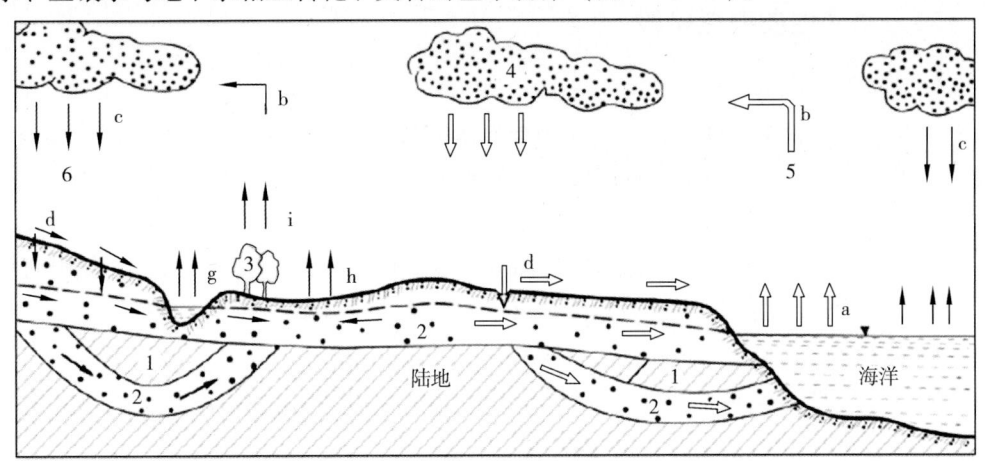

图3－3－1 水文循环示意图

1—隔水层；2—透水层；3—植被；4—云；5—大循环各环节；6—小循环各环节；a—海洋蒸发；b—大气中水汽转移；c—降水；d—地表径流；e—入渗；f—地下径流；g—水面蒸发；h—土面蒸发；i—叶面蒸发

2. 地下水的类型与特征

阐述地下水的储存条件及其基本类型，包括地下水的主要理化特性。

3. 饱水带及包气带中水分和溶质的运动

主要研究地下水流的基本微分方程，包括地下水向井、渠的流动，以揭示地下水位和水量的时空变化规律。同时探讨包气带水与地下水溶质运移的基本方程。

4. 地下水动态与水均衡

讨论在不同的天然因素和人为因素影响下的地下水动态变化规律，以及不同条件下的地下水水均衡方程。

5. 地下水资源计算与评价

分别讨论局部开采区和区域性大面积开采区地下水资源评价的主要方法，并具体介绍有关含水层参数测定及地下水补给量和排泄量的计算方法。同时，阐述地下水水质评价的有关知识。

6. 地下水资源系统管理

阐述地下水资源管理与保护方面的基本知识，着重讨论地下水资源系统管理模型及其应用。

水文地质勘查是在水文地质基本理论指导下，研究水文地质调查理论与方法的一门学科。

水文地质勘查的主要任务是查明地下水的形成条件，含水体和蓄水构造的埋藏分布情况，地下水的补给来源、径流特征及排泄条件，地下水的动态变化和富集规律，地下水的开采条件、水质评价和水量计算等。从长远来说，要为各个自然单元的地下水资源的均衡调节，动态趋势以及"三水"（地下水、地表水、大气降水）转化作出预测，以做好地下水资源的综合性评价、规划、开发。

二、水文地质勘查阶段

1. 水文地质勘查的分类

水文地质勘查按其目的、任务和调查方法的特点分为三类：区域性水文地质调查；专门性水文地质调查；地下水动态和均衡的监测。

（1）区域性水文地质调查：目的是为制定某项国民经济的远景规划提供水文地质依据，或者为某项专门任务提供区域性的水文地质背景资料。主要任务是：概略查明区域水文地质条件，包括地下水的类型、埋藏分布条件、水量水质形成条件、地下水资源的概略数量。范围较大，几百、几千或上万平方公里。比例尺一般小于1∶100 000。

（2）专门性水文地质勘查：目的是为某项具体工程建设项目的设计提供水文地质资料，或为开展地下水某方面的专项研究所进行的水文地质工作。主要任务是：详细查明调查区水文地质条件，解决所提出的生产实际问题，保证工程项目设计所需的水文地质资料。范围一般较小，视工程项目的规模而定。比例尺一般大于1∶50 000。

（3）地下水动态和均衡的监测：目的是查明水位、水量、水质等随时间的变化规律。进行任何类型的水文地质调查都需要地下水动态和均衡方面的资料。为管理、保护地下水资源，保护生态环境服务。监测时间有长有短，监测项目有水位、水量、水质等。

2. 水文地质勘查工作阶段划分

主要针对专门性的水文地质勘查。专门性的水文地质勘查任务一般都是分阶段进行的，其原因主要是，专门性水文地质勘查是为工程建设项目设计服务的，而项目的设计工作一般都是分阶段进行的，不同设计阶段所需水文地质资料的内容和精度也有不同的要求，因此水文地质勘查也应划分为相应的阶段来进行。根据经济建设项目的要求，水文地质勘查工作一般划分为 3 个阶段，即水文地质普查、水文地质初步勘探和水文地质详细勘探。对供水勘查也可划分为调查、详查和开采三个阶段，使勘探融合于详查和开采阶段。每个阶段都有一套相适应的勘查方法和要求，但其工作量、工作重点、成果精度均有所不同，见表 3 - 3 - 1。

表 3 - 3 - 1　　　　　　　　水文地质勘查阶段的划分（根据工作精度）

勘查阶段	普查阶段	详查	开采阶段
水文地质测绘	比例尺 1：100 000 ~ 1：200 000；可供省（自治区）区划和制定水利建设、工业布局、地质详查以及各项专门性工作设计的依据；也可作为科学研究和教学工作的参考	比例尺市级或工业供水用 1：25 000 ~ 1：50 000，农业供水用 1：50 000 ~ 1：100 000；为县、区农业区划或地下水开发利用规划提供依据；并可为井灌布局、盐土改良、牧区供水等施工设计提供依据，为城市或工业大、中型供水选择水源地提供设计依据	比例尺大于 1：250 000；为建设水源地提供技术设计和施工设计的依据；为合理开采调整井网、防止污染或扩大水源地提供设计依据。同时，为科学管理提供依据
水文地质物探	以航空物探成果为主，地面物探在局部重点地区进行，以点为主，点线结合	以进行详细的地面物探为主，线网结合；并配合钻探和试验进行专门性物探工作	以井下物探为主，并结合勘探工作进行专门性物探模拟试验
水文地质钻探	钻探工作为单孔和控制性的基准孔，了解不同深度的含水层	开采层位为主	进行综合研究
水文地质试验	以单孔抽水为主，进行必要的多孔抽水试验	抽水孔数在基岩地区占钻孔总数 80% 以上；岩性变化不大的松散地层抽水孔占 30% ~50%；变化较大的松散地层占 50% ~80%；要进行必要的群孔、分层	除进行群孔、干扰抽水试验外，选择典型地段进行人工回灌试验

（续表）

勘查阶段	普查阶段	详查	开采阶段
水文地质参数测定及地下水资源评价	根据经验数据，搜集资料和部分实测资料，估算地下水资源	大部分为实测参数，初步评价地下水资源	水量和水位资料，进行水文地质参数计算与地下水资源评价
观测	水期地下水动态	布置长期观测网，观测时间要求不少于 1 个水文年，并进行简易入渗观测	布置长期观测网，观测时间要求不少于 3 个水文年，进行地下水动态预报
实验室工作	以水质简分析为主，进行部分岩样、土样鉴定和孢粉分析	做水质简分析及部分全分析，并进行少量岩石水理性质测定	土样的水理性质测定

三、水文地质勘查方法

水文地质勘查的主要技术方法有：水文地质测绘、水文地质勘探（钻探、物探等）、水文地质试验、水文地质遥感解译、地下水动态与均衡研究、室内实验模拟研究等。

1. 水文地质测绘

水文地质测绘是认识一个地区水文地质条件的第一步，也是全部水文地质工作的基础。是在野外进行的一种地面调查工作。按一定精度（比例尺）要求，对地质—水文地质现象进行野外观察、测量、描述，并将它们绘制成图件，总结出水文地质规律。也就是在搞清地质条件的基础上，对地下水的形成条件、赋存状态与运动规律进行研究。

2. 水文地质物探

是根据地质体与地下水以及不同的地下水之间存在的物性差异，如电性、磁性、弹性、放射性等，利用地球物理方法去研究和解释地质、水文地质现象的一种手段。在水文地质勘查中应用最普遍的是电法，其次是地震法和电磁法。用物探方法确定含水层的埋藏位置和厚度，探测基岩界面起伏，寻找裂隙水富集带，确定溶洞位置和咸、淡水的分界面等，都能取得较好的效果。

3. 水文地质勘探

是指利用钻探、井探、槽探、坑探等工作手段直接揭露地下水和地质现象的过程，其中水文地质钻探为水文地质试验和物探测井提供工程条件。目前，水文地质勘探中主要是采用钻探，而槽探、井探和坑探等手段只是在一定的地质和水文地质条件下，为某些专门目的才使用。

4. 水文地质试验

分室内和野外两方面试验，在野外条件下是测定水文地质参数，研究地下水运动特征的主要方法，是评价含水单元的边界条件及为各种水文地质计算提供数据的重要手段。其中钻孔抽水试验应用广泛，而注水试验、压水试验、渗水试验、地下水实际流速测定、连通试验以及回灌试验等，则是在一定的水文地质条件下为解决某些专门水文地质问题而被使用的。

5. 水文地质遥感解译

是根据电磁波理论，利用在卫星、飞船（机）上安装的传感器，接收地面上地质和水文地质现象及实体所反射或发射各种波谱信息，构成人们能够感知的图像，进而做出专业性解译。由于遥感技术观测范围大，并可反映出在一定深度内的信息，它不仅能感知现象和实体的存在，还可掌握其变化过程和趋势，这就使水文地质勘查工作进入到了一个新的技术发展阶段。

6. 地下水动态与均衡的研究

通过对地下水动态（地下水水位、水质、水量和水温）进行长期观测，掌握其动态变化特征、影响因素和变化趋势。均衡是通过各种补给量与消耗量的测定，去计算一定地域内地下水的水量及其所含盐分随时间的数量变化关系。两者的成果都是进行地下水资源（储量）评价的重要依据，同时也是为指导地下水开采或疏干需要进行的动态监测和预测的必要手段。

7. 室内实验模拟研究中的数学模型法和电模拟法

是用数字电子计算机和电网络模拟机进行工作的，它在地下水资源评价、预测地下水动态、矿井疏干、农田灌溉等水文地质工作中，充分显示出现代化技术手段的计算效率和成果精度，把水文地质勘查工作推向一个新的发展阶段。

总之，各种技术方法和手段的使用，都必须是在结合工作地区的自然地质条件，相应阶段的目的要求，和经济上可行、技术上合理的原则下，以地质和水文地质野外观察为基础，相互配合，协调一致，才能取得符合客观实际的水文地质成果。

四、专门水文地质勘查

（一）供水水文地质勘查

供水水文地质勘查工作的目的就是为用水部门寻找、评价、开发、保护与管理地下水资源提供科学依据。大约在20世纪70年代以前，我国供水水文地质工作主要是寻找和评价地下水资源，只要能为各种用水部门找到足够可用的地下水资源，就达到了目的。到70年代，由于不合理地开发利用地下水，带来了一系列环境恶化问题。因此，供水水文地质工作的目的不仅是寻找与评价地下水资源，还要为开发、保护与管理地下水资源提供依据，而且此目的愈来愈占有重要的地位。

供水水文地质勘查的具体任务包括：①在查明地区水文地质条件的基础上，选择与圈定供水水源地；②根据各种用水的要求，对地下水进行质与量的全面评价；③提出取水建筑物的选择与布置的技术经济方案；④阐明水源地环境保护问题的水文地质依据；⑤研究地下水的开采动态，以便在地下水开采管理中拟定合理的开采量及开采制度。

按不同工程设计阶段，供水水文地质勘查工作相应分为四个勘查阶段。

1. 规划设计（或厂址选择）阶段

本阶段应初步查明城市或预定厂址附近的区域水文地质条件，提出有无满足设计需水量的可能性，以作为城市规划设计或厂址选择比较条件之一。本阶段勘查工作的特点是，在可能满足设计需水量要求的范围内（一般为 1 个，有时也扩大到 2～3 个水文地质单元），通过中等比例尺（1:100 000～1:50 000）进行水文地质测绘，并配合少量勘探、试验工作，着重查明区域地下水的类型、埋藏分布与形成条件，可供开采的含水层位（富水带），并对该含水层（带）的分布范围、补给条件、水量水质有个初步了解。除为城市规划和选厂提供所需水文地质资料外，还为解决后期勘查阶段所遇到的某些专门问题提供区域性资料。

2. 初步设计阶段

本阶段的任务是，在规划设计所选定的几个可能的地下水源地范围内，通过大、中比例尺（1:50 000～1:25 000 万）的水文地质测绘，在可能的富水地段上投入一定数量的勘探、试验工作和短期地下水动态观测工作，查明各水源地的水文地质条件，初步评价水量和水质，并结合开采的技术经济条件，比较和选择最适合的水源地方案。

3. 详细设计阶段

本阶段的任务是，在已经初勘选定的水源地地段上，投入大量的勘探和试验工作及必要的大比例尺（1:25 000～1:10 000 万）水文地质测绘，并进行较长时期的地下水动态观测工作。详细查明开采含水层的埋藏分布与边界条件，含水层的导、储水性能及其他水文地质计算参数，进而对含水层的水量、水质、开采条件作出准确评价，提供取水工程详细设计所需的一切水文地质资料。

4. 开采阶段

多数大型取水工程投产后，为保证正常运转，或为解决因大量取水而引起的各种环境地质问题，或为进一步扩大开采量等，都需进一步进行水文地质勘查研究工作。本阶段的工作主要是在整理和分析已有开采动态观测资料的基础上，补充必要的勘探和进行一些专门性的试验工作，对水资源作出更准确的评价。

（二）农田水文地质勘查

农田水文地质勘查的任务是查明地下水的分布和埋藏条件、地下水资源及其开采条件，为合理开发利用地下水资源，扩大灌溉面积，提供完整的水文地质资料。工作成果应对灌溉地下水资源满足灌溉用水的保证程度，提出全面评价；应根据灌区水文地质特征，提出机井合理布局及地表水与地下水综合利用的资料；应根据兴利与防害相结合的原则，考虑开发利用地下水的经济合理性，防止由于利用不当可能造成的危害；应对"肥水、盐碱水"的利用和盐碱土的改良提供水文地质资料和有关建议。

农田水文地质勘查的工作内容和要求，与城市、工矿企业供水勘查相似：要求查明地下水的分布和埋藏条件；含水层在水平和垂直方向上的变化；地下水的补给、径流、排泄条件，水质，水量及其动态特征；地下水的开采资源及开采条件评价等。

与城市、工矿企业供水的勘查相比，农田水文地质勘查又有其本身的特点：第一，由于农田灌溉用水是大面积开采，同时又是季节性集中用水，所以必须从大面积、长期均衡的角度来评价地下水资源；第二，在一般情况下，单纯利用地下水不能满足灌溉需水量的要求，所以在勘查中应同时收集大气降水及地表水的资料，以便提出综合利用水资源的意见；第三，灌溉水质有特殊的要求，应按灌溉水质标准进行评价。也应研究对农作物有益的肥水和有害的盐碱水，以及对它们利用和改造的可能性；第四，应注意调查与地下水有关的土壤盐碱化、沼泽化，查明盐碱化、沼泽化形成的原因，提出土壤改良的水文地质措施，以便结合合理开发利用地下水资源加以解决；第五，应研究灌区的地下水动态均衡及盐分均衡，预测其变化规律，为预防长期灌溉不当而产生的不良后果提出工作建议。

农田水文地质勘查的工作方法，与区域水文地质调查方法基本相同，但应结合农田水文地质查的目的与任务的特殊要求来进行。

（三）矿床水文地质勘查

矿床（区）水文地质工作（包括工程地质工作）是矿床普查勘探工作中不可缺少的重要组成部分，也是矿产开采工作中的一部分。它在国民经济建设中有着重要的意义，直接关系到矿产资源的合理开发和人民生命财产的安全。

在矿产勘探的各个阶段，都要进行相应的水文地质工程地质工作，矿产资源评审机构在评审矿产勘探报告时，要求提供符合要求的水文地质工程地质资料，以满足编制开采设计的要求。如果水文地质工程地质资料不符合要求，则勘探的储量不予批准，或降级批准。另一种情况，当经过工作之后认为矿区水文地质及工程地质条件极为复杂，造成开采时技术上的极大困难，在经济上不合算，则将被划为内蕴资源量，不能作为国民经济建设投资的依据。在矿产开采阶段，也要进行水文地质工作，并根据搜集到的资料修订矿井的排水措施。如遇到复杂的水文地质情况，应在采取专门的勘探手段查明情况和建立合理的防水措施以后，才能继续开挖，这是保证井下安全生产的重要环节。

矿床水文地质工程地质工作的目的任务是：查明矿区水文地质工程地质条件，预测矿坑涌水量，指出供水水源方向，提出防止矿坑水对地表水、地下水的污染等环境影响问题的意见，以及供排结合，综合利用的建议；对露天采矿场边坡稳定性或坑道顶底板稳固性作出初步评价，为矿山开采设计提供依据。

矿床水文地质工作与城市工矿企业供水和农田灌溉水文地质勘查有所不同。后两者勘查工作的主要目的在于勘探水源，解决供水问题，因此水文地质工作是单独进行的；而矿床水文地质工作的主要目的在于解决矿产工业评价及矿床开采时的疏干排水问题，并且矿床水文地质工作仅仅是矿床勘探工作的一个部分，通常要求与地质工作结合进行，在勘探过程中应充分利用地质勘探工程取全、取准水文地质工程地质资料。当利用地质勘探工程不能满足所要求的水文地质工程地质资料时，才布置专门工程进行专门性的矿床水文地质工程地质工作。

第二节　工程地质勘查

一、概述

工程地质是调查、研究、解决与人类活动及各类工程建筑有关的地质问题的科学。

工程地质学是研究与人类工程建筑等活动有关的地质问题的学科。工程地质学的研究目的在于查明建设地区或建筑场地的工程地质条件，分析、预测和评价可能存在和发生的工程地质问题及其对建筑物和地质环境的影响和危害，提出防治不良地质现象的措施，为保证工程建设的合理规划以及建筑物的正确设计、顺利施工和正常使用，提供可靠的地质科学依据。

工程地质勘查是为查明影响工程建筑物的地质因素而进行的地质调查研究工作。所需勘查的地质因素包括地质结构或地质构造；地貌、水文地质条件、土和岩石的物理力学性质，自然（物理）地质现象和天然建筑材料等，这些通常称为工程地质条件。工程地质勘查是查明工程地质条件后，需根据设计建筑物的结构和运行特点，预测工程建筑物与地质环境相互作用（即工程地质作用）的方式、特点和规模，并作出正确的评价，为确定保证建筑物稳定与正常使用的防护措施提供依据。为工程建设的规划、设计、施工提供必要的依据及参数。

工程地质勘查应完成以下任务：查明建筑地区的工程地质条件；选择地质条件优越的建筑场地；分析研究与建筑有关的工程地质问题，做出定性和定量评价；根据建筑场地的工程地质条件，配合设计和施工，提出有关建筑物的类型、结构、规模及施工方法的建议和方案；从地质、工程地质角度提出改善和防治不良地质条件的方案和措施；预测工程兴建后对地质环境的影响，制订保护地质环境的措施。

二、工程地质勘查阶段

工程地质勘查通常按工程设计阶段分步进行。建设工程项目设计一般分为可行性研究，初步设计和施工图设计三个阶段。为了提供各设计阶段所需的工程地质资料，勘查工作也相应地划分为选址勘查（可行性研究勘查）、初步勘查、详细勘查三个阶段。对于工程地质条件复杂或有特殊施工要求的重要建筑物地基，尚应进行预可行性及施工勘查；对于地质条件简单，建筑物占地面积不大的场地，或有建设经验的地区，也可适当简化勘查阶段。各勘查阶段的任务和工作内容简述如下：

1. 选址勘查阶段

选址勘查工作对于大型工程是非常重要的环节，其目的在于从总体上判定拟建场地的工程地质条件能否适宜工程建设项目。一般通过取得几个候选场址的工程地质资料进行对比分析，对拟选场址的稳定性和适宜性作出工程地质评价。选择场址阶段应进行下列工作：

（1）搜集区域地质、地形地貌、地震、矿产和附近地区的工程地质资料及当地的建筑经验。

（2）在收集和分析已有资料的基础上，通过踏勘，了解场地的地层、构造、岩石和土的性质、不良地质现象及地下水等工程地质条件。

（3）对工程地质条件复杂，已有资料不能符合要求，但其他方面条件较好且倾向于选取的场地，应根据具体情况进行工程地质测绘及必要的勘探工作。

选择场址时，应进行技术经济分析，一般情况下宜避开下列工程地质条件恶劣的地区或地段；不良地质现象发育，对场地稳定性有直接或潜在威胁的地段；地基土性质严重不良的地段；对建筑抗震不利的地段，如设计地震烈度为Ⅷ度或Ⅸ度且邻近发震断裂带的场区；洪水或地下水对建筑场地有威胁或有严重不良影响的地段；地下有未开采的有价值矿藏或不稳定的地下采空区上的地段。

2. 初步勘查阶段

初步勘查阶段是在选定的建设场址上进行的。根据选址报告书，了解建设项目类型、规模、建设物高度、基础的形式及埋置深度和主要设备等情况。初步勘查的目的是：对场地内建筑地段的稳定性作出评价；为确定建筑总平面布置、主要建筑物地基基础设计方案以及不良地质现象的防治工程方案作出工程地质论证。本阶段的主要工作如下：

（1）搜集本项目可行性研究报告（附有建筑场区地形图，一般比例尺为1∶2 000～1∶5 000）、有关工程性质及工程规模的文件。

（2）初步查明地层、构造、岩石和土的性质；地下水埋藏条件、冻结深度、不良地质现象的成因和分布范围及其对场地稳定性的影响程度和发展趋势。当场地条件复杂时，应进行工程地质测绘与调查。

（3）对抗震设防烈度为Ⅶ度或Ⅶ度以上的建筑场地，应判定场地和地基的地震效应。

初步勘查时，在搜集分析已有资料的基础上，根据需要和场地条件，还应进行工程勘探、测试以及地球物理勘探工作。

3. 详细勘查阶段

在初步设计完成之后进行详细勘查，为施工图设计提供资料。详细勘查的目的是提出设计所需的工程地质条件的各项技术参数，对建筑地基作出岩土工程评价，为基础设计、地基处理和加固、不良地质现象的防治工程等具体方案作出论证和结论。详细勘查阶段的主要工作要求是：

（1）取得附有坐标及地形的建筑物总平面布置图，各建筑物的地面整平标高、建筑物的性质和规模，可能采取的基础形式与尺寸和预计埋置的深度，建筑物的单位荷载和总荷载、结构特点和对地基基础的特殊要求。

（2）查明不良地质现象的成因、类型、分布范围、发展趋势及危害程度，提出评价与整治所需的岩土技术参数和整治方案建议。

（3）查明建筑物范围各层岩土的类别、结构、厚度、坡度、工程特性，计算和评价地基的稳定性和承载力。

（4）对需进行沉降计算的建筑物，提出地基变形计算参数，预测建筑物的沉降、差异沉降或整体倾斜。

（5）对抗震设防烈度大于或等于Ⅵ度的场地，应划分场地土类型和场地类别。对抗震设防烈度大于或等于Ⅶ度的场地，尚应分析预测地震效应，判定饱和砂土和粉土的地震液化可能性，并对液化等级作出评价。

（6）查明地下水的埋藏条件，判定地下水对建筑材料的腐蚀性。需要基坑降水设计时，尚应查明水位变化幅度与规律，提供地层的渗透性系数。

（7）提供为深基坑开挖的边坡稳定计算和支护设计所需的岩土技术参数，论证和评价基坑开挖、降水等对邻近工程和环境的影响。

（8）为选择桩的类型、长度，确定单桩承载力，计算群桩的沉降以及选择施工方法提供岩土技术参数。

详细勘查的主要手段以勘探、原位测试和室内土工试验为主，必要时可以补充一些地球物理勘探、工程地质测绘和调查工作。详细勘查的勘探工作量，应根据场地类别、建筑物特点及建筑物的安全等级和重要性确定。对于复杂场地，必要时可选择具有代表性的地段布置适量的探井。

三、工程地质勘查方法

工程地质勘查方法或手段，包括工程地质测绘、工程地质勘探、实验室或现场试验、长期观测（或监测）等。

1. 工程地质测绘

工程地质测绘在一定范围内调查研究与工程建设活动有关的各种工程地质条件，测制成一定比例尺的工程地质图，分析可能产生的工程地质作用及其对设计建筑物的影响，并为勘探、试验、观测等工作的布置提供依据。它是工程地质勘查的一项基础性工作。测绘范围和比例尺的选择，既取决于建筑区地质条件的复杂程度和已有研究程度，也取决于建筑物的类型、规模和设计阶段。规划选点阶段，区域性工程地质测绘用小比例尺（1:100 000，1:50 000）；设计阶段，水库区测绘大多用中比例尺（1:25 000，1:10 000），坝址、厂址则用大比例尺（1:5 000，1:2 000，1:1 000，1:500）。工程地质测绘所需调研的内容有地层岩性、地质构造、地貌及第四纪地质、水文地质条件、天然建筑材料、自然（物理）地质现象及工程地质现象。对所有地质条件的研究，都必须以论证或预测工程活动与地质条件的相互作用或相互制约为目的，紧密结合该项工程活动的特点。当露头不好或这些条件在深部分布不明时，需配合以探坑、探槽、钻孔、平硐、竖井等勘探工作进行必要的揭露。

工程地质测绘通常是以一定比例尺的地形图为底图，以仪器测量方法来测制。采用卫星图像、航空图像和陆地摄影图像，通过室内判读调绘成草图，到现场有目的地复查，与进一步的照片判读反复验证，可以测制出更精确的工程地质图。并可提高测绘的精度和效率，减少地面调查的工作量。

2. 工程地质勘探

工程地质勘探包括工程地球物理勘探、钻探和坑探工程等内容。

（1）工程地球物理勘探。简称工程物探，其目的是利用专门仪器，测定各类岩、土体或地质体的密度、导电性、弹性、磁性、放射性等物理性质的差别，通过分析解释判断地面下的工程地质条件。它是在测绘工作的基础上探测地下工程地质条件的一种间接勘探方法。按工作条件分为地面物探和井下物探（测井）；按被探测的物理性质可分为电、地震、声波、重力、磁、放射性等方法。工程地质勘探中最常用的地面物探为电法中的视电阻率法，地震勘探中的浅层折射法，声波勘探等；测井则多采用综合测井。

物探的优点在于能经济而迅速地探测较大范围，且通过不同方向的多个剖面获得三维资料。以这些资料为基础，在控制点和异常点上布置勘探、试验工作，既可减少盲目性，又可提高精度。测井则可增补钻探工作所得资料并提高其质量。开展多种方法综合物探，根据综合成果进行对比分析，可以显著提高地质解释的质量，扩大物探解决问题的范围，缩短工程地质勘探周期并降低其成本。由于物探需要间接解释，所以只有地质体之间的物理状态（如破碎程度、含水率、喀斯特化程度）或某种物理性质有显著差异，才能取得良好效果。

（2）钻探和坑探。采用钻探机械钻进或矿山掘进法，直接揭露建筑物布置范围和影响深度内的工程地质条件，为工程设计提供准确的工程地质剖面的勘查方法。其任务是：查明建筑物影响范围内的地质构造，了解岩层的完整性或破坏情况，为建筑物探寻良好的持力层（承受建筑物附加荷载的主要部分的岩土层）和查明对建筑物稳定性有不利影响的岩体结构或结构面（如软弱夹层、断层与裂隙）；揭露地下水并观测其动态；采取试验用的岩土试样；为现场测试或长期观测提供钻孔或坑道。

钻探比坑探工效高，受地面水、地下水及探测深度的影响较小，故广为采用。但不易取得软弱夹层岩心和河床卵砾石层样品，钻孔也不能用来进行大型现场试验。因此，有时需采用大孔径钻探技术，或在钻孔中运用钻孔摄影、孔内电视或采用综合物探测井以弥补其不足。但在关键部位还需采用便于直接观察和测试目的层的平硐、斜井、竖井等勘探工程。

钻探和坑探的工作成本高，故应在工程地质测绘和物探工作的基础上，根据不同工程地质勘探阶段需要查明的问题，合理设计硐、坑、孔的数量、位置、深度、方向和结构，以尽可能少的工作量取得尽可能多的地质资料，并保证必要的精度。

3. 原位测试和实验室试验

获得工程地质设计和施工参数，定量评价工程地质条件和工程地质问题的手段，是工程地质勘查的组成部分。室内试验包括：岩、土体样品的物理性质、水理性质和力学性质参数的测定。现场原位测试包括：触探试验、承压板载荷试验、原位直剪试验以及地应力量测等（见岩土试验、工程地质力学模拟）。

设计建筑物规模较小，或大型建筑物的早期设计阶段，且易于取得岩、土体试样的情况下，往往采用实验室试验。但室内试验试样小，缺乏代表性，且难以保持天然结构。所以，为重要建筑物的初步设计至施工图设计提供上述各种参数，必须在现场对有代表性的天然结构的大型试样或对含水层进行测试。要获取液态软黏土、疏松含水细砂、强裂隙化岩体之类的不能得到原状结构试样的岩土体的物理力学参数，必须进行现场原位测试。

4. 现场检测与监测

用专门的观测仪器对建筑区工程地质条件各要素或对工程建筑活动有重要影响的自然（物理）地质作用和某些重要的工程地质作用随时间的发展变化，进行长时期的重复测量的工作。检测的主要内容有：岩、土体位移范围、速度、方向；岩、土体内地下水位变化；岩体内破坏面上的压力；爆破引起的质点速度；峰值质点加速度；人工加固系统的载荷变化等。此项工作主要是在论证建筑物的施工设计的详细勘查阶段进行，工程地质作用的观测则往往在施工和建筑物使用期间进行。长期观测取得的资料经整理分析，可直接用于工程地质评价，检验工程地质预测的准确性，对不良地质作用及时采取防治措施，确保工程安全。

工程地质勘查是运用地质、工程地质理论和各种技术方法手段，为解决工程建设中地质问题进行的普查勘探和试验室的调查研究工作。它是工程建设前期论证可行性的工作，又是工程建设的基础工作；工程的规划、设计、施工方案的选择，工程的总体部署和建筑物的布置，以及设计参数的确定等，都必须有工程地质勘查资料作为依据。工程地质勘查是通过深入地地质工程地质调查研究，提出反映客观实际高质量的工程地质勘查成果，以达到保质保量，降低工程造价加快工程建设的目的。

5. 勘查资料的内业整理

工程地质勘查内业资料整理工作是工程地质勘查工作的重要组成部分，也是工程地质勘查成果的最终体现。内业资料整理工作的总任务，是在全面而系统的整理和深入综合分析野外勘查（包括测绘、勘探、试验和长期观测等）所取得资料的基础上，编写工程地质报告书。资料整理工作的内容包括：整编原始资料，即反复检查核对各种原始资料的正确性并及时整理分析；清绘各种原始图件，编制工程地质图件；选择、统计和分析各种岩土实验成果；编写工程地质勘查报告书。对于专门工程地质勘查或进行专题论证时，还包括有关的工程地质及水文地质计算工作。

第三节　环境地质勘查

一、概述

环境地质学是研究人类地质环境体系的学科。在研究地质环境各要素的基础上，着重研究人类活动与地质环境的相互关系；环境地质问题的发展、演化和分布规律；全面评价环境地质质量，拟定地质环境合理开发与保护改善方法，实现人类与地质环境之间的和谐发展。由于人类与地质环境之间有多种多样的活动类型与作用，所产生的环境地质问题也是多种多样的，表现出大量的特殊矛盾，这种多样性和矛盾的特殊性是环境地质学产生分支学科的基本依据。

环境地质勘查是通过适当的勘查手段，调查、研究、解决与人类活动及各类工程建筑有关的环境地质问题，分析、预测和评价可能存在和发生的环境地质问题及其对建筑物和地质环境的影响和危害，提出因地制宜地防治措施，为城市建设和工农业发展规划提供环境地质依据，为环境地质基础理论研究和发展提供实践实验资料。

环境地质勘查基本任务包括：①查明区域地质环境条件；②查明已发生和可能发生的区域性水位下降或上升、水资源衰竭、水质污染与恶化、海水入侵、水文地质环境问题，分析研究其成因；③进行区域地质环境影响评价和预测研究，提出环境地质问题防治对策或措施方案。

二、环境地质勘查方法

环境地质勘查方法或手段，包括环境地质调查、环境地质勘探、环境地质遥感解译、环境地质试验、环境地质监测等。

1. 环境地质调查

在一定范围内调查研究与人类活动有关的各种环境地质条件，测制成一定比例尺的环境地质图，分析可能产生的环境地质问题及其对工程建设活动的影响，并为勘探、试验、观测等工作的布置提供依据。环境地质调查是一项基础性工作。调查范围和比例尺的选择，取决于区域环境地质条件的复杂程度和已有研究程度，一般区域性环境地质调查用小比例尺（1∶100 000，1∶50 000）；构筑物场区环境地质调查大多用中比例尺（1∶10 000，1∶5 000，1∶2 000，1∶1 000）。

环境地质调查主要内容包括：

（1）充分收集已有的水文、气象、地质、"水工环"地质、遥感、物探、化探和主要环境地质问题与地质灾害的资料，以及大江大河流域整治规划、生态环境建设规划、防灾减灾规划等，在此基础上编制项目设计。

（2）整理分析已有的前人研究成果，提取有用的资料信息，建立研究区地质环境要素的空间数据库和图形数据库。

（3）开展航空和卫星遥感资料信息处理，确定调查路线和重点调查区及具体的调查方法。

（4）开展地面调查、物探、钻探、实验测试等项工作；建立地质环境动态监测网点。

（5）建立环境地质信息系统。

（6）开展环境地质专题研究。

（7）全面分析研究，开展环境地质评价、预测、论证，提出综合整治对策。

（8）编制环境地质图系，撰写研究成果报告。

环境地质调查通常是以一定比例尺的地形图为底图，以仪器测量方法来测制。采用卫星图像、航空图像和陆地摄影图像，通过室内判读调绘成草图，到现场有目的地复查，与进一步的照片判读反复验证，可以测制出更精确的环境地质图。并可提高测绘的精度和效率，减少地面调查的工作量。

2. 环境地质勘探

环境地质勘探包括地球物理勘探、钻探和坑探工程等内容。

（1）地球物理勘探：简称物探，其目的是利用专门仪器，测定各类岩、土体或地质体的密度、导电性、弹性、磁性、放射性等物理性质的差别，通过分析解释判断环境地质条件。物探是在调查工作的基础上探测环境地质条件的一种间接勘探方法。按工作条件分为地面物探和井下物探（测井）；按被探测的物理性质可分为电法、地震、声波、重力、磁法、放射性等方法。

（2）钻探和坑探：采用钻探机械钻进或矿山掘进法，直接揭露建筑物布置范围和影响深度内的环境地质条件。其任务是：查明环境水文地质条件在垂直方向上的分布特征与规律。查明地下水污染、地面沉降、塌陷等环境地质问题，在垂直方向上的分布特征与规律。应根据当地的环境地质条件和不同的环境地质问题的性质可分别采用钻探、坑探。

钻探和坑探的工作成本高，故应在环境地质调查和物探工作的基础上，根据不同勘探要求，合理设计硐、坑、孔的数量、位置、深度、方向和结构，以尽可能少的工作量取得尽可能多的地质资料，并保证必要的精度。

3. 环境地质遥感解译

（1）基本要求

①遥感图像的解译要先于环境地质调查，并贯穿工作的全过程。

②航摄相片和卫星相片二者相结合。

③遥感图像的应用方式根据照片的可解程度、地质环境条件复杂程度和地区研究程度而定。

④除运用最基本的常规目视解译方法外，应充分发挥遥感动态分析的特点，并尽可能采用图像模拟处理和计算机数字图像处理等技术，以突出有效信息，提高解译水平和效果。

⑤室内解译成果应进行野外检验。检验的内容有：解译标志的检验、外推结果的检验、遥感影像上难以获见的资料的野外补充。

（2）解译内容

①划分区域内的不同地貌单元，确定地貌形态、成因类型和主要微地貌的发育分布特征，判定地形、地貌与地质构造、地层岩性及工程、水文地质条件的关系。

②划分岩土体的不同岩性和分布范围。解译膨胀土、淤泥类土、盐渍土等特殊土体的分布发育特征和分布范围。

③确定地质构造轮廓和主要构造形迹，解译新构造活动迹象，为区域地壳稳定性评价提供影像依据。

④解译水土污染、地面沉降、地裂缝、地面塌陷、滑坡、崩塌、水土流失、河流和海岸冲刷与淤积等环境地质问题的分布、规模和形态特征，对其发展趋势和危害程度作出初步评价。

⑤解译各类污染源、人工采空区等的分布、规模和形态特征及危害程度。

⑥解译各种水文地质现象，重点解译地下水对各类环境地质问题的影响，判定大泉、泉群、地下水溢出带和渗失带，确定洼地、漏斗、落水洞、天窗、溶洞等岩溶现象的出露、分布位置，圈定地表水体的分布范围，分析水系发育特征，古河道变迁，浅层地下水相对富集地段等。

4. 环境地质试验

是获得环境地质基础参数，定量评价环境地质条件手段；是环境地质勘查的组成部分。主要任务：掌握土体的工程地质性质和水文地质特征，获取相关参数。分析研究有关环境地质问题的形成机制，并取得相关参数。

（1）试验方法：主要包括静力触探、动力触探、旁（横）压试验、十字板剪力试验、弹性波速测试、荷载试验、室内土柱试验、弥散试验、潜水水量垂直均衡试验、流速试验、地下含水层储能试验等。

（2）试样采集点的布设原则

①每种主要岩石采样 3~5 组，变化规律不明显的按面积控制，变化明显的按岩相区或成因类型加以控制。采样点布置在代表性剖面上。

②土样在钻孔中分层采取，根据设计需要确定每层的取样数量。一般来讲，3~5 m 取一个，当层厚小于 3 m 时，应取 1 个。

③水样采样点：1:50 000，平均每 1~5 km^2 1 个，1:100 000、1:250 000，平均每 5~20 km^2 1 个。

④不强求均匀布设，应视能否达到设计控制要求适当加密或减稀。

5. 环境地质监测

（1）主要任务：了解、验证和人类工程活动有密切关系的各种环境地质问题随时间的变化规律，取得定量数据，为环境地质评价和预测提供科学依据。

（2）监测项目：建筑物变形；各类环境地质问题；内动力地质现象，如活动断裂的位移观测、微地震观测、地应力观测等；地下水水位、水量、水温、水质等。

（3）监测网布设：

①监测网应布置在重点地段或具有代表性地段或能控制主要环境地质问题发育分布特征地段。

②地下水监测网的布设应控制不同的水文地质单元；控制不同的含水层，特别是易污染层，监测重点是主要供水目的层及已污染的含水层；控制地下水水位下降漏斗区，地面沉降区以及其他专门环境地质问题区。

③选择的地下水监测点必须是具有代表性的单孔或单孔组，其基本水文地质资料齐全，取水结构清楚，并可以保持监测时间的连续性，作为水质监测的点应该是常年使用的生产井或泉。

④监测点的密度可根据工作比例尺、地质环境条件以及环境地质问题的复杂程度而定。

（4）监测内容及要求：

①地下水监测。

a. 水位监测：监测频率为 5 天 1 次，监测日期一般要求逢 5、逢 10 日，每 1~2 年要统测一次丰、枯期水位。

b. 水温监测：与地下水水位监测同时进行。

c. 水量监测：对地下水天然露头及自流井可逐旬进行监测，雨季应加密监测，每年对生产井开采量进行系统调查和测量。

d. 水质监测：水质监测一般在丰水期和枯水期各取一次水样，在污染地区增加取样次数，在已了解水质变化规律的情况下，也可 1 ~ 2 年采样一次。水质监测项目除简分析项目外，还包括铁、铜、锰、锌、"三氮"、化学耗氧量、生物耗氧量、氟、硒、砷、汞、镉、总铬、铬、氰化物、细菌及大肠菌群等。

②地面沉降、地面塌陷监测。主要监测土层应力状态、土层变形状态、土层分层变形动态、土洞发展变化等。监测频率为每月 1 次，在地面沉降区，每年采用 GPS 进行一次地面高程测量。

③地裂缝监测。监测地裂缝长、宽、深度的变化趋势。监测剖面及监测频率视地裂缝的严重程度及危害程度而定。

④土壤污染监测。一般每年 1 次。监测项目有有机物质、化学肥料、放射性物质、致病的微生物等。

⑤滑坡、崩塌监测。根据滑坡、崩塌的发育分布特征，选择定期目视检查或安装简易监测设施或地面位移监测或深部位移监测。监测频率在枯季每月 1 次，雨季视滑坡、崩塌危险程度加密。

⑥活动性构造及地震活动监测。监测项目主要为断层位移量、地应力值。监测频率为半年一次，地震活动监测频率为每月 1 次。

⑦其他环境地质问题监测。视其危害程度而定。

监测方法及精度要求：可根据具体情况确定，并参照有关规程执行。变形观测一般以地面观测为主，必要时可设置钻孔原位分层、基岩标观测。

三、专门环境地质勘查

（一）城市环境地质勘查

城市地区是人类活动最强烈、产生的环境地质问题最多的地区。城市地区通常要求或理想要求：地质环境具有地理位置优越、地形平缓开阔、地质资源特别是水资源丰富良好、区域地壳和岩体稳定、危害性的地质作用与现象不发育等基本条件。所以，城市环境地质勘查的主要任务：第一，认识、鉴别城市规划、建设地区的有利条件和不利因素，论证、优化新建城址；根据工程类型、社会经济发展和地质环境开发、保护的要求，评价地质环境的适宜程度，预测可能产生的环境地质问题与社会经济环境效益，进行市政布局环境地质区划。第二，针对不同类型的地质灾害问题，运用地质工程方法，进行超前处理与事后防治。当前城市的危害性环境地质问题主要有："三废"排放量大，水、土污染严重，水资源短缺；地表、地下开挖、加载，引起地面变形破坏与斜坡位移等。所以，如何减少"三废"数量及有害成分，研究"三废"处理方法，减轻水、土污染，缓解水资源短缺的矛盾和由于水资源短缺所引起的一系列环境水文地质问题，避让、防治斜坡位移和地面变形破坏对城市建设的影响等，也已成为城市环境地质勘查的重要内容。第三，为城市建设、营运与发展的决策优化，建立城市环境地质管理模型。

（二）海洋环境地质勘查

海洋与陆地交互作用的海岸带和陆架浅海，都是地质环境不稳定、生态环境脆弱的地带，我国海洋环境尤其如此。技术经济活动的大负载和地质环境脆弱性在这里重叠在一起。

1. 海洋环境地质问题

（1）全球变化的海洋地质环境效应问题：全球变化即全球性的环境变化，它所包含的方面比较广，目前认为其中最重要的是温室效应引起的海平面上升。面对海平面上升，必须研究可能产生的各种地质环境效应，以及制定如何适应和防范的对策。

（2）水资源开发利用的环境问题：我国沿海地区水资源匮乏与淡水需求的矛盾十分尖锐，许多环境问题都是水资源开发不当引起的。由于沿海地区过度开采水资源，造成大面积地面沉降，构筑物及地下设施损毁，同时还导致了海水入侵、沿岸沼泽化、生活水质恶化等问题，水资源利用已成为沿海地区环境问题的核心，科学合理地开发利用地下水，进行环境综合治理是一个经常性的任务。

（3）海陆相互作用的地质环境问题：河口三角洲是海岸带的特殊地段，是地质环境变化最快、生态环境最不稳定的地段，也是海陆相互作用最活跃的地段，许多环境地质问题表现在河流尾域，根源在全流域。

（4）海洋地质灾害问题：近年来，我国海洋地质灾害发生的频度和强度都存在明显的上升趋势，这与人口增加、经济技术发展呈正相关。地质灾害的发生有自然和人为的原因，地面沉降、海水入侵主要是由人为因素造成的，大陆架和陆坡存在的多种潜在的地质灾害危险因素，则基本属于自然原因。

2. 海洋环境地质勘查主要研究内容

全球变化的海洋环境地质问题研究；区域海洋环境地质调查与研究；沿海城市环境地质研究；沿海地下水环境地质调查与研究；海洋灾害地质调查研究；人类活动对海洋地质环境的影响调查研究；海底不稳定性研究；河口河岸湿地环境地质调查研究。

3. 海洋环境地质勘查方法

根据海洋实际条件，采用与陆地上不同或有所不同的特殊勘查方法和技术，诸如定位、测深、采样、地球物理勘查、钻探、浅层剖面仪、旁侧声纳、深潜艇、遥感技术、红外技术、激光技术、同位素技术等。

（三）矿山环境地质勘查

矿山地质环境是指曾经开采、正在开采或准备开采的矿床及其邻近地区，其岩石圈上部与大气、水、生物圈组分之间，不断地进行着联系（物质交换）和能量流动，这一部分组成一个相对独立的环境系统。这一系统以岩石圈为依托，矿产资源开发为主导，不断改变着地球表面和岩石圈自然平衡状态的地质环境，也是一个环境地质问题较多、地质灾害较突出的系统。

矿山地质环境问题主要有：采、选矿过程中产生的有毒有害气体、矿渣、废水、粉尘等，不仅直接影响作业环境和工作条件，而且给矿区周围的大气、水质、土壤造成危害；废石堆、尾矿库挤占大量土地、农田；污水和烟尘的排放，污染水源、江河和大气，也破坏了景观和植被；露天矿边坡崩落，井下采空区造成地面塌陷；矿井突水、矿山疏干排水引起邻近地区地表水和浅层地下水疏干排干或形成海水入侵；采矿剥土等造成水土资源平衡失调，易诱发和引起土壤侵蚀、水土流失、土地沙化以及滑坡、泥石流等地质灾害。

1. 矿山环境地质勘查的目的

通过开展矿山环境地质勘查工作，摸清矿山地质环境基本现状及其对生态环境的影响，查明已存在的主要环境地质问题及危害，为合理开发矿产资源、保护矿山地质环境、矿山环境整治、矿山生态恢复与重建、实施矿山地质环境监督管理提供基础资料和依据。

2. 矿山环境地质勘查的主要内容

（1）查明矿山基本情况。

（2）概略查明矿山地质环境背景。

（3）查明矿山开发引起的环境地质问题及危害，具体包括：

①矿山开发对土地资源和地质地貌景观的影响与破坏。

②矿山开发对水资源特别是地下水系统的影响与破坏。

③矿山地质灾害的类型、规模、损失及危害。

④矿山环境污染问题：固体废弃物（废石、尾矿、煤矸石）堆放和废水（矿坑水、选矿废水、洗煤水、堆浸废水等）排放对土壤和水体的污染和生态资源的破坏等。

（4）调查与评价矿山地质环境治理措施及效果。

①矿山土地复垦与生态地质环境建设成效。

②矿业废水、废渣污染防治、综合治理与效果。

③矿山地质灾害防治措施及效果。

（5）对矿山地质环境现状作出初步评估。

（6）提出矿山地质环境保护规划建议。

（7）建立矿山地质环境信息系统。

矿山环境地质勘查方法基本与环境地质勘查常规手段一致，包括环境地质调查、环境地质勘探、环境地质遥感解译、环境地质试验、环境地质监测等。

（四）环境水文地质勘查

环境水文地质勘查以水文地质学为基础，研究水文地质环境与环境质量关系，研究与地下水有关的在天然条件或人为因素的影响下，与人体健康或人类生活及生产活动相关的各种环境水文地质问题，进而为防护、改善和治理提供基础依据。

1. 环境水文地质勘查的基本任务

（1）查明区域水文地质条件。

（2）查明已发生和可能发生的区域性水位下降或上升、水资源衰竭、水质污染与恶化、海水入侵、水文地质问题，分析研究其成因。

（3）进行区域地下水环境评价和预测研究，提出环境水文地质问题防治对策或措施方案，对地下水资源开发利用进行监督。

2. 环境水文地质勘查的主要内容

①环境水文地质条件调查。

对于天然环境水文地质条件，主要应从以下方面调查：气候、水文、土壤和植被状况；地层岩性、地质构造和地貌特征及主要矿产；包气带岩性、厚度与结构；含水岩层的岩性、结构、厚度和富水性；隔水岩层岩性、厚度、结构；地下水水位、水质和水温特征；地下水类型、补给、径流和排泄条件；地下水环境背景值（污染起始值）或对照值。

人为环境水文地质条件，主要从以下方面调查：地下水开发利用状况调查，应了解主要开采层的层次、开采量、开采强度；开采层的密度、深度、施工结构质量更替情况；开采过程中水质、水量、水位的变化。

②地下水污染源调查。

地下水水质问题调查：在搜集资料和调查中应查明地下水中主要物质成分及含量的时空分布；过高或过低物质成分含量程度和范围；形成原因；对环境和生态（包括人体健康）的影响。

地下水污染调查：应查明地下水中的主要污染物及其分布特征；污染程度和污染范围；污染原因；污染类型；及其对环境和生态的影响。

③地下水资源衰减状况调查。

④地下水位降落漏斗调查。

⑤地下水开采量衰减调查。

⑥含水层疏干状况调查。查明被疏干含水层的位置、疏干形状和面积；被疏干含水层类型、岩性和厚度；疏干量；疏干原因和发展趋势。

⑦地面沉降与地面塌陷调查。查明沉降和塌陷的位置、范围及面积；沉降量和塌陷量；沉降区和塌陷区的环境水文地质条件；沉降和塌陷原因以及发展趋势。

⑧其他环境水文地质问题调查。

（五）生态环境地质勘查

生态环境地质问题是指以现代地质营力（内、外动力地质作用、人为地质作用及其他作用）为主要原因，引起生态环境和地质环境变异以及生态地质环境各组成要素彼此间相互刺激、相互作用而导致生态地质环境结构与状态改变，造成人类生命财产损失或使人类赖以生存和发展的环境、资源发生严重破坏的现象和过程。由自然因素变化引起的问题称自然生态环境地质问题；主要由人类活动引起的问题称人为生态环境地质问题；由人为间接作用引起，表现为自然态的问题称自然—人为生态环境地质问题。

生态环境地质勘查主要是通过一定的勘查手段，研究具客观实体性质的生态地质环境与生态环境地质问题，寻求受损生态地质环境系统的恢复、保护和治理对策，求得人与自然和谐相处和可持续发展。主要包括：研究生态地质环境的组成、结构与各要素功能、历史演化、现代及其运动变化与未来发展趋势；生态环境地质问题产生的现代地质作用、地球动力作用与地球化学作用以及与其他因素的相互作用机制与模式；生态地质环境保护、治理、调节控制的技术措施。生态地质环境勘查工作原则及方法：

1. 收集资料、遥感解译先行

工作前先收集资料，再进行遥感图像解译，从中最大限度地提取有关地貌、地层、构造、水文地质、工程地质、环境地质、植被以及生态环境地质问题等信息。根据所提取信息研究各种地质体、环境地质现象、植被的时空分布及其相互关系，推断地质环境的地质作用过程、演化及其动态。

2. 新技术、新方法、新理论综合运用

工作中采取收集资料、遥感解译、综合性地面调查、实验测试、地下水动态长期观测、建立数据库、综合研究及报告编写、图件编制等技术路线及方法，引进一些先进的理论和技术方法，如"3S"技术应用、数字化成图、地下水系统的建立、运用数值法计算水资源、采用模糊数学方法评价水质、采用层次分析法评价生态地质环境，利用电脑制作各种模型、多媒体制作等。此外，综合运用新技术、新方法、新理论对调查所取得的资料进行分析研究，将这些资料有机地结合起来，采取定性分析与定量——半定量研究相结合，以定性分析支撑定量成果，对水资源潜力及生态环境地质进行分区评价。结论建立在可靠的实证基础上，力争提交具有前瞻性、宏观性、创新性、可操作性的成果。

3. 控制与重点调查相结合

确定重点调查区和控制性调查区。重点调查区结合遥感解译成果，按精度要求开展野外综合性调查工作。控制调查区以遥感解译成果为主，选择适当路线补做水资源潜力与生态环境地质调查工作。侧重于水资源与地质环境对生态的控制作用的调查研究。即在生态地质环境中最积极、动态变化强、具有生态意义的地下水、岩土体、植被、化学元素的现状、特征、演化规律及人类活动对区域生态地质环境的影响及其相互作用、影响程度等；有针对性、有目的、有计划地对自然环境恶劣、地质灾害频繁、生态环境脆弱的地区进行重点调查，既反映普遍性，又反映出其特殊性和重要性。这样获取的成果翔实、可靠、有代表性。

4. 由表及里、由浅入深的分析

工作中要采取智慧集结、思维互补、预案优化、认同便捷、决策共识的方法；学习、获取、创造多方面更新的知识科学思想、能力、方法、理论、技巧；充分具备科学的生态地质环境世界观和方法论，揭示地质环境发展史；善于解决矛盾，抓主要矛盾。充分抓住水资源潜力与生态环境地质条件这一具有特殊意义的关键问题，进行深入调查研究。凡是与地下水资源开采潜力与开采模式及地下水开发有关的生态环境地质方面的问题，都需要进行准确具体、深入细致调查研究，与此相关不甚密切的作为一般性调查。既考虑组成生态地质环境的有利因素和不利因素，又确定人类活动是主导因素；既考虑各因子在生态地质环境中所处位置及作用，又考虑各因子之间相互影响和相互联系；还用发展辩证的眼光，观察生态地质环境的变化规律。充分做到由此及彼，由表及里，由浅入深，由疏到密，由未知到已知，由现象到本质，由实践到认识及编测结合的原则部署路线，进行区域水文地质调查和生态环境地质综合调查，基础调查精度为1∶250 000。

5. 多学科结合

以第四纪地质、水文地质、环境地质、生态系统理论为分析基础，进行综合分析研究；以生态学、系统学、水文学、环境学、农业科学理论为指导；工作中采取地质学、土壤学、植物学、地貌学、生态学、环境地质学、灾害学、农业学、旅游学、医学地质学、资源学及其他有关地球科学等多学科、多方法、多功能、多目标、多观点、多手段、多内容、多因素、多层次、多角度、多形式的综合交叉结合，互相渗透、互相影响。即横跨现代最新科学、先进科学、自然科学、地质科学、生态科学、社会经济科学之间的大边缘的强有力结合，对水资源和生态环境地质质量进行分析、研究、评价、分区、预测。

6. 基础性、公益性原则

调查所进行的各项工作要严格按国家有关规范、规程要求执行。

（六）灾害地质勘查

地质灾害指由于自然的、人为的或综合的地质作用，使地质环境产生突发的或渐进的破坏，并对人类的生命财产造成危害的地质作用和事件。地质灾害的种类包括：火山、地震、崩塌、滑坡、泥石流、塌岸、地面沉降、地裂缝、岩溶塌陷及采空塌陷、瓦斯爆炸和矿坑突水、水土环境异常导致的各种地方病、沙质荒漠化、水土流失、海水入侵等。

地质灾害分级反映了地质灾害的规模、活动频次及对人类与环境的危害程度。具体地质灾害分级方案见表 3-3-2、表 3-3-3、表 3-3-4。

表 3-3-2　　　　　　　　　　　地质灾害规模等价划分

灾种 ＼ 灾害等级		特大型	大型	中型	小型
崩塌（体积/10^4 m^3）		>100	10~100	1~10	<1
滑坡（体积/10^4 m^3）		>1 000	100~1 000	10~100	<10
泥石流	体积/10^4 m^3	>50	50~5	5~1	<1
	流域面积/km^2	>200	200~20	20~2	<2
岩溶塌陷及采空塌陷（影响范围/km^2）		>20	20~10	10~1	<1
地裂缝（影响范围/km^2）		>10	10~5	5~1	<1
地面沉降	沉降面积/km^2	>1 000	100~1 000	50~100	<50
	累计沉降量/m	>2.0	2.0~1.0	1.0~0.5	0.5
海水入侵（入侵范围/km^2）		>500	500~100	100~10	<10

注：①泥石流规模等级指标中：体积，指固体物质一次冲出量；流域面积，主要在 1:250 000 调查时采用；
　　②泥石流和地面沉降规模等级的两个指标不在同一级次时，按从高原则确定。

表 3 - 3 - 3　　　　　　　　　　　地质灾害危害对象等级划分

	危害等级	一级	二级	三级
危害对象	城镇	威胁人数 >100 人，直接经济损失 >500 万元	威胁人数 10～100 人，直接经济损失 100～500 万元	威胁人数 <10 人，直接经济损失 <100 万元
	交通干线	一、二级铁路，高速公路及省级以上公路	三级铁路，县级公路	铁路支线，乡村公路
	大江大河	大型以上水库，重大水利水电工程	中型水库，省级重要水利水电工程	小型水库，县级水利水电工程
	矿山	能源矿山，如煤矿	非金属矿山，如建筑材料	金属矿山，稀有、稀土矿

表 3 - 3 - 4　　　　　　　　　　　地质灾害灾情与危害程度分级

灾害程度分级	死亡人数（人）	受威胁人数（人）	直接经济损失（万元）
一般级（轻）	<3	<10	<100
较大级（中）	3～10	10～100	100～500
重大级（重）	10～30	100～1 000	500～1 000
特大级（特重）	>30	>1 000	>1 000

　　灾害地质勘查（地质灾害防治工程勘查）是指因防治地质灾害的需要，采用各种勘查手段和方法对致灾地质体或致灾地质作用及所处地质环境进行调查研究和分析评价的行为。

　　灾害地质勘查应视地质灾害情况确定是否分阶段进行，当致灾地质体规模不大，基本要素明显或地质条件简单或灾情危急、需立即抢险治理时，宜进行一次性勘查；当致灾地质体规模较大，基本要素不明显或地质环境条件复杂时，应分控制性勘查和详细勘查两个阶段进行。

　　灾害地质勘查的技术手段或方法主要有：地面地质调查与自然地理调查，坑探、钻探，地球物理勘探和地球化学勘探，航空航天遥感勘测，测试与实验，灾区社会经济与承灾条件调查统计等。不同地质灾害勘查技术方法不完全一致。随着现代化科学技术的发展，灾害地质勘查方法日益先进和不断丰富，越来越多的高新技术应用于地质灾害勘查，使其水平不断提高。

第四节　地球物理勘查

　　地球物理勘查是利用地球物理的原理，根据各种岩石之间的密度、磁性、电性、弹性、放射性等物理性质的差异，选用不同的物理方法和物探仪器，测量工程区的地球物理场的变化，以了解其水文地质和工程地质条件的勘探和测试方法。

它在工程建设和环境保护等方面有较广泛的运用。地下赋存的岩（矿）体或地质构造基于它们所具有的物理性质、规模大小及所处的位置，都有相应的物理现象反映到地表或地表附近，这种物理现象是地球整体物理现象的一部分。地球物理勘探的主要工作内容是利用相适应的仪器测量、接收工作区域的各种物理现象的信息，应用有效的处理方法从中提取出需要的信息，并根据岩（矿）体或构造和围岩的物性差异，结合地质条件进行分析，作出地质解释，推断探测对象在地下赋存的位置、大小范围和产状，以及反映相应物性特征的物理量等，作出相应的解释推断的图件。地理物理勘探是地质调查和地质学研究不可缺少的一种手段和方法。

一、重力勘探

重力勘探是测量与围岩有密度差异的地质体在其周围引起的重力异常，以确定这些地质体存在的空间位置、大小和形状，从而对工作地区的地质构造和矿产分布情况作出判断的一种地球物理勘探方法。

1. 重力勘探的应用条件

被探测的地质体与围岩的密度存在一定的差别，被探测的地质体有足够大的体积和有利的埋藏条件，干扰水平低。

2. 重力勘探的主要使用范围

（1）研究地壳深部构造；研究区域地质构造，划分成矿远景区。

（2）掩盖区的地质填图，包括圈定断裂、断块构造、侵入体等。

（3）广泛用于普查与勘探可燃性矿床（石油、天然气、煤）。

（4）查明区域构造，确定基底起伏，发现盐丘、背斜等局部构造。

（5）普查与勘探金属矿床（铁、铬、铜、多金属及其他），主要用于查明与成矿有关的构造和岩体，进行间接找矿。

（6）也常用于寻找大的、近地表的高密度矿体，并计算矿体的储量；工程地质调查，如探测岩溶，追索断裂破碎带等。

二、磁法勘探

自然界的岩石和矿石具有不同磁性，可以产生各不相同的磁场，它使地球磁场在局部地区发生变化，出现地磁异常。利用仪器发现和研究这些磁异常，进而寻找磁性矿体和研究地质构造的方法称为磁法勘探。

磁法勘探的适用范围主要为：

1. 区域地质调查

（1）进行大地构造分区，研究深大断裂，确定接触带、断裂带、破碎带和基底构造。

（2）划分沉积岩、侵入岩、喷出岩以及变质岩的分布范围，进行区域地质填图。

（3）研究区域矿产的形成和分布规律。

2. 普查找矿

（1）直接寻找磁铁矿床，普查与磁铁矿共生的铅、锌、铜、锡等弱磁性矿床，普查与磁铁矿共生的金、锡、铂等砂矿床。

（2）普查铝土矿、锰矿、褐铁矿和菱铁矿等弱磁性沉积矿床。

（3）查明各种控矿构造并进行控矿因素填图，圈定基性、超基性岩，寻找铬、镍、钒、钴、铜、石棉等矿产。

（4）圈定火山颈以寻找金刚石，圈出热液蚀变带以寻找夕卡岩型矿床和热液矿床。

（5）普查油气田和煤田构造，研究磁性基底控制的含油气构造，圈定沉积盖层中的局部构造，以及探测与油气藏有关的磁异常，进行普查找油研究与火成岩有关的煤田构造及圈定火烧煤区的范围。

在矿产勘查中，对磁异常作定量解释可用来追索和圈定磁性矿体，确定钻探孔位并指导钻探工作的进行。

磁法勘探还可用于研究深部地质构造，估算居里点深度以研究地热和进行地震蕴震层分析及地震预报的研究。还可应用于考古、寻找地下金属管道等工作。

三、电法勘探

电法勘探是根据地壳中各类岩石或矿体的电磁学性质（如导电性、导磁性、介电性）和电化学特性的差异，通过对人工或天然电场、电磁场或电化学场的空间分布规律和时间特性的观测和研究，寻找不同类型有用矿床和查明地质构造及解决地质问题的地球物理勘探方法。主要用于寻找金属、非金属矿床、勘查地下水资源和能源、解决某些工程地质及深部地质问题。

电法勘探的方法，按场源性质，可分为人工场法（主动源法）、天然场法（被动源法）；按观测空间可分为航空电法、地面电法、地下电法；按电磁场的时间特性，可分为直流电法（时间域电法）、交流电法（频率域电法）、过渡过程法（脉冲瞬变场法）；按产生异常电磁场的原因，可分为传导类电法、感应类电法；按观测内容，可分为纯异常场法、总合场法等。中国常用的电法勘探方法有电阻率法、充电法、激发极化法、自然电场法、大地电磁测深法和电磁感应法等。

四、地震勘探

地震勘探的原理是利用人工激发的地震波在弹性不同的地层内传播规律来勘测地下的地质情况。在地面某处激发的地震波向地下传播时，遇到不同弹性的地层分界面就会产生反射波或折射波返回地面，用专门的仪器可以记录这些波。分析所得记录的特点，如波的传播时间、震动形状等，通过专门的计算或仪器处理，能够准确地测定界面的深度和形态，判断地层的岩性，勘探含油气构造甚至直接找油，勘探煤田、盐岩矿床、个别的层状金属矿床以及解决水文地质工程地质等问题。

五、测井

测井是在钻孔中使用的地球物理勘探方法的通称。根据所利用的岩石物理性质不同，可分为电测井、放射性测井、磁测井、声波测井、热测井和重力测井等。根据地质和地球物理条件，合理地选用综合测井方法，可以详细研究钻孔地质剖面、探测有用矿产、详细提供估算储量所必需的数据。

六、放射性物探

放射性物探又称"放射性测量"，是放射性地球物理勘探的简称。它是根据放射性射线的物理性质，利用专门的仪器，如辐射仪、射气仪等，通过测量放射性元素的射线强度或射线浓度来寻找放射性元素矿床的一种物探方法。同时，也是寻找与放射性元素共生的稀有元素、稀土元素以及多金属元素矿床的辅助手段。它的方法有：地面 γ 测量、航空 γ 测量、辐射取样、γ 测井、射气测量、径迹测量和物理分析等。

七、红外探测

红外探测是通过波动式的红外仪器，接受地表辐射的红外能，探测地球资源的方法。各种物质由于其成分、结构以及所处的地质条件不同，其自身的温度与辐射特性也不同，反映出不同的红外图像。对红外图像进行分析，可以判别物体的成分、结构、性质以及所处的状态，从而区别物体。在飞机或宇宙飞行器上，应用红外照相与红外扫描成像的方法，分别在白天和夜间接受地表的红外能，进行地球资源探测。特别是在大面积水文地质普查中，可用于水文地质填图，还用于调查大地构造变动，寻找与热作用有关的矿床以及用于监视火山活动、森林着火，监视水和空气的污染、植物生态变化情况等，并广泛用于军事侦察。

第五节　地球化学勘查

地球化学测试方法简称化探。它是以地球化学理论为基础，以现代分析技术和电算技术为主要手段，从各种天然物质中系统地采集样品，分析测试某些地球化学特征数值，对获得的数据进行处理，以便发现地球化学异常，通过对地球化学异常的解释评价而进行找矿的方法。

一、岩石地球化学测量

岩石地球化学测量是通过系统采集岩石样品，分析其中元素含量或其他地球化学特征，发现岩石地球化学异常，以达到矿产勘查等目的的地球化学勘查方法，简称岩石测量。测量的依据是岩石中广泛存在的地球化学背景和地球化学异常。局部的岩石地球化学异常称为原生晕。根据原生晕找矿，是岩石地球化学测量的主要内容。岩石地球化学测量的应用范围很广。如划分地球化学省；圈定某些元素的区域高背景带或区域贫化带；有助于地层对比和矿源层的识别；评价侵入岩体或火山岩系的含矿性；寻找盲矿体；预测地表矿体的剥蚀程度以至估算矿石储量等。岩石地球化学测量也用来检验其他地球化学方法发现的异常。如土壤地球化学异常得到了岩石地球化学测量的证实，就认为异常是确定的。

二、土壤地球化学测量

土壤地球化学测量是通过系统采集地表疏松覆盖物样品，分析其中元素含量或其他地球化学特征，发现土壤异常，以达到矿产勘查目的的地球化学勘查方法，简称土壤测量。

当地表出露的矿体或未出露的矿体上方的原生异常随同围岩一起受到风化作用形成残坡积物时，在矿体周围的土壤中即形成了主要金属元素以及伴生元素的高含量带，称为土壤异常，早期曾称次生分散晕。晕只是形态规整异常的概念，而地表的次生分散过程，不仅包括基岩中物质向疏松覆盖层中的分散，还包括向水系沉积物、水、空气及植物中的分散。因而，称为土壤异常更为确切。土壤异常的成因，一般以物理风化作用为主，化学风化作用为辅。当地形平坦时，异常位于矿体上方；地形有一定坡度时，由于重力及冲刷作用，异常发生位移，向下坡方向移动。在锡、钨、铬、铍等耐风化矿物生成的异常中多为原生矿物碎屑，富集粒度较大；在铜、钼、锌等多数易风化矿物生成的异常中，多为次生矿物或黏土矿物、铁锰氧化物、有机质所吸附的离子，在细粒中富集。当残坡积物被外来的风成物、冲积物、崩积塌积物、冰碛物等厚层运积物覆盖时，异常被掩埋，称为埋藏异常，这时需加大取样深度或采取特殊手段，才能发现异常。有些元素在一定条件下，通过气态迁移、电化学作用、毛细管作用及植物根的作用，也能在运积物上方地表形成与被掩埋矿体有关的异常。它对于研究矿体的分布有重要意义。

三、水系沉积物地球化学测量

水系沉积物地球化学测量又称分散流找矿法、水系沉积物测量，是以水系沉积物为采样对象所进行的地球化学勘查工作。水系沉积物测量原主要用于找矿，现已扩展为找地热田，并将发展为环境、农（林、牧）业区划、人类生存、健康等多目标的有效方法。

水系沉积物地球化学测量是一种效率较高的地球化学普查找矿方法，也是区域化探的主要方法。其特点是可以根据少数采样点上的资料，了解广大汇水盆地面积的矿化情况。采样密度已有规范，采样粒度及指示元素或指标的选择需试验确定。有时为了以稀疏的采样点来发现远距矿化源的异常，可以分析重矿物部分及磁性矿物部分等。配备现场分析箱，可在发现异常后立即进行追踪。在找金矿中已研究成功了在野外对金、银、砷、铜、铊快速联测的方法。如果能在野外分析更多的金属元素，并配合重砂测量，将大大提高找矿效率。样品还可以同时运到实验室或实验站中作光谱分析与化学分析，以便进行更详细的研究。

四、植物地球化学测量

植物地球化学测量简称植物测量，是以植物（主要是深根植物）为采样对象所进行的一种地球化学勘查工作。系统地测量植物（如乔木与灌木等）中的微迹元素含量或其他地球化学特征，以发现其中的地球化学异常（称为植物异常）并进而寻找矿床。植物的根系可捕捉其周围土壤、岩石及地下水、地气及电化学带来的找矿信息，植物测量可能成为森林和运积物厚层覆盖区找隐伏矿的有效方法。使用这种方法时需要预先进行试验测量，包括对采样植物种属、采样部位（枝、叶或果实）、采样季节及样品灰化或炭化的选择等，根据试验测量结果确定具体的工作方法。植物测量的采样和分析都比较麻烦，异常解释也比较复杂，因而它通常只作为一种辅助方法。

五、气体地球化学测量

气体地球化学测量简称气体测量、气测，是以气体为采样对象所进行的地球化学勘查工作。据气体赋存的介质可分为大气中气测（地面气测和航空气测）、土壤中气测量、岩石中气测量、包裹体气测量、壤中固相气体测量等。气测通过系统地测量气体组分的化学成分或地球化学特征，发现与勘查目标物有关的气体异常，进行目标物的寻找或预测。用于气测的气体主要有汞、碘、二氧化碳、二氧化硫、硫化氢、氧气、烃类气体、硫碳氧的化合物、氡、氦等。勘查的目标物除矿床（体）外，还有油气田、地热田、古墓、隐伏构造（指导工程设计）、地震预报等。气体具有很强的穿透力，气测是寻找深部盲矿和在厚层运积物覆盖区找隐伏矿的有效方法。因为直接取气样影响因素较多，所以发展了热释固相（土壤、岩石）吸附气体（汞、卤素）方法。气测找矿多为间接指标，而近年来迅速发展的地气法则可提供直接找矿标志。

根据不同的采样介质，可将气体地球化学测量划分为以下 4 种方法：①大气测量。主要采集近地表大气，研究其中有关的气体组分的浓度及其空间分布特征，由此追索气源。②壤中气测量。系统采集保留在土壤矿物颗粒之间孔隙中的自由气体，或被矿物颗粒表面吸留的呈疏松结合状态的气体，研究其有关气体组分。③岩石气测量。研究保存在岩石结晶面之间或内部各种孔隙（如气液包裹体）中的气体分散晕，借以追索盲矿体。④水中（溶解）气测量。研究溶解于水中的有关气体分散晕，借以评价或圈定含矿远景区、段。

第六节　遥感地质勘查

遥感地质勘查又称地质遥感，是综合应用现代遥感技术来研究地质规律，进行地质调查和资源勘查的一种方法。它从宏观的角度，着眼于由空中取得的地质信息，即以各种地质体对电磁辐射的反应作为基本依据，结合其他各种地质资料及遥感资料的综合应用，以分析、判断一定地区内的地质构造情况。

遥感地质一般包括 4 个方面的研究内容：①各种地质体和地质现象的电磁波谱特征。②地质体和地质现象在遥感图像上的判别特征。③地质遥感图像的光学及电子光学处理和图像及有关数据的数字处理和分析。④遥感技术在地质制图、地质矿产资源勘查及环境、工程、灾害地质调查研究中的应用。

一、航空摄影地质测量

又称航空地质测量，是航空地质调查中的一种主要方法。它利用航空摄影资料分析、研究地质和矿产问题并编制地质图件。它广泛应用于区域地质调查、矿产普查、水文地质、工程地质、海洋地质及石油地质等方面。

航空摄影测量单张相片测图的基本原理是中心投影的透视变换，立体测图的基本原理是投影过程的几何反转。航空摄影测量的作业分外业和内业。外业包括：相片控制点联测，相片控制点一般是航摄前在地面上布设的标志点，也可选用相片上明显地物点（如道路交叉点等），用测角交会、测距导线、等外水准、高程导线等普通测量方法测定其平面坐标和高程；相片调绘，在相片上通过判读，用规定的地形图符号绘注地物、地貌等要素；测绘没有影像的和新增的重要地物；注记通过调查所得的地名等；综合法测图，在单张像片或像片图上用平板仪测绘等高线。内业包括：加密测图控制点，以相片控制点为基础，一般用空中三角测量方法，推求测图需要的控制点、检查其平面坐标和高程；测制地形原图。

二、航空地球物理探测

航空地球物理探测是指装有专门探测仪器的飞机从空中测量地球各种物理场（如磁场、重力场、导电性等）的变化，从而了解地下地质和矿藏分布情况的作业，简称航空物探。航空物探是第二次世界大战期间利用遥感技术发展起来的一种快速找矿和地质调查的方法，具有速度快，不受地面条件（如海、河、湖、沙漠）的限制，大面积工作精确度比较均一，可在一些地形条件比较困难的地区工作等优点。特别是自动控制和电子计算技术的发展，使航空物探综合化，从而提高了航空物探观测数据的计算和整理的速度及解释推断的水平，有力地促进了航空物探的发展。航空物探的缺点是：对一些异常值较小的异常体反映不够清楚，分辨力要低些；异常体的定位目前还不够十分准确，需要地面物探进行必要的补充工作。

1. 航空物探的主要方法

航空物探主要方法有航空磁法、航空放射性法、航空电法、航空重力法等。常用的是前两种方法。航空磁法主要用来勘探具有磁性的矿藏，如磁铁矿。探矿时的飞行高度一般为 50 ~ 200 m。航空放射性法用航空能谱仪等测量地球放射性射线强度（如 γ 射线），以寻找放射性元素矿藏。飞行高度一般为 30 ~ 120 m。航空物探与地面探矿方法比较具有一系列优点。它能克服种种不利地形条件和气候条件的限制，如在高寒地区、陡峭山区、原始森林、沼泽湖泊等人员难以到达的地区寻找矿藏和进行地质调查。航空物探速度快、效率高、使用劳力少，能在短期内取得大面积区域的探测资料。利用航空物探还能了解地球物理场在不同高度的变化情况，为解释地质现象和找矿提供更多的信息。航空物探通常使用低速性能好的小型飞机，飞行速度以 150 ~ 200 km/h 为宜。对飞机的要求是爬升性能好、转弯半径小、操纵灵活、低空和超低空性能好，以适应复杂的山区、丘陵地形的条件。飞机上应有便于安装各类探测仪器的部位，保证对不同仪器的磁场、电场、放射性干扰为最小。飞机上还应装有导航和无线电定位系统，以保证飞机在指定空域作精确的扫描飞行。用于航空物探的飞机通常需要在结构上进行适当的改装或进行专门的设计。

2. 航空物探主要应用

（1）找各种良导性矿。航空电磁法主要应用于寻找铜、铅、锌、钼等的硫化矿。除能直接发现矿体外，还能利用找控矿构造，间接找矿，包括找铀和其他一些金属矿。

（2）地质填图、找地下水、解决工程地质问题。均匀布置的航电测量结果，可以推算出地表（一定深度内）的视电阻率图，有的还可以得出几种深度或几层的视电阻率图，用以填制地质图，研究包括地表覆盖层在内的几层的地质情况。大片的地下水体，充填有水的断裂带，含水的砾石层及褐煤层，采用此法能得到清楚的显示。

（3）帮助分辨航磁异常。影响电磁响应的因素之一是地质体的磁导率。磁性矿体与强磁性岩体的磁异常有时难以分辨，但岩体常有较强的剩余磁性，而矿体常有较高的磁导率，用航空电磁法有时可以区分这两种情况。

三、航空地球化学探测

航空地球化学探测是全球地球化学填图项目中的一个重要组成部分。该方法以遥测方式对放射性元素（天然产出的和人工的）进行地球化学填图，所获数据可用放射性元素丰度和核素剂量率来表示。由于该方法可跨越任何陆面，其90%的响应来自地球25 cm深度的范围（称为A25层），因此该方法可获得大范围的连贯性结果。

根据异常所赋存的介质特点，航空地球化学探测的地球化学异常可分为两类。

1. 原生异常

指与矿体同时形成的、赋存在基岩中的异常。在各种类型的原生异常中研究得最多的是包裹在金属硫化物矿床四周，由热液作用形成的局部异常——以渗滤作用为主的热液渗滤晕。其形态与规模受围岩中的通道系统所控制。在围岩比较致密的情况下，在窄的断层或裂缝中，发育着线状晕。这种晕在前缘部位可以延伸数百米，但其宽度一般只有数米到几十米。在宽阔的破碎断裂系统中则可以发育各种非线状晕，包括带状的、等量度的及各种不规则形状的原生晕。热液渗滤晕具有明显的组分分带现象，不同类型矿床的渗滤晕在细节上各有它自己的分带特点，图 3 - 3 - 2 是瑞典哈彭贝里 Pb - Zn - Cu - Ag 夕卡岩型矿床四周原生异常的分带。这些特点在找寻地下深处盲矿体及判断出露矿体已被剥蚀的程度上有很大意义。

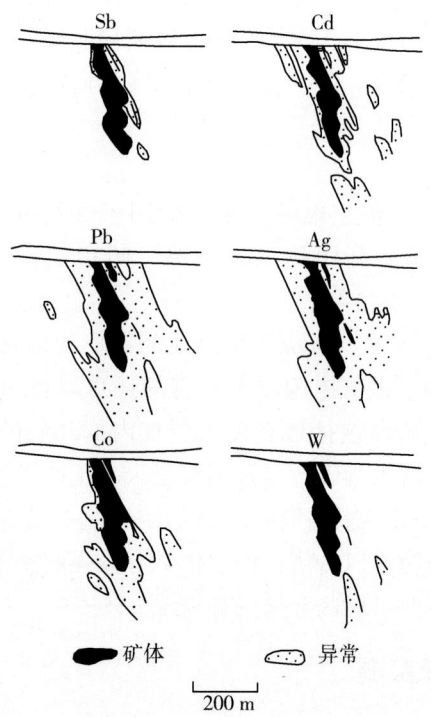

图 3 - 3 - 2 瑞典哈彭贝里 Pb-Zn-Cu-Ag 夕卡岩型矿床四周原生异常的分带

2. 次生异常

矿体及原生异常在风化带中解体后，异常物质分散到各种地表物质中形成的地球化学异常。按它们与介质形成时间的关系可分为同生的及后生的两种：同生的次生异常是与介质同时生成的，例如矿石与围岩同时风化后在残积土中形成的异常；后生的次生异常是在介质生成之后外加于介质之中的，例如出露于地表的矿体或异常被风积物、冲积物、冰碛物掩埋后，异常物质靠毛细水上升或其他机制而进入覆盖层形成的异常。

四、空中地质观测

空中地质观测又称航空地质目测、航空目测，是航空地质调查方法之一，指地质人员在空中以肉眼和一些辅助探测仪器在空中对地面地质现象进行的观测工作。它是配合航空地质摄影、航空物探、化探的一种辅助性方法，一般与其他工作同时进行，有时也单独进行。空中地质观测的特点是视野范围大，可以在短时间内全面、综合地观察地质现象，获得较大地区内的地质概况，有助于发现并解决航摄像片或野外工作中未解决的某些地质问题。

第七节 其他地质工作

一、海洋地质

海洋地质是地质学的一个分支，是运用地质学、地球物理学、地球化学、海洋学等学科的理论和方法，研究被海水覆盖的那部分地壳，包括海床、洋底及海岸的地貌、海底表层沉积物、岩石地质构造、地质历史以及各种海洋地质作用和海底矿产的科学。我国海域辽阔，渤海、黄海、东海、南海的总面积为 460×10^4 km²。大陆海岸线长约 18 000 km，6 000 多个岛屿海岸线长 14 000 km，两者合计约 32 000 km，是世界上海岸线最长的国家之一。

1. 海洋地质基本特征

几十年来，通过大规模的海洋地质调查和石油天然气勘探，对我国海域地质构造、海底沉积、海洋矿床等的认识都有了很大提高。我国现代陆海轮廓是在新生代时才形成的。在这之前漫长的地质年代中，几经沉浮，历经沧海巨变。目前大陆上的海相沉积岩石表明，现在的大陆在地质年代中曾多次沉于海水侵蚀面之下；目前海洋地壳中的风化岩石表明，它也曾多次抬高为陆地遭受风化剥蚀。所以，海洋地质构造、海底沉积（除于表层的现代沉积外）、矿产等基本特征与陆地基本是一致的。许多构造由陆地延伸到海底的地层中，也有的由海底延伸到陆地；海底的地层、矿产分布也都与其同地质时代所处在同一地质环境中形成的目前在陆地的地层、矿产一致，相对陆地而言，只是多盖上了一层海水而已。由于多了一层海水的覆盖，目前的海洋表层就沉积了一层现代沉积物，同时也相应形成了一些现代沉积矿床或与现代火山活动、地震等内力作用有关的矿床，如不同类型的现代碳酸盐（珊瑚岸礁、珊瑚环礁等）、生物碎屑沉积、海底软泥以及分布较为广泛的铁锰结核等。

2. 海洋地质调查技术

海底被深厚的海水覆盖着，为了准确取得海底及其以下岩石圈的地质资料，必须采用与陆地上不同或有所不同的特殊勘查方法和技术，诸如定位、测深、采样、地球物理勘查、钻探、浅层剖面仪、旁侧声纳、深潜艇、遥感技术、红外技术、激光技术、同位素技术等。我国进行海洋地质调查的方法和技术，已进入世界先进国家行列。例如：我国自行设计制造的各类地理物理调查船，配备了用于卫星导航、测深、取样和进行综合地球物理调查的先进仪器设备；我国自行设计、生产的各式海洋钻井平台及海上钻探和海洋地质调查取得了一系列宝贵的成果资料。

3. 探索远洋之谜

近海资源开发和科学研究的巨大成就，激发了人们探索远洋的浓厚兴趣，大洋盆地之谜正在逐渐揭开。20 世纪 70 年代以来，我国已多次派出科学家赴太平洋、南极洲考查。在历次考查的基础上，国家组建了南极洲考查队、南大洋考查队，自从 1985 年 2

月 20 日以来,我国在南极先后建成了长城站、中山站、昆仑站和泰山站 4 个科学考察站。通过几十年来的科学考察,在地质、地貌、高层大气物理、地震、海洋沉积、生物等方面均取得了丰富珍贵的资料。

二、宇宙地质

自 1957 年世界上第一颗人造地球卫星发射成功之时起,人类就迈开了征服宇宙的步伐。借助于空间技术,用地质学的研究方法、地质资料和研究成果去探讨和阐述各种天体,属于"天体地质学"的研究范畴;而通过对天体的研究,又可以回过头来探讨和解决地球科学、特别是地质科学中的各种问题,这属于"天文地质学"的研究范畴。宇宙地质学就是研究宇宙因素与各种地质现象之间相互关系的科学,包括天文地质学和天体地质学。

1. 天文地质学

天文地质学是运用天文学的研究方法、观测资料和研究成果,探讨和阐明地球上各种地质现象的成因和规律的科学。它的研究对象是地球,其目的是解决地球上存在的地质问题。按其研究领域或对象可分为银河系天文地质学、太阳系天文地质学等。

(1)银河系天文地质学:研究银河系运动对地象的作用的科学称为银河系天文地质学。在地质历史发展过程中明显地存在着的以几千万年到几亿年为周期的地质事件,对发生的根本原因,多少年来,地质学家们进行了大量的研究工作,终于发现银河系运动时的变化对其产生的影响。地球通过银河系旋转时,扰动引力场将对地球产生引潮效应,可破坏地球的能量平衡,从而使地球发生一幕幕的造山运动。银河系中的超新星爆发也会对地球产生影响,并记录在地质体中。由于生物对外界环境变化的反映相当敏感,故由超新星爆发所引起的宇宙环境变化在有机遗迹中亦会有所反映。我国科学家将公元1000年以来的树木碳含量变化与我国同时期 8 级以上大地震的发生时间进行对比,提出 ^{14}C 含量的变化反映了高能宇宙线的变化,有可能与银河系中的超新星有关。超新星爆发所形成的高能宇宙线有可能形成地球上 ^{14}C 异常峰值及其他现象、气象等异常。

(2)太阳系天文地质学:研究太阳、月球、地球、彗星、小行星等对地象的作用的科学称为太阳系天文地质学。太阳及太阳系其他成员的活动,作为天文因素都会对地球产生种种影响。20 世纪 60 年代,我国科学家就注意到了太阳活动、彗星活动等与地球上地震的关系,并取得一定的研究成果。例如:太阳活动,在偶数太阳周(太阳也在自转,其周期在日面赤道带约为 25.38 天,越近两极越长,在两极区为 32.5 天,平均周期为 27 天)时,我国地震活动比奇数太阳周时要高;彗星活动与地震亦存在着某种联系,在我国大于或等于 7.8 级的 12 个地震震例中,与彗星有良好对应关系的就有 6 次。另外,地质学家认为我国白垩系与古近系界面上铱等元素的异常,以及碳、氧同位素组成的异常,可能是 6 500 万年前的一次彗星撞击地表而引起的环境灾变和某些生物绝灭的佐证。陨石活动与地球的相互作用及效应方面的研究亦有重要进展,1976 年 3 月 8 日下午,我国吉林省吉林市一带降落了一场世界罕见的特大型陨石雨,1976 年前后在浙江、山东、吉林、辽宁、河南、湖南、贵州等地还有多次陨石降落,以 1976 年降落次数最多，规模最大。而 1976 年又是我国地震活动的一个高潮期，在 4 个月内发生 7 级以上大地震 6 次，危害最大的是唐山大地震。早在 20 世纪 20 年代，李四光就提出地球自转速度变化与复杂的地质构造之间存在着密切的关系。他认为应从整体上来研究地球的不同构造单元，进而创立了地质力学。20 世纪 60 年代，他在收集大量恒星、银河系、超新星等方面的资料，研究了天文、地质、古生物之间的内在联系，撰写了《天文·地质·古生物》一书，科学地阐明了天体演化、地球和生命的起源、地壳运动、矿床形成等基本问题，这是我国天文地质学发展史上的重大成就，也是我国创立天文地质学的一个标志。

2. 天体地质学

天体地质学是运用地质学、地球化学和地球物理学的原理和方法，以探讨和阐述除地球以外的各种天体的物质成分、内部结构、起源、成因和演化发展历史的科学。是属于地质学与天文学的边缘学科，并属于地质学的一个分支学科。它所研究的对象是除地球以外的天体，现今主要是研究行星、卫星、小行星、陨石等，目的是了解和掌握天体中存在的地质现象和地质规律，并与地球上的地质规律进行对比，从而解决人类生存所遇到的各种地质问题。

（1）陨石地质学：质量大的流星体在地球大气圈中未被完全烧毁，而落到地面上的碎片或碎块，称为"陨石"或"陨星"。按其化学成分，可分为石陨石、铁陨石、石铁陨石三大类。我国对陨石的研究很早就开始了，其中对吉林陨石雨的研究最具有典型性和代表性。除此之外，对全国各地陨石的研究亦收获不小。1 000 年前坠落在山东莒县的一块陨石"铁牛"被认为是当今世界上最大的一块石铁陨石。所有研究结果都具有重大的科学价值。

（2）月球地质学：月球是地球的卫星。1969 年 7 月 20 日美国"阿波罗"11 号载人宇宙飞船在月球上的着陆，使人类对月球地质和宇宙地质的研究有了重大的突破。1978 年 5 月，美国赠送给我国的月球样品，科学家们进行了全面研究，取得了一些宝贵成果。另外，1985 年在辽宁杨家杖子的花岗岩中发现了宇宙尘，使我国在宇宙尘的研究方面也取得了新的进展。

三、农业地质

所谓"农业地质"是研究大农业生长的地质背景、农业土壤地质以及促进农业发展的农用矿物岩石应用的学科。

1. 农业地质研究的目的

（1）为大农业生产布局和区划提供科学基础依据。

（2）为提高作物的单产和品质提供地质科学基础依据和矿物岩石应用材料。

（3）使地学与农学两大学科相互渗透，相互补充，促进大农业生产不断向纵深发展，为"科技兴农"增砖添瓦。

2. 农业地质研究的作用

农业的基础是土壤，土壤的基础是地质。大农业地质学是地质与大农业紧密相结合的边缘科学，是大农业生产的基础科学。研究大农业地质学，不但对近期的大农业经济效益有重大意义，而且对长远的社会效益和科技兴农都有深远的战略意义。

3. 农业地质的研究内容

（1）基础研究：包括农业地质背景、国土资源的生态地球化学、农产品产量和质量、农业社会经济现状、国土资源（含海洋、滩涂）的开发现状、区域地球化学和成矿区带地质地化等调查。

（2）技术研究：包括调查方法与手段、质量保证体系与样品保存、评价体系与评价方法、评价模型与实验检验、专题研究与区域重大社会经济和产业结构问题调研等。

（3）应用研究：将资料与信息转变成数字地图，提升资料的应用范围、应用水平、应用层次，包括资源开发、国土资源管理、土地资源评价与土地利用决策、农业区划与产业结构调整、主要经济作物和名优土特产发展布局、食品安全、沿海滩涂水产养殖、生态环境建设、农业生态修复、非点源污染防治、地方病防治、生态旅游开发、区域社会经济宏观决策和可持续发展等。

四、城市地质

地质环境是城市社会发展的载体，对城市的起源、发展和建设起着重要的作用。城市地质研究的目的是根据客观地质环境条件，科学地确定城市发展的性质和规模，充分发挥地质环境效应和潜能，使之与城市经济结构和发展相协调，与自然和谐统一，实现城市建设的可持续发展。

制约城市发展的地质环境的主要条件，一是场地的稳定性，考虑地震、火山及地震效应作用，在城市建设规划时选择稳定性条件好的场地；二是地基稳定性评价，研究建筑物地基岩土体的质量及空间分布，主要是地基的强度和变形问题；三是地形地貌条件，地貌受地质构造控制，现代地貌是地球内外地质 营力长期作用的结果，地基土层分布、外力地质作用（现象）的类型和强度都取决于地貌条件；四是自然资源情况，水是城市生存、发展最基本和必要的保证。

城市地质研究的内容包括城市选址、规划和建设所遇到的工程地质环境问题，以及城市建设和发展过程中由于地质环境反馈作用而产生的问题。目前，主要针对我国城市化进程中引发的突出环境地质问题进行研究。

1. 地表水环境恶化问题

随着城市化不断发展，我国城市地表水环境问题日益突出。

（1）城市水灾害问题：由于防洪体系不健全，许多城市在遭受暴雨、台风袭击后常常造成巨大的经济损失和灾难。

（2）水资源短缺问题：我国水资源的特点是大气降水时间上分布不均匀，如降水量年际的差异和一年中各季节的变化大，常常造成旱涝灾害，并且诱发其他的自然灾害或地质灾害。水资源在地域上分布不均匀，且年际、年内的变化大，蓄调能力弱，因此水资源更紧缺，我国干旱、半干旱和沿海地区的水资源短缺问题已成为制约城市发展的因素之一。水环境污染、水质恶化，使部分水资源失去了可利用价值，更加剧了用水矛盾。随着经济的发展，沿海各大中城市都存在着水量不足的情况。且经济的高速发展，一方面造成水资源严重不足，另一方面也造成水资源的污染。

2. 地下水污染与污染源迁移问题

根据全国 85 座重点城市地下水主要开采层水质监测资料综合分析，我国北方城市污染严重，开采层水质较差。南方城市污染程度较北方城市轻，存在的主要水质问题是：在原生水质不良的基础上，遭受近期严重的生活污染，同时叠加酸雨的污染。造成我国城市地下水水质污染的主要污染源有城市工业废水和生活污水、工业固体废弃物和城市生活垃圾、农业污染源的农药、化肥以及酸雨等，不良工程造成地下水位下降、改变水动力条件也会引起水质不佳含水层或污染水体的越流补给，造成水质污染。

3. 地下水开采引起地面变形与沉降及其整治问题

21 世纪以来，世界各地特别是一些建在第四纪松散堆积平原区的城市发生了不同程度的地面沉降。随着地面沉降范围的扩大和沉降量的增加，它对城市的危害越来越大，给城市建筑物、道路交通、管道系统以及给排水、防洪等带来了诸多困难和危害。城市地面沉降绝大多数与地下水开采紧密相关。

4. 地下结构工程施工安全性问题

由于地下结构工程是在特定地质构造环境中，并在具有一定初始地应力条件下进行施工，在加荷形式、材料力学模量的模糊不确定性、主体或围岩体本构行为及岩土体—结构相互作用等的影响下，与地面工程的施工条件相比，地下结构工程要复杂得多。也正是由于这些复杂因素，才造成地下结构工程的施工存在风险性大、可预见性差、经验性强等。因此，开展地下结构工程设计施工方案的安全性分析、仿真评估与决策等就显得十分必要。

五、深部地质

深部地质就是探索和研究地壳深部和地幔、甚至更深部位的物质组成、内部结构、物理化学环境，研究物质的运动、发展、变化的科学。现代科学技术的发展，特别是地球物理学、地球化学等学科的最新成就，为开展深部地质工作创造了良好的条件，运用钻探技术从海洋甚至从陆地钻透地壳将成为可能。

1. 岩石圈研究

岩石圈由地壳和上地幔顶部的坚硬岩石所组成，厚 70 ~ 100 km，为现代地质学研究的主要对象。通过多年、多方法、多手段对岩石圈的研究，在揭示它们的构造特征及形成条件、地壳厚变、电性结构、地热特征、地幔对流状态等方面，都取得了一定的成果。例如：在大地构造上，我国地壳构造具有块状特征，在我国大陆东经 105°左右存在着一条南北向的构造线，它将全国分成东西两大构造域。分析地震面波频散曲线特征，在两大构造域内还可进一步划分成青藏、内蒙古、塔里木、华南、华北 5 大地块，它们以天山—阴山、阿尔金山—祁连山—秦岭和南北构造带为界，西南和东部大体是欧亚板块的边界。关于地壳厚度，不同技术方法所取得的资料中尽管略有出入，但总体上是吻合的。即我国东部沿海地区为 30 km 左右，向西逐渐增厚，青藏高原最厚达 60 ~

70 km，喜马拉雅山地区可达75 km。根据地壳厚度的分布可将我国地壳分为8条地壳厚度递（陡）变带和4个地壳厚度缓变区。这些递（陡）变带和缓变区的展布方向在我国西部地区和中、东部地区明显不同。西部地区，呈东西向展布；而在中、东部地区则呈北—北东向展布。关于地壳的分层，由人工地震建立的地壳结构模型表明，我国地壳具有3层结构，上层为沉积岩层和结晶基岩，中层为花岗岩，下层为玄武岩，惟其横向变化很不均匀。

2. 深部地质的应用研究

深部地质工作的开展，不仅使我们对我国的地壳结构、物质组成、物理化学特征等有了进一步的认识，更为开发地下资源指明了方向，为研究地壳运动、预测地震灾害等提供了科学依据。在开发地下资源方面，在分析我国地壳厚度分布特点的基础上，总结了已知油气田与地壳构造的对应关系。根据与生油条件有密切关系的热流量和温度史等因素，探讨我国油气远景，认为塔里木盆地具备寻找油气藏的有利条件，并得到验证。已知油气田的分布所对应的地壳构造部位大致分为3类：一是分布在地壳厚度较薄，上地幔隆起区；二是分布在地壳厚度迅速变化的地壳厚度递（陡）变带内或边缘；三是分布在地壳厚度缓变区内的次一级厚度渐变区（带）内。塔里木盆地边缘是一些地壳厚度陡变带的影响范围，盆地内地壳厚度变薄，中部又有两个次级幔隆，与已知油田所对应的地壳构造条件相似。其他如沉积岩、热量、温度等条件均很好。从不同的侧面探讨地震与深部地质的关系表明，地震的发生与深部构造背景密切相关。这主要是因地质与地球的圈层构造、活动深断裂、地壳厚度变异带和地壳内低阻高导层的局部隆起拗陷相互对应。我国京津地区和邢台地区地震的垂向分布就与地球的圈层构造大体相对应。地壳厚度变异带往往是地壳运动最剧烈的地段，也是地震活动强烈的地段。我国青藏高原地壳厚度变异与地震带对应十分明显。无疑，这些认识对于地震预测有着重要的意义。

第四章 矿山地质

第一节 矿山地质工作综述

一、矿山地质工作的主要任务

矿山地质工作是指矿床经过地质勘探之后，从矿山建设、生产直至开采结束所进行的全部地质工作。

本章主要介绍固体矿产资源开发的矿山地质工作。

矿山地质工作具有服务、管理和监督三种基本职责与职能，其主要任务是：

1. 在地质勘探的基础上，开展基建地质工作、常规性生产地质工作和专门性地质工作，以进一步提高矿区生产建设范围内矿体的控制及研究程度，提高矿产资源储量类别。同时，对矿区内出现的特殊地质问题（如环境地质问题等），开展专门的地质调查研究，以便为开采设计、采掘（剥）计划编制、工程施工、矿山生产等及时提供地质资料。

2. 参与采矿设计、采掘（剥）计划和矿山长远计划的编制审查，担负矿产资源储量及生产准备矿量（三级或二级矿量）的监督管理工作。

3. 对地质勘探阶段未查清的隐伏矿体及在生产掘进中发现的边部、深部矿体（层）开展探矿工作和矿区外围找矿勘探工作，以扩大远景，增加资源储量，延长矿山生产服务年限。

4. 在特殊情况下，矿山地质部门还承担矿山自行设计的涉及地质工作和设计阶段的补充勘探工作。

5. 根据《中华人民共和国矿产资源法》和有关经济技术政策，对矿产资源的开发利用及生产中的贫化、损失和日常生产中的有关问题进行监督管理。

6. 加强矿山地质科技情报交流，研究和推广新技术、新方法、新手段，提高矿山地质工作水平，促进矿山地质工作现代化。

二、矿山开发程序及相应地质工作

矿山开发分为四个阶段：设计前期阶段、设计阶段、建设阶段及生产阶段。一般后两阶段中的地质工作属矿山地质工作。

1. 矿山设计前期阶段

本阶段主要进行普查找矿和矿床地质勘探工作。这些工作一般由专业地质队伍进行。不属矿山地质工作范畴。

2. 矿山设计阶段

本阶段的地质工作主要是配合采矿、矿石加工和技术经济专业，核查矿床勘探资料，根据地质勘探资料和设计工作要求，编制设计地段的地质图件，并估算资源储量等。

这些地质工作一般由矿山设计单位的地质科室负责。如果为矿山改、扩建设计，则由矿山自己承担，并由矿山地质部门负责或配合矿山设计单位开展工作。

3. 矿山建设阶段

本阶段的地质工作主要是配合施工的进行，开展各项工程的地质工作。对于地质条件复杂的矿山，要组织基建勘探，提高设计开采区段的勘探程度和资源储量类别，为保证基建质量和顺利投产奠定地质基础。此外，本阶段还要开展一些矿山投产的地质准备工作。如制定投产后地质工作规章制度等。

本阶段及以后的地质工作全部属于矿山地质范畴。

4. 矿山生产阶段

当矿山投入生产后，要开展大量的矿山地质工作，一方面，要为生产提供更准确、可靠的地质资料，包括矿石储量及规模、产状、内部结构、矿体赋存因素等资料；另一方面，要保证和监督矿产资源充分合理地开发利用。

三、矿山地质工作的主要内容

1. 常规性地质工作

常规性地质工作是指矿山开采过程中，为了保证矿山建设、生产的正常进行而开展的地质工作。主要有矿山基建地质工作和生产勘探工作，各种工程的地质调查、取样及原始地质编录，综合地质编录以及资源储量估算等工作。

2. 专门性地质工作

专门性地质工作是指矿山开采过程中，为了解决某些与地质因素有关的特殊或关键问题，由矿山地质部门专门进行或配合其他部门进行的地质调查及研究工作。这种工作不是每个矿山都必须开展的，仅在必要时才专门进行。专门性地质工作包括矿山工程地质调查研究、矿山水文地质调查研究、环境地质调查研究、矿产经济研究、工艺矿物学研究以及为了开展矿产资源综合利用而进行的专门性地质研究工作等。

3. 地质技术管理及监督工作

地质技术管理及监督工作主要包括：矿产资源储量管理，矿石质量管理及质量均衡，开采、加工中矿石损失、贫化和综合利用的管理和监督，生产准备矿量（三级或二级矿量）的管理和监督，参与开采设计、采掘（剥）计划的编审工作和采掘（剥）工程施工及日常生产的管理、监督，闭坑及采掘单元停采、报废的管理和监督，按照国土资源管理部门的要求填报年度固体矿产资源统计基础表、年度资源储量快报，以及报送资源储量年度报告、矿业权年度检查报告等。

4. 综合地质研究工作

综合地质研究工作包括：矿体形态的综合研究，矿石物质成分的综合研究，矿床地质构造的综合研究，成矿规律的综合研究等。这些研究成果不仅可用于指导盲矿体的寻找、断层错失矿体的追索、生产勘探工程的合理布置以及采选生产活动，而且对于地质学的发展，特别是矿床成矿理论的发展有重要意义。

5. 矿区深部、外围找矿工作

由于矿床地质勘探时期的探矿工程有限，对矿床构造和成矿规律等的认识还不够透彻，难以找到和探明矿区深部及外围的所有隐伏或错失矿体。为此，在矿山开发过程中，在矿床地质综合研究的基础上，及时进一步采用各种探矿手段，开展矿山深部及外围找矿勘探，是挖掘矿床资源潜力、延长矿山服务年限的必要和经济合理的重要途径。

6. 矿产经济分析研究工作

主要指与矿山地质工作有关的技术经济参数的优化与经济分析研究工作。例如矿床工业指标、出矿截止品位、矿石入选品位以及矿量管理、生产勘探工作的各项技术经济参数的优化与分析研究工作。

第二节　矿山生产勘探及生产地质工作

一、生产勘探概述

（一）目的任务

生产勘探是在地质勘探的基础上并与采掘（剥）工作紧密结合进行的矿床勘探工作。主要目的是提高矿床勘探程度，进一步查明采区矿产资源，直接为采矿生产服务。生产勘探成果是进行采掘（剥）生产设计，编制矿山生产计划，进行生产矿量平衡及采矿生产地质管理的依据。生产勘探费用摊入采区生产成本。

1. 生产勘探的主要任务

（1）采用一定勘探技术手段或与采掘、采剥工作相结合进一步圈定矿体。详细查明采区矿体的形态、产状等空间赋存特征；对影响生产的地质构造界线进行控制，如矿体的边界与端部、膨胀与狭缩、尖灭与再现、分支与复合；矿体中的夹石与夹层和构造复杂部位；破坏矿体的褶曲、断裂及后期穿插岩脉等。

（2）进一步查明矿石质量。准确控制矿石有用及有害、主要及伴生（共生）有用组分含量；准确划分矿石工业类型及技术品级；查明矿石质量的空间分布特征及其变化规律；按生产要求重新计算矿石平均品位及其他质量指标；为矿石质量管理和矿产资源综合利用评价提供可靠依据。

（3）进一步查明矿产资源储量。准确控制矿体厚度、长度和延深；控制矿体厚度变化规律；按地下采矿中段或露天采矿平台及开采块段重新估算矿产资源储量。

（4）进一步查明近期开采地段的开采技术条件，必要时查明矿石加工技术条件及其他生产上需解决的地质问题。

（5）探明采区原地质勘探未能控制的存在于主矿体上、下盘及深、边部的矿体，构造错失矿体，老残硐矿或其他小盲矿体，配合生产部门及时组织回收。如果经过生产勘探发现矿体大小有较大变化或资源储量有较大增减，需向采矿技术部门提出对采矿设计和生产计划进行调整和修改。

（6）利用生产勘探所获详细地质资料进行综合地质研究，解决生产上存在的各种问题，研究矿床成矿地质条件，查明成矿规律。

2. 生产勘探阶段划分

生产勘探随采掘或采剥生产的发展而逐步完成，一般可分两个阶段。

（1）总体性生产勘探：指与矿床开拓相结合的生产勘探。施工范围对地下矿山常为井区一个中段，露天矿山则涉及多个平台。总体性生产勘探成果是估算和平衡开拓矿量，划分开采块段，进行采准设计和制订有关生产施工计划和进行生产地质管理的依据。

（2）单体性生产勘探：指与矿床采准、切割、回采相结合的生产勘探。其范围常局限于采矿块段。在一般情况下矿产资源储量要达到（111b）类别，单体性生产勘探成果是估算和平衡采准及备采矿量，进行回采设计，制订采矿生产作业计划和进行采矿施工管理的依据。

大而简单的矿床，生产勘探任务可能在总体性生产勘探阶段完成；当采矿工程可以用于探矿时，甚至不进行单独的生产勘探。伴随矿床勘探程度的逐步提高，在生产勘探过程中将多次圈定矿体，其中采矿块段内矿石回采前的矿体圈定，过去习惯称“二次圈定”，也可称为最终圈定。

3. 生产勘探的超前期限与范围

生产勘探多年持续进行，年度工程及其分布由超前生产的时间和范围控制。一般来说，超前时间应与生产准备矿量的平衡相协调，大型矿山 3 ~ 5 年，中型矿山 2 ~ 3 年，小型矿山也应在 1 年以上；超前的范围，露天采矿为一到几个平台，地下采矿为一到两个中段。

4. 生产勘探工作及资源储量类别要求

参照地质勘查工作要求，对地下开采的矿床，要控制主要矿体沿走向和顶部边界；对于露天开采的矿床，要控制矿体四周的边界和采场底部边界；对于在主矿体顶板附近的次要小矿体，应适当加密控制，由上述加密后的工程圈定的探明的矿产资源/储量一般需达到矿山首期建设中设计返还投资本息所需年限的要求。矿床勘查深度则根据投资者需求确定。

一般情况下，完成生产勘探的区段，其资源储量类别基本达到 111b 的要求。对全矿区来说，其各类资源/储量的比例应高于地质勘查规范规定：大中型有色金属矿床经勘探后探明的资源量应占（331 + 332 + 333）资源量总和的 5% ~ 10%、大中型黑色金属矿床探明的资源量应占（331 + 332 + 333）资源量总和的 10% ~ 20%；对于某些地质条件比较复杂的大中型矿床，经勘探后仍不能达到探明的资源量（331）时，可探求到（332＋333），其中控制的资源量（332）应占总量的60%～70%；对于某些规模偏小的复杂矿床，（332）可以酌情减少；小型矿床一般只探求（332＋333）资源量，其中（332）应占到50%；其中复杂的小矿床经加密勘探后仍探求不到（332）资源量的，可探求（333）资源量提交给生产单位边探边采。

（二）生产勘探程度的基本要求

1. 矿体形态、产状及空间位置的控制程度

（1）矿体边界位移：矿体边界位移极大地影响采掘工程布置，其许可范围由一系列因素决定：①资源储量类别高，要求严；②位移方向，垂直位移比水平位移要求严；③矿体倾角，缓倾斜比急倾斜要求严；④矿体下盘位移比上盘位移要求严；⑤地下开采比露天开采要求严；⑥矿床开拓方案：露天采矿时地表开拓较溜井、平硐联合开拓要求为低，一次基建开拓到最终境界较分期扩帮开拓要求为高；地下采矿时脉外较脉内开拓要求高；⑦采矿方法：采用采矿工艺技术条件要求较高的采矿方法，如充填法、崩落法等对边界位移要求较高，否则较低。

矿体边界位移许可范围的参考性指标见表3-4-1。

（2）矿体产状变化：矿体走向方位角的变化对脉内开拓影响不大，但严重影响脉外开拓，其变化应控制在10°之内。生产勘探所确定的矿体倾向必须与实际一致，若不一致，将导致开拓系统工程报废。矿体倾角特别是下盘倾角直接影响中段开拓工程布置，当矿体倾角接近自然安息角（45°～55°）时，更须严格控制。

表3-4-1　　　　　　　　　矿体边界位移允许范围参考表（m）

资源储量类别	矿体倾角	地下采矿			露天采矿		
		开拓方式	薄矿体（采场沿走向布置）	厚矿体（采场垂直走向布置）	开拓方式	一次基建	多期扩建
(111b)	急倾斜＞自然安息角	脉外	10	15	地表	10～15	15～20
		脉内			溜井、平硐	5～10	10～15
	中等倾斜＜自然安息角	脉外	4（2）	6（3）	地表	5～10	10～15
		脉内	8（4）	10（8）	溜井、平硐	4～6	5～10
	缓倾斜＜30°	脉外	2（1）		地表		
		脉内	3（2）		溜井、平硐		

（续表）

资源储量类别	矿体倾角	地下采矿			露天采矿		
		开拓方式	薄矿体（采场沿走向布置）	厚矿体（采场垂直走向布置）	开拓方式	一次基建	多期扩建
(122b)	急倾斜 > 自然安息角	脉外 脉内	15	20	地表 溜井、平隆	15～20 10～15	20～25 15～20
	中等倾斜 < 自然安息角	脉外 脉内	6（3） 10（5）	8（4） 15（10）	地表 溜井、平隆	10～15 8～10	15～20 10～12
	缓倾斜 <30°	脉外 脉内	4（2） 5（3）		地表 溜井、平隆		

注：①表内数字，括号外指水平位移，括号内指垂直位移；②本表据前人资料并结合资源储量可靠程度要求。

（3）矿体长度及厚度误差：为保证采矿块段的形成及正规作业，矿体长度、厚度须严格控制，特别当矿体厚度接近最小可采厚度或趋于尖灭时。沿矿体走向布置采场的块段，在块段内部（见于矿体端部及膨缩部分）矿体长度误差按经验一般不能大于块段设计长度的1/4；沿矿体倾向布置采场的块段，在块段内部矿体厚度的负误差按经验不能大于块段设计长度的1/4。

2. 主矿体周边小盲矿体的控制程度

这部分小矿体在地质勘查时不可能控制，但经生产勘探和矿床开拓后，这些小矿体的价值则显露出来，若不及时探明并开采，在主矿体开采后，将造成永久损失。因此，要求在生产勘探阶段进行一定工程间距的控制和研究。

3. 矿石质量控制的要求

为正确评价矿产质量和进行综合利用，合理进行矿石质量管理，对矿石有用与有害、主要与伴生（共生）组分含量和质量分布变化特征须准确控制；对以矿石技术性质作为质量指标的矿产，影响质量的各种技术指标须准确控制。

4. 矿体内部结构控制的要求

需要选别开采的矿山，矿石工业类型及技术品级的种类、比例、分布特征须准确控制。当矿体中存在夹石、夹层并影响生产时，夹石或夹层位置、厚度、产状和分布特征须准确控制。夹石及夹层边界位置控制的要求大致等同于矿体边界位移的误差指标。

5. 矿量及金属储量允许误差要求

因生产勘探或开采等发生资源储量变化，应按照矿山开采的实际情况，适时估算资源储量。当矿山开拓新水平时，新开拓阶段（或台阶）的资源储量应从未开拓部分转入开拓部分，以避免开拓部分各类储量误差推移积累到未开拓部分。

矿山开拓矿量与相应的勘查资源储量相对误差计算以开拓矿量为基数，金属、非金属矿山一般允许范围：矿山开拓矿量与相应的勘查探明的经济基础储量的相对误差≤20%；矿山开拓矿量与相应的勘查控制的经济基础储量的相对误差≤30%。

金属储量允许误差一般为5%。

6. 矿床水文地质、工程地质及采矿技术条件的控制要求

矿床水文地质、工程地质及采矿技术条件在地质勘探阶段已做大量工作，生产勘探只在必要时进行一定补充工作。

7. 矿床及矿体地质研究程度要求

矿床及矿体地质研究程度是决定勘探程度的基础，生产勘探也必须予以重视。内生矿床应着重成矿控制因素的研究，以正确推断矿体产状与形态，指导矿体的正确圈定与连接。任何矿床均须重视构造研究，特别是构造复杂的层状、似层状、脉状矿床，当采区块段内小型褶曲幅宽大于3~5 m、幅高大于1~3 m，盲断层长度大于5 m、断距超过矿体平均厚度、切穿矿体的破碎带、岩脉厚度大于夹石剔除厚度或影响矿块正确划分时，均应准确探明；具一定层位的外生或变质矿床则应着重层位及标志层的研究。

8. 生产勘探深度的控制

生产勘探深度应该依据工作目的、开采方式、矿体的大小与延深、生产接替情况确定。对于小或薄矿体应一次穿过矿体；厚大矿体采用多年分段接力勘探时，一次生产勘探深度为近期矿山生产服务的，露天开采3~4个平台、地下开采1~2中段；为开拓工程衔接服务的，露天开采7~8个平台、地下开采约4个阶段；为远景规划服务的，露天开采为矿体终了深度、地下开采400~600 m。

二、生产勘探工程及总体布置

（一）生产勘探手段

生产勘探所采用的技术手段，与矿产地质勘查阶段所采用的技术手段大体相似，但是，在生产勘探中所选用的各种工程的目的及其使用的比重与矿床地质勘探相比，具有其不同的特点。生产勘探是直接为矿山生产服务的勘探工作，要求研究程度高，提供的地质资料要准确；生产勘探与采矿生产关系密切，探矿工程与采矿工程往往结合使用。

在目前的探矿技术水平条件下，生产勘探的主要技术手段有探槽、浅井、钻探和地下坑探等。

1. 影响选择生产勘探手段的因素

（1）矿体地质因素：特别是矿体外部形态变化特征，诸如矿体的形态、产状、空间分布及矿体底盘边界的形状和位置。

（2）能被矿山生产利用的可能性：特别是地下坑探工程的选择，必须考虑探采结合，尽可能使生产探矿工程能为以后矿床开拓、采准或备采工程所利用。

（3）矿床开采方式及采矿方法：对露天开采矿山，一般只用地表的槽探、井探和浅钻或堑沟等技术手段，而地下开采矿山则主要采用地下坑探和各种坑内钻探；不同的采矿方法对勘探技术手段的选择也往往有一定的影响。

（4）矿床的开采技术条件和水文地质条件以及矿区的自然地理经济条件，在某种程度上也会影响勘查技术手段的选择。

在具体选择生产探矿技术手段时，必须对上述各种影响因素进行全面研究、综合分

析，才能正确地选择探矿技术手段。

2. 露天开采矿山的生产勘探手段

在露天开采矿山的生产勘探中，探槽、浅井、穿孔机和岩心钻等是常用的技术手段。

3. 地下开采矿山的生产探矿手段

地下开采矿山的生产探矿手段，主要是各种地下坑道和坑内钻，在可能情况下也可利用各种凿岩机起辅助探矿作用。

（二）生产勘探工程的总体布置

1. 生产勘探工程总体布置的原则

为了有效地控制和揭露矿体，为采矿生产提供可靠的地质资料，在生产勘探工程总体布置时，应注意工程空间位置的系统性。对原地质勘探工程系统的继承且尽可能与采掘工程系统相结合。

2. 生产勘探工程总体布置的形式

为了适应矿床、矿体的具体地质条件和生产要求，更好追索与圈定矿体，生产勘探工程总体布置应采取一定形式。这些形式共有五类，即勘探网、勘探线、水平勘探、棋盘格式和格架系统。

（三）探采结合

探采结合是一种将采矿生产与生产勘探统一组织起来实施的一体化工作方法，自上世纪 60 年代在我国提出和实行以来，已成熟和推广。实践证明，探采结合具有降低成本，提高勘探资料质量，利于生产地质管理等优点。包括露天采矿的探采结合、地下采矿的探采结合等方法。

三、生产勘探设计、施工管理及总结

（一）生产勘探设计

1. 生产勘探设计总的任务和步骤

生产勘探设计通常每年进行一次，是矿山年度生产计划组成部分之一，视工作需要也进行季或月的短期补充设计或较长期的多年规划设计。

（1）生产勘探设计总的任务：根据矿山的地质、技术和经济条件，企业生产能力与任务，企业建设发展的要求确定生产勘探范围、对象；拟定生产勘探方案，提供设计图纸；确定工程量、人员、设备、材料和费用；预计生产勘探成果；编写生产勘探设计说明书。

（2）生产勘探设计工作步骤：①进行生产勘探总体设计；②进行生产勘探工程的单体技术设计。前者一般在年度生产计划时编制，后者一般在季或月度计划时编制。

2. 生产勘探的总体设计

总体性生产勘探以地下采矿的坑口中段、露天采场为设计单元，单体性生产勘探以开采块段为设计单元。

总体勘探设计的主要任务是解决生产勘探的总体方案问题，如勘探地段的选择、技术手段的选择、工程网度确定、工程总体布置形式、工程施工顺序方案等。总体设计完成后，应编写设计说明书。设计说明书由文字、设计图纸和表格构成。文字中应说明：上年度生产勘探工程完成情况，本年度生产勘探任务和依据；设计地段地质概况；生产勘探总体方案；勘探工作及工程量统计，预计矿量平衡统计，预计技术经济指标计算；工程施工顺序和方案等。主要设计图有：露天采矿的采场综合地质平面图及勘探工程布置图、预计地质剖面图，地下采矿的预计中段地质平面图、工程布置图，预计地质剖面图。必要时提交矿体顶、底板标高等高线图，矿体纵投影图、平面投影图，和施工有关的网格图表。

3. 生产勘探工程的单体设计

单体设计主要解决各工程的施工技术和要求等问题。包括槽探、浅井、钻探、坑道等工程的布置及技术要求等。

4. 生产勘探设计的编制与审批

生产勘探设计大致与矿山年度生产计划的编制同步进行。编制计划、设计依据的是矿山企业生产任务，地测部门先对设计方案进行初步酝酿，收集资料，于第四季度完成设计的具体编制。

生产勘探设计编制完成后，由矿山职能部门组织初步审查，再由矿山企业总工程师或技术负责人组织审查。主要审查：设计内容的合理性，设计方案及技术措施的可行性以及设备、材料、人员使用调配，资金使用的正确性等。设计经审查通过、修改后定案。

（二）生产勘探施工管理

1. 施工与设计的关系

生产勘探施工应在设计完成并经审批后方可组织实施，凡未经设计及未按规定审批权限审批的设计（包括补充设计），不得组织施工。已审查同意的设计亦不得随意修改。

2. 施工的准备

生产勘探施工前，设计人员应向负责施工管理的地测人员交代设计任务和方案。地测人员亦须实地了解施工地段地质构造、矿体和影响施工的各种地质问题。设计人员还须向组织施工的工程技术单位交代设计规定任务，规定的施工工程种类、数量、方向、技术规格与要求，施工应达到的目的和期限。为保证施工按设计科学地组织实施，应事先编制施工进度图、表。

3. 施工中的管理

各类工程在测量人员给出开门点后即进入施工过程。工程施工中，施工技术管理和地质人员应不断观察、了解和检查工程施工情况，及时测量、编录和取样，不断收集整理所取得的各类地质技术资料，分析研究和总结有关规律，指导工程顺利施工。施工中如遇到现场难以解决的问题，应及时提出和研究解决；遇到地质、技术条件意想不到的变化，必须调整修改设计时，应及时研究提出修改意见，按规定权限报批后予以修改。

4. 施工的验收

生产勘探工程施工中，每月或定期对所完成工程或工作进行验收。每项工程结束或达到目的后，对工程单体进行验收。全部设计工程施工结束或达到目的后，应组织全面的竣工验收。

单工程验收的主要内容是工程的质量、数量，是否按设计规定要求完成。生产勘探工作全面验收的主要内容是各项工程的种类、质量、数量及所有技术经济指标，施工是否按设计全面完成，是否达到规定目的要求。

（三）生产勘探总结

单体性生产勘探结束，应提交简要总结。总体性生产勘探结束则应提交正规总结报告（说明书）。跨年度的生产勘探对当年任务完成情况应简要反应在下年度生产计划中或在年度储量审批时作简要说明，整个地下采矿中段或露天采场结合开拓的生产勘探结束后，再提交全面总结报告。

生产勘探总结报告的主要内容为：

1. 前言

生产勘探设计规定的工作任务、要求、勘探工作期限，完成的总工作量，取得的主要成果，总的任务完成情况，勘探费用及总的技术经济指标。

2. 生产勘探地段地质情况

坑口、露天采场及勘探中段、地段的地质构造条件；矿体的数量、编号、分布；各矿体的产状、形状、厚度、延深；矿石有用及有害，主要与伴生或共生组分的含量和分布富集规律，矿石工业类型及技术品级的划分与分布；生产勘探地段的水文地质和工程地质条件等。

3. 勘探工程及工作质量评述

按设计规定及规范条例的要求一一衡量。

4. 资源储量估算

矿石工业指标及其改进，各类别资源储量估算的原则、方法、块段划分，资源储量估算参数及估算结果。

5. 结论

生产勘探获得的各项成果及新的认识，勘探质量及技术经济效果评价。勘探存在的问题，工作经验教训，今后工作的意见。

6. 附图

生产勘探工程分布及地质平面图（地表地形地质、中段地质平面、平台地质平面等），勘探线剖面图，矿体纵投影及资源储量估算图，矿层等高线图，钻孔柱状图和各类工程素描图等。

7. 附表

取样分析结果登记表，各项工程种类、规格、坐标、进尺及成果表，有用与有害或主要与伴生组分品位计算和资源储量估算表。

生产勘探总结报告主要为矿山生产和今后找矿勘查所用，生产勘探后各类别资源储量增减、主要伴生与共生有用组分数量的变动、新增查明的资源储量等，须在年度资源储量报告中叙述、说明。

四、矿山地质编录及地质取样

在矿山建设开发过程中，地质编录是用文字或图表形式对各种矿产地质现象和分析测试数据进行描述和编绘工作的总称。它是矿山开采生产过程中，各项地质工作成果的反映，也是进行地质研究，探索成矿地质条件和规律，编制探矿设计与报告，进行储量估算，制定开采工作计划，检查工作质量，分析问题，科学决策以及指导日常工作等重要的基础资料和依据。它贯穿在矿山建设、生产乃至闭坑的各个阶段及其每个环节之中。地质编录分为原始地质编录和综合地质编录两大类。

（一）原始地质编录

矿山原始地质编录，是在矿山探矿和矿山开采过程中对所揭露的各种地质现象，及时、准确、全面、系统地进行观察、素描、采集样品、照相和描述，并汇编成原始地质资料的地质工作。它是矿山综合地质编录及进行地质科研的基础资料和主要依据。

1. 原始地质编录的形式和要求

（1）原始地质编录的形式：生产矿山原始地质编录的形式主要是采取实地（现场）观测、素描（包括图、表）、文字描述、采集实物标本及照相等。

①素描图、表：是利用种种工程素描图与表格，直接反映矿床地质特征及各种地质现象。它的特点是直观、明了、形象。如坑道、槽（井）探、老硐工程素描图；钻孔柱状图；采场素描图；地质特征素描图及其他各种原始记录、表格、台账等。

②文字描述：是用文字记述各种地质现象与特征，如岩体、岩层、构造、矿体、矿物等特征及其产状等。尤其要着重描述矿石的矿物组成、矿石的结构和构造、矿体与围岩的接触关系、蚀变种类、岩石相变特征等。

③实物标本：选取有代表性和有研究价值的标本，以实物形式如实反映矿床地质特征及地质现象，如地层、岩石、矿石、矿物、化石、构造、蚀变和岩矿心等典型标本。一般各矿山应有一套代表性的岩矿标本和相应的光片、薄片。

④照相：是以摄影形式对特殊地质现象进行的实地拍照，并附以一定文字说明。

（2）矿山原始地质编录基本要求

①素描图比例尺必须能正确地反映出地质现象，一般采用 1∶50～1∶200，特殊地质现象可适当放大比例尺。

②矿山地质编录随采掘和探矿工程推进及时进行，具体要求是：第一，水平坑道编录不落后于掌子面 10～20 m（或一个导线点），需要支护地段，在支护前就应作完编录；第二，斜井（天井）可根据施工情况一次或分段编录；第三，竖井编录须同测量配合进行，以保证位置准确；第四，钻孔编录要求按日进行，钻孔竣工后三天，须完成全孔编录工作；第五，地下采场和露天采场随工作面推进及时编录，砂矿可每月编录一次。

③矿山原始地质编录是地质现象的客观纪实，应在现场实测、素描、描述，内容要真实，数据要准确可靠，要有统一的图式、表式、符号，文字描述要简明扼要。

④为保证编录质量和作业安全，必须有两名地质人员现场操作、相互配合。

2. 原始地质编录的对象和程序

（1）原始地质编录的对象

①围岩。岩层及岩石名称；岩层及产状；岩浆岩岩性、形态和岩相分布特征；围岩蚀变种类及其与矿化关系等。

②构造。褶曲、断层、节理、断裂带、破碎带、不整合面等发育程度、产状及规模；构造力学性质、生成序次、充填物特征、断裂面擦痕、滑动方向、断距大小及断裂破碎带宽度等。

③矿体。矿体形态、产状、厚度；矿石和脉石中矿物成分及其共生组合；矿石结构构造；矿石工业品级、自然类型及其分布状况以及次生变化等。

（2）原始地质编录程序

①观察。编录前和编录时应对编录对象仔细观察、研究，确定编录方法和内容。若揭露的地质现象模糊不清，事先应进行清洗。

②素描和描述。现场实测，作素描图（如反映地质及矿化特点的剖面图、柱状图、露头分布图、取样分布图及各种特征素描图等），照相，测量有关数据，记录填写日志、表格。在实测和素描基础上，对现场观察到的地质现象和地质特征作文字描述。

③核对。核对现场编录资料，作必要的修改和补充。

④室内整理。整理现场编录资料，绘制原图，着色上墨。

3. 原始地质编录的种类及其主要编录内容

依照工程性质和编录手段及编录对象，矿山原始地质编录通常分钻孔原始地质编录、槽（井）探原始地质编录、坑道地质编录、天井（斜井、竖井）地质编录、采场地质编录、标本地质编录、地表补充填图和摄影等。由于原始地质编录种类不同，其方法、格式、内容和要求具有一定差别。例如：钻孔原始地质编录须对岩（矿）心进行详细测量、素描和描述，编录出钻孔柱状图；采场地质编录须对采场掌子面及其周围进行详细观测、素描和描述，编制出采场地质图。

（1）钻孔原始地质编录：钻孔原始地质编录是对钻孔中提取的岩（矿）心、岩（矿）粉及各种测量资料用文字和（图）表来表示，以表征地质体沿深度变化情况。它是研究成矿规律、了解矿体赋存状况和矿石质量变化，评价矿床和编制其他地质图件的基础资料。

钻孔原始地质编录的主要内容是：岩（矿）心整理、编号、登记；岩（矿）心素描；计算岩（矿）心采取率；计算换层深度；换算矿体真厚度；编制钻孔柱状图等。

（2）槽、井探地质编录：槽、井探地质编录是地表地质编录主要内容之一。通过对探槽、浅井的编录和素描，可了解较浅浮土覆盖下岩层分界线及厚度；各层位之间相互关系及接触性质；构造现象和矿体分布、厚度、产状、品位分布及风化情况等。

①槽探地质编录。一般在矿体厚度、品位变化很小且槽向与走向直交情况下，可沿其一壁与槽底进行素描，槽底长用整个槽的水平投影，槽壁长则用槽的垂直投影。当矿体厚度、品位、构造变化大时，应素描其两个槽壁与槽底。在编录一组平行探槽时，只

做一壁素描，但应统一规定被素描槽壁方向。

②探井地质编录。探井主要包括：浅井、小圆井、竖井、各种用途的天井、盲竖井、大于45°的斜井（坑）等。固体矿产勘查工作中常见的探井主要为小圆井和浅井。其他探井的地质编录可参照小圆井、浅井执行。浅井等井探编录（素描），一般只做相对两壁及一底，矿体变化特别复杂时应做四壁一底。

（3）坑道地质编录：坑道地质编录是对坑道揭露的地质现象进行观察、测量、记录、描述与素描。生产矿山坑道是随开拓、采准和回采不断进行的，对地质体的揭露最直接、最充分，也最有利于对地质体的研究，因而坑道地质编录是原始地质编录中一项最重要的工作，是研究矿床和地质体变化规律，进行综合编录极宝贵的资料和主要依据。

生产矿山坑道类型很多，有沿脉、穿脉、石门、平硐、斜井、暗井、竖井、天井、老硐、硐室等。按其编录特点，可归纳为水平坑道（沿脉、穿脉、石门）、倾斜坑道（斜井、上山、下山）和垂直坑道（竖井、暗井、天井）三种，编录方法和要求均有一定差别。

坑道地质编录包括各种类型的探矿和采准、采矿坑道，工程隧道、涵洞，以及坡度小于45°的各类斜坑等，在固体矿产勘查中常用于穿脉、沿脉、平硐、石门等地质编录。

坑道素描图一般绘两壁及顶，比例尺一般为1:50～1:200，对重要的地质现象进行特征素描应放大到1:1～1:50或照相、录像记录。沿脉坑道应等间距绘制掌子面素描图。掌子面素描图放置于坑道素描图旁侧，并于坑道素描图上标明位置及编号。

坑道素描一般采用展开法。展开方式主要有压平式、外展式、翻转式、腰切平面式等。其中压平式为两壁内倒，顶板下落。地质现象在顶、壁上互相衔接，便于判断各地质体的空间位置，是使用最广泛的编录方法。

（4）井下采场地质编录：井下采场地质编录，是对采场掌子面地质现象的观察、测量、记录、素描和描述。它是随回采面上升而不断进行的地质工作。回采面每上升一定高度，就必须编录一次。通过各分层编录资料对比，可获得矿体立体概念，更好地指导矿山生产。

采场地质编录以采场为单元。由于地下开采方式、采矿方法不同，编录方法和内容不一。长壁式崩落法采场编录应反映采场各部分地质情况，图件包括上山素描图，漏斗及顶切素描图，切割沿脉拉底素描图及采场掌子面素描图；房柱法采场编录要反映矿体形态、厚度、品位及构造等在采场垂直和水平方向的变化，须对采场天井、切割巷道、上采阶段平面进行编录和素描，上采阶段一般5～10 m编录一次；充填法采场编录内容包括天井（人行井、充填井、溜矿井）和漏斗四壁展开及盲中段联络道以及拉底巷道，矿房采矿掌子面；深孔崩落法采场编录应包括凿岩天井、人行井和溜矿井、深孔炮眼等。

长壁式崩落法采场编录素描比例尺一般1:100，上山素描图只描一壁，切割沿脉拉底巷道素描顶板，每2～6 m素描一次掌子面。房柱法采场编录比例尺一般1:100，较厚矿体可为1:200，切割巷道和阶段回采面均只描顶板。充填法采场编录比例尺一般为

1:100，天井（人行井、溜矿井、充填井）应作四壁展开，盲中段及联络道作三面展开，矿房掌子面每爆破一次须取样编录一次，崩落法采场编录中电耙道或二次破碎巷道、切割拉底巷道等一般只编录顶板，对复杂矿体应编录一顶一壁；凿岩天井、人行井、溜井要编录两壁或四壁，深孔炮眼，在凿岩过程中要采集岩粉样，并根据化验结果，圈定矿体边界、矿石品位和品级。

（5）露天采场地质编录：露天采场地质编录包括采场掌子面素描、槽探、浅井、钻孔、爆破硐室、爆破孔及各种取样的编录。

露天采场掌子面一般由边坡和平台组成，因此掌子面编录包括边坡掌子面和平台掌子面。前者以剖面为主，附平面编录图；后者以平面为主，附剖面编录图。比例尺一般为1:100或1:200。

爆破孔地质编录包括冲击钻、潜孔钻及牙轮钻地质编录。主要采集岩泥、岩粉，并根据岩泥、岩粉观察、鉴别、测量、描述和取样化验资料，编绘出钻孔柱状图和台阶地质平面图。

（二）综合地质编录

综合地质编录是对各类原始地质编录资料进行系统整理、综合归纳与研究的工作。通过这一工作，编制一些必要的图表等资料，以便分析研究矿床地质特点和变化规律，得出矿床的整体概念，并作为编制矿山开采设计，制订矿山规划，指导找矿勘探和矿山生产的重要基础资料。

1. 综合地质编录内容

综合地质编录通常包括文字、图件、表格、照片和实物资料。文字资料有说明、总结、综合报告、专题研究和试验报告等，图件资料有地形地质图、综合地形地质图、剖面图、投影图、等值线图及某些专用图件等。表格资料有矿体厚度、品位计算表、储量估算表等。

2. 综合地质编录要求

矿山综合地质编录贯穿于整个地质工作始终。具体要求是：①图纸布置方向、图幅大小规范化；内容完整、全面；精度准确无误。②图纸清绘清晰、整洁、美观，检查无误后方能复制。③文字叙述精炼、扼要；条理、层次分明；证据充分。④表格资料系统、齐全，有一定的格式。

3. 综合资料分类

按综合编录资料特征、内容和应用范围，大致可分三类。

（1）整体性综合编录资料：又称全区性资料。图纸比例尺一般为1:500～1:1 000、1:2 000、1:5 000。其中包括矿区地形地质图、中段（平台）地质平面图、横剖面（勘探线剖面）图、纵剖面图、矿床顶（底）板等高线图、矿体投影图、立体图、储量计算图等及文字报告和有关附表。它是矿区开发总体布置和生产及探矿设计，制订矿山发展规划的依据。

（2）单体性资料：又称矿块（块段、采场）地质资料。包括采场综合资料、矿块开采设计地质资料、天井综合资料、矿块上下中段复合图、贫化损失计算表、采场台账、采场档案卡及有关文字说明等。它是开采块段单体设计和指导现场生产管理的重要依据。

（3）专题研究性资料：通常围绕某一专题或某种工作需要编制。例如：研究元素含量变化的等值线图；研究矿田和矿床构造的构造纲要图和力学性质分析图；研究成矿规律的成矿预测图及各种成矿模式图以及各类技术总结、实验报告及其有关表格。这类资料内容和格式没有统一规定，一般随课题任务和需要而定。

上述的矿区地形地质图、勘探线剖面图、矿区中段地质图、储量估算图等综合性图件，一般在地质勘探阶段随同地质勘探报告提交。随着矿区开发建设、生产发展及找矿范围扩大，应对原图进行必要的补充和修改，甚至重新编制。

（三）化学取样

化学取样是将样品通过化学分析方法，测定矿石、岩石及矿山生产的产品的化学成分及其含量。其目的是精确查定矿石的主要有益组分、共生或伴生有益组分、有害组分的种类和含量，以便圈定矿体、划分矿石类型和品级，计算储量，查明矿石质量的空间分布和变化规律，为地质研究、矿山开采、矿石加工和产品销售提供依据。

1. 主要任务

（1）确定矿石主要有用组分及其含量，即确定矿石地质品位，以便圈定矿体和估算资源储量。

（2）圈定矿体的内部结构及外部边界，以便查明矿体内夹石及矿体的规模、产状、空间赋存特征。

（3）确定矿石中有益及有害组分的种类及其分布情况，在综合查定的基础上做好综合回收。

（4）划分矿石的自然类型、工业类型和技术品级，圈定其分布地段，为采矿、选矿、回收提供依据。

（5）在开采过程中进一步圈定矿岩界线，以便指导掘进（剥离）、采矿和计算矿产损失率及贫化率。

（6）查明选矿尾矿中有益组分含量，检查综合回收及选矿作业质量。

2. 化学取样的方法

化学取样方法主要有刻槽法、全巷法、剥层法、网格法、拣块法、打眼法、深孔取样及钻孔取样等。根据不同的矿种、矿体厚度、矿石类型、矿化均匀程度及工业用途，选用不同的取样方法和样品规格。同时，根据矿体的规模、矿化均匀程度及工业指标，选用合理的取样间距和样品长度。

3. 化学取样的应用场合

（1）探矿工程取样：在天然露头、轻型山地工程和坑探工程进行取样和分析，以便查明矿石有益组分含量，圈定矿体，划分矿石类型和品级，估算矿量，为矿山生产建设提供地质资料。探矿工程取样常用刻槽法。有时根据具体情况偶用方格法和剥层法。坑内或地表钻探则采用岩心取样或岩粉取样。

（2）采场取样：在露采平台或地下开采的采准、切割巷道和回采工作面上取样，以便进一步圈定矿体，查明矿石质量，进行矿石质量管理，为矿山采掘（剥）提供资料和指导采掘（剥）工作。

（3）采出矿石取样：采矿爆破落矿后，在采场电耙道、爆堆、出矿漏斗、运矿矿车及储矿矿堆取样，以便检查采出矿石的质量，计算采场的二次损失贫化，保证选、冶对矿石质量的要求和考核商品矿石的质量，多采用拣块法取样。

（4）不同场合下取样的特殊要求：根据矿床地质特征、勘查及开采工程条件及矿山装备情况，选择与之相适应的取样方法及取样规格、长度和间距，使取样工作既有充分的代表性，又经济合理。

矿山通常采用刻槽法，但这种方法并不是非常可靠的。应通过试验对其刻槽断面、形状、样长、间距和布样方式等不断地加以改进，对样品的采取和收容要加强质量管理。刻槽法劳动强度大、成本高、工效低、粉尘大，可用机械刻槽代替手工作业，用刻线法、点线法、网格法、打眼法等代替刻槽法。

4. 化学分析样品的加工

样品的加工，主要分为破碎、过筛、拌匀、缩分四个连续的工序。

5. 化学样品分析的种类

化学分析种类有基本分析、组合分析、化学全分析、光谱分析和物相分析。

分析项目主要根据矿石中的有益组分（包括共生、伴生有益组分）、有害组分和工艺用途而确定。

（四）物理取样

物理取样也称技术取样，金属矿床一般是指测试矿石或岩石的物理力学性质。例如：矿岩的体重、湿度、孔隙度、块度、松散系数等物理性质；矿体及围岩的稳定性、安息角、硬度及抗压、抗剪、抗拉强度等；非金属矿床有用矿物的物化特性和工艺性能；砂性土、松性土的土工试验等。

（五）矿石加工技术取样

矿石加工技术取样的任务是为研究矿石的选、冶加工技术性能，进行选冶方法和工艺流程试验，提供有代表性的矿石样品，试验结果是矿床经济评价、确定矿山工艺流程、选冶方法、产品方案及其有关技术经济指标的依据资料。一般金属矿山以选矿精矿为最终产品，只要求进行选矿试验。当矿石经选矿不能获得合格精矿产品时才考虑冶炼试验。

矿石加工技术试验矿样的重量主要取决于矿石性质、试验的目的和规模、选冶方法、工艺流程和试验设备等因素，同时还须根据实际情况来确定。依据矿石类型和试验方法的难易，可选性试验为 50 ~ 500 kg，实验室流程试验为 300 ~ 1 000 kg，实验室扩大连续试验为 1 000 ~ 5 000 kg 或更多，半工业试验和工业试验为几十吨、几百吨或更多。

五、矿山地质技术管理

矿山地质技术管理主要包括四项内容：矿石生产准备矿量管理、矿山开采"三率"管理、矿石质量管理、探采验证对比。

（一）矿石生产准备矿量管理

矿石生产准备矿量亦称为三（二）级矿量，是指矿山依不同的开采方式、采矿方法和不同的生产准备工程所圈定的矿量。分为开拓矿量、采准矿量和备采矿量。

1. 露天开采矿山生产准备矿量及保有期限

（1）开拓矿量：是在设计开采境界内，设计工作帮坡角控制范围以上的岩土已剥离，地质工作程度达到相应要求，全部或部分完成开拓工程，形成运输、防排水系统，具备进行扩帮或回采工程条件，该水平以上的矿量。其保有期限应大于1年。

（2）备采矿量：是开拓矿量的一部分，矿体上部及侧面已揭露，地质工作程度达到相应要求，具备正常的回采条件，最小工作平台宽度以外的矿量。其保有期限应满足4～6月的生产要求。

2. 地下开采矿山生产准备矿量及保有期限

（1）开拓矿量：是设计开采范围内，地质工作程度达到相应要求，按开采顺序，全部或部分完成开拓工程、形成提升、运输、通风、防排水系统，具备进行采准工程条件，该水平以上的矿量。其保有期限应大于3年。

（2）采准矿量：是开拓矿量的一部分，地质工作程度达到相应要求，按回采顺序，全部完成采准工程。具备进行回采工程条件的矿块的矿量。其保有期限应大于1年。

（3）备采矿量：是采准矿量的一部分，地质工作程度达到相应要求，按回采顺序，全部完成回采工程，具备回采条件的矿块的矿量。其保有期限应大于6个月。

3. 露天砂矿生产准备矿量及保有期限

一般情况下，开拓矿量应大于1年，备采矿量应满足3～6个月的生产要求。

（二）矿山开采"三率"管理

根据我国矿产资源开发利用现状，国土资源部将矿山企业矿产资源"三率"考核指标确定为开采回采率、选（冶）回收率以及共、伴生矿产综合利用率三项指标，以这三项指标来评价衡量矿山开发利用矿产资源的效果。"三率"是衡量矿山企业回采、选（冶）技术水平和管理水平以及资源利用程度最主要、最基本的技术经济指标，依法考核矿山企业的"三率"水平，提高资源利用率、保护资源，是矿产监督管理的重要任务之一。矿山企业应根据国土资源管理部门批准的"三率"考核指标，建立健全企业内部"三率"指标管理、考核制度。

在矿山开采中，矿石回采率、贫化率两项指标往往呈现相关关系，适当放宽贫化率指标要求有利于提高矿石回采率。因此，近年来，国家不再监督考核矿石贫化率指标，但是矿石贫化率对矿山生产成本影响较大，矿山企业内部应加强监督管理，避免因管理不善造成矿石贫化。

1. 矿山设计中的监督管理

矿山在采、选设计时，应考虑充分利用和保护矿产资源，在设计中要体现以下原则和要求：

（1）要实行贫富、大小、难易兼采原则。

（2）在综合考虑经济、资源回收、能耗和生产条件的基础上，选取合理的"三率"

和贫化率指标。

（3）对于目前技术经济条件下尚难利用而又必须采出的矿石，设计中应有贮矿场地和设施的安排。

（4）对矿石类型复杂及有用金属含量变化较大的矿产资源，应考虑设置质量中和料场，保证矿产资源特别是低品位矿石的合理利用。

（5）对多元素、多品级的矿床开采时，应选择合理的采、选、冶生产工艺，以提高矿产资源综合利用率。

（6）对矿山排岩场、选矿尾矿库、永久性铁路及其大型建筑的选址，要有可靠的地质调查资料，防止因压矿造成资源损失。

2. 矿山生产过程中的监督管理

"三率"和矿石贫化率要作为生产的重要经济考核指标，在生产中必须加强监督管理，建立定期检查分析制度，制定措施，提高"三率"，降低贫化率。

（1）露天矿山开采过程中的矿石损失、贫化监督管理

①通过生产勘探，准确控制矿体边界、产状、形态、矿岩接触界线及矿石质量、脉石分布状况。

②在矿岩接触部位，实行分爆、分装、分运和清理平台浮渣，防止矿岩混杂。

③在矿岩混杂部位要组织挑岩、挑矿工作，减少贫化损失。

④加强路渣管理，采场内公路（铁路）要按矿石、岩石段分别用矿石、岩石垫路，防止混垫。

（2）地下矿山的矿石贫化、损失管理

①生产勘探要超前进行，及时为生产设计提供详细可靠的地质资料。

②选择合理的采矿方法，提高资源利用程度，防止采富弃贫，单纯追求效益的不正规采矿。

③加强采矿工艺管理，确保矿块的合理布置及底部结构的质量和合理性，防止因工艺不完善和盲目开拓造成矿产资源的损失。

④准确控制矿体空间分布与矿石质量变化规律，确定合理的开采顺序。

⑤提高凿岩爆破操作水平，保证炮孔角度和深度的要求，做到矿岩分爆。

⑥加强放矿管理，对以矿石自重放矿的各种采矿方法，必须控制均匀放矿，防止矿岩溜井混用。

⑦保证掘进工程质量，对采用中深孔崩落的采场，应通过采准、切割工程进行矿体二次圈定，为回采设计提供准确的地质资料。

⑧矿房开采结束，要进行验收，及时回收矿柱和处理采空区，对矿房残矿要尽力组织回收。

3. 运输及贮存中的监督管理

（1）矿石运输管理：在运输过程中，对不同品级、不同类型的矿石要分别装车，分别运出。铁路运输矿山，一列车中矿石与岩石不能混合编组。矿岩要按单列分别输出，排放指定地点。矿、岩要固定车组。当列车变换矿岩运输时，应做好清理车底工作。

（2）矿石贮存管理：对贮存矿石要加强管理，防止造成不应有的损失。

①应选择交通方便、贮存条件好，有长期贮存和回收条件的矿石贮矿场地。贮矿场与废石场保持适当距离。

②对不同类型、不同性质的矿石，要分别贮存，防止不同类型、性质的矿石混杂。

③建立贮矿台账和相应的管理制度。

④对贮存矿石要妥善保管，未经上级矿管部门审批，不得报废。

（三）矿石质量管理

1. 矿石质量管理的内容

（1）掌握矿山采掘（剥）计划执行情况；监督、检查质量计划的实施。

（2）进行采场矿石质量调查、质量鉴定和质量编录。

（3）严格控制矿石中的岩石混入，采取措施努力降低矿石贫化率。

（4）进行矿石质量中和，严格控制采出品位，保证输出矿石质量均衡、稳定。

（5）及时掌握采场质量动态，对用户实行质量预报。

（6）及时进行矿石质量指标完成情况的统计、计算、分析和信息反馈工作。

2. 矿石质量计划编制

（1）矿石质量计划编制的基本原则

①质量计划是采掘（剥）计划的一个组成部分，矿石质量计划的编制必须与采掘（剥）计划同步进行。

②质量计划的编制，要充分考虑矿石的工业类型、品种及工业品级的质量平衡条件。

③质量计划要为矿石质量均衡创造条件，必须留有适当数量的后备生产掌子面。

④要有实现质量指标的可行措施。

（2）矿石质量计划编制的内容及计算

①矿石质量计划应具备的主要资料。第一，采掘（剥）计划图，主要内容包括采矿部位、采掘进度线、采矿顺序、计划采出矿石量及地质情况；第二，采场地质平面图，主要内容包括矿石类型、矿体形态、矿岩接触关系；第三，采场地质剖面图，主要内容包括矿石类型、矿体形态及矿岩接触关系；第四，还应有矿石类型、品级、品位分布图和生产地质取样分析资料等。

②矿石质量指标的计算与确定。

第一，矿石平均地质品位：按矿石工业类型及开采阶段（中段）、爆破区，进行加权计算。

第二，矿石贫化率：按计划开采块段内的矿岩接触部位和岩石夹层及级外品矿石的分布、厚度、产状等条件和采取措施后的实际采矿技术状况，计算、预计岩石混入率。应分别按矿石类型、品级、开采部位进行计算。

（3）矿石质量预告：按年、季、月、旬及日（班）矿石质量计划指标，及时向采矿生产部门和矿石加工利用部门提出矿石质量预告。其内容包括：

①计划开采矿块中，不同矿石类型、不同工业品级的矿石计划采出量。

②计划输出矿石的有益、有害组分含量。

③预计岩石混入率。

3. 采矿生产过程中的矿石质量管理

采矿生产过程中矿石质量管理是保证输出矿石质量的关键环节。质量管理工作要与生产部门紧密配合，认真实现生产过程所采取的质量保证措施；严格贯彻执行采掘方针和各项技术政策；切实做好质量计划执行情况的监督、检查和质量均衡工作。

生产过程中矿石质量管理工作包括：穿、爆过程的矿石质量管理，采装过程的矿石质量管理，运输过程的矿石质量管理。

4. 矿石质量均衡

矿石质量均衡，是在生产过程中实现的。按其过程可分为设计、计划、生产、运输和储存等阶段的均衡。

（1）设计阶段的质量均衡：主要根据矿石质量分布特点及其质量均衡条件，确定出矿顺序，控制出矿量。

（2）采掘（剥）计划阶段的质量均衡：是在编制年、季、月采掘计划时，有针对性的安排采矿部位、爆破顺序、出矿顺序及出矿比例。

（3）生产过程中的各工序质量均衡：

①爆破均衡。按矿石类型合理安排不同品位矿块的爆破顺序，使不同品位的开采矿块均具有出矿能力。

②出矿均衡。按爆破顺序、质量均衡计划等所控制的出矿量组织出矿。

③贮矿槽质量均衡。利用贮矿的移动式皮带卸矿台车的往复移动，对贮矿槽进行均匀的配矿。

④贮矿槽矿石输出的质量均衡。在成品矿输出时，按贮矿槽中不同质量的矿石，按配矿计划比例进行装车，使输出矿石达到矿石产品的质量标准。

（4）有条件的矿山应考虑矿石中和料场，通过"横铺竖切"的方式达到输出矿石的质量均衡。

（四）探采验证对比

1. 探采对比工作的目的与任务

（1）探采对比工作的目的：在矿床（体）开采结束或基本结束后，选择具有代表该矿床地质特征、勘探控制及研究程度的地段或全部，利用矿山开采过程中获得的真实、可靠的地质资料和矿山历年生产技术、经济活动中所积累的有关资料，与矿床详细地质勘探阶段、基建勘探阶段、矿山生产勘探阶段所获得的地质资料进行对比，计算出各勘探阶段所获得的地质资料和技术经济参数与实际间的误差，剖析这些误差对矿山设计、建设及生产的影响程度，找出这些误差产生的原因。其主要目的：

①利用探采对比方法，总结矿床地质勘探工作的经验教训。

②探索合理的勘探控制程度与研究程度、合理的勘探工作准则与工作模式。

③指导同类型矿床地质勘探及矿山开采设计工作，提高地质勘探与矿山开采设计的水平。

④为制定和修改有关技术政策、规程、规范，提供可靠的依据。

（2）探采对比工作的主要任务

①检验原勘探阶段对矿床勘探控制、研究及勘探工作的合理程度，以及为矿山开采设计及矿山生产准备阶段提供的地质资料准确和可靠程度。例如：矿山建设范围内，矿体总的分布、矿体产状、形态及空间位置；含矿层位与矿化特征，矿体个数与矿石储量等。具体测算出矿体边界、形态、走向、倾向、厚度方向及空间上的变化程度；矿体两端、顶部埋深、矿体尖灭深度位置的变化程度；矿体倾向及底板位移的变化程度；矿体被构造破坏程度；首采地段具有工业价值，可利用同一开拓系统开采的小矿体勘探控制程度等。

②检验原勘探阶段对矿体内部结构和矿石质量特征的研究程度。详细验证矿体边界范围内的矿石物质组成、结构构造、矿石嵌布粒度及其变化情况；矿石自然类型，工业品级划分的合理程度及准确程度，矿石质量及伴生有益有害组分含量的变化程度，夹石的形态与规模和化学成分，空间分布变化特征；对某些利用其物理特性、化学组分的矿产，对原加工技术性能试验结果，如熔烧、成型、剥分、吸附等进行验证。

③检验原勘探阶段矿床开采技术条件及构造地质条件的研究和控制程度。例如：矿石及围岩的物理力学性质、安息角、矿石硬度、体重、湿度、松散性、胶结性、可塑性、可缩性、耐磨性、可钻性、粉化性、放射性、游离二氧化硅、易燃性、天然气、瓦斯及其他气体（如硫化物、汞）等，以及与构造地质条件有关的矿、岩物质组成，结构构造、断裂、褶曲、挤压破碎节理、风化蚀变程度，各种软弱夹层的岩性、厚度及其变化规律，含水层的分布，含水层厚度，矿区补给、径流、排泄条件，各开采水平涌水量的计算，老硐、溶洞、泥石流、滑坡对矿岩层稳定性的影响程度等。

④检验原勘探阶段矿床控矿地质条件和成矿规律的研究程度。例如：控矿地质条件、矿床地质特征、矿体空间分布规律、构造对成矿的控制与破坏作用等。

⑤检验原勘探阶段勘探工程质量对矿床勘探研究和控制程度以及地质资料准确程度的影响。查明由于勘探工作质量问题，对矿体的空间位置、矿石储量、质量、矿体形态的影响程度。

⑥检验原勘探阶段勘探工作的合理性。例如：矿床勘探类型的划分，勘探方法和勘探网度及勘探手段的选择，基建勘探和生产勘探时间选择的合理性；工业指标的确定以及采样与技术加工方法的合理性；资源储量估算方法及高级储量占有比例和空间分布的合理性等等。

（五）采掘（剥）计划编制的地质工作

1. 采掘（剥）计划编制的主要内容

采掘（剥）计划由文字、表格、图纸三部分组成。

（1）文字部分的主要内容

①上年度采掘（剥）计划完成及执行情况的简要分析；

②下年度采掘（剥）计划编制的主要依据及主导思想；产品产量、质量；主要采掘（剥）工程布局、进度安排；人员劳动组织、设备安排；期末生产准备矿量贮备程

度；主要技术经济指标；

③完成下年度采掘（剥）计划有利条件及存在的主要问题，采取的相应措施及预期效果；

④需向上级部门反映和要求解决的主要问题等。

（2）表格部分的主要内容

①计划汇总表，包括采掘（剥）工作量、产品产量等指标。

②掘进、充填、剥离欠账还账计划表。

③地质资源储量、生产准备矿量保有计划表。

④探矿工程计划表。

⑤采选平衡计划表。

⑥维简工程、安措工程计划表。

⑦采出矿石质量计划表。

⑧成品矿石质量计划表。

⑨主要设备大修计划表。

⑩主要生产技术经济指标计划表等。

（3）图纸部分主要内容

①矿区总平面布置图（可一次性提交）。

②矿体垂直纵投影图或水平投影图。

③采掘（剥）工程布置平面图（用红、绿、黄、蓝分出四个季度）。

④开采范围内有代表性的纵横剖面图。

⑤阶段地质平面图。

⑥重点工程单体设计图。

⑦选矿原则流程图（可一次性提供）。

⑧坑下通风系统图。

⑨充填系统图等。

2. 采掘（剥）计划编制中的地质工作

（1）地质工作任务：采掘（剥）计划编制中地质工作的主要任务是，为计划的编制提供可靠、准确的地质资料；指导、监督矿产资源的合理利用和生产准备矿量合理贮备；积极贯彻执行各项采掘技术方针政策，促进矿山达到最佳社会效益及经济效益。在采掘计划编制过程中，地测部门必须坚持与遵循下列原则：

①贯彻执行矿山生产有关政策法规及各项规程、规范。坚持采掘（剥）并举，掘（剥）先行和贫富、大小、厚薄、难易兼采的方针，严格贫化损失管理。

②坚持先探后采，地质先行的原则。生产勘探必须做到合理超前，确保不同阶段的采掘（剥）工程设计建立在可靠的地质资料的基础上。

③遵循矿山生产规律，坚持开采顺序，保证生产准备矿量的合理贮备。

④重视工程质量、产品质量，保证企业最佳的经济效益。

（2）地质工作的主要内容

①及时提供开采范围内有关地质文字资料，主要包括：矿体的空间分布、形状变化特征；矿石各类别资源储量，矿石质量及伴生有益有害元素含量；矿石性质，物质组成，嵌布粒度，选冶性能；水文地质条件，含水层分布，厚度、富水、涌水情况和有害气体、元素及浓度；矿床开采技术条件，如矿石、围岩的稳定性及对井下工程、露天边坡稳定性的影响程度等；矿区构造及其对矿体围岩的破坏程度等。

②提供开采范围内有关图纸资料。为采掘（剥）计划编制提供的图纸资料应是经过生产勘探后，综合整理修改的最新资料。

③编制和提供开采范围内的有关计划资料。包括矿区地质资源储量变动计划；年末生产准备矿量贮备计划；矿石贫化，损失计划；矿石质量和质量均衡计划；矿山地质勘探和生产勘探设计及勘探工程计划等。

④配合采矿、安全等部门编制的设计与计划有：技术改造、重点措施工程、安全、环保计划，地下水防治，矿山地压活动，岩石移动，露天边坡及排土场的安全稳定性防治工作等。

（六）采掘单元停产关闭的地质工作

1. 矿区及采掘单元停产与关闭的原因

（1）停产原因：生产矿山发生下列情况之一时，将出现采场、阶段、采区以至整个矿山的暂时停产。

①因故需要对矿山采掘顺序进行较大的调整。

②因社会需求量的下降，需要对矿山产量作较大的调整。

③因安全上的原因，需要采取特殊的技术措施。

（2）关闭原因：当出现下列情况之一时，将进行采场、阶段、采区以至整个矿山的关闭。

①按照开采设计，全部可采储量已回采结束，其生产工程及设施已无利用价值。

②发生水灾、火灾、大面积岩石移动等重大事故，引起采掘工程及有关设施的报废。

③经开采实践证明，由于矿床地质条件的变化，已不具备开采价值。

④因其经济价值和使用价值发生重大变化，不能继续开采。

⑤因对周围环境产生严重的污染，不宜继续开采等。

2. 矿区及采掘单元停产与关闭的地质工作

（1）采场与阶段停产中的地质工作

①对采场与阶段停产前的采掘进度进行实地测绘。

②整理或填绘采场与阶段地质图。

③计算停产采场或阶段结存的资源储量、生产准备矿量。

④整理停产采场或阶段的原始地质测量资料。

（2）大型采区或矿山总体停产的地质工作

①测绘采区或矿山采掘状况、工业设施图。

②整理或填绘出采区或矿山各开采阶段地质图。

③估算结存的地质资源储量与生产准备矿量。

④系统整理出矿山的综合地质、测绘图纸及其他文字图表资料。

在上述工作基础上编写停产地质报告，停产地质报告的主要内容：采区（或矿山）的矿床地质条件；停产时的采掘状况及所处地质条件；历年的开采量及结存的资源储量；已建立的地质测量资料；开采技术条件；矿床远景地质评价。

（3）采场关闭的地质工作：采场（井下）回采结束，经有关技术管理部门检查确认达到开采边界，即可报废。此时地测部门应进行如下工作。

①核算采场原始资源储量。

②统计开采量与损失量、损失率与贫化率。

③整理各种地质资料。

上述工作结束后，资料归档存查。

第三节 矿山资源储量管理

矿山资源储量动态管理的目的是适时、准确掌握矿山资源储量保有、变化情况及变化的原因，促进矿山资源储量的有效保护和合理利用。主要任务有：根据开采设计，将设计利用的资源量及时变更为基础储量并估算出相应的储量，根据矿山建设生产的不同阶段，结合矿床地质条件、资源储量保有程度、矿山开采顺序，研究提高资源储量类别和探求各类生产矿量的方案，为矿山建设生产提供技术依据；做好各阶段的资源储量的变动分析，核查变动的原因，落实资源储量变动的具体地段和部位；及时掌握和分析资源储量的利用状况，查清资源储量损失的原因和地段，提出降低开采损失的意见；适时测定与修订资源储量估算参数，优化各类参数，做到既能有效保护和合理利用资源，又能保证矿山企业的经济效益；及时更新资源储量估算图纸与管理台账；按照国家统一要求，按时编报矿产资源储量相关报表，履行矿产资源储量报销手续。

一、矿山资源储量台账及报表

矿山资源储量台账是全面、准确反映矿山企业资源储量情况的基础资料，是矿山储量动态管理的基础。矿山企业必须有专人负责，及时修改、更新台账的各项内容。

（一）矿山资源储量台账

1. 查明资源储量台账

查明资源储量台账应将地质勘查提交的资源储量详细登记。经多次进行地质勘查的矿床，应依次分别登记各次勘查的资源储量增减及累计查明资源储量；不同矿石（工业、自然）类型、矿石品级、煤类的各类基础储量、资源量亦应分别登记；附记各次勘查的范围（拐点坐标）、标高、工程间距、采用的工业指标和资源储量估算参数。

2. 开采设计资源储量台账

开采设计台账是根据矿山开采设计编制的，应按设计期次依次登记，并依照设计计算的详细程度，按资源储量类型、矿石类型、品级或煤类以及阶段（中段）、矿块、设计境界内、外资源储量分别登记。附记境界范围（平面坐标和标高）、设计时间、所依据的勘查报告、设计批准单位等。

3. 资源储量变动台账

资源储量变动台账是基于国家固体矿产资源储量报表编制的，要求全面记录查明、保有、开采、损失以及重算引起的各类资源储量的变化情况，并按开采单元和开采年限分别建立资源储量变动台账，记录阶段（中段）的、矿块（房）的、矿体和矿床的资源储量变动情况及历年的资源储量变动情况。不同矿石类型、品级或煤类应分别登记。

4. 开采结束资源储量比较台账

一个开采单元开采结束，应计算其采空部位的地质矿量，编制资源储量比较台账。该台账是对查明资源储量、设计资源储量、实际资源储量和报销资源储量进行比较的综合资料，是探采对比与资源储量最终核实的基础。

5. 资源储量损失统计台账

资源储量损失统计台账是矿石损失管理工作的成果，是矿山开采过程中资源储量利用程度的基础信息资料，也是核定、考核矿山回采率指标的基础资料。资源储量损失统计台账分别按月、季、年进行统计，并分别对采场、阶段（中段）、采区（坑口）和矿区的矿石损失率的计划与完成情况进行统计。

6. 其他台账

根据矿山生产实际需要，还应建立其他必要的台账，如矿山生产准备矿量台账，详细估算开拓、采准、备采各级资源储量，指导矿山生产计划。

（二）矿山资源储量报表

1. 矿山储量年报正文内容

（1）累计查明资源储量（储量、基础储量、资源量）。

（2）保有资源储量（储量、基础储量、资源量）。

（3）当年动用（采出和损失）资源储量。

（4）当年勘查增减及重新计算增减的资源储量。

（5）矿石质量变化情况。

（6）下一年度计划动用的资源储量。

（7）其他与矿山企业储量管理及国土资源主管部门资源储量管理有关的问题。

2. 矿山储量年报附图（资源储量估算图）

（1）矿山储量开采现状图。

（2）当年采空区分布图。

（3）下一年度计划动用的资源储量分布地段图。

（4）保有资源储量及类型分布图。

矿山按照规定填报的矿产资源统计基础表中相关矿山储量数据，应与矿山储量年报中的数据一致。

二、矿山资源储量占用登记

（一）政策法规

根据《矿产资源登记统计管理办法》（国土资源部部长令第 23 号）第二条和国土资源部《关于开展矿产资源储量登记工作的通知》（国土资发〔2004〕35 号）的规定，从事矿产资源勘查、开采或者工程建设压覆重要矿产资源的，应当按规定进行矿产资源储量登记。未经登记，国土资源行政主管部门不予办理相应的探矿权、采矿权登记或建设用地审批。

（二）办理程序

申报单位→窗口初审→窗口收文→转交主办处室→承办人办理→报领导审批→打印盖章→窗口发文→申报单位。

（三）矿产资源储量登记

矿产资源储量登记统计分为查明矿产资源储量登记、占用矿产资源储量登记、停办（关闭）矿山残留（余）矿产资源储量登记、压覆矿产资源储量登记，所需上报材料参照国土资源部门的有关文件要求编制。

三、矿山资源储量核实报告编制

根据《关于印发〈固体矿产资源储量核实报告编写规定〉的通知》（国土资发〔2007〕26 号），凡是矿业权设置、变更、（出）转让或矿山企业分立、合并、改制等需对资源储量进行分割、合并或因改变矿产工业用途或矿床工业指标以及工程建设项目压覆等，致使矿区资源储量发生变化，需要重新估算查明的资源储量或估算保有的（剩余、残留、压覆的）资源储量，应进行矿产资源储量核实，编制矿产资源储量核实报告。

（一）主要技术工作

1. 基本要求

（1）矿权人或核实报告编制委托人应提供全面、真实的核实所需的资料并对资料的真实性负责。

（2）矿产资源储量核实工作及报告编制应由具有相应地质勘查资质的单位承担，并对委托人提供的资料进行必要的现场检查和核实，对核实报告的真实性、规范性和科学性负责。

（3）核实报告应系统收集、整理矿区范围内相关的以往地质勘查、矿山开采、选矿、开采技术条件和矿山经营等各种资料，尤其是探采过程中取得的新资料、新认识，能够反映最新勘查、开发和技术经济的研究成果。

（4）核实工作应以现有资料和已有的勘查、采矿工程为基础，开展必要的地质测量、取样、测试、化验等工作。如果核实区的勘查程度达不到核实目的要求，应适当补充地质勘查工作，使其达到相应要求。

2. 主要工作

（1）资料收集：收集整理与本次核实有关的矿区原有地质资料，重点收集矿山设计开采依据的地质报告、开发利用方案或开采设计、生产矿产资料、资源储量利用情况、矿山采掘现状图、矿层厚度、矿石品位及变化、矿山排水情况，新近的各类测试资料等。

（2）地形地质图修测和测量工作：应利用原控制网点坐标成果，对发生变形的地形和地质现象进行修测，用全仪器法对采探工程实测。

（3）开采范围、采空区、压覆区的核实：应用仪器或半仪器实测，以准确圈定范围。采空区一般须到现场核实和边界勘定。压覆资源储量估算必须有批准文件为依据，对未经批准的事实压覆，应现场核实和边界勘定，按有关规范估算资源量。

（4）对新增探、采工程（坑道、钻孔、探槽等），均应有齐全的编录、资料，这是研究矿体（层）厚度等特征及其变化的依据。按样品采集规定要求进行采样和化验测试，主矿产、共生矿产均应作基本分析，伴生组分可作组合分析，分析质量内外检查按有关规定执行，以控制矿层厚度及矿石质量。

（5）矿石加工技术性能：结合矿石选矿实际，进行加工流程工艺说明。

（6）采矿技术条件评价工作：重点针对矿床开采后开采技术条件发生的变化开展工作。

①水文地质。调查、收集开拓工程和采空区现状，矿山排水系统及防、治水设施情况；观测对井巷充水的主要含水层、出水点位置、涌水方式及涌水量；对矿井充水有影响的地表水体以及地下水位观测孔开展动态观测；收集历年各中段水平的涌水量及矿坑总涌水量；研究矿坑涌水量与降水量、汇水面积、错动面积、开采深度的关系，估算降水入渗参数，建立涌水量计算公式；简述采矿过程中出现的水文地质问题及采取的工程措施及其效果。

②工程地质。调查、收集采矿系统所揭露的各类工程地质岩组的工程地质特征及结构面的发育程度和组合关系以及对采矿的影响；收集矿山开采工程中出现的各类工程地质问题和采取的工程措施及其效果。

③环境地质。地形地貌已发生重大变化时，应修测环境地质现状图。重点调查、收集开采工程中发生的环境地质问题（类型、性质、诱发因素、危害对象及程度等）和地质环境监测资料，矿山采取的防、治工程及其效果。

水文、工程、环境地质均要有明确的结论。

（7）其他：对于改变矿床工业指标或采用不同于规范推荐的一般工业指标、改变开采对象、改变矿产工业用途的矿产资源储量核实，还应按一定程序进行工业指标论证。对于没有开采活动，且未增加新的探矿工程和未改变工业指标，只是进行资源储量分割、合并的，核实地质工作可以适当简化，以核清资源储量及消长关系，满足核实目的要求为准。

（二）核实报告编写要求

固体矿产资源储量核实报告的编写应遵循《固体矿产勘查/矿山闭坑地质报告编写规范》（DZ/T0033 - 2002）的原则要求，根据国土资发［2007］26 号及国土资发

［2007］68 号文，结合山东省实际，具体要求如下：

1. 报告名称

报告名称统一为：××县（市、煤田）××矿区（井田）××矿（矿种）资源储量核实报告。

核实报告若将原报告范围分割，则应在原报告名称的矿区后增加××矿段或××矿××矿体等。

2. 核实范围

核实报告的范围应严格按现行矿业权设置或划定矿区范围及政府出让拟定范围进行。

3. 主要内容

（1）核实工作承担单位应结合矿床特征、矿区实际情况及委托人的具体要求，以矿产资源储量核实报告编写提纲为基础，拟定切合矿山实际的报告编写提纲，进行报告编写，不能因投资人意见而偏离提纲要求。

（2）核实报告应客观、准确地反映核实工作成果，内容要以核实目的为依据，具有针对性、实用性、科学性及资料的继承性，依据充分、结论明确。

（3）核实报告应重点阐明目的任务：拟建、在建矿山开发建设、开采情况和本次工作情况；矿体（层）特征；新的选冶工艺成果；资源储量估算和资源储量变化因素；矿区水文、工程、环境地质条件的变化新认识；矿山生产中的安全隐患；存在问题及预防、治理建议。本次核实工作完成工作量及工作质量评述。

（4）对核实范围内具有一定规模，可以综合回收有经济意义的共伴生矿产，应进行综合回收可能性的研究评价和估算资源储量。

（5）资源储量估算是核实报告中的最重要组成部分，必须准确体现如下内容：

①工业指标。明确工业指标来源依据，对选取不同于规范推荐的一般工业指标或改变工业指标，应提供相应的工业指标推荐书及专家论证意见。涉及向国家缴纳价款的资源储量核实，按一般工业指标估算资源储量。但同时还应按照以往地质报告所采用的工业指标（当低于一般工业指标时）进行估算。

②资源储量估算及块段划分。结合矿产开发实际情况，确定可行性评价程度和地质可靠程度，按《固体矿产资源/储量分类》（GB/T 17766 - 1999）和各矿产地质勘查规范行业标准核定各资源储量类型，并详细叙述各类型矿产资源储量的划归条件。在此基础上确定资源储量块段，块段一般以勘探线为界。

③资源储量结果及资源储量变化。核实报告估算的资源储量结果，应包括保有量、累计动用量和累计查明量；资源储量变化一般指核实后的累计查明量与原报告累计查明（或分割量）量相比的增减量的变化。

第四节　矿山专门地质工作

一、矿山水文地质工作

矿山水文地质工作应当坚持"预测预报、有疑必探、先探后掘、先治后采"的原则，采取防、堵、疏、排、截的综合治理措施。

矿山水文地质工作主要包括矿坑充水条件分析、矿山水文地质补充勘探及矿坑涌水治理三个方面的内容。

（一）矿坑充水条件分析

进行矿坑充水条件分析，主要研究以下4个方面内容。

（1）充水因素调查研究（包括自然因素、人为因素）。

（2）充水水源调查研究（了解各类充水水源及其特征，包括矿体围岩中的地下水、地表水源、大气降水入渗等）。

（3）涌水通道调查研究（包括自然通道和人为造成的通道）。

（4）矿床水文地质条件类型调查研究。

（二）矿山水文地质补充勘探

水文地质补充勘探是在矿山基建过程中或已经投产的情况下，为了解决某一项或若干项水文地质问题而进行的专门性水文地质勘探。这种勘探一般是在以往水文地质勘探的基础上进行的，因为矿山水文地质勘探程度不同，需要解决的专门性问题不同，水文地质勘探的目的也不相同。其主要任务是：

（1）查明矿区延深水平或矿区范围扩大地段的水文地质条件，预测矿坑涌水量。

（2）查明新采区接近地表水体或含水松散岩层的充水性。

（3）查明新采区接近断层、破碎带的富水性和导水性。

（4）为取得深部含水层参数需进行坑内放水试验。

（5）查明水体下开采时矿坑充水或溃砂的可能性。

（6）查明断层和地表水体或强含水层之间的水力联系。

（7）增加供水量，扩大或寻找新水源地。

（8）布置地下水动态观测网。

（9）为注浆选择帷幕位置，为堵截地下水源查清充水通道和集中径流地段。

（10）为查明隔水层的位置和分布规律，确保带水压采矿的安全。

（三）矿坑涌水治理工作

矿坑涌水治理包括以下5个方面的工作。

（1）矿坑涌水的预报和预防：矿坑涌水类型、水害预报、水害预防等。

（2）矿区地面防水措施：矿区地面防水工程是防止降水汇水和地表水涌入露天采矿场和坑内开采塌陷区，保障采矿安全的技术措施。例如：建筑截水沟、河道移设、水库拦洪等。

（3）矿区地下水疏干。

（4）注浆堵水。

（5）封堵钻孔漏水。

二、矿山工程、环境地质工作

矿山开发是人类工程活动与地质环境之间的相互影响和相互制约的过程。矿山工程地质工作就是为了查明影响矿山工程建设和生产的地质条件而进行的地质调查、评价及研究工作。其主要任务是更详细地查明工程建设和生产地段的工程地质基础条件，更深入地查明可能危害建设和生产的工程动力地质现象，以保证工程建设和生产的顺利进行。矿山环境地质是环境与矿山地质、水文地质、工程地质之间的边缘学科。主要研究地质体对矿山生产环境和生活环境的污染问题。

（一）矿山工程地质工作的主要内容

1. 已有矿山工程地质资料分析

在全面研究已有的矿区地层、岩石、构造、地貌、水文地质、工程地质、岩石物性测定等各种基础地质资料的基础上，进行矿区工程地质综合评述，编制有关工程地质图件，进而进行区域工程地质评价、矿区工程地质评价和编制工程地质图。

2. 矿山工程地质条件和主要工程地质问题研究

矿山工程地质的基本任务就是查清矿区内工程地质条件，为分析和处理可能出现的工程地质问题提供基础地质资料。

（1）区域稳定问题：是在区域内特定的地质条件下所产生的，包括活断层、地震、诱发地震、地震砂土液化、地表变形和沉降，以及区域构造应力场强度、主应力方向等。它直接影响到矿区岩（土）体稳定。研究区域稳定问题，对矿山规划设计中重要地表建筑工程的选址、采矿方式和方法的选择，具有重要意义。

（2）矿区岩（土）体稳定问题：露天矿边坡、地下坑道和采场、天然斜坡、重要地面建筑地基等岩（土）体产生严重变形破坏，称为失稳。若不发生显著变形破坏，则为稳定的。失稳和稳定是相对的，有些矿山工程允许发生一定程度的变形破坏以及一些小规模的岩（土）体崩塌和滑移；但有些矿山工程不允许发生明显的变形及岩（土）体崩塌和滑移。矿区岩（土）体稳定问题关系到矿山能否正常运营，也是矿山最重要的工程地质问题。

（3）与地下水渗流有关的工程地质问题：主要是在岩溶发育的矿山所产生的岩溶渗透，渗流作用下的土体失稳。这类工程地质问题给矿山正常生产造成危害。

（4）常见矿山地质灾害问题：由物理地质现象或由人类活动使地质环境改变而产生的地质灾害，如天然泥石流、人工泥石流、岩爆、岩堆移动、流沙等。

（二）岩石移动监测及控制

1. 岩石移动的测量

（1）基本要求：各生产矿山应根据本矿山地质采矿条件，开展岩石移动和边坡滑动的观测研究工作，其目的是：

①通过岩石移动和边坡滑动的各种测试手段（仪器观测和现场调查），及时掌握井下、地表岩层移动及露天采场、尾矿坝边坡滑动征兆，为矿山安全生产提供技术资料。

②对矿山不同开采技术条件的地表岩层移动、变形和破坏的基本特征与规律进行观测和研究。并验证、修改和确定岩石移动角值等参数。

③研究露天采场、尾矿坝边坡的稳定性和边坡角的经济合理性。

④观测采空区各种不同处理方法和边坡治理工程的效果。

⑤总结岩石移动观测研究工作的经验，不断改进观测方法。

（2）岩石移动观测的主要手段：井下、岩层内部、地表及各种专门观测站等，定期观测平面和高程位置的变化，掌握岩石移动的基本特征与规律。

岩石移动观测站的设计，应从矿区的整体规划出发，根据矿床地质开采条件，采取由简到繁、由浅到深、由局部到整体的原则，按照轻重缓急，分期设置观测站。

除对观测站定期观测外，还必须经常深入现场，借助简易方法，如滑尺、垂球投点等，测量采区顶板岩石移量，倾听岩体音响，观察裂隙、错动及坍塌等现象，并作文字描述，必须时测绘成图或拍摄照片。

（3）地下开采的岩移监测：开采缓倾斜层状矿体时，地表岩移观测线一般沿矿体走向和倾向各设一条，应分别设在移动盆地的主断面和采空区正上方。如果回采工作面的走向长度大于 $1.4h_0 + 50$ m（h_0 为平均开采深度），可设置两条倾斜方向的观测线，一条在采空区正上方，另一条在其相距 50 m 以上的任一侧，但至起始开采或停采线的距离必须大于 $0.7h_0$。

开采急倾斜矿体时，沿矿体走向的观测线以布置两条为宜，一条在主断面位置上，另一条在采空区正上方，两观测线间距应不小于 30 m。沿倾斜方向的观测线布置两条，即在采空区工作面走向长度大于 $1.6h_0 + 100$ m，应布置三条或三条以上垂直走向的观测线，一条在采空区中央，其余的在两侧相距约 50 m，且距左右开采边界 $0.8h_0$ 以上。

当矿床地质构造复杂，走向不明显，矿体厚度变化大时，可沿回采工作面主要方向布设观测线。

当采区形状不规则，开采深度小，地表又分布重要工业设施和目的物（河流、湖泊、塘坝等）或民用建筑密布，应增加观测点密度，采用剖面线与方格网相结合的建站方案。

确定观测线长度所用的移动角值，应尽可能采用本矿山通过岩移观测所得的各种岩石移动角值，如尚未求得时，可选用与本矿地质、采矿条件相似的矿山所求的角值，按类比法确定。各种岩石移动角的修正值一般可取 15°。

观测点间距可参照表 3 - 4 - 2 确定。

表 3 - 4 - 2　　　　　　　　　　　　观测点间距表

平均开采深度/m	中间段测点间距/m	边界段测点间距/m
50 ~ 100	10	5
100 ~ 200	15	7
200 ~ 300	20	10
300 以上	30	15

观测线两端一般各设两个控制点，如受条件限制，每条观测线也不能小于 3 点。控制点应设在地层坚实，便于长期观测，并在整个观测阶段不受开采影响的稳定区。控制点距极限移动边界和同一端控制点间距离，根据平均采深：

小于 100 m 时取 30 m；

大于 100 m 时取 50 m。

观测线控制点的标设，按 5″小三角精度采用交会法或同精度导线的要求进行。其他观测点利用观测线的控制点来标设，尽可能使观测点中心位于控制点连线的方向上，偏离连线方向的距离不得超过 5 cm。

（4）控制点和观测点的埋设，应符合下列要求：

①现场浇灌。坑深不小于 0.6 m，冰冻地带应挖至冻土线以下 0.5 m；做好点之记，详细记述测点与其附近特殊标志的相关位置、点坑周围土质、松散程度、坑深及断面尺寸等情况。

②便于观测和保存。测点分露出式和隐蔽式两种。隐蔽式主要用于容易遭受自然力和人为因素破坏的沟底、河床、道路旁地段。处于强酸工业废水中的观测点，应改用不锈钢或尼龙质测点中心标志，避免因地表下沉测点被水淹没，点的结构应便于加高。

③测点应统一编号。一般垂直走向观测线上的测点，自下山往上山方向顺序增加；沿走向观测线上的测点，按工作面推进的方向顺序增加。

（5）观测站的第一次全面观测应独立进行两次，两次观测的间隔时间越短越好。地形复杂山区最长亦不得超过 10 ~ 30 天。回采工作开始后，每隔一定时间进行一次警戒性的水准观测，如果发现部分测点有明显下沉（大于 50 mm），可以认为地表已开始移动，需进行全面观测。全面观测包括下列内容：测出观测线各测点的高程；测出观测线各测点间的距离；测量观测点偏离观测线的距离。

测量地表和建筑物因移动所导致明显的裂缝、断裂、塌陷。并绘制草图（或拍摄照片）注明时间。

全面观测周期，视回采工作速度、地压显现程度（主要是坑内）而定。在移动的活跃期，一般每 1 ~ 2 个月观测一次，并适当增加水准观测次数。

在地表移动初期和衰退期，根据开采深度、回采工作面推进速度，顶板岩石性质、地质构造及移动破坏等具体情况，每隔 2 ~ 3 个月测量一次点的高程，3 ~ 6 个月进行一次全面观测。直到相隔 6 个月的下沉值不超过 30 mm 时，可以认为移动基本停止，并随即进行最后一次全面观测。过 6 个月再进行一次水准测量，以资验证。

进行全面观测或高程测量时，同一观测的各测点的高程、边长和偏距应尽量在同一天的时间内完成。

（6）每次观测的同时，必须收集资料：

①回采工作面位置、采高、采出矿量及空间体积、矿柱尺寸及位置。

②采区地压动态及地质和水文地质情况。

为了获得井下岩移有关资料，观测掌握采场顶板沉降、冒落规律，确保安全回采，在采场围岩及其上部老巷里，布设采场和巷道观测站。每个观测站至少设置两个控制点，控制点应与导线及附近观测站的控制点连测，观测站一般布置成线状。

对采场、巷道出现的裂缝、错动、冒落等现象应进行描述、情况严重时应在现场素描并表示在平面图上。

为了探讨岩层内部的移动规律，应采用巷道（利用采空区上部老巷回离采区一定高度开掘专门巷道）或钻孔观测法开展岩层内部观测研究工作。

2. 岩石移动对矿井安全的影响

埋在地下的矿床开采出来后，便在相应的空间形成采空区。采空区周围的岩层，由于失去原有岩体应力的平衡，会引起上部岩层的地压活动。经过一定的时间（这段时间的长短与周围岩石的物理力学性质及采空区的形状、大小有关），岩层逐渐发生变形、移动乃至破坏塌陷。当陷落的岩石由于松散、体积膨胀而将采空区和陷落空间一起填满时，则其上部的岩层就不会再继续移动下沉，其破坏区域也就不会进一步扩展。

3. 建筑物和构筑物的保护措施

为确保主要开拓巷道及井口各种建筑物、构筑物等安全，一定要布置在移动带以外的安全地带，当主要开拓巷道、建筑物和构筑物布置不能满足上述要求时，井下采空区必须在回采期间作充填处理。技术充填采空区能减弱乃至控制岩层的变形，并加大岩石的移动角。在移动圈内，井筒周围要留保安矿柱。

采区没有达到安全开采深度的，在采空区上方要圈定出移动圈范围，并设置采空区标示，禁止建筑物建在采空区上方，人、车禁止经过采空区。

（三）矿山地质环境保护与治理

矿产勘查开发应遵守国土资源部2009年颁布的《矿山地质环境保护规定》。该规定强调，矿山地质环境保护，坚持预防为主、防治结合、谁开发谁保护、谁破坏谁治理、谁投资谁收益的原则。规定采矿权申请人在申请办理采矿许可证时，应当编制矿山地质环境保护与治理恢复方案。采矿权人应当缴存矿山地质环境治理恢复保证金，矿区范围、矿种或者开采方式发生变更的，采矿权人须按照变更后标准缴存治理恢复保证金。采矿权人应当严格执行经批准的矿山地质环境保护和治理方案。开采矿产资源造成矿山地质环境破坏的，由采矿权人负责治理恢复，并在矿山关闭前完成矿山地质环境治理恢复义务，采矿权发生转让的，该义务同时转让。对矿山地质环境治理恢复后，对具有观赏价值、科学研究价值的矿业遗迹，国家鼓励开发为矿山公园。探矿权人在矿产资源勘查活动结束后未申请采矿权的，应当采取相应的治理恢复措施，消除安全隐患。

三、矿产资源综合利用

（一）共、伴生矿产资源利用

矿石综合回收有着广阔的前景。矿产资源综合利用的可能性和途径的研究正在逐步扩大，金属与非金属矿床的界限，已不再是绝对的。从非金属矿石中可回收金属，如从某些磷矿床中回收铁精矿；而从金属矿石中也可回收非金属，如从某些矽卡岩矿床中回收石膏、硫精矿。总之，随着科学技术和国民经济的迅速发展，矿产资源的综合利用具有重大的意义。

1. 充分合理地利用矿产资源

据不完全统计，我国铁矿中共生或伴生有 19 种元素，铜矿中有 20 种，铅锌矿中有 12 种，钨矿中有 19 种，共生或伴生元素相当可观，综合回收大有前景。如云南某铂矿，原矿品位为 1.25 g/t，低于最低工业品位 2 g/t，若单纯提取铂元素，则经济上不合理，所以开展综合利用，从含铂矿石中先提制钙镁磷肥，在炉渣中铂、钯含量得到相对集中，品位比原矿提高 12 倍，成为富矿。不仅可回收大量的铂、钯、铱、钌、铑、锇、金、银，而且经济效益可显著增加。

2. 为获取稀缺矿种开辟了广阔的前景

据统计，在 60 几种有色金属中，有一半以上可以通过矿石的综合利用来解决。而一部分有色和绝大多数的稀有、分散元素，如 Co、Ag、Bi、Re、Cd、Se、Te、Ga、Ge、In、Tl、V、Hf 和某些铂族元素，几乎全靠综合回收获得。

3. 提高劳动生产率，降低生产成本，延长矿山服务年限

矿产的综合回收可减少单独开采和加工一种矿产的劳动量，因而可降低采矿、选矿和冶炼的成本，增加企业的总收入。例如：某砂锡矿在采、选锡矿时，企业效益逐年下降，开展了资源综合利用后，先后回收了独居石，锆英石、钛铁矿、磷钇矿等多种金属副产品，仅副产品的产值就超过锡矿的产值、使企业经济效益大大增加。

另外，综合利用可减少废石及尾矿的数量。可少占农田，减少污染，有助于环境的改善，促进生产的发展。

（二）低品位、边角零星矿体综合利用

低品位矿通常是指介于边界品位与工业品位之间，达不到工业利用的矿石；超贫矿是指有用组分虽有一定含量，但品位低于边界品位的矿石。此外，矿体厚度小于可采厚度的边角零星矿体也大量存在。

1. 低品位矿与超贫矿利用的前提和条件

矿山的低品位矿与超贫矿并非全部都能利用，它们的合理利用是有条件的，这些条件是：

（1）低品位矿与超贫矿必须分布在开采境界范围之内，这样则无需增加过多的采掘、剥离等费用，而只需要相应增加选矿等后续生产费用。

（2）低品位矿、超贫矿应具有较好的选矿性能。

（3）矿山的设备、设施条件允许。例如：选厂生产能力尚有潜力，尾矿库有足够的

容积等。若尾矿库容积或其他设施能力不够，而需扩建或新建时，则必须经过技术、经济等方面的权衡、比较，才能对低品位矿等利用问题作出决定。

2. 低品位矿、超贫矿合理利用的研究与评价

在利用低品位矿与超贫矿前，应进行必要的分析研究，并在此基础上做出结论性的评价。这些分析研究的问题有下列几方面：

（1）矿石性质的研究：对低品位矿、超贫矿的矿物组成及其变化特征和品位变化规律以及矿石的结构、构造等方面进行详细研究，以取得有关矿石性质方面全面的资料。

（2）选矿试验：应按不同品位段分别试验，以便较好反映不同品位段矿石的选矿性能，在需要的情况下也可将低品位矿与超贫矿按一定比例与表内矿混合进行选矿试验。

（3）技术经济分析：确定低品位矿或超贫矿能否利用与确定合理利用指标（可采品位等）密切相关。在考虑对低品位矿或超贫矿进行利用时，应注意采用综合评价的方法，以考虑回收其中伴生的有用组分，其关键是综合品位的确定。

（4）国家对资源需求程度的分析：对国家紧缺资源的低品位矿、超贫矿的回收利用，即使没有太大的经济效益甚至无经济效益可言，也应尽可能回收利用，至于政策性的允许亏损程度如何，则需要具体分析。

（5）能源情况分析：在考虑利用开采境界内的低品位矿、超贫矿问题时，应进行能耗分析，同时还应对本地区能源的供求状况进行全面考虑，以作为低品位矿、超贫矿能否回收利用的决策因素之一。

（6）环境保护因素的分析：环境效益也是考虑低品位矿、超贫矿可否回收利用的一个重要因素。堆放低品位矿、超贫矿以及其他废石而占用土地，将会对环境造成污染，尤其是对于其中含有害成分的低品位矿、超贫矿，则更应重点考虑。

（7）社会效益等其他因素分析：根据我国国情，不仅要考虑本矿山企业的经济效益，也要注意社会效益。如在确定可采品位等矿床工业指标时，要考虑其他同类矿山的动态投资收益率，从而达到既使本单位经济上受益又使国家可更多地回收矿产资源。

此外，还应综合分析本矿山主要生产设备等固定资产和人员潜力的情况。这决定了矿山的生产发展的潜力和利用这类补充资源的潜力。

对于综合利用贫矿资源的矿山，还应注意加强矿石的质量管理，努力降低矿石的贫化损失。为了保证精矿产品的质量稳定，还必须加强矿石的质量均衡（即矿石质量中和）工作。

随着生产的发展，技术、经济水平的提高，各项技术经济指标的变动，在适当时期还应修订和调整工业指标。

残矿主要是采矿方法不当而遗留下的部分或因矿体地质因素等具体原因不便继续开采的矿体；呆矿则往往因矿石工艺性能或开采条件不佳不能利用而形成。它们的利用问题，应从改进采矿工艺入手去研究，并从研究矿石工艺性质方面考虑。

综上所述，关于低品位矿与超贫矿的利用，只要其本身有可利用的条件，一般并不需要增加较多的投资与设备。当它们与工业矿石一并或可能一并采出时，其分离或选矿成本一般都不会太高，甚至还可能低于难采矿石。在这种前提下，低品位矿、超贫矿的

综合利用完全是可能的。

探索利用的新途径，实行预选抛废，提高入选品位，使夹在入选矿石中的废石不进入磨选矿过程，是一个较好的处理措施。例如：对含铁石英岩可破碎到 40 mm，采用干式、湿式预选，可抛弃 50% 以上的废石；多金属矿石破碎到 50 mm，用重介质选矿法预选抛废，可丢掉 30% 的废石。还可用辐射选矿、淘汰选矿法进行预选抛废。

另外，采用化学或生物化学方法处理低品位矿、超贫矿（或矿山废料），将其中有用组分变为液体或气体回收，也是低品位矿、超贫矿利用的新途径。

（三）废石及尾矿综合利用

1. 废石综合利用

（1）废石的概念：废石主要指矿山生产过程中掘进或剥离而排弃的岩石。我国废石的排放量很大，占用土地很多，既造成矿产资源的大量损失，又造成环境污染。由于矿山生产环境复杂，矿山废石还包括下列情况：

①采下的矿石因混入废石而贫化，从而低于出矿品位者；剥岩中的矿石混入岩石中者，皆被视为废石。

②采、选中抛弃的脉石。

③因采选等技术条件的限制，使矿石、夹石及围岩中的有用组分未被查明；或者由于工业指标限制，有的有用组分未能回收而遭丢弃。

（2）对废石进行综合利用的地质研究内容：在对矿山废石进行综合利用前，必须对本矿山废石的特点进行较全面的地质调查和研究，结合本矿山的生产条件确定有无利用的价值与可能。

①矿床（体）地质调查研究。在对矿床地质进行全面调查的基础上，着重调查开采地区（中段或平台）有用组分的含量、分布、开采利用的情况以及采下矿石的损失情况等。

②对选矿方面的调查研究。对入选矿石的有用组分及其含量、选矿回收情况以及尾矿中有用组分及其含量等进行调查研究。

③对废石及其堆放现场的调查研究。包括对废石的种类、数量及利用前景的分析等。

还应针对下列几种情况进行研究：废石中如含有用组分则应有目的地对废石堆进行系统调查、取样（可用类比法确定取样间距），根据分析结果，查明质量并确定再次开采回收的地段和估算废石中可回收的矿石量；废石中若含有可利用的某种矿物（如宝石、彩石等观赏、工艺矿物或矿物颜料、研磨材料陶瓷原料等），则应对废石中此种矿物的特点、质量（适用性）及其在废石中的含量与可选性进行研究；若废石本身有可能被利用（作冶金熔剂、铸石、玻陶原料及公路建筑碎石、铁路道渣等），则应对废石中的成分及其比例、废石的适用性等所有质量方面的要求进行研究，同时应注意对废石场的位置选择是否适当、废石堆放的特点、形式等进行调查研究。

2. 尾矿综合利用

尾矿是矿石回收有用组分后所排出的矿物废砂。矿山尾矿的排放量十分庞大，不仅影响矿产资源综合利用，而且危害环境。随着科技的进步，经再次采、选、冶等工艺，可使其中有用金属或其他有用物质得以回收利用。

矿山尾矿能否利用，取决于对其进行的调查、分析、研究以及对其再利用可行性的论证。对尾矿再利用可行性的论证所需进行的地质方面的调查研究内容有：

（1）与矿石的类型、矿物成分、品位及矿石结构、构造特点相对应的选矿工艺流程的特点和选别效果等。

（2）各类尾矿的矿物组成及其相互间的关系、尾矿的品位及其变化规律。

（3）尾矿中矿物的粒度、次生变化特点、含泥量，黏性大小和固结程度以及选别的难易程度。

（4）尾矿堆放的形式和特点及其粒级、品位之间的分布规律。

（5）尾矿体重和湿度的测定以及对其进行储量估算，对不同阶段所能利用的尾矿应作出规划，并反映在相应的图纸上。

在对尾矿的调查研究中，不应忽视对尾矿坝（库）地质条件以及工程本身情况等方面的调查研究。对尾矿再利用可行性的论证，也不能忽视对现有生产设备的能力进行分析和必要的实验与经济分析。

（四）矿坑水综合利用

矿坑水主要系指流经矿体及围岩，从坑道中排出的水体。这里把从矿（废）石堆等堆放场地所渗淋出的水体也包括在论述的范围之内。

1. 矿坑水的类型及其特点

（1）矿坑水从性质上分为酸性废水和碱性废水两大类。前者较为普遍，强碱性废水在矿坑水中是少见的，往往只是在处理酸性水时，如果碱性中和物质过多，则有可能形成矿山碱性废水。

矿坑水中的"酸"主要是由矿物氧化而成。一般在下列条件下均可形成酸性矿坑水：

①矿石、岩石中含有一定数量的硫化物（特别是黄铁矿）。

②采下的黄铁矿石或含黄铁矿的岩石被随意抛弃。

③矿岩中没有足够数量的中和酸的碳酸盐或它种碱性物质。

（2）矿坑水水质复杂，一般都含有金属或非金属离子，其水质与矿床的矿物成分、含量，矿床埋藏条件、涌水量、开采条件和采矿方法等因素有关。矿坑水中虽可含多种金属或非金属离子，但各离子含量差别较大，超标元素往往不多。

（3）矿坑水之水量不受生产制约，主要取决于水文条件和降雨量等因素。

（4）矿坑水在水质符合要求的情况下，可作为工农业用水。

2. 与综合利用有关的矿坑水处理方法

矿坑水如达不到国家有关排放标准，应进行处理。在处理过程中，完全可以开展综合利用，这种对矿坑水的综合利用本身也是对废水的一种处理方式。矿坑水的处理方法有中和法、离子交换法、还原法等，另外，用经过碱处理的木粉作为吸附剂可以回收废水中的重金属；用酸性矿坑废水代替硫酸用于选硫生产，可提高选硫效率；用酸性废水做洗矿水，可有效地将矿石中可溶性铜盐洗去，以改善选矿条件；用选矿碱性废水作中和酸性废水。

3. 矿坑水综合利用的地质研究与评价

矿坑水地质研究与评价的主要内容有：对矿床类型、矿石和围岩的类型及其矿物成分、水理性质等；废水在化学成分上的特点以及与岩矿之间相互关系和变化规律等。

四、矿山矿产资源经济分析的内容和方法

（一）矿床工业指标的确定及优化

1. 矿床工业指标的内容

矿床工业指标是根据国家在一定时期内有关技术经济政策，采、选、冶技术发展水平和方向，矿产资源的地质特征以及国内外市场对矿产品的需求等因素而制定的。它是用于评价矿床的工业利用价值，圈定矿体和进行矿石储量计算的依据。矿床工业指标一般包括以下几个方面的内容。

（1）矿石质量方面的指标

①品位：矿石中有用组分的单位含量（以%、g/t、g/m^3、g/l等表示）是衡量矿石质量的主要指标，在我国，对大多数金属和部分非金属矿产又可分为最低工业品位和边界品位。

②矿床平均品位：整个矿床工业矿石的平均品位。

③伴生有益组分含量：与主组份相伴生的在选（冶）加工过程中可以回收或对产品质量有益的成分。

④有害杂质平均允许含量：对矿产品质量和加工生产过程有不良影响的成分的最大平均允许含量。

⑤矿石工艺（加工技术）性能：是指矿石的选冶性能、选冶方法、矿石矿物的物理机械性能、加工方法和程序等。

（2）矿体开采技术条件方面的指标：矿体最低可采厚度、夹石剔除厚度等，其他还有含矿系数（含矿率）、剥离比（剥采比、剥离率、剥离系数）等。

2. 品位指标的确定

（1）品位指标概述：品位指标是指在当前技术经济条件下矿床能达到工业利用所规定的品位标准，目前我国多使用最低工业品位和边界品位两项品位指标，特别适用于矿体形态复杂而且矿石和围岩逐渐过渡的情况，它的主要优点是可使圈定出来的矿体形态较完整，又可同时圈定出低品位矿、工业矿石，但也存在一些缺点和不足之处。

①介于两项品位之间的样品数目和其具体位置无法表示出来，因此当技术经济条件发生变化时，只能重新圈定矿体，手续复杂繁琐，在矿体内部和边部圈入大于边界品位样品的数量，往往因人而异。

②用样品品位代表该样品影响范围内的矿石品位，不能真实反映矿化空间变化特点。

③边界品位无确切的科学含义，也缺乏经济概念。

（2）制定品位指标的原则和指导思想

①最大限度地利用矿产资源。凡是当前采选冶技术加工条件下，可能利用的组分，都应制定相应的品位指标，尽可能地加以利用。

②保证经济上的合理性。是指确定的品位指标能使矿山企业取得一定的利润，而不是片面追求超额利润的极大化。技术上的可行性和经济上的合理性，往往是相互矛盾的两个方面，应当妥善处理好两者的关系。

③充分反映矿床地质特征和矿山企业的生产情况。凡具有一定规模，又能单独分采、分选的有用组分和矿石工业类型，都应制定选别开采和综合利用的品位指标。

④国家对矿产品的需求和合理的产品结构等。

⑤制定品位指标的动态性。即随着经济状况，采选技术水平、市场供需、价格等因素的改变，品位指标应及时进行调整和修正。

⑥合理确定最终产品的类型。如果是独立经营的矿山企业，可用精矿作为最终产品，否则应以金属冶炼产品作为经济计算的最终产品。

（3）我国生产矿山常用的确定品位指标的方法。包括类比法、统计法、价格法和方案法，前两种方法主要适用于矿山生产的初期阶段，故此处只介绍后两种方法。

①价格法（静态经济计算法）。价格法是以收支平衡品位作为最低工业品位，用这种方法计算得出的品位指标，是矿山不赔不赚的品位指标。

把最低工业品位看做是工程或块段的平均品位（不赔不盈品位）而不是整个矿床的平均品位，那么以此为基础求出的整个矿床的平均品位必然高于最低工业品位，也就是说按照高于最低工业品位的平均品位在整个矿床开采以后，矿山企业能够取得一定的盈利。但在实际应用中难以使用。

②方案法（统计基础上的方案法）。是根据矿床特点和样品分析资料，统计各品位区间样品分别占样品总数的百分数，即不同品级样品数目在矿体中的分布频率，从中选择几个占比例大而又有代表性的品位，拟定几组品位指标方案，再根据开采技术条件和采矿方法确定可采厚度和剔除夹石厚度，并按不同方案分别圈定矿体，计算出各方案矿石平均品位和储量，然后根据国家需要、资源利用程度、矿山生产能力、采矿和技术加工条件、总产值、生产成本、年利润及投资效果等因素，进行不同方案的综合分析和技术经济比较，从中找出一组较为合理的指标方案。

（4）品位指标的优化：通常认为，用最大经济效益指标所确定的品位指标就是最佳品位指标，因为利用这个指标圈定矿体，估算资源储量能够保证矿山企业未来开发利用能够取得最佳的经济效益。但用最大经济效益所确定的品位指标圈定矿体估算储量，会使尚有开采价值的储量因不适当地提高了品位指标而作为非工业矿石被剔除掉，造成资源的浪费，不利于资源保护和合理利用。因此，评定品位指标优劣的标准，就不应该只是最佳经济效益，而是矿产资源的充分利用和经济效益两个方面，亦即既要充分利用矿产资源，同时还要经济合理，力求用最少的劳动消耗取得尽可能多的矿产品。

在确定品位指标时，最佳经济效果和最高资源利用程度是相互矛盾着的两个方面，很难同时兼顾。一般地说提高品位指标经济效果也会提高，但资源利用程度必然相对要低，反之，降低品位指标经济效果就会下降，但资源利用程度相对就会提高。所谓优化品位指标实际就是如何妥善处理好两者之间的关系问题。

提高矿产资源利用程度（常用精矿含金属量或提取金属量表示）是个相对的概念，目前还很难找到一个绝对的定量标准来表达利用程度的高低。比如，达到什么样的标准，才算是资源利用程度高？我们只有从经济效果指标方面想办法，即把它固定在一个合适的水平上（比如社会平均利用率，基准投资收益率），进而尽量提高矿产资源的利用程度，这样把两者有条件的结合起来。

（5）用动态经济计算方法确定最佳品位指标。最佳品位指标的确定采用综合方法。在目前多数金属矿床采用两项品位指标（即边界品位和最低工业品位）的条件下，由于边界品位至今还没有准确的科学含义和严格的经济定义，所以一般的作法是首先利用容易量化的价格法（静态或动态）确定最低工业品位。

①静态价格法：即利用传统的静态价格法公式，要求其全部收入扣除经营成本后，其盈利额达到所期望的基准投资收益率水平。

②动态价格法：不是以最佳经济效果作为确定矿石品位指标的依据，而是以达到基本经济效果（即满足国家所要求的经济效果指标，也就是社会平均利润率）为依据，此时的净现值应为零，故又称为零净现值法。

③边界品位的确定：根据前面初步确定的最低工业品位，可采用类比法，或者利用尾矿或浸渣品位扩大 1.5 ~ 2.0 倍的方法，或者利用统计分析方法即按品位区间中样品频数变化的突跃界限，或者各种图解法加以确定。一般来说，在初步确定边界品位指标时，最好多采用几种方法以便相互验证。

④各备选品位指标方案的拟订：用上述方法初步确定的最低工业品位和相应的边界品位，主要是从经济角度考虑的，也就是说运用这样的品位指标，只能保证矿床开发利用后能否盈利。然而，一个矿床的开发利用不仅取决于经济效益，而且还要考虑资源效益，亦即在保证一定的经济效益前提下如何最大限度地回收利用矿产资源。根据我们前边谈到的妥善把两者关系有条件地统一起来的想法，可以用价格法初步确定的最低工业品位为基础，然后按一定的品位间距，使其向上或向下波动若干个档次，比如 5 ~ 7 个档次；边界品位也可相应地波动变化，比如 3 ~ 5 个档次，这样便可拟定出以原最低工业品位和边界品位为基础的若干个（比如 15 ~ 35 个）备选指标方案，总之，备选方案数目的确定以尽量使其能够覆盖合理的最佳品位为原则，以供选优。

⑤各备选品位指标方案效益指标的计算：根据以上拟定的各备选品位指标方案，可以设法利用数学模型法分别求出其各自的矿石资源矿石储量、矿石平均品位和金属储量，以及事先确定的各种采选技术经济参数，计算各方案的资源效益，以及企业和国民经济效益指标。经常用的指标有矿石资源利用率，如提取金属总量、精矿金属量等以及总利润额、净现值、净外汇效果和国际竞争能力等。

各备选品位指标方案效益指标的计算是一项十分复杂的工作，可借助计算机，通过建立"品位指标方案效益指标系统"进行计算。该系统由数据文件子模块、指标计算子模块和数据表格输出子模块三个部分组成。

⑥品位指标的优化：目前多采用现代数学方法，如灰色系统决策法、模糊综合评判法或图解方法，优化出企业和国民经济效益指标较好，资源利用程度较高的方案，作为较优的品位指标方案。

⑦最佳品位指标方案的最后确定：利用资源效益与经济效益相统一所确定的一个或几个较优的品位指标方案，在有代表性的剖面图和纵投影图上，利用以上所确定的最优和次优品位指标方案对矿体边界进行试圈，然后对矿体厚度、形态、夹石分布、矿化连续性和矿体完整性等进行对比分析，以便最后确定有利于开采技术条件的方案，这个方案即可视为最佳的品位指标方案。

（6）矿石综合品位指标的确定：近年来，随着选冶加工技术水平的提高，发现几乎所有的金属矿床除了一种或几种主要组分以外，还有多种伴生组分可供综合利用。矿石的综合利用不仅是扩大矿产资源利用的途径，也是提高矿床经济价值的一个极其重要的方面。因此如何充分利用各种伴生组分，合理制定矿石的综合品位指标，便成为广大矿山地质工作者所关心的问题。然而，确定回收有用组分的合理范围，对绝大多数有用组分来说，在技术上都是可行的，而解决这一问题主要应该从经济上入手。

矿床的最低综合品位，必须是在查清了矿床中伴生有益组分的赋存状态、含量、富集和回收情况，以及产品的数量、用途、销路、价格等问题，并认定确有综合利用价值之后方能制定。

①矿石伴生组分利用范围的确定：综合利用伴生组分的生产费用，可分为间接费用和各种产品的直接费用。间接费用又称共用费用，是指与各种提取组分有关的费用，如开采运输和初始阶段的选冶费用等，直接费用是指在综合利用中，仅与提取某一种组分产品有关的费用。

②矿石主组分品位指标的确定方法。

主组分最低工业品位指标的确定：主组分最低工业品位是用主组分负担采、剥、运输、选矿、冶炼等全部前期共用费用和其直接费用的经济临界品位，计算公式为

$$C_{I主} = \frac{(S-d)\ \cdot 100}{Z_{s主} \cdot K_{d主} \cdot K_{s主}\ (1-K_{f主})}$$

式中　$C_{I主}$——主组分最低工业品位指标；

S——吨矿石采矿、选矿加工和冶炼的全部费用（包括全部间接费用和主组分直接费用以及管理费、附加费、设备更新费等）；

$Z_{s主}$——主组分金属产品的价格；

$K_{d主}$——主组分的冶炼回收率；

$K_{s主}$——分别为主组分的选矿回收率；

$K_{f主}$——为主组分的采矿贫化率；

d——由于顺便回收伴生组分而得到的"附加收入"或产值（以一吨矿石计算）。

主组分边界品位的确定：一般情况下，边界品位不具经济含义，它的确定主要是考虑技术上是否可选，故有人主张高于选矿试验尾矿品位 1.5～2 倍，或取工程最低工业品位的 50%～70%。

③综合品位指标种类。目前我国生产矿山经常使用的综合品位指标，可以分为两类。

一类是单组分品位指标体系，即对矿床中具有工业价值的各种有用组分，分别提出最低工业品位和边界品位的要求。利用这种品位指标体系，可以分别圈定矿体，估算储量，分别得到各种有用组分的金属储量。这种单组分品位指标体系，使用起来比较简单，但主要缺点是没有考虑有用组分之间的互相补充，故不利于综合利用。

另一类是从综合利用各种伴生组分角度出发，分别按一定价格比率，换算成相当于主要组分的品位，然后相加使主要组分品位进一步提高，即为整个矿石的综合品位指标。以此与优化的主要组分的最低工业品位指标相比较，如果高于规定则表明有综合利用价值。利用这种指标圈定矿体计算储量，显然只能得到相当于某种主要组分的总金属储量，作为混采矿体的边界。这种综合品位指标适用于矿床中几种有用组分品位均较贫，而且只有当主要组分达不到工业要求时，这种换算才有意义。但是，在选冶技术加工性能方面，首先必须符合以下全部条件：

矿石中的伴生组分可以划分出不同的矿石类型；

这些矿石类型可以单独开采或加工或冶炼；

选冶时，可以获得分选的精矿或金属；

每种产品（精矿或金属）需要各自的补充费用（直接费用），不是顺便分选分冶；

开采、运输、选矿加工、冶炼等前期费用，是一个统一的过程。

④综合品位指标的确定方法。制定综合品位指标是件复杂的工作，这是因为诸组分中某种组分的最低工业品位决定于一定含量的所有其他组分，只要这些有用组分中有一种含量有变化，则该有用组分的最低工业品位就随之而改变，如果其他有用组分中任何一个含量降低则主组分的最低工业品位就会提高，反之亦然。

⑤综合利用的经济效益：以利润总额作为评价综合利用伴生组分经济效益的指标。

3. 最低可采厚度和夹石剔除厚度指标的确定

（1）最低可采厚度的确定：矿体最低可采厚度过小，会给开采带来许多困难，使开采成本和贫化率增大，甚至经济上得不偿失；反之，矿体最低可采厚度过大，则会造成矿产资源的浪费。最低可采厚度的确定决定于矿产的种类和含量高低、矿体倾角的陡缓、采装设备情况等。

一般价值低廉、含量低的矿产要比价值高昂含量高的，最低可采厚度要大；缓倾斜的矿体应比急倾斜的矿体，最低可采厚度要大；露采比坑采的最低可采厚度要大；用大型采装设备的应比小型的最低可采厚度要大。

当矿体厚度小于最低可采厚度但品位较高时，可用工程米百分值来判定矿体是否具有开采价值。

以上的确定方法，主要是考虑开采技术条件及采矿工人的劳动环境，没有考虑开采的经济效益。这不符合当前形势发展的需要，应从企业财务评价角度提出最低可采厚度。其原则是寻求矿体最低可采厚度所获得的收益不得低于正常社会收益率水平。

（2）夹石剔除厚度的确定：夹石剔除厚度主要是依据成矿地质特征，矿化连续程度、矿石工业品级、矿体厚度和可能使用的采矿方法等，综合考虑加以确定，一般矿体厚度较大，矿石在加工过程中能较易选出的，采用露采方案和使用大型开采设备的，夹石剔除厚度应大些，反之应小些。夹石剔除厚度确定的正确与否，直接关系到矿床的资源储量和贫化率的高低。夹石剔除厚度过大会使开采贫化增大，矿石品位降低，难以达到预计的出矿品位要求，反之会增加开采工作的困难。

确定夹石剔除厚度的方法可利用矿体主要部位的储量估算剖面图，其具体步骤如下：

①用不同的边界品位沿穿脉方向对矿体进行圈定，分别统计出夹石剔除厚度 >2 m 和 >4 m 的矿体内矿石样品总长度（或称矿石总样长）与矿体内夹石样品总长度（或称夹石总样长）。

②根据夹石样品总长度与矿石样品总长度按下式求出矿体夹石率。

$$矿体夹石率 = \frac{夹石样品总长度}{夹石样品总长度 + 矿石样品总长度}$$

③当边界品位为某值时，分别求出夹石剔除厚度（指标）为 2 m 和 4 m 时的矿体夹石率；当边界品位改变为另一值时，亦分别求出夹石剔除厚度为 2 m 和 4 m 时的矿体夹石率。对比不同边界品位夹石剔除厚度为 2 m 或 4 m 时，夹石率的差值。如果它们的差值变化不大，说明改变夹石剔除厚度对矿体储量和形态变化影响都不大，反之，则应以夹石率小的指标较为合理。但应指出，上述的 2 m 和 4 m 只是个例子，根据条件可改变此数据。

（二）低品位矿石和超贫矿的合理利用

1. 级差品位的确定

在矿床勘查、开拓、采准、回采直到出（放）矿的不同阶段，因为已经支付出不同的前序生产费用，所以应该采用不同的品位指标，它们构成递减的级差现象，这就是所谓级差品位的概念。这一概念的理论依据是"扣除前序生产费用理论"或名"回收待投费用理论"，该理论认为在经济分析中为了回收一定地段内开拓、采准、回采矿石或回收存窿贫化后的低品位矿石，在计算其生产费用时，只要考虑其后序的生产费用，再与其产值对比以重新确定其合理的品位指标。例如，在已完成开拓及采准的地段内，如存在低品位矿，经过经济分析这些低品位矿可能部分或全部加以利用，因为利用这部分矿石可以不再花费开拓及采准工程费用，开采成本可以适当降低，部分或全部低品位矿就可能变成有开采价值而转化为工业矿，相应地就可以降低采准矿量的品位指标。这样，可以在保证经济效益的前提下，尽量多回收矿产资源。当然，如果划分的级别过多，会使矿山地质工作复杂化，故一般只划分开拓矿量、采准矿量和备采矿量三种级差品位指标。

2. 露采条件下低品位矿和超贫矿石的合理利用

实际上这是级差品位问题的特例。

低品位矿石是指在当前技术经济条件下暂不能利用的矿石。导致造成低品位矿石的原因，可能是由于矿石品位低于工业品位，或者是矿体厚度小于最低可采厚度，至于超贫矿是指低于边界品位的矿石。因此，只要回收其单位精矿的选矿成本及运矿石比运废石所增加运输费两者之和不高于精矿销售价格，利用这部分矿石在经济上就是合理的。合理利用低品位矿不仅能使矿山收益增加，而且还可以更多地回收不可再生的矿产资源，有时还能取得其他社会效益。如减少废石场占地面积。

低品位矿或超贫矿石可采品位确定的步骤如下：

（1）计算不同品位段和不同可采品位的低品位矿和超贫矿矿石资源储量。可以采用传统的储量估算方法，也可根据品位频率统计结果用微积分方法估算不同可采品位的低品位矿石资源储量。

（2）各项评价参数的确定

①采矿费用的确定。采矿费和维简费可暂不考虑。

②运输费用的确定。根据由采场至废石场与由采场至选厂的运输费之差确定，如果运往选厂的运矿费低于运岩费用，则回收利用低品位矿或超贫矿时运输费可不计算；如果运矿费高于运岩费，则取其差值作为运输费。

③低品位矿或超贫矿入选矿石量的确定：据前面求出的低品位矿累计总储量，利用工业矿的生产年限可以计算出低品位矿每年可供开采的储量。但由于采用了不同可采品位指标，故所求得的低品位矿总储量是不同的，因此相应低品位矿每年可供开采的储量也不同。将可供开采的储量，经开采损失和贫化处理后，即可求出低品位矿入选矿石量。入选品位的确定：

$$平均入选品位 = 平均地质品位 \times （1 - K_f）$$

④选矿费用的确定。由于利用的低品位矿是与工业矿石混合入选的，故工业矿石、低品位矿石每入选一吨矿石的选矿费用，应该采取相同数值。

⑤精矿售价的确定。按市场价格计算。

⑥选矿指标的确定。选矿回收率和精矿品位：根据低品位矿及/或超贫矿石选矿试验结果通过回归分析得出，一般可表示为以入选品位为自变量的线性方程。

⑦开采损失率和贫化率。根据矿山实际生产经验确定，由于贫化率模型比较复杂，故一般采用平均贫化率计算。

（3）最佳可采品位的确定：一般说来，开采利用低品位矿及/或超贫矿可以分为单独和混合开采两种情况。如果是单独开采，可根据上节方法选定的各项评价参数和不同品位段储量分别计算低品位矿各品位段的总利润，再求其累计总利润，最后根据拟定的、各不同可采品位方案累计总利润的最大值，确定为最佳可采品位，其经济效益指标也可采用净现值以及内部收益率等。如果是混合开采，对于各项评价参数的取得，应该根据矿山的实际情况合理地加以选取。

当然，同一矿床低品位入选矿石量假设也相等，按以上两种情况所确定的最佳可采品位是不相等的，一般若按单独开采利用低品位矿时，由于入选品位较低，得到的精矿品位也较低，因此其售价也应降低，利润较少；若按混合开采利用低品位矿时，由于低品位矿混入量相对较少，精矿品位不致大幅度降低，以致影响售价，因此获得利润较多，这个问题决定于矿山实际生产中究竟采取的是哪种开采利用的方案。

（三）存窿矿石最低极限品位的确定

所谓存窿矿石是指由于种种原因，采场放矿以后，残留在采场中未能放尽的矿石

（残矿）。这种矿石有时品位还不低，它们对资源即将枯竭开采转向深部、矿石地质品位急剧下降的老矿山，起着特别重要的作用，是一种不容忽视的资源。

存窿矿石具有以下优点：

（1）不需再投入勘探、开拓和采矿掘进费用，故其成本低廉。

（2）可以调节矿山生产、缓和生产中的矛盾。

（3）有利于资源充分回收利用，延长矿山服务年限。

当然，利用这种矿石的难度较大，安全条件较差，且较费工时，有时还需要投入一定的巷道和采场整理费用，因此应该慎重行事，在开展利用之前应先进行调查研究，综合考查其技术可能性、安全可靠性和经济合理性。

存窿矿石由于所有的开拓、采矿费用等均已在采场回采过程中进行了分摊，在存窿矿石最低极限品位的确定时，只需计算其放矿、运输及选矿加工成本。

（四）主矿体附近孤立小矿体最低可采储量的确定

有的矿山在主矿体附近常有许多孤立的小矿体。它们虽然厚度和品位都达到了工业指标的要求，但是否都具有工业价值，还与小矿体距离主矿体的远近以及小矿体的储量多少有关。如果小矿体的储量较少，与主矿体又有一定距离，要开采它必须掘进专用的开拓工程，而这些工程所花费用又太大，可能就不值得开采；反之，如果距主矿体较近，开拓费用不需要太大，也可能就值得开采。所以，这里有一个经济上是否合算的问题。因此，现在国外有的矿山增加了"孤立小矿体的最低工业储量"的指标，作为衡量孤立小矿体是否值得开采的工业指标之一。

孤立小矿体是否有开采价值，必须满足以下两个条件：

（1）开采孤立小矿体每吨矿石的产值不得低于开发利用全矿床的每吨矿石平均总费用。

（2）开采孤立小矿体的总费用不得高于开发利用全矿床相应储量的总费用。

（五）矿石贫化和损失的经济分析

矿石的贫化和损失不仅是衡量矿山生产技术管理水平的高低的重要因素，同时也是影响矿山企业经济效益的重要因素。因此，研究和查明矿石贫化和损失的原因，探讨贫化和损失指标的确定和优化方法，对提高矿山企业的经济效益，扩大再生产，延长矿山服务年限，充分利用矿产资源，都具有极为重要的意义。

矿石贫化和损失通常与采矿方法的选择关系很大。一般说来，采用贫化和损失较低的采矿方法，对充分开发利用矿产资源比较有利，但是会提高矿石的生产成本，不利于企业经济效益的提高，因此不能认为采用贫化和损失越低的采矿方法越好。当然，有时也有这样的情况：采用贫化和损失较低的采矿方法，虽然会提高矿石的采矿成本，但精矿成本却可能降低，最终有利于企业经济效益的提高。所以，矿石贫化和损失的最优化是一个涉及因素比较多的复杂问题，不能简单从事，必须根据影响矿石贫化和损失的诸因素全面考虑，综合研究，才能求得较好的效果。

五、矿山关闭地质工作

（一） 闭坑地质工作的任务及程序

1. 闭坑地质工作的任务

（1）调查历次勘查情况，研究资源储量变化情况和原因，总结成矿规律。

（2）调查采矿设计、开拓开采资料，研究矿体形态及组分变化情况，总结勘查类型准确性、勘查方法手段的有效性、勘查工程布置的合理性。

（3）调查开采技术条件，研究加工技术性能，总结主组份及共（伴）生有益组分的综合利用情况。

（4）调查闭坑原因，研究主要因素，总结勘查和开采工作的经验和教训。

2. 闭坑应具备的条件

（1）坑口、井区或露天采场范围及深部地质构造已经查明，有关资料或报告已经批准。

（2）各中段或台阶均已鉴定验收，并办完结束手续，其资料齐全。

（3）矿山资源储量已经报销，包括设计开采境界内的残存矿量（永久损失）和境界线外的资源储量；已查明其损失的数量、质量、分布与原因，并经上级主管部门审批核销。

（4）有关的矿山地质、测量与采掘生产资料已经系统搜集和整理，并已作探采资料验证对比研究，总结了经验教训。需永久保留的资料，进行了报送存档工作。

（5）对采矿破坏的土地已采取了复垦利用，并采取了治理环境污染的措施。

3. 闭坑地质报告的审批

（1）闭坑前一定时间（如1年）应向主管机关提出申请，阐明闭坑理由；未经同意闭坑前不得拆除生产设施或破坏生产系统。

（2）由主管部门组织鉴定，现场了解情况，查清问题，分析原因，确认已具备闭坑条件的，批准闭坑。

（3）闭坑或关闭矿山后，将正式闭坑报告及所附资料，除报送主管机关外，还应送省及国家地质资料管理机构归档存放。

（二） 闭坑地质报告编制

闭坑地质报告既是一个终止生产的请示报告，又是矿山生产建设历史经验教训的总结报告。编写时必须坚持实事求是的科学态度，对矿产资源远景的结论和资源回收利用程度的论述要有充分的科学根据，使闭坑工作不遗留问题。

1. 闭坑地质报告编写基本准则

（1）矿井、采区范围内探明的可采储量即将回采完毕，或者虽然尚未采完，但由于开采技术条件的原因，剩余矿石在技术上或经济上已不能回采，需要闭坑时，应编写闭坑地质报告。矿山停办时也应编写矿山闭坑地质报告。

（2）闭坑地质报告编写所需的资料，应在矿山基建和开采过程中及时、全面地收集、整理。矿山地质工作应符合有关规范的要求，在指导生产过程中，积累客观、真实的资料，并进行综合研究，为报告编写做好准备。

（3）闭坑地质报告的内容要有针对性、实用性和科学性。原始数据资料准确无误，对比分析简明扼要，结论依据可靠。要力求做到图表化、数据化。

2. 固体矿产矿山闭坑地质报告编写要求

（1）闭坑地质报告编写前，报告编写技术负责人应结合具体情况，以《固体矿产勘查/矿山闭坑地质报告编写规范》（DZ/T 0033—2002）附录 A 为基础进行增减、取舍，制定切合实际的编写提纲，送采矿投资人或上级主管部门批准。

（2）闭坑地质报告由报告编写技术负责人按照批准的编写提纲组织编写。闭坑地质报告名称统一为××省（市、自治区）××县（市、旗或矿田、煤田）××矿区（矿段、井田）××矿（指闭坑的具体的中段、坑口、采场等名称）闭坑地质报告。报告附图的图式、图例、比例尺等按照有关技术标准执行。

（3）闭坑地质报告编写完成，按照政府有关矿产资源储量评审认定的规定初审后，送交评审认定，并由报告编写技术负责人负责按照评审中提出的修改意见组织对报告的修改。评审认定后复制的报告，按照地质资料汇交的规定进行汇交。

（4）闭坑地质报告经评审认定后，应将评审认定文件作为附件附于报告中。

第四篇

煤 矿 开 采

"工业的乌金"——煤炭是目前用量最大的能源矿产之一

"有机说"和"无机说"是煤炭形成的重要理论

煤田、矿区、井田、矿井是煤炭勘查开发的梯次单元概念

不同的井田开拓方式与采煤方法多样

特殊条件下煤炭资源开采技术与方法迥异

煤矿安全生产责任重于泰山

第一章　煤矿开采概述

第一节　煤田开发的基本概念

一、煤田和矿区

煤田：在地质历史发展过程中，由含碳物质沉积形成基本连续的大面积含煤地带。

矿区：开发煤田形成的社会组合，称为矿区。

矿区开发：根据煤炭储量、赋存条件、煤炭市场需求量、投资环境等情况，确定矿区规模，划分井田，规划井田开采方式，规划矿井或露天矿建设顺序，确定矿区附属企业的类别、数目和生产规模、建设过程等，有计划、有步骤、经济合理地开发整个矿区，总称为矿区开发。

煤田，面积大，储量多，面积大到数百、数千平方公里，储量多到数亿、数百亿吨。小的煤田，可以由一个矿区开发。大的煤田，可以由几个矿区开发。有时，一个矿区还可以开发多个煤田。

二、井田

在矿区内，划归给一个矿井开采的部分煤田，谓之井田。

每一个矿井的井田范围大小、矿井生产能力和服务年限的确定，是矿区总体设计中必须解决好的关键问题之一。

井田范围是指井田沿煤层走向的长度和倾向的水平投影宽度。

煤田划分为井田，应根据矿区总体设计任务书的要求，结合煤层的赋存情况、地质构造、开采技术条件，保证各井田都有合理的尺寸和边界，使煤田的各部分都能得到合理开发。

三、煤田划分为井田的原则

（1）从地质条件出发，根据矿区的煤层赋存条件、构造形态、煤质分布、开采技术条件及地形地物特征等因素来划分井田，是划分井田最基本的原则。

（2）有合理的尺寸，与开发强度相适应。

（3）有足够的储量，与生产能力、服务年限有关。

（4）照顾全局，处理好相邻井田之间的关系，包括矿井与露天矿、生产井与新建井、浅部井与深部井以及新建井相互之间的关系。

四、煤田划分为井田的方法

井田境界的划分方法有垂直划分、水平划分、按煤组划分及按自然条件形状划分等。

1. 垂直划分

相邻矿井以某一垂直面为界，沿境界线各留井田边界煤柱，称为垂直划分。

2. 水平划分

以一定标高为界，即以一定标高的煤层底板等高线为界，沿该煤层底板等高线留置边界煤柱，这种方法称为水平划分。

3. 按地质构造划分

利用断层（尤其是活动断层）、褶曲轴、岩浆岩侵入带等地质构造作为井田的自然境界，是最常用的方法。

4. 按煤层赋存形态、煤层产状划分

如按煤层赋存深浅划分，或者按煤层的构造形态划分。

另外，还有按储量分布情况划分，按煤质煤种分布规律划分，按地形地物界线划分，按人为境界或其他开采技术条件划分，等等。

第二节　矿山井巷名称及井田内的再划分

一、矿山井巷

在地下开采中，为提升、运输、通风、排水、动力供应等需要而开掘的井筒、巷道和硐室总称为矿山井巷。

（一）按空间形态分

矿井井巷按其所处空间位置和形状，可分为垂直巷道、水平巷道和倾斜巷道。

1. 垂直巷道

立井——有直接通达地面出口的垂直巷道，一般位于井田中部。

暗立井——没有直接通达地面出口的立井，装有提升设备等。

溜井——担负自上而下溜放煤炭或矸石任务的暗井。

2. 倾斜巷道

斜井——有直接出口通达地面的倾斜巷道。

暗斜井——没有直接通达地面的出口、用作相邻的上下水平联系的斜巷。

上山——无直接出口通往地面，位于开采水平以上，为本水平或采区服务的倾斜巷道。

下山——位于开采水平以下，为本水平或采区服务的倾斜巷道。

3. 水平巷道

平硐——有出口直接通到地表的水平巷道。

石门——与煤层走向正交或斜交的水平岩石巷道。

煤门——开掘在煤层中并与煤层走向垂直或斜交的水平巷道。

平巷——没有出口直接通达地表、沿煤层走向开掘的水平巷道。

（二）按应用范围分

根据巷道服务范围及其用途，矿井巷道分为开拓巷道、准备巷道和回采巷道三类。

1. 开拓巷道

为全矿井或一个开采水平服务的巷道称为开拓巷道。

2. 准备巷道

为采区、一个以上区段、分段服务的运输、通风巷道称为准备巷道。

3. 回采巷道

形成采煤工作面及为其服务的巷道称为回采巷道。

二、煤层的分类

（一）按煤层厚度分

薄煤层：厚度为 最低可采厚度 ~ 1.3 m。

中厚煤层：厚度为 1.3 ~ 3.5 m。

厚煤层：厚度为 3.5 ~ 10 m。

特厚煤层：厚度为 10 m 以上。

（二）按煤层倾角分

近水平煤层：倾角为 0° ~ 12°。

缓斜煤层：倾角为 12° ~ 25°。

倾斜煤层：倾角为 25° ~ 45°。

急倾斜煤层：倾角为 45° ~ 90°。

（三）按煤层厚度的变化情况分

1. 稳定煤层

在井田范围内，煤层全区发育，煤层厚度变化不大，全区可采。

2. 较稳定煤层

在井田范围内，煤层绝大部分发育，煤层厚度变化不太大，全区大部分可采。

3. 不稳定煤层

在井田范围内，煤层局部发育，煤层厚度变化较大，全区局部可采。

4. 极不稳定煤层

在井田范围内，煤层仅极少部分发育，煤层厚度变化极大，只为串珠状和鸡窝状的形态。

三、矿井生产能力与井型

（一）矿井生产能力

矿井生产能力是指矿井设计生产能力，即设计中规定矿井在单位时间内采出煤炭数量，单位用万 t/a 或 Mt/a（国际通用）表示。矿井设计生产能力是根据资源条件、外部建设条件、国家对煤炭资源配置及市场需求、开采条件、技术装备、煤层及采煤工作面生产能力、经济效益等因素，经多方案比较后确定。

（二）井型

按照矿井生产能力的大小不同，将其划分为不同的级别，以此定为不同的级别，成为不同的井型。

小型矿井：30 万 t/a 及以下，即 0.3 Mt/a 及以下。

中型矿井：45、60、90 万 t/a，即 0.45、0.6、0.9 Mt/a。

大型矿井：120、150、180、240、300、400、500、600 万 t/a 及以上，即 1.2、1.5、1.8、2.4、3.0、4.0、5.0、6.0 Mt/a 及以上。

新建矿井不应出现介于两种设计生产能力的中间类型。

四、井田内的再划分

一个井田的范围相当大，其走向长度可达数千米到万余米，倾斜长度可达数千米。因此，必须将井田划分为若干个更小的部分，才能有规律进行开采。

（一）井田划分为阶段和水平

1. 阶段

在井田范围内沿着煤层的倾向，按一定标高把煤层划分为若干个平行走向的长条部分，每个长条部分称为一个阶段。井田沿煤层倾斜划分阶段数量多少，主要取决于井田倾斜长度和阶段高度的尺寸大小。阶段尺寸一般以阶段的垂高或阶段斜长表示，并按标高注明。如图 4-1-1 所示。阶段的走向长度，为井田在该处的走向全长。

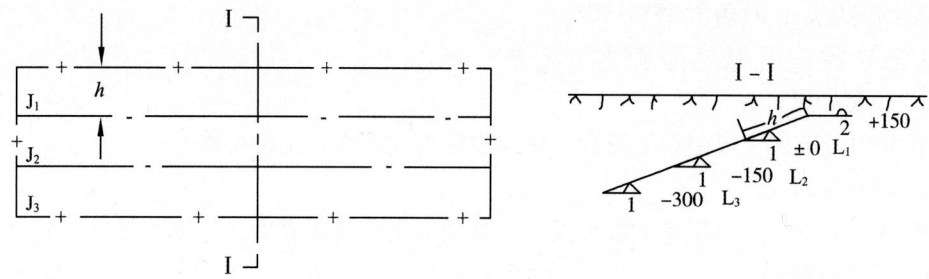

图 4-1-1　井田划分为阶段和水平

J_1，J_2，J_3—第一、二、三阶段；h—阶段斜长；L_1，L_2，L_3—第一、二、三水平

1—阶段运输大巷；2—阶段回风大巷

每个阶段均应有独立的运输和通风系统，如在阶段的下部边界开掘阶段运输大巷（兼进风），在阶段上部边界开掘阶段回风大巷，为整个阶段服务。上一阶段采完后，

该阶段的运输大巷常作为下一阶段的回风大巷。

2. 水平

水平用标高（m）表示，如图4-1-1中的±0 m、-150 m、-300 m等。在矿井生产中，为说明水平位置、顺序，相应地称其为±0水平、-150水平、-300水平等；或称为第一水平、第二水平、第三水平等。通常将设有井底车场、阶段运输大巷并且担负全阶段运输任务的水平，称为"开采水平"，简称"水平"。

3. 阶段与水平的区别

一般来说，阶段与水平的区别在于：阶段表示井田的一部分范围，水平是指布置大巷的某一标高水平面。广义的水平不仅表示一个水平面，同时也是指一个范围，即包括所服务的相应阶段。

井田内水平和阶段的开采顺序，一般是先采上部水平和阶段，后采下部水平和阶段。这样做的优点，是建井时间短、生产安全条件好。

（二）阶段内的再划分

井田划分为阶段后，阶段范围仍然较大，通常需要再划分，以适应开采技术的要求。阶段内的划分一般有三种方式：采区式、分段式和带区式。

1. 采区式

在阶段范围内，井田走向长度较大，沿走向把阶段划分为若干具有独立生产系统的块段，每一块段称为采区，并按采区前进方式回采。

采区的倾斜长度与阶段斜长相等。采区的走向长度一般500~2 000 m不等。采区的斜长一般为600~1 000 m。在这样的斜长范围内，若采用走向长壁采煤法，也要沿煤层倾向将采区划分成若干个长条部分，每一块长条部分称为区段。每个区段斜长布置一个采煤工作面，工作面沿走向推进。每个区段下部边界开掘区段运输平巷，上部边界开掘区段回风平巷；各区段平巷通过采区运输上山、轨道上山与开采水平大巷连接，构成生产系统。

2. 分段式

在阶段范围内不划分采区，而是沿倾向将煤层划分为若干平行于走向的长条带，每个长条带称为分段，每个分段斜长布置一个采煤工作面，这种划分称为分段式。采煤工作面沿走向由井田中央向井田边界连续推进，或者由井田边界向井田中央连续推进。

各分段平巷通过主要上（下）山（运输、轨道）与开采水平大巷联系，构成生产系统。分段式划分与采区式相比，减少了采区上（下）山及硐室工程量；采煤工作面可以连续推进，减少了搬家次数，生产系统简单。分段式划分仅适用于地质构造条件简单、走向长度较小的井田。因此，分段式划分应用上受到严格的限制，在我国很少采用。

3. 带区式

在阶段内沿煤层走向划分为若干个具有独立生产系统的带区，带区内又划分成为若干个倾斜分带，每个分带布置一个采煤工作面。

分带布置工作面适用于倾斜长壁采煤法，巷道布置系统简单，比采区式布置巷道掘进工程最少，但分带工作面两侧倾斜回采巷道（称分带巷道）掘进困难、辅助运输不便。目前，我国最多应用的还是采区式。在煤层倾角较小（＜12°）的条件下，带区式的应用正在扩大。

（三）井田直接划分为盘区或带区

开采倾角很小的近水平煤层，井田沿倾向的高差很小，可将井田直接划分为盘区或带区。通常，依煤层的延展方向布置大巷，在大巷两侧划分成若干块段。划分为具有独立生产系统的块段，称为盘区或带区。盘区内巷道布置方式及生产系统与采区布置基本相同；划分为带区时，则与阶段内的带区式布置基本相同。

采区、盘区、带区的开采顺序一般采用前进式，即从井田中央块段到边界块段顺序开采。先开采井田中央井筒附近的采区或盘区、带区。以有利于减少初期工程量及初期投资，使矿井尽快投产。

第三节　井田开拓的基本概念

一、矿井资源/储量、生产能力、服务年限

（一）矿井资源/储量

矿井资源/储量可分为矿井地质资源量、矿井工业资源/储量、矿井设计资源/储量和矿井可采资源/储量。

1. 矿井地质资源量

矿井地质资源量是指地质勘查报告提供的查明的井田煤炭资源量（包括探明的、控制的、推断的内蕴经济的资源量）。该资源量仅经过概略研究，未经过可行性研究或预可行性研究，未按经济意义划分出类型。它所表达的是井田地质勘查程度和矿井煤炭资源丰富程度的总体概念。

2. 矿井工业资源/储量

矿井工业资源/储量是指地质资源量经可行性评价后，其经济意义在边际经济及以上的基础储量及推断的内蕴经济的资源量乘以可信度系数之和。关于推断的资源量（333）的可信度系数取值问题：可信度系数值取 0.7 ~ 0.9。地质构造简单、煤层赋存稳定的矿井，（333）的可信度系数取 0.9；地质构造复杂、煤层赋存不稳定的矿井取 0.7。

3. 矿井设计资源/储量

工业资源/储量减去永久煤柱的损失量为设计资源/储量。

4. 矿井设计可采储量

矿井设计资源/储量减去工业场地和主要井巷煤柱煤量后乘以采区回采率，为矿井设计可采储量。

（二）生产能力

1. 矿井生产能力

矿井生产能力是指矿井设计生产能力，即设计中规定矿井在单位时间内采出煤炭数量。有些生产矿井，或者原来没有正规设计，或者原来的生产能力需要改变，需要对生产矿井的各个生产环节重新进行核定，核定后年生产能力，称为矿井核定生产能力。

我国煤矿按设计年生产能力的大小划分为三类：

小型矿井：30 万 t/a 及以下。

中型矿井：45、60、90 万 t/a。

大型矿井：120、150、180、240、300、400、500、600 万 t/a 及以上。

根据国家发展和改革委员会《煤矿生产能力管理办法》、《煤矿生产能力核定标准》的规定：煤矿生产能力分为设计生产能力和核定生产能力。

（1）煤矿生产能力是指在一定时期内煤矿各生产系统所具备的煤炭综合生产能力，以万 t/a 为计量单位。

（2）设计生产能力是指由依法批准的煤矿设计所确定、施工单位据以建设竣工，并经验收合格，最终由煤炭生产许可证颁发管理机关审查确认，在煤炭生产许可证上予以登记的生产能力。

根据现行煤炭工业小型矿井设计规范：矿井最小井型为 3 万 t/a。

2. 矿井生产能力的确定

矿井生产能力主要根据矿井资源条件、煤层赋存情况、储量、开采技术条件、外部建设条件、国家对煤炭资源配置及市场需求、技术装备条件及经济效益等因素确定。

（1）井田储量：井田储量越大，矿井生产能力应越大；反之，则矿井生产能力应小。

（2）地质条件与开采技术条件：确定矿井生产能力时，要分析储量的精确程度，综合储量和开采条件进行考虑。开采条件包括：可采煤层数、层间距离、煤层厚度及稳定程度、煤层倾角、地层的褶曲断裂构造、瓦斯赋存状况、围岩性质及地压、火成岩活动的影响、水文地质条件及地热等。

（3）技术装备水平：决定矿井生产能力最主要的因素是采掘技术和机械装备。对新矿井设计来说，是根据矿井生产能力的需要选用合适的技术装备水平，一般不成为限制生产能力的因素。如果设备供应条件限制，则有可能按限定的设备能力来确定矿井生产能力。

（4）安全生产条件：主要指瓦斯、通风、水文地质等因素的影响。

（三）服务年限

矿井服务年限是指按矿井可采储量、设计生产能力，并考虑储量备用系数计算出的矿井开采年限。

在划定的井田范围内，当矿井生产能力 A 一定时，可计算出矿井的设计服务年限 T

$$T = \frac{Z_K}{AK}$$

式中　K——矿井储量备用系数，在 1.3 ~ 1.5 之间选取，矿井设计一般取 1.4，地质条件复杂的矿区及矿区总体设计可取 1.5，地质勘探程度高且地质条件好可取 1.3。

储量备用系数的意义考虑两个方面：

（1）由于在地质勘探过程中，很多地质构造不能完全控制，包括断层、褶皱、岩浆岩侵入带、陷落柱等，加大了煤柱的损失量。

（2）由于国民经济建设和发展的需要，市场需要煤炭，煤炭的需求量增加，而在矿井设计中，各个生产环节均有富裕能力，当实际地质条件与精查地质报告所提供的资料相差不大时，实际的矿井生产能力会提高，从而使实际的产量增加。

鉴于以上两个原因，在计算矿井服务年限时，需要留有富余量。

不同设计矿井生产能力所要求的矿井设计服务年限及第一开采水平设计服务年限见表 4 - 1 - 1。

矿井生产能力和服务年限的关系，实质上就是矿井生产能力和矿井储量的关系。在圈定的井田范围内，矿井储量一定，井型越大，服务年限越短；井型越小，服务年限越长。井型增大，基建投资，为全矿开采服务的基建费（如地面设施、井筒等）也增大，分摊到全矿每采一吨煤的这部分基建费用则要增加。由于生产能力增大和集中生产，提高了效率，一部分生产经营费（如矿井提升、运输、通风、排水及企业管理等费用）并不随产量增大成比例地增加，因此分摊到每（采）吨煤上的费用相对减少。这样，随生产能力和服务年限的变化，分摊到采出的每吨煤上的这两部分费用也发生变化，并相互消长，当矿井生产能力与服务年限为某数值时，可使吨煤的总费用最低，相近于这个数值范围，则是合理的矿井生产能力和服务年限。由于与矿井生产能力有关的生产费用及其间的关系难以查明，并由于生产技术的发展，新设备、新工艺的采用，各项费用与矿井生产能力的关系本身也在不断变化，故上述方法难以实际应用。在具体矿井设计中，为求得合理的矿井生产能力，往往提出几个方案进行技术经济比较，从中选择较合理的方案。

表 4 - 1 - 1　　　　　　　　　　　新建矿井设计服务年限

矿井设计生产能力/（万 t/a）	矿井设计服务年限/a	第一开采水平设计服务年限/a		
		煤层倾角 <25°	煤层倾角 25°~45°	煤层倾角 >45°
600 及以上	70	35		
300~500	60	30		
120~240	50	25	20	15
45~90	40	20	15	15
21~30	25			
15	15			
9	10			
3~6	5			

二、开拓方式的概念及分类

矿井开拓，是在已经划定的井田范围内，根据精查地质报告和其他补充资料，具体体现总体设计的合理原则，认真研究主要井巷如何深入地下或山体，以便接近或进入煤层预定位置，为采区开采打开通路。其中包括确定主、副、风井的井筒形式、深度、数量、位置、阶段高度、大巷布置、采区划分、开采顺序与通风、运输系统。

在一定的井田地质、开采技术条件下，矿井开拓巷道可有多种布置方式。开拓巷道的布置方式通称为开拓方式。合理的开拓方式，一般要在技术可行的多种开拓方式中进行技术经济分析比较后，才能确定。

井田开拓方式种类很多，一般可按下列特征分类。

（一）按井筒（硐）形式分

按井筒（硐）倾角不同，可分为立井开拓、斜井开拓、平硐开拓三种形式。

凡用一种井筒形式形式开拓整个井田的属于单一开拓，否则属于综合开拓。

（二）按开采水平数目分

按开采水平数目，可分为：单水平开拓（井田内只设 1 个开采水平），多水平开拓（井田内设 2 个及 2 个以上开采水平）。

（三）按开采准备方式分

按开采准备方式，可分为上山式、上下山式及混合式。

上山式开采：开采水平只开采上山阶段，阶段内一般采用采区式准备。

上下山式开采：开采水平分别开采上山阶段及下山阶段，阶段内采用采区式准备或带区式准备；近水平煤层，开采水平分别开采井田上山部分及下山部分，采用盘区式或带区式准备。

上山及上下山混合式开采：上述方式的结合应用。

（四）按开采水平大巷布置方式分

分煤层大巷：在每个煤层设大巷。

集中大巷：在煤层群集中设置大巷，通过采区石门与各煤层联系。

分组集中大巷：即对煤层群分组，分组中设集中大巷。

三、确定井田开拓方式的原则

井田开拓所解决的主要问题是，合理确定矿井生产能力、井田范围，进行井田内的划分，确定井田开拓方式、井筒数目及位置；选择主要运输大巷布置方式及井底车场形式；确定井筒延深方式及井田开采顺序等。

上述问题对整个矿井的开采有长远影响。它不仅关系到矿井的基本建设工程量、初期投资和建设速度，尤其重要的是关系到矿井的生产条件和技术面貌。若这些问题解决不好，实施后，想要改变不合理的状况，需要重新进行较多的工程建设，耽误较长的时间。因此，在确定这些问题时，应根据国家的方针政策，针对该井田的地形、地质、水文、煤层赋存情况，结合井型大小、设备供应、施工技术等条件，综合分析，全面比较，确定合理的方案。在解决矿井开拓问题时应遵循以下原则：

贯彻执行安全生产法律法规，合理集中开拓部署。

建立完善的通风系统，创造良好生产条件。

尽量减少煤柱损失，减少巷道维护量。

减少矿井初期投资，缩短建井工期。

为采用新技术和发展矿井机械化、自动化生产创造条件。

满足市场对不同煤种、不同煤质的需要。

四、我国煤矿井田开拓的发展方向

（一）中国煤矿井田开拓方式应用概况

50 年代，立井开拓在我国其能力、数量比重均占首位，分别占 61.5% 和 63.2%。目前立井开拓主要在表土层较厚、含有流沙层、埋藏较深或倾角较大地区采用，井型多为大型及特大型矿井。1995 年，立井开拓其能力、数量比重分别占 37.11% 和 29.22%。

50 年代，我国的斜井开拓其能力与数量比重较小，比重仅为 25.1% 和 24.3%，在各开采方式中居第二位。随着胶带输送机的发展，为矿井向运输连续化、大型化发展创造了重要条件，应用数量比重逐渐增加。1995 年，斜井开拓的能力、数量比重已分别达 26.04% 和 39.57%。

平硐开拓具有明显的优越性，只要条件合适，一直是我国推荐采用的一种重要形式。但由于受地形、地质条件限制，我国应用比例始终不高。50 年代，其能力、数量比重分别占 8.6% 和 7.7%。直到 1995 年也只占 8.22% 和 10.18%，主要集中在西南地区及华北、西北部分矿区。

综合开拓在 50 年代应用较少，随着矿井开拓延伸、技术改造发展，其应用比重也呈发展趋势，特别是主斜井、副立井综合开拓在深部开采、技术改造矿井中得到较广泛的应用。1995 年，综合开拓能力、数量比重已分别达 28.63% 和 21.04%。

（二）我国煤矿井田开拓的发展方向

随着科学技术的进步和煤炭生产发展的要求，井田开拓朝着生产集中化、矿井大型化、运输连续化、系统简单化方向发展。这将使煤矿的技术面貌发生根本性的变化。

1. 生产集中化

在现代化、高产高效矿井的建设过程中，将形成一批高产高效的一矿一井一面或二面的现代化矿井，降低开拓及生产巷道掘进率，简化生产系统，使矿井生产朝着高度集中、简单可靠的方向发展。

2. 矿井大型化

矿井大型化主要是增大矿井生产能力，以及相应加大水平垂高及采区尺寸等。我国西部的一些煤矿多为人为境界。邻近井田适合旧井田开发的，可以利用老井设施建设大型矿井；东部老矿区的一些煤矿，浅部分散开发，进入深部开采以后采用集中开发，可以加大开发强度、简化生产环节。大同、兖州、潞安、晋城、铁法等老矿区，神木府谷、离柳、乡宁、灵武等新矿区，都有条件建设 3.00 Mt/a 以上的特大型矿井。

3. 运输连续化

随着生产集中化和矿井大型化，设备功率和能力加大，日产万吨以上工作面出现，要求煤炭运输从工作面到地面（或井底）实现不间断连续的胶带输送机运输，以保证生产能力的充分发挥。因此，斜井开拓、主斜井、副立井开拓将得到进一步的发展，并推广应用各种辅助运输设备，如卡轨车、齿轨车、单轨吊等，使辅助运输实现简单化和连续化。

第二章 井田开拓

第一节 平硐开拓

平硐开拓是最简单最有利的开拓方式。我国一些地形为山岭、丘陵的矿区比较广泛地采用平硐开拓。平硐开拓可有走向平硐、垂直走向平硐及阶梯平硐等方式。

采用平硐开拓时，一般以一条主平硐开拓井田，担负运煤、出矸、运料、通风、排水、敷设管缆及行人等任务；而在井田上部回风水平开回风平硐或回风井（斜井或立井）。当地形条件允许和生产建设所需要，且又不增加过多的工程量时，可以在主平硐、回风平硐之外，另掘排水、排矸等专用平硐。

一、垂直走向平硐

（一）矿井开拓步骤

沿煤层主要延展方向，将井田分为两部分，每部分又分为多个盘区。在山坡下适当标高选定的工业场地内，向井下开掘主平硐，平硐掘至井田中间后，在煤层底板岩层内掘主要运输大巷，平行于该大巷在煤层内掘其副巷，二者掘至盘区中部，即可进行盘区准备。盘区采用上（下）山盘区布置方式，依次掘进盘区车场、盘区上山（或下山）、盘区中部车场、区段运输平巷、区段回风平巷和开切眼。为便于通风，盘区运输上山直通地面，并掘出风道，安装通风机。

（二）矿井生产系统

靠近平硐的两个盘区首先投产，随后，将主要运输大巷及副巷逐渐向前延伸，其左右两侧的盘区依次准备、投产和接替，直至井田边界。

回采出的煤在盘区车场装车后，用电机车牵引，经运输大巷、主平硐拉至地面。物料则用矿车装载，由电机车牵引送至用料盘区。

新鲜风流自平硐进入，经主要运输大巷入盘区上山，经区段运输巷后清洗工作面；污风经区段回风巷、盘区上山，由盘区风井排出地面。为保证风流畅通，应在适当地点构筑通风设施。下山盘区回风可由盘区下山，经联络风道、相对应的盘区上山、盘区风井排出地面。当其他上山盘区没有设置盘区风井的条件时，可由大巷进风，给盘区供给新风。盘区的污风可经副巷（相当于总回风道）、原有的盘区上山、盘区风井排至地面。

井下涌水经大巷及平硐内的水沟流出硐外。

二、走向平硐

走向平硐是平硐开拓中应用比较广泛的方式。采用这种方式时，主平硐一般沿煤层底板岩层掘进。当开采煤层不厚、煤质较硬、围岩稳固时，主平硐也可沿煤层开掘。平硐的硐口部分可直接沿岩层走向掘进。当受地形限制，或平硐所在岩（煤）层露头风化剧烈、不利于巷道维护时，平硐硐口部分可斜交于煤层走向，待进入稳定岩（煤）层后，再改为沿煤层走向掘进。

采用走向平硐开拓时，待其掘过第一采区后，即可开掘石门进入煤层，进行采区准备。由于煤层和地形的侵蚀关系，能以走向平硐开拓者，其到达第一采区的距离一般较短。因此，这种方式的井巷工程量较少，投资省，施工容易，建井期短，出煤快。走向平硐具有单翼生产的特点，同时生产的采区个数不宜过多，矿井的井型更要适当。

走向平硐开拓方式的优点是平硐沿煤层掘进容易施工，建井期短，投资少，经济效果好，还能补充煤层的地质资料；缺点是煤层平硐维护困难，巷道维护时间长，具有单翼井田开采通风、运输困难等特点，一般平硐口位置不易选择。

三、阶梯平硐

当煤层赋存于地形高差较大的山岭地区时，用一条主平硐开拓，则平硐水平以上的煤层垂高（斜长）过大，全部上山煤用下部主平硐开拓，将造成上山运输、通风和巷道维护方面的困难。而且，工人上下井所需的时间过长，初期工程量和基建投资大，工期长，生产费用也要增高。在这种情况下，若地形条件适宜，可以采用阶梯平硐开拓。煤层按标高划分为数个阶段，分别由各自独立的平硐来开拓。上平硐出的煤可以经专用的溜煤下山或下平硐的某一采区上山溜放至下平硐，集中外运；若上下平硐位置相近，地面工程地质条件较好，起手条件也不恶劣，则可由上平硐运出硐外，再从地面下放至下平硐，集中外运。若上下平硐地面运输易于解决，也可各自直接外运。采用阶梯平硐时，应注意上下平硐、前期和后期的生产建设关系，合理安排工业和民用建筑及设施，使初期和后期均能充分利用。

阶梯平硐开拓方式的特点是：可分期建井，分期移交生产，便于通风和运输；但地面生产系统分散，装运系统复杂，占用设备多，不易管理。这种开拓方式适用于上山部分过长、布置辅助水平有困难、地形条件适宜、工程地质条件简单的井田。

平硐的断面应能满足运输、通风、行人、敷设管缆的要求。在南方一些矿区，平硐穿过富含岩溶水的石灰岩层（如长兴组、茅口组石灰岩），为防止夏季暴雨、井下涌水量突然猛增，造成井下水灾，平硐的水沟断面应能满足矿井最大涌水量时的泄水要求。

为利于流水和行车，平硐的坡度一般取 $0.3\% \sim 0.5\%$。一些地方小煤矿采用非标准矿车，矿车运行的阻力系数较大，为便于重车向外运行，平硐的坡度可以取更大的数值。

采用平硐开拓时，一般井下煤、矸列车直接拉出硐外，在地面工业场地处理。某些生产能力大的平硐矿井，根据需要，也可以在平硐内靠近硐口处设置硐口车场，并从硐口车场以斜井连通地面，井下煤车在硐口车场卸载，再经斜井以胶带输送机运至地面煤仓，而矸石车仍经平硐运出硐外处理，物料仍经平硐运入。由于硐口车场只起转运煤的作用，其线路（巷道）和硐室都很简单。

第二节　斜井开拓

斜井开拓时，根据井田再划分方式和阶段内布置形式，可组合成多种开拓方式。例如："斜井单水平分区式""斜井单水平分带式""斜井多水平分区式""斜井多水平分段式"等。

一、片盘斜井开拓

片盘斜井开拓是斜井开拓的一种最简单的形式。它是将整个井田沿倾斜方向划分成若干个阶段，每个阶段倾斜宽度可以布置一个采煤工作面。在井田沿走向中央由地面向下开凿斜井井筒，并以井筒为中心由上而下逐阶段开采。阶段内按整个阶段布置，即每一阶段斜宽布置一个工作面。

（一）矿井开拓步骤

在井田沿走向中央，沿煤层倾斜方向向下开掘主斜井和副斜井，两井均在煤层之中，且两井中间留 30~40 m 煤柱。为了掘进通风方便和沟通两井筒间的联系，每隔一段距离开掘联络巷将两井筒贯通。井筒掘进到第一阶段下部时，开掘第一阶段下部车场，从下部车场向井筒两侧开掘第一阶段运输平巷和副巷。为了掘进方便，运输平巷和副巷之间每隔一定距离掘联络巷沟通。运输平巷和副巷之间阶段煤柱根据有关规定留设。同时，在第一阶段上部开甩车场向井筒两侧开掘第一阶段回风巷，在井田沿走向边界处沿倾斜方向掘开切眼，并在开切眼内布置采煤工作面开采。

工作面由井田边界向井筒方向推进，工作面推至斜井井筒保护煤柱线时停止开采。井筒两侧保护煤柱宽度一般为 30~40 m。

（二）矿井生产系统

工作面采出的煤，由工作面刮板输送机、顺槽皮带、阶段运输巷皮带、主斜井皮带运至地面。

生产所需材料、设备和人员一般由副斜井下放到阶段上部车场，由阶段运输副巷送到工作面上口，然后供工作面使用。

新鲜风流由副斜井进入，经阶段下部车场、运输平巷、阶段副巷进入工作面。冲洗工作面后的乏风，经阶段回风平巷、回风斜巷汇集到主斜井排出地面。为了避免生产中新鲜风流和乏风掺混及风流短路，通常要在主要进风巷和回风巷交叉处设置风桥、风门等通风构筑物。

为保证矿井生产正常接替，在开采第一阶段时，及时向下延深井筒，对第二阶段进行开拓并按同样方法布置巷道。生产转入第二阶段后，第一阶段的阶段运输平巷作为第二阶段的回风平巷。以后每阶段依次类推，直到开采到井田深部边界。

片盘斜井开拓，巷道布置和生产系统简单，井巷施工技术也不复杂，而且初期工程量小，出煤快。缺点是不能多阶段同时生产，同采工作面最多两个，矿井生产能力受到限制。另外，延深工作频繁，生产和掘进之间相互影响较大。工作面整阶段连续推进，对地质条件变化适应性差。但随着采煤机械化程度的提高，工作面单产水平也会大大增加。因此，片盘斜井开拓适应一些小型矿井，一些埋藏条件好、地质构造简单的大中型矿井也可采用片盘斜井开拓。

二、斜井单水平分区式开拓

这种开拓方式由斜井进入煤体，由一个开采水平开采整个井田。井田可划分为一个阶段，也可以划分为两个阶段。阶段沿走向划分为若干采区。

（一）矿井开拓步骤

在井田沿走向中部，由地面开掘一对穿岩层斜井——主斜井和副斜井。主斜井安装胶带输送机提升煤炭，副斜井安装绞车作辅助提升。斜井井筒掘到开采水平时，在开采水平布置井底车场和硐室，然后向两侧掘进水平运输大巷和副巷。水平运输大巷和副巷掘至采区中部位置后，在采区下部布置采区下部车场并开掘采区运输上山和轨道上山，当采用中央分列式通风时，在主副井斜井施工同时，在井田浅部沿走向中央开凿回风井至上山阶段上部车场、区段运输平巷和回风平巷，并掘进开切眼布置工作面回采。

（二）矿井生产系统

工作面出煤，经区段运输平巷、采区运输上山至采区下部煤仓。煤炭经水平运输大巷胶带输送机至井底煤仓，并由井底煤仓装入斜井皮带提至地面。

材料、设备由副斜井下放至井底车场，由电机车牵引经水平运输大巷至采区下部车场。然后由采区轨道上山经采区中（上）部车场送至区段回风平巷进而到采煤工作面。

新鲜风流由主、副斜井经井底车场、水平运输大巷、采区下部车场、运输上山和区段运输巷至工作面。冲洗工作面后的乏风，经区段回风平巷、水平回风大巷由边界风井排至地面。

阶段内采用前进式开采顺序：先开采井筒附近的采区，随后逐采区向井田两侧边界推进。在一个采区结束以前，应准备好下一个采区，做到采区顺利接替。

斜井单水平上、下山开拓，开采水平少，减少了初期工程量和投资；阶段分采区布置，对地质条件适应性强，可多采区同时生产、多工作面同时生产，生产能力大。此外，由于只有一个开采水平，不存在水平接替问题，矿井生产稳定。在开采缓倾斜煤层（倾角小于16°）、瓦斯含量低、涌水量小时，如果井田倾斜长度满足要求，应优先考虑采用此种开拓方式。

三、斜井形式选择

（一）斜井井筒层位选择

采用斜井开拓时，根据井田地质地形条件和煤层赋存情况，斜井可沿煤层、岩层或穿层布置。沿煤层斜井的主要优点是施工技术简单，建井速度快，联络巷工程量少，初期投资少，能补充地质资料，在建设期还能生产一部分煤炭。沿煤层斜井一般适用于煤层赋存稳定、煤质坚硬及地质构造简单的矿井。

当斜井布置在煤层底板稳定岩层中，距煤层底板垂直距离一般不小于 15～20 m。这种方式的斜井有利于井筒维护，容易保持斜井的坡度一致。当斜井倾角与煤层倾角不一致时，可采用穿层布置。从顶板穿入煤层的斜井称为顶板穿岩斜井，一般使用于开采煤层倾角较小及近水平煤层。从煤层底板穿入煤层的斜井称为底板穿岩斜井，一般适用于开采倾角较大的煤层。

当煤层埋藏不深、倾角不大、井田倾斜长度较小、因施工技术和装备条件等原因不宜用立井开拓时，或采用斜井开拓但井筒无法与煤层倾斜方向一致时，可使用斜井井筒倾斜方向与煤层倾斜方向相反布置，这种方式称为反斜井。

（二）井筒装备及坡度

斜井井筒装备由提升方式而定，提升方式又受井筒的倾角和矿井生产能力的影响。

表 4 - 2 - 1　　　　　　　　各种斜井提升方式的适应条件

斜井倾角	矿井年产量/（万 t/a）	提升方式
<17°	>60	带式输运机
<25°	15～60	串车
25°～35°	15～90	箕斗
<15°	<60	无极绳

斜井还可采用单轨吊、无轨胶轮车及卡轨电机车等运输方式。

第三节　立井开拓

主、副井均为立井开拓方式称为立井开拓。立井开拓也是我国广泛采用的一种进入煤层的方式。

一、立井多水平上山式开拓

（一）矿井开拓步骤

若井田为缓倾斜煤层、开采两个煤层、煤层赋存较深、井田沿倾斜分为两个阶段，可设两个开采水平，在阶段内沿走向再划为若干采区。井巷开拓系统的开掘顺序是：首先在井田中部开凿主副立井，井筒掘到第一水平后，开掘井底车场及主石门；然后在最下一个煤层中或煤层底板岩石中开掘主要运输大巷，向两翼伸长；当大巷掘至各采区下部边界中部，开掘采区下部车场、采区运输上山、采区轨道上山；同时在井田浅部中央开凿风井，然后掘总回风石门和总回风巷；当上山与总回风巷连通形成通风系统后，掘进采区上部和中部车场，最后掘出区段平巷及开切眼，直至形成采煤工作面。

（二）矿井生产系统

井上井下各生产系统基本建成，经试运转符合要求后，采区即可投产。随后，从中央向两翼各采区依次投产接替。采煤工作面出煤经区段运输平巷、区段石门、区段溜煤眼、采区运输上山、采区煤仓，至运输大巷装车。电机车牵引载煤列车至井底车场卸载后，由主井内安装的箕斗将原煤提至地面。掘进巷道所出之矸石，则用矿车装运至井底车场，由副井内安装的罐笼提至地面。井下所需之物料、设备，由矿车（或材料车、平板车）装载，经副井罐笼下放至井底车场，由电机车拉至采区，转运至使用地点。

矿井通风采用中央分列式（中央边界式），由副井进入的新鲜风流，经井底车场、主要运输大巷、采区车场、采区上山、区段石门、区段运输平巷，清洗采煤工作而后的污风经区段回风平巷、区段回风石门、采区上山至总回风道，再经回风石门，由边界风井排出地面。

井下涌水经大巷水沟流入井底车场，汇入水仓，由水泵房的水泵，经副井井筒的管道排至地面。

矿井开采以一个水平生产保证矿井产量。第一水平结束前，延深主、副井井筒至第二水平，进行第二水平及中央采区的开拓准备。第一水平开始减产，第二水平即投入生产，在两个水平生产过渡期间，以两个水平同时生产保证矿井产量。

二、立井单水平上下山开拓

当煤层倾角较小（如16°以下）时，井田内仍划分为两个阶段，则可采用立井大水平上下山开拓；当煤层倾角小于12°时，一般可采用带区式准备。

（一）开拓程序

在井田中央从地面开凿主井和副井，当掘至开采水平标高后，开掘井底车场、主要运输大巷、回风石门、回风大巷，当阶段运输大巷向两翼开掘一定距离后，即可由大巷掘行人进风斜巷、运料斜巷进入煤层，并沿煤层掘分带运输巷、煤仓、分带回风巷。最后沿煤层走向掘进开切眼即可进行回采。

（二）矿井生产系统

由工作面采出的煤装入刮板输送机运至分带运输巷；经转载机至胶带输送机运至煤仓在运输大巷装车，由电机车牵引至井底车场，通过主井提至地面。工作面所需物料及设备经副井下放至井底车场，由电机车牵引至分带材料车场，经斜巷由绞车提升至分带回风巷，然后运至采煤工作面。

通风采用中央并列式，即副井进风，主井提煤兼做回风。新鲜风流自地面经副井、井底车场、运输大巷、行人进风斜巷，从分带运输巷分两股进入两个工作面。清洗采煤工作面后的污风，由各自的分带回风巷至总回风巷，再经回风石门进入主井排出地面。

　　这种开拓方式的生产系统比较简单，运输环节少，建井速度快，投产早，但其上山阶段的分带风巷是下行风，应采取措施，防止分带回风巷中瓦斯积聚，保证安全生产。另外，根据《煤矿安全规程》规定，箕斗提升井兼作回风井时，井上下装卸载装置及井塔必须采取密闭措施，并加强管理，漏风率不得超过 15%，并应有可靠的降尘设施。箕斗提升井若兼作进风井时，箕斗提升井的风速不得超过 6 m/s，并应有可靠的降尘措施，保证粉尘浓度符合工业卫生标准。目前国内很少应用箕斗井进风。

　　这种开拓方式一般适用于煤层倾角小于 12°、地质构造简单、煤层埋藏较深的矿井。

　　立井开拓的优点是井筒长度短、提升速度快、提升能力大及管线敷设短、通风阻力小、维护容易。此外，立井对地质条件适应性强，不受煤层倾角、厚度、瓦斯等条件限制。立井开拓的缺点是井筒掘进施工技术要求高，开凿井筒所需设备和井筒装备复杂，井筒掘进速度慢，基建投资大等。

　　斜井开拓和立井开拓各有所长和所短。要结合煤层赋存特征、地质条件、地面地形、技术装备和经济因素综合分析和比较来确定最合适的井筒形式。

三、立井井筒装备

　　采用立井开拓时，一般装备两个井筒。井筒断面根据提升容器、井筒装备及通风要求而定。我国大中型立井井筒装备可参考表 4 - 2 - 2。

表 4 - 2 - 2　　　　　　　　　　　　　　立井井筒装备

矿井生产能力/（万 t/a）	主井井筒装备	副井井筒装备
30	一对双层单车罐笼	一对单层单车（1 t）罐笼
60	一对 6 t 箕斗	一对双层单车（1 t）罐笼
90	一对 9 t 箕斗	一对双层单车（1.5 t）罐笼
120	一对 12 t 箕斗	一对双层单车（3 t）罐笼
150	一对 16 t 箕斗	一对双层单车（3 t）罐笼
180	一对 16 t 箕斗	一对双层单车（3 t）罐笼，罐笼带重锤
240	两对 12 t 箕斗	一对双层双车（1.5 t）罐笼，一对双层单车（5 t）罐笼带重锤
300	两对 16 t 箕斗	一对双层双车罐笼，一个双层单或双层双车罐笼带重锤

＊双层双车也称双层四车，即共两层，每层两车，共四车。

第四节　综合开拓

在某些条件下，采用单一的井筒形式开拓，在技术上有困难、经济上不合理，可以采用不同井筒形式进行综合开拓。

采用立井、斜井、平硐等任何两种或两种以上的井田开拓方式称为综合开拓。三种井筒（硐）形式能组合成斜井—立井、平硐—立井、平硐—斜井等多种方式。

一、平硐—立井综合开拓

某矿井，主运输利用平硐。由于地面地形影响，主平硐长达 2 km。加上该矿瓦斯含量大，需要很大的通风量。利用主平硐进风在技术、经济上都不合理。为此，另开凿一个立井作为专用进风井。这样可大大缩短通风线路长度。另外，该立井延深后还可以担负后期主平硐水平以下煤炭的提升任务，将煤提至处平硐后经主平硐外运。

二、平硐—斜井综合开拓

条件适合时，采用平硐开拓的矿井，可以在煤层露头开掘浅部斜井做安全出口和回风井，构成平硐—斜井开拓方式，如图 4 - 2 - 1 所示。

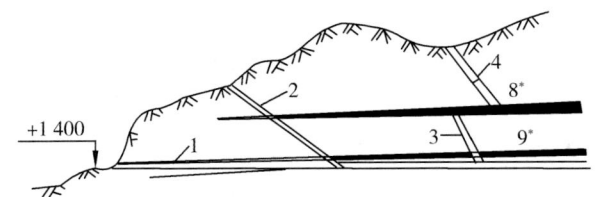

图 4 - 2 - 1　平硐—斜井综合开拓

1—主平硐；2—副斜井；3—阶段运输大巷；4—阶段辅巷

三、斜井—立井综合开拓

斜井开拓具有许多优点，大型斜井以胶带斜井做主井，在技术上经济上均很优越，但副斜井的辅助提升比较困难，通风也不利，特别是开采深部煤层时，斜井分段提升辅助环节多，能力小；而且通风路线长、阻力大、风量小，不能满足生产要求。而立井作为副井能弥补这方面的不足，于是就可以斜井为主井、以立井为副井，采用主斜井—副立井的方式实现大型及特大型矿井的综合开拓。

应该注意，采用综合开拓时，不同形式的井筒在地面及井下的联系与配合是十分重要的。以斜井—立井开拓为例，如果井口相近，则井底相距较远，井底车场布置、井下的联系就不太方便；若井底相近，则井口相距较远，地而工业建筑就比较分散，生产调度及联系不太方便，占地比较多，相应地增加煤柱损失。在具体情况下就必须联系井上下的布置、结合开拓的其他问题，寻求合理方案。

第五节　井筒形式分析及选择

一、平硐开拓的优缺点和适用条件

在开拓方式中，平硐开拓是最简单最有利的开拓方式。

1. 优点

井下出煤不需提升转载，运输环节少，系统简单，占有设备少，费用低；地面设施较简单，无需井架和绞车房；不需设井底车场及其硐室，工程量少；平硐施工容易速度快，建井快；无需排水设备且有利于预防水灾等。

2. 适用条件

在地形条件合适、煤层赋存较高的山岭、丘陵或沟谷地区，只要上山部分储量能满足同类井型的水平服务年限要求，应首先考虑平硐开拓。

二、斜井开拓的优缺点和适用条件

1. 优点

斜井与立井相比，初期投资较少，建井期较短；在多水平开采时，斜井石门工程量少，石门运输费用少，斜井延深方便，对生产的干扰少；大运量强力带式输送机的应用，增加了斜井的优越性，扩大了斜井的应用范围。

2. 缺点

斜井与立井相比，围岩不稳固时井筒维护困难；采用绞车提升时，提升速度低、能力小，钢丝绳磨损严重，动力消耗大，提升费用高，井田斜长大时，采用多段提升，转载环节多，系统复杂，占有设备及人员多；管线、电缆敷设长度大，保安煤柱损失大；对于特大型斜井，辅助运输量很大时，甚至需要增开副斜井；斜井通风线路长、断面小、通风阻力大，不能满足通风要求时，需另开专用风井或兼作辅助提升；当表土为富含水的冲积层或流沙层时，斜井井筒施工技术复杂，有时难以通过。

3. 适用条件

井田内煤层埋藏不深、表土层不厚、水文地质简单、井筒不需特殊法施工的缓斜和倾斜煤层，一般可用斜井开拓。随新型强力和大倾角带式输送机的发展，大型斜井的开采深度大为增加，斜井应用更加广泛。

三、立井开拓的优缺点和适用条件

1. 优点

立井开拓的适应性强，一般不受煤层倾角、厚度、瓦斯、水文等自然条件的限制；立井井筒短，提升速度快，提升能力大，作副井特别有利；对井型特大的矿井，可采用大断面井筒，装备两套提升设备；大断面可满足大风量的要求；由于井筒短，通风阻力较小，对深井更有利。

2．适用条件

当井田的地形、地质条件不利于采用平硐或斜井时，都可考虑采用立井开拓。对于煤层埋藏较深、表土层厚、水文情况复杂，需特殊法施工或开采近水平煤层和多水平开采急斜煤层的矿井，一般都应采用立井开拓。

第六节　井田开拓巷道布置

一、井筒的位置

井筒的位置是与井筒的形式、用途密切联系的。井筒形式确定后，需要正确选择井筒位置。但在不少场合，井筒位置与井筒形式是伴随一起确定的。主副井筒位置，一经确定和施工后，在其上部布置工业场地，进行工业和民用建筑建设，在其下部设置开采水平，进行开采部署，在整个矿井服务期间极难更改。因此，正确地确定井筒位置是井田开拓的重要问题。合理的井筒位置应使井下开采有利，井筒的开掘和使用安全可靠，地面工业场地布置合理。

（一）对井下开采合理的井筒位置

对井下开采有利的井筒位置应使井巷工程量、井下运输工作量、井巷维护工作量较少，通风安全条件好，煤柱损失少，有利于井下的开采部署。应分别分析沿井田走向及倾向的有利井筒位置。

1．井筒沿井田走向的位置

井筒沿井田走向的有利位置应在井田中央。当井田储量呈不均匀分布时，应在储量分布的中央，以此形成两翼储量比较均衡的双翼井田，应尽量避免井筒偏于一侧、造成单翼开采的不利局面。

（1）井筒设在井田中央（储量分布的中央），可使沿井田走向的井下运输工作量最小，而井筒偏在一翼边界时的相应井下运输工作量要较前者为大。

（2）井筒设在井田中央时，两翼产量分配、风量分配比较均衡，通风网路较短，通风阻力较小。井田偏于一侧时，一翼通风距离长，风压增大。当产量集中于一翼时，风量成倍增加，风压按二次方关系增加。如要降低风压，就要增大巷道断面，增加掘进工程量。

（3）井筒设在井田中央时，两翼分担产量比较均衡。各水平两翼开采结束的时间比较接近。如井筒偏于一侧，一翼过早采完，然后产量集中于另一翼，将使运输、通风过分集中，采煤掘进互相干扰，甚至影响全矿生产。

在实际工作中，由于井田地质条件和其他因素的综合影响，只要尽可能使两翼较为均衡，同时可将井筒布置在靠近高级储量地段，使初期投产的采区地质构造简单、储量可靠，从而使矿井建设投产后能有可靠的储量和较好的开采条件，以便迅速达到设计能力。

2. 井筒沿煤层倾向的位置

斜井开拓时，斜井井筒沿煤层倾向的有利位置主要是选择合适的层位及倾角。

立井开拓时，井筒沿煤层倾向位置的原则应综合考虑建设工程量、生产运输成本以及井筒大巷压煤量来确定。从保护井筒和工业场地煤柱损失看，愈靠近浅部，煤柱的尺寸愈小；愈近深部，则煤柱损失愈大。

对于单水平开采缓倾斜煤层的井田，从有利于井下运输出发，井筒应坐落在井田中部，或者使上山部分斜长略大于下山部分，这对开采是有利的。

对于多水平开采缓倾斜或倾斜煤层群的矿井，为减少井筒和工业广场保护煤柱损失及适当较少初期工程量，可考虑使井筒设在沿倾斜中部靠上方的适当位置，并应使保护井筒煤柱不占初期投产采区。

对于开采急倾斜煤层的矿井，井筒位置变化引起的石门长度变化较小，而保护井筒煤柱的大小变化幅度却很大，尤其是开采煤层总厚度大的矿井，煤柱损失将成为严重的问题，井筒宜靠近煤层浅部，甚至布置在煤系底板。

对开采近水平煤层的矿井，无所谓深部、浅部，应结合地形等因素，尽可能使井筒靠近储量中央。对煤系基底有丰富含水层的矿井，既要考虑井筒到最终深度仍不要穿过丰富含水层，又要考虑初期工程量和基建投资，还应考虑煤柱损失。应根据具体条件，结合是否采用下山开采等因素，合理确定。

（二）对掘进与维护有利的井筒位置

为使井筒的开掘和使用安全可靠，减少其掘进的困难及便于维护，应使井筒通过的岩层及表土具有较好的水文、围岩和地质条件。

虽然用特殊凿井法可以在水文地质情况复杂的条件下掘砌井筒。但所需的施工设备较多，掘进速度慢，掘进费用高。因此，井筒应尽可能不通过或少通过流沙层、较厚的冲积层及较大的含水层。

为便于井筒的掘进和维护，井筒不应设在受地质破坏比较剧烈的地带及受采动影响的地区。

井筒位置还应使井底车场有较好的围岩条件。便于大容积硐室的掘进和维护。

（三）便于布置地面工业场地的井筒位置

为合理布置工业场地，在选择井筒位置时，应贯彻农业为基础的方针，充分利用荒山、坡地、劣地，尽量不占良田或少占农田，不妨碍农田水利建设，避免拆迁村庄及河流改道，也不要占用重要文化古迹和园林。并应注意符合下列要求。

（1）场地足够。布置地面生产系统及其工业建筑、行政管理系统，如主副井（绞车房）、洗（选）煤厂、煤仓（场）、装车站、办公楼、宿舍、食堂、浴池等。根据需要，还应考虑为以后扩建留有适当的余地。

（2）少占农田，不占良田及重要文化古籍和园林，避免村庄搬迁及河流改道。

（3）有较好的工程地质和水文地质条件，避开滑坡、崩岩、溶洞、流沙等地段。森林地区应与林地有足够的防火距离。

（4）避免井筒和工业广场遭受水灾。井口位置高于最高洪水位，工业广场不受洪水威胁。

（5）便于矿井的供水，供电，运输，便于排污，排矸的处理。不影响居民生活。

（6）充分利用地形，使地面生产系统合理，尽可能少平整土地。

选择井筒位置既要力求做到对井下开采有利，又要注意使地面布置合理，还要便于井筒的开掘和维护，而这些要求又与矿井的地质、地形、水文、煤层赋存情况等要素密切联系。在具体条件下，要同时满足这些要求往往是很困难的，因此必须深入调查研究，分析影响因素，分清主次，寻求较合理的方案。

在一般情况下，如地面工业场地选择不太困难，应首先考虑井下开采有利的位置；如井田地面为山峦起伏、地形复杂的山区，则应首先考虑地面运输和工业场地的有利位置，并兼顾井下开采的合理性；如表土为很厚的冲积层，水文地质条件复杂，则应结合井下开采有利的位置及冲积层较薄的地点综合考虑。总之，要从实际情况出发，抓住主要矛盾，综合比较，合理确定。

（四）风井布置及矿井通风系统

风井位置除应考虑地面因素、地下因素外，主要取决于矿井通风系统。按进风与回风井的相对位置分，有以下几种布置方式。

1. 中央并列式

进风井与回风井都位于井田中央的同一个工业场地内，一般利用主、副井分别作为进风井及回风井，这种布置方式成为中央并列式。其优点是工业场地布置集中，管理方便，井筒保护煤柱损失少，缺点是通风路线长，通风阻力大，井下漏风多。故一般用于井田范围较小，生产能力不很大、瓦斯等级低的矿井。投产初期不利于采用别的通风方式时，也可采用这种方式。

2. 中央边界式（中央分列式）

主、副井位于井田中央，副井兼作进风井，回风井设在井田上部边界的中部，这种方式称之为中央边界式通风。这种方式的优点是通风路线较短，通风阻力较小，井下漏风较少，回风井位于上部边界，工程量增加不多。其缺点是工业场地比较分散，保护井筒煤柱较多，当矿井转入深部开采后，需要维护较长的上山回风道。这种方式适用于煤层赋存不太深的缓斜煤层矿井或煤层赋存较深、瓦斯涌出量大的矿井。

3. 对角式

主、副井设在井田中央，副井兼做进风井，回风井设在井田两翼的上部边界，成对角式布置，这种方式称之为对角式通风。其优点是通风路线长度变化小，风压比较稳定，有利于扇风机工作。但这种方式因风井较多，所需通风设备较多，工业场地分散，主、副井与风井贯通需要较长时间。因此，这种方式适用于对通风要求很严格的矿井，如高瓦斯矿井，煤层易于自然的矿井，有煤和瓦斯突出危险的矿井。

4. 分区式

采用多井筒分区域开拓时，每一个分区内均设置进风井及回风井，构成独立的通风系统。这种方式除具有通风路线短、几个分区可以同时施工的优点外，更有利于处理矿井事故。此外，运送人员及设备也方便。其缺点为工业场地分散，占地面积较大，井筒保护煤柱较多。这种通风方式适用于煤层很缓的特大型矿井。

二、开采水平的划分及上下山开采

水平的多少，主要取决于井田内煤层的斜长和阶段尺寸的大小。一个水平开采的矿井叫单水平开采，两个及其以上水平开采，为多水平开采。

阶段按标高划分，上下标高一定，阶段垂高便确定了，而水平垂高是指该水平开采范围的垂高，只采一个阶段时，水平垂高就是阶段垂高。两个阶段时，即上下山开采时，水平垂高为两个阶段的垂高。当采用辅助水平、下山开采、辅助大巷时，可能开采的高度很高。

对于近水平煤层的矿井，井田内各煤层的斜长可能很长，但其垂高并不大，不划分阶段，将煤层分组。划分水平，再分成盘区或带区。

（一）合理的水平垂高

对非近水平煤层，应以合理的阶段斜长为前提，并使开采水平有合理的服务年限，利于水平采区接替。

1. 具有合理的阶段斜长

阶段斜长，若分带，则为条带的推进长度，若分区，为采区上山长度。从运输、行人方面考虑。

（1）煤的运输：对于缓倾斜和倾斜煤层，用自溜运煤或皮带运煤，对斜长的限制不大，1 500~1 800 m 以内，目前的皮带运输，长度可以提高到 2 500 m，甚至达到 3 000 m；用刮板运输机时，太长了，运输机台数多，系统可靠性差。中小型矿井用矿车运煤时，应在 600 m 以内；急倾斜煤层，溜煤高度不能太长，应在 70~120 m。

（2）辅助提升：这是限制斜长的主要因素。应采用一段提升最好，一般采用绞车提升。1.6 m 绞车，600 m 长；2.0 m 绞车，900 m 长。利用单轨吊车设备、齿轨车、卡轨车进行辅助提升，可使辅助提升长度加大到 1 000~3 000 m。用胶轮车和套胶轮轨道车时，长度不受限制。

（3）行人条件：对斜长限制不严重，放在次要位置考虑，当长度长时，采用猴车运人。

2. 具有合理的区段数

考虑合适的区段斜长，应为其整数倍来划分为采区。

缓倾斜 3~5 个区段，倾斜、急倾斜不少于 2 个，区段太少，不利于工作面接替。

3. 利于采区的正常接替

矿井正常生产期间，应使采区接替正常。

矿井有增产采区、减产采区、正常生产区、准备采区。

保证矿井产量均衡。生产采区的生产时间应大于准备区的准备时间。这需要采区有一定的储量，当走向长度确定后，倾斜长度的增加会使采区储量增加。这样，分摊到每一米运输大巷、采区石门、上山、采区硐室这一类巷道上的煤量也会增加。

4. 保证开采水平有足够的服务年限

开拓一个水平需掘进许多巷道，工程量大，准备时间长，为保证矿井有一个较稳定的生产期，水平服务年限必须大于延深水平时间（3～5 年）与两水平过渡时间（2～3 年）之和，至少 8 年以上。

我国有关矿井水平服务年限的规定见表 4 - 2 - 3。

表 4 - 2 - 3　　　　　　　　　　　矿井井型及水平设计服务年限

井　型	水平设计服务年限/a		
	缓倾斜煤层	倾斜煤层	急倾斜煤层
大型井	20～40	20～30	15～20
中型井	15～20	15～20	12～15
小型井	各省自定	各省自定	各省自定

5. 经济上有利的水平高度

根据多年的实际经验，较为合理的水平垂高，见表 4 - 2 - 4。此表仅作为参考，因为有许多条件达到了 300～400 m。

近水平煤层，在煤区内划分成条带或盘区，盘区的斜长（上山）＜2 500 m，下山＜1 000 m，条带斜长可达到 2 000 m，阶段高度确定后，可考虑下山开采的应用。

表 4 - 2 - 4　　　　　　　　　　　矿井阶段（水平）垂高

井　型	开采缓倾斜煤层的矿井/m	开采倾斜煤层的矿井/m	开采急倾斜煤层的矿井/m
大、中型矿井	100～250	100～250	100～150
小型矿井	60～100	80～120	80～120

（二）下山开采的应用

为扩大开采水平的开采范围，有时除在开采水平以上布置上山采区外，还可在开采水平以下布置下山采区，进行下山开采。下山开采与上山开采的比较指的是：利用原有开采水平进行下山开采与深部另设开采水平进行上山开采的比较。

1. 上下山开采的比较

上山开采和下山开采在采煤工作面生产方面没有多大的差别，但在采区运输、提升、通风、排水和上山（下山）掘进等方面却有许多不同之处。

上山开采时，煤向下运输，上山的运输能力大，输送机的铺设长度较长，倾角较大时还可采用自溜运输，运输费用较低，但从全矿看，它有折返运输。下山开采时。向上运煤，没有折返运输，总的运输工作量较少。

上山开采时，井下涌水可直接流入井底水仓，排水系统简单。下山开采时，各采区都要解决采区内的排水问题。若涌水量不大，可在每区段下部设临时排水硐室及小水仓，随采掘工作的向下发展，在相应的区段安装排水设备，将采区涌水排至大巷，这样就要多掘硐室及增加排水设备。较常用的做法是，将采区下山一次掘至终深，在其下部掘排水硐室、水仓和安装排水设备。这样将增加总的排水工作量和排水费用。此外，若排水系统发生故障（如水仓淤塞、管路损坏、水泵损坏等），将影响下山采区的生产，而上山开采则没有这个问题。

下山掘进的装载、运输、排水等工序比较复杂，因而掘进速度较慢、效率较低、成本较高，尤其当下山坡度大，涌水量大时，下山掘进更为困难。而上山掘进则方便得多。

上山开采时，新鲜风流由进风上山进入采区，清洗工作面后的污风经回风上山流入回风道，新风和污风均向上流动，沿倾斜方向的风路较短；而下山开采时，新鲜风流由进风下山进入采区，清洗采煤工作面后的污风经回风下山到回风道，风流在进风下山和回风下山内流动的方向相反，采区范围内沿倾斜方向的风路长，在通风最困难时，约比上山采区长一倍。并且，进风下山和回风下山相距一般 20～30 m。下山之间有巷道连通，用风门控制风流，两下山之间的风压差较大，漏风较大，通风管理比较复杂，当瓦斯涌出量较大时，通风更困难。

下山开采的主要优点是充分利用原有开采水平的井巷和设施，节省开拓工程量和基建投资，可延长水平服务年限。推迟矿井下一水平延伸的期限。

总的看来，上山开采在生产技术上较下山开采优越。但在一定的条件下，配合应用下山开采，在经济上则是有利的。

2. 下山开采的应用条件

（1）对倾角小于 16° 的缓倾斜煤层，瓦斯及水的涌出量不太大，下山开采的缺点并不严重，而其节约工程量的优点则比较突出。若井田斜长不大，可采用单水平上、下山开拓；若井田斜长较大，可采用多水平上下山开拓。

（2）当井田深部受自然条件限制、储量不多、深部境界不一、设置开采水平有困难或不经济时，可在最终水平以下设一部分下山采区。对某些用多水平开采的矿井，最下一阶段若仍采用上山开采，需延深井筒和开掘井底车场、大巷，并需掘较长的石门，工程量大、投资多、工期长，如煤层倾角不大就可采用下山开采。

（3）一些多水平开采的矿井，当开采强度大、井田走向长度短、水平接替紧张、原有生产水平保证不了矿井产量时，可在井田中央部分（靠近井筒部分）布置一个或几个下山采区，安排一部分生产任务，同时通过采区下山掘一部分下开采水平的大巷、车场及硐室，以加快下水平的开拓延伸。这种下山采区是生产水平过渡的临时措施，待大部分生产转入下开采水平时，将改为上山开采。

应当注意：用上下山开采时，上下山的采区划分与其位置尽可能对应一致，相对应的上下山采区的上山和下山尽可能靠近，使下山采区能利用上山采区的装车站及煤仓，并尽可能利用上山采区的车场巷道。

下山采区回风也有不同情况：对单水平开采的矿井或多水平开采的矿井第一水平，可维护上山采区的上山作为下山采区的回风道，并利用上山开采的总回风道、风井及通风设施为下山采区回风。若采区上山不易维护，可利用运输大巷的配风巷（副巷）回风，为此要开掘或维护一些巷道，使配风巷与风井连通。对多水平上下山开采的第二水平。其上山部分的回风可采用不同方式，也可在一、二水平之间设辅助水平，直接与井筒连通，担负一水平下山的进风、出矸、排水，并为二水平回风。

必须指出，下山开采与利用主要下山来开采水平是不相同的。利用主要下山开采是再主要下山下部设立开采水平，主要下山即为暗斜井，各采区仍为上山开采。

无论上山采区、下山采区，必须等采区各个生产系统形成之后才能开采。

（三）辅助水平的应用

由于要增加开采水平储量和服务年限等原因，有时需设置辅助水平。

辅助水平设有阶段大巷，担负阶段运输、通风、排水等项任务。不设井底车场，大巷运出的煤需下达到开采水平，由开采水平的井底车场再运至地面。辅助水平大巷离井筒较近时，也可设简易材料车场，担负运料、通风或排水任务。

（1）水平垂高过大，开采水平以上的上山煤斜长太大，用一个阶段开采，技术上有困难。安全上不可靠时，可将开采水平以上的煤分为两个阶段，利用辅助水平开采上一阶段。

（2）采用多水平上下山开采的矿井，上一开采水平下山采区的排水、通风及采区辅助提升比较困难，下开采水平的回风问题也需妥善解决，矿井和采区生产能力越大，这些问题就越突出。于是，可在两开采水平之间设辅助水平，使上述问题得到较合理的解决。

（3）开采急斜煤层的矿井，由于受溜煤、运料、上下人员等技术和安全条件的限制，阶段垂高较短、水平储量较少、水平服务年限达不到规定要求，一些矿井加大了开采水平的垂高。一次延深两个阶段的高度，在两个阶段之间设辅助水平，上阶段出煤利用设在井筒附近的溜煤眼溜放到下阶段，集中提出地面。很明显，这种方式增加了阶段运煤的环节和总的提升工作量，长距离溜煤易使块煤破碎，并有堵眼的危险，而节约的工程量并不多。若非迫不得已，一般不宜采用。

（4）一些开采近水平煤层的矿井，采用分煤层开拓，即在主采层设开采水平，布置为全矿井服务的井底车场及设施，而在主采层以上或以下的煤层分别设辅助水平，开掘较简易的车场和煤层运输大巷、布置盘区，进行开采。辅助水平和开采水平之间用暗井或暗斜井联系。煤经溜井下放或暗井提升，矸石及物料要多段转运，井下运输环节较多，生产比较分散，对矿井合理集中生产不利，随盘区联合布置的发展，这种方式的应用日益减少。但如煤层距开采水平较远，而储量不甚丰富，不足以设开采水平时，这种方式也可以考虑采用。

应用辅助水平能加大开采水平垂高，但设置辅助水平又增加了井下的运输环节，使生产系统复杂化。因此，除上述条件外，一般不考虑采用。

（四）合理划分开采水平

合理划分开采水平应综合考虑前面分析的因素，并且要适应井田地质和开采技术特点。

对开采急斜煤层的矿井，每个开采水平只开采一个上山阶段，而阶段垂高主要决定于采煤方法和采区准备的合理性，其可供选择的范围是较小的。

对开采倾斜和缓斜的矿井，首先应研究煤层开采特点，从适合该煤层的采煤方法、准备方式及合理参数出发，结合井型大小、机械化程度要求，研究有利的阶段斜长及垂高。由于矿井地质构造的复杂性，井田各部分的倾角大小可能不同，一定的阶段垂高不一定能使阶段每一部分都有合理的斜长，这就只能照顾主要部分，并结合能否应用辅助水平等因素，综合考虑。对倾角小于16°的缓斜煤层，要结合上下山开采综合考虑。

研究合理的阶段垂高为合理划分开采水平提供了最主要的根据。具体划分时，还必须结合井田地质构造的特点，适当地进行调整。例如，煤层沿倾向倾角变化较大或有较大的走向断层切割，就可在基本上满足合理阶段垂高的基础上，以这些自然条件划分开采水平，以便为水平的开采创造较好的条件。

对开采近水平煤层的矿井，主要考虑开采水平在煤组内的合理位置及标高。对上下可采煤层相距小远、采用单水平开拓的矿井，一般应将开采水平设在煤组的底部，或者布置集中运输大巷及联合准备的盘区，或者在其上部设置辅助水平、分层布置大巷及盘区。如井田内可采煤层数较多、上下可采煤层相距较远，就要划分煤组，分煤组设置开采水平。但应保证开采水平有足够的储量。满足关于水平服务年限的要求。

三、开采水平大巷的布置

（一）对大巷布置的一般要求

大巷的主要任务是担负煤矸、物料和人员的运输，以及通风、排水、敷设管线。对大巷的基本要求是便于运输、利于掘进和维护、能满足矿井通风安全的需要。根据矿井生产能力和矿井地质条件的不同，大巷可选用不同的运输方式和设备，而不同的运输设备又对大巷提出了不同的要求。

1. 大巷的运输方式与设备

（1）矿车运输：架线电机车有7 t、10 t、14 t，蓄电池机车有8 t、10 t，矿车有1 t、1.5 t、3 t固定式以及3 t、5 t底卸式、7 t侧卸式，还有设备车、材料车、人车，同样有非标准矿车。轨距有600 mm、900 mm的，1、1.5 t固定式、3 t底卸式。用600 mm轨距，能统一解决煤炭运输和辅助运输问题，便于不同煤种煤层的分采分运，能适应两翼生产不均衡的变化，不受巷道弯曲程度的限制，便于长距离运输，要求巷道断面大，弯道多时运行速度慢。

（2）皮带运输：生产能力大，易实现自动化，对巷道坡度及变形量没有严格要求，但要求巷道要直，两翼生产不均衡时，要求设备能力大，需要铺设轨道解决辅助运输问题（皮带主要用于运煤）。有时，需要开辅助大巷，辅助运输占运煤量的20%左右。

2. 大巷的巷道断面和支护

大巷的断面要能满足运输、通风、行人和管缆敷设的需要，符合《煤矿安全规程》的要求。

采用矿车运输的大巷一般取双轨巷道断面。对于生产能力不大的中小型矿井，根据实际需要，也可以取单轨巷道断面。大巷铺单轨时，要在井底车场和采区车场之间设双轨错车场，其有效长度要大于一列车的长度，并且线路应有30%的富裕通过能力。

大巷用胶带输送机运输的矿井，一般采用两条大巷，分别铺设胶带输送机及轨道。

两条大巷同一水平且相互平行。每隔一定距离用联络巷贯通。为便于处理两条巷道的交叉关系，也可使胶带输送机大巷略高于轨道大巷（4～10 m）。胶带输送机大巷是否设检修道，与轨道大巷的布置有关，可有不同的配合形式：胶带输送机大巷设检修道，轨道大巷为单轨或双轨；胶带输送机大巷不设检修道，轨道大巷要铺双轨。究竟采用哪种方式，要根据辅助运输工作量的大小及通风要求等因素合理确定。胶带输送机大巷设检修道时，检修道与胶带输送机之间应留适当的安全距离。

大巷断面要满足风速要求。当采用矿车运输时，大巷允许风速不大于 8 m/s，设计时要留有余地，一般不大于 6 m/s；采用胶带输进机运输时，大巷风速不得超过 4 m/s，通常只有少量进风。

当大巷采用矿车运输，而且矿井产量，瓦斯涌出量大，需要风量大，因而要求巷道断面大时，可以布置一条大断面巷道或两条断面较小的巷道，应结合施工条件、运输要求等因素综合考虑，合理确定。

大巷的服务年限很长，一般应采用锚喷或砌碹。中小型矿井的服务年限不长的大巷，也可采用其他支护方式。当大巷设在具有自然发火威胁的煤层内时，可砌碹。

条件适宜时，在煤层大巷中可采用锚网支架，围岩松软时也可采用 U 形钢金属可缩性支架。

3. 大巷的方向与坡度

大巷的方向应与煤层的走向大体一致。当煤层因褶曲、断层等地质构造影响，局部走向变化频繁时，为了提高列车运行速度，便于电机车行驶，也为了缩短线路及巷道长度，节约开拓工程量，要避免大巷转弯过多，使大巷尽量取直。但应注意，不要因取直巷道而造成大巷维护不利及煤层开采上的困难（如距厚煤层过近、穿至开采煤层的顶板等）。铺设胶带输送机的大巷更要求巷道取直，当大巷不能成一直线时，可布置成段数较少的折线，由此要增加胶带输送机铺设的台数。从而涉及采用胶带输送机运煤是否合理的问题，应在选择大巷运输方式时合理确定。

对于近水平煤层，若煤层变化大，往往有小的波状起伏、局部隆起或低洼，煤层走向不明显，很难沿一定走向方向布置大巷。在这种情况下，大巷应与井田内煤层的主要延展方向一致，甚至根据煤层赋存状况将大巷分叉布置，以便于在其两侧布置盘区。当井田内开采煤层数目较多、分煤层（组）布置大巷时，上下煤层（组）内的大巷方向应一致，平面位置宜重叠，以便少留保护大巷的安全煤柱。

大巷的坡度要有利于运输和流水。采用电机年运输的矿井，一般使大巷向井底车场方向有 0.3%～0.5% 的流水坡度。采用胶带输送机运煤的大巷，其方向及坡度尽可能与轨道大巷一致。为便于两巷在井底车场内的布置，避免巷道交叉上的困难，胶带输送机大巷向井底车场方向要逐步抬高，抬高的坡度要根据井底车场箕斗装载煤仓的上部标高及抬高的范围来确定。

（二）开采水平大巷的布置方式

开采水平布置的核心问题是运输大巷的布置。运输大巷可有单煤层布置（称分煤层运输大巷）、分煤组布置（称分组集中运输大巷）或全煤组集中布置（称集中运输大巷），主要根据煤层的数目和间距确定。采用分煤层或分组集中大巷时，各煤层（组）大巷之间、各大巷与井底车场之间用主要石门联系；采用集中运输大巷时，各煤层（组）间用采区石门联系。由于煤层倾角不同，层间联系也可能是溜井或斜巷。

1. 分煤层大巷和主要石门

采用分煤层大巷和主要石门布置方式时，井筒开凿至开采水平之后，掘井底车场、主要石门（简称主石门，或称中央石门）直至最上可采煤层。在最上层掘分煤层运输大巷，布置采区，进行回采。然后，按一定的开采顺序在下部煤层掘该层的分煤层运输大巷，布置采区，顺序回采。这种布置方式的特点是在各可采煤层中都布置大巷，相应地在各煤层单层准备采区，就每一个采区来说，工程最较小，各分煤层大巷之间只开一条主石门，石门工程量不大，由于建井时可首先进行上部煤层的开拓和准备，初期工程量较少，加以沿煤层掘进、施工技术及装备均较简单，初期投资较少，建井速度较快。这种布置方式的缺点是：每个煤层均布置大巷，总的开拓工程量较大，相应的轨道、管线的占用也较多；各煤层布置采区，总的采区数多，生产采区比较分散，因此井下运输、装载也分散，占用辅助生产人员多，生产管理也不方便，由于大巷的数目多，总的维护工作量大，若大巷沿煤层布置，则维护大巷较困难；每条大巷均需留设大巷保护煤柱，故煤柱损失大。因此，目前对于单产较低、同采采区数较多条件下，一般不宜采用这种布置方式。只有当煤层间距大，集中布置在技术上有困难、经济上不合理时，才考虑采用这种方式。

对于近水平煤层，采用主要石门联系各分煤层大巷要掘很长的石门，技术经济不合理，于是可以采用主要溜井或暗井联系。实质上，是在溜井上部（或暗井下部）设置辅助水平。故此种情况下的大巷布置应结合辅助水平的应用，联系起来考虑。

2. 集中大巷和采区石门

采用集中大巷和采区石门布置时。井筒开凿至开采水平之后，掘井底车场、集中运输大巷（井筒距大巷较远时，还需掘一段联结集中运输大巷的主石门），到达采区位置后，掘采区石门及车场，进行采区准备。根据煤层间距大小、分组情况的不同，可布置集中联合采区，或分组集中联合采区，或单煤层采区。

这种方式的特点是开采水平内只布置一条或一对（采用胶带机时）集中运输大巷，总的大巷开拓工程量、占用的轨道管线均较少；大巷一般布置在煤组底板岩层或最下部较坚硬的薄及中厚煤层中，维护较易，维护的大巷少，总的开拓巷道维护工作量较少；生产区域比较集中，有利于提高井下运输效率；由于以采区石门贯穿各煤层，可同时进行若十个煤层的准备和回采，开采顺序较为灵活，开采强度可较大。这种布置方式的主要问题是矿井投产前要掘主石门、集中运输大巷、采区石门，才能进行上部煤层的准备与回采，煤组厚度大时，初期建井工程量较大、建井期较长；每一采区要掘采区石门，如煤层的间距大，采区石门就很长总得石门工程量就更大，可能造成经济上的不合理。故这种方式适用于煤层层数较多、层间距不大的矿井。

3. 分组集中大巷和主要石门

井筒开凿至开采水平之后，掘井底车场、主要石门，分煤组布置运输大巷，在各煤组布置采区。这种方式可视为前两种方式的综合，它兼有前两种方式的部分特点。当井田内各煤层的间距有大有小、全部煤组用单一的集中运输大巷有困难或不经济时，可以根据各煤层的远近及组成，将所有的煤层分为若干煤组，每一煤组布置分组集中运输大巷。

（三）运输大巷位置的选择

确定运输大巷在煤组中的具体位置是与选择运输大巷的布置方式密切联系的。由于运输大巷不仅要为上水平开采的各煤层服务，还将作为开采下水平各煤层的总回风道，其总的使用期限十余年至数十年，为便于维护和使用，应不受开采各煤层的采动影响，一般将运输大巷设在煤组的底板岩层中，有条件时，也可设在煤组底部煤质坚硬、围岩稳固的薄及中厚煤层中。

1. 煤层大巷

通常，分煤层运输大巷为煤层内大巷。条件适宜的集中大巷有时也在煤层内。大巷设在煤层内，掘进施工容易，掘进速度快，有利于采用综掘，沿煤掘进能进一步探明煤层赋存情况。煤层大巷有下列几项缺点。

（1）煤层大巷的航道维护困难，维护费用高。尤其大巷设在厚煤层中时，其每米年维护费比薄及中厚煤层高出2倍以上，若受采动影响，维护更加困难，大巷内频繁的维修工作将影响井下正常运输，妨碍矿井正常生产。此外，路轨、架线、管路、水沟等的维修工作量也很大。

（2）当煤层起伏、褶曲较多时，若大巷按一定坡度沿煤层掘进，则巷道弯曲转折多，机车运行速度受到限制，将降低运输能力。若大巷按一定方向沿煤层掘进，则大巷起伏不平，不能用机车运输。此时，虽可用胶带输送机运煤，而物料及矸石仍需采用轨道运输，则将增加牵引绞车设备；为排除巷道低洼处积水，还要增加小型排水设备，同时增加了巷道维护工作量。若大巷既要保证一定坡度，又要按照一定方向掘进，则巷道只能部分沿煤部分穿岩，岩石掘进工程量大，则失去了煤层大巷的优点。

（3）为便于巷道维护，须在煤层大巷上下两侧各留40～50 m煤柱，煤柱回收困难，资源损失大。

（4）当煤层有自然发火危险时，一旦发火就必须封闭大巷，导致矿井停产，而且因煤柱受采动影响破坏，密闭效果不好，处理火灾更加困难。

从世界各国技术发展来看，煤层大巷是发展趋势。就我国目前情况而言，在某些条件合适的情况下，可考虑使用煤层大巷。例如：

·煤层赋存不稳定、地质构造复杂的小型矿井，尤其是地方小煤矿或生产勘探井，煤层大巷对探明地质情况、及早布置和准备采区有重要意义。

·井田走向长度不大或煤组中距其他煤层甚远的单个薄或中厚煤层，储量有限，服务年限不长。

·煤系基底有近距离富含溶洞水的岩层，不宜布置底板岩层大巷，而该煤层又有较坚硬的顶板，有设置大巷的条件。

·煤组底部有煤质坚硬、围岩稳固、无自燃发火危险的薄或中厚煤层，经技术经济比较，也可在该煤层中设运输大巷。

2. 岩层大巷（岩石大巷）

岩石大巷一般作为集中或分组集中大巷，为单一厚煤层设置的岩石大巷，实质上也是集中大巷。

岩石大巷能适应地质构造的变化，便于保持一定的方向和坡度，可在较长距离内直线布置，弯曲转折少，利于提高列车运行速度和大巷通过能力；巷道维护条件好，维护费用低，可少留或不留煤柱，对预防火灾及安全生产也是有利的。另外，岩石大巷布置比较灵活，有利于设置采区煤仓。岩石大巷的主要问题是岩石掘进工程量较大、要求的掘进设备多、掘进速度慢。

选择岩石大巷的位置时，主要考虑两方面的因素：一是大巷至煤层的距离；二是大巷所在岩石的岩性。

大巷至煤层的距离大小直接关系到大巷受采动影响的程度。由开采形成的支承压力经煤柱传递于煤层底板，在底板岩层内也形成应力升高区。为避开支承压力的不利影响，大巷应对煤层保持一定的必要距离。支承压力在底板岩石内的传递因岩性不同而不同，岩石坚硬传递的范围广而向下的强度弱，大巷距煤层可近一些；岩石松软，传递的范围窄而向下强度大，大巷距煤层应远一些；为避开煤柱固定支承压力的影响，大巷应在压力传递影响角以外。当采用充填法管理顶板时，减少了老顶的最终下沉量，支承压力的集中程度也较小，故其他条件相同时，大巷距煤层可较垮落法管理顶板近一些。我国各矿区围岩性质和管理顶板方法不同，岩石大巷至煤层的距离大小不等，一般为 12～30 m。

对开采急斜煤层的矿井，一般采用多水平开拓，运输大巷或者作为下水平的回风巷，或者下水平开采时，上水平仍在开采，都要继续维护，应保证它在下水平开采时仍不受采动影响。当倾角大于60°时，煤层采动后不仅顶板岩层要垮落下沉，底板岩层也要向下滑动，为使运输大巷免受底板滑动的影响，应将其布置在底板滑动线之外，并要留适当尺寸的安全岩柱，其宽度可取为10～20 m。

确定岩石大巷位置时，选择合适的层位极其重要，为便于大巷维护，应选择稳定、较厚且坚硬的岩层，如砂岩、石灰岩、砂质页岩等，避免在岩性松软、吸水膨胀、易风化的岩层中布置大巷。

在极少数情况下，煤组底部岩层水文条件复杂，煤组内煤岩均较松软，只有顶部有岩性较好的岩石，迫不得已可考虑将大巷布置在顶板岩层内。由于采动影响，顶板岩石大巷不能为开采下水平服务，故是否采用应通过技术经济比较确定。

大巷通过断层时应与断层面大角度交叉，避免沿断层开掘巷道，以减少掘砌和维护上的困难。

（四）回风大巷布置

回风大巷的布置原则与运输大巷布置基本相同，并且对一个具体矿井来说，常采用相同的布置方式。实际上，上水平的运输大巷常作为下水平的回风大巷。

矿井第一水平回风大巷的设置应根据不同情况区别对待。

对开采急斜、倾斜和大多数缓斜煤层的矿井，根据煤层和围岩情况及开采要求，回风大巷可设在煤组稳固的底板岩层中；有条件时，可设在煤组下部煤质坚硬、围岩稳定的薄或中厚煤层中。

当井田上部冲积层厚和含水丰富时，要在井田上部沿煤层侵蚀带留置防水煤柱。在这种情况下，可将回风大巷设在防水煤柱内。

为便于总回风大巷的掘进和维护，全井田回风大巷的标高宜一致，当井田上部边界标高不一致时，回风大巷可按不同标高分段布置，兼作运料时分段间要设必要的辅助运提设备。段数不宜分得过多。

对开采近水平煤层的矿井，回风大巷可位于大巷一侧平行并列布置，或设在下部煤层中，或设在下部岩层中，其选定的原则与运输大巷布置原则相同。

对于采用采区小风井通风的矿井，第一水平可不设回风大巷。多井筒分区式的矿井也不设全矿性的回风大巷

对一些多水平生产的矿井，为使上水平的进风与下水平的回风互不干扰，有时要在上水平布置一条与集中运输大巷平行的下水平回风大巷。该回风大巷有时也可利用运输大巷的配风巷（掘进大巷时的副巷）。

第七节　井底车场

井底车场是连接井筒和井下主要运输巷道的一组巷道和硐室的总称，是连接井下运输和提升两个环节的枢纽，是矿井生产的咽喉。因此，井底车场设计得是否合理，直接影响着矿井的安全和生产。立井刀式环行井底车场如图 4-2-2 所示。

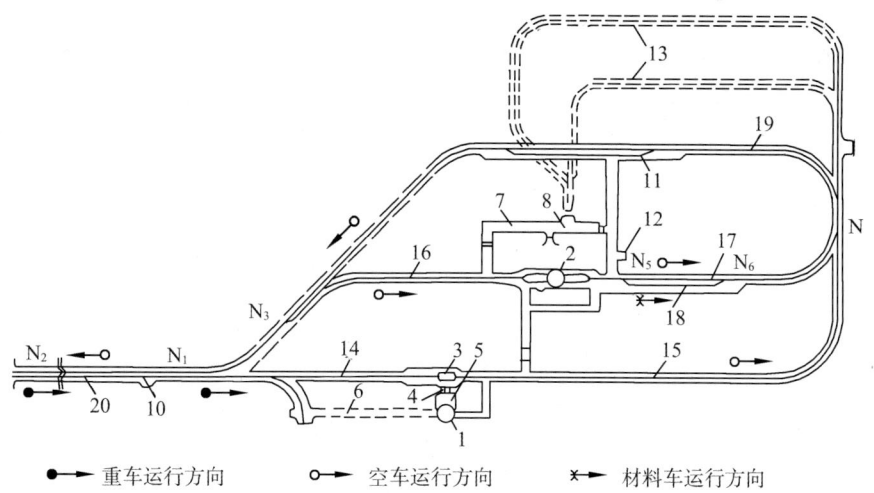

图 4-2-2　立井刀式环行井底车场

1—主井；2—副井；3—翻笼（翻车机）；4—煤仓；5—箕斗装载室；6—清理井底撒煤斜巷；7—中央变电所；8—水泵房；9—等候室；10—调度室；11—人车停车场；12—工具室；13—水仓；14—主井重车线；15—主井空车线；16—副井重车线；17—副井空车线；18—材料车线；19—绕道回车线；20—调车线；N_1、N_2、N_3、N_4、N_5—道岔编号

由图可知，井底车场的巷道线路包括主井重车线 14、主井空车线 15、副井重车线 16、副井空车线 17、材料车线 18、绕道回车线 19、调车线 20 及一些连接巷道，井底车场的硐室主要包括有：主井系统硐室—翻笼（翻车机）硐室 3、煤仓 4、箕斗装载室 5、清理井底撒煤斜巷 6 及硐室等；副井系统硐室—中央变电所 7、水泵房 8、水仓 13 及等候室等；其他硐室尚有调度室、电机车修理间、人车停车场等。

一、井底车场的形式和特点

由于井筒形式、提升方式、大巷运输方式的不同，井底车场形式也各不相同。根据矿车在车场内运行的特点，井底车场均可分为环行式和折返式两大类。

（一）环行式井底车场

环行井底车场的特点是空、重列车在车场内总是单向运行。因而调车工作简单，可以达到较大的通过能力。但车场的开拓工程量较大。

图 4 - 2 - 3 为立井环行井底车场示意图。主井为箕斗提升，副井为罐笼提升。采区出煤经水平运输大巷 3 进入主井重车线 4。经翻笼卸载后空车经主井空车线 5 和绕道 6 出井底车场。由副井下放的材料与空车一起编组出井底车场。

按照井底车场空、重车线与运输大巷或主要石门的相对位置关系，环形车场又可分为卧式、斜式和立式三种。

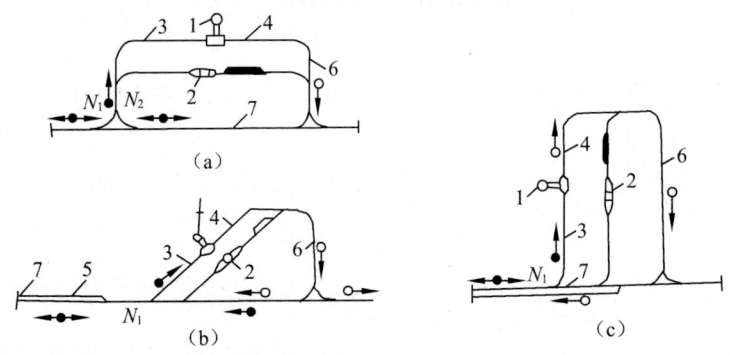

图 4 - 2 - 3　立井环行井底车场示意图
a—卧式车场；b—斜式车场；c—立式车场
1—主井；2—副井；3—主井重车线；4—主井空车线；5—调车线；6—回车绕道；7—主要运输大巷

当井筒位置与主要运输大巷和石门相距较近时，主、副井储车线与运输大巷或石门可平行布置称为卧式井底车场。

主、副井储车线与运输大巷或石门斜交称为斜式井底车场。

环形立式井底车场的主、副井储车线垂直于运输大巷或石门。当井筒距运输大巷很远时，立式车场可以采用图 4 - 2 - 2 的布置方式，通常称为刀式车场。

斜井环形车场与立井环形车场极为相似，也可以分为卧式、斜式和立式三种类型。其线路布置与立井环形车场基本相同。

（二）折返式井底车场

折返式车场的特点是空、重车在车场内有折返运行。根据车场两端是否可以进出车，折返式车场又可分为梭式和尽头式两种。

梭式车场如图4-2-4所示，其主要特点是：主井储车线完全布置在主要运输巷道上，列车往返运行需经翻笼一侧的轨道。这种车场的优点是：开拓工程量小，车场弯道少。

尽头式车场与梭式车场的线路布置基本相似。但空、重列车只从车场的一端出入，另一端为线路的尽头。

折返式车场的巷道开拓量小，巷道交叉点和弯道少，行车安全，但车场通过能力较小。由于巷道断面大，需要布置在比较坚硬的岩石中，否则维护困难。

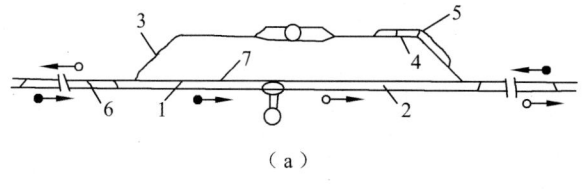

（a）

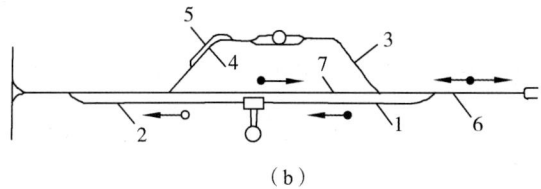

（b）

图4-2-4　立井折返式井底车场示意图

（a）—立井梭式车场；（b）—立井尽头式车场

1—立井重车线；2—立井空车线；3—副井重车线；4—副井空
车线；5—材料车线；6—调车线；7—通过线

井底车场内的主要硐室有：变电所、水泵房、水仓、翻笼硐室、装煤设备硐室、电机车库及修理间等。此外，属于服务性的或因安全上的需要而设置的尚有调度室、等候室、井下防火门硐室、消防材料库及炸药库等。

二、井底车场形式选择

选择井底车场形式时，应根据矿井的不同条件考虑以下主要原则：

（1）运输系统和调车方式简单，有利于采用集中、闭塞、自动控制信号系统。

（2）车场通过能力较矿井实际生产能力富裕30%以上。

（3）减少巷道开拓工程量。

（4）尽量减少巷道交叉点，以便减少施工的困难和提高行车速度，增大井底车场的通过能力。

（5）整个车场巷道和硐室，应布置在稳定的易于维护的岩层中。

一般来讲，环形车场由于重列车在车场内没有折返运行，调车系统简单，有利于采用自动控制信号系统。此外，车场内可以有几台机车同时运行，车场通过能力较大。但是，这种车场巷道交叉点和弯道多，施工比较复杂，车辆运行安全性差，而且绕道等工程量较大。与环形车场相比，折返式井底车场可利用运输大巷或石门作为主井储车线和调车线，车场的开拓工程量较小，且巷道交叉点少，弯道少，车场线路简单，施工较容易，行车也比较安全。

三、井底车场硐室

（一）主井系统硐室

主井系统硐室有推车机及翻车机硐室（自卸矿车卸载站硐室）、井底煤仓、箕斗装载硐室、清理井底撒煤硐室及水窝泵房等。

上述硐室的布置，主要取决于地质及水文地质条件。确定井筒位置时，要注意将箕斗装载硐室布置在坚硬稳定的岩层中，翻车机硐室布置在主井重车线末端，其他硐室的位置则由线路布置所决定。清理井底撒煤斜巷的出口要布置在主井的重车线侧。

（二）副井系统硐室

副井系统硐室有副井井筒与井底车场连接处（马头门）、主排水泵房（中央水泵房）、水仓及清理水仓硐室、主变电所（中央变电所）及等候室等。

主排水泵房和主变电所应联合布置，以便使主变电所向主排水泵房的供电距离最短。主排水泵房和主变电所建成联合硐室，一般布置在副井井筒与井底车场连接处附近。当矿井突然发生水灾时，仍能继续供电，照常排水。为便于设备的检修及运送，水泵房应靠近副井空车线一侧。水泵房与变电所之间用耐火材料砌筑隔墙，并设置铁板门。为防止井下突然涌水淹没矿井，变电所与水泵房的底板标高应高出井筒与井底车场联结处巷道轨面标高。水泵房及变电所通往井底车场的通道应设置密闭门。

水泵房经管子道与井筒相连接，管子道与井筒连接处要高出水泵房底板标高 7 m 以上，管子道的倾角通常 25°～30°，可保证水泵房与副井运输巷道之间有 10 m 以上岩柱。管子道的断面大小应保证敷设排水管路后，还能通过水泵、电机等设备，以便矿井发生水灾时关闭水泵房的防水门后，仍可通过管子道增添排水设备，保证水泵房正常排水。水仓入口一般设在空车线车场标高最低点处，确定水仓入口时，应注意使水仓装满水。一般副井井底较深时，采用泄水巷至主井清理井底撒煤斜巷排水。当副井井底较浅时，可设水窝泵房单独排水。

（三）其他硐室

其他硐室有调度室、医疗室、架线电机车库及修理间、蓄电池电机车库及充电硐室、防火门硐室、防水门硐室、井下火药库、消防材料库、人车站等，其位置应根据线路布置和各自要求确定。例如：充电硐室要有单独的回风道与总回风道相通；防火门硐室必须设置在进风井筒和各水平的井底车场连接处，并且在打开时不妨碍提升、运输和人员的通行。

推车机翻车机硐室、煤仓及装载硐室、清理井底硐室及斜巷、电机车及修理间、调度室及副井井筒与车场连接处等硐室已有单项标准设计可供采用。

井下火药库的位置和通风系统有关。井下火药库应选择在干燥、通风良好、运输方便和容易布置回风道的地点，与井筒、井底车场的重要巷道及硐室应有必要的安全距离。火药库应有单独的进风风流，其回风道与矿井总回风道相连接，以保证独立通风。各矿井通风系统不尽相同，火药库容量又不完全取决于矿井的井型，因而在井底车场平面图上不予标示，设计单位可根据实际情况选用火药库的标准设计并确定其位置。

第八节　矿井开拓延深与技术改造

一、矿井开拓延深

矿井开采将逐步地向深部发展，每隔一段时间，就需要延深井筒，开拓新的水平。生产矿井的开拓延深，是煤炭生产过程中保证开采连续进行的必要措施，它对挖掘矿井生产潜力、提高矿井生产能力具有重大影响。

（一）矿井开拓延深的原则及要求

（1）保持或扩大矿井生产能力。

（2）充分利用现有井巷、设施及设备，减少临时辅助工程量，降低投资。

（3）积极采用新技术、新工艺和新设备，在新水平开拓时选择更为合适的采煤方法、先进的采掘技术和设备，改革矿井井田开拓和采区准备方式。

（4）加强生产管理、延深的组织管理与技术管理，施工与生产紧密配合、协调一致，尽量减少延深对生产的影响。

（5）尽可能缩短新、旧水平的同时生产时间。

（二）矿井延深方案的选择

矿井延深方案类型较多，最常见的有下列几种。

1．主、副井直接延深

这种方案是将主、副井直接延深到生产水平以下的各水平。

这种方案可以充分利用原有设备、设施，具有提升单一、管理方便、投资少、维护费用低等优点。因此，无论是立井或斜井，若井筒延深不受地质条件限制，而原有的提升设备能满足新水平的提升要求，都应考虑采取直接延深方案的可能性。

2．采用暗立井或暗斜井延深

这是在生产水平开掘暗立井或暗斜井通达下水平的延深方法。

采用暗立井或暗斜井延深，不影响生产水平正常生产，而且位置选择不受原有主、副井的约束。通常在下列情况下采用暗立井或暗斜井延深：

（1）在初期开发煤田时，由于立井开凿在煤层浅部，随着开采深度增加，原有立井设备不能满足提升要求，需要两段提升而不得不用暗井延深；或者煤层底板为强含水岩层，主、副直接延深不安全，只能采用暗井延深。

（2）在采掘衔接特别紧张时，为避免影响生产，也可以考虑采用暗井延深。

（3）副井（或主井）直接延深，主井（或副井）用暗井延深。

这两种方案可根据地质条件和主、副井提升设备的能力来选取。这种延深方案，可先打暗井，然后自下而上反接主井或副井。这样不但对生产影响小，而且有利于矿井的延深工程。

3. 新开一个井筒，延深一个井筒

由于矿井生产能力扩大，以及开采水平的延深，提升井筒的深度增加，瓦斯涌出量增大等情况，利用原有井筒延深时，提升能力和通风能力如不能满足需要，在充分利用原有井筒的原则下，可新开一个主井或副井，以弥补原有井筒提升能力的不足。

二、矿井技术改造

我国几十年煤矿生产实践的经验证明，生产矿井的技术改造，对发展煤炭工业同建设新井一样不可缺少。生产矿井技术改造的目的是：改变落后的技术面貌，提高矿井产量、劳动效率、资源采出率，降低成本，减轻工人体力劳动，改善劳动条件，使生产建立在更加安全的基础上，全面提高技术经济指标。为此，就要不断地依靠科学技术进步，提高采掘机械化程度，改革矿井巷道部署，合理集中生产，对各生产系统进行环节改造，使之与采掘机械化配套，以提高工作面、采区、水平和矿井的生产能力。为达到此目的，不可避免地还要增加或补充一些井巷或其他工程，使之与矿井改扩建结合起来，两者不可分割。

（一）矿井改扩建

矿井改扩建的直接目的是，在科学技术进步的基础上，提高矿井生产能力和技术经济效益。矿井产量增加，必须有足够的储量保证。现有生产矿井的井田范围都是已经圈定的，大多数情况下不能适应矿井改扩建对储量的要求，因此矿井改扩建往往伴随着扩大井田范围增加矿井储量。通常有以下几种方法。

1. 直接扩大井田范围

如果井田深部有煤，随着勘探工作的进行，矿井可以向深部发展，但沿走向有条件时，也可向走向方向发展。我国不少改扩建矿井采用这种方式，取得了很好的效果。例如，大同煤矿集团口泉沟区的一些矿井，开采近水平煤层群，地质构造简单，储量丰富，都是大型矿井。而原设计井田走向长一般仅 3～4 km，面积 6～7 km²。各矿投产以来，产量均超过了原设计能力，矿井服务年限减少。为此，该矿区进行了两次技术改造，调整了技术边界，向尚未建井的西部扩大了开采范围，使井田走向长度增加到 8～10 km，面积在 20 km² 以上，储量达到了 2 亿 t 以上，从而满足了矿井生产的发展。

2. 相邻矿井合并改造

有些矿井，特别是中小型矿井，生产能力小且分散，有条件的应当合并改造，扩大井田储量，提高生产能力。

改造后的矿井，简化了生产系统，克服了运输提升薄弱环节，矿井产量超过原设计能力。

3. 结合矿井开拓延伸进行合并改扩建

开采煤田浅部的矿井，井田范围小、井型小，当发展到深部时，结合开拓延伸将几个中、小型井合并改造为一个大型井，可以简化生产系统，减少设备，有利于井上下集中生产，提高技术水平和经济效益。

例如，鹤岗富力矿原用 7 对片盘斜井开采浅部各煤层，随着生产向深部发展，各井提升能力不足，占用设备多，系统复杂，生产分散，地面运输困难。为了保证矿井向深部发展时有足够的生产能力，改善矿井技术经济面貌，进行了两次重大技术改造。第一次是结合开拓延伸，新打一个主斜井，在 +50 m 形成统一的开采水平。在 +50 m 水平以主石门贯穿各煤层大巷，负担运输任务；在新主斜井内铺设胶带输送机，负担主提升任务；原有的斜并井筒改做辅助提升井和风井。这样，即把原斜井群合并成一个大型矿井。改造结果，简化了生产系统，实现了集中生产，节约了大量设备、管缆及井巷工程，生产能力由 7 对井总产 1.08 Mt/a，增加到一个矿井总产 1.89 Mt/a。与原每对斜井单独延深比较，节省投资 3 000 万元，原煤成本降低了 7.8%。

（二）合理集中生产

不断改革生产矿井的开拓、准备与采煤系统，提高机械化程度，实现合理集中生产，是我国煤炭工业的一项重要的技术政策。只有合理集中生产才能缩短战线，用最少的消耗，获得最大的效益。上述矿井改扩建，实质都是矿井的合理集中。此外，还有开采水平的集中、采区集中和采煤工作面集中。

1. 水平集中

加大水平高度。如采用下山开采、辅助水平方式，尽可能一个水平、一个分组（大巷）、一个分层（大巷）满足全矿生产。

2. 采区集中

采区合理集中生产是指提高采区生产能力，尽可能减少矿井内同时生产的采区数目，同时应适当加大采区走向长度，增加采区的可采储量和服务年限，减少采煤工作面搬迁，实现采区稳产和高产；近距离煤层群采用集中平巷联合准备，是炮采、普采采区的一种集中方式，是单产较低，采区内采面较多的情况下合理集中生产的成功经验。

3. 工作面集中

采煤工作面合理集中生产是指提高采煤工作面的单产水平，尽可能减少采区内同时开采工作面数目。综采采区一般以一个工作面保证采区产量；炮采、普采采区，同采的采煤工作面数目一般为两个，不超过三个，可保证采区产量。同时适当增加采煤工作面长度，在条件适宜时推广对拉工作面也是采煤工作面合理集中生产的有效措施。

采煤工作面合理集中生产是矿井、水平、采区集中生产的基础和核心。只有提高采煤工作面单产，才能为整个矿井集中生产创造条件。为此，提高采煤机械化程度，特别是综合机械化程度，是今后的发展方向。在矿井中，一个水平、一个采区、一个综采面保证特大型矿井的产量，在我国已经有成功的经验。

（三）矿井主要生产系统的环节改造

为了提高矿井的生产能力，矿井各生产系统必须配套，使之都有相应的生产能力。因此，要对其中薄弱环节进行技术改造，形成矿井的综合生产能力。

生产环节的单项工程改造，投资少、工期短，经济效益显著。薄弱环节得到改造后，矿井生产系统综合能力提高，又会出现另一个薄弱环节，应继续进行改造，不断提高矿井的生产能力。

矿井改扩建工程往往也离不开对生产系统薄弱环节的改造。

1. 矿井提升系统的改造

在矿井产量或开采深度增加后，主副井提升能力不足往往成为技术改造后矿井增加产量的瓶颈。为提高矿井提升能力，对提升系统的改造措施有：改装箕斗加大容量；罐笼提升改为箕斗提升；斜井串车提升改为箕斗提升或胶带输送机运输；提升绞车由单机拖动改为双机拖动；加大提升速度或减少辅助时间；缩短一次提升时间和增加每日的提升时间；增加井筒数目，增加提升设备，斜井单钩改双钩，立井罐笼单层改双层，单车改双车提升等。

2. 大巷运输系统的改造

提高水平大巷运输能力的措施有：增加机车和矿车数目；单机牵引改双机牵引；加大机车黏着重量和矿车容积；固定式矿车改为 3 t、5 t 容量的底卸式矿车；采用胶带输送机连续运输；改换或增加电机，加快胶带输送机运行速度，改用大能力高强度胶带输送机，以及采用大巷运输的自动控制系统等措施。

3. 辅助运输环节的改造

目前，我国煤矿采区辅助运输环节的运输能力低，占用设备和人员多，对矿井产量和效率的影响较大。应该采用新的技术装备，代替目前广为使用的小绞车和无极绳牵引运输，如改用效果较好的辅助运输设备：无轨胶轮车、单轨吊车、卡轨车以及齿轨车等。

4. 井底车场的改造及设置井底车场缓冲煤仓

当矿井产量增大而井底车场通过能力不够，或大巷运输由固定式矿车改为底卸式矿车，或改为胶带输送机运输而井底车场形式不适应时，需要改造井底车场，提高井底车场通过能力，如增加通过线或复线，设置新卸载线路等。

生产矿井设置井底大容量煤仓，可以对井下运煤起调节和缓冲作用，增加提升能力，并可缓解采煤工作面和采区出煤不均衡造成的大巷运输与井筒提升之间的矛盾，充分发挥大巷的运输能力。

5. 通风系统的改造

为了增加风量，提高通风机效率，降低耗电量，改善井下通风安全条件，通常采取的技术措施有：双主要通风机并联运转；更换高效通风机；改用大功率离心式通风机；更换主要通风机；改装叶片；离心式通风机更换高效转子等；在浅部用压入式通风，到深部改为抽出式通风；集中通风改为分区式通风；调整系统，增加并联风路；修整和扩大巷道断面；开掘新风井，缩短通风风路长度，箕斗井兼作回风井等。

6．排水系统的改造

简化系统，缩短排水管路。对多水平同时生产的矿井，改多水平排水为集中排水；下山开采涌水量较大时，改各采区单独排水为设置排水大巷集中排水，或采取从地面打钻孔，进行分区独立排水。

7．地面生产系统的改造

主要是减少地面线路，简化地面运输和装载系统，地面主要设施的集中布置。一般矿井增加产量时，要考虑扩大地面储煤仓，扩大排矸能力。有条件的地方最好采用井下矸石充填地面塌陷区，造地复田。

第三章　采煤方法和采区巷道布置

第一节　基本概念

任何一种采煤方法，均包括采煤系统和采煤工艺两项主要内容。要正确理解"采煤方法"的涵义，必须首先了解下列基本概念。

1. 采场

用来直接大量采取煤炭的场所，称为采场。

2. 采煤工作面

在采场内进行回采的煤壁，称为采煤工作面（也称回采工作面）。实际工作中，采煤工作面与采场是同义语。

3. 采煤工作

在采场内，为了采取煤炭所进行的一系列工作，称为采煤工作。采煤工作可分为基本工序和辅助工序。煤的破、装、运是回采工作中的基本工序。除了基本工序以外的这些工序，统称为辅助工序。

4. 采煤工艺

由于煤层的自然条件和采用的机械不同，完成这些工序的方法也就不同，并且在进行的顺序上、时间和空间上，必须有规律地加以安排和配合。这种按照一定顺序完成各项工作的方法及其配合，称为采煤工艺。在一定时间内，按照一定的顺序完成采煤工作各项工序的过程，称为采煤工艺过程。

5. 采煤系统

采煤巷道的掘进一般是超前于采煤工作进行的。它们之间在时间上的配合以及在空间上的相互位置关系，称为采煤巷道布置系统，也即为采煤系统。

6. 采煤方法

采煤方法是采煤工艺与采煤系统在时间、空间上相互配合的总称，根据不同的矿山地质及技术条件，可有不同的采煤系统与采煤工艺相配合，从而构成多种多样的采煤方法。

第二节　采煤方法

采煤方法的分类方法很多，通常按采煤工艺、矿压控制特点，将采煤方法分为壁式体系和柱式体系两大类，如图4-3-1所示。

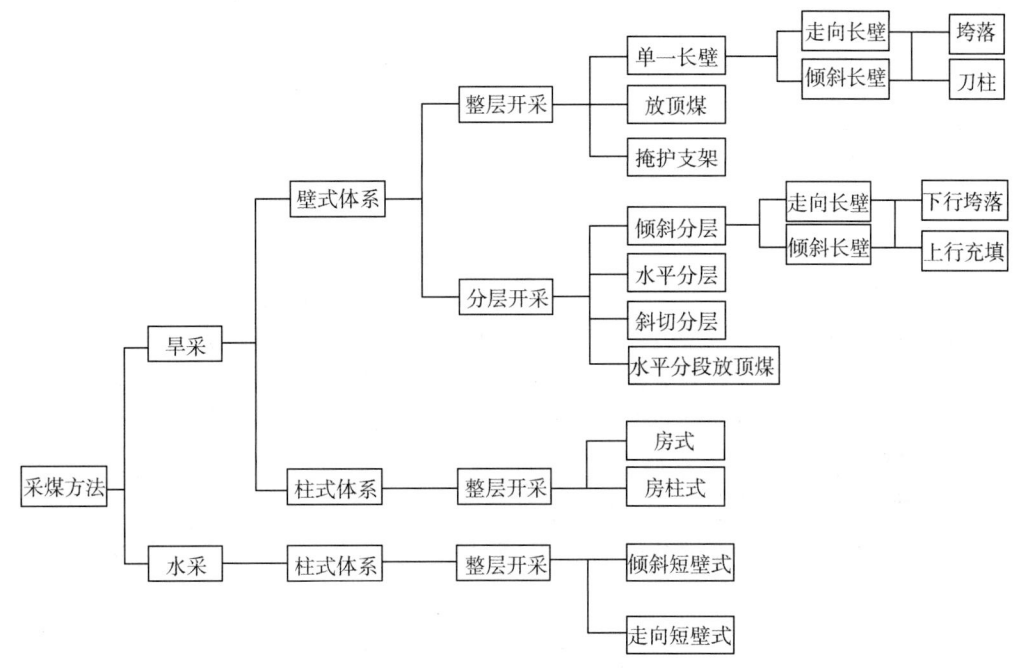

图4-3-1　采煤方法分类

一、壁式体系采煤方法

壁式体系采煤方法又称长壁体系采煤方法。一般以长工作面采煤为其主要标志，产量约占我国国有重点煤矿的95%。

壁式体系采煤法按所采煤层倾角大小，分为缓斜、倾斜煤层采煤法和急斜煤层采煤法；按煤层厚度大小，分为薄煤层采煤法、中厚煤层采煤法和厚煤层采煤法。

按采用的采煤工艺不同，可分为爆破采煤法、普通机械化采煤法、综合机械化采煤法。

按采空区处理方法不同，可分为垮落采煤法、刀柱（煤柱支撑）采煤法、充填采煤法。

按采煤工作面布置及推进方向的不同，可分为走向长壁采煤法和倾斜长壁采煤法。

按工作面向仰斜或倾斜推进的方向不同，倾斜长壁又有仰斜长壁和俯斜长壁之分。

按是否将煤层全厚进行一次开采，可分为整层采煤法和分层采煤法。

薄煤层、厚度小于3m的中厚煤层通常采用整层采煤法；厚度较大的中厚煤层、厚煤层既可采用整层也可采用分层采煤法。

（一）薄及中厚煤层单一长壁采煤方法

所谓"单一"即表示整层开采；"垮落"表示采空区处理是采用垮落的方法。由于绝大多数单一长壁采煤法均采用垮落法处理采空区，故一般可简称为单一走向长壁采煤法。首先将采（盘）区划分为区段，在区段内布置回采巷道（区段平巷、开切眼），采煤工作面呈倾斜布置，沿走向推进，上下回采巷道基本上是平的，且与采（盘）区上山相连。

对倾斜长壁采煤法，首先将井田或阶段划分为带区，在带区内布置回采巷道（分带斜巷、开切眼），采煤主作面呈水平布置，沿倾斜推进，两侧的回采巷道是倾斜的，并通过联络巷直接与大巷相连。采煤工作面向上推进称仰斜长壁；向下推进称俯斜长壁。为了便于顺利开采，煤层倾角不宜超过12°。

当煤层顶板极为坚硬时，若采用强制放顶（或注水软化顶板）垮落法处理采空区有困难，有时可采用煤柱支撑法（刀柱法），称单一长壁刀柱式采煤法。采煤工作面每推进一定距离，留下一定宽度的煤柱（即刀柱）支撑顶板。这种方法工作面搬迁频繁，不利于机械化采煤，资源的采出率低，是在特定条件下的一种采煤方法。

当开采急倾斜煤层时，为了便于生产及安全，工作面可呈俯伪斜布置，仍沿走向推进，则称为单一俯伪斜走向长壁采煤法。

（二）厚煤层分层开采的采煤方法

煤层厚度超过5.0 m，采场空间支护技术与装备条件不成熟时，可采用分层开采。将厚煤层分成若干中等厚度的分层来开采，每层厚度2.0～3.0 m；厚煤层分层开采可分为倾斜分层、水平分层和斜切分层。

倾斜分层——将煤层划分成若干个与煤层层面相平行的分层。工作面沿走向或倾向推进。

水平分层——将煤层划分成若干个与水平面相平行的分层，工作面一般沿走向推进。

斜切分层——将煤层划分成若干个与水平面成一定角度的分层，工作面沿走向推进。

各分层的回采有下行式和上行式两种顺序。先采上部分层，然后依次回采下部分层的方式称为下行式；先回采最下分层然后依次回采上部分层的方式称为上行式。

回采顺序与处理采空区的方法有极为密切的关系。当用下行式回采顺序时，可采用垮落或充填法来处理采空区；采用上行式回采顺序时，则一般采用充填法。

不同的分层方法、回采顺序以及采空区处理方法的综合应用，可以演变出各式各样的采煤方法。但是，在实际工作中一般采用的主要有三种：倾斜分层下行垮落采煤法；倾斜分层上行充填采煤法；水平或斜切分层下行垮落采煤法。

（三）厚煤层整层开采的采煤方法

随着生产技术的发展，在厚煤层开采中整层开采有了较大发展。综合机械化采煤技术装备的发展、大采高支架的应用，为5 m以下的缓斜厚煤层采用大采高一次采全厚的单一长壁采煤法创造了条件，并已得到一定的发展。

在缓倾斜、厚度为 5 m 以上的厚煤层条件下，特别是厚度变化较大的特厚煤层，采用了综采放顶煤采煤法。

在急斜厚煤层条件下，可利用煤层倾角较大的特点，使工作面俯斜布置，依靠重力下放工作面支架，为有效地进行顶板管理创造了条件；在煤层赋存较稳定的条件下，成功采用了掩护支架采煤法，实现了整层开采，并获得了较广泛的应用。

壁式体系采煤法为机械化采煤创造了条件。按工艺方式不同，长壁工作面可有综合机械化采煤、普通机械化采煤和爆破采煤三种工艺方式，其中机械化采煤的比重呈逐年上升趋势。

综上所述，壁式体系采煤法一般具有下列主要特点：

①通常具有较长的采煤工作面长度。

②在采煤工作面两端至少各有一条巷道，用于通风和运输。

③随采煤工作面推进，应有计划地处理采空区。

④采出的煤沿平行于采煤工作面的方向运出采场。

二、柱式体系采煤方法

柱式体系采煤法是以房柱间隔进行采煤为主要标志、高度机械化的柱式体系采煤方法，一般分为房式采煤法和房柱式采煤法两类。

房式及房柱式采煤法的实质是在煤层内开掘一系列宽为 5 ~ 7 m 的煤房，开煤房时用短工作面向前推进，煤房间用联络巷相连以构成生产系统，并形成近似于矩形的煤柱，煤柱宽度由数米至二十多米不等。煤柱可根据条件留下不采，或者在煤房采完后再将煤柱按要求尽可能采出。前者称为房式采煤法，后者称为房柱式采煤法。房式采煤法与房柱式采煤法巷道布置基本相似，在美国将这两种方法统称为房柱式采煤法，前者称为这种采煤方法的"部分回采"方式；后者称为"全部回采"方式。

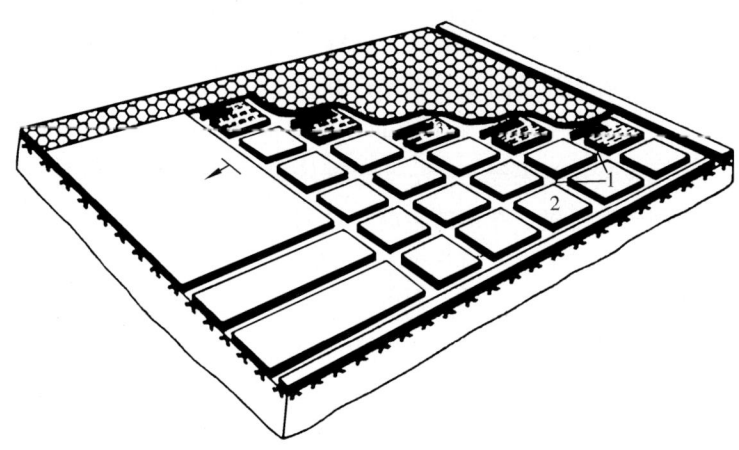

图 4 - 3 - 2　房柱式采煤法示意图

1—房柱；2—煤柱；3—采柱

柱式体系采煤法的一般特点：

（1）工作面长度不大，但数目较多。

（2）采房时矿山压力显现较和缓，用锚杆支护工作空间，支护较简单。

（3）采煤用爆破或连续采煤机配套设备，采煤在一组房内交替作业。

（4）采掘合一，掘进准备也是采煤过程，回收房间煤柱时，也使用同一种类型的采煤配套设备。

第三节　采煤工艺

目前，我国长壁采煤工作面采用炮采、普采和综采三种采煤工艺。

爆破采煤工艺，俗称"炮采"，其特点是打眼放炮，爆破落煤，爆破及人工装煤，机械化运煤，用单体支柱支护工作空间顶板。随着技术装备的发展，我国炮采工艺经历了三个主要发展阶段：50 年代初期改革采煤方法，推行长壁采煤工艺，工作面采用拆移式刮板输送机运煤、木支柱支护顶板，生产效率很低，工作极为繁重，劳动条件差；60 年代中期开始，采用能力较大、能整体前移的可弯曲刮板输送机运煤，用摩擦式金属支柱和铰接顶梁支护顶板，使工作面单产和效率有了较大提高，劳动强度有所降低；进入 80 年代以后，炮采工作面的装备和技术手段更新速度加快，用防炮崩单体液压支柱代替摩擦式金属支柱，工作空间顶板得到了有效控制，生产更加安全，支护工作效率提高，而且工作面输送机装上铲煤板和可移动挡煤板，使 80% ~ 90% 的煤在爆破和推移输送机时自行装入输送机，同时工作面采用大功率或双速刮板输送机运煤和毫秒爆破技术，进一步提高了生产效率。

普通机械化采煤工艺，简称"普采"，其特点是用采煤机械同时完成落煤和装煤工序，而运煤、顶板支护和采空区处理与炮采工艺基本相同。50 年代，曾采用深截式采煤机（截深为 1.5 ~ 1.6 m）落煤和装煤、拆移式刮板输送机运煤、木支柱支护顶板。由于顶板悬露面积大且得不到及时支护，单产和效率低，安全生产条件差，这种技术装备已被淘汰。60 年代以来，普遍采用了浅截式（截深 0.6 ~ 1.0 m）采煤机械。按照技术装备的发展，我国浅截式普采经历了三个发展阶段：60 年代初采用浅截式采煤机械、整体移置的可弯曲刮板输送机、摩擦式金属支柱和铰接顶梁相配套的采煤机组，使普采单产和效率有较大提高，安全生产有所改善；70 年代后期采用第二代普采装备，即对第一代浅截式普采设备进行技术更新，提高配套水平，主要是采用了单体液压支柱管理顶板，使普采生产呈现了新的面貌；80 年代中期开始，对第二代普采设备实行进一步更新换代，即第三代普采，采用了无链牵引双滚筒采煤机，双速、侧卸、封底式刮板输送机等新设备和新工艺，使普采的单产、效率和效益又上了一个新台阶。

综合机械化采煤工艺，简称"综采"，即破、装、运、支、处五个主要生产工序全部实现机械化。综采是目前最先进的采煤工艺，世界先进的煤炭生产国，凡以长壁为主的都已全部或大部分实现了综合机械化采煤。

一、爆破采煤工艺

爆破采煤的工艺过程包括打眼、放炮落煤和装煤、人工装煤、刮板输送机运煤、移置输送机、人工支护和回柱放顶等主要工序。

（一）爆破落煤

爆破落煤，由打眼、装药、填炮泥、连线等工序组成。

一般常用炮眼布置：①单排眼，一般用于薄煤层或煤质软、节理发育的煤层。②双排眼：包括对眼、三花眼、三角眼。一般适用于采高较小的中厚煤层。煤质中硬时可用对眼，煤质软时可用三花眼，煤层上部煤质软或顶板较破碎时可用三角眼。③三排眼，亦称五花眼，用于煤质坚硬或采高较大的中厚煤层。

炮眼深度根据每次的进度而定。一般有 0.8、1.0、1.2 m 三种，与单体支架顶梁长度相适应。单孔装药量根据煤质软硬、炮眼位置和深度以及爆破次序而定，通常 150 ~ 600 g。

装药：正向连续装药，总延期时间不超过 130 ms。

爆破：必须采用串联，一台发爆器起爆。

通风和瓦斯管理：保证风量足够，爆破前后洒水。

其他：工作面一次起爆长度 5 ~ 30 m。

（二）装煤与运煤

1. 爆破装煤

炮采工作面多采用 SWG - 40（或 44）型可弯曲刮板输送机运煤，在单体液压支柱及铰接顶梁所构成的悬臂支架掩护下，输送机贴近煤壁，有利于爆破装煤。

2. 人工装煤

炮采面人工装煤量主要由两部分构成：输送机与新煤壁之间松散煤安息角线以下的煤；崩落或撒落到输送机采空侧的煤。因此，浅进度可减少煤壁处人工装煤量；提高爆破技术水平，也可以减少人工装煤量。

3. 机械装煤

人工装煤是炮采面各工序中的薄弱环节，为此我国各矿区研制了多种装煤机械。目前使用最多的是在输送机煤壁侧装上铲煤板，放炮后部分煤自行装入输送机，然后工人用锹将部分煤扒入输送机，余下的部分底部松散煤靠大推力千斤顶的推移用铲煤板将其装入输送机。

4. 工作面运煤

工作面运煤是炮采面实现机械化的唯一工序。输送机移置器多为液压式推移千斤顶。工作面内每 6 m 设一台千斤顶，输送机机头、机尾各设 3 台千斤顶。某些装备水平较低的炮采面，可使用电钻改装的机械移置器。移置输送机时，应从工作面的一端向另一端依次推移，以防输送机槽拱起而损坏。

（三）炮采工作面支护和采空区处理

1. 炮采工作面支护

目前，我国部分炮采工作面采用单体液压支柱。其布置主要有两种：正悬臂齐梁直线柱和正悬臂错梁三角柱，后者现在采用较少。落煤时，爆深应与铰接顶梁长度一致。最小控顶距时应有 3 排支柱，以保证足够的工作空间，最大控顶距时一般不宜超过 5 排支柱。通常推进一或两排柱放一次顶，即三四排或三五排控顶。在有周期来压的工作面中，当工作空间达到最大控顶距时，为了加强对放顶处顶板的支撑作用，回柱之前常在放顶排处另外架设一些加强支架，称为工作面特种支架。特种支架的形式很多，有丛柱、密集支柱、木垛、斜撑支架以及切顶墩柱等。

2. 采空区处理

随着采煤工作面不断向前推进，顶板悬露面积越来越大，为了工作面的安全和正常生产，就需要及时对采空区进行处理。由于顶板特征、煤层厚度和保护地表的特殊要求等条件不同，采空区有多种处理方法，但最常用的是全部垮落法。

全部垮落法通常适用于直接顶易于垮落或具有中等稳定性的顶板。其方法是，当工作面从开切眼推进一定距离后，主动撤除采煤工作空间以外的支架，使直接顶自然垮落。以后随着工作面推进，每隔一定距离就按预定计划回柱放顶。这样不仅可以及时减少工作面的控顶面积，而且由于顶板垮落后破碎岩石体积膨胀而充填采空区，从而减轻工作面压力和防止对工作面产生不良影响。其主要工序是配合工作面推进定期进行回柱放顶工作。

采用全部垮落法处理采空区简单可靠、费用少，凡是条件合适时均应尽可能采用这种方法。我国开采薄及中厚煤层和大部分厚煤层时，几乎都采用全部垮落法。

二、普通机械化采煤工艺

（一）普通机械化采煤工作面技术装备

普通机械化采煤工作面技术装备：采煤机、刮板输送机、单体支柱、乳化液泵站、铰接顶梁、调度绞车、水泵、煤电钻等。

（二）普采面单滚筒采煤机工作方式

1. 采煤机的割煤方式

普采面的生产是以采煤机为中心的。采煤机割煤以及与其他工序的合理配合，成为采煤机割煤方式。采煤机割煤方式选择是否合理，直接关系到工作面产量和效率的提高。采煤机的割煤方式主要有以下几种：

（1）双向割煤、往返一刀。一般中厚煤层单滚筒采煤机普采面采用这种割煤方式。当煤层倾角较大时，为了补偿输送机下滑量，推移输送机必须从工作面下端开始，为此可采用下行割顶煤、随机挂梁，上行割底煤、清浮煤、推移输送机和支柱的工艺。

双向割煤、往返一刀割煤方式适应性强，在煤层粘顶、厚度变化较大的工作面均可采用，无须人工清浮煤。但割顶煤时无立柱控顶（即只挂上顶梁而无立柱支撑）时间长，不利于控顶；实行分段作业时，工人的工作量不均衡，工时不能充分利用。

（2）"∞"形割煤、往返一刀。其特点是在工作面中部输送机设弯曲段，这种割煤方式可以克服工作面一端无立柱控顶时间过长、工人的工作量不均衡等缺点，并且割煤过程中采煤机自行进刀，无须另外安排进刀时间，在中厚煤层单滚筒采煤机普采工作面中常采用。

（3）单向割煤、往返一刀。工艺过程为：采煤机自工作面下（或上）切口向上（或下）沿底割煤，随机清理顶煤、挂梁，必要时可打临时支柱。采煤机割至上（或下）切口后，翻转弧形挡煤板，快速下（或上）行装煤及清理机道丢失的底煤，并随机推移输送机，支设单体支柱，直至工作面下（或上）切口。

这种采煤方式适用于采高 1.5 m 以下的较薄煤层、滚筒直径接近采高、顶板稳定、煤层粘顶性强、割煤后顶煤不能及时垮落等条件。

（4）双向割煤、往返两刀。双向割煤、往返两刀割煤方式又称穿梭割煤，采煤机自下切口沿底上行割煤，随机挂梁和推移输送机，同时铲装浮煤、支柱，待采煤机割至上切口后，翻转弧形挡煤板，下行重复同样工艺过程。当煤层厚度大于滚筒直径时，挂梁前要处理顶煤。该方式主要用于煤层较薄并且煤层厚度和滚筒直径相近的普采面。

普采工作面使用双滚筒采煤机时，一般也采用双向割煤往返两刀的割煤方式。这种方式在综采工作面普遍采用。

2. 进刀方式

滚筒采煤机每割一刀煤之前，必须使其滚筒进入煤体，这一过程称之为进刀。滚筒采煤机以输送机机槽为轨道，沿工作面运行割煤，其自身无进刀能力，只有与推移输送机工序相结合才能进刀。因此，进刀方式的实质是采煤机运行与推移输送机的配合关系。单滚筒采煤机的进刀方式主要有三种。

（1）直接推入。

（2）"∞"字形割煤时采煤机沿工作面中部输送机弯曲段运行自行进刀，没有单独进刀过程，有利于端头作业和顶板支护。

（3）斜切进刀。斜切进刀可分为割三角煤和留三角煤两种方式。

（三）普采面单体支架

普采面单体支架布置应与煤层赋存条件、顶底板性质相适应，并符合采煤机割煤特点。除确保回采空间作业安全外，还要力求减少支设工作量。

1. 支架布置方式

除少数顶板完整的普采面可使用带帽点柱外，一般均采用单体液压支柱与铰接顶梁组成的悬臂支架。按悬臂顶梁与支柱的关系，可分为正悬臂与倒悬臂两种。正悬臂支架悬臂的长段在立柱的煤壁侧，有利于支护机道上方顶板；短段在立往的采空侧，故顶梁不易被折损。倒悬臂支架则相反，由于其长段伸向采空区，立柱不易被碎矸石埋住，但易损坏顶梁。

普采工作面支架布置，按梁的排列特点分为齐梁式和错梁式两种。为了行人和工人作业方便，工作面支柱一般排成直线，三角形排列已很少使用。

普采面采空区处理方法的选择和使用的特种支架与炮采面相同。

2. 普采工作面端头支护

工作面上下端头是工作面和平巷的交会处，此处控顶面积大，设备人员集中，又是人员、设备和材料出入工作面的交通口。因此，搞好工作面端头支护极为重要。

端头支护应满足以下要求：有足够支护强度，保证工作面端部出口的安全；支架跨度要大，不影响输送机机头、机尾的正常运转，并要为维护和操纵设备人员留出足够活动空间；能够保证机头、机尾的快速移置，缩短端头作业时间，提高开机率。

端头支护主要有下述几种：

（1）单体支柱加铰接顶梁支护。为了在跨度大处固定顶梁铰接点，可采用双钩双楔梁，或将普通铰接顶梁反用，使楔钩朝上。

（2）用 4~5 对长梁加单体支柱组成的迈步走向抬棚支护。

（3）用基本支架加走向迈步抬棚支护。

除机头、机尾处支护外，在工作面端部原平巷内可用顺向托梁加单体支柱或十字铰接顶梁加一单体支柱支护。

（四）普采面工艺参数分析

在普采面工艺设计中，除了合理选择支架布置方式外，还要正确确定工作面支护密度和排距、柱距。支护密度是控顶范围内单位面积顶板所支设的支柱数量。支护密度既是支护参数，又是确定生产组织管理方式和经济技术指标的重要参数。支护密度 n（棵/m²）可用下式表示

$$n = \frac{P_t}{\eta R_t}$$

式中　　P_t——工作面支护强度，kPa；

　　　　R_t——支柱额定工作阻力，kN/棵；

　　　　η——支柱额定工作阻力实际利用系数，单体液压支柱为 0.85 左右。

在普采和炮采工作面，当排距小于 0.8 m 时，行人困难，会降低工人的生产效率。因此，根据采煤机截深的不同，排距主要有三种规格：0.8 m、1.0 m、1.2 m。按照采煤作业的需要，最少需要 3 排柱，在工作面形成三条道：机道、人行道和堆放支柱、顶梁及其他材料的材料道。当排距小或工作面所需支护材料较多时，一条材料道不能满足需要，工作面最少就需要 4 排柱，即最小控顶距为 4 排。

（五）普采面设备配套

可根据不同地质条件和不同生产能力要求，对设备进行选型。中厚煤层采煤机有十几个机型可供选择，与之配套的普采面输送机也有五六个型号。但常用的中厚煤层普采面采煤机主要有 MG170 双滚筒型和 MDY-150（单滚筒）型。中厚煤层普采面输送机使用较多的有 SGB-630/150 型和 SGB-630/180 型。

三、综合机械化采煤工艺

综合机械化采煤（综采）是指采煤的全部生产过程，包括落煤、运煤、支护、顶板管理以及顺槽运输等，全部实现机械化。综合机械化采煤工作面是指用滚筒式采煤机

（一般常用双滚筒采煤机）或刨煤机、自移式液压支架、可弯曲刮板输送机以及其他附属设备（包括通信、照明等）进行配套生产的工作面。

（一）综采工作面双滚筒采煤机工作方式

1. 滚筒的转向和位置

当我们面向煤壁站在综采工作面时，通常采煤机的右滚筒应为右螺旋，割煤时顺时针旋转；左滚筒应为左螺旋，割煤时逆时针旋转。采煤机正常工作时，一般其前端的滚筒沿顶板割煤，后端滚筒沿底板割煤。这种布置方式司机操作安全，煤尘少，装煤效果好。在某些特殊条件下，如煤层中部含硬夹矸时，可使用左螺旋的右滚筒，逆时针旋转；左滚筒则为右螺旋，顺时针旋转。运行中，前滚筒割底煤，后滚筒割顶煤，在下部采空的情况下，中部硬夹矸易被后滚筒破落下来。

有一些型号的薄煤层采煤机滚筒与机体在一条轴线上，前滚筒割出底煤以便机体通过，因此也采用"前底后顶"式布置。有时，过地质构造也需要采用"前底后顶"式，后滚筒割顶煤后，立即移支架，以防顶煤或碎矸垮落。

2. 综采面双滚筒采煤机的割煤方式

综采面采煤机的割煤方式是综合考虑顶板管理、移架与进刀方式、端头支护等因素确定的，主要有两种。

（1）往返一次割两刀。这种割煤方式也叫做"穿梭割煤"，多用于煤层赋存稳定、倾角较缓的综采面，工作面为端部进刀。

（2）往返一次割一刀，即单向割煤，工作面中间或端部进刀。该方式适用于：顶板稳定性差的综采面；煤层倾角大、不能自上而下移架，或输送机易下滑、只能自下而上推移的综采面；采高大而滚筒直径小、采煤机不能一次采全高的综采面；采煤机装煤效果差、需单独牵引装煤行程的综采面；割煤时产生煤尘多、降尘效果差，移架不能在采煤机的回风平巷一端工作的综采面。

3. 综采面的采煤机的进刀方式

（1）直接推入法进刀。过程与单滚筒采煤机直接推入法进刀相同。因该方式需提前开出工作面端部切口，而且大功率采煤机和重型输送机机头（尾）叠加在一起，推移困难，因而很少采用。

（2）工作面端部斜切进刀。该方式又分为割三角煤和留三角煤两种。割三角煤方法进刀过程如下：

①当采煤机割至工作面端头时，其后的输送机槽已移近煤壁，采煤机机身处尚留有一段下部煤。

②调换滚筒位置，前滚筒降下、后滚筒升起并沿输送机弯曲段反向割入煤壁，直至输送机直线段为止。然后将输送机移直。

③再调换两个滚筒上下位置，重新返回割煤至输送机机头处。

④将三角煤割掉。煤壁割直后，再次调换上下滚筒，返程正常割煤。

留三角煤进刀法与单滚筒采煤机留三角煤进刀法相似。

（3）综采工作面中部斜切进刀。综采面中部斜切进刀特点是输送机弯曲段在工作面中部，操作过程为：

①采煤机割煤至工作面左端。

②空牵引至工作面中部，并沿输送机弯曲段斜切进刀，继续割煤至工作面右端。

③移直输送机，采煤机空牵引至工作面中部。

④采煤机自工作面中部开始割煤至工作面左端，工作面右半段输送机移近煤壁，恢复初始状态。

端部斜切进刀时，工作面端头作业时间较长，采煤机要长时间等待推移机头和移端头支架，影响有效割煤时间。而采用中部斜切进刀方式可以提高开机率。它适用于：较短的综采面，采煤机具有较高的空牵引速度；工作面端头空间狭小，不便于采煤机在端头停留并维修保养；采煤机装煤效果较差的综采面。但是采用该方式，工作面工程规格质量不易保证。

（4）滚筒钻入法进刀。滚筒钻入法进刀的过程如下：

①采煤机割煤至工作面端部距终点位置 3～5 m 时停止牵引，但滚筒继续旋转。

②开动千斤顶推移支承采煤机的输送机槽。

③滚筒边钻进煤壁边上下或左右摇动，直至达到额定截深并移直输送机。

④采煤机割煤至工作面端头，可以正常割煤。

钻入法进刀要求采煤机滚筒端面必须布置截齿和排煤口，滚筒不用挡煤板，若用门式挡煤板，钻入前需将其打开，并对输送机机槽、推移千斤顶、采煤机强度和稳定性都有特殊要求，采高较大时不宜采用。

（二）综采面液压支架的移架方式

我国采用较多的移架方式有三种：

1. 单架依次顺序式

又称单架连续式，支架沿采煤机牵引方向依次前移，移动步距等于截深，支架移成一条直线，该方式操作简单，容易保证规格质量，能适应不稳定顶板，应用比较多。

2. 分组间隔交错式

该方式移架速度快，适用于顶板较稳定的高产综采面。

3. 成组整体依次顺序式

该方式按顺序每次移一组，每组二三架，一般由大流量电液阀成组控制，适用煤层地质条件好、采煤机快速牵引割煤的日产万吨综采面。我国采用较多的分段式移架属于依次顺序式。

（三）综采工作面工序配合方式

综采面割煤、移架、推移输送机三个主要工序，按照不同顺序有及时支护方式和滞后支护方式两种配合方式。

1. 及时支护方式

采煤机割煤后，支架依次或分组随机立即前移、支护顶板，输送机随移架逐段移向煤壁，推移步距等于采煤机截深。这种支护方式，推移输送机后，在支架底座前端与输送机之间要富裕一个截深的宽度，工作空间大，有利于行人、运料和通风；若煤壁容易片帮，可先于割煤进行移架，支护新暴露出来的顶板。这种支护方式增大了工作面控顶宽度，不利于控制顶板。

2. 滞后支护方式

割煤后输送机首先逐段移向煤壁，支架随输送机前移，二者移动步距相同。这种配合方式在底座前端和机槽之间没有一个截深富余量，比较能适应周期压力大及直接顶稳定性好的顶板，但对直接顶稳定性差的顶板适应性差。为了克服该缺点，在某些综采面支架装有护帮板，前滚筒割过后将护帮板伸平，护住直接顶，随后推移输送机，移架。

无论是及时支护式或滞后支护式。均由设备的结构尺寸决定，使用中不能随意改动。

（四）综采面端头作业

综采面端头支护方式主要有以下三种：

（1）单体支柱加长梁组成的迈步抬棚，与普采面的该方式端头支护相同。该方式适应性强，有利于排头液压支架的稳定，但支设麻烦、费工费时，工人劳动强度大。

（2）自移式端头支架。移动速度快，但对平巷条件适应性差。

（3）用工作面液压支架支护端头，适用于煤层倾角较小的综采面，通常在机头（尾）处要滞后于工作面中间支架一个截深。

（五）综采设备的配套参数

1. 采煤机的选型与生产能力

采煤机是综采生产的中心设备，在综采设备选型中首先要选好采煤机。国内外制造的采煤机均已成系列，选型的主要依据是煤层采高、煤层截割的难易程度（即普氏系数 f 和截割阻力系数 A）、地质构造发育程度。主要应确定的参数是采高、牵引速度、电机功率，这三个参数决定着采煤机的生产能力，其余参数均与这三个主要参数成一定比例关系。当然，选型中还应根据所开采煤层的特性，综合考虑其他的参数，在机型基本确定的情况下，订货时还可以向厂家提出特殊要求，如滚筒直径、截深、底托架高度等参数，厂家均可按用户要求提供。此外，采煤机的可靠性是至关重要的，要根据煤层地质条件和各制造厂的现有产品认真论证。

2. 综采面输送机的选型与生产能力

综采面输送机选型应符合以下原则：①输送机的结构尺寸应与所选采煤机有严密配套关系，确保采煤机能以输送机为轨道往返运行割煤；②机槽及其所属部件的强度应与所选采煤机的重量及运行特点相适应；③运输能力与采煤机割煤能力相适应，保证采煤机与输送机二者都能充分发挥生产潜力；④输送机结构尺寸与液压支架的结构尺寸配套合理。

输送机的运输能力与铺设长度、电机功率、煤层倾角、机槽、刮板链的结构特点等因素有关。确定其运输能力时，不能照搬产品说明书数字，应当进行实测，从而依据输送机的实际运输能力确定出采煤机合理牵引速度，使输送机既不过载又能充分发挥运输潜力。

3. 液压支架移架方式与综采面生产能力相适应

液压支架的性能应达到：有效支护顶板；能快速移设。移架速度是液压支架生产能力的体现，但设备定型后，单架移架速度对采煤机牵引速度的适应性有限，一般是通过选择合理移架方式而适应顶板特性和综采面生产能力的要求。通常有以下做法：①顶板稳定性好时，单架依次顺序式移架，采煤机割至工作面端头时，利用采煤机反向操作和斜切进刀的时间移架工将移架滞后的距离赶上来。这种方式省人力，有利于控顶，又不影响生产。②顶板稳定性差的综采面，移架工对支架分段管理，采煤机割至哪一段范围，就由该段移架工移架，使移架和割煤的距离不超过一定值，但同时移架的段数不应超过三段。也可以实行全工作面分组交错随机移架。

4. 平巷、上（下）山运输系统以及采区车场能力与综采面生产能力适应

整个采区运输系统，只要有一个环节不适应，即会引起停产或降低生产能力。

5. 综采面生产能力与供风量一致

综采面风速不允许超过 4 m/s，采高和架型一定时，其过风断面也是定值，因此综采面所能达到的供风量是有限的，采煤机割煤时工作面风流中瓦斯含量不能超过安全规程的规定。在瓦斯涌出量较大的综采面，应按瓦斯涌出速度合理确定采煤机割煤牵引速度，使工作面保持均衡生产。由于割煤过快，常造成瓦斯超限而停机、断断续续割煤，这对于生产和安全是不利的。

四、采煤工艺方式的选择

我国国情和煤田地质条件的复杂性，决定了我国煤矿技术装备是多层次的，在一个相当长的时期内必将是综采、普采、炮采三种工艺方式并存。

（一）适于采用综采工艺的条件

就目前煤矿地下开采技术发展趋势看，综采是采煤工艺的重要发展方向，它具有高产、高效、安全、低耗以及劳动条件好、劳动强度小的优点。

但是，综采设备价格昂贵，综采生产优势的发挥有赖于全矿井良好的生产系统、较好的煤层赋存条件以及较高的操作和管理水平。根据我国综采生产的经验和目前的技术水平，综采适用于以下条件：煤层地质条件较好、构造少，上综采后能很快获得高产、高效；某些地质条件特殊，但上综采后仍有把握取得较好的经济效益。

（二）适合普采工艺的条件

普采设备价格便宜，一套普采设备的投资只相当一套综采设备的四分之一，而产量可达到综采产量的三分之一至二分之一。普采对地质变化的适应性比综采强，工作面搬迁容易。对推进距离短、形状不规则、小断层和褶曲较发育的工作面，综采的优势难以发挥，而采用普采则可取得较好的效果

与综采相比，普采操作技术较易掌握，组织生产比较容易。因此，普采是我国中小型矿井发展采煤机械化的重点。

（三）适合炮采工艺的条件

炮采工艺的主要优点是技术装备投资少，适应性强，操作技术容易掌握，生产技

管理比较简单，是我国目前采用较多的一种采煤工艺。但是，由于炮采单产和效率低、劳动条件差，根据我国的技术政策，凡条件适于机采的炮采面，特别在国有重点煤矿都要逐步改造成为普采面或综采面。

第四节　准备方式的类型及其选择

为了采煤，必须在已有开拓巷道的基础上，再开掘一系列准备巷道与回采巷道，构成完整的采准系统，以便人员通行、煤炭运输、材料设备运送、通风、排水和动力供应等正常进行。准备巷道包括采（盘）区上（下）山、区段石门或斜巷、采（盘）区车场，煤层群开采时的区段集中平巷等。

在一定的地质开采技术条件下，布置准备巷道可以有多种方式。准备巷道的布置方式称准备方式。合理的准备方式一般要在技术可行的多种准备方式中进行技术经济分析比较后才能确定。

按煤层赋存条件，准备方式可分为采区式、盘区式与带区式。采区式应用最为广泛；盘区式准备应用与采区式准备有不少相似之处，但有一定局限性；带区式准备相对较简单。

一、采区式准备

煤层群开采时，由开采水平大巷每隔一定距离（采区走向长）开掘采区石门，为各煤层服务。根据各煤层的间距不同，采区式准备方式有下列几种。

（一）煤层群单层准备方式

采区石门贯穿的各煤层均独立布置采区上山、装车站和车场。即按煤层各自布置采区，采区石门贯穿若干采区。

单一薄煤层及中厚煤层采区准备较简单，要解决的主要问题是：合理确定采区走向长度，沿煤层合理布置上山，合理划分区段及选择采区车场形式等。

对于单一厚煤层，除上述内容外，还要合理确定采区上山的层位，即煤层上山或岩石上山，大多用后者。

由于一对上山只为一层煤服务，上述两种方式均称为单层准备方式。

（二）采区多煤层联合准备方式

图4-3-3为煤层群采用采区集中上山的一种联合准备方式。上层煤为中厚煤层，采用单一走向长壁采煤法，采煤系统采用区段平巷单巷布置；下层煤为厚煤层，采用倾斜分层走向长壁下行垮落采煤法。采煤系统采用分层同采"机轨合一"集中巷布置，两层煤共用一组上山，但不共用区段集中平巷。

采准工作由大巷1开掘采区下部车场3，向上开掘采区岩石集中运输上山4，采区集中轨道上山5，与回风大巷2贯通，形成通风系统后，在第1区段上部开掘采区回风石门8，在第1区段下部开掘区段运输石门9与区段轨道石门10，分别与上层煤贯通，在上层煤分别开掘区段运输平巷 11，区段回风平巷 12 至采区边界开掘开切眼，形成工作面即可进行回采。掘进过程中同时开掘中部车场 6，上部车场 7 及采区各种硐室。

在上层煤回采的同时，掘进下层煤的区段岩石集中运输平巷 13 及其联系巷道，为下层煤生产做好准备。

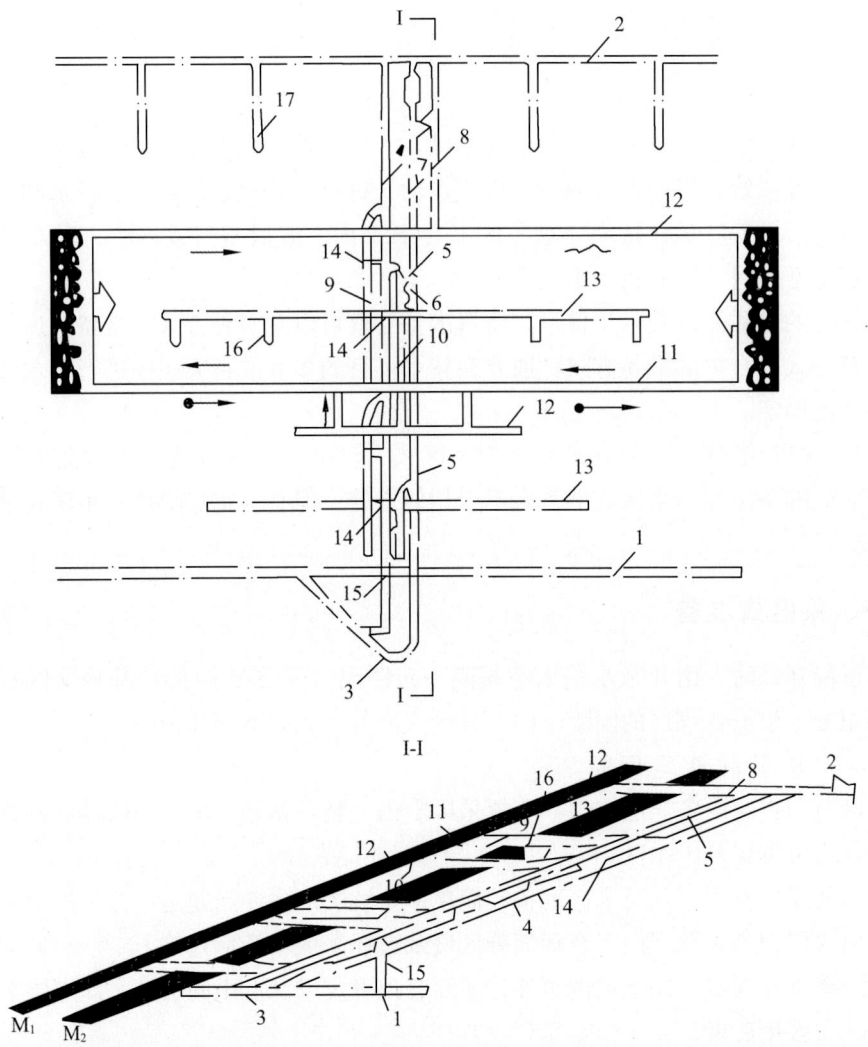

图 4 - 3 - 3　集中上山联合准备方式

1—运输大巷；2—回风大巷；3—采区下部车场；4—运输上山；5—轨道上山；6—中部车场；
7—上部车场；8—采区回风石门；9—区段运输石门；10—区段轨道石门；11—M₁ 区段运输平
巷；12—M₁ 区段回风平巷；13—M₂ 区段岩石集中运输平巷；14—溜煤眼；15—采区煤仓；
16—联络斜巷；17—联络小石门

1. 运煤系统

上层煤工作面采出的煤，由区段运输平巷 11，区段运输石门 9，溜煤眼 14，运至采区运输上山 4，采区煤仓 15，由大巷 1 运至井底。

2. 运料系统

材料设备则由大巷经轨道上山，采区上部车场至采区回风石门 8，轨道平巷 12 至工作面。

3. 通风系统

新鲜风流由大巷 1 至采区轨道上山 5，区段轨道石门 10 至上层煤下区段轨道平巷 12′，由联络巷至区段运输平巷 11，冲洗工作面后由区段回风平巷 12，采区回风石门 8 至回风大巷 2 排出。

下区段生产时，区段轨道石门 10、上区段岩石集中运输平巷 13 作为回风用，因此要求轨道石门 10 也要与运输上山 4 相贯通。上区段生产时，在轨道石门 10 与运输上山 4 的连接处设风门；下区段生产时应将风门移设到轨道石门 10 与轨道上山 5 的连接处附近。

上下区段同采时，上区段已采到 m_2 下分层，通风系统同前，在轨道石门 10 中间设风门，使新风由中部车场 6 进入岩石运输集中平巷 13；下区段开采 m_1，工作面污风由回风巷 12' 排出，经轨道石门 10，进入区段回风石门 18，排至回风上山 4。回风石门 18 与集中巷 13 的连接处需设风桥，或两巷不在一个平面内，擦顶而过。

（三）煤层群分组集中采区联合准备方式

按层间距大小将煤层群分成若干组，每个组内采用集中联合准备，以采区石门贯穿若干组煤层。由于组与组之间的间距较大，则不采用联合准备。图 4 - 3 - 3 为两个分组的准备方式示意图。这种方式实际是上述两种准备方式的结合应用。

这种方式也可理解为煤层群内有若干独立的采区，每个采区均为联合准备。

二、盘区式准备

开采近水平煤层时，盘区准备有上（下）山盘区和石门盘区方式，同时也有单层准备盘区和联合准备盘区之分。

（一）上（下）山盘区准备方式

1. 上（下）山盘区单层准备

开采近水平薄煤层及中厚单一煤层，可采用上（下）山盘区准备方式。

盘区上（下）山多沿煤层布置，上（下）山之间相距 15～20 m，两侧各留宽 20～30 m 的煤柱。运输上（下）山可采用刮板或胶带输送机，也可以采用无极绳矿车运输。担负辅助运输的轨道上山，一般采用无极绳运输。

为了便于无极绳轨道运输，中部车场处将铺设道岔的一段轨道上山调成平坡并与区段平巷顺向相连接，即中部车场为顺向平车场的布置形式。

开采单一厚煤层时，盘区上（下）山一般布置在底板岩层中，用溜煤眼和斜巷与区段巷道相连。

2. 上山盘区集中上山联合准备

巷道布置和生产系统如图 4 - 3 - 4 所示。

盘区内开采两个煤层，自上而下为 M_1 和 M_2，厚度均为 1.0～2.0 m，层间距离

15 m左右，煤层平均倾角5°，地质构造简单，瓦斯矿井。

由于 M_1 和 M_2 两煤层间距不大，故进行盘区联合准备。盘区走向1 200 m，为双翼开采，倾斜长1000 m，划分为6个区段，采用走向长壁采煤方法，对拉工作面布置。

巷道布置的特点是：水平运输大巷开在 M_2 煤层底板岩层中，当煤层倾角很小时，可允许污风下行，总回风巷也可位于运输大巷一侧，并列布置，可开在 M_2 中；盘区上山沿煤层布置：运输上山布置在 M_2 中，轨道上山布置在 M_1 中；区段煤层平巷为单巷布置，两层有关巷道以溜煤眼和斜巷相联系，大巷与轨道上山之间开掘一条盘区材料斜巷。

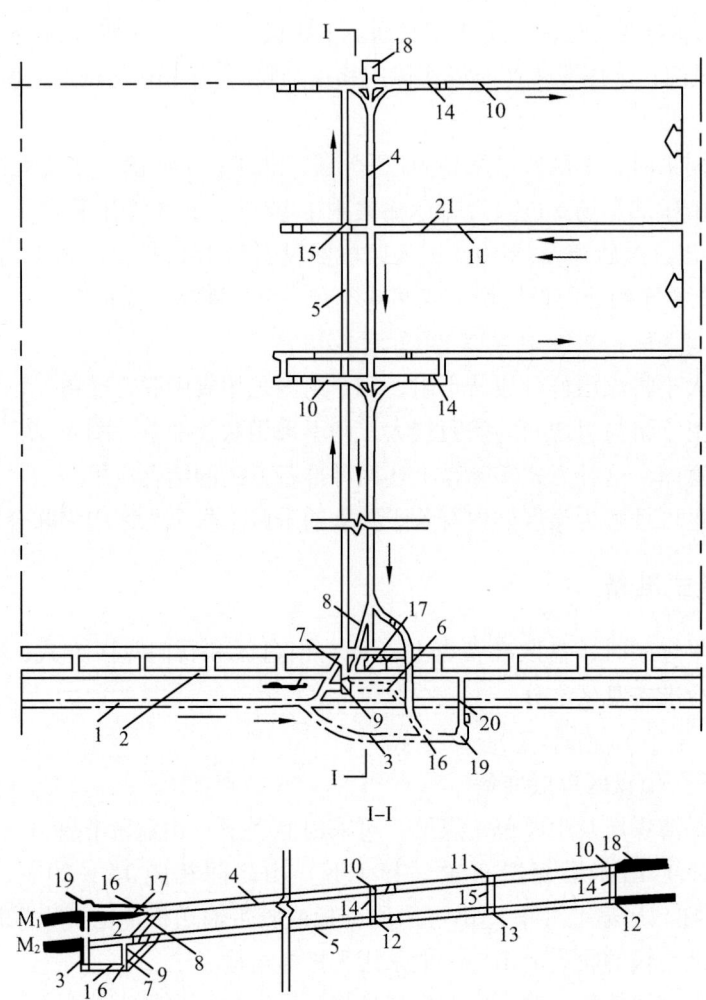

图4-3-4 上山盘区集中上山联合准备

1—岩石运输大巷；2—总回风巷；3—盘区材料斜巷；4—盘区轨道上山；
5—盘区运输上山；6—下部车场；7—进风斜巷；8—回风斜巷；9—煤仓；
10—M_1 区段进风巷；11—M_1 区段运输巷；12—M_2 区段进风巷；13—M_2 区段
运输巷；14—区段材料眼或斜巷；15—区段溜煤眼；16—甩车道；17—无极绳
绞车房；18—无极绳尾轮；19—盘区材料斜巷绞车房；20—绞车房回风巷；
21—下层煤回风眼

盘区准备时，自岩石运输大巷 1 开掘盘区材料斜巷 3 和甩车道 16，进入 M_1 后，掘进盘区无极绳运输的轨道上山 4，同时从下部车场 6 开掘进风斜巷 7 和盘区煤仓 9，通达 M_2。沿 M_2 掘进盘区运输上山 5，并开掘回风斜巷 8 至 M_1。自轨道上山 4 分别开掘 M_1 一二区段的进风巷 10 和运输巷 11。自运输上山 5 开掘 M_2 区段进风巷 12，并从 12 向上掘区段材料斜巷 14 与 M_1 区段进风巷 10 联通，开掘区段溜煤眼 15 通达运输上山。区段平巷掘至盘区边界后掘进工作面开切眼。

盘区的煤炭运输和回风系统如图箭头所示。

（二）石门盘区集中平巷联合准备

自水平大巷开掘石门作为盘区主要运煤巷道的盘区称石门盘区。石门盘区的区段平巷布置、层间联系等问题与上（下）山盘区基本相同。图 4－3－5 为开采近距离煤层群的石门盘区集中平巷联合准备的巷道布置。

盘区巷道的掘进程序是：自运输大巷 1 开掘盘区石门 3（按 0.3‰坡度），盘区轨道上山 4（距煤层底板 10 m 左右），与回风大巷 2 联通。同时开掘车场绕道 19 和无极绳绞车房 20 然后在区段上下边界位置，开掘盘区区段煤仓 8、进风巷 9 和材料绕道 I7，在距 38 m 左右于底板岩层中掘进区段运输集中巷 6 和区段轨道集中巷 7。自区段集中巷每隔一定距离（100～150 m）分别掘进回风运料斜巷 11，进风行人斜巷 10 和溜煤眼 12，穿透三个煤层。自盘区边界沿 M_1 掘进超前运输平巷 13，回风平巷 14 和开切眼。与此同时开掘盘区其他的联络巷道和硐室。随着上部煤层工作面的开采，再随时掘进下部煤层或分层的超前运输平巷 15 和超前回风平巷 16 等。

1. 运煤系统

自工作面采出的煤炭，由煤层（或分层）运输平巷 13（或 15），经溜煤跟 12 到运输集中巷 6。运至区段煤仓 8，在盘区石门 3 内装车外运。

2. 运料系统

工作面所需的材料和设备，由运输大巷 1 经车场绕道 19，通过无极绳运输的轨道上山 4 送至轨道集中巷 7，然后由回风运料斜巷 11 提到各煤层或分层的回风平巷 14（或 16），而运至工作面。

3. 通风系统

由运输大巷 1 来的新鲜风流，经盘区石门 3、进风巷 9 进入运输集中巷 6。再经进风行人斜巷 10 到各煤层（或分层）超前运输平巷 13（或 15）冲洗工作面。自工作面出来的污风，由煤层（或分层）回风平巷 14（或 16）经回风运料斜巷 11 到轨道集中巷 7，再经轨道上山 4 到盘区回风大巷 2，通向风井，排至地面。

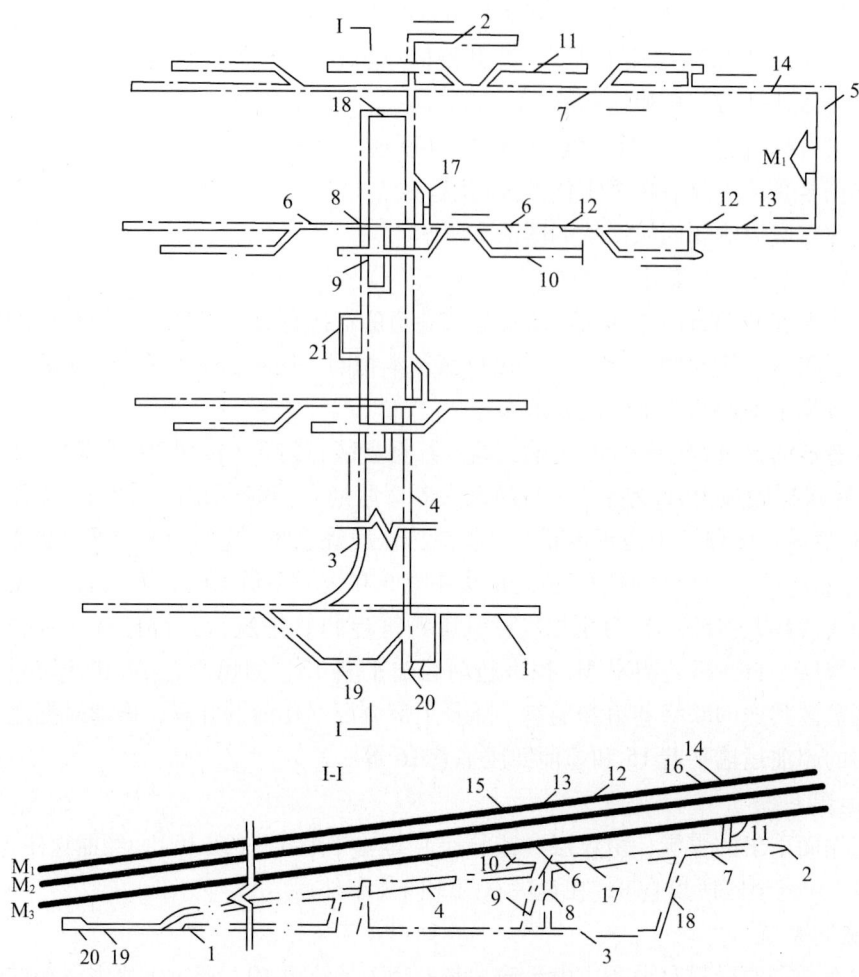

图 4-3-5　石门盘区集中平巷联合布置

1—岩石运输大巷；2—盘区回风大巷；3—盘区石门；4—盘区轨道上山；5—采煤工作面；
6—区段岩石运输集中平巷；7—区段岩石轨道集中平巷；8—区段煤仓；9—进风巷；10—进风
行人斜巷；11—回风运料斜巷，12—溜煤眼；13—M_1 运输平巷；14—M_1 回风平巷；15—M_2 上
分层运输平巷；16—M_2 上分层回风平巷；17—材料道；18—盘区石门尽头回风斜巷；19—车场
绕道；20—绞车房；21—变电所

（三）盘区准备的选择

石门盘区主要是改善了盘区上山的运输和维护条件，具有以下优点：

（1）将盘区上山的倾斜运输变为盘区石门的水平运输，给使用电机车创造了条件，简化了运输系统，减少了运输环节，运输能力大，而且不受运输长度的限制，运输费用低。

（2）采用盘区石门后，各工作面的煤运至溜煤眼，后又入区段煤仓可起到缓冲和调节运输的作用，加之石门中电机车运输又不易发生故障，几个煤仓即使同时装车也不互相干扰，有利于工作面连续生产。

（3）岩石巷道维护工作量小，维护费用低，有利于改善工作条件和降低煤柱损失。

石门盘区的主要问题是岩巷掘进工程量较大，掘进速度较慢，掘进费用较高。特别是在煤层倾角相对稍大、盘区倾斜长度大时，上部区段溜煤眼的高度也要随之增加（高度较大的溜煤眼，仅在下部一段设煤仓）。因此，它仅适用于倾角很缓的近水平煤层。

盘区巷道布置方式和类型的选择，应根据煤层地质条件、盘区生产能力大小和技术装备水平，通过方案比较分析加以确定。

采用石门盘区时，应特别注意溜煤眼的高度不宜过大。根据窑街、阳泉等矿区的经验，溜煤眼的高度不宜超过 50 m；西山、大同矿区的经验认为，溜煤眼的高度不宜超过 100 m；当煤层倾角变化比较大，采用石门盘区致使部分溜煤眼高度过大时，可采用石门与上山混合布置的方式。

三、带区式准备

按带区准备巷道服务的范围不同，可有两种基本形式：相邻分带的带区准备与多分带的带区准备。

相邻分带的带区准备方式的特点是：由相邻两个分带组成一个采准系统，同采或不同采，合用一个带区煤仓。各煤层（分层）可单独准备或采用集中斜巷联合准备。相邻分带的这两种准备方式的选择与采区式区段的单独或集中准备的选择原则相同。这种准备方式生产系统简单，但大巷装车点多。分带斜巷与大巷的联络巷道及车场工程量较大。

多分带的带区准备方式的特点是：将阶段或井田按地质构造等因素，划分为一定范围的区域，在该区域内布置多个分带，一般 4 ~ 6 个或以上，并组成一个统一的采准系统。

带区式准备由一个带区煤仓、一条带区集中运料斜巷与大巷联系。各煤层分带采用单层准备，即煤层群一般不设分带集中巷。这种方式要开掘为分带服务的带区运煤平巷与运料平巷但少开了岩石巷道，提高了掘进速度，缩短了准备时间，特别在综采时，便于采掘衔接。但要留设保护煤层平巷的煤柱，围岩松软时应加强煤层大巷的维护，一般适用于薄及中厚煤层。带区的划分与井田地质构造条件密切相关。

第五节　采（盘）区准备巷道布置及参数分析

一、采（盘）区上下山布置

采区上山和采区下山的布置原则大体相同，下面主要对采区上山布置加以分析。

（一）采区上山的位置选择

采区上山的位置，有布置在煤层中或底板岩层中的问题；对于煤层群联合布置的采区，还有布置在煤层群的上部、中部或下部的问题。

1. 煤层上山

（1）采用煤层上山的条件：采区上山沿煤层布置在煤层中时，掘进容易、费用低、速度快，联络巷道工程量少，生产系统较简单。其主要问题是煤层上山受工作面采动影响较大，生产期间上山的维护比较困难。改进支护，加大煤柱尺寸可以改善上山维护，但会增加一定的煤炭损失。总的来看，条件合适应尽量采用煤层上山，特别在下列条件下：

①开采薄或中厚煤层的单一煤层采区，采区服务年限短。

②开采只有两个分层的单一厚煤层采区，煤层顶底板岩层比较稳固，煤质在中硬以上，上山不难维护。

③煤层群联合准备的采区，下部有维护条件较好的薄及中厚煤层。

④为部分煤层服务的、维护期限不长的专用于通风或运煤的上山。

采用煤层上山时。随着采煤工作面的推进，采区上山将出现未受采动影响、受采动影响和采动影响已稳定三个围岩变形期，其受采动影响的程度与煤柱尺寸大小和处于一侧采动还是两侧采动有关。布置在厚煤层内的采区上山，由于受两侧采动影响，维护往往相当困难。

（2）为改善煤层上山的维护状况，可考虑采取以下一些措施：

①为减轻上山受两侧采动的影响，应避免两翼工作面同时向上山接近。为此，在选择工作面接替方式时，要恰当地安排工作面开采顺序。

②上山煤柱的宽度愈大，所受的采动影响愈小。一般在薄煤层及中厚煤层中，上山一侧的煤柱宽度至少要留 20～30 m；厚煤层上山煤柱至少要留 30～40 m。

③上山宜采用可缩性金属支架或锚网支护。

2. 岩石上山

对单一厚煤层采区和联合准备采区，在煤层上山维护条件困难的情况下，目前多将上山布置在煤层底板岩层中，其技术经济效果比较显著。巷道围岩较坚硬，同时上山离开煤层一段距离，减小了受采动影响。为此，要求岩石上山不仅要布置在比较稳固的岩层中，还要与煤层底板保持一定距离，距煤层愈远，受采动影响愈小，但也不宜太远，否则会增加联络巷道工程量。一般条件下，视围岩性质，采区岩石上山与煤层底板间的法线距离为 10～15 m 比较合适。

3. 上山的层位与坡度

联合布置的采区集中上山通常都布置在下部煤层或其底板岩层中。主要考虑因素是适应煤层下行开采顺序、减少煤柱损失和便于维护。否则，为了保护上山巷道，必须在其下部的煤层中留设宽度较大的煤柱，并愈距上山愈远的下部煤层中、所要保留的煤柱尺寸愈大。

在下部煤层的底板岩层距涌水量特别大的岩层很近、不能布置巷道时（如在华北、华东的某些矿井），煤系底板距奥陶纪石灰岩很近，开掘巷道有透水淹井的危险，只有考虑将采区上山布置在煤层群的中部。

采区上山的倾角，一般与煤层倾角一致，当煤层沿倾向倾角有变化时，为便于使用，应使上山尽可能保持适当的固定坡度。另外，在岩石中开掘的岩石上山，有时为了适应胶带输送机运煤或自溜运输的需要，可采取穿层布置。

（二）采区上山数目及其相对位置

1. 上山数目的确定

采区上山至少要有两条，即一条运输上山，一条轨道上山。这样就能满足采区运输、通风和行人的需要。随着生产的发展，或特殊情况下，常常需要增加上山数目。例如：

（1）生产能力大的厚煤层采区，或煤层群集中联合准备采区、分组大联合布置采区。

（2）生产能力较大、瓦斯涌出量也很大的采区，特别是下山采区。

（3）生产能力较大，经常出现上下区段同时生产，需要简化通风系统的采区。

（4）运输上山和轨道上山均布置在底板岩层中，需要探清煤层情况，或为提前掘进其他采区巷道的采区。

增设的上山一般专做通风用，也可兼做行人和辅助提升（临时）用。增设的上山特别是服务期不长的上山，多沿煤层布置，以便减少掘进费用，并起到探清煤层情况的作用。

2. 上山布置类型

上山按其在煤层或岩层中布置的情况及数目，主要有以下五种类型。

（1）一岩一煤上山：当煤层群最下一层为维护条件较好的薄煤层及中厚煤层时，可将轨道上山布置在该煤层中，运输上山布置在底板岩层中。这种布置可减少一些岩石上山工程量。适用于产量不大、瓦斯涌出量不大、服务期不太长的采区。

（2）两条岩石上山或两条煤层上山：在煤层底板岩层中布置两条岩石上山，它多用于煤层群最下一层为厚煤层，或开采单一厚煤层的采区，当煤层群的最下一层为薄煤层或煤线时，可将两条上山布置在该薄煤层中。两条岩石上山布置的应用，在瓦斯涌出量不大的联合准备采区中较为普遍，两条煤层上山也可以在单层准备时应用。

（3）两岩一煤上山：为了进一步弄清地质构造和煤层情况，在煤层中增设一条通风行人上山。它一般是先掘煤层上山，为两条岩石上山导向。在生产中，煤层上山可用做通风与行人。

（4）三条岩石上山：在煤层底板中布置三条上山。它适用于开采煤层层数多、厚度大、储量丰富的采区，以及瓦斯大、通风系统复杂的采区。

3. 上山间的位置关系

采区上山之间在层面上需要保持一定的距离。当采用两条岩石上山布置时，其间距一般取 20 ~ 25 m；采用三条岩石上山布置时，其间距可缩小到 10 ~ 15 m。上山间距过大，使上山间联络巷长度增大，若是煤层上山，还要相应地增大煤柱宽度。若上山间距过小，则不利于保证施工质量和上山维护，也不便于利用上山间的联络巷做采区机电硐室，而且中部车场的布置也会遇到困难。

采区上山之间在层面上的相互位置，既可以在同一层位上。也可使两条上山之间在层位上保持一定高差。为便于运煤，可把运输上山设在比轨道上山层位低 3~5 m 处；如果采区涌水量较大，为使运输上山不流水，同时也便于布置中部车场，可将轨道上山布置在低于运输上山层位的位置；若适于布置上山的稳固的岩层厚度不大、使两条上山保持一定高差就会造成其中的一条处于软弱破碎的岩层中时，则需采用在同一层位布置上山的方式；当两条上山都布置在同一煤层中，而煤层厚度又大于上山断面高度时，一般都是轨道上山沿煤层顶板、运输上山沿煤层底板布置，以便于处理区段平巷与上山的交叉关系。

二、煤层群区段集中平巷的布置及层间联系方式

煤层群采区采用集中平巷联合准备时，要设置区段集中平巷，为区段内各煤层服务。通常用作上区段的运输集中平巷，在下区段回采时又作为区段回风（轨道）集中平巷。

区段集中平巷布置原则基本上与单一厚煤层分层同采时相同，但在煤层群条件下有一定的特点。

在联合准备的煤层群中，若有赋存条件较稳定、围岩条件较好的薄煤层及中厚煤层，且位于煤层群的下部时，则可将集中平巷布置在该煤层中，以减少岩石巷道的工程量。

当联合准备的煤层群层数多，总厚度大，集中平巷服务期较长，而煤层的围岩条件较差时，可将集中运输平巷、集中轨道平巷均布置在煤层群底板岩层中，以减少巷道的维护工程量。很多情况下是将区段集中运输平巷布置在底板岩层中，而将区段轨道巷布置在煤层中。

根据煤层赋存条件和生产需要，煤层群区段集中平巷的布置方式大致有四种。

（一）机轨分煤岩巷布置

将运输集中平巷布置在煤层底板岩层内，轨道集中平巷布置在煤层内。这种方式比双岩巷布置少掘一条岩石平巷，掘进速度较快，可缩短区段准备时间。轨道集中平巷沿煤层超前掘进，可以探明煤层的变化情况，为掘进岩石运输集中平巷时取直定向创造了条件，在下区段投产时，还可以利用轨道集中平巷回风，便于上下区段同时回采。设置轨道集中平巷后，各煤层区段平巷超前掘进以及回采时期运送材料设备都比较方便。在煤层顶板含水较大的情况下，轨道集中平巷还可做泄水巷，不影响煤的运输。轨道集中平巷布置在煤层中，易受采动影响，维护比较困难。因此，可将其布置在围岩较好的薄煤层及中厚煤层中。

设置区段集中平巷的目的，是为了减少煤层或分层区段平巷的维护时间，降低维护费用，也是为布置可靠的能力较大的集中运输系统，减少设备台数。因此，在设有区段集中平巷时，必须每隔一定距离（通常是一台刮板输送机的长度，100~150 m）开掘联络巷道，以分段掘进各煤层采煤工作面的超前平巷，实现集中运输。各超前平巷随采随废，减少了维护时间和长度。

（二）机轨双岩巷布置

运输集中平巷和轨道集中平巷均布置在煤层底板岩层中。根据煤层底板岩层性质，

将两条岩石集中巷选在不受采动影响、集中应力小的位置，以便于维护。双岩巷布置的突出优点是巷道压力小，可以大量减少维护费用，或者不用维护，使之长期处于良好状态。同时，运输集中平巷、轨道集中巷与各煤层（或分层）超前平巷之间的联系比较方便。双岩巷布置有利于上下区段同时回采和提高采区生产能力。但双岩巷布置的岩石巷道掘进工程量大，掘进费用高，采区准备时间较长。必须是开采煤层数目多，或者煤层厚度大、区段生产时间长、煤层巷道很难维护时才采用。

机轨双岩巷布置有两种方式，双岩巷相同标高布置的优点是两巷掘进及联系方便，而不同标高布置的好处是区段主运输和辅助运输系统互相干扰小。两者在我国均有应用。

（三）机轨合一巷布置

这种布置方式是将胶带运输和轨道运输集中在一条断面较大的岩石巷道内。机轨合一巷布置减少了一条巷道和一部分联络巷道，掘进和维护工程量较小；巷道选在适宜的位置，可以免受采动影响，节省维护费用；设备集中布置在一条巷道中，可以充分利用巷道断面，胶带输送机的安装和拆卸可以利用同一巷道中的轨道运输，比较方便。但是，机轨合一巷的跨度和断面大，没有煤巷定向，巷道层位不好控制，因此施工相对比较困难，进度较慢；当上下区段需要同时回采时，通风问题较难解决。机轨合一巷与采区上山的连接处，以及与通往煤层超前平巷的联络巷道连接处，存在输送机和轨道交叉的问题，设备和线路的布置比较复杂。例如，将机轨合一巷的轨道布置在远离煤层一侧，且轨道上山比集中平巷层位低时，可通过中部车场直接与其连接，不需要穿越输送机。但采用区段石门与煤层超前平巷联系时，轨道要穿越输送机，对掘进煤层超前平巷的材料和设备运输不便；相反，当轨道布置在靠近煤层一侧时，集中巷与区段联络石门间的轨道直接连接，辅助运输在这段比较方便。可是中部车场通达集中巷的轨道则要穿越输送机，在相交处为抬高输送机，就要加大巷道高度，交叉点施工比较复杂。两种情况各有利弊，可根据具体要求分别采用。

（四）机轨双煤巷布置

这种方式是将运输集中平巷和轨道集中平巷都布置在煤层中。机轨双煤巷布置，岩石工程量小，巷道掘进容易，速度快，费用低，可以缩短采区准备时间。同时，双煤巷布置有利于上下区段同时回采，扩大采区生产能力。但是，在煤层内布置集中平巷，受采动影响大，特别是煤层（或分层）数目多，间距又较小时，集中平巷将受多次采动影响，加之集中平巷的服务期较长、维护工程量大，严重时会影响生产。在联合布置的采区内，若最下部有围岩较好的薄煤层及中厚煤层，可以考虑采用双煤巷布置。

三、采区参数

采区参数包括：采区尺寸、工作面及区段长度、采区煤柱尺寸及采区生产能力等。采区尺寸包括采区倾斜长度和走向长度。当煤层倾角较大时，采区倾斜长度由开采水平高度确定，采区尺寸主要是确定采区走向长度；当煤层倾角平缓，采用盘区布置时，盘区的倾斜长度常受辅助运输的限制。采用倾斜长壁采煤法的，采区尺寸是由条带长度确定。

（一）采区尺寸

1. 影响采区尺寸的因素

确定合理的采区长度，应考虑采区地质条件、开采技术装备条件、采区生产能力、工作面接替以及经济因素的影响。

（1）地质条件

①地质构造：较大的地质构造对采区长度影响较大。为了便于布置采区巷道，往往将大的断层及褶曲轴作为划分采区的界限。

②煤层及围岩稳定程度：围岩的稳定程度影响区段巷道的维护状况。在松软的煤层中布置区段巷道，维护较困难，采区走向长度不宜过大。若采用岩石集中平巷且围岩较稳定时，工作面采用超前平巷，煤层巷道维护时间很短，采区长度可适当增大。

③自然发火：有自然发火危险的煤层，在确定采区走向长度时，要保证开采、收尾及封堵期间不发生煤层自燃发火，并在采完以后，能将采区迅速封闭。

④再生顶板形成时间：缓斜、倾斜近距离煤层群或厚煤层分层开采时，上下煤层（分层）工作面要保持一定错距。根据实践经验，工作面错距一般为 120~200 m。

⑤煤层倾角：由于开采条件和所使用的采煤方法的限制，急斜煤层采区走向长度较缓斜和倾斜煤层短。随着开采技术的发展，急斜煤层采区走向长度有加大的趋势。

⑥煤层的厚度：煤层的厚度对采区尺寸有一定影响。

（2）生产技术条件

①区段平巷的运输设备。

胶带输送机：一般吊挂胶带输送机有效铺设长度为 300~400 m/台，新系列可伸缩吊挂胶带输送机铺设长度为 500~1 000 m/台。所以，选用胶带输送机一般都能够满足目前采区走向长度的要求。

刮板输送机：可弯曲刮板输送机每台有效铺设长度可达 200 m，在区段平巷中串2~3台串联运输即可满足一般采区走向长度的要求。

矿车：中、小型矿井区段运输平巷常采用无极绳、小绞车牵引矿车运煤，采区长度一般较短。

辅助运输设备：区段平巷坡度起伏较大时，工作面多采用小绞车运料，采区走向长度宜适当缩短，以免多段运料并增加辅助工人数。

②开采设备搬迁。缓斜、倾斜煤层群或厚煤层分层开采使用集中运输平巷的采区，宜有较大的走向长度以充分发挥运输设备效能、减少设备拆装次数及工作面搬迁次数。

③采区供电。采区走向长度加大，采区变电所至负荷供电距离增加，电压降大，影响工作面机电设备的正常运转。所以，在确定采区走向长度时，要考虑电压降的影响。

（3）经济因素：合理的采区走向长度，应当使吨煤费用最低。采区走向长度的变化会引起多项费用的变化：区段平巷的维护费和运输费随着采区走向长度的加大而增加；采区上（下）山采区车场和硐室的掘进费和机电设备安装费随着采区走向长度的加大而减少；而区段平巷的掘进费则与采区走向长度的变化无关。因此，在经济上存在着使吨煤费用最低的采区走向长度的合理值。

2. 采区尺寸数值

采区尺寸包括采区走向长度和倾斜长度。使用单体液压支柱的普采工作面采区，其走向长度一般为 1 000 ~ 1 500 m。综采采区宜用单翼布置工作面，其走向长度一般不小于 1 000 m；当双翼布置时，一般不小于 2 000 m。

煤层倾角平缓、采用盘区上（下）山布置时，盘区上山长度一般不超过 1 500 m，盘区下山长度不宜超过 1 000 m；采用盘区石门布置时，盘区斜长可按具体条件确定。盘区走向长度可按采区走向长度考虑。

煤层倾角较大时，采区倾斜长度由水平高度确定，在这种情况下确定采用尺寸主要是确定采区走向长度。

（二）采煤工作面长度

1. 影响工作面长度的因素

合理的工作面长度应能为实现工作面高产、高效提供有利条件。在一定范围内加长工作面长度能获得较高产量和提高效率，减少采区巷道开掘工程量和维护量，降低吨煤成本。但是，工作面过长，将会导致工作面推进度降低，不利于实现高产、稳产，影响经济效益。因此，工作面长度有其合理范围。在确定工作面长度时，应考虑以下影响因素：

（1）煤层赋存条件

①煤层厚度。煤层很薄时，工作面行人运料不便；煤层采高过大（超过 2.5 m）时，工作面支柱和回柱操作困难，工作面不宜过长。

②煤层倾角。煤层倾角大于 30°时行人运料即感不便。特别是急斜煤层，由于工作面作业条件困难、劳动强度大、滑落煤块岩块易于伤人或冲倒支架、安全保障程度低等原因，工作面宜短。

③围岩性质。顶板松软破碎的工作面或坚硬顶板工作面顶板控制工序占用时间较长，工作面均不宜过长。

④地质构造。采区中小断层多或顶、底板起伏较大，会使采煤工作困难、支护复杂，容易打乱正规循环作业，工作面不宜过长。落差较大的走向断层常作为划分区段的边界，在客观上也限制了工作面长度。

如果煤层倾角较小、采高适中，顶底板围岩性质好，工作面好维护，地质构造简单，则可合理加大工作面长度。

（2）机械装备及技术管理水平

①采煤机。滚筒采煤机和刨煤机落煤较爆破落煤进度快、效率高，为了充分发挥采煤机械的效能，条件相同的普采工作面长度宜大于炮采工作面。因为使用液压支架能保证采煤机有较高的牵引速度，辅助时间少，所以综采工作面长度可比普采工作面更长。但是，工作面过长管理复杂，遇到地质变化的可能性也愈大。因此，工作面不宜过长。

②输送机。工作面输送机的运输能力和有效铺设长度应满足工作面生产的要求，使采落的煤炭在规定时间内运出。

③顶板控制。顶板控制对工作面长度的影响，通常表现为采空区处理能力赶不上采

煤的速度，尤其在使用单体支架的普采工作面，常出现这种现象。因此，确定工作面长度要考虑采空区处理能力。倾角小时，可采用分段同时回柱以提高放顶能力；倾角大时，分段回柱则不够安全。顶板稳定时，可实行采回平行作业，但顶板压力大或破碎时，采回平行作业则比较困难，故工作面长度不宜过大。综采工作面实现了"支回合一"，减少了顶板控制对加大工作面长度的影响。

④工作面通风。瓦斯涌出量较大的煤层，风速是限制工作面长度的重要因素。当工作面进度一定时，工作面愈长，则产量愈高，愈需要增加风量，由于工作面断面的限制，易导致风速过大，引起煤尘飞扬，影响安全生产。所以，在高瓦斯矿井中，要考虑工作面通风能力对工作面长度的影响。

（3）巷道布置：采区巷道布置方式对工作面长度有一定影响。例如，煤层群联合布置的采区，应使各区段上下煤层工作面长度相适应。可能对某一煤层而言工作面长度不大合适，但为了便于巷道布置，必须采用同主要可采煤层相适应的工作面长度。

实际工作中，一般根据煤层赋存条件、机械装备情况、采空区处理能力以及通风能力等因素综合考虑确定工作面长度。

2. 采煤工作面长度

综合机械化采煤工作面的长度，一般为 150～200 m；普采工作面的长度，一般为 120～150 m；炮采工作面长度，一般为 80～150 m。对拉工作面总长度一般为 200～300 m。小型矿井采煤工作面长度可采用大、中型矿井的下限或适当降低。急斜煤层采用伪斜柔性掩护支架采煤法的工作面长度一般为 30～60 m。

（三）采区煤柱尺寸

确定煤柱合理尺寸的因素是煤层所受压力的大小以及煤柱本身的强度。在通常情况下，煤层埋藏深度和厚度较大、围岩较软时，煤柱承受的压力就较大。煤柱强度主要决定于煤层的物理力学性质，并与煤柱的形状尺寸、巷道的服务年限及巷道支护情况有关。在选择合理煤柱尺寸时，须综合分析确定。

煤柱留设应按照《建筑物、水体、铁路及主要井巷煤柱留设与压煤开采规程》的相关规定确定。

1. 采区上（下）山间的煤柱宽度（沿走向）

对薄煤层及中厚煤层，煤柱宽度为 20 m；对厚煤层，煤柱宽度为 20～25 m。

2. 工作面停采线至上（下）山的煤柱宽度

对薄煤层及中厚煤层，煤柱宽度约为 20 m；对于厚煤层，煤柱宽度为 30～40 m。

3. 上下区段平巷之间的煤柱宽度

对薄煤层及中厚煤层，煤柱宽度为 8～15 m；对于厚煤层，煤柱宽度为 30 m。

4. 运输大巷一侧煤柱宽度

对薄煤层及中厚煤层，煤柱宽度为 20～30 m；对于厚煤层，煤柱宽度为 25～50 m。

5. 回风大巷一侧煤柱宽度

对于薄煤层及中厚煤层，煤柱宽度为 20 m；对于厚煤层，煤柱宽度为 20～30 m。

6. 采区边界两个采区之间的煤柱宽度

采区边界两个采区之间的煤柱宽度为 10 m。

7. 断层一侧煤柱宽度

断层侧煤柱宽度根据断层落差及含水等具体情况决定：落差大且含水时留 30～50 m；落差较大留 10～15 m；采区内落差小的断层通常不留煤柱。

应当指出：大巷布置在较坚硬的煤层底板岩层中，或大巷距煤层垂距在 20 m 以上时，一般不受采动影响，其上方可不留护巷煤柱。

采区内留设的煤柱可以回收一部分，如区段隔离煤柱、上（下）山之间及其两侧煤柱等，但不可能全部回收出来。

（四）采区生产能力

采区生产能力是采区内同时生产的采煤工作面和掘进工作面出煤量的总和。合理确定采区生产能力，可以充分发挥采区主要巷道和设备的效能，改善采区各项技术经济指标，合理提高采区生产能力，是实现采区集中化生产、不断提高矿井产量、减少同时生产采区个数的重要措施。

1. 采区生产能力的影响因素

确定采区生产能力，应综合考虑以下因素：

（1）地质因素：可采煤层数目、厚度、倾角、层间距、煤层结构、顶底板岩石性质、煤层稳定程度和地质构造等，是影响采区生产能力的主要因素。瓦斯等级、煤层自然发火、水文情况对采区生产能力也有程度不同的影响。

（2）技术装备：采煤、掘进、运输的机械化程度和通风、供电等系统能力。采区的技术装备要配套，避免出现薄弱环节。

（3）采区储量：采区的生产能力要与采区储量相适应，使采区具有相应的服务年限。

（4）采区产量的稳定性：在采区服务年限内，采区的产量应相对稳定，除了递增递减期外，采区产量要保持在设计生产能力以上，波动幅度不宜大，且稳产时间以不少于整个采区服务年限的 3/4。

为了保证采区的正常接替，生产采区处在产量递减期时，新采区的全部准备工作（包括巷道掘进、设备的安装和试运转等），应当相应结束并留有适当余地。

要尽量避免矿井出现两个以上的采区同时处于生产接替状态，以减少同时生产的采区个数并简化生产管理工作，以免出现矿井产量不均衡。

2. 确定采区生产能力的方法

$$A_B = k_1 k_2 \sum_{i=1}^{n} A_{0i}$$

式中　A_B——采区生产能力，万 t/a；

A_0——一个采煤工作面产量，万 t/a；

n——同时生产的采煤工作面数目；

k_1——采区掘进出煤系数，取 1.1；

k_2——工作面之间出煤影响系数，$n=2$ 取 0.95，$n=3$ 取 0.9。

确定采区生产能力主要是确定一个采煤工作面产量和同时生产的工作面个数。

（1）一个采煤工作面产量

$$A_0 = LV_0 M\gamma C_0$$

式中　L——采煤工作面长度，m；

　　　V_0——工作面推进度，m/a；

　　　M——煤层厚度或采高，m；

　　　γ——煤的密度，t/m^3；

　　　C_0——采煤工作面采出率。

采煤工作面的设计能力一般应选取如下数值：综采工作面，采高在 2 m 及 2 m 以上的为 50 万~80 万 t/a，1.1~2 m 的为 30 万~50 万 t/a；配备有单体液压支柱的普采工作面产量为 20 万~30 万 t/a；炮采工作面能力为 10 万~20 万 t/a。

（2）采区内同时生产的工作面数目：应根据煤层赋存条件、采区主要巷道的运输能力、开采程序、采掘机械化程度、管理水平和采掘关系等因素，综合考虑确定。同时生产工作面过多，则管理复杂，接续紧张。

为保持采区合理的开采强度，每个双翼采区内同采的工作面数目一般为 1~2 个：

在一个采区内安排两个综采工作面，容易互相影响，可布置一个综采工作面另外再布置一个普采或炮采工作面。

（3）采区生产能力的验算：初步确定采区生产能力后，应经过以下各生产环节的验算。

①采区运输能力。采区的运输能力应大于采区生产能力，其中主要是运煤设备的生产能力要与采区生产能力相适应。对于普采或综采工作面，采区集中巷和上（下）山运煤设备的小时生产能力，应与同时工作的工作面采煤机小时生产能力相适应。

$$A_B \leqslant A_n \cdot \frac{T\eta_0}{K} \cdot 330$$

式中　A_n——设备生产能力，t/h；

　　　η_0——运输设备正常工作系数，取 0.7~0.9；

　　　K——产量不均衡系数，取 1.2~1.3；

　　　T——日出煤时间，h。

②采区通风能力。采区的生产能力应和通风能力相适应。根据矿井瓦斯等级、进回风巷道数目、断面和允许的最大风速，验算通风允许的最大采区生产能力。

$$A_B \leqslant \frac{330 \cdot 24 \cdot 60 \cdot v \cdot s}{C \cdot C_1}$$

式中　v——巷道内允许的最大风速，m/s；

　　　S——巷道净断面积，m^2；

　　　C——日产 1 t 煤需要的风量，m^3/min·t^{-1}；

　　　C_1——风量备用系数。

（五）采区回采率

回采率是指工业储量中，设计或实际采出的那一部分储量占工业储量的比例，用百分数表示。采区内实际采出煤量与采区可采储量之比称采区回采率，工作面内实际采出煤量与工作面储量之比称为工作面回采率。

现行的《煤炭工业矿井设计规范》（GB 50215 – 2005）条款 2.1.4 规定：

矿井采区的回采率，应符合下列规定：厚煤层不应小于 75%；中厚煤层不应小于 80%；薄煤层不应小于 85%；水力采煤的采区回采率厚煤层、中厚煤层、薄煤层分别不应小于 70%、75% 和 80%。

条款 5.2.6 规定：

采煤工作面的回采率应符合下列规定：厚煤层不应小于 93%；中厚煤层不应小于 95%；薄煤层不应小于 97%。

第四章 特殊开采技术

第一节 "三下一上"采煤

一、"三下一上"采煤技术现状

建筑物下、铁路下、水体下、承压水体上煤层的开采，简称"三下一上"开采。

据目前不完全统计，我国国有骨干大中型矿井"三下"压煤量达到140亿t以上，其中建筑物下压煤占整个"三下"压煤量的60%以上，水体下（包括承压灰岩水上）压煤占28%左右，铁路下压煤占12%左右。然而，到目前为止，我国从"三下"采出的煤炭仅有10亿吨，只占整个"三下"压煤量的7%左右。

随着一些大中型煤矿开采时间的增长及其地表乡镇企业和农村住宅的建设和扩展，目前已有很大一部分矿井已无较为正规完整的采区可供开采，造成很多矿井有储量而无法大规模开采的局面。而有些矿井强行开采（不管对地表的影响），有些矿井因采掘接替协调顺序不对进行开采，引起对地表设施的大量或不该有的损坏，造成巨大的经济损失和紧张的工农关系，严重影响了煤矿企业的生产和经济效益。

从目前调查的结果得出，几乎所有井下开采的煤炭大中型企业，都面临着大量的"三下"压煤问题，这些"三下"压煤量占目前矿井储量的10%～15%，个别的甚至更多。因此，如何逐步开采"三下"压煤，或如何规划矿井的采掘接替顺序，把对地表的影响控制在最低限度；或者如何搭配开采"三下"压煤，有计划地控制逐年的采动损害赔偿；或者以经济效益为第一要素，采用一些特殊的开采方法，在不影响地表建（构）筑物的前提下部分开采出一些"三下"压煤量。这些都是目前煤炭企业已经面临而必须研究解决的问题。

（一）建筑物下采煤

建筑物下采煤是指那些不适合搬迁的城镇、工厂、居民区、村庄等所压矿层的开采，其中包括井筒矿柱的回收。做到既要采出资源，又要保护地面建筑物。采取的措施主要是在井下开采时采取一些不同于普通的开采方法，以减少地面移动与变形。另外，对地面建筑物或构筑物采取加固与维修的方法，使其所受的采动影响和破坏程度在其本身允许的范围之内，这在国内外都取得了诸多成功的经验。

我国建筑物压煤的问题比较普通。如山东的肥城、河北的唐山、河南的密县、安徽的随溪、东北的本溪、徐州的贾汪、湖南的韶山等，都压着大量的煤炭资源。目前全国已有近百个矿井、数百个工作面进行了建筑物下的开采。鹤壁、本溪、抚顺、枣庄、东庞、冷水江、利民、里兰、东罗、红茂等局矿，都在各种建筑物下进行了成功的开采。例如：抚顺胜利煤矿用充填条带法在石油一厂下开采厚度达 16.6 m 的煤层，东北欧河矿用陷落条带法在城镇下开采，资江在一俱乐部下开采，利民矿在村庄下开采，里兰在合山市下开采等。

（二）铁路下采煤

铁路下采煤指铁路干线与支线下所压煤层的开采，矿区专用线下开采已不存在问题，故不包括在内。过去对铁路的保护也是采用留设矿柱的方法，目前对铁路下矿柱法开采已取得了足够的经验。

我国矿区铁路专用线下开采，在技术上已完全过关，所以铁路下开采不包括专用线下开采；铁路支线下开采效果良好，如焦李、三万、薛枣、娄邓支线等；铁路干线下开采不多。在鸡西麻山、滴道两矿的林口——密山干线下开采获得成功，本溪局在沈阳——丹东的干线下试采。另外枣庄矿务局在邹坞车站下，阜新矿务局在露天剥离站下，开滦矿务局、平顶山矿务局、涟邵矿务局在铁路桥下，南桐矿务局在二万线的板塘隧道下开采，都取得成功。

（三）水体下采煤

水体下采煤包括地面水体下和地下水体下采煤。地面水体包括江河湖海、水库池塘、沼泽洪区、灌区水田、山沟小溪以及地表沉降区积水等。地下水体包括表土层的砂层水、顶板灰岩中的岩溶水、砂岩含水层及老窑老空水等。

水体下开采的实质是如何确定防水和防砂矿柱的高度。此上限到地面的垂高，就是安全开采深度。

水体下开采主要是防止覆水和泥沙溃入井下，有时还要保护地面水体，如水库、堤坝等。水体下开采通常用疏干、排放、隔离等措施，使资源尽量采出，还要减少排水费用。

前苏联已在一些较大河流下来出了千百万吨的煤炭；日本、英国、加拿大和智利等国家海下开采经验丰富。

我国在淮河下、微山湖下、资江河漫滩下采煤也取得了不少的成熟经验。山东省龙口矿区北皂煤矿成功地实现在渤海下采煤。

（四）承压水体上采煤

承压水体上采煤指可采煤层以下的承压水体上的矿层开采，即受基盘岩溶水威胁矿层的安全开采。

我国华北太行山以东石炭二叠系地层的基盘，就是含有丰富岩溶水的奥陶系石灰岩。例如，山东的淄博、肥城、河北的井陉、湖南的恩口、斗笠山、广西合山等矿，都存在受基盘岩溶水威胁的煤层开发问题。底板突水是承压水体上煤层开采的主要威胁，如何解决底板突水与井下开采的安全问题是承压水体上开采的主要任务。我国在井陉、峰峰、王凤等局矿成功地进行了承压水体上的开采。匈牙利受底板承压水的威胁也很严重，因此积累的经验较多。

二、建筑物下采煤及地表保护措施

（一）地表移动和变形与建筑物破坏的关系

地表移动和变形对建筑物的破坏程度，取决于地表变形值大小和建筑物本身抵抗变形能力。评定建筑物破坏程度和危险状况应以使用安全和结构破坏为依据。对于同一栋建筑物，由于用途不同，衡量其危险程度的标准则不同。当前，国内外评定建筑物破坏程度的标准不一，有的以倾斜、曲率（曲率半径）、水平变形来评定，有的用总变形指标来评定。

表 4 - 4 - 1 为用倾斜、曲率和水平变形值来确定长度（或变形缝区段）砖混结构建筑物的破坏等级（保护等级）。

表 4 - 4 - 1　　　　　　　　砖混结构建筑物的损坏等级划分

损坏等级	建筑物可能达到的破坏程度	地表变形值			损坏分类	结构处理
		水平变形 $\varepsilon/$（mm/m）	曲率 $K/$（10^{-3}/m）	倾斜 $i/$（mm/m）		
I	自然间砖墙壁上出现宽度1~2 mm的裂缝	≤2.0	≤0.2	≤3.0	极轻微损坏	不修
	自然间砖墙壁上出现宽度小于4 mm的裂缝，多条裂缝总宽度小于10 mm				轻微损坏	简单维修
II	自然间砖墙壁上出现宽度小于15 mm的裂缝，多条裂缝总宽度小于30 mm；钢筋混凝土梁、柱上裂缝长度小于1/3截面高度；梁端抽出小于20 mm；砖柱上出现水平裂缝；缝长大于1/2截面边长；门窗略有歪斜	≤4.0	≤0.4	≤6.0	轻度损坏	小修
III	自然间砖墙壁上出现宽度小于30 mm的裂缝，多条裂缝总宽度小于50 mm；钢筋混凝土梁、柱上裂缝长度小于1/2截面高度；梁端抽出小于50 mm；砖柱上出现小于5 mm的水平错动；门窗严重变形	≤6.0	≤0.6	≤10.0	中度损坏	中修
IV	自然间砖墙壁上出现宽度大于30 mm的裂缝，多条裂缝总宽度大于50 mm；梁端抽出小于60 mm；砖柱上出现小于25 mm的水平错动	>6.0	>0.6	>0.6	严重损坏	大修
	自然间砖墙壁上出现严重交叉裂缝、上下贯通裂缝，以及墙体严重外鼓、歪斜；钢筋混凝土梁、柱裂缝沿截面贯通；梁端抽出大于60 mm砖柱出现大于25 mm的水平错动；有倒塌的危险				极度严重损坏	拆建

建筑物下采煤的主要技术措施之一，是在井下尽量采用能减少地表变形、减少对建筑物损害的开采措施。

（一）减少地表下沉值

地表移动变形值的大小与地表下沉值有关，地表下沉值与采深、采厚、煤层倾角、覆岩性质以及采煤方法、顶板管理方法有关。如果采用合适的采煤方法和顶板管理方法，可有效地减少地表下沉。

1. 充填法

采用全部垮落法管理顶板时，地表最大下沉值为采厚的 60% ~ 80%，一般为 70% 左右；用水砂充填管理顶板时，若充填得十分密实，地表最大下沉值仅为采厚的 8% ~ 15%。

一般在重要建筑物和构筑物下开采时，采用充填法管理顶板。充填法中的水砂充填是达到减少下沉量效果最好的方法。其次是风力充填和矸石自溜充填。

我国有些矿区采用充填法成功地解决了建筑物下采煤问题，如抚顺胜利矿用水砂充填法开采车辆厂下压煤，焦作演马庄矿用风力充填开采村庄下压煤等。

使用充填法管理顶板，需要设置一套专门的充填设备和设施，成本较高。因此，对于采用垮落管理顶板的矿区，在建筑物下的局部地段必须采用充填法开采时，应尽可能采用很容易的充填系统和设施，以花费少量的资金，取得好的效果。

2. 部分开采法

部分开采法包括两个方面的内容：一方面是条带开采法，即在开采范围内开采一条，保留一条，用保留条带煤柱支撑顶板，以达到减少地表下沉的目的；另一方面是限制总采厚，如开采煤层群时，择优开采，舍弃部分煤层；在开采煤层时减少开采厚度，这些都可使地表移动和变形值控制在允许的范围以内。

（二）防止地表突然下沉

采动后地表不出现突然下沉是建筑物下采煤的起码条件。防止地表突然下沉，除了应有一定的采深限制外，还可以采取下列开采措施：

（1）在缓倾斜和倾斜厚煤层浅部开采时，尽量采用倾斜分层采煤法，并适当减少第一、二分层的开采厚度。

（2）开采急倾斜煤层时，应尽量采用分层间歇式采煤法，并严禁无限制地放煤。当煤层顶底板坚硬不易冒落时，应采取人工强制放顶。

（3）如果建筑物位于煤层露头附近，或在其下方有浅部煤层，或煤层上方覆岩为石灰岩地层，需查明建筑物下方是否有老窑、废巷、岩溶、老井以及它们被充填的程度。如果这些空硐没有被充实，而充满积水，则应防止井下采煤疏干老空区积水及疏降岩溶含水层位而造成的地表突然塌陷。为此，采前应把水排干，甚至用灌浆等方法将空硐填满。

（4）开采急倾斜煤层时，在煤层露头处应留足够的煤柱，以防突然下沉。开采的煤层愈厚，则应留的煤柱愈大。

（三）消除或减少开采影响的叠加

当几个煤层（或厚煤层几个分层）或同一煤层的几个部分同时开采时，如果采区边界布置不合理，或者采面推进的时间、方向不适当，就会造成开采影响的叠加，从而使地表移动变形值增加，为了减少或消除开采影响的叠加，可以采用以下措施。

1. 顺序开采

就是要一层一层或一个分层一个分层地进行开采，并要求两层或两个分层的开采间隔时间要足够长，在第一层开采的影响完全或大部分消失后，再开采第二层或第二分层。这样，可以消除或减少开采煤层群或厚煤层分层开采时的移动变形叠加现象。

2. 合理布置各煤层或分层开采边界的位置

地下开采对地表的有害影响主要在开采边界的两侧。为了减小或消除开采边界及附近地表移动变形值的叠加，可将各个煤层的开采边界彼此错开一定的距离，这样一个煤层或分层所引起的地表达变形值（如压缩变形），可以被另一个煤层或分层所引起的地表变形（拉伸变形）所抵消，因而使地表的总变形值减小或全部消除。

3. 完全回采

在开采过程中，往往因为种种原因，在采空区残留部分煤柱，这对地表的影响极为不利。因为每个独立的煤柱都有两个边界，这就使得煤柱上方地表移动变形产生叠加，使总变形等于煤柱两侧开采所引起的变形的叠加值。

4. 正确安排工作面推进方向

当两个工作面相向推进时，若采区双翼工作面同时向上、下山推进，则在上下山附近形成煤柱，使地表变形增加。因此，开采建筑物和构筑物保护煤柱时，一般采用由煤柱一侧向另一侧推进的方法，即采用单翼开采方法。

为了避免开采影响的叠加，在开采煤层群或厚煤层时，各个煤层或分层中工作面的推进方向应保持一致；因其他原因必须改变推进方向时，则两个煤层或两个分层的开采间隔时间要足够长，以便减少叠加影响。

注意工作面推进方向与地表建筑物相对位置关系。若建筑物位于移动盆地边缘，应尽可能使工作面推进方向平行于建筑物的长轴方向；若建筑物位于充分采动影响的平底，应尽可能使工作面推进方向垂直于建筑物长轴方向，尽量避免工作面推进方向与主要建筑物长轴方向斜交。

背向开采，即在离受采动建筑物水平距离约为临界开采宽度 $2r$（接近充分采动的开采宽度）的 25% 处，即 $r/2$ 处的下方开掘开切眼，然后两个工作面向相反方向推进。这样开切眼上方及其附近地表出现的压缩变形、负曲率和地表点的下沉速度比单翼开采时大得多；但地表的正曲率、拉伸变形和倾斜却比单翼开采时小得多。因此，对于那些能承受压缩变形，而对下沉速度不敏感，对倾斜敏感的建筑（如高炉、烟囱、教堂等）可以采用这种方法。

（四）协调开采

协调开采就是数个煤层和分层同时进行开采，使所产生的地表拉伸变形和压缩变形互相抵消，以达到减少开采对地表的影响。

1. 数个煤层协调开采

两个或多个煤层同时开采时，如果将这些煤层的工作面互相错开一定距离，使开采一个煤层所产生的地表压缩变形区准确地位于开采另一个煤层开采所产生的地表拉伸变形区内，地表的变形值就可以抵消一部分，从而减少对建筑物和构筑物的有害影响。

2. 联合开采

如果保护煤柱范围内是分属于几个矿进行开采，则必须由几个矿联合进行协调开采，以避免产生开采边界。

（五）提高回采速度

在已经稳定的地表移动盆地区，最大变形值出现在盆地边缘区，盆地中间区的地表变形值较小。在开采过程中，地表点都要经过拉伸、压缩到稳定的过程，其动态变形值的大小与回采速度（工作面的推进速度）有密切的关系，工作面的推进速度愈快，动态变形值愈小。但是，提高工作面推进速度会造成地表下沉速度和变形速度增加，而建筑物较易适应地表的缓慢变形，若变形速度很快，往往也会导致建筑物的损坏。因此，拟提高开采速度时，应综合考虑各方面的因素。

通过计算求得合理的工作面年推进速度，再根据具体地质开采条件，计算出合理的日平均推进速度。尽量保证实际生产中以计算出的日推进速度推进，以适当减少地表的动态移动变形值。

三、水体下采煤

水体下采煤包括地表水体、含水砂层水体及基岩水体下采煤。在水体下采煤时，既要防止上覆水体中的水或泥沙溃入井下，又要防止因矿井水增大而过分增加矿井涌水量，增大排水费用。

（一）水体下采煤的特点

水体下采煤着重研究岩层与地表的破坏规律以及可能造成的水力联系，而不考虑地表移动与变形情况。

水体下采煤不仅要考虑到岩层与地表破坏规律，而且要考虑到水体的类型以及矿井地质和水文地质情况。

水体下采煤的主要对策是"隔离"或"疏降"。前者适用于水量大、补给充分的条件；后者适用于水量小、补给有限的条件。因此，水体下采煤要从安全、经济和煤炭采出率高等方面进行比较，确定合理的开采方案。

（二）水体下采煤的安全技术措施

1. 防治措施

（1）留设安全煤岩柱顶水开采：留设防水安全煤岩柱可将水体与井厂安全地隔开。不仅可以防止上覆水体中的水透入井下，而且不会增加矿井的涌水量。留设防砂安全煤岩柱或防塌安全煤岩柱只能起到隔离泥沙作用，或者对上覆水体起到疏干作用，因此会增加矿井涌水量和工作面的淋水。留设安全煤岩柱的优点是：不改变原有的开采方法，不增加疏水系统和排水系统；但由于留设安全煤岩柱，增加了煤炭损失，增大了工作面的淋水。

（2）疏干、疏降开采：疏降开采就是疏干上覆水体或降低上覆含水层的水位。当上覆水体含水量小、补给不足时，采取疏干措施；当上覆水体含水量大、补给充足时，采取降低水位措施。疏干、疏降方法有：巷道疏干、疏降，钻孔疏干、疏降，巷道和钻孔联合疏干、疏降，回采工作面后方采空区疏干、疏降，以及多矿井分区联合疏干、疏降等。

（3）顶疏结合开采：若煤层的上覆岩层中有多层含水层，且含水层与隔水层相间排列，则对位于导水断裂带以上的强含水层实行顶水开采；而对导水断裂带以内的弱含水层实行疏干开采。

（4）帷幕注浆堵水：利用钻孔将黏土、水泥等材料注入含水层中，切断地下水的补给通道。帷幕注浆堵水在含水层厚度较小、流量较大、水文地质条件清楚及具备可靠的隔水边界地区，能取得较好的效果。

（5）处理好地表补给水源：采用河流改道、河流铺底、建立上游水库、筑拦洪坝、修拦洪沟、填渗水裂缝、架渡槽、设围沟以及排除内涝等措施，切断或改变地面补给水源。

2. 开采技术措施

（1）试探开采：试探开采的原则是：先远后近、先深后浅、先厚后薄（指隔水层）和先易后难、逐步接近水体。这样，不仅能确切地了解采动对防水安全煤岩柱的破坏情况，而且能摸索出适合本地区的开采方法和技术措施。

（2）分区隔离开采：在采区四周均留设防水隔离煤柱，在运输水平的绕道和石门内设永久性的防水闸门，一旦发生突水事故，关闭防水闸门，将采区与外界隔离，缩小灾害的影响范围。

（3）全部充填、部分开采和分层间歇开采：采用这些开采方法，可以降低覆岩破坏高度，即见效垮落带和导水断裂带高度。

（4）正常等速开采：采用长壁垮落采煤法时，要保持工作面正规循环和连续均匀推进，使工作面空间内顶板保持完整，从而顶板含水层中的水可随回柱放顶而涌入采空区。

四、铁路下采煤

铁路下采煤包括在线路、桥涵、隧道、车站下的采煤。在铁路下采煤必须保证安全正常行车，为此首先要保证地下开采不会导致铁路线路、桥涵等发生变化，如路基的突然塌陷、滑坡等。同时，还要及时消除开采引起的线路各部分的变形，使线路各部分始终符合铁路部门所规定的计算指标。铁路专用线和支线下采煤在我国已取得丰富经验，有的矿区在采深小、累计采高大的条件下也取得了成功。近十几年的经验是，国铁I级干线下采煤已在鸡西、本溪等矿区试验成功；数十米高的路堤下采煤也在淮南李一矿、峰峰通二矿取得成功；还积累了在铁路桥和铁路隧道下采煤的经验；也取得了设计抗变形桥梁以适应采动岩体变形的经验。

（一）铁路下采煤的特点

铁路是一种特殊的构筑物，与建筑物下采煤相比，有以下特点：

第一，铁路担负着繁重的运输任务，尤其是国家铁路干线，是国民经济的大动脉。因此，在铁路下采煤必须保证列车安全和正常地运行。在安全上比一般建筑物要求更高。

第二，铁路列车重量大、运行速度快，铁路线路受列车的动载荷作用。在铁路下采煤时，又增加了地表移动对铁路的影响。因此，铁路线路的移动和变形较为复杂。

第三，铁路下采煤，铁路线路在开采影响过程中可以通过日常的维修及时消除自身的移动和变形，保证铁路畅通无阻。这对一般建筑物来说，是很难做到的。

（二）铁路下采煤的安全技术措施

1. 开采技术措施

（1）防止地表突然下沉：开采缓斜厚煤层时，应采用倾斜分层采煤法，并适当减小第一二分层的开采厚度；开采急斜煤层时，在露头处要留有足够尺寸的煤柱，且应防止采区上部煤柱的抽冒；若煤层浅部有充满水的老空区或煤层上方覆岩为石灰岩含水层，要防止采动时疏干老空积水或石灰岩含水层造成的地表突然塌陷。

（2）减少地表下沉：减少地表下沉最有效的方法是采用全部充填法，其次是采用条带式采煤法。当采用长壁垮落采煤法时，要有足够大的开采深度厚度比（$H:M$），才能减少地表下沉，安全地在铁路下采煤。

（3）消除和减轻地表变形的叠加影响：采用完全开采、顺序开采及协调开采等办法，可消除和减轻地表变形的叠加，减少地表变形对铁路的影响。采用协调开采时，常因几个工作面同时开采，使地表下沉速度增大，对铁路有危害，这时就要权衡协调开采的利弊。

（4）合理地布置工作面：铁路下采煤应尽量将采区布置在铁路的正下方，使线路处于移动盆地的主断面上，且工作面推进方向与铁路线路平行，以减少线路的横向变形量

2. 维修技术措施

（1）路基的维修：在开采过程中，随线路的下沉和横向移动，对路基要进行阶段性的加高与加宽，使其尽量恢复到开采之前的状态。

（2）线路下沉的维修：采用起道和顺坡的方法消除线路下沉，使线路纵断面恢复到原有状态。

（3）线路横向移动的维修：采用拨道和改道的方法消除横向水平移动对线路的影响。

（4）线路纵向移动的维修：线路纵向移动主要反映在轨缝的变化上。因此，必须调整轨缝，消除其有害影响。

五、水体上采煤

我国华北及华东地区的主要矿区，开采石炭二叠纪煤层。煤系的基底为奥陶系石灰

岩（奥灰），其特点是厚度很大、岩溶裂隙发育、富水性极强、水压力高。当遇有构造裂隙时，奥灰易与上覆本溪群或太原群的薄层石灰岩连通，而发生水力联系，造成底板突水事故。有些煤层由于受奥灰承压水的威胁不能开采。因此，研究与解决受奥灰承压水威胁煤层的安全开采问题，对于矿井安全生产和解放呆滞的煤炭资源有重大现实意义。

（一）承压水体上采煤方案

1. 深降强排方案

所谓深降强排方案，就是设置各种疏水工程，如疏水井巷、疏水钻孔等，将岩溶水水位人为地降低到开采水平以下，以确保安全地进行开采。这种方案的优点是：防止底板突水效果最好，能确保矿井安全生产。其缺点是：疏水工程量大、设备多、电耗大、投资大、成本高；由于疏水引起的水位降低，使附近的工农业用水缺乏，并造成地表下沉，当井田内奥灰水量极为丰富、补给来源充足时，深降强排方案难以实现。

2. 外截内排方案

外截内排方案的实质，是在井田或井田内某一区域外围的集中径流带采用钻孔注浆的方法建立人工帷幕，截断矿井的补给水，然后在开采范围内进行疏水，将承压水的水位降低到开采水平以下。这种方案可以确保矿井的安全生产，而且克服了深降强排的缺点。但这种方案只能适用于特定的条件，如水文地质条件清楚，补给径流区集中，帷幕截流工程易于施工等。

3. 带压开采方案

带压开采方案的实质，是在开采过程中利用隔水层的阻水能力，防止底板突水。此时，承压水位高于开采水平，煤层底板隔水层要受到承压水压力的作用，因此称带压开采。带压开采无需事先专门排水，在经济上花费较少，并且也可能做到安全开采。但带压开采不能确保不发生底板突水事故，特别是在水文地质条件复杂的地区，底板突水的可能性更大。因此，在采用带压开采方案时，首先要对其可能性进行论证，并要采取一系列安全措施，还要有足够的备用排水能力。带压开采方案具有一定的局限性，当开采水平延深、承压水的压力增大时，带压开采方案的危险性也增大。

4. 带压开采综合治理方案

带压开采综合治理方案的实质，是在清查区域地质、矿井水文地质及构造地质情况的基础上进行带压开采。在开采之前，要在矿区外围堵截地下水的补给水源；在开采过程中，视矿井涌水量的水压大小，进行适当的疏水降压，从而达到安全开采的目的。这种方案具有相对安全、经济等优点，适用范围广。但要实现带压开采综合治理方案，还需采取一系列安全技术措施。

（二）承压水体上采煤的安全技术措施

1. 防探水安全技术措施

（1）做好矿井水文地质及构造地质工作。

（2）加强防探水工作。

（3）设置井上下水文工程设施。

（4）对底板进行注浆加固。

2. 开采安全技术措施

（1）选择开采：在查清矿区水文地质和构造的基础上，应本着先易后难、由浅到深、先简单后复杂的原则进行开采。

（2）分区隔离开采：在采区四周要留设隔离煤柱，采区之间要设置水闸门，以缩小底板突水的影响范围。

（3）改革采区巷道布置：在设计采区巷道布置时，要注意采掘巷道与断裂构造的空间位置关系，尽可能地少穿过断层，尽量减少巷道交叉点并缩小交叉点的悬顶面积。

（4）选择合理的采煤方法：如充填开采、部分开采、沿仰斜推进的倾斜长壁采煤法、后分层倾斜分层采煤法。

（5）缩短工作面长度，提高工作面推进速度：缩短工作面长度，可以减小底板的破坏深度；提高工作面推进速度，可使采动后底板的裂隙不能得到充分扩展，从而减小底板的破坏深度。此外，应尽量使工作面保持匀速推进，避免工作面长期停顿不采。

（6）合理地确定工作面推进方向：在布置回采工作面时，应尽量避免工作面的周边与高角度断层靠近和平行，避免工作面推进方向与高角度的断层走向垂直，但可以与断层走向斜交。其目的是避免工作面的底板剪切带与断层带重合，造成良好的突水通道。

第二节　充填技术及开采

充填技术是利用砂子、碎石或炉渣等材料充填采空区，借以支撑围岩，防止或减少围岩垮落和变形。

按使用动力不同，充填技术可分为自溜充填、机械充填、风力充填和水力充填。自溜充填只能在急斜煤层中应用；机械充填所用的设备简单，对充填材料要求不严格，但充填能力低，充填质量差，很少被应用；风力充填时，充填料的运输比较简单，适应性强，充填能力大，但对充填料的要求较严格，电耗大，管路磨损快，因此这种技术在我国也没有得到发展；目前我国主要采用的是水力充填技术。

我国是世界上使用水力充填技术最早的国家之一。早在20世纪初，我国的一些矿井就使用了这项技术，50年代以后这项技术更加趋于完善。目前该技术已成为我国开采特厚煤层及"三下"煤层所采用的主要顶板管理技术之一。随着人们对环境保护意识的不断增强和国家有关环境保护法规的出台，今后该项技术将发挥更大的作用。

一、充填材料的种类及选择

（一）充填材料的种类

常用的充填材料有河砂、山砂、炼油后的"废页岩"、电厂粉煤灰、洗选后的矸石及露天矿剥离的废石等。实践证明，充填材料的质量对矿井生产及安全条件有直接影响，而且充填料的用量大、费用高，所以对充填材料的选择要慎重。

（二）对充填材料的要求

对充填材料总的要求是：数量足、取材容易、质量好、安全可靠、价格低、易加工。

（1）充填材料的质量应适合于管路水力输送。要求不黏结管壁，以保证管内畅通；不遇水溶解，并易脱水；不带棱角，减少管路磨损；相对密度不过大，便于输送。

（2）为避免堵管，要求最大粒径小于管径的 2/5。

（3）充填材料中应有适当的含泥量和合理的粒径配比，以使充填体致密、沉缩率小。沉缩率是指充填体受压后的沉缩高度与原充填高度之比，它是表达充填体物理力学性质的重要指标。

（4）充填材料具有较好的透水性，以使充填体易脱水。透水性的强弱以一定时间内透水数量的百分数表示，由试验测定。充填材料试件在 10 min 内尚不能把注入的水量渗出 80% 者，被视为透水性弱的材料。

（5）从井下安全考虑，充填材料中不应含有可燃物成分，以免由于充填引起井下火灾和污染井下空气。因此，除已知的安全材料，如河砂、山砂、风化岩石外，其他充填材料都应进行工业分析，以了解其化学成分和性质，不符合要求者不能用。

（6）充填材料应便于运输和储存，当其含水多时，冬季易冻结，给运输和储存带来困难。

一般情况下，充填材料的生产、加工、装运费占充填成本的 20% ~ 40%。所以应尽量采用天然的、不需加工或加工量小的成品砂，也可以考虑几种充填材料混合使用。

如果充填材料中加入适量的胶结物质，如水泥等，则称胶结充填。它与普通水力充填相比，充填体强度大，沉缩率小，从而能更有效地控制围岩和减少地表下沉，但成本较高，工艺系统也较复杂。

（三）充填材料的需要量

充填材料的数量均以体积单位 m^3 表示。

矿井对充填材料的需要量分为总需量和年消耗量。二者是水力充填矿井设计与编制生产计划的主要指标之一。

1. 充填材料总量的确定

充填材料的总需要量 Q_t 应根据井田内采用充填采煤法的煤炭可采储量和每采 1 t 煤所需充填材料的数量来确定，通常以下式计算

$$Q_t = kZ_WS \quad (m^3)$$

式中　Z_W——井田内采用水力充填采煤法开采煤层的可采储量，t；

　　　k——富裕系数，取 1.2 ~ 1.4；

　　　S——充采比，每采 1 t 煤所需充填材料的体积（m^3），依据充填材料的种类和性质而定，一般为 0.75 ~ 0.95，河砂可取 0.8。

2. 充填材料年消耗量的确定

充填材料年消耗量 Q_a 由井田内用水力充填采煤法开采煤炭的年产量而定，其计算

公式为：

$$Q_a = nA_aS \qquad (m^3/a)$$

式中 A_a——井田内采用水力充填采煤法开采煤层年产量，t；

$\quad n$——富裕系数，取 $1.15 \sim 1.25$；

$\quad S$——充采比，每采 1 t 煤所需充填材料的体积（m^3），依据充填材料的种类和性质而定，一般为 $0.75 \sim 0.95$，河砂可取 0.8。

充填材料的年消耗量 Q_a 是确定充填材料采场规模和加工车间设备选型的主要依据。

二、水力充填系统及设施

全矿水力充填系统由几个工艺系统构成。其中以形成砂浆的水砂混合系统和输送砂浆的管路系统为基本环节。

水力充填大多是以自然压头（即充填管上端与出口端的标高差）为动力来输送砂浆，习称静压充填。自然压头输送砂浆能力不够的局部地点则辅以砂浆泵，习称加压充填。无论是静压充填还是加压充填，都是以经济有效地把充填材料输送到采空区为目的。水力充填时，充填材料的固体颗粒需靠水流的驱动才能实现沿充填管的定向输送。能驱动固体颗粒的最低液流速度称为临界流速。固体颗粒的粒径和相对密度愈大，其临界流速也愈高。显然，充填管中的液流速度应恒高于所输送材料中最大固体颗粒的临界流速。否则，充填材料将沉积于充填管中并形成堵管事故。所以，水力充填的混合系统除要求其砂浆的水、砂均匀外，还应负责清除掉充填材料中粒度过大的大块颗粒和相对密度过大的铁质杂物。

水力充填中，由于采用的材料不同，因而使得系统中一些环节也有差异，但基本的工艺过程是一致的。水力充填系统大致如图 4 - 4 - 1 所示。

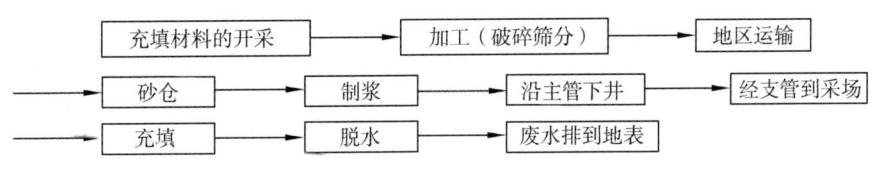

图 4 - 4 - 1 水力充填系统

（一）贮砂及水砂混合系统

贮砂及水砂混合系统由贮存充填材料的砂仓和进行水砂混合的注砂室两部分组成。砂仓和注砂室可以建筑在地表或地下，若建筑在地下常合称为注砂井。我国常用地下注砂井。

砂仓及注砂室的形成与参数对提高充填能力、保证顺利输砂，有着密切关系。

（二）充填管道系统及砂浆输送的有关参数

管路敷设情况、砂浆在管路中的流动状态以及如何选择水力输送砂子的基本参数，对充填能力将产生直接影响。

砂浆的管路输送过程是水与充填材料的两相流动，所以它的流动状态比清水复杂得多。

砂浆的输送应在可靠的条件下，保证最大的充填能力。充填能力与压头、砂浆浓度、流量及流速等参数有密切关系

1. 充填管道系统

充填管道系统的作用是将充填浆体运送至充填工作面。它由敷设在开拓巷道内的主管路、敷设在准备巷道内的次主管路及敷设在回采巷道内的支管道组成。充填管道系统的敷设情况对浆体的输送能力、基建投资、生产经营费及井巷的布置方式等均有直接影响。它和充填浆体制备系统一样，也是充填矿井所特有的重要环节。

2. 充填浆体输送的重要参数

（1）浆体浓度（体积浓度）：是充填浆体管路输送的重要参数，它不仅决定着管道水力输送充填材料的能力，也决定着浆体输送是否安全。浓度越低，需要充填同量的充填材料所需的水就越多，这是不利的。提高浓度是有益的，但不能太高，否则容易发生堵管事故，根据我国经验，浓度不能高于50%。

（2）充填倍线：可以理解为在具体管路中，单位压头所负担的输砂距离。倍线值的大小直接影响充填能力。倍线大，则流速小、充填能力低，并易造成堵管现象。倍线小，则流速大，管子磨损大，并容易发生事故。充填倍线应控制在2~6之间。

（3）流量与流速：流量与流速也是表示充填能力的参数。充填浆体的流量是管路中单位时间内流出充填浆体的体积，它和流速有关。充填浆体在管道内必须具备一定的流速，以保证充填颗粒式中处于悬浮的流动状态，否则易引起堵管事故发生。

（三）供水及污水处理系统

供水及污水处理系统的作用是提供制备充填浆体用水，处理充填工作面、采空区析渗出的大量污水。其主要设施有地面贮水池、供水管道、沉淀池、排泥设施等。

充填用水一般以井下涌水为水源，如井下涌水不足时，以矿区地面水源补给。

第三节 深井开采

一、深井开采的主要特征

深矿井开采就是指埋藏在距地表一定深度（垂直深度一般大于800 m）的煤炭。在地表平坦的矿区，煤炭的埋藏深度与矿井井筒深度（垂直深度）大体相当，所以有人把深矿井开采叫深井筒开采。深井开采具有如下主要特征：

1. 地压大

深井开采的地压大主要表现为：原岩应力大；岩体塑性大；矿山压力显现剧烈。

2. 地温高

地温是指井下岩层的温度。一般情况下，地温随深度增加而呈线性增加，其增高率用温度梯度（℃/hm, hm = 100 m）表示。在不同地质条件（不同地区，不同矿井）下，地温梯度不同。据统计，地温梯度在4℃/hm左右。因此，在深矿井开采中地温一般都

比较高。地温决定着井下采掘工作面的环境温度，即矿井温度。在深矿井开采中，矿井温度一般都比较高，会影响人体健康，有时甚至会远高于人体所能承受的最高温度。因此，在深矿井开采中，要保证工人身体健康，保证矿井正常生产，必须采取必要的降温措施。

3. 矿井瓦斯大

在深井开采中，矿井瓦斯大表现为：矿井瓦斯（绝对）涌出量大，矿井瓦斯（绝对）涌出量随着开采深度增加而增大；瓦斯突出（煤与瓦斯突出）频度大，突出量大。

二、深井井田开拓

（一）开拓方式

1. 立井开拓

立井开拓是深矿井开采中使用最多的一种开拓方式，立井（和斜井相比）具有如下特点：

（1）井筒短。

（2）井筒开凿工程量小，建井工期短。

（3）提升距离短，一次提升时间短，辅助提升能力大。

（4）管缆敷设距离短，有利于排水、供电、供水、供压气以及通信等。

（5）做通风井时，通风距离短，风压损失小。

上述优点随开采深度的增加而更加突出，因此立井开拓在各种开拓方式中所占比重随开采深度增加而增大。

2. 主斜井、副立井综合开拓

在深矿井开采中，使用较多的另一种开拓方式是主斜井、副立井的综合开拓方式。采用这种开拓方式的优点是：

（1）主斜井采用胶带输送机运输，运输能力大，运输连续性和稳定性好，运输安全，容易管理，容易实现自动化。

（2）用立井做副井充分利用了立井的长处。这种开拓方式发展的基础是斜井大运量、大长度胶带输送机的应用。另外，随着大倾角胶带输送机的研制，斜井长度可缩短，斜井作为主井的优点将更加突出。这种开拓方式的应用前景将更好。

3. 平硐开拓和斜井开拓

这两种开拓方式目前应用较少。

综上所述，在选择深矿井开拓方式时，一般应优先考虑立井开拓或主斜井副立井综合开拓，而且还要根据具体条件认真分析有没有采用其他开拓方式的可能，在确定开拓方式时要进行技术分析和经济比较。

（二）井筒位置和数目

井筒和工业场地的压煤量一般随开采深度增加而增大，过多的压煤不仅会影响矿井可采储量和服务年限，而且会影响矿井的开拓部署。因此，在选择井筒位置时，应尽量减少压煤。

深井筒开掘工程量大、开掘时间长、投资大。所以，在深矿井开采中，尤其是深井筒的深矿井开采中，井筒数目较少：一般一个主井，一个副井，分别兼进、回风井；但当矿井生产能力大时，需要布置一个专门的风井，为了保证风量、风速的要求，风井断面可适当加大。

（三）大巷布置

在深矿井开采中，为了减少大巷的维护工程量和维护费用，实现矿井集中生产，目前在煤层群开采中，运输大巷更多采用集中布置，大巷位置选择在坚硬而稳定的岩层中。上山布置可视煤层层间距不同采用集中上山或分层（组）上山布置。

（四）深矿井延深

根据深矿井开采的概念，深矿井可以分为：直接开凿井筒至深矿井的深部，如淮南谢李矿井深部；经过若干次延深而形成的深矿井，如开滦矿务局唐山煤矿。

三、深井开采的地压控制

（一）巷道布置

根据深井地压的特点，巷道布置要掌握好三个原则：第一，开拓和准备巷道应布置在岩石力学性能好的岩（或煤）层中；第二，巷道应布置在受采动影响小的位置；第三，缩短巷道服务年限。

（二）巷道支护

在深矿井开采中，巷道支护结构应满足如下要求：第一，支护强度大，能抵抗高地压；第二，可缩性能好，可缩量大，能适应围岩的大变形；第三，封闭性能好，能够有效地防止底鼓。

（三）巷道维护

在深矿井开采中，对于在高地压区掘进的巷道，除了采取有效的支护结构来控制巷道的变形和破坏外，还可以在巷道形成前后或形成期间采取相应的措施来减小巷道受压。即卸压或加固围岩，以达到保护巷道的目的。

四、深井开采的地热和瓦斯控制

（一）地热控制

地热控制就是控制矿井温度，把较高的矿井温度降低到允许的温度。地热控制有效的方法是在矿井或采区安装空调机，进行制冷降温。

安装矿井空调需要增加制冷设备投资和制冷设备运行费用，从而增加矿井投资和煤炭成本。

1. 空调的安装

采用集中式和分散式两种。集中式，空调安装在地面或井底车场，为全矿井服务；分散式，空调则安装在采区或工作面，为采区或工作面服务。分散式设备投资小，安装简单，使用较早，但制冷量小，降温调节范围小，运行费用高。目前多使用集中式设备。

2. 空调机制冷量大

随着矿井空调由分散向集中发展，以及地温增高，空调制冷量有加大趋势。

3. 矿井空调发展快

随着对矿井空调研究的深入，安装空调的矿井越来越多，矿井空调的总制冷量逐年增加。

（二）瓦斯控制

深矿井开采的瓦斯控制有两个内容：一是控制矿井瓦斯涌出量；二是防止煤与瓦斯突出。相比之下，后者更为重要。

由于深矿井开采中瓦斯特征与浅部开采的高瓦斯及煤与瓦斯突出矿井的瓦斯特征基本相似，作为瓦斯控制的方法和手段一般也基本相相同，如开解放层、瓦斯抽采、煤层注水、放震动炮等。在深矿井开采中瓦斯控制有如下特点：

（1）瓦斯赋存条件及作用机理复杂，防止瓦斯突出难度大。高瓦斯压力、高地压单独或共同作用，都可能引起煤与瓦斯突出。因此，预防瓦斯突出应采取综合措施，如卸压与防突并重的深孔卸压、煤层注水松动、放震动炮等措施。

（2）瓦斯突出的地点和时间不确定，防止瓦斯突出工作量大。在浅部开采中，煤与瓦斯突出一般发生在比较固定的地点，如石门揭煤处。但在深矿井开采中，瓦斯突出则可能在任何时间发生在采掘工作面任意位置。所以，瓦斯控制的措施主要是防突。

（3）瓦斯抽放是降低矿井瓦斯涌出量的有效手段。当开采深度大、矿井通风难度大时，要靠通风降低矿井瓦斯需要花费很大代价，甚至不可能。因此，瓦斯抽放就成为深矿井瓦斯控制的重要手段。

第四节　水力采煤

水力采煤是指利用水力来完成矿井生产中采煤、运输、提升等生产环节的个部或部分工作的开采技术，简称水采。

一、水力采煤的生产系统

按生产系统的水力化程度，水采矿井可分为全部水力化矿井和水旱结合的部分水力化矿井两种类型。水采生产系统主要包括：高压供水系统、煤水运提系统和脱水系统。

（一）高压供水系统

高压供水系统包括供水水源、高压供水泵、高压供水管路和水枪。

1. 供水水源

充足适用的水源是水采的必要前提之一。对水源的基本要求是：水量充足、水中杂质少、酸度低、取用方便。地面河流、湖泊、水库、矿井涌水及钻孔取水都可以作为供水水源。

2. 高压供水泵

高压供水泵是高压供水系统的核心设备。常用的供水泵有往复泵和离心泵两类。目前我国水采井（区）均采用分段式多级离心泵。目前水采井（区）中，供水压力一般为12 ~20 MPa，在开采较硬煤层而需要较高供水压力时，可串联使用高压供水泵。高压泵站可设于地面或井下，原则上使泵站位于供水水源附近较为有利。

3. 高压供水管路

水采矿井的高压供水管路一般比排水管路复杂，而且经常随开采工作的进展而拆移。高压水管一般采用无缝钢管，其管径的选用要视具体情况而定。管径愈大，阻力损失愈小。但是，管径过大时，不仅投资增大，而且增加了装卸和搬运的困难。

4. 水枪

水枪是水采矿井主要采掘设备之一，是形成高压水射流和控制射流冲击方向而进行破煤的主要工具。按其操作和移动支设方式可分为：手动水枪，液控水枪（包括程序自动控制水枪），自移液控水枪。

（二）煤水运提系统

水采中，煤的运提是借助水力完成的。水力运输是水采的一个基本生产环节。水力运输具有：运输工作连续、设备简单、工作可靠、维修工作量较少及生产效率较高等优点。尽管它存在管路磨损较大、水力运输设备的能耗较多以及增加煤浆制备和脱水环节等问题，国内外仍十分重视发展这种运输方式。

按其设备和工作方式的不同，水力运输可分为明槽自流水力运输（也称无压水力运输）和管路水力运输（也称有压水力运输）。水采时，通常同时采用这两种水力运输方式。

1. 明槽自流水力运输

明槽自流水力运输是指煤浆沿具有一定坡度的溜槽自流运输。除在巷道坡度较大，且其底板与水后不会膨胀或泥化的情况下，可直接沿底板进行水力运输外，一般均需沿巷道底板铺设溜槽。运煤溜槽多采用梯形或矩形断面的铁溜槽，也有采用料石、混凝土砌成的槽沟或辉绿岩铸板镶衬的铸石溜槽。我国水采井（区）中，水采采区内部煤的运输一般都采用这种水力运输方式。

2. 管路水力运输

管路水力运输是利用机械设备的动力使煤浆沿管路输送，实现煤水的运提。我国常用的设备有煤水泵和喂煤机两类。煤水泵管路水力运输是使煤和水都通过煤水泵升高压力，然后靠其与煤水管路出口端的压力差来驱动煤浆。它是我国水采井（区）中广泛采用的一种管道水力运输方式。该方式允许运输线路曲折变化，不受巷道坡度限制，既可用于水平巷道中煤的运输，又可用于倾斜巷道或垂直巷道中煤的向上运提。因此水力采煤中、煤从采区到地面的运提常采用这种方式。

（三）脱水系统

脱水是指把煤浆中的煤水分开，使煤中残留的水分达到国家规定的销售标准，并使脱出的水能够循环使用。水采矿井的脱水系统有三种方式：与选煤厂相结合；地面专用脱水车间；简易脱水系统。

二、水采矿井的开拓特点

水采矿井的开拓原则与旱采矿井是一致的，二者的开拓部署基本相同。但由于生产工艺的差异，水采矿井开拓有下列主要特点。

（1）井田的划分：由于水采的生产能力高、增产潜力大，而采区回采率较低（一般约比旱采长壁工作面低 5% ~ 10%），为保证水采矿井能有足够的服务年限，井田的开采范围要大，矿井的可采储量要多。

（2）开采水平的划分：基于上述同样的原因，又考虑到水采的回采速度快、巷道掘进率高、易造成采区和水平接续紧张等因素，应适当加大开采水平（或阶段）垂高。这样，不仅使采区和水平的储量增加，缓和接续紧张的矛盾，从而可减少巷道工程量，改善矿井有关经济技术指标。但应注意，在加大水平垂高时，应使其与煤水泵的扬程、排量以及矿井的生产能力互相适应。

（3）水平大巷的布置：它与所选用的水力运输方式密切相关，当水平大巷采用明槽自流水力运输时，大巷应有 5% ~ 7% 以上的坡度；而当大巷采用管道水力运输时，其坡度一般为 0.3% ~ 0.5%，而在各采区需建有采区煤水硐室。水平大巷采用明槽自流水力运输多限于井田一翼长度小于 1 000 ~ 1 500 m 的条件，若井田一翼长度较大或地质构造比较复杂，则宜选用管路水力运输。

（4）井巷断面小：井巷断面水力运提的设备简单，占用巷道断面小，所以如无通风等其他条件的限制。水采矿井的井巷断面比旱采矿井小。

三、水力采煤的优点

（1）生产能力较高、增产潜力大。水采工艺简单、生产连续，因此生产系统的生产能力较高，并有较大的增产潜力。

（2）工艺简单、效率较高。无支护水采法的开采工艺比较简单，特别是采煤工作面采用无支护采煤，大大简化了采煤工序，使回采工效大为提高。

（3）设备简单、材料消耗少、吨煤成本较低。无支护水采法的设备简单，采煤作业空间除水枪外无须其他机械装备，坑木及钢材等材料消耗较少，吨煤成本较低，约为相同条件下普通机械化开采成本的三分之二。

（4）安全条件较好。回采时人员均在巷道中作业而不进入采煤工作面，因此生产比较安全，并且顶板、机电、运输等事故也较少。

（5）对地质变化的适应能力较强。短壁无支护水采法具有较好的机动性和灵活性，使其对地质变化有较强的适应能力，特别是在地质构造复杂及煤厚，倾角变化大的不稳定煤层中应用水采常，可取得比同样条件下旱采更好的技术经济效果。

四、水力采煤存在的问题

（1）采出率较低。目前采用的无支护水采法，在冲采煤垛过程中，易发生垛内顶板提早垮落或采空区向垛内窜矸，挡住水枪射流去路，迫使终止开枪而结束一个煤垛的冲采，降低了采出率。

（2）巷道掘进率较高。由于短壁无支护水采法的采煤工作面以短壁形式布置，巷道多，掘进率高。而目前我国水采矿井的回采巷道掘进多采用炮掘水运方式，机械化程度低，掘进速度慢、效率低，难于满足回采速度快的要求，容易造成采掘接续紧张。

（3）通风系统不够完善。无支护水采法的采煤工作面采用"采空区窜风"并辅以局部通风机通风，这种方式存在风阻大、窜风量有限、风量不稳定、采空区的有害气体易造成隐患等问题，尤其是开采高瓦斯煤层时问题更为突出。

为解决上述问题可采取：改进巷道布置，完善现有水采方法；对高瓦斯煤层进行预先抽采瓦斯及排放采空区有害气体；健全监测和预警系统等措施。

（4）电耗较大。水采矿井的电力消耗较大，主要消耗在高压供水和水力运提工作中。据初步统计，水采的吨煤电耗约为普通机械化开采的 1.5 ~ 2.0 倍。

降低水采电能消耗的主要途径是：改进和提高现有水采设备的效率；研制新型高效水采设备；加强用电管理等。

五、水力采煤的适用条件

为使水采能取得较好的技术经济效果，在应用水采时应考虑下列因素。

1. 煤层的倾角

为保证溜槽水力运输的畅通和可靠，煤层的倾角不宜过小。目前国内的经验是煤层倾角一般不小于 7°。而对目前旱采机械化开采有困难的倾斜、急斜煤层，应用水采更能发挥其机械化开采的优势。

2. 煤层的顶板

实践表明，在倾角小于 35°的煤层中应用水采时，如果顶板较软或破碎，其采出率会明显下降。因此，对于倾角小于 35°的煤层，水采宜用于煤层顶板比较稳定的条件下。

3. 煤层的底板

如果煤层底板遇水泥化或易于底鼓。则巷道需经常卧底才能保证煤水的正常流运。因此这种条件下一般不宜应用水采。

4. 煤层的厚度

当煤层厚度过小时，由于存在工作环境及掘进速度等方面的问题，会影响水采的技术经济指标。因此，水采一般用于开采厚度大于 1.5 m 的中厚煤层和厚煤层。

5. 煤层的硬度及裂隙发育程度

目前我国虽已将供水压力提高到 20 ~ 22 MPa，水枪流量达到 250 ~ 300 m³/h，但在开采裂隙不发育的坚硬煤层时仍难保证足够的破煤能力，且破煤电耗过高，技术经济指标显著降低。因此，在新型大流量供水设备开发使用之前，水采宜用于煤质中硬或中硬以下的煤层。

6. 煤层的瓦斯含量

从有利于通风考虑，水采宜用于低瓦斯煤层。不过，采取适当措施后也可用于高瓦斯煤层，如北票等矿区已有在高瓦斯煤层中应用水采的成功经验。

综上所述，水采宜应用于下列条件：①旱采机械化开采有困难的倾斜、急斜煤层以及煤层倾角在7°以上，地质构造复杂，煤层厚度中厚以上的不稳定煤层；②顶板稳定或中等稳定，瓦斯含量小，煤质中硬或中硬以下（不含硬而厚的夹矸），底板遇水不泥化，倾角77°~35°，煤厚3~8 m的缓斜、倾斜煤层；③煤尘危害较大，工作面淋水严重或丢失残煤较多需复采的井区，若其煤层条件基本符合水采要求，应用水采有利于解决这些特殊问题。

第五节　煤炭地下气化

一、煤炭地下气化原理

煤炭地下气化是开采煤炭的一种新工艺。其特点是将埋藏在地下的煤炭直接变为煤气，通过管道把煤气供给工厂、电厂等各类用户，使现有矿井的地下作业改为采气作业。煤炭地下气化的实质是将传统的物理开采方法变为化学开采方法。

煤炭地下气化因具有安全、高效、低污染等优点，所以世界各国对此都非常重视。我国于1958年在几个矿区曾进行过地下气化的实验，最近又在马庄矿、新河矿进行了试验、取得了一些经验。

从地表沿煤层开掘两条倾斜的巷道，然后在煤层中靠下部用一条水平巷道将两条倾斜巷道连接起来，被巷道所包围的整个煤体就是将要气化的区域，称之为气化盘区，或称地下发生炉。

在水平巷道中用可燃物质将煤引燃，并在该巷形成燃烧工作面。这时从鼓风巷道吹入空气，在燃烧工作面与煤产生一系列的化学反应后，生成的煤气从另一条倾斜的巷道即排气巷道排出地面。随着煤层的燃烧，燃烧工作面逐渐向上移动，而工作面下方的采空区被烧剩的煤灰和顶板垮落的岩石所充填，但塌落的顶板岩石通常不会完全堵死通道而仍会保存一个不大的空间供气流通过，只需利用鼓风机的风压就可使气流顺利地通过通道。这种有气流通过的气化工作面被称为气化通道，整个气化通道因反应温度不同，一般分为气化带、还原带和干馏—干燥带。

1. 气化带

在气化通道的起始段长度内，煤中的碳和氢与空气中的氧化合燃烧，生成二氧化碳和水蒸气：$C + O_2 \longrightarrow CO_2$；$2H_2 + O_2 \longrightarrow 2H_2O$。在化学反应过程中同时产生大量热能，温度达到1200~1 400℃，致使附近煤层炽热。

2. 还原带

气流沿气化通道继续向前流动，当气流中的氧已基本耗尽而温度仍在800~1 000℃时，二氧化碳与赤热的煤相遇，吸热并还原为一氧化碳 $CO_2 + C \longrightarrow 2CO$。同时，空气中的水蒸气与煤里的碳起反应，生成一氧化碳和氢气以及少量的烷族气体：$4C +$

$3H_2O \longrightarrow CH_4 + 3CO + H_2$，这就是还原区。

3. 干馏—干燥带

在还原反应过程中，要吸收一部分热量，因此气流的温度就要逐渐降低到 700～400℃，以致还原作用停止。此时燃烧中的碳就不再进行氧化，而只进行干馏，放出许多挥发性的混合气体，有氢气、瓦斯和其他碳氢化合物。这段称为干燥带的干馏部分。

在干馏之后是脱水干燥。混合气体此时仍有很高的温度可气化其中的水分，混合气体干燥后，最后可得到：CO_2、CO、O_2、H_2、CH_4、H_2S 和 N_2 的混合气体，其中 CO、H_2、CH_4 等是可燃气体，它们的混合物就是煤气。

二、煤炭地下气化方法及生产工艺系统

（一）煤炭地下气化方法

气化方法通常可分为有井式和无井式两种。有井式地下气化法如前所述；无井式地下气化是应用定向钻进技术，由地面钻出进、排气孔和煤层中的气化通道构成地下气化发生炉。

有井式气化法需要预先开掘井筒和平巷等，准备工程量大、成本高，坑道不易密闭，漏风量大，气化过程难于控制，而且在建地下气化发生炉期间，仍然避免不了要在地下进行工作。

无井式气化法是用钻孔代替坑道，以构成气流通道，避免了井下作业和有井式气化的其他问题，使煤炭地下气化技术有了很大提高，目前它已在世界上被广泛采用。

（二）无井式气化法的生产工艺系统

无井式气化法的准备工作包括两部分：即从地面向煤层打钻孔和在煤层中准备出气化通道。

从地面向煤层打钻孔可以采用三种形式的钻孔：垂直钻孔、倾斜钻孔和曲线钻孔。

当钻孔钻至煤层后，在钻孔底部的煤层里，准备出气化通道的工作叫做钻孔贯通工作。贯通的方法目前有以下几种：空气渗透火力贯通法、电力贯通法、定向钻进贯通法和水力压裂法。

煤层赋存条件不同，生产工艺系统也有差异。对于近水平煤层和缓斜煤层，在规定的气化盘区内，先打好几排钻孔，钻孔采用正方形或矩形布置方式，孔距 20～30 m。钻孔沿煤层倾向成排地布置，每排钻孔的数目取决于气化站所需要的生产能力。

按作业方式的不同，生产工艺系统可分为两种，即逆流火力作业方式和顺流火力作业方式。

（三）地下气化效果的主要影响因素

影响地下气化的因素很多，但主要的影响因素有以下几个方面。

1. 供氧量

鼓风的压人强度和鼓风中的氧气浓度对地下气化的效果有直接影响。前苏联分别用空气和富氧空气作为气化剂进行试验，所得的煤气成分见表 4-4-2。实验表明，供风

量越大，气化剂含氧量越高，煤气的热位就越高。

表4-4-2　　　　　　　　　　烟煤气化数据

气化剂种类	生成气体所占体积（%）						热值/ kJ·m⁻³
	H_2	CH_4	CO	CO_2	O_2	N_2	
空气	14.0	1.8	16.2	10.2	0.2	57.6	4 229
富氧空气（O_2，37%）	21.0	2.5	22.1	15.5	0.2	38.7	5 987
富氧空气（O_2，48%）	28.2	3.5	26.1	15.4	0.3	26.5	7 645

采用富氧鼓风，不仅可以提高煤气的热值，而且在制氧过程中还可以从空气中分离出氩气、氙气和氦气等惰性气体，这不仅在技术上是可行的，经济上也是合理的。

2．温度和含水量

气化通道中的温度、煤田的含水量也是影响地下气化的因素。保持高温是提高地下气化强度的必要条件之一。高温可以加快物质之间的化学反应速度，但目前对温度的控制比较困难。另外，在相同的条件下，气化通道内气体流动状态也直接影响着气化反应速度，采用脉动鼓风可以使煤气的热值提高2~3倍。适量含水有助于提高煤气质量，而含水过多将使温度降低，影响气化效果。含水量的适宜性随气化工作面温度的高低而变，目前，在温度不易控制的条件下，其含水量功亦难以控制。

3．其他因素

气化通道的长度是影响气化的另一个重要因素。目前定向钻进技术限制了通道的贯通长度，但一致认为，通道应满足气化反应四个区的要求，通道长些较为有利，100 m以上才能满足气化的实际要求。对于不同的煤层、不同的通道断面、不同的气化剂，气化通道存在一个合理的长度范围。此外，煤层的赋存条件也是影响气化过程的一个因素，通道的断面大小对气化过程也有影响。

三、煤炭地下气化的适用条件及发展方向

煤炭地下气化可以使埋藏过深或过浅不宜用井工开采的煤层得到开发，它不但改善了矿工的劳动条件，而且气化对地表破坏较小，没有废矸，还有利于防止大气污染。煤炭地下气化的经济效益较好，投资仅为地面气化站的1/2~1/3。

一般来说，多孔而松软的褐煤及烟煤厚煤层比较容易气化，而薄煤层、含水分多的煤层和无烟煤较难气化。稳定而连续的煤层、顶底板透气性小于煤层的透气性以及倾角超过35°的中厚煤层对气化更为有利。

利用气化去回收报废矿井的煤柱、边角煤是国内外气化的一个方向。

煤炭地下气化自实验以来得到了较迅速的发展，但至今尚未进入实用推广阶段。世界各国对煤炭地下气化均相当重视，投入很大的物力和人力来发展这一新型采矿技术，因此地下气化也出现了许多新的动向。

（一）无井式长壁气化法

为了提高煤气的质量和产量，国外实验了无井式长壁气化法。它是从地面钻定向弯

曲钻孔,当钻孔到达煤层后,在煤层中直接贯通。贯通后,在钻孔的底部点火进行地下气化。由钻孔的一端鼓风,从钻孔的另一端排出煤气。

这种方式完全取消地下作业,但钻孔和定向弯曲钻孔要求技术水平高。该站的煤层条件是煤厚 2 m,埋藏深度 300 m,钻孔水平钻进 50 m。实际上水平钻进可达 90~100 m。

（二）煤炭地下燃烧工艺

用煤炭地下燃烧工艺来回收被以往采煤所遗弃的煤柱。目前,该试验正在国外几个煤田进行工业性实验,其目的是将煤的热值转化为热能,以供民用或工业使用,提高煤炭资源的利用率。

该工艺主要是采用抽风机造成负压,将燃烧产生的高温气体（300~600℃）通过热交换器使水变为蒸气供发电和民用。钻孔为过气孔,根据煤层的赋存条件进行布置。

（三）对地下气化区燃烧面位置与温度的控制

地下气化燃烧面位置与温度的控制是一个难题,目前美国已使用卫星红外摄影进行监控。它可以探明燃烧面的确切位置和温度情况,从而用调节供氧量和供水蒸气量来控制其温度,提高或降低燃烧面的气化强度,提高煤气热值,试用效果良好。该矿气化产品价格已达商业应用标准,若计入卫星租用费成本仍太高,而不用卫星监控地下气化情况不明,气化效果和煤气质量难以控制。

（四）气化、化工联合企业的发展

地下气化得到的煤气不仅可供民用,还可发电。煤气中除可燃气体以外,还伴生有许多重要的化学物质,如酚、苯、吡啶、油酸、硫等物质。因此,地下气化站不仅可以作为动力企业,而且作为化学联合企业也是合适的。表4-4-3列出了煤进行气化和焦化时产生的化学产品。

表4-4-3　　　　　　　　　　　　煤气化或焦化的产品

化学产品	吨煤产量	
	地下气化	焦化
氨/kg	3~12	2~4
吡啶基/kg	0.3~2.4	0.12~0.20
苯系碳化氢/kg	3~12	9~16
硫化氢/kg	1~2	0.6~2
树脂/kg	1.5~2	20~50

煤炭地下气化作为一种开发地下煤炭资源的新技术,目前在世界各主要产煤国均在进一步研究,煤炭地下气化的理论也在不断地深化与完善。

第五章　煤矿安全工程

第一节　煤矿瓦斯灾害防治技术

一、矿井瓦斯的存在状态

矿井瓦斯是煤矿生产过程中,从煤、岩内涌出的以甲烷为主的各类有害气体的总称。

(一) 瓦斯的生成

瓦斯是在煤的生成和煤的变质过程中伴生的气体。在成煤的过程中生成的瓦斯,是古代植物在堆积成煤的初期,纤维素和有机质经厌氧菌的作用分解而成。另外,在高温、高压的环境下,在成煤的同时,由于物理和化学作用,可继续生成瓦斯。

(二) 瓦斯的性质

瓦斯是无色、无味、无臭的气体,但有时可以闻到类似苹果的香味,这是由于芳香族的碳氢气体同瓦斯同时涌出的缘故。瓦斯对空气的相对密度是 0.544,在标准状态下瓦斯的密度为 0.716 kg/m^3。瓦斯在空气中达到一定浓度时,遇火能燃烧或爆炸。在煤矿的采掘过程中,当条件合适时,会发生瓦斯突出(喷出),产生严重的破坏作用。

(三) 瓦斯的存在状态

瓦斯在煤体中存在的状态可分为两类:游离状态和吸着状态。

游离状态也叫自由状态,这种瓦斯是以自由气体状态存在于煤体或周围岩体的裂缝孔隙之中,游离瓦斯量的大小与存储空间的容积、瓦斯压力成正比,与温度成反比。

吸着状态又称为结合状态,特点是瓦斯与煤或某些岩石结合成一体,不再以自由气态形式存在。按其结合形式不同又可分为吸附、吸收两种:吸附状态是由于固体粒子与瓦斯分子之间分子吸引力的作用,使瓦斯分子在固体颗粒表面上形成很薄的吸附层;吸收状态是气体分子已进入煤分子团的内部。

煤体是一种复杂的多孔性固体,在成煤过程中生成的瓦斯,经过漫长的地质年代,大部分已排放入大气,只有一小部分至今仍被保存在煤体或围岩中。

二、矿井瓦斯涌出量

(一) 煤层瓦斯含量

煤层瓦斯含量是指单位质量或单位体积的煤体,在一定压力和温度下所含的瓦斯数量，即游离瓦斯和吸着瓦斯的总和，单位为 m^3/t 或 m^3/m^3。

煤层瓦斯含量的大小，主要取决于煤层保存瓦斯的自然条件，如煤层和围岩的结构（如透气性）、物理化学特性（如吸附性能）、成煤后的地质运动和地质构造、煤层的赋存条件、围岩性质等。

（二）瓦斯的涌出形式

1. 普通涌出

普通涌出指瓦斯从煤层或岩层表面非常细微的缝隙中缓慢、均匀而持久地涌出。这种涌出的方式涌出的面积大、时间长，是瓦斯涌出的主要形式。

2. 特殊涌出

特殊涌出又可以分为瓦斯喷出和煤（岩）与瓦斯突出两种。

瓦斯喷出是指大量瓦斯突然喷出的现象，喷出的时间可长、可短（数天或数年）。每昼夜的喷出量可达数百立方米。

煤（岩）与瓦斯突出（简称突出），是在瞬间突然喷出大量瓦斯（或二氧化碳）和煤炭（或岩石），并伴随有强烈的声响和强大的冲击动力现象。

（三）瓦斯涌出量计算

瓦斯涌出量是指在矿井建设和生产过程中从煤与岩石内涌出的瓦斯量，对应于整个矿井的，叫矿井瓦斯涌出量；对应于采区或工作面的，叫采区或工作面的瓦斯涌出量。

瓦斯涌出量大小的表示方法有两种：

绝对瓦斯涌出量——单位时间涌出的瓦斯体积，单位为 m^3/d 或 m^3/min；

相对瓦斯涌出量——平均产 1 t 煤同时所涌出的瓦斯量，单位为 m^3/t。

（四）矿井瓦斯等级

矿井瓦斯等级是以相对瓦斯涌出量的大小来划分的。《煤矿安全规程》规定，在一个矿井中，只要有一个煤（岩）层发现瓦斯，该矿井即定为瓦斯矿井，并依照矿井瓦斯等级工作制度进行管理。

矿井瓦斯等级，根据矿井相对瓦斯涌出量、矿井绝对瓦斯涌出量和瓦斯涌出形式划分为：①低瓦斯矿井：矿井相对瓦斯涌出量小于或等于 10 m^3/t，且矿井绝对瓦斯涌出量小于或等于 40 m^3/min；②高瓦斯矿井：矿井相对瓦斯涌出量大于 10 m^3/t，或矿井绝对瓦斯涌出量大于 40 m^3/min；③煤（岩）与瓦斯（二氧化碳）突出矿井：矿井在采掘过程中，只要发生过一次煤与瓦斯突出，该矿井即为突出矿井，发生突出的煤层定为突出煤层。

三、瓦斯爆炸及其预防

矿井瓦斯爆炸是一种热—链式反应（也叫连锁反应）。当爆炸混合物吸收一定能量（通常是引火源给予的热能）后，反应分子的键即行断裂，离解成两个或两个以上的游离基（也叫自由基）。这类游离基具有很大的化学活性，成为反应连续进行的活化中心。在适合的条件下，每一个游离基又可以进一步分解，再产生两个或两个以上的游离基。这样循环不已，游离基越来越多，化学反应速度也越来越快，最后就可以发展为燃烧或爆炸式的氧化反应。所以，就其本质来说，瓦斯爆炸是一定浓度的甲烷和空气中的氧气在一定温度作用下产生的激烈氧化反应。

（一）瓦斯爆炸的条件及其影响因素

瓦斯爆炸的三个充分必要条件为：一定浓度的瓦斯、高温火源的存在和充足的氧气。

1. 瓦斯浓度

瓦斯爆炸有一定的浓度范围，我们把在空气中瓦斯遇火后能引起爆炸的浓度范围称为瓦斯爆炸界限。瓦斯爆炸界限为 5% ~ 16%。当瓦斯浓度低于 5% 时，遇火不爆炸，但能在火焰外围形成燃烧层，当瓦斯浓度为 9.5% 时，其爆炸威力最大（氧和瓦斯完全反应）；瓦斯浓度在 16% 以上时，失去爆炸性，但在空气中遇火仍会燃烧。

瓦斯爆炸界限并不是固定不变的，它还受温度、压力、煤尘、其他可燃性气体、惰性气体的混入等因素的影响。

2. 引火温度

瓦斯的引火温度，即点燃瓦斯的最低温度。一般认为，瓦斯的引火温度为 650 ~ 750℃，因受瓦斯的浓度、火源的性质及混合气体的压力等因素影响而变化。当瓦斯含量在 7% ~ 8% 时，最易引燃；当混合气体的压力增高时，引燃温度即降低；在引火温度相同时，火源面积越大、点火时间越长，越易引燃瓦斯。

高温火源的存在，是引起瓦斯爆炸的必要条件之一。井下抽烟、电气火花、违章放炮、煤炭自燃、明火作业等，都易引起瓦斯爆炸。所以，在有瓦斯的矿井中作业，必须严格遵守《煤矿安全规程》的有关规定。

3. 氧气浓度

实践证明，空气中的氧气浓度降低时，瓦斯爆炸界限随之缩小，当氧气浓度减少到 12% 以下时，瓦斯混合气体即失去爆炸性。这一性质对井下密闭的火区有很大影响，在密闭的火区内往往积存大量瓦斯，且有火源存在，但因氧的浓度低，并不会发生爆炸。如果有新鲜空气进入，氧气浓度达到 12% 以上，就可能发生爆炸。因此，对火区应严加管理，在启封火区时更应格外慎重，必须在火熄灭后才能启封。

（二）预防瓦斯爆炸的措施

1. 防止瓦斯积聚的措施

（1）加强通风。

（2）及时处理局部聚集的瓦斯。

（3）加强瓦斯监测检测。

2. 防止瓦斯引燃措施

（1）在井口和井口房内，禁止使用明火。

（2）在瓦斯矿井，要使用防爆型或安全火花型电器设备，对其防爆性能要经常检查，不符合要求的要及时更换。

（3）严格执行放炮制度。

（4）严格管理火区，防止密闭墙漏风，并定期测定火区温度。

四、瓦斯突出及其预防

瓦斯突出是指随着煤矿开采深度的增加、瓦斯含量的增加，在地应力和瓦斯释放的引力作用下，使软弱煤层突破抵抗线，瞬间释放大量瓦斯和煤而造成的一种地质灾害。煤矿开采深度越深，瓦斯瞬间释放的能量也会越大。煤和瓦斯突出主要发生在煤层平巷掘进、上山掘进和石门揭煤时，有的矿井在回采工作面也会发生煤和瓦斯突出。瓦斯突出和瓦斯爆炸是两个概念，但灾害都来自于瓦斯。瓦斯突出是一种地质灾害，在大量的有害气体瞬间涌入后，会形成窒息，但不一定会发生爆炸事故。但如果出现以下三种情况，会引发爆炸事故，一是与空气中氧气含量达到 12% 以上，二是瓦斯浓度在 5% ~ 16% 之间，三是遇到明火，达到 650℃ 以上的点火温度。

（一）突出的一般规律

大量突出资料的统计分析表明，突出具有一般的规律性。了解这些规律，对于制定防治突出的措施，有一定的参考价值。

（1）突出发生在一定的采掘深度以后。每个煤层开始发生突出的深度差别很大，最浅的矿井是湖南白沙矿务局里王庙煤矿，仅 50 m。始突深度最大的是抚顺矿务局老虎台煤矿，达 640 m。自此以下，突出的次数增多，强度增大。

（2）突出多发生在地质构造附近，如断层、褶曲、扭转和火成岩侵入区附近。据南桐矿务局统计，95% 以上的突出（石门突出除外）发生在向斜轴部、扭转地带、断层和褶曲附近。据北票矿务局统计，90% 以上的突出发生在地质构造区和火成岩侵入区。

（3）突出多发生在集中应力区，如巷道的上隅角，相向掘进工作面接近时，煤层留有煤柱的相对应上、下方煤层处，回采工作面的集中应力区内掘进时等。

（4）突出次数和强度，随煤层厚度、特别是软分层厚度的增加而增加。煤层倾角愈大，突出的危险性也愈大。

（5）突出与煤层的瓦斯含量和瓦斯压力之间没有固定的关系。瓦斯压力低、含量小的煤层可能发生突出；压力高，含量大的煤层也可能不突出。因为突出是多种因素综合作用的结果。

（6）突出煤层的特点是强度低，而且软硬相间，透气系数小，瓦斯的放散速度高，煤的原生结构遭到破坏，层理紊乱，无明显节理，光泽暗淡，易粉碎。如果煤层的顶板坚硬致密，突出危险性会增大。

（7）大多数突出发生在放炮和落煤工序。放炮后没有立即发生的突出，称延期突出。延迟的时间由几分钟到十几小时，它的危害性更大。

（8）突出前常有预兆发生，如煤体和支架压力增大；煤壁移动加剧，煤壁向外鼓出、掉渣，煤块进出，破裂声，煤炮声，闷雷声；煤质干燥，光泽暗淡，层理紊乱；瓦斯增大或忽大忽小；煤尘增多；气温降低；顶钻或夹钻，等等。熟悉或掌握本矿井的突出预兆，对于及时撤出人员、减少伤亡，有重要意义。

（二）预防煤与瓦斯突出的措施

1．区域性措施

区域性防突措施主要有开采保护层和预抽煤层瓦斯两种。开采保护层是预防突出最有效、最经济的措施。

在突出矿井中，预先开采的、并能使其他相邻的有突出危险的煤层，受到采动影响而减少或丧失突出危险的煤层，称为开采保护层。后开采的煤层称为被保护层。保护层位于被保护层上方的叫上保护层，位于被保护层下方的叫下保护层。

对于无保护层或单一突出危险煤层的矿井，可以采用预抽煤层瓦斯作为区域性防突措施。这种措施的实质是，通过一定时间的预先抽放瓦斯，降低突出危险煤层的瓦斯压力和瓦斯含量，并由此引起煤层收缩变形、地应力下降、煤层透气系数增加和煤的强度提高等效应，使被抽放瓦斯的煤体丧失或减弱突出危险性。1980 年以来，我国试验成功的大面积网格式穿层钻孔预抽突出危险煤层瓦斯的方法，使得区域防突效果更为理想。

2．局部性防突措施

（1）钻孔排放瓦斯：是石门揭煤时的一种措施，即用石门开拓有煤与瓦斯突出的煤层时，从掘进工作面距煤层 10 m 以外，开始向煤层打钻，使煤层中的瓦斯从钻孔中自然排放出来，降低瓦斯压力，达到预防突出的目的，钻孔超前掘进工作面的距离不得小于 5 m。

（2）放震动炮：也是石门揭煤的一种措施。

（3）水力冲孔：是在安全岩柱（或煤柱）的保护下向煤层打钻孔，用压力水通过钻杆冲击煤体，边钻边冲，使煤、瓦斯和水一起从钻杆与孔壁之间流出，从而将煤与瓦斯突出的能量"化整为零"地逐步释放出来。

预防煤与瓦斯突出的措施除上述几种外，还有采用大直径超前钻孔、煤层高压注水及开卸压槽卸压等方法。

五、瓦斯抽采

瓦斯抽放是将矿井瓦斯通过钻孔（或专门抽放瓦斯的巷道）、管道、瓦斯泵直接抽至地面。抽放办法有本煤层抽放、邻近层抽放、采空区抽放及地面定向钻孔抽放等。

（一）本煤层抽放瓦斯

本煤层抽放瓦斯是在开采煤层之前或开采煤层过程中利用钻孔或巷道进行该煤层的抽放工作。

（二）掘进巷道瓦斯抽放

在掘进巷道的两帮随掘进巷道的推进，每隔 10 ~ 15 m 开一钻窝，在巷道周围卸压区内打 1 ~ 2 个 45 ~ 60 m 的钻孔，封孔深 1.5 ~ 2.0 m，装上瓦斯抽放管，封孔后连接于抽放系统进行抽放。

（三）邻近煤层抽放瓦斯

当开采含瓦斯的煤层群时，在有瓦斯赋存的邻近煤层内预先开凿抽放瓦斯的巷道，或者预先从开采煤层的某些巷道中向邻近煤层的顶板或底板打抽放钻孔，装上瓦斯抽放管道，进行瓦斯抽放。

（四）采空区抽放瓦斯

如果在采空区内积存大量瓦斯，往往会通过漏风而进入生产巷道或采煤工作面，造成瓦斯超限而影响正常生产。为此可采用以下方法：

（1）在采空区上方开掘一条专用瓦斯抽放巷道，在巷道中布设钻孔向下部采空区打钻抽放瓦斯。

（2）从工作面超前巷道中掘专用钻窝向工作面采空区的上隅角打钻抽放瓦斯。

（3）在放顶煤工作面煤层中沿顶板在靠风巷一侧开设专用的瓦斯排放巷道，密闭后安设管道抽放瓦斯。

（五）地面定向钻孔抽放瓦斯

近年来，应用石油部门的拐弯钻机，从地面打抽放瓦斯钻孔获得成功：先从地面打垂直钻孔到煤层，经拐弯后沿煤层钻进，在煤层内可延伸达 1 000 m 以上，然后在地面利用钻孔直接抽放瓦斯。

第二节　煤矿粉尘防治技术

一、煤矿粉尘及其危害

煤矿粉尘是在矿山生产和建设过程中所产生的各种煤、岩微粒的总称。

煤矿粉尘，就其危害和数量而言，主要是煤尘和岩尘。其生成量，以采掘工作面最高，其次为运输过程中的各转载点。

煤矿粉尘危害的主要表现为：

1. 污染工作场所，危害人体健康，引起职业病

作业地点煤矿粉尘过多会影响视线，甚至造成视力减退，不利于及时发现事故隐患，从而增加了发生事故的机会；皮肤沾染煤矿粉尘，阻塞毛孔能引起皮肤病或发炎；人体吸入过量的煤矿粉尘，轻者可引起上呼吸道炎症，严重时可导致尘肺病，尘肺病是目前危害较大的一种矿工职业病。

2. 燃烧或爆炸

井下煤矿粉尘在一定的条件下可以燃烧或爆炸；对于瓦斯矿井，煤矿粉尘可能同时参与瓦斯爆炸。煤矿粉尘或瓦斯煤尘爆炸可酿成严重的矿山灾害。

另外，煤矿粉尘还会加速机械设备的磨损，缩短仪器设备的使用寿命。

二、煤矿粉尘爆炸及预防

煤矿粉尘爆炸一旦形成，爆炸波便可将巷道中的落尘扬起而成为浮尘，为爆炸的延续和扩大补充尘源。因此，煤尘爆炸不仅表现出有连续性的特点，而且在连续爆炸的条件下，还可能有离开爆源越远其破坏力越大的特征。

煤矿粉尘引燃的温度变化范围较大，一般为 700～800℃，有时也可达 1 100℃。煤矿中能点燃煤矿粉尘的高温热源有爆破时出现的火焰、电气设备的电火花、电缆和电机车架空线上的电弧、采掘机械工作时出现的冲击火花、安全灯火焰、井下火灾、瓦斯爆炸等。

煤矿粉尘爆炸性可以分为有爆炸危险性及无爆炸危险性两种，需经过煤矿粉尘爆炸试验来确定。一般来讲，无烟煤的煤矿粉尘没有爆炸危险性。但煤矿粉尘无论有无爆炸危险，对人体健康都是有害的，因此在矿井生产过程中应当采取必要的防尘措施。

防止煤矿粉尘爆炸的措施分为降尘措施、防止引燃措施、隔爆措施三类。

（一）降尘措施

1. 煤层注水湿润煤体

在回采以前，通过钻孔将压力水注入煤体以湿润煤体。可在回采工作面煤壁上打钻孔，也可在回风平巷或运输平巷平行工作面煤壁打钻孔。国内不少矿井都试验和采用了这种防尘措施，均获得较好的防尘效果。

2. 采空区灌水

当开采近距离煤层群的上组煤或者采用分层法开采厚煤层时，往往在采空区灌水，湿润下组煤或下分层的煤体，以防止开采时煤矿粉尘的生成。对前者来说。两个煤层间的岩层应具有较好的透水性，而后者往往是与防止自然发火进行预防性灌浆相结合，技术要求和灌浆基本相间。

3. 水封爆破及水炮泥

水封爆破、水炮泥都是由钻孔注水预湿煤体演变而来的。将注水与爆破结合起来，不仅起到消烟防尘的作用，而且也提高了炸药的爆破效果。

4. 喷雾洒水

在尘源发生地点喷雾洒水是捕尘、降尘的简便易行而有效的措施。在机组采煤、联合掘进机组掘进、装煤、翻车、转载等生产环节中采取正确的喷雾洒水措施，将大大减少煤矿粉尘的飞扬。在爆破时采取喷雾洒水既起降尘作用又能消除炮烟，缩短通风排烟时间。

5. 采用合理的风速

井下风速必须严格控制，增加风量或改变通风系统后，风速应符合《煤矿安全规程》规定。防止煤尘的飞扬。

6. 清扫积尘

沉积在巷道四壁的煤矿粉尘，一旦受到冲击再度扬起，形成初爆的尘云，为煤矿粉尘爆炸创造了条件。因此，它是造成井下煤矿粉尘爆炸的一个隐患，必须清除掉

（二）防止煤矿粉尘引燃的措施

（1）在井口和井口房内，禁止使用明火。

（2）在瓦斯矿井，要使用防爆型或安全火花型电器设备，对其防爆性能要经常检查，不符合要求的要及时更换。

（3）严格执行放炮制度。

（4）严格管理火区，防止密闭墙漏风，并定期测定火区温度。

（三）隔爆措施

岩粉棚由安装在巷道中靠近顶板处的若干块木制台板组成，板与板的间隙稍大于板宽，每块台板上放置一定数量的不燃性岩粉，在出现煤尘爆炸时，爆炸冲击波将台板震翻，使岩粉弥漫在巷道中，从赤热的燃烧煤矿粉尘中吸收热量并隔断火焰，从而起到阻止爆炸向前扩展的作用。

隔爆水棚是用水槽棚或悬挂水袋的方法代替岩粉棚，用水代替岩粉，效果比岩粉好。

采用自动水幕作为隔爆设施，利用煤矿粉尘爆炸所产生的爆炸波打开水阀门，自动喷雾形成水幕，以隔断煤矿粉尘爆炸的传播。

岩粉棚或水槽棚应设置在矿井两翼、相邻采区和相邻煤层处

三、煤矿尘肺病的预防

1. 湿式凿岩

湿式凿岩是在风钻凿眼时用水冲洗炮眼内破碎的岩粉，使其成胶质状从炮眼中流出。

2. 喷雾洒水

喷雾洒水在采掘工作面是降低爆破、装岩（煤）及其他工序产生矿尘和防止落尘飞扬的重要措施，如在掘进机、采煤机、液压支架内、放顶煤的放煤口等的集中产尘点安装喷雾洒水装置等。此外，在矿井运输、转载等其他生产系统易产生粉尘的地点中都普遍采用安装喷雾洒水装置方法降低煤岩尘。

3. 净化风流

在矿井巷道中，按照规定每隔一定距离安装喷雾器喷雾形成净化水幕，在掘进巷道的局扇风筒中装设喷雾器形成水幕，使风流中的空气得到净化。

4. 个人防护

在实施上述综合防尘的基础上，为防止人员直接吸入矿尘，对在粉尘较大场所操作的工人发放防尘口罩等个体防尘面具，要求所有接触粉尘作业人员必须佩带防尘口罩。

第三节　煤矿火灾防治技术

一、矿井火灾

发生在矿井内的火灾统称为矿井火灾。发生在井口附近的地面的、能直接影响井下生产、威胁矿工安全的火灾，亦称为矿井火灾。

（一）矿井火灾的发生条件

火灾发生必须同时具备：存在可燃物，引发燃烧的热源，充足氧气的供给3个方面

的条件。这3个要素只有同时具备才能形成火灾。

（二）矿井火灾的分类

按引火原因，矿井火灾可分为内因（自燃）火灾和外因火灾两类。

1. 内因（自燃）火灾

自燃物在一定的外部（适量的通风供氧）条件下，自身的物理化学变化，产生并积聚热量，使其温度升高，达到自燃点而形成的火灾称之为内因火灾。煤矿中自燃物主要是具有自燃倾向性的煤炭。煤炭自燃火灾经常发生的地点有：

（1）采空区，特别有大量遗煤而未及时封闭或封闭不严的采空区。

（2）巷道两侧受地压破坏的煤柱。

（3）巷道堆积的浮煤和冒顶垮帮处。

（4）与地面老窑连通处。

2. 外因火灾

可燃物在外界火源（明火、放炮、机械摩擦、电流短路等）作用下引起燃烧形成的火灾称为外因火灾。外源火灾大多发生在井下风流畅通的工作地点，如果发现不及时或者灭火方法不当，火势发展很快，会造成严重后果。

（三）矿井火灾的危害

矿井火灾发生后，随着火灾的发展而产生高温和大量火烟，火烟内含有大量有毒和窒息性气体，严重威胁工人生命安全。

矿井火灾能够引起瓦斯、煤尘爆炸。

矿井火灾使井下风流逆转。

矿井火灾产生再生火源。

矿井火灾损坏机械设备，破坏矿井的正常生产秩序。

二、煤炭自燃及其预防

（一）煤炭自燃的原因

煤炭自燃是氧化过程自身加速发展的结果。煤炭在常温下能吸附空气中的氧而发生氧化作用产生热量，如果产生的热量不能很好散发并继续积聚，当温度上升达到煤的着火温度时，就会引起煤炭自燃。煤炭自燃大体上可以划分为3个主要阶段：潜伏期、自热期和燃烧期。

总之，煤炭的自燃的加速度很大，生成的热量来不及放散，自动加速氧化过程的特性，不仅在说明煤炭自燃的理论方面有其意义，而且可以作为鉴别煤炭自燃难易的依据。

（二）煤炭自燃的早期识别

1. 按自燃的外部征兆判断

早期自燃的外部征兆有：空气的湿度、温度增加，在火区附近出现烟雾，巷道壁和支架上有水珠，或者有煤油、煤焦油、松节油等的气味。

2. 矿井内空气成分的变化

煤的氧化过程可使附近地区空气成分发生变化，即氧的浓度降低，一氧化碳和二氧化碳浓度增加，并出现一些碳氢化合物。

加强监测是早期发现自燃征兆的重要步骤。测定空气中的一氧化碳浓度，可判断煤自燃的发展程度及自燃地点。应用红外线分析仪和气相色谱仪分析空气中的微量一氧化碳，配合束管法（用细塑料管束从井下各取样地点连至地面）远距离取样，可在地面进行连续自动检测与报警。

（三）自燃火灾的预防

预防的基本原则是减少矿体的破坏和碎煤的堆积，以免形成有利于煤炭氧化和热量积聚的条件。

1. 选择正确的开拓开采方法

合理布置巷道，减少矿层切割量，少留煤柱或留足够尺寸的煤柱，防止压碎，提高回采率，加快回采速度。

2. 采用合理的通风系统

正确设置通风构筑物，减少采空区和煤柱裂隙的漏风，工作面采完后及时封闭采空区。

3. 预防性灌浆

在地面或井下用土制成泥浆，通过钻孔和管道灌入采空区，泥浆包裹碎矿、煤表面，隔绝空气，防止氧化发热，是防止自燃火灾的有效措施。根据生产条件，可边采边灌，也可先采后灌。前者灌浆均匀，防火效果好，自燃发火期短的矿井均采用。泥浆的土、水体积比通常取 1:4～1:5。在缺土地区，可考虑用页岩等矸石破碎后代替黄土制浆，粉煤灰或无燃性矿渣也可作为一种代用品。

4. 均压防火

用调节风压方法以降低漏风和风路两侧压差，减少漏风，抑制自燃。调压方法有风窗调节、辅扇调节、风窗－辅扇联合调节、调节通风系统等。

5. 喷洒阻化剂

利用防止煤炭氧化的化学制剂，如 $CaCl_2$、$MgCl_2$ 等，将其溶液灌注到可能自燃的地方，在碎矿石或碎煤表面形成稳定的抗氧化保护膜，降低矿石或煤的氧化能力。

三、外因火灾的预防

一切产生高温或明火的器材设备，如果使用管理不当，可点燃易燃物，造成火灾。在中、小型煤矿中，各种明火和爆破工作常是外因火灾的起因。随着机械化程度提高，机电设备火灾的比例逐渐增加。预防外因火灾的主要措施有：

（1）煤矿井下禁止吸烟和明火照明。

（2）电气设备和器材的选择、安装与使用，必须严格遵守有关规定，配备完善的保护装置。

（3）机械运转部分要定期检查，防止因摩擦产生高温，采煤机械截割部必须有完善的喷雾装置，防止引燃瓦斯或煤尘。

（4）易燃物和炸药、雷管的运送、保管、领发和使用，均应遵守有关规定。

（5）尽量使用不燃材料代替易燃材料，一些主要巷道和机电硐室必须砌碹或用不燃性材料支护；有些地点要设防火门。

四、井下灭火

矿内灭火方法有：直接灭火法、隔绝灭火法和联合灭火法。

（一）直接灭火法

矿内火灾特别是外因火灾初起时，通常是局部的，燃烧也较缓慢。因此，可根据火源的性质，采用水、砂子、化学灭火器（泡沫灭火器、干粉灭火器等）、高倍数泡沫灭火装置以及挖除火源等方法，直接扑灭火源。

（二）隔绝灭火法

矿内火灾用直接灭火法不能扑灭时，应迅速在通往火区的所有巷道内建筑防火墙（密闭墙）进行封闭，使火源与外界空气隔绝，当火区内氧气耗尽，火灾即自行熄灭。

常见的防火墙有砖墙和料石砌筑墙。此外，还有高水材料、泡沫塑料快速密闭灭火方法等。

（三）联合灭火法

实践证明，单独使用防火墙封闭火区，熄灭火灾所需要的时间很长，造成一定时期的回采煤炭呆滞，影响生产，如果密闭质量不高，漏风较大，达不到灭火的目的。通常在火区封闭后，同时采取一些其他配套措施，加快熄灭火灾，提高灭火速度，这种方法称为联合灭火法。

常用的联合灭火法是向封闭的火区灌注泥浆、惰性气体（二氧化碳、炉烟、氮气等）以及采用调节风压法等。

第四节　煤矿水灾防治技术

凡影响、威胁矿井安全生产、使矿井局部或全部被淹没并造成人员伤亡和经济损失的矿井涌水事故都称为矿井水灾。

造成矿井水灾的水源主要有大气降水、地表水、含水层水、岩溶陷落柱水、断层水、废旧巷道或老空区积水等。

一、地面防水

地面防水是指在地表修筑各种防排水工程，防止或减少大气降水和地表水渗入矿井。根据矿区不同的地形、地貌及气候，应从下列几方面采取相应的措施。

1. 慎重选择井筒位置

井口（平硐口）和工业场地内主要建筑物的标高应在当地历年最高洪水水位以上。

在特殊情况下，确难找到较高的位置或需要在山坡上开凿井筒时，必须在井口来水方向修筑坚实高台，并在其附近修筑可靠的泄水沟和拦水堤坝，以防暴雨、山洪从井口灌入井下，造成灾害。在山区，还必须避开可能发生泥石流、滑坡等地质灾害危险的地段。

2. 河流改道

在矿井范围内有常年性河流流过且与矿井充水含水层直接相连、河水渗漏是矿井的主要充水水源时，可在河流进入矿区的上游地段筑水坝，将原河流截断，人工另修河道使河水改道远离矿区。

3. 铺整河底

矿区内有流水沿河床或沟底裂缝渗入井下时，可在渗漏地段用黏土、料石或水泥铺垫河底，防止或减少渗漏。

4. 填堵通道

矿区范围内，因采掘活动引起地面沉降、开裂、塌陷而形成的矿井进水通道，应用黏土或水泥予以填堵。对较大的溶洞或塌陷裂缝，其下部充填碎石和砂浆，上部盖以黏土分层夯实，且略高出地面以防积水。

5. 挖沟排（截）洪

地处山麓或山前平原区的矿井，因山洪或潜水流渗入井下构成水害隐患或增大矿井排水量，可在井田上方垂直来水方向布置排洪沟、渠，拦截、引流洪水，使其绕过矿区。

6. 排除积水

有些矿区开采后引起地表沉降或塌陷，长年积水，且随开采面积增大，塌陷区范围越广，积水越多。此时可将积水排掉，造地复田，消除水害隐患。

7. 加强雨季前的防汛工作

做好雨季防汛准备和检查工作是减少矿井水灾的重要措施。

矸石、炉灰、垃圾等杂物不得堆放在山洪、河流可能冲刷到的地方，以免冲到工业广场和建筑物附近淤塞河道、沟渠。

8. 地面钻孔处理

使用中的钻孔应当安装孔口盖，不用或报废的钻孔应当及时封孔，并将封孔资料和实施负责人的情况记录在案、存档备查。

二、井下防治水

井下水害来势凶猛，俗有"水老虎"之称。矿井防治水可归纳为"查、探、放、排、堵、截"六个字。

（一）做好矿井水文观测与水文地质工作

1. 做好水文观测工作

收集地表水、井下水源的水压、水位、和水量、井下涌水量变化。

2. 做好矿井水文地质工作

掌握冲击层厚度、各分层的透水含水性；断层和裂隙位置、落差、延伸、含水导水性；含水层与隔水层数量、位置、厚度、岩性；老窑和现采小窑的范围、采空区积水分布。

（二）井下探水

1. 必须探水的条件

"有疑必探，先探后掘"是采掘工作必须遵循的原则，也是防止井下水害事故发生的重要方法。当遇下列情况之一者时，必须探水：

（1）接近水淹井巷、老空、老窑或小窑时。

（2）接近含水层、导水断层、陷落柱时。

（3）接近可能出水钻孔和各类防水煤柱时。

（4）接近可能与地表水体相通的断裂破碎带或裂隙发育带时。

（5）上层采空区积水，在两层间垂直距离小于采高40倍或巷高10倍的下层采掘工作以及采掘工作面有明显出水征兆时。

2. 探水起点的确定

（1）积水线：积水区范围线。

（2）警戒线：积水线外推60 m为警戒线。

（3）探水线：应根据积水区的位置、范围、地质及水文地质条件极其资料的可靠程度，采空区和巷道受矿山压力破坏等因素确定。

3. 探水钻孔布置

探水钻孔布置时，既要保证安全生产，又要确保不遗漏积水区，还要求探水工程量最小。探水钻孔布置方式原则是：巷道掘进所占空间应有钻孔控制，且钻孔间距小于巷道高度、宽度、或煤层厚度。对于位于生产区上部的老空区、按巷道类型和矿层的厚薄情况，有两种布置方式：平巷钻孔布置，上山巷道钻孔布置。

薄煤层，5组，每组1~2个钻孔；厚煤层，5组，每组不少于3个钻孔，至少有一孔见顶或见底。

（三）放水（疏干）

有计划地将威胁性水源全部或部分地疏放掉，是消除水患的有效措施之一。

1. 疏放老空水

（1）直接放水—当水量不大，不超过排水能力。

（2）先堵后放—与巨大水源有联系，动力储水量大。

（3）先放后堵—虽有补给水源，但补给量不大。

（4）用煤柱或构筑物先隔离，水量大，水质坏，准备好排水设备，或留隔水保护煤柱。

2. 疏放含水层水

（1）地面打钻抽水—环形钻孔、排形钻孔。

（2）井下疏水巷道疏水。

（3）用井下钻孔疏水—放射状、排状、立井泄放孔。

（四）截水

截水是利用水闸墙、水闸门和防水煤（岩）柱等物体，临时或永久地截住涌水，将采掘区与水源隔离，使某一地点突水不致危及其他地区，减轻水灾危害的重要措施。

1. 防水煤（岩）柱的留设

在水体下、含水层下、承压含水层上或导水断层附近采掘时，为防止地表水或地下水溃入工作地点，在可能发生突水处的外围保留最小宽度的矿柱不采，以加强岩层的强度和增加其重量阻止水突入矿井，这种保证地下采矿工程地段的水文地质条件不致明显变坏的最小宽度的矿柱叫做防水煤（岩）柱。

2. 水闸墙（防水墙）

水闸墙是用不透水材料构成的永久性构筑物，用于隔绝有透水危险的区域。

3. 防水闸门

防水闸门一般设置于井下运输巷内，正常生产时防水闸门敞开着，当突然发生水患时，闸门关闭将水阻挡于闸门之外。

（五）矿井注浆堵水

注浆堵水就是将配制的浆液压入井下岩层空隙、裂隙或巷道中，使其扩散、凝固和硬化，使岩层具有较高的强度、密实性和不透水性，从而达到封堵截断补给水源和加固地层的作用，是矿井防治水害的重要手段之一。

三、矿井突水及其处理

（一）矿井突水征兆

凡是井巷掘进及工作面回采过程中，接近或沟通含水层、被淹巷道、地表水体、含水断裂带、溶洞、陷落柱而突然产生的突水事故称矿井突水。

突水前，在工作面及其附近往往显示出某些异常现象，这些异常统称为"突水征兆"。

1. 承压水与承压水有关断层水突水征兆

工作面顶板来压、掉渣、片帮、支架倾倒等；底板膨胀、底鼓、底板"爆"响声；先出小水、再出大水；采场或巷道瓦斯涌出量增大。

2. 冲积层水突水征兆

岩层发潮、滴水、且逐渐增大，局部冒顶、水量突增、水时清时混，流沙；溃水、溃砂。

3. 老空水突水征兆

煤层发潮、发暗、挂汗、发凉、吱吱水声、铁锈呈红色。

（二）恢复被淹矿井及安全措施

1. 排除积水的方法

（1）直接排干：增加排水能力，直接将所突的全部积水排干。

（2）先堵后排：当涌水量特别大，补给丰富，用强力排水不可能排干时，必须堵住涌水通道，截住补给水源，然后再排水。

2. 排水恢复期的安全措施

保持良好通风，经常检查气体含量；严禁一切明火，防瓦斯爆炸；在井筒内安装排水设备时佩戴安全带和自救器；在恢复井巷时应注意冒顶坠井事故。

第五节　煤矿顶板灾害防治技术

一、顶板事故的形式和特点

（一）采煤工作面顶板事故

1. 局部冒顶事故

局部冒顶事故实质上是已被坏的顶板失去依托造成的。就其触发原因而言可以大致分为两部分：一部分是采煤工作（包括破煤、装煤等）过程中发生的局部冒顶事故，即在采煤过程中未能及时支护已出露的破碎顶板；另一部分则是单体支护回柱和整体支护的移架操作过程中发生的局部冒顶事故。

2. 大冒顶事故

采煤工作面的大冒顶事故也叫采场大面积切顶、落大顶、垮面。

（1）由直接顶运动所造成的垮面事故：就其作用力的始动方向可分为两大类。

推垮型事故：包括走向推进工作面常发生的倾向推垮型事故，一般由上平巷沿煤层倾斜方向向下平巷垮落；以及倾斜推进工作面容易发生的向采空区方向推垮型事故。

压垮型事故：包括向煤壁方向压垮，及向采空区方向压垮型事故。

（2）由老顶运动所造成的垮面事故。

冲击推垮型（砸垮型）事故：这类事故发生时，开始运动的老顶首先将其作用力施加于靠近煤壁处已离层的直接顶上，造成煤壁片塌和顶板下切，紧接着高速运动的老顶把直接顶推垮。

压垮型事故：由老顶运动引起的压垮型事故，是老顶来压，先将靠近采空区（老塘）的支架压断，然后将工作面的支架全部压断而造成垮面，这种事故多发生在采用木支架支护的采场。

（3）大冒顶事故发生的时间地点：从工作面倾斜方向来看，距离上出口10 m范围内的事故比例通常是临近下出口部位所发生事故比例的两倍多。其主要原因是受上侧工作面支承压力作用的影响，顶板的完整性容易受到破坏的结果。从工作面推进方向来看，采煤工作面从开切眼推进开始到回采结束，就顶板运动和矿压显现特征的差别而言，可以分为两个发展阶段：老顶各岩梁初次来压完成前的初次来压阶段，老顶来压完成后的正常推进阶段。

（二）巷道顶板事故

巷道的变形和破坏形式是多种多样的，巷道中常见的顶板事故按照围岩破坏部位可分为：巷道顶部冒顶掉矸、巷道壁片帮以及巷道顶、帮三面大冒落三种类型。按照围岩结构及冒落特征又可分为：镶嵌型围岩坠矸事故、离层型围岩片帮冒顶事故、松散破碎围岩塌漏抽冒事故以及软岩膨胀变形毁巷事故等几种形式。

二、影响顶板事故的主要因素

（一）影响采煤工作面顶板事故的因素

1. 自然因素

（1）煤层倾角：煤层倾角对采煤工作面矿山压力显现的影响是很大的。

（2）采煤工作面的围岩组成：采煤工作面的围岩，一般是指直接顶、老顶以及直接底的岩层。这三者对采煤工作面的安全生产有着直接的影响，其中直接顶的稳定性直接决定着支架的选型、支护方式的确定，是引起工作面局部冒顶的主导原因。

（3）地质构造：各种地质构造如断层的存在可能改变顶板冒落的一般规律，造成突然来压和冒顶。

（4）开采深度：开采深度直接影响着原岩应力大小，同时也影响着开采后巷道或工作面周围岩层内支承压力的大小。随着采深增加，支承压力必然增加，从而导致煤壁片帮及底板膨起的概率增加，由此也可能导致支架载荷增加。

（5）煤层厚度：中厚煤层及厚煤层要比薄煤层发生顶板事故的概率大。

2. 开采技术

开采技术对采煤工作面顶板管理的影响是多方面的，不仅与支护方式有关，还受到回采工艺及其参数（采高、控顶距、循环进度等）、采空区处理方式、是否分层开采等开采技术因素的影响。

通常，综采工作面的顶板管理状况要好于单体支护工作面。单体支护中单体液压支架要好于摩擦式金属支架，摩擦式金属支架要好于木支架。

（二）影响巷道顶板事故的因素

1. 自然因素

（1）岩石性质及其构造特征。

（2）开采深度。采深大时，由于上覆岩层重量大，形成的支承压力较大。在底板软弱时，巷道容易出现底鼓现象。

（3）煤层倾角。煤层倾角不同往往使巷道破坏形式有差别。

（4）地质构造因素。如果巷道开掘在地质构造破坏带，则很容易发生各种规模的冒顶。

（5）水的影响。巷道围岩中含水较大时，将会加剧巷道的变形和破坏。

（6）时间因素的影响。各种岩石都有一定的时间效应，尤其井下巷道的围岩，在时间和其他因素的作用下，岩石的强度会因变形、风化和水的作用等等而降低。

2. 开采技术因素

（1）巷道与开采工作的关系，如巷道是处于一侧采动还是两侧采动的条件下，是受初次采动还是受多次采动影响。

（2）巷道的保护方法，如巷道是依靠留煤柱保护还是在巷旁用专门的刚性充填带保护。

（3）巷道本身采用的支架类型和支护方式。

三、采煤工作面顶板灾害防治技术

（一）局部冒顶事故预防措施

（1）防止应力集中和放顶不实。

（2）合理选择工作面推进方向。

（3）采取正确的支护方法。

（4）坚持工作面正规循环作业。

（5）减少顶板暴露面积和缩短顶板暴露时间。

（二）大冒顶的防治措施

1．大冒顶的原因

（1）初次放顶：初次放顶效果好坏，对安全生产关系很大。

（2）未掌握周期来压规律：老顶周期来压，对工作面矿压显现，尤其是对支架的作用力要比平时急剧增加且猛烈。

（3）过旧巷安全技术措施不力：旧巷顶板一般由于采动影响已遭到破坏，巷道两侧围岩松动，当采煤工作面推进其附近时，维护顶板极其困难且容易发生冒顶。

（4）工作面支护：工作面支护工程质量低劣，支架规格质量标准不符合要求。

（5）顶板管理不善：如发生小冒顶处理不及时；工作面推进速度慢，因推进速度慢，使顶板下沉量大，顶板不完整，支架折损多。空顶距离大，没有及时处理。

（6）作业规程编制不认真，执行不严格。

（7）地质构造：工作面出现地质构造、顶板破碎和煤层赋存条件变化，如对顶板岩石的性质认识不够，都易导致冒顶。

2．预防大冒顶的措施

（1）必须加强矿井生产的地质工作，对每个采区、每个采煤工作面的顶底板岩性、组成和物理力学性质，煤质软硬、厚度和倾角的变化，地质构造与自然裂隙的性质、煤层赋存情况和水文地质条件等，作调查研究，作出分析预报，作为采区设计和编制作业规程的依据，以便针对性地采取措施防止冒顶。

（2）认真编制采区设计和工作面作业规程。正确确定采区巷道布置、开采程序和采煤方式是保证安全生产的重要因素。

（3）大力开展顶板观察工作，掌握顶板活动规律，进行顶板来压预报。

（4）重视初次放顶，加强有效的安全措施。

（5）加强工作面支护和管理。目前还有相当数量的工作面采用金属摩擦式支柱、甚至木支架。

（三）采煤工作面过断层、褶曲等地质构造带顶板灾害的防治

1．采煤工作面过断层

采煤工作面过断层时，先把断层落差、范围、与走向的交角弄清楚，然后制定过断层的方法。

2. 采煤工作面过褶曲

采煤工作面过褶曲时，需要事先挑顶或卧底，使底板起伏变化平缓。褶曲处煤层局部变厚时，一般留顶煤，使支架沿底，便于支架架设。在使用单体支柱时，若留底煤则要在柱底穿铁鞋。留顶煤时，则要在支架上方背严以防顶煤压碎冒落，或者将顶煤挑下，架设木垛接顶。

3. 采煤工作面过冲刷带

冲刷带在采煤工作面破碎范围较大，使煤层变薄，甚至尖灭。冲刷带附近的煤层和围岩受水侵蚀和风化，孔隙度大，煤层酥松，直接顶变薄，岩性酥脆，容易离层产生成层状垮落。过冲刷带常用连锁棚子，在冲刷带边缘棚距适当减小，控顶距适当加大一排，必要时铺之以木垛、抬板、戗柱与特殊支架。

4. 采煤工作面过陷落柱（无炭柱）

遇陷落柱的预兆和断层很相似，其不同是陷落柱的边缘多呈凹凸不平的锯齿状，有各种不同岩石的混合体。过陷落柱的方法和过断层一样，可以绕过和硬过。硬过陷落柱时根据破碎带破碎程度，可用套棚、一梁三柱和木垛等方式支护。

5. 直接顶异常破碎时顶板灾害的防治

（1）选用合适的支柱，使工作面支护系统有足够的支撑力与可缩量。

（2）顶板必须背严背实。

（3）严禁放炮、移溜等工序弄倒支架，防止出现局部冒顶。

6. 厚层坚硬难冒顶板灾害的防治

（1）合理确定开采方式：如联合开采，合理选择支架类型，确定合理的悬顶面积。

（2）做好预测预报。

四、巷道顶板灾害防治

（1）从总的方面看，要防治巷道顶板事故，在开掘巷道时就应该避免把巷道布置在由采动引起的高应力区内，或布置在很软弱破碎的岩层里。

（2）掘进工作面严禁空顶作业。

（3）在松软的煤、岩层或流沙性地层中及地质破碎带掘进巷道时，必须采取前探支护或其他措施。

（4）支架间应设牢固的撑木或拉杆。

（5）更换巷道支护时，在拆除原有支护前，应先加固临近支护，拆除原有支护后，必须及时除掉顶帮活矸后，架设永久支护，必要时还应采取临时支护措施。

（6）开凿或延深斜井下山时，必须在斜井及下山的上口设置防止跑车装置，在掘进工作面的上方设置坚固的跑车防护装置，以防跑车冲倒支架造成巷道冒顶。

（7）由下向上掘进25°以上的倾斜巷道时，必须将溜煤（矸）道与人行道分开，防止煤（矸）滑落伤人。

五、顶板事故处理

（一）采煤工作面冒顶的处理

（1）顶板冒落范围不大时，如果受困人员被大块矸石压住，可采用千斤顶、液压启动器等工具把大块岩石顶起，将人迅速救出。

（2）顶板沿煤壁冒落，矸石块度比较破碎，受困人员又靠近煤壁位置时，可采用沿煤壁由冒顶区从外向里掏小硐，架设梯形棚子维护顶板，边支架边掏硐，把受困人员救出。

（3）如果受困人员位置靠近放顶区时，可采用沿顶板区由外往里掏小硐，架设梯形棚子，木板背帮背顶，或用前探棚边支护边掏硐，把受困人员救出。

（4）工作面冒落范围较小，矸石块度小，比较破碎、并且继续下落、矸石扒一点漏一点。救护人员在这种情况下处理冒顶，抢救受困人员时，可采用撞楔法处理，控制住顶板。

（5）分层开采的工作面发生事故，底板是煤层，受困人员位置在金属网或荆条假顶下面时，可沿底板煤层掏小硐，边支护边掏硐，接近受困人员后将其救出。底板是岩石，掏不动，受困人员位置在金属网或荆条假顶下面时，可沿煤壁掏小硐寻找受困人员。

（6）工作面冒落范围很大时，受困人员的位置在冒落工作面的中间，采用掏小硐和撞楔法处理，时间长，不安全。可沿煤层重开开切眼的方法处理。新开切眼与原工作面距离一般为 3～5 m，边支护边掘进。也可沿煤壁掏硐法处理，但靠冒落区的一帮必须用木板背好，防止漏矸石。

（7）如果工作面两头冒顶，把人堵在中间，采用掏小硐和撞楔法穿不过去，可采用另开巷道的方法，绕过冒落区或危险区将受困人员救出。

（二）巷道冒顶的处理

（1）先外后里。

（2）先支后拆。

（3）先上后下。

（4）先近后远。

（5）先顶后帮。

第六节　矿山救护

在矿山建设和生产过程中，由于自然条件复杂、作业环境较差，加之人们对矿山灾害客观规律的认识还不够全面、深入，有时麻痹大意和违章作业、违章指挥，这就造成发生某些灾害的可能。为了迅速有效地处理矿井突发事故，保护职工生命安全，减少国家资源和财产损失，必须根据《煤矿安全规程》《煤矿救护规程》的要求，做好救护工作。同时，还要教育职工，在发生事故时积极进行自救和互救。

一、矿山救护队

矿山救护队是处理矿井火灾、瓦斯、煤尘、水、顶板等灾害的专业性队伍，是职业性、技术性组织，严格实行军事化管理。实践证明，矿山救护队在预防和处理矿山灾害事故中发挥了重要作用。

1. 矿山救护队的任务

（1）救护井下遇险遇难人员。

（2）处理井下火、瓦斯、煤尘、水和顶板等灾害事故。

（3）参加危及井下人员安全的地面灭火工作。

（4）参加排放瓦斯、震动性放炮、启封火区、反风演习和其他需要佩用氧气呼吸器的安全技术工作。

（5）参加审查矿井灾害预防和处理计划，协助矿井搞好安全和消除事故隐患的工作。

（6）负责辅助救护队的培训和业务领导工作。

（7）协助矿山搞好职工救护知识的教育。

2. 矿山救护队进行矿井预防性工作

（1）经常深入服务矿井熟悉情况，了解各矿采掘布置、通风系统、保安设施、火区管理、运输、防水排水、输配电系统、洒水灭尘、消防管路系统及其设备的使用情况。各生产区队、班（组）的分布情况，机电硐室、火药室、安全出口的所在位置，事故隐患及安全生产动态等。

（2）协助矿井搞好探查古窑、恢复旧井巷等需要佩用氧气呼吸器的安全技术工作。

（3）协助矿井训练井下职工、工程技术人员使用和管理自救器。

（4）宣传党的安全生产方针，协助通风安全部门做好煤矿事故的预防工作。

（5）帮助矿长、总工程师掌握救护仪器使用的基本知识。

二、矿工自救

多数灾害事故发生初期，波及范围和危害程度都比较小，这是消灭事故、减少损失的最有利时机。而且灾害刚发生，救护队很难马上到达，在场人员要尽可能利用现有的设备和工具材料将其消灭在萌芽阶段。若不能消灭灾害事故，正确地进行自救和互救是极为重要的。

（一）发生事故时在场人员的行动原则

发生事故后，现场人员应尽量了解和判断事故的性质、地点和灾害程度，迅速向矿调度室报告。同时，应根据灾情和现有条件，在保证安全的前提下，及时进行现场抢救，制止灾害进一步扩大。在制止无效时，应由在场的负责人或有经验的老工人带领，选择安全路线迅速撤离危险区域。

1. 爆炸事故行动原则

当井下掘进工作面发生爆炸事故时，在场人员要立即打开并按规定佩戴好随身携带的自救器，同时帮助受伤的同志戴好自救器，迅速撤至新鲜风流中。若井巷破坏严重、退路被阻，应千方百计疏通巷道。若巷道难以疏通，应坐在支架良好的下面，等待救护队抢救。采煤工作面发生爆炸事故时，在场人员应立即佩戴好自救器，在进风侧的人员要逆风撤出，在回风侧的人员要设法经最短路线，撤退到新鲜风流中。如果由于冒顶严重撤不出来时，应集中在安全地点待救。

2. 火灾事故行动原则

井下发生火灾时，在初起阶段要竭力扑救。当扑救无效时，应选择相对安全的避灾路线撤离灾区。烟雾中行走时迅速戴好自救器，最好利用平行巷道，迎着新鲜风流背离火区行走。如果巷道已充满烟雾，要冷静而迅速辨认出发生火灾的地区和风流方向，然后有秩序地外撤。如无法撤出时，要尽快在附近找一个硐室等地点暂时躲避，并把硐室出入口的门关闭以隔断风流，防止有害气体侵入。

3. 透水事故行动原则

当井下发生透水事故时，应避开水头冲击，手扶支架或多人手挽手，撤退到上部水平。不要进入透水地点附近的平巷或下山独头巷道中。当独头上山下部唯一出口被淹没无法撤退时，可在独头上山迎头暂避待救。独头上山水位上升到一定位置后，上山上部能因空气压缩增压而保持一定的空间。若是采空区或老窑涌水，要防止有害气体中毒或窒息。

4. 冒顶事故行动原则

井下发生冒顶事故时，应查明事故地点顶、帮情况，查明人员埋压位置、人数和埋压状况。采取措施，加固支护，防止再次冒落，同时小心地搬运开遇险人员身上的煤、岩块，把人救出。搬挖的时候，不可用镐刨、锤砸的方法扒入或破岩（煤），若岩（煤）块较大，可多人搬或用撬棍、千斤顶等工具抬起，救出被埋压人员。对救出来的伤员，要立即抬到安全地点，根据伤情妥善救护。

（二）矿工自救设施与设备

1. 避难硐室

避难硐室是供矿工遇到事故无法撤退而躲避待救的一种设施。避难硐室有两种：一种是预先设采区工作地点安全出口路线上的避难硐室（也称为永久避难硐室）；另一种是事故发生后因地制宜构筑的临时避难硐室。

进入避难硐室时，应在硐室外留有衣物、矿灯等明显标志，以便救护队寻找。避难时应保持安静，避免不必要的体力和空气消耗。室内只留一盏矿灯照明，其余矿灯关闭，以备再次撤退时使用。在硐室内可间断敲打铁器、岩石等，发出呼救信号。

2. 压风自救装置

压风自救装置是利用矿井已装备的压风系统，由管路、自救装置、防护罩（急救袋）三部分组成。安装在硐室、有人工作场所附近、人员流动的井巷等地点。当井下出现煤与瓦斯突出预兆或突出时，避难人员立即去到自救装置处，解开防护袋，打开通气开关，迅速钻进防护袋内。压气管路中的压缩空气经减压阀节流减压后充满防护袋，对袋外空气形成正压力，使其不能进入袋内，从而保护避难人员不受有害气体的侵害。防护袋是用特制塑料经热合而成，具有阻燃和抗静电性能。每组压风自救装置上安多少个头（开关、减压阀和防护袋），应视工作场所的人数而定。

3. 自救器

自救器是一种体积小、携带轻便，但作用时间较短的供矿工个人使用的呼吸保护仪器。主要用途是当煤矿井下发生事故时，矿工佩戴它可以通过充满有害气体的井巷，迅速离开灾区。因此，《煤矿安全规程》规定："每一入井人员必须随身携带自救器"。

三、现场急救

矿井发生水灾、火灾、爆炸、冒顶等事故后，可能会出现中毒、窒息、外伤等伤员。在场人员对这些伤员应根据伤情进行合适的处理与急救。救护指战员在灾区工作时，只要发现遇险受伤人员，都要把救人放在第一位。

第五篇

煤矿选矿

煤矿选矿是提高煤炭质量与量材适用的重要环节

煤的工业性能包括黏结性、化学活性、热稳定性和可磨性

煤的主要组成元素为碳，少量氢、氧、硫、磷等

动力用煤、炼焦用煤、化工用煤都有规定的指标要求

不同煤质、煤类具有不同的选矿技术与方法

选煤废物处理是环境保护的必然要求

节约煤炭资源、减少污染排放是我国的基本国策

第一章 选煤工程概述

第一节 煤炭的质量和分选特性

一、煤的物理性质

煤的物理性质是基础数据和参数，主要包括煤的表面性质、密度、机械性质等。

（一）煤的表面性质

1. 煤的光泽

从宏观来看，有的煤发亮，有的煤却暗淡。所谓光泽的强弱，是指煤的断面对可见光的反光能力。光泽强，则反光能力大；光泽弱，则反光能力小，这主要与煤岩类型有关。一般镜煤光泽最强，亮煤光泽仅次于镜煤，暗煤光泽暗淡，丝炭光泽较弱，具有丝绢光泽。

2. 煤的颜色

煤的颜色不仅与宏观煤岩类型有关，而且随煤的变质程度而变化。年轻褐煤到年老褐煤的颜色由褐色加深到黑褐色。烟煤则多呈黑色，无烟煤呈钢灰色。

（二）密度

1. 煤的真密度

煤的真密度是指在 20℃ 时，煤的单位体积（不含煤的内外表面孔隙）的质量（kg/L 或 t/m³），采用密度瓶法测定。煤的真密度是计算煤层平均质量和研究煤炭性质的一项重要指标。

2. 煤的视密度

煤的视密度是指在 20℃ 时，煤的单位体积（包括煤的内外孔隙）的质量（kg/L 或 t/m³），视密度用于煤的运输、粉碎、燃烧等过程的计算。

3. 煤的堆密度

煤的堆密度是指一定体积自由堆积（包括煤块间空隙）的煤堆质量，以 t/m³ 为单位。在煤仓、储煤场的设计以及运输量的计算时都需用到这项指标。煤的堆密度见表 5 – 1 – 1。

表 5 – 1 – 1   煤的堆密度

名称	堆密度（g/cm³）	名称	堆密度（g/cm³）
原煤	0.85 ~ 1.0	矸石	1.6
精煤	0.8 ~ 0.9	煤泥	1.2 ~ 1.3
中煤	1.2 ~ 1.4		

（三）煤的机械性质包括煤的摩擦角、静止角（安息角）、硬度、脆度。

二、煤的化学性质

煤的化学性质主要指煤的氧化、风化、自燃、氢化、磺化等性质。

三、煤的元素组成和工业分析

（一）元素组成

煤的元素组成是指煤中有机组分中的主要元素。它们主要是碳、氢、氧、氮、硫、磷六种元素。

（二）煤的工业分析

煤的工业分析包括测定煤的水分、灰分、挥发分和固定碳 4 项。从广义上讲，煤的工业分析还包括煤中硫分和发热量测定。

1. 水分

煤的水分是指单位质量的煤中水的含量。煤的水分有内在和外在水分两种。外在水分是指在开采、运输、洗选过程中附着在煤颗粒表面和裂缝中的水；内在水分是指吸附或凝聚在煤颗粒内部毛细孔中的水。外在水分可以借助机械方法脱除；内在水分只有通过热力干燥才能脱出。

煤的水分是评价煤炭经济价值的基本指标。

2. 灰分

煤的灰分是指煤完全燃烧后残留物的产率。煤的灰分分为内在灰分和外在灰分。内在灰分是指在成煤过程中混入的矿物杂质，外在灰分是指在煤的开采、运输、储存过程中混入的矿物杂质，即矸石。它可以通过洗选方法除去。

煤的灰分是衡量煤炭质量的一个重要指标：灰分越高，质量就越差，发热量越低。

根据《煤炭质量分级 第 1 部分：灰分》（GB/T 15224.1—2010）将煤炭灰分分级分为两类，即煤炭资源评价灰分分级和商品煤（动力煤、炼焦精煤）灰分分级。见表 5 - 1 - 2 ~ 5 - 1 - 4。

表 5 - 1 - 2　　　　　煤炭资源评价灰分分级（GB/T 15224.1—2010）

级别名称	代号	灰分 A_d（%）
特低灰煤	SLA	≤10.00
低灰煤	LA	10.01 ~ 20.00
中灰煤	MA	20.01 ~ 30.00
中高灰煤	MHA	30.01 ~ 40.00
高灰煤	HA	40.01 ~ 50.00

表5-1-3　　　　　　　　动力煤灰分分级（GB/T 15224.1—2010）

级别名称	代号	灰分（A_d）范围/%
特低灰煤	SLA	≤10.00
低灰煤	LA	10.01~18.00
中灰煤	MA	18.01~25.00
中高灰煤	MHA	25.01~35.00
高灰煤	HA	>35.00

表5-1-4　　　　　　　　炼焦精煤灰分分级（GB/T 15224.1—2010）

级别名称	代号	灰分（A_d）范围/%
特低灰煤	SLA	≤6.00
低灰煤	LA	6.01~8.00
中灰煤	MA	8.01~10.00
中高灰煤	MHA	10.01~12.50
高灰煤	HA	>12.50

3. 挥发分

煤的挥发分是指煤在与空气隔绝的容器中，在一定高温下加热一定时间后，从煤中分解出来的液体（蒸汽状态）和气体减去其水分后的产物。它是评价煤炭质量的重要指标和进行煤的分类的重要依据。

挥发分分级的行业标准（MT/T 849—2000）见表5-1-5。

表5-1-5　　　　　　　　煤的挥发分分级标准（MT/T 849—2000）

级别名称	代号	挥发分（V_{daf}）范围/%
特低挥发分煤	SLV	≤10.00
低挥发分煤	LV	10.01~20.00
中等挥发分煤	MV	20.01~28.00
中高挥发分煤	MHV	28.01~37.00
高挥发分煤	HV	37.01~50.00
特高挥发分煤	SHV	>50.00

4. 固定碳

煤的固定碳是指煤在隔绝空气的条件下，有机物质高温分解后剩下的残余物质减去其灰分后的产物，主要成分是碳元素。根据固定碳含量可以判断煤的煤化程度，进行煤的分类。固定碳含量越高，挥发分越低，煤化程度越高。固定碳含量越高，煤的发热量也越高。

固定碳分级的行业标准《煤的固定碳分级》（MT/T 561—2008）见表5-1-6。

表 5 - 1 - 6　　　　　　　　　　　　　煤的固定碳分级

级别名称	代号	固定碳范围（FC_d）/%
低固定碳煤	LFC	≤55.00
中等固定碳煤	MFC	>55.00~65.00
中高固定碳煤	MHFC	>65.00~75.00
高固定碳煤	HFC	>75.00

5. 硫分

硫分是煤中含硫的重量百分数。硫在煤炭中的存在形式有无机硫和有机硫。有机硫为与煤中烃类化合物相结合的硫。无机硫主要是黄铁矿硫和硫酸盐硫。洗选脱除的硫分大部分是黄铁矿硫，有机硫是不可能通过洗选脱除的。

根据《煤炭质量分级 第2部分：硫分》（GB/T 15224.2—2010）将煤炭硫分分级分为两类，即煤炭资源评价硫分分级和商品煤（动力煤、炼焦精煤）硫分分级，见表 5 - 1 - 7 ~ 5 - 1 - 9。

表 5 - 1 - 7　　　　　煤炭资源评价硫分分级（GB/T 15224.2—2010）

级别名称	代号	干燥基全硫分（$S_{t,d}$）范围/%
特低硫煤	SLS	≤0.50
低硫煤	LS	0.51~1.00
中硫煤	MS	1.01~2.00
中高硫煤	MHS	2.01~3.00
高硫煤	HS	>3.00

表 5 - 1 - 8　　　　　　　动力煤硫分分级（GB/T 15224.2—2009）

级别名称	代号	干燥基全硫分（$S_{t,d折算}$）范围/%
特低硫煤	SLS	≤0.50
低硫煤	LS	0.51~0.90
中硫煤	MS	0.91~1.50
中高硫煤	MHS	1.51~3.00
高硫煤	HS	>3.00

注：1. 对动力煤进行硫分分级时，引入了"基准发热量"概念，应按发热量进行折算，折算的"基准发热量"值规定为 24.00 MJ/kg。

　　2. 干燥基全硫的折算方法为

$$S_{t,d折算} = \frac{24.00}{Q_{gr,d实测}} S_{t,d实测}$$

式中　$S_{t,d折算}$——折算后的干燥基全硫，%；

　　　$Q_{gr,d实测}$——实测干燥基高位发热量，MJ/kg；

　　　$S_{t,d实测}$——实测干燥基全硫，%。

表 5 - 1 - 9　　　　　　　炼焦精煤硫分分级（GB/T 15224.2—2010）

级别名称	代号	干燥基全硫分（$S_{t,d}$）范围/%
特低硫煤	SLS	≤0.30
低硫煤	LS	0.31 ~ 0.75
中硫煤	MS	0.76 ~ 1.25
中高硫煤	MHS	1.26 ~ 1.75
高硫煤	HS	1.76 ~ 2.50

6. 发热量

煤的发热量也是煤质的一个重要指标。它是指每单位质量的煤在完全燃烧时所产生的热量，单位用 MJ/kg 表示。发热量与煤化程度呈规律性变化，一般煤化程度越高，煤的发热量越高。

根据《煤炭质量分级 第 3 部分：发热量》（GB/T 15224.3—2010）将无烟煤、烟煤和褐煤发热量分级合并为统一的标准，见表 5 - 1 - 10。

表 5 - 1 - 10　　　　　　煤炭发热量分级标准（GB/T 15224.3—2010）

级别名称	代号	发热量（$Q_{gr,d}$）范围/（MJ/kg）
特高发热量煤	SHQ	>30.90
高发热量煤	HQ	27.21 ~ 30.90
中高发热量煤	MHQ	24.31 ~ 27.20
中发热量煤	MQ	21.31 ~ 24.30
中低发热量煤	MLQ	16.71 ~ 21.30
低发热量煤	LQ	≤16.70

四、煤的工业性能

煤的工艺性能包括煤的黏结性、发热量、化学活性、热稳定性、可磨性等。

（一）煤的黏结性

煤的黏结性是指煤粒在隔绝空气的条件下加热到一定温度后，能够熔融、黏结成焦块的性能。一般以罗加指数、胶质层指数来表示。

罗加指数 R. I. 是反映烟煤黏结性的一种指标。它是烟煤在加热过程中产生胶质体黏结其他惰性物质能力的大小，作为黏结性指数高低的基础，用于鉴定煤的黏结性和确定煤的牌号。

胶质层指数是指煤粒在隔绝空气条件下加热到一定温度后，有机质受热分解，软化成胶体物质层的厚度，通常以其最大厚度 Y 来表示。

一般依据罗加指数测定原理以黏结指数来表征煤的黏结能力，《烟煤黏结指数分级》（MT/T 596—2008）见表 5 - 1 - 11。

表 5 - 1 - 11   烟煤黏结指数分级

级别名称	代号	黏结指数（$G_{R.I.}$）范围
无黏结煤	NCI	≤5
微黏结煤	FCI	>5 ~ 20
弱黏结煤	WCI	>20 ~ 50
中黏结煤	MCI	>50 ~ 80
强黏结煤	SCI	>80

（二）煤的化学活性

煤的化学活性是指煤在一定温度下与水蒸气、氧气等相互作用的反应能力，是评价气化用煤和动力用煤的一项重要指标。

（三）煤的热稳定性

煤的热稳定性是指煤在高温条件下保持原来块状的能力。它是评价气化用煤和动力用煤的一项重要指标。

（四）可磨性

煤的可磨性标志着煤磨碎成粉的难易程度。它与煤阶、水分含量、煤岩组成以及煤中矿物质的种类、数量和分布有关。它是选择煤的粉碎工艺和磨碎设备的重要依据。

第二节 中国煤炭的分类

国家发展和改革委员会《关于加强煤化工项目建设促进行业健康发展的通知》（发改工业【2006】1350 号文）明确指出，"国家实行煤炭资源分类使用和优化配置政策"。因此，熟悉了解中国煤炭的分类标准十分必要。

根据《中国煤炭分类》（GB/T 5751—2009），按照煤的煤化程度及工艺性能进行分类，指导煤炭利用。用干燥无灰基挥发分和干燥无灰基氢含量来区分无烟煤的小类，用干燥无灰基挥发分和黏结指数、胶质层最大厚度或奥亚膨胀度来区分烟煤的小类，用透光率和恒湿无灰基高位发热量来区分褐煤的小类。具体分类见表 5 - 1 - 12 ~ 5 - 1 - 15。

表 5 - 1 - 12　　　　　　　　　无烟煤、烟煤及褐煤分类表

类别	代号	编码	分类指标	
			$V_{daf}/\%$	$P_M/\%$
无烟煤	WY	01, 02, 03	≤10.0	—
烟煤	YM	11, 12, 13, 14, 15, 16	>10.0~20.0	—
		21, 22, 23, 24, 25, 26	>20.0~28.0	
		31, 32, 33, 34, 35, 36	>28.0~37.0	
		41, 42, 43, 44, 45, 46	>37.0	
褐煤	HM	51, 52	>37.0①	≤50②

注：①凡 V_{daf} >37.0% ，G≤5 的煤，再用透光率 P_M 来区分烟煤和褐煤（在地质勘探中，V_{daf} >37.0% ，在不压饼的条件下测定的焦渣特征为 1~2 号的煤，再用 P_M 来区分烟煤和褐煤）。

　　②凡 V_{daf} >37.0% ，P_M >50% 的煤，为烟煤；30% < P_M ≤50% 的煤，如恒湿无灰基高位发热量 $Q_{gr,maf}$ >24 MJ/kg，划分为长焰煤，否则为褐煤。恒湿无灰基高位发热量 $Q_{gr,maf}$ 的计算式为

$$Q_{gr,maf} = \frac{100 \, (100 - MHC) \, Q_{gr,ad}}{100 \, (100 - M_{as}) \, - A_{id} \, (100 - MHC)}$$

式中　$Q_{gr,maf}$——煤样的恒湿无灰基高位发热量，J/g；

　　　$Q_{gr,ad}$——一般分析试验煤样的恒容高位发热量，J/g；

　　　M_{ad}——一般分析试验煤样水分的质量分数，%；

　　　A_{ad}——一般分析试验煤样灰分的质量分数，%；

　　　MHC——煤样最高内在水分的质量分数，% 。

表 5 - 1 - 13　　　　　　　　　无烟煤亚类的划分

类别	代号	编码	分类指标	
			$V_{daf}/\%$	$H_{daf}/\%$
无烟煤一号	WY1	01	≤3.5	≤2.0
无烟煤二号	WY2	02	>3.5~6.5	>2.0~3.0
无烟煤三号	WY3	03	>6.5~10.0	>3.0

注：在已确定无烟煤亚类的生产矿、厂的日常工作中，可以只按 V_{daf} 分亚类；在地质勘探工作中，为新区确定亚类或生产矿、厂其他单位需要重新确定亚类时，应同时测定 V_{daf} 和 H_{daf} ，按上表分亚类。如两种结果有矛盾，以按 H_{daf} 划分亚类的结果为准。

表 5 - 1 - 14　　　　　　　　　烟煤的分类

类别	代号	编码	分类指标			
			$V_{daf}/\%$	G	Y/mm	$b/\%$②
贫煤	PM	11	>10.0~20.0	≤5		
贫瘦煤	PS	12	>10.0~20.0	>5~20		
瘦煤	SM	13	>10.0~20.0	>20~50		
		14	>10.0~20.0	>50~65		
焦煤	JM	15	>10.0~20.0	>65①	≤25.0	≤150
		24	>20.0~28.0	>50~65		
		25	>20.0~28.0	>65①	≤25.0	≤150

（续表）

类别	代号	编码	分类指标			
			$V_{daf}/\%$	G	Y/mm	$b/\%$ [②]
肥煤	FM	16	>10.0~20.0	>85 [①]	>25.0	>150
		26	>20.0~28.0	>85 [①]	>25.0	>150
		36	>28.0~37.0	>85 [①]	>25.0	>220
1/3 焦煤	1/3JM	35	>28.0~37.0	>65 [①]	≤25.0	≤220
气肥煤	QF	46	>37.0	>85 [①]	>25.0	>220
气煤	QM	34	>28.0~73.0	>50~65	≤25.0	≤220
		43	>37.0	>35~50		
		44	>37.0	>50~65		
		45	>37.0	>65 [①]		
1/2 中黏煤	1/2ZN	23	>20.0~28.0	>30~50		
		33	>28.0~37.0	>30~50		
弱黏煤	RN	22	>20.0~28.0	>5~30		
		32	>28.0~37.0	>5~30		
不黏煤	BN	21	>20.0~28.0	≤5		
		31	>28.0~37.0	≤5		
长焰煤	CY	41	>37.0	≤5		
		42	>37.0	>5~35		

注：①当烟煤的黏结指数测值 G≤85 时，用干燥无灰基挥发分 V_{daf} 和黏结指数 G 来划分煤类。当黏结指数测值 G>85 时，则用干燥无灰基挥发分 V_{daf} 和胶质层最大厚度 Y，或用干燥无灰基挥发分 V_{daf} 和奥阿膨胀度 b 来划分煤类。在 G>85 的情况下，当 Y>25.0 mm 时，根据 V_{daf} 的大小可划分为肥煤或气肥煤；当 Y≤25.0 mm 时，则根据 V_{daf} 的大小可划分为焦煤、1/3 焦煤或气煤。

②当 G>85 时，用 Y 和 b 并列作为分类指标。当 V_{daf}≤28.0% 时，b>150% 的为肥煤；当 V_{daf}>28.0% 时，b>220% 的为肥煤或气肥煤。如按 b 值和 Y 值划分的类别有矛盾时，以 Y 值划分的类别为准。

表 5－1－15　　　　　　　　　　褐煤亚类的划分

类别	代号	编码	分类指标	
			$P_M/\%$	$Q_{gr,maf}/$（MJ·kg^{-1}）
褐煤一号	HM1	51	≤30	—
褐煤二号	HM2	52	>30~50	≤24

注：凡 V_{daf}>37.0%，P_t>30%~50% 的煤，如恒湿无灰基高位发热量 $Q_{gr,maf}$>24 MJ/kg，则划为长焰煤。

第三节　工业用户对煤炭质量的要求

工业用户对煤炭质量的要求，不论是炼焦用煤，还是化工、动力用煤，都有一个理想的指标，这种指标可以改善用煤部门的技术经济效果。

一、动力用煤

煤炭用于动力发电是消耗煤炭数量最多的使用途径。相应的国家标准有《发电煤粉锅炉用煤技术条件》（GB/T 7562—2010），从发热量、灰分、挥发分、全水分、硫分、粒度、煤灰融融性软化温度等方面均提出了具体的要求。

二、炼焦用煤

提高冶金焦化工业的用煤质量，一直为人们所关注，因为冶金、铸造焦的质量极大地影响炼铁高炉的生产，而冶金焦的质量主要是由炼焦精煤决定的。

根据《炼焦用煤技术条件》（GB/T 397—2009），有关冶金、铸造焦用原料煤技术要求见表 5 – 1 – 16、表 5 – 1 – 17。

表 5 – 1 – 16　　　　　　　　　　冶金焦用原料煤技术要求

项目	技术要求	项目	技术要求
灰分 (A_d) /%	特级：≤5.00 1 级：5.01~5.50 2 级：5.51~6.00 3 级：6.01~6.50 4 级：6.51~7.00 5 级：7.01~7.50 6 级：7.51~8.00 7 级：8.01~8.50 8 级：8.51~9.00 9 级：9.01~9.50 10 级：9.51~10.00 11 级：10.01~10.50 12 级：10.51~11.00 13 级：11.01~11.50 14 级：11.51~12.00[①]	全硫 $(S_{t,d})$ /%	特级：≤0.30 1 级：0.31~0.50 2 级：0.51~0.75 3 级：0.76~1.00 4 级：1.01~1.25 5 级：1.26~1.50 6 级：1.51~1.75[①]
		磷含量 (P_d) /%	1 级：<0.010 2 级：≥0.010~0.050 3 级：>0.050~0.100 4 级：>0.100~0.150[①]
		黏结指数 $(G_{R,I})$	>20~50 >50~80 >80[①]
		全水分 (M_t) /%	1 级：≤9.0 2 级：9.1~10.0 3 级：10.1~12.0[①②]

注：①对于不符合表中灰分、全硫、磷含量、黏结指数和全水分要求的部分原料煤，由供需双方协商解决。
②东北、西北、华北地区冬季有火力干燥设备的选煤厂，冬季全水分（M_t）≤10.0%，冬季一般指 11 月 15 日至 3 月 15 日，在特殊情况下，由供需双方协商，根据防冻的要求提前或延长。

表 5 - 1 - 17　　　　　　　　　　铸造焦用原料煤技术要求

项目	技术要求	项目	技术要求
灰分 (A_d) /%	特级：≤5.00 1 级：5.01 ~ 5.50 2 级：5.51 ~ 6.00 3 级：6.01 ~ 6.50 4 级：6.51 ~ 7.00 5 级：7.01 ~ 7.50 6 级：7.51 ~ 8.00 7 级：8.01 ~ 8.50 8 级：8.51 ~ 9.00 9 级：9.01 ~ 9.50[①]	全硫 ($S_{t,d}$) /%	特级：≤0.30 1 级：0.31 ~ 0.50 2 级：0.51 ~ 0.75 3 级：0.76 ~ 1.00[①]
		磷含量 (P_d) /%	1 级：<0.010 2 级：≥0.010 ~ 0.050 3 级：>0.050 ~ 0.100 4 级：>0.100 ~ 0.150[①]
		黏结指数 ($G_{R,I}$)	>20 ~ 50 >50 ~ 80 >80[①]
		全水分 (M_t) /%	1 级：≤9.0 2 级：≥9.1 ~ 10.0 3 级：10.1 ~ 12.2[①②]

注：①对于不符合表中灰分、全硫、磷含量、黏结指数和全水分要求的部分原料煤，由供需双方协商解决。
②东北、西北、华北地区冬季有火力干燥设备的选煤厂，冬季全水分（M_t）≤10.0%，冬季一般指 11 月 15 日至 3 月 15 日，在特殊情况下，由供需双方协商，根据防冻的要求提前或延长。

三、高炉喷吹用煤

高炉喷吹煤粉是从高炉风口向炉内直接喷吹磨细了的无烟煤粉或烟煤粉或两者的混合煤粉，以替代焦炭起提供热量和还原剂的作用，从而降低焦比，降低生铁成本。

高炉喷吹用煤标准见《高炉喷吹用煤技术条件》（GB/T 18512—2008）。

四、化工用煤

化工用煤主要是利用煤的含碳部分制成合成氨的原料气，随造气工艺、设备的不同，对煤质的要求也有差别。相应的国家标准有《常压固定床气化用煤技术条件》（GB/T 9143 - 2008）。

第四节　选煤厂构成及类型

一、选煤厂的组成部分

选煤工艺是由原煤的性质和用户的要求决定的，各选煤厂不尽相同，有的差异较大。但选煤厂都是由原煤受煤、原煤的选前准备、选煤、煤泥的分选和回收、选煤产品的脱水和干燥、产品的装车外运等部分组成。大部分选煤厂有受煤、选煤准备、选煤、装车等分别的设施和厂房，各厂房之间有带式输送机连接。

（一）原煤受煤

是指原煤的进厂方式，一般由矿井通过带式输送机直接运至选煤厂，或是由火车、汽车运至选煤厂，设置相应的受煤设施进入选煤厂。

（二）原煤准备

主要是使原煤在粒度上和级别上适合选煤的要求，对一些大块煤、木器、铁器等杂物进行处理。在准备车间之后一般设置缓冲作用的原煤仓，有的选煤厂原煤仓设置在准备车间之前。

（三）选煤

经过准备后的原煤在这里进行洗选，一般分选为精煤、中煤、矸石。一般选煤厂的选煤作业和产品的脱水、筛分分级都在这个厂房进行。有时浮选、煤泥脱水也都集中在一起。

（四）产品装车

一般选煤产品都需装汽车、火车进行外运，距离近的用户可设置带式输送机进行运输，因此，选煤厂均设置一定容量的精煤、中煤等储煤仓。选煤厂的矸石一般通过矿车或汽车运至矸石山或临时矸石堆放场地统一处理。

二、选煤厂的类型

选煤厂由于处理的原煤性质和用途不同，以及所处位置的不同，将其分为不同类型。其分类如下：

根据处理原料煤性质和用途不同，可分为炼焦煤选煤厂、动力煤选煤厂或炼焦煤和动力煤兼选的选煤厂以及只要求粒度分级的筛选厂。

根据处于矿井、冶炼、化工等工业场地地理位置（即选煤厂建厂地点）的不同，可分为矿井选煤厂、群矿选煤厂、矿区选煤厂、中心选煤厂和用户选煤厂五种类型。

（1）矿井选煤厂：这类选煤厂位于矿井的工业广场内，入选本矿原煤，一般选煤厂能力与矿井能力相当。

（2）群矿选煤厂：这类选煤厂入选几个矿井的原煤，厂址设在其中服务年限最长、生产能力最大的矿井工业广场内。

（3）矿区选煤厂：矿区选煤厂也称中央选煤厂，同时服务于几个矿井的大型选煤厂，厂址一般设在位于几个矿井所产原煤的运输流向的交点上，一般采用火车或汽车运输原煤，有独立的辅助车间、生活便利设施和铁路运输线等。

（4）中心选煤厂：中心选煤厂的厂址设在矿区范围外独立的工业广场上，此外与矿区选煤厂相同。

（5）用户选煤厂：用户选煤厂设在用户企业（如焦化厂），一般入选多种牌号的外来煤。

根据选煤厂处理能力的不同，又可分为以下三种厂型，见表 5 - 1 - 18。

表 5 - 1 - 18　　　　　　　　　　　　　设计厂型

厂型	设计生产能力（Mt/a）
大型	1.2；1.5；1.8；2.4；3.0；4.0；5.0；6.0 及以上
中型	0.45；0.6；0.9
小型	0.3 及以下

第二章　煤的筛分与破碎

第一节　原煤选矸

不论原煤是否进行分选加工，都要选除大块矸石和木块、铁器等杂物。如果选矸以后的原煤去洗选，原煤选矸就是选煤厂的选前准备部分。

一、人工拣矸

原煤中大于 50 mm 的矸石称为可见矸石。拣矸以前的煤称为毛煤；拣矸以后的煤称为原煤。拣过矸石的原煤，一般还含有 1% ~3% 大于 50 mm 的矸石。

为了便于选矸，首先从原煤中筛出 50 mm 以上粒度的大块，然后这些大块在手选带上以缓慢的速度前进，拣矸工人站在手选带旁按光泽、密度、外观形状的差异将矸石捡出。人工拣矸的工艺原则流程如图 5 – 2 – 1 所示。

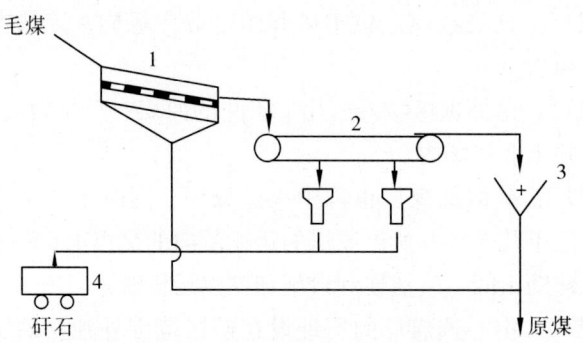

图 5 – 2 – 1　人工手选的工艺原则流程

1—筛分机（∅50 mm）；2—手选带；3—破碎机；4—矸石车

如果手选车间作为选煤车间的准备部分，并不要求拣选得干净，只拣除木块、铁器等杂物及特大块矸石，而大块煤则用破碎机破碎后与筛下物一起入选，这种手选称为检查性手选。在原煤中大块矸石含量较少时，适合选用检查性手选。

人工拣矸是一项繁重的体力劳动，应尽量减少工人的工作量。现阶段广泛采用机械选矸工艺，如重介质选矸、动筛跳汰机排矸等，代替人工拣矸。

二、重介质选矸

重介质选矸的目的是为了得到纯净的矸石。利用重介质选矸是替代人工手选的有效措施之一。重介质选矸的工艺流程如图 5-2-2 所示。

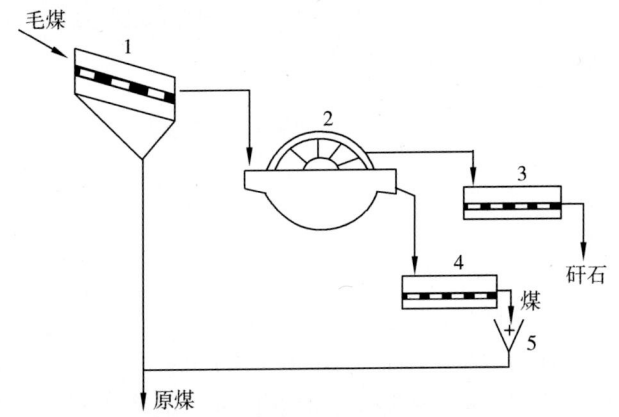

图 5-2-2　重介质选矸工艺原则流程

1—筛分机（Φ=50 mm 或 25（13）mm）；2—重介质分选机；3—矸石脱介筛；4—块煤脱介筛；5—大块煤破碎机

重介质分选机有斜轮（立轮）分选机、刮板分选机（俗称浅槽）两类。斜轮分选机入料上限可达 400 mm，而刮板分选机入料上限为 200 mm，两者下限均为 13 mm。

三、动筛跳汰机排矸

动筛跳汰机是跳汰机的一种，可用于 300~50（35）mm 块煤的排矸，以代替人工拣矸，如图 5-2-3 所示。工作时，槽体中水流不脉动，直接靠动筛机构用液压或机械驱动筛板在水介质中做上、下往复运动，使筛板上的物料造成周期性地松散。

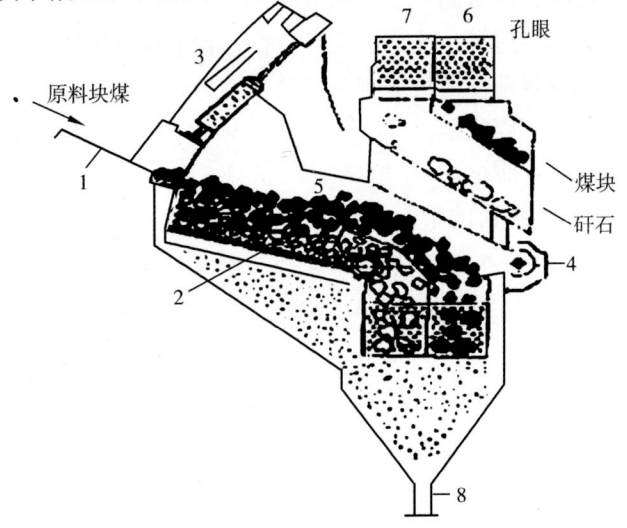

图 5-2-3　动筛跳汰机

1—入料；2—筛板；3—液压缸；4—销轴；5—溢流堰；6—煤炭提升轮；7—矸石提升轮；8—透筛物排料口

动筛跳汰机的工作原理是原料块煤和水从入料口 1 给到槽中，筛板 2 在液压缸 3 的带动下，以销轴 4 为支点在水中做上、下运动。物料从入料端给入，在运动着的筛板上按密度高低分层，并移向溢流堰 5。上层的煤块从溢流堰上面流向煤炭提升轮 6；下层的矸石通过排矸机构落入提升轮 7 中；透筛细粒由槽箱下面排料口 8 排出（可以接斗式提升机）。该跳汰机不用鼓风机，而且用水量较小，吨煤耗水为 0.1 m³。

第二节　煤的破碎

一、破碎的目的

（1）符合用户对煤的粒度上限的要求。在工业上动力用煤最大粒度一般要求 50 mm，个别的用煤行业可以将上限扩大到 80 ~ 100 mm。

（2）符合选煤设备的性能。选煤设备都有粒度上限的要求，如一般跳汰机要求上限粒度为 50 mm，可以扩大到 80 ~ 100 mm；再扩大，其排矸系统就不能适应。

（3）符合煤性质的要求。许多煤炭含有不少大块夹矸煤，将这些煤破碎到 50 mm 以下，可以解离并释放一部分精煤。

（4）矸石破碎入选。如果原煤中大块矸石含量很少，可以不设常规手选，而将大块矸石和大块煤都破碎到入选上限以下，减少手选工作量。

因此进行大块破碎是必要的，但必须考虑破碎工作的合理限度，不作多余的破碎，少产生次生煤泥。应针对不同煤炭、不同用户，做好充分的研究。

二、破碎流程

破碎机难免有过粉碎，也可能产生一部分超粒，当对产品的粒度上限要求比较严格时，可将破碎物返回筛分机过筛，这样能保证粒度，称为闭路破碎流程。

但闭路破碎布置较为复杂，而且影响筛子处理能力，一般选煤工艺，如对超粒要求并不严格时，都采用开路破碎流程。

破碎流程如图 5 - 2 - 4 所示。

各种破碎机对入料和排料的最大粒度均有限制。入料粒度与出料粒度之比称为破碎比。如果这种破碎机的入料和排料粒度满足不了生产的要求，可以采用两段破碎的方式，先由一台破碎机破碎到较大粒度，破碎产品再用另一台破碎机进一步破碎。

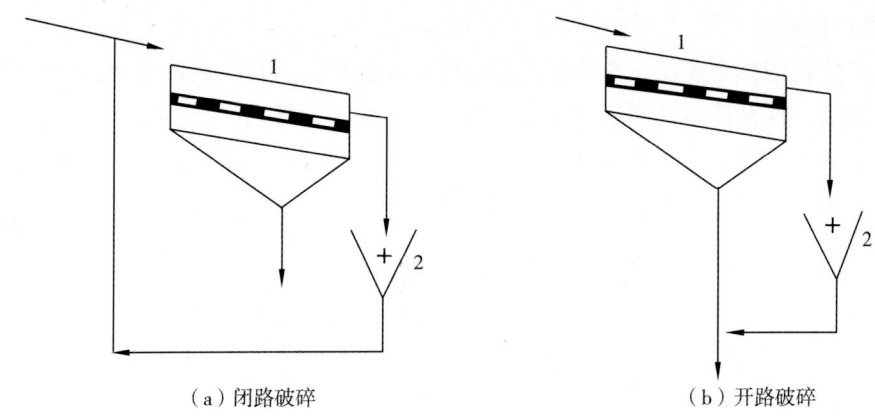

（a）闭路破碎　　　　　　　　　　（b）开路破碎

图 5-2-4　破碎流程

1—筛分机；2—破碎机

三、破碎方法

矿石破碎依靠机械力，破碎方法如图 5-2-5 所示。

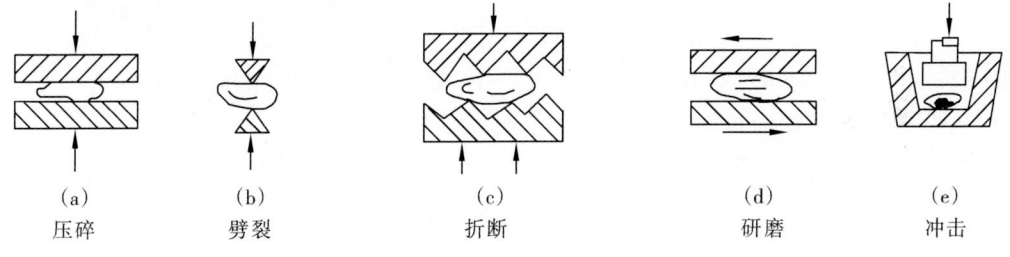

(a)	(b)	(c)	(d)	(e)
压碎	劈裂	折断	研磨	冲击

图 5-2-5　破碎方法

四、粗粒破碎机械

粗粒破碎机一般可将物料破碎到 100 mm 甚至 50 mm 以下，这种破碎机有以下几种：

1. 双齿辊破碎机

这是选煤厂块煤破碎工序最常用的设备，由两个齿辊组成，齿辊间用齿轮联动，两辊对转。物料被齿面辊带到破碎空间后，因受到两齿辊的劈碎作用（主要破碎方法）而破碎，经过破碎的物料经下面排料口排出。双齿辊破碎机如图 5-2-6 所示。

为了简化布置，得到破碎后粒度小的煤炭，可采用两台双齿辊组合在一起的四齿辊破碎机。

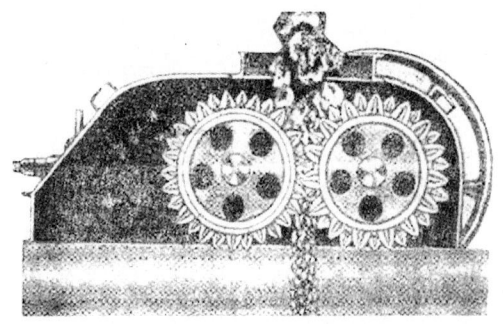

图 5-2-6　双齿辊破碎机

2. 颚式破碎机

颚式破碎机俗称老虎口，常用于破碎坚硬大块物料。运转时电机带动破碎机的摇杆做上、下运动，摇杆使活动颚板做往复运动，由于固定颚板和活动颚板之间形成的破碎口发生忽大忽小的变动，大块就被压裂、破碎。颚式破碎机及其工作原理如图 5 - 2 - 7、图 5 - 2 - 8 所示。

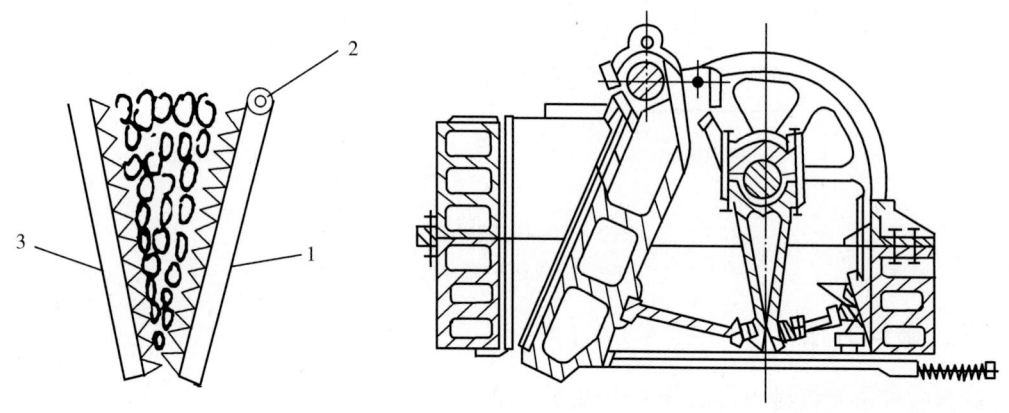

图 5 - 2 - 7　颚式破碎机的工作原理　　　　　　图 5 - 2 - 8　颚式破碎机
1—动颚板；2—悬挂轴；3—固定颚板

第三节　煤的筛分

在选煤过程中经常先将松散的物料分成不同粒级，然后采用不同的分选方法和设备进行分选加工，或直接作为筛分产品供给用户。碎散物料分成不同粒级的过程称为筛分。

一、筛分作业的任务与分类

（一）独立筛分
当筛分产品作为最终产品供给用户使用时，称为独立筛分。
（二）准备筛分
当筛分是为分选作业提供不同粒级的入选矿物时，称为准备筛分。
（三）预先筛分与检查筛分
若用在破碎前把合格粒级预先筛出叫预先筛分；若用在破碎后以控制破碎产品的粒度则叫检查筛分。许多情况下，一个筛分作业能同时起预先筛分和检查筛分的作用，如图 5 - 2 - 9 所示。

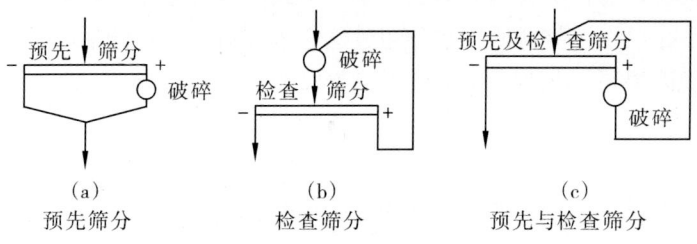

图 5 - 2 - 9　筛子与破碎机的配合

（1）预先筛分的目的：是为了避免物料的过度破碎，从而提高破碎设备的生产能力和减少动力消耗。

（2）检查筛分的目的：是从破碎设备的产物中，将粒度不合格的大块筛出，以保证产品不超过要求的粒度上限。

（四）脱水筛分

将伴有大量水的碎散物料（如矿浆、泥浆等）作为筛分原料，以脱除其中液相为目的的筛分称为脱水筛分。脱水筛分一方面对产品进行脱水，达到产品水分要求。另一方面可以回收水，以便循环使用。

（五）脱泥筛分与脱介筛分

为达到一定的工艺目的，将碎散物料或伴水的碎散物料作为筛分原料，脱除其中细粒的筛分，称为脱泥筛分或脱介筛分。例如，在重介选煤时，煤进入重介旋流器前的脱泥筛分；在重介质选煤时，为了回收细粒状的重介质所进行的脱介筛分。

二、影响筛分效率的因素

（一）煤的水分

入料煤炭的外在水分是影响筛分的主要因素。一般外在水分在6%以下，可以很好地进行干式筛分；如外在水分超过6%，筛分比较困难。冲水的湿式筛分往往能取得较高的筛分效率。一般，原煤准备采用干式筛分，选煤产品采用湿式筛分。筛分效率与矿石湿度的关系如图5 - 2 - 10所示。

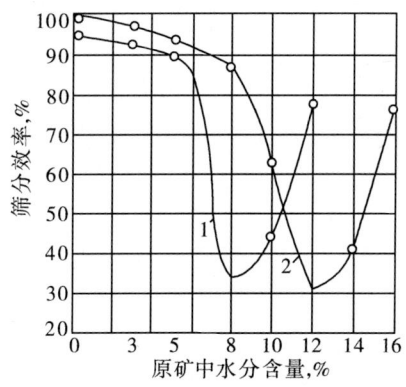

图 5 - 2 - 10　筛分效率与矿石湿度的关系

　　图中曲线说明，物料所含水分如达到某一范围，筛分效率急剧降低。这个范围取决于物料性质的筛孔尺寸。物料所含水分超过这个范围后，颗粒的活动性又重新提高，物料的黏滞性反而消失了。此时，水分有促进物料通过筛孔的作用，并逐渐达到湿法筛分的条件。

（二）煤的粒度组成

　　如果煤中与筛孔大小相近的某粒度含量较少时，其筛分效率较高；如果该粒度的含量较多，就影响透筛的效率。

　　筛孔一般按国家统一规定如 50、25、13、6 、3、1、0.5 mm 等分级，很少考虑煤本身的筛分特性。这种与筛孔大小相近似的粒度，称为"难筛粒"。

（三）筛板和筛孔的形状

　　筛分粒度在 25 mm 以上，一般用冲孔或钻孔筛板，孔眼多数采用圆孔，菱形排列。25 mm 以下可用编织筛网，编织筛网为方孔。对于 1 mm 以下筛分（包括脱泥、脱水、脱介）采用条缝筛板。

　　不论是筛板或筛网，本身需绷紧，并和筛箱紧固，这是十分重要的。这既可以延长筛板、筛网、筛箱的寿命，提高筛分效率，而且可以减轻噪音。

（四）筛面的长度和宽度

　　一般来说，筛面宽度直接影响处理能力，而筛面的长度直接影响筛分效率。即筛面长，物料在筛面上停留的时间长，透筛机会多，所以筛分效率高。但是，过长的筛面对提高筛分效率并不显著。实际上，筛面宽度对于筛分效率、筛面长度对于筛分能力，都是有影响的。一般宽长比为 1.2:3 为宜。

（五）筛面的倾角

　　筛面与水平面的夹角称为筛面倾角。为便于排出筛上物，筛面一般倾斜安装。倾角的大小与筛分设备处理能力和筛分效率有密切关系。倾角大，粒群在筛面上向前运动速度快，生产能力大，但物料在筛面停留时间缩短，减少颗粒透筛机会，影响筛分效率。

　　筛面倾角大小与筛面运动形式有关。做圆运动的筛分机，倾角应大些，应为 15°~20°。而直线运动的筛分机，一般做水平安装，其倾角为零度，物料在筛面上运动，依靠筛面对物料的抛射力，这种筛分机一般用于煤的脱水、脱泥和脱介。

（六）振幅和频率

　　振幅是指筛箱行程的一半，频率是指筛箱每分钟往复振动的次数。筛箱除筛面倾角外必须具备足够大的速度才能使筛面上的物料前进。经试验研究得出煤用振动筛筛箱的加速度不超过 $70 \sim 80 \text{ m/s}^2$，振幅大致为 $2 \sim 5$ mm，转速为 $800 \sim 1\ 500$ r/min。

（七）抛射角

　　抛射角是筛箱运送方向与筛面形成的角度。如抛射角较大，有利于物料透筛，但处理量较小。

（八）处理量

　　过大加大处理量，会严重影响筛分效率，使筛上物中含小于筛孔粒级的数量增加。设计中采用的不同筛孔尺寸的单位面积处理能力如表 5-2-1 所示。

表 5 - 2 - 1　　　　　　　　　常用筛分设备处理能力（$t/m^2 \cdot h$）

设备名称	筛分方法	筛分效率 η（%）	筛孔尺寸（mm）								
			100	80	50	25	13	6	1.5	1	0.5
圆振动筛	干法	>85	100~120	80~90	40~50	—	—	—	—	—	—
倾斜式直线振动筛	干法	>85	—	—	40~50	30~40	15~25	7~10	—	—	—
		>60	—	—	—	40~50	20~30	10~15	—	—	—
	湿法	>85	—	—	—	—	—	14~20	12~18	10~15	7~10
水平式直线振动筛	干法	>85	—	—	30~40	15~20	7~10	4~6	—	—	—
		>60	—	—	—	20~30	10~15	7~10	—	—	—
	湿法	>85	—	—	—	—	—	12~16	10~14	9~12	6~8

注：1. 干法筛分的处理能力，当水分大于等于7%时取偏小值，当水分小于7%时取偏大值。

　　2. 筛分效率和处理能力成反比，筛分效率高时处理能力低。

三、筛分设备

筛分机是选煤行业中使用得较多的一种设备，而且筛分设备的改进、更新较其他设备发展得快。筛分设备不仅用于煤的粒度分级，也广泛用于煤的脱水、脱泥、脱介。筛分设备有固定筛、弧形筛、圆振动筛、直线振动筛、等厚筛（香蕉筛）等。

（一）圆振动筛

圆振动筛是选煤厂使用较多的一种筛分机。这种筛分机和其他筛分机械比较，结构简单、造价低廉、维修工作量少，多用于筛分粗粒级的物料，在选煤厂中主要用于选前块煤的准备筛分，也可用在对煤炭的一般分级筛分作业上。

现在应用最多的是自定中心式圆振动筛，如图 5 - 2 - 11 所示。

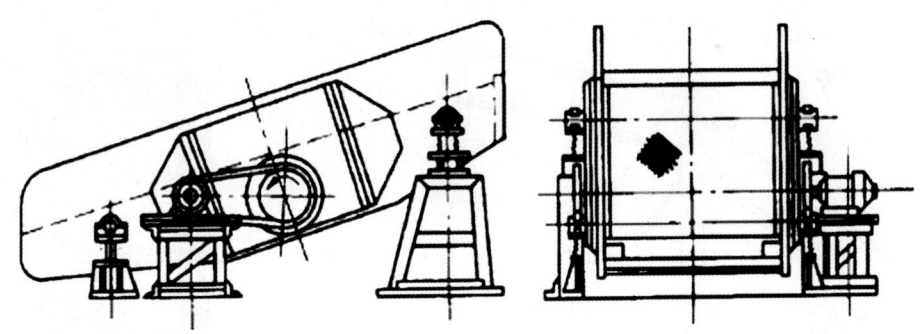

图 5 - 2 - 11　自定中心式圆振动筛

（二）直线振动筛

直线振动筛是目前我国选煤厂使用最多的一种振动筛。这种筛子的激振器是由两根带有不平衡重量的轴组成，两根轴做反向同步回转，所产生的离心力使筛箱发生振动。根据不平衡重在轴上的相对位置不同，筛箱振动的轨迹可以是直线或椭圆两种形式。目前，一般使用的双轴筛筛箱的运动轨迹都是直线，所以这种筛子又称为直线振动筛。

　　直线振动筛有很大的加速度,因此特别适用于煤炭中细粒级的脱水、脱介和脱泥,也可用于中、细物料的筛分。直线振动筛与其他筛子比较,具有结构简单、使用可靠、制造容易、筛分效果好等优点,是目前我国选煤厂中使用最广泛的一种较好的筛分设备。

　　以 ZKB 直线振动筛为例,如图 5 - 2 - 12 所示。

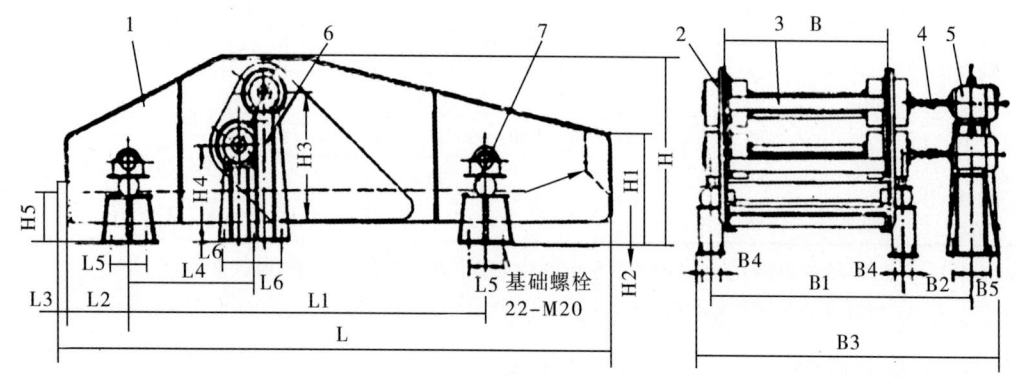

图 5 - 2 - 12　ZKB 直线振动筛

1—筛箱;2—振动器;3—连接轴;4—万向联轴器;5—电动机;6—电动机架;7—支承弹簧

(三) 等厚筛 (香蕉筛)

　　直线振动等厚筛分机和普通直线振动筛在结构上没有原则性区别,不同点在于等厚筛分机的筛面一般分成给料段、中间段和排料段三段,每段筛面的倾角不同。

　　等厚筛分机适用于煤的 13 mm、10 mm 干式和湿式筛分以及脱介。它是由筛箱、激振器、传动装置、支承装置、万向联轴器、挠性联轴器、电机架等组成。等厚筛分机如图 5 - 2 - 13 所示。

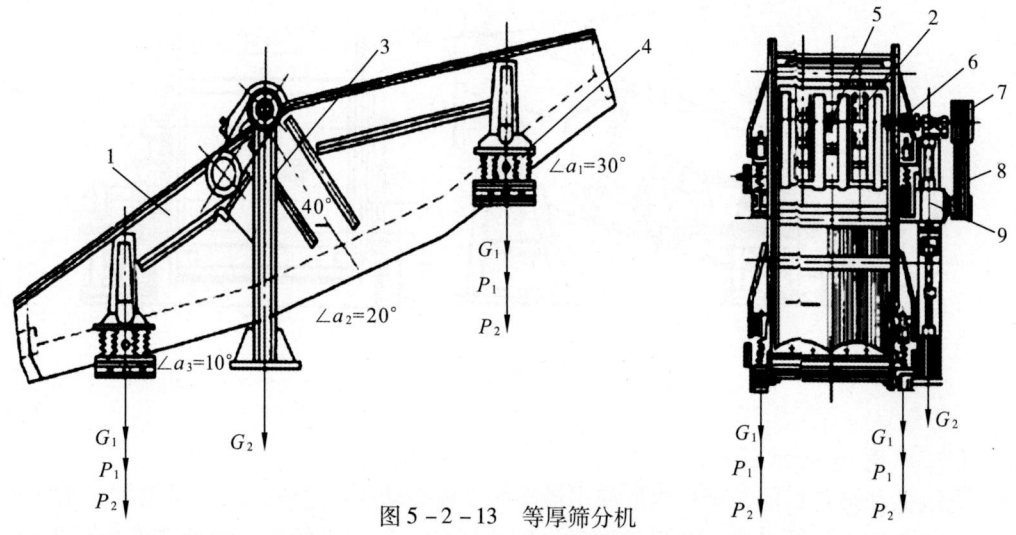

图 5 - 2 - 13　等厚筛分机

1—筛箱;2—激振器;3—电机架;4—支承装置;5—挠性联轴器;6—万向传动轴;7—传动装置;8—三角胶带;9—电动机

第三章　跳汰选煤

选煤主要是利用煤和矸石物理性质或物理化学性质的差别而进行分选的，选煤方法种类很多，可概括分为两大类：干法选煤和湿法选煤。选煤过程在空气中进行的，叫做干法选煤。选煤过程在水、重液或悬浮液中进行的，叫做湿法选煤。

选煤方法还可以分为重力选煤、浮游选煤和特殊选煤等。

重力选煤主要是依据煤和矸石的密度差别而实现煤与矸石分选的方法。煤的密度通常在 $1.2 \sim 1.8 \ \text{g/cm}^3$，而矸石的密度在 $1.8 \ \text{g/cm}^3$ 以上，在选煤机内借助重力把不同密度的煤和矸石分开。重力选煤又可分为跳汰选、重介质选、溜槽选、斜槽选和摇床选等。浮游选煤简称浮选，主要是依据煤和矸石表面润湿性的差别，分选细粒（小于 $0.5 \ \text{mm}$）煤的选煤方法。特殊选煤主要是利用煤与矸石的导电率、磁导率、摩擦系数等的不同，把煤和矸石分开。它包括静电选、磁选、摩擦选等。

我国选煤厂中采用最广泛的选煤方法是跳汰选、重介质选和浮选，其他方法均较少使用。

第一节　跳汰选煤原理

跳汰选煤法是将混有矸石的原煤，在垂直升降的变速脉动水流中，按相对密度的不同分选出精煤、中煤、矸石等不同质量产品的过程。实现跳汰选煤的机械设备称为跳汰机。被选物料给到跳汰机筛板上，形成一个密集的物料层，这个密集的物料层称为床层。

物料在跳汰过程中之所以能分层，起主要作用的内因是矿粒自身的性质，但能让分层得以实现的客观条件，则是垂直升降的交变水流。原煤经过若干次水流上、下脉动的作用，密度小的精煤浮到上层，而密度大的矸石沉到下层，如图 5-3-1 所示。上层精煤由水流带走，矸石等重产品通过排渣机构排出。因此，跳汰过程主要是两个作用：一是分层，要求尽量按密度分层；二是排渣，力求精确地切割床层，将已分好层的物料分开。

图 5-3-2 为跳汰机的工作原理。跳汰机工作时，将入选原煤和水（冲水）一起送入跳汰机，并使原煤均匀分布在跳汰室的筛板 3 上，形成一定厚度的床层。当压缩空气经过风阀 4 进入空气室时，在跳汰室形成上升水流，筛板上的原煤在上升水流作用下，逐渐松散，并随之上升。由于煤的相对密度小，上升得快，被水冲得较高；矸石相对密

度大，上升得慢，冲得较低。这样就使得原来压在矸石下面的煤块，其中一部分越过矸石而上升到上层。当压缩空气通过风阀 4 被排出时，水自然往回流动，此时在跳汰室形成下降水流，各种颗粒也随之下降。其中相对密度大的矸石最先下沉，最早落在筛板上，而煤块较轻，下降速度慢，落在矸石层上面。下降水流结束后，分层即告终止，完成了第一个循环。在每一次跳汰循环中，煤和矸石混合物都要受到一定的分选作用，经过多次反复后，分层逐渐趋于完善。最后，相对密度小的煤集中在最上层，相对密度大的矸石将集中在最底层，而介于中等比重的中煤则自然分布在煤和矸石之间。在分层过程中，颗粒的大小和形状将对分层产生一定的影响，从而增加跳汰分层的复杂性。但最终结果，仍然不能改变跳汰过程中煤和矸石按相对密度分层的实质。

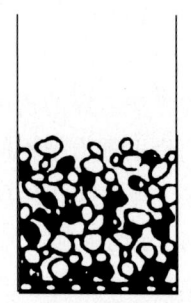 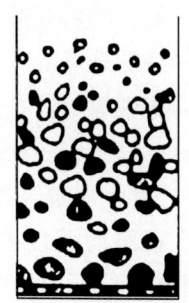  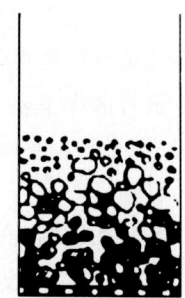

(a)分层前颗粒混杂堆积　(b)上升水流将床层托起　(c)颗粒在水流中沉降分层　(d)水流下降,床层密集,重矿物进入底层

图 5 - 3 - 1　跳汰分层情况（图中黑色为矸石，白色为煤）

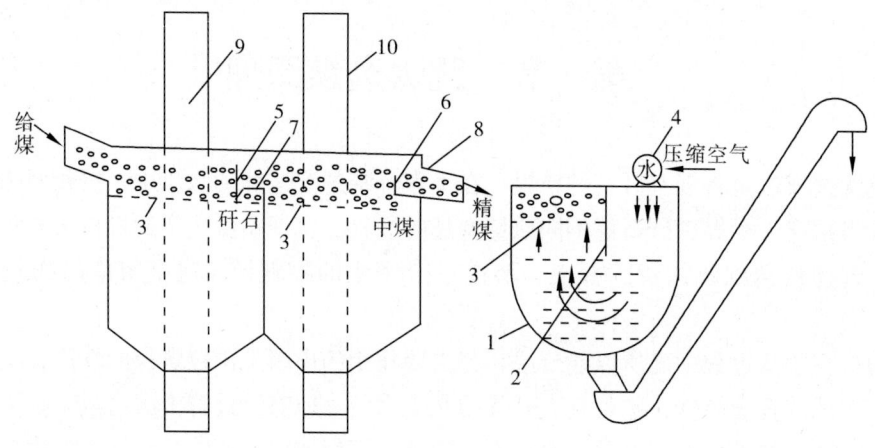

图 5 - 3 - 2　跳汰机工作原理

1—机箱；2—纵向隔板；3—筛板；4—风阀；5—矸石排料闸门；6—中煤排料闸门；
7——段溢流堰；8—二 段溢流堰；9—矸石提斗；10—中煤提斗

在筛板上已经按相对密度分层的煤和矸石，受到冲水的作用，逐渐向跳汰机的排料端移动，当到达矸石段的排料闸门 5 时，矸石就经闸门 5 排入机箱，再由矸石提升斗 9 排到机体外。上层的中煤和精煤则在冲水作用下越过溢流堰 7，进入跳汰机的第二段（中煤段）。在中煤段，中煤和精煤在脉动水流及冲水双重作用下，一方面继续分层，另一方面继续向第二段排料端移动，当到达中煤的排料闸门 6 时，中煤又经闸门 6 排入中煤段机箱内，再经中煤提升斗排到机体外。精煤则越过中煤段的溢流堰 8 随水流出跳汰机，经溜槽至脱水筛进一步脱水。

第二节 跳汰机分类及简介

跳汰机的划分按入选物料的粒度可分为：块煤跳汰机（入选物料粒度为 10 mm 或 13 mm 以上的）、末煤跳汰机（入选物料粒度为 10 mm 或 13 mm 以下的）、不分级煤跳汰机（入选物料粒度为 50 mm 或 80 mm 以下的）和煤泥跳汰机等。末煤跳汰机也常用于入选不分级原煤。

按所选出的产品种类可分为：单段跳汰机（仅选出两种最终产品），两段跳汰机（能选出三种最终产品）和三段跳汰机（能选出四种最终产品）。

按其在流程中的位置来分可分为：主选跳汰机（入选原煤）和再选跳汰机（处理主选中煤）。

按重产物的水平移动方向可分为：正排矸式（矸石层水平移动方向与煤流方向一致的排料方式）和倒排矸式（矸石层水平移动方向与煤流方向相反的排料方式）。

按跳汰机脉动水流的形成方法可分为：活塞式跳汰机、隔膜跳汰机和空气脉动跳汰机。在选煤厂隔膜跳汰机使用较少，活塞式跳汰机也只有地方性的小厂使用，而空气脉动跳汰机却被广泛使用。空气脉动跳汰机按其空气室的位置不同，可分为筛侧空气室式跳汰机和筛下空气室式跳汰机两种。

一、筛侧空气室跳汰机

以国产 LTG 型筛侧空气室跳汰机为例，如图 5 - 3 - 3 所示。

跳汰机主要由机体、筛板、风阀、排料装置等组成。机体沿纵向分隔为空气室和跳汰室两个部分。通过风阀的旋转、使之周期地压缩或排出空气，推动空气室内的水面形成脉动水流。位于跳汰机后侧的顶水管将水不断引入空气室下部，以改变跳汰周期特性，并在跳汰室中形成水平水流。物料便沿着水流不断向前移动。跳汰机的另一部分水是由入料端与煤一起混合加入的。经过分选后的中煤和矸石分别通过中煤段和矸石段的排料轮排到机体下部，并经过溜槽进入斗子提升机进行脱水，轻密度的物料——精煤则沿着水流越过溢流堰排出机外，进入下一个作业工序——筛分脱水。

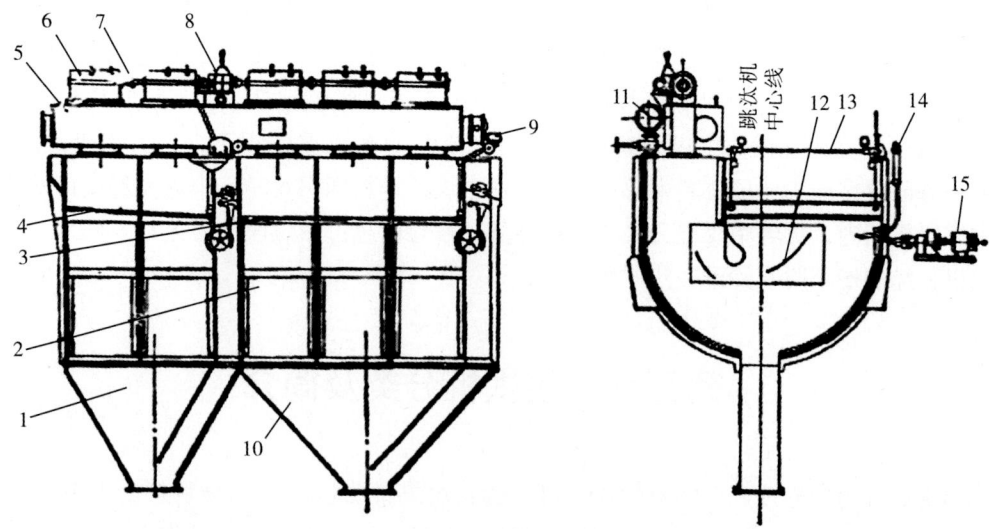

图 5 - 3 - 3　　LTG 型筛侧空气室跳汰机

1—矸石漏斗；2—机体；3—中煤仙筛杈；4—矸石段筛杈；5—总风包；6—风阀；7—联轴器；8—风阀传动装置；9—电动煤阀；10—中煤漏斗；11—总水管；12—导流装置；13—手动排料机构；14—测压管；15—自动排料装置

（一）机体

跳汰机的机体承受跳汰机全部重量和脉动水流产生的动负荷。

（二）筛板

筛板的作用是承托床层，与机体一起形成床层分层的空间，控制透筛排料速度和重产物床层的水平移动速度。

筛板上带有孔口，便于脉动水流冲散床层，孔口有方形、圆形及长方形等，开水率一般为 25% ～35% 。为了使物料在冲水作用下顺利移向排料端，筛板向排料端倾斜一定角度，矸石段一般为 2°～5°；中煤段一般为 1°～2.5°。

（三）风阀

风阀周期性地使空气室与风包或与大气相连或隔绝，从而在跳汰室内造成脉动水流，以便煤矸物料进行分层。主要有以下三类：旋转风阀、盖板式电控气动风阀以及滑阀式电控气动风阀。电控气动风阀形式较多，其共同特点：跳汰频率和风阀周期可任意调节；进气口和排气口的关、开速度快，举起床层的爆发力强，大大提高跳汰机的分选效果和处理能力。

（四）排料装置

排料装置是将床层中按密度分好层的物料，准确地、及时地和连续地排出，以保证床层稳定和产品分离的重要部件。在跳汰机中，要使原料分层良好，必须保持一定的床层厚度。如果排料不当造成床层过厚或过薄，都会使分层搅乱，影响分选效率，降低处理能力。跳汰机重产物的排放方法有筛上排料（闸门排料）和透筛排料两种，后者仅限于粒度小于筛孔的细粒物料。轻产物是随水流经溢流堰排出。

二、筛下空气室跳汰机

筛下空气室跳汰机的空气室装在跳汰筛板下面，克服了筛侧空气室跳汰机脉动水流不均匀的缺点，使脉动水流沿跳汰室宽度均匀一致。这不仅改善了跳汰机的分层效果，还使跳汰机向大型化、现代化发展。目前，国内生产使用的筛下空气室跳汰机，跳汰筛板面积已达 42 m²。

筛下空气室式跳汰机除了把空气室移到筛板下面以外，其他部分与筛侧空气室式跳汰机结构相似。它的工作过程也是压缩空气经风阀控制，交替压入和排出筛板下面的空气室，使其中水位交替下降和上升，从而形成穿过筛板的脉动水流。所产生的脉动水流特性，实测结果与一般筛侧式跳汰机的典型特性相似。

（一）LTX 系列跳汰机

LTX 系列跳汰机是我国自行设计制造的筛下空气室跳汰机，这个系列共有 7 种规格，目前生产使用的主要有 LTX – 8 型、LTX – 14 型、LTX – 35 型和 SKT 系列等几种。

LTX – 14 型筛下空气室跳汰机构造如图 5 – 3 – 4 所示。该跳汰机的矸石段有两个跳汰室，中煤段有三个跳汰室。每个跳汰室有两空气室，每段空气室的间距彼此相等。各室之间含有格板支柱，方便加强机体的强度和刚度。

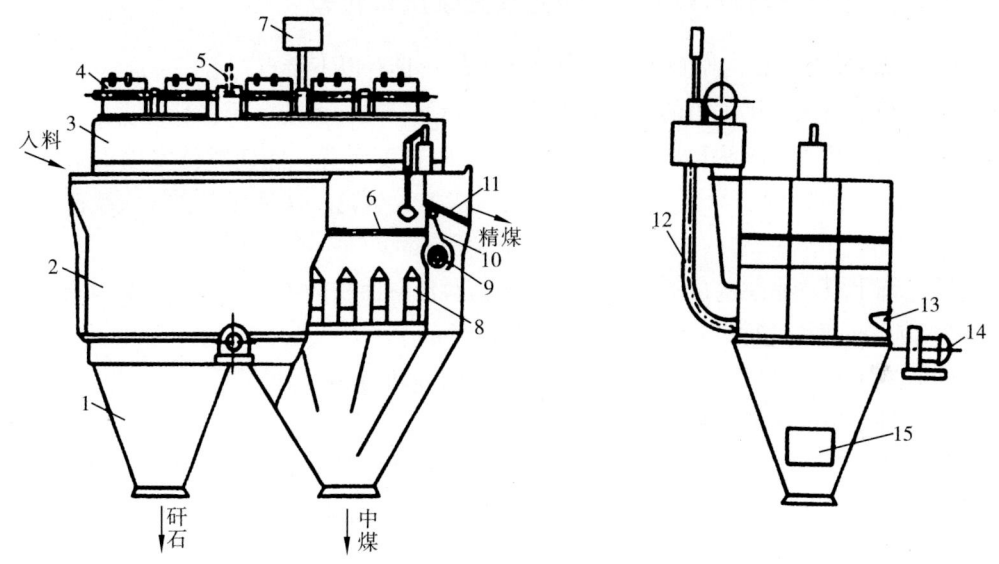

图 5 – 3 – 4　LTX – 14 型筛下空气室跳汰机

1—下机体；2—上机体；3—风水包；4—风阀；5—风阀传动装置；6—筛板；7—水位灯光指示器；8—空气室；9—排料装置；10—中煤段护板；11—溢流堰盖板；12—水管；13—水位节点；14—排料装置电动机；15—检查孔

（二）SKT 系列跳汰机

SKT 系列跳汰机是由我国煤炭科学研究总院唐山分院研制成功的用于分选块煤、末煤、不分级煤或分级联合入选的新型跳汰机，现已形成从 6 m² 到 42 m² 的十多种规格系列。此跳汰机的风阀采用数控气动立式滑阀，机体和排矸机构作了改进，目前在全国跳汰选煤厂中得到广泛推广使用。

SKT 型筛下空气室跳汰机构造如图 5 - 3 - 5 所示。

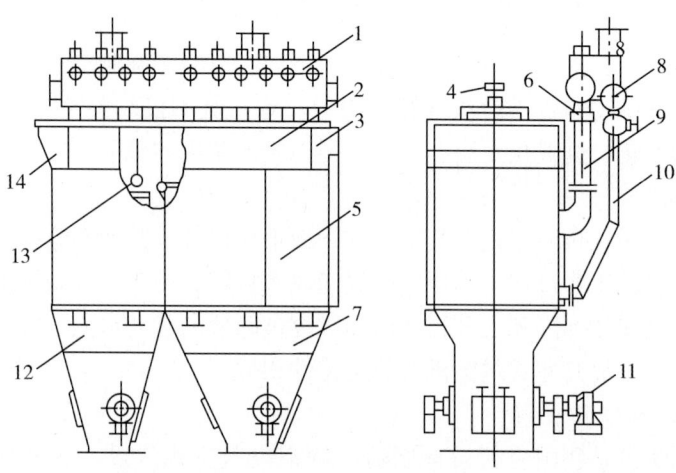

图 5 - 3 - 5 SKT 型筛下空气室跳汰机

1—数控气动风阀；2—侧壁；3—出料端；4—浮动闸门；5—上机体；6—蝶阀；7—中煤机体；8—总水管；9—接管；10—分水管；11—排料装置；12—矸石锥体；13—浮标；14—进料端

三、筛下空气室跳汰机与筛侧空气室跳汰机比较

筛下空气室跳汰机与筛侧空气室跳汰机比较，具有以下特点：

（1）筛下空气室跳汰机的空气室在跳汰室筛下，结构紧凑、重量轻、占地面积小。

（2）筛下空气室跳汰机的空气室沿跳汰机的宽度布置，能使跳汰室内沿宽度各点的波高相同，有利于物料均匀分选，适于跳汰机的大型化。这是筛下空气室跳汰机的主要优点。

（3）筛下空气室跳汰机的空气室的面积为跳汰室面积的 1/2，即空气室内水面脉动高度为 200 mm 时，跳汰室水面脉动高度为 100 mm。

（4）筛下空气室跳汰机的脉动水流没有横向冲动力。

（5）筛下空气室跳汰机压缩空气的风压比一般筛测空气室跳汰机高。由于筛下空气室跳汰机的空气室水位比筛面水位低，而且空气室内有 0.021 MPa 的空气余压，压缩空气推动液面运动，比筛侧空气室跳汰机要多克服一段静压头和空气余压，所以压缩空气的风压比一般筛侧空气室跳汰机要求的高，为 0.025 ~ 0.035 MPa。

第三节 影响跳汰分选的因素

一、原煤可选性与处理量

跳汰机分选精度既决定于所用的风阀、排渣机构，也决定于所处理的原煤。对于跳汰机第二段的分选密度，我国一般为 1.45 ~ 1.6 kg/L。单位面积处理能力见表5 - 3 -1。

表 5 - 3 - 1　　　　　　　　　　　跳汰机处理能力

作业条件		单位宽度处理能力（t/m·h）	单位面积处理能力（t/m²·h）
空气脉动跳汰机	不分级入选	80 ~ 100	13 ~ 18
	块煤分选	90 ~ 110	14 ~ 20
	末煤分选	50 ~ 70	10 ~ 14
	再选	50 ~ 70	10 ~ 14
动筛跳汰机排矸		80 ~ 110	40 ~ 70

注：1. 采用单段跳汰机排矸时，处理能力可按单位宽度指标确定。

　　2. 跳汰机单位宽度（面积）处理能力，易选煤取偏大值，难选煤取偏小值。

表 5 - 3 - 1 是设计时采用的指标，实际生产上影响处理能力的因素很多，如原煤可选性的变化，矸石和中煤量增加，设备的不配套都会影响跳汰机的处理量。入选原料均质是保证跳汰制度稳定、减少设备过载或负荷不足、提高分选效率等的重要条件。

二、风量与水量

风量可改变脉动水流的振幅，从而调节床层的松散度和透筛吸啜力。通常跳汰机第一段的风量要比第二段大些，同段各分室的风量由入料到排料依次减少。跳汰机工作风压和风量指标可参考表 5 - 3 - 2。

表 5 - 3 - 2　　　　　　　　　　　跳汰机工作风压及风量

作业条件	风压（MPa）	风量（m³/m²·min）
不分级煤	0.035 ~ 0.050	4 ~ 6
块煤	0.040 ~ 0.050	5 ~ 7
末煤	0.035 ~ 0.050	3 ~ 5
再选	0.035 ~ 0.050	3 ~ 5

跳汰选煤用水分冲水和顶水。冲水的作用是润湿给料和运输分选物料，冲水用量为总水量的 20% ~ 30%。顶水的作用是补充筛下水量，从而增强上升水流，减弱下降水流。前段的顶水将成为后段的运输水，顶水量占总水量 70% ~ 80%。增加顶水，能提高床层松散度，减弱吸啜作用和透筛排矸。在顶水分配上，第一段用量比第二段大，而且每段的分室通常也是由入料端到排料端依次减少。跳汰机循环用水量可参考表 5 - 3 - 3。

表 5 - 3 - 3　　　　　　　　　　　跳汰机循环用水量

作业条件	空气脉动跳汰机				动筛跳汰机
	不分级煤	块煤	末煤	再选	排矸
循环用水量（m³/t）	2.5 ~ 3.0	3.0 ~ 3.5	2.0 ~ 2.5	3.0 ~ 3.5	10 ~ 20（m³/m²·h）

三、频率和振幅

脉动水流的振幅决定床层在上升期间扬起的高度和松散条件，频率决定一个跳汰周期所经历的时间。床层所需扬起的高度与给料粒度和床层厚度有关，粒度大、床层厚，松散床层所要求的空间大、时间长，这时应采用较大的振幅。但振幅也不宜过大，否则床层太散、易造成矸石污染；下降水流吸啜过强，易造成精煤损失。反之，粒度小、床层薄，应采用较高的频率，因为细精分层速度慢，采用较高频率可加速分层过程，提高处理能力。但频率过高会缩短跳汰周期，使床层得不到松散。

频率只能通过改变风阀的转数来调整。振幅主要通过改变风压、风量（调节风门）、风阀进气孔和排气孔面积及频率加以控制。

四、风阀周期

风阀周期特性决定脉动水流的特性。

选择风阀周期特性的原则是在维持床层上升后期充分松散的条件下，尽量缩短进气期，延长膨胀期，有一个足够的排气期。同时由于第一段的床层厚且重，所以第一段的进气期通常比第二段长些，而第一段的膨胀期却要比第二段短一些。在实际操作时应注意3点：①在同一段中各分室的风阀周期特性要保持一致，否则床层运动不协调；②两段的风阀周期特性应相差180°，否则在溢流堰处会发生水流撞击；③风阀的旋转方向要正确，应产生进气—膨胀—排气的周期，否则会严重影响产品质量和处理量。

影响跳汰分选的因素还有床层状态、产物的排放和分离等因素，在此不一一赘述。

第四节　　跳汰选煤特点

一、优点

（1）跳汰选煤历史悠久，工艺技术成熟，工艺流程相对简单，维护管理方便，加工费用相对较低。

（2）对易选煤，跳汰选煤可获得较高的数量效率，一般在90%左右，分选不完善度 I 值在0.14~0.18之间。若排矸分选密度大于1.8 kg/L，采用重介质选煤时，高密度悬浮液难以配制；而跳汰选煤可以不受分选密度的限制。跳汰机、动筛跳汰机不完善度见表5-3-4。

表5-3-4　　　　　　　　　　　　跳汰机、动筛跳汰机不完善度

分选粒级（mm）	作业条件		不完善度 I
50（100）~0.5	跳汰主选	矸石段	0.14~0.16
		中煤段	0.16~0.18
	跳汰再选	—	0.18~0.20
50（200）~13	跳汰主选	矸石段	0.11~0.13
		中煤段	0.14~0.16

（续表）

分选粒级（mm）	作业条件		不完善度 I
13～0.5	跳汰主选	矸石段	0.18～0.20
		中煤段	0.20～0.22
	跳汰再选	—	0.22～0.25
300～50	动筛跳汰	排矸	0.90～0.11
300～25			0.11～0.13

二、缺点

（1）在分选难选和极难选煤时，跳汰选煤的分选效率明显低于重介质选煤的分选效率，特别是当原煤中小于 2～3 mm 细粒粉煤含量多时，跳汰分选精度会显著下降，精煤损失较大。

（2）生产实践表明，当分选密度低于 1.4 kg/L 时，跳汰机难以操控，不能保证实现正常分选。当要求在低密度分选条件下生产低灰精煤产品时，采用跳汰选煤应格外慎重。

（3）跳汰选煤所需循环水量较重介质选煤约大 1 倍，所以洗水系统负荷量也大 1 倍，相应增加了投资。

第四章　重介质选煤

重介质选煤是在密度大于水的介质中，以密度差别为主要依据实现分选的重力选煤方法。

重介质选煤的基本原理是阿基米德原理，即浸没在重介质中的颗粒受到的浮力等于颗粒所排开的同体积的介质重量。

重介质选煤一般都分级入选。分选块煤在重力作用下用重介质分选机进行；分选末煤在离心力作用下用重介质旋流器进行。

第一节　重介质选煤原理

一、重介质分选机分选原理

在静止的悬浮液中，作用在颗粒上的力有重力 G 和浮力 G_0。因此，悬浮液中颗粒所受的合力 F 为：

$$F = G - G_0$$

而 $G = V\delta g$，$G_0 = V\rho g$，则：

$$F = V\delta g - V\rho g = V(\delta - \rho)g$$

式中　V——颗粒的体积，m^3；

δ——颗粒的密度，kg/m^3；

ρ——悬浮液密度，kg/m^3；

g——重力加速度，m/s^2。

当 $\delta > \rho$ 时，颗粒下沉；$\delta < \rho$ 时，颗粒上浮；$\delta = \rho$ 时，颗粒处于悬浮状态。

在重介质分选机中，用悬浮液流和刮板或提升轮分别把浮物和沉物排出，完成分选工作，如图 5-4-1 所示。

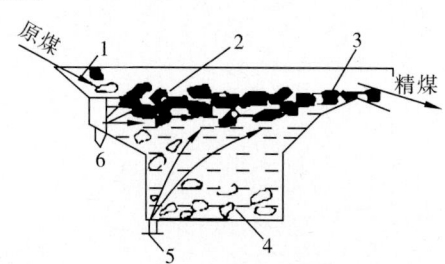

图 5-4-1　重介质分选机分选原理

1—入料端；2—浮物；3—浮物排料端；4—沉物；5—上升流介质入口；6—水平流介质入口

二、重介质旋流器分选原理

重介质旋流器的选煤过程：物料和悬浮液以一定压力沿切线方向给入旋流器，形成强有力的旋涡流。液流从入料口开始沿旋流器内壁形成一个下降的外螺旋流；在旋流器轴心附近形成一股上升的内螺旋流。由于内螺旋流具有负压而吸入空气，在旋流器轴心形成空气柱。入料中的精煤随内螺旋流向上，从溢流口排出；矸石随外螺旋流向下，从底流口排出。

重介质旋流器选煤是利用阿基米德原理在离心力场中完成的，如图 5 - 4 - 2 所示。在离心力场中，质量为 m 的颗粒所受的离心力 F_c 为：

$$F_c = mv^2/r$$

式中　v——颗粒的切向速度；

　　　r——颗粒的旋转半径。

在重介质旋流器中，颗粒所受离心力为：

$$F_c = V\delta v^2/r$$

悬浮液给物料的向心拖力 F_0 为：

$$F_0 = V\rho v^2/r$$

颗粒在悬浮液中半径为 & 处所受的合力 F 为：

$$F = F_c - F_0 = V(\delta - \rho)v^2/r$$

式中　V——颗粒的体积。

上式表明，当 $\delta > \rho$ 时，F 为正值，颗粒被甩向外螺旋流；当 $\delta < \rho''$ 时，F 为负值，颗粒移向内螺旋流。从而把密度大于介质的颗粒和密度小于介质的颗粒分开。

在旋流器中，离心力可比重力大几倍到几十倍，因而大大加快了末煤的分选速度并改善了分选效果。

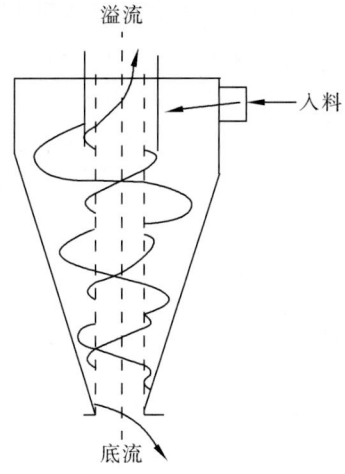

图 5 - 4 - 2　重介质旋流器工作原理

第二节　重介质

重介质选煤法所采用的介质有两类，即重液和矿物悬浮液（或称重悬浮液）。

一、重液

重液是用氯化钙、氯化锌等盐类与水配制成的密度大于 1 的真溶液。由于其价格昂贵，不易回收，腐蚀性强，且多数有毒，所以工业上很少采用。

二、矿物悬浮液

矿物悬浮液是由高密度的矿物细粉（颗粒直径小于 $0.1~\mu m$）在水中形成的一种悬浮状混合物溶液。矿物悬浮液较重液不仅价格便宜，容易回收，无毒、无腐蚀性，而且配制的悬浮密度范围大，因而在工业上应用广泛。在采用矿物悬浮液重介质选煤中，悬浮液的性质起着决定性作用，其主要指标是相对密度、黏度与稳定性。相对密度要大，悬浮液黏性要小，稳定性好，即保持液体相对密度的均一性。

用来配制矿物悬浮液的矿物，称为加重剂。目前，国内外普遍采用磁铁矿粉与水配置的悬浮液作为重介质选煤的分选介质。这种悬浮液可以在相当宽的范围内配制成所需要的密度，而且容易净化回收。

第三节　重介分选机

重介分选机是选煤的主要设备之一，尤其对难选煤更具有较高的分选效果以及处理粒度范围较广的优点。同时，它也可代替人工拣矸，简化工艺流程和节省劳动力。故在很多选煤厂得到了广泛的应用。

重介选煤一般采用分级入选。13 mm 以上用重介分选机，13（50）mm ~ 0.5 mm 采用重介旋流器。

重介分选机种类很多，常用的有分选块煤的斜轮分选机、立轮分选机和刮板分选机。

一、斜轮分选机

斜轮重介分选机主要由分选槽、提升轮、提升轮传动装置、排料轮与排料传动装置、转轮盖与提升架等 7 种部件组成，如图 5 - 4 - 3 所示。

分选槽是由钢板焊接而成的多边形槽体，其上部呈矩形，下部是与煤流方向成一定角度的底槽。

提升轮安装在分选槽侧旁下部的槽体内，提升架上部装有转轮盖，而转轮盖则通过键与主传动轴固定在一起。提升轮轮盘的边帮和底盘分别由钻孔筛板组成。在盘面上还装有若干块带孔的刮板，用以刮走重产物。提升轮由电机通过减速器直接带动旋转。

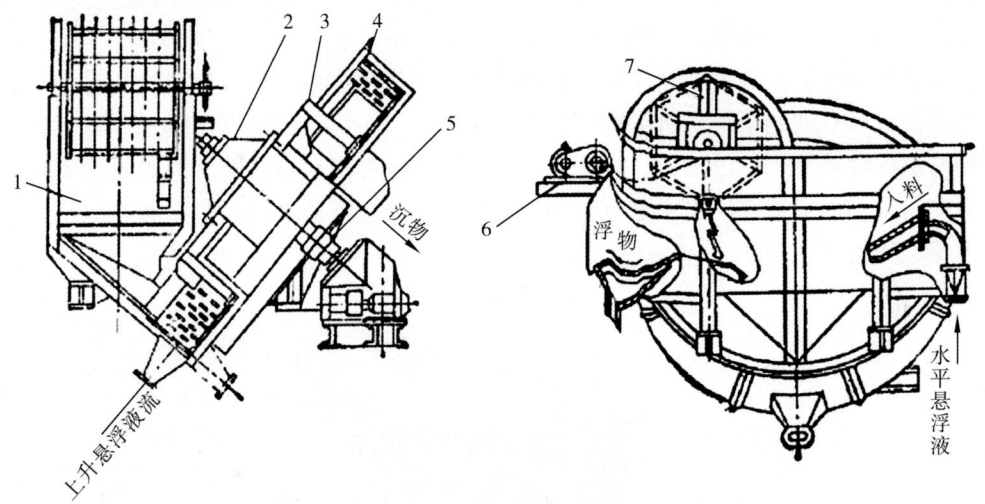

图 5 - 4 - 3　斜轮重介分选机

1—分选槽；2—转轮盖；3—提升轮架；4—提升轮；5—提升轮传动装置；6—排料轮传动装置；7—排料轮

原料煤进入分选机后，按密度分为浮物和沉物两部分。浮物被水平流运送至溢流堰，由排煤轮刮出，经条缝式固定筛初步脱介后进入下一个脱介作业。沉物沉到分选槽底部，由提升轮上的叶板提升至排料口排出。提升轮及叶板上的孔眼将沉物携带的悬浮液脱出。

二、立轮分选机

二者构成和工作原理基本相同，其差别仅在于分选槽槽体型式和排矸轮安放位置等机械结构上有所不同。立轮重介分选机如图 5 - 4 - 4 所示。

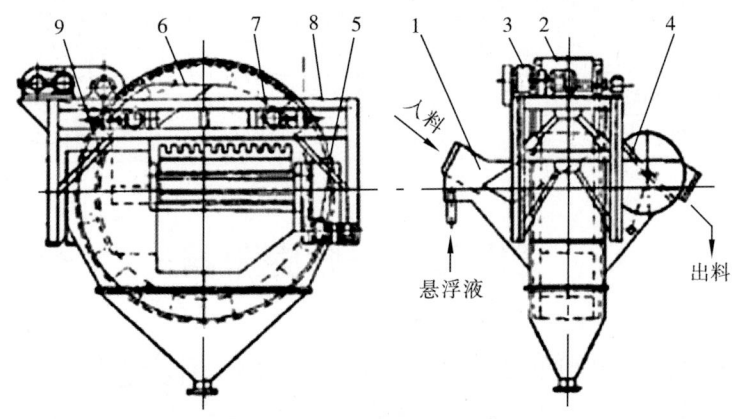

图 5 - 4 - 4　立轮重介分选机

1—分选槽；2—排矸轮；3—排矸轮传动系统；4—排煤轮；5—排煤轮传动系统；6—矸石溜槽；7—托轮装置；8—机架；9—弧形板

三、重介刮板分选机

也称重介浅槽，主要由槽体、头轮及尾轮组合、电机及减速机、刮板链传动装置、水平介质槽、上升介质漏斗组成，如图 5 - 4 - 5 所示。

该机槽体近似长方形，原煤从给料侧给入，精煤随纵向水平悬浮液流从另一侧的溢流堰排出。矸石随刮板输送机沿槽底横向移动，最后被提升到排矸口排出。原煤进入分选槽后被压煤板压入悬浮液内。80% ~ 90% 的循环悬浮液从给料侧的原煤入口下面沿水平方向给入，以形成纵向水平液流；10% ~ 20% 的悬浮液通过槽底数排孔给入，形成上升液流，使精煤上浮。

图 5 - 4 - 5　重介刮板分选机
1—给料侧；2—溢流堰；3—排矸口

四、应用

重介斜轮（立轮）机分选槽面比较开阔，处理能力大，入料上限可达 400 mm，下限为 13 mm。重介刮板分选机入料上限为 200 mm，下限为 13 mm。分选精度高，能按规定密度精确分选，可能偏差 Ep 可达 0.02 ~ 0.04。

表 5 - 4 - 1　　　　　　　　斜轮、立轮、刮板重介分选机处理能力

分选机	单位槽宽处理能力 （t/m·h）	单位槽宽悬浮液循环量 （m³/m·h）
斜（立）轮重介分选机	70 ~ 100	80 ~ 100
刮板重介分选机	70 ~ 100	175 ~ 200

第四节　重介旋流器

重介旋流器选煤是目前重力选煤方法中效率最高的一种。它是用重悬浮液或重液作为介质，在外加压力产生的离心场和密度场中，把煤和矸石进行分离的一种特定结构的设备。重介旋流器具有体积小、本身无运动部件、处理量大、分选效率高等特点，故应用范围比较广泛。特别是对难选、极难选原煤，细粒级较多的氧化煤、高硫煤的分选和

脱硫有显著的效果和经济效益。因此，国内外都在广泛推广应用。

一、重介旋流器的分类

重介旋流器分类方法较多，几种常规的分类方法：

（1）按其外形结构可分为圆柱形、圆柱圆锥形重介旋流器两种。

（2）按其选后产品的种类可分为两产品重介旋流器、三产品重介旋流器。

（3）按给入旋流器的物料方式可分为有压入料，即煤和介质混合后用泵给入；无压入料，原煤和介质分别给入。

（4）按旋流器的安装方式可分为正（直）立式、倒立式和卧式三种。

二、两产品重介旋流器

重介旋流器如图 5-4-6 所示，其主体由圆筒和圆锥两部分组成。圆筒内有隔板将圆筒分隔成两部分，即溢流收集室和分选室，隔板中间有孔，并装有溢流管；圆筒外有入料口和溢流口；圆锥底部有可替换的底流口。

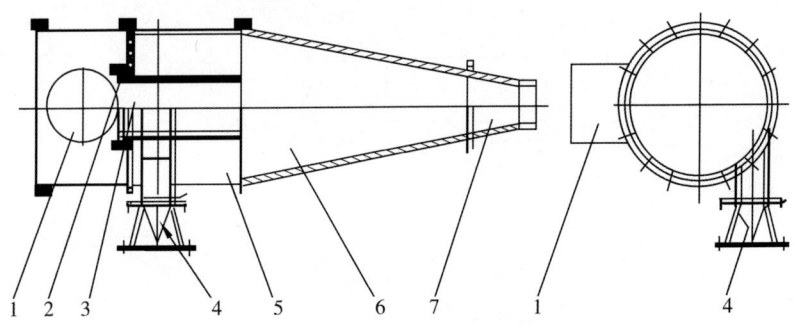

图 5-4-6 两产品重介旋流器

1—溢流收集室和精煤出口；2—隔板；3—中心溢流管；4—入料口；5—圆柱体部分；6—圆锥体部分；7—可替换的底流口

（一）无压给料重介旋流器

无压给料重介旋流器的分选原理和有压给料圆筒圆锥形重介旋流器的分选原理是一样的。由于两者的给料方式和形状结构不同，其分选过程有各自特点。无压给料重介旋流器内的分选过程：主要悬浮液经筒体外壁的切线方向给入旋流器内，当入选原煤被小部分悬浮液带着由上端中央入料管给入后，在介质旋转流的强大离心力作用下，由中心向外壁按密度分层。密度高的重物料分选速度快，迅速到达外壁，在外层介质流的作用下，从入料端近处的底流口排出。由中间密度组成的产物，在离底流口的不远处形成一个不断置换的平衡阻挡层，使低于和接近分选密度的物料不能越过阻挡层而导入内螺旋流，经溢流管排出。

无压给料重介旋流器选煤，原煤不需经过泵和管道输送，因此具有以下特点：可减少入料原煤的再度粉碎；有利于适当提高旋流器的给料粒度上限；可减轻设备及管道磨损程度；可减少原料煤的提升高度，从而可节省厂房与设备投资；当介质粒度较粗时，无压给料重介旋流器有较强的适应能力。

（二）有压给料重介旋流器

悬浮液进入旋流器后，在离心力的作用下，形成自上而上、由内向外增加的不同密度的等密度面。和悬浮液一起进入旋流器的原煤，在离心力的作用下，密度大的矸石很快移向器壁，在外螺旋流的推动下，由底流口排出，密度低的煤粒向中心移动，进入靠空气柱的内螺旋流，经溢流管排出，从而完成分选过程。

有压给料两产品圆筒锥型重介旋流器选煤的突出优点：分选精度高、分选下限低、处理能力大、操作控制容易等。主要缺点：设备磨损严重、加重质—磁铁矿粉的技术损耗相对较大，以及工艺系统相对复杂。

三、三产品重介旋流器

三产品重介旋流器如图 5 - 4 - 7 所示。

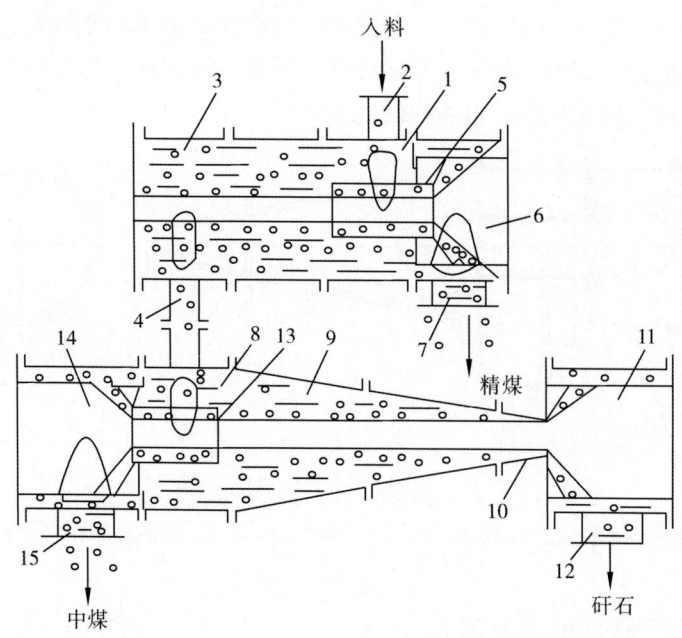

图 5 - 4 - 7　三产品重介旋流器

1—第一段圆筒形旋流器；2—入料管；3—底流口；4—连接管；5—溢流管；6—溢流室；7—排料管；8—第二段旋流器的圆筒部分；9—第二段旋流器的圆锥部分；10—底流口；11—矸石室；12—排料管；13—溢流管；14—中煤室；15—排料管

（一）无压给料三产品重介旋流器

1. 工作原理

无压给料三产品重介旋流器，是由两段无压给料两产品重介旋流器串联而成。它除了具有无压给料诸多优点外，还由于用一种低密度的悬浮液可同时选出精煤、中煤和矸石三种产品，因而简化了一整套高密度悬浮液制备、控制、输送及分选系统，可以节省基建投资和经营成本，从而得到了迅速发展。

无压给料三产品重介旋流器第二段的物料分选过程，和有压给料三产品重介旋流器第一段相同。第一段旋流器底流口排出的中煤和矸石混合物，经连接管进入第二段后，即由器壁往中心分层。中煤由靠近入料口的中心管排出；矸石在外螺旋流推动下经另一端的切线口排出。第二段旋流器内循环料层的物料过多时，则将阻碍细粒中煤进入内螺旋流而损失于矸石中。但对大多数原料而言，高密度分选时的邻近分选密度物不多，不致造成过厚的循环料层。

从分选原理上分析，结构上减轻悬浮液的浓缩程度，增加密度场的均匀性，有利于提高分选效果。因而，无压给料三产品重介旋流器两段均设计成圆筒形。由于圆筒圆锥形重介旋流器底流和溢流悬浮液密度的差值大，可以形成较高的分选密度。因此，当要求选出较高灰分的中煤时，第二段旋流器则采用圆筒圆锥形。

2. 特点和用途

无压给料三产品重介旋流器由两个产品旋流器组合而成。一段旋流器为圆筒形，二段旋流器为圆筒形或圆筒圆锥形。当二段要求有更高的排矸密度时，即用圆筒锥形，无压给料三产品重介旋流器分选 50 ~ 0 mm 不脱泥的难选和极难选煤，大大地简化了重介旋流选煤工艺，可获得较好的技术指标。

（二）有压给料三产品重介旋流器

1. 工作原理

有压给料三产品重介旋流器的分选原理与常用的有压给料两产品旋流器基本相同。即在第一段重介旋流器内，利用离心力使原料煤不仅得到有效分选，产出质量合格的精煤，而且对低密度悬浮液进行浓缩，提高进入第二段旋流器的悬浮液密度，以便对随同进入第二段旋流器的重产物进行再选，选出最终中煤和矸石两种产品。这样就可使用一种低密度悬浮液，同时分选出精煤、中煤和矸石三种合格产品。

2. 特点及用途

圆筒、圆锥并式串联三产品重介旋流器的分选原理和应用范围与同类型两产品旋流器基本相同。但是，三产品重介旋流器一般只用一种低密度的悬浮液，选出精煤、中煤、矸石三种产品。与采用两台独立的两产品旋流器分选三种产品的工艺系统相比，可节省一套高密度分选悬浮液系统，使选煤工艺简化，生产操作管理方便，选煤车间的基建投资相应可减少 10% ~ 20%，第一段（主选）旋流器的分选效果基本上可达到同类型两产品旋流器的效果。缺点是第二段（再选）旋流器的分选悬浮液密度无法检测和调整，分选效果也不及独立工作的两产品旋流器好。由于第一段与第二段旋流器成连通器结构，当第一段或第二段旋流器的参数调整时，将产生相互影响的弊端。

第五节　悬浮液回收、净化

在重介质选煤过程中，大量的介质随同产品一起排出，不但造成介质的损失，而且污染产品，降低产品质量，因此必须将其与产品分离回收。在生产过程中，往往因准备筛分或脱泥作业的效率较低，或者因原料煤在运输或分选过程中的破碎和泥化，致使大量粒度小于 0.5 mm 的煤泥和黏土在悬浮液系统中积累，使悬浮液黏度增加，进而恶化分选效果，因此必须将其净化。悬浮液的回收净化是重介质选煤流程中的一个组成部分。它的主要任务是从稀悬浮液和排放水中收集介质，减少介质的损失；并从悬浮液中排出煤泥和黏土，保证悬浮液性质稳定，从而保证良好的分选效果。

一、悬浮液回收净化系统

从产品中回收介质的作业是在筛孔为 1 ~ 0.5 mm 的固定筛或振动筛上进行的。通常产品先在固定筛（包括弧形筛）上预先脱除部分悬浮液后再进入振动筛。一般来说，产品在振动筛第一段脱除悬浮液后仍含有介质，产品粒度越细、黏附量越大；分选介质密度愈高，黏附量也越大。一般每吨产品在 10 ~ 100 kg 之间。因此，在振动筛的第二段要加喷水冲洗掉这部分介质。冲洗过程用水有循环水和清水两种，矸石可用循环水冲洗；精煤先用循环水，而后必须用清水冲洗，以免增加灰分。冲洗水量因粒度不同而异，一般每吨产品用水量在 0.5 ~ 3 m³ 之间。

弧形筛和脱介筛第一段筛下物为循环悬浮液，此密度接近合格悬浮液的密度，可直接返回合格悬浮液桶复用；第二段筛下物因加入喷水浓度很低，为稀悬浮液，其中含有介质和煤泥、黏土，一般进入磁选机回收介质，磁选尾矿进入煤泥分选回收系统，磁选精矿进入合格介质桶与循环悬浮液混合组成合格悬浮液，用泵输送到分选机中循环使用。

从悬浮液中排出煤泥和黏土，是悬浮液的净化作业。通常是通过分流箱分出一部分循环悬浮液进入稀悬浮液系统，经磁选回收介质而使多余的煤泥和黏土从磁选尾矿排出，这部分循环悬浮液称为分流悬浮液，简称分流。在用重介旋流器分选不脱泥原料煤以及在用重介分选机分选含有易泥化矸石的原料煤时，分流量就应该大些；若是最终产品带走的煤泥与入料的煤泥在数量上达到平衡，悬浮液黏度又在允许范围内时，就没有必要分流了。分流量的大小可以由自动控制系统根据需要改变。应该注意的是，分流量越大，从磁选尾矿中损失的磁铁矿量也越大。因而，不应随意增加分流量。

二、悬浮液回收净化的主要设备

对磁铁矿粉回收用磁选的方法。磁选机是根据各种矿物的比磁化系数，借助于磁力将磁性矿物与非磁性矿物分离开来的设备。

重介选煤系统中用于回收磁铁矿的磁选机，要求磁铁矿粉的回收率高，但对磁选精矿的品位要求不高。所以一般多选用湿式、弱磁场强度的圆筒式磁选机。其工作原理是借助圆筒中的磁系把稀悬浮液中的磁铁矿颗粒吸附到圆筒表面，并随圆筒转动到一定位置后离开磁场，磁力消失了，磁性颗粒在重力和离心力作用下落到精矿槽成为精矿；非磁性物不受磁系吸引由下部排出成为尾矿。

磁选机分为顺流式、逆流式。所谓顺流式、逆流式就是指原料的流向与圆筒的转向相同或相反。逆流式磁选机的磁力作用时间较长，尾矿中损失磁性矿物较少，在重介质选煤厂得到广泛应用。逆流式磁选机工作原理如图 5-4-8 所示。

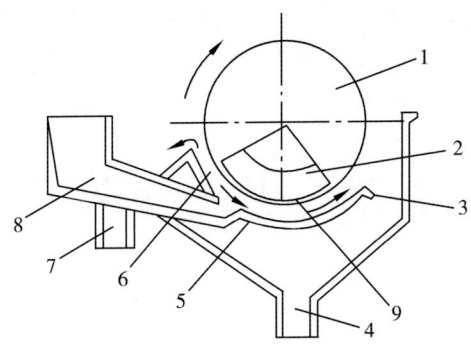

图 5 - 4 - 8 逆流式磁选机工作原理

1—滚筒；2—磁系；3—溢流堰；4—尾矿箱；5—分选槽；6—脱水区；7—精矿溜槽；8—给矿箱；9—分选区

第六节 重介选煤特点

一、优点

（1）分选效率高。块煤重介分选机和重介旋流器的分选效率在各种重力选煤方法中是最高的，其可能偏差 Ep 值可达 $0.02 \sim 0.07$。

（2）分选密度调节范围宽、控制精度高。重介选煤的分选密度一般为 $1.3 \sim 2.0 \text{ kg/L}$，而且易于调节。其误差可保持在 $\pm 0.5\%$ 内，控制精度之高是其他选煤方法所无法比拟的。

（3）分选粒度范围宽，对入选原煤质量适应性强。重介选煤在入选原煤粒度上允许范围宽，例如，斜轮重介分选机允许入料粒度最大范围为 $450 \sim 6 \text{ mm}$；大型重介分选机（浅槽重介分选机）允许入料粒度上限可达 200 mm；大直径重介旋流器允许入料粒度上限可达 80 mm；小直径重介旋流器有效分选粒度下限可达 0.15 mm，甚至更小，所以对粉末煤含量大的原煤，重介旋流器也能够进行正常分选。重介选煤对入选原煤可选性的适应性强，原煤可选性无论难易，重介选煤均能胜任。

（4）生产过程易于实现自动化。重介选煤所用悬浮液的密度、黏度、磁性物含量及液位等工艺参数均能实现自动控制。对重介旋流器入料量、入料压力等影响分选效果的操作参数，也能实现有效的自动控制。这也是其他选煤方法所无法比拟的。

（5）重介选煤的循环水耗量比跳汰选煤约少 1 倍，故煤泥水系统负荷小，可相应减少投资和运营成本。

二、缺点

（1）增加了介质的净化回收工序，工艺流程相对复杂。

（2）介质对设备、管道磨损比较严重。

（3）当要求循环介质密度大于 1.8 kg/L 时，高密度悬浮液难以配制。

第五章 煤泥分选工艺

　　煤泥的分选、回收，洗水的处理，是选煤工艺流程中的一个重要环节，也是选煤厂技术管理的关键之一。

　　煤泥一般泛指粒度在 0.5 mm 以下的煤粉。选煤厂的煤泥来源于两方面。一是入选原煤，是在开采、运输过程中产生的，称为原生煤泥；二是在选煤过程中，由储存、运输、破碎、筛分及洗选脱水等生产环节中产生的，称为次生煤泥。这两方面合计占原煤的 15% ~ 35%。因此，对这些煤泥进行分选可以充分回收煤炭资源，同时也净化了洗选用水，保证了选煤厂闭路循环洗选用水的需要。

　　为了提高分选效率，适应入选原煤煤质的不断变化，近几年来重介质选煤工艺已成为新建选煤厂的首选工艺，重介旋流器成为末煤分选的主导设备。选前脱泥工艺被广泛采用。为保证脱泥效果，脱泥筛的筛孔尺寸一般取 1 ~ 2 mm，甚至更大。脱泥筛下的煤泥进入煤泥水系统，煤泥分选传统工艺一般采用浮选。

　　浮选可以实现粒度小于 0.5 mm 煤的有效分选，粒度大于 0.5 mm 的粗煤泥在浮选过程中极易因气泡的携载能力不足而损失在尾矿中，只有在煤泥水处理系统中采用粗煤泥分选和浮选联合工艺，才能最大限度地回收细粒级精煤，保证精煤产率。

第一节 粗煤泥分选

　　目前，粒度大于 0.5 mm 级细粒煤的分选主要采用螺旋分选机、煤泥重介旋流器和干扰床分选机等。

一、螺旋分选机

　　螺旋分选机主要由矿浆分配器、中心柱、螺旋溜槽和产品截取器等组成。矿粒在螺旋溜槽中的分选大致经过三个阶段：第一阶段是颗粒群的分层，矿浆由分配器进入螺旋溜槽后，颗粒群在槽面上的运动过程中，重矿物沉降速度快，沉入液流下层，轻矿物则浮于液流上层，液流沿竖直方向的扰动作用强化了矿粒按密度分层；第二阶段是轻、重矿物沿横向展开，沉于下层的重矿物沿收敛的螺旋线逐渐移向内缘，浮于上层的轻矿物沿扩展螺旋线逐渐移向中间偏外区域；第三阶段是不同密度的矿粒沿各自的回转半径运动，轻、重矿物沿横向从外缘至内缘均匀排列，设在排料端部的截取器将矿物带沿横向分割成精、中、尾煤三个部分，并使其通过各自的排料管排出，从而完成分选过程。

　　螺旋分选机是选矿和选粉煤、粗煤泥的设备之一，在我国一些动力煤选煤厂的粗煤泥分选中得以推广应用。

　　螺旋分选机具有以下特点：

　　（1）有效分选密度在 1.6 kg/L 以上，低于该值，会影响分选效果。

　　（2）无运动部件，维修工作量小。

　　（3）占地面积小，可用双头甚至三头螺旋提高单台设备的处理能力。

　　螺旋分选机的主要缺点：煤用螺旋分选机的性能有赖于粒度，典型的工作范围为 0.1 ~1 mm，分选粒度上限可达到 2 mm，但是对于大于 1 mm 的煤粒，分选效果不好；使用螺旋分选机是不能分离煤泥的（煤泥通常含有较高的灰分），分选前必须脱泥。

二、煤泥重介

　　采用小直径重介旋流器分选粗煤泥可得到良好的分选效果。在分选过程中，小直径旋流器可产生较高的离心系数，使粉煤颗粒受到远大于其在重力场及大直径重介旋流器中受到的分选力，从而实现粉煤颗粒的有效分选。

　　这种分选工艺的主要弊病在于系统较复杂（需单独设立一套微细介质循环和回收系统），操作难度大，特细粒介质回收困难，生产成本高等。为简化工艺，我国开发了利用大直径重介旋流器对加重质的分级、浓缩作用，将煤泥和精煤脱介筛（或弧形筛）筛下合格介分流一同进入小直径煤泥重介旋流器再选的粗煤泥分选工艺。这种工艺虽然减少了特细介质的制备环节（利用了大直径重介旋流器分级浓缩作用产生的特细介质），但煤泥重介旋流器的分选精度直接受大直径重介旋流器运行状况和分流介质中高灰细泥的影响，生产调节困难，高灰细泥污染严重，同时，由于大量细粒煤进入磁选机，增大了磁选机的工作负荷，介耗较高。

　　煤泥重介旋流器的有效分选粒度范围为 1 ~0.1 mm。为保证较好的分选效果，应尽可能做到：①预先脱除粒度小于 0.1 mm 级煤泥；②加重质粒度组成小于 40 μm 要在 90% 以上，小于 10 μm 的要在 50% 以上；③循环介质要退磁。

三、干扰床分选机

　　干扰床分选机（TBS）是一种利用上升水流在槽体内产生紊流的干扰沉降分选设备。槽内的紊流床层被视为自生介质床层，它可把粒度小于 5 mm 的物料分为两个粒度级，利用物料比重的不同来分选物料。一定压力和流速的上升水流进入压力水箱，通过紊流板均匀地分布到干扰床底部。固体物料进入干扰床后在上升水流的作用下开始分层，粗颗粒高密度的物料集中于槽体的底部，细颗粒和低密度物料则流向槽体上部。

　　随着物料的连续给入，细而轻的物料不断溢流至溢流收集槽，高密度的物料通过由 PID 闭环控制器控制的排料阀门排出。密度传感器浸入到紊流层中相应高度，对槽体内的床层密度进行不间断监测。当床层的密度达到或超出设定值，控制器即送出一个 4 ~20 mA 的信号到气动执行机构，气动执行机构开始动作，并打开底流排料阀排料，直至床层密度降低至设定值，排料阀门关闭。通过 PID 控制器控制排料阀开启，使槽体内干扰床层保持稳定的设定密度。气动执行机构的行程大约为 40 mm，在此范围内自由、平稳地运动，排料阀在气动执行机构的作用下同时动作。

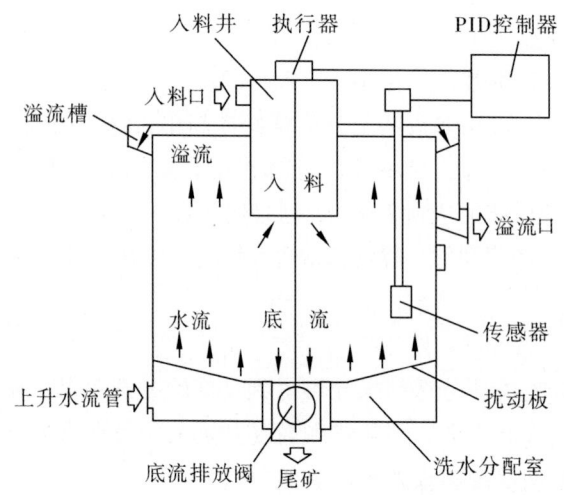

图 5 – 5 – 1　干扰床分选机结构

目前，TBS 干扰床分选机在国内选煤厂得到了广泛的应用，根据实际生产经验，TBS 干扰床分选可适用于以下情况：

（1）当要求出低灰产品，采用低分选密度处理入料中含大量临近分选密度物料的粗煤泥时，TBS 干扰床分选机较螺旋分选机具有更大优势。

（2）TBS 干扰床可有效分选 4～0.1 mm 粒级物料，但首选 4:1 的分选上、下限粒度比，如 4～1 mm，1～0.25 mm。在流程设计时，可将 TBS 干扰床分选工艺用于主洗重力选煤和浮选之间，从而大大提高粗煤泥的回收率，同时减轻浮选系统和煤泥水处理系统的压力，从而提高选煤厂经济效益，节能减排。

（3）可适当加大主洗系统弧形筛和脱介筛的筛孔，以提高其处理能力和脱介效果。粗煤泥可利用 TBS 干扰床分选机有效分选。

第二节　浮选

浮游选煤是将煤泥与浮选药剂混合搅拌生成泡沫，使煤粒附在气泡上浮起，从而分选出精煤和尾煤两种产品的一种选煤方法。这种选煤方法适用于粒度小于 0.5 mm 细粒煤泥的精选。

一、浮游选煤的工作原理

浮游选煤的基本原理是根据煤与矸石表面的湿润性差别，将煤矸进行分离。因为煤块表面对水分子的吸引力较弱，不易被水湿润，所以，水滴在煤块上不展开，呈球状；

而矸石却对水分子吸引力较强，当水滴在矸石表面上时，很快向外展开，容易被水湿润（图5－5－2）。根据水滴在其表面展开程度，煤属于疏水性物质，而矸石则是亲水性物质。煤泥的浮选就是以煤与矸石表面存在的这种性质的差异为基础的。但是，只依靠煤矸之间自然湿润性差别，还不能达到浮游选煤的要求。为此，在实际工作中，还需要加入适量的捕收剂（如柴油、煤油等），使煤块表面的疏水性更强，从而加大煤矸表面的湿润性差异。此外，煤的密度大于水，在水中不能自行浮起，需要借助气泡才能浮起来，而清水中产生的气泡不仅数量少，且容易破裂，故不能使煤粒黏附其上形成稳定的泡沫层。因此，浮游选煤时还要加入一定数量的起泡剂，如松节油等。

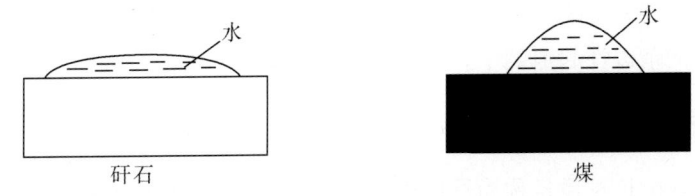

图5－5－2　水在固体表面的湿润现象

　　浮游选煤时，将一定浓度的煤泥和定量的起泡剂与捕集剂在搅拌桶中进行充分搅拌，然后给入浮选机内，再进行搅拌与充气。在煤浆中形成大量气泡，疏水性强的煤粒与气泡相碰撞并黏附在气泡上，迅速上浮至液面形成泡沫层，再由刮泡器刮出机体，得到精煤。不能黏附到气泡上的亲水性物质矸石，仍留在煤浆中，作为尾煤排出机体，从而完成了浮选的分离过程。

二、浮选药剂

（一）捕收剂

　　在煤泥浮选过程中，用以提高煤粒表面疏水性，使煤粒易于向气泡附着的浮选剂称为捕收剂。

　　在煤泥浮选过程中，通常采用非极性烃类化合物作捕收剂，如煤油、轻柴油等。这类药剂的分子结构具有如下特点：分子结构对称，分子内部的原子间以共价键结合，电子共有且不能转移到别的原子上去，在水中药剂分子不会解离成离子。由于上述结构特点，非极性药剂在水中的溶解度极小，疏水性好，对表面呈现分子键的自然疏水性颗粒有较好的吸附性能。煤粒表面疏水性越好，药剂在这些颗粒表面吸附的数量越多。因此这类药剂不仅能扩大煤与矸石颗粒表面疏水性的差异，而且对表面自然疏水性不同的煤岩组分也具有良好的捕收作用。

　　非极性油类捕收剂在煤粒表面上的吸附是物理吸附，是分子间引力作用的结果。因其溶解度极低，所以在自然状态下只能漂浮在矿浆液面上。生产中需通过机械搅拌使其形成乳浊液，药剂在矿浆中分散成极小的油滴，才能充分作用于煤粒的表面。一定量的油类药剂，当其分散成的液滴直径越小、个数越多时，液滴的总表面积越大，煤粒与药剂接触的机会越多。这有利于提高浮选效果，降低药剂消耗量。

（二）起泡剂

在煤泥浮选过程中，能促使空气在矿浆中形成气泡，维持泡沫稳定性的浮选剂称为起泡剂。

起泡剂是吸附在气泡与水的界面上而起作用的。它是一种杂极性物质，分子的一端为极性基，另一端为非极性基。这正是杂极性物质具有起泡性能的内在因素。

起泡剂具有以下的特点：

（1）起泡剂均为表面活性物质，能降低水的表面张力，具有杂极性的不对称分子结构。

（2）表面活性随非极性基碳原子数的减少而降低，而溶解度则相反。

（3）非极基的碳原子数为 5~11 的表面活性物质的起泡能力较好。

在目前使用的杂极性起泡剂中，以分子中含羟基的醇类使用最广泛。

三、浮选机

实现浮选煤泥的机械设备称为浮选机。浮选机的作用是使混有药剂的矿浆充气和搅拌，形成吸附煤粒的矿化泡沫层，并刮出泡沫层得到产品——精煤和尾煤。浮选机的类型很多，按其充气方式不同，可分为机械搅拌式和无机械搅拌式。在实际生产中使用最广泛的是机械搅拌式浮选机。

（一）XJM 型机械搅拌浮选机

1. XJM-4 型浮选机

主要由浮选槽箱、搅拌机构、刮泡机构、煤浆液面调整机构、放矿机构和尾矿箱组成。其结构示意图如图 5-5-3 所示。

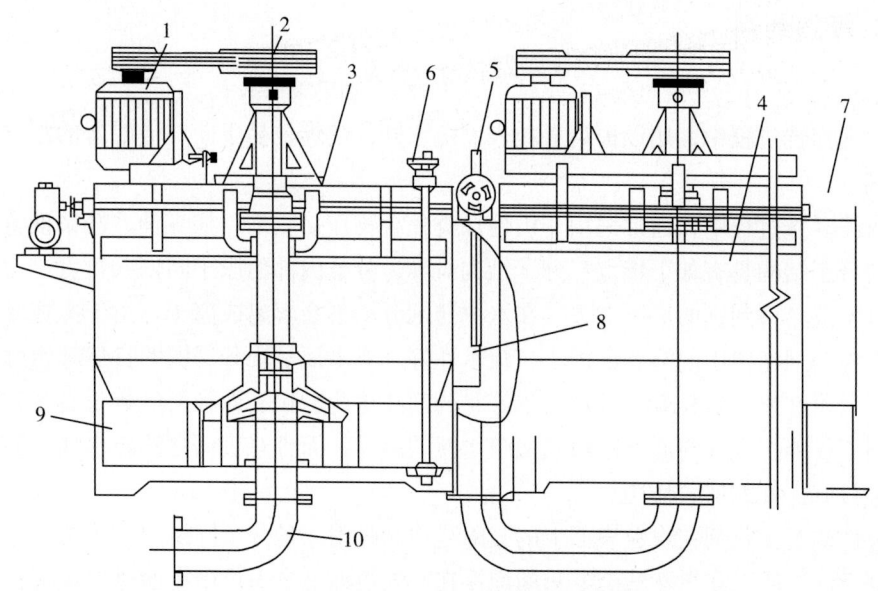

图 5-5-3 XJM-4 型浮选机结构

1—电动机；2—搅拌机构；3—刮泡机构；4—槽箱；5—液面调整机构；6—放矿机构；7—尾矿箱；
8—中矿箱；9—稳流板；10—吸浆管

　　搅拌机构是该浮选机的重要核心部件，它由伞形定子、套筒、轴承座、进气管、进气管调整盖、轴向间隙调整片、伞形叶轮、中空轴和胶带轮等组成。XJM－4 型浮选机搅拌结构如图 5 -5 -4 所示。

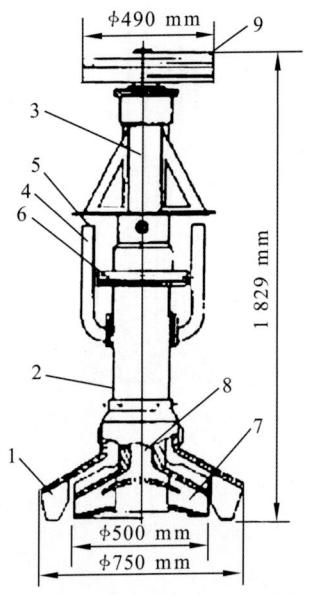

图 5 -5 -4　XJM -4 型浮选机搅拌结构

1—伞形定子；2—套筒；3—轴承座；4—进气管；5—进气管调整盖；6—轴向间隙调整片；7—伞形叶轮；8—中空轴；9—胶带轮

2. XJM -S 型浮选机

　　XJM -4 型浮选机单槽容积小，加上部分结构上的不够完善，特别是伞形叶轮下层出口易堵塞，因此已远不能满足选煤厂对大型浮选机的需求。在这样的形势下，我国科研工作者分析、吸取国外新型浮选机的一些优点和 XJM -4 型浮选机的特点，采用模拟放大的方法开发研制了双层伞形叶轮的 XJM -S 型系列煤用浮选机。XJM -S 型浮选机结构如图 5 -5 -5 所示，XJM -S 型浮选机搅拌结构如图 5 -5 -6 所示。

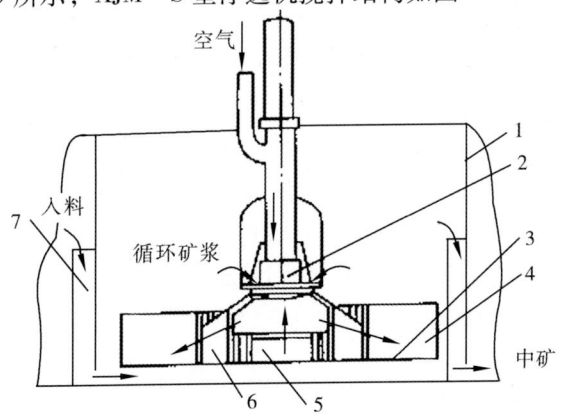

图 5 -5 -5　XJM -S 型浮选机结构

1—槽体；2—搅拌机构；3—假底；4—稳流板；5—吸料管；6—定子导向叶片；7—中矿箱

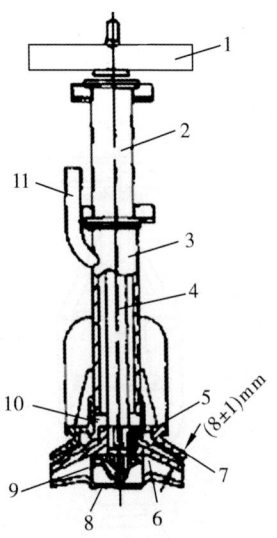

图 5 - 5 - 6　XJM - S 型浮选机搅拌结构

1—胶带轮；2—轴承座；3—套筒；4—轴；5—上调节环；6—叶轮；7—定子盖板；8—下调节环；9—锁紧螺母；10—导向管；11—吸气管

（二）喷射式浮选机

FJC 型浮选机结构如图 5 - 5 - 7 所示。

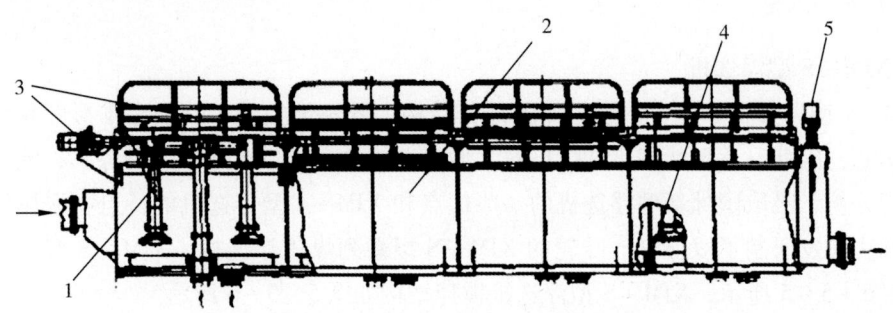

图 5 - 5 - 7　FJC 型浮选机结构

1—充气搅拌装置；2—槽体；3—刮泡机构；4—放矿装置；5—液面调整机构

　　喷射式浮选机的每两个槽箱配置 1 台循环泵（渣浆泵），从槽底引出循环煤浆，经循环泵加压后，进入相应槽箱的充气搅拌装置，以 15～20 m/s 速度从设有导流叶片的喷嘴喷出，因抽吸作用在混合室产生负压，空气即经进气管吸入混合室，被高速喷射流所卷裹，含气煤浆经喉管由伞形分散器斜射到浮选槽底，从而完成煤浆充气、水力搅拌、气泡矿化过程。未被矿化的煤浆，一部分通过流通口进入下一个浮选槽箱，另一部分则进入渣浆泵进行循环。

　　（三）浮选柱

　　浮选柱是一种无机械搅拌式、煤浆充气借助于外部压入空气或自身吸入空气的充（压）气式浮选机。传统的浮选柱使用外部压入空气，通过特制的、浸没于煤浆中的充气器（气泡发生器）形成细小的气泡，并顺浮选柱体上升，煤浆从柱体中上部给入并穿过向上运动的气泡群形成煤粒，与气泡逆向运动实现气泡矿化，泡沫产品在浮选柱上部自流溢出，尾煤则由柱体底部经 U 形管排出。

　　旋流—静态微泡浮选柱是我国 20 世纪 90 年代自行开发的浮选柱，1992 年投入工业应用，目前已形成直径 1 m、1.5 m、2 m、3 m、4 m、5 m 的 FCSMC 系列产品。旋流—静态微泡浮选柱由柱体、气泡发生器、煤浆循环泵、喷淋水装置等部分组成，其结构示意图如图 5 - 5 - 8 所示。

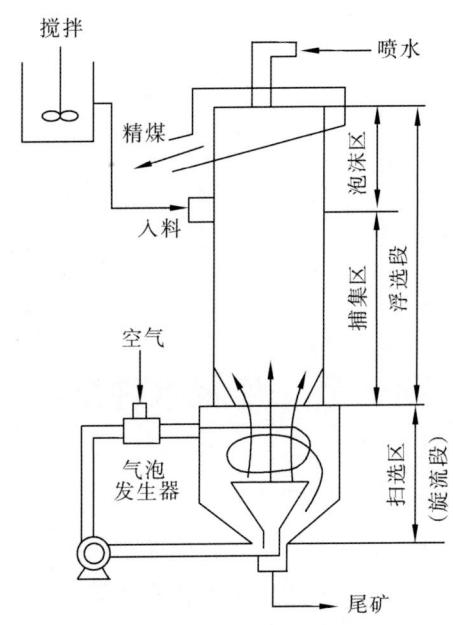

图 5 - 5 - 8　旋流—静态微泡浮选柱结构

第三节　浮选的特点

一、优点

　　（1）浮选是煤泥特别是细粒煤泥唯一有效的分选方法。
　　（2）浮选也是选煤厂洗水净化的有效方法之一。

二、缺点

　　（1）使用浮选药剂对洗水和周边环境易造成污染。
　　（2）浮选是基建投资高、生产成本高的分选方法。为此，粗煤泥宜优先考虑采用加工费相对较低的重力选煤方法分选，尽量减少去浮选的煤泥量。但是对于炼焦煤而言，回收大量浮选精煤仍然可以获得可观的经济效益，是不可或缺的分选环节。

第六章　煤泥水处理

选煤厂煤泥水处理是一个固液分离和固液回收的过程。煤泥水处理同选煤厂技术经济指标和环境保护有着密切的联系。

广义煤泥水处理包括入厂原煤泥制得不同含泥产品的全部工艺过程。它可以由未经分选的煤泥与水，已精选的煤泥与水和浮选尾煤等构成。选煤厂的煤泥水（特别是浮选尾煤水）一般具有水量大、浓度稀、固体颗粒细、水中含有药剂和盐类等特点。

煤泥水处理主要采用分级、脱泥、浓缩、澄清、浮选、过滤、压滤以及水质净化等作业。各作业的不同组合构成了不同的煤泥水处理系统。

第一节　煤泥水性质

煤泥水中因含有煤泥，所以它的性质和纯水不同。煤泥水的性质主要包括煤泥水的密度、黏度和化学组成等。煤泥水的性质与原煤中煤泥含量、次生煤泥量、煤泥中可溶物的种类和数量以及生产用水的性质有关，另外还与选煤厂工艺流程有关。在生产过程中，不同阶段的煤泥水具有不同的性质，煤泥水在流动过程中，本身的性质也在不断地变化。

第二节　水力分级

一、水力分级原理

水力分级是煤泥在水流中按其沉降速度的差别分成不同粒级的过程。水力分级可以是独立作业，也可以是辅助作业或准备作业。在选煤过程中，水力分级常作为浮选前的准备作业，去除入料中的粗煤泥。有时也作为辅助作业，从煤泥水中回收粗煤泥。选煤厂粗煤泥分级时，分级粒度一般为 0.3~0.5 mm。

水力分级是在水平、垂直或旋转水流中进行的。煤泥在煤泥水中的沉降速度应按干扰沉降速度公式计算。

煤粒在水中的自由沉降速度按斯托克斯公式求得：

$$v_0 = 54.5X \ (\delta - \Delta) \ d^2$$

式中 v_0——煤粒在水中的自由沉降速度，cm/s；

　　　d——煤粒的粒度，mm；

　　　X——煤粒的形状系数，一般取 0.7；

　　　δ——煤粒的密度，g/cm³；

　　　Δ——水的密度，1 g/cm³。

煤粒在煤泥水中的干扰沉降速度按下式计算：

$$v_{ST} = v_0 \ (1 - \lambda)^n$$

式中 v_0——煤粒在水中的自由沉降速度，cm/s；

　　　v_{ST}——煤粒在煤泥水中的干扰沉降速度，cm/s；

　　　n——实验指数，一般取 5~6；

　　　λ——给料煤泥水的固体容积分数（以小数表示）。

由式可知，煤泥在煤泥水中下沉的快慢取决于颗粒的密度、粒度和煤泥水的浓度。因为沉降速度和煤粒直径的平方成正比，所以煤泥的沉降速度主要取决于颗粒的尺寸。粒度大，下沉速度快；粒度小，下沉速度慢。

选煤厂煤泥水力分级大多是采用煤泥水流过宽阔的池面，在缓慢的水平水流中使粗煤泥沉降下来，细煤泥随水溢出。分级粒度的大小取决于煤泥在煤泥水中的下沉速度和煤泥水水平流速度。当沉淀面积一定时，给入的煤泥水量越多，水流速度越快，分级粒度就越粗。当给入的煤泥水量一定时，沉淀面积越大，水流速度越慢，分级粒度就越细。生产过程中分级粒度受沉淀面积和煤泥水量的影响最大。

二、水力分级设备

（一）角锥沉淀池

角锥沉淀池是用钢筋混凝土建造的上为方形、下为角锥形的池子。常在池子中间加上一段隔板，用于改变水流方向，以利煤泥沉淀。从池子一侧给入煤泥水，另一侧流出溢流水。在角锥的底部接有排放沉淀物的管子，这段管子上还接着清水管或压缩空气管，当管子堵塞时用以疏通。为了让沉淀物顺利沉淀到锥底，锥体要有很大的坡度（达65°）。池子的长度视建筑的跨度而定，一般在 5~7 m 之间。池子的数目根据所处理的煤泥水量决定，可以串联使用，也可以并联使用。串联使用时，入料端底流较粗，溢流端底流较细。

（二）斗子捞坑

捞坑是用混凝土或砖石建成的角锥形（或圆锥形）池子。池子里（有的在池子外）装有脱水斗式提升机。

将含有末精煤或粗煤泥的煤泥水注入坑中，下沉的精煤或粗煤泥被斗式提升机提出水面，带有细粒煤泥的煤泥水由坑边溢出。通常捞坑上部为 5~7 m 的方形，锥壁斜度约60°，池底为 2~3.5 m 矩形。

（三）水力旋流器

水力旋流器是利用离心力加速煤泥沉淀过程的煤泥分级装置。

　　旋流器的构造很简单，如图 5 – 6 – 1 所示。上部为圆柱体，下部为圆锥体。在圆柱体的中央插有溢流管，在圆锥体的底部开有排料口，进料管与圆柱体相切联结。煤泥水在一定压力下经进料管沿切线方向进入旋流器，在圆形筒壁的限制下做旋转运动。水流一方面旋转，一方面向下和中心移动，一般情况下旋流器的中心有一空气柱。移向旋流器中心的水流经溢流管排出，称为溢流；沿旋流器壁向下运动的水流经排料口排出，称为底流。

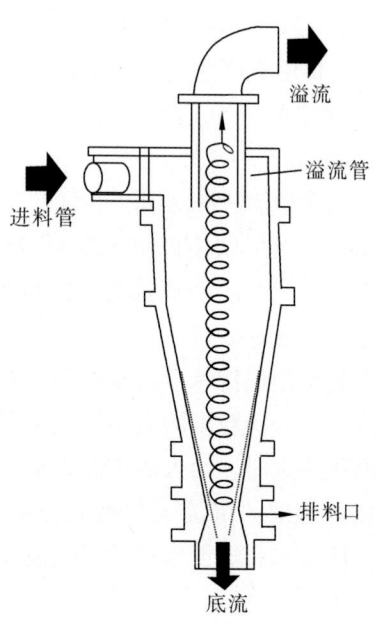

图 5 – 6 – 1　水力旋流器构造及原理

　　旋流器内任一点水流的运动可以分解为切向、经向和轴向三个相互垂直的方向。水流中颗粒在切向和轴向的运动速度可以认为等于该处的水流速度（重力忽略不计），即随水流一同运动。在径向如果颗粒受到的离心力大于水流的曳力，它就沿径向向旋流器壁运动进入底流；如果曳力大于离心力，颗粒进入溢流。粗颗粒所受的离心力比细颗粒大，所以粗颗粒被抛向器壁，并逐渐向下流动由底流口排出；细颗粒随向心水流经溢流管排出。对于某一确定的颗粒，受到的离心力和曳力取决于水流的切向流速和径向流速，即给料压力和给料量。

　　水力旋流器由于构造简单，便于制造，处理量大，没有运动部件，所以获得广泛使用。

第三节　浓缩澄清

一、工作原理

浓缩澄清是将煤泥水分离成澄清水和稠煤浆的过程。

图 5-6-2 表示在连续生产的浓缩机中的浓缩过程。需浓缩的煤泥水送入圆筒形容器中央的自由沉降区 B，下面是过渡区 C，再下是压缩区 D，底层为耙子运动的锥形表面区 E。在 B 区上面是澄清区 A，澄清水流入环形槽中，作为液流（循环水）排出。

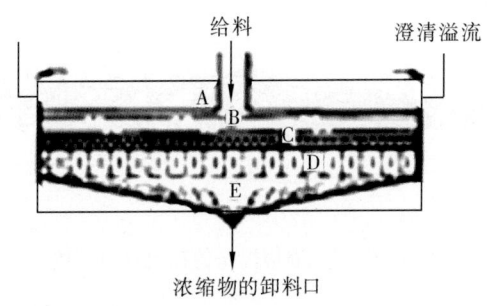

图 5-6-2　浓缩机的浓缩过程

对于一定的入料，浓缩机溢流的澄清度和底流的浓度与它在浓缩机中停留的时间有关。显然，入料停留的时间越长，溢流越清，底流越浓。

选煤厂的浓缩作业兼具煤泥浓缩和洗水澄清两种作用，以得到稠煤浆，回收煤泥，澄清水循环使用。当然，随着浓缩设备在工艺流程中的位置不同，在操作控制上有所差别。如尾煤及原煤煤泥水的浓缩，其溢流作为循环水，底流去过滤或压滤，要求溢流浓度愈低愈好，底流浓度愈高愈好；而对底流去浮选的煤泥浓缩，则要求溢流的浓度愈低愈好，底流的浓度符合浮选入料要求即可。在一般工作条件下，浓缩机入料中煤泥粒度应小于 0.5 mm，溢流中煤泥粒度应小于 0.1 mm。

二、浓缩澄清设备

（一）耙式浓缩机

耙式浓缩机是选煤厂广泛使用的澄清浓缩设备。它由一个上为圆筒形、下为圆锥形（坡度一般为 6°~9°）的池子和一个将沉淀物收集到底流口的运输耙组成。

除小型浓缩机池体用铁板焊制外，一般都用钢筋混凝土建造。小型浓缩机为中央传动，大型为周边传动。图 5-6-3 是周边齿条传动耙式浓缩机。支架 4 固定在钢筋混凝土支柱 2 上，耙架 1 的一端与支架固定，另一端与传动架 6 相连接，并通过传动机构上的辊轮 7 支承在轨道 8 上，轨道和齿条 9 装在池体的边缘上。电动机 5 经减速装置使传动齿轮 10 沿齿条绕池体回转，从而带动耙架做圆周运动。为方便检修，支架 4 与池壁之间设检修平台3。物料由进料槽通过支架流入浓缩池。在向周边流动的过程中，煤泥逐渐下沉。稠煤浆聚集在池底，用渣浆泵从底流口排出，作为浓缩产物。池面的澄清水自溢流槽11流走，作为循环水。

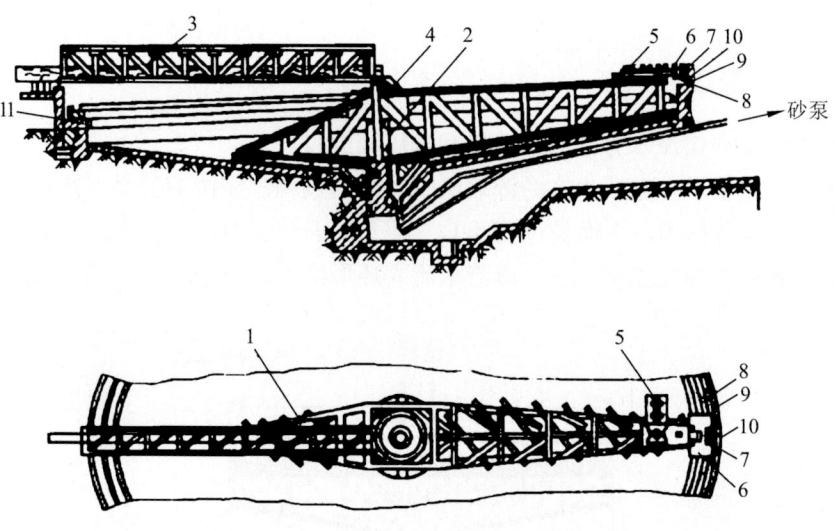

图 5 - 6 - 3　周边齿条传动耙式浓缩机

耙式浓缩机还有周边辊轮传动的，其结构与周边齿条传动式相似。不过这种浓缩机没有齿条，电动机直接带动辊轮在轨道上运行使耙架转动，齿条传动不会打滑，所以比辊轮传动工作可靠。为了防止耙架阻力增大时发生事故，通常使用热继电器保护电动机。

近来有些耙式浓缩机把铁辊轮改为橡胶辊轮，直接放在混凝土池体边缘上滚动，取消了轨道，橡胶轮与混凝土之间不易打滑，工作可靠。

（二）高效浓缩机

高效浓缩机与普通耙式浓缩机的主要区别在于入料方式不同。普通浓缩机入料方式是煤泥水从池中心直接给入，由于水流速度很大，煤泥不能充分沉淀，部分沉淀的煤泥层会受到液流的冲击而遭到破坏。

高效浓缩机入料方式是煤泥水直接给到浓缩机布料筒液面下一定深处，当煤泥水由布料筒流出时，成辐射状水平流，流速变缓，有助于煤泥颗粒沉降，提高了沉降效果。另外，煤泥水由布料筒底部流出，缩短了煤泥沉降至池底的距离，增加了煤泥上浮进入溢流的阻力，从而使大部分煤泥进入池底。在相同的条件下，高效浓缩机的处理能力比普通浓缩机的处理能力约提高3倍。

（三）深锥浓缩机

深锥浓缩机为上部圆筒形、下部圆锥形的机体。顾名思义，其锥体较深。深锥浓缩机的工作原理如图5 - 6 - 4所示，在添加絮凝剂的条件下，浮选尾煤送入下部带锥形分配口的入料筒。煤泥水中的大部分水在浓缩机圆筒部分的澄清区内流向周边溢出，小部分在絮团沉降区内形成小涡流。在机体的圆锥部分即压缩区内，沉淀物在重力作用下进行压缩，由底流口放出或用泵抽出。深锥浓缩机直径6～10 m，圆筒部分高6～7 m，圆锥部分高 7 ~ 8 m。

　　深锥浓缩机锥体较浓，沉淀物在锥体底部承受大的重力压缩作用，使底流的固体含量很高。根据尾煤特性和底流排料量的不同，底流固体含量在 200 ~ 800 g/L 之间。如对絮凝后的沉淀物施加轻微搅拌，其压缩程度会更高，所以有的深锥浓缩机在锥体部分装有搅拌装置，以利于沉淀物继续脱水。

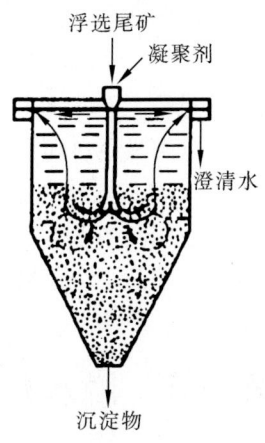

浮选尾矿
凝聚剂
澄清水
沉淀物

图 5 - 6 - 4　深锥浓缩机

三、煤泥絮凝

　　絮凝是指液体中分散的细颗粒聚成较大絮团的过程，起絮凝作用的物质叫做絮凝剂。絮凝作用是絮凝剂分子长链上活性基团与很多颗粒表面吸附，从而使颗粒迅速聚集成絮团。絮凝剂在选煤厂的主要用途：加速微细颗粒煤泥在煤泥水中的沉降过程，提高澄清浓缩设备固液分离效率；作为助滤剂提高过滤设备的工作指标；深锥浓缩机、高效浓缩机等新型设备必须与适当的絮凝剂配合使用才能正常工作。选煤厂常用的絮凝剂为聚丙烯酰胺。

第七章　产品脱水与干燥

脱水和干燥是固体和液体分离的过程。绝大多数选煤厂分选过程是在水中进行的，因而选煤产品在出厂前需进行脱水，以满足用户和运输要求。我国现行产品目录规定精煤水分一般不超过13%，个别用户煤、出口煤和高寒地区湿煤冬运要求精煤水分在8%以下。水是煤中的杂质，不仅对用户使用和冬季运输有害，而且占用货运量，浪费运输能力，增加运费。因此，选煤厂的出厂产品必须尽量降低水分。

第一节　脱水方法

一、脱水方法

脱水方法可大致分为重力脱水、离心脱水、过滤脱水、压滤脱水和干燥脱水。

（1）重力脱水。利用重力作用泄水的过程。脱水设备有脱水斗式提升机、脱水筛。

（2）离心脱水。利用离心力作用脱水的过程。脱水设备有各式离心脱水机。

（3）过滤脱水。利用真空抽吸或空气加压使煤泥脱水的过程。脱水设备有真空过滤机、加压过滤机。

（4）压滤脱水。利用挤压作用使煤泥脱水的过程。脱水设备有压滤机。

（5）干燥脱水。利用热力蒸发脱水的过程。脱水设备有火力干燥机。

二、典型脱水系统

煤的脱水是根据产品性质（主要是粒度）和所要求的水分分阶段进行的。选煤厂典型的脱水系统如下：

（1）块精煤：脱水筛。

（2）末精煤：脱水筛—离心脱水机—干燥机（高寒地区或特殊要求）。

（3）中煤和矸石：脱水斗式提升机（如果需要，末中煤也用脱水筛及离心脱水机。）

（4）粗煤泥：（沉淀池—）脱水筛—离心脱水机—干燥机（高寒地区或特殊要求）。

（5）浮选精煤：（浓缩机—）压滤机、加压过滤机—干燥机（高寒地区或特殊要求）。

（6）煤泥或尾煤：（浓缩机—）压滤机、沉降（或沉降过滤）式离心脱水机。

第二节　筛分脱水

筛分脱水是在筛面上利用水本身的重力或水流的离心力通过筛孔泄水的过程。一般分级用的筛分机均可用来脱水,如固定筛、振动筛、弧形筛等。脱水筛是选煤厂使用最广泛的脱水设备,除用作脱水外,还用作脱介和脱泥。

固定筛和弧形筛安装在脱水筛之前,用于产品的预先脱水。筛缝尺寸一般为 0.5 ~ 1 mm。在脱水筛上,为了洗涤附在煤粒上的高灰细泥,常用 0.15 MPa 左右的清水冲洗。喷水管设在筛面中部,一般为两排,保证整个筛面宽度都受到水的喷射。每吨入料的喷水量:块精煤约 0.25 m³;末精煤约 0.3 m³;煤泥 0.8 ~ 1.0 m³。选煤厂一般采用清水或澄清水作为喷水。脱水筛的产品水分一般为块精煤 7% ~ 9%;末精煤 15% ~ 18%;中煤 14% ~ 16%;煤泥 24% ~ 26%。表 5 - 7 - 1 所列为脱水筛处理能力及筛上物水分。

表 5 - 7 - 1　　　　　　　脱水筛、脱泥筛处理能力及筛上物水分

筛孔尺寸 (mm)	参数	指标		
		精煤脱水、分级	末精煤脱水、脱泥	粗粒煤泥脱水
13	处理能力/t · m⁻² · h⁻¹	14 ~ 20	—	—
	筛上物水分 M_f/%	8 ~ 10	—	—
1.0	处理能力/t · m⁻² · h⁻¹	—	9 ~ 15	—
	筛上物水分 M_f/%	—	12 ~ 15	—
0.5	处理能力/t · m⁻² · h⁻¹	—	6 ~ 10	3 ~ 5
	筛上物水分 M_f/%	—	13 ~ 18	18 ~ 23
0.35	处理能力/t · m⁻² · h⁻¹	—	—	1.5 ~ 2.5
	筛上物水分 M_f/%	—	—	23 ~ 28

筛分机的脱水效果,除与筛子的性能有关外,还与给料方式、给料量、筛面结构有很大关系。

给入筛子的原料要沿整个筛面宽度均匀分布,以充分利用筛面的有效面积。脱水筛筛上物集中于中心线附近,或靠筛箱两侧,可能是筛面固定不紧或给料槽安装角度不合适,必须及时调整。亦可在筛面上装置平煤刮板,把煤摊平。

筛子单位面积负荷过大、物料层太厚也会使产品的脱水效率降低,水分增高。给料忽多忽少,会使产品水分波动。

筛板为脱水筛的工作面,磨损较快,引起筛缝增大或局部损坏,安装不严密也会出现缝隙,使筛子漏煤,降低脱水效率。因此,应经常检查筛面和筛下水的情况,及时维修。

筛面的形式和有效筛分面积也大大影响精煤的分级和脱水效果。编织不锈钢条缝筛板和焊接不锈钢条缝筛板的有效筛分面积比一般的穿条不锈钢条缝筛板大,脱水和分级效果好,且重量轻、材料消耗少。

第三节　离心脱水

用离心力来分离固体和液体的过程称为离心脱水。离心脱水可以采用两种不同的原理：离心过滤和离心沉降。

离心过滤是把所处理的含水物料加在旋转的锥形筛面上，由于离心力的作用，固体紧贴在筛面上随转子旋转，液体则通过物料间隙和筛缝甩出。离心过滤主要用于末煤脱水。

离心沉降是把煤泥水加在筒形（或锥形）转子中，由于离心力的作用，固体在液体中沉降，沉降后的物料进一步受到离心力的挤压，挤出其中水分。离心沉降多用于煤泥脱水。

过滤式离心脱水机按筛篮安装方式可分为立式和卧式，按卸料方式可分为刮刀卸料和振动卸料 2 种。沉降式离心脱水机只有螺旋卸料一种。沉降过滤式离心脱水机，是一种既有离心沉降又有离心过滤的脱水设备。

一、立式刮刀卸料离心脱水机

图 5 – 7 – 1 为 LL – 9 型刮刀卸料离心脱水机。它的主要部件是筛篮、刮刀转子、给料分配盘、传动系统和润滑系统。

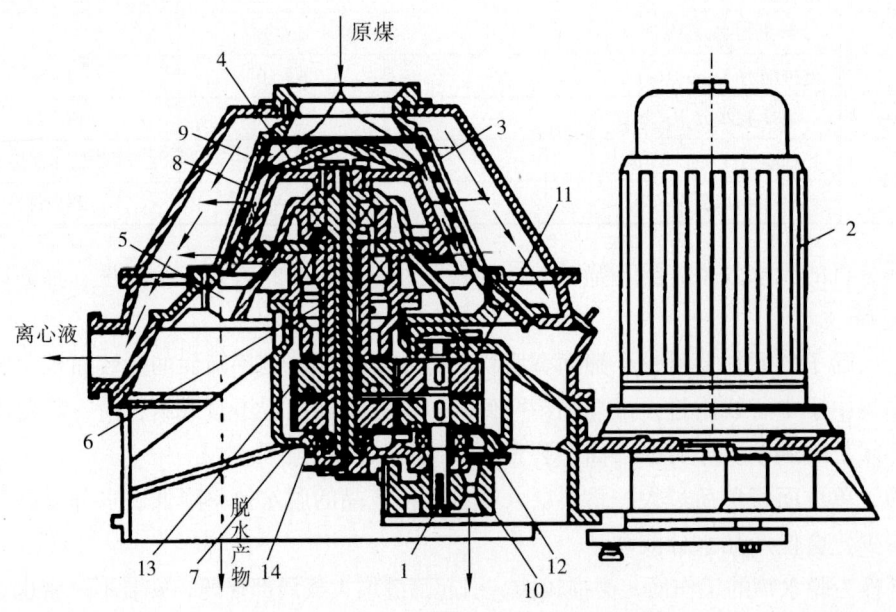

图 5 – 7 – 1　LL – 9 型刮刀卸料离心脱水机

1—中间轴；2—电动机；3—筛篮；4—给料分配盘；5—钟形罩；6—空心套轴；7—垂直心轴；8—转子；
9—筛网；10—胶带轮；11、12、13、14—斜齿轮

脱水过程：给到分配盘上的入料煤被甩到筛篮和刮刀转子的间隙中，煤在离心力场中受到离心力的作用而互相挤压，在筛网内壁形成具有大量孔隙的物料层。这时，煤粒空隙间的水及附着的煤粒表面的水，透过物料层和筛网的筛缝，集中到机体下部的两个半圆形溜槽中排出机外，叫做离心液。脱除水分的煤（即筛网内壁的物料层）被转子上的刮刀刮到漏斗中。

二、卧式振动卸料离心脱水机

图5-7-2为卧式振动卸料离心脱水机的构造图。

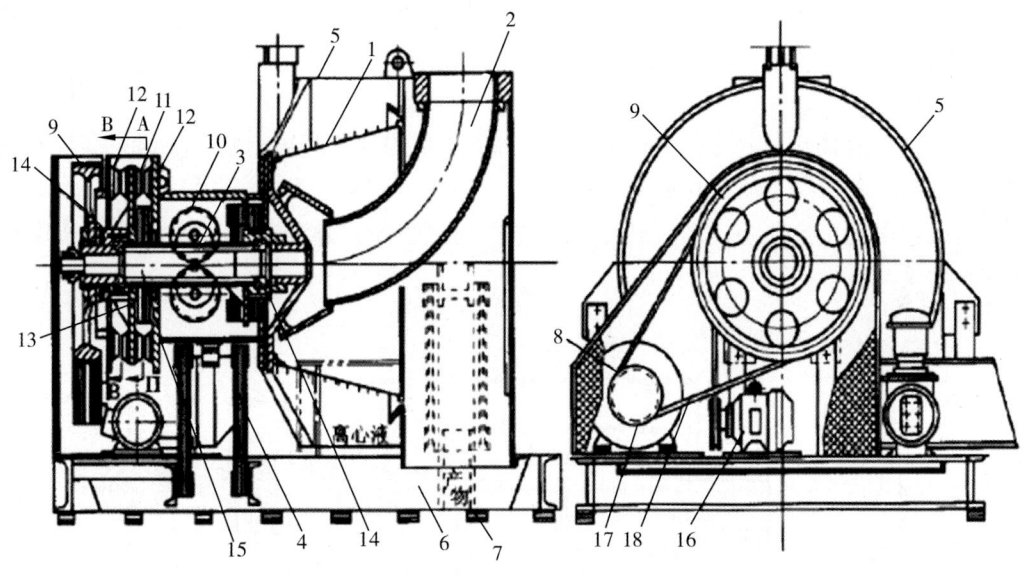

图5-7-2　WZL-1000型卧式振动卸料离心脱水机

1—筛篮；2—给料管；3—主轴套；4—长板弹簧；5—机壳；6—机架；7—橡胶弹簧；8—主电动机；9—胶带轮；10—偏心轮；11—缓冲橡胶弹簧；12—冲击板；13—短板弹簧；14—轴承；15—主轴；16—激振用电动机；17—胶带轮；18—三角胶带

筛篮1由主电机8通过胶带轮17、9及三角胶带18带动回转。激振用的电动机16经胶带传动，并通过一对齿轮使装在机壳5上的4个偏心轮（不平衡重块）10，做相对同步回转，从而使机壳产生轴向振动（原理同直线振动筛）。机壳的振动通过冲击板12、缓冲橡胶弹簧11、短板弹簧13传到主轴套3和轴承座，并通过轴承14传给主轴15和筛篮1，使筛篮产生轴向振动。物料由给料管2给入筛篮，并在离心力和轴向振动力的综合作用下均匀地向前移动。脱水后的物料从筛篮前面落入卸料室，并由此进入机器底部的排料槽中；离心液由机壳收集，经排料室排出。机壳5安装在长板弹簧4上，长板弹簧又固定在机架6上，机架下面设置隔振橡胶弹簧7，以消除离心脱水机工作时传给地面上的振动。

三、沉降式离心脱水机

沉降式离心脱水机是利用离心力使煤泥水中的固体沉降脱水，并用螺旋刮刀进行卸料的一种脱水机。各类过滤式离心脱水机的入料都要经过预先脱水，而且滤液携带的固体物很多。沉降式离心机可以处理含水量大的矿浆，在脱水的同时还进行煤泥水的澄清。这种设备要求给料均匀、浓度稳定，停车之前必须先停给料，并给入清水，经清洗后方能停车。由于产品水分高、维护量大、运转可靠性差，选煤厂较少采用此种设备。

四、沉降过滤式离心脱水机

沉降过滤式离心脱水机是兼有离心沉降和离心过滤两种作用的脱水设备。

图 5 - 7 - 3 为 WLG 型沉降过滤式离心脱水机。转鼓由圆柱—圆锥—圆柱 3 段焊接组成，转鼓大端为溢流端，端面上开有 4 个溢流口，并装有调节溢流口高度的挡板。大圆筒和圆锥由钢板制作，为沉降区；小圆筒由筛板制作，为脱水区。转鼓小端开有产品排料口。

螺旋转子的轴颈与围绕在螺旋转子轴壳外部的螺旋叶片两端相接。轴颈一端与减速器相连，另一端为空心轴，并装有入料管。

转鼓由电机直接带动，螺旋转子则由电机通过齿轮减速器带动，两者旋转速度相差 2% 。

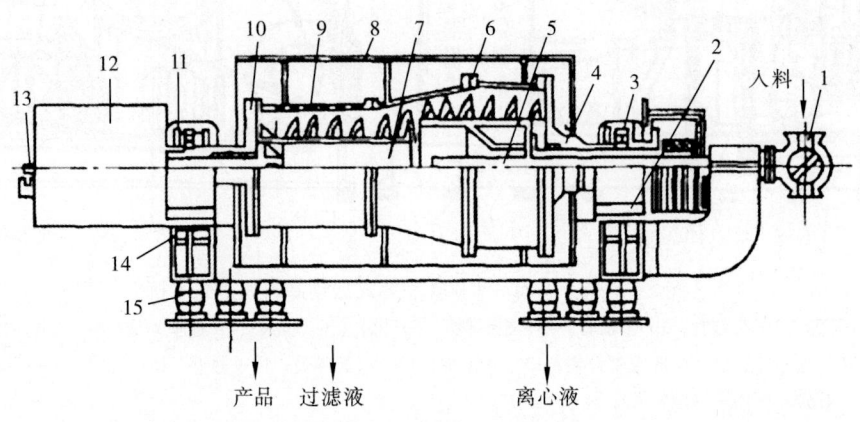

图 5 - 7 - 3　WLG 型沉降过滤式离心脱水机

1—三通蝶阀；2—传动装置；3—右轴承座；4—右端枢轴；5—入料管；6—转鼓；7—螺旋转子；8—机壳；9—筛板；10—右端枢轴；11—左轴承座；12—行星齿轮差速器；13—机械保险；14—机架；15—隔振胶垫

矿浆经入料管给入离心脱水机转鼓锥段中部，依靠转鼓高速旋转产生的离心力，使固体在沉降区进行沉降，脱除大部分水分。沉降至转鼓内壁的物料被螺旋叶片推到筛板过滤脱水区进一步脱水。脱水后的物料经排料口排出。由溢流口排出的溢流，含有少量微细颗粒，需另作处理；由过滤段排出的离心液，通常固体含量较高，需返回到入料。

影响该类型离心脱水机脱水效果的因素，除鼓体结构和离心强度外，主要是入料粒度组成和处理量。如果入料中小于 0.045 mm 粒度含量大于 40% 时，不宜采用该设备。

各种形式离心机处理能力及产品水分见表 5 - 7 - 2 ~ 5 - 7 - 4 。

表 5 - 7 - 2　　　　　　　　离心机处理能力及产品水分

设备类型	规格/mm	入料粒级/mm	处理能力/t·h^{-1}	产品水分 M_f/%
立式刮刀卸料	ϕ700	0.5~13	30~50	5~7
	ϕ900	0.5~13	50~70	5~7
	ϕ1 000	0.5~25	70~100	5~7
	ϕ1 150	0.5~25	100~150	5~7
卧式振动	ϕ1 000	0.5~25	60~100	6~8
	ϕ1 200	0.5~13	140~160	6~8
		0.5~50	160~180	5~7
	ϕ1 400	0.5~13	180~200	6~8
		0.5~50	200~240	5~7

表 5 - 7 - 3　　　沉降过滤式、沉降离心式脱水机处理能力及产品水分

设备规格	处理物料	入料浓度/%	处理能力/t·h^{-1}	产品水分 M_f/%
ϕ900×1 800	<1 mm 煤泥	25~35	5~10	15~24
ϕ900×2 400	<1 mm 煤泥	25~35	7~12	15~24
ϕ1 100×2 500	<1 mm 煤泥	25~35	13~15	15~24
ϕ1 100×3 400	<1 mm 煤泥	25~35	20~25	15~24
ϕ1 400×1 800	<1 mm 煤泥	25~35	25~30	15~24
ϕ1 800×4 000	<1 mm 煤泥	25~35	40~50	14~20

表 5 - 7 - 4　　　　　　煤泥离心机处理能力及产品水分

设备规格	处理物料	入料浓度/%	处理能力/t·h^{-1}	产品水分 M_f/%
ϕ700	<3 mm 煤泥	>35	8~13	15~22
ϕ900	<3 mm 煤泥	>35	13~20	15~22
ϕ1 000	<3 mm 煤泥	>35	20~30	15~22
ϕ1 200	<3 mm 煤泥	>35	30~50	15~22

第四节　过滤脱水

选煤厂用过滤机主要用于浮选精煤的脱水，类型主要有圆盘真空过滤机及圆盘加压过滤机。圆盘真空过滤机由于附属设备多、能耗大、产品水分高等原因，已很少在选煤厂使用。圆盘加压过滤机是近年来出现的新型脱水设备，它不仅具有优良的技术性能，而且是融合多项专利技术实现集中控制、自动调整的高新技术产品。其特点是连续工作、处理量大、产品水分低、电耗低，结构如图 5 - 7 - 4 所示。

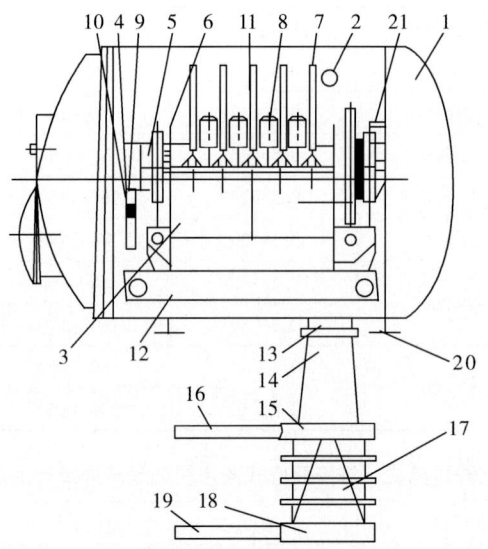

图 5 - 7 - 4　圆盘加压过滤机

1—加压仓；2—视镜；3—过滤机；4—反吹；5—轴承座；6—主轴；7—滤盘；8—搅拌器；9—分配头；10—滤液管；11—卸料刮刀；12—刮板机；13—法兰；14—密封排料阀上仓；15—密封排料阀上闸板；16—密封排料阀上油缸；17—密封排料阀下仓；18—密封排料阀下闸板；19—密封排料阀下油缸；20—加压仓鞍座；21—主轴电机

圆盘式加压过滤机是将一台特制的盘式过滤机装入一个卧式压力容器中，工作时向压力容器内充以 0.3 MPa 左右的压缩空气，盘式过滤机在此压力下进行过滤、脱水和卸料等工序，滤饼卸落后由压力容器内的刮板运输机集中运往密封排料阀。该阀由上下两仓组成，两仓交替工作，每仓都有独立的密封装置和排料闸板，整个生产过程都是在密闭的压力容器中进行，控制点多。全机采用了自动调节和自动控制系统。

除了主机以外，尚有液压系统、高压风机、低压风机、给料泵、各种风动、电动闸门及给料机和运输机等辅助设备。

第五节　压滤脱水

厢式压滤脱水（简称压滤脱水）是借助泵或压缩空气，将固、液两相构成的矿浆在压力差的作用下，通过过滤介质（滤布）而实现固液分离的一种脱水方法。压滤机在选煤厂中主要用于浮选尾煤和煤泥的脱水。

厢式压滤机一般由固定尾板、活动头板、滤板、主梁、液压缸体和滤板移动装置等几部分组成。固定尾板和液压缸体固定在两根平行主梁的两端，活动头板与液压缸体中的活塞杆连接在一起，并可在主梁上滑行。其结构如图 5 - 7 - 5 所示。

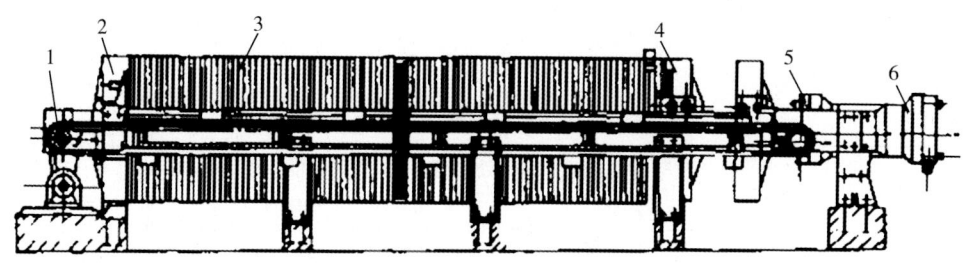

图 5 - 7 - 5　厢式压滤机结构
1—滤板移动装置；2—固定尾板；3—滤板；4—活动头板；5—主梁；6—液压系统

压滤机的工作原理如图 5 - 7 - 6 所示。当压滤机工作时，由于液压油缸的作用，将所有滤板压紧在活动头板和固定尾板之间，使相邻滤板之间构成滤室，周围是密封的。矿浆由固定尾板的人料孔以一定压力给入。在所有滤室充满矿浆后，压滤过程开始，矿浆借助给料泵给入矿浆的压力进行固液分离。固体颗粒由于滤布的阻挡留在滤室内，滤液经滤布沿滤板上的泄水沟排出。经过一段时间以后，滤液不再流出，即完成脱水过程。此时，可停止给料，通过液压操作系统调节，将头板退回到原来的位置，滤板移动装置将滤板相继拉开。滤饼依靠自重脱落，并由设在下部的皮带运走。为了防止滤布孔眼堵塞，影响过滤效果，卸饼后滤布需清洗。至此，完成了整个压滤过程。

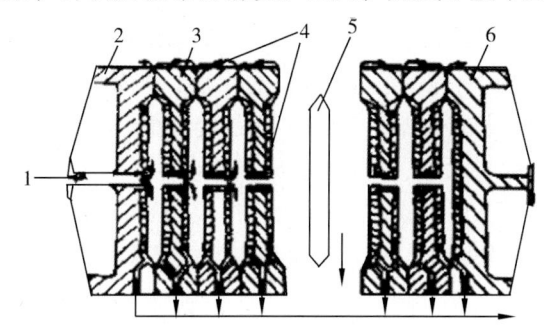

图 5 - 7 - 6　压滤机工作原理
1—矿浆入口；2—固定尾板；3—滤板；4—滤布；5—滤饼；6—活动头板

快开式隔膜压滤机是针对浮选精煤脱水难而开发的一种新型压滤机。是在传统厢式压滤机的基础上改进而成。其结构与传统压滤机相似，但压滤工艺不同。

（1）改进压滤机结构，增加脱水功能，即在精煤压滤机上能同时实现高压流体进料初次过滤脱水、滤饼二次挤压压榨脱水与压缩空气强气流风吹滤饼二次脱水，强化物料脱水。

（2）解决因浮选精矿浓度低（一般 160 ~ 250 g/L）且含有大量泡沫，易产生气蚀现象问题，即解决泡沫矿浆的泵压困难问题，最大限度地降低动力消耗。

（3）克服传统尾矿压滤机因机型大、单块滤饼体积大、不易破碎、单循环时间长、间断集中装卸而难以保证总精煤质量均匀和产生运输事故的缺点，即要求压滤速度快。

（4）降低精煤水分，提高滤饼脱落效果。

（5）产生可以直接进入循环水系统的低浓度滤液。

过滤机、压滤机处理能力及产品水分见表 5-7-5。

表 5-7-5　　　　　　　　过滤机、压滤机处理能力及产品水分

设备名称	处理物料	入料浓度/ /g·L⁻¹	处理能力/ t·m⁻²·h⁻³	产品水分 M_f/%	工作压力/ MPa
真空过滤机	精煤、中煤	250~350	0.15~0.3	22~26	-0.03~-0.05
	煤泥	350~500	0.1~0.2	24~28	-0.03~-0.05
加压过滤机	精煤	200~250	0.4~0.8	16~18	0.35~0.5
	煤泥	350~500	0.3~0.6	18~22	0.35~0.5
箱式压滤机	尾煤	350~500	0.01~0.02	22~26	-0.25~0.35
	煤泥	350~500	0.02~0.03	20~24	0.25~0.35
快开式隔膜 压滤机	精煤	200~250	0.05~0.07	18~23	0.5~0.7
	煤泥	350~500	0.03~0.06	20~24	0.5~0.7

第六节　煤的干燥

干燥脱水是利用热能降低煤中水分的过程，即利用热能将煤中水分蒸发进行脱水。

选煤厂 13 mm 以上的块精煤经过筛分机脱水后，产品水分一般为 6%~8%；13~0.5 mm 的末精煤经过离心机脱水后，产品水分一般为 6%~10%；浮选精煤经过加压过滤机或快开式隔膜压滤机脱水后，产品水分一般为 24%~28%。块精煤和末精煤经过机械脱水，产品水分基本上可以满足冬运和用户水分 8%~9% 的要求；但浮选精煤经过机械脱水不仅达不到水分要求，而且与块精煤及末精煤混合后，往往使总精煤的水分超过规定。为了满足用户要求，节约运输能力，特别是防止冬运冻结，选煤厂还需设置干燥车间，利用热能进行脱水。

干燥设备类型较多，国内目前大多使用的是滚筒式干燥机。

一、机体结构

图 5-7-7 为 NXG 型滚筒式干燥机内部结构。筒体内沿轴线分为 6 分区间：第一区间装有大倾角（与轴线成 60°角导料板），该区是高温区（600~800℃），为减少散热损失和设备因高温而引起的变形，故将筒壁做成双层结构；第二区间装有倾斜扬料板或称提料板；第三区间装有活动箅条式翼板；第四区间装有带清扫装置的圆弧形扬料板；第五区间装有带清扫装置的圆弧形箅条式扬料板；第六区间为无扬料板区，长约 1 m，控制粉尘飞扬。

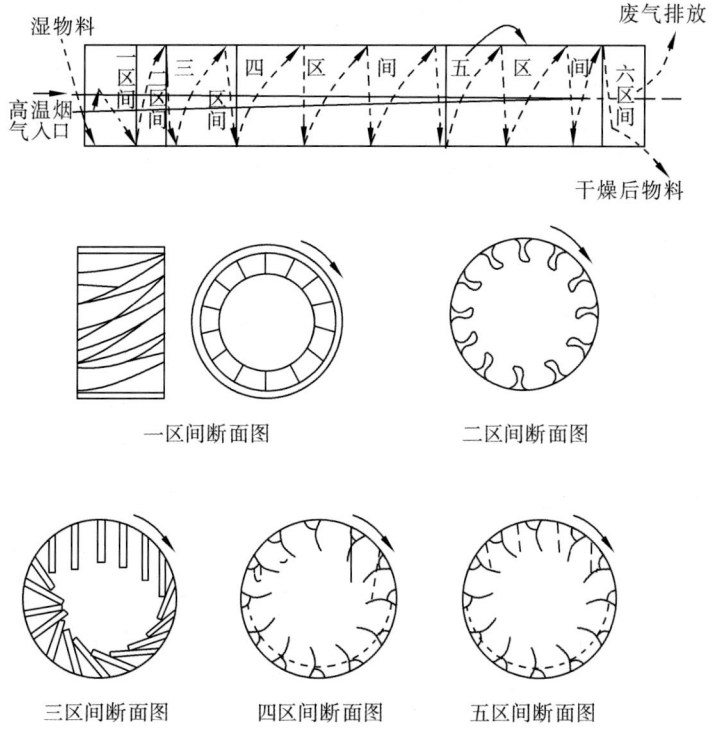

图 5 – 7 – 7　NXG 型滚筒式干燥机内部结构

二、干燥系统

滚筒式干燥机的干燥系统包括湿煤干燥系统和燃烧系统，如图 5 – 7 – 8 所示。

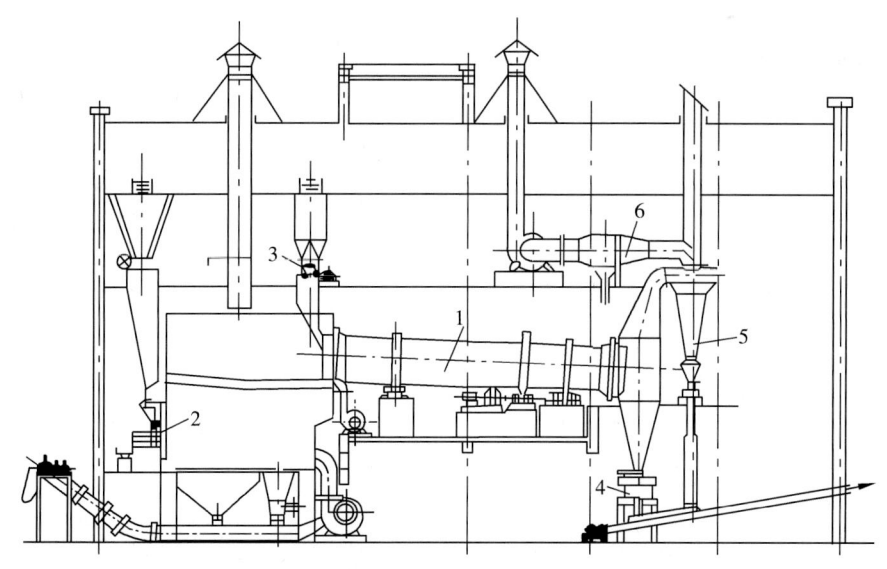

图 5 – 7 – 8　干燥设备系统

1—NXG 干燥机；2—自动燃烧炉；3—给料机；4—排料机；5——次除尘器；6—二次除尘器

　　湿煤干燥系统：湿煤由给料机送至干燥机，干燥后经排料机送到煤仓或外运。烟气带走的粉尘由一次除尘器收集后经双层锁气器送至排料输送机。

　　燃烧系统：燃料配煤后送到燃烧炉，燃烧烟气经烟道送到干燥机；燃烧后的炉渣破碎后与炉下灰渣由水封刮板运输机运走；干燥机排出的废气经一次除尘器和二次高效湿式过滤除尘器，除尘净化后的废气排放到大气，洗尘去煤泥水系统。

　　影响滚筒式干燥机干燥效果的因素主要有：入料粒度和水分、滚筒倾角、滚筒转数、热烟气温度等。通常煤泥经干燥后，一般水分可降至 8% ~ 12%。

第八章 干法选煤技术

在我国占可采储量2/3以上的煤炭地处陕西、内蒙古西部和宁夏等严重缺水地区，因而无法大量采用现在耗水量较大的湿法选煤方法来提高煤质。我国自行研制的气—固两相流空气重介质流化床选煤技术及复合式干法分选机，能较好地满足干旱缺水地区和易泥化煤炭的分选要求。

第一节 空气重介流化床干法分选技术

一、分选原理

空气重介流化床干法分选技术以空气和加重质形成的具有似流体性质和一定密度的流化床层为分选介质，床层密度与分选密度相当，类似于湿法重介质选煤，且分选精度与湿法重介质选煤相当。依据阿基米德原理使入选物料在流化床层内按密度分层，精煤上浮，矸石下沉。而后，轻、重物料经分离、脱介获得精煤和尾煤两种产品。

二、分选设备

我国研制的空气重介流化床干法分选机是物料完成干法入选、分离的主要设备。其结构如图5-8-1所示。

空气重介流化床干法分选机由空气室、气体分布器、分选室和产品输送刮板装置组成。物料在分选机中的分选过程是：经筛分后的50~6 mm块状物料与加重质分别进入分选机，来自风包的具有一定速度的有压气体经底部空气室通过气体分布器后均匀作用于加重质而发生流化作用，在一定的工艺条件下形成具有一定密度的均匀稳定的气—固两相流化床。物料在流化床中按密度分层，小于床层密度的物料上浮，为浮物，大于床层密度的物料下沉，为沉物。分层后的物料分别由低速运行的无极链刮板输送装置逆向运输，浮物即精煤从右端排料口排出，沉物即矸石从左端排料口排出。分选机下部各风室与供风系统连接，设有风压与各室风量调节及指示装置。分选机上部与引风除尘系统相连，设计引风量大于供风量，以造成分选机内部呈负压状态，可有效防止粉尘外逸。

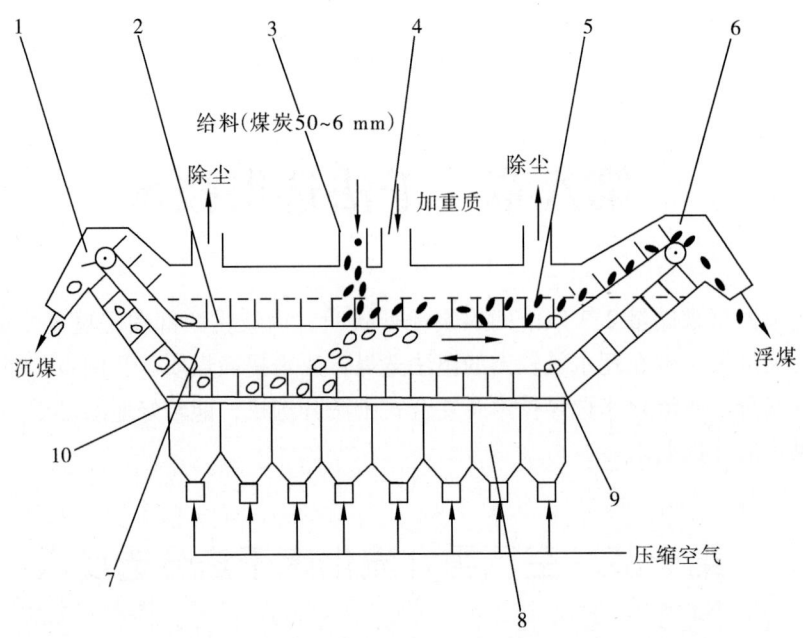

图 5 - 8 - 1　空气重介质流化床干法分选机

1—排矸端；2—集尘口；3—原煤入口；4—介质入口；5—刮板机；6—排煤端；7—流化床；8—空气室；9—压链板；10—分布器

三、空气重介质流化床干法选煤工艺系统及效果

空气重介流化床分选系统主要由原煤准备、筛分、重介分选、产品脱介及介质净化回收、供风除尘等部分组成。

空气重介流化床分选机的适宜入料粒级为 50 ~ 6 mm 级粗粒煤，可能偏差 Ep 值为 0.05 ~ 0.08，分选效率大于 95%，介质损耗小于 0.5 kg/t 煤。

第二节　复合式干法分选技术

一、分选原理

复合式干选分选技术采用自生介质（入选原煤中所含细粒煤）与空气组成气固两相混合介质分选；借助机械振动使分选物料做螺旋翻转运动，形成多次分选；充分利用逐渐提高的床层密度所产生的颗粒相互作用的浮力效应而进行分选。该技术综合了传统的风选和空气重介流化床分选的一些原理。

二、分选设备

复合式干法选机结构示意如图 5 - 8 - 2 所示。

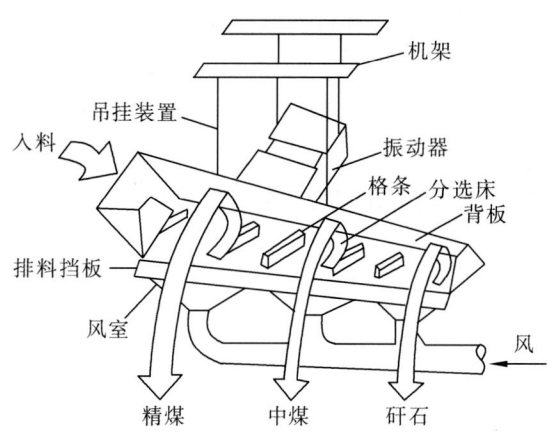

图 5 - 8 - 2　复合式干法分选机

复合式干法分选机由分选床、振动器、风室、机架和吊挂装置等组成。

分选床由床面、背板、格条、排料挡板组成。床面下有可控制风量的风室，由离心通风机供风，气流通过床面上的风孔作用于分选物料。由吊挂装置将分选床、振动器悬挂在机架上，可任意调节分选床的纵向和横向角度。

其作用原理如下：入选物料由给料机送到给料口，进入具有一定纵向及横向坡度的分选床，在床面上形成具有一定厚度的物料床层。床层底层物料受振动惯性作用向背板运动，由背板引导物料向上翻动。密度较低的煤翻动到上层，在重力作用下沿床层表面下滑。由于振动力和连续进入分选床的物料的压力使不断翻转的物料形成螺旋运动并向矸石端移动。因床面宽度逐渐减缩，密度低的煤从表面下滑，通过排料挡板使最下层煤不断排出，而密度较高的矸石、黄铁矿等则逐渐集中到矸石端排出。床面上均匀分布有若干风孔，使床层充分松散。物料在每一循环运动周期都将受到一次分选作用。经过多次分选后可以得到灰分由低到高的多种产品。

三、复合式干法选煤工艺系统及效果

（1）复合式干法选煤系统包括给料部分（缓冲仓、振动给料机）、分选部分（干选机、接料槽、机架、工作平台）、供风除尘部分（离心通风机、吸尘罩、旋风除尘器、袋式除尘器、引风机、风管、风门等）、电气控制部分（降压启动柜、设备控制柜）等。

（2）复合式干法选煤技术主要特点：

①复合式干选机采用入选原煤中所含细粒煤（自生介质）与空气组成气—固两相混合介质分选，而不是单以空气做分选介质，因此分选物料粒度范围宽可达到 80 ~ 0 mm，而传统风选只能分选较窄粒级。

②复合式干法选煤可用常规重力选煤指标衡量其分选效果，可能偏差 $E_p = 0.20$，不完善度 $I = 0.1$，数量效率，$\eta = 95\%$，分选粒度下限 3 mm，单位面积处理能力 10 t/（h·m²），大大优于传统风选。

③复合式干选机采用机械振动使物料做螺旋运动，在多次循环过程中，分选物料受

到多次分选，可以生产出灰分由低到高的多种产品，中煤再选可保证精煤和矸石的质量。

④复合式干选机所需风量仅用于松散床层和与细粒煤组成混合介质，不需要将物料悬浮，风量仅为传统风选风量的1/3，因而除尘系统的规模大大减小。

⑤复合式干法分选机充分利用高密度颗粒相互作用产生的浮力效应，可以提高排出矸石的纯度，降低排出矸石的粒度。

第九章 其他选煤技术

在现有重力选矿法中，除利用矿粒在垂直介质流中运动状态的差异来实现分选过程外，还有利用矿粒在斜面水流中运动状态的差异来进行分选，这种方法称为斜面流选矿。斜面流选矿有两种：溜槽选矿与摇床选矿。

第一节 溜槽选矿

在斜槽中借助于斜面水流选矿的方法称为溜槽选矿。在溜槽内，不同密度的矿粒在水流的流动动力、矿粒重力（或离心力）、矿粒与槽底间的摩擦力等的因素作用下发生分层，结果使密度大的矿粒集中在下层，以较低的速度沿槽底向前运动，在给矿的同时排出槽外（这种溜槽称为无沉积型溜槽）；或者是滞留于槽底（这种溜槽称为沉积型溜槽），经过一段时间后，间断地排出槽外，密度小的矿粒分布在上层，以较大的速度被水流带走。由此，不同密度的矿粒，在槽内得到了分选，矿粒的粒度和形状也影响了分选的精确性。

溜槽选矿可以处理各种不同粒度的矿石，给矿最大粒度可到百余毫米，最小在 0.1 mm 以下，当然这是要在不同的设备上处理。选别 2~3 mm 以上粒级的溜槽称为粗粒溜槽；处理粒度 2~0.075 mm 的溜槽为细粒溜槽；处理粒度小于 0.075 mm 的称为矿泥溜槽。此外还有叠加了离心力作用的螺旋溜槽和离心溜槽。

一、选煤溜槽

溜槽选煤所用的设备称为选煤溜槽，分为块煤溜槽和末煤溜槽。块煤溜槽还在个别简易选煤厂使用，末煤溜槽由于结构复杂、操作困难，已不再使用。其主要应用于粗、中块（10~100 mm）的无烟煤及烟煤的分选。

二、斜槽分选机

斜槽分选机是近年来研制成功的一种新型重力选煤设备。斜槽分选机结构如图 5-9-1 所示。

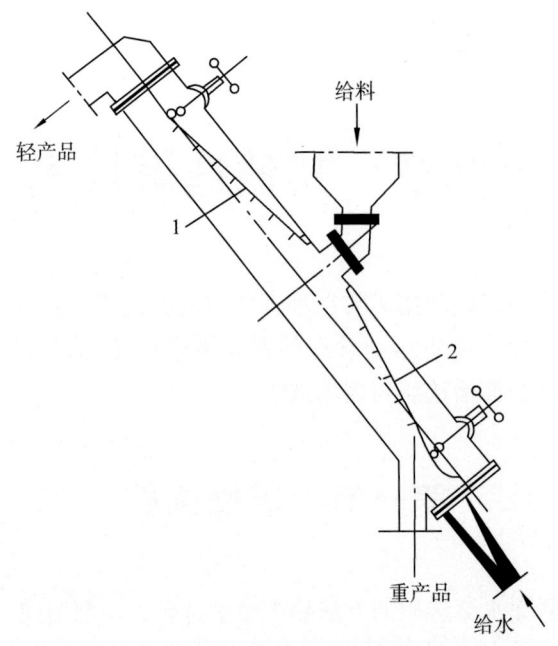

图 5 - 9 - 1　斜槽分选机的结构

1、2—手轮旋转丝杠；3、4—可调紊流板

　　斜槽分选机是一个横断面为矩形，两端敞口的密封槽体。倾斜安装，与水平呈48～52°。槽体内靠近上臂面设有上下两块可调的紊流板，其上焊有人字形的隔板，可改变旋转丝杠调节紊流板位置，从而改变槽体内通流区的断面，以获得要求的分选效果。槽体下端与脱水式提升机的机尾连通。

　　原料煤从槽体中部上方给入，洗水一部分与原煤一起给入，另一部分上升水由槽体底部引入并从其上端的精煤排料口流出。洗水在流经槽体内紊流板处的隔板时产生涡流，造成紊流骚动，使物料松散分层、轻产物随上升水流从槽体上端的精煤排料口排出，重产物则下沉至槽底并滑到槽体下端的矸石排料口排出。

　　斜槽分选机具有结构简单、制作容易、操作维护方便、基建和生产费用低等优点，用于分选脏杂煤、劣质煤。

三、螺旋滚筒选煤

　　螺旋滚筒选煤机的应用是近十年发展起来的一种滋生介质选煤方法，它是利用入选原煤中小于0.3 mm的粉煤作为介质，并与水混合形成较稳定的悬浮液，与螺旋滚筒配合分选块煤。其结构如图 5 - 9 - 2 所示，主要由螺旋分选筒、滚筒驱动装置、入料溜槽、介质管道和机架等部件组成。

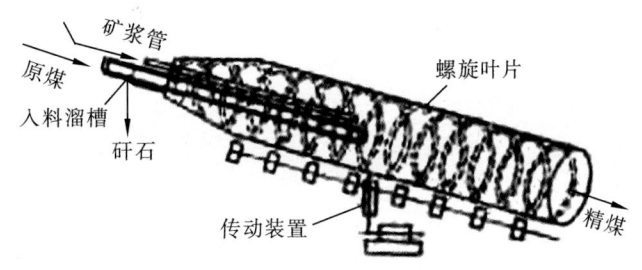

图 5 - 9 - 2　螺旋滚筒选煤机结构

分选原理：原煤随一定速度的介质流给入螺旋分选筒的中部，滚筒在传动装置的带动下回转，筒中的物料、矿浆一同回转。在螺旋隔条的作用下，做连续提升—跌落运动。由于精煤相对介质的密度差较小，矸石与介质的密度差大，因此沉降速度比精煤快。在筒体的连续运转中，精煤和矸石就得到充分分层：精煤处于流体上层，矸石沉在筒壁上。上层精煤越过一道道螺旋隔条，由下端排出；矸石被隔条输送到另一端排出。

由于螺旋滚筒选煤机结构简单、工艺布置紧凑，占地面积和空间小，并具有可移动的特点，主要应用于脏杂煤及煤矸石的分选。

四、离心选矿

离心选矿是利用微细矿粒在离心力场中所受离心力大大超过重力来加速矿粒的沉降，扩大不同密度粒沉降速度的差别，从而强化分选的重选方法。利用离心选矿法处理微细粒矿泥所用的主要设备就是离心选矿机，它具有结构简单、单位面积处理量大、回收粒度下限低等优点，目前主要应用于钨、锡矿泥重选。

第二节　摇床选矿

摇床选矿是在一个倾斜宽阔的床面上，借助床面的不对称往复运动和薄层斜面水流的作用进行矿石分选的一种设备。

摇床的结构如图 5 - 9 - 3 所示。主要由床面、机架和传动机构三大部分组成。床面近似梯形，横向呈微倾斜，其倾角不大于 10°，一般在 0.5 ~ 5° 之间，纵向自给料端至精矿端细微向上倾斜，倾斜角为 1 ~ 2°，但一般为 0°。床面可用木材或铝制造，床面坡度可调。床面上装有不同长度和高度的床条。床条的长度和高度都由给料端向精煤端逐渐增加。每根床条的高度在床头端最高，向尾矿端逐渐降低为零。

床面在床头带动下，做纵向往复不对称运动，床面前进时，其速度由慢到快，然后迅速停止（具有较大的向后加速度，颗粒获得较大的向前惯性）。后退时，其速度由零迅速增至最大值，然后缓慢减小到零（向前的加速度较小，颗粒向后的惯性较小）。

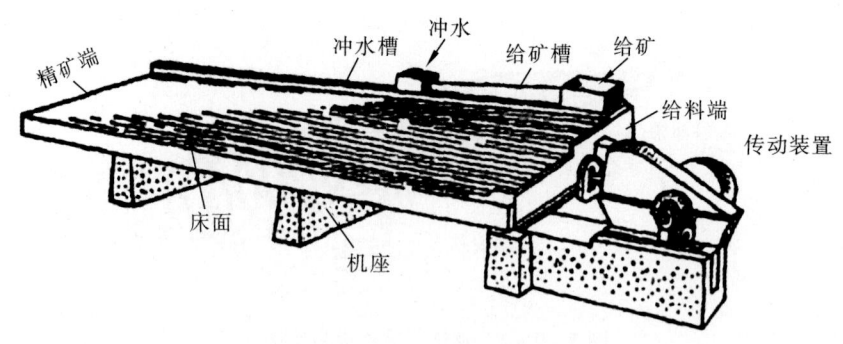

图 5 – 9 – 3　摇床结构

矿浆给到摇床面上，矿粒群在床条内借助摇动作用和水流冲洗作用产生松散和分层。不同密度、力度的矿粒沿床层不同方向移动。最先排出的是漂浮于水面上的矿泥，其次为粗煤粒、细煤粒、粗矸石，最后从床面最左端排出的是床层最底的细粒重矿。摇床工作过程如图 5 – 9 –4 所示。

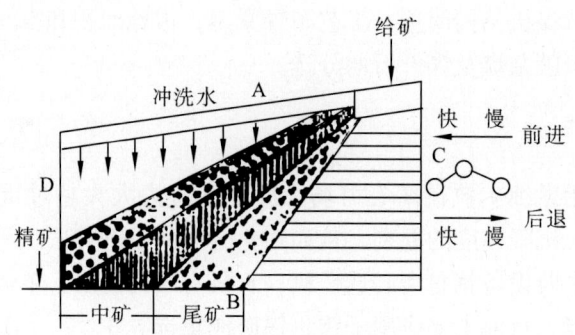

图 5 – 9 – 4　摇床工作过程

A—给矿端；B—尾矿端；C—传动端；D—精矿端

由于摇床选煤脱硫效果较好，美国、澳大利亚等国用摇床选煤占入选煤的 70% 以上。摇床选煤中多用于处理粗煤泥、脱硫及洗选低灰精煤等。优点是设备简单、制造容易、有效分选的粒度下限低，分选产品质量易于调节。缺点是单位占地面积处理量低，占地面积大。

除溜槽选矿与摇床选矿外，还有利用各种矿物及物料电性质不同而进行分选的干法电选技术等，在此不一一赘述。

第六篇

金属与非金属矿产开采

矿产开采是矿产资源开发利用的基础环节

露天采矿影响环境

地下采矿须具备"六大"系统

露天地下联合开采、特殊条件开采需采用特定的技术与方法

数字化矿山符合未来矿产资源开发的发展趋势

矿山开采要高度重视矿山环境保护

绿色矿山与和谐矿区建设是现代矿山的必由之路

第一章 概 述

第一节 矿产开采技术条件

一、概述

对矿产资源进行合理开发利用的前提是对矿产赋存条件的掌握，这就需要进行一系列的地质工作，这一工作贯穿于矿产开发的始终，其工作成果的可靠性将直接关系到矿产资源合理开发利用的程度，并对矿山生产的安全、合理、有序进行和持续发展产生重要影响。目前世界各国普遍采用打钻、槽探、物探、磁测等手段查明矿体赋存特征、矿岩条件、地质条件等与矿产开采直接相关的信息。在矿产资源开发过程中，对矿体开采方式、开拓方案、开采工艺、产品方案选择等有直接影响的矿床本身的赋存条件及矿区地质条件，统称为矿床开采技术条件。

矿体本身的赋存条件主要包括矿体埋深、厚度、倾角、矿床形状、矿岩稳固性、氧化性和松散性等。矿区地质条件，主要是指通常所说的矿区水文地质、工程地质、环境地质条件等。

二、矿体本身的赋存条件

（一）矿体埋深

矿体埋深是指矿体赋存标高与地表标高的差值。矿体埋深的大小与矿体开采方式的选择直接相关。一般埋深小的矿体，多使用露天开采，埋深大的矿体，多使用地下开采。

（二）矿体形状

结合矿体形成的地质条件及成矿形状，矿体可分为层状矿体、脉状矿体、块状矿体，见表 6 - 1 - 1。

表 6 - 1 - 1 　　　　　　　　　　　矿体按形状分类

矿体分类	矿床成因	特点
层状矿体	多为沉积或沉积变质矿床	一般规模较大，赋存条件稳定，有用矿物组分和含量较均匀

（续表）

矿体分类	矿床成因	特点
脉状矿体	多为热液和气化裂隙充填矿床	赋存条件不稳定，有用矿物组分和含量不均匀。
块状矿体	多为充填和接触交代矿床	矿床大小不一，往往呈不规则的透镜状、巢状和株状产出，矿岩接触界限不明显

（三）矿体走向、倾向和倾角

矿体与水平面的交线称为矿体的走向线，走向线所指的方向称为矿体走向，在矿体面上垂直于矿体走向线的直线称为矿体倾斜线，倾斜线在水平面上的投影称为倾向线，倾向线指的方向就是矿体倾向，倾斜线与倾向线的夹角称为矿体倾角。矿体倾角直接影响采场落矿、运搬方式、地压控制方式，进而影响采矿方法的选择。按矿体倾角的不同，可分为水平及微倾斜矿体、缓倾斜矿体、倾斜矿体、急倾斜矿体，见表6－1－2。

表6－1－2　　　　　　　　　　　　按倾角对矿体分类

矿体分类	倾角
水平及微倾斜矿床	<5°
缓倾斜矿床	5°～30°
倾斜矿床	30°～55°
急倾斜矿床	>55°

（四）矿体厚度

矿体厚度是指矿体的上下盘间或顶底板间的垂直厚度，矿体按厚度可分为极薄矿体、薄矿体、中厚矿体、厚矿体、极厚矿体，见表6－1－3。

表6－1－3　　　　　　　　　　　　按厚度对矿体分类

矿体分类	厚度
极薄矿体	<0.8 m
薄矿体	0.8～4 m
中厚矿体	4～10 m
厚矿体	10～40 m
极厚矿体	>40 m

（五）矿岩稳固性

矿岩稳定性指的是已开采空间的矿岩在不支护情况下允许暴露面积的大小和暴露时间的长短，矿岩稳固性直接关系到采场顶板的稳定性，对采矿方法选择和地压控制有直接关系，矿岩按稳固程度可分为极不稳固、不稳固、中等稳固、稳固、极稳固五种类型，见表6－1－4。

表 6 - 1 - 4　　　　　　　　　　　　　矿岩按稳固程度分类

矿岩稳固性	允许无支护的暴露面积
极不稳固	0
不稳固	< 50 m²
中等稳固	50 ~ 200 m²
稳固	200 ~ 800 m²
极稳固	> 800 m²

（六）矿体松散性、黏结性、氧化性、自燃性

黏结性指采下矿石遇水或受压一段时间后产后黏结的性质。对落矿、装车和采矿方法选择影响较大。

氧化性指采下的硫化矿石在水和空气的作用下发生氧化的性质。氧化后的矿石会降低选矿回收率。

自燃性指采下的高硫矿石（含硫 18% 以上）在空气中氧化，并放出热量，一定时间后矿石温度升高引起自燃的性质。矿体的自燃性对采矿方法选择有其特殊的影响。

松散性指矿岩爆破破碎后，因空隙加大，其体积比原矿岩体积有所增大而松散的性质。破碎后的体积与原矿岩体积之比称为松散系数。其值一般为 1.5 ~ 1.6，主要取决于破碎后矿岩的块度组成和形状。

三、矿区地质条件

（一）水文地质

1. 研究对象

水文地质研究主要是查明矿区内主要含水层的分布情况、厚度、富水性等基本情况；对隔水层岩组分布、岩体性质、阻水情况进行说明；分析断层、构造破碎带等构造的导水性，以及其矿床充水、岩层导水等的影响，判断其对水文地质条件的影响作用，进而预测其对矿井开采的影响；通过分析地表水体的分布、水文特征、大气降水等情况，分析其连通主要充水含水层的可能途径对矿床开采的影响，结合对地下水径流、排泄情况的综合分析，确定矿床的主要充水因素、充水方式和充水途径；建立水文地质模型，结合矿床可能的开拓方案，估算矿坑开拓水平的正常和最大涌水量以及矿区总涌水量，并对开采前后水文地质条件可能发生的变化进行预测并对比。此外，还应对矿井供水水源进行说明分析。

2. 分类

依据《矿区水文地质工程地质勘探规范（GB 12719—91）》，根据主要矿体与当地侵蚀基准面的关系，地下水的补给条件，地表水与主要充水含水层水力联系密切程度，主要充水含水层和构造破碎带的富水性、导水性、第四系覆盖情况以及水文地质边界的复杂程度，将矿区水文地质条件的复杂程度分为三种类型，即水文地质条件简单、水文地质条件中等、水文地质条件复杂，见表 6 - 1 - 5。

表6－1－5　　　　　　　　　　　水文地质条件复杂程度分类

类型	水文地质条件	基本情况
第一型	水文地质条件简单	主要矿体位于当地侵蚀基准面以上，地形有利于自然排水，矿床主要充水含水层和构造破碎带富水性弱至中等，或主要矿体虽位于当地侵蚀基准面以下，但附近无地表水体，矿床主要充水含水层和构造破碎带富水性弱，地下水补给条件差，很少或无第四系覆盖，水文地质边界简单。
第二型	水文地质条件中等	主要矿体位于当地侵蚀基准面以上，地形有自然排水条件，主要充水含水层和构造破碎带富水性中等至强，地下水补给条件好；或主要矿体位于当地侵蚀基准面以下，但附近地表水不构成矿床的主要充水因素，主要充水含水层、构造破碎带富水性中等，地下水补给条件差，第四系覆盖面积小且薄，疏干撑水可能产生少量塌陷，水文地质边界较复杂。
第三型	水文地质条件复杂	主要矿体位于当地侵蚀基准面以下，主要充水含水层富水性强，补给条件好，并具较高水压；构造破碎带发育，导水性强且沟通区域强含水层或地表水体，第四系厚度大、分布广，疏干排水有产生大面积塌陷、沉降的可能，水文地质边界复杂。

（二）工程地质

1. 研究对象

工程地质研究主要集中于矿区内矿体及围岩的抗压、抗拉、抗剪、摩擦等物理力学性质，并对矿床周边工程地质岩组分布情况、结构特征等进行分析；对岩体完整性及其质量作出评价分析，说明矿区内主要地质构造，如褶皱、断裂、破碎带、节理、裂隙（特别是垂直裂隙）的特性，发育程度，分布规律、稳定性以及可能对开采产生的影响。结合矿山实际情况，对已有的露天坑边坡的稳定性或已有井巷围岩的稳固性作出初步评判，指出有可能发生各类工程地质问题的地质体或不良地段。

2. 分类

依据《矿区水文地质工程地质勘探规范（GB 12719—91）》，根据地形、地貌、地层岩性、地质构造，岩体风化及岩溶发育程度、第四系覆盖厚度、地下水静水压力等因素，将工程地质条件复杂程度分为三类，即简单型、中等型、复杂型三类，见表6－1－6。

表6－1－6　　　　　　　　　　　工程地质条件复杂程度分类

工程地质条件	基本情况
简单型	地形地貌条件简单，地形有利于自然排水，地层岩性单一，地质构造简单，岩溶不发育，岩体结构以整块或厚层状结构为主，岩石强度高，稳定性好，不易发生矿山工程地质问题。
中等型	地层岩性较复杂，地质构造发育，风化及岩溶作用中等或有软弱夹层及局部破碎带和饱水砂层影响岩体稳定，局部地段易发生矿山工程地质问题。
复杂型	地层岩性复杂，岩石风化，岩溶作用强，构造破碎带发育，岩石破碎，新构造活动强烈或松散软弱层厚、含水砂层多、分布广，地下水具有较大的静水压力，矿山工程地质问题发生得比较普遍和经常。

（三）环境地质

1. 研究对象

结合矿区内多年地震发生情况及所在地区的地震烈度，对区域的稳定性进行评述，这是环境地质研究的对象之一；同时，结合矿区地形地貌、气象条件，对矿区的环境地质现状应进行简要评述。查明矿区内滑坡、泥石流、崩塌、山洪等自然地质作用的分布及其活动性情况，分析其可能对矿床开采造成的影响；调查矿岩中对人体及环境有害的各种有害物质以及放射性元素的背景值，评价其对矿床开采可能造成的危害。在此基础上，预测矿床开采可能造成的环境地质变化情况，对采矿引起的地质地貌景观、矿石化学成分污染、矿区地下水水质污染、地下水位下降、采空区塌陷、地表裂缝等可能产生的情况进行预测，并最终判定该区的环境地质类型（有的书中称为地质环境类型）。

2. 分类

依据《矿区水文地质工程地质勘探规范（GB 12719—91)》，根据地质环境矿状及矿床开采引起的变化，可将矿区环境地质质量分为三类，即良好、中等、不良，见表6-1-7。

表6-1-7　　　　　　　　　矿区环境地质质量分类

类型	环境地质质量	基本情况
第一类	良好	矿区附近无污染源，地表、地下水水质良好（Ⅰ、Ⅱ类），矿石和废石不易分解出有害组分。
第二类	中等	采矿可产生局部地表变形，但对地质环境破坏不大；区内无重大污染源，无热害，地表水、地下水水质较好（不低于Ⅲ类），矿坑排水对附近水体有一定污染；矿石和废石化学成分基本稳定，无其他环境地质隐患。
第三类	不良	矿区水文地质、工程地质条件复杂，因采矿可带来严重的环境地质问题，如地面塌陷、山体开裂失稳、井泉干涸，有热害或矿坑排水以及矿石、废石有害组分的分解易造成对附近水体的污染，水体水质超过Ⅲ类标准。

（四）总体开采技术条件

依据《固体矿产地质勘查规范总则（GB/T13908—2002)》，遵循水文地质、工程地质、环境地质相统一、突出重点的原则，按总体开采技术条件，可将固体矿床勘查类型分为3类9型，即开采技术条件简单的矿床（Ⅰ类）、开采技术条件中等的矿床（Ⅱ类）、开采技术条件复杂的矿床（Ⅲ类），除Ⅰ类只有1型外，Ⅱ、Ⅲ类中又按主要影响因素各分为4型，即以水文地质问题为主的矿床，（Ⅱ-1、Ⅲ-1型），以工程地质问题为主的矿床（Ⅱ-2、Ⅲ-2），以环境地质问题为主的矿床（Ⅱ-3、Ⅲ-3、）和复合型矿床（Ⅱ-4、Ⅲ-4），见表6-1-8。

表 6 - 1 - 8 　　　　　　　　　　　　　 勘查类型划分

勘查类型		开采技术条件特征
开采技术条件简单的矿床（Ⅰ）		主要矿体位于当地侵蚀基准面以上，地形有利于自然排水，或矿体虽位于侵蚀基准面以下，但含水层富水性弱，附近无地表水体；矿体围岩单一，力学强度高，结构面不发育，稳定性好，或矿床虽处于多年冻土区，但因长年冻结，工程地质问题不突出，无原生环境地质问题，矿石及废弃物不易分解出有害组分，采矿活动不形成对附近环境和水体的污染。
开采技术条件中等的矿床（Ⅱ）	水文地质问题为主的矿床（Ⅱ-1）	主要矿体虽位于当地侵蚀基准面上，地形有利于自然排水，但因矿体顶板有富水的含水层或断裂带对矿山开采造成危害；或主要矿体位于当地侵蚀基准面以下，主要充水含水层富水性中等，但地下水补给条件差，地表水不构成矿床充水的主要因素，矿山排水可引起局部地面变形破坏，水体轻度污染，矿床工程地质、环境地质问题较简单。
	工程地质问题为主的矿床（Ⅱ-2）	矿体围岩多为坚硬、半坚硬岩组，岩组结构较复杂，有局部软弱夹层或透镜体分布，各类结构面较发育，露采边坡可沿软弱夹层或不利结构面产生局部滑移，井采可在风化带、构造破碎带产生局部变形破坏，矿床水文地质、环境地质问题一般较简单。
	环境地质问题为主的矿床（Ⅱ-3）	有热害或气害或放射性危害或不良地质作用危害等原生环境地质问题，矿床开采中需采取相应措施处理和预防，矿床水文地质、工程地质问题较简单。
	复合型矿床（Ⅱ-4）	矿床水文地质、工程地质、环境地质条件三因素中两项以上属中等的矿床，其余为简单。
开采技术条件复杂的矿床（Ⅲ）	水文地质问题为主的矿床（Ⅲ-1）	主要矿体位于当地侵蚀基准面以下，主要充水含水层富水性强，地下水补给条件好，与地表水或相邻强含水层有密切的水力联系，存在导水性强的构造破碎带或岩溶发育带，矿坑涌水量大；矿床开采需采取强排水或专防、治水措施，疏干排水可引起巷道变形破坏和地面沉降、开裂、塌陷、水体污染等工程地质和环境地质问题。
	工程地质问题为主的矿床（Ⅲ-2）	矿体围岩破碎，各级结构面发育，构造破碎带、接触破碎带比较发育，地应力大；或矿体转岩主要为松散软弱岩层；或冻融层厚度大。矿床开采露采边坡滑移，巷道变形破坏普遍，并可诱发突水、突泥（沙）、地面变形破坏等环境地质问题，矿床水文地质、环境地质条件不复杂。

（续表）

勘查类型	开采技术条件特征
环境地质问题为主的矿床（Ⅲ-3）	矿床处于热、气、放射性异常区或区域稳定性差的地区，或矿体围岩含有毒有害气体或易分解有毒有害元素和组分，或具有严重的自燃发火势。矿床开采可产生严重的热害、气害、放射性危害、环境污染和山体失稳等问题，需采取专门防治措施，矿床水文地质、工程地质问题不复杂。
复合型矿床（Ⅲ-4）	矿床水文地质、工程地质、环境地质条件三因素中两项以上属复杂的矿床，其余不复杂。

第二节　矿产资源开发利用方案及开采设计

对矿产开发项目来说，直接关系矿产资源开发利用效果及合理性的设计工作包括开发利用方案的编制和开采设计的编制。

一、矿产资源开发利用方案

（一）基本要求

1. 编写矿产资源开发利用方案的目的

为加强矿产资源开发利用的监督管理，切实落实中共中央关于"在保护中开发，在开发中保护"、"把节约放在首位"的资源政策，遵循科学、合理、有效对矿产资源开发利用的原则，确保矿产资源开发业可持续发展并使其在国民经济建设中发挥最大的资源效益，中华人民共和国国土资源部以国土资发［1999］98 号"关于加强对矿产资源开发利用方案审查的通知"并附"矿产资源开发利用方案编写内容要求"及其"审查大纲"发文规定，"凡新建矿山申请采矿权时，申请人必须按要求委托具有设计资质的技术单位编写《矿产资源开发利用方案》，采矿登记管理机关必须按《审查大纲》有关要求对《矿产资源开发利用方案》进行审查，并将其作为采矿权授予所必经的重要程序纳入采矿权审批的内部管理责任制中。由此表明国家已在 1998 年明确了在矿产资源开发利用之前办理采矿权必须要进行《矿产资源开发利用方案》的编、报工作。

在矿产资源开发利用管理工作实践中，各省及直辖市又在国土资源部国土资发［1999］98 号文的基础上结合本地具体情况对"矿产资源开发利用方案编写内容要求"及其"审查大纲"进行了细化与补充，如山东省国土资源厅于 2011 年就以鲁国土资字［2011］439 号文颁发了"关于进一步规范矿产资源开发利用方案编审工作的通知"，并细化修编了"矿产资源开发利用方案编写内容要求"及其"审查大纲"，同时明确规定，"凡新建矿山和已建矿山变更矿区范围、采矿方法、生产规模及调整开拓生产系统的，采矿权申请人必须按照要求重新编、报《矿产资源开发利用方案》。

2.《矿产资源开发利用方案》的编制与审查

《矿产资源开发利用方案》的编制与审查应符合国土资源主管部门的相关规定。考虑到这是一项专业技术特点明显、业务性强的工作，其编制工作应由具有相应矿山设计资质的专业设计单位承担。

山东省国土资源厅鲁国土资字［2011］439 号"关于进一步规范矿产资源开发利用方案编审工作的通知"文件明确规定：《矿产资源开发利用方案》审查工作由采矿登记机关主持组织聘请熟悉地矿行政管理、法规政策以及精通专业技术的地质、采矿、选矿、经济等方面的专家与安全生产监督管理部门共同评审。矿山所在地国土资源管理部门、设计单位及矿山企业应同时派人参加。《矿产资源开发利用方案》通过审查后，专家组应出具书面评审意见，指出存在问题，并提出可行性建议。

（二）矿产资源开发利用方案内容编写要求

自 2011 年 4 月，山东省国土资源厅鲁国土资字［2011］439 号文发布后，山东省境内的矿产资源开发利用方案以国土资源部国土资发［1999］98 号和山东省国土资源厅鲁国土资字［2011］439 号两个文件制定的"矿产资源开发利用方案内容编写要求"为编制依据。因山东省国土资源厅鲁国土资字［2011］439 号文制定的"矿产资源开发利用方案内容编写要求"是在国土资源部国土资发［1999］98 号制定的"内容编写要求"基础上作了进一步的细化，所以深度更为详细、具体，更有利于加强采矿权深化管理和对矿产资源的开发利用。

山东省国土资源厅鲁国土资字［2011］439 号文经过细化后的"非煤矿产资源开发利用方案内容编写要求"具体如下：

1. 概述

（1）矿山建设性质、矿区位置、交通及地理、气候概况。说明矿山建设性质及编制开发利用方案的目的，阐述矿区位置、交通及地理概况。

（2）企业性质、隶属关系、外部建设条件及开发现状。说明企业性质及隶属关系、矿山建设（承办）单位概况；论述矿山建设外部条件及开发现状。对于扩界矿山或已有工程的，应说明矿山的现状、特点及存在的主要问题，并说明现有生产设施、工程现状及主要生产工艺、设备等情况。

（3）编制依据。简述项目前期工作进展情况及与有关方面对项目的意向性协议情况，并列出开发利用方案编制所依据的有关国家法律、法规、规程、规范、技术标准等文件名称，以及地质报告、储量备案证明等主要基础性资料文件名称。

2. 矿产品需求现状与预测

（1）该矿产品需求和市场供应情况。说明矿产品现状及加工利用趋向，并对国内外及本地区近、远期的需求量及主要销向预测。

（2）产品价格分析。了解国内外、省内外及本地区的矿产品价格现状，并分析矿产品价格稳定性及变化趋势。

3．矿产资源概况

（1）矿区总体概况。说明矿区总体规划情况、矿区矿产资源概况以及该设计与矿区总体开发的关系。

（2）该设计矿山的资源概况。说明区域地质概况、矿床地质及构造特征、矿床开采技术条件、矿山资源条件及储量情况，并对地质勘查报告进行评述。

4．主要建设方案的确定

（1）开采方案。确定开采范围、可利用资源储量和采出资源储量，推荐合理的产品方案、矿山规模；根据矿体赋存情况及开采技术条件等因素，在进行分析研究的基础上，选择确定露天或地下开采方式；在对开拓方案进行比较分析的基础上，确定开拓方案和开拓系统；根据地表地形条件、外部运输道路条件以及井口位置、生产工艺配置、内外部运输道路联系等确定工业场地和设施布局。厂址选择应提出方案比较，进行技术和经济论证后，推荐合理的厂址方案。

（2）主要生产系统及设施配置。对提升方案及设施配置、排水方案及设施配置、通风方案及设施配置、压气设备、供配电及通讯等进行说明，使之能够适应矿山开拓开采的相关要求。

（3）防治水方案。为确保安全生产，应进行全面防治水方案的综合比较，并提出与矿山开采技术条件和水文地质条件相适应的防治水措施。

5．矿床开采

（1）露天开采。确定露天开采境界、露天开拓方式、采场构成要素及其技术参数；圈定露天开采境界和爆破安全警戒范围，并应分析开采境界内是否充分利用矿产资源，必要时进行不同境界方案比较，确定最优境界；确定矿山工作制度并验证生产能力；确定爆破方案，对采剥工作主要工艺过程及采剥工作面主要结构参数进行说明，并对主要设备选型；计算废石总量，并提出废石综合利用（处理）方案及废石场选址。

（2）地下开采。确定矿区开采总顺序并阐明首采地段选择的原则和依据；验证可能达到的生产能力和论证推荐的生产能力可靠性；说明矿山利用远景储量扩大生产能力或延长矿山生产年限的可能性；圈定开采移动范围并选择出合理的采矿方法，确定矿块（房）结构及参数、叙述采矿工艺及采矿设备、计算矿块（矿房或采场）的矿石回采率和矿山综合回采率；合理选择贫化率指标参数。此外，还需对采空区处理方式进行说明。

（3）井下爆破器材设施。根据生产规模及爆破器材用量和开拓系统，按照有关规范、规定，确定井下爆破器材设施设置，对不便于设爆破器材库的矿山应提出其他供应方式。

（4）确定基建工程量及基建时间。

6．选矿及尾矿设施

（1）选矿方案。对选矿实验研究主要成果做出技术经济评价，提出推荐的选矿方案。确定选矿回收率、产出精矿品位，计算年产精矿量及其他有关技术经济指标。对难选矿种，根据已掌握的技术，确定是否需要建中间试验厂，并提出拟建规模、工艺流程和主要设备选择。

（2）尾矿设施。确定年产尾矿量及矿山生产期间的总尾矿量，确定尾矿库址选择尾矿输送方案，并对尾矿综合利用、尾矿水处理利用提出设想。

7．环境保护

（1）矿山地质环境报告。对采矿引起的地质灾害，如崩塌、滑坡、泥石流、尾矿垮坝等应做出评价，并提出切实可行的监测预防措施；对采矿引起的区域地质条件做出影响评价；露天开采应做出边坡稳定性评价；坑采应做出采空塌陷范围预测；矿山闭坑时对造成的地质灾害提出处理措施。

（2）矿山环境影响报告书、水土保持和土地复垦。

8．矿山安全设施及措施要求

（1）根据矿山建设条件及生产特点，分析存在的主要危险及有害因素。

（2）确定应配套的安全设施以及应采取的对策措施。

（3）提出安全管理要求。

（4）评价安全可靠性及安全预期效果。

9．投资估算及技术经济评价

（1）根据基建工程量、设施、设备、占地等估算矿山建设投资，简述投资构成（附投资构成估算表）。

（2）根据产品产量、产品价格计算销售收入，根据矿山实际情况和类比经验选取生产成本；根据国家财务和税收政策以及有关规定，估算利税额、所得税、税后利润以及贷款偿还期、投资回收年限等技术经济指标。

10．开发方案结论

（1）简述资源储量利用情况。

（2）产品方案及产品产量。

（3）开采方式、开拓、运输及厂址方案。

（4）采、选工艺及其他技术方案。

（5）综合回收、综合利用方案。

（6）主要综合技术经济指标。

（7）对工程项目扼要综合评价。

（8）存在的主要问题及建议。

11．附图

（1）开拓系统纵投影图（缓倾斜矿体附开拓系统水平投影图）。

（2）带有矿区范围、崩落范围（露天矿应有安全爆破范围）的地质地形图。

（3）矿区总平面图。

（4）主要勘探线剖面图。

（5）露天开采终了平面图及剖面图。

（6）采矿方法标准图。

12. 附件

（1）建设单位的"设计委托书"。

（2）国土资源部门颁发的资源储量评审备案证明及评审意见书。

（3）国土资源部门颁发的"矿区范围划定批复"文件。

（4）其他有关的附件。

二、开采设计

（一）基本要求

《中华人民共和国矿产资源法实施细则》第二十九条规定：单位或者个人开采矿产资源前，应当委托持有相应矿山设计证书的单位进行可行性研究和设计。矿山设计必须依据设计任务书，采用合理的开采顺序、开采方法和选矿工艺。矿山设计必须按照国家有关规定审批；未经批准，不得施工。

《中华人民共和国矿山安全法》第二章"矿山建设的安全保障"规定：①矿山建设工程的安全设施必须和主体工程同时设计、同时施工、同时投入生产和使用；②矿山建设工程的设计文件，必须符合矿山安全规程和行业技术规范，并按照国家规定经管理矿山企业的主管部门批准；不符合矿山安全规程和行业技术规范的，不得批准。③矿山设计下列项目必须符合矿山安全规程和行业技术规范：矿井的通风系统和供风量、风质、风速；露天矿的边坡角和台阶的宽度、高度；供电系统；提升、运输系统；防水、排水系统和防火、灭火系统；防瓦斯系统和防尘系统；有关矿山安全的其他项目。④每个矿井必须有两个以上能行人的安全出口，出口之间的直线水平距离必须符合矿山安全规程和行业技术规范。⑤矿山建设工程必须按照管理矿山企业的主管部门批准的设计文件施工。矿山建设工程安全设施竣工后，由管理矿山企业的主管部门验收，并须有劳动行政主管部门参加；不符合矿山安全规程和行业技术规范的，不得验收，不得投入生产。

按照我国矿山企业现行的基本建设程序，矿山项目的设计工作一般分为《初步设计》和《施工图设计》两个阶段，对于技术复杂的矿山，必要时可增加技术设计阶段。

矿山《初步设计》、《施工图设计》必须由业主委托有资质的设计单位进行设计。《初步设计》的内容和深度，国家、行业协会一般均有具体要求和规定，如《黑色冶金矿山企业初步设计的内容深度及编写规定》、《有色金属矿山初步设计内容和深度的原则规定》、《黄金矿山企业初步设计内容和深度的原则规定》（试行）等。结合目前法律、法规要求，矿山建设项目的《初步设计》内容中必须编制"安全专篇"，以指导矿山安全设施建设"三同时"工作。在山东省区域内，市、地、县安全生产监督管理局结合本省安全生产监督管理的需要，另行规定了矿山建设项目在编制《初步设计》的同时，应同步编制《安全设施设计》，其具体设计内容比"安全专篇"的相关内容作了更加细化、完善的要求。经实践证明，《安全设施设计》在安全生产监督管理中起到了进一步的完善与深化作用。《施工图设计》是在矿山《初步设计》批准后，对所有的工程施工、设备安装等进行详细的说明与设计，是矿山项目建设具体施工的直接依据。

（二）《初步设计》编制内容深度

矿山建设项目的《初步设计》内容应遵循国家、行业的相关规定，国家、行业对黑色金属、有色金属和黄金等行业的规定也各不相同，但各主体内容相差不大。在实际应用中，应结合不同的资源矿种项目具体情况和建设业主的意向要求编制《初步设计》。在此，仅以黑色金属矿山为例列出《初步设计》的内容编写深度要求如下：

1. 总论

包括矿山建设项目的地理位置及隶属关系、设计所依据的基础资料、项目建设条件，简要说明工程概况及主要经济技术指标，并提出要说明的问题及建议。

2. 技术经济

重点对不同技术方案进行经济分析论证，对各方案在技术、经济上的优缺点、各项实物指标、货币指标及其他指标和企业建成后的社会、环境效益，列出各方案综合比较表，通过分析对比，选出推荐方案。

在确定方案的基础上，计算企业的职工定员及劳动生产率，并对企业投资进行概算，对项目经济指标进行论证评价，并汇编成设计企业主要经济指标一览表。

3. 地质

对提供设计依据的地质资料进行评述，对矿床的勘探和研究程度及地质资料的完整性、可靠性作出评价。在充分研究提供设计依据的详细勘探地质报告的基础上，根据矿山企业设计的要求，综合分析矿床和矿化特征、含矿层位、矿区构造、控矿因素等地质条件，以便深入认识矿床规律，指导采矿设计工作。

根据矿体地质特征，结合采矿设计需要，对矿体的品位、厚度和形态等变量的分布特征进行综合研究和地质统计分析，建立矿化模型，编制设计所需的图纸，计算开采范围内（外）、采区、中段（水平）及矿块（矿房）的矿石储量，并对计算结果的可靠性作出评价。

4. 水文地质

主要阐述矿区地面防水设计、矿区水文地质情况，预测矿山开采时的涌水情况，必要时还要对矿床疏干进行分析说明。

5. 露天采矿

主要说明开采方法、露天采场边坡及开采境界，并对矿山年产量、服务年限和工作制度进行计算并说明，对矿床开拓、穿孔爆破与装载工作进行说明，并对矿山采剥工作进度进行安排，说明矿山基建工程量。

6. 砂矿水力开采

主要说明开采方法，改扩建矿山应说明矿山现状，并对矿床开拓、采矿方法进行说明，对矿（砂）浆输送、供水、水力排土场等进行设计，并对表土剥离与复垦工作、爆破材料加工与储存进行简要说明。还应说明矿山采剥工作进度计划及矿山基建工程。

7. 地下采矿

对地下开采矿山，应说明矿山年产量、服务年限和工作制度，并对矿床开拓方式、开采顺序、矿山基建工程、采矿方法、回采工作、采准工作等进行详细论述说明，并安排生产采掘进度计划，对爆破材料设施也应说明，同时对坑内运输方案、矿井通风防尘、坑内防火、矿井排水等措施进行说明。

8. 矿建

主要对井巷及井口构筑物进行介绍，并对预制件制作与井巷维修设施进行说明。

9. 矿山机械

主要对矿山提升、运输、排风、排水等设施进行选型计算，确定出经济合理的矿山机电设备，以便于矿山实现良好的经济效益。

10. 选矿

基于对矿床与矿石类型、供矿条件的分析，通过选矿试验研究，确定合理的选矿方案与工艺流程，并对选矿主要设备进行选择计算，确定车间组成与工艺生产过程，并对取样、检测和计量进行说明，还应对工艺辅助设施进行简要阐述。

11. 总图运输

在各主体专业提供基础资料的基础上，对总体布置进行安排，并对厂区、场地平面及竖向布置进行说明，说明生产运输、辅助运输、外部运输方式及路线，对原矿储矿厂、排土场等进行合理安排，并对厂区、场地的山坡地表水截流和排土场泥石流防治措施进行说明。此外，厂区和场地绿化、消防、救护和警卫也应进行说明。

12. 机修、工业炉、仓库和化验室

13. 电力

对供电电源、方式进行说明，对主要输变电设备进行计算选择，并对电力传动、照明、防雷与电修等进行阐述。

14. 自动化

对过程检测与控制方式方法、主要设备进行设计，对检修车间的机构组成、规模、检修台件数、校验设备的数量及型号进行说明，对计算机控制系统的软、硬件构成、数据处理功能等进行说明与设计。对矿区内电话、通信线路、广播系统等进行说明。

15. 给排水

根据不同用水点的用水标准，确定用水量及给水水源，对外部给水系统、厂区给水系统进行设计，对给水净化设施、循环水冷却设施进行选型计算；确定主要排水构（建）筑物，并确定排水系统主要参数、污水处理流程等。此外，应简要说明给排水自动监测、控制设施。

16. 尾矿设施

根据选矿工艺资料确定尾矿量及有关设计参数，计算并确定浓缩设施型号、规格，对尾矿输送系统进行说明，对尾矿库等进行选址、设计，并对回水设施、尾矿设施监测等简要说明。

17. 采暖与通风

结合当地气象资料，确定车间、坑口及建筑物的防冻与空气预热措施；根据补风与补热需要，确定通风和除尘排出风量的补偿方式以及通风耗热量的补偿方式。最终确定采暖方式及放热器形式，确定通风或空调设备的型号参数。确定综合除尘措施并确定处理设备的型号及数量。

18．热力

根据当地气象资料、动力资料、煤质分析资料等基础资料，确定供热介质参数及供热热源，并对锅炉房进行设计，确定主要设备配置，表明热力管理的敷设方式。

19．环境保护

阐述矿山建设项目的主要污染源及环境保护措施，并简要说明矿山"三废"综合利用情况及"三废"处理工艺流程；对厂区绿化、复垦、环境监测等进行简要说明，并对环保管理机构及定员、环保投资等进行说明。

20．安全与工业卫生

说明设计依据、基础资料和编制方法，阐述安全技术要求、工业卫生要求、安全要求、职业病防治等内容，并对安全卫生预期效果评述。

21．能源利用与节约措施

说明企业耗用能源的种类、数量，计算企业能耗指标，说明设计中采取的主要节能措施及效果，并对能耗进行评价。

22．土建

结合厂区自然条件、施工条件，对厂区的建筑设计、结构设计、行政及生活福利设施、职工住宅区规划等进行土建部分内容的设计。

23．概算

第三节　矿产资源开采方式

一、开采方式的分类

根据矿区地形、矿床埋藏深度、开采活动所处空间位置以及所采用的采矿设备不同，非煤固体矿产资源开采方式一般分为露天开采和地下开采两种方式，随着采矿技术的不断发展及不同地质环境和矿种特点，又出现溶浸采矿、海洋采矿等特殊开采方式。

1．露天开采方式

它的适应条件首要是矿产资源出露于地表或埋藏较浅的矿体，常规多采用穿孔、爆破、装载、运输、破碎等设备对矿床实施开采活动，按作业顺序又分为采矿、剥离。生产过程中的全部作业活动均集中在地表敞露空间内，其开采方式的特点是开采工艺简单、资源利用率高、基建工期短、经济、安全。

2．地下开采方式

它的适应条件首要是针对矿产资源埋藏深、在技术工艺与经济效果方面都不适合选用露天开采的矿体。地下开采是从矿区地表直接开掘井巷工程通达要开采的地下矿体，在地下建立形成完整配套的开拓工程、矿井提升、运输、通风、压气、排水、供水、供电等生产系统和设施，并根据矿体形态、产状、工程地质、水文地质等条件选用合理、可行的采矿方法，对矿体实施凿岩、爆破落矿、装载出矿、提升运输等作业工序将矿产资源从地下空间开采出来的全过程。地下开采是用于开发利用埋藏深度大的固态矿产的一种常规有效的技术手段。

3. 特殊开采方式

泛指采用水溶、溶浸、熔化、气化等特殊工艺，或者采用海洋采矿等方式，而不采用常规的凿岩、爆破、装载、运输等技术工艺。水溶、溶浸、溶化采矿方式是针对某些矿物的特殊物理化学性质，通过注入高压水或其他液体溶解制剂，将固态矿石中的有用成分转变为流动状态的水溶液或浸出液，然后经钻孔、管道或其他工程将其输送至地表的一种特殊开采方式。

二、开采方式的选择

（一）选择开采方式的原则

在编制《矿产资源开发利用方案》或《初步设计》时，对于开采方式的选择确定，应遵循以下原则：

1. 有利于资源充分、有效利用

由于绝大部分矿产资源均属于不可再生资源，在选择开采方式时，应考虑充分提高资源利用率，确保资源得到合理有效的综合利用，避免造成资源浪费。

2. 经济合理性

所选用的开采方式应在技术可行的前提下，注重经济效果的合理性，有利于建设投资省、生产成本低、收益大，尽最大可能提高项目建成后的经济效益。考虑到露天开采在成本方面的巨大优势，对技术开采条件相适应的矿山应优先选择露天开采方式。

3. 技术可行性

所选用的开采方式上应能够适应当地自然地理、地质地形条件，采用的采矿方法应符合矿山开采技术条件，在技术上可行，有利于矿山基建、投产顺利进行。

（二）开采方式选择的适用条件

1. 露天开采方式主要适用于出露地表、埋藏浅、矿石品位能够达到工业品位的矿体，且地表设施环境条件应满足采、剥爆破所需要的警戒范围安全距离，同时具有修建工业场地及采矿场、剥离岩土排放废石场等建设条件。

2. 地下开采方式主要适用于地表层覆盖下埋藏深或较深的矿体，以及地表不具备大规模征用地和不适应露天开采的矿体。

3. 当某些矿种的矿体采用常规的露天或地下开采方式难以开采或者不经济时，可采用特殊开采方式，但要求矿体必须具备某些矿种特殊的物理化学性质，与特殊开采工艺所要求的条件相适应。

三、开采方式简述

（一）露天开采概述

1. 露天开采的优点

（1）作业空间大，敞露式开采空间有利于大型机械设备的应用。

（2）生产效率高，有利于实现规模化开采。

（3）生产成本低，有利于实现对低品位矿石的开采利用。

（4）矿石损失率低，一般不超过5%，有利于提高资源利用率。

（5）基建时间相对较短，有利于快速投产并取得良好的经济效益。

（6）开采工艺相对简单。

（7）生产安全性高，易于安全管理。

2. 露天开采的缺点

（1）采掘场地及工业场地占地面积大，闭坑时复垦费用高。

（2）生产过程中如不注意采取相应措施，会产生大量粉尘、废气等，对环境造成一定污染。

（3）外界自然条件差，如风霜雨雪、严寒、酷热等，对露天采、剥活动影响较大。

（4）露天开采的深度有限。

（5）地表场地受限，开采时要求地表必须具备可作为采矿场的用地条件。

3. 露天开拓方案与开采工艺

露天开采是从地表开始逐层按台阶向下进行的。露天矿开拓的主要目的是开掘矿岩运输通道，并联系采场、排土场、破碎站等主要工业场地，同时不断准备出新的台阶水平。一般来说，可按运输方式将露天矿开拓分为单一开拓运输与联合开拓运输，其中单一开拓运输指的是公路开拓运输、铁路开拓运输方式，联合开拓运输方式又可分为：公路—铁路联合开拓运输、公路（或窄轨铁路）—斜坡卷扬提升联合开拓运输、公路（或窄轨铁路）—平硐溜井联合开拓运输、公路—破碎站—胶带机输送联合开拓运输、自溜—斜坡卷扬提升联合开拓运输。露天矿开拓运输方案的分类为：

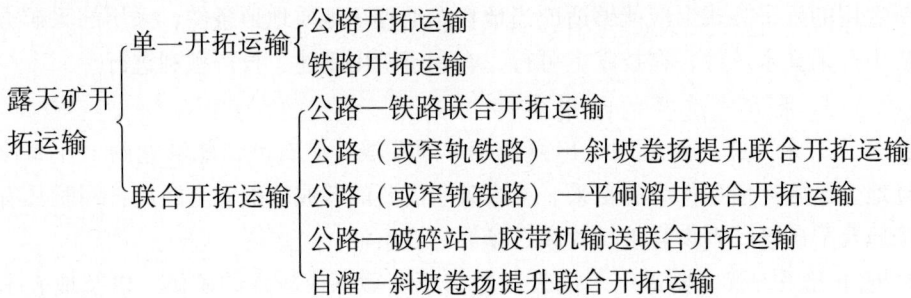

露天开采主要包括穿孔、爆破、铲装、运输与排岩等工艺过程，各工艺过程应合理衔接、有序作业。

（二）地下开采概述

地下开采是对埋藏于地表以下且距离地表较深的矿床实施开采的一种方式，对于埋藏距离地表较浅、但在技术条件上和经济上均不适合露天开采的矿床，也应选用地下开采。

地下开采由矿床开拓、采准切割、矿石回采三大步骤构成矿山建设和生产的全部过程。

1. 地下开采的优点

（1）适用范围广，开采深度大，除距地表较近的矿体外一般均能开采，且基本不受地表地形条件的限制。

（2）由于采掘作业场所在地下，受地表自然条件的影响较小，除极恶劣天气外，一般不受影响。

2．地下开采的缺点

（1）开采成本相对较高。

（2）生产环节多，开采技术相对较复杂。

（3）开采损失率比露天开采要高。

（4）井巷工程多，施工条件复杂，基建时间长，不利于快速投产。

3．地下开采工作步骤及工程要素

（1）矿床开拓。开采地下矿床时，需从地表开掘一系列井、巷工程通达矿体，在开采范围内形成完整的矿井提升、运输、通风、排水以及动力供应等系统，以便把人员、材料、设备、动力和新鲜空气送入地下采、掘场所，同时把矿石、废石、地下涌水、污浊空气等送到地面，为矿体采准和回采工作创造必要的条件，同时还需要施工一些必要的硐室工程，以其形成能够满足地下开采、安全作业的一整套井下生产系统，这就是矿床开拓。为矿床开拓而掘进的井、巷以及硐室工程，称为开拓井、巷工程，开拓井、巷主要包括井筒、采场、中段运输巷道、井下水泵房、变电所、破碎及卸载硐室、爆破器材库以及其他必要辅助、服务性硐室等工程。

（2）采准与切割。采准工作在已完成开拓工作的阶段或盘区中掘进采准巷道，将阶段划分成矿块，并在矿块内施工行人、通风、凿岩、爆破、放矿、中段联络斜坡道等工程，这项工作统称为采准工作。

切割工作是在已完成了采准工作的矿块里，按不同的采矿方法开辟自由面和自由空间，为回采凿岩、爆破、通风、出矿等各作业工序准备好工作面所施工的工程。当切割工作完成后即标志着地下开采基建工程全部结束，可经过竣工验收批准后投入正式采矿。

采准与切割统称为采、切，采、切工程主要包括矿块（或盘曲）人行通风天井或通风上山、凿岩巷道、切割槽、矿房底部拉底巷道、出矿进路、放矿漏斗及电耙道等。

（3）矿石回采。在已完成切割工程的矿块中，进行凿岩、爆破落矿，出矿等称为回采工作，不同的矿体产状和工程地质、水文地质条件应选择不同的采矿方法，以提高矿石回采率、在技术上达到合理的充分利用资源。同时要求在回采过程中按作业工序同时穿插做好通风及矿房顶板处理或支护等地压管理工作。

目前，在矿石回采中采用的采矿方法分为三大类，一是空场类、二是崩落类、三是充填类，在三大类型中，又各自分有多种不同的具体方法，各种方法都有自身对矿体开采技术条件的适应范围。

4．地下矿床开拓方案及分类

地下矿床开拓按不同的分类标准有不同的形式，根据主要开拓井、巷形式可分为单一开拓与联合开拓两大类。地下开拓方案的分类为：

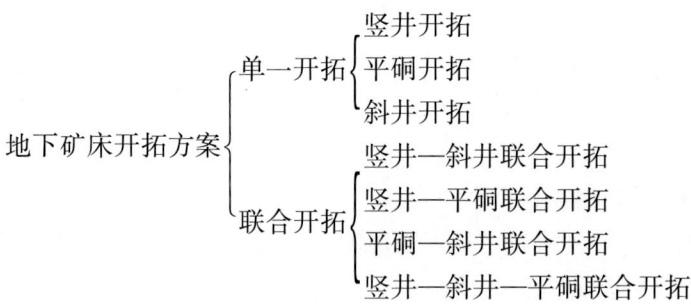

（三）特殊开采方式

1. 水溶开采方式

目前，水溶开采方式主要用于开采原盐及卤水矿床，一般是采用水或添加其他辅助溶剂无选择性的或有选择性的将其溶解抽取至地面，在溶解过程中不破坏有益矿物的组分，采用这种方式对盐、卤类矿床进行开采的即为水溶开采。应用其开采方式时，需在采区内自地面向下施工钻孔及安装输送管道注入高压水或其他液体溶剂，在矿床中制造出初始溶解面通过加压进行抽取（有时还采用注油或压缩空气），达到采出盐、卤类矿物的目的。

2. 溶浸开采方式

溶浸开采是采用某些能溶解金属矿床矿石中有用成分的溶浸剂、使矿石中的有用成分由固态形式转化为溶液形式，通过钻孔抽取到地面、再从这些浸出液中提取有用成分的一种采矿方式，实际上这是一种集采、选、冶于一体的开采新工艺。

溶浸采矿的优点：①人员无需进入采场，采矿作业安全；②生产成本相对较低，人员主要在地面操作，劳动条件较好；③基建工程量小，建设周期短，费用低；④能提高资源利用率。

溶浸采矿的缺点：①该方法与矿体地质、有用组分的赋存状态、矿石化学性质、可浸性等有密切关系，可应用此法开采的矿种较少；②由于溶浸矿石过程慢，采矿生产能力受到限制，不利于规模化生产。

3. 海洋采矿

海洋采矿是在特定的海洋环境条件下开采赋存于海洋区域（包括深海、近海和海滨）内有利用价值矿产资源的开采方法，狭义的海洋采矿主要指海洋环境中地质矿物的开采。赋存在海洋中的有用地质矿物主要有多金属结核、富钴结壳和多金属硫化物，目前海洋采矿多是对深海多金属结核的开采。

目前，海洋采矿常用的作业方式、采用的设备及采矿方法等分为间断式采矿船开采和连续式采矿船开采，其分类为：

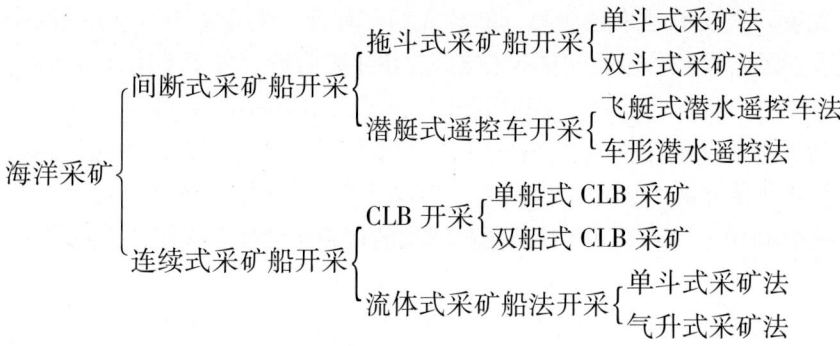

四、采矿技术现状与发展趋势

我国采矿技术发展迅速，表现为采矿技术本身的发展和采矿、装运设备的发展，尤其是现代科技促进了新技术装备、高效能先进设备的研发、应用以及智能化技术的发展，对采矿技术的不断进步给予了强劲的推动力。

1. 露天采矿技术发展现状与趋势

目前，我国露天矿逐渐向规模化、高效化发展，开采工艺更加成熟，运输方式更加灵活，设备更加先进，主要表现在以下几个方面：

（1）露天矿陡帮开采的应用越来越多，组合台阶、高台阶、倾斜分条开采以及横采横扩等方式成为矿山常用的开采方式。自70年代以来，我国金属矿山开始进行陡帮开采工艺的试验研究。由于陡帮开采具有初期剥离量小、基建工程量少、建设周期短和最终边坡暴露时间短等优点，在我国条件相适应的露天矿山中很快得到了推广应用并作为主要方式之一。

（2）松土机—铲运机露天开采工艺于上世纪80年代在孝义铝矿试验成功后，逐步在铝土矿开采中被推广应用。该工艺采用松土机松动矿岩，铲运机装运、卸载，工艺简单，一机多用，分层铲装、开采、排土，实现了排土、复垦一体化。

（3）间断 - 连续开采工艺应用已趋于成熟。这种工艺可充分发挥汽车 - 可移动式破碎机 - 胶带机运输的优势，采用汽车或装运机运输矿石至破碎机破碎，再使用胶带运输机运出采场，特别适用于凹陷露天矿的开采。

（4）大型化、智能化等新设备的应用促使露天采矿技术如虎添翼，获得了前所未有的发展。大直径牙轮钻机、潜孔钻机成为广泛使用的钻孔设备，大容积挖掘机、大吨位汽车、带式输送机的应用为露天矿山的规模化生产创造了有利条件。

2. 地下采矿技术的发展现状与趋势

我国地下采矿技术发展迅速，在井巷掘进、采矿方法、矿山充填等方面取得大量的技术成果，部分技术达到了国际先进水平。

（1）采矿方法的研究进一步深入，先进采矿设备的研发、应用使得矿块生产能力大幅度提高，高中阶、高分段、中深孔爆破落矿成为一种趋势，为大规模、高效率生产和提高资源利用率开创了条件；充填采矿法的成熟应用，促使矿山开采能够最大限度回收利用资源、减少浪费，且极大地提高、改善了地下矿山开采安全性。

（2）无废开采技术越来越成熟。随着人们对环保、安全的重视，废石不出坑直接用于井下采空区充填、尾矿用于井下采空区充填主要骨料，减少了建设尾矿库占地和对地表环境的影响，提高了矿山综合利用程度，降低了矿山生产总成本。

（3）地下开采设备发展迅速，自动化、大型化设备在地下采矿中应用越来越广泛。作为井下装载主导力量的铲运机，制造斗容已达到 6 m³ 甚至更高；采用斜坡道开拓，矿、岩运输选用10 t、25 t、40 t 甚至更高吨位的自卸车已推广应用，为地下矿山的规模化生产提供了便利。

（4）地下采矿数字化、智能化、无人化已在部分矿山生产中得到应用，如地下遥控铲运机的应用，不仅对条件复杂、开采难度大的矿体提供了有效解决途径，而且提高了矿山的自动化水平和安全性。

（5）监测、监控及信息化技术水平不断提高，尤其是矿山安全避险"六大系统"的普及建设与应用，极大提高了矿山生产作业条件的安全度。

（三）特殊开采技术工艺现状

特殊开采技术工艺是相对于普通的常规开采工艺而言，应用范围相对较小。海洋采矿技术与装备的研发虽然取得了重要进展，但还不能进行工业化生产。在溶浸采矿方面，尽管国内外在铜、金、铀矿的溶浸开采中取得了一定的成果，但溶浸采矿技术面临的核心问题是矿石浸出率低、浸出速度慢等问题。目前，特殊开采技术尚待于进一步探索、完善，以期提高应用效果。

第二章　露天开采

第一节　露天开采有关规定

一、露天矿设计原则

（1）优先开发矿石质量高、易采易选和外部建设条件有利等经济效益和社会效益好的矿床。在矿床总体开发方案的指导下，在技术条件允许和保护资源的前提下，优先开采基建量小、投产快和品位较高的地段。

（2）加强矿产综合回收，坚持合理的开采顺序，有效利用和保护资源。在同一开采区段内，实行贫富兼采、大小兼采，降低贫化损失，提高入选品位；对暂时不能利用的资源应切实保护；开采主要金属的同时，应综合回收共生、伴生有用组分。

（3）对生产规模较大的矿山，应根据市场需求、技术可行性和经济效益等，做多个规模方案比较，并研究分期建设的可行性和经济合理性。

（4）应从设计方案、设备材料选择等多方面重视珍惜土地、降低能耗和节约木材。

（5）结合矿山建设规模、工艺要求和资金条件，应积极采用行之有效的新技术、新工艺、新设备，提高矿山装备水平和机械化、自动化程度，提高露天采矿劳动生产率和综合经济效益。

（6）采矿设计应从总体方案到生产工艺全面贯彻安全生产和环境保护法规。对开采引起的环境污染和土地损坏，应有相应的整治、复垦措施。

（7）露天矿设计要加强社会主义市场经济观念、资金周转观念和投入产出观念，要进行多方案比较和动态经济分析，择优选取方案。

二、露天矿规模划分

根据有关规定，黑色金属、有色金属及非金属矿山的设计生产规模划分分别见表 6-2-1、表 6-2-2、表 6-2-3。

表 6 - 2 - 1　　　　　　　　　　　　　黑色金属矿山规模划分

矿山区分	矿山规模类型（万 t/a）							
	特大型		大型		中型		小型	
	矿石	矿岩	矿石	矿岩	矿石	矿岩	矿石	矿岩
露天矿山	大于 1 000	大于 3 000	200 ~ 1 000	1 000 ~ 3 000	60 ~ 200	300 ~ 1 000	小于 60	小于 300

表 6 - 2 - 2　　　　　　　　　　　　　有色金属矿山规模划分

矿山类型和开采方式		一类矿山	二类矿山	三类矿山
铜钼镍矿山	露天开采（万 t/a）	>150	30 ~ 150	<30
铅锌矿山	露天开采（万 t/a）	>100	30 ~ 100	<30
脉锡矿山	露天开采（万 t/a）	>65	10 ~ 65	<10
地下钨矿山（万 t/a）		>65	16 ~ 65	<16
露天铝矿山	采矿量（万 t/a）	>50	20 ~ 50	<20
	剥离量（10^4 m³/a）	>200	50 ~ 200	<50
砂矿水采和机采（万 t/a）		>200	100 ~ 200	<100

表 6 - 2 - 3　　　　　　　　　　　　　非金属矿山规模划分

矿山类型		矿山规模类型（万 t/a）		
		大型	中型	小型
石灰石		>120	120 ~ 50	<50
石棉	矿石量	>30	30 ~ 10	<10
	精矿量	>1.0	1.0 ~ 0.3	<0.3
石墨鳞片	矿石量	>30	30 ~ 10	<10
	精矿量	>1.0	1.0 ~ 0.3	<0.3
石膏		>30	30 ~ 10	<10
高岭土	矿石量	>30	30 ~ 10	<10
	精矿量	>5.0	5.0 ~ 1.0	<1.0
滑石	矿石量	>20	20 ~ 10	<10
	精矿量（浮选）	>5.0	5.0 ~ 2.5	<2.5
	精矿量（不设浮选）	>10	1.0 ~ 5.0	<5.0
膨润土	矿石量	>20	20 ~ 10	<10
	精矿量	>6.0	6.0 ~ 3.0	<3.0
饰面石材：荒料量		>1（10^4 m³/a）	1.0 ~ 0.3（10^4 m³/a）	<0.3（10^4 m³/a）

三、矿山服务年限和工作制度

（一）矿山服务年限

矿山服务年限系指矿山从投产到开采结束全部过程的连续时间，国家对不同的矿种和不同的生产规模相应规定了合理不同的服务年限（分别见表6－2－4、表6－2－5、表6－2－6）。正常生产的矿山要求达到设计生产规模的稳产年限应超过设计总服务年限的三分之二以上，对于国家或市场亟待开发利用的矿产和有资源接续生产的矿山，其服务年限可以适当缩短。

表6－2－4　　　　　　　　黑色金属矿山合理服务年限规定

矿山规模类型	特大型	大型	中型	小型
服务年限（a）	大于30	大于25	大于20	大于10~15

表6－2－5　　　　　　　　有色冶金矿山合理服务年限规定（a）

矿山类别和开采方式	一类矿山	二类矿山	三类矿山
铜、钼、镍矿山露天开采	>25	>20	>10
铅锌矿山露天开采	>25	15~25	>12
脉锡矿山露天开采	>20	15~20	>12
露天铝矿山	>25	>20	-
砂矿水采和机采	>15	10~15	8~10

注：二类矿山生产能力大的取大值，反之取小值。

表6－2－6　　　　　　　　非金属矿山服务年限规定（a）

矿山规模类型	大型	中型	小型
服务年限（a）	>25	>20	>10

（二）矿山工作制度

矿山工作制度一般分为连续工作制度和间断工作制度两种情况，在特殊自然条件地区的矿山工作制度则根据具体情况不同确定。

大、中型露天矿一般采用连续工作制，采矿年工作日为330天，剥离年工作日340天，每天3班，每班8小时。

小型露天矿一般采用间断工作制，年工作日为306天，每天工作班数可按具体情况确定，每班8小时。

高寒、高海拔地区和有特殊要求的矿山，工作制度应根据当地环境与气候影响以及特殊条件确定。

四、露天矿机械化装备水平

我国各矿种露天开采机械化装备水平主要是根据设计生产规模、采场结构要素及设备选型合理配套要求确定，对大型、特大型露天矿的设备配套选型应力求大型化，对中、小型露天矿的设备选型可根据具体条件合理配套。目前，国内各矿种露天矿的机械化装备水平分别见表6－2－7、表6－2－8、表6－2－9。

表 6 - 2 - 7　　　　　　　　　　　　黑色金属矿山装备水平

装备名称	装备水平			
	特大型	大型	中型	小型
穿孔设备	ϕ310 ~ 380 mm 牙轮钻（硬岩） ϕ250 ~ 310 mm 牙轮钻（软岩）	ϕ250 ~ 310 牙轮钻 ϕ150 ~ 200 潜孔钻	ϕ150 ~ 200 潜孔钻 ϕ250 牙轮钻 凿岩台车	ϕ150 mm 及其以下潜孔钻 ϕ150 mm 牙轮钻 凿岩台车 手持式凿岩机
装载设备	斗容 10 m³ 及 10 m³ 以上挖掘机	斗容 4 ~ 10 m³ 挖掘机	斗容 1 ~ 4 m³ 挖掘机 3 ~ 5 m³ 前装机	斗容 1 ~ 2 m³ 挖掘机 3 m³ 以下前装机、装运机
运输设备	100 t 以上汽车 150 t 电机车、100 t 矿车 胶带运输机	50 ~ 100 t 汽车 100 ~ 150 t 电机车、60 ~ 100 t 矿车 胶带运输机	50 t 以下汽车 14 ~ 20 t 电机车、4 ~ 6 m³ 矿车	15 t 以下汽车 14 t 以下电机车、4 m³ 以下矿车
排土设备	推土机配合汽车 破碎 - 胶带 - 推土机 铁路 - 挖掘机	推土机配合汽车 破碎 - 胶带 - 推土机 铁路 - 挖掘机	推土机配合汽车 铁路 - 推土机	推土机配合汽车 铁路 - 推土机
辅助设备	410 × 0.745 kW 以下履带式推土机 300 × 0.745 kW 轮胎式推土机 9 m³ 前装机 平路机	（320 ~ 400）× 0.745 kW 履带式推土机 5 m³ 前装机 平路机	320 × 0.745 kW 以下履带式推土机	180 × 0.745 kW 以下推土机

表 6 - 2 - 8　　　　　　　　　　　有色金属露天矿山的装备水平

设备名称	采矿规模（万 t/a）		
	>100	30 ~ 100	<30
穿孔设备	≥ϕ250 mm 牙轮钻 ≥ϕ150 ~ 200 mm 潜孔钻机	ϕ150 ~ 200 mm 牙轮钻机 ϕ150 ~ 200 mm 潜孔钻机	≤ϕ150 mm 潜孔钻机 凿岩台车 手持式凿岩机
装载设备	≥4 m³ 挖掘机 ≥5 m³ 前装机	2 ~ 4 m³ 挖掘机 3 ~ 5 m³ 前装机	≤2 m³ 挖掘机 ≤3 m³ 前装机 装岩机
运输设备	≥30 t 汽车 100 ~ 150 t 电机车 60 ~ 100 t 汽车 带式运输机	20 ~ 30 t 汽车 14 ~ 20 t 电机车 6 ~ 10 m³ 矿车	≤20 t 汽车 ≤14 t 电机车 ≤6 m³ 矿车

表 6 - 2 - 9　　　　　　　　　　　非金属露天矿山的装备水平

设备名称	装备水平			备注
	大型	中型	小型	
穿孔设备	ϕ150 ~ 200 mm 牙轮钻 ϕ120 ~ 150 mm 潜孔钻	ϕ150 mm 潜孔钻 凿岩台车	ϕ80 mm 潜孔钻 凿岩台车 手持式凿岩机	
装载设备	2 ~ 4 m³ 挖掘机 5 ~ 8 m³ 前装机	1 ~ 2 m³ 挖掘机 3 ~ 5 m³ 前装机	0.5 ~ 1 m³ 挖掘机 1 ~ 3 m³ 前装机	软岩
运输设备	20 ~ 50 t 汽车 14 ~ 20 t 电机车 4 ~ 6 m³ 矿车	10 ~ 20 t 汽车 14 t 以下电机车 4 m³ 以上矿车	7 ~ 10 t 汽车	
排弃设备	推土机配合汽车 铁路 - 推土机	推土机配合汽车 铁路 - 推土机	推土机配合汽车	

五、储备矿量保有期及投产标准

（一）储备矿量保有期

露天矿山生产储备矿量是露天基建工程完成时为投入生产应准备的矿量，露天矿山基建达到投产标准时的采矿生产储备矿量分为开拓矿量和保有矿量（称为"两级矿量"），矿山基建工程量就是根据设计生产规模按规定要求准备的储备矿量确定的依据之一，不同类别的露天矿山生产储备矿量的保有期限也不相同，详见表 6 - 2 - 10。

表 6 – 2 – 10　　　　　　　　　露天矿生产储备矿量保有期

露天开采矿种类别	开拓矿量（a）	备采矿量（a）
黑色金属矿山	2 ~ 3	1 ~ 3（个月）
有色金属矿山		
铜、镍、钼矿山	>1	>0.5
铅、锌、锡矿山	>1	>0.3
铝土矿山	>1	0.25 ~ 0.5

（二）矿山建设投产标准

1. 黑色金属矿山

已完成设计拟定的基建工程量，主要工艺设备安装配套，经负荷联动试车合格构成生产线，形成生产能力（采矿应以投产第一年的回采矿量计算），能够生产出设计文件中规定的产品或代表产品，生产准备工作能适应投产初期的需要，这时矿山才能投产。

当矿山建设按季度计算的投产时间难以计算时，如果矿山已形成的综合生产能力达到了设计规模的下述比例，也可以投产。

特大型、大型矿山 30% ~ 40%。

中、小型矿山 40% ~ 60%。

2. 有色金属矿山

矿山投产时的年产量与设计年产量的比例，应符合表 6 – 2 – 11 的规定。

表 6 – 2 – 11　　　　　　　　　投产时年产量的比例（%）

矿山类别	一类矿山	二类矿山	三类矿山
铜钼镍矿山	>30	>50	>80
铅锌矿山	>30	30 ~ 50	50 ~ 100
脉锡矿山	>40	>60	>80
钨矿山	>35	>50	>80

注：二、三类矿山生产能力大的取大值，反之取小值。

第二节　露天开采境界结构要素

选择不同的露天开拓运输方式、方案决定于不同的露天开采境界构成要素，有关露天开采的开拓运输方式、方案已在第一章内容中有所概述。露天开拓运输方式、方案有单一开拓运输方式、方案和联合开拓运输方式、方案两大类：单一开拓运输方式、方案有单一公路开拓运输和铁路开拓运输两种形式；联合开拓运输方式、方案有公路—铁路联合开拓运输方案、公路（或窄轨铁路）—斜坡卷扬提升联合开拓运输方案、公路（或窄轨铁路）—平硐溜井联合开拓运输方案、公路—破碎站—胶带机输送联合开拓运输方案、自溜—斜坡卷扬提升联合开拓运输方案。

一、露天开拓运输方式、方案的选择

选择单一公路开拓运输方案最大的优点是开拓系统相对简单，各工序设备操作便捷、灵活，设备效率高，易于安全与生产管理。其他开拓运输方式、方案的选用受特定的地形条件、矿床规模特别是矿床分布走向长度等自然条件所限，因而不宜选用。本节内容仅以单一公路开拓运输方式、方案为对象，阐述其露天开采境界构成要素。

根据矿区地形条件及矿体赋存空间，露天采场可分为山坡露天、凹陷露天两种结构形式。在设计圈定露天开采境界时，以封闭圈水平地形等高线为界，其以上为山坡露天，以下为凹陷露天。当矿体赋存于地平线标高以上的山坡地带或地平线以下的深部空间时，设计所圈定的露天采场境界应为单一形式的山坡露天或凹陷露天；当矿体赋存由地平线以上山坡并延伸到地平线以下深部时，设计所圈定的露天采场境界则由上部为山坡露天、下部为凹陷露天两部分组成。

无论是山坡露天、凹陷露天，还是上部为山坡露天及下部为凹陷露天不同的采场形式，其结构构成要素都是分层台阶、台阶坡面角、工作平台、清扫平台、运输平台（采场内部公路），开采终了最终边坡角、采场上部长度、底部长度及采场上部宽度、底部宽度、采场垂直总深度等。

山坡露天和凹陷露天两种形式的采场结构构成要素典型实例分别如图 6 - 2 - 1、图 6 - 2 - 2、图 6 - 2 - 3 所示。

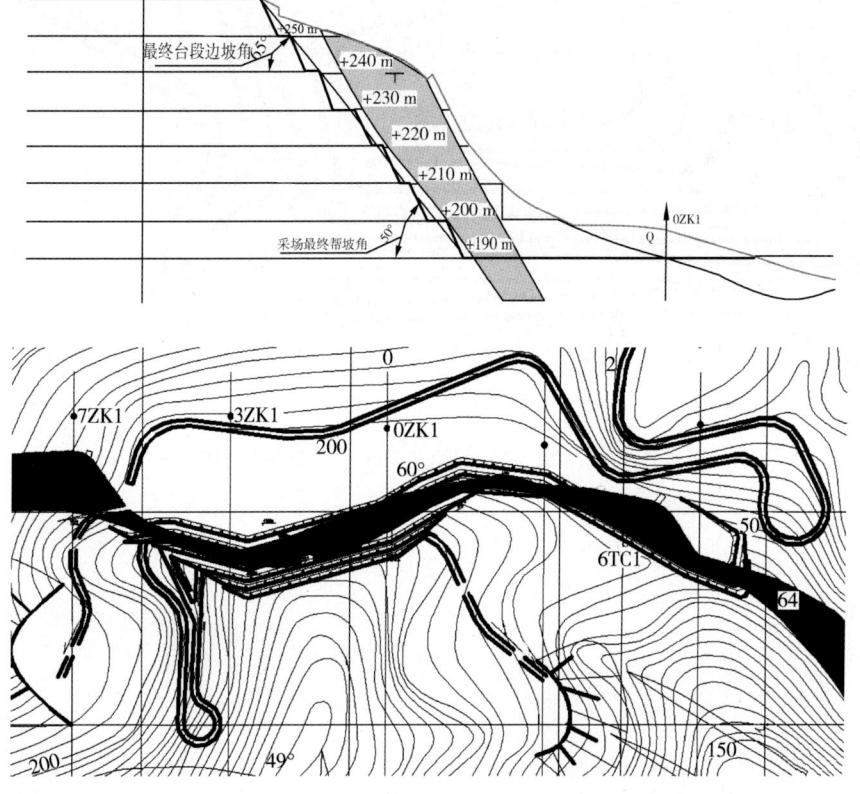

图 6 - 2 - 1　山坡露天开采终了剖面及平面图

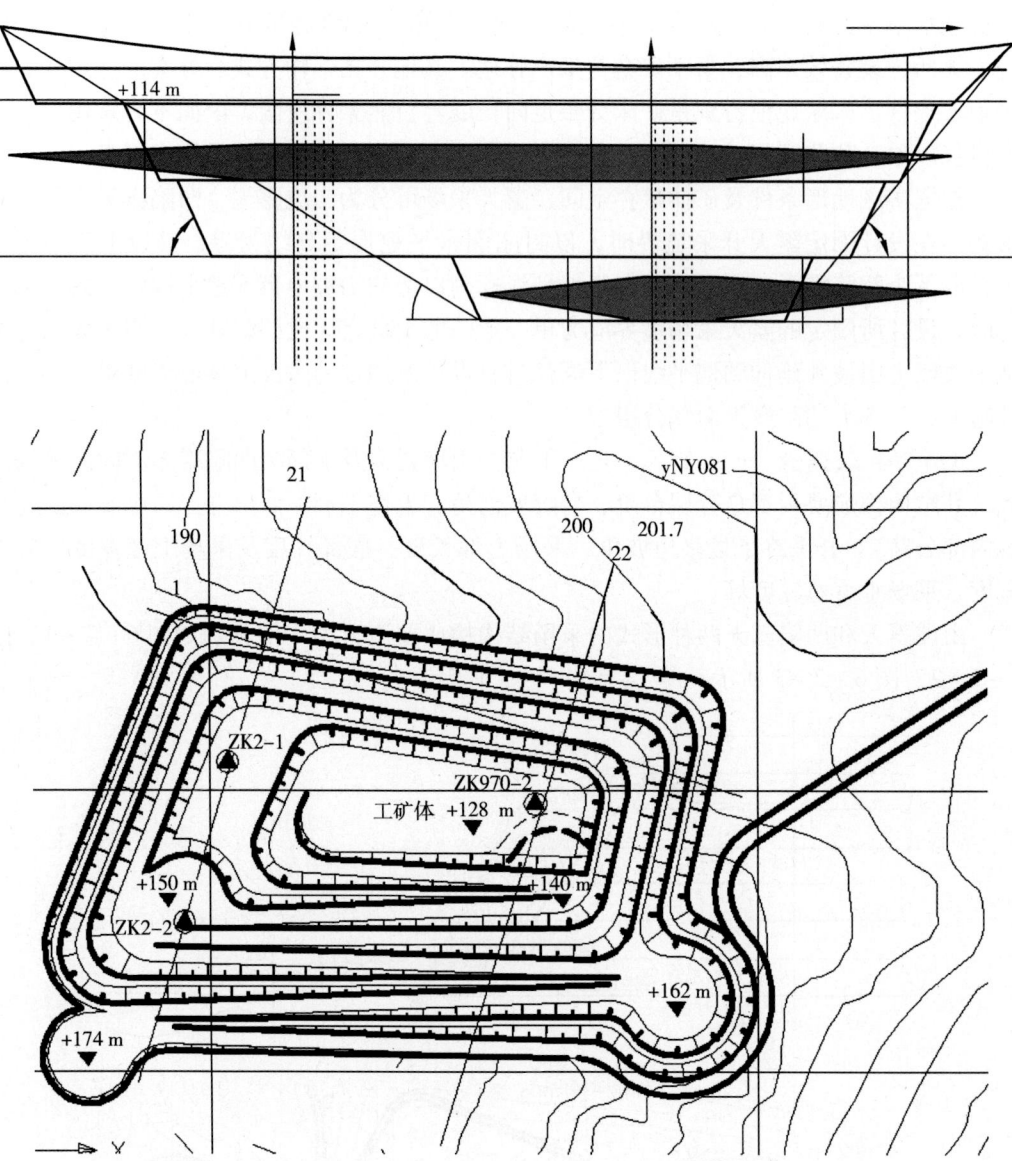

图 6 - 2 - 2　凹陷露天开采终了剖面及平面图

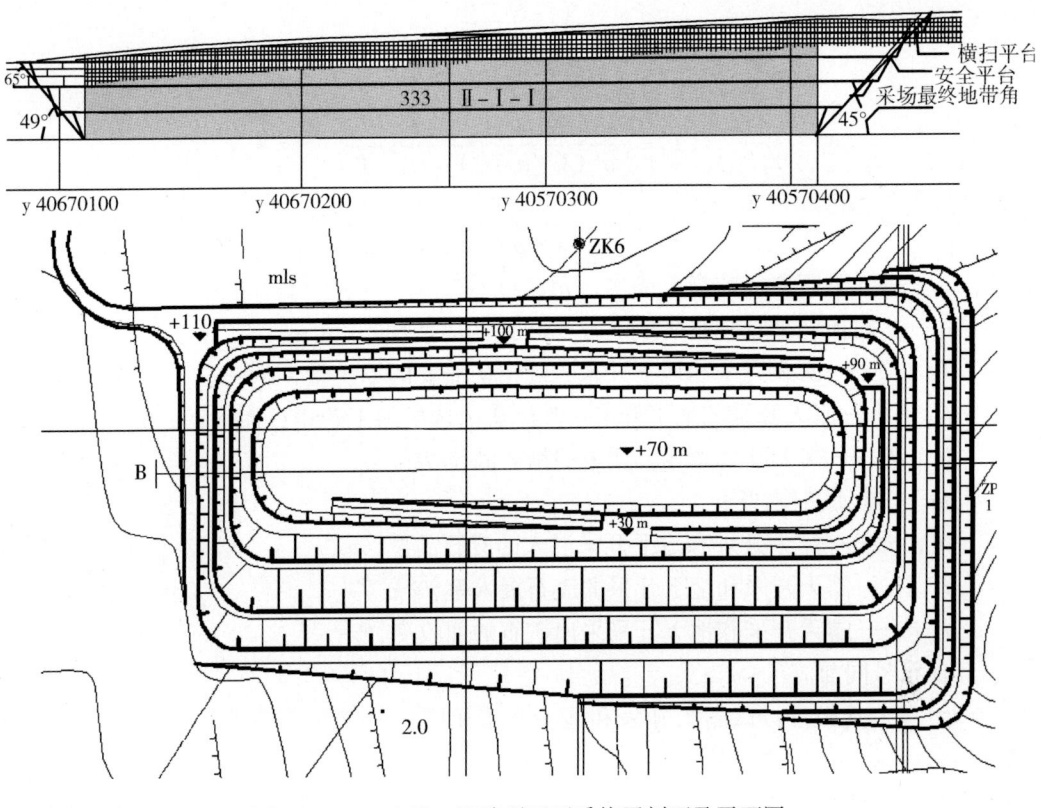

图 6 - 2 - 3　山坡—凹陷露天开采终了剖面及平面图

二、露天开采境界圈定

（一）露天开采境界圈定的方法

在设计圈定露天开采境界时，应首先确定合理的露天开采深度。合理的露天开采深度是露天与地下两种开采方式在经济上合理的分界线，如果露天开采深度超过了这一分界线，即表明其分界线以下的露天开采成本将要增加，相对于地下开采在经济已不合理。合理的露天开采深度应以设计圈定的露天境界内矿、岩剥采比≤露天开采经济合理剥采比确定。

1. 经济合理剥采比常用计算方法

（1）产品成本比较法：以露天开采和地下开采原矿成本相等为计算基础，即

$$N_j = \frac{c-a}{b}$$

式中　N_j——经济合理剥采比，t/t；

　　　c——地下开采每吨矿石成本，元；

　　　a——露天开采每吨矿石成本（不包括剥离费用），元；

　　　b——露天开采每吨剥离费用，元。

（2）精矿成本比较法：以露天开采和地下开采一吨精矿的成本相等为计算基础，即

$$N_j = \frac{c_d - a_1}{bT_1}$$

$$c_d = (c + f_d) \, T_d$$

$$T_d = \frac{\beta_1}{[\alpha \, (1 - \rho_d) + \rho_d \alpha_d] \, \varepsilon_d}$$

$$T_1 = \frac{\beta_1}{[\alpha \, (1 - \rho_1) + \rho_1 \alpha_1] \, \varepsilon_1}$$

式中　c_d——地下开采一吨精矿成本,元;

　　　a_1——露天开采一吨精矿成本(不包括剥离费用),元;

　　　T_1,T_d——露天开采和地下开采一吨精矿需要的原矿量,t/t;

　　　f_1,f_d——露天开采和地下开采一吨原矿的选矿加工费用,元;

　　　β_1,β_d——露天开采和地下开采的精矿品位,%;

　　　α——地质品位,%;

　　　α_1,α_d——露天开采和地下开采混入的废石品位,%;

　　　I,d——露天开采和地下开采的废石混入率,%;

　　　I,d——露天开采和地下开采采出矿石的回收率,%;

　　　其他符号同前。

（3）盈利比较法：以露天开采和地下开采相同工业储量获得的总盈利相等为计算基础。

①按原矿产品计算。

$$N_j = \frac{n'_1 \, (B_1 - a) - n'_d \, (B_d - c)}{b}$$

$$n'_1 = \frac{n_1}{1 - \rho_1}$$

$$n'_d = \frac{n_d}{1 - \rho_d}$$

式中　B_1,B_d——露天开采和地下开采每吨原矿的销售价格,元;

　　　n'_1,n'_d——露天开采和地下开采的视在回采率,%;

　　　n'_1、n_d——露天开采和地下开采的实际回采率,%;

　　　其他符号同前。

②按精矿产品计算。

$$N_j = \frac{A_1 - A_d}{b}$$

$$A_1 = \frac{\alpha_1 \varepsilon_1}{\beta_1} p_1 - n'_1 \, (\alpha + f_1)$$

$$A_d = \frac{\alpha_d \varepsilon_d}{\beta_d} p_d - n'_d \, (c + f_d)$$

式中　A_1,A_d——露天开采和地下开采每吨工业储量加工成精矿获得的盈利,元;

　　　α'_1,α'_d——露天开采和地下开采采出的矿石品位,%;

p_1，p_d——露天开采和地下开采的每吨精矿价格，元；

其他符号同前。

用盈利法确定多金属矿床的经济合理剥采比时，应分别计算出各金属品种露天和地下开采的单位盈利后累加求得。

2. 各经济合理剥采比计算方法适用条件

（1）原矿成本比较法：此法没有考虑露天和地下开采在矿石贫化和损失方面的差别，采出矿石的数量和质量不同对企业经济效益的影响，也没有涉及矿石的价值，因而只有在两种开采方法的矿石损失率和贫化率相差不大，且地下开采成本低于产品售价时方采用。

（2）精矿成本比较法：此法虽然考虑了两种开采方法的矿石品位和选矿指标，但未考虑矿石损失的因素，因此只有在两种开采方法的矿石贫化率相差较大、损失率接近，以及地下开采的矿石加工为最终产品的成本低于售价时方采用。

（二）露天采场结构要素

露天采场结构由以下要素组成：分层台阶及高度、分层工作台阶坡面角、分层非工作台阶坡面角、安全平台及宽度、清扫平台及宽度、运输公路及宽度、露天采场上口长度及宽度、露天采场底部长度及宽度、露天采场最终边坡角。

1. 分层台阶高度

分层台阶高度是上分层平台面与下分层平台面之间的垂直高度，一般是按设计所选用的穿孔、挖装设备技术性能确定，采用小型机械穿孔和挖装时的分层台阶高度一般应 < 10 m，采用中、大型机械穿孔和挖装时的分层台阶高度多选取 10 ~ 15 m，分层台阶高度的选取一般要求详见表 6 - 2 - 12。

表 6 - 2 - 12　　　　　台阶高度规定

矿岩性质	采掘作业方式		台阶高度
松软的岩土	机械铲装	不爆破	不大于机械的最大挖掘高度
坚硬稳固的矿岩		爆破	不大于机械的最大挖掘高度的1.5倍
砂状的矿岩	人工开挖		不大于 1.8 m
松软的矿岩			不大于 3.0 m
坚硬稳固的矿岩			不大于 6.0 m

分层台阶高度还应充分考虑矿山生产规模。生产规模较大的矿山在遵循台阶高度选取要求的基础上，尽可能取大一些，可以有效降低台阶交换频率，为新水平的准备创造充足的时间。

分层台阶高度选取时还应考虑矿、岩体的稳定性因素。对于最终边坡稳定好的岩层，可考虑将 2 ~ 3 个台阶进行并段，合并为一个台阶高度，但此时要考虑安全平台及清扫平台宽度应适当加宽。

2. 安全平台、清扫平台宽度

（1）安全平台上分层和下分层之间应设置的一个平台，是作为缓冲和阻截滑落的岩石，其宽度一般为台阶高度的1/3（但不得小于 3 m）。

（2）清扫平台用于阻截滑落岩石并能由清扫设备进行清理，其宽度由设计所选用的清扫设备规格而定，其宽度一般选择 6 m，且每隔 2~3 个分层台阶（或称安全平台）设置一个清扫平台。

3. 运输平台（公路）宽度和纵向坡度

运输平台（公路）是采场内部的运输公路，由采场上部出入口一直布置到采场的最低水平，其宽度由设计所选用的运输汽车规格宽度确定，有单车道或双车道。

当安全平台与运输平台重合时，其宽度需要在运输平台宽度基础上增加 2~3 m。

汽车运输平台（公路）最小宽度见表 6-2-13。

表 6-2-13　　　　　　汽车运输（公路）平台最小宽度

车宽分类		一	二	三	四	五	六
车身计算宽度（m）		2.5	3.0	3.5	5.0	6.0	7.0
载重量		7	20	32	68	100	154
运输平台宽度（m）	单线	8	9	10	12	15	18
	双线	11.5	13	14.5	17.5	22.5	26

汽车运输平台（公路）纵向坡度一般选取为 <8%，当局部地段受到地形条件的复杂性限制时，纵向坡度选取可 >8%，但不宜大于 15%。

4. 非工作（终了）台阶坡面角

非工作（终了）台阶坡面角是一个分层高度开采结束后留设的台阶坡面，是由本台阶的坡底边界、坡顶边界连线形成的斜面与坡底水平面的夹角，该坡面角的大小将影响到台阶边坡的稳定性，设计选取时应考虑矿体及岩石性质、岩层倾角、倾向、节理、层理、断层、台阶高度以及穿爆方法诸多因素。

非工作（终了）台阶坡面角选取参见表 6-2-14。

表 6-2-14　　　　　非工作（终了）台阶坡面角经验参考值

岩石硬度系数 f	15~20	8~14	3~7	1~2
终了台阶坡面角	70°~75°	65°~70°	60°~65°	50°~55°

5. 工作台阶坡面角

工作台阶坡面角是一个分层高度在开采过程中应保持的台阶坡面，是由本台阶的坡底边界、坡顶边界连线形成的斜面与坡底水平面的夹角，该坡面角的大小可按大于表 2-1-14 中的非工作（终了）台阶坡面角提高 5° 选取，见表 6-2-15。

表 6-2-15　　　　　　工作台阶坡面角经验参考值

岩石硬度系数 f	15~20	8~14	3~7	1~2
终了台阶坡面角	75°~80°	70°~75°	65°~70°	55°~60°

6. 露天采场最终边坡角

露天采场最终边坡角是采场最低部一个台阶的坡底线和最上部一台阶的坡顶线范围内的多个组合台阶连线构成的假想平面和水平面的夹角。

露天采场最终边坡由采场最终深度内多个分层台阶包括安全平台、清扫平台和运输平台（公路）各要素组成。

7. 影响最终边坡稳定的主要因素

（1）岩石的物理力学性质，包括岩石硬度、内聚力和内摩擦角等。

（2）地质构造，包括由破碎带、断层、节理裂隙和层理面构成的软弱面，不稳定软岩夹层，以及遇水膨胀的软岩等。

（3）水文地质条件，包括地下水的静压力和动压力，地下水活动对岩层稳定性的影响。

（4）强烈地震区地震的影响。

（5）开采技术条件和边帮存在的时间。

8. 边坡稳定性维护可采取的措施

（1）靠近最终边坡的 1～2 排炮孔采用预裂爆破、光面爆破等控制爆破。

（2）减少炮孔装药量，采用微差爆破，降低爆破对边帮的震动。

（3）水文地质条件复杂的矿山，进行专门的疏干工作。

（4）打锚杆、挂网、注浆、喷浆加固或浆石砌筑挡土墙等。

9. 最终边坡角

最终边坡角应根据所处边坡的矿、岩石性质、地质构造和水文地质条件，充分考虑安全稳定性以及运输系统布置的要求来确定。为了减少剥离量，在保证生产需要和安全的前提下，最终边坡角应尽可能大些。

最终边坡角可参照类似矿山的实际资料由设计确定。

（三）单一公路开拓矿山道路

1. 公路开拓矿山道路

（1）公路开拓道路分类：

①生产干线：采矿场各开采阶段通往卸矿点或排弃场的共用道路。

②生产直线：由开采台阶或排弃场与生产干线相连通的道路，以及由一个开采台阶直接到卸矿点或排弃场的道路。

③联络线：道路与道路之间相连接的路段。

④辅助线：通往矿区范围内的附属厂（车间）和各种辅助设施的道路。

露天矿公路开拓的运输道路按其性质、行车密度、使用年限和地形条件分为三类，见表 6 - 2 - 16。

表 6 - 2 - 16　　　　　　　　　　公路开拓道路类型

道路类型	小时单向行车密度（辆）	使用条件
一类	>85	生产干线
二类	85～25	生产干线、直线
三类	<25	生产干线、直线和联络线、辅助线

（2）公路开拓路面等级：公路开拓运输道路路面等级及其所属的面层类型，一般按照表 6 - 2 - 17 划分。

表 6 - 2 - 17　　　　　　　　　　　公路开拓路面等级及面层类型

路面等级	面层类型	使用年限
高级路面	水泥混凝土、沥青混凝土、热拌沥青碎石、整齐块石	10
次级路面	冷拌沥青碎（砾）石、沥青贯入碎（砾）石、沥青碎（砾）石表面处治、较整齐块石	6 (5)
中级路面	沥青灰土表面处治、泥结碎（砾）石、及配砾（碎）石、工业废渣及其他粒料、不整齐块石	5
低级路面	当地材料改善土	<3

注：表中括号内的数据系采用沥青碎（砾）石表面处理的使用年限。

（3）公路开拓运输道路路面选择：

①根据道路等级选择路面。一级露天矿山道路可采用高级或次高级路面，也可采用中级路面；二级可采用次高级或中级路面；三级可采用中级路面。二、三级露天矿山道路，如服务年限较长，亦可采用高级、次高级路面。三级露天矿山生产支线、联络线或临时线，服务年限较短时，可采用低级路面。

②根据矿山企业生产特点及要求选择路面。防尘要求较高的生产道路，可选用各种沥青路面和水泥混凝土路面；埋有地下管线并经常开挖检修的路段，可采用水泥混凝土预制块路面或块石路面；纵坡较大或圆切线半径较小的路段，可采用块石路面；经常行驶履带车的道路，可选用块石路面或低级路面。

③根据气候、土基状况、材料供应以及施工、养护条件等选择路面。对于同一个露天矿，所选用的路面面层类型不宜过多。露天矿山道路，特别是行驶重型自卸汽车的露天采矿场内道路，多采用泥结碎石等面层类型的中级路面，因此需要加强道路路面养护。生产线（除单向环行者外）和联络线一般按双车道设计；联络线在地形条件困难时可按单车道设计；辅助线可根据需要按单车道或双车道设计。当单车道需要同时双向行车时，应在适当的间隔距离内设置错车道。错车道宜设在纵坡不大于 4% 的路段。任意相邻两错车道间应能互相通视，其间距不宜大于 300 m。

（4）公路开拓运输道路技术参数：

①转弯曲线半径：各级露天矿山道路应尽量采用较大的圆曲线半径。当受地形或其他条件限制时，可采用表 6 - 2 - 18 所列最小转弯曲线半径。

表 6 - 2 - 18　　　　　　　　　　　最小转弯曲线半径

露天矿山道路等级	一	二	三
最小圆曲线半径（m）	45	25	15

②路面宽度：不同汽车车宽与道路等级的道路路面宽度，一般按表 6 - 2 - 19 选取。

表 6 - 2 - 19　　　　　　　　　不同汽车车宽与道路等级路面宽度

车宽类型		一	二	三	四	五	六	七	八
计算车宽（m）		2.4	2.5	3.0	3.5	4.0	5.0	6.0	7.0
双车道 路面宽度（m）	一级	7.0	7.5	9.5	11.0	13.0	15.5	19.0	22.5
	二级	6.5	7.0	9.0	10.5	12.0	14.5	18.0	21.5
	三级	6.0	6.5	8.0	9.5	11.0	13.5	17.0	20.0
单车道 路面宽度（m）	一、二级	4.0	4.5	5.0	6.0	7.0	8.5	10.5	12.0
	三级	3.5	4.0	4.5	5.5	6.0	7.5	9.5	11.0

注：①当实际车宽与计算车宽的差值大于 15 cm 时，应按内插法，以 0.5 m 为加宽量单位，调整路面的设计宽度。

②当双车道中部需要设置阻车堤时，应增加堤底及其安全间隙的宽度。

③辅助线的路面宽度，在工程艰巨或交通量较小的路段，可减少 0.5 m。

③采场内部运输平台宽度：不同汽车车宽的采场运输平台宽度可参照表 6 - 2 - 20 选取。

表 6 - 2 - 20　　　　　　　　　采矿场内运输平台宽度

车宽分类		一	二	三	四	五	六	七	八
运输平台 宽度（m）	单线	7.5	8.0	9.0	10.0	11.5	13.5	15.0	17.0
	双线	10.5	11.5	13.0	14.5	16.5	19.5	22.5	26.5

（5）公路开拓运输线路的布置形式：应按山坡露天和凹陷露天不同采场类型布置。山坡露天可根据采场外部线路沿地形等高线直接连接于各分层台阶水平，即采用直进式或树枝式布置；凹陷露天应以采场境界圈定范围内的平均生产剥采比最小为原则，选择合理的总出入口位置，采场内可采用折返式或螺旋式布置；当上部为山坡露天、下部为凹陷露天时，可采用上部山坡露天为直进式、下部凹陷露天为螺旋式组合布置，即露天采场总出入口封闭圈水平以上山坡部分可采用直进式或树枝式布置，封闭圈水平以下凹陷部分可采用折返式或螺旋式布置。

山坡露天和凹陷露天两种形式的公路开拓采场线路布置形式如典型实例图 6 - 2 - 4、图 6 - 2 - 5、图 6 - 2 - 6 所示。

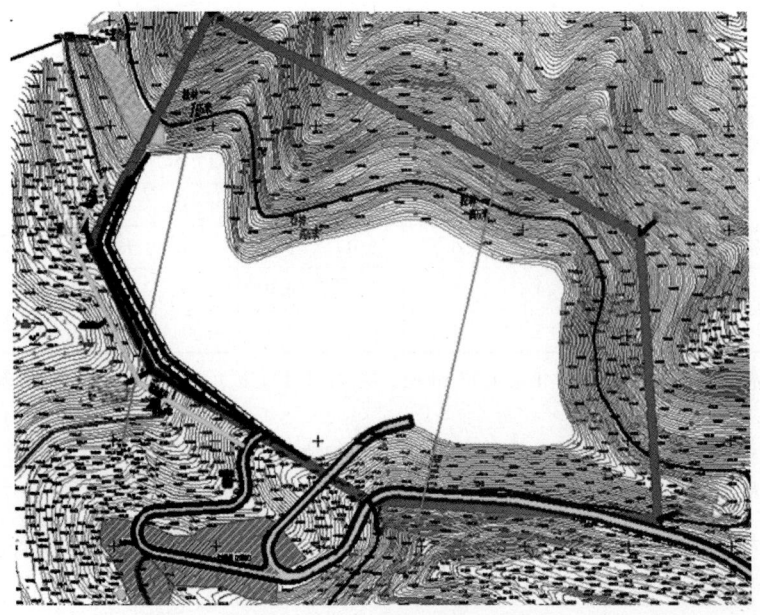

图 6 - 2 - 4　山坡露天线路直进式布置形式

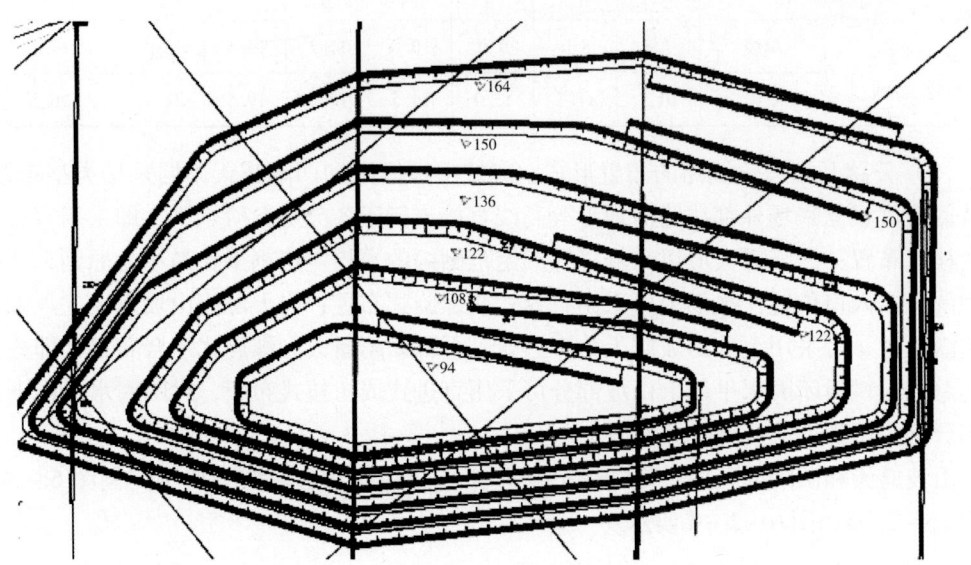

图 6 - 2 - 5　凹陷露天折返式线路布置形式

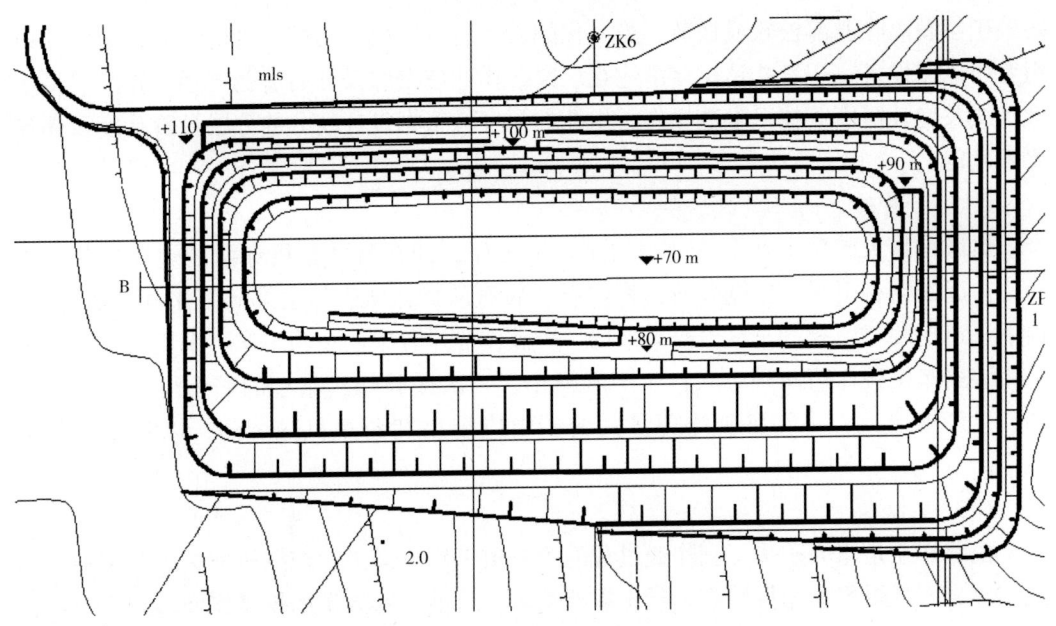

图6-2-6　山坡-凹陷露天线路螺旋式布置形式

第三节　露天采、剥工艺及辅助作业

一、采、剥工艺方法选择及分类

1. 露天矿采、剥工艺方法分类

采、剥（采矿与剥离）方法是露天矿开采生产过程的中心环节，它决定着露天矿的开采方式、技术装备、矿床开采强度和经济效益。在露天采矿中，采矿和剥离工艺一般区别不大，一个台阶上的一台设备往往既可进行采矿，又可进行剥离。采、剥方法主要是研究露天开采中采矿、剥离的开采顺序以及它们的时间及空间的变化关系等问题。换言之，在露天生产过程中，剥离必须先于采矿并按生产剥采比要求安排剥离量，如果剥离工作满足不了采矿的需要，即会造成采、剥失调。剥离的目的是提前把覆盖于矿体上部的岩石挖掉，使矿体暴露并具有一定的作业空间，以便进行采矿。因此，"采剥并举、剥离先行"是保证露天矿山连续、稳定生产的指导方针，否则，一旦造成采、剥失调，将很难保证矿山连续、稳定生产，影响生产规模的实现，甚至还可能导致停产。

二、穿孔、爆破、挖装、运输及其他配套辅助作业

露天开采工艺由穿孔、爆破、挖装、运输及其他配套辅助作业构成，是露天矿山机械化开采的一整套作业工序。

（一）穿孔

穿孔是露天矿采、剥作业过程的第一道工序，由潜孔钻机完成其作业工序。露天矿

的采矿与剥离除浅部松软或松散、受风化的矿、岩可直接采用挖掘机挖装外，则必须采用专用机械设备——潜孔钻机穿凿炮孔。穿孔作业应按照设计的炮孔排距、孔距、最小抵抗线及炮孔深度等技术参数操作，炮孔的深度应根据设计划分的分层台阶高度及超深要求确定。

（二）爆破

爆破是露天矿采、剥作业过程的第二道工序，即在潜孔钻机穿凿的炮孔内装入炸药，由起爆器材引爆产生爆轰波，将矿石或岩石从矿体或岩体上爆碎下来并形成爆堆，由下一道挖装工序装汽车运出露天采场。爆破作业过程中的装药工作可采用人工装药和采用装药车机械炸药两种方式，生产规模小、一次爆破炸药量小的矿山可采用人工装药，生产规模大、一次爆破炸药量大的矿山应采用装药车机械装药，以其提高作业效率。

（三）挖装

挖装作业是露天矿采、剥作业过程的第三道工序，即采用挖掘机把爆破下来的矿石或剥离岩石从爆堆上挖掘装汽车运出露天采场。目前，露天矿的挖装作业多选用柴油液压反铲挖掘机，也可选用正铲电动挖掘机（也称之"电铲"），此两种挖掘机相比，柴油液压反铲挖掘机的生产效率较高，该挖掘机具有铲臂长、扬斗高度大、挖装半径大、行走灵活、可自身集中爆堆等优点，因此其作业效率高。

（四）运输

运输是露天矿采、剥作业过程的第四道工序，即采用矿用自卸汽车把由挖掘机挖装入汽车车斗内的矿石或剥离岩石，经采场内、外运输公路运出露天采场到选矿厂或废石场。

露天矿山采、剥工艺方法见图6－2－7所示。

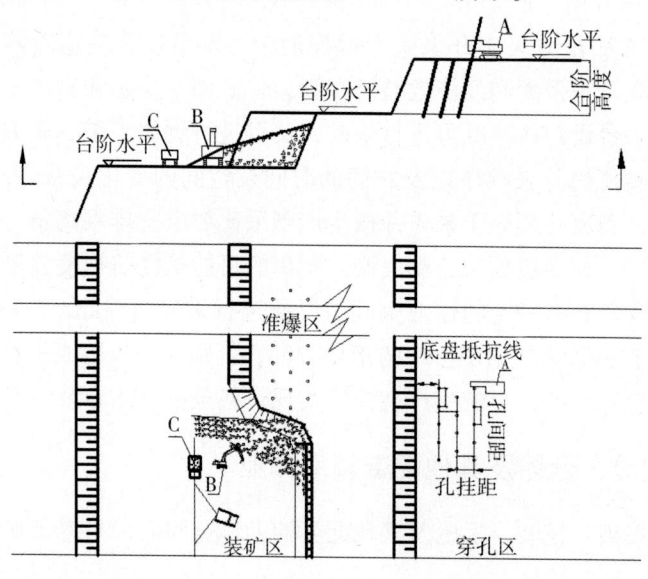

设备名称	
序号	名称及规格
A	潜孔钻机
B	挖掘机
C	矿用载重汽车

注：该采矿方法适用于矿体宽度较大的矿山

图6－2－7　露天矿采、剥工艺方法

（五）其他配套辅助作业

在露天矿采、剥作业工序中，除穿孔、爆破、挖装及运输外，还需要配套其他一些辅助作业，如露天边坡修理、爆破根基清理、爆堆集中与洒水降尘、安全平台和清扫平台定期清理浮石以及大块矿岩石二次破碎、矿坑排水与防洪等。上述辅助作业工序所需要的机械设备主要应配套有轻型凿岩机、推土机、装载机、洒水车、碎石机、排水水泵与排水管道等。各辅助作业的具体工作内容为：

1. 露天边坡修理

露天边坡修理是维护露天采场爆破稳定的一项重要环节，当采矿或剥离工作施工到设计的采场最终境界边缘时，需按设计要求的分层台阶坡面角留设安全平台或清扫平台以及台阶边坡，当大爆破留设的台阶边坡不平整或坡面角达不到设计的角度要求时，即采用轻型凿岩机按设计要求的平整度或边坡角度实施凿岩炮孔、装炸药爆破对边坡进行修整，从而达到边坡稳定的目的。

2. 爆破根基清理

爆破根基清理是对大爆破后因爆破炮孔炸药爆炸不完全遗留的矿体或岩体根基，如不对其清理，将影响挖掘机挖装作业，并造成挖装场地不平整而影响汽车运行。爆破根基清理也是采用轻型凿岩机按设计要求凿岩浅孔采取用炸药爆破将根基清除。

3. 矿（岩）堆集中与洒水降尘

矿（岩）堆集中与洒水降尘是对挖掘机挖装矿（岩）堆不集中的矿、岩加以集中，对挖装矿（岩）堆以及挖装作业场地井下洒水降尘，以便提高挖掘机作业效率和防止粉尘飞扬对作业面大气环境产生污染，以保证清洁生产。矿（岩）堆集中可选用推土机、装载机等设备，也可有液压挖掘机自身集中矿（岩）堆；洒水降尘可选用洒水车洒水。

4. 安全平台和清扫平台浮石清理

在露天矿生产中，露天采场设置的安全平台和清扫平台应定期清理台阶边坡滑落的浮石，防止浮石滑落到下一台阶作业面危及作业人员及设备的安全。其清理方法可采用人工清理或机械清理，采用机械清理时应根据露天采场留设的平台宽度选择清扫设备的型号或规格。

5. 大块二次破碎

采、剥爆破作业会产生一定数量的矿、岩大块，必须采取二次破碎降低块度，否则，有些大于挖装设备挖装块度要求的大块将难以挖装。大块二次破碎可采用浅孔小药包爆破或机械破碎，目前多采用液压碎石机（锤）对大块进行破碎。如果采用浅孔小药包爆破大块的二次破碎，会产生废石，其安全性差，并要求爆破安全警戒范围≥400 m，有时因受地面设施环境影响，必须对受安全影响的设施采取搬迁措施，造成建设投资增加等经济方面的不合理。

三、采、剥作业顺序

采、剥作业顺序一般以工作线推进方法进行分类，可分为横向、纵向、扇形、环形或周边等方法。按照开采范围及开采时间，可分为全境界、分期境界、分期开采、分期分区开采、陡帮开采等。

（一）全境界开采

全境界开采是指采、剥工程按照规定的开采台阶，沿水平方向连续扩展到最终境界，在垂直方向按开采全深单位逐层连续向下延伸，直到最终开采深度为止。该方法与分期开采和分区开采相比可以有较大的生产能力，生产组织管理比较简单。但它要求在设计时一次确定最终开采境界，因此，矿山应一次勘探清楚，勘探时间长，一次工作量大，对有利部位的优先性开采选择性较差，造成基建工程量大，基建时间长，生产剥采比的调节余地小，洪峰值出现较早，洪峰值高等严重缺点，随之造成初期使用的设备较多，投资大，生产费用高，影响矿山开采，特别是初期开采的经济效果。所以，该方法一般适用于有限矿田和在露天开采境界范围内各部位的矿体埋藏条件和开采技术条件差别不大的露天矿。

（二）分期境界

分期境界的目的是为了获得较好的经济效果，特别是初期的经济效益。可以考虑分期境界的条件是：

（1）开采资源量及境界范围比较大，开采年限较长的露天矿。

（2）矿床埋藏条件变化大，开采技术条件差别悬殊的矿山。可以先开采条件好的地段，选择一定的境界范围先开采，如选择矿体较厚、矿石质量较好、地形条件有利、覆盖层薄、剥采比小并能够满足设计生产规模要求的地段。

（3）在某些特定条件下，如采场内有剥离量很高的高山，或有需要迁移的地表水体和重要交通线路、有需要搬迁的重要建筑物等。为了推迟它们的剥离、迁移、搬迁时间，可以采用分期开采。

（4）有的矿山受勘探程度的影响，开始只能按已探明的工业储量确定开采境界进行生产。随着探明储量的增加，逐步扩大开采境界。

（5）由于生产规模的加大，原有采场不能适应生产能力的要求，需扩大开采范围，这样在客观上也形成了分期开采。

（三）分区开采

分区开采是在已确定的合理开采境界内，在相同开采深度条件下在平面上划分若干小的开采区域，根据每个区域的生产条件和生产需要，按一定顺序分区开采，以改善露天开采的经济效果。与分期开采方式相比，这两种开采方式考虑问题的出发点和想要达到的目的都是相同的，优缺点也基本一样，不同的是分区开采是在平面上划分开采分区，分期开采是在深度上划分采区。

（四）分期分区开采

分期分区开采指的是总体上看是分期开采，但分期中又有分区，或总体上看是分区开采，但分区中又有分期，或既有分期开采的特征，又有分区开采的特征。

（五）露天矿陡帮开采

陡帮开采是多年来经实践证明在露天开采中值得推广的一种有效降低生产剥采比、

节省剥离成本的采剥方式，故将其重点介绍如下：

1. 陡帮开采的基本原理

采用缓帮，即台阶全面开采时，工作帮坡角一般为 8°～15°；采用陡帮，即台阶轮流开采时，工作帮坡角可达 25°～35°，有时还更大，接近最终边坡角。

陡帮开采时，工作帮上不是每个台阶布置挖掘机，即不是每个台阶都处于作业状态，其中一部分台阶是作业台阶，另一部分台阶则是暂不作业台阶。作业台阶和暂不作业台阶轮流开采。作业台阶保留最小工作平盘宽度，暂不作业台阶只保留很窄的平台。

为了实施陡帮开采，加陡工作帮坡角，还可以采取其他一些技术措施，例如：

（1）横向采掘。陡帮开采时实体采掘带宽度即爆破进尺比较大，其值从几十米到上百米，大大超过挖掘机一次可能采掘的宽度。为了充分利用采掘后作业空间进行调车和其他作业，挖掘机有时作横向采掘。此时挖掘机的采掘方向与采掘带垂直。

（2）纵向爆破。缓帮开采时，一般实行横向爆破，爆堆在平盘中所占的宽度很大，因而增加了工作平盘宽度。为了减少工作平盘宽度，实行纵向爆破，爆堆亦纵向布置。

（3）采用深度法设置备采矿量。备采矿量的设置方法可以分为宽度法、长度法和深度法。当采用深度法设置备采矿量时，剥岩帮坡角越陡，备采矿量越大；采矿工作帮坡角越缓，备采矿量越大。这是对陡帮开采极为有利的。

2. 陡工作帮的作业方式

根据工作帮上台阶的轮流方式，陡帮开采的作业方式可以分为：

（1）工作帮台阶依次轮流开采（即倾斜分条开采）。这种作业方式是露天矿整个剥岩工作帮由一台或两台挖掘机从上而下依次轮流进行开采，此时剥岩帮上只有一个台阶在作业，其余台阶均处于暂不作业状态。也可在相邻台阶上尾随作业。所留平台宽度较窄，故能最大限度地加陡工作帮坡角，获得较好的经济效益。

当两台挖掘机进行采掘时，它们在同一个台阶上作业，一前一后，互相间隔一定的距离。

采用此种作业方式时，工作帮坡角可以加陡到 25～35°或更大，但必须保持以下条件：

$$Q \geqslant B_s H_T L'/T' = B_s nhL'/T'$$

式中　Q——一台或两台挖掘机的生产能力，m^3/a；

　　　B_s——剥岩条带宽度（爆破进尺），m；

　　　L'——露天矿的走向长度或剥岩区长度，m；

　　　n——剥岩帮上的台阶数目，个；

　　　h——台阶高度，m；

　　　H_T——剥岩帮高度，m；

　　　T'——剥岩周期，a。

（2）工作帮台阶分级轮流开采（即组合台阶开采）。台阶分组轮流开采是将工作帮上的台阶划分为 2～3 组，每组 2～5 个台阶，每组台阶由一台挖掘机开采，挖掘机在组内从上而下逐个台阶进行开采，当挖掘机采完组内最后一个台阶后就返回第一个台阶作业，剥离下一个岩石条带。此时，组内除正在作业的台阶，其余台阶均处于暂不作业状态，工作帮坡角比台阶依次轮流开采方式小。

台阶分组轮流开采时，只要相邻组的挖掘机之间保持一定的水平距离，就可以避免安全事故。非相邻组之间的挖掘机由一个或多个 30～50 m 或更宽的作业平台隔开，挖掘机即使在同一条垂线上作业，也可以保证安全生产。

（3）并段爆破，分段采装作业。此法的实质是工作台阶并段进行穿孔爆破，然后在爆堆上分段进行采装，它是靠增大高度和减小爆堆占用的宽度来加陡工作帮坡角的作业方式。此法在钻机的穿孔深度得到保证才能使用。

（4）台阶尾随开采。台阶尾随开采就是一台挖掘机尾随另一台挖掘机向前推进，组内有若干台挖掘机同时作业。当采用台阶尾随开采方式时，在工作帮任何一个垂直剖面上，组内只有一个台阶在作业，它保留工作平盘宽度，而其他台阶只留运输平台，故可以加陡工作帮坡角，实现陡帮开采。

尾随挖掘机之间的间距与运输道路的布置、调车方式、爆堆宽度、一次爆破矿量及岩量的长度、道路的移设周期、挖掘机之间作业不平衡及安全技术条件等因素有关。

台阶尾随开采方式利用规格小的采运设备也能加陡工作帮坡角，有一定的经济效益，这是它的主要优点。其主要缺点是每个台阶要求布置一台挖掘机，并且上下台阶互相尾随，它们之间容易互相干扰，降低挖掘机的生产能力，因而对提高陡帮开采的经济效益不利。

四、采、剥工作线的布置形式

露天矿工作线的布置方式与所采用的采剥方法有关，主要分为纵向布置、横向布置、扇形布置和环形布置。

陡帮开采时，露天矿分剥岩帮与采矿帮，它们相互独立、互不干扰，因而可以有自己独立的工作线布置形式。例如剥岩帮的工作线可以纵向布置，而采矿帮的工作线可以横向布置，因而整个露天矿的工作线既有纵向布置，又有横向布置，属纵横向布置。因此，陡帮开采时根据剥岩帮和采矿帮相互的匹配关系，露天矿可能的工作线布置形式很多。根据国内外的使用情况，主要介绍以下几种采、剥工作线布置形式。

（一）工作线纵、横向布置形式

这是陡帮开采中使用最广泛的一种工作线布置形式，其实质是剥岩帮的工作线沿矿体走向布置，垂直矿体走向推进，而采矿帮的工作线却垂直矿体走向布置，沿矿体走向推进。

这种工作线布置形式的主要优点是：

（1）剥岩帮工作线纵向布置，可以将矿体沿走向长度一次拉开，并揭露出来，使揭露的矿石面积最大，因而有利于增加露天矿的备采矿量。

（2）采矿工作线横向布置有利于配矿和质量中和。因为露天矿的走向长度一般都比较大，当采矿工作线横向布置并且工作帮坡角相同时，可布置更多的采矿台阶，揭露出更多品级的矿石，因而有利于矿石配矿和质量中和。

（3）剥岩帮与采矿帮互不干扰。当采用这种工作线布置时，只要保持一定的坑底宽度，而剥岩又能周期性进行，这时坑底就能保持有足够的备采矿量。

（4）剥岩工作线纵向布置，有利于实现分区作业，可以选择矿体厚度大、剥采比小、矿石质量好、开采技术条件优的地方实现优先开采，有利于提高陡帮开采的经济效益。

（5）这种工作线布置形式主要适用于走向长度比较大的倾斜及急倾斜层状和似层状矿体。

（二）工作线纵向布置形式

露天矿采用这种工作线布置形式时，剥岩帮与采矿的工作线均纵向布置，横向推进。

剥岩工作线纵向布置，可以实现分区分条带剥岩，实行优化开采；可以揭露较大的矿体面积，增加备采矿量等。

此时采矿工作线亦纵向布置，横向爆破，所占的平盘宽度大，工作帮坡角缓，可能布置的采矿台阶少，备采矿量少，不利于进行配矿、矿石的质量中和以及缓帮采矿。

（三）工作线横向布置形式

露天矿的剥岩和采矿工作线都垂直矿体走向布置，沿矿体走向推进。此时工作帮坡角可达 25 ~ 35°或更大。

这种工作线布置形式有如下特点：

（1）剥岩工作和采矿工作都在同一个工作帮上作业，不可能分成剥岩区和采矿区。

（2）如果采、剥工作线都横向布置，并且帮坡角陡，则露天矿就没有备采矿量，或备采矿量很少，更难形成按深度法设置的备采矿量。

（3）如果将两个工作帮的距离拉开，从而在采场底部形成所需要的备采矿量区，这时会出现顶、底帮，因而形成四个工作帮。

（4）工作线向四周发展，这是名副其实的环形工作线布置形式，或者端帮是横向、顶帮和底帮是纵向的工作线混合布置形式。

（四）工作线环形布置形式

露天矿的剥岩帮和采矿帮的工作线都是环形布置，工作线由里向外发展。这时露天矿仍可分为剥岩区与采矿区，剥岩区的工作帮坡角陡，采矿区的工作帮坡角缓，剥岩和采矿帮都向同一个方向发展，即向露天矿四周发展。

（五）工作线混合布置形式

采矿帮工作线一般都采用单一的布置形式，而剥岩帮工作线有时采用单一的布置形式，有时采用端帮是横向、顶帮和底帮是纵向的工作线混合布置形式。

五、陡帮开采工作帮参数

（一）陡帮开采技术参数

1. 工作帮及工作帮坡角

陡帮开采时，工作帮由三个部分组成，即作业台阶、运输道路和暂不作业台阶。

（1）作业台阶：推进中的剥岩帮都有作业台阶，暂不推进的剥岩帮则没有作业台阶，恢复推进时就从最上一个台阶剥离一个岩石条带，即开辟新的作业台阶。作业台阶的平盘宽度由剥岩条带宽度 B_s 值和暂不作业平台宽度 b 值组成。

作业台阶最小工作平盘宽度取决于挖掘机和汽车作业所要求的空间。

剥岩帮内同时作业的台阶数目与挖掘机的生产能力、剥岩帮高度、采区长度等因素有关，其值为

$$n_v = \frac{T' v_T H_T L}{Q}$$

式中　n_v——同时作业的台阶数目，个；

　　　v_T——剥岩工程的水平推进速度，m^3/a；

　　　H_T——剥岩帮的高度，m；

　　　L——采区长度，m；

　　　Q——挖掘机周期生产能力，$m^3/$周期；

　　　T'——剥岩周期，a。

当 $n_v = 1$ 时，即为台阶依次轮流开采方式，当 $n_v > 1$ 时，即为台阶分组轮流开采方式；当 $n_v = n$（剥岩帮上的台阶数目），即为台阶尾随开采方式。

（2）运输道路：运输道路主要指运输干线，其宽度和数目影响工作帮坡角。运输道路的数目与开拓运输系统有关，只能根据具体情况而定。运输道路的宽度可根据手册选取。

（3）暂不作业台阶：因为剥岩帮上大多数台阶是暂不作业台阶，其所构成的帮坡对剥岩帮坡角影响较大。暂不作业台阶除个别台阶保留运输平台外，只留暂不作业平台或者并段，其宽度 $b \geqslant 0$，b 为暂不作业平台宽度（m）。

当 $b = 0$ 时，即台阶实行并段，这时的工作帮坡角最陡。

选择 b 值时，除使爆堆不压住下部台阶外，还应保留一定的平台宽度以作联络之用。根据上述原则和我国的经验，取 $b = 10 \sim 15$ m 为宜。

（4）剥岩帮坡角：当剥岩帮上，作业台阶、运输道路及暂不作业台阶都存在时，其帮坡角称剥岩帮坡角，用 φ 表示；当剥岩帮上只有暂不作业台阶时，称临时工作帮坡角。φ 的数值可由下式确定：

$$\text{ctg}\varphi = \frac{(H_T - h)\,\text{ctg}\alpha\varphi + (n-1)\,b + n_y B_s + n_1 B_1}{H_T - h}$$

式中　h——台阶高度，m；

　　　α——台阶坡面角，°；

　　　n——剥岩帮上的台阶数目，个；

　　　n_1——剖面上运输道路的数目，条；

　　　B_1——运输道路的宽度，m。

（5）剥岩带宽度：剥岩带宽度 B_s 值是陡帮开采中非常重要的参数之一。B_s 值越小，陡帮开采推迟的剥岩量越多，生产剥采比就越小，经济效果就越优，但是，B_s 值越小，采掘设备上下调动的次数将增加，对于铁路运输，线路移动频繁，移道工作量将

增加，经济效益降低。B_s 值越大，剥岩周期就长，所需的备采矿量就多，推迟的剥岩量就小，经济效益就差。

剥岩带的最小宽度 B_{smin} 值必须满足以下要求：

$$B_{smin} = B_{min} - b$$

$$B_{smin(i)} = T' v_{T(i)} = T' v_{y(i)} \left(ctg\varphi_{c(i)} \pm ctg\delta \right)$$

式中　B_{smin}——剥岩带最小宽度，m；

　　　$B_{smin(i)}$——本期（第 i 期）的推进量，m；

　　　$v_{T(i)}$——第 i 期的工作线水平推进速度，m/a；

　　　$v_{y(i)}$——第 i 期的采矿工程年延深速度，m/a；

　　　δ——采矿工程延深角，°（上盘取"+"，下盘取"-"）；

　　　$\varphi_{c(i)}$——第 i 期的工作帮坡角，°；

　　　其余符号同前。

2. 采区长度

陡帮开采，露天矿一般都是分区分条带剥岩，条带宽度即为剥岩宽度 B_s。

当剥岩帮高度、条带宽度及挖掘机规格一定时，采区长度越大，剥岩周期就越长，所需的备采矿量越大，坑底采矿区的尺寸也相应地加大，因而影响陡帮开采的经济效益。但 L 值越小，剥岩周期越短，采掘设备上下调动频繁，公路工程量大，也会降低陡帮开采的经济效益。

采区的合理长度主要是与挖掘机的规格有关，铲大 L 值也大，铲小 L 值也小。

3. 采场坑底参数

陡帮开采时，备采矿量的准备是周期性的。每剥完一个岩石条带，坑底就增加一定的备采矿量，但在剥岩期间又采出一定的矿量。为了保证露天矿能持续生产，备采矿量的保有期限应等于或略大于剥岩周期，即

$$t_p \geq T'$$

式中：t_p 为备采矿量保有期限（a）。

确定采场坑底尺寸，应符合如下原则：

（1）当最小工作平盘宽度一定时，采场坑底尺寸直接影响陡帮开采的备采矿量。因此，所确定的采场坑底尺寸，应满足剥岩带最小宽度要求。

（2）坑底采矿区的水平面积是有限的，应保证电铲有足够的作业空间，否则其生产能力将受影响。坑底采矿区可以同时工作的挖掘机台数 n_y 为

$$n_y = \frac{S_p}{S'_p} K_1 K_2 K_3$$

式中　S_p——坑底采矿区的水平投影面积，m^2；

　　　S'_p——每台挖掘机应有的作业面积，m^2；

　　　K_1——考虑到台阶坡面投影面积的系数，$K_1 = 0.85 \sim 0.93$；

　　　K_2——考虑到备用作业面积的系数，$K_2 = 0.75 \sim 0.8$；

　　　K_3——作业面积的利用系数，$K_3 = 0.7 \sim 0.9$

$$S'_p = \frac{S_p}{n_y} \times K_y$$

$$K_y = K_1 K_2 K_3$$

$$n_y = \frac{A}{Q}$$

式中　A——坑底采矿区的矿石产量，t/a；

　　　Q——挖掘机生产能力，t/a。

挖掘机要正常工作，就必须拥有一定的作业面积。

（二）评价及适用条件

1. 陡帮开采的优、缺点

（1）陡帮开采的优点：①基建剥岩量少，基建投资少，基建期短，投产和达产快；可以缓剥大量岩石，降低露天矿前期生产剥采比。②均衡生产剥采比的潜力大，可以降低露天矿前期生产剥采比。③推迟最终边坡的暴露时间，因而有利于增加露天矿的边坡稳定，减少最终边坡的清理工作量和清理费用，在一定的条件下，还可以加大最终边坡角，减少剥岩量。

（2）陡帮开采的缺点：①采掘设备上下调动频繁，影响采掘设备的利用，降低其生产能力。②陡帮开采时露天矿一般都使用移动坑线。当一个剥岩条带采完以后，公路干线需要向前移动，修筑新的公路干线，公路的修筑和维护的工作量大、费用高。③采场辅助工程量大。陡帮开采时，采场内的供风管、给排水管及供电线路移设次数增加，因而费用增加。④管理工作复杂。陡帮开采时，上下台阶之间的配合要协调，在编制年采剥进度计划时，每年的采剥量不但要数量平衡，而且要部位平衡，这种要求比缓帮开采要严格得多。所以，陡帮开采对采剥进度计划的制订和实施，以及对采场的管理要求很严。

2. 陡帮开采的适用条件

实践表明，缓帮开采与陡帮开采进行比较时，基建剥岩量差额越大，生产剥采比的差额越大，则陡帮开采的经济效益就越优，因此陡帮开采合理的应用条件是：倾角大的矿体，即应用于倾斜和急倾矿体；表土厚度大的矿体；倾斜地形的矿体；上小下大的矿体；尽可能采用大型设备。

六、露天坑排水与防洪

（一）露天坑排水方式分类与系统布置

露天坑排水方式的分类及使用条件详见表 6 - 2 - 21。

表 6 - 2 - 21　　　　　　　　　　　　矿坑排水方式分类及使用条件

排水方式分类	使用条件	优点	缺点
自流排水方式	(1) 山坡露天矿有自流排水条件，部分可利用排水平硐导通 (2) 有旧的井巷设施可利用 (3) 采场集水结冰，不适于露天排水	(1) 节省能源，基建投资少 (2) 井巷对边帮有疏干作用，有利于边帮稳定 (3) 排水经营费用很低 (4) 管理简单	(1) 受地形条件限制 (2) 井巷自流水布置较复杂，基建工程量大，投资多
机械排水方式 (1) 采场底部集中排水系统 (2) 采场分段接力排水系统	(1) 集中排水主要适用于汇水面积小，水量小的中、小型露天矿 (2) 分段排水主要适用于汇水面积大、水量大的露天矿 (3) 采场允许淹没高度大，采场不易结冰 (4) 采场下降速度慢（分段排水下降速度快）	(1) 基建工程量小，投资少 (2) 施工简单 (3) 排水经营费用低（与井巷排水比） (4) 分段截流时，采场底部集水少	(1) 泵站与管线移动频繁；分段排水泵站多，分散 (2) 开拓延伸工程受影响 (3) 坑底泵站易淹没

1. 自流排水方式

(1) 截水沟自流排水系统：山坡露天矿常在边帮平台上布置截水沟，将水导出采场，减少水对生产和边帮稳定的影响。凡有条件的露天矿应尽量采用这一排水方式。

(2) 井巷自流排水系统：深凹露天矿采场附近有低于封闭圈一定高度的适合地形时，可采用井巷自流排水。

(3) 截水沟排水系统：该系统在井巷封闭圈以上采用截水沟自流排水，封闭圈以下采用井巷自流排水，工作面汇水经进水巷、天井、斜井、排水平硐自流出采场。

2. 机械排水方式

(1) 坑底移动泵站集中上排系统：采场坑底的移动泵站，随着采场工作面的推进（或下降）而移动（或下降）。泵站可设在地坪上，也可设在泵船上，或设在边帮斜坡卷扬道上。采用潜水泵则可免遭淹没。

该排水系统适用于水量小、采场浅和新水平准备时间充裕的采场。

(2) 坑底移动泵站 - 边帮固定泵站排水系统：这种接力排水系统，适用于水量大、采深较深的露天矿。

(3) 截水沟自流 - 泵站上排排水系统：当采场的山坡部分具有一定汇水面积时，封闭圈以上设截水沟将水导出采场，封闭圈以下汇水采用泵站上排。该系统可降低水对采场的影响，降低经营费用。

（4）分段截流－坑底移动泵站－边帮固定泵站接力排水系统：该排水系统适应于水量大、下降速度快、新水平准备慢和采场深度大的矿山。

（二）露天坑排水设计

1. 采场设计洪水淹没高度的原则

（1）井排方式新水平开沟前，水深不淹没本水平挖掘机主电机。

（2）新水平开沟未完成之前，水深不淹没上个平台的挖掘机主电机。

（3）对挖掘机可能被淹造成损失与不淹增加的排水设施进行技术经济比较。

（4）露排方式新水平开沟前，采场底仅一台挖掘机，水深不淹上个平台挖掘机主电机。

（5）新水平准备时间充裕时，在每年最大雨量期停止开沟，开段沟和上个平台可以淹没。

（6）露天排水方式的坑底允许淹没时间可采用 1～7 天。

2. 采场防淹没措施

采用机械排水时，采场易被水淹，应采取以下防淹没措施：

（1）水量不大的矿山，设一套泵用于正常排水和排洪，泵在地坪上可垫高，避免淹没。

（2）洪水量大的矿山，分别设排洪泵和正常排水泵。正常排水泵设在采场底部，排洪泵设在上个工作平台或采场底部一定高度的垫层上。两套泵的排水能力应配合恰当。

（3）坑底采用潜水泵排水。

第四节　露天矿排土场

一、排土场布置形式

露天矿排土场的布置形式可根据多项特征分类，详见表 6－2－22。

表 6－2－22　　　　　　　　排土场布置形式

分类标志	排土场类型	特征	适用条件
设置地点	内部排土场	在采场开采境界内，不另征排土场，岩土运距短	一般用于开采缓倾斜矿床多矿体矿山合理安排开采顺序时，可实现部分内部排弃
	外部排土场	在采场开采境界外，需占用大量土地，岩土运距比内部排土场远	用于没有条件采用内部排土场的矿山

（续表）

分类标志	排土场类型	特征	适用条件
地形	平地排土场	在较平缓的地面修筑较低的初始路堤，然后交替排弃，逐步达到要求标高	适用于地形平缓地区
	山地排土场	在山坡上修筑初始路基，利用高差向坡下排弃	适用于地形起伏较大的地区
存在时间	临时排土场	堆存物将被二次搬运	用于有综合利用价值的岩土，充填材料及复垦用表土
	永久排土场	堆存物不再搬运，改变原有地形地貌，适时复垦	排弃不再回收的岩土
分层数量	单层排土场	在同一场地单层排弃，有利于尽早复垦	通常用于地形高差大、采场同时工作台阶数少、排土场不大及需要大面积填洼的排土场
	多层排土场	在同一场地有两层以上同时排弃，能充分利用空间	用于采场同时工作台阶数较多的矿山
运输方式	铁路排土场	准轨或窄轨铁路运输，一般采用挖掘机、排土犁、推土机转排；岩土力学性质差和高阶段排土场，采用装载机或铲运机转排	用于铁路运输的矿山或经铁路转运剥离物的矿山
	汽车排土场	汽车运输、推土机排弃、排土工艺简单	用于汽车开拓或汽车辅助开拓的矿山
	胶带机排土场	胶带运输机运输，排土机转排	用于连续或半连续运输开拓的矿山或提高排土场标高的矿山
	水力排土场	水力剥离自流或压力管道输送排放	松散剥离物、水力开采的矿山
	人造山	卷扬机或架空索道运输	窄轨运输剥离物的小型矿山

二、排土场选择及设计要素

（一）排土场选址的原则

（1）保证排弃岩土时，不致因滚石、滑坡、塌方等威胁采矿场、工业场地、居民点、铁路、道路、输电线路和通讯干线、耕种区、水域、隧道涵洞、旅游景区、固定标志及永久性建筑物的安全。

（2）排土场不宜设在汇水面积大、沟谷纵坡陡、出口不易拦截的山谷中，也不宜设在工业厂房和其他构筑物及交通干线的上游方向，避免发生泥石流和滑坡危害生命财产以及污染环境，必要时采取有效措施。

（3）排土场位置要符合相应环保要求，排土场场址不应设在居民区或工业建筑主导风向的上风侧和生活水源的上游，以防止粉尘污染居民区。应防止有害物质流失，污染江河湖泊，含有污染物质的废石必须按照国家标准《一般工业固体废弃物储存、处置场污染控制标准》（GB 18599 – 2001）要求进行堆放处置。

（4）排土场应靠近采场，尽可能利用荒山、沟谷及贫瘠荒地，以不占、少占农田为原则。就近排土减小运距，但要避免在远期开采境界内进行二次倒运废石，有必要在二期境界内设置临时废石场，须做技术经济方案比较后确定。

（5）有条件的山坡露天矿，排土场的布置形式应根据地形条件实行高土高排、低土低排、分散货流，尽可能避免上坡运输。

（6）有采空区或塌陷区的矿山，在条件允许时应将其采空区或塌陷区开辟为内部排土场；一个采场内有两个不同标高底平面的矿山，应考虑采用内部排土场；露天矿山和分区分段开采的矿山，应合理安排采掘顺序，选择易采矿体先行强化开采，腾出采空区作内部排土场。

（7）选择排土场应充分勘查其基底岩层的工程地质和水文地质条件，不宜设在工程地质和水文地质条件不良的地带。如果必须在软弱基底上设置排土场，必须事先采取适当的工程处理措施，以保证排土场基底的稳定性。依山而建的排土场，坡度大于 $1:5$ 且山坡有植被或第四系软弱层时，最终境界 100 m 内植被或软弱层应全部清除，将地基削成阶梯状。

（8）排土场的选择应考虑排弃物料的综合利用和二次回收的方便。如对于暂不利用的有用矿物或贫矿、氧化矿、优质建筑石材，应分别堆置。

（9）排土场的容量应能容纳矿山服务年限内所排弃的全部岩土。排土场地可为一个或多个。根据采场和剥离岩土的分布情况，可以实行分散或集中排土。在占地多、占用先后时间不一时，则宜一次规划，分期征用或租用。初期征用土地时，大型矿山不宜小于 10 年的容量，中型矿山不宜小于 7 年的容量，小型矿山不宜小于 5 年的容量。

（10）提高土地利用率，在影响排土作业的前提下，尽早创造复垦条件。排土场的建设和排土场规划应结合排土场结束或排土期间的复垦计划统一安排，排土场的复垦和环境污染是排土场选择和排土规划中的一个重要内容。

（11）防止对环境的不良影响，尽可能保护自然景观。

（二）排土场堆积要素

1. 堆积高度

确定排土场阶段堆置高度及总堆置高度，应考虑水文地质、气候条件、岩土物理力学性质、运输及堆弃机械方式、地形及地势等因素。

在确定近地表第一层台阶高时，避免在地质条件差时堆积过高而出现严重的基础凸起，使局部排土场下沉，造成台阶边坡滑落及引起上一层台阶的不稳定等现象。

因此，当基底地质条件较差时，第一层台阶高度宜小些，并与第二层台阶之间有一定的超前距离，为上部堆积台阶创造稳定条件。

堆积高度按具体条件确定，一般参考值详见表6-2-23。

表6-2-23 堆积台阶高度

| 岩土类型 | 铁路运输 | | | | | 汽车运输推土机推土 | 斜坡卷扬废石山 |
	人工排土	推土机排土	推土犁排土	电铲排土	装载机排土		
坚硬块石	40~60 (30~40)	40~50 (20~30)	20~30 (15~20)	40~50 (20~30)	≤200	≤200	<150
混合土石	30~40 (20~30)	30~40 (20~30)	15~20 (10~15)	30~40 (20~30)	≤100	≤100	<150
松散硬质黏土	15~20 (12~15)	15~20 (10~15)	10~15 (10~12)	15~20 (10~15)	15~30 (15~20)	15~30 (15~20)	70~80
松散软质黏土	12~15 (10~12)	12~15 (10~12)	10~15 (8~10)	12~15 (10~12)	12~15 (10~12)	12~15 (10~12)	50~60
沙质土	—	—	7~10	10~15	—	—	—

注：( ) 内数值为地质及气候条件差时参考值。

2. 堆积自然安息角

剥离物堆积的自然安息角应根据物理力学性质和含水量选取。多台阶排土场剥离物堆积的总边坡角应小于剥离物堆积的自然安息角，详见表6-2-24。

表6-2-24 堆积自然安息角

类别	自然安息角	平均安息角
砂质片岩（角砾、碎石）与黏土	25~42	35
砂岩（块石、砾石、角砾）	26~40	32
砂岩（砾石、碎石）	27~39	33
片岩与砂黏土	36~43	38
页岩	29~43	38
石灰岩与砂黏土	27~45	34
花岗岩	35~40	37
钙质砂岩	—	34.5
致密石灰岩	32~36	35
片麻岩	—	34
云母片岩	—	30
各种块度的坚硬岩石	30~48	32~45

（三）排土场最小工作平台宽度

根据剥离物的物理力学性质、上一台阶的高度、大块石滚动距离、运排设备的工作宽度、平台上最外运输线至眉线间的安全距离等确定，并应满足上下两相邻台阶互不影响的要求。

公路运输平台宽度为

$$A = 1.5 + 2R\ (R + L)\ + C$$

式中　A——公路运输平台宽度，m；

　　　R——汽车转弯半径，m；

　　　L——汽车长度，m；

　　　C——超前堆积宽度，m。

超前堆积宽度取值见表 6 - 2 - 25。

表 6 - 2 - 25　　　　　　　　　　超前堆积宽度取值

堆排方式	超前堆积宽度 C/m
推土机	视作业条件而定
装载机	不小于装载和卸载半径之和
电铲或挖掘机	不小于一次移道步距，宜取 18 ~ 24

三、排土场排弃工艺

（一）汽车运输推土机排弃

该方式具有工序简单、堆置高度大（50 ~ 60 m，甚至 100 m 以上）、排弃设备机动性大、基建和经营费用少等优点。

1. 推岩量的确定

推岩量主要由两部分组成，即汽车卸载时残留在崖上的废石及克服下沉塌陷等的平场整平。

当卸载汽车后轮距崖边 1.0 ~ 1.5 m 时残留量为 5% ~ 10%，距崖边 1.5 ~ 2.0 m 时残留量为 15% ~ 20%。

2. 推土机数量计算

$$N_{推} = \frac{V_{班} K_{松}}{Q_{推}} K_{推}$$

式中　$N_{推}$——推土机总台数，台；

　　　$V_{班}$——需要推土机推岩的实方数，m^3/班；

　　　$K_{松}$——岩土松散系数，1.3 ~ 1.5；

　　　$Q_{推}$——推土机台班效率（松方），m^3；

　　　$K_{推}$——设备检修系数，1.2 ~ 1.25。

（二）装载机排弃

运距较短时，废石可直接采用装载机运至排土场，不需用其他设备。装载机经济运距视具体情况而定，国外多为 100 ~ 300 m 不等，一般不超出 300 m。排土场初始路基要求与汽车运输废石时相同，先用装载机堆排形成回车场，然后逐步发展。回车场要求宽度为 12~15 m。

装载机转排：采用窄轨运输的大型露天矿，为减少移道工作量，提高废石线收容能力，增加排土场高度与排土场稳定性，可在废石线上使用排土犁、挖掘机等转排设备。

（三）人工排弃

采用人工排弃废石的矿山多为规模较小、剥离量不大的矿山。采用轻便轨道运输时，排土场运输线路按放射状布置，端部做临时栈桥，废石直接倾斜于平台边界外侧。该类型排土场因为车辆载重较小，堆置高度可以很大。

四、排土场稳定、安全和防护措施

为保证排土场的稳定和安全，防止对环境的污染，一般考虑设置疏、排水设施和挡拦设施。

（一）排土场安全设施

1. 防排水设施

排土场排水设备可分为外部防排水和内部防排水设施。外部排水包括将山谷上游的水导出排土场和在排土场周围设置截水沟。可以采用明沟（包括河流改道），也可以采用盲沟和暗管由排土场底部通过，采用盲沟和暗管时应在拦水坝处设泥沙沉淀设施。

内部排土场排水是排除降落到排土场内部的雨水和排土场底部渗出的地下水。降落到排土场内部的雨水可以通过在排土场底部埋设管壁能透水的暗管或盲沟进行排水。

除了上述设施之外，为了疏导排土场内雨水，充分发挥疏导设施的作用，在排土场底部以大块废石垫底，以利渗滤。排土场平台及最终坡面上要夯实，并加强植被种植，防止水土流失。

2. 排土场基础处理

（1）软弱表层处理：原地形为缓山坡，如坡面为稳定性较差、厚度为 1 m 以上的耕植土或软弱岩层时，可在原山坡上用梅花式或棋盘型爆破，形成凹凸不平的抗滑面。也可以采用推土机将原山坡推成台阶，以增加废石场的稳定性。

对松软潮湿土基，在排弃废石前，开挖水沟进行疏干。

（2）水塘、沼泽处理：在堆置前，先堆放大块坚硬岩和砂石，堆置 1 m 以上再堆置土壤。

3. 挡拦设施

为防止排土场废石滑落和形成泥石流，在排土场最终边界坡脚一定距离处设置各种堤坝，并配以完整的排水系统和泥沙沉淀系统。

堤坝有土堤和块石堤，用以稳定排土场坡脚、防止土石滑落和挡拦排土场内的泥石流。用以挡拦泥石流的块石坝也可以分期修建，逐步加高。

某些矿山使用石笼坝拦挡泥石流，是以竹、铁丝、钢筋等材料编成笼状，内装块石沿地面放置筑坝。这种坝体比干砌块石坝强度稍高，既能透水又能拦蓄泥石流。一般不需在坝体处预作基础工程，可随淤积情况逐步加高坝体。

为防止较大型泥石流，可采用浆砌块石溢流坝。在坝内停淤泥石流，坝顶溢流洪水。这种坝体设计，施工要求较高。

泥石流较大，且有适宜条件时，可修筑多道拦挡坝组成坝群，使泥石流多次停，逐渐消能，减少危害。各坝之间的间距根据地形条件及泥石流淤积坡度确定，其原则是使下一个坝的泥石流淤积范围延伸到上一个坝的坡脚，借以保护上一个坝体的坝脚免受淘刷。

（二）排土场运行安全管理

（1）排土场位置选定后，应进行专门的地质勘探工作。

（2）内部排土场不应影响矿山正常开采和边坡稳定，排土场坡脚与开采作业点之间应有一定的安全距离，必要时设置滚石和泥石流拦挡设施。

（3）排土场进行排弃作业时，应圈定危险范围，并设置警戒标志，无关人员不能进入危险区域。任何人均不能在排土场作业区域或排土场危险区内从事拣石和其他活动。未经设计或技术论证，任何单位不应在排土场内回采低品位矿石或石材。

（4）高台阶排土场，应有专人负责观测和管理；发现危险征兆，应采取有效措施，及时处理。

（5）在矿山建设过程中，修建道路和工业场地的废石，应选择适当地点集中排放，不应排弃在道路边和工业场地边，以免形成泥石流。

（6）汽车运输的卸排作业，应遵守以下规定：①汽车排土作业时，有专人指挥；非作业人员不应进入排土作业区，进入作业区的工作人员、车辆、工程机械应服从指挥人员的指挥。②排土场平台平整；排土线整体均衡推进，坡顶线呈直线或弧形，排土工作面向坡顶线方向有 2% ~ 5% 的反坡。③排土卸载平台边缘，有固定的挡车设施，其高度不小于轮胎直径的 1/2，车挡顶宽和底宽分别不小于轮胎直径的 1/4 和 3/4；设置移动车挡设施的，对不同类移动车挡制定相应的安全要求，并按要求作业。④按规定顺序排弃土岩，在同一地段进行卸车和推土作业时，设备之间保持足够的安全距离。⑤卸车时，汽车垂直于排土工作线，汽车倒车速度小于 5 km/h，以免冲撞安全车挡。⑥在排土场边缘，推土机不应沿平行坡顶线方向推土。

（7）排土犁作业遵循以下规定：①推排作业线上，排土犁犁板和支出机构上，不应站人。②排土犁推排岩土的行走速度，不超过 5 km/h。

（三）排土场环保措施

排土场设计应采取相关措施，防止废渣、粉尘、水污染对环境的影响，使污染物排放达到国家排放标准。

（1）排土场周边的原有植被应加以保护。没有植被时，应结合水土保持在排土场四周进行环形带状绿化。

（2）排土作业和进场运输道路应采用洒水车洒水或其他抑尘措施，减少粉尘散发。排土场周围有工业场地和居民村时，宜增设喷水或降尘设施。在主导风向下风向有居民村和基本农田保护的，应结合绿化工程营造卫生防护林带。

（3）矽尘矿山的排土场应有防止二次扬尘的措施，其排土场应布置在农田和水库主导风向的下风侧及远离要求空气清洁的场所。

（4）堆置含汞等重金属、氰化物、有机磷、硫化物及其他毒性大的可溶性废渣排土场，必须专门设置防水、防渗措施的存放场所及防护工程，必须制定事故处理措施，确保废水中的有害物质经处理达到排废标准后方可排放，确保对相邻区域及附近农田、水体不产生污染。

第五节　露天开采采、剥（掘）计划管理

一、概述

（1）编制露天矿采掘进度计划必须考虑下列基本要求：①必须保证用户对矿石产量的要求；②生产剥采比要加以均衡，变化幅度不宜太大；③及时开拓准备新水平，上部台阶推进要与开拓延深速度协调；④有一定备用工作线，每台挖掘机应有合理的工作线长度；⑤主要采掘设备数量不允许有闲置或跳跃式变化；⑥保有合乎标准的备采储量（包括岩石）；⑦分区或分期开采时，要保证工程和产量的衔接；⑧露天矿达到最大矿岩生产能力的稳定时间不应少于7~10年，矿石稳产时间不得少于矿山服务年限的三分之二。

（2）要选择合理的矿床开采顺序，确定优先开采的区段以及矿山工程合理发展方向，特别要强调的原则是：①尽可能缩短基建时间；②尽可能缩短投产与达产时间；③尽可能降低基建工程量，合理地确定初期生产剥采比；④尽可能缩短运输距离；⑤尽可能降低贫化损失；⑥采剥和排土作业不得给深部开采或邻近矿山造成灾害。

（3）矿床赋存条件、开拓方案、工作帮坡角、工作线推进方向、开沟位置是影响生产剥采比的主要因素，要综合研究这些因素对生产剥采比影响的敏感度，寻求它们之间的最佳匹配，选定最合理的生产剥采比。

（4）工作帮坡角的大小取决于采用的台阶的开采程序，要根据矿山装备水平、爆破方法和技术管理水平来选择台阶的开采程序。若矿山的装备水平较低，则采用各台阶同时推进开采（缓帮），工作帮坡角10°~15°。当装备水平较高时，则可以考虑采用各台阶交替推进的组合台阶法开采，帮坡角一般可采用18°~24°；当装备水平达到国外先进水平时，可以考虑采用斜分条开采，这时工作帮坡角可以逼近于最终边坡角。

（5）为使露天矿的设备和产量在一定时期当中相对稳定，必须对生产剥采比进行均衡与调整。调整和均衡的方法主要可通过调整工作平盘宽度、开段沟长度、矿山工程延深方向等，对实行缓帮和组合台阶开采而服务年限较长的矿山，也可以采用分期均衡办法。

（6）组合台阶的推进宽度要综合考虑矿山要求开采强度、剥离循环周期、采用的开采工艺及设备技术规格以及运输道路技术条件等因素来确定。

二、采、剥（掘）进度计划编制

（一）编制采掘进度计划的目的、准则及注意事项

1. 编制采掘进度计划的目的

编制采掘进度计划的目的是进一步验证和落实矿山生产能力，并确定均衡的生产剥采比和矿岩生产能力，以保证用户对矿石数量和质量的要求。对生产多品种矿石的矿山，如用户有特殊要求，应采取分采分运措施，落实各矿石品种的数量和质量。同时，在此基础上，确定矿山基建工程量及矿山投标和达产的时间，确定穿孔和装载设备数量。一般以设计计算年的产量作为计算主要采装运设备数量以及材料、人员、生产成本等的依据。

2. 基本准则及注意事项

编制露天采掘进度计划必须考虑以下基本准则及注意事项：

（1）必须保证用户对矿石产量的要求。

（2）生产剥采比要加以平衡，变化幅度不宜太大。

（3）及时开拓准备新水平，上部台阶推进要与开拓延伸速度协调。

（4）有一定备用工作线，每台挖掘机应有合理的工作线长度。

（5）主要采掘设备数量不允许有闲置或跳跃式变化。

（6）保有合乎标准的备采储量。

（7）分区域分期开采时，要保证工程和产量的衔接。

（8）露天矿达到最大矿岩生产能力的稳定时间不应少于 7～10a，矿石稳产时间不应少于矿山服务年限的三分之二。

（9）选择合理的矿床开采顺序。确定优先开采的区段以及矿山工程合理发展方向，特别要强调的原则是：①尽可能缩短基建时间；②尽可能缩短投产与达产时间；③尽可能降低基建工程量，合理地确定初期生产剥采比；④尽可能缩短运输距离；⑤尽可能降低贫化损失；⑥采剥和排土作业不得给深部开采或邻近矿山造成灾害。

（10）为使露天矿的设备和产量在一定时期内相对稳定，必须对生产剥采比进行均衡与调整。调整和均衡的方法主要通过调整工作平盘宽度、开段沟长度、矿山工程延伸方向等，对实行缓帮和组合台阶开采而服务年限较长的矿山，也可以采用分期均衡方法。

（二）编制采剥进度计划前的几项工作

1. 确定合理的开采顺序

确定合理的开采顺序，包括新水平降深方式以及确定矿山工程推进方向。

选择开采顺序时，一般要做到：矿山基建工程量和初期生产剥采比小；投产快，达产时间短；矿石开采的损失率和废石混入率小；生产剥采比能够比较均衡地发展。

2. 首采地段的选择

首采地段应选择在矿体厚度较大、矿石品位高、覆盖层薄、基建剥离量小和开采技术条件较好的部位，以减少基建工程量，缩短投产和达产时间，提高矿山初期经济

效益。

3. 新水平降深方式选择

新水平降深方式要结合开拓系统考虑。开采山坡露天矿时，一般根据矿体倾向和地形条件，按划分的阶段标高沿地形开段沟，沿矿体走向布置工作线，垂直走向单侧推进。

开采深凹露天矿时，选择降深的方式比较复杂，特别是采场内有几个孤立矿体时，一般应通过技术经济比较来确定开沟位置。

（三）编制采掘进度计划的方法

编制进度计划通常采用分层平面图法。采掘进度计划一般由采剥分层平面图、采剥工作进度计划图表和年末状态图等几部分组成。

编制前，先计算全矿平均剥采比和各水平分层剥采比。在编制采剥进度计划时，应使每个年度的生产剥采比尽量接近分层剥采比和全矿平均剥采比，以利于剥离设备的平衡。尤其剥离量较集中时，应拉长剥离时间，进行平衡。避免剥离高峰出现。

编制时在有地质线的分层平面图上，从投产的基建采准工作面开采，根据年采剥总量，按挖掘机年生产能力，确定年采剥带，逐步绘出年末推进线。在布置采矿工作面时，应尽量平直，转弯处要满足运输设备最小转弯半径的要求。

当新水平需要掘沟时，应考虑上下水平的超前关系来决定新水平掘沟的时间。

在确定平面图的年末推进线时，应同时与采剥进度计划表的时间线相对应，互相对照，校核修正。在表中标明年份、逐年开采的各品级矿石量和剥离量、生产剥采比，以及挖掘机数量和各挖掘机的工作水平、起止工作时间和采剥量等。

根据已编制的分层平面图和采剥进度计划表，绘制年末采场状态图。

三、采、剥（掘）计划管理

（1）应使矿山各生产工艺环节相配合，并应保证矿山生产的矿石数量和质量满足生产需要。

（2）采装设备布置应合理，主要采剥设备不宜闲置，也不宜频繁调动。

（3）在露天采矿场内，任何一个时间和空间，矿山工程发展状况应满足挖掘机工作线长度、最小工作平台宽度、上下水平超前关系和贮备矿量的保有要求。

（4）应根据露天采矿场内各个开采时期的矿岩量分布情况对生产剥采比进行均衡，并宜避免过早出现剥离高峰，同时宜使各期间的生产剥采比相对稳定。

（5）采剥进度计划宜编制 5～10 年。

（6）编制采剥进度计划所需基础资料应包括以下内容：带有地质界线的分层平面图；各分层矿岩量和分层剥采比；矿山开拓系统图，为改、扩建矿山时尚需提供生产现状图；开采顺序和采剥要素；矿石开采损失率和废石混入率（贫化率）。

（7）编制采剥进度计划宜采用图表法。采剥进度计划包括采剥工作进度计划图表和年末状态图。

第六节　石材露天开采

一、概述

我国石材矿山目前都是露天开采，除少数大理石矿山采用钢索锯石机和凿岩液压劈裂法开采外，绝大多数矿山都是采用凿岩爆裂法和人工劈裂法开采。矿山劳动生产率一般为 6～15 m^3/（人·a），个别达到 20～30 m^3/（人·a）。

（一）饰面石材的种类及用途

饰面石材是指具有一定的装饰性能、物理化学性能、加工性能，可加工成一定规格尺寸的岩石，主要用于建筑物内外表面装饰。目前商业上的天然饰面石材主要有大理石、花岗石和板石。

大理岩类饰面石材大多属于沉积岩及其变质岩，如大理岩、大理化灰岩、火山凝灰岩、致密灰岩、石灰岩、砂岩、石英岩、蛇纹岩、石膏岩和白云岩等，适合于室内装饰。

花岗岩类饰面石材大多属于岩浆岩（花岗岩、辉长岩、闪长岩）和变质的含硅酸盐类矿物为主的岩石（如片麻岩、混合岩等），适合于室内装饰。

板石即地质上的板岩，有碳质板岩、钙质板岩等，主要用于外墙面装饰和作屋顶板。

（二）荒料

荒料是指通过采石工艺获得具有一定规格尺寸的块状岩石。

石材的物理性能是指密度、孔隙度、裂纹、吸湿率和抗冻性，主要力学性能是指硬度、强度和耐磨度。

石材的主要工艺性能是指可加工性和研磨性。

荒料的品种以荒料的花色、特征及产地来命名。花岗岩荒料的每一品种按地区顺序编号。天然大理石按其所具有的相对稳定的颜色和花纹特点而定。

荒料的规格按用途划分，用于加工饰面板材的荒料，成为规格料。按用户要求加工的荒料成为协议料。

（三）饰面石材装饰性与开采技术条件的要求

1. 饰面石材装饰性能的要求

饰面石材的装饰性能表现为加工后具有一定的颜色、花纹和光泽度，这些均与其物质成分、结构、构造有关。商业上根据饰面石材的颜色、花纹差异划分出不同的品种和档次。一般较好的饰面石材经加工后，拼装在一个加工面上显现出颜色纯正、花纹和谐、光泽度高的特点。

饰面石材含有的某些金属硫化物、泥质物、有机物易风化，影响饰面石材的装饰性能和耐久性，因此含这些杂质较多的饰面石材一般不宜用于室外装饰。

2. 荒料块度与荒料率的一般要求

（1）荒料块度的划分与要求：对于年产 3 000 m³ 以上的饰面石材荒料矿山，荒料块度一般可划分为Ⅰ类、Ⅱ类、Ⅲ类，它们的块度分别大于或等于 3 m³、1 m³、0.5 m³。一般要求荒料的边长不小于 0.5 m，中档和一般档次饰面石材的块度大于 1 m³。

（2）饰面石材矿山的荒料率是指所获得的荒料体积与开采矿山的体积之比，通常以百分数表示。

一般要求中档饰面石材矿山的荒料率不小于 20%。在其他技术经济条件相近的情况下，对于高档饰面石材矿山的板材率要求可适当降低，对一般档次的饰面石材板材率可相应提高。

（3）对矿山开采技术条件的要求：矿体可采厚度不小于 3 m，夹石剔除厚度不小于 2 m，最低开采标高一般要求不低于矿山当地的最低侵蚀基准面。

二、规模划分、生产能力确定

（一）矿山规模及服务年限

石材矿山按年产荒料量及服务年限，可分为大、中、小三类，见表 6 - 2 - 26。

表 6 - 2 - 26　　　　　　　　　石材矿山规模

矿山规模	矿石工业储量/10⁴ m³	荒料量/（m³/a）	服务年限/a	备注
大型	>60	>5 000	>35	矿石工业储量按荒料率18%计算求得
中型	30~60	2 000~5 000	20~35	
小型	6~30	500~2 000	15~20	

（二）矿山生产能力

1. 荒料生产能力

荒料生产能力根据生产规模、技术装备和选择的开拓方案确定，然后验证其可能性，经方案比较确定其经济合理性。若最终产品为板材，则荒料生产能力按下式计算：

$$V = \frac{S\ (1+K)}{\eta_b}$$

式中　V——荒料生产能力，m³/a；

　　　S——年产板材量，m²/a；

　　　K——荒料吊装运输系数，一般为 3%~5%。

　　　η_b——板材率，m²/m³。

2. 矿山采剥生产能力

$$A = \frac{S\ (1+K)\ (1+n_p)}{\eta_b}$$

式中　A——矿山采剥生产能力，m³/a；

　　　n_p——平均剥采比，m³/m³；

　　　其余符号意义同前。

三、开拓运输

（一）开拓特点

1. 工作线布置方向的确定

石材矿山的工作线通常沿矿体主节理裂隙的走向布置，并垂直其走向由上盘向下盘推进，以提高荒料率。

2. 工作面参数

（1）台阶与分台阶高度：台阶高度主要取决于吊装起重设备的技术性能。为减少开拓工程量，应尽量加大台阶高度。分台阶高度主要根据开采设备的技术性能、荒料最大规格等因素加以确定。

（2）分台阶坡面角：分台阶坡面角一般为90°，最终分台阶坡面角及台阶坡面角根据岩石稳定情况而定。

（3）条石宽度：确定条石宽度需要考虑的主要因素是开采设备的技术性能、荒料的最大规格和裂隙情况，一般为 1~3 m。

（4）工作面长度：工作面长度是指工作线上一个采剥区段的长度，主要取决于采石方法及其设备。

（5）最小工作平台宽度：台阶最小工作平台宽度根据起重、运输和采石的正常作业条件确定，一般为 20~25 m。分台阶最小工作平台宽度根据采石的正常作业条件确定，一般为 5~8 m。

3. 工作帮组成及推进

采用大型起重机的矿山，通常采用组合分台阶作业的工作帮。将起重机站立水平上下若干个相邻开采分台阶划分为一组，并按长条石宽度自上而下依次进行采石作业。采出的荒料及废石，由起重机提升下放到装运水平，装入运输设备运出采场。

（二）常用的开拓方式及其选择

石材矿山常用的开拓方式有公路运输开拓、起重机开拓、斜坡提升台车运输开拓和联合开拓等，可根据矿床赋存条件、矿区地形地质条件、荒料规格、起重及运输设备类型等因素，通过技术经济综合分析后确定。

1. 公路运输开拓

适用于地形条件不复杂、易于修筑公路、开采深度不大、荒料规格较大、废石场比较分散的矿山。

汽车运输是石材矿山比较常见的开拓方式，具有机动、灵活、适应性强、生产环节少、易于管理等优点。

2. 起重机开拓

起重机开拓是指在采场适当位置配置起重设备，采用无沟开拓。将其站立于水平之上或之下一定范围内工作台阶采出的荒料和废石，起吊到装运水平装入运输设备运出。

常用的开拓起重设备主要有桅杆式起重机和缆索起重机两种。前者适用于急倾斜矿体、开采深度不大的矿山，其采场台阶高度取决于起重机的类型、规格及站立水平。后者适用于地形复杂、坡陡、比高大的矿山。其采场台阶高度取决于采石方法及设备。

3. 斜坡提升台车运输开拓

适用于急倾斜矿体、比高较大、地形复杂、不适用大型起重机和汽车开拓运输的矿山。其优点是开拓工程量小，开拓时间短；缺点是货载需要多次转载，增加生产环节和起重设备，生产管理复杂，荒料成本较高。

4. 联合开拓

石材矿山常用的联合开拓方式是汽车运输和桅杆式起重机联合。它适用于急倾斜矿体、覆盖层不厚、开采深度较大的矿山。

（三）新水平的准备与采准堑沟掘进

1. 新水平

石材矿山的新水平准备主要为掘进基坑，以形成初始工作面。

基坑通往位于起重机正前方的工作范围内，并尽量选择在非矿夹层或破碎带中掘进基坑。基坑的尺寸一般为 10 m×10 m 正方形，其高度等于分台阶高度。

位于非矿夹层或破碎带中的基坑一般采用小直径炮孔控制法掘进，位于矿体中的基坑采用与采石相同的方法掘进，以便顺利采出荒料。

此外，对于通行汽车的水平，需掘进出入沟。出入沟的参数和定线同其他露天矿，出入沟的掘进，位于境界内的同基坑掘进法，位于境界外的可用普通的凿岩爆裂法。

2. 采准堑沟掘进

为开辟工作面，安装钢索锯石机的工作立柱，需在工作面两侧垂直工作线开掘采准堑沟，相邻工作面之间的采准堑沟可共用。堑沟长度及数量按回采矿量保有期计算确定，宽度一般为 1.5~2.0 m，深度应大于分台阶高度 0.3~0.5 m。采准堑沟的开掘方法有两种：凿岩控制爆破法和切割法。

（1）凿岩控制爆破法：用控制爆破法可尽量降低对矿体的破坏。当矿山存在大开口的裂缝或沟时，可把它扩大成符合要求的采准堑沟，或利用它隔离爆破力。

花岗石凹陷采石场在开沟过程中能回收部分荒料。

倾斜堑沟也称斜坡道，坡度一般为 10° 左右，最大约 14°。竖向炮孔呈 15°~20° 倾角，其凿岩深度不必与抬起炮孔相接，而是相距 0.3~0.6 m 即停止，下部的抬起炮孔与斜坡道底板之间的夹角为 2°~3°。

斜坡道建成后，需要开掘切割槽，形成荒料的开采工作面。切割槽的形成可采用密集钻孔法。

（2）机械切割法：主要包括 V 形切割、矩形或截楔形锯切。

3. 采准基坑的开掘

凹陷露天矿若采用多用钻机、切割立柱与钢索锯石机相配合的开采工艺，开采时无须安装工作立柱，因此不用开掘采准堑沟。但在新水平准备时，需要开掘采准基坑，逐步扩大，形成工作线。基坑边长一般为 10~15 m，深度与分台阶高度相等。

开掘方法：先在拟开掘的基坑四角采用潜孔钻机钻孔，深度与分台阶高度相等，再用普通钢索锯石机配合导向切割立柱沿四边进行垂直切割，最后在基坑范围内采用凿岩机钻水平孔，进行控制爆破。一般情况下，凿岩爆破分层进行，逐步达到分台阶高度。

（四）石材开采法

采石方法根据采石工艺的第一道工艺——分离进行划分。

饰面石材采石方法分类：

1. 凿岩劈裂法

凿岩劈裂法，即人工劈裂法，分单楔劈裂法和双楔劈裂法两种。采用各种形状的钢凿、钢楔及重量不等的锤子进行工作，适用于矿体产状、形状复杂，节理裂隙发育，硬度不同的任何岩石。

2. 凿岩爆裂法

凿岩爆裂法主要分为导爆索爆裂法、黑火药爆裂法、近人爆裂法、静态爆裂法、其他爆裂法几类。

（1）导爆索爆裂法、黑火药爆裂法：采用不同规格的专用导爆管、黑火药、雷管进行作业。适用于任何矿体产状、形态，节理裂隙比较发育的矿山，以及任何规模的花岗石、大理石矿山。

（2）近人爆裂法：采用氧化锰＋铝粉、点火头进行作业，适用于任何矿体产状、形态，节理裂隙比较发育的矿山，以及任何规模的花岗石、大理石矿山。

（3）静态爆裂法：采用静态爆破剂进行作业。矿山实际使用较少。

（4）其他爆裂法：采用各种特殊或改性的炸药。矿山实际使用较少。

3. 机械锯切法

机械锯切法包括绳锯法、链锯法、圆盘锯法等。

（1）绳锯法：又分为钢丝绳锯切法和金刚石绳锯切法。采用专门的钢丝绳锯石机和金刚石锯石机进行作业。适用于矿体产状、形态简单，矿体完整性好，节理裂隙不发育，大规模开采的大理石矿山、花岗石矿山。

（2）链锯法：采用各种型号的链臂式锯石机进行作业。适用于矿体产状、形态简单，巨厚层缓倾斜或急倾斜矿床及大规模开采的大理石矿山。

（3）圆盘锯法：采用不同规格的圆盘锯石机进行作业。适用于锯切小砌块、抗压强度在 100 MPa 以下的无硅质大理石矿山。

（4）高压水切割法：采用高压水柱进行作业。适用于切割名贵品种的花岗石、大理石垂直面。

四、采剥工作

为采出大块荒料，使矿体不产生新的裂隙，剥离爆破时应采用威力小的炸药，如黑火药或金属燃烧剂等进行爆破。

在具有锯石机的石材矿山，爆破前，预先在剥离层底部的适当位置，用锯石机切割一条水平锯口，以隔断上部爆破时产生的震动波向下传导，确保锯口下部矿体不产生新的裂隙。

水平切割以后，用凿岩机在锯口上部的剥离层内打炮眼，炮眼底至锯口的距离控制在 20 cm 左右（不具备锯石机的矿山，炮眼底至较好矿体的距离控制在 0.3 ~ 0.5 m），然后在炮眼内装适量黑火药或金属燃烧剂，将剥离层的废石破碎，以便装车。

五、回采工艺

回采工艺包括七个工序：分离、顶翻、切割、整形、拖曳或推移、吊装和运输、清渣。

（一）分离

分离是指长条块石采用适当的采石方法，使之脱离原岩体的工序，是采石工艺中最重要的工序。

确定长条块石尺寸最基本的方法：

长条块石的长度：一般等于所定荒料最大宽度的整数倍，并适当考虑整形余量。

长条块石的高度：等于台阶的高度。一般为 3～6 m。

长条块石的宽度：按加工设备可以加工的荒料最大块度等于长条块石的宽度；对于厚层小于或等于 2 m 的层状矿体，长条块石的宽度等于加工设备可以加工的荒料长度或其宽度，对于花纹排列、晶粒结构无方向性的石材，其长条块石的三向尺寸可作调整，通常宽度为 1～3 m，少数达 5～6 m。

长条块石尺寸的确定和排列方向要十分注意节理、裂隙的走向、产状及其间距，充分利用天然的节理裂隙、层理，据此调整其三向尺寸的大小。

（二）顶翻

在实践生产中，长条块石一般高度大、宽度小，为了下一步工序切割方便，要将其翻转 90°，平卧在工作平台上。若长条块石体积很小，可借助钢钎等工具将其翻到；体积大的，采用液压顶石机将其顶翻。

（三）切割

按所定的荒料尺寸，将长条块石切割成若干荒料坯。切割采用劈裂法和锯切法。

（四）整形

整形是将荒料石按照国家验收标准或供需双方商定的荒料验收标准，将超过标准规定的凹凸部分，采用劈裂法或专用整形机进行切除。

（五）拖曳或推移

对于采用固定式吊装设备的矿山，限于吊装设备的工作范围，必须将吊装范围以外的荒料，采用牵引绞车拖曳或采用推土机、前装机推移至吊装范围内，以便起吊。采用移动式吊装设备的矿山，则无需拖曳或推移。

（六）吊装和运输

石材矿山大多采用专用的固定式吊装设备桅杆起重机，起吊能力为 15～50 t，运臂长 15～50 m，适用于开采面积小、采深大的多分段同时开采的石材矿山。对于采场面积大、采深小的矿山，采用移动起重设备、履带起重机。

（七）清渣

把截取荒料后遗留在采场内工作平台上的碎石加以清除，并运到废石场排弃或集中堆置，以备综合利用。

第三章 地下开采

关于地下开采的主要技术要素、适应范围以及技术方案选择等概念性知识已在第一章有关内容中阐明。地下开采，按其建设施工与具体生产步骤可分为矿床开拓、采准切割及矿石回采三大要素，由图6-3-1三维立体单元组合板块图所示。

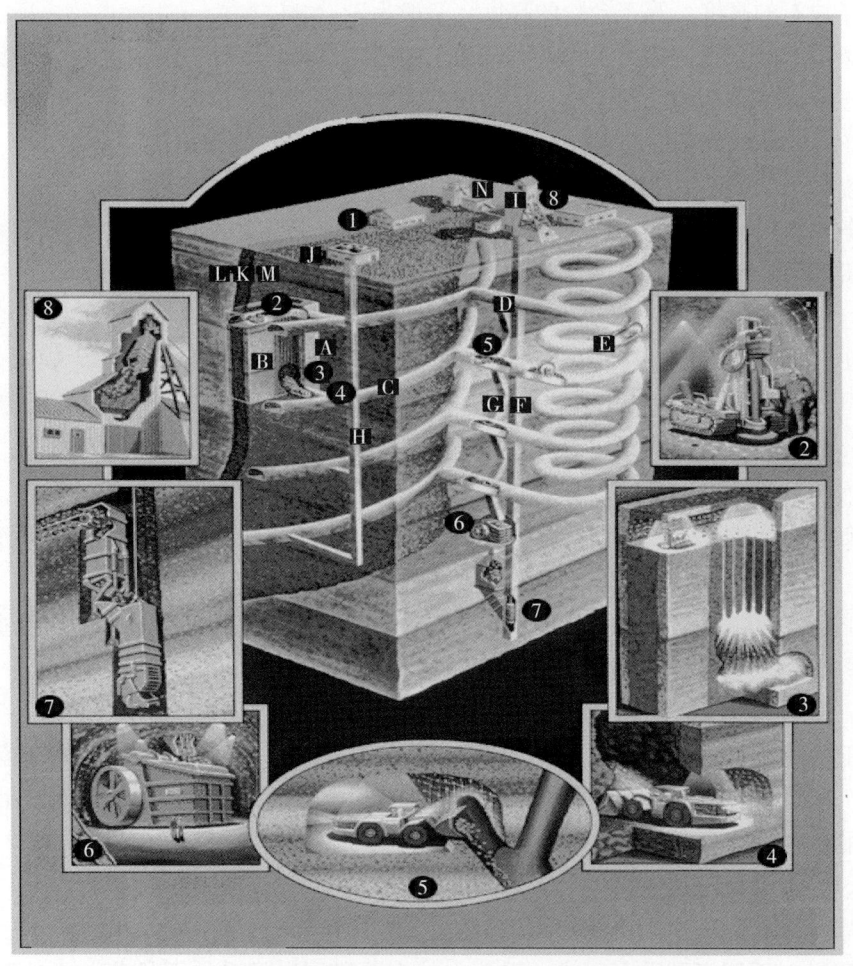

图6-3-1 地下矿床三大要素三维立体单元组合板块图

A—围岩；B—矿房；C—中段运输巷；D—联络巷；E—斜坡道；F—竖井；G—溜矿井；H—风井；I—井口提升设施；J—井口通风设施；K—矿体；M—表土层；L—基岩；N—选矿厂

1—地表辅助设施；2—矿房凿岩板块；3—矿房爆破板块；4、5—出矿板块；6—破碎板块；7—箕斗装载、提升板块；8—井口卸矿板块

第一节　矿床开拓

一、矿床开拓方案分类

地下开拓按不同的矿体埋藏条件应选择不同的类型与形式，根据主要开拓井、巷形式可分为单一开拓与联合开拓两大类，其具体分类为：

$$
\text{地下矿床开拓方案}
\begin{cases}
\text{单一开拓}
\begin{cases}
\text{竖井开拓} \\
\text{平硐开拓} \\
\text{斜井开拓}
\end{cases} \\[2em]
\text{联合开拓}
\begin{cases}
\text{竖井—斜井联合开拓} \\
\text{竖井—平硐联合开拓} \\
\text{斜井—平硐联合开拓} \\
\text{竖井—斜井—平硐联合开拓}
\end{cases}
\end{cases}
$$

（一）单一开拓方案的方式分类

单一开拓方式主要包括竖井开拓、平硐开拓、斜井开拓三种方式。

单一竖井开拓方案的实例如图 6-3-2、图 6-3-3、图 6-3-4、图 6-3-5 所示。

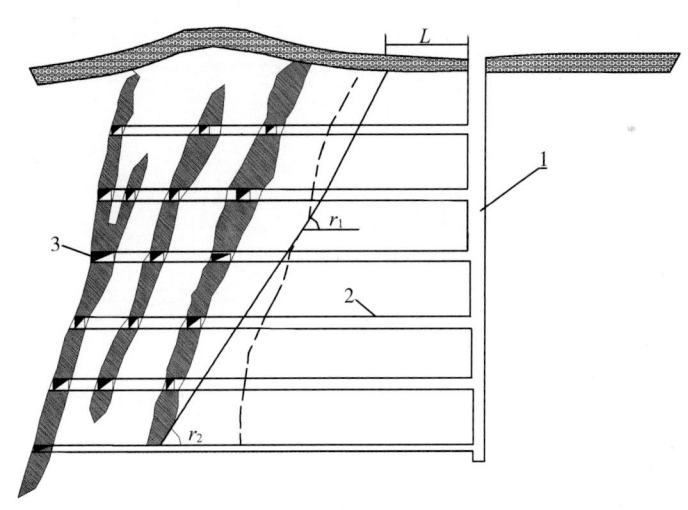

图 6-3-2　某矿山单一竖井开拓方案示意图

1—主竖井；2—石门；3—中段运输巷；r_1、r_2—岩石移动角；L—井筒至岩石移动边界的安全距离

本图表示竖井开拓系统中的矿体、井筒、各开采中段及岩石移动角之间的相互位置关系

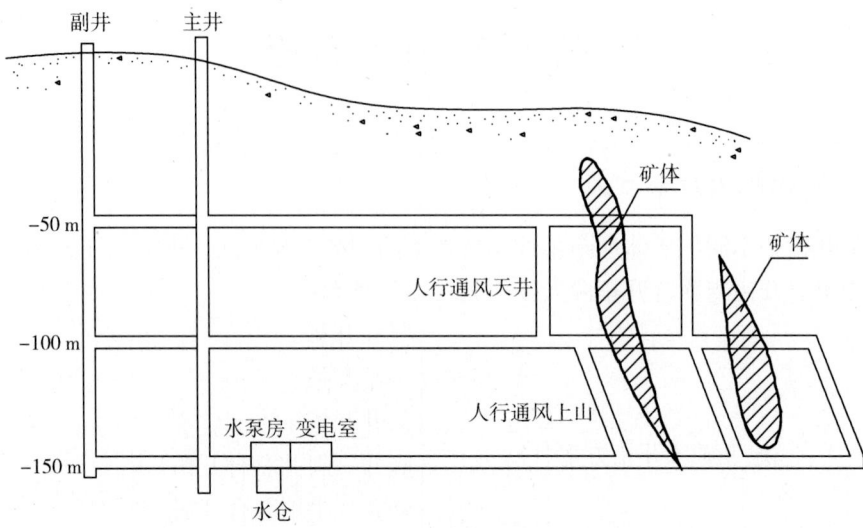

图 6 - 3 - 3　某矿山单一竖井侧翼布置开拓方案纵投影图

　　本图为单一竖井侧翼布置开拓方案，设有两条竖井布置于矿体单翼。其中一条为主井，担负矿石提升和回风；另一条为副井，主要提升人员、废料，兼担负材料、设备和进风，两条竖井均为安全出口。另外该系统划分为 3 个开采中段，最上一水平为回风巷，以下两个水平为开采出矿。该系统副竖井进新风至各水平各中段，冲洗矿房后污风经通风天井及上部回风巷经主竖井抽出地表

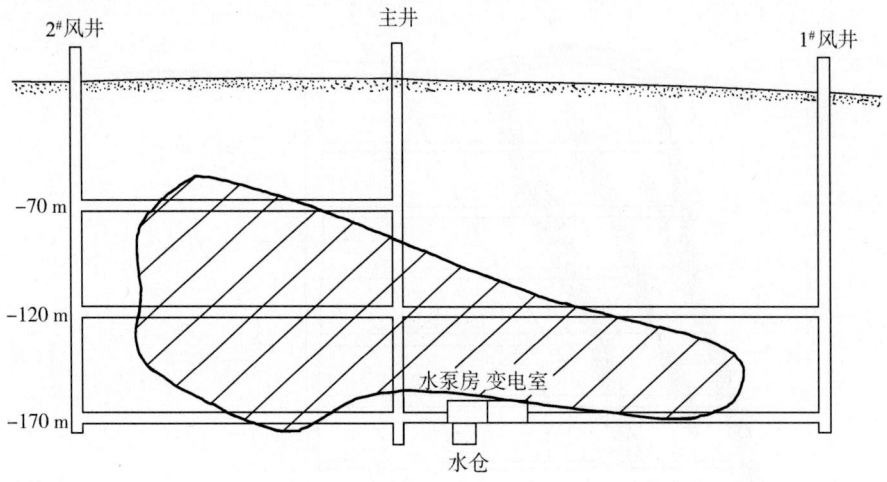

图 6 - 3 - 4　某矿山单一竖井中央对角式布置开拓方案纵投影图

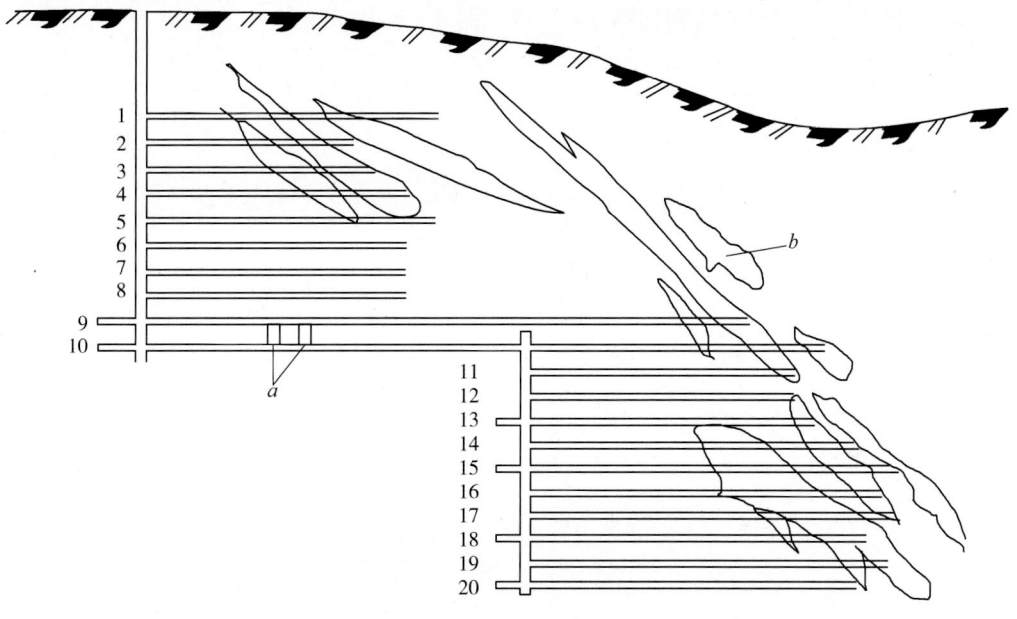

图 6 - 3 - 5　某矿山单一明竖井与盲竖井开拓方案剖面图

　　本图所示明竖井、盲竖井、各开采中段与矿体之间的联系。a 为溜矿（废石）井，b 为矿体，1~20 为中段划分

单一平硐开拓方案的实例如图 6 - 3 - 6 所示。

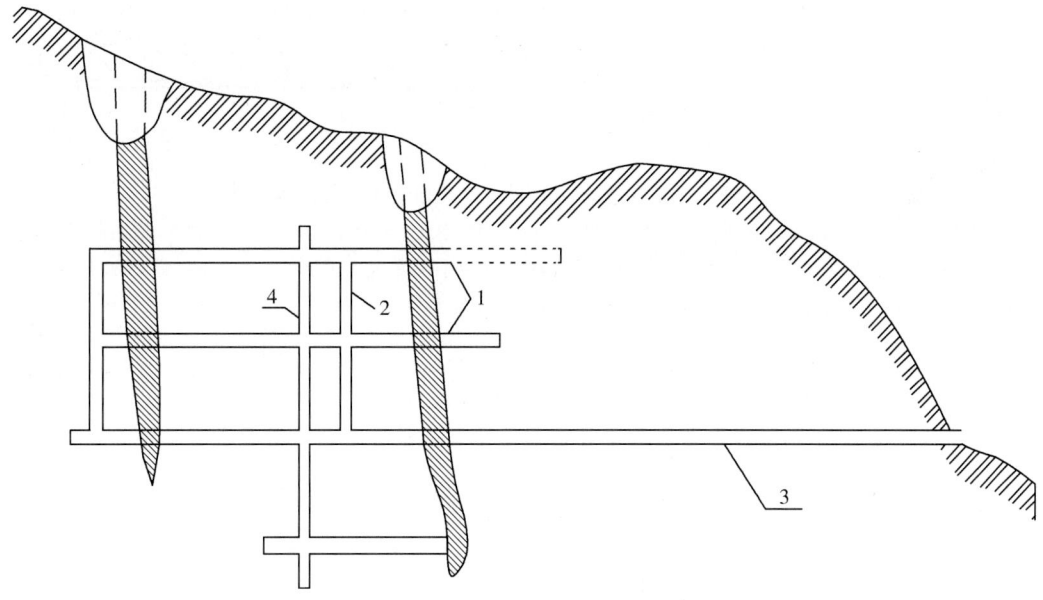

图 6 - 3 - 6　单一平硐开拓方案实例示意图

　　1—阶段平硐；2—溜井；3—主平硐；4—辅助盲竖井。本图所示开拓系统设有一条主平硐、一条辅助盲斜井、一条矿石溜井及三个开采中段与矿体之间的联系

单一斜井开拓方案的实例如图6-3-7、图6-3-8所示。

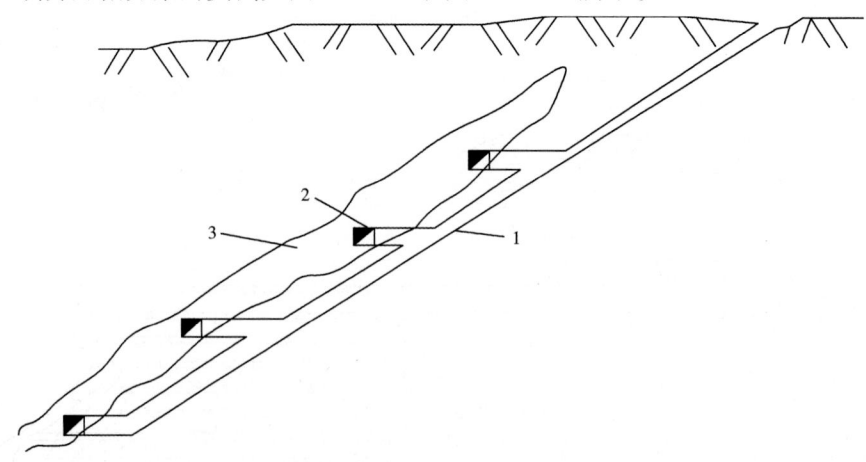

图6-3-7 某矿山单一斜井下盘布置开拓方案示意图

1—斜井；2—石门运输巷；3—矿体

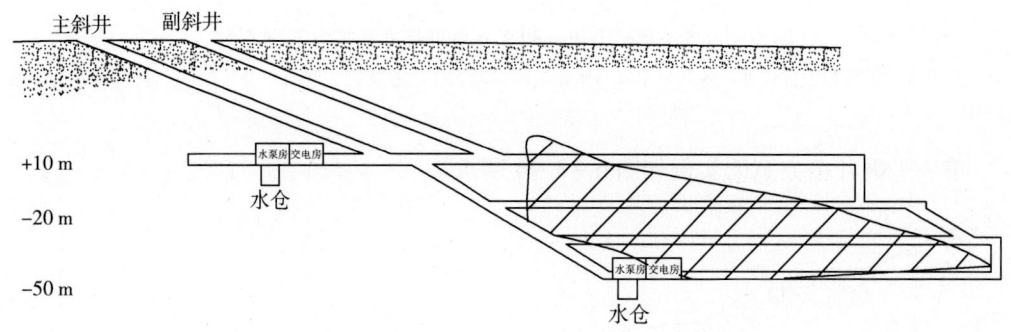

图6-3-8 某矿山单一明、盲斜井开拓方案实例纵投影图

本开拓运输系统由2条明斜井、2条盲斜井及5个开采中段组成，显示了与矿体之间的联系，2条明斜井及2条盲斜井分别兼做接力提升、进风、回风，其中一条明斜井及盲斜井接力进新风，另一条明斜及盲斜井接力抽出污风，污风经上部回风巷与回风明、盲两段斜井接力抽出地表

（二）联合开拓方案的方式分类

联合开拓主要包括竖井—斜井联合开拓、竖井—平硐联合开拓、平硐—斜坡道联合开拓、竖井—斜井—平硐—斜坡道联合开拓四种类型。

竖井—斜井联合开拓方案实例如图6-3-9、图6-3-10所示。

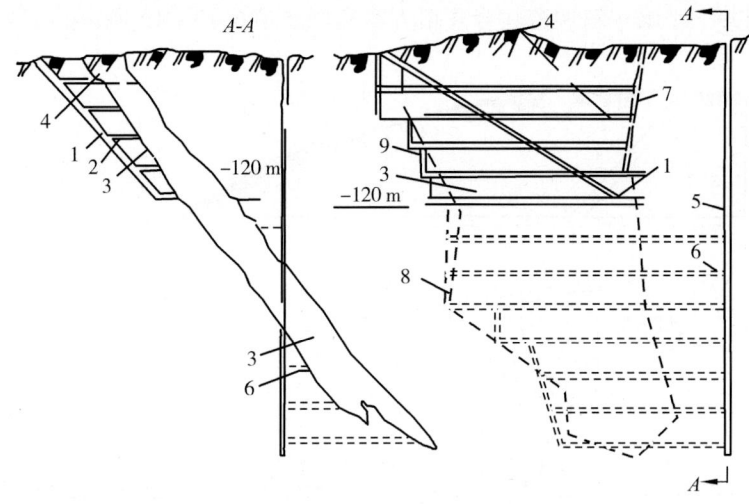

图6-3-9　某矿山竖井与斜井对角布置联合开拓方案实例图

1—斜井；2—石门；3—矿体；4—上部小露天；5—竖井；6—石门；7、8、9—回风井

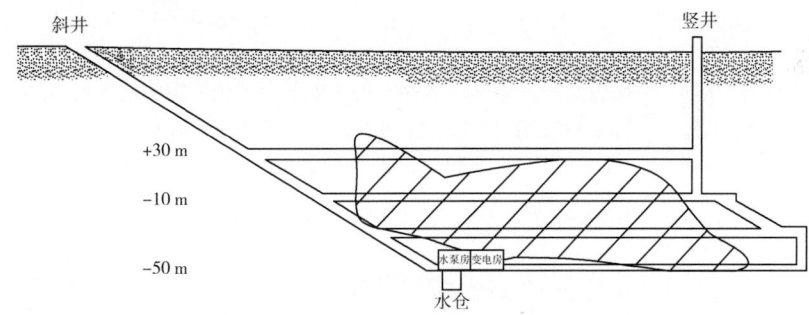

图6-3-10　某矿山竖井与斜井对角布置联合开拓方案纵投影图

本系统由1条明斜井、1条盲斜井及3个开采中段组成，其中明斜井作为提升、进新风及安全出口，明竖井作为专用回风井抽出污风及安全出口

竖井—平硐联合开拓方案实例如图6-3-11所示。

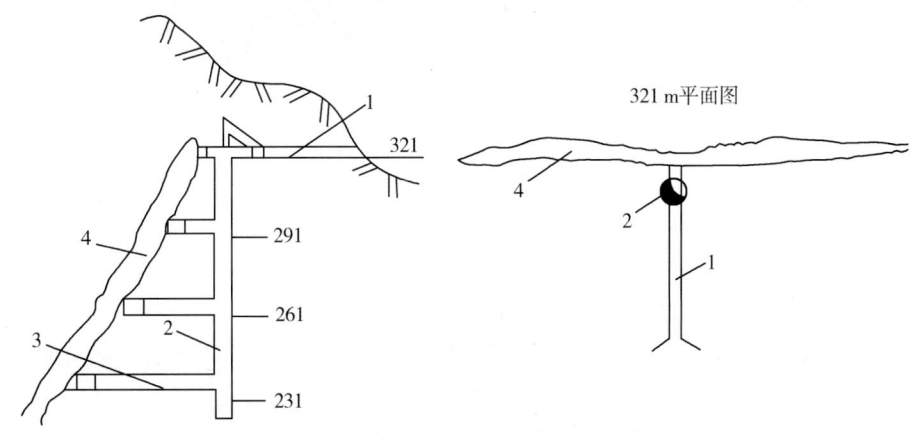

图6-3-11　某矿山盲竖井与平硐联合开拓方案实例图

1—主平硐；2—盲竖井；3—盲竖井石门及下盘沿脉运输巷；4—矿体

竖井—斜井—平硐—斜坡道联合开拓方案实例如图 6 - 3 - 12 所示。

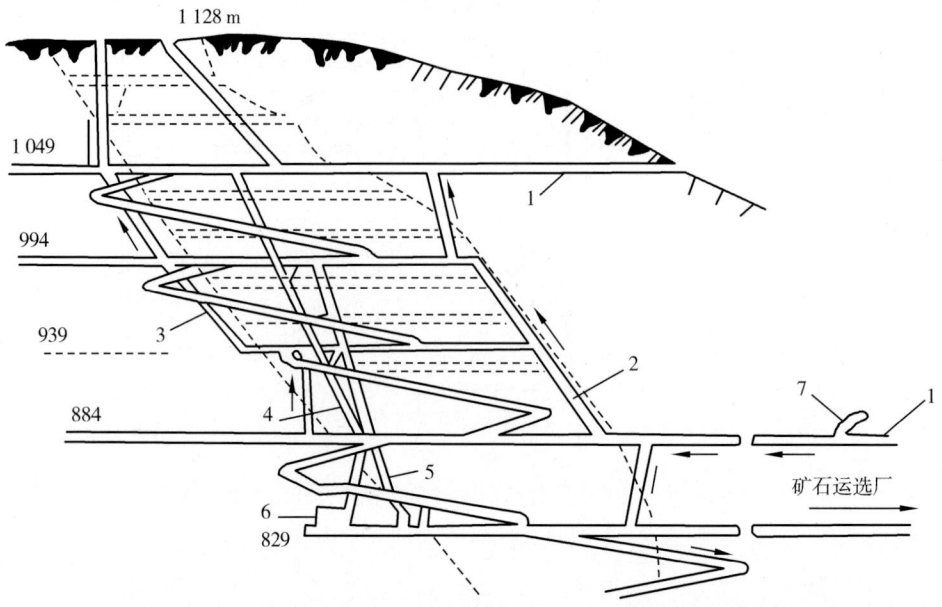

图 6 - 3 - 12　某矿山竖井 - 斜井 - 平硐 - 斜坡道联合开拓方案实例纵投影图
1—平硐；2、3—回风盲斜井；4—矿石溜井；5—废石溜井；6—破碎站；7—扇风机
本系统由主平硐、回风盲斜井及明竖井，进风明斜井及各开采中段构成提升、运输、通风等生产系统

平硐—斜坡道联合开拓螺旋式布置方案实例如图 6 - 3 - 13 所示。

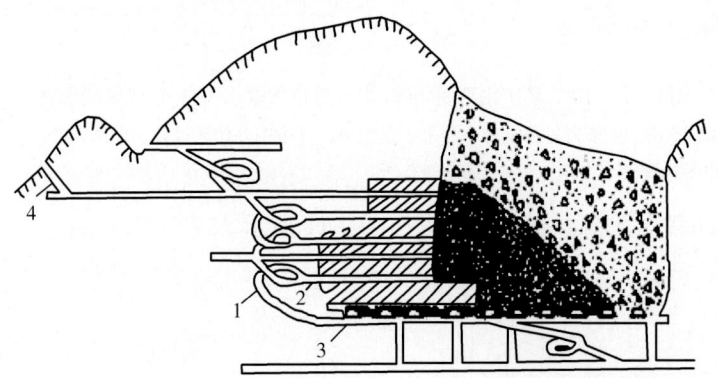

图 6 - 3 - 13　某矿山平硐 - 斜坡道联合开拓螺旋式布置方案实例横投影图
1—斜坡道；2—石门；3—阶段运输巷道

二、采、切工程

地下采、切工程是为开采矿石按照设计选用的采矿方法及工艺要求对矿体进行的采准及切割工程，工程分为有矿房底部出矿进路、放矿漏斗、人行通风天井或上下山、阶段凿岩或分段凿岩巷道、电耙道、阶段斜坡道、切割槽、拉底巷道等。有了上述这些工程，方可在矿体中进行凿岩、爆破落矿、通风、出矿、装矿等采矿作业。

三、矿石回采

在已经做好采准和切割工程的矿块（矿房或矿壁）中，进行大量采矿工作的所有生产过程叫做回采。回采包括落矿（凿岩与爆破）、矿石搬运和采场支护等主要生产工序，矿石回采工序一般为凿岩→爆破→通风→出矿→处理浮石→矿房平场或充填或支护。

回采工作结束后，除充填采矿方法外的其他方法（尤其是空场采矿法）的采空区必须及时进行处理，空区处理的主要方法为空区一次充填和崩落围岩等，这样不仅可以控制地压活动，防止和缓和地表错动和陷落，同时如安排得当，可以做到废石不出坑，节省排废石场地和废石排弃费用。

四、矿石回采率、贫化率指标计算与选取

（一）矿石回采率计算

矿石回采率是衡量矿山在开采过程中能否充分利用资源的一项重要指标，在设计中应计算矿块回采率（或称工作面回采率）和综合回采率二项指标，矿块回采率计算方法是根据选择的采矿方法、按采矿方法设计标准图计算矿柱损失资源量及矿房采出资源量，矿块回采率 ＝（矿块采出地质资源量÷矿块地质资源量）×100％，综合回采率 ＝（总计采出地质资源量÷矿山总地质资源量）×100％。

（二）贫化率指标选取

矿石开采贫化率应根据矿体厚度、围岩与夹层情况以及所选用的采矿方法等因素，并参考类似矿山生产经验选取。设计中如选用空场类采矿方法，一般可按 12 ％ 左右选取；如选用崩落类采矿方法，一般可按 20％ 左右选取；如选用充填类采矿方法，一般可按 10％ 左右选取。

第二节　生产规模及三级矿量

一、生产规模确定及原则

矿山生产规模一般是指设计确定或经有关部门确认的采矿生产能力，采用年产量表示（黄金与有色金属矿产的生产规模宜采用日产量表示）。

生产规模的确定，一般应遵循下列原则：

（1）在市场经济条件下，确定矿山生产规模的基本原则是对一定可采储量的投入得到最大的回报，同时要全面考虑市场需求、技术可能，使矿山生产规模、资源储量及矿山服务年限相匹配。

（2）符合国家产业政策，有良好的社会效益。

（3）分期建设，减少初期投资。实践证明，中小型矿山一般应一次建成，大型尤

其是特大型矿山一般应在全面规划的基础上，分期投资，分期建设，以避免初期投资过大。分期确定各期生产能力，以达到筹资容易、见效快的目的。

（4）严格遵守合理的开采顺序。一般应遵守由上而下、贫富兼采、大小矿体兼顾的原则。要尽量避免违反正常开采顺序，采富丢贫、采近丢远的做法。

（5）搞好综合利用，充分利用资源。例如，对于不同矿种的共生矿床，应在经济合理的基础上，同期或后期考虑开发利用。

（6）对于资源储量丰富的矿床或低品位矿床，应根据市场状况尽量发挥规模效益。

（7）以强化采场（盘区）生产能力为基础来确定矿山生产规模。

（8）地下开采生产规模的确定，应以地质勘查报告提交并经主管部门评审备案的地质资源量以及矿体开采技术条件、合理匹配的服务年限为依据，经进行生产能力验证，根据验证结果确定。特别提出的是：设计确定的生产规模必须小于生产验证的生产能力，以保证在实际生产中实现设计生产规模稳妥、可靠。

（9）矿山生产能力验证的基本方法，主要按合理的年开采下降速度、新水平准备时间和有效矿块利用系数分别进行验证；开采技术条件复杂的大中型矿山，宜编制采掘进度计划表，最终验证。目前，最多采用的方法是按有效矿块利用系数验证结果为生产规模确定依据。

有效矿块利用系数选取见表6－3－1。

表6－3－1　　　　　　　　　　　　　有效矿块利用系数

采矿方法	矿块利用系数
分段空场法	0.3～0.6
房柱法、全面法	0.3～0.7
上向水平分层充填法	0.3～0.5
薄矿脉浅孔留矿法	0.25～0.5
有底柱分段崩落法、阶段崩落法、壁式崩落法、分层崩落法	0.25～0.35
点柱充填法	0.5～0.8
无底柱分段崩落法、下向充填法	≤0.8

各种采矿方法实际矿块生产能力参考指标见表6－3－2。

表6－3－2　　　　　　　各采矿方法实际矿块生产能力参考指标　（t/d）

采矿方法	矿体厚度				备注
	<0.8 m	0.8～5 m	5～15 m	15～50 m	
全面法	—	60～100			
留矿全面法	—	50～70			

（续表）

采矿方法	矿体厚度				备注
	<0.8 m	0.8~5 m	5~15 m	15~50 m	
房柱法	—	70~100	100~200		
分段空场法	—	—	120~220	140~250	
爆力动矿法	—	70~110	120~200		
阶段空场法	—	—		250~450	
浅孔留矿法	—	50~100	80~120		
薄矿脉浅孔留矿法	40~80				
上向水平分层充填法	—	30~50	50~80	100~220	
下向充填法	—		40~70	100~200	
削壁充填法	25~40				
阶段矿房（大直径深孔落矿）嗣后充填法	—			200~300	
壁式崩落法		60~120			
分层崩落法	—		40~60	50~80	
有底柱分段崩落法				200~300	
无底柱分段崩落法	—	—	—	180~360	
阶段强制崩落法				250~400	

二、三级矿量

（一）三级矿量及其控制

三级矿量是确定矿山井下基建工程量的标准依据，也是矿山投产后能够采掘平衡、保持持续稳定成产的标准依据。

按照矿床开采的准备程度，地下矿的生产矿量通常划分为三级：开拓矿量、采准矿量与备采矿量，统称为三级矿。

在矿床中，已完成了主要井筒、中段运输巷道、通风及排水等巷道，形成完整的开拓、通风、运输、排水系统所圈定的矿量叫做开拓矿量。

采准矿量是开拓矿量的一部分。在开拓矿量的基础上，全部完成了采矿方法所规定的矿房、矿壁和矿柱内采准巷道后所圈定的矿量，叫做采准矿量。

备采矿量是采准矿量的一部分。在采准矿量的基础上，全部完成了采矿方法所规定的切割工程量，能立即回采矿块（矿房）中的矿量叫做备采矿量。对于矿壁、矿柱的回收，在进行了必要的切割工程后，方可算为备采矿量。

三级矿量是保证矿山持续稳定生产的基本条件，是与矿山的生产规模密切相关的。三级矿量过多或过少，都会产生不良后果。三级矿量过多，意味着形成三级矿量的掘进费用支出超前，不仅使矿山积压了资金，而且增加了巷道工程的维护费用和通风、排水、照明等费用，从而增加了采出矿石的成本；三级矿量过少，会使矿山采掘失调，造成生产被动。在矿山生产中，因急于求成，未等基建工程结束就过早投产的情况是不少见的。通常人们称这种矿山为基本建设"先天不足"，由此而引起的后果是延长了达产时间，即投产后长期不能达产。这样的矿山，因在建设时期没有形成足够的三级矿量，尤其是采准矿量和备采矿量不足，为完成生产计划，被迫使用"杀鸡取蛋"的办法，采富弃贫，乱采乱掘，势必打乱既定的回采顺序。如不及时采取补救措施，则生产的被动局面将愈演愈烈，恶性循环不止，生产长期处于不正常状态，使矿山迟迟达不到预期效果。可见，合理的三级矿量是十分重要的。

但是，生产实际也告诉我们，三级矿量绝不可定得太死，通常三级矿量是按照一个平衡—不平衡—平衡的波动规律进行的。要求一个矿山在达产后的整个生产过程中，三级矿量每时都要保持平衡，那是很难做到的，重要的是及时发现问题，能动地及时采取补救措施加以解决，才能使矿山生产保持稳定。因此，三级矿量的规定仅是一个大概的要求。具体说来，矿体产状、矿体厚度、选用的采矿方法（因采矿方法不同，采矿强度有很大差异）以及矿体连续程度不同，对三级矿量要求也应有所不同。实践证明，对于中小矿山，尤其是小型矿山，由于生产规模小，作业战线短，管理方便，三级矿量可适当降低。

（二）三级矿量保有期限有关规定

三级矿量应根据有关规定所要求的保有期限来确定，目前，国内现行的三级矿量按生产规模对应的保有期限有关规定见表6-3-3。

表6-3-3　　　　　国内现行的三级矿量保有期限有关规定标准

三级矿量	黑色金属矿山	有色金属矿山	非金属矿山
开拓矿量	3~5 年	3 年	3 年以上
采准矿量	1.5~2 年	1 年	1 年以上
备采矿量	6~12 个月	6 个月左右	6 个月以上

第三节　矿床开采

一、采矿方法及其分类

（一）采矿方法

按照地压管理方式，采矿方法分为空场类、崩落类和充填类三大类采矿法。

1. 空场类采矿法

这类方法可分为全面采矿法、房柱采矿法、浅孔留矿法、阶段或分段矿房法。

上述各采矿方法的共同特点是将矿块划分为矿房和矿柱，矿房内的矿石按设计尺寸将矿石采出后形成采空区，留设的矿柱不采作为永久支撑，维持矿房空区的稳定。此类采矿方法的适用条件必须是矿岩稳定性好，以至于开采后形成的采空区能够保持相对的稳定，不会造成地质环境灾害。但是，由于诸多工程地质或水文地质条件的不同，在实际生产中仍出现不可避免的采空区垮落而造成不同程度的地质环境灾害。因此，对该类采矿方法多采用对采空区实施一次充填，或分两步回采，即先回采矿柱并胶结充填后，再回采矿房并及时对采空区实施充填，以消除地压因素，防止和避免采空区垮塌而引起的地质灾害或影响地表设施的安全。

2. 崩落类采矿法

这类采矿方法的适用条件必须是随着开采，矿房空区上部顶板的岩石能够随之自然垮落的工程地质条件；也可采取强制崩落措施对采空区进行及时放顶，从而消除地压因素。

3. 充填类采矿法

这类方法的实质是为了防止地质灾害发生或影响回采周期内的安全、要求采取随采随充、及时消除采空区地压因素而保持原始稳定状态，达到安全目的。

这类采矿方法根据不同的矿体开采技术条件，分为上向水平分层充填或胶结充填采矿法、下向分层胶结充填采矿法、机械化进路充填或胶结充填采矿法、分两步回采的充填与胶结充填采矿法。

（二）采矿方法分类

采矿方法按工作面结构即分层、分段、阶段的形式特点划分为 9 个分组，再按落矿或出（放）矿方式、工作面推进方向，将各组划分为主要方法（方案）。因此，采矿方法可分为三大类 9 个分组，共 49 个常用的主要方法（方案），见表 6 - 3 - 4。

表 6 - 3 - 4　　　　　　　　　采矿方法分类（方案）

采矿方法类别	按回采地压管理方法	采矿方法分组	采矿方法名称	主要方法（方案）
空场采矿法	自然支撑采矿法	分层（单层）空场法	全面采矿法	①普通全面法 ②留矿全面法 ③台阶式全面法 ④长壁式全面法
			房柱采矿法	①浅孔落矿房柱法 ②中深孔落矿房柱法 ③无轨设备回采房柱法
			留矿采矿法	①浅孔落矿留矿法 ②薄矿脉留矿法 ③极薄矿脉留矿法
		分段空场法	分段采矿法	①有底柱分段采矿法 ②连续退采分段采矿法 ③无底柱分段采矿法
			爆力运矿采矿法	爆力运矿分段采矿法
		阶段空场法	阶段矿房法	①垂直层落矿阶段矿房法 ②水平层落矿阶段矿房法 ③下向大直径深孔球状药包自下而上落矿的 VCR 法 ④联合落矿阶段矿房法

（续表）

采矿方法类别	按回采地压管理方法	采矿方法分组	采矿方法名称	主要方法（方案）
崩落采矿法	无支撑采矿法	分层（单层）崩落法	单层崩落采矿法	①长壁崩落法 ②短壁崩落法 ③进路单层崩落法
			分层崩落采矿法	①壁式分层崩落法 ②进路分层崩落法
		分段崩落法	无底柱分段崩落采矿法	①低分段无底柱崩落法 ②高分段无底柱崩落法（大结构参数） ③高端壁无底柱分段崩落法
			有底柱分段崩落采矿法	①垂直落矿有底柱分段崩落法 ②水平层落矿有底柱分段崩落法 ③联合落矿有底柱分段崩落法
		阶段崩落法	阶段强制崩落采矿法	①垂直层落矿强制崩落法 ②水平层落矿强制崩落法 ③联合落矿强制崩落法
			自然崩落采矿法（矿块崩落法）	①铲运机出矿自然崩落法 ②电耙出矿自然崩落法 ③格筛放矿自然崩落法
充填采矿法	人工支撑采矿法	分层（单层）充填法	按充填材料和输送不同，主要有胶结、水砂、干式充填法	①上向分层充填法 ②下向分层充填法 ③上向进路充填法 ④下向进路充填法 ⑤点柱充填法 ⑥壁式充填法 ⑦削壁充填法
		分段充填法		①分段充填法典型方案 ②无底柱分段充填法

（续表）

采矿方法类别	按回采地压管理方法	采矿方法分组	采矿方法名称	主要方法（方案）
		阶段充填法（嗣后充填法）		①房柱采矿嗣后充填法 ②留矿采矿嗣后充填法 ③分段矿房（空场）嗣后充填法 ④阶段矿房（空场）嗣后充填法 ⑤VCR嗣后充填法

注：①表内所示典型的 VCR（垂直球状药包倒退式采矿）法与阶段矿房法本质上相同。

②分段空场法与分段充填法的区分：对整个矿床开采而言，分段空场法的采空区一般是不进行充填的，也不会影响正常的采矿顺序。如果对其充填只是为了减少废石和尾砂在地表堆放对生态环境的影响，这样的采矿工艺就属于空场采矿，这时的充填只是作为处理空区的一种措施。相反，采空区不进行及时充填就无法继续采矿，充填工序是采矿工艺的有机组成部分，充填工作在一定程度上影响矿床整体的采矿顺序时，我们把这种方法称为分段充填法。

③阶段空场法与阶段充填法的区分，同分段空场法与分段充填法。

④所谓"大直径深孔采矿法"，不是某种采矿方法的专称，而是高效率大孔穿爆技术的某种概括。它既可用在充填法，也可用在空场法和崩落法中；既可用在阶段空场法，也可用在分段空场法。因此，它不作独立的方法列入分类表中，应称方法中的方案。

⑤"阶段充填法"一般是以阶段进行一次充填的，因而称为嗣后充填。

⑥分段采矿法简称分段法。

⑦本分类是从工程设计和生产实用出发，不作学术争议的论据。

二、采矿方法选择

（一）采矿方法选择的基本要求

要正确合理地选择采矿方法，必须满足下列基本要求：

（1）安全和良好的工作条件。保证工人在开采过程中安全生产和良好的作业条件，同时要保证矿山能安全持续地进行生产，防止井下和地表的建筑物、主要设施和各种设备遭到破坏，防止地下水灾和火灾及其他重大灾害的发生。

（2）充分、合理地开采地下矿产资源。选择的采矿方法要贫化小，回采率高，矿石质量高，有利于配矿和矿石质量控制，满足加工部门对矿石质量的要求。充分、合理和综合开发地下矿产资源，特别对于富矿、稀缺矿床开采，要选择回收率高的采矿方法。

（3）生产能力大，劳动生产率高。要尽可能选择生产能力大和劳动生产率高的采矿方法。尽可能选择高效、先进的生产设备，减少多阶段作业，以利于生产管理和实施强化集中开采。

（4）生产成本低，经济效益高。选择采矿方法时，不仅要考虑矿石回采成本，还要考虑矿石加工成本，使采选成本低，综合的经济效益好。

（5）减少对环境影响，提高资源综合利用率，尽量减少废弃物外排，减小对地下水位的影响。

（二）采矿方法选择应考虑的主要影响因素

矿体地质条件、开采技术经济条件和加工技术要求是采矿方法选择的主要影响因素。

1. 开采地质条件

矿床地质条件对于采矿方法选择有直接影响，起决定性用，因此必须具备充分可靠的地质资料，才能进行采矿方法选择。矿床地质条件一般包括下列内容：

（1）矿石和围岩的物理力学性质。在矿石和围岩的物理力学性质中，矿石和围岩的稳固性是关键因素，它决定采场地压管理方法、采场结构参数和主要回采工艺过程。

（2）矿体产状。矿体产状主要指倾角、厚度和形状等。

①矿体倾角主要影响矿石在采场内的运搬方式，而且与厚度有关。急倾斜矿体，可利用矿石自重运搬，薄矿体采用留矿法时倾角应大于60°，厚度较大的矿体则可不受这些限制。倾斜矿体，可考虑爆力运搬。水平或缓倾斜矿体则需用机械运搬。

②矿体厚度影响采矿方法和落矿方法的选择以及矿块的布置方式。极薄矿体的采矿方法要考虑分采或混采，单层崩落法一般要求矿体厚度不大于 3 m，分段崩落法要求厚度大于 6~8 m，阶段崩落法要求厚度大于 15~20 m。在落矿方法中，浅孔落矿一般用于厚度小于 5~8 m 的矿体，中深孔落矿一般用于厚度大于 5~8 m 的矿体，大直径深孔落矿一般用于 10 m 以上的厚度矿体。

一般，极薄和薄矿体，矿块沿走向布置；厚和极厚矿体，矿块应垂直走向布置。

③矿体形状和岩石与围岩的接触情况影响采矿方法的落矿方式和矿石运搬方式选择。如矿体形状不规则、接触面不明显时，采用大直径深孔落矿，会引起较大的矿石损失和贫化。在极薄矿体中，矿体形状是否规则，接触面是否明显，影响分采和混采方式的选择。

（3）矿石的品位及价值。开采品位较高的富矿和贵重、稀有矿产资源时，要求采用回收率高、贫化率低的采矿方法，例如充填法。

（4）有用矿物在矿体和围岩中的分布。有用矿物的分布可分为均匀的、渐变的和不规则的三种类型。

若有用矿物在矿体中分布比较均匀，一般不用选择回采的采矿法，如用崩落法或空场法；反之，有用成分分布不均匀而又差别很大时，应考虑能剔除夹石或分采的采矿法。若围岩有矿化现象，则回采过程中围岩混入的限制可以适当放宽，可采用大量崩落采矿法。当围岩中含有有害元素，对选矿和冶炼不利时，应选用控制围岩混入的采矿法。

（5）矿体赋存深度。赋存深度超过 500~600 m 或原岩应力很大时，地压增大，有可能产生冲击地压或岩爆现象，采用充填法较为适宜。

（6）矿石和围岩的自燃性与结块性。矿石和围岩中含硫高（或硫、碳均高），有自燃或发火倾向时，应采用充填法或预灌浆的分段崩落法或分段矿房法，避免采用留矿法、阶段崩落法和大量崩落矿柱的采矿法。

开采放射性矿石，一般采用通风条件较好的充填法。具有氧化结块性的矿石（含硫较高的矿石）应采用空场法或充填法，避免采用留矿法和大量崩落采矿法，以防止矿石结块，影响生产。

2. 开采技术经济条件

开采技术经济条件有下列各项：

（1）地表是否允许陷落。在地表移动带范围内，如果有河流、农田、居民区、公路、铁路、风景区、文化遗址和重要建筑物，或者由于环境保护的要求，地表不允许陷落，此时应优先考虑能保护地表的采矿法，如充填法或留有矿柱和采后充填采空区的采矿法。

（2）加工部门对产品的技术要求。矿石的品位及品级是加工部门的技术要求。如可直接入炉冶炼的富铁矿石、耐火原料矿石和云母等矿石，对品位、品级、有害成分、矿石块度都有一定的技术要求。这些技术要求将影响到采矿方法的选择。

（3）技术装备与材料供应。选择某些需要大量材料（如水泥、木材和充填料）的采矿方法时，需考虑材料来源和供应情况。

采矿方法与采矿设备要相适应。选择采矿方法时，要考虑采矿设备和备品备件供应情况，凿、装、运设备要配套，以充分发挥设备的效率。

（4）采矿方法所要求的技术管理水平。选择的采矿方法应力求简单，有灵活性，工人易掌握，管理方便。这对中小型矿山、地方矿山尤为重要。

上述影响采矿方法选择的因素在不同的条件下所起的作用不同，必须根据具体情况，全面、综合和系统地进行分析，才能选出最佳的采矿方法。

（三）采矿方法选择方法与步骤

采矿方法选择可分为三个步骤：第一步，采矿方法初选；第二步，技术经济分析；第三步，技术经济比较。

在一般情况下，在初选几个方案之后，经过第二步技术经济分析，便可选出适合的采矿方法。只有当经过技术经济分析之后，在仍然难分优劣的 $2 \sim 3$ 个采矿方法中，才进行第三步的技术经济比较，最后选出最优采矿方法。

1. 采矿方法初选

根据采矿方法选择的原则和基本要求，提出一些技术上可行的采矿方法方案。

（1）全面系统地分析矿石和围岩稳固性，有条件时进行矿床的稳固性分类，根据不同的稳固性类型分别进行采空区允许体积、矿体和围岩允许暴露面积评价。同时可辅助以岩石力学数值计算方法进行采场稳定性分析。

（2）根据矿体赋存条件，按采矿技术要求，对矿体的倾角、厚度、矿石品位分布特征进行统计分类，确定不同类型的比重，分别选择不同采矿方法方案。

（3）根据上述分类资料，参考表6-3-5选出技术上可行的采矿方法方案。

表 6 - 3 - 5 　　　　根据矿岩稳固性、矿体厚度和倾角可能采用的采矿方法

矿体倾角	矿体厚度	矿岩稳固性			
		矿石稳固 围岩稳固	矿石稳固 围岩不稳固	矿石不稳固 围岩稳固	矿石不稳固 围岩不稳固
缓倾斜	薄、极薄	全面法，房柱法	单层崩落法，垂直分条充填法	垂直分条充填法，全面法，单层崩落法	垂直分条充填法，单层崩落法
	中厚	分段矿房法，房柱法，全面法	分段矿房法，分层崩落法，有底柱分段崩落法，分层充填法，铁杆房柱法	分段矿房法，上向进路充填法，垂直分条充填法	有底柱分段崩落法，分层崩落法，垂直分条充填法
	厚和极厚	阶段矿房法，分段、阶段崩落法，上向分层充填法	分段、阶段崩落法，上向分层充填法	上向进路充填法，分段崩落法，阶段崩落法	分段、阶段崩落法，分层崩落法，下向充填法，上向进路充填法
倾斜	薄、极薄	全面法，房柱法	垂直分条充填法，上向分层充填法，单层崩落法	上向进路充填法，分段矿房法，分段崩落法，全面法	分层崩落法，上向进路充填法，下向分层充填法，分段崩落法
	中厚	分段矿房法	有底柱分段崩落法，上向分层充填法	上向进路充填法，分段矿房法，有底柱分段崩落法	有底柱分段崩落法，下向分层充填法，上向进路充填法，分层崩落法
	厚和极厚	阶段矿房法，分段矿房法	分段、阶段崩落法，上向分层充填法	上向进路充填法，分段矿房法，分段、阶段崩落法，下向分层充填法	分层崩落法，上向进路充填法，下向分层充填法，分段、阶段崩落法

（续表）

矿体倾角	矿体厚度	矿岩稳固性			
		矿石稳固围岩稳固	矿石稳固围岩不稳固	矿石不稳固围岩稳固	矿石不稳固围岩不稳固
急倾斜	极薄	削壁充填法，留矿法	削壁充填法	上向进路充填法，下向分层充填法	下向分层充填法，上向进路充填法
	薄	留矿法，分段、阶段矿房法	上向分层充填法，分层崩落法，分段崩落法	上向进路充填法，分层崩落法，分段崩落法，分段矿房法	上向进路充填法，下向分层充填法，分层崩落法，分段崩落法
	中厚	分段矿房法，阶段矿房法，分段崩落法	分段矿房法，上向分层充填法，分段崩落法	上向进路充填法，下向分层充填法，分层崩落法，分段矿房法	下向分层充填法，上向进路充填法，分层崩落法，分段、阶段崩落法
	厚和极厚	阶段矿房法，分段、阶段崩落法	分段矿房法，分段、阶段崩落法，上向分层充填法	上向进路充填法，下向分层充填法，分层崩落法，分段、阶段崩落法	分段、阶段崩落法，下向分层充填法，上向进路充填法，分层崩落法

2. 采矿方法的技术经济分析

对初选的采矿方法方案，要确定其主要结构参数、采准切割布置和回采工艺，绘制采矿方法方案的标准图，参照类似条件矿山的实际资料，选取主要技术经济指标，对初选的各种采矿方法方案进行技术经济分析。

技术经济分析的主要内容包括：矿块生产能力；矿石贫化率；矿石损失率；采矿工人劳动生产率；采准工作量及时间；主要材料消耗，特别是木材、水泥的消耗；采出矿石直接成本；方案的优缺点。除了分析对比上述指标外，还应考虑到方案的安全程度、作业条件、灵活性、对开采条件变化的适应性，以及回采工艺的繁简程度等。有时还得考虑与采矿方法有关的基建工程量、采掘比、矿石回收率和单位成本等因素。

在进行技术经济分析时，要掌握在具体条件下起主导作用的因素：其一是某项指标的差值较大，其二是某项指标对该矿山起着主导作用。

分析哪些指标是主要的、哪些是次要的，这样才能选择适合具体开采条件的采矿方法，取得更好的经济效益。

例如对开采富矿和国家急需的稀缺矿石，应选取回收率高、贫化率低的采矿方法。特别是围岩含有有害成分或加工部门对矿石质量有特殊要求时，贫化指标将起主要作用。相反，矿石可选性好，又含有品位围岩，这时贫化率将不是关键指标。又如对开采储量大、品位低的矿床，矿石损失和贫化指标的重要性就相对降低了，而成本指标、生产能力、劳动生产率将占有主导地位。

在大多数情况下，经过技术经济分析，即可确定采矿方法。但在个别情况下，须作技术经济比较方能确定最佳采矿方法。

3. 采矿方法的技术经济比较

采矿方法的技术经济比较是在 2 ~ 3 个技术上可行、经过技术经济分析看不出优劣的方案，作详细的设计，计算出其经济指标，再综合考虑其他技术因素，确定采矿方法。这种比较往往涉及的因素较多，经常需要计算相关费用后，才能得出最终的经济效果指标。如其铁矿为高炉富矿，可用分段崩落法或阶段矿房法开采。崩落法的成本低、劳动生产率高，但贫化率大，矿石全部需经选矿后才能利用。用阶段矿房法时，矿房内的矿石贫化率很低，并可直接入高炉。矿柱部分贫化率高，须经选矿，但选厂的规模要比用崩落法小，投资可少些。由于用崩落法采出矿石全部进选厂，入高炉的品位要比不经选厂的高，从而高炉的利用系数好，焦比少，对冶炼有利。在这种情况下，难以用几项采矿方法指标来判断方案的优劣，而需要作详细的技术经济计算，求出最终产品的经济效果，再综合分析其他技术因素，才能最终确定合理的采矿方法。

经济指标有矿石品位、最终产品（精矿或金属）品位、单位产品利润、年利润、基建投资额及投资效果指标。

在进行经济比较时，如用成本指标，一定是在产品质量相同条件下方可比较；要用利润指标，经常是按矿山企业的最终产品（精矿）利润来比较；如精矿品位相差较大，影响冶炼加工金属产品时，需按金属计算。如参与比较方案中，投资有差别（如采装设备有较大差别、选矿能力不同等），则需按动态投资收益率或净现值等投资效果指标进行比较。

技术指标主要是矿石贫化率、损失率、金属损失量、主要材料（木材、水泥等）年用量、劳动生产率、地面状态、使用设备情况等。大部分的技术指标已反映到经济中去（如材料消耗、设备费用、劳动消耗等），但由于这些指标还可以反映社会效益（如矿石的永久损失、紧缺材料的供应、地面农田的利用、设备供应、使用外汇情况等），必须作为单独指标参与比较，来反映国民经济的效益。在方案比较中，使用哪些技术指标，则由参与比较方案的具体条件来决定。参与比较的方案指标差异较大或有特殊需要的，应参与综合分析比较。

第四节　　空场类采矿法

一、概述

空场类采矿法是依靠矿柱和矿岩自身的稳固性自然支撑采空区的采矿方法。按其应用条件，可分为两大类：第一类适用于水平到倾斜的矿体，包括全面法及其变形方案、房柱法（传统房柱法、点柱房柱法、梯段房柱法），以及爆力运矿法；第二类适用于急倾斜（55°以上）矿体及缓倾斜厚大体，包括分段法、留矿法及各种变形方案、阶段空场法（大孔采矿法、VCR法）等。

第一类空场法基本上还保留着空场法的特征，支撑顶板的矿柱一般不予回收，空区采取封闭处理，但必要时须对空区进行局部充填，或崩落顶板，以防区域性地压活动带来的灾害。

第二类空场采矿法，随着胶结充填技术的发展，除薄矿体留矿法外，多数已发展成为两步骤回采的空场嗣后充填法，矿石价值高的矿床尤其如此。鉴于其充填作业已成为整个回采周期必不可少的组成部分，采矿成本也因之发生质的变化，而且完善的充填设施也成为矿山投产前必须完成的基建项目，因此暂将其列入充填采矿法。本节中只保留具有空场法特征的采矿方案，即第一类和第一类中的薄矿脉留矿法。

由于矿床地质条件、矿体形态、矿石品位、水文地质条件、采掘设备的不同，加之采矿工作者的创造性思维，任何一种采矿方法的变形方案几乎都是无限的，这是选择和优化采矿方法时应当理解的。

二、全面采矿法

（一）典型适用条件及优缺点

全面法主要适用于矿体倾角一般小于30°（不超过破碎后矿石的安息角），矿体厚度一般小于3 m，矿岩完整稳固，顶板允许暴露面积不小于200~300 m²的矿床。矿柱通常不回收。在其他条件下，则需采用辅助支护或各种变形方案。全面法和房柱法的主要区别在于其矿柱的形状和大小都是不规则的，不需要专门设计，通常是顺矿开采。由于矿柱承载能力的限制，开采深度不宜太深，否则回采率太低。

全面法的优点：采准工程量小，回采工序简单，能适应矿体形态、品位及倾角的变化，灵活性大，对于矿体变厚的地段可以采用分层开采的方法，对于矿体倾角变陡的地段可以采用留矿全面法，品位低的部位可留作矿柱。全面法的缺点主要是在采用气腿凿岩机和电耙的条件下，采场生产能力低，劳动强度大，回采率也不高。有的为了提高回采率，采用人工矿柱，但不可能成为全面法的主流。

（二）全面法的结构参数

一般沿矿体走向布置矿块，长50~60 m，有些矿山以断层为界划分矿块。矿块间留2~3 m间柱（也有的矿山不留间柱），留2~3 m顶柱、3~7 m底柱（也有的矿山不留顶、底柱，如东江铜矿、篡江铁矿大罗坝矿区）。矿块内留不规则矿柱，其规格大体为（2 m×2 m）~（3 m×3 m）或∅3 m，每个矿柱负担的面积在80~100 m²之间。阶段高度受矿块斜长的限制，一般为20~30 m。

（三）采准工作

由于基本为顺矿体开采，采准工作比较简单。首先，根据矿体走向长度确定沿脉运输平巷的位置，当矿体走向长度不大，且可利用原有探矿巷道时，一般采用脉内布置，用漏斗和采场联系，漏斗间距5~15 m。矿体走向长出矿点多时采用脉外布置，脉外平巷距矿体底板不小于6~8 m，采用溜矿井与采场联系，溜井容积应大于一列车的容积。

溜井间距与出矿设备有关，采用固定点布置电耙绞车时为 50～60 m，采用移动布置的电耙绞车时为 10～12 m，切割平巷的位置取决于回采工作面推进方向。

（四）回采工作

回采工作面推进方向有三种：第一种为沿走向推进，即从矿块一端的切割上山向矿块的另一端推进，适用于倾角小于 30°的矿体，工作面呈直线形或阶梯形，采用阶梯形布置，梯段长 8～20 m。下梯段超前上梯段 3～5 m，以利凿岩和出矿工序平行进行，提高采场生产能力。第二种为逆倾斜推进，适用于矿体倾角较陡的情况，从布置在矿块下端的切割平巷向上推进，工作同样可以呈直线形或阶梯形。第三种为当顶板稳固性稍差时，可采用沿倾斜推进，即从矿块上端的切割平巷一般以扇形工作面向下推进。

通常采用浅孔落矿，气腿式凿岩机凿岩，孔径 36～44 mm，孔深 1.2～2.0 m，孔距 0.6～1.2 m，排距 0.5～1.0 m。

回采一般都采用电耙出矿，当耙运距离为 40～60 m 时，台班效率一般为 50～70 t。采场生产能力主要取决于电耙耙矿效率。

三、房柱采矿法

（一）房柱采矿法的特点

房柱采矿法是空场采矿法的一种，它是在划分矿块的基础上，矿房和矿柱互相交替排列的，而在回采矿房时留下规则或不规则的矿柱来管理地压。

房柱法主要依靠围岩的稳固性和留下的矿柱来进行地压管理。如果顶板岩石的稳固性较差，则可以在顶板岩石中安装杆柱，以增加其稳固性。如果局部不稳固，则可以在这些局部地区留下矿柱。因而这种采矿方法灵活性比较大。

房柱法留的矿柱，最初是留连续矿柱，并且矿柱一般是不进行回采的，作为永久损失。以后随着采矿技术的发展，将连续矿柱改为不连续矿柱，这样可以提高矿石回收率。

（二）房柱法的适用条件

（1）房柱法是回采矿石和围岩稳固的水平和缓倾斜矿的一种有效的采矿方法。

（2）若矿体厚度比较薄（<3～4 m），顶板岩石很稳固，且在矿体中夹有局部贫矿或废石，应用全面法更为合适。

（3）当矿体厚度 <8～10 m 时，可以采用浅孔留矿和电耙出矿的房柱采矿法。

（4）当矿体厚度很大时，可以采用深孔薄矿和无轨设备的房柱采矿法。

例如：加拿大加斯佩斯铜矿，矿体平均厚 33.5 m，采用露天型无轨自行设备，斜坡道走无轨设备。崩下的矿石用 1.1～1.9 m³ 电铲装入 18 t 或 30 t 的卡车运到主溜井。

（5）房柱法在金属矿山主要用来开采沉积式铁矿床和铜、铅、锌、铝土、汞和铀等有色金属和稀有金属矿床，也是开采的主要方法之一。同时也用来开采岩盐、钾、石灰石等非金属矿物原料和建筑材料，使用范围很广泛。

（三）房柱法典型方案

1. 矿房布置及其构成要素

房柱法的矿房布置可分为两种，一种是用中深孔崩矿的，另一种是用浅孔崩矿的。我国多数使用浅孔崩矿的房柱法。

（1）矿房斜长：对于留间隔矿柱的房柱法来说，矿房长度不是主要的设计参数。

留长条连续矿柱的房柱法，其矿房长度由矿房顶板最大允许暴露面积来决定。

从回采工艺方面来考虑，在电耙运搬的方案中，其矿房的最大长度应在电耙的有效耙运距离之内，一般为 40～60 m，以 40～50 m 为优。同样使用装运机、汽车等无轨运输设备时，其矿房长度也应当与设备的经济运距一致。如果是独头推进的矿房，其矿房长度还应当考虑到通风条件的限制（如图 6 - 3 - 14、图 6 - 3 - 15 所示）。

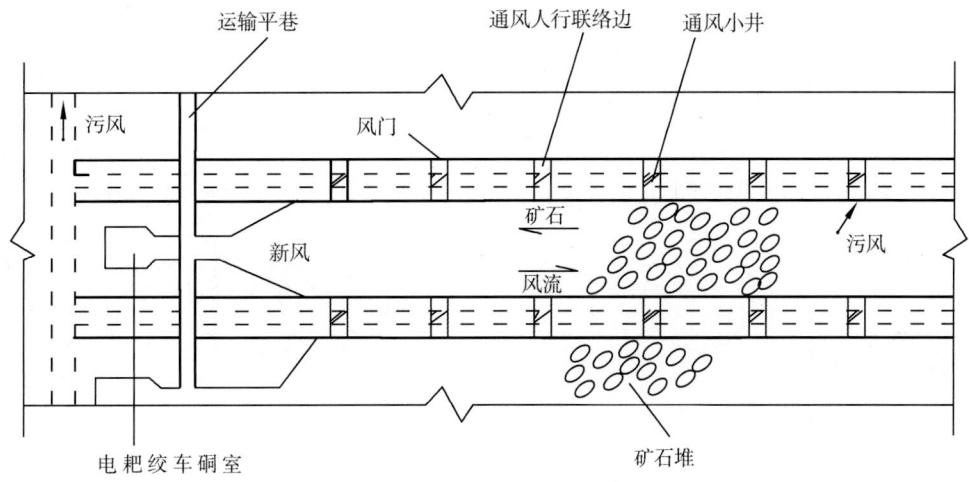

图 6 - 3 - 14　房柱采矿法出矿

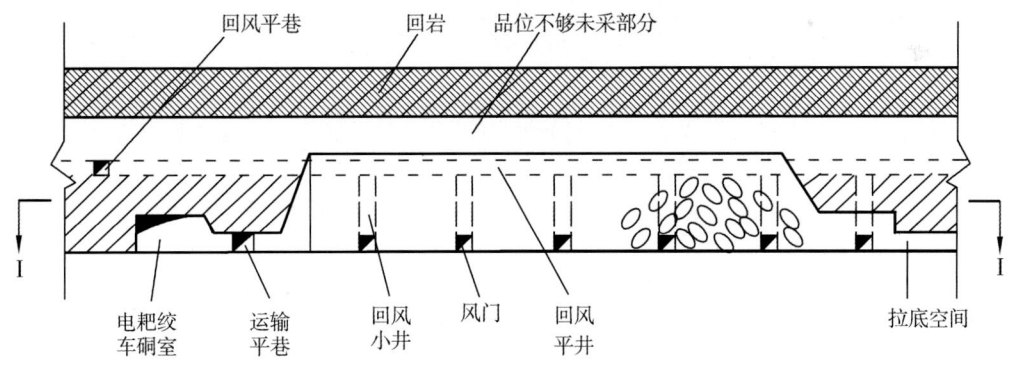

图 6 - 3 - 15　房柱法开采石膏的模型示意图

（2）矿房宽度：主要取决于顶板允许暴露的跨度大小（暴露面积大小），与矿体厚度及矿体倾角也有关系。留永久性间隔矿柱时，矿房宽度应尽可能等于矿房顶板允许暴露的最大安全跨度。

根据矿体厚度和围岩的稳固性，矿房的宽度变化在 8～20 m 之间。

（3）矿柱尺寸：

①房柱法的矿柱尺寸取决于矿柱的强度，也就是矿柱能够承受的最大平均压力。当然，这直接与作用在矿柱上面的载荷大小有关。

矿柱尺寸还与矿柱的作用和矿柱在以后是否要回收有关。如果以后要回收，则可以留得大一些，可以留连续矿柱，否则留小一点。

矿柱尺寸还与矿体厚度有关。矿体厚度增大，则留的矿柱尺寸也应当增加。当矿体厚度 <5 m 时，可以考虑留间断矿柱。当矿体厚度比较大时，应当留大约 5 m 宽的连续矿柱。

②一般情况下，矿柱尺寸为 $\phi 3 \sim 7$ m，矿柱间距为 5～8 m（图 6 – 3 – 16）。

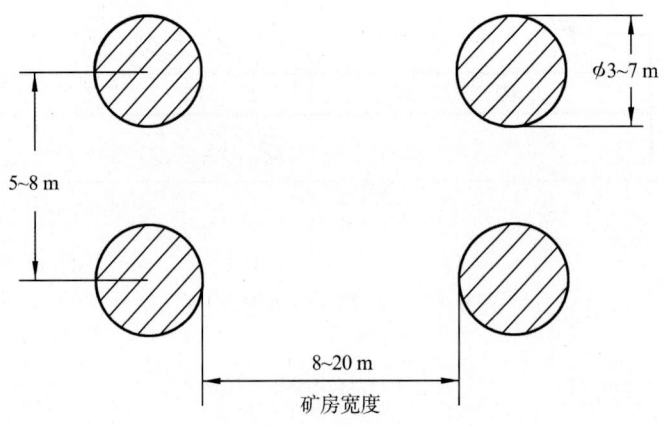

图 6 – 3 – 16　房柱采矿法预留矿柱示意图

③房柱法所留矿柱的矿量还是比较多的。留连续矿柱时，矿柱矿量占 40% 左右；留间断矿柱时，矿柱矿量占 15% ～20%。阶段间柱（阶段间柱是指顶柱与底柱的统称）宽度一般为 3～5 m。

2. 房柱法的采准和切割工作

（1）阶段运输巷道：可布置在脉内，也可在脉外（如图 6 – 3 – 17 所示，布置在脉外）。

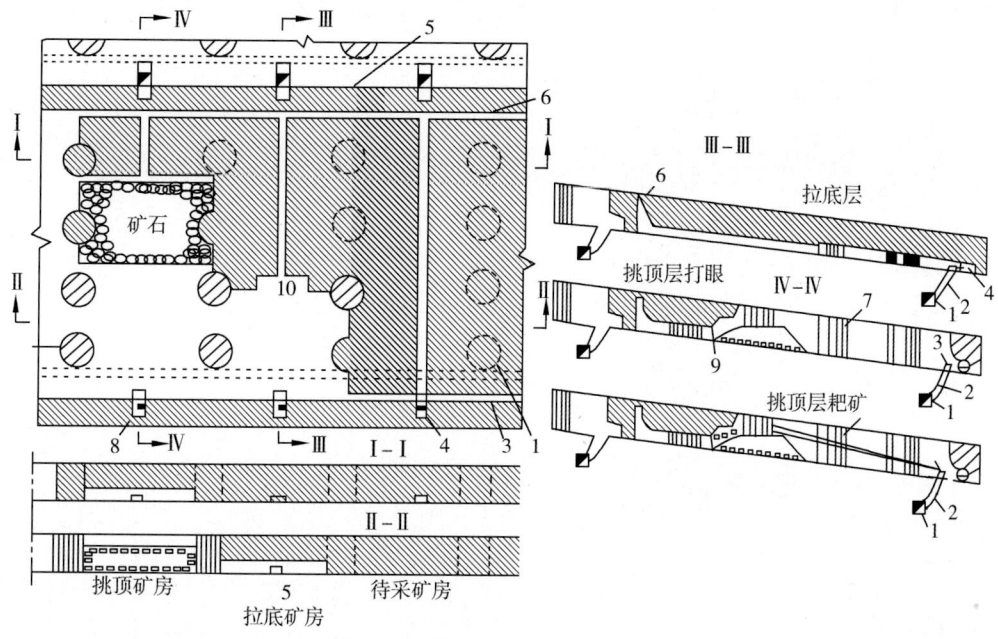

图6-3-17　房柱采矿法示意图

1—阶段（盘曲）运输巷；2—矿石溜井；3—切割平巷；4—电耙硐室；5—切割上山；6—联络平巷；7—矿柱；8—电耙绞车；9—凿岩机；10—炮孔

脉外采准的优点：

可以在放矿溜井中储存部分矿石，从而减少电耙道耙矿与运输平巷运输之间的相互影响；有利于回采矿柱和采场通风；当矿体形状不规则时，可以保持运输平巷的平直，有利于提高运输能力等。目前我国金属矿山多采用脉外采准方式。

脉外采准的缺点：增加了岩石掘进工作量。

（2）放矿溜井：每个矿房内都开掘一个溜矿井，不放矿的溜矿井可以作通风、行人、送料工作，溜井布置在矿房的中心线位置。溜井的断面为$2 m \times 2 m$。

（3）上山：沿矿房中心线并紧贴底板掘进上山，以利于行人、通风、运搬设备及材料，同时作为回采时的自由面（断面$2 m \times 2 m$）。

（4）切割平巷：在矿房下部边界处掘进切割平巷。切割平巷既作为起始回采的自由面，又可作为去相邻矿房的通道，也可以作为电耙道用。

（5）联络平巷：各矿房间掘进联络平巷。

（6）电耙硐室：在矿房下部的矿柱中掘进电耙硐室（指阶段间柱中）。

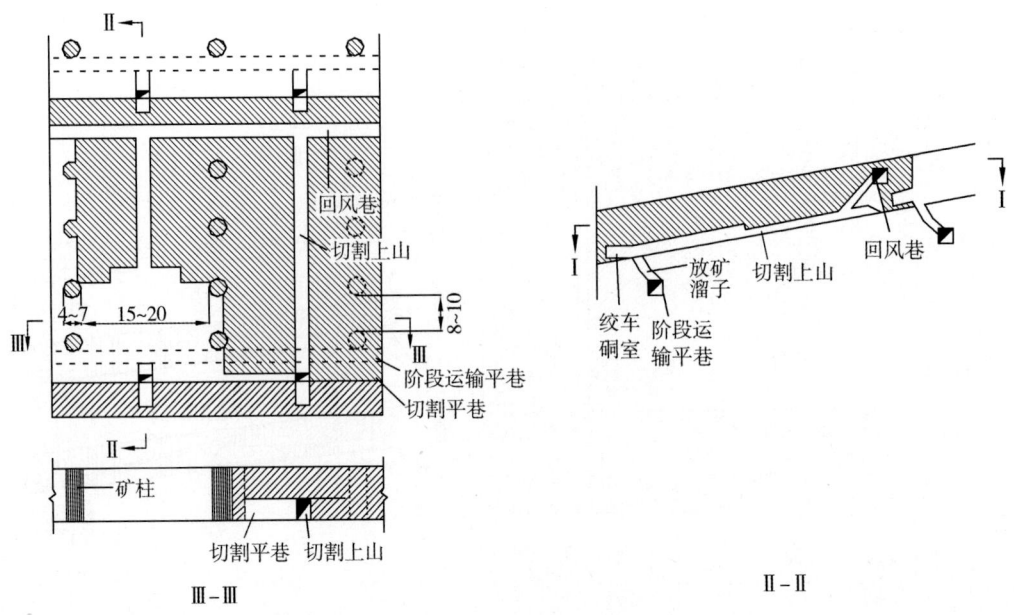

图 6 - 3 - 18　房柱采矿法示意图

3．房柱法的回采工作

在采切准备工作完成后，即可进行矿房回采工作。

根据矿体厚度不同，矿岩稳定性不同，则有不同的回采方法（薄矿）。

（1）当矿体厚度在 2.5 ~ 3.0 m 之间时，一般不拉底，可以巷道掘进方式，一次采全厚，用浅孔留矿方式落矿（如图 6 - 3 - 19 所示）。

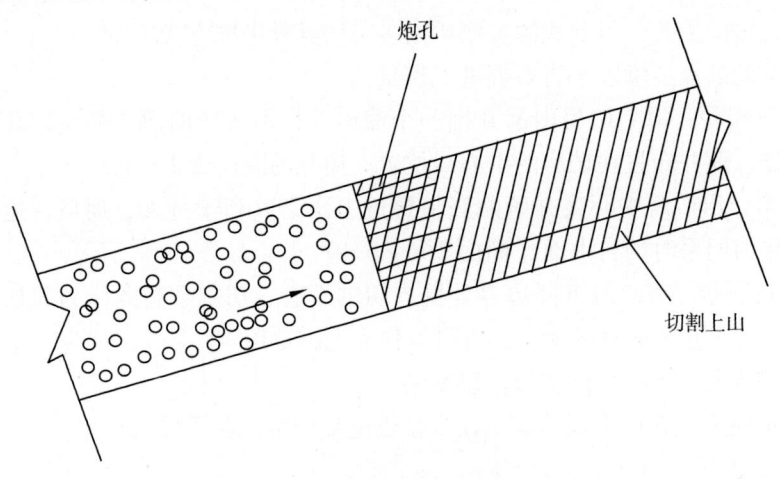

图 6 - 3 - 19　无拉底浅孔落矿方式回采

（2）当矿体厚度在3~5 m之间时，不能再用一次采全厚的办法，需要分为拉底和挑顶两步回采。

①矿岩稳定性条件好时，可以将底一次全部拉开，然后从头开始挑顶（如图6-3-20所示）。

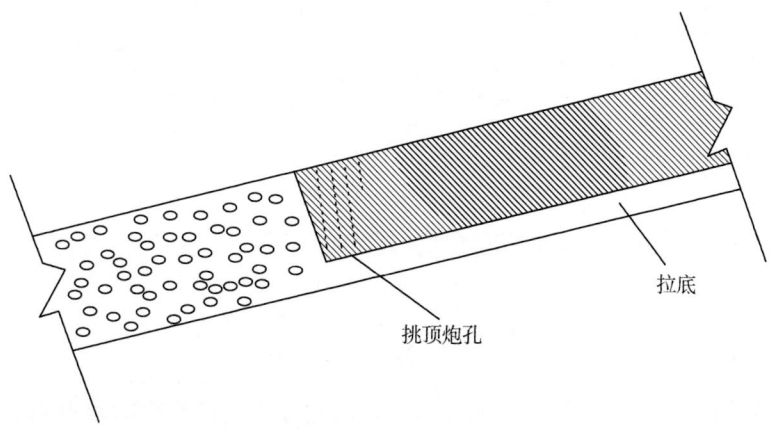

图6-3-20　矿房一次性全部拉底方式回采

②当矿石稳定性较差时，不应将底一次全部拉开，而应逐渐拉底，拉一段接着就挑顶，但要求拉底超前于挑顶（如图6-3-21所示）。

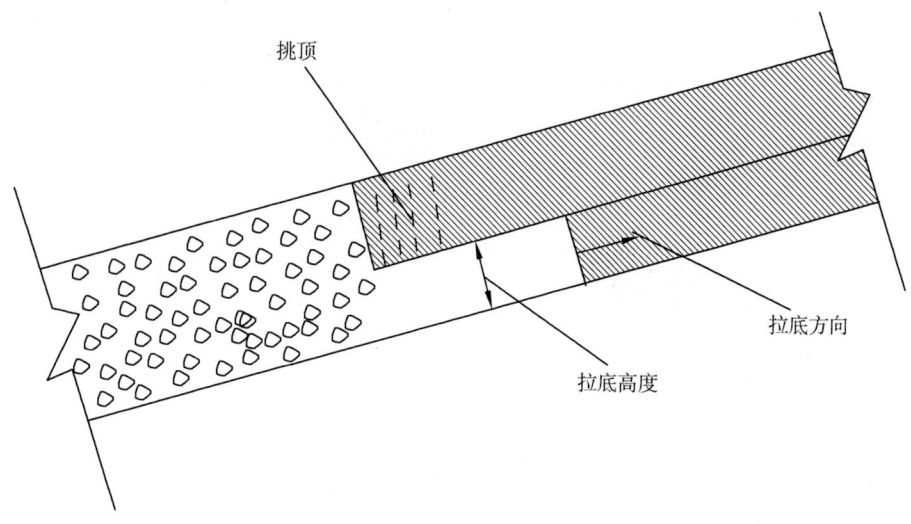

图6-3-21　矿房分段拉底方式回采

矿体厚度在3~5 m范围内时可以这样回采，如果再厚一些，仍然用这种方法就会发生困难，主要是顶板管理很困难。如：若顶板稳固性差，需要用锚杆支护，若矿厚大于5 m就很困难；撬毛困难，太高看不清，撬不上，这样工作安全性不好。

（3）当矿体厚度在5~10 m之间时，可以采取其他措施来回采，如划分为若干台阶来回采。

①倒台阶回采，即站在矿石堆上进行凿岩放炮。为了通风好，应先在采场中开凿巷

道，使风流贯通（不拉底时），如图 6 – 3 – 22 所示。

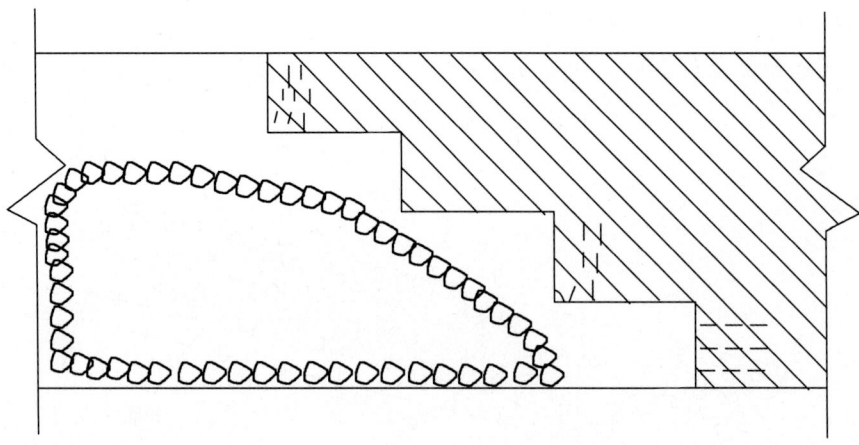

图 6 – 3 – 22　倒台阶回采

②正台阶回采。不拉底应先开通风巷道，此巷道可以贴底板沿倾斜掘进，也可以在顶板方向沿矿体倾斜方向掘进。当矿石与顶板岩石界线明显时，使用正台阶比较好。这种方式在台阶上堆积矿石往下要倒运矿石，可以用电耙子。在国外也可用自行设备。另外，这种回采方法对顶板管理方便，顶板稳固性差时打锚杆较方便，如图 6 – 3 – 23 所示。

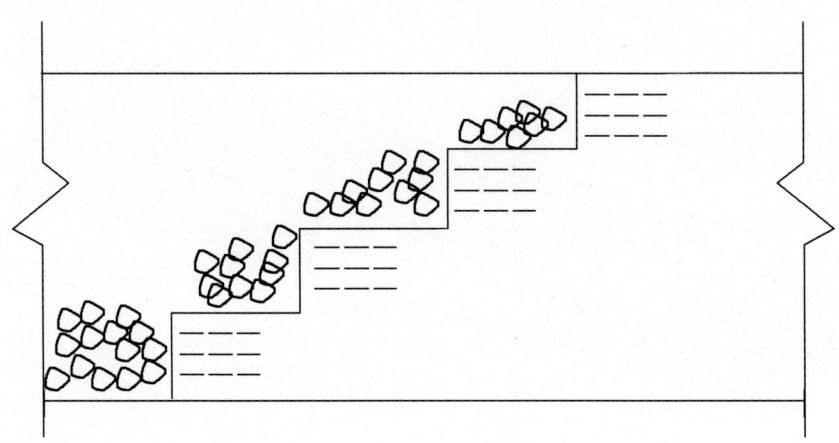

图 6 – 3 – 23　正台阶回采

（4）矿体厚度大于 10 m 以上时，使用房柱法开采，在国外比较多见（如美国和加拿大等）。

国外近 20 多年来无轨自行设备迅速发展，广泛采用轮胎式和履带式凿岩、装载运搬设备，这样就大大提高了生产效率。

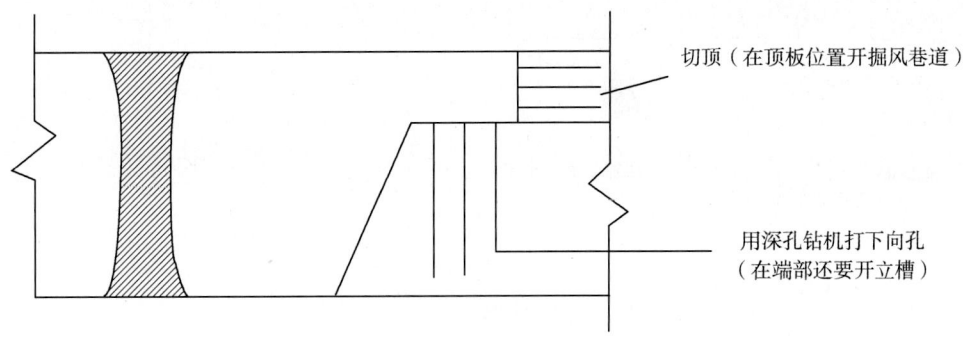

图 6 - 3 - 24　厚矿体房柱法开采示意图

我国主要是设备问题还没解决，下向孔岩粉往外排除很困难，因而国内对于厚矿体应用房柱法开采还少见。

我国良山铁矿采用锚杆预控顶中深孔房柱法开采。它不是打下向中深孔，而是打上向垂直扇形孔，矿房不拉底，但切顶（切顶的目的是为了安装锚杆，支护顶板）。在矿房底部开切割平巷和凿岩上山，在凿岩上山中向上打垂直扇形中深孔。矿房端部开立槽，作为爆破崩矿的自由空间，如图 6 - 3 - 25 所示。

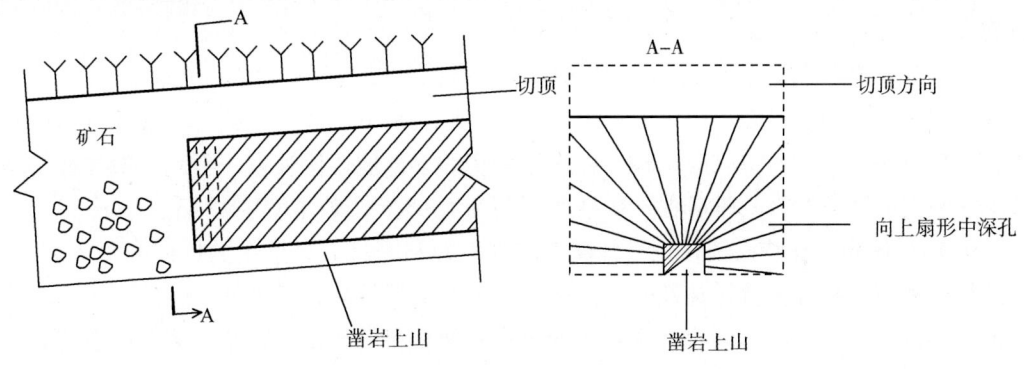

图 6 - 3 - 25　锚杆预控顶中深孔房柱法示意图

4. 矿石运搬工作

崩落下来的矿石，可采用 14 kW、28 kW、30 kW 或 55 kW 电耙进行耙运（国外还采用 >55 kW 电耙）。

用电耙子将矿石耙到溜井中，再放入阶段运输巷道中装车拉走。也有的直接（借助于装车台）耙入矿车中。

耙矿依与运输巷道的位置关系有多种形式，如：运输巷道在脉外，用放矿溜子装车；运输巷边在脉内，耙道底板与平巷顶板在同一水平；平巷与耙矿水平在同一水平，装车要架设装车台，如图 6 - 3 - 26 所示。

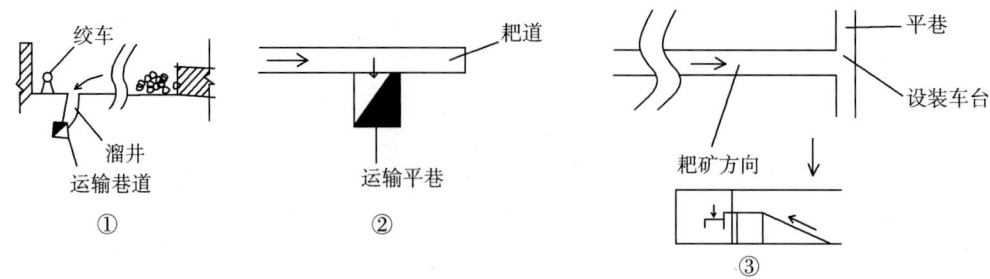

图 6 - 3 - 26　耙矿与运输巷道的位置关系

5. 通风工作

对于房柱法，应当有专门的通风巷道（通风平巷和通风井），否则工人劳动条件差。

一般情况下，新鲜风流从盘区巷道进入矿房，而废风经回风平巷回风井排出地表。

房柱法的空区四通八达，必须很好管理才能达到预期的通风效果。

应当注意，风流方向应当与耙矿方向相反，以保证生产工人少吃烟尘。

6. 顶板管理工作

顶板管理方法，一是留矿柱，二是用锚杆支护。而围岩本身的稳固性又是很重要的方面。

（1）留矿柱支护：当顶板岩石稳固性较差时，可以在顶板岩石中安装杆柱，以增加其稳固性。当顶板局部不稳固时，可以在局部地区留下矿柱。当矿房顶板遇到有断层或跨度较大时，可以预留临时矿柱。在靠近矿房的下部地压比较大，因此一般在矿房下部 1/3 左右的地方留第一排矿柱，矿柱的间距为 5~8 m，矿柱尺寸为 $\phi 3 \sim 7$ m。

（2）采用锚杆支护：锚杆是一种新型的支架，利用打入岩层中的杆体来加固岩层。它的优点：安装杆柱工作迅速及时，支护过程可全部机械化；成本低，劳动强度低，生产能力提高；它占据的空间小，有利于通风；支架材料的运搬、装卸、储存的费用都可降低；没有火灾危险。由于优点多，故国内外广为利用。

锚杆的种类很多（图 6 - 3 - 27），有砂浆锚杆、楔缝式金属锚杆、涨壳式锚杆、树脂锚杆，现在又应用桁架式锚杆及摩擦式锚杆。

锚杆效果好，但结构复杂、加工费用高，金属矿应用得较多。

①砂浆锚杆就是在顶板上打好眼，装入废旧钢丝绳，然后灌入水泥砂浆，形成杆柱支护。砂浆锚杆的优点：可用于软岩和破碎岩层，成本也比较低。其缺点：固结得慢，抵抗爆破震动的性能差，如图 6 - 3 - 27 所示。

②树脂锚杆：把树脂（常用的树脂是环氧树脂和聚酯树脂）、引发剂及充填材料封入胶管或铝管，放在锚杆的头上插入钻孔，到底部时，回转锚杆搅拌混合，树脂和引发剂发生化学反应使锚杆头部和岩层结合。

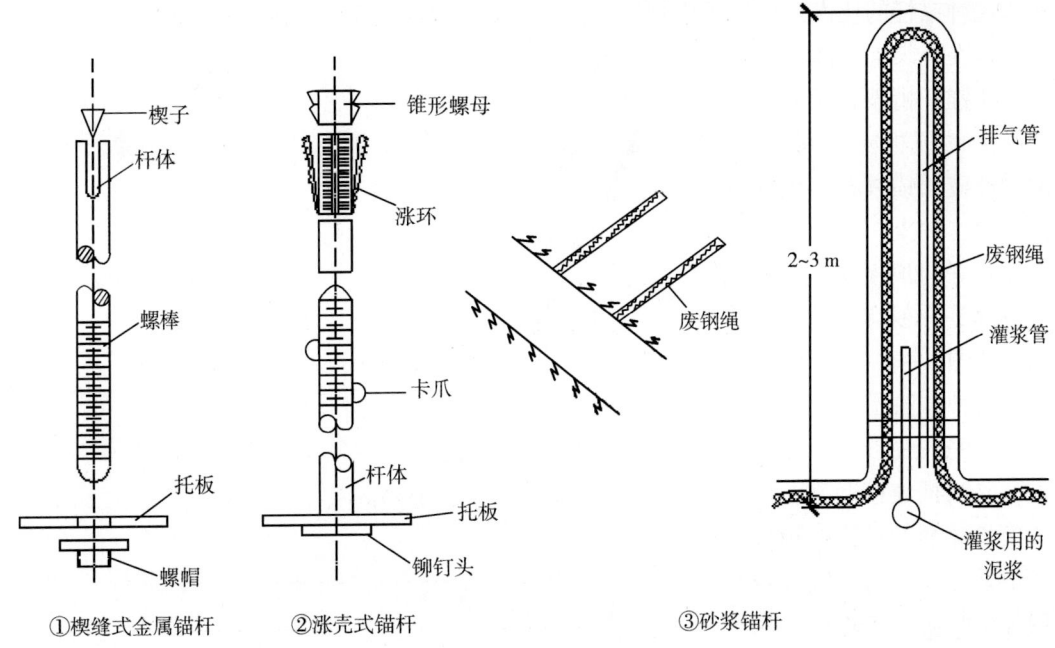

①楔缝式金属锚杆　　　②涨壳式锚杆　　　③砂浆锚杆

图 6 - 3 - 27　砂浆锚杆

近年来法国、美国和西德等国家大力发展树脂锚杆。这种锚杆固结得块，锚固力大，能抗冲击，但造价高，材料来源受到一定限制。

③摩擦式锚杆（又叫管缝式锚杆或开缝式锚杆）：1972 年美国提出了这个设想，1973 年美国的斯科特研究成功，1977 年开始成批生产。

这种锚杆是把一块钢板搓成一根不闭合的管子制成的，也可以用钢管拉槽制成。也就是说这种锚杆是沿杆的全长切开一条缝的钢管，如图 6 - 3 - 28 所示。

该锚杆直径为 38 mm，壁厚 2.3 mm，缝宽 12.7 mm，用强度力为 4 900 kg/ cm^2 的成型好的钢材制作。锚杆的孔径为 $\varnothing$35 mm。安装时，用冲击器把锚杆打入孔内，使钢管的缝部分合拢，从而与孔壁密切接触，产生相当大的摩擦阻力，因此把这种锚杆叫摩擦锚杆。根据测定，锚杆的锚固力为 2.5 ~ 5 t/m。

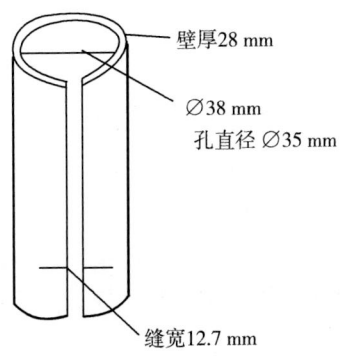

壁厚28 mm

$\varnothing$38 mm

孔直径 $\varnothing$35 mm

缝宽12.7 mm

图 6 - 3 - 28　摩擦式锚杆

这种锚杆的优点：可以用于软岩中，且可以及时起作用，安装方便，费工时少，成本低；在全长上锚固，故锚固力比较大。

④锚杆桁架是近年来发展起来的顶板支护新方法。国内外应用锚杆桁架的实践证明，这种支护方法对于稳定性不好的顶板或不稳定的顶板都是一种有效的支护方法，如图 6 - 3 - 29 所示。

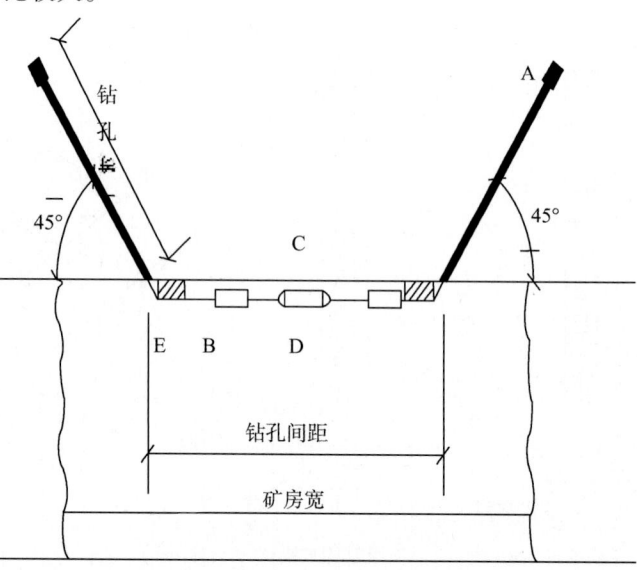

这种方法是在两侧各有一个涨壳式锚杆，下端用高强度的钢杆连接起来，借助于松紧螺套，对锚杆桁架施加预紧力，因而当锚杆拉杆构件安装后，和顶板岩层一起形成了倒放的桁架。经试验证明，利用锚杆桁架可以使矿床顶板拉应力改变为压应力，使顶板处于稳固状态。

图 6 - 3 - 29　锚杆桁架

A—锚头；B—连接器；C—木块；D—松紧螺套

（四）对房柱采矿法的评价

1. 主要优点

劳动组织简单，矿房生产能力高（矿块生产能力为 120 ~ 150 t）；采准工作量小（5 ~ 7 m/kt）；坑木消耗量少，在回采矿房时几乎不消耗木材（0.000 9 ~ 0.002 m^3/个）；矿石贫化率比较小（4% ~ 5%）；采矿成本低；作业安全，通风良好；有利于实现机械化开采，可以采用高效率的采、装机械设备。

近年来已出现了在房柱法中使用 8 m^3 铲斗的装运机和 50 t 的自卸汽车。在地下采矿方法中，开采大型原矿体的房柱法的机械化程度和劳动生产率常常是最高的。总体看，房柱法是一种有发展前途的采矿方法。

2. 主要缺点

在矿块中留有许多矿柱，而这些矿柱所占矿量为15% ~ 20%（留间断矿柱时），或更多，甚至达40%，这些矿柱一般是不回收的，矿石损失比较大；当矿体厚度比较大时，顶板管理比较困难；很难进行选别回采。

总之，房柱法是一种机械化程度比较高、生产能力和劳动生产率也比较高的采矿方法，通常用来开采水平或缓倾斜的矿体，国内外金属矿山都广泛使用这种方法。

（五）全面法与房柱法的区别

就其实质来说，两种方法区别不大，其不同点在于：

全面法的采区尺寸比较大；全面法所留的矿柱（或岩柱）是不规则的，所留矿柱

的尺寸、形状、间距等都比较灵活，而房柱法与此相反，留的矿柱是规则的（图 6 -
3 - 30、图 6 - 3 - 31）。

　　其他方面如采准、切割及回采工艺，两种方法基本相同。

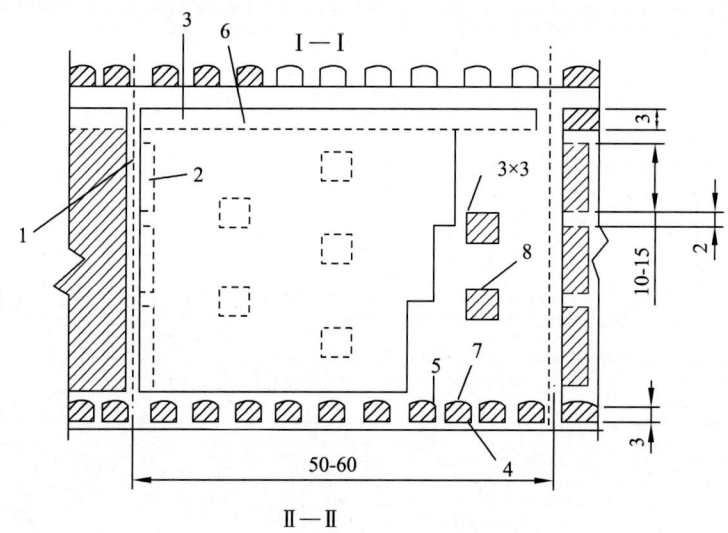

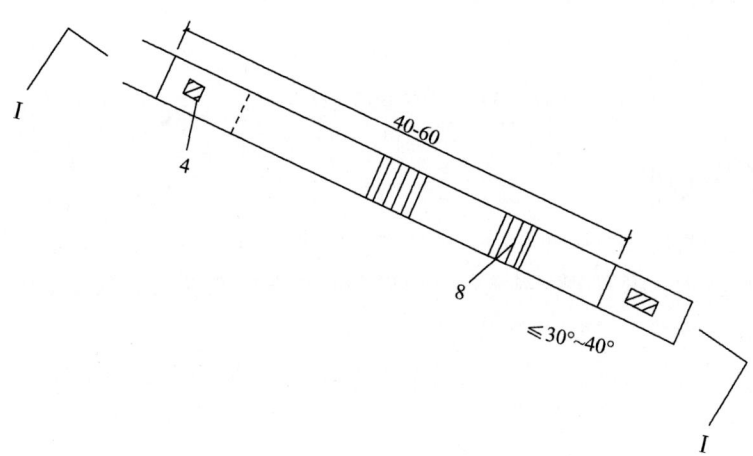

图 6 - 3 - 30　房柱采矿法

　　1—上山；2—间柱；3—顶柱；4—阶段平巷；5—放矿漏斗；6—安全联络边；7—底柱；8—
不规则矿柱

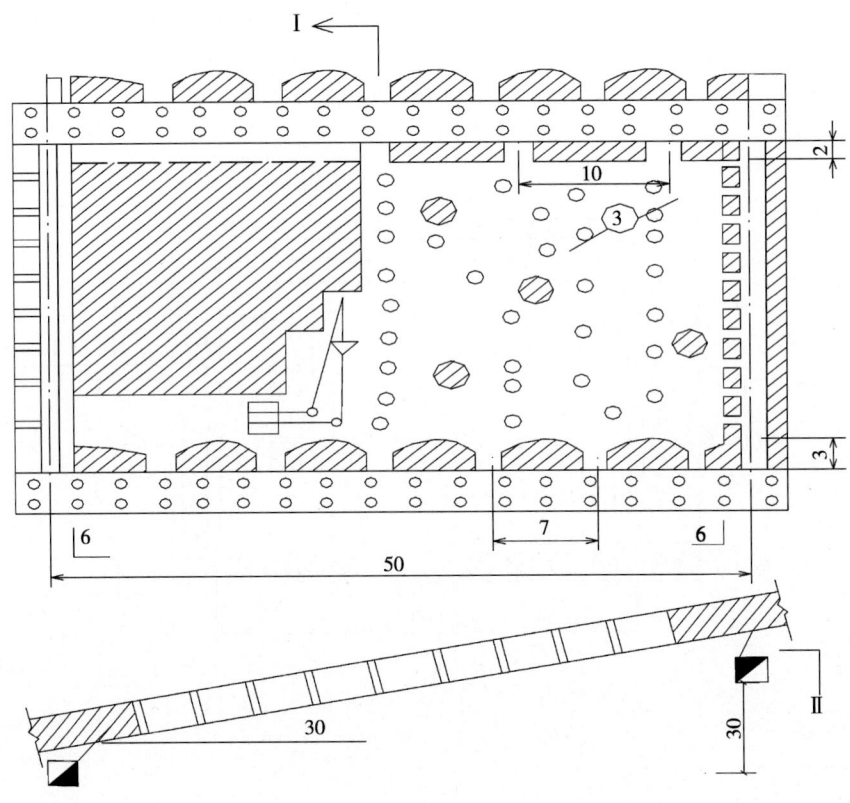

图 6 - 3 - 31　缓倾斜全面采矿法

四、留矿采矿法

　　留矿采矿法分为浅孔留矿法和中深孔留矿法两种。留矿采矿法在我国非煤矿山开采中占有相当大的比重，据有关资料统计，留矿采矿法在生产矿山的总数量中约占 40%，其中浅孔留矿法占 36%，占据各类采矿方法的首位。

　　留矿采矿法是将采下的大部分矿石暂留矿房内，工人站在矿石堆上作业，主要用于开采围岩和矿石都稳固的急倾斜薄及中厚矿体。本法结构简单，采准工作量小，易于掌握。中国广泛用于开采急倾斜薄和极薄金、钨矿床。将矿块划分矿房和矿柱，在矿柱中掘进天井，从天井下部向上每隔 4 ~ 5 m 掘联络道与矿房连通，供通风、行人、运料之用。在矿房下部开掘放矿漏斗。自漏斗水平开始拉底，形成回采工作面。开采薄矿脉时，常用横撑支柱或框式支架架设天井、平巷及底部放矿结构，不留底柱和间柱。矿房自下而上用浅眼分层落矿。每次落矿后通过底部放矿漏斗口放出约 1/3 的崩落矿量，称部分放矿。其余暂留矿房内，使矿石堆表面与工作面之间保持高 2 m 左右的工作空间。部分放矿后，平整矿石堆表面，继续落矿，直至矿房回采完毕，然后将暂留矿石全部放出，称最终放矿或大量放矿。在回采矿房过程中，暂留的矿石经常移动，因此对围岩只起部分支撑作用。围岩容易片落时，将增大矿石贫化。减小矿房尺寸，用锚杆加固顶板或用支架支撑围岩，可减少片落。

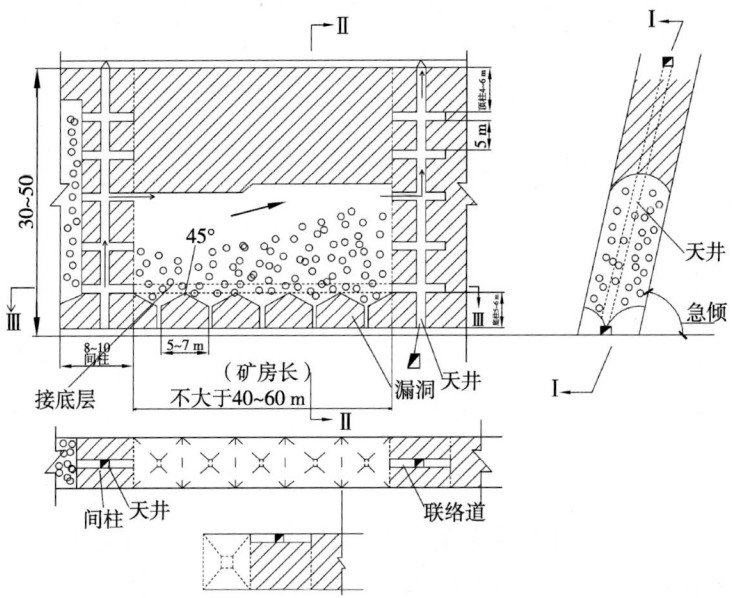

图 6 - 3 - 32　底部漏斗放矿式留矿采矿法

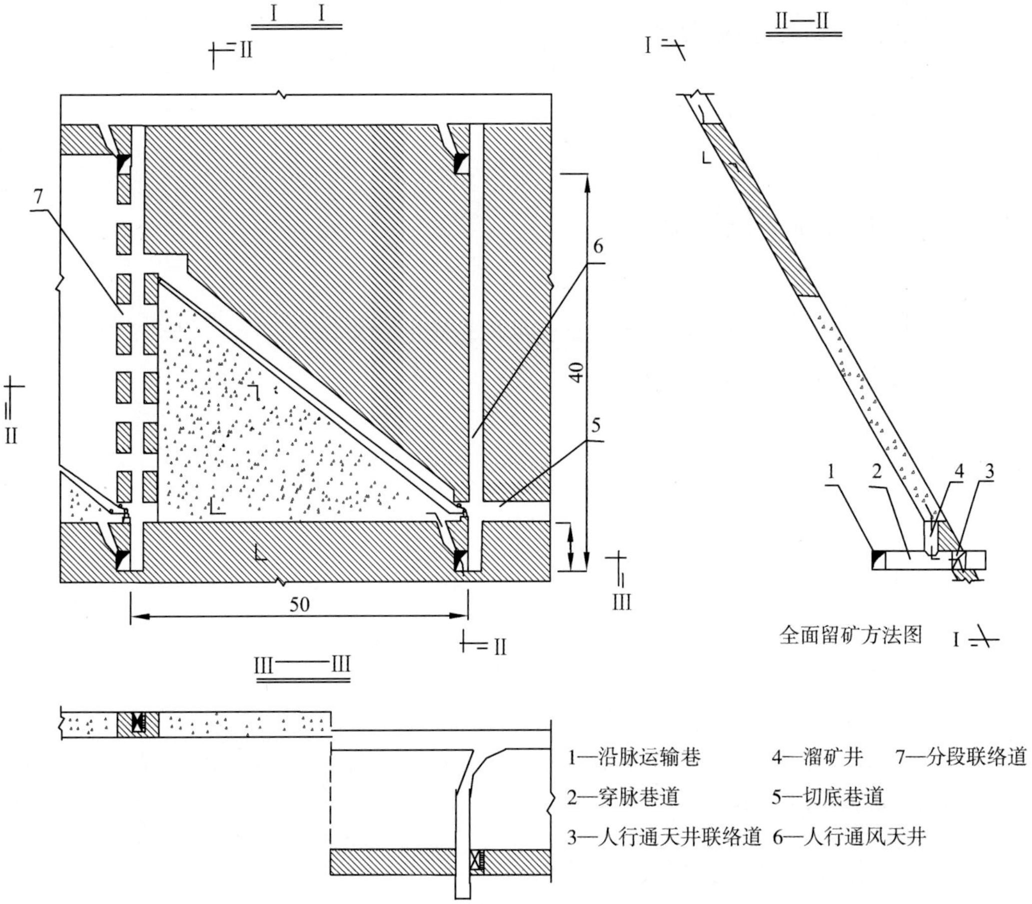

1—沿脉运输巷　4—溜矿井　7—分段联络道

2—穿脉巷道　5—切底巷道

3—人行通天井联络道　6—人行通风天井

图 6 - 3 - 33　倾斜工作面电耙出矿式留矿采矿法

第五节　　充填类采矿法

一、概述

充填采矿法是指用适当的材料，如废石、碎石、河沙、炉渣或尾砂等，把地下采矿形成的空间进行回填的作业过程。充填的作用，除用来防止由采矿引起的岩层大幅度移动、地表沉陷外，在充分回收矿产资源特别是高价和高品位矿石、保护生态和环境以及矿业可持续发展方面日益显示出其重要的作用，对深井开采和极复杂矿床开采也具有重要意义。因此，充填法的比重呈不断增长趋势。

（一）充填采矿法的优点

（1）适应矿体形态变化的能力强，灵活性大，矿石回采率高，贫化率低。

（2）能够有效地维护顶板围岩，减缓围岩移动，保护地表。

（3）对于极薄矿脉或多品种矿石的矿体，可进行选别回采。

（4）能防止矿床的内因火灾，有利于深热矿井工作面降温。

（二）充填采矿法的缺点

（1）多一充填工序，回采工艺相对复杂。

（2）采矿成本较高。

（3）回采循环时间长，生产能力相对降低。

二、充填类采矿法适用条件

充填采矿法适用的范围包括：

（1）矿石和围岩破碎、稳固性较差、品位较高的富矿体。

（2）稀有、贵重金属矿床。

（3）矿体形态变化较大，很不规则，分支复合现象严重，含夹石多的矿床。

（4）地表有建筑物、铁路、公路、水体、农田、果园、村庄等需要保护，不允许陷落。

（5）露天地下联合开采，露天开采需要安全保证。

（6）有发热、自燃、火灾、放射性等危害的矿床。

（7）地压较大、赋存深度较深的矿体。

（8）矿体垂深很大，需在垂直方向上分数个区段同时开采的矿床。

（9）因某种原因，需从下而上开采的矿床。

总的来说，充填采矿法的适应条件很广，但它的种类很多，选择哪种充填法取决于矿体的稳固性和矿体产状。

三、充填采矿法的分类

充填采矿法一般根据矿岩稳固性、矿体几何形态及空间赋存特点，按照采场构成要素、采场布置形式、回采作业顺序、采矿工艺等特点进行划分，主要可分为分层充填法、进路充填法、壁式充填法、削壁充填法、分段充填法、嗣后充填法。充填采矿法的分类及适用条件如表6-3-6所示。

表6-3-6　　　　　　　　　充填采矿法分类及使用条件

充填采矿法分类		矿岩稳固性	赋存条件
分层充填法	上向分层充填法	矿体稳固，围岩不稳固	倾斜、急倾斜，中厚、厚矿体
	上向分层点柱充填法	矿体中等稳固，围岩不稳固	倾斜、急倾斜，中厚、厚矿体
进路充填法	上向进路充填法	矿体不稳固到中等稳固，围岩不稳固、稳固	倾斜、急倾斜，薄到极厚矿体
	下向进路充填法	矿体极不稳固，围岩不稳固、稳固	倾斜、急倾斜，薄到极厚矿体
分段充填法		矿体不稳固到中等稳固，围岩不稳固到稳固	倾斜、急倾斜，中厚、厚矿体
嗣后充填法	分段空场嗣后充填法	矿体中等稳固、稳固，围岩中等稳固、稳固	倾斜、急倾斜，中厚到极厚矿体
	VCR法	矿体稳固，围岩稳固	急倾斜，中厚到极厚矿体
	大直径深孔空场嗣后充填法	矿体稳固，围岩稳固	急倾斜，中厚到极厚矿体

四、上向水平分层充填采矿法

（一）适用条件

上向水平分层充填法一般适用于矿石稳固、围岩不稳固的矿体，它能适应形态不规则、分支复合变化大的矿体。对于回采率要求较高和较低贫化率的矿体，由于分层充填采场的空区有限和充填体具有帮壁支护作用，可以精确地沿着很不规则的表面开采。较大的选择性有利于采出高品位矿石，这对采矿经济效益来说是很重要的。

上向水平分层充填采矿方法的主要优点：能够较有效地维护围岩，减小围岩的移动和防止其大量冒落；灵活性大，可以实现选择性开采；矿石损失和贫化小；可以防止矿床开采的内因火灾。其主要缺点：回采工艺和充填工艺比较复杂，充填和采矿互相影响；采矿作业受充填时间和充填体强度影响较大；充填材料和充填作业增加了采矿成本。

（二）开采顺序

上向水平分层充填采矿法一般采用水平分层自下而上逐分层回采，每分层回采结束后，即时对分层进行充填，以支撑采矿区两帮，并作为下一作业循环的作业平台。该方法为工作面循环作业，凿岩、爆破、通风、撬毛及支护、出矿和充填，完成一个循环后进行下一个循环作业。回采空间和范围可以控制，人员、设备在暴露的顶板下作业，因此控制顶板的安全是非常重要的，须根据顶板的稳固性采取必要的支护措施。

顶板的稳固性与顶板暴露面积及暴露时间有关。对于不同的矿岩稳固性条件和矿石的经济价值，上向分层充填法可采用进路或留点柱进行开采，即上向进路充填法、上向分层点柱充填法。

根据矿体赋存条件，矿体厚度不同，上向分层充填法可分为沿走向布置和垂直走向布置的形式。一般来说，矿体厚度小于 10 ~ 15 m 时采用沿走向布置，矿体厚度大于 10 ~ 15 m 时采用垂直走向布置。

（三）采准切割

采准切割工程一般有分段巷道、人行通风天井、充填井、分层联络道、矿石溜井、采准斜坡道、泄水井等。

采准系统的布置形式主要根据矿岩稳固性、矿体形态和所采用的采掘设备来确定，通常有脉内采准、脉外采准和脉内外联合采准。

脉内采准系统适用于矿体比围岩稳固的中小急倾斜矿体。采用电耙出矿，手持式凿岩机凿岩。通常从脉外运输巷道掘进穿脉巷道，自穿脉巷道上掘脉内天井，将运输水平与上阶段通风巷道相通，作为运送人员、材料、设备和通风的通道；对于大型长采场，增设通风井。采用顺路溜井时，浇灌混凝土和钢结构溜井支护应用广泛，溜井直径一般为 1.6 ~ 2.0 m，通过矿石量一般为 10 万 ~ 15 万 t。

脉外采准系统主要适用于无轨机械化开采。在矿体上盘或下盘开掘采准斜坡道、分段沿脉巷道、溜井、分层联络道。斜坡道可以是从阶段巷道掘进的采准斜坡道，或者利用从地表掘进的主斜坡道或辅助斜坡道。也可以不设分段巷道，而是每个采场或盘区设采准斜坡道。从采准斜坡道直接掘进分层联络道溜井间距和数量，根据采场结构参数、所采用的出矿设备以及通过的矿石量来确定。布置在较稳固的围岩中。分层联络道坡度一般为 15% ~ 20%，与进入采场的设备有关。根据围岩的稳固性特征以及采场分层高度、分段高度和分层联络道的坡度确定斜坡道或分段巷道至矿体的距离。

脉内外联合采准是在脉外采准的基础上，为了缩短运矿距离而增设脉内溜井，以提高采场出矿效率。

切割工作是在第一个分层内掘进巷道后扩帮，形成拉底空间。

采用斜坡道开拓的矿山，应尽可能利用主（或辅助）斜坡道兼作采准斜坡道用，以降低矿山掘进成本。

（四）回采工艺

回采作业循环过程包括凿岩、爆破、通风、撬毛与支护、采场出矿，上一个回采循环作业结束后进行下一个回采循环作业，这与其他采矿法的回采工序基本相同，在完成一个分层的回采作业后，便可对分层进行充填作业。

1. 凿岩爆破

分层充填采矿法所采用的凿岩设备有气腿式浅孔凿岩机、单臂或双臂浅孔凿岩台车，钻头直径 32 ~ 44 mm，孔深 1.8 ~ 4.6 m。分层充填法一般采用水平炮孔，采场顶板易于控制，采用气腿式凿岩机凿岩时一般分层高度为 2 ~ 3 m，采用凿岩台车时一般为 3 ~ 4.5 m。在矿岩较稳固的矿体，尽可能增加分层高度，以增加每次崩矿量，提高采场生产能力。根据矿体稳固性，在上向分层充填法中也采用上向炮孔落矿，采用凿岩台车凿岩时，可采用升降平台或其他辅助车辆进行采场辅助作业。凿岩台车穿孔速率一般为 1～1.5 m/min，双臂凿岩台车台班效率比单臂凿岩台车可提高30%～40%。爆破一般采用微差爆破，非电导爆管起爆，在整个掌子面的炮孔凿好后一次装药爆破。

2. 通风

采场通风采用贯穿风流通风，新鲜风流由人行井或斜坡道进入作业面，由回风井（或兼作充填井）回风。为加快爆破炮烟排出，或采场作业面自然通风不畅时，采场需要采用局扇加强通风。

3. 撬毛和支护

矿石爆破之后，边帮和顶板的浮石需要处理，撬毛一般采用人工撬毛或撬毛车撬毛，支护一般采用锚杆、锚网或长锚索进行锚杆支护。

锚杆可以采用机械化方法布置的点锚式（胀壳式锚杆）、摩擦式（管缝式）和水泥砂浆或树脂锚杆。锚杆是最通用的，因为它比较容易安装，效率高，不减少断面面积，并可以与其他岩层支护法联合使用。

4. 采场出矿

出矿一般采用电耙或铲运机出矿。电耙出矿通常用于脉内溜井出矿。目前采用铲运机出矿越来越普遍，斗容 2 m³ 以下的铲运机一般采用国产设备，2 m³ 以上的铲运机进口的较普遍，但国产的也越来越多。矿石由柴油或电动铲运机从掌子面运出，并卸到采场矿石溜井。运输距离不远时，可将矿石直接运到主矿石溜井；在采用卡车运输时，铲运机将矿石直接装入卡车运至集中溜井，或经斜坡道运出地表。

对于价值较高的矿石，在充填之前要仔细清底，回收粉矿。

矿石溜井可以布置在脉内或脉外，也可以在充填体中顺路架设。

5. 充填

采场充填可以采用干式充填、水砂充填、胶结充填或膏体充填。分两步充填，即分层底部充填和分层上部浇面充填。底部充填可采用低灰砂比（1∶20）或非胶结充填，充填材料可以是分级尾砂、掘进废石、地表堆存的基建废石或采石场废石。目前，大多数矿山使用分级尾砂充填，同时掘进的废石也尽量充填到采场中。

上部浇面充填通常用灰砂比1∶4～1∶8尾砂胶结充填，浇面厚度一般为 0.3～0.5 m。国外则通常以含水泥10%的胶结料铺面，目的是提高回收率，减少贫化。也有矿山用河沙、山砂、块石等胶结充填。当采用碎石充填时，应根据矿石的经济价值，可以在充填体表面浇注 0.2 m 左右厚的混凝土，或者损失一定量的矿石。当两者之间作比较时，若采用铲运机出矿，还应当考虑由于不浇面增加的铲运机轮胎消耗成本。采用无轨设备，如铲运机和凿岩台车时，胶结面的强度应相应提高。山东一些金矿采用特殊的水泥，浇面采用的灰砂比为 1∶20。

充填脱水有渗透脱水和溢流脱水两种方式或联合方式，通过泄水井排出。为保证尾砂充填具有良好的脱水性能，一般要求分级尾砂中 -20 μm（粒径）含量不超过8%（质量分数），分级尾砂的渗透系数达到10 cm/h。

五、进路充填采矿法

(一) 工艺技术特点

进路充填法适用矿岩条件极不稳固和不稳矿体,且矿体品位高,经济价值大,矿体厚度从薄到极厚。倾角从缓到急倾斜均可采用。采用进路充填法开采,顶板的跨度减小,回采作业安全性提高。

进路充填法分为上向回采和下向回采,即上向进路充填法和下向进路充填法。进路充填法的回采充填和分层充填法的工艺基本相同,实际上就是将分层划分成多条进路进行回采。矿体厚度小于 20 m 左右,进路沿走向布置;矿体厚度大于 20 m,进路垂直向布置。当矿体厚度较小,小于 5 m 时,即为单一进路回采。

回采进路断面取决于凿岩出矿设备,采用浅孔气腿凿岩机电耙出矿时,进路断面一般为 2 m×2 m~3 m×3 m。采用浅孔凿岩台车铲运机出矿时,进路断面一般为 4 m×4 m~5 m×5 m。进路既可以采用间隔回采,也可以采用连续顺序回采。同时回采进路数根据矿体厚度而定,一般有 2~5 条进路可以同时回采,每条进路回采结束后随即进行充填。

进路充填采矿法矿石回收率高,贫化率低,但回采充填作业强度大,劳动生产率较低,并要求进路充填接顶。采用高效的凿岩台车凿岩和铲运机出矿,可以有效地提高采场综合生产能力。

(二) 上向进路充填法

当开采矿石和围岩均不稳固或矿石不稳固而有价值很高的矿体时,为减少顶板的跨度,提高回采工作的安全性,则可以把分层的回采划分成若干进路,如图 6 – 3 – 34 所示,即采用上向进路充填采矿法。该方案的特点是自下而上分层回采,每一分层的回采是在掘进分层联络道后,以分层全高沿走向或垂直走向划分进路,顺序或间隔地进行回采。整个分层回采和充填作业结束后进行上一分层的回采。

通过设计进路断面的几何形状,如图 6 – 3 – 34a、b 所示,进路形成向下倾斜的帮壁,这样可以实现采用非胶结充填或减少水泥的使用量。分层内进路可以连续回采,如图 6 – 3 – 34a 所示;也可以间隔回采,如图 6 – 3 – 34b。如果小心作业,第二步回采可以使贫化很小或者没有贫化,这种方法叫做(连续)倾斜进路回采。通常采用矩形进路间隔回采,如图 6 – 3 – 34 c、d 所示,为避免相邻进路回采时造成严重的贫化损失,第一步回采后需进行胶结充填;也可以第一步进路回采采用较窄的进路,第二步回采时采用较宽的进路,以降低水泥的用量,如图 6 – 3 – 34d 所示。当进路两侧均为充填体时,进路下层可以用低灰砂比 1: 20 ~ 1: 30 或非胶结充填。

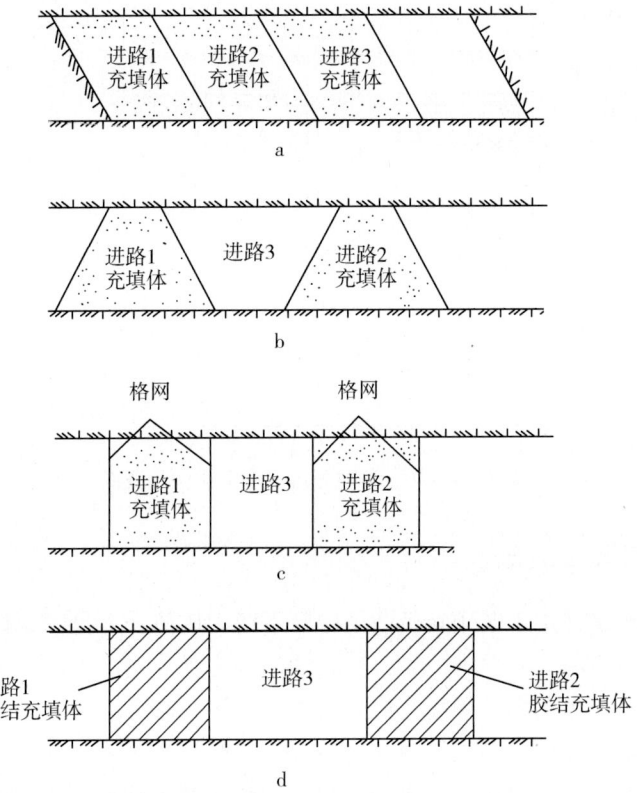

图 6 – 3 – 34　不同几何形状的进路回采

（三）下向进路充填法

当开采矿岩均极不稳固但价值又很高的矿体时，适合采用下向进路充填采矿法开采。其特点是，回采顺序为由上而下进路回采，除第一层的进路外，每一层进路都是在胶结充填料形成的人工顶板下进行回采作业。

在采用下向进路胶结充填采矿法的矿山中，进路分为倾斜进路和水平进路，倾斜进路角度一般为 5°～12°，以更好地充填接顶。在布置进路时，一般下一分层的进路和上一分层的进路错开布置，以有利于安全。

进路充填时，为保证下分层进路回采和相邻进路回采时的作业安全，每一进路均需要胶结充填，进路上层充项体强度较下层充填体强度低，一般用灰砂比 1∶8～1∶19 料浆胶结充填。下层充填体强度要保证下分层进路回采时对充填体强度的要求，可用灰砂比 1∶4～1∶5 胶结充填，充填体强度达到 4～5 MPa，采矿方法示意图如图 6 – 3 – 35 所示。

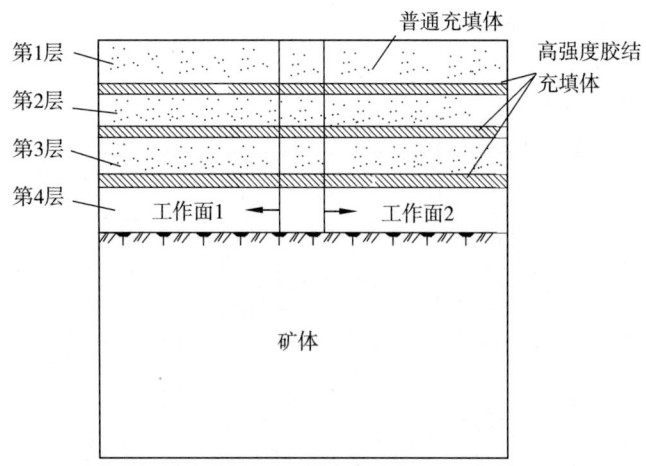

图 6 - 3 - 35　下向分层充填采矿法示意图

六、壁式充填采矿法

壁式充填采矿法适用于缓倾斜极薄至中厚不稳固矿体,上盘围岩稳固性较差,矿体产状较为规整。

其主要特点是沿走向划分采场,回采分条从采场一端沿走向向另一端推进,回采结束后随即进行充填作业。分条工作面长度较长,一侧为充填体,另一侧为矿壁,凿岩一般采用浅孔气腿凿岩机,出矿一般采用电耙。在矿体倾角满足无轨设备运行时,尽可能采用凿岩台车凿岩和铲运机出矿,以提高采场生产能力。

根据矿岩稳固性,矿壁与充填体间可留一定的作业空间,或不留作业空间,必要时通过局部支柱来支撑上盘围岩,以保证作业面安全作业。回采作业主要分为 3 种方式:

(1)一采一充留控顶距:先回采两排柱距,然后充填一排柱距,留控顶一排作下一排工作场地和爆破补偿空间。

(2)一采一充不留控顶距:壁式进路回采,进路宽度根据矿岩稳固性而定,矿岩不稳固时进路宽度为 2 ~ 4 m,矿岩中等稳固时进路宽度为 4 ~ 8 m。

(3)二采一充不留控顶距:作业面连续回采二排柱距,然后一次充填。第一排为进路式回采,第二排为长壁式回采,二排回采结束后一次充填。

七、削壁充填采矿法

削壁充填法适用于极薄矿体、矿石与围岩界线明显、贵重金属或价值高的矿石开采。削壁充填法需要通过崩落围岩,并将崩落的岩石存留在采空区进行充填。根据矿岩稳固性确定矿石和围岩的先后作业顺序,一般先采矿石后采围岩,围岩稳固性较差时应先采围岩后采矿石。

削壁充填法采用浅孔气腿凿岩机凿岩,矿石运搬采用人工出矿和小型电耙出矿,作业面断面允许时可采用小型铲运机出矿。小型电耙适合在中小型矿山使用,可大幅度提高开采强度和矿块生产能力。

削壁充填法矿石爆破落矿含有部分围岩，导致贫化率较大，矿体越薄贫化率越大，贫化率一般在 5% ~ 20% 之间，有的超过 25% 。为避免高品位粉矿混入充填料中造成损失，应在充填体面上铺设垫层，垫层一般采用木板、铁板、胶带、水泥砂浆或混凝土等。木板或铁板在崩落矿石时易被顺断或变形，从而造成大量粉矿损失；利用旧胶带铺设垫层时，为防止胶带在爆破时被砸坏，应在胶带下铺设一层草袋等缓冲材料，并在胶带与草袋层间铺一层帆布，以回收从胶带搭接处漏掉的粉矿。采用铲运机出矿时，使用混凝土铺面，铺面厚度一般为 0. 1 ~ 0. 15 m。

当开采急倾斜矿体时，充填料可用人工、电耙或铲运机倒运、平整充填料堆面。当开采缓倾斜矿体时，充填随回采工作面的掘进，可每隔 1. 5 ~ 2. 0 m 用崩落下来的大块废石砌筑一道石墙，墙面与水平面间有 70° ~ 80°的夹角，石墙间用碎石填满、堆筑石墙和充填废石都要做到严密接顶。

八、分段充填采矿法

在分层充填采矿的基础上，如果矿岩的稳固程度都很好，那么就可以两个以上的分层同时回采，如图 6 - 3 - 36 所示。第一层按分层充填回采后作为出矿水平，先在第四层掘进一条巷道作为充填用，第二层和第三层同时回采。采场改用上向凿岩，在矿体的端部开凿切割槽作为自由面，一次可以爆破一排或多排炮孔。在逐步后退式采矿过程中，充填从采场的另一端同时进行，但是与矿体爆破端部保持一定的跟离，以留出足够的补偿空间，如图 6 - 3 - 37 所示。第二、三层采完后，第四层作为出矿水平，在第七层中开凿巷道作为充填用。第五、六层以同样的方法进行回采。以此类推，重复进行。

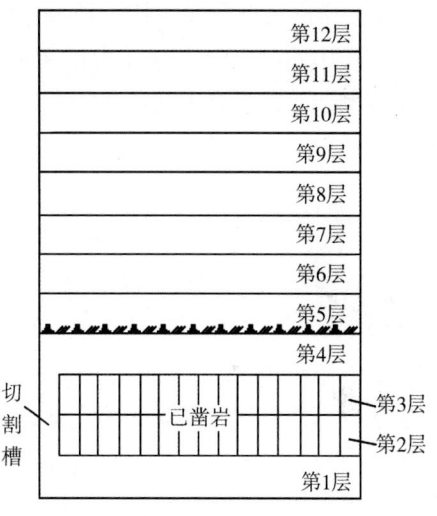

图 6 - 3 - 36　分段充填采矿法采场布置示意图

这就形成了分段充填采矿法，国外文献也叫做 Avoca 采矿法。

这种采矿方法，采准切割采用浅孔凿岩没备，回采凿岩采用中深孔凿岩设备，两层合并时为典型的中深孔凿岩爆破。充填可以采用块石胶结充填或膏体充填，一般不适合采用水砂充填。

采用中深孔凿岩台车凿岩，铲运机出矿，有效提高了机械化作业水平，劳动生产率提高，采场综合生产能力高于分层充镇法。分段充填法各项作业在分段巷道中进行，作业安全性较好，根据回采作业需求，可以多分段同时作业。

分段充填法充填工艺有两种形式：一种形式是在分段逐步后退式回采过程中，在出矿结束后，从分段的另一端随即进行充填，但与分段爆破端部保持一定的距离，以留出足够的补偿空间，也可不留分段端部补偿空间，采用拉底切割方式采用挤压爆破。这种形式充填次数多，因而作业效率低，采场生产能力小，但优点是不需要遥控铲运机作业。

另一种形式是在分段全部回采结束后，再对整个分段进行充填。这种形式集中出矿，因而采场生产能力大。一般需要铲运机进入采场出矿，因而需要遥控铲运机，国内矿山往往担心采场掉块砸坏设备，因此应用得较少。

分段充填法分为沿走向布置和垂直走向布置。当矿体厚度小于 12 ~ 15 m 时，分段沿走向布置；当矿体厚度大于 12 ~ 15 m 时，分段垂直走向布置。分段高度一般为 7 ~ 15 m，7 ~ 10 m 为低分段，10 ~ 15 m 为高分段，少数矿山超过 20 m。由于分段充填法采

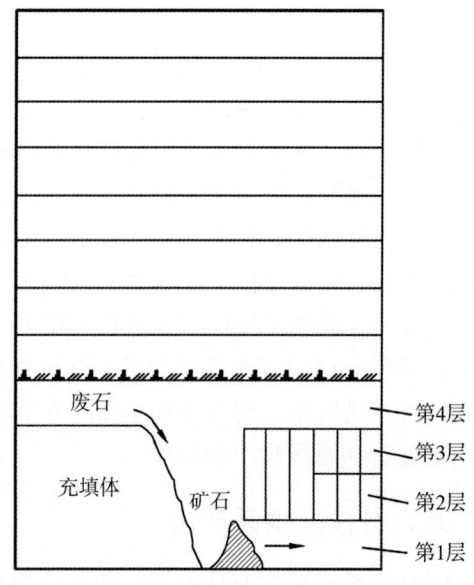

图 6 - 3 - 37　分段充填采矿法充填和回采作业

用中深孔凿岩，凿岩效率较分层充填法要高，在矿体开采技术条件允许时，尽可能采用分段充填法。

九、空场类嗣后充填采矿法

（一）分段空场嗣后充填法

分段空场嗣后充填采矿法一般应用于矿岩稳固性较好的倾斜、急倾斜矿体中。如果矿体底盘倾角小于 55°，则底盘崩落的矿体很难依靠重力全部放出，矿体底板的倾角应大于崩落矿石的自然安息角。对缓倾斜矿体，当矿体厚度超过 30 m 时，也可以采用分段空场（嗣后充填）法回采。在急倾斜矿体中，分段空场也可以应用到薄矿体，最小矿体厚度可以达到 3 m，但是在这种情况下，要求矿岩界线清楚且规整。

使用这种方法的基本准则是在完成采矿作业循环（充填）之前，采场能够保持稳定。

通常采准切割工程包括采准斜坡道、下盘或上盘分段沿脉平巷、出矿进路、脉外分段巷道、脉内分段凿岩巷道、矿石和废石溜井、回风天井以及切割天井和拉底层等。

典型的沿走向布置的采场的采准切割布置：每一分段水平在下盘脉外距矿体 15 ~ 20 m 掘进下盘沿脉巷道，在出矿水平，自下盘或上盘（取决于上下盘的岩石稳固性）沿脉巷道中垂直矿体走向或沿矿体走向成一定角度掘进出矿进路，随后在矿体内掘进拉底巷道并刷大至矿体水平厚度或者形成 V 形出矿堑沟。在凿岩分段，同样自下盘或上盘沿脉向矿体掘进联络道。然后在矿体内沿走向掘进形成凿岩巷道。如果凿岩水平将来作为上一个分段的出矿水平，联络道布置要兼顾以后的使用。在稳定岩层中，底盘分段巷道距离矿体至少 15 m，在深井高地应力状态下时应该保持离开 23 ~ 30 m。根据出矿设备的规格确定溜井间距，一般为 100 ~ 150 m。

对于局部不够稳固的地段，可以采用锚索对上下盘围岩进行加固。

分段空场嗣后充填法凿岩一般采用中深孔，孔径为 60～120 mm。采用国产 YGZ-90 钻机时，分段高度一般在 15 m 左右为宜，分段巷道断面尺寸不小于 2.5 m×2.5 m。确定巷道尺寸时也要考虑到出矿设备的外形尺寸。

分段空场嗣后充填法的装药一般采用装药车或普通装药器装药。炸药通常为粒状硝铵炸药，起爆一般采用非电导爆管微差爆破，一些矿山也采用导爆索起爆，或将两者结合起来。

（二）VCR 法和大直径深孔空场嗣后充填采矿法

1. VCR 法

VCR 法即垂直深孔球状药包后退式采矿法，是大直径深孔采矿法的一个特例，适用于矿石和围岩都稳固的急倾斜矿体。部分爆下的矿石留在采场中作为临时支护。它是在大直径炮孔中使用高威力炸药的药包爆破技术，采用集中的球状装药（长径比≤6）爆破，将矿石以水平分层从采场底部向上逐层崩下，矿石在重力的作用下落到采场底部的放矿点，然后由铲运机运出，在采场充填前将采场清理干净。

VCR 法的采切工程包括出矿水平的出矿运输巷道、出矿进路、拉底、位于采场顶部的凿岩巷道或凿岩硐室。

炮孔一般在采场顶部的凿岩硐室内采用潜孔钻机钻凿，凿岩硐室的高度按凿岩设备的要求而定。

拉底巷道完成后，一般用上向扇形中深孔拉底，拉底空间不小于一次崩矿量的 35%。拉底也可采用浅孔法形成，只是效率很低。

炮孔主要为垂直孔，向下钻凿，穿到拉底层。

VCR 法采场一般采用密度为 1.3～1.5 g/cm^3、爆速为 4 000～5 000 m/s 的高威力、低感度、有足够稠度的特制炸药，在高硫矿床中不使用铝敏化炸药。

装药须由技术工人在凿岩硐室里进行。在炮孔的下面部分装填球状药包（长径比≤6）。首先要测定炮孔的深度，然后准确计算药包的装药位置，之后在正确的位置进行堵塞，再向炮孔装药包，然后堵塞。

可采用垂直孔单层爆破、多层爆破，亦可采用扇形孔单层或多层爆破。单层爆破高度一般为 3～4 m，多层高度为 8～12 m。矿石爆下落到下面的空区里。当采场岩柱剩下约 10 m 左右时，一次装药全部爆下。出矿步骤类似留矿法，每分层爆破后，放出一次崩矿量的 30%～40%，以形成下分层爆破的补偿空间。最后分层爆破后，整个采场一次出矿完毕。

2. 大直径深孔空场嗣后充填采矿法

大直径深孔空场嗣后充填法由分段空场嗣后充填法发展而来，采用更大的炮孔直径、更深的炮孔，也是侧向崩矿。

大直径深孔空场嗣后充填法的适应条件和 VCR 法的适应条件是一致的，其工艺类似，凿岩设备、孔径、孔深是一致的，所不同的是大直径深孔空场嗣后充填法采用侧向崩矿。炮孔直径在 140～165 mm 之间，炮孔深度最大可达 100 m。按孔径 140 mm 的炮孔布置时，每次可崩 4 m 厚。孔底距为 6 m。回采时可在采场端部先打一个天井作为爆破的自由面，也可采用 VCR 法的爆破方式形成类似天井大小的空间作为自由面。炸药一般采用成本低廉的铵油炸药，以柱状药包形式爆破，药包长度一般为 12 ~ 17 m，每段炸药量不超过 300 kg。

对于垂直走向布置的采场，为提高回采效率，矿房一般可采用大直径深孔空场嗣后充填法回采；对矿柱，由于两边都是充填体，为减少对充填体的破坏，矿柱一般采用 VCR 法回采。生产中应特别注意防止充填体破坏，避免造成不必要的矿石损失和贫化甚至安全问题。

VCR 法和大直径深孔空场嗣后充填法的采场综合生产能力较大，一般因凿岩设备、铲运机大小、采场大小、充填工艺不同而不同。

十、充填系统与充填工艺

（一）充填系统

矿山充填系统包括充填料制备、充填料输送、充填参数自动检测与控制系统、通讯系统四个部分。一般分系列建设，每一个系列一般可负担 2 000 ~ 2 500 t 矿石规模的充填。每一个系列的充填能力与料浆浓度有直接关系，对于高浓度充填，系列的充填能力约为 60 ~ 80 m³/h。充填料制备的工艺和设备取决于所选用的充填材料与充填工艺的要求，而充填材料的输送又必须与之相适应，充填参数自动检测与控制系统、通信系统是保证充填质量和充填系统正常顺利运转的技术保障。

目前应用最广泛的是尾砂充填系统，包括：分级尾砂（胶结）水力充填系统，以自流输送为主；全尾砂高浓度充填系统，也以自流输送为主；全尾砂膏体泵输送系统。我国西北地区利用丰富的戈壁资源发展了利用戈壁集料的充填系统。块石胶结充填系统在国内外仍有一定的应用范围。此外还有处于试用阶段的高水速凝胶结充填系统以及用不同材料做胶凝固化剂的尾砂充填系统。

充填系统参数自动检测与控制是保证充填质量的重要环节，在充填站应选择新型的 DCS 控制系统，支持现场总线，能与智能仪表相通信，有远方 I/O 柜配置的系统。充填站与矿生产调度网相连，生产调度网又是矿山数字化信息系统的一部分。

为使充填系统正常运行和偶发事故及时处理，充填系统的通信是非常重要的保证。首先，充填站要与矿调度通信系统相连，与计算机网络及综合布线相通，充填站通过无线漏泄通信系统的井下基站与充填人员保持密切联系，充填站还必须建立小型程控数字交换机的独立通信系统，满足点多面广，具备单工、双工及时独立通话的要求。

（二）充填工艺

充填料的输送方法有水力输送、风力输送和机械输送。

（1）水力输送：在地面充填制备站，经过充填管路利用倍线自重输送或用泵将水砂充填或胶结充填材料送往井下采场进行充填。

（2）风力输送：一般是在井下设置充填站，制备胶结充填或干式充填材料，再通过管路，用压气输入采场进行充填。

（3）机械充填：干式充填材料经常是通过充填井下井，再转运到采场，通过电耙或抛掷机进行充填。充填用混凝土或通过地表搅拌，经垂直管路下井或在井下设制备站制备，然后送到采场，再用电耙或抛掷机充填。

目前国内外均以水力充填为主。无论是风力充填还是机械充填，均有辅助的输送充填料下井问题，环节多，工艺较复杂。但风力充填机和抛掷机充填有充填密度大、接顶好的优点。在某些采矿方法，如上向及下向进路充填法中，可充分显示出其优越性。

除充填采矿法外，空场采矿法的采空区亦常用水力充填或干式自重充填等工艺进行嗣后充填。用水力充填采空区时，对脱水速度要求不严，允许在一定时间内将水脱出，对充填体含水量要求亦不严格，但必须设置脱水设施，防止充填体长期处于饱和或准饱和状态。

第六节　崩落类采矿法

一、概述

崩落采矿法就是以崩落围岩来实现地压管理的采矿方法，即在崩落矿石的同时强制或自然崩落围岩，充填空区，用以控制和管理地压。

（一）崩落采矿法特点

①崩落法不再把矿块划分为矿房和矿柱，而是以整个矿块作为一个回采单元，按一定的回采顺序，连续进行单步骤回采。

②在回采过程中，围岩要自然或强制崩落，矿石是在覆盖岩石的直接接触下放矿。因此，这种采矿方法对放矿进行科学管理是十分必要的。

③崩落法的开采是在一个阶段内从上而下进行的，与空场采矿法不同。

（二）崩落采矿法的适用条件

一般地讲，崩落法对矿体赋存条件、矿岩的物理力学性质等都具有比较广泛的适应范围。理想的适用条件是上盘围岩能呈块状自然崩落、矿石中等以上稳固的急倾斜矿体。地表允许塌落是使用这种方法的必要前提。由于这种方法在开采时矿石损失贫化大，因而它不用于开采高价、高品位的矿石。

（三）崩落采矿法分类

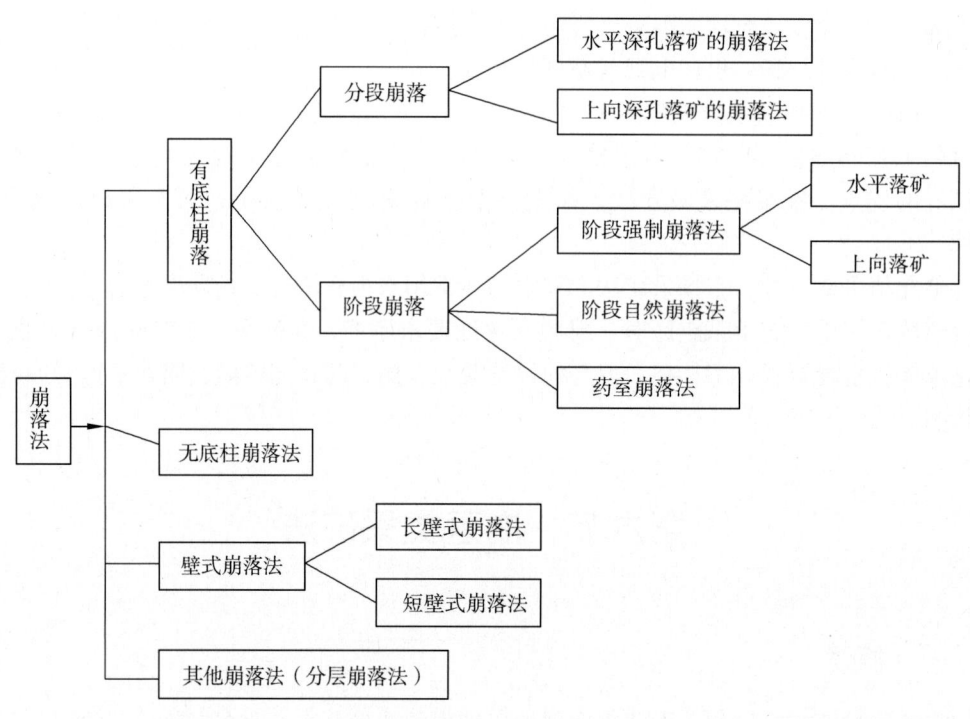

图 6 - 3 - 38　崩落采矿法分类

二、自然崩落法

（一）概述

1. 自然崩落法的原理

自然崩落法是借助矿岩体本身的不完整性（存有节理、裂隙、弱面、夹层等），在整个阶段矿石大面积拉底和割帮工程形成后，在自重和地压作用下，发生自然崩落，并破碎成块，从而实现落矿工艺。自然崩落的矿石，经出矿巷道放出，在阶段运输巷道装车运走。阶段自然崩落采矿法如图 6 - 3 - 39 所示。

自然崩落的过程如图 6 - 3 - 40 所示。在矿块下部拉底后，矿石失去了支撑，在重力和地压的作用下，首先在中间部分出现裂隙产生破坏，而后自然崩落下来。当矿石崩落到形成平衡拱时，便出现暂时稳定，矿石停止崩落。为了控制矿石崩落过程，需破坏拱的稳定性，使矿石继续自然崩落。经常采用

图 6 - 3 - 39　阶段自然崩落采矿法

1—穿脉运输巷；2—沿脉运输巷道；3—下底柱；
4—电耙联络道；5—上底柱；6—斗穿；7—检查天井；
8—割帮巷道；9—拉底层

沿垂直方向移动拱支撑点的办法。为此，常在崩落边界四周开掘切割巷道，甚至在切割巷道内钻凿深孔等崩落诱导工程，以使该部分首先发生冒落，从而使平衡拱随之向上移动，同时又不超出设计边界。

2. 矿石可崩性的确定

自然崩落法应用成功标志：能按设计及时崩落；崩落的矿石大多能破碎成小块或中等块度，不需过多地进行二次破碎；采场下部的巷道不致因为地压过大而发生坍塌或维护费用过高。

拟采用本法的矿山应对矿石的可崩性进行确定，以求提高使用本采矿方法的可靠性。

矿石的可崩性主要取决于矿体的物理力学性质和原岩应力，特别是节理、裂隙、弱面、松软矿

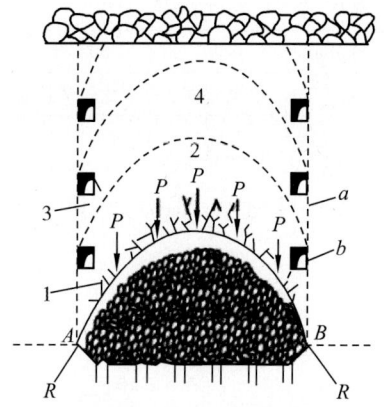

图 6 - 3 - 40　矿块自然崩落发展
1，3—拱脚带；2，1，4—自然平衡拱拱内应力降低区

物、细脉夹层的分布和发育程度等。到目前为止，还不能用公式准确地表达原岩应力场、矿体物理力学性质与其自然崩落性之间的相关关系，在实际生产中通常是运用多种方法综合分析来确定矿石的可崩性。

常用的确定方法有下列几种：

（1）经验类比法：即在综合分析影响矿石可崩性主要因素的基础上，通过与使用阶段自然崩落法的矿山进行类比和经验判断，对矿石的可崩性作出评价。该法在各评价法中占有重要地位。

（2）矿体物理力学性质参数评分法：该法是将岩体分级参数的 6 项指标，即 RQD 值（岩块 10 cm 以上）、八单轴抗压强度、平均与最大节理间距、节理（弱面）结构、构造方位、地下水等分别按图 6 - 3 - 41 所示的方法进行评分，然后将 6 项评分值（由 1 到 100）累计起来，按表 6 - 3 - 7 评分标准将岩体分级为 6 级。累计评分越小，自然崩落性越好。

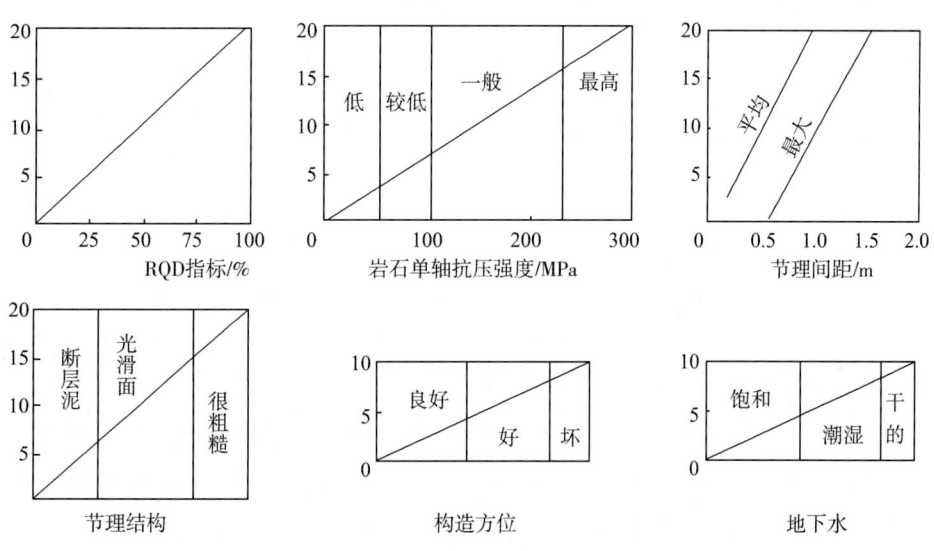

图 6 - 3 - 41　矿体物理力学性质参数评分

表 6 - 3 - 7　　　　　　　　　　　　　参数累计评分值

参数评分值	>70	50~70	40~50	25~40	15~25	<15
分级	非常坚固	比较坚固	中等坚固	不稳固	非常不稳固	碎裂松散

（3）可崩性指数法：该法是把岩性指标 RQD 值进行分级来表示矿岩的可崩性，如图 6 - 3 - 42 所示，共分为 10 级，称之为可崩性指数。可崩性指数等于 10 时，可崩性最差。

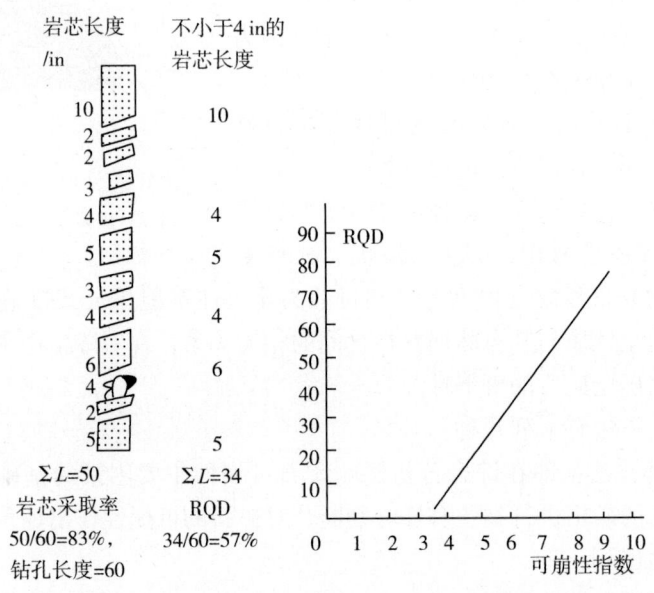

图 6 - 3 - 42　指标与矿石可崩性

还有根据 RQD 值对岩性分为五级进行描述的，见表 6 - 3 - 8。近年来，根据人工地震波在岩体中传播时的振幅衰减变化情况来判定矿石的可崩性质，已取得较大的进展。

表 6 - 3 - 8　　　　　　　　　　　　　岩性分级

岩性指标 RQD	岩性分级
0~25	极坏
25~50	坏
50~75	中等
75~90	好
90~100	极好

（二）适用条件

（1）矿体厚大，应具有相当的水平面积和开采高度，以保证初始崩落和维护正常崩落所必需的条件，如拉底面积等。所以，适于开采急倾斜厚大矿体和极厚的倾斜矿体。

（2）矿石的可崩性好。一般要求矿体不稳固，矿石节理、裂隙发育或中等发育，容易自然冒落，且冒落下来的矿石块度不大，便于放矿。

（3）矿石品位分布均匀，夹石少。矿石无黏结性和自燃性。

（4）矿体形状规整和围岩界限明显。

（5）顶板围岩随着放矿能够自然崩落。崩落下来的围岩块度应比矿石大，以防增加贫化。

（三）主要方案

自然崩落法可分为矿块回采和连续回采两种方案。

1. 矿块回采阶段自然崩落法

矿块回采阶段自然崩落法如图 6 - 3 - 43 所示。此法是将阶段划分成方形或长方形矿块，以矿块为单元进行回采。

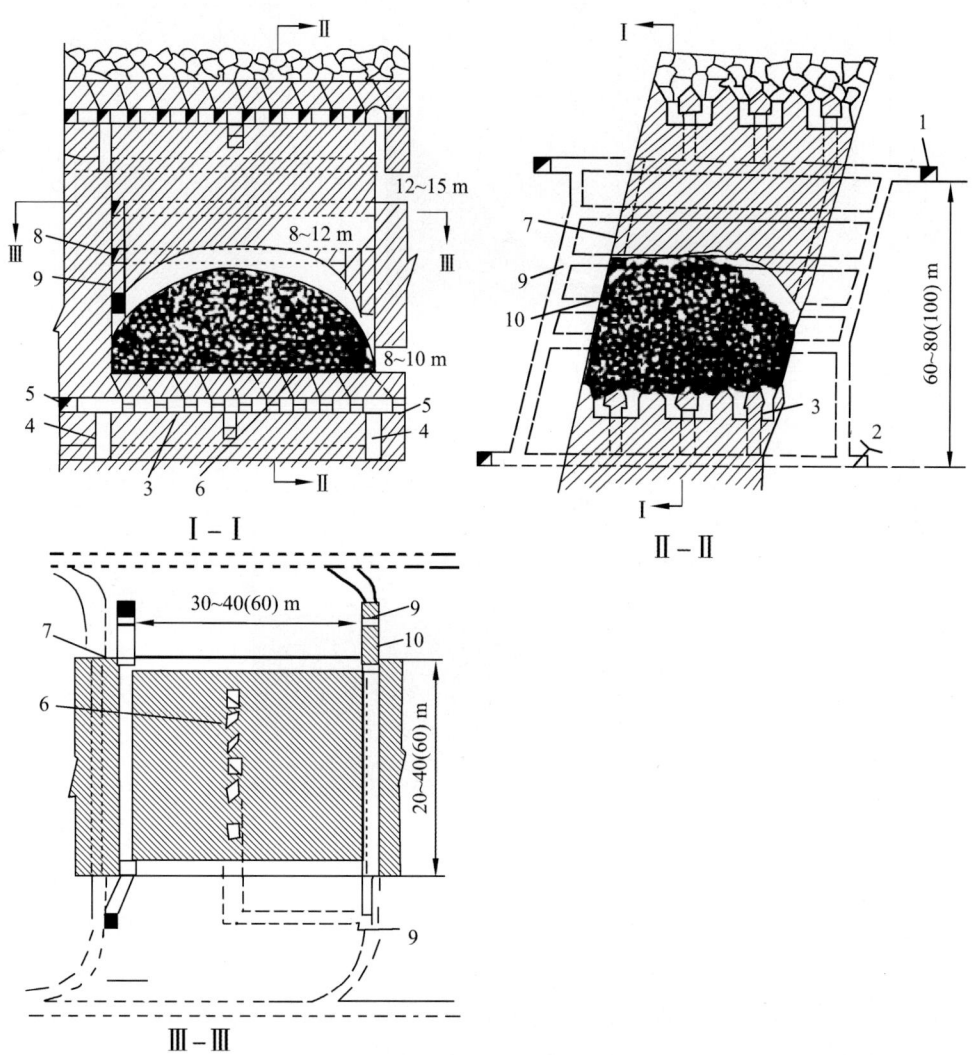

图 6 - 3 - 43　矿块回采阶段自然崩落法

1、2—上、下阶段运输巷道；3—电耙巷道；4—矿石天井；5—联络道；6—固风巷道；7—切帮天井；8—切帮平巷；9—观察天井；10—观察巷道本方案适用于回采矿石软弱、节理、裂隙发育、崩落矿石块度小的矿体。采用本方案要实施控制放矿，使崩落矿岩接触面保持水平面均匀下降。

2. 连续回采阶段自然崩落法

此法是将阶段划分为尺寸较大的分区，按分区进行回采。一般在分区的一端沿宽度方向掘进切割巷道，再沿长度方向拉底，拉底到一定面积后，矿石便开始崩落。随着拉底不断向前扩展，矿石自然崩落也随之向前推进，矿石顶板面逐渐形成一斜面，并以斜面形式推进。

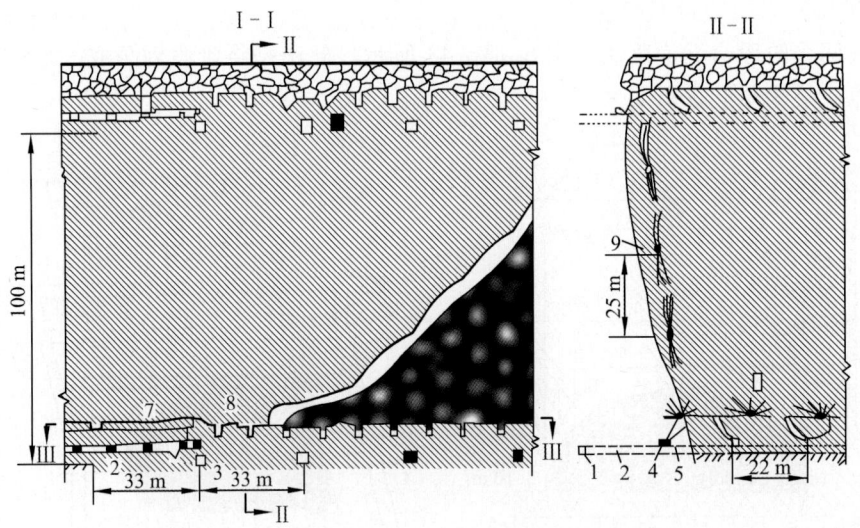

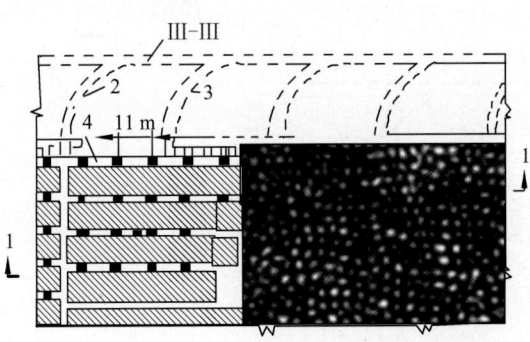

图 6 - 3 - 44　连续回采阶段自然崩落法

如果切割巷道尚不能有效地切割、控制崩落边界，还可以采用炮孔爆破方法进行切帮。

本方案一般适用于矿体规模较大，节理、裂隙较稀疏的中等稳固矿体。采用本方案，要实施控制放矿，使崩落矿岩接触面呈倾斜面均匀下降。

（四）构成要素

1. 阶段高度

阶段高度一般为 60 ~ 200 m。个别矿山如菲律宾的菲勒克斯矿，其阶段高度达

400 m。阶段高度的大小，一般根据矿体的倾角和厚度、矿体的产状、矿岩的物理力学性质等因素来确定。

2. 矿块的水平面积

矿块水平面积的大小，主要受矿体可崩性影响。如果矿块尺寸太小，则不能引起崩落；尺寸太大，会招致采区内的巷道所承受的地压增大而使其破坏。耙道长度的增加也会使开采速度降低，选择合理的矿块水平面积是相当重要的。在实际生产中，矿块的宽度一般为 30 ~ 90 m。最初设计的矿块一般略大。待对矿岩的可崩性有一定经验后，再行调整和优化。

3. 底柱高度

底部结构形式较多，应根据矿岩稳固性、出矿设备和回采方式等确定。阶段自然崩落法的底柱高度，由于负担矿量较大，且矿岩的稳固性大多欠佳，因此其高度比一般的采矿方法要高，有的高达 20 m。矿石的稳固性、出矿系统，以及出矿巷道布置的形式、每个漏斗负担的矿量等都会影响底柱高度。

4. 漏斗间距

影响漏斗间距的因素有矿岩的稳固程度、崩落矿石块度的大小、每个漏斗负担矿量的多少以及采用的出矿方案和出矿设备等。

（五）采准与切割

采切工程由阶段运输、底部结构、拉底、割帮与通风等工程组成。

1. 阶段运输

应用阶段自然崩落法的矿山，由于生产能力大，一般采用脉外环形运输系统，穿脉装车。穿脉运输巷道的间距根据选定的出矿方式和出矿巷道的布置形式确定。

2. 底部结构

底部结构与出矿方式有关，阶段自然崩落法采用的出矿方式有重力和溜井出矿、电耙出矿和铲运机出矿三种。

（1）重力、溜井出矿：该种出矿的底部结构如图 6 - 3 - 45 所示。左右的倾角分别向上开凿出矿溜井 2，在每个溜井高约 12 m 处，再开凿分枝溜井 3，且直通格筛巷道 4，格筛以上为放矿漏斗。这样一对出矿溜井可供 4 个放矿点使用。底柱高度一般约为 23 m。

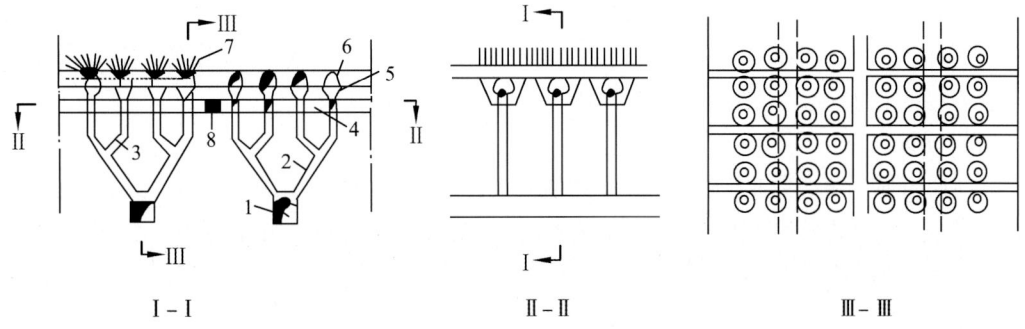

图 6 - 3 - 45　重力、溜井出矿

1—运输巷道；2—放矿溜井；3—分枝溜井；4—格筛巷道；5—漏斗；6—拉底巷道；7—拉底炮孔；8—联络道

此种底部结构多用在崩落矿石块度且比较均匀的矿块。优点：容易实现控制放矿，有利于降低矿石损失与贫化，出矿成本低。缺点：结构复杂，采准工程量大，工人劳动强度大。

（2）电耙出矿：阶段自然崩落法用电耙出矿的底部结构与一般的有底柱崩落法电耙出矿的底部结构基本相同，都设有电耙道、漏斗、斗穿、溜井（若直接装车，溜井可不要）或堑沟等工程。不同之处是阶段自然崩落法阶段高度较高，每个漏斗所负担的矿量较大，需要有较大的漏斗间距，耙道和漏斗的支护要加强。

（3）铲运机出矿：采用大型铲运机出矿，对崩落矿石块度适应性强，出矿效率高，易于实现控制放矿，是一种较好的出矿方式，但它要求巷道断面大，出矿口间距大，底部矿柱损失大是其主要缺点。

3. 拉底与割帮

（1）拉底：拉底水平一般布置在出矿水平以上，与出矿水平之间的距离主要取决于矿岩稳固性和选用的拉底方法，一般为 5～15 m。拉底方法和一般有底柱拉底方法相同，既有浅孔拉底，也有深孔拉底。无论是浅孔拉底，还是深孔拉底，其高度大多在 3 m 以上。拉底面积随矿岩的稳固性不同而不同，国外矿山采用的拉底面积为 30 m×30 m～120 m×120 m，变化范围很大。

拉底速度要与崩落速度和产量相适应。拉底太快不利于自然崩落，太慢对出矿巷道不利，应保持均匀推进。

拉底一般从靠近已崩落矿块的一侧，或从矿体上盘开始，随着崩落线推进顺序爆破拉底炮孔。每次爆破步距约 5 m 排孔拉底时，要注意拉底线不能与下部的出矿巷道平行，以免出矿巷道承受太大的应力而遭到破坏。为此，拉底推进线多沿对角线方向呈阶梯状推进，两相邻拉底巷道之间的超前距离一般控制在 6～12 m 范围内。拉底时，一旦发现留有残柱，一定要及时处理，否则将会阻止矿石自然崩落，并对出矿巷道产生应力集中。

（2）割帮：在矿山没有一定的生产经验以前，不能确定矿山的实际崩落特性。因此，在初始崩落时常采用一些割帮措施来促使崩落。

割帮就是利用边角天井、削弱天井和削弱巷道等从拉底水平起沿矿块的边界开掘，根据矿石可崩性大小，可在角边天井和削弱天井中打数层深孔进行爆破，或在削弱巷道中钻凿垂直深孔进行割帮爆破，以促使矿块内的矿石崩落。边角天井一般布置在四个角上，断面多为 1.8 m×1.8 m；削弱巷道一般与边角天井和削弱天井连通，其垂直距离由矿岩稳固性而定，一般为 10～15 m。

4. 通风

阶段自然崩落法作业比较集中，生产能力大，要求风量大。为减少漏风，保证风质，一般设有专用进风巷道和回风巷道，采用电耙出矿的矿块回风巷道常布置在耙矿水平以下。

（六）回采

1. 放矿

无论是格筛出矿、电耙出矿还是铲运机出矿都要对放矿进行控制。其目的，一是保证矿山能按计划均衡生产，二是降低矿石损失和贫化，三是控制地压。

阶段自然崩落法的放矿有两个阶段：

（1）第一阶段是在待崩落矿体下放矿，随着矿石崩落，放出崩落矿石的碎胀部分，根据矿石的崩落速度确定合理的放矿速度。由于各矿的矿岩条件不同，其合理的放矿速度也不同，一般每日的放矿速度为 0.15 ~ 1.2 m，矿石可崩性好则取大值，可崩性不好则取小值。如果放矿速度慢于崩落速度，崩落的矿石就会顶住待崩的矿体，出现这种情况，不但会阻止矿体继续崩落，也会对下部出矿巷道造成应力集中而破坏，崩落下来的矿石也会因被压实造成放矿困难。如果放矿速度过快，则会在待崩矿体与已崩矿石之间形成较大的空间，容易使周边已崩落的岩石流入采场内，造成过早贫化；也会出现矿体过早突然崩落，使得大块增多。

（2）第二阶段是整个崩落层高度上的矿石全部崩落以后，在覆岩下放矿。覆岩下的放矿一般采取等量均匀放矿。对于矿块自然崩落法，一般将矿岩接触面控制呈水平下降；对于连续自然崩落法，一般将矿岩接触面控制呈45°倾角下降。

为了很好控制放矿的矿石量，必须保证半年的生产矿量；出矿巷道要及时维护，保证均匀放矿能力；及时按规定在各放矿点取样化验，分析研究矿石损失贫化指标，根据矿量和品位的情况决定是否停止放矿。

2. 支护

应用阶段自然崩落法的矿山，由于阶段高度较高，出矿巷道所负担的矿量很大，使用的时间也长，从而使得出矿巷道磨损严重，再加上频繁的二次爆破，出矿巷道往往破坏严重。因此，必须重视巷道的支护和维修。

支护的方法，应根据矿岩的稳固程度、受矿巷道所处的部位及受力状态等来选择。对于处于开采应力范围内的巷道，如穿脉运输巷、通风巷、出矿巷等，一般采用高标号混凝土支护，其厚度为 300 ~ 450 mm，有些矿山的电耙道底板还采用钢轨加固；对于巷道交叉口、斗穿、装矿巷道的眉线部位，可采用锚杆、锚索、金属网喷射混凝土或钢梁等加强支护。在开采应力影响范围以外以及使用时间不长的巷道，一般采用锚喷支护即可。

（七）主要优缺点及发展趋势

1. 自然崩矿采矿法优点

（1）比较安全。

（2）开采成本低，需要的人工较少，凿岩、爆破和支护工作量少。

（3）生产集中，生产能力大，劳动生产率高。

（4）通风条件好。

2. 自然崩矿采矿法缺点

（1）矿块准备工作量大，时间长，且初期投资大。

（2）管理水平要求高，如果控制放矿不好，将影响矿石损失贫化指标。

（3）调节产量比较困难，一旦使用不成功，难以改变使用其他采矿方法。

（4）若诱导崩落工作做得不好，会导致不能及时崩落，从而影响连续均衡生产。

3. 自然崩矿采矿法评价

阶段自然崩落法早期仅用于开采松散破碎矿体，现已扩大应用于开采节理、裂隙发育的中等稳固矿体。该法是一种生产能力大、采矿成本最低的采矿法。世界上已有不少国家如美国、智利、南非等已经采用。20世纪60年代初和70年代，我国易门铜矿三家厂分矿、山东莱芜铁矿和金山店铁矿等矿山曾试用过矿块自然崩落法开采破碎矿体。20世纪80年代，铜矿峪铜矿和程潮铁矿也曾用阶段自然崩落法开采中等稳固矿体，积累了不少的经验。但由于存在使用条件要求严格、采矿工艺不易掌握、管理复杂等问题，该法在我国目前还很少使用。该法生产成本低，对于矿石价值不高、矿石松软破碎的厚大矿体，应积极推广应用。

三、有底柱分段崩落法

（一）水平深孔落矿有底柱分段崩落法

这种采矿方法属崩落法的一种，具有崩落法的共同特点：不划分矿房和矿柱，单步骤回采；矿石在一个阶段内是自上而下开采的，在阶段内不划分成若干分段来回采；在覆盖岩石层下放矿；为了放矿、储矿、受矿、运搬及二次破碎工作的进行，在每个分段都开掘有底部结构，而底柱中的矿石留在下一分段或下一阶段同时开采。

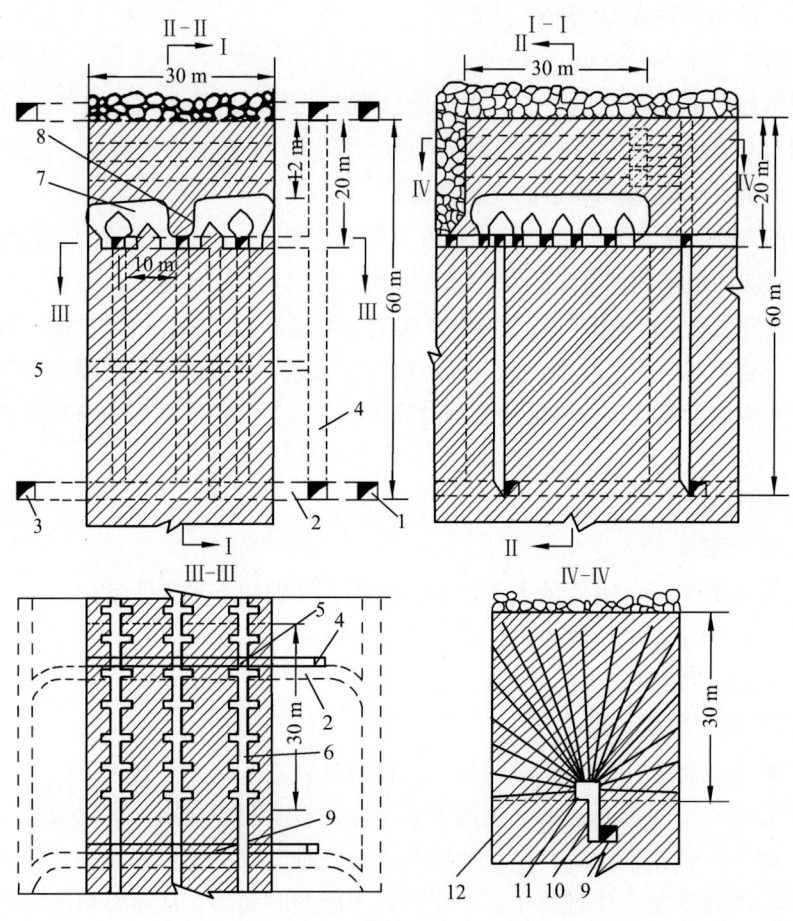

图6-3-46　水平深孔落矿有底柱分段崩落法

1.矿块构成要素

（1）阶段高度：一般为 40~60 m。矿体倾角不同，则应取用不同的阶段高度。如大庙铁矿，遇缓倾斜矿体时阶段高为 30~45 m，倾斜矿体时阶段高为 45~50 m，急倾斜时为 50~60 m。有一些矿体形态比较复杂的矿山，虽然是急倾斜矿体，但阶段高度也只取 25~40 m。阶段高度主要取决于矿床勘探类型、矿体倾角、采矿方法，并且与矿床开拓运输系统有直接关系。如果矿岩不够稳定，地压又比较大，则过高的阶段高度会增加电耙道后期维修的困难，甚至在出矿前电耙道就坏了，结果造成矿石损失。

（2）分段高度：一般为 15~25 m。分段的划分应当按两个阶段最下一层电耙道底板之间的距离（即指上阶段的阶段底柱电耙道到本阶段的阶段电耙道）加以区分。分段高度划分得一致，对于探矿、采准、切割布置都是比较有利的。

影响分段高度的因素：①每个漏斗担负的矿量和底部结构的稳固性。②出矿强度的高低直接影响电耙道的服务时间；如果出矿强度高，可以采用高分段，否则可采用低分段。③中厚矿体和顶盘岩石崩落后矿石块度很破碎时，常用低分段，反之用高分段，否则在放矿过程中矿石很容易被废石切断，而造成严重的矿石损失与贫化。④当矿体倾角 <70°时，对倾斜和缓倾斜矿体，通常采用布置底盘脉外电耙道，以此回收这部分矿石（最好是倾角大于 70°，若倾角小于 70°要开下盘耙道）。

（3）矿块长度通常取决于电耙的有效耙运距离（一般为 30 m，最大不超过 60 m）。

（4）矿块宽度是由一条或几条电耙道所控制的宽度（通常一条电耙道所控制的宽度为 10~15 m）。

（5）底柱高度取决于矿岩的稳固性和使用的切割方式（即选用的底部结构形式）。若采用漏斗电耙底部结构时，分段底柱高度为 6~8 m；若采用堑沟底部结构时，阶段底柱高为 11~13 m。

（6）漏斗间距一般为 5~7 m，大多数矿山的漏斗都是错开布置的。

（7）矿块布置分为沿走向和切走向两种布置方式，主要根据矿体厚度决定。

2.采准工作

（1）阶段运输巷道：大多数使用底柱分段崩落法的矿山，为了提高采场的生产能力和适应这种采矿方法溜井多的特点，在阶段运输水平采用了环形运输系统。在环形运输系统中，有穿脉装车和沿脉装车两种方式。用穿脉装车时，其穿脉间距一般为 25~30 m；用沿脉装车时，其穿脉间距一般为 60~80 m。穿脉间距的大小还与探矿要求有关。阶段运输平巷应有一条布置在下盘脉外崩落界线之外，以保证回风线路畅通。

（2）放矿溜井：放矿溜井的布置形式有三种。

①电耙道独立溜井：

优点：施工方便，出矿强度大，便于掘进和出矿计量管理等。

缺点：掘进工程量大。

②矿块分支溜矿井：

优点：掘进工程量比电耙独立溜井小。

缺点：当某一电耙出矿时，溜井内带有粉尘的气浪经分支溜井冲入其分段巷道，致使采场空气发生严重污染；分支溜井施工复杂，劳动强度大，机械化程度低；分支溜井给采场出矿的计量工作增加了困难，对于损失贫化的计量和放矿管理工作都不利。因此，分支溜井使用得不多，仅用于中厚倾斜矿体中。

③有聚矿巷道的采区集中溜井：

优点：可以减少溜井数量，当矿体非常破碎、采场溜井的施工和维护都比较困难时，此优点更为突出；易于实现溜井化，以简化矿石运输环节，提高放矿劳动生产率。

缺点：很难分采场计量，给放矿管理和损失、贫化计算增加了困难。如果对坑内的生产管理不善，则易影响主运输阶段的生产安全。增加了出矿环节，减少了装车点，降低了出矿强度。由于存在上述缺点，在实践中，这种形式溜井使用很少。

（3）人行通风天井、设备材料天井等及其相关的联络工程：一般有两种布置方式，一种是矿块独立式，另一种是采区公用式布置，前一种少用，后一种比较广用。

①矿块独立式布置：指一个矿块独立设置一套人行通风天井、设备材料及管线通道等。此形式采准工程量大。

②采区公用式布置：指由几个矿块组成一个采区，一个采区布置一套工程，供给各个矿块共用。这种布置形式，减少了采准工程量，因而目前多数矿山趋于使用采区公用式。这种形式便于安设固定的提升设备，提高劳动生产率。

（4）电耙道的布置：电耙道的布置通常取决于矿体的厚度和矿体倾角。当矿体厚度不大于 15 m 时，多用沿走向布置耙道；当矿体为厚矿体时，一般是垂直走向布置。

（5）底部结构：选择的底部结构形式不同，则有关采准巷道的布置和数量也不同。对于有底柱崩落法，多使用堑沟底部结构形式。底部结构由电耙巷道、斗穿（或出矿口）、斗颈和受矿部分（漏斗或暂沟）所组成。

（6）凿岩天井和凿岩硐室：凿岩天井及凿岩硐室的数量和布置方式均取决于矿块尺寸、粒岩设备及地质条件等。

3. 切割工作

有底柱分段崩落法的切割工作主要是在拉底巷道的基础上，开掘补偿空间，以及辟漏工作。

对于此典型方案，根据矿石的稳固性不同，形成补偿空间的方法有两种：当矿石稳固时，可用浅孔方法和中深孔的方法形成；如果矿石不稳固，可用开凿若干条巷道的办法形成补偿空间。

（1）矿石稳固：

①浅孔方法开掘补偿空间。在拉底水平，掘进一条或几条巷道（2 m×2 m），并在适当位置开凿一条或几条横巷，作为爆破自由面，在这些拉底巷道中，用浅孔开帮，逐渐形成拉底空间，然后向上排顶至一定高度，形成所要求的补偿空间。

优点：不受凿岩设备的限制。

缺点：工效低，劳动强度大，增加了工序，给生产管理增加了困难，故使用得不多。

②中深孔（深孔）方法开掘补偿空间。这种方法是在拉底水平上，掘进拉底平巷

和横巷，以平巷为自由面，在横巷中钻凿中深孔或横巷为自由面，在平巷中钻凿中深孔。

在矿块落矿方法，预先爆破这些中深孔，清理后，形成补偿空间。

当矿石不稳固时，采用十字交叉拉底巷道还不能满足必要的补偿空间时，可采用以下两种方法：增加拉底巷道的数量；用方杠支柱法开采 1 ~ 2 分层，落矿爆破时，在支柱上绑上炸药，将其炸毁（有的矿山就用这个方法）。

炮孔：$W = 1.2 ~ 1.5\ m$，每排布置三个炮孔，利用拉底横巷为自由面爆破。每次爆破 3 ~ 5 排孔，形成拉底空间。

在拉底空间基础上，再按补偿空间的大小爆破几排水平孔，形成足够的补偿空间。

（2）矿石不稳固：由于矿石不稳固，则不允许在落矿前形成较大的水平补偿空间，因而常常用十字交叉拉底巷道的空间来作为补偿空间，即在拉底水平（即漏斗颈上部）上掘进：成组的平巷和横巷，并在平巷和横巷间的矿柱中钻凿中深孔，这些中深孔与落矿深孔同次超前爆破，从而形成缓冲垫层和补偿空间（拉底巷道规格一般为 2 m × 2 m）。

采用中深孔方法开凿补偿空间的优点：效率高、作业安全、工序简单。因而在凿岩设备允许的情况下，是一种有效的拉底方法。

4. 回采工作

回采作业包括落矿、搬运和地压管理。

（1）落矿：此方案落矿常用自由空间爆破方式，爆破水平扁形深孔来实现。深孔凿岩设备用 YQ – 100 或经济 – 100 型等潜孔或钻机。最小抵抗线为 $W = 3.3 ~ 3.6\ m$。中深孔凿岩设备用 01 – 38 型、YG – 80 型凿岩机。

对于爆破方式，可分为两种：

①自由空间爆破：把补偿比 ≤20% ~ 30% 的爆破称为自由空间爆破，爆破后的矿石能获得充足的空间，可以自由松散。矿石必须是相当稳固时可用自由空间爆破，否则足够大的补偿空间将无法提供。

②挤压爆破：挤压爆破来自于生产实践，当补偿比 ≤10% ~ 20% 时的爆破称为挤压爆破。它爆破后的矿石得不到充足的自由松散的空间，而是互相挤压、碰撞而使爆破效果得到改善。

对于水平深孔落矿的有底柱分段崩落法来说，由于是水平向下落矿，为了保护底部结构的稳固，故多采用自由空间爆破方式。

（2）出矿（即矿石运搬）：出矿工作包括放矿、一次破碎和耙矿三个环节。

①放矿这种采故方法，崩落矿块的矿石有 70% ~ 80% 是在上部覆盖岩石下放出来的。随着矿石的放出，上部覆盖岩石也随着下移，矿岩直接接触，引起矿石损失和贫化。一般是用有计划的放矿来控制（放矿问题、专题讲）。

②大块的二次破碎是指放矿过程中处理卡漏、悬顶以及破碎大块矿石。如何较好地处理大块卡漏和悬顶问题是有待研究的问题。

③耙矿作业（采场运搬）一般用电耙。提高耙矿效率的办法是改善落矿质量，降

低大块产出率，从而减少二次破碎所占用的时间，增加纯耙矿时间。

（3）采场地压管理：崩落法是以崩落围岩来实现地压管理的，因而这类采矿方法的地压管理，首先应当注意到覆盖岩层的形成问题。

形成覆盖岩层的方法：

①如果原来上部是用露天开采的，则可以崩落露天矿的边坡，或用原来的剥离岩石来充填采空区。

②当开采急倾斜矿体时（70°～80°以上），可以用爆破相邻采区或者是下盘脉外硐室的围岩。角度小时，通常还是崩落上盘围岩。

③当开采缓倾斜矿体时，要及时补充放顶，补充覆盖岩层的厚度。

④围岩自然塌落，能自然塌落是比较省事省钱办法。

5. 采场通风

分段崩落法的通风条件差（因为采空区已崩落），因此应当正确选择通风方式和通风系统。

（1）尽量采用压入式通风，以减少漏风。

（2）应当保证电耙道内的风速达到 0.5 m/s（过大、过小都不利于采矿，若过小则排烟慢，若过大反而易吹起粉尘）。

（3）在电耙道内，主风流方向应当与耙矿方向相反。通风的重点地区是电耙道。

（4）应当避免采用全部脉内采准系统（因为这样很难构成完整的通风系统）。

（5）把通风的重点放在电耙水平，使耙道的通风系统与全矿的总通风系统直接联结起来。应用有底柱分段崩落法通风系统的基本趋势是，避开提升和运输巷道，增加专用巷道，建立新风直接送到电耙道的矿块或采区的独立通风系统，以此来达到增加电耙道口有效风量、简化通风管理、改善通风条件的目的。

6. 对水平深孔落矿的分段崩落法评价

（1）主要优点：凿岩、装药条件好；粒岩硐室内通风条件好；相邻矿块互相牵制少，生产衔接有一定的灵活性。

（2）主要缺点：对底柱的稳固性要求比较严格，爆破时对底柱影响比较大，如果加固不好往往造成电耙道的严重破坏；当矿石比较破碎时，凿岩天井的掘进比较困难，炮孔变形严重；大块产出率高，影响矿块生产能力；采准工作量大，且不易实现机械化作业。

（3）适用条件：一般用来开采较坚硬的矿石，上盘围岩最好能呈块状自然崩落，矿石中等以上稳固的急倾斜，原矿体，地表允许陷落，矿石品位低的价值和矿体。我国矿山应用这种方法的甚少。

（4）发展趋势：从俄罗斯地下矿山的发展来看，有底柱分段崩落法所占的比重下降，这是由于无底柱分段崩落法的大量采用而引起的。

（二）阶段崩落采矿法

1. 阶段崩落法的特点

它属于有底柱崩落法的一种，具有有底柱崩落法的共同特点。阶段崩落法是在阶段的全高上进行回采，它不再划分成分段，而是以全阶段作为一个矿块来开采。它采用深孔大爆破方法，一次崩落全阶段的矿石。它是单步骤连续回采的，在崩矿之前必须开凿足够容积的补偿空间。

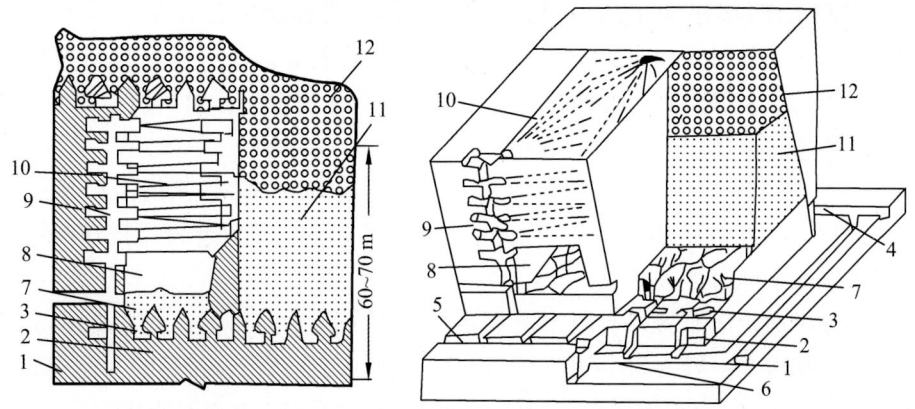

图 6-3-47　设有补偿空间的阶段强制崩落法

1—阶段运输巷道；2—矿石溜井；3—耙矿巷道；4—回风巷道；5—联络道；6—行人通风小井；7—漏斗；8—补偿空间；9—天井和凿岩硐室；10—深孔；11—矿石；12—岩石

2. 阶段崩落法分类

根据落矿手段的不同，可分为两类，即阶段自然崩落法和阶段强制崩落法。由于阶段自然崩落法对地质条件要求严格，故目前我国还未获得推广应用。

（1）矿体厚度大于 10~15 m 的急倾斜矿体及任何倾角的较厚矿体均可用。

（2）中硬以上没有自然崩落倾向的矿块。

（3）上下盘围岩稳固性应保证在开凿补偿空间时不致于提前崩落而增加贫化。对于极厚矿体，任何稳固程度的围岩都可以。

（4）矿石无结块性、自燃性。

（5）地表允许崩落。

总体看，阶段崩落法适合于开采低品位的厚大矿体。

3. 矿块构成要素

（1）矿块布置：当矿厚 <30 m 时，沿走向布置，此时矿块长度为 30~45 m，矿块宽 = 矿体厚。当矿体厚 >30 m 时，切走向布置，此时矿块长度与宽度均约为 30~50 m。

（2）阶段高度：当矿体倾角较缓时，为 40~50 m；当矿体倾角较陡时，为 50~60 m。

（3）底柱高度：一般为 12~16 m（当矿石稳固时，可小一些，反之可大些）。

4. 矿块采准工作

基本与分段崩落法类似。

①阶段运输巷道布置形式：原矿体开采用脉外运输；极厚矿体开采，采用脉内外环形运输。

②底部结构形式采用电耙底部结构。

③其他采准巷道，如电耙道、放矿溜井、人行井、凿岩天井及凿岩硐室等，与上面讲的分段崩落法也类似。

5．切割工作

（1）切割工作包括拉底巷道、切割天井、辟漏、切割巷道等。

（2）阶段崩落法补偿空间的开凿方法及要求：阶段崩落法所要求开掘的补偿空间的大小，应当根据上部同时崩落的矿石量来确定。通常使用的补偿系数为20%～30%。当采用挤压爆破回采稳固矿石时，可选用15%～20%。

（3）补偿空间的分布应当与深孔控制的范围相适应，如果切割的面积超过矿石的允许暴露面积，则可以留临时矿柱。而此临时矿柱中事先开掘好巷道，打好深孔，此临时矿柱与矿块回采同时爆破。

临时矿柱可沿走向布置，有时也可切走向布置。沿走向布置作业安全采准工作量小。临时矿柱宽度，一般为3～5 m，即 $C=3\sim5$ m。与崩落围岩接触的一侧应留2.0 m的临时矿柱（矿型）。它可不用专门爆破，而且随着回采时，自然带下来。

6．回采工作

落矿方式可分为水平深孔（中深孔）落矿和垂直层落矿。前一种多用，浅孔和药室落矿少用。

回采工作包括采区拉底、凿岩深孔、装药爆破、通风和放矿。

为了加速矿块的回采，深孔打眼与开凿补偿硐室工作可以同时进行，一般要求两项工作同时结束。当补偿硐室大量放矿结束后，即可开始全阶段的矿石大爆破。然后进行大量放矿。

大爆破以后，上部的覆盖岩层在一般情况下，即可崩落，并随矿石的下放充填采空区。当有的围岩较稳固，不能自然崩落时，则必须在回采之前，同时有计划地作好崩落围岩的工程，当崩矿时，随即强制崩落围岩，形成覆盖层。

为了保证回采工作的安全，在回采阶段的上部，至少应有30～40 m厚的松散岩石垫层。实际上有的矿山垫层厚达30～100 m。

7．对阶段崩落的评价（与有底柱分段崩落比较）

（1）优点：采准工作量小（一般可降低25%～30%），劳动效率高，采矿成本低，作业安全。

（2）缺点：高阶段时效放矿管理要求严格，大块率高，矿石损失贫化大。故阶段崩落法只有在开采低品位的厚大矿体时，才能取得较好效果。

四、无底柱分段崩落法

（一）概述

空场法、充填法和有底柱崩落法，它们共同的一点是都留有保护出矿巷道的底柱（大部分），这就带来一些问题：回采底柱时矿石损失贫化大，个别情况下超过40%～50%；采准巷道的布置复杂，采准工作量大；掘进采准巷道时劳动条件差；底部结构上的复杂化，这样给实现机械化采矿增加了困难；矿石稳定性比较差时，还能引起底柱的破坏，电耙道维护困难。因比，降低了有底柱类型的采矿方法的回采率和强度。

为了解决上述问题，人们研究并逐渐推广使用无底柱分段崩落法，这样可以简化矿块结构。无底柱分段崩落法可以采用凿岩台车和装运机、铲运机等大型采掘设备，因而大大提高了凿岩、出矿效率。从总体看，这是一种高效率的采矿方法。

随着无轨设备的广泛应用，上个世纪70年代中期开始，无底柱分段崩落法在我国广泛使用。

无底柱分段崩落法特点：这种方法在回采过程中，随着矿石的崩落，同时崩落上部围岩及时充填采空区；也是在复岩下放矿，是单步骤回采，不分矿房和矿柱，即不再设底柱、间柱和顶柱等；一般是集中凿岩，然后分次爆破，每次爆破1～2排孔。

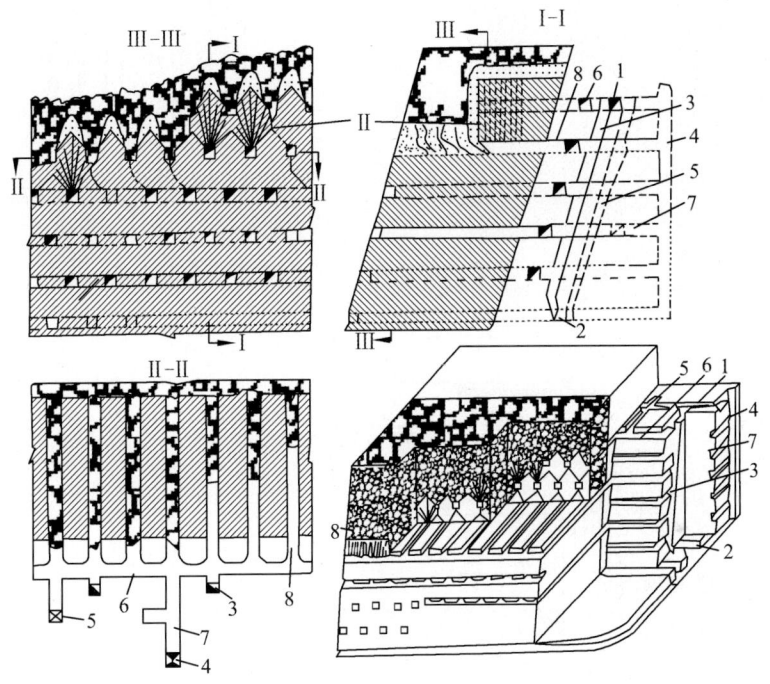

图6-3-48　无底柱分段崩落法

1—下盘运输巷；2—联络巷；3—人行天井；4—溜矿井；5—回风井；6—出矿联巷；7—溜井联巷；8—回采联巷

（二）无底柱分段崩落法典型方案

有底柱分段崩落法由于留设了一定量的底柱，底柱矿量虽然可以通过专门的回采设计进行回收，但因回采条件恶化，回收率较低，造成资源的浪费。为解决有底柱分段崩落法底柱矿量较多的弊端，国内外推广应用了无底柱分段崩落法。其主要特征：以分段巷道将阶段划分为分段，自上而下分段进路回采，回采时，在进路中钻凿上向扇形中深孔，以很小的崩矿步距向充满废石的崩落区挤压崩矿。崩落的矿石自回采进路端部进行端部放矿，用出矿设备装运至溜矿井。随着矿石的放出，覆盖岩石随之下降，充满采空区，实现地压管理。

按矿块装运设备的不同，无底柱分段崩落法有无轨运输方案和有轨运输方案。前者的出矿设备是铲运机,后者是装岩机和矿车。

1. 采场布置

矿块布置根据矿体厚度和出矿设备的有效运距确定:一般情况下,矿体厚度小于 20~40 m 时,矿块沿走向布置;厚度大于 20~40 m 时,矿块垂直走向布置。图 6-3-49 为浬渚铁矿无底柱分段崩落法示意图。

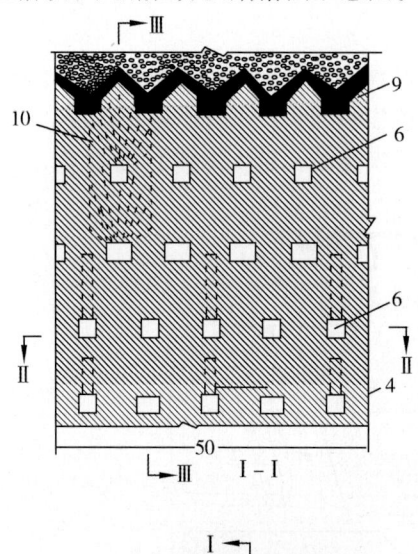
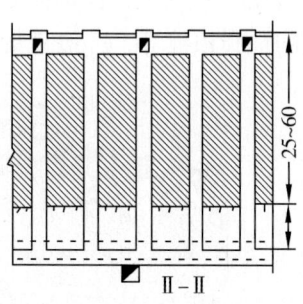
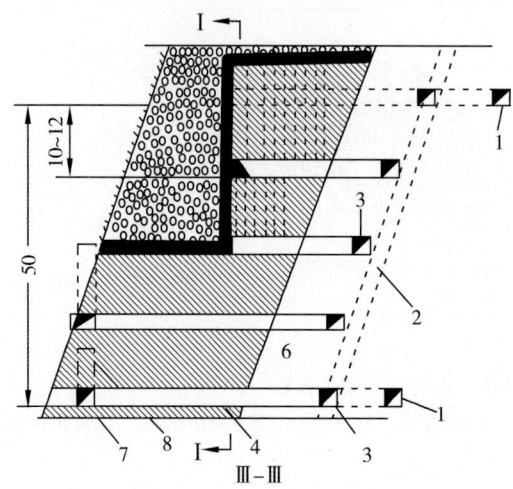

图 6-3-49 某铁矿无底柱分段崩落法

1—阶段运输平巷;2—溜矿井;3—联络道;4—出矿凿岩进路;5—运输联络道;6—凿岩进路;7—切割平巷;8—切割天井;9—脊部矿柱;10—炮孔

分段高度和进路间距是无底柱分段崩落法的主要结构参数。为减少采准工程量,降低采矿成本,在凿岩能力允许、不降低回采率的条件下,尽量加大分段高度和进路间距。目前,我国矿山采用的分段高度一般为 10~12 m;进路间距略小于分段高度,一般为 8~10 m。

2. 采准切割

阶段运输平巷 1、溜矿井 2、斜坡道(无轨开采时)或设备井(有轨开采时),一般布置在矿体下盘岩石中。每个矿块原则上设置一处溜矿井。溜矿井个数根据矿石产品种类而定，单一矿石产品时设一条溜井，多种产品时相应地增加溜井个数。当采用铲运机出矿时，可根据铲运机和自行运输设备的合理运距确定矿石溜井的间距。当矿块的废石量较多时，还需考虑设置废石溜井。

回采进路 4、6 布置分垂直走向和沿走向两种，具体布置根据矿体厚度、倾角、出矿设备和合理运距、地压管理、通风及安全因素等确定。上下相邻的分段，回采进路应呈菱形布置。回采进路的规格和形状对矿石的贫损指标有较大影响，要根据采掘设备尺寸和采掘工艺而定。在保证进路顶板和眉线稳固的条件下，进路宽度应尽可能大些。进路高度应与凿岩设备、装运设备和通风风管规格相适应，尽可能低些，进路的顶板以平直为宜。

为了形成切割槽，可在回采进路的顶端，开凿切割平巷 7 和切割天井 8。

3. 回采

在凿岩平巷内钻凿上向扇形中深孔，以小崩矿步距向充满废石的崩落区挤压崩矿。崩落矿石由铲运机或装岩机配矿车运至溜矿井。为降低损失与贫化，每分段各回采进路应平行倒退回采，保证矿岩接触面在水平上保持一致。

通风工作的重点是凿岩出矿巷道，由于新鲜风流冲洗工作面后，通过爆堆回到上阶段回风平巷，因此该方法通风效果较差。

（三）对无底柱分段崩落法的评价

1. 适用条件

（1）地表和围岩允许崩落。

（2）矿石稳固，不需要大量支护，但随着支护技术的发展，对矿石稳固性的要求有所降低，围岩的稳固性不限，但上盘围岩易于崩落对采用这种方法更有利。

（3）矿石不很贵重，可选性好，或围岩含有品位，允许有较大的贫化率（一般不宜用于开采贵重金属或高品位的矿体）。

（4）急倾斜厚矿体或缓倾斜的极厚矿体。

（5）矿石需要剔出夹石或分级出矿。

2. 主要优点

这种方法属高效率的采矿方法。它是随着无轨自行采、装运设备的出现而发展起来的。

（1）安全性好，各项回采工作都在回采巷边中进行，没有大暴露面的工作空间，出矿口断面大，不易堵塞，减少了处理堵塞的困难和危险，有利于提高出矿强度。

（2）结构简单，不留矿柱，一步回采，没有回收矿柱的工序，也没有复杂的底部结构。

（3）采准和回采工艺简单，而且可以标准化，便于采用高效率的机械化设备，采准出碴及回采可以使用同一类型设备。

（4）采准工作量小，采准系数为 5～10 m/kt 左右。由于回采巷道断面大，且开在脉内，采准的副产矿石多，副产矿量为 10%～20%，同时副产矿石的品位高。

（5）回采工作面多，生产集中，回采强度大，管理方便。

（6）采准，凿岩及出矿可以在不同的分段上同时进行不干扰。

（7）这种方法灵活性大，易剔除夹石，或分级出矿。

（8）探、采易于结合。

3．主要缺点

（1）通风条件差。我国大部分矿山的矿块内未设局扇通风，主要靠主风流扩散通风，系统不完整，措施不得力，空气质量差，粉尘浓度大，生产技术管理又差。

（2）出矿落后于落矿，原因是切心出矿效率低，低的原因是司机操作技术水平低，量件损耗大，开动率低等。设备本身能力也不很高（国外用大铲斗的铲运机，电动蟹爪式装载机配柴油驱动的自卸汽车，出矿）。

（3）矿石损失、贫化大。采用此方法矿石损失率一般为 20% ~ 30%，贫化 15% ~ 20%，损失率有的高达 43%，而贫化高达 42.9%。

贫化损失的原因主要是：无底柱崩落法本身的原因；对这种方法使用不当（有的矿山本来是缓倾斜矿体也用无底柱方法开采）；方法结构和结构参数选择得不够合理，生产管理不善。

4．改进方向

（1）研究新的采场结构形式及其合理的采矿方法、结构参数，提高采矿强度，降低矿石损失和贫化，从根本上改变通风条件。

（2）研究降低损失、贫化的一些辅助机械设备。

因为崩矿步距与运装深度有关，如何利用现有铲铁装运设备，能把原来铲运不出来的矿石能铲运出来，是值得研究的问题。利用掩护支架可以深入炸堆中，然后不断地"脱离"炸堆，作后退式出矿，把原先放不出来的矿石和最后放出的矿石，变为放得出和能先放出的矿石。

利用掩护支架来不断改变炸破时的最小抵抗线尺寸，利用现有设备，分 2 ~ 3 步骤，把一次炸破量装完，对于每一个单步骤来说，放矿步距离缩小了。

采用掩护支架进行端部出矿方案，有可能将目前 3% 的损失降到 15%，同时作业安全。但是掩护支架要移动，对出矿效率稍有影响。

（3）研究先进的检测手段，如化验出矿品位的仪器等。

（4）研究制造适合我国实际、采用无底柱分段崩落法矿山的高效率、低污染或无污染的采、装运机械设备和辅助作业设备，并使这些设备配套，使之得到切实的经济效果。

五、阶段强制崩落法

（一）概述

阶段强制崩落采矿法是在阶段全高划分一个或 n 个凿岩分段，采用中深孔、深孔或全高一次崩落矿石，一步骤回采，以阶段全高在崩落的覆盖层下进行大量的放矿。

1.　适用条件

除崩落法一般适用条件外，尚适用下述条件：矿体厚度大于 10 ~ 15 m 的急倾斜矿体或任何倾角的极厚矿体；对矿岩稳固性要求不严格，矿石以中等以上稳固为好，围岩以保证在开凿补偿空间时不会提前崩落而增加贫化为好；矿体形态最好比较规整，否则贫化和损失大。若围岩有矿化现象，是比较理想的条件。

2.　主要方案

按回采爆破方向分为垂直层落矿方案、水平层落矿方案和联合落矿方案。

按补偿空间形成分为连续回采方案、补偿矿房方案。

按落矿方式分为深（中）孔落矿方案、浅孔落矿方案和联合落矿方案。

（二）　方案简述

1.　垂直层落矿方案

采用垂直扇形、平行深孔或中深孔进行侧向挤压爆破。垂直层落矿按凿岩高度分为阶段凿岩和分段凿岩。阶段凿岩时，孔深达 30 ~ 40 m，由于深孔偏斜较大，因此通常采用分段凿岩的中深孔落矿。

（1）有向松散体落矿或切割槽（井）落矿两种方案供选用。

①向松散体挤压落矿方案适用条件：用来开采赋存条件较稳定、较规整的中厚以上矿体；对矿石稳固程度要求以上次爆破不会破坏本次落矿工程为前提；松散矿岩部位和面积变化不大，以保障挤压爆破效果。

②切割槽（井）落矿方案适用条件：用来开采中厚及厚矿体，要求矿石稳固程度以掘切割槽（井）时不需支护为宜；由于切割槽（井）布置位置比较灵活，故能够适应厚度变化大的矿体，主要用于阶段开采的第一个矿块，为以后采用向松散体挤压爆破创造条件。

（2）垂直层落矿方案优点：结构比较简单，扩槽施工方便，若采用侧向挤压落矿不需专为落矿开凿补偿空间，其采切比可比切割槽（井）落矿方案降低 2% ~ 5%；便于采用挤压爆破，改善崩矿质量，电耙效率高，为提高矿块生产能力提供了有利条件，且采用挤压爆破对底柱破坏小；矿石节理发育破碎时，比水平炮孔变形小，错位小，易于保证爆破质量。

（3）垂直层落矿方案缺点：侧向挤压落矿有时受条件限制，灵活性差，每次爆破后需要松动放矿才能进行下一次爆破；切割槽（井）落矿的切割、回采工程施工比较复杂、通风条件较差；初期进行挤压落矿需开凿较大的空间，当矿石不稳固时空间开凿和维护较困难。

垂直层落矿适用范围较广，如果同时使用上述两种挤压爆破方案，各方案的优点可以充分发挥，效果将更好。无轨采矿时，设计应选用这种方案。

垂直层落矿方案如图 6 - 3 - 50 所示。

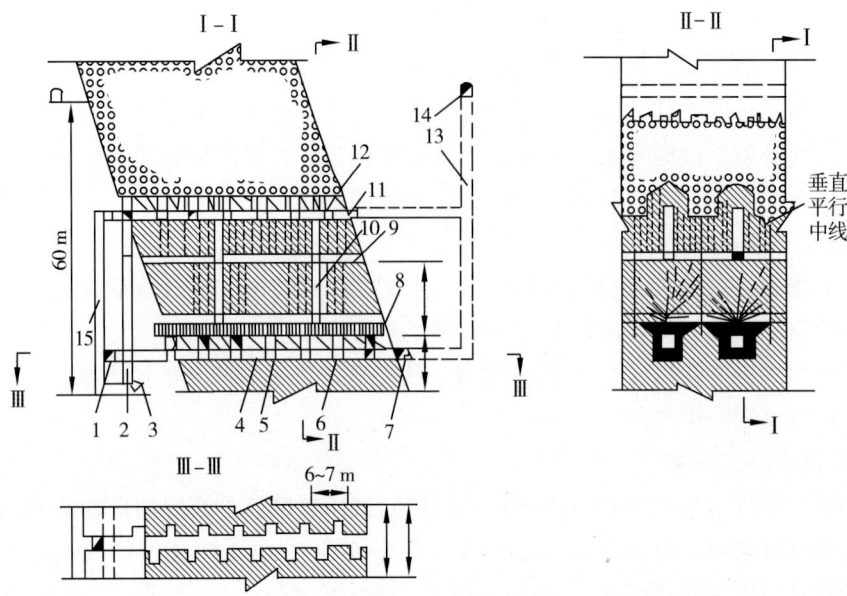

图 6 - 3 - 50　黑木林铁矿垂直层落矿方案阶段强制崩落采矿法

1—进风联络道；2—矿石溜井；3—中段运输巷道；4—电耙巷道；5—斗穿；6—斗颈；7—回风联络道；
8—堑沟；9—凿岩巷道；10—拉槽井（形成立槽）；11—拉槽横巷；12—中深孔；13—回风井；14—回风巷道；
15—人行通风井

2. 水平层落矿方案

在矿块底部进行较大面积的水平拉底形成补偿空间，在天井凿岩硐室或巷道打水平炮孔进行落矿。水平层落矿可以弥补垂直层落矿方案的缺点。但爆破对底部结构破坏作用较大，大块产出率高，矿块生产周期较长。矿石破碎时，补偿空间开凿较困难，安全性差，炮孔变形大，挤压爆破效果差。

水平层落矿方案如图 6 - 3 - 51 所示。

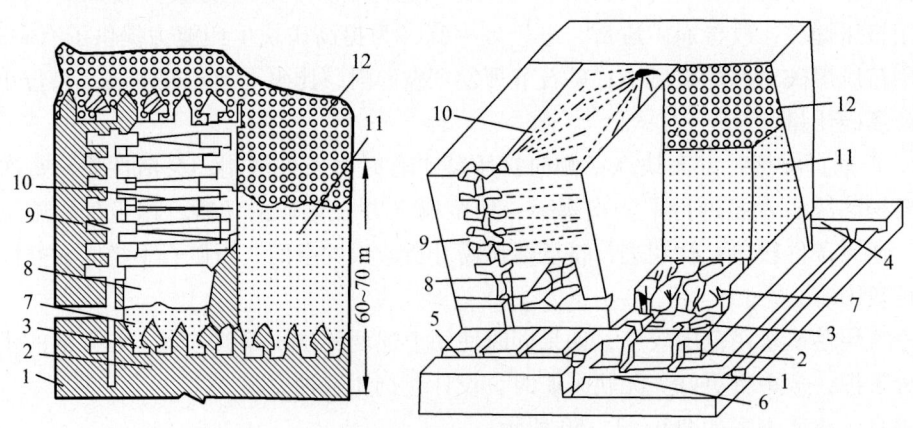

图 6 - 3 - 51　水平层落矿方案阶段强制崩落采矿法

1—阶段运输巷道；2—矿石溜井；3—耙矿巷道；4—回风巷道；5—联络道；6—人行通风小井；7—漏斗；
8—补偿空间；9—天井和凿岩硐室；10—深孔；11—矿石；12—岩石

水平层落矿方案适用于矿石中等以上稳固、水平厚度一般大于 20 m 的矿体。

3. 联合方案

由两种以上落矿方法或阶段强制崩落法与其他方法联合组成的新方案。联合方案不涉及方案本质。目前，国内使用较多的有垂直层与水平层联合落矿方案、水平层与束状孔联合落矿方案，还有本方法与空场法组合的多种联合方案等。

联合方案适用范围广，对于矿床地质条件复杂多变时，比较机动灵活，因地生法，又能充分发挥各种回采设备的优点。

设有补偿空间方案可分为自由空间爆破和限制空间挤压爆破两种。自由空间爆破其补偿空间系数一般大于 30%，限制空间挤压爆破其补偿空间系数小于 30%，常用的补偿系数一般为 15% ~ 20%。

设有补偿空间方案一般以矿块为单元进行回采，出矿时采用平面放矿方案，力求矿岩界面匀缓下降。

连续回采的阶段强制崩落法如图 6 - 3 - 52 所示。该方案可以沿阶段连续进行回采，不再划分矿房与矿柱，整个阶段的回采工艺是一样的，不存在用不同的方法回采矿房和矿柱问题。本方案一般都采用垂直深孔侧向挤压爆破落矿，不再开掘补偿空间。其采场下部一般都有底部结构，下图是设有电耙道出矿的底部结构。当今用无轨自行设备出矿的底部结构逐渐多了起来，在俄罗斯还采用振动出矿机端部出矿方案。

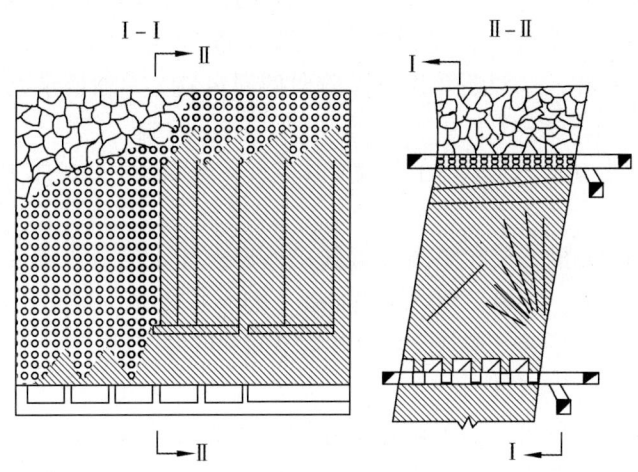

图 6 - 3 - 52　连续回采的阶段强制崩落采矿法

（三）构成要素

阶段高度一般为 50 m，矿体倾角较缓时为 40 ~ 50 m，矿体倾角较陡时为 50 ~ 70 m。矿块水平尺寸根据矿体厚度不同有两种布置方式。

一种是矿体厚度小于 20 ~ 40 m 时，矿块沿走向布置，矿块长度为 20 ~ 60 m，宽度等于矿体厚度；第二种是矿体厚度大于 20 ~ 40 m 时，矿块垂直走向布置，其长度为 25 ~ 50 m，宽度为 20 ~ 40 m。

底柱的高度与采用的底柱形式、出矿设备和矿岩的稳固性有关。目前，一般选用电耙放矿、振动放矿机放矿和平底结构出矿。

我国部分矿山阶段强制崩落法见表 6 - 3 - 9。

表 6 - 3 - 9　　　　　　　　　　　　阶段强制崩落法构成要素

矿山名称	回采方案	阶段高度 /m	矿块宽度 /m	矿块长度 /m	分段高度 /m	底柱高度 /m	漏斗间距 /m
小寺沟铜钼矿	垂直上向扇形深孔落矿方案	40 ~ 55	25	矿厚 (130)	10 ~ 15	12	11.5（出矿斜苍间斜距）
德兴铜矿	垂直上向中深孔落矿方案	60	15.2	40		16	5 ~ 6
铜矿峪铜矿	垂直上向中深孔落矿方案	60	16	90 ~ 100	15	15	12（铲运机运矿）
会锂镍矿	水平中深孔落矿方案	50	14 ~ 16	矿厚或 20 ~ 32		12 ~ 14	5 ~ 6
桃林铅锌矿	水平扇形中深孔落矿方案	40	20	50	10	12	5

（四）采准与切割

1. 采切工程

阶段强制崩落法的采准、切割工程布置与有底柱分段崩落法基本相同。阶段平巷一般采用环形运输系统，穿脉装车。穿脉平巷间距一般为 30 ~ 50 m。底盘脉外平巷除了作为本阶段运输平巷外，一般还兼作下一阶段的回风巷。一般要求上下阶段的穿脉要对应。

穿脉装车运输能力大，大多用于厚大矿体。仅在急倾斜中厚矿体中，才采用沿脉平巷装车。

溜井一般采用垂直的，仅在倾角较缓的矿体有时才采用分支溜井。人行井、通风井、材料井等采准天井，一般采用矿块式布置，较少采用盘区式布置。

切割工作包括切割平巷、切割天井及补偿空间和辟漏。

2. 补偿空间和松散系数

设计一般采用挤压爆破：崩落矿石的补偿空间系数一般为 15% ~ 20%。补偿系数过小，易造成过挤压而不能顺利放矿。在进行补偿系数计算时，凡在矿体崩落范围内的天井、巷道、硐室、切割空间等体积均应计算在补偿空间内。采用挤压爆破时，在下列条件下补偿系数适当选取偏大数值：矿石比较坚硬，底柱矿岩稳固性较差，在挤压方向上井巷空间分布较小，井巷空间分布不均匀。

小补偿空间爆破：崩落矿石的松散系数在 1.3 左右，补偿空间系数一般为 20% ~ 30%。

自由空间爆破：崩落矿石充分松散，要求有足够的补偿空间，补偿空间系数大于 30%。

（五）回采

1. 凿岩

水平深孔一般采用 YQ-100 型潜孔钻机凿岩。炮孔直径多为 100～110 mm，最小抵抗线为 3～3.5 m，炮孔密集系数为 1.1～1.25，孔深一般约为 20 m。

对垂直深孔，一般用 YQ-100 型潜孔钻凿上向孔，也可用 KQJ-00 型潜孔钻机打上向孔和下向孔（上、下对打也可），其凿岩爆破参数同上。

对于垂直中深孔，一般采用 YGZ-90 型凿岩机，炮孔直径多为 60～70 mm，最小抵抗线多为 1.4～1.6 m，炮孔密集系数多为1.2～1.3。

2. 爆破

采用装药器装药，非电导爆管起爆。

水平深孔落矿方案，矿块内落矿的深孔和上阶段底柱中的炮孔一般同时分段爆破。每层内的深孔可同时起爆也可微差起爆。层与层之间用分段间隔依次起爆。

垂直深孔或中深孔落矿方案，不分有补偿空间或无补偿空间（即挤压爆破），一般以炮孔排为单元，进行分段微差爆破。

矿石爆破后，上部覆盖的岩层一般情况下可自然崩落，并随矿石的放出逐渐下降充填采空区。当不能自然崩落时，必须在回采落矿的同时，有计划地崩落围岩。为保证回采工作安全，在回采阶段上部应有 20～40 m 厚的崩落岩石垫层。

3. 出矿

国内使用电耙出矿较多，铲运机出矿具有矿块生产能力大、劳动生产率高等优点，但出矿费用较高。使用振动出矿机出矿费用最低，矿块生产能力和劳动生产力都较高，在阶段强制崩落法中是一种使用前景很好的出矿设备。

（六）主要技术经济指标及评价

1. 主要技术经济指标

我国阶段强制崩落法主要技术经济指标见表 6-3-10。

表 6-3-10　　　　　　　　　阶段强制崩落法主要技术经济指标

矿山名称	矿块生产能力/（t/d）	采切比/（m/kt）	回采工人劳动生产率/〔t/（工·班）〕	矿石损失率/%	矿石贫化率/%	炸药单耗/（kg/t）
小寺沟铜钼矿	1 500（铲运机出矿）	12.7～22.7	28～45	15～20	25	0.85
德兴铜矿	350～450	17.4	8.61	18～29	18.4～36	0.43～0.52
铜矿峪铜矿	100	4.5	33	20	25	0.65
会理镍矿	150～250	21	17	18	21	0.66
桃林铅锌矿	315～360	14～17	27	27	32	0.54

2. 评价

阶段强制崩落法优点：同分段崩落法相比较，阶段强制崩落法具有采准工程量小、开采强度大、适合大型出矿设备、劳动生产率高、采矿成本低与作业安全等优点。

阶段强制崩落法缺点：使用条件不如分段崩落法灵活，生产技术与放矿管理要求严格，大块产出率高，矿石损失贫化较大。采用强制崩落形成覆盖层时，工程量大，投资多；采用电耙出矿时，覆盖层厚度控制困难。

阶段强制崩落法是一种高效、安全、低成本采矿法。深孔落矿方案，特别是垂直深孔向松散矿岩挤压爆破方案，不但减少了采切工程量，而且降低了大块的产出率，应积极推广应用。将电耙出矿改用铲机出矿或振动出矿机出矿是发展趋势。

第七节　地下开采采掘工程

一、井巷工程

（一）概述

井巷工程是地下矿山施工建设的重要组成部分，一个中型生产矿山，每年的井巷工程量都在万 m 以上。无论是新建矿山还是生产矿山，确保井巷工程施工质量和不断提高掘进速度，对保证矿山顺利建成投产和投产后三级矿量平衡，实现持续稳产高产都具有十分重要意义。

井巷工程施工建设的主要特点：点多面广，作业场地狭窄，交叉作业，各作业工序相互干扰；地质条件、施工条件和对象多变；施工技术复杂，方法又多种多样；有的技术水平要求很高；劳动强度大；施工环境差，如粉尘多、通风差、阴暗潮湿等。因此，井巷工程掘进施工困难多。

多年来，随着采矿技术及掘进设备的不断发展，井巷工程施工工艺、技术水平均有很大提升，特别是在复杂地质及水文地质条件下采用的特殊技术及方法掘进井巷工程有了很大突破。目前我国金属矿山井巷工程施工仍以凿岩爆破法为主，井巷支护普遍采用锚喷支护和混凝土拱形支护，凿岩、支护密切配合，随着工作面的推进，使凿岩、装药、爆破、通风、装运岩石、巷道支护各工序循环作业，进行有节奏的连续施工，实行一次成巷。

井巷工程掘进施工主要工艺技术的发展趋势：

（1）以凿岩爆破为主要手段的井巷普通掘进法在今后相当一段时间内仍将是主要掘进方法。

（2）在施工技术方面，光面爆破和预裂爆破技术日益得到重视，而凿岩爆破工艺主要围绕加大炮孔深度，合理选择凿岩爆破参数、凿岩设备机具、性能优良的炸药等方面的研制工作。

（3）锚喷支护和注浆堵水技术已经得到广泛的应用，还有待进一步发展。

（4）深孔分段爆破法及大井钻进法已经得到应用，国外应用非常普遍，国内已有很多矿山开始推广应用。

（5）在竖井普通法掘进中，深竖井开凿已经成为 21 世纪采矿的发展方向，南非单条竖井的开凿深度为 2 000 ~ 3 000 m，竖井断面直径已经达 8 m，而国内单条竖井一次开凿深度在 1 300 m 左右，与国外相比相差较远。未来我国深井开凿主要朝着大断面、大卷扬机、大功率悬吊设备、多层吊盘以及多机凿岩等方面发展，逐步实现辅助作业机械化。

（6）吊罐法掘进天井的比例正在逐渐增加。随着大井钻进生产技术的成熟，天井掘进方法除全断面钻进法将得到发展外，爬罐掘进法将在掘进高、盲天井中得到更多采用。

（7）在提高单体设备生产率的同时，完善推进设备的配套，组成高水平的掘进机械化作业线，已显示出明显的优越性和发展方向，而且竖井提升速度将逐步得到提高。

（8）伴随着矿井开采技术和装备的发展，以及开采地质条件的复杂化，施工难度日益增大，如何用有效、经济、安全的方法，来破碎和开挖井巷断面内的岩石，并维护井巷工程断面外的围岩稳定性，是井巷工程研究的重要课题。

井巷工程中，开拓工程量占的比重最大，又具有代表性，故本节主要介绍开拓的井巷工程。

（二）竖井工程

1. 竖井分类

竖井工程是矿山生产的咽喉，竖井工程分类方式很多，按井筒的用途及设备配置进行分类见表 6 - 3 - 11。

表 6 - 3 - 11　　　　　　　　　　井筒的用途及设备配置

井筒类型	井筒用途	井筒装备
主井（箕斗或罐笼井）	提升矿石	箕斗或罐笼，有时设管路间、梯子间
副井（罐笼井）	提升废石，上下人员、材料、设备	罐笼、梯子间、管路间
混合井	提升矿石、废石，上下人员、材料	箕斗、罐笼、梯子间、管路间
风井	通风，兼作安全出口	按规定配置
盲井	无直接通达地表的出口，一般作提升井用	根据生产需要装备
措施井	为加快基建进度而设置的基建工程，一般在生产期利用	根据基建及生产需要来配置设备

竖井断面形状，一般依据提升设备、岩层条件、支护形式、服务年限及通风等因素确定。目前，竖井断面多采用圆形，受力性能好，但断面利用率不高；方形断面受力性能较差，但断面利用率较高；小型、浅井的矿山采用矩形断面的也不少。

2. 竖井井筒装备

竖井井筒装备就是指井筒内安装的罐道、罐道梁、梯子间、管路、电缆等。罐道、罐道梁、井底支承结构、过卷装置、托罐梁等都是为了罐笼或箕斗的稳定、安全、高速运行而设，梯子间则是为井内设备的安装和维修或辅助安全行人通道而设。由于竖井是整个矿山的主要通道，所以风、水、电等管缆也都通过竖井。

提升竖井底部一般都应设置楔形罐道、挡梁和井底排水设施等。提升容器有平衡尾绳时，应在楔形罐道以下设置尾绳隔离装置；当采用钢丝绳罐道时，一般都在井底设置罐道绳重锤拉紧装置。

对于箕斗井和混合井，在井筒底部设有箕斗装矿硐室和井底粉矿回收等，其井底排水设施应与粉矿回收系统统筹考虑；当为盲竖井时，在最上部一个运输水平以上设有箕斗卸矿设施、上部楔形罐道、挡罐梁、天轮梁等。

二、硐室工程

（一）硐室作用与分类

地下矿山硐室工程很多，用途不同，大小不一。总的可将其分为生产性硐室（如地下破碎系统硐室、无轨设备维修硐室、提升机硐室、水泵硐室、水仓、井下爆破器材库及炸药发放硐室等）和服务性硐室两大类。

各种硐室设计的原则和方法基本上是相同的。首先根据硐室的用途，合理选择硐室内安设的机械和电气设备；再根据已选定的机械和电气设备的类型和数量，确定硐室的形状及其布置；然后根据这些设备安装、检修和安全运行的间隙要求以及硐室所处围岩稳定情况，确定出硐室的规格尺寸和支护结构。

（二）提升机硐室

井下提升机硐室按提升系统可分为单绳提升机硐室和多绳提升机硐室，按井筒形式可分为盲竖井提升机硐室和盲斜井提升机硐室。

1. 提升机硐室的一般规定

（1）提升机硐室应选择在稳定岩层内的车场一侧。硐室与运输巷之间的岩柱不小于 6 ~ 8 m。

（2）提升机硐室地坪应高出该处巷道轨面 0.2 m。地坪一般应采用 C10 级混凝土地面，厚度 0.1 m。通道应向运输巷道做 0.3% 的下坡。

（3）通道应设置向外开启的铁栅门，并布置在机房的一侧。提升机硐室必须设大件道。通道兼做大件道时，其通道断面应满足最大件设备运输的要求。

（4）提升机硐室一般应砌碹或锚喷支护，硐室内不准有淋、渗、透水现象。

（5）硐室内应通风良好，温度不得超过 30°。

（6）配电硐室的位置应符合供电线路最短的原则，布置在卷扬机硐室的一端。当其长度超过 10 m 时，应有两个安全出口，每个出口应安装向外开启的铁栅栏门。配电硐室地坪比机房硐室地坪高 0.1 ~ 0.2 m。

（7）绳道底板倾角应与卷筒下部仰角相等。绳道内应设有人行道、台阶和扶手。台阶宽度不小于 900 mm。绳道断面除满足提升钢丝绳要求外，尚应满足天轮搬运的要求。

（8）提升机硐室应设置起吊设施，一般都设有起吊梁或吊车。

2. 提升机硐室尺寸

（1）提升机硐室尺寸的确定：提升机硐室尺寸计算见表 6 - 3 - 12 和图 6 - 3 - 53 ~ 图 6 - 3 - 55。

表 6 - 3 - 12　　　　　　　　　　　提升机硐室尺寸

计算项目	硐室尺寸		
	宽度 b	长度 a	高度 H
计算公式	$b = b_1 + b_2 + b_3$	$a = d + g + e$	$H = h + h_1$
符号注释及取值	b_1 为提升机基础外缘至墙壁间距离，一般取值为 $1.0 \sim 1.5$ m；b_2 为电动机基础外缘至墙壁间距离，一般取 $b_2 \geqslant 1.5$ m；b_3 为设备基础最大宽度（m）	d 为卷筒中心至前墙壁间距离，由设备型号确定；g 为卷筒中心至设备基础外缘间的距离；e 为基础外缘至后墙间的距离，应考虑检修场地面积 $60 \sim 80$ m^2	h 为起重梁底面至地面的高度，一般按设备起吊高度确定，或估算 $h \geqslant D + 1.5$ m，D 为卷筒直径；h_1 为起重梁底面至拱顶高度，一般由拱形确定

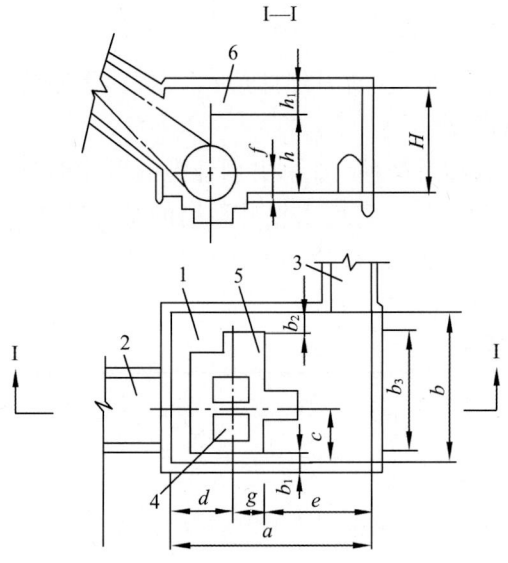
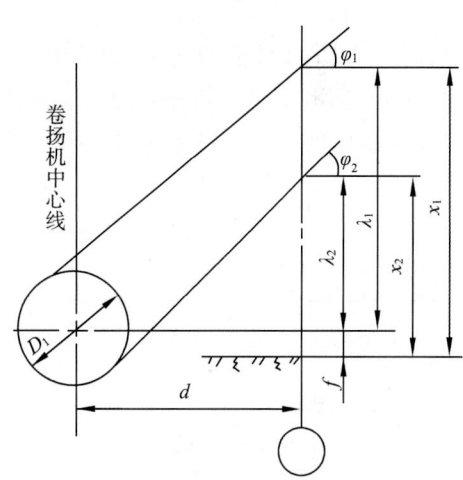

图 6 - 3 - 53　尺寸计算

1—提升机硐室；2—绳道；3—通道（大件道）；4—提升机；5—提升机及电动机基础；6—起吊梁

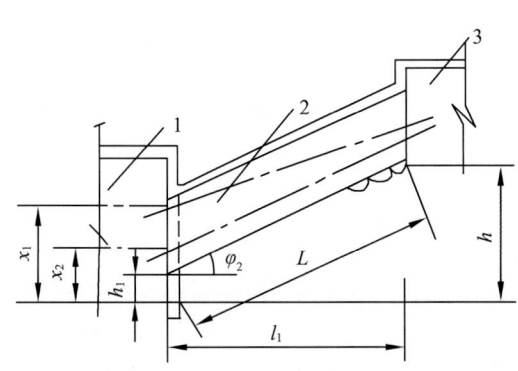
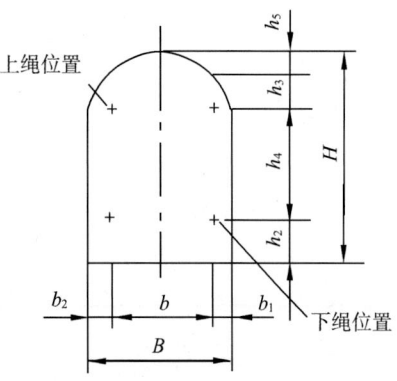

图 6 - 3 - 54　绳道长度计算　　　　　图 6 - 3 - 55　绳道断面

1—提升机硐室；2—绳道；3—天轮硐室

（2）绳道尺寸的确定：钢丝绳中心位置计算式为

$$x_1 = \lambda_1 + f$$
$$x_2 = \lambda_2 + f$$
$$\lambda_1 = D_1/2\cos\varphi_1 + d\tan\varphi_1$$
$$\lambda_2 = \left[d - D_1/\left(2\cos\varphi_2\right) \right] \tan\varphi_2$$

式中　x_1——提升机上面钢丝绳与前墙中心线交点至调室底板的高度；

x_2——提升机下面钢丝绳与前墙中心线交点至硐室底板的高度；

f——卷筒中心至硐室底板的高度；

D_1——卷筒直径；

d——卷筒中心至前墙中心线的距离；

φ_1——提升机上提升绳仰角；

φ_2——提升机下提升绳仰角。

（3）盲竖井绳道尺寸确定：①盲竖井绳道底板角与下提升绳仰角 φ_2 相同。②绳道断面为下大上小的变断面，但均应满足天轮运输要求。

（4）斜井绳道。斜井绳道分为水平绳道和斜绳道两种。①斜井斜绳道的尺寸确定与盲竖井绳道相同。②斜井水平绳道与一般巷道相同，长度由提升系统的配置确定。③靠近卷筒的天轮应设游动天轮一组或多组，游动天轮的布置分落地式和架起式两种。这样游动天轮硐室和绳道的结构应根据游动天轮的布置不同而异。

表 6-3-13　　　　　　　　　　　　绳道尺寸计算表

计算项目		硐室尺寸		
		长度	宽度	高度
计算公式	单卷筒	$L = \left(h - h_1\right)/\sin\varphi_2$	$B = b + b_1 + b_2$	$H = h_2 + h_3 + h_4 + h_5$
	双卷筒	$L = \left(h - h_1\right)/\sin\varphi_2$	$B = b + b_1 + b_2 + b_3$	$h_4 = \left(x_1 - x_2\right)\cos\varphi_2$
符号注释及取值		h 为天轮硐室与卷扬机硐室的地坪高差（m）；h_1 为出绳前墙处绳道底板至卷扬机硐室底板的高差（m）；φ_2 为绳道底板倾角，取下绳仰角值	b 为钢丝绳最大偏摆量（m）；b_1 为钢丝绳与绳道壁的安全距离，一般取≥0.3 m；b_2 为人行道侧钢绳偏摆最大位置时，钢绳与绳道壁的距离，一般取≥1.0 m；b_3 为两卷筒的中心距离，（m）	h_2 为下提升绳至底板间的安全距离，一般取≥0.5 m；h_3 为上提升绳至拱壁间的安全距离，一般取≥0.3 m；h_4 为出绳点处两钢丝绳垂直绳道底板方向的距离（m）；h_5 为拱形确定的超高量（m）

（三）水泵房硐室

1. 水泵硐室的一般规定

（1）水泵硐室应靠近井筒敷设排水管道的一侧，并与井下中央变电所硐室毗邻。

（2）水泵硐室应有两个出口，一个出口通往井底车场，并应设置防水门；另一个出口通往井筒的管子斜道。

（3）水泵硐室地面应比入口处的井底车场巷道轨面高出 0.5 m，并应低于变电所硐室地面 0.3 m；斜井井底车场水泵硐室通道与设有高低道的储车线相连接时，水泵硐室应设于轨道一侧，其地面应高于高道轨面 0.5 m；当为潜没式水泵时，其硐室地面应低于井底车场巷道轨面 4~5 m。

（4）水泵硐室的吸水井、配水井应采用混凝土砌碹。硐室地面应铺设厚度为 0.1 m 的混凝土，并应考虑排水坡度。电缆沟应用混凝土砌筑，沟底纵向坡度为 0.3%，坡向积水坑或吸水井。

（5）水泵硐室应敷设轨道，并在硐室内设置转盘。硐室内的轨道轨面应与水泵硐室混凝土地面标高一致。泵室应设置起重设施。

（6）管子道宜布置在水泵硐室端部，管子道倾角不应大于 30°；潜没式水泵硐室管子道倾角应小于 45°，管子道出口应高于马头门地面 7 m 以上。管子道断面宽度，应根据排水管数量、规格、布置形式、安装要求及人行踏步的宽度确定，不应低于 2 m。

（7）管子道应设托管梁或管墩，有电缆通过时应设电缆架。

（8）管子道与竖井连接处的平台长度应大于 2 m，并应使人员能从平台进入梯子间。

（9）在管子道与竖井连接处的平台顶板，应设起重梁或吊环。

（10）人行台阶宽度应大于 600 mm，高度不应大于 300 mm。

（11）水泵硐室配置有配水井及配水巷时，吸水井底板应低于配水井（巷）底板 1 m 左右。

（12）水仓与配水井或配水井与吸水井之间应设置不小于 300 mm 厚的混凝土挡土墙，配水井底板应低于水仓底板。

（13）潜没式水泵硐室的分水巷，应设置分水闸阀硐室，并应安装操作平台，其高度不宜低于 4.5 m。

2. 硐室形式

水泵硐室分为普通式和潜没式两种，其优缺点及适用条件见表 6-3-14。

表 6-3-14　　　　　　　　　普通式和潜没式硐室比较

形式	特征	优点	缺点	适用条件
普通式	①水泵房与变电所硐室、井底车场巷道高差较小 ②水泵采用吸水井吸水	①与井底车场连接方便，施工较简单 ②通风条件好 ③硐室工程量小 ④可以采用简易防水闸门防水	①不能自动灌水，易产生气蚀现象，对水泵及管道磨损较严重 ②吸水高度较高，水浆效率低 ③一般需设真空泵，经营费较高	可用于任何条件下的井下排水

（续表）

形式	特征	优点	缺点	适用条件
潜没式	①硐室底板比变电所硐室、井底车场巷道底板低 4～5 m ②水仓、吸水巷道与水泵硐室之间需设置防水挡墙 ③水泵硐室与井底车场、变电硐室采用斜道连接 ④水泵吸水由吸水巷道直接压力灌水	①压力进水，可采用吸水高度低、高效的水泵 ②水泵吸水管无底阀，阻力小 ③水泵启动自动灌水，不产生气蚀现象，水泵及管道磨损小 ④经营费较低	①硐室与车场连接复杂，需设置斜坡道、绞车硐室和分水巷道，工程量大，施工较复杂 ②进水、防水挡水墙易渗水，需采取防渗、漏措施 ③通风条件差 ④必须设置可靠的密闭防水闸门及防水闸门硐室	涌水量较大的大、中型矿井井下排水

水泵硐室的布置采用水泵沿硐室纵向布置方式，按水泵在硐室内的排列方式又分为单排和双排两种，一般常用单排布置形式。

第八节　地下矿山安全避险六大系统

一、监测监控系统

（一）概述

监测监控系统是由主机、传输接口、传输线缆、分站、传感器等设备及管理软件组成的系统，其主要功能有信息采集、传输、存储、处理、显示、打印和声光报警等，可用于监测金属非金属地下矿山有毒有害气体浓度，以及风速、风压、温度、烟雾、通风机开停状态、地压等。

监测监控系统按照监测内容的不同可分为有毒有害气体的监测、通风系统监测、视频监控、地压监测。监测监控系统应具有矿用产品安全标志。监测监控系统安装完毕和大修后，应按产品使用说明书的要求进行测试、调校，经验收合格后方能使用。

（二）设置要求

（1）监测监控中心设备应具有可靠的防雷和接地保护装置。

（2）主机应安装在地面，并双机备份，且应在矿山生产调度室设置显示终端。

（3）井下分站应安装在便于人员观察、调试、检验，且围岩稳固、支护良好、无滴水、无杂物的进风巷道或硐室中，安装时应垫支架或吊挂在巷道中，使其距巷道底板不小于 0.3 m。应配备分站、传感器等监测监控设备备件，备用数量应能满足日常监测监控需要；主机和分站的备用电源应能保证连续工作 2 h 以上。

（4）有毒有害气体的监测应符合以下要求：①地下矿山应配置足够的便携式气体检测报警仪。便携式气体检测报警仪应能测量一氧化碳、氧气、二氧化氮浓度，并具有报警参数设置和声光报警功能。②有条件的矿山企业采用传感器对炮烟中的一氧化碳或二氧化氮进行在线监测。一氧化碳报警浓度不应高于 24 ppm，二氧化氮报警浓度不应高于 2.5 ppm。③开采高含硫矿床的地下矿山，还应在每个生产中段和分段的进、回风巷靠近采场位置设置硫化氢和二氧化硫传感器。开采有自然发火危险矿床的地下矿山，还应定期采用便携式温度检测仪进行检测。开采含铀（钍）等放射性元素的地下矿山，应监测井下空气中氡（钍射气）及其子体浓度，氡及其子体的监测应符合 EJ 378—1989 的规定。

（5）通风系统监测应符合以下要求：①井下总回风巷、各个生产中段和分段的回风巷应设置风速传感器。风速传感器应设置在能准确计算风量的地点。风速传感器报警值应根据 AQ2013.1 确定。②主要通风机应设置风压传感器，传感器的设置应符合 AQ2013.3 中主要通风机风压的测点布置要求。③主要通风机、辅助通风机、局部通风机应安装开停传感器。

（6）提升人员的井口信号房、提升机房，以及井口、马头门（调车场）等人员进出场所，紧急避险设施及井下爆破器材库、油库、中央变电所等主要硐室，应设视频监控。安装在井下爆破器材库和油库的视频设备应具备防爆功能。井口提升机房应设有视频监控显示终端，用于显示井口信号房、井口、马头门（调车场）等场所的视频监控图像。

（7）对于需要保护的建筑物、构筑物、铁路、水体下面开采的地下矿山，应进行地压或变形监测，并应对地表沉降进行监测；存在大面积采空区、工程地质复杂、有严重地压活动的地下矿山，应进行地压监测。变形监测的等级和精度要求应满足 GB 50026—2007有关要求。

二、人员定位系统

（一）概述

人员定位系统是由主机、传输接口、分站（读卡器）、识别卡、传输线缆等设备及管理软件组成的系统。在日常管理方面，人员定位系统可以实现下井人数的控制功能，发生灾变时可以及时了解井下人员的分布状况，最短的时间内形成有效的救援措施，通过人员定位系统及时通知井下人员，并有序地指挥井下人员安全撤离，有效地避免和减少人员伤害。

人员定位系统应取得矿用产品安全标志，安装完毕经验收合格后方可投入使用。

（二）设置要求

（1）井下最多同时作业人数不少于 30 人的金属非金属地下矿山应建立完善人员定位系统，井下最多同时作业人数少于 30 人的金属非金属地下矿山应建立完善人员出入井信息管理制度，准确掌握井下各个区域作业人员的数量。

（2）人员定位系统主机应安装在地面，并双机备份，且应在矿山生产调度室设置显示终端。

（3）人员出入井口和重点区域进出口等地点应安装分站（读卡器）。分站（读卡器）应安装在便于读卡、观察、调试、检验，且围岩稳固、支护良好、无淋水、无杂物、不容易受到损害的位置。

（4）主机及分站（读卡器）的备用电源应能保证连续工作 2 h 以上。

（5）识别卡应专人专卡，并配备不少于经常下井人员总数 10% 的备用卡。每个下井人员应携带识别卡，工作时不得与识别卡分离。

三、通信联络系统

（一）概述

通信联络系统是指在生产、调度、管理、救援等各环节中，通过发送和接收通信信号实现通信及联络的系统，包括有线通信联络系统和无线通信联络系统。

通信联络系统的配套设备应符合相关标准规定，纳入安全标志管理的应取得矿用产品安全标志。通信联络系统建设完毕，经验收合格后方可投入使用。

（二）设置要求

（1）金属非金属地下矿山应根据安全避险的实际需要，建设完善有线通信联络系统；宜建设无线通信联络系统，作为有线通信联络系统的补充。

（2）有线通信联络系统应具有的功能：①终端设备与控制中心之间的双向语音且无阻塞通信功能；②由控制中心发起的组呼、全呼、选呼、强拆、强插、紧呼及监听功能；③由终端设备向控制中心发起的紧急呼叫功能；④能够显示发起通信的终端设备的位置；⑤能够储存备份通信历史记录并可进行查询；⑥自动或手动启动的录音功能；⑦终端设备之间通信联络的功能。

（3）安装通信联络终端设备的地点应包括井底车场、马头门、井下运输调度室、主要机电硐室、井下变电所、井下各中段采区、主要泵房、主要通风机房、井下紧急避险设施、爆破时撤离人员集中地点、提升机房、井下爆破器材库、装卸矿点等。

（4）通信线缆应分设两条，从不同的井筒进入井下配线设备，其中任何一条通信线缆发生故障时，另外一条线缆的容量应能担负井下各通信终端的通信能力。

（5）终端设备应设置在便于使用且围岩稳固、支护良好、无淋水的位置。

四、压风自救系统

（一）概述

当井下发生灾变，人员无法正常撤离时，压风自救系统可以为被困人员提供充分的氧气供应，防止发生窒息事故，为救援赢得时间。

压风自救系统是由空气压缩机、送气管路、三通及阀门、油水分离器、压风自救装置等组成的系统。其中压风自救装置安装在压风管道上，通过防护袋或面罩向使用人员提供新鲜空气，具有减压、节流、消噪声、过滤、开关等功能。矿井压风自救装置如图6-3-56 所示。

图 6-3-56　矿井压风自救装置（照片由济南中盾电气设备有限公司提供）

压风自救系统的配套设备应符合相关标准的规定，纳入安全标志管理的应取得矿用产品安全标志。压风自救系统安装完毕，经验收合格后方可投入使用。

（二）设置要求

（1）金属非金属地下矿山应根据安全避险的实际需要，建设完善压风自救系统。压风自救系统可以与生产压风系统共用。主压风管道中应安装油水分离器。

（2）压风自救系统的空气压缩机应安装在地面，并能在 10 min 内启动。空气压缩机安装在地面难以保证对井下作业地点有效供风时，可以安装在风源质量不受生产作业区域影响且围岩稳固、支护良好的井下地点。

（3）压风管道应采用钢质材料或其他具有同等强度的阻燃材料。压风管道敷设应牢固平直，并延伸到井下采掘作业场所、紧急避险设施、爆破时撤离人员集中地点等主要地点。

（4）各主要生产中段和分段进风巷道的压风管道上每隔 200~300 m 应安设一组三通及阀门。

（5）独头掘进巷道距掘进工作面不大于 100 m 处的压风管道上应安设一组三通及阀门，向外每隔 200~300 m 应安设一组三通及阀门。有毒有害气体涌出的独头掘进巷道距掘进工作面不大于 100 m 处的压风管道上应安设压风自救装置。

（6）爆破时撤离人员集中地点的压风管道上应安设一组三通及阀门。

（7）压风管道应接入紧急避险设施内，并设置供气阀门，接入的矿井压风管路应设减压、消音、过滤装置和控制阀，压风出口压力应为 0.1~0.3 MPa，供风量每人不低于 0.3 m³/min，连续噪声不大于 70 dB（A）。

（8）压风自救装置、三通及阀门安装地点应宽敞、稳固，安装位置应便于避灾人员使用，阀门应开关灵活。

五、供水施救系统

（一）概述

当井下发生灾变时，供水施救系统可以为被困人员提供充足的生活饮用水，防止人员缺水，为救援赢得时间。

供水施救系统包括水源、过滤装置、供水管路、三通及阀门等，其中供水施救装置具有过滤功能，能够除去水中的氯及重金属离子、铁锈、大分子有机物等有害物质，如图 6-3-57 所示。

图 6 - 3 - 57　供水施救装置（照片由济南中盾电气设备有限公司提供）

考虑到安装的方便及经济合理性，结合矿山实际情况，部分厂家将压风自救装置、供水施救装置做成一体式箱形式，如图 6 - 3 - 58 所示。

图 6 - 3 - 58　矿井压风自救供水装置（照片由济南中盾电气设备有限公司提供）

供水施救系统的配套设备应符合相关标准的规定，供水施救系统安装完毕，经验收合格后方可投入使用。

（二）设置要求

（1）供水施救系统应优先采用静压供水；当不具备条件时，采用动压供水。

（2）供水施救系统可以与生产供水系统共用，施救时水源应满足生活饮用水水质卫生要求。

（3）供水管道应采用钢质材料或其他具有同等强度的阻燃材料。

（4）供水管道敷设应牢固平直，并延伸到井下采掘作业场所、紧急避险设施、爆破时撤离人员集中地点等主要地点。

（5）各主要生产中段和分段进风巷道的供水管道上每隔 200 ~ 300 m 应安设一组三通及阀门。

（6）独头掘进巷道距掘进工作面不大于 100 m 处的供水管道上应安设一组三通及阀门，向外每隔 200 ~ 300 m 应安设一组三通及阀门。

（7）爆破时撤离人员集中地点的供水管道上应安设一组三通及阀门。

（8）供水管道应接入紧急避险设施内，并安设阀门及过滤装置，水量和水压应满足额定数量人员避灾时的需要。

（9）三通及阀门安装地点应宽敞、稳固，安装位置应便于避灾人员使用，阀门应开关灵活。

六、紧急避险系统

（一）概述

紧急避险系统是由避灾路线、紧急避险设施、设备和措施组成的有机整体，可在矿山井下发生灾变时，为避灾人员安全避险提供生命保障。紧急避险设施是指井下发生灾变时，为避灾人员安全避险提供生命保障的密闭空间，具有安全防护、氧气供给、有毒有害气体处理、通讯、照明等基本功能，主要包括避灾硐室和救生舱，避灾硐室如图 6 - 3 - 59 所示。

图 6 - 3 - 59　避灾硐室（照片由济南中盾电气设备有限公司提供）

金属非金属地下矿山应建设完善紧急避险系统，并随井下生产系统的变化及时调整。紧急避险系统建设的内容包括为入井人员提供自救器、建设紧急避险设施、合理设置避灾路线、科学制订应急预案等。紧急避险系统的配套设备应符合相关标准的规定，救生舱及其他纳入安全标志管理的设备应取得矿用产品安全标志。紧急避险系统建设完成，经验收合格后方可投入使用。

（二）设置要求

（1）紧急避险设施的额定防护时间应不低于 96 h。

（2）紧急避险设施的设置应遵守以下要求：①水文地质条件中等及复杂或有透水风险的地下矿山，应至少在最低生产中段设置紧急避险设施；②生产中段在地面最低安全出口以下垂直距离超过 300 m 的矿山，应在最低生产中段设置紧急避险设施；③距中段安全出口实际距离超过 2 000 m 的生产中段，应设置紧急避险设施；④应优先选择避灾硐室。

（3）紧急避险设施的设置应满足本中段最多同时作业人员避灾需要，单个避灾硐室的额定人数不大于 100 人。

（4）紧急避险设施应设置在围岩稳固、支护良好、靠近人员相对集中的地方，高于巷道底板 0.5 m 以上，前后 20 m 范围内应采用非可燃性材料支护。紧急避险设施外应有清晰、醒目的标识牌，标识牌中应明确标注避灾硐室或救生舱的位置和规格。在井下通往紧急避险设施的入口处，应设有"紧急避险设施"的反光显示标志。

（5）矿山井下压风自救系统、供水施救系统、通信联络系统、供电系统的管道、线缆以及监测监控系统的视频监控设备应接入避灾硐室内。各种管线在接入避灾硐室时应采取密封等防护措施。

第四章 露天地下联合开采

第一节 露天地下联合开采基本条件

一、露天地下联合开采概述

在 1 个矿床内，进行露天和地下开采，它们在整体或某段空间和时间上结合为一个有机的整体，进行开采时不是单独地只考虑露天或地下设计与开采，则称为露天与地下联合开采。

无论是露天还是地下开采，均各自具有独特的工艺特点。视矿床具体条件和开采需要适合采用露天和地下开采时，就应利用这些工艺特点。这样就能大幅度提高矿山总的生产能力和企业的技术经济指标。

联合开采是指在同一矿床范围内，既有露天开采又有地下开采。联合开采的方式按其生产发展情况有以下三种：

（1）初期采用露天开采，生产若干年后转为地下开采，即在露天转地下开采过渡时期的联合开采，一般称露天转地下开采。

（2）全面的联合开采，即矿山从开始就采用露天与地下同时开采。一般是为了加大矿石年产量。

（3）初期采用地下开采，因情况变化转为露天开采，即在地下转入露天过渡时期的联合开采。

联合开采方式的选择，主要取决于矿床的赋存条件、矿石产量的需求、采矿技术水平及开采状况。

二、露天地下联合开采经济界线的确定

（一）露天与地下联合开采经济界线确定原则

露天与地下联合开采时，露天开采境界的确定原则为 $n_{jh} \leqslant n_{jh'}$，它的最初含义是露天和露天与地下联合采矿的综合单位成本不超过地下开采成本。按这一原则确定的露天开采境界，能使矿床开采的总经济效果最佳（总开采费用最小）。

（二）矿床开采强度及生产能力的确定

露天地下联合开采的矿山，整个矿床的开采期要经过露天开采期、露天和地下同时

开采的过渡期和地下开采期等三个阶段。这三个阶段的矿床开采强度和矿山企业的生产能力是各不相同的。矿床开采强度和矿山生产能力的变化与提高，必然导致矿山主要技术经济指标的差异和改善。为了客观地评价矿床可能的技术经济效益，就要确定整个矿床在开采期间的平均强度指标和矿山的平均生产能力。

矿床开采强度指标的计算，可以通过矿床开采的年下降速度和采矿强度（每平方米面积的年产量）来确定。当矿床是按露天和地下分别评定指标时，前面所计算的指标就应为换算指标。

在计算上述指标时，要考虑露天和地下开采工作在时间和空间上的结合程度，就需要相应的系数 K_1 和 K_n。

由于提出了按整个矿床开采期限换算年下降速度和采矿强度来评定矿床的开采强度，这就使我们能对矿床储量的利用程度有客观的认识，也有利于探寻合理利用矿产资源的方向。

在一个矿床内，当露天和地下同时进行开采时，其开采强度显然要比露天和地下顺序开采或独立开采时高，此时矿山的生产能力最大。

在设计中，露天和地下的生产能力通常是独立确定的。当采用露天转地下联合开采时，企业的生产能力由露天和地下两部分组成，它的确定应当考虑以下特点：

（1）为了在计算中便于对比，应将露天和地下采出的矿石折算成统一的品位。

（2）所有计算必须按矿石量进行，不能按采掘量计算。

（3）露天和地下的开采强度指标，应当按互相影响的条件来确定（有利的或不利的），也就是要考虑采矿工作在时间和空间上相结合时的影响因素。

（4）露天、地下和整个矿山的技术经济指标，应当按全部开采期限来确定，而且应当采用矿山整个服务期间的平均先进指标。

三、露天开采沉陷预测方法及沉陷机理

露天与地下联合开采的结果，形成了复杂的地质力学矿山结构，矿岩体中形成了由地下和露天开采相互影响引起的应力场，在联合开采的影响下，应力场的变化可能导致破坏静力平衡和降低作业安全性。

地表及岩体移动的预测方法可分为唯象法、数值方法、物理模拟法、力学方法四类。

（一）唯象法

唯象法是根据现象或输入、输出（如采矿方法、工作面尺寸及地表观测站资料）而不详细考察内部结构（工程岩体性质、地质条件）得出的输入与输出之间的定性或定时关系。目前的地表及岩体移动普遍采用这一方法。

唯象法是地表及岩体移动预测的基本方法，它能够较好地拟合地表的移动变形，适合于本地区的地表移动预测，且应用非常方便。但由于曲线仅依赖于剖面方程的少数几个参数，避开了岩层与地表移动的主体，采动覆岩的力学性质和力学过程只是应用宏观上符合统计规律的特征建立的预测理论。开采工程岩体内部结构及其性质仅由通过实测

资料拟合求得的预测参数来综合反映，因此唯象法在相同条件下的类比，预测较为可靠，但条件若有改变，则预测精度不高。

（二）　数值方法

由于工程岩体的复杂性，数值方法显示了其独特的优越性。数值方法能否成功应用，主要取决于对岩性的认识和模型选取。数值方法广泛应用在开采应力场、位移场及其矿柱稳定性的分析。常使用的数值方法有弹塑性有限单元法、损伤非线性大变形有限单元法、离散单元法、边界单元法及有限差分法。

（三）　物理模拟法

物理模拟法包括相似材料模型和电模型，电模型应用较少。相似材料模型试验局限于平面模型，只能得出一些定性的或半定量的结论。由于平面模型不符合开采的边界条件，而矿柱处于三向应力状态，因此立体相似材料模型试验是揭示开采矿柱荷载分布和矿柱强度的有效方法。立体相似材料模型的费用大，难以进行内部移动变形观测，而且模型之间观测效果的可比性差，因而其推广应用受到限制。

（四）　力学方法

力学方法是将开采工程岩体概化为满足特定边界条件的某种连续介质，利用相应的力学理论得出的地表及岩体移动预测方法。根据简化的连续介质的不同，可细分为岩梁理论、组合岩梁理论、托板理论及层状介质方法。

岩梁及组合岩梁理论都把开采工程岩体视为平面问题，理论过于简化。托板理论把开采工程体视为"准三维"介质，在模型上是一大进步，但托板的位置、托板的断裂准则、托板的边界条件如何合理确定以及在岩层移动预测中如何考虑托板的作用，还需作进一步研究。连续介质力学（解析）方法是在对工程岩体做了大量简化后得到的，但岩体本身是一种非连续介质，在开采或开挖卸荷条件下变形规律复杂，其预测模型的应用受到诸多限制。

第二节　露天地下联合开采方法

一、露天地下联合开拓方式

露天转地下联合开拓，因露天开采多年，已形成了完整的露天开拓运输系统和相应的辅助系统，露天转地下矿山的开拓系统实质是指地下的开拓系统。露天地下联合开拓系统设计必须注意：充分利用露天矿现有的开拓工程和系统；露天矿的开拓，特别是露天矿深部的开拓，应尽可能与地下的开拓互相利用。

依据地下和露天生产工艺的联系程度不同，露天转地下矿山的开拓系统，可以归纳为露天地下各为独立开拓系统、局部联合开拓系统以及露天和地下为一套开拓系统三种类型。

（一）　露天地下各为独立开拓系统

这类矿山的地下开拓工程一般都布置在露天采场之外，露天和地下都使用独立的开拓运输系统。主要适用于埋藏较深的水平和缓倾斜矿体，或者虽是急倾斜矿体，但因地质关系矿体上下部分错开分布。还有些矿山由于地质勘探原因（如矿床深部勘探不足）或设计的历史条件（如只要求作露天境界内的开拓系统），在设计时就没有考虑露天与地下联合开采。这类开拓方式，露天与地下的生产互相干扰小。其缺点是地下井巷工程量大，投资高，基建时间长；露天深部的剥离量大，运输和排水费高。

（二）局部联合开拓系统

露天的部分矿石利用地下开拓系统出矿，或者地下开拓系统局部利用露天矿开拓工程。这类开拓方式在国内外矿山均常见到。它的使用条件大体上可归纳为两种情况：对于倾斜、急倾斜矿床，当露天深度较大时，采露天矿残留矿柱的矿石（包括露天底柱和边帮矿柱），通常都是从地下开拓巷道运到地面；当露天开采到设计境界后，转入地下开采的储量不多、服务年限不长，若露天边坡稳定，通常是从露天坑底的非工作帮开掘平硐、斜井（或竖井）开采地下矿体。这类开拓方式的优点是井巷工程较少，基建投资少，投产快，并可利用露天矿现有的运输设备和设施。它的缺点是露天矿后期的生产与地下巷施工互相干扰。某金矿和某铁矿露天转地下开拓系统如图 6 - 4 - 1、图 6 - 4 - 2 所示。

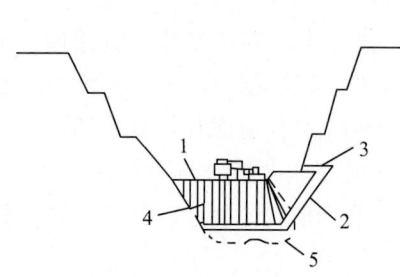

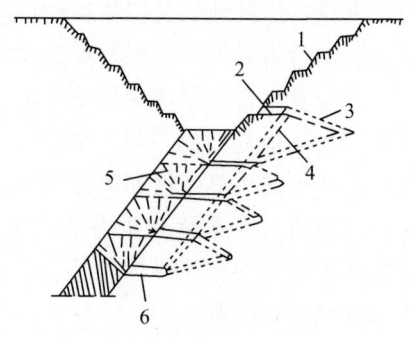

图 6 - 4 - 1　某金矿露天转地下开拓系统　　　　图 6 - 4 - 2　某铁矿露天转地下开拓系统

1—露天坑底；2—斜井；3—平硐；4—钻孔；　　　　1—露天边帮；2—平硐；3—斜坡道；

5—矿体边界　　　　　　　　　　　　　　　　　　4—溜井；5—深孔；6—装矿横巷

（三）露天和地下为一套开拓系统

这类开拓系统的实质是露天与地下采用统一的开拓系统，既可以从露天生产开始就与地下同一个开拓系统，也可以是露天矿的深部开采与地下共用开拓系统。对于急倾斜矿体，当露天开采年限短时，为了减少基建投资和露天剥离量，也为了向地下开采过渡有较充分的时间进行地下采矿法试验，可以用地下巷道同时开拓露天和地下。这类开拓方式，在国外使用很广泛，如瑞典基鲁纳瓦拉矿。由于露天和地下共用地下巷道进行开拓运输，可以大大减少露天剥离量和运输距离，可以缩减露天和地下的基建投资，缩短地下开采的基建时间，可以有利于露天矿的排水疏干，可使地下矿有较充分的时间作过渡的准备工作。

露天转地下开采的矿山，应根据具体条件，利用露天和地下开采工艺特点，选用露天与地下联合开拓或局部联合开拓。根据露天转地下开采在时间和空间上的不同，主要的地下巷道类型和布置如图6-4-3所示。

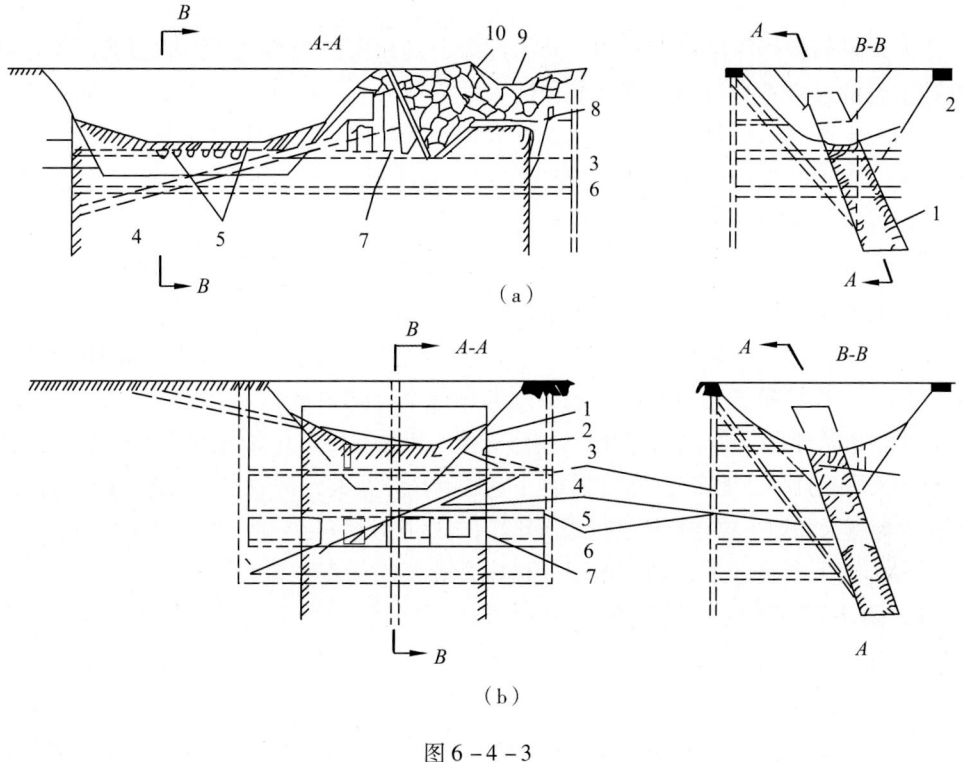

（a）

（b）

图6-4-3

在选择地下工程位置时，应当考虑露天大爆破的地震作用对巷道的影响。这种影响可以按炸药同时爆破后岩面发生的位移幅度和速度来确定。

二、露天地下联合开采的接续

深凹露天矿转入地下开采，要结合矿床特点和矿山现状，选择和解决好过渡期即过渡带（层）的安全、工艺技术等问题，是顺利实施露天转地下开采的关键。一些矿山的经验体会如下：

露天转地下开采不单单是露天采矿技术和地下采矿技术的简单结合，而是一项复杂的系统工程，是过渡方案中最重要的环节，不仅涉及方案的技术、安全问题，其对矿山开采经济效益与矿山可持续发展能力带来深远的影响。

在露天转地下开采过渡过程中，如何合理确定过渡时期及地下开采时期矿山的生产规模，要充分考虑露天矿山的现状和地下开采的特点，把两者有机地结合起来，维持矿山持续的生产能力，顺利地由露天转入地下开采。

露天转地下开采过渡方案的制订，要重点研究过渡期遇到的技术、安全问题，并有针对性地采取措施加以解决。

露天转地下开采的过渡期间，露天开采已属深部发展，地下已开始生产，形成一些开拓井巷和采空场，要充分利用条件，研究过渡期的矿石和废石运输系统以及采矿方法等。

三、露天地下联合开采评价

露天开采的合理深度是有限的，开采过深，其剥采比则超过经济极限值，不仅技术上困难，经济上也不会合理，因此必须转入地下开采。近些年来，国外部分深露天开采广泛使用地下开拓运输系统，即当露天开采到一定深度后，露天和地下采用统一的开拓运输系统。露天开采用的地下工程和设施，要考虑被地下开采所利用的地下工程和设施，以便保证露天向地下顺利地进行持续稳产过渡。

露天矿利用地下开拓工程，对矿床的疏干排水起着重要作用。矿山实际生产表明，挖掘机在有水层的条件下作业，效率下降 20% ~ 25%。凹山铁矿、凤凰山铁矿在地下掘进疏干巷道，使生产条件明显改善，穿孔效率提高 40%，年下降速度由 10 m 提高到12 m。因此，在评价开拓方案时，也必须考虑这个有利因素。

在大多数条件下，由于设计时已分别作了露天和地下开拓方案的比较与选择，因此在论证联合开拓系统时，必须充分评价利用地下巷道开拓方案的经济效果。对采用地下巷道的联合开拓，与露天和地下独立开拓进行经济比较，最后通过综合评价，确定开拓方案。

露天与地下联合开采，利用地下巷道联合开拓的优点主要有：

（1）露天不设运输线路工程，可以将运输平台和安全平台合并，加大露天的最终边坡角，从而可以大大减少露天剥离量。露天和地下共用地下巷道开拓，可以缩减基建工程量，据统计可以使基建投资减少 10% ~ 15%。

（2）当露天开采达到一定深度后，利用地下巷道运输，可以缩短运输距离。据国外矿山的计算和统计，当露天开采深度超过 150 m 时，利用地下巷道开拓，其运距仅为地面汽车运输的 25% ~ 43%（表 6 - 4 - 1）。

表 6 - 4 - 1　　　　　　竖（斜）井开拓运距与汽车运距的比较

矿山名称	规模	提升高度/m	提升方式	预值	运距/km		井筒运距为汽车运距/%
					汽车	井筒	
基鲁纳瓦拉矿	5 300	170		90	3.7	0.9	25
因斯皮拉�矿	3 900	140	箕斗	90	4.0	1.3	31
尼克莱也夫斯基矿	5 300	325	箕斗	90	11.0	2.7	25
尼克莱也夫斯基矿	1 600	220	箕斗	90	6.7	1.7	26
尼克莱也夫斯基矿		196	箕斗	36	5.9	1.1	24
恩昌加矿	3 800	240	箕斗	90	4.9	2.1	43
芒特·莫尔岗矿	2 000	170	箕斗	90	3.3	1.2	38
芒特·莫尔岗矿	2 000	170	箕斗	45	3.3	1.2	36
俄罗斯多金属矿		240	箕斗	45	7.0	3.94	56
巴格达矿	3 400	90	皮带	17.5	1.8	0.7	39
卡兰特矿	3 850	180	皮带	17	3.8	0.8	21

（3）露天矿的深部水平用地下巷道开拓，可以使地下矿的建设提前进行，还可以利用地下巷道排水、疏干，改善露天的生产条件，确保露天开采能顺利、持续稳产地向

地下开采过渡。

（4）实践和经济计算结果表明，当露天开采深度超过 100～150 m 时，可采用地下巷道联合开拓。

四、通风、防寒及防冻技术措施

露天转入地下开采，上部形成露天坑，露天坑往往与地下井巷工程及采空区相通，尽管是进行了通口封闭和形成了覆盖岩（矿）层，也避免不了风流窜动和泥水下灌带来的安全隐患，甚至造成人员伤亡。因此，在这段开采时期，特别要注意安全，必须采取有针对性的措施，保证生产正常进行。

（一）通风、防寒技术措施

①及时密闭井巷和采空区，保持垫层的密实性，隔绝井巷与露天坑的连通。

②过渡期必须调整通风系统。推荐选用抽压结合、中央对角式的分区通风系统，具有网路短、漏风少和负压低的特性，适于过渡期的通风要求。

③采用在风井井口附近专设锅炉房和热风机房等办法预热空气，将达到预定温度的热风送至主扇风机吸风口与冷空气混合。

（二）防洪技术措施

露天开采已经结束，凹陷的露天坑形成巨大的汇水面积，在暴雨季节，大量雨水有可能经由与露天坑相通的井巷工程和垫层空隙流入地下采场，酿成淹井事故，所以过渡期防洪是一个十分重要的问题。为了减少排水泵房的掘进和装备费用，根据暴雨量大、时间短的特点，为杜绝暴雨淹井的事故，可以采取下述综合治理洪水的技术组织措施：

（1）在露天境界外挖掘截洪沟，将露天境界和地表错动界线以外的地表水引出。

（2）在露天坑的安全平台上设截流泵站，将露天坑内的汇水排送到露天坑和错动界线以外。

（3）在露天采矿场最终边坡下的塌陷区内，于每个开采阶段的进口处设闸板或简易水闸门以及砂袋材料等，准备必要时随时截堵水流。

（4）当排土场位置及标高有可能形成汇水倒灌露天坑时，需修筑永久性截水沟，随时引水至露天坑及错动区以外。

（5）当露天坑与地下开采第一阶段尚未贯通之前，可以预先在仅有的几个天井上浇灰锁口，并盖上严密盖板。同时，在井下应提前施工水仓、泵房并形成足够的排水能力。

（6）暴雨过大的地区，在井下适当的巷道中（一般利用下阶段开拓和采准巷道），装置带调节闸的防水门，以备储水。

（7）除了按照规范计算矿坑水排洪能力以外，还要考虑露天转地下开采时，涌入坑下的洪水挟带泥沙量大，需要对水泵选型及水仓体积、清理设施有足够的考虑。

（8）坑下泵房尽可能设置在易于集水的上部阶段。

五、安全技术措施

（1）为避免或防止露天爆破对地下井巷和采场的破坏作用，在地下工程与露天采场之间应保持足够的距离。临近露天底的穿爆作业不要超深，控制露天爆破的装药量，采用分段微差爆、挤压爆破等减震措施，禁止使用硐室爆破。还要防止露天与地下爆破的相互影响。

（2）回采残矿时，地下工程作业应不影响露天作业的正常进行和安全生产，注意与露天采场作业的密切配合，安排合理的回采顺序。露天矿边坡下的回采，采用由两端向边坡推进的回采顺序，露天坑底与地下采场之间留有必要的境界顶柱和间柱。

（3）建立必要的微震监测系统。微震监测技术是近几年发展起来的一项高新技术，利用声发射学、地震学和地球物理学原理以及计算机强大的功能来实现微震事件的精确定位和级别大小确定。该技术可以长期连续不间断地进行监测和数据分析，具有远距离、动态、实时的特点，是解决露天转地下开采安全监测与防治问题比较合适的技术，实现矿山的露天边坡、露天转地下开采过渡层在地下岩体破裂过程的实时监测，应力场分析进行岩体失稳预警、预报，为矿山安全生产提供技术支撑和决策支持。

（4）在地下开采岩体移动界线以外的来水方向上，采取措施或增设防洪堤、截水沟，拦截地表径流流入露天采场或涌入井下，在地下与露天相通的井巷或采场要采取防水措施。露天境界内也要设置防洪排水系统，在露天坑底设置储水池等，并配置防洪排水设施。经验证明，露天底回填废石或留境界顶柱，对减少雨季径流起到了良好作用。如铜官山铜矿上部有岩石垫层，一般降雨 4 h 后，坑水涌水量才有所增加。

第五章　特殊条件矿床开采

第一节　大水矿床开采

一、概述

大水矿床一般是指水文地质条件复杂、矿坑涌水量每日数万立方米或静水压力达 2~3 MPa 以上的矿床。冶金系统矿山则一般以万 t/d 计，煤炭系统矿山则一般以 m^3/s 计。

我国大水矿床分布广泛，点多，储量大，有的矿石品位高。由于矿井涌水量大，因此疏干排水工程量大，投资大。疏干排水经营费用高，矿石成本增加。开采难度大，安全事故多，甚至发生透水淹井事故造成人员伤亡、财产损失。有的大水矿床，因条件复杂、水量大、效益差而被迫关闭或缓建，有的因防治水难度大迟迟得不到开采，也有的矿山因采矿方法和防治措施不当导致淹井事故。更多的大水矿山因采取合适的采矿方法和有效的防治水措施，使矿床得以顺利开采。我国部分大水矿床开采简况见表 6 – 5 – 1。

表 6 – 5 – 1　　　　　我国部分大水矿床地下开采简况

矿山名称	水文地质	采矿方法	防治水措施	备注
木口山铅锌矿	上部溪水，裂隙导水	上向分层充填采矿法	地面防洪、防渗、帷幕注浆	正常生产
张马屯铁矿	中下熏陶统灰岩及第四系松散层含水	空场嗣后全尾砂胶结充填采矿法	以堵为主，堵排结合	正常生产
西石门铁矿	奥陶灰岩含水层	有底柱和无底柱分段崩落法	超前疏干，马河镇底	正常生产
北铭河铁矿	季节性河流，奥陶灰岩含水层	无底柱分段崩落法	河流改道，超前疏干	正常生产
凡口铅锌矿	白云岩岩溶含水	机械化量区上向分层充填采矿法	地下浅部截流和地表防渗相结合	正常生产

（续表）

矿山名称	水文地质	采矿方法	防治水措施	备注
新桥硫铁矿	地表河床，水库，矿体顶板栖覆灰岩含水层	空场嗣后块石砂浆胶结充填采矿法	河流改道防渗巷道加敛水孔疏干	正常生产
铜绿山铜铁矿	矿区大理岩岩溶水为主	上向分层点条柱充填矿法	帷幕注浆	正常生产
莱芜业庄铁矿	顶板奥陶灰岩为强含水层，最大较水量为 110 km³/d	上向分层点柱充填采矿法	顶板注浆堵水，下部疏干	正常生产
谷家台铁矿	地表有河流，矿体顶板奥陶灰岩为强含水量，最大较水量为 75 km³/d	下向进路胶结充填法	堵排结合，以排为主，辅之以搬迁、改河	曾发生透水死亡事故
三山鸟金矿	滨海矿床，裂隙充水矿床	上向分层点柱充填采矿法	平行疏干与注浆加固堵水	正常生产
程潮铁矿	岩溶裂隙水	无底柱分段崩落法	地下巷道疏干	正常生产
泗顶铅锌矿	岩溶含水为主，地下疏河、裂隙纵横交错，断层横切河床，地表水与地下水联系密切	切顶房柱法	导、疏、堵、排	正常生产
金岭铁矿召口矿区	奥陶石灰岩含水	分段凿岩阶段空场嗣后充填法	疏、堵、截	正常生产
锡矿山南矿	矿体上面为河流	充填采矿法	河床加固防渗	已采完
麻坡铝矿	矿体上面为河流	空场嗣后充填采矿法	河流改道，留隔水矿柱	
南铭河铁矿	季节性河流，奥陶灰岩含水层	空场嗣后胶结充填采矿法	超前疏干	
云驾岭铁矿	奥陶灰岩含水层	上向分层点柱充填采矿法	超前疏干	
白象山铁矿	上部为河流，第四系孔隙含水层和基岩裂隙含水层	上向分层点柱充填采矿法	局部疏干为主，注浆堵水为辅	建设中
草楼铁矿	矿体顶板风化带含水层，第四系底部碎石含水层	空场嗣后充填采矿法	保护顶板	正常生产

二、治水、防水方法与措施

大水矿床地下开采的防治水技术，要比露天开采复杂，影响因素和可能遇到的问题也多。除了合理布置井巷工程、选择合理的采矿方法/方案外，还必须针对不同条件采取防治水综合措施。

　　首先要做好矿床水文地质和工程地质工作，提供可靠防治水需要的基础资料，以便进行设计、施工建设。

　　大水矿床地下开采防治水措施简述如下：

　　（1）排水疏干。采用疏干排水进行开采，是矿山应用最简单、作业安全、工作条件好的方法，在矿山设计时首先要考虑这种方式。由于大水矿山的涌水量大，疏干排水工程量大，基建时间长，投资多，疏干排水经营费用也高；单位矿石的排水成本增加，影响矿山整体经济效益。同时，大水矿床疏干往往改变了矿区原有水文地质状态，降落漏斗扩大，甚至会引起地表沉降、塌陷，建（构）筑物被毁，有的还得解决农村供水问题。如西石门铁矿、水口山铅锌矿等大水矿山，因排水疏干造成的环境问题很突出。

　　井下主要排水设备，至少应由同类型的 3 台泵组成，其中任一台的排水能力，必须能在 20 h 内排出一昼夜正常涌水量；2 台同时工作时，能在 20 h 内排出一昼夜的最大涌水量。井筒内应装设两条相同的排水管道，一条工作，一条备用。

　　最大涌水量超过正常涌水量一倍以上的矿井，除备用 1 台水泵外，其余水泵应能在 20 h 内排出一昼夜最大涌水量。

　　有的大水矿床，条件复杂，采用单一的排水疏干方法，还不能达到完全疏干的效果，有的还有残余水头，还需采取其他措施配合。

　　（2）留隔水岩柱（层）。如在富水体岩层上部或下部开采，不仅涌水量大，而且开采条件恶化，疏干排水工程量大，投资多，排水经营费用也高，还有发生突然溃水的可能，严重威胁井下人员的生命安全和造成财损失。

　　为了减少矿井涌水量，预防发生突然溃水及保护好矿区水体的自然状态，根据岩层水文地质、工程地质条件，若有渗透系数很小又稳固的达到一定厚度的岩体，可在合适位置留作隔水岩柱（层），使其与富水岩隔开。

　　（3）帷幕注浆堵水。帷幕注浆堵水是用钻孔揭穿含水层的岩溶裂隙，通过钻孔将水泥浆或其他堵水浆液注入含水层的岩溶裂隙中，浆液凝固后将各注浆钻孔周围裂隙等凝固封堵起来，形成一条带帷幕墙，其实质相当于人工形成隔水岩柱（层）。

　　这类幕墙具有较强防渗漏性，起到阻隔水源的作用，从而减少矿坑涌水。合理的帷幕堵水方案能够减少坑内涌水，保障矿山安全生产。如水口山铅锌矿、张马屯铁矿、黑旺铁矿等采用帷幕堵水，保证矿山安全生产，取得了良好的经济效益。但帷幕堵水工艺复杂，成本高，使用范围受到制约。

　　（4）避水。避水是使来源于矿体上部或周围岩体的"水源"避开补给矿体，如西石门铁矿、凡口铅锌矿。在河床下面，开采时采用河床铺底避水或将地表河流等水体改道措施，避开地表水对矿床开采带来的问题，保障井下正常开采。

　　（5）疏、堵、避、封等综合措施。对于条件复杂的大水矿床开采，往往需要采用疏干、注浆堵水、避水或留岩（矿）柱封隔等多种技术措施或其中两种以上措施，才能保证矿山安全开采。如水口山铅锌矿、业庄铁矿等，初期仅采用单一技术措施，没有达到要求，甚至发生事故，又引发突出的环境问题。以后，采用疏、堵等综合防治水技术措施，保证了井下安全开采，并取得了较好的技术经济效益。

（6）基建时期要重视防止突水。据调查，部分大水矿山，往往会在基建时期发生突水淹井事故，因此，在建井巷工程中除了要做好探水工作外，还要及时形成排水系统。如白象山铁矿深部（−390 m 阶段以下）F4 等断层带的含水、导水性情况未能查清。在 −470 m 阶段，风井向北的石门掘进距风井中心 84.30 m 处，于 2006 年 8 月 28 日发生突水，瞬时最大水量为 928 m³/h，造成井巷被淹。突水是巷道已接近 F4 导水断层所致。

三、开采技术

矿坑水一般是指生产矿山的涌水，其水量包括井巷工程通过含水层的涌水、地表水流入或渗入井下的水、水砂充填及采矿活动的回水。矿坑水的防治是根据矿床水文地质条件和特点，合理布置井巷工程，采取综合防治水措施，以减少矿井排水量，消除其对矿山生产的危害，确保安全和取得好的效益。

矿坑水的防治工作应本着"以防为主、防治结合"的原则，力争做到防患于未然。存在水害的矿山建设前应进行专门的勘察和防水设计，并由具有相应资质的单位完成。防治水设计应为矿山总体设计的一部分，与矿山总体设计同时完成。水害严重的矿山应成立防治水专门机构，在基建、生产过程中持续开展有关防治水方面的调查、监测和预报工作。

所谓的合理布置井巷，就是开采井巷的布局必须充分考虑矿床具体的水文地质条件，使得流入井巷和采区的水量尽可能小，否则将会使开采条件人为地复杂化。在布置开采井巷时应注意以下几点：

（1）先简后繁，先易后难。在水文地质条件复杂的矿区，矿床的开采顺序和井巷布置，应先从水文地质条件简单、涌水量小的地段开始，在取得治水经验之后，再在复杂的地段布置井巷。例如，在大水岩溶矿区，第一批井巷尽可能布置在岩溶化程度轻微的地段，待建成了足够的排水能力和可靠的防水设施之后，再逐步向复杂地段扩展，这样既可利用开采简单地段的疏干排水工程预先疏排了复杂地段的地下水，又可进一步探明其水文地质条件。

（2）井筒和井底车场选址。井筒和井底车场是矿井的主要工程，防排水及其重要设施布置在这里。开拓施工时，还不能形成强大的防排水能力。因此，它们的布置应避开构造破碎带、强富水岩层、岩溶发育带等危险地段，而应布置在岩石比较完整、稳定，不会发生突水的地段。当其附近存在强富水岩层或构造时，必须使井底车场与该富水体之间有足够的安全厚度，以避免发生突水事故。

（3）联合开采，整体疏干。对于共处于同一水文地质单元、彼此间有水力联系的大水矿区，应进行多井联合整体疏干，使矿区形成统一的降落漏斗，减少各单井涌水量，从而提高各矿井的采矿效益和安全性。

（4）多阶段开采。对于同一矿井，有条件时，多阶段开采优于单一阶段开采。因为加大开采强度后，矿坑总涌水量变化不大，但是分摊到各开采阶段后，其平均涌水量比单一阶段开采时大为减少，从而降低了开采成本，提高了采矿经济效益和安全性。

对于大水矿床，选择合理的采矿方法/方案是矿山安全开采的保障。即使前期地质和水文地质及工程地质非常健全，防治水工作也要做好，如果没有一个合理的采矿方法来保证安全开采，巩固防治水成果，矿山安全开采仍无从谈起。

第二节　露天开采境界外残留矿开采

一、概述

一些露天矿山逐渐步入开采晚期，其境界外残留大量矿产资源。据国内外矿山统计，露天开采结束，留在露天开采境界周围的矿量占开采总储量的 5% ~ 16%。如果扩大境界，可能造成矿山经济指标的恶化，并且征用大量土地，破坏生态环境。对全国16 个大型露天铁矿不完全统计，露天境界外残留矿石资源达 12 亿 t 之多，仅包钢、攀钢所属矿山境界外残留矿近 5 亿 t。包钢白云鄂博铁矿地质储量 12.3 亿 t，设计圈定储量 9.5 亿 t，露天采场境界外有 2.8 亿 t 地质储量；攀钢兰尖铁矿和朱家包铁矿也有近 2 亿 t 境界外储量。这些储量已无法通过扩大露天境界回收。

露天矿境界外残留矿特点：

（1）储存量大。

（2）赋存条件复杂，不规整，开采困难。

（3）安全问题突出。露天采场与地下回采境界内残留矿同时作业，相互影响，由于开采残留矿井下爆破作业及形成的采空区破坏了露天矿边坡稳定环境。

（4）地表不允许塌陷。露天矿境界外均有一定的工业设施和工业场地，这些设施和场地仍在作业。

我国在露天矿境界外残留矿产资源开采技术研究方面，曾在 10 个矿山进行过专题研究，取得了阶段性成果。马鞍山矿山研究院针对境界外残留矿体开采的特点，专门开展了开采岩体稳定性分析方法及安全评价方法研究，初步掌握了该条件下矿岩体的变形破坏规律；在"河南银洞坡金矿境界外矿体开采研究"项目中，针对可能形成的对边坡危害，初步形成了兼容的开拓系统、配套工艺、矿柱留设评估、岩层变形监测方法及预报方法的技术措施；在"马钢南山矿业公司界外开采研究"项目中，初步形成了减少相互爆破扰动的相关对策和措施；在"山东蚕庄金矿破碎蚀变岩金床采矿方法与岩石力学综合研究"项目中，通过对蚀变岩型矿岩特性的研究，采用灰色系统方法选择采矿方法，控制了复杂条件下的采场顶板；与有关院校合作对声发射技术进行了系统的研究，运用声发射与地压、位移监测相结合的方法，也取得了实质性的效果；还在众多矿山开展了矿岩力学机理研究、现场测量等，掌握了非煤矿山矿岩体的地压活动特征。初步形成了残留矿体开采与原开采的耦合方法、矿山开采对矿岩层损伤的数值分析方法、顶板岩层变形监测措施、岩层变形监测及预报方法、低扰动爆破技术等。

二、露天开采境界外残留矿开采技术

露天开采境界外的残（柱）留矿按其赋存位置可分为三种类型：露天边帮残留矿，

在露天矿边坡附近的矿体；露天底残留矿，与地下采空区之间的矿柱多为境界顶柱；露天矿坑两端的三角矿柱。

这些残留矿，赋存条件各异，矿量多少不一，回采条件复杂，回采困难，往往是开采强度低，安全条件差，回采率不高。因此，要重视残留矿的开采技术。

（一）露天边帮残留矿的回采

露天边帮的残留矿体，主要包括非工作帮附近和边坡以下的矿体。除了少量可由露天直接采出外，大部分采用地下开采，可采用充填法、崩落法以及空场法。

1. 充填法

充填法是开采露天边坡残留矿体采用较多的一种方法，一般采用上向或下向水平分层充填采矿法，当露天边坡下的矿体延伸较长时，也可采用矿房充填法开采。其回采工艺与通用的充填法相同。该方法除应注意爆破作业的相互影响外，一般不存在露天边坡塌落等安全威胁，它能保持边坡稳定，允许在地下作业的同时，进行露天开采。但该方法的回采成本较高，劳动生产率低。因此，主要适用于矿岩破碎、价值较高的矿床开采（图 6 - 5 - 1、图 6 - 5 - 2）。

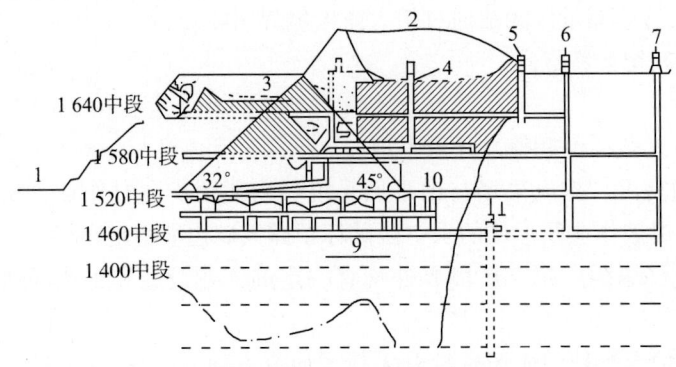

图 6 - 5 - 1　金州龙首矿区胶结充填法回采边坡下矿体纵投影

1—露天矿；2—小露天采区；3—原地下崩落法开采区；4—充填井；5—2 号井；6—老 1 号井；7—新 1 号井；8—下向充填法开采区；9—三角矿柱区；10—上向水平分层充填法开采区；11—盲井

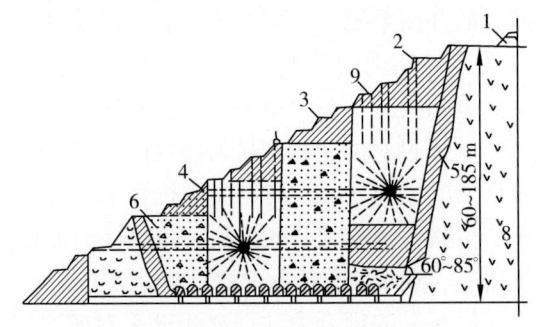

图 6 - 5 - 2　矿房充填法回采边坡体方案

1—矸石场；2—露天钻机；3—露天台阶；4—凿岩平硐开采（—48 m 中段）；5—矿体；6—充填体；7—运输平硐；8—围岩；9—充填高度

2. 崩落法

采用崩落法回采边坡残留矿体，通常适用于矿岩不太稳固、矿石不太贵重的矿山。如冶山铁矿，采用分段崩落法回采边坡下的残留矿体。当露天底矿柱和地下的第一阶段是用崩落法回采时，通常均用崩落法回采边坡的矿体。采用这种方法回采时，地下开采对露天开采的安全是有影响的，一般情况下，地下开采沿走向的回采

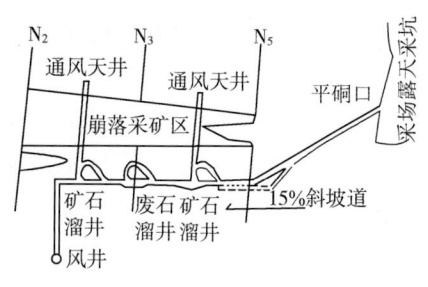

图6-5-3　司家营铁矿露天边坡下开采示意图

顺序应采用向边坡后退进行，使边坡附近的坍落漏斗逐渐发展，最终形成条带状的宽崩落区，以保护露天矿下部台阶不受坍落岩石的威胁。及时进行岩移观测并采取安全措施条件下，露天矿的回采作业受影很小。但在一般情况下，崩落区的露天矿下部，在地下开采影响到边坡安全时，应停止作业。

3. 空场法

空场法回采边坡残留矿体，一般采用房柱法、浅孔留矿法等，适用于矿岩稳固性较好的矿床，其工艺与地下开采相同。采用空场法回采边坡矿体时，在露天矿的边坡附近，往往堆积一定量的废石，对地下开采和边坡稳定性产生一定影响。因此，在边坡下开采时，要求留设一定的境界矿柱。矿柱大小可按废石堆放的位置和矿层至地表距离来确定。

（二）露天底残留矿的回采

露天底残留矿是指露天坑底至地下采场之间的境界顶柱（隔离矿柱）。由于地下第一阶段水平所采用的采矿方法不同，矿柱的回采方案也不同。当坑内采用崩落采矿法时，露天坑底就不存在底柱的开采问题。若采用房柱式采矿法回采地下第一阶段水平的矿体，根据选用的采矿方法不同，底柱的回采方式也不一样。有些采矿方法，在采完第一阶段矿房时就继续用该法回采露天底柱，最后与矿房的矿石一起从地下运出，如留矿法、VCR法、水平分层充填法。还有一类采矿方法，在露天向地下开采过渡时期也不存在露天底柱，而是将露天底柱作为过渡阶段的矿房，用阶段矿房采矿法开采（图6-5-4），这种方法是从露天边帮开掘斜坡道作为凿岩和装载设备用的运输巷道（阶段高可选50～80m）。为了通风，可开掘斜井或通风深孔与地面相通。然后作运输出矿水平的采准和拉底水平的漏斗及补偿空间。崩矿的深孔从露天底或在分段凿岩巷道中进行。矿房中的矿石放出后，用剥离废石或尾砂充填。矿房的间柱在矿房充填后用与矿房同样的方法回采。此法适用于较窄的急倾斜矿体和深露天水平开采。该法的优点：可以不扩帮继续向下开采（50～80m）而不留三角矿柱，使剥离量减少，回采率提高；生产能力大，且有利于保证边坡稳定；为地下采用崩落采矿法提供了有利条件。

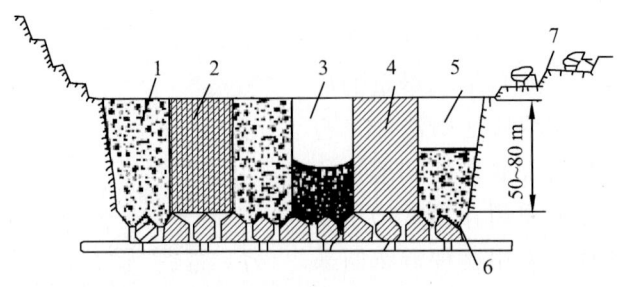

图 6 - 5 - 4 露天底矿柱的开采方法

1—充填体；2—自露天底矿体中钻深孔；3—放矿的矿房；4 —矿柱；5—充填的矿房；6—挡墙；7—露天工作帮

对于厚度大的急倾斜矿体，可用留横撑棱柱的露天 - 地下联合法开采露天底的矿柱（图 6 - 5 - 5），使用该法也可以不扩帮向下开采（深度可达 60 ~ 80 m）。实质是在地下先开采矿房 5，矿房宽度 15 ~ 25 m，长度等于露天采场的宽度。矿房的回采是从分段平巷崩落矿石，或者用阶段强制崩落法崩矿。崩落的矿石从漏斗放出，经运输平巷运到井口提运至地面。放完矿石后用混合充填料充填，这样形成横撑棱柱体。横撑棱柱体之间为露天采场。这部分矿体在露天开采，靠近棱柱体留的边坡角为 85°。棱柱体沿走向间的距离可取 300 ~ 500 m，应依据露天开采的边坡稳定性来确定。露天采场的矿石通过采场的矿石溜井放到地下开采的运输水平运出。露天开采的采场空区用剥离废石充填。用露天 - 地下联合开采底柱，比用露天法开采更合理，其经济效益比后者优越得多，而且有利于地下采用崩落法进行开采。

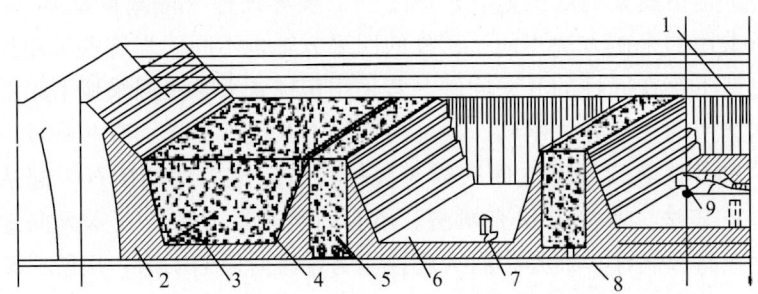

图 6 - 5 - 5 留横撑棱柱开采露天底矿柱方案

1—露天底矿柱；2—矿体边界；3—剥离矿石；4—矿体；5—充填棱柱体；6—露天开采的采矿场；7—放矿溜井；8—运输平巷；9—装载机

（三）露天残留三角矿柱的回采

露天矿尤其是厚大的急倾斜矿体，在露天开采到最终境界后，不扩帮而继续下延，在顶底盘留下边坡三角矿柱以及露天矿两端三角矿柱。根据矿体长度和厚度，可沿走向布置矿房进行回采，其中靠近露天边上的第一个矿房，可直接从露天采出。

在地质条件很差的情况下，由于上盘三角矿柱暴露面积大，上盘岩石应力集中，如果露天矿延深很大，矿体很厚，倾角不陡，上盘岩石又不稳固，此时矿柱的回采困难，甚至只回采部分矿柱就可能引起上盘岩石的大量移动，而且矿柱回采率低，作业不安全。在这种条件下，矿柱回采工作最好与地下第一阶段的矿体一起进行。如果条件允许，采用房柱法比较合理，因为此时不放顶也可以回收一半的矿石。

　　根据一些矿山的实践经验，对于上盘岩石不稳固的矿山，其边坡三角柱可采用充填法回采［图6-5-6（a）］，上盘岩石稳固时可采用留矿法［图6-5-6（b）］或分段法回采［图6-5-6（c）］。由于三角矿柱一般均在露天开采结束后进行，对其回采，应视露天坑底有否堆废石的实际情况而定。当采场有废石覆盖层时，靠边坡一侧需留2~3 m矿柱；反之，则不留。

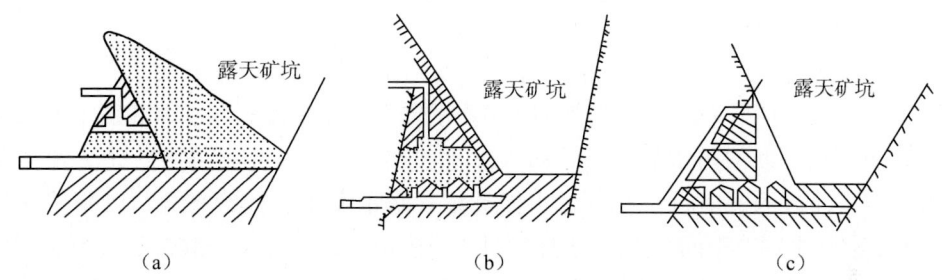

图6-5-6　露天坑底三角矿柱的回采
（a）充填法回采；（b）留矿法回采；（c）分段法回采

第三节　地表水体及建筑物下开采

一、概述

　　地表水体、建筑物或铁路下矿床的开采，简称"三下"采矿。对于这类矿床的开采，必须采取相应的回采工艺技术，使地下回采工作对地面建筑物、铁路干线的变形控制在允许范围以内，影响最小；同时，要防止地表水涌入井下，造成水患。

　　国内外在"三下"矿床开采中根据特定的矿床赋存条件采取相应的工艺技术，已采出了大量的矿产资源。美国、俄罗斯、加拿大、波兰、日本等国的地下矿山都先后成功地进行了"三下"开采。我国的锡矿山锑矿、湘西金矿、车江铜矿以及许多煤矿也成功地在河床下、地面建筑物下进行了矿床开采。目前对"三下"矿床的开采，总的说来，在金属矿山由于岩性不均质，构造发育，故多采用充填法回采，以防止围岩崩落，减缓或避免岩移；在煤矿，根据沉积岩层的沉降和破坏的特点，采取不同的措施，采用崩落法开采，因为在非煤矿山中也存在许多类似煤矿的沉积岩层矿床的开采。

二、地表水体下矿床的开采

（一）采用充填采矿法或留矿柱局部充填采矿法开采

用充填法回采时，上下盘围岩的破坏较小，一般只产生开裂性破坏，不发生崩落。裂缝带的最大高度远比用崩落法管理顶板时低。围岩的破坏与变形大小，与回采方案、充填工艺、充填材料的性质等有密切关系。尽管充填采矿法成本较高，但能充分地采出矿产资源，特别是开采急需的稀贵的或高品位的金属矿物，在经济上也是合理的，故已是水体下开采行之有效、优先选用的采矿法。近几年来，使用水砂充填料和低强度的胶结充填体已使充填成本显著降低，因而更扩大了其使用范围。

（二）留设防水矿（岩）柱开采

在水体下的矿床开采时，首先要确定最小的安全开采深度，在水体和回采的最高水平之间留下一定厚度的防水矿柱，在回采过程中使防水矿柱不遭破坏，防止水渗入井下。在确定安全开采深度时，要考虑水体类型、水量大小、补给来源，以及矿体的岩性、结构、透水性能等因素。防水矿柱的最小厚度应是矿体导水裂缝带的最大高度加上一定厚度的保护层。如果地层无松散层覆盖和采深较小，还应考虑增加地表裂缝深度。

（三）设立监测系统进行监测

在水体下开采，进行有关内容的监测是特别重要的，它包括：

（1）全矿及分涌水点的涌水量定期动态观测，地表水及地下水的长期动态观测；

（2）开采厚度及面积、推进速度等与顶板周期来压及稳定性的关系；

（3）崩落带、导水裂缝带及地表移动与变形，地表裂缝等情况的观测；

（4）岩溶地区地下和地表塌陷的范围与分布状况的调查，以及可能塌陷的监测预报；

（5）地表下沉盆地积水区及采空区积水区的水位、水量及补给、排泄情况的观测。

三、建筑物下矿床的开采

（一）建筑物下的开采原则

1. 全面开采

根据地表移动规律，地表不均匀下沉和地表变形都集中在地表下沉盆地的边缘区，边缘区地表各点变形经受一个由动态到静态的发展过程，并达到最大值。井下每出现一个永久性开采边界，地表便出现一个数值较大的沉降盆地边缘变形区。所谓全面开采，就是在整个建筑物或铁路干线下的矿体范围内同时进行全面积开采，在此矿体范围内不形成任何开采边界，以最大限度地减少开采对建筑物的有害影响。全面开采一般只能在水平或缓倾斜矿层中进行，并要采用长壁工作面回采方式。此时地表下沉盆地中央将出现范围大而变形值小的局部区域。当地表建筑物位于下沉盆地中央时，井下采矿对它的影响和损害最小。

2. 同时开采

当矿区有断层时，应在建筑物下矿体的两侧同时开采，以减少出现开采边界的不利影响。回采可同时在几个工作面、几个采区内进行。若一个采区内有几个矿井同时生产，则应同时联合开采，不留永久性边界矿柱，这样几个矿井开采对地表建筑物的综合影响将显著减弱。

3. 连续开采

对于走向较长、延伸较大的矿体，回采应自上而下连续进行，不允许过久的停顿，特别是在浅部回采时更应如此。连续回采，要求一个工作面接一个工作面、一个采区接一个采区、一个阶段接一个阶段地回采。过久地停顿（大约 3~5 个月）就导致形成永久性开采边界，使本来只有动态变形值的地方出现表态变形值，从而造成建筑物损害。

4. 合理布置回采方向

地表移动观测及建筑物下采煤的实践表明，不论是在水平面上，还是在垂直面上，地表移动的主要方向总是指向采空区，即总是垂直于开采边界。受地表拉应力产生的裂缝往往平行于开采边界。建筑物的抗变形能力与其平面形状有关，对于矩形建筑物，长轴方向抗变形能力较小，短轴方向抗变形能力较大，因此建筑物的长轴方向应布置与地表裂缝走向平行，以减少拉伸变形对建筑物的损害。在布置回采工作面或采区位置时，应考虑地表建筑物的平面几何形状。在矿区地表布置工业设施时也应考虑开采对它的影响，选择合理的布局。

5. 对称背向开采

为保护地表对倾斜和拉伸变形非常敏感的建筑物，如烟囱、水塔等塔式建筑物，可采用对称背向开采布置方式。一般有两种做法：一是直接在建筑物下布置两个背向开采的工作面。这样可使建筑物始终处于下沉盆地中央的压缩变形区内，不承受拉伸变形，不产生倾斜。由于建筑物抗压缩变形能力一般大于抗拉伸变形能力，随着采空区的扩展，这种压缩变形状态很快就过渡到无变形或压缩变形极小的状态，即均匀下沉。二是背向工作面布置在离建筑物中心一定距离之外。根据煤矿的开采经验，这个距离为建筑物矿柱临界宽度的四分之一。这时建筑物所受的拉伸和压缩变形均较小。

（二）采矿方法

地表建筑物下的矿床开采主要采用充填法，有时也用房柱法。只是在极特殊的条件下才用单层崩落法回采，如埋藏深、矿体薄、缓倾斜的沉积矿床等。

1. 充填采矿法

用充填法回采既可减少上部覆岩的破坏高度，又可显著地减少地表移动和变形值，是建筑物下开采行之有效的方法。充填法的回采方案依具体条件而定，对于矿岩较稳固的矿体一般用上向分层充填采矿法，否则用下向分层充填法回采。我国地下金属矿山主要采用尾砂胶结充填或废石胶结充填技术开采地表建筑物下的矿床，煤矿则用水砂充填法回采。波兰用水砂充填法所采的煤占全国地表建筑物下采煤总量的 80%。

2. 房柱采矿法

房柱法开采不仅可以降低地表下沉量和变形值，而且可以降低崩落带和导水裂缝带的高度。煤矿的实测资料表明，房柱法开采时的地表下沉系数为：房柱法嗣后充填 0.01~0.05，崩落房柱法 0.06~0.16。留下的在矿柱承受上部覆岩的全部载荷，只允许地表发生轻微、均匀的下沉和变形。根据煤矿的实践，房柱法正规回采时，留下的矿柱面积必须大于开采总面积的 30%。在金属矿山中留条柱回采的方案已极少使用，已普遍采用人工胶结矿柱取代天然矿柱进行回采，大大减少了矿石损失。

第四节　深部开采

一、深部开采特征及面临的问题

矿床视其成因，延展深度差异很大。内生及热液矿床可能延展到几千米以下。随生产发展，矿山开采深度日益增加。当前我国金属矿山开采深度大多数在 300 ~ 400 m，仅个别矿山如石嘴子铜矿深近千米，但很多生产矿山设计深度近千米或千米以上，如鞍钢弓长岭铁矿设计深度为 -750 m，距地表深度达 1 000 m。在本世纪内，我国金属矿山将有一批进入深部开采的范围，其深度在 600 ~ 700 m 以上。

根据我国石嘴子铜矿和南非、加拿大、美国、乌克兰、印度等国的一些开采深度大于 600 ~ 700 m 以及深度大于 1 000 ~ 2 000 m 的矿山生产实践，深部开采有以下几方面的问题：

（一）岩层控制

大量的原岩应力测量结果表明，在一般条件下，原岩应力的垂直应力分量与深度成正比；某些深部开采矿山的岩石力学性质试验结果表明，矿岩的强度指标随深度增加，有下降的趋势。上述两个因素单独或综合起作用的结果是，矿岩的强度指标随深度增加，其破坏的现象加剧；各类矿柱随开采深度增加，失稳现象增多；岩体的流变性质会随开采深度增加而增强（例如乌克兰克里沃罗格矿区，当开采深度大于 700 ~ 900 m 时，在采动影响范围内岩体发生流变及应力松弛）；随深度增加流变量在总应变量中所占分量可达 80%，体积相对改变量为 0.2% ~ 0.3%；岩体长期强度降低，仅为瞬时强度的 1/2；岩爆发生次数随开采深度增加及支撑面积减少而增加。

巷道破坏或巷道和采场的围岩变形、矿柱失稳、岩爆频度增加，是深部开采地压显现的最明显特征之一，对安全生产和经济效益产生极其不利的影响。因此，在进行深部开采、设计开拓系统、采准布置以及选择采矿方法和回采工艺时，必须根据具体条件，研究解决岩层控制问题。

（二）井下工作环境

随开采深度增加，矿井中空气及巷道周围岩体的温度升高。金属矿山根据矿床地质条件，地温升温率变化于 35 ~ 120 m 之间。当前世界上最深的矿井是南非的威特沃特斯兰德金矿的西部深水平，距地面近 4 000 m 深处温度为 43℃。加拿大一钾盐矿开采深度在 1 100 m 以上时，地温为 40 ~ 42℃。井下温度升高影响工人劳动时正常热交换的进行。根据井下温度对劳动和生产率影响研究得知，井下温度升高影响工作劳动正常热交换的进行。根据井下温度对劳动生产率影响研究得知，井下空气温度提高一度会使劳动生产率降低30%。不仅如此,工人长期在高温环境中工作会因高温而导致疾病,如热痉挛、热疲劳、热辐射病等。因此,工作条件恶化、劳动生产率降低、职业病威胁是深部开采所面临的一个新的严重问题。

另外,随着开采深度增加,提升、排水的能力及供风、供水的压力变化,对深部开采的生产能力将会产生极大的影响。

为改善岩层控制、井下工作环境、保证矿山必要的生产能力,深部开采的单位投入要比在浅部开采时多,这无疑会影响矿山的经济效益。

二、开采深度分类

根据开采工作转向深部面临的问题,开采深度可分为以下几类:

（一）浅部开采

开采深度小于300 m,称浅部开采。在此深度内开采金属矿床,一般地压显现不严重,即使发生地压活动亦属静压问题,易于处理。

（二）中等深度开采

开采深度介于300~600 m,称为中等深度开采。在此深度内采矿时,根据矿体赋存条件、矿岩的物理力学性质,在掘进采准巷道或开拓巷道的过程中,可能发生轻度岩爆,如岩石弹射等。俄罗斯金属矿山从20世纪70年代开始有59座矿山出现深部地压活动,至1984年9月止,北乌拉尔矾土矿、塔什塔戈尔矿和克里沃罗格矿区分别记录到125、55和14次岩爆。塔什塔戈尔矿第一次岩爆发生在开采深度为300 m的地方,南非威特沃特斯兰德金矿发生岩爆的深度为600 m。我国盘古山钨矿、杨家杖子钼矿,也不同程度地出现了岩石弹射;张家洼小官庄铁矿在开凿地下破碎机硐室（距地表500 m以下）时,也发生过岩石从硐室顶板弹射下来的现象。

（三）深部开采

开采深度在600~2 000 m,为深部开采。在此深度开采时,具有二类变形特征的岩石会发生频繁的岩爆。某些采矿方法在深度超过700 m时,将会遇到难以克服的困难,难于甚至无法在采场中进行正常回采工作。如吉林石嘴子铜矿应用留矿法,当开采深度大于300 m时,矿房间矿柱不等矿房回采完毕,即遭强烈地压作用压碎,行为安全受到威胁,上下盘围岩收敛使采场中矿石难于放出。

（四）超深开采

回采深度大于2 000 m为超深开采。目前处于超深开采的矿山不多。

三、开拓与采准

（一）深部矿床开拓

深部矿床开拓大多数属于在生产矿山原有开拓工程的基础上进行的延深工作,也有的属于深埋矿体的首次开拓工程。不论何种情况,必须进行设计前的可行性研究,以便根据矿床的赋存条件、采矿技术水平及经济条件,合理确定深部矿床开拓深度,根据开拓深度确定深部矿床开拓方案,选择开拓方案的原则和方法以及深部矿床的开拓任务与浅部矿床开拓基本相同。

在具体设计中，必须根据深部开采的特点，确定采用单一开拓抑或联合开拓；考虑井筒的类型、位置、数目的提升段数。采用25～50 t 箕斗多绳提升机，一段提升深度可达2 000 m，南非"布雷尔"多绳缠绕式提升最大提升深度为2 442 m。所以对埋深延展深度小于2 000 m的矿床，根据矿床倾角要采取单一开拓方式，井筒由地表一次或分次掘至设计深度；或采取联合开拓（竖井—竖井、竖井—斜井）。

在一般条件下，为保证通风及运输材料需要，深部开拓的辅助井筒数目村要多于浅部及中等深度开采时辅助井筒数目。

随开采深度增大，原岩应力增大，巷道开凿后失稳的可能性增大，尤其采准巷道在采动影响下更易失稳。据江西大吉山钨矿（开采深度450 m）测量原岩应力得知，于矿体下盘分布着一个应力升高区；在乌克兰克里沃罗格矿区开采深度大于400 m时，亦得出同样结论。因此，在考虑开拓、采准巷道布置时，必须顾及此点。尤其在采用崩落法开采厚矿体时，在矿体下盘分布的应力升高区范围较大，导致位于矿体下盘的阶段巷道受地压作用而破坏，巷道维护费用增加。为保证深部开采时，阶段采准巷道免遭采动影响而破坏，阶段采准巷道的位置应避开下盘的应力升高区，一般设于距矿体30～60 m处。

（二）采准巷道布置

采准巷道的布置应保证采场有贯通风流及必要的风量。

深部开采时，在设计之前必须了解开采阶段的原岩应力场的特点，即应力的大小及作用方向。根据原岩应力的大小，垂直应力与水平应力分量比，最大主应力作用方向等，合理选择巷道断面形状及其布置方位。设计巷道断面时，尽量使巷道断面水平轴尺寸与垂轴尺寸之比等于原岩应力水平分量与垂直分量之比。并且将其长轴布置于最大来压方向，以使巷道周围岩体中形成一均匀的环向压应力圈，使巷道的稳定性从二次应力场的特征上得到保证。为此，在深部地压大的地段，主要巷道均应拥有曲线形断面（圆形、椭圆形）。

（三）巷道支护

开采深度超过600 m时，不是任何矿山都发生具有动压特征的地压活动，因此可根据岩性及岩体结构特点、地压大小选择支护方法。目前广泛应用于深部开采矿山的支护类型：加固岩石（自强）的喷锚，喷锚网支护；辅强类型的可缩性钢支架，刚性的混凝土支护等。

四、深部采矿方法

（一）深部开采应把握的原则

为选择适用于深部矿体的采矿方法，除要考虑满足中、浅部矿体开采时对采矿方法要求外，还应强调下列几点：

（1）选用机械化程度高、采场生产能力大的采矿方法，这不仅可以补偿因改善工作环境所增加的采矿成本，而且有利于进行岩层控制。

（2）优先选择贫化率小或可进行选别回采的采矿方法，以提高原矿品位、减少提升量。

（3）确定采矿方法时，采空区的暴露面积不宜过大，以免引起暴露的岩层突然冒落；有时为了保证矿块生产能力而要求增大采空区暴露面积时，可考虑采用预加固长锚索等技术措施来加固岩层。

（4）不留影响顶板岩石均匀下沉的各种类型矿柱，因为这些矿柱会引起应力集中，发生岩爆。必须采用能形成连续采空区的采矿方法。

（5）必须从回采过程中蓄积弹性应变能量与释放能量近于相等的角度，或从减缓蓄积能量释放速度出发来选择采矿方法。因此，可从崩落法或充填法中选取适合矿岩条件的采矿方法。乌克兰在开采埋深较大，矿石及围岩不够稳定的倾斜及急倾斜矿体多采用崩落法，如克里沃罗格矿区。

（二）深部开采需采取的技术措施

在选择深部矿床的采矿方法时，可借鉴许多由浅部矿床开采转入深部矿床开采的经验。在浅部开采用的空场采矿法转入深部开采时，地压增大将会引起某些矿柱破坏，顶板（或两盘）垮落，给回采工作造成困难。克服这些困难可采取下列技术措施：

1. 缩小矿房尺寸，增大矿柱尺寸

例如石嘴子铜矿从上部 25 m 阶段开始到闭坑时，深度达 950 m，始终采用浅孔留矿法。在中等深度（530 m 以上）开采中，可获得较好的效果。随着回采深度增加（530 ~ 710 m），矿山压力增大，采矿作业的条件日益困难，为此相应地改变了矿块结构参数，矿房和矿柱的回采方法根据具体条件，采用了多种留矿法变型方案，基本上获得了满意的结果。但在 710 m 以下，因深部地压过大，留矿法变型方案已不能完全解决深部开采中顶板管理的困难，致使安全不能保证，矿柱难以回采，损失贫化过高。该矿实践表明，开采深度为 710 ~ 950 m 时，采用留矿法是不适宜的。又如加拿大弗林弗伦铜矿采用深孔落矿阶段矿房法，使矿柱中占有的矿量达 1/3。

2. 改变采矿方法

南非威特沃特斯兰德矿开采倾角为 21°的缓倾斜金矿床，开采深度小于 300 m 时，采用留矿柱的全面采矿法。开采深度超过 300 ~ 400 m 后，留矿柱的全面法比重减少，工作面呈填线布置连续推进的壁式采矿方法比重逐渐增加。

3. 长锚索预加固，采后一次充填

加拿大桦树矿在深部采用大直径深孔落矿，阶段高 121 m，矿块长 35.5 m，采场上盘采用长锚索预加固，出矿巷道用喷锚支护，3.8 m³ 铲运机出矿，获得了较好的效果。

4. 提高崩落法的使用效果

在深部开采中，应用崩落法的主要问题表现在下列两个方面：

（1）当开采达到一定深度，原岩应力增加至某一数值时，矿块底部出矿巷道出现失稳现象，加固巷道保证其稳定性往往是不经济的，这就决定了崩落法有一个有效的使用深度。其有效使用深度取决于开采矿体厚度。当矿体厚度为 100 m 时，合理使用临界深度为 1 400 ~ 1 500 m；厚度小于 100 m 时，临界使用深度为 1 800 ~ 2 000 m。开采深度超过临界使用深度时，应改用胶结充填采矿法。

（2）崩落下来的矿石被压实，造成放矿困难，贫化指标增高。采取下列措施，可改善崩落法的使用效果：在全盘区面积上先局部放出 10% ~ 15% 的崩落矿量，以松动崩落矿石，改善放矿条件；相邻盘区出矿巷道保持一定（1/2 分段高）高差。

通过对许多已转入深部矿床开采的矿山经验和所用采矿方法演变分析可知，空场法和崩落法难以在深部开采中继续使用，而充填法是开采深部矿床最有效的一类采矿方法。例如印度的戈拉尔金矿的吉福德矿井是世界上最深的井筒之一，开采深度为3 260 m，主要采用充填法；加拿大最深的克赖纯镍矿 9 号竖井，深度为 2 175 m，也主要采用充填法开采。

五、岩爆的预防

岩爆（冲击地压）是指在高地应力地区洞室开挖后，由于洞室的应力重分布和应力集中，在较短时间产生突发的、猛烈的脆性破坏形式。岩爆发生时，破碎岩石从坑洞壁弹射或大量岩石崩出，产生强烈的气浪或冲击波，严重的可摧毁整个作业面乃至整个洞室，对矿山安全开采造成了极大的危害。

国内外对岩爆问题的研究，主要集中在三个方面：岩爆机理研究；岩爆危险性评价，监测预报技术研究；岩爆防治措施研究。其中，岩爆机理研究是预测和防治的理论基础，也是国内外学者研究的重要内容，比较具有代表性的有强度理论、刚度理论、能量理论、冲击倾向理论等。

①强度理论：岩体破坏的原因和规律，实际上是强度问题，即材料受载荷超过其强度极限时，必然要发生破坏。但是这仅是对材料破坏的一般规律的认识，它不能深入解释岩爆的真实机理。

②刚度理论：刚度理论是 Cook 等人由刚性试验机理论而得到的，该理论认为若试验机刚度小于试件后期变形刚度，则发生突然的失稳破坏。

③能量理论：20 世纪 60 年代中期，Cook 等人总结南非金矿岩爆研究成果后提出了能量理论。他们指出：随着采掘范围的不断扩大，岩爆是由于岩体—围岩系统在其力学平衡状态破坏时，系统释放的能量大于岩体本身破坏所消耗的能量而引起的。

④冲击倾向理论：冲击倾向性是指介质产生冲击破坏的固有能力或属性。用一个或一组岩石本身性质有关的指标衡量矿岩的岩爆倾向强弱，这类理论就是所谓的岩爆或冲击倾向理论。

（一）岩爆地质综合分析与预测

1. 地应力条件

岩爆的发生与地应力积聚特征有着密切的关系，因此地应力场分析对于岩爆预测非常重要。高地应力条件是发生岩爆的必要条件。然而高地应力区是一个目前尚未统一规定和定义的问题。目前国内外学者对可能发生岩爆的高地应力界定差异很大，其中一类以地应力绝对大小划分，认为最大主应力达到 20 ~ 30 MPa 时即可认为岩体处于高地应力状态。

2. 地质构造

褶皱构造核部一般是应力集中带，因为研究区域应力场以水平应力场为主，巷道开挖后，垂直洞壁方向的初始地应力增高，使得水平应力与垂直应力的差距加大，巷道拱顶部位产生高应力集中，导致岩爆发生。对断层构造，因应力释放形成应力降低带，不容易发生岩爆；但是若巷道布置方向与一定距离范围内的断层平行或近似平行，则在邻近构造带的洞壁易于发生岩爆。

3. 岩体结构

岩体的完整性是发生岩爆的一个重要影响因素，是赋存高地应力的基本条件。根据以往工程经验，金属矿山深部岩爆多发生在Ⅰ~Ⅱ类岩体巷道段，少部分发生在Ⅲ类围岩中，而Ⅳ类围岩多为断裂破碎带或裂隙发育地段，发生的可能性较小。但是一些裂隙发育的岩体也可能发生较大规模的岩爆，在结构岩体中发生岩爆的必要条件是岩体结构能够有利于能量的存储和释放，在地应力条件和岩性条件大致相同的情况下，如岩体结构（包括节理、裂隙和层面等软弱结构面的发育程度、产状及组合关系）具有一定的方向和特点，岩体将不发生缓慢的位移或破坏，从而使能量得以储存，易于发生中等及中等以上的岩爆。

4. 切向应力准则法及评价结果

此法同时考虑了岩体应力状态和岩石的力学性质。将围岩中的切向应力 σ_θ 和岩石的抗压强度 σ_c 之比定义为 T（$=\sigma_\theta/\sigma_c$）。根据前人研究成果显示：

$T \leq 0.3$，无岩爆倾向；

$0.3 < T \leq 0.5$，弱岩爆倾向；

$0.5 < T \leq 0.7$，中等岩爆倾向；

$T > 0.7$，强烈岩爆倾向。

5. 岩石脆性系数法及评价结果

根据实验测得的岩石的单轴抗压强度和抗拉强度，再根据岩石脆性指标，即抗压强度与抗拉强度的比值 B 来衡量岩爆倾向性。脆性系数为

$$B = \sigma_c / \sigma_t$$

$B < 10$，无岩爆倾向；

$10 \leq B < 14$，弱岩爆倾向；

$14 \leq B < 18$，中等岩爆倾向；

$B \geq 18$，强烈岩爆倾向。

（二）岩爆灾害控制

岩爆灾害的防治须从其成因着手，岩体条件和岩性是客观存在而难以避开或替换的，只能从人为扰动和应力场这两个角度入手进行岩爆灾害的防治和控制。例如采用无底柱分段崩落法的北洺河铁矿，其防治措施主要集中在以下几个方面：

1. 合理的设计

通过控制结构参数、合理布置采准巷道的位置、采用合理支护措施等来减少岩爆发生的概率。如在分段高度一定的情况下，采场的地压与进路间距的大小密切相关。进路

间距越小，应力集中就越强，发生岩爆的可能性就越大。适当地加大进路的间距，可以改善巷道应力集中状态，从而改善采场地压，减小岩爆发生的概率。

2. 选用合理的开挖方式

在岩爆较严重的地段采用短进尺、弱爆破的开挖方法，每循环进尺控制在 1.0～1.5 m，最大也不宜超过 2.0 m，这样有利于及时对开挖面进行支护，缩短开挖面的暴露时间，以减轻岩爆发生所带来的危害。开挖应尽可能地采用光面爆破，使岩石尽量平整，减少应力集中。爆破后应及时清除浮石，在岩爆多发区爆破后应进行待避。

3. 主动减压

通过改善和调整岩体的应力状态，以达到降低围岩二次应力分布过程中的切向应力集中效应。可以利用应力集中和转移原理，通过超前卸压使得采区中无过高的应力集中存在，所有的采掘活动都在应力降低中进行。如果存在着支承压力区和应力降低区，可以通过以下两种途径来改善：

（1）利用正常的开采卸压，设计更加合理的开采顺序，如以单翼回采方案代替顺序回采，或者采用分段开采矿体，回采工作面的推进方向是从上盘到下盘。几个分段同步进行回采形成台阶状的卸压槽，其台阶沿一定的角度（通常为 35°）推进，巷道中的应力比传统方案低很多，为防止岩爆的发生创造了有利条件。

（2）如果正常的开采卸压还不能满足要求，为了改善和调整应力集中的状态，可以利用专门的卸压工程，如卸压巷道和卸压炮孔等措施。

4. 表面喷水

在岩爆可能发生的地段，爆破后立即向工作面新出露围岩表面进行喷水，以降低回采巷道表部岩体储存应变能的能力。因为岩层注水后，水对岩石会引起下列两种变化：

（1）水及某些含阳离子的溶液具有降低岩石颗粒间表面的能力，因而降低了岩石的破裂强度，这种现象称之为软化。

（2）注水后的岩石明显比注水前岩石中的层理、节理、裂隙发育好，数量多，孔隙率也高。裂隙的增加与扩展，降低了岩石的强度和弹性模量，泊松比增大，内部黏结力减小，从而造成岩石弹性性质的降低。

此类方法被湘西金矿、东安锑矿、门头沟等众多矿山采用，控制效果良好。

第五节　自燃性矿床开采

硫化矿石、煤炭、含炭质的其他矿岩在与空气接触时产生氧化升温的现象，称为岩矿的自热。矿岩的自燃发火是它本身氧化自热而引起的，它是一个复杂的物理化学过程。随着矿岩氧化自热，本身温度不断提高，导致氧化速度加剧，当温度达到矿石或伴随物质的着火点时，就由热变为自燃。这个过程概括为矿岩氧化—聚热升温—自燃发火，导致矿山发生自燃火灾，亦称内因火灾。有自燃发火倾向的矿床，称为自燃性矿床。

矿体的自燃火灾，使矿井温度升高，有害气体溢出，轻则恶化劳动条件，重则明火燃烧，以致无法进入采区，导致资源的大量损失，乃至被迫停产。因此，有必要采取一些特殊的开拓采准布置，采用合适的采矿方法、回采工艺和通风防火措施，以便在改善劳动条件的同时更多地采出矿石。

一、自燃矿床开采的一般要求

自燃性矿石从氧化、聚热到自燃必须具备三个条件：有一定量的氧化自热的可燃物；充足的氧气供应；有聚热条件使矿石升温能达到某种物质的着火点。开采时要注意防止或控制这三个因素的同时出现。

对自燃性矿体在提交勘探报告或作开采可行性研究时，应对其氧化自燃性进行研究及评价。研究从以下几方面进行：首先对矿岩取样进行自燃倾向性测试鉴定，对测试结果还要在现场进行考察，最后综合测试和考察结果进行综合分析，以确定矿床是否有发生自燃火灾的危险。

（1）矿岩自燃倾向性测试鉴定。影响矿岩自燃倾向性的因素较多，要分别对各矿层（体）和不同的地质构造区域取样，进行自燃倾向性测试，通过测定矿岩物质组分、氧化速度、自热、自燃倾向性（自热点、着火点、吸收热反应、燃烧热值等）对自燃倾向作出评价。煤炭工业采用氧化煤样发火点降低值 ΔT 来区分自燃倾向程度，确定自燃倾向等级。用固态氧化剂法测定煤的发火点，并以还原煤样和氧化煤样发火点之差为 ΔT，ΔT 愈大则煤愈易自燃。昆明工学院用过类似的方法对硫化矿石进行鉴定。

（2）矿岩自燃性的现场调查。对有可能自燃的矿床，还应进行实际考察。硫化矿岩的含硫量和硫的出现形态、矿物组成和分布规律、矿床成因、地质构造、矿体赋存条件、节理裂隙发育程度、矿岩的自热自燃倾向性及开采情况等都是判断自燃火灾危险性的重要判据，应注意查明。在同一矿区的不同矿体或不同地段，内因火灾的危险程度是不一样的，应注意鉴别，以便合理地划分发火与不发火矿体（采区）的界线。

（3）矿石最短发火期。最短发火期是指从矿石被揭露之日至发生自燃为止的时间。影响发火期的因素较多，准确性也不易确定，因而观测工作难度较大。但从确定火区开采速度的需要出发，还是需要做此项工作。发火期尽可能在坑探期、基建期或生产试验期中初步测定，在以后的实践中逐步修正。对于可能发生自燃的矿体，都应在其矿石和回采工作面进行观测，以确定各矿体（区段）的发火期。

（4）对于有自燃危险的矿体，在开发时要注意采取以下措施：①首先要进行开发可行性研究，以确定开发在技术上是否可行、经济上是否合理、安全是否有保证。②采取预防火灾的一般性措施：井架、井口建筑物和主要井巷用不燃性材料建造；各处准备充分的消防器材，建立消防制度；注意井口工业广场布置的风向关系，在井口及主要井巷设置防火门等。③从采矿技术方面采取措施。④从组织工作方面采取预防措施，包括建立矿山救护队进行防火的检查和防护，制定事故的预防和处理计划，对工人进行防火安全教育等。

二、对自燃性矿床开采的要求

（一）开拓和采准

（1）在确定开拓方法、井筒数量和井巷工程布置时，应尽量采用多井筒分散布置；优先采用无轨斜坡道或斜井的联合开拓，尽可能实行分区通风，以减少矿井总负压和向采空区的漏风。如果一旦发生火灾，这种布置便于人员撤出和进行防灭火工作，也便于采用分区采矿以减少损失。

（2）每个阶段和每个采区都应有两个能随时通行的安全出口，分段高度不宜过高，尽量避免采用坑木支护。

（3）开拓井巷和采准巷道应尽可能布置在不可燃的底或顶盘围岩内，可以减少矿体的暴露面积和时间，减少矿石氧化机会，且一旦发生火灾也便于封闭部分采区。厚大矿体最好布置成环形巷道，利于隔离某一采区，而相邻采区能够正常生产。尽量避免在可能发火的矿体内布置脉内坑道，减少超前切割量以减少发生氧化发火的机会。有些运输和采准巷道如果要布置在有发火倾向的矿体中，则应用不燃的材料做支护，巷道周围喷涂防火材料。进风巷道尽量布置在地温较低的脉外。

（4）根据矿区自燃发火情况，合理划分采区，各采区间尽量采用独立的通风系统和联络道，并快速回采，使每个采区的开采时间短于自燃发火期，采完后立即将其封闭。

（二）采矿方法

选择采矿方法要考虑下述因素：快速开采，确保回采和放矿工作在矿石发火期前结束；矿石损失小；采区内坑木少；采场中要有贯穿风流，能防止热量集聚；一旦发生火灾时能具有迅速灭火的可能性，并且便于密闭、隔离、灌浆或充填。

选择采矿方法应综合考虑矿体的赋存条件、矿石自燃发火的特点和发火期、矿床的地质构造、采取的开采技术手段和防灭火措施等因素来选择合适的采矿方法。国内外部分自燃矿山采矿方法见表6-5-2。

表6-5-2　　　　　　　　　　国内外自燃矿山采矿方法

矿体名称	矿床成因或地质特征	矿体产状	矿石	围岩	开拓方式	采矿方法	发火情况	防灭火措施
			磁黄铁矿、黄铁矿、镱铁矿等	顶板、大理岩、底板、粉砂岩和闪浆岩	空场嗣后充填采矿法			①采用空场嗣后充填采矿法 ②控制一次崩矿量和矿石暴露时间 ③建立完善的矿井通风系统和采场通风网络 ④喷洒阻化剂

（续表）

矿体名称	矿床成因或地质特征	矿体产状	矿石	围岩	开拓方式	采矿方法	发火情况	防灭水措施
	热液交代多金属硫化矿床	急倾斜厚矿体	脉带含硫平均10.7%	顶板，碳质页岩；含C2.2%，含S2.8%	竖井	无底柱分段崩落法	采区起火，地表塌岩区	①覆盖陷流裂隙 ②溜水 ③使用化剂 ④局部时间
	热液浆触变质砂卡岩铜矿	倾斜中厚矿体	氧化的磁黄铁矿，胶状黄铁矿，含S.13.46%	顶板，大理岩，底板，角页岩	竖井	分条带崩落法	采场发火达百余次	①快速开采 ②灌浆封闭
	中温热液黄铁矿	倾斜厚矿体	粒状、粉状、浸染状黄铁矿，含S15%～18%	顶板：凝灰岩 底板：闪板岩	竖井	无底柱分段崩落法	采场巷道发火50余次	①快速开采 ②灌浆封闭
	高温热液填交代矿床	急倾斜扁豆状矿体	磁黄铁矿，黄铁矿，含S＞30%	顶板：白云岩 底板：碧绿粉岩、花岗等	平硐	留矿采矿法，空场法	采场堆积存矿起火	使用充填采矿法
		急倾斜裂层状矿体	含铜黄铁矿、黄铁矿，含S＞30%	顶板：高岭土、黏土 底板：石英砂岩	竖井	钢筋混凝土顶分层崩落法	采场、采垒区自然发火	采用石灰水注入采空区
		缓倾斜薄矿体层状		顶板：黑色页岩，含黄铁矿，含C5%～6%，含S3%～4%；底板：砂岩	斜井	短壁式崩落法，分层崩落法；水砂充填	采场崩落区多发火，顶板自燃	①快速开采 ②分区通风，强通风管理 ③局部充填带 ④充填采空区 ⑤灌浆封闭

　　全面采矿法、房柱采矿法、阶段采矿法和VCR采矿法，只要爆破参数合理、爆破工艺得当，崩落的矿石能从采场中及时运出，可以用于回采自燃性矿床。这几种采矿方法，由于回采空间较大，通风条件较好，采下的矿石不会长时间地堆积在工作面，不易发生火灾，但某些具体问题处理不当也会引起火灾。

　　崩落法由于矿石损失较多，顶板崩落冒通地表后漏风大，采场工作面通风条件差，采空区散热慢，氧化聚热条件好。特别是阶段崩落法，矿石在采场留存时间长，因此自燃性矿床一般不宜使用一次崩矿量大的阶段崩落法。

对于矿石松软破碎、围岩不稳固、顶板易崩落、矿石价值不高的矿床，为了降低成本，也可以使用分段崩落法。充填采矿法（水砂充填、尾砂充填或胶结充填）由于矿石损失少，坑木消耗低，顶板及围岩不崩落，采空区漏风少，充填的惰性材料包围了遗留的矿石，减少氧化自燃的机会，且部分热量可被充填时的排泄水带走，因而其防火性能好，是一种有效的预防、控制火灾的最佳采矿方法，特别适用于大范围或燃烧已久的火灾矿山。

回采工艺应注意的几个问题：①开采有自燃发火倾向的矿床，要从回采工艺、采掘机械化等方面努力提高采矿强度，使矿石在氧化自热、自燃之前就结束回采工作，并立即封闭采空区。②在有自燃倾向的硫化矿床开采中，爆破安全是特别值得注意的问题，其中有高温采区的爆破问题，有防止炸药自爆的问题和防止硫化矿粉尘的爆炸问题。③减少和控制一次崩矿量，因一次崩矿量过大，易引起自热和自燃。矿石在坑道积存时间不得超过发火期的 1/4 ～ 1/3。④对于坑内积存的可以发火的矿石，应定期清理，避免矿石积存在采空区自热和自燃，工作面要禁止留存坑木及易燃物。⑤改进采场的底部结构和崩矿参数，严格设计、施工，减少或避免矿石积压，使落下的矿石及时运走，防止大块卡斗造成长时间聚积自热和自燃。

（三）通风

矿井通风注意的几个问题：

1. 合理选择通风方式，完善通风系统

自然发火的矿山应采用压入式或多级机站压抽、混合的通风方式，因抽出式通风会使火区有毒气体和高温矿尘容易溢入工作面，严重恶化工作面的作业条件，并使主扇遭受酸雾快速腐蚀；通风机必须有反风装置，并有可靠的反风风路及相应的通风构筑物，以便火灾发生时能根据需要及时更换通风方式，以控制火势，进行灭火。

通风系统应采取大风量低负压的分区独立通风系统或分区并联通风系统。多巷道平行并联的通风网络结构对自燃性矿床较为合适，即使某一采区发生火灾，高温和有害气体不致窜入其他采区。全断面贯通风流的通风，可以达到散热降温、减少漏风的效果。

同时还应经常检查回风风路，尽量减少采空区的漏风；正确选定辅扇，调节风门、风墙和风桥等通风构筑物的设置地点，并加强常维护管理，避免向采空区漏风。

2. 矿压通风防灭火

均压（调压）法防灭火，是在保证回采工作面有足够风量的前提下，调整回采工作面与采空（崩落）区之间的压力，使其压差接近于零，减少或杜绝采空区的漏风，以抑制采空（崩落）区内矿（岩）石自热自燃的发展，达到防灭火的目的。

常见的调压方法：调节风窗调节（均衡）压力；利用主扇的总风压和调节风窗来调节和均衡压力；利用风筒使压力均衡；用巷道和调节风窗来调节压力；利用局扇，调节风窗，并联风路实现调节和均衡压力。

3. 工作面通风管理

每个回采工作面，最好有较强有力的风流贯穿工作面，工作面应保证一定的风速度。根据经验，风速以 0.8 m/s 为宜，当然风量和风速应根据工作面的温度进行调整，以保持工作面的舒适度。

要加强通风管理，及时调整风路和风量，减少漏风。及时将可能发生自燃的地区封闭，隔绝空气进入，以防止氧化。对于采空区，除了堵塞裂缝外，还要在通达采空区的巷道口建立防火墙。用防火墙封闭采区后，要经常观测，若发现封闭区内有自燃征兆，应进行灌浆处理。因为硫化矿氧化产生 SO_2 气体，抽出式风机腐蚀较严重，故应采取适当的防腐措施并定期进行检查。

三、硫化矿石自燃火灾防治技术要点

（一）预防硫化矿石自燃的有关问题

（1）矿山必须详细进行地质调查，掌握各类硫化矿石的分布规律、地点及其特征，并结合对矿石自燃倾向性的测定结果，从而确定有可能发生矿石自燃的危险区。

（2）测定矿石的自热特性及有关热物理参数，并结合崩矿与出矿的技术参数（如一次崩矿量、矿石块度、出矿时间等）和环境条件预测矿石发火周期。如果发火周期很短（小于出矿时间），则必须改变一次崩矿量或实行强化出矿或采取阻化技术措施。

（3）选择矿石损失率小的采矿方法，保证损失在采场中的矿石量达不到氧化聚热的临界体积。

（4）底部结构的采矿方法，要考虑底部结构受破坏（如卡斗等）时出不了矿的情况及应急处理方法。

（5）当采场矿石已经出现高温或自燃时，不允许继续崩矿。否则，由于环境温度很高和传热作用，新崩下的矿石很快就会进入高温快速氧化阶段，在很短时间内就可以发生自燃，再继续崩矿就会导致发火恶性循环，使火灾不断延续下去，最终无法采矿。

（6）采场矿石处于自热阶段（矿堆中温度低于 60°），矿堆表面的温度及环境温度并不会明显升高，也基本无 SO_2 气体放出。当人感觉到矿石堆表面很热或灼手和看到冒烟时，矿堆已经发生自燃，因此只有测定矿堆里面的温度才能达到早预测火灾的目的。

（7）矿石氧化一般都从表面开始，矿石的比表面积与矿石的块度成反比，块度越小，比表面积越大，因此，对于有自燃倾向性的粉状矿石，其比表面积很大，它们与湿空气的接触非常充分，此时单位体积矿石的吸氧量及放热量很大，导致矿石更容易自燃。

（8）试验表明，对于同一类硫化矿石，其晶体颗粒越小，自燃危险性越大。例如，微细颗粒晶体的黄铁矿就比粗颗粒晶体黄铁矿更易自燃，胶状黄铁矿（晶体极微，似胶体）就比黄铁矿易发火。

（9）由现场发火案例统计表明，胶状黄铁矿、磁黄铁矿的发火概率比其他硫化矿石高，在生产中应加以足够的重视。

（10）通风排热方法只适用于当风流能在矿石堆上流过的情况，对于无底柱分段崩落法进路的爆堆、有底柱分段崩落法的崩落矿堆，采用加强通风的方法只能改善有风流流过的风路的热环境，而对排除这类采矿方法的矿石堆中的氧化热作用甚微，即使是贯

穿风流的采场，如果矿石的厚度很大（如留矿法），此时通风对矿堆深处也起不到排热的作用。在上述两种情况中，当然更谈不上有什么临界排热风速存在的事。

（二）扑灭硫化矿石自燃火灾的有关问题

硫化矿石一旦发生自燃，就必须及时采取措施加以扑灭。灭火的方法有直接灭火法、隔绝灭火法和联合灭火法等，而对具体的火灾可以提出很多灭火措施。下面简述采取有关灭火措施中应注意的关键问题：

（1）用水灭火只适合于小规模矿堆（如数百吨以下）。如果矿堆体积大，温度高，其热能巨大，要用水把巨大的热能带走，必须耗费大量的水和较长的时间，而且大量水蒸气与 SO_2 生成硫酸雾对全矿会带来许多不利的影响。用水灭火应根据发火矿堆的热焓计算用水量，从而确定其灭火方案是否可行。如果水不能均匀地喷洒到发火矿堆上，也不能用水灭火。

（2）铺散矿堆灭火只适合于很小的发火矿堆。矿堆铺开后，由于矿石与环境的换热面积增大，从而散热传热加快，但如果发火矿堆温度较高，当矿堆被耙散后高温矿石与氧气接触更加充分，则矿石在短时会产生更多的 SO_2 气体。

（3）强行挖除火源的方法危险性较大，这种灭火方法也只适于小范围火灾，而且人员可接近的情况。当人进入火区前，必须佩戴好防毒面具，在上风侧接近发火矿堆。

（4）隔绝灭火是比较安全有效的灭火方法，但许多采场、采空区往往不能做到完全密闭，而且密闭后要经过较长时间后火灾才会冷却熄灭。当希望打开密闭恢复生产时，必须等火区的矿石完全冷却后才能进行，否则会很快复燃。

（5）均压灭火方法对于硫化矿井内因火灾很难有效，因为即使采场没有风流流动，局部区域空气的自然扩散也可以为矿石氧化提供足够的氧气，而且在现场上几乎不可能做到完全均压。这种方法仅能与隔绝灭火法联合使用减少密闭墙的漏风等。

（6）判断火灾是否熄灭，必须以矿石堆里的最高温度为依据。矿石堆里最高温度接近于正常环境温度时才能确认火灾已经熄灭，火区矿石堆外的气温和 SO_2 浓度不能作为判定依据。

第六节　放射性矿床开采

放射性矿床主要是指含有天然放射性元素铀、镭、钍，在现代技术经济条件下，具有工业利用价值的矿床。放射性矿床主要是指辐射性能偏高的铀矿床，钍的原子能利用有潜在远景，但目前没有开发。钍矿床主要是砂矿型，热液钍矿也具有巨大的潜在价值。此外，部分矿床因含有铀成因铅和钍成因铅等铅同位素而具有放射性，如在秦岭地区的含放射性成因铅——异常铅的铜质矿床。

放射性矿床中的天然放射性核素 ^{238}U、^{235}U、^{226}Ra、^{228}Ra、^{232}Th，它们的半衰期都很长，在衰变过程中能产生一系列子体核素并放出 α、β、γ 射线，除此之外还有不成系列的钾、铷等放射性核素。

放射性矿床与普通矿床的开采方法基本相同，所不同的是前者因含放射性核素而具有较高的放射性，因而在矿床勘探、开采、辐射防护、通风环保等方面均有其本身的特点。

一、放射性危害

放射性矿床均有放射性危害，其危害随矿床中放射性核素的种类和含量高低而不同。氡是放射性镭的衰变产物，是一种惰性气体，而镭则是铀和钍的衰变产物。铀矿床中氡^{222}的半衰期为 3.82 天，氡气及其子体对铀矿工人的内部照射，造成了铀矿的主要放射性危害。钍矿床中的钍射气氡的同位素^{220}Rn 半衰期为 55.6 s，只有钍含量很高的矿床，钍射气及其子体才有一定的放射性危害。锕铀仅占天然铀的 0.72%，锕射气氡的同位素^{219}Rn 半衰期为 3.96 s，其放射性危害较小。

此外，铀、钍衰变子体所放出 β、γ 对矿工形成全身外照射。当矿体含铀品位很高时（地下矿高于 1%），γ 外照射不容忽视。β 射线比 γ 射线的照射剂量小得多，一般不考虑。

目前资料显示，高浓度氡气被吸入人体形成照射，破坏细胞结构分子，将会造成上呼吸道和肺伤害，氡的 α 射线会致癌。WHO 认定的 19 种致癌因素中，氡为其中之一。铀矿山矿工吸入氡子体对肺造成的剂量比氡大 20 倍，氡子体是诱发矿工肺癌主要原因，其次是矿尘和和长寿命放射性气溶胶。国内外铀矿开采实践表明，矿工吸入矿尘和放射性核素，在其共同作用下引起的肺癌发病率比一般高 3~30 倍。氡及其子体致癌的潜伏期为 17~20 年。

氡是镭的衰变子体，是自然界唯一一种天然放射性惰性气体，无色、无味、无臭、透明；密度为 9.96 mg/m^3，是空气的 7.7 倍；可溶于水、油、血液和脂肪，能被黏土、硅胶、活性炭等多孔材料吸附；在不同矿岩中的扩散系数为 $(0.05~10) \times 10^{-2}$ cm^2/s，射气系数 S_a =5%~40%；氡在矿岩孔隙中移动，进入矿井大气，并不断衰变生产 RaA、RaB、HaC、RaCr 等子体，这些固体微粒一部分很快与矿尘结合形成放射性气溶胶；氡及其子体在矿井空气中浓度随空气在井下经过的路程和停留时间增加而迅速增高。3.7 kBq/m^{3}的氡处于放射性平衡时的子体 a 潜能为 1.278×10^3 MeV/L。

二、铀矿开采中的放射性物探工作

铀矿开采中，为快速区分矿体，靠肉眼区分难以达到开采要求，单凭地质化学样品分析测定则劳动量大、效率低、成本高、耗时间。根据铀原子具有放射性这一特殊物理性质，应用探测放射性仪器的方法来圈定矿体，确定品位和分选矿石，这就是放射性物探方法。

若放射性的物探工作质量不好，会导致矿体圈定和矿石品位确定不准确，进而使得储量计算、开采、贫化率和损失率不准确，从而影响整个矿山开采计划。所以，放射性矿床从地质勘探到矿山开拓，从采准、回采到出窿矿石的检查都离不开放射性物理探矿工作。放射性物理探矿工作包括物探编录和物探取样。

（一）物探取样及编录

放射性矿床开采中，进行井下物探取样和物探编录，主要目的是对采掘暴露矿岩表面进行放射性测量，依据测量结果来确定矿体厚度、铀矿品位，圈定矿体边界，指导采掘工作，计算储量和开采矿石损失率、贫化率。

根据所测量射线的种类和测量方法，辐射取样分为 γ 取样、β 取样、γ 能谱取样和 γ - β 综合取样。物探取样属定量测量，物探编录只要作 γ 等值图或品位等值图，属于半定量测量。矿床放射性不平衡且偏铀或含铀钍时，采用能谱测定。矿体的 γ 强度很低时采用 γ + β 综合取样和编录，采用两种方法：铅屏和不带铅屏二次测量差值法；定向测量法，自动消除干扰辐射对被测点影响，用一次测量代替二次测量避免位移误差。γ 取样和编录为提高测量精度，先要洗壁除铀尘，尤其是对低品位矿石。

表 6 - 5 - 3　　　　　　　　某铀矿平巷洗壁前后 γ 取样对照试验

壁号	测距/cm	洗壁前品位/%	洗壁后品位/%	相对误差/%
右壁	2 ~ 12	0.026	0.013	100
右壁	12 ~ 22	0.085	0.087	1.1
左壁	4 ~ 14	0.028	0.012	133.3
左壁	14 ~ 24	0.073	0.064	14.1

矿体厚度的确定，采用 1/2 最大强度法和给定强度法。

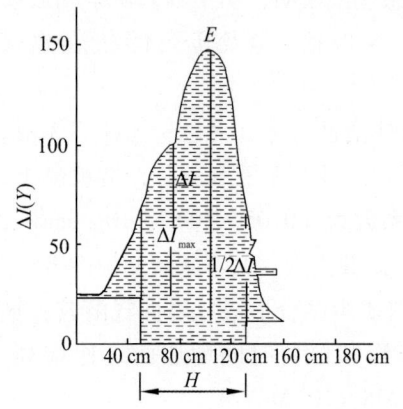 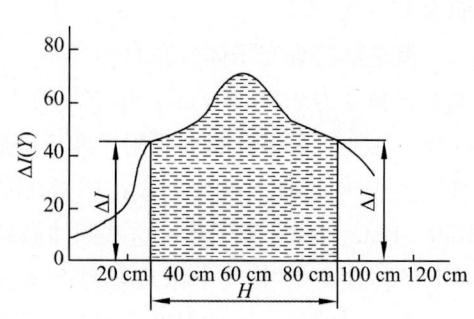

图 6 - 5 - 7　1/2 最大强度法和给定强度法

给定强度值 ΔI 按下式计算：

$$\Delta I = 100 U_0 A K_P \ (1 - S_0)$$

式中　U_0——铀矿石边界品位；

　　　A——换算系数，$\gamma/ \ (0.01\% \, U)$。

求出异常曲线包围的面积 S 和矿体弧度 H 后，可按下式计算铀品位 U：

$$U = \frac{S}{HAK_1 \ (1 - S_1)} \times 0.01\%$$

这里，测线间距，在矿化地段为 25 ~ 100 cm，无矿段为 100 ~ 200 cm；测点间距一般为 20 cm，特殊情况加密到 10 cm。实际中，测线、测点距离可根据各矿山、各地段矿化条件作相应调整。

另外，确定矿体厚度还有 4/5 最大强度法。该方法用于真厚度小于饱和厚度的薄矿体，用最大强度减去围岩正常强度的 4/5 的两点决定矿体厚度。

（二）γ 测井及 γ 测孔

γ 测井及 γ 测孔的目的，主要是利用测井辐射仪器，测量矿井或钻孔岩石的 γ 射线强度，依此圈定矿体，确定矿体厚度和铀品位。另外，通过 γ 测孔和 γ 测井的资料还可以划分 γ 强度不同的岩层界限。

测井方法有点测井法和连续测井法。

γ 测孔可以替代岩芯取样。因此，铀矿山应尽量采用钻探代替坑探，勘探分支矿体和盲矿体，钻孔深度可达 100 m，一般为 3 ~ 20 m。工作面浅孔和采场围壁炮孔也需进行 γ 测量。进行 γ 测井及 γ 测孔时，为了保证测孔质量，必须：测孔前冲洗钻孔，将钻井或钻孔内的射气和碎石冲出，避免测井、测孔时矿粉或射气影响测量结果或碎石卡住探管；冲洗钻孔完毕，立刻进行测量，防止钻井和钻孔围壁塌落和含矿地段氡气逸出；记录好所测点的深度和 γ 活度，为整理资料、计算储量做好基础工作。

钻孔和炮孔测量间距：矿化地段为 10 ~ 20 cm，最大为 40 cm，无矿地段为 0.5 ~ 1 m。

（三）回采过程物探跟班作业

采场物探跟班作业是铀矿开采主要工序之一，是使生产正常进行、降低损失贫化的关键。对工作面或采场顶板按一定网度进行 γ 取样，圈定矿体边界，标出采掘方向。对采场围壁进行炮孔 γ 测量，指导切割找边工作，必要时进行爆堆 γ 测量。矿量、矿石品位、损失贫化的计算以物探跟班取样资料为依据。

按工作面推进方式分类，分为上向推进、下向推进和横向推进三种。倾斜和急倾斜矿体一般采用向上推进的采矿方法，回采工作面在冲洗之后进行编录或取样。对于采场质条件差的缓倾斜和倾斜矿体，为预防塌方等现象，适于采用向下推进。向下推进物探工作一定要做到炮孔探矿，防止丢矿。水平或缓倾斜的层状矿体不含或少含铀，物探跟班编录圈定矿体与向下推进相同。

（四）γ 取样编录主要仪表

γ 取样编录主要仪表列入表 6 - 5 - 4，表中仪器是按测量矿石 γ 强度间接测量矿石铀含量，目前国外正在试验直接测矿石中铀含量方法，如缓发中子直接测铀、软硬 γ 射线强度比值法。

表 6 - 5 - 4　　　　　　　　　　　γ 取样编录主要仪表

仪器名称	型号	测量范围	用途
定向 γ 辐射仪	FD-3025A	200 ~ 1 000γ	γ 辐射取样编录等
β-γ 测量仪	FD-3010A	0.01% ~ 5%	编录取样
闪烁 γ 测井仪	FD-3019 改进型	本底 ~ 20000 ~ 6	钻孔放射性 γ 强度测量
智能 γ 辐射仪	M11444		岩性取样编录

（五）　出窿矿石的 γ 测量与分析

为保证出窿矿石的质量，防止少部分矿石因损失贫化等原因导致运出矿石品位达不到要求，各个矿山均设立矿石检查站。根据实际条件，每个矿山可以设置一个或多个矿石检查站，对运出产出矿石进行 γ 测量，分选并测量矿石品位，对矿石进行质量监督。

根据检查站设立地点和矿石运输工具，矿石检查站类型有：

（1）矿车检查站：一般设立在矿井出口处、井口和矿仓之间，主要任务是称重运出矿石，分选并测定矿石品位。

（2）汽车检查站：无论露天还是地下开采，经汽车外运的矿石都要在汽车检查站进行称重及测定 γ 强度。

（3）火车检查站：类似于汽车矿石检查站，设立于铁路矿仓。

（4）索道矿斗检查站：一般设置在索道起点或中转站，用固定容积容器对矿石称重，并对单斗进行 γ 值测定。

为保证矿石 γ 测量与分析质量，辐射仪表安装位置、换算系数确定方法和仪器校准方法的选择十分关键。仪器每季校准一次，半年进行全车或拣块取样做理化分析，消除系统误差。

三、放射性矿床开采技术特点

放射性矿床开采与普通矿床开采基本类似，其突出特点是采出的矿石含有辐射较强的天然放射性核素，而且具有放射性。因此，放射性物探工作贯穿于放射性矿床开采的整个过程，矿井通风、辐射防护、三废处理、环境保护都是生产过程和退役治理的重要工作。

（一）　开拓应遵循的准则

（1）开拓巷道一般布置在脉外，穿过矿体的巷道数量尽可能少。

（2）采用后退式回采顺序，使采空区尽量保持在回风系统一侧，以免使采空区氡及其子体污染新鲜风流。

（3）开采范围不宜过大，有良好的通风系统。

（4）主要行人巷道、运输巷道、提升机房、机修室、矿石检查站等应布置于新鲜风流中，地下储矿仓、水仓应有单独回风道。

（5）坚持采探结合，并以钻探代替坑探，减少氡析出量。

（二）　采矿方法的选择

放射性矿床的采矿方法选择除应满足采矿方法一般要求外，还应符合以下条件：采用具有最小射气表面的方法，保证氡析出量最小；具有大的灵活性，能适应矿体探明后的变化；贫化损失要小；回采中有利于辐射取样和探矿；易实现工作面贯穿通风。我国铀矿山采矿方法概况见表 6 - 5 - 5。

表6-5-5 我国铀矿山采矿方法概况

采矿方法		采用矿山数	采矿方法		采用矿山数
露天开采（中、小型矿山）		16~20	地下开采	分层崩落法	4
地下开采	上向水平分层干式充填法	36		下向胶结充填法	2
	留矿法	15		长（短）壁式崩落法	3
	全面法（含房柱法）	6		上向倾斜分层干式充填法	3
	水力尾砂充填法	1		方框支柱充填法	2

充填采矿法较合适上述要求，其中上向水平分层干式充填法防辐射效果很好，能有效降低工作面氡的浓度。

当采用崩落法时，若通风系统不合理，崩落体会析出大量氡及氡子体造成严重污染。

当采用留矿法时，因在采场储存大量爆破矿石，氡析出量大，氡的密度较大，采用下行通风后，工作面氡的浓度可大大降低。但应注意下行排风对新鲜风流的污染。

对高品位的铀矿还应采取专门措施，如采用遥控设备、用专用容器装运矿石、穿防护服等，加强个人剂量监测，使外照射不超过限值。几种采矿方法氡析出量对比见表6-5-6。

表6-5-6 几种采矿方法氡析出量对比

矿床类型	采矿方法	氡浓度变化范围/（kBq/m³）	平均氡浓度/（kBq/m³）	矿块氡析出平均增长量
层状矿床	分层崩落法	16.65~85.85	42.92	109.89
	下向胶结充填法	4.81~66.97	19.61	45.12
	采后充填矿房法	6.29~6.66	6.48	—
急倾斜矿脉	上向水平分层干式充填法	—	7.77	15.17
	混凝土垫板上向水平分层干式充填法	—	2.96~5.55	5.92~11.84

在巷道掘进和回采过程中，钻孔前应对工作面进行 γ 取样，确定矿体厚度、品位，定矿体边界。钻孔后，一般应进行 γ 测孔，区分矿石和废石，以便进行分采分爆。爆破后，也应进行爆堆测量，以便手选废石，或对特高品位矿石进行分装分运。采场围壁应打物探炮孔进行围壁探矿和切割找边。采场顶板和巷道围壁应进行取样和编录，为圈定矿体、计算储量提供基础资料。

从矿石中提取铀的湿法冶金（或化工冶金）过程，称为"铀冶水"。我国的铀矿石类型较多，所以采用多种工艺流程。

我国开采的铀矿床大部分属于花岗岩型和火成岩型，由于矿石品位较低，矿体薄，开采时贫化较大；故应尽可能在矿山选弃掉大量的废石和表外矿石，从而减少矿石加工时的能耗和物料消耗，降低矿石加工成本。

部分矿山根据实际条件，选择不同类型的放射性选矿机（亦称放选机）进行选矿。其分选过程是，测量入选矿块的含铀量，按分界品位确定出矿石或废石并分别处理。近年来，我国研制使用了 4 种放选机，如江西抚州铀矿的 5421 – Ⅱ型放选机，包括一台处理 25 ~ 60 mm 粒级的四槽道选机和 1 台处理 60 ~ 150 mm 粒级的两槽道选机，废石选出率在不同情况下一般能够达到 10% ~ 30%。表外矿可采用矿石堆浸回收铀。

四、铀矿通风

铀矿通风方式有压入式、抽出式和抽—压合式通风。

压入式通风，井下空气处于正压状态，氡的渗流方向指向井外，有利于控制氡的析出量，入风风质好，但漏风率大，工作面供风不足，难以管理。压入式通风一般适用于矿岩裂隙发育、采空区多、容易造成污染的矿山。

抽出式通风，井下空气处于负压状态，氡的渗流方向指向井下，会导致氡析出量增加，但漏风小，管理简单。抽出式通风一般适用于矿岩致密、渗透性小、能建立良好的回风水平、采空区的氡不会污染新鲜风流的矿山。

抽—压合式通风，兼有上述两种通风方式的优点，适用于通风线路长、阻力大、自然风压干扰较大的矿山。

伴随采矿工作的进行和矿山地质条件的变化，压力分布、通风网路结构、风量分配、氡的析出量和析出率在不断变化。因此，必须适时循环通风控制氡的污染；防止漏风，保证压力和风量的合理分布。若井田范围较大，通风效果差，采用必要的密闭和分区通风效果好。

（一）通风系统与排氡

铀矿开采工程中为了控制氡的内部渗透，降低氡气的危害，建立一个完善的通风系统，合理调整压力分布是极其重要的。一个完善的排氡通风系统应满足以下要求：

（1）入风风质好。入风口的氡浓度不应超过表 6 – 5 – 7 中的指标。

表 6 – 5 – 7　　　　　　　　　　入风口氡浓度指标

入风位置	氡子体浓度（μJ/m³）	氡浓度（kBq/m³）	总粉尘浓度（mg/m³）
总入风口	0.3	0.2	0.2
工作面入风口	2.0	1.0	0.5

（2）通风体积小。可以减少氡析出量，缩短换气时低氡和氡子体的 α 潜能平衡因子 F。实测换气时间和 F 值见表 6 – 5 – 8。

$$F = 0.180 c_p / c \quad (11 – 24)$$

式中　c_p——氡子体的 α 潜能浓度，μJ/m³；

　　　c——氡浓度，kBq/m³。

表 6 – 5 – 8　　　　　　　　　　实测换气时间和 F 值

矿山名称	换气时间	工作面氡浓度 /（kBq/m³）	氡气体的 α 潜能 /（μJ/m³）	氡和氡子体的 α 潜能平衡因子 F
铀矿	20.36	3.26	1.57	0.087
赣州铀矿	13	2.04	1.63	0.14

（续表）

矿山名称	换气时间	工作面氧浓度 / (kBq/m³)	氡气体的 α 潜能 / (μJ/m³)	氡和氡子体的 α 潜能平衡因子 F
郴州铀矿	22	2.92	2.56	0.159
南雄铀矿	6.8	3.18	5.57	0.264
宁乡铀矿	11.9	3.81	0.56	0.032

（3）提高通风效率，减少漏风，控制氡的析出量和析出率。在多路进风条件下，风量分配要合理，尽量减少独头通风和死角。

（4）压力分布控制。压力分布有利于控制氡的渗流析出和防止入风污染，不受自然风压的干扰。在裂隙或采空区附近应保持正压，使渗流指向采空区。

（5）在自然风压干扰的情况下，应尽量保持矿岩体氡的渗流方向不变、氡析出量和氡析出率最小。

（二）通风系统的调整与管理

1. 通风系统调整

随着采矿工作面的推进，或通风网路结构、压力分布、风量分配等其他条件的变化，氡析出量和析出率在不断变化，故通风系统必须适时进行调整，消除循环风、污风串联，控制氡的污染，防止漏风，防止入风污染，保证压力和风量的合理分布。

调整的内容包括：调整网路结构，使主扇运转特性与矿井风阻特性相匹配，新风、污风互不干扰；调整网路中的压力分布，提高风稳定性，控制氡的析出和污染；调整风量分配，使工作面氡及其子体浓度和有害物质含量能迅速降到国家允许标准；调整和管理好通风设施，采空区的密闭应使隔离区相对于作业区保持一定的负压，避免采空区渗流到作业区，采空区的氡也可用钻孔单独抽出。

通风系统方面，有的矿井由原来的集中供排风系统，改造成为多路进、回风的分区或半分区系统。在通风构筑物和通风设施方面也采取了许多改进措施。井下范围较大，通风效果差，采用分区通风和必要的密闭是有效的。分区通风效果比较见表6-5-9。

表6-5-9　　　　　　　　　分区通风效果比较

通风方式	指标/%	粉尘/ (mg/m³)	氧/ (kBq/m³)	氡子体/ (μJ/m³)	有效风量/%	实际功率/kW	年节电/kW·h
分区压入	平均	0.81	2.06	4.10	67	76.9	37.4×10⁴
	合格率	98	86.7	85.8	67	76.9	37.4×10⁴
统一压入式	平均	3.26	12.32	27.07	20	95	0
	合格率	55	25	31	20	96	0

2. 有效剂量控制

改进采矿工艺，提高采掘机械化水平，最大限度减少井下作业人数，降低井下作业人员的人均有效剂量当量和集体有效剂量当量。

控制氡源，减少氡的析出量，其主要措施有：密闭氡源，废旧巷道和采空区的氡析出量约占矿井总氡析出量的 60% ~ 80%；尽可能采用矿岩暴露面积小、矿石存留量小且存留时间短的采矿方法；在穿过矿体和岩体裂隙发育带，或与采空区相连的入风巷道和硐室等特殊地区，可在矿壁上喷涂防氡密封剂；排除矿坑水，未经排氡处理的矿坑水不得在矿井内循环使用；正压通风；分区通风。

3. 氡及其子体浓度监测

监测目的是检查工作场所氡及其子体浓度是否合乎国家允许标准，为通风系统调整提供依据；测量结果也用于估算工人的辐射剂量。监测工作由专门人员进行。在风路上布置测点位置和监测范围应根据工作地和通风系统的变化确定。凡有人作业的地点都应定期进行监测。

采场、掘进工作面的监测周期，一般每月不少于两次，其他每月不少于一次。氡及子体浓度高、变化大的地点，每周三次，或一天一次，并采取应急措施，降低浓度。对通风系统全面监测一般每年一次，主扇工程每季一次，工作面风量，总回风每月一次。测得大量数据，按采场、独头工作面、硐室等分别进行数据处理。样品要有代表性。

五、环境保护

铀矿环境保护的内容很多，重点解决的是带有放射性的废气、废水、废渣和尾矿这三方面的问题。

（一）"三废"对环境的污染

含放射性核素的矿井水、废气和废渣是环境污染的主要来源，铀矿开采过程 + 产生的放射性"三废"辐射危害对环境造成污染，使矿区的本底辐射水平和环境中放射性核素含量均有提高，严重影响矿区周围工农业生产。监测和分析"三废"对环境的污染范围及程度，并采取有效措施加以控制和治理，是铀矿开采的一项十分重要的工作。此外，破碎矿石粉尘、运输中的撒落矿石也是矿区环境污染源。

1. 废气对环境的污染

铀矿通风排除的空气含有氡气、氡子体、矿尘、放射性气溶胶以及其他气态污染物，会对地面大气造成污染。

氡是铀矿开采过程中大气的主要污染源，在自然条件下，以扩散和渗流两种形式迁移。矿山出风井或其他污染源对大气的影响范围为 100 ~ 200 m，实际影响将根据当地地形、常年风向及污染源浓度等因素变化。

按《铀矿冶辐射防护和环境保护规定》，污染源距各种生产、生活设施的防护距离见表 6 - 5 - 10。

表 6 - 5 - 10　　　　　　主要污染源距生产、生活设施的防护距离

措施	露天水源地	居民区	进风井	选冶厂
提供风井	500	800	100	300
提升采粉	500	800		
废石场	500	300		
矿仓、成品岸		300		

（续表）

措施	露天水源地	居民区	进风井	选冶厂
提供冶厂		300		
尾矿库	500	800		

2. 废水对环境的污染

在铀矿开采过程中，必然将铀系等放射性核素及其他重金属毒物带入矿坑水。多数情况下，废水中含铀量与矿石品位和矿坑水的酸度成正比。表6-5-11列出几个铀矿山废水中放射性物质含量分析。

表6-5-11　　　　　　　几个铀矿山废水中放射性物质含量分析

矿山编号	废水量/（m³/d）	放射性物质		
		铀/（mg/L）	镭/（mg/L）	ΣA/（mg/L）
Ⅰ	2 500	1～30	约4.2	40.7～384.1
Ⅱ	8 000	0.3～0.7	1.45～2.5	8.1～211.0
Ⅲ	1 600	10～18	3.3～7.3	6.5～251
Ⅳ	8 300	1.1～3.8	0.3～1.1	约95.5
Ⅴ	1 480	约0.36	约0.22	
Ⅵ	3 000	0.4～20	2.5～22.6	

从上表中可以看出，坑道废水中放射性核素铀、镭的含量很高（分别超过国家规定的露天水源限制浓度的1～2个数量级和3～7倍）。矿井废水污染农田、农作物、水生物和水系，长度为数千米，甚至数十千米。

3. 废渣和尾矿对环境的污染

矿山开采过程中产生的废石，放射性选矿厂选弃、水冶厂加工排出及堆浸后的尾矿，都会给环境带来污染。一个年产100 kt的铀矿山，每年可产出100～600 kt废石。大量的废石和尾矿中含铀、镭等放有害物质，由于风化、剥蚀等作用不断析出，污染范围不断扩大。矿石和废石在运输中撒漏，使两侧农田土壤中铀含量高达8.5×10^{-7} g/kg，另外，水冶厂尾矿中的镭占原矿石镭量的95%以上，所以具有原矿石放射性的70%以上，给矿区环境带来很大程度的污染。

（四）"三废"治理和环境保护

1. 废气的治理

加强通风，尽量缩短含氡及氡子体风流在井下停留时间，不要让它老化；尽量减小通风体积，增大换风次数；及时封闭暂不使用的巷道和采空区以减少工作面数量；利用通风压力并借助通风机、风墙、风门等通风设施控制氡的析出，适当调整系统网路风压分布；合理改变矿井的通风方式，如改抽出式为压入或压-抽混合式来控制氡的析出。在压入通风情况下，也可采用增大风量来控制氡析出。

2. 废水的治理

矿坑废水应做到清浊分流，分别处理。我国铀矿山废水处理主要采用稀释、化学沉淀、离子交换、电渗法等方法，均可以获得较好效果。某些矿山采用 201 × 1、201 × 214、201 ×717 强碱性阴离子交换树脂，分别处理铀浓度为 0.4 mg/L 的弱碱性矿坑水和 12 ~ 30 mg/L 的酸性矿坑水，铀回收率可达 95%。另外，对呈强酸性的铀矿废水，采用氯化钡 - 污渣循环 - 分步中和法处理酸性矿坑废水，效果明显，可使废水中的铀含量由每升几十毫克降到 0.1 mg/L 以下。矿山尽可能地建造废水处理闭路循环，提高水资源的利用率，降低废水排放量。

3. 废渣和尾矿处理

尽可能利用废石及尾矿充填地下采空区，以减少地表的堆存量，这是铀矿山废石无害处理的重要途径。在无充填条件的矿山，建造废石场，其选址应根据风向和居民点的位置来确定，并应建有防洪设施。尽可能边堆放边覆土植被，以控制氡析出率，降低 γ 辐射，并进行同化处理以确保安全。覆盖封闭防氡，据调查，当覆盖层黄土厚 0.5 ~ 2.0 m 时，氡的析出率可降低 69% ~99%，防 γ 辐射率可达 65% ~95%。

第七节　湖盐、岩盐与天然卤水开采

一、水溶采矿概述

（一）水溶采矿特点工艺

水溶开采就是根据大部分盐类矿物易溶于水的特性，把水做溶剂注入矿床，在矿床赋存地进行物理化学作用，将矿床中的盐类矿物就地溶解，转变成流动状态的溶液——卤水，然后进行采集、输送的一种采矿方法。在漫长的生产实践中，经过长期的研究试验，水溶开采已发展成为一门独立的应用科学。在氯化物（如石盐、钾石盐）、硫酸盐（如无水芒硝、芒硝、钙芒硝）、碳酸盐（如天然碱）等盐类矿床开采中得到广泛运用，取得了良好的技术经济效果。其特点和优点如下：

1. 水溶开采方法的特点

（1）水溶开采方法突破了常规开采方法"先采矿石后加工"的程序，把采、选、冶融为一体，在盐类矿床所在地进行物理化学的加工过程，溶解开采矿石中的有益组分，把泥沙等杂质留在原地。

（2）直接作用于矿体的"开采工具"是最廉价的溶剂——水或淡卤，有的矿床加助溶剂（如 NaOH 等），经过物理化学作用，把固相盐类矿物转变为流动状态的溶液——卤水，然后进行提取。

2. 水溶开采方法的优点

钻井水溶法与常规的开采方法相比，有许多优点，主要表现在以下四个方面：

（1）简化生产工序，加快矿山建设，降低基建费用和生产成本。用地下开采方法至少需要 10 ~ 11 道主要工序才能采出矿石，而水溶采矿只需 2 ~ 3 道工序就能采出卤水。因此，矿山基本建设费用大幅度降低，卤水生产成本亦大大降低。例如湖北应城盐矿水溶开采与原来的地下开采相比，其矿山基建投资不到地下开采基建投资的四分之一，卤水生产成本降低 80% ~ 90% 。

（2）增大开采深度，扩大可采储量，在一定条件下可提高矿石采收率。由于安全因素和技术经济因素的制约，常规开采方法开采盐类矿床的深度受到限制。例如，德国和加拿大钾盐矿床开采的最大深度不超过 1 100 m，原苏联钾盐矿床开采深度以 800 m 为限，我国石盐矿床开采深度不超过 500 m。而水溶开采的开采深度已达 3 000 m。

水溶开采的深度增大后，其可采储量相应扩大，例如，加拿大萨斯喀彻温钾盐矿床可供常规开采的钾盐储量约 50 亿吨，仅占总储量的 6.8%；而可供水溶开采的钾盐储量增加到 686 亿吨，占总储量的 93.2% 。

（3）改善劳动条件，提高劳动生产率。地下开采劳动强度大，生产和安全条件较差，特别是粉尘危害身体健康。而水溶开采作业全部在地面进行，劳动强度轻，生产和安全条件大为改善。由于水溶开采生产工序大大简化，采矿原料和产品输送全部实现了"管道化"，有利于实现生产的自动控制，劳动生产率亦显著提高。例如我国湖北应城盐矿改用钻井水溶开采后，其劳动生产率比原用的房柱法开采提高 5 倍。

（4）减轻环境污染。地下开采时，弃土、弃渣和尾矿堆积需要大量土地资源。含泥沙等杂质较高的盐类矿石运到地面后，有的还要溶解再制，易发生卤水流失。水溶开采时，将盐类矿物就地溶解成卤水后采出，矿渣留在原地，对环境污染大大减轻。

水溶开采作为一门尚在发展中的应用科学，其基本理论和开采方法尚不完善；矿石采收率一般较低；尚有少数矿山诱发地质灾害，出现地面沉降和冒卤，导致破坏地面设施，污染生态环境，影响农业生产。因此，水溶开采尚需不断发展和完善。

（二）水溶开采常用名词

（1）孔隙度：是指岩石内孔隙的体积与岩石总体积之比值。

$$m_{绝}（孔隙度）= \frac{V_{孔}}{V_{岩}} \times 100\%$$

（2）渗透率：在一定压差下，岩石让流体通过的能力。

$$K = \frac{QUL}{A\Delta Pt}$$

试中　　Q——流量，cm^3；

　　　　K——渗透率，达西；

　　　　ΔP——大气压；

　　　　A——横截面积，cm^2；

　　　　U——流体黏度；

　　　　L——流体经过的距离，cm；

　　　　t——时间，s。

（3）有效渗透率：当两种以上流体通过岩心时，岩石让某一相应流体通过的能力。

（4）相对渗透率：有效渗透率与绝对渗透率的比值。

（5）孔隙率：岩石受构造运动造成的断裂、节理的数量大小。

（6）线裂隙率：

$$\text{线裂隙率} = \frac{\text{测线通过裂隙宽度之和}}{\text{测定时所取直线长度}} \times 100\%$$

（7）面裂隙率：

$$\text{面裂隙率} = \frac{\text{裂隙点的面积}}{\text{测定时所取的岩石的体积}} \times 100\%$$

（8）给水度：水能从岩石中自然流出的能力称为岩石的给水度。

（9）静水柱压力：静止水位面到卤层中部的水柱压力。

（10）静止压力：也称卤层压力，是指卤井在关井后，使压力恢复到稳定状态时，测得的卤层中部的压力。

（11）流动压力：又称井底压力，是指卤井在正常生产时所测得的卤层中部的压力。

（三）井矿盐矿山开采的几个基本概念

1. 开采单位

水溶开采的开采单位通常划分为矿区、采区和开采单元。

（1）矿区：划归独立的矿山企业或有关厂、矿（公司）开采的盐类矿床叫矿区。例如长山盐矿（四川自贡）。

（2）采区：采区是矿区的基本开采单位，用一套独立的生产设施进行开采。在设计和生产中，根据矿床地质条件、开采技术条件、开采方法和开采工程布置等，常常将矿区划分为若干个采区。采区之间相隔一定的距离。

（3）开采单元（井组）：开采单元是采区的一部分，是最小的开采单位，在钻井水溶开采的采区中，每隔一定间距布置一个井组，井组就是开采单元，有时一眼独立的井也构成一个开采单元，一般来说，一个井组由2~3眼井组成，多的4~5眼井。有的采区随着不断开采，井组与井组之间连通，形成一个由20多眼井组成的大开采单元（采区），此时改变进出水井（位于岩盐倾斜下方的井作为出卤井），能提高卤水浓度。

2. 开采顺序

盐类矿床水溶开采应坚持合理的开采顺序，否则就会破坏矿产资源，影响生产安全，增加基建投资。

（1）工业矿层（矿群）垂直开采顺序：我国盐类矿床呈单一盐层产出的较少，大多呈多层产出。当盐类矿床有多个工业矿层（工业矿群），或者虽只有一个工业矿层，但厚度较大时，应采用自下而上地逐个对各工业矿层（工业矿群）进行溶解开采，这种方式是水溶开采的溶解特点所决定的，有助于提高矿石回采率。

（2）采区内平面开采顺序：在采区中，矿部一般布置在交通比较便利的地段，靠近采区的一端，采区中各开采单元的开采顺序，是相对于生产、生活设施集中的矿部位置而言，通常有前进式和后退式开采两种。

（3）矿山建设规模（生产能力）

生产能力是指矿山在正常生产时期的年产量（万吨/a），水溶开采矿山要求每年正常生产300~330 d，水溶开采矿山的建设规模一般不是以年产矿石量来表示，而是以生产卤水的主要盐类组分的年产量表示。矿山生产的卤水系初级产品，生产规模与主要终端产品生产厂的生产规模相匹配，并留有备采系数 ω。

水溶开采矿山的建设规模由下列因素确定：

（1）矿石储量是建设矿山的先决条件。矿石储量与矿山建设规模成正比，矿石储量大，矿山建设规模亦可偏大。

（2）国内外市场对该盐类矿产的需求量，这是矿山建设的前提条件。如果某种盐类矿产市场不需要或者其市场需求量基本达到饱和，则该盐类矿产没有必要建设新矿山。

（3）基建投资是建设矿山的基本条件。市场需求量大，矿石储量丰富，属易溶矿石，资金充足，可建大中型矿山，形成一定经济规模，经济效益较好；小型矿山则相反。

4. 矿山服务年限

水溶开采矿山服务年限，是指矿山建成投产后，到开采工作结束的全部时间。

5. 矿石回采率与开采损失率

（1）矿石回采率：在水溶开采矿山中，矿石回采率（K）是指在采区范围内，实际采出的主要盐类物质数量（q_y）与矿床采区该盐类物质工业储量（Q_y）的比值，即 $K = q_y/Q_y$。

显然，一个采区的矿石回采率越高，盐类矿产开发合理程度就越高，采区的服务年限越长；回采率低则相反。

在钻井水溶开采设计和矿山生产技术管理中，通常按采区计算矿石回采率，其计算公式为

$$K = k_1 k_2 k_3$$

式中　K——采区内矿石回采率；

k_1——面积开采系数；

k_2——厚度开采系数；

k_3——实际开采的工业矿层（矿群）矿石回采率。

目前我国钻井水溶开采的矿山，一般矿石回采率低，从国内外经验得出，采用不同的开采工艺，回采率不一样，采用连通对流法开采回采率较高。采用补救井工艺、水平井工艺能提高矿石回采率。

（2）开采损失率：在水溶开采过程中，各种原因使采区内大量的盐类矿产不能采出，而造成矿石的损失。采区内盐类矿石损失的数量（q_n）与盐类矿石工业储量（Q）之比值，称为开采损失率（η）。

$$\eta = \frac{q_n}{Q}$$

矿石回采率与损失率是一个问题相反相成的两个方面，矿石的开采损失率越低，矿石回采率就越高，反之亦然。

根据我国盐类矿床的开采现状进行分析，造成采区内盐类矿产资源严重浪费的原因主要有以下六项：采区内构筑物的压矿、预留保安矿柱不能开采，造成矿石损失；盐类

矿层顶板的稳定性较差，易垮塌压矿；水采溶洞卤水浓度垂直分带性，导致溶洞各向溶解速度不均衡，形成侧溶底角而损失部分矿石；卤水渗入围岩地层和裂隙，造成盐类物质损失；开采不合理造成矿石损失；矿山地质工作和矿山技术管理工作薄弱。

二、水溶开采工艺

水溶开采在我国有着悠久的历史，有多种开采工艺方式、方法，比如岩盐表面水溶开采法、井式水溶开采法、沟渠式水溶开采法、井—渠组合式水溶开采法、硐室水溶开采法等等，但现代井矿盐矿山发展最快、应用最广的是钻井水溶开采工艺。

（一）水溶开采的概念与分类

1. 概念

水溶开采是指盐矿开拓以钻井为主要工程，而钻成卤井后向井内注入淡水溶解岩盐，利用盐易溶于水的性质，形成达到工业开采指标的卤水，并通过盐井产出卤水。以钻井注水，溶解岩盐及产出岩盐卤水的工艺过程，称为钻井水溶开采。钻井水溶开采岩盐矿的主要原材料是水、易溶于水的岩盐矿、电能。

2. 水溶开采工艺分类

水溶开采根据开采单元和注水－采卤系统的差异可划分为单井对流法、井组连通法、提捞和抽汲采卤法（表6－5－12）。

表6－5－12　　　　　　　　　　　　开采工艺分类

大类	亚类	小类	方法
钻井水溶开采法	提捞		提捞水溶采卤法
	抽汲		抽油机水溶采卤法
			潜卤泵水溶采卤法
	单井对流法		简单对流法水溶采卤法
			油垫对流法水溶采卤法
			气垫对流法水溶采卤法
	井组连通法	对流井溶蚀连通	自然溶蚀连通水溶开采法
			油垫建槽连通水溶开采法
			气垫建槽连通水溶开采法
		水力压裂连通	水力压裂连通水溶开采法
		定向井连通	定向斜井连通水溶开采法
			中小半径水平井连通水溶开采法
			径向水平井连通水溶开采法
		连通采区补救井连通	连通采区补救井连通水溶开采法

3. 水溶开采的溶解作用与溶洞形状

（1）单井水溶开采的溶解作用和溶洞形状：单井水溶开采法形成的溶洞分为三个阶段。

第一阶段：水从中心管注入后，沿管状井壁向上冲刷、溶蚀，形成梨形溶洞，溶解

速度 $> 10 \sim 15$ cm/d。

第二阶段：注入水与充满管状井空间的卤水混合，向上回流、溶蚀，溶洞发展成圆柱状。

第三阶段：溶洞进一步溶蚀、扩大，溶洞内的卤水浓度在垂直方向上出现差异，即上低下高，进而导致溶洞侧向溶解速度的差异，即上部溶解速度快，下部溶解速度慢，致使溶洞周壁出现斜坡。因此，溶洞形状发展成为顶部面积大，侧壁向内凹入，并具有指数曲线形式的空心倒圆锥体。

（2）井组连通法开采的溶解作用和溶洞形状：井组连通法开采的溶解作用和溶洞形状的发展有单井溶蚀连通开采（包括自然溶蚀连通开采、油垫建槽连通开采和气垫建槽连通开采）和强制快速连通开采（包括压裂连通开采、定向井连通开采）。

①正常情况下两井组连通法开采的溶解作用和溶洞形状：两井溶蚀连通开采的溶洞发展可分为两个阶段。

第一阶段，两井各自注水溶解，不论是静溶还是动溶，其溶解作用均以钻井为中心呈似同心圆状往外扩展，所形成的溶洞形状主要因开采方法而异：简易对流开采形成的溶洞形状呈似圆锥体，油垫对流法和气垫对流法开采的溶洞形状呈似圆柱体。

第二阶段，两井分别形成的圆锥形（或圆柱形）溶洞相互连通后，其注水井和出卤井分别交替进行，此时的溶解作用自连通通道向两侧扩展，溶洞形状发展成两端呈半圆锥、中部呈楔形的楔状溶洞，或两端呈半圆柱、中部呈长方柱的长槽状溶洞。

②强制性快速连通水溶开采的溶解作用和溶洞形状：压裂连通、定向井连通和组合连通均属强制性快速连通，其连通的原始通道很小。连通后进行水溶开采时，其溶解作用和溶洞形状的发展大体分三个阶段。

第一阶段，A 井注水，B 井出卤时，溶解作用自 A 井外侧呈似同心圆状向外扩展，A 井至 B 井随着溶液浓度的逐步增高，溶解速度逐渐变慢，溶洞直径逐渐变小，溶洞形状呈 A 井大、B 井小的喇叭状。

第二阶段，调整注采井别，改为 B 井注水、A 井出卤时，溶解作用自 B 井外侧呈似同心圆状向外进行，溶洞呈 B 井大、A 井小的反向倒置且重叠的喇叭状。

第三阶段，适时调整注、采井别，溶解作用自两个倒向迭置的喇叭状通道向外扩展，当控制一定的溶采直径时，溶洞逐渐发展成为两端呈半圆柱、中部呈长方柱的长槽状溶洞。

4. 水溶采矿工艺

（1）提捞法采卤：是以一口井或一组井（2 口井以上）为开采单元，从一口井（或数口井）注入淡水，就地溶解盐类矿层，生成卤水后，再从该井（或该井组其他井）用动力带动卷扬机牵引汲卤筒在井内上下活动，将卤水提升至地面的开采方法。

提捞采卤法工艺简单，且不论卤水水位高低、产卤量大小和卤水是否含砂等，均可适用，故在我国地下卤水开采中和盐矿水溶开采中长期采用。

提捞采卤法的主要缺点是：使用设备和人员多，耗用材料多，能耗高，卤水成本较高，劳动负荷大，易发生断丝、落筒事故。故此法于 20 世纪 60 年代停止采用。

提捞采卤法作为盐类矿床早期水溶开采的主要方法，一度发挥了重要作用。自贡大坟堡盐矿用提捞采卤法，至停止开采，其矿石采收率达 92.53%，创造了盐类矿床水溶开采矿石回采率的最高纪录。

提捞采卤工艺流程如图 6-5-8 所示。首先往井内注入淡水（或利用地下淡水渗入井内），溶解盐层，生成卤水。然后利用卷扬机牵引钢丝绳悬挂的汲卤筒放入井内液面以下，卤水的浮力使得汲卤筒的底阀开启，卤水进入筒内；汲卤筒上提时，其底阀在筒内卤水的重力作用下关闭。卷扬机将汲卤筒提升到地面时，其底部置于简单的针状装置上，即开启底阀，使筒内卤水泄放到井口旁的卤水池中。

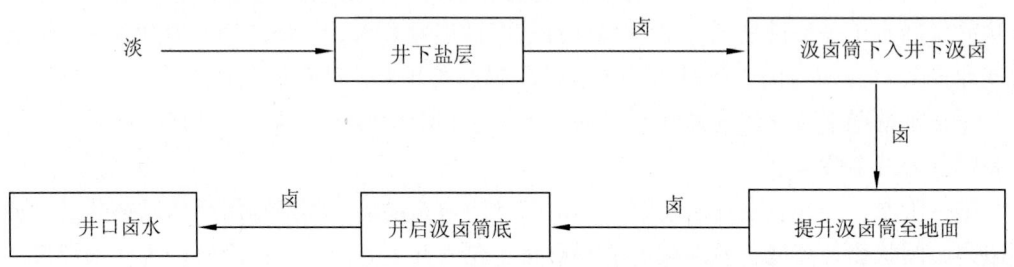

图 6-5-8　提捞采卤工艺流程

提捞采卤法适用于开采系统处于非密闭状态的盐类矿床，如盐井的技术套管不密封，盐类矿床发育断层、裂隙等。

（2）抽吸采卤法：是以一口井或一组井（2 口井以上）为开采单元，从一口井内注入淡水，溶解盐类矿层，生成卤水后，再从该井（或该井组其他井）用专用水泵抽汲卤水的开采方法。由于抽汲采卤使用的设备不同，这种采卤方法可分为抽油机采卤法和潜卤泵采卤法。

①潜卤泵采卤法：1979 年 10 月，首次在邓关盐厂邓 43 井试用国产 6QL-200 型潜卤泵开采地下卤水，获成功。潜卤泵采卤的产卤量较大，卤水成本较低。1986 年 8 月以来，先后在自贡郭家坳盐矿和湖南湘潭盐矿一采区等已停产的采区，用潜卤泵进行后期开采，取得了良好的经济效益。

潜水泵采卤工艺流程如图 6-5-9 所示。

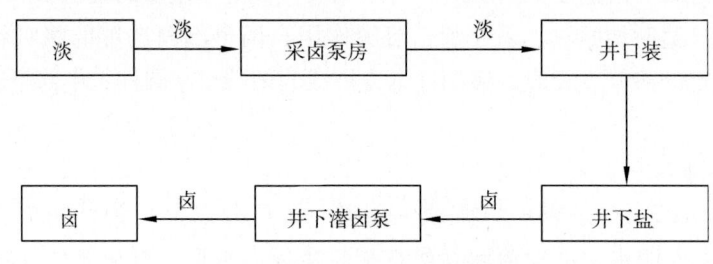

图 6-5-9　潜卤泵采卤工艺流程

②抽油机采卤法：抽油机采卤法是借鉴引进石油部门抽油机采油工艺应用于地下卤水矿床的开采方法。四川邓关盐厂于 1971 年 7 月首先用抽油机在邓 34 井开采地下卤水获成功，后逐步得到推广。此项工艺用于开采井深不超过 1 000 m 的低产量卤井，其经济效益较为显著。

抽油机采卤法的工作原理是：电动机将其高速旋转运动传递给减速箱的输入轴，并经中间轴带动输出轴，联动曲柄做低速旋转运动，同时，曲柄通过连杆牵引游梁前端装有驴头，活塞以上液柱及抽油杆等载荷均通过悬绳器悬挂在驴头上，由驴头随同游梁一起上下摆动，带动活塞垂直往复运动，就将卤水抽出井筒。

5. 单井对流水溶开采法

单井对流法是以一口井为一个开采单元，在井内多层同心管的密闭系统中，从其中一层管内往井下注入淡水，溶解盐类矿层，生成卤水后，再利用注水余压使卤水从另一层管内返出地面的开采方法。因为注入淡水和返出卤水是在同一口井内的不同直径的管中相向流动，故名单井对流法。它包括简单单井对流法、单井油垫对流法、单井气垫对流法。

（1）简单单井对流法水溶开采：是在井内两层同心管的密闭系统中，从其中一层管内往井下注入淡水溶解盐类矿层，生成卤水后，再利用注水余压使卤水从另一层管内返出地面，而对井下盐层的溶解作用不加控制的开采方法。

由于简易对流法简便易行，基建投资较少，适用于开采各种易溶盐类矿床，故简易对流法的优点是：开采工艺简单，操作容易，适用性强，基建投资省，生产成本低等。

它的主要缺点：服务年限短，一般为2~3年，长的4~5年，短的不到1年；简易对流法水溶开采溶洞形状呈倒锥体，加之顶板过早暴露并垮塌，影响矿石溶解，矿石回采率低；井下事故多，中心管下部常发生弯曲、变形和断裂事故，矿层顶板稳定性差时，还发生顶板垮塌，导致技术套管变形、断裂事故。

根据其优缺点，简易对流法一般适用于矿层顶板较稳固、密封条件好、未受成矿后断层破坏、矿石品位较高的易溶性盐类矿床。

（2）单井油垫对流法水溶开采法：是以一口井为一个开采单元，利用油、水互不相溶和石油密度小，且石油不溶解盐类矿物的特性，在井内三层同心管的密闭系统中，从技术套管与内套管环隙间歇性地注入石油，使其在水溶开采溶洞顶部形成一个很薄的油垫层，将水与矿体隔开，控制上溶，迫使溶解作用往水平方向进行。当建立的圆盘状盐槽达到设计的溶采直径后，再自下而上进行水溶开采；从内套管与中心管环隙（或中心管）注入淡水，溶解盐类矿层，生成卤水后，再利用注水余压使卤水从中心管（或内套管与中心管环隙）返出地面的开采方法。

套管层数较多时，钻井直径较大，建井费用昂贵。为节省投资，有的水溶开采矿山采用"两管油垫对流法"，即节省了一层内套管，其井身结构与简易对流井相同，石油与水从同一层管内注入井下。

生产实践证明，油垫对流法是一项先进的水溶开采方法，具有许多突出优点：

①建成高度小、直径大的圆盘状盐槽后，形成一个最有利的溶解面——顶溶面，然后沿盐层厚度自下而上地进行水溶开采，卤水产量大、浓度高，盐井的生产能力比简易对流法高。

②可以有效地控制上溶，防止矿层顶板过早地暴露和垮塌，可延长盐井的服务年限。

③水溶开采溶洞形状可控，可建成近似圆柱状溶洞，矿石采收率较高，一般可为25%～35%。

④开采巨厚的石盐矿床时，最后在溶洞顶部留一定厚度的"护顶盐"，建成穹隆状洞顶，可增加溶洞的稳固性，防止地面沉陷，加之在石盐矿床中建造的溶洞稳固性好，密封性好，可储存石油、液化石油气，可永久性地储存化学工业的有害有毒物质和核工业的放射性废料等。

因此，这项先进的水溶开采方法广为世界各国采用。

油垫对流法的主要缺点是：建槽时间较长，建成直径60 m的盐槽需300～360 d，建成直径80～100 m的盐槽约需有效性作业时间360～500 d；耗油量一般为1～3 kg/t盐，矿石品位>90%时油耗小于1 kg/t盐，矿石品位越低则油耗越大；常发生井下管柱弯曲、变形和断落事故。

综上所述，油垫对流法适用于矿石品位较高（＞70%）、矿层较厚（厚度＞15 m）的易溶性盐类矿床进行水溶开采。

（3）单井气垫对流水溶开采法：是以一口井为一个开采单元，利用空气密度小的特性，在井内三层同心管的密闭系统中，从技术套管与内套管环隙输入压缩空气，使其在水采溶洞顶部形成气垫层，将水与矿体隔开，控制上溶，迫使溶解作用往水平方向进行。当建立的圆盘状盐槽达到设计的溶采直径后，再自下而上进行溶解开采；从内套管与中心管环隙注入淡水溶盐，生成卤水后，再利用注水余压使卤水从中心管返出井口的开采方法。

①气垫对流法优点：

第一，建成一定直径、一定高度、一定容积的盐槽后，分梯段上溶生产的卤水浓度高，卤水产量亦高于简易对流法。

第二，自下而上地分梯段溶采，盐井服务年限较长。

第三，溶洞形状基本可控，矿石采收率较高，为25%～35%。

第四，气举卤水带沙能力强。

②气垫对流法的缺点：

第一，空气压缩比大，气垫层不稳定，调控较困难。

第二，需要连续输气，特别是气举卤水带沙时，压缩空气耗损量大，消耗动力多，建槽成本高。

第三，建槽期较长，一般建成容积350～400 m³的盐槽，需3～5个月。

第四，在井下受压状态下，卤水中溶解的空气较多，采卤设备和井下管柱腐蚀严重。

（4）井组连通水溶开采法：是以两井或多井为一个开采单元，用各种方法在井间矿层中建造溶蚀通道，然后从其中一口井注入淡水，溶解矿层，生成卤水，再利用注水余压使卤水从另一口井返出地面的开采方法。根据在井间矿层中建造通道的方法不同，井组连通法可分为四小类：对流井溶蚀连通法、压裂连通法和定向井连通法、连通采区补救井工艺法。

（5）定向井连通水溶开采法：是沿着预先设计的井眼轴线钻达目的层位的钻井方法，也称斜向钻井。定向井连通法分为定向斜井连通法和定向水平井连通法。随着钻井技术的进步，定向井连通法由最初的定向斜井连通法已发展到中小半径水平井连通法，目前正在向智能化方向发展，同时，径向水平井连通法亦在研究试验。

定向钻井使用范围可归为地面限制、地下要求和钻井技术需要等三个方面。

地面限制：当油田等埋藏在高山、海洋、建筑物、城镇等的地下，往往采用定向钻井。

地下地质条件要求：由于地质构造特点采用直井不能有效地勘探开发矿藏时，可采用定向钻井，获得好的效果。

钻井技术要求：在遇到井下事故无法处理或不易处理时，常进行定向钻井。

采用定向钻井，必须设计井身剖面，计算和绘制实际井眼轴线，以及井斜角和方位角的控制和测量。

第六章　采矿系统工程与数字化矿山

第一节　采矿系统工程

一、概述

（一）采矿系统工程的概念

采矿系统工程是从系统的观点，用定性或定量相结合的方法，根据经济、技术、社会因素对采矿系统的规划、设计、建设和生产进行优化分析或评价。采矿系统工程离不开现代数学方法与计算机技术，因此又称计算机技术在采矿中的应用、计算机和运筹学在采矿中的应用或计算机和数学方法在采矿中的应用。

采矿系统工程是一门工程技术，但它与土木工程、电子工程、地质工程等其他工程学的特点又不尽相同。上述各工程学都有其特定的工程物质对象，而采矿系统工程则不然，矿产资源开发过程中的任何一种物质系统都能成为它的研究对象，还可以包括矿产开发过程中的社会经济系统、经营管理系统等非物质系统。

从本质上讲，采矿系统工程是采矿工程学与系统工程学、数学、计算机科学等多学科相结合而形成的一大学科分支，它主要以现代科学和计算机技术为工具，对采矿工程的项目规划、设计、项目建设、生产运营和管理进行总体或局部优化，促使项目在经济效益、社会效益等方面最优化。

（二）采矿系统工程的重要性

采矿系统工程是一门重要的新兴学科，越来越得到广大矿业工作者的认可和重视。其重要性体现在以下方面：

（1）随着采矿系统工程学科的不断发展，该学科已渗透到矿业学科的各个方面，"安全系统工程""边坡系统工程""矿山调度系统工程"等众多矿业分支学科逐步发展，在学科范围上越来越大，促进了采矿系统相关学科的大发展。

（2）随着计算机技术的普及和推广，采矿系统工程向计算机化、智能化不断发展，作为采矿系统工程普遍采用的技术，如线性规划、计算机模拟、人工智能等，已广泛用于围岩控制、通风安全、采选工艺等学科，有利于推进现代化矿山的全面建设。

（3）采矿系统工程在系统工程的基础上，结合采矿工程学科的实际，实现了创新式发展，如专家系统、人工神经网络、遗传算法依次在矿业界推广应用后，取得了一系列成果，对矿业建设项目的决策、建设、运营等提供了良好的技术支持。

二、采矿系统工程的发展

（一）采矿系统工程的发展现状与特点

（1）经过几十年的不断发展完善，采矿系统工程已深入到采矿工程的多个领域，如矿床赋存条件的分析评价、矿山开采设计规划、矿山项目评价、生产工艺评价优化、生产系统可靠性分析评价、围岩及边坡稳定性分析等方面。

（2）综合运用多学科知识与现代化手段，结合采矿系统的特点，解决实际问题。如线性规划、多目标决策、动态规划、模糊决策、人工智能、计算机仿真与辅助设计等已成为采矿系统工程的常用手段。

（3）紧跟计算机科学与信息科学的不断发展，采矿系统工程不断取得新进展。如GPS（全球定位系统）、GIS（地理信息系统）、RSS（遥感系统）的出现与应用，随即促进了采矿系统工程的发展进步。

（4）基于双亲学科的特点明显。从某种程度上说，采矿系统工程学是采矿工程学与系统工程学的结合体，其发展就必然与采矿工程学与系统工程学密切相关。一方面，采矿系统工程学在遵循采矿工程内在规律的基础上，寻求解决采矿系统的规划、设计、施工、生产中的一系列优化课题；另一方面，采矿系统工程必须运用系统工程的观点与方法，从传统的及新兴的诸多优化理论、方法、技术中寻找适用的武器，有效地解决采矿系统中的实际问题。

（二）采矿系统工程的发展趋势

由于采矿工程的理论与实践在不断发展变化，系统工程所依托的优化理论与技术也在不断发展变化，加之数学、信息科学与计算机技术的发展进步，采矿系统工程也必须不断发展进步。

1. 多学科与多方法的综合应用

采矿系统是一个多目标、多因素、多变量的复杂的动态系统，其受随机性因素影响强，生产对象和作业环境变化大，单独运用系统工程研究的某一种方法很难做出合理的决策。因此，多学科化、多方法化的综合运用就成为解决采矿系统问题的有效手段，即采矿系统工程必将向多学科化、多方法化综合应用的方向发展。

2. 跨学科的联合研究

随着系统研究对象的不断扩展，跨学科的研究工作已成为客观发展的必然趋势。例如，在地质勘探及建模方面，地质学理论（涉及热学、力学、化学、流体学等）、各种物探方法（如地震、重力、电磁等）、计算机模拟技术、数字处理及图像自动生成技术等正在联合起来。又如，在矿业环境及安全工程方面，自动化与机器人应用、遥感技术、三维图像处理等已有密切结合，全球定位系统（GPS）、地理信息系统（GRS）等技术也在迅速推广应用之中。在矿山生产过程监测工作中，多媒体技术有望与成套监测仪器设备及数字处理技术结合起来，形成综合实时监测系统。

3. 计算机运算与可视化技术的密切配合

　　采矿系统工程决策的结果经常需要体现在工程设计图上，同时醒目、直观的图像显示也是交互式工程设计的有效手段。随着计算机功能的迅速扩展，实体建模显示、图像输出、动画显示等将获得越来越多的应用，采矿系统工程也将在计算机运算与可视化技术的基础上获得更长远的发展。

　　4. 多项内容的深入分析与综合决策

　　由于采矿系统一般均是多环节、多层次的系统，各子系统间相互关系复杂，各子系统又受外界条件的影响，在处理和解决某一问题时，往往牵连的内容多，相互影响大，如矿山运输、矿区开采等的优化与综合决策，这就需要对多项内容进行深入分析与综合决策，在更高、更深层次上进行研究，使采矿系统工程得到进一步发展。

　　5. 采矿系统工程理论与采矿实践紧密结合

　　采矿系统工程理论为采矿工程的实践提供理论支持，采矿工程实践又反作用于采矿系统工程理论，促进该学科的发展。许多理论研究成果正在向企业的实际应用转移。实用性愈强的项目其推广应用的速度愈快，反过来也愈能促进该项目理论研究的发展完善。

第二节　采矿系统工程的研究方法

　　系统工程的理论与研究方法众多，各方法的特点、适用性各不相同，每一种方法都是相当于一门独立的学科和数学分支。本节仅对采矿系统工程中常用的研究方法作简要介绍。

一、数学规划

　　数学规划方法是采矿系统工程应用最早、最常用的系统工程方法，又可细分为线性规划、非线性规划、整数规划、动态规划等方法。

　　（一）线性规划

　　线性规划是运筹学中应用最广泛的一个分支，在采矿系统工程中也应用最多。特别是近年来计算机技术的发展，使得线性规划可以解决具有多个变量和方程的复杂课题。其在采矿工程中的应用主要有：

　　（1）矿山生产调度。运用线性规划，合理调度各种矿山大型设备，提高综合效率与效益。

　　（2）运输问题。根据矿石产量、客户需求量及不同的运输成本，合理安排运输计划，使总的运输成本最低、经济效益最大。

　　（3）生产布局。根据矿山、选矿厂、冶炼厂的生产能力、生产成本和运输费用，合理组织生产，调配生产任务，使企业盈利最大。

　　（4）配矿问题。结合选矿成本的不同或不同品位矿石售价的不同，通过合理调整不同品级矿石的配比，达到企业效益最大化。

（5）露天矿排土工作组织。根据露天排土场的位置、容量，合理计划各工作面的排土路线，使排土工作的经济效果最佳。

（6）采掘进度计划的编制。在满足矿山各种生产技术约束条件的前提下，使用采掘工作的经济效果最佳。

（7）生产原料、材料、人力的调配。在生产资源不足的情况下，合理调配原料、材料、人力的分配，优先保证效益高、成本低的工作面，保证关键环节，以此获得最大效益。

（二）动态规划

动态规划在分阶段决策中优势明显，特别适合于采矿作业在时间上按年（月）、在空间上按台阶（水平、阶段）的特点，因而在采矿系统工程中应用广泛。动态规划计算方法简单，具有明显的多阶段性，在采矿中主要应用有：

（1）确定合理的边界品位。边界品味是工业上可以利用的矿体的最低品位。这个品位实际上是个动态值，考虑到矿石价格、生产原材料价格等每年均可能有或多或少的变化，在采矿中常以年为单位构成不同的阶段，通过比较成本、收入之间的关系，借助动态规划的方法可以确定出合理的边界品位。

（2）露天开采境界的确定。在以规则方块组成的矿床模型中每一纵列可视作阶段，每列中的第一方块视作不同的状态，通过动态规划可以找出各列方块间的联系，从而确定出露天矿境界。

（3）设备维修与更新。矿山设备在使用过程中，会随着时间的递延，效率降低、维修费用增加，而采用新设备则需新增设备购置费，购买新设备还是维修旧设备可用动态规划处理，以确保总成本最低。

（4）采掘进度计划的编制。以年（月）作为阶段划分整个计划时期，每一阶段又有不同的方案（状态），从而按动态规划的模式去安排采掘进度计划。

（5）确定合理的库存量。矿山使用的机械设备的备品备件及生产所需的主要原材料，要有适当的库存量。合理的库存量应既能满足生产需要，又能确保保管费用最低。采矿系统工程中，常采用动态规定的方法，结合每年的材料消耗和材料购置费用、保管费用，确定出最优的库存量。

（三）整数规划

在采矿生产活动中，有关人员、设备、线路的选择，都只能是整数而不是小数，这种变量只能取整的数学规划即为整数规划。整数规划的计算时间长、计算过程相对复杂，在实际中应用较少，目前应用领域主要有：

（1）设备、人员的安排问题。如在总数一定的情况下，地下矿铲运机、自卸汽车、人员在采场的分布问题。

（2）采掘计划的安排。对某矿块、某水平是开采还是不开采，可分别用0或1两个数表示，从而构成0~1整数规划。

（四）非线性规划

当目标函数或约束条件中存在非线性关系时，需采用非线性规划求解有关问题。在采矿工程中，非线性问题不易求解，因此往往简化为线性问题来求解近似值。

（1）采—选—冶协同生产能力安排问题。在大型联合企业里，采矿、选矿、冶炼的能力、成本、效益问题是一个非线性关系，需采用非线性规划求解。

（2）通风井直径的确定。通风井直径与通风阻力、风量等之间的关系不是简单的线性关系，还涉及提升等因素的影响，需采用非线性规划，确定合理的井径，以使总成本最低。

二、网络分析

网络分析是运筹学中的一个重要分支，一般采用网络图求解，直观、方便。在采矿工程中，可应用网络分析的主要有：

（1）地下开拓运输系统的确定：地下开采中的矿石运输可视作物流，这一物流发自采场，经各种运输巷道运送至矿仓或选矿厂，因此地下开拓运输系统可视作一个网络流。通过最小费用流的方法可求出最优布置。

（2）通风网络的计算：地下开采的通风也是一个典型网络问题，可以采用网络流的方法求解。

（3）运输路线的确定：在节点很多的运输网络中，为了求出运输费用最小的路线，可以采用最短路的方法。

三、统筹方法

统筹方法又称网络计划技术，是组织施工和进行计划管理的科学方法。在统筹方法中，求出关键路线后，由于人力、物力、财力的限制，需要进一步调整某些工作，这称为网络计划的优化。如，在资源有限的情况下使工期最短，在规定的工期下使投入的资源最小，或者在最短工期下使成本最低等，都属于优化的问题。

统筹方法已在采矿工程中得到广泛的应用，特别是当工程项目比较多、互相衔接关系比较复杂时，更需要采用统筹方法。

通过统筹方法，可以了解各工序之间的衔接关系，及时作出调整及工作部署。采矿中经常应用统筹方法的领域有露天矿新水平的准备、井巷掘进、设备维修、设计工作组织等。

四、模糊决策

考虑到影响矿业系统的因素多、不确定性大，因此在采矿工程中往往有许多定性的概念，为采用定量的量化方法对这些概念等进行合理表述，就需模糊决策方法（如模糊数学、灰色理论）进行解决。与此相关的技术方法，如模糊聚类、模糊评判、灰色关联分析等，常被用于处理采空区稳定性分析和采矿方法选择等问题。

五、排队论

在采矿生产中常常会遇到排队现象。例如，工作面上损坏的设备排队等待修理，露天矿汽车在挖掘机前排队等待装载等。如何在要求服务的对象（等待维修的设备、等待装载的汽车）与服务机构（维修机构、挖掘机）间取得合理平衡，就是排队论要解决的问题。

由于采矿生产过程中的复杂性，无法对大型问题采用排队论解决，但在局部过程中可用排队论进行优化处理，以减少解决问题的时间。应用领域主要有采掘设备之间的配合问题、矿仓合理尺寸与提升箕斗提升速度间的优化关系等。

六、计算机模拟

由于计算机技术的快速发展，计算机模拟方法广泛地应用于采矿系统工程中。采矿系统复杂多变，单纯应用数学方法难以解决，而采用计算机模拟的办法，可针对可行的方案进行多次模拟分析比较，研究各方案的模拟效果及综合效益。

近年来，可视化技术、三维建模技术的发展，进一步扩大了计算机模拟方法的应用范围。计算机模拟主要应用在以下领域：

（1）建立三维地质模型：通过计算机模拟计算，结合地质资料，建立三维地质模型，有利于快速建立矿体开采的空间概念，便于进行采矿方法、开拓系统的优选。

（2）围岩稳定性的分析：结合矿岩物理力学参数，通过计算机模拟技术，对开采后围岩的稳定性进行分析，有利于判定堵水帷幕安全性，确保矿井安全。

（3）开采参数的确定：通过模拟不同的开采参数方案，对不同方案下围岩控制成本、矿石开采成本、矿块总体效益等进行比较，以确定合理的开采参数，确保在安全的前提下企业效益最大化。

七、人工智能

采矿工程在实践中是复杂多变的，对许多问题的决策往往依赖于工程技术人员的经验判断而不是理论计算，为此，以专家系统为代表的人工智能受到矿业界的推崇。

专家系统是一种计算机程序，它以计算机的工作过程模拟人类专家解决实际问题的工作过程，以在特定的领域中起到人类专家的作用，以人类专家的水平完成特定的专业任务。

（一）专家系统的基本结构

（1）基础知识库，是专家知识、经验以计算机语言进行表达的存储器，是专家系统的基础。

（2）中间数据库，是存储各种中间数据、推理过程的数据库。

（3）核心推理机，是专家系统的核心，用以控制整个系统。它可根据当时输入的数据，利用基础知识库的知识，按一定的推理方法得出结论。

（4）解释部分。为便于用户理解，将计算机推理过程转化为易于理解的文字语言，帮助用户解决问题。

（5）知识获取部分，可为修改、扩充基础知识库中的知识提供手段。

（二）专家系统在采矿领域的应用

（1）矿床预测。根据已有地质勘探资料，通过推理分析，预测周边矿体赋存情况及规律，常见的有 Prospector 系统。

（2）设备故障分析。结合设备发生故障的现象，推断发生故障的原因、部位，并给出必要的解决故障的办法以供参考。

（3）采矿设计优化。总结采矿设计经验，按不同的矿岩赋存条件、开拓运输系统、采矿方法等建立专家系统，以便于用计算机提出最优的采矿设计方案。

第三节　数字化矿山

一、数字化矿山的概念及作用

（一）数字化矿山概念

数字化矿山是建立在数字化、网络化、虚拟化、智能化、可视化基础上的，由计算机网络管理的管控一体化系统，它将涉及人类开采矿产资源过程中各种动态、静态信息进行数字化，并综合考虑生产、安全、经营、管理、环境与资源、安全与效益等各种因素，运用空间技术与实时自动定位、导航技术对矿山生产工序实施远程操作和自动化采矿的综合体系，其根本目的是实现矿山安全、高效生产和经济效益的最大化。

数字化矿山的功能主要体现在以下方面：

（1）能够获取基础数据，并对其进行存储、传输和表述的管理功能。数字化矿山可运用现代技术，获取时效性强、精度高的基础数据，如基于 GPS 定位技术获取人员、设备位置，基于监测监控技术获取环境参数及设备运行状态参数，同时能够对这些数据进行全面的存储、管理并传输、输出，以供参考利用。

（2）能够对矿山生产经营活动的决策进行优化。通过建立数字化矿山，决策者能够方便地在矿山开拓开采方案确定、基本参数选择、经营活动决策中获得最大的计算机系统支持，实现决策优化。

（3）能够实现各种设计、计划工作和生产指挥的计算机智能化。数字化矿山的典型功能就是具备智能化辅助指挥、设计功能，通过网络技术与计算机技术、智能技术，将所有生产中的设计和计划工作在计算机上完成。

（4）实现生产工艺流程和设备的全自动化控制。如实现对选矿厂工艺流程自动控制、采场遥控铲运机出矿控制等。

（二）数字化矿山的作用

（1）促进实时过程控制、资源实时管理、矿山信息网建设、新技术装备应用、自动及智能控制技术的发展与应用，提升矿山技术与管理水平，使矿山生产实现高度自动化和智能化，达到减人提效、降低劳动强度、避免人身伤亡。

（2）建设数字矿山可以全面、动态、准确地掌握我国矿产资源的存量及变化，进而科学合理地开发利用和保护资源，实现资源利用效益最大化。

（3）数字矿山可以为我国全面分析、掌握及预测矿产资源分布利用情况、市场行情和保障程度提供手段，是建立有效的战略资源供给及保障机制的重要内容。

（4）可以实现各种灾害的超前预警和远程调度，有效避免灾害的发生。

（5）有利于矿山环境的有效保护和再造。

二、数字化矿山系统架构与关键技术

数字矿山作为一个综合信息系统，具有依赖于矿山特征的系统逻辑结构和服务于矿山目标的决策支持功能。

（一）数字矿山系统架构

从数字矿山的技术与结构出发，数字矿山系统架构主要包括七个层次，即基础数据层、执行与控制层、优化模拟层、设计层、模型表述层、管理层、决策支持层。

（1）基础数据层，即数据获取与存储层。数据获取包括利用各种技术手段获取各种形式的数据及其预处理，数据存储包括各类数据库、数据文件、图形文件库等。该层为后续各层提供部分或全部输入数据。

（2）执行与控制层，如自动调度、流程参数自动监测与控制、远程操作等。该层是生产方案的执行者。

（3）优化模拟层，如工艺流程模拟、参数优化、设计与计划方案优化等。

（4）设计层，即计算机辅助设计层。该层为把优化解转化为可执行方案或直接进行方案设计提供手段。

（5）模型表述层，如空间和矿物属性的三维块状模型、矿区地质模型、采场模型、地理信息系统模型、虚拟现实动画模型等。该层不仅将数据加工为直观、形象的表述形式，而且为优化、模拟与设计提供输入。

（6）管理层，包括 MIS 与办公自动化。

（7）决策支持层，依据各种信息和以上各层提供的数据加工成果，进行相关分析与预测，为决策者提供各个层次的决策支持。

（二）数字矿山关键技术

数字矿山关键技术包括先进传感及监测监控技术、采矿设备遥控及智能化技术、高速数字通信网络技术和三维动态实体建模技术。

1. 先进传感及监测监控技术

对井下环境参数（如氧气、二氧化碳、二氧化氮浓度，空气温度、湿度等）、井下工程变化参数（围岩应力、巷道变形）以及设备状态的监测（设备开停、温度、运行工况）等的监测是数字化矿山实现的前提条件，而这些都需要依赖先进的传感器元件与监测监控技术。先进的传感器元件是进行基础数据采集的前提，若传感器精度低或可靠性不足，会对监测量的准确性造成重大影响。监测监控技术中，监测系统的整体可靠性及关键技术的成熟度，均会对监测结果及后期处理控制产生影响。同时，为达到数字化矿山要求，对井下可移动的设备、人员应有可靠的快速定位与导航技术。

2. 采矿设备遥控与智能化技术

通过对采矿设备的位置监测、作业遥控与控制，可实现无人采矿，大大提高了采矿的安全性，并减轻了工人劳动强度。

3. 高速数字通信网络技术

矿山涉及的信息千丝万缕、复杂多变，同时地面通信与井下通信条件差异很大，主要表现为井下空间有限、普遍存在通信屏障、作业环境差，对井下通信设备会产生不利影响。而合理的通信网络技术是确保数字化矿山能够向地下矿山推广的重要技术，要加快发展适合井下环境的通信设施，并发展大带宽、自适应型通信媒介。

4. 三维动态实体建模技术

若实现矿山的数字化，对矿山开拓开采的模拟再现是不可或缺的部分。目前国内主要通过三维数字软件（如 DIMINE、3DMine 三维数字软件）建立矿体模型，并可对矿山开拓开采系统进行设计，结合矿山实际情况反映工程分布情况等。目前的三维实体建模技术主要应用在静态建模上，对于结合矿山开采过程自动更新的动态建模技术研究成果较少。考虑到矿山开采是一个动态的变化过程，如何实现动态更新与简易的交互式设计是数字化矿山发展的一个关键技术。

三、决策支持模型及系统

（一）工程决策支持模型

工程决策支持模型包括工程表征模型（如采场模型、虚拟现实模型）、工程仿真模型（如应用 FLAC、UDEC 对围岩力场计算模拟仿真）及规划设计模型。

（二）管理决策支持模型

管理决策支持模型的基本内容见表 6 - 6 - 1。

表 6 - 6 - 1　　　　　　　　管理决策支持模型基本内容

项目	内容
执行与控制	远程操作、监测与控制、自动调度、MES
经营管理	人财物、调度
战略决策	运用决策支持系统，通过信息加工，进行分析、预测与辅助决策
方法	运筹学、统计学、人工智能等

（三）决策支持系统

决策是综合利用领域知识、信息，并凭借各种手段，控制某些可变量以达到特定目标，从而实现最大效用的方案选择的过程。为实现决策的智能化，在数字矿山中，一般采用决策支持系统，即利用基于数字化矿山决策支持技术的智能决策方法和智能决策支持系统来帮助解决非结构化问题。

数字化矿山决策支持技术主要包括网络优化技术、离散事件模拟、概率及随机过程理论、图论及数学规划、专家系统、人工神经网络、分形几何模型等。

四、矿山可视化技术

矿山可视化技术是指利用计算机，结合矿山地质资料，将矿体、工程、地表地形、建筑物等以三维形式直观地展示出来，即建立矿体及其工程、地表地形等为一体的仿真三维地质模型，以增加地质数据的表现力，便于对矿山进行综合分析和研究。

（一）地表的三维可视化

地表的三维可视化是指将地表村庄、道路、山脉、河流、露天坑和工业场地等在三维模型中展示出来。对地表基础数据的获得主要依靠遥感技术、数字摄影测量技术以及其他测量手段取得，再利用三维软件，建立以工程实测数据为基础的地形表面形态属性信息的表达，将地表信息在计算机上逼真地显示，即达到了地表的三维可视化。地表地形模型主要包括数字地形模型（DTM）和数字高程模型（DEM）两类。地表三维模型如图6-6-1所示。

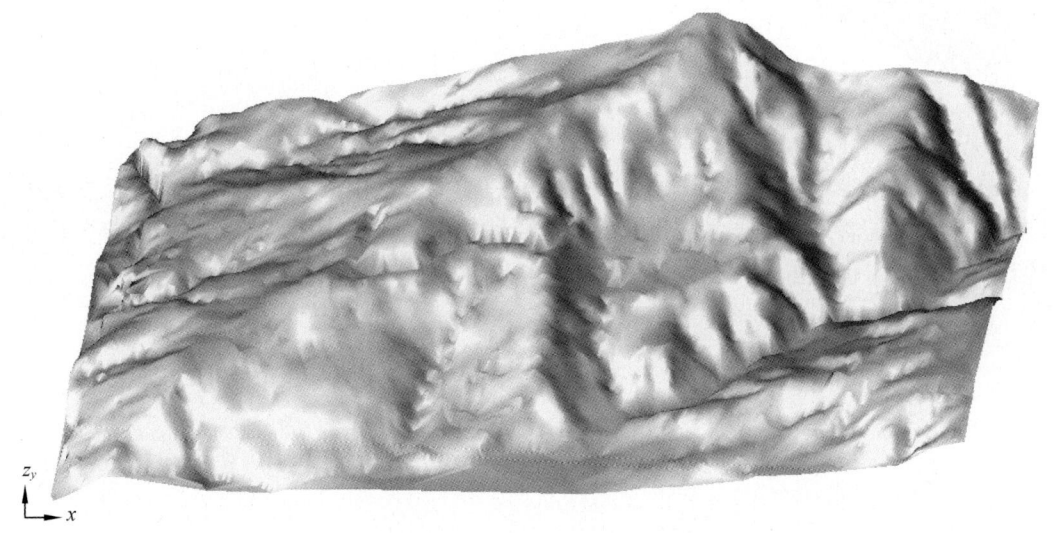

图6-6-1　某矿山地表三维模型

（二）矿体的三维可视化

依据地质工作取得的钻孔数据、勘探线资料、地质构造数据等，将相关信息导入三维软件中，建立能够体现矿体空间形态、品位、地质构造情况的数字化矿体模型，即可实现矿体的三维可视化。

矿体三维可视化技术能够快速实现中段矿量计算、矿山储量计算等功能，同时通过计算机辅助设计，便于将主要井巷工程全面反映在模型中，能够直观地展示出工程与矿体的相对位置关系，如图6-6-2所示。

图 6 - 6 - 2　某矿山开拓系统三维模型

　　在矿体的三维可视化技术中，主要的数值建模技术有块段模型、网格模型及断面模型，近年来，随着计算机技术的快速发展，以线框模型、表面模型、实体模型等为代表的几何建模技术也获得了广泛应用。

第七章 矿山环境工程

第一节 矿山环境影响评价

一、矿山环境问题

矿山资源开发与环境保护的关系一直是人类社会可持续发展应考虑的关键问题之一，资源开发有利于经济发展，而环境的保护又是经济发展过程中必须考虑的问题。矿产资源是一种不可再生的自然资源，所以开发矿业所产生的环境问题，日益引起人们的重视：一方面是保护矿山环境，防治污染；另一方面是合理开发利用矿产资源。

矿产资源开发建设活动一般包括矿山开采和矿石后处理两部分，在此过程中，一般会引起环境污染、生态破坏等问题。

1. 矿山环境污染问题

（1）水污染与土壤污染，开采硫化矿石时排放的酸性水、矿坑涌水及选矿废水等对水体和土壤的污染；

（2）废气、粉尘，即采矿粉尘、爆破废气、柴油机械废气、露天矿及废石场扬尘、矿石运输中的扬尘污染空气；

（3）尾矿中所含的有毒有害成分及残存于尾矿中的选矿药剂经雨水淋滤和溶质输送，造成周围土壤、水体等的污染。

2. 生态破坏问题

（1）改变原有地形地貌和地质景观，产生露天坑、地表塌陷、裂缝等现象；

（2）造成山体裸露、水体流失，甚至产生滑坡和泥石流；

（3）大量土地被侵占，地表植被破坏，甚至造成动植物群落迁徙、物种灭绝；

（4）造成地下水位下降，影响区域环境；

（5）引发次生地质灾害，如引起滑坡、滑石流等。

二、矿山环境影响评价工作的主要内容

矿产资源开发建设项目环境影响评价的内容主要包括环境污染影响评价和生态环境影响评价两部分，它包含的内容较为全面，其主要评价工作内容有：

1. 矿山工程概况与分析

（1）工程概况：包括建设项目的名称、地点及建设性质，矿产资源赋存状况，矿石储量、矿山采选规模、服务年限、占地面积及平面布置（附图）、土地利用情况、产品方案、职工人数和生活区布置等。对扩建、改建项目，应说明原有项目概况。

（2）工程分析：包括开采方式、开拓方案、采矿方法。主要原料、燃料及其来源和储运、物料平衡、水的用量与平衡，水的回用情况，采选矿工艺过程，废气、废水、废渣等的种类、排放量和排放方式，以及其中所含污染物种类、性质、排放浓度，产生的噪声、振动的特性及数值等，废弃物的综合利用和处理、处置方案，交通运输情况等。

2. 矿山环境影响因素分析

主要包括环境污染因素和生态破坏因素两部分。

（1）环境影响因素主要分析矿山在建设中、建成运营期以及服务期满后可能产生的主要污染源及污染物，其方法一般采用计算、类比、经验统计等。

（2）生态破坏因素包括生物群落、区域环境、水土流失、滑坡和泥石流、地表沉降或塌陷等。

3. 矿山环境质量现状调查与评价

主要包括单要素环境质量现状评价和生态环境现状调查与评价两部分。

（1）单要素环境质量现状主要评价采选工业场地及其周围的环境空气、地表水体、地下水、声学环境等环境质量现状。

（2）生态环境质量现状调查，对于不同的评价因子需要采用不同的评价方法，调查因子包括植被、动物、土壤、土地利用情况、水资源等。

4. 地表水环境影响评价

主要评价矿区生活污水、矿坑废水、选矿废水、废石场（排土场）及尾矿库淋溶水的排放对周围地表水环境的影响，预测并利用相应标准评价受纳水体产生的影响及影响程度如何。

5. 地下水环境影响评价

（1）评价矿山排水对地下水资源和地下水位下降的影响程度和范围。

（2）矿山排水及废石场（排土场）、尾矿库的淋溶水渗入地下对地下水水质的影响程度和范围。

（3）矿山地下水疏干引起的地表塌陷等次生环境问题。

6. 大气环境影响评价

（1）露天采场、废石场（排土场）、尾矿库扬尘和粉尘对周围环境空气质量的影响。

（2）矿石加工（主要为选矿）等过程产生的粉尘污染物对周围环境空气质量的影响。

（3）矿石、废石运输通道扬尘及爆破废气对周围环境空气质量的影响。

（4）矿山燃油机械设备尾气排放对周围环境空气质量的影响。

7. 声环境影响评价

主要评价场地施工、爆破、露天采矿设备以及矿石铲装运输设备噪声，选矿厂设备噪声对矿区及周围声学环境的影响。

8. 生态环境影响评价

对于露天采矿，评价重点为生物群落、区域环境、水土流失、滑坡和泥石流等方面；对于地下开采，评价重点应为地面沉降或塌陷，诱发地质灾害等方面。

9. 环境经济损益分析

主要分析环保设施投资和生态保护与恢复费用及其产生的经济、社会、环境效益。

10. 固体废物环境影响评价

评价重点为判断采矿产生的固体废物的性质，废石场及尾矿库厂址选择评价，废石、尾砂引起的二次污染对环境的影响。

11. 污染防治对策与生态保护恢复措施

主要包括：①露天采场、废石采场（排土场）、尾矿库扬尘、粉尘抑制措施；②矿区生态保护与恢复措施；③矿坑水、选矿废水及废石场（排土场）、尾矿库淋溶废水治理措施；④噪声防治措施；⑤选矿厂矿石处理过程粉尘治理措施。

12. 其他

主要包括：①必要时要对尾矿库溃坝进行风险评价，分析尾矿库溃坝及泥石流发生的概率及其对环境的影响程度和范围；②废石场（排土场）滑坡、泥石流、地表塌陷，废气、废水泄露排放造成的环境风险影响；③对含有放射性物质的矿床要做放射性环境影响分析；④必要时要进行采矿爆破环境分析，分析采矿爆破震动对环境的影响。

三、矿山环境影响报告

根据工程特点、环境特征、评价级别、国家和地方的环境保护要求，选择下列全部或部分专项评价，编写矿山环境影响报告。其主要内容包括：

1. 前言

简要说明建设项目的特点、环境影响评价的工作过程、关注的主要环境问题及环境影响报告书的主要结论。

2. 总则

（1）编制依据：须包括建设项目应执行的相关法律法规、相关政策及规划、相关导则及技术规范、有关技术文件和工作文件，以及环境影响报告书编制中引用的资料等。

（2）评价因子与评价标准：分列现状评价因子和预测评价因子，给出各评价因子所执行的环境质量标准、排放标准、其他有关标准及具体限值。

（3）评价工作等级及评价重点：说明各专项评价工作等级，明确重点评价内容。

（4）评价范围及环境敏感区：以图、表形式说明评价范围和各环境要素的环境功能类别或级别，各环境要素环境敏感区和功能，以及其建设项目的相对位置关系等。

（5）相关规划及环境功能区别：附图列表说明建设项目所在城镇、区域或流域发展总体规划、环境保护规划、生态保护规划、环境功能区或保护区规划等。

3. 建设项目的概述与工程分析

采用图表及文字结合方式，概要说明建设项目的基本情况、组成、主要工艺路线、工程布置及与原有、在建工程的关系。

对建设项目的全部组成和施工期、运营期、服务期满后所有时段的全部行为过程的环境影响因素及其影响特征、程度、方式等进行分析与说明，突出重点，并从保护周围环境、景观及环境保护目标要求出发，分析总图及规划布置方案的合理性。

4. 环境现状调查与评价

根据当地环境特征、建设项目特点和专项评价设置情况，从自然环境、社会环境、环境质量和区域污染源等方面选择相应内容进行现状调查与评价。

5. 环境影响预测与评价

给出预测时段、预测内容、预测范围、预测方法及预测结果，并根据环境质量标准或评价指标对建设项目的环境影响进行评价。

6. 社会环境影响评价

明确建设项目可能产生的社会环境影响，定量预测或定性描述社会环境影响评价因子的变化情况，提出降低影响的对策与措施。

7. 环境风险评价

根据建设项目环境风险识别、分析情况，给出环境风险评估后果、环境风险的可接受程度，从环境风险角度论证建设项目的可行性，提出具体可行的风险防范措施和应急预案。

8. 环境保护措施及其经济、技术论证

明确建设项目拟采取的具体环境保护措施。结合环境影响评价结果，论证建设项目拟采取环境保护措施的可行性，并按技术先进、适应、有效的原则，进行方案比选，推荐最佳方案。

9. 清洁生产分析和循环经济

量化分析建设项目清洁生产水平，提高资源利用率，优化废物处置途径，提出节能降耗、提高清洁生产水平的改进措施与建议。

10. 污染物排放总量控制

根据国家和地方总量控制要求、区域总量控制的实际情况及建设项目主要污染物排放指标分析情况，提出污染物排放总量控制指标建议和满足指标要求的环境保护措施。

11. 环境影响经济损益分析

根据建设项目环境影响所造成的经济损失与效益分析结果，提出补偿措施与建议。

12. 环境管理与环境监测

根据建设项目环境影响情况，提出设计、施工期、运营期的环境管理及监测计划要求，包括环境管理制度、机构、人员、监测点位、监测时间、监测频次、监测因子等。

13. 公众意见调查

给出采取的调查方式、调查对象、建设项目的环境影响信息、拟采取的环境保护措施、公众对环境保护的主要意见、公众意见的采纳情况等。

14. 方案比选

建设项目的选址、选线和规模，应从是否与规划相协调、是否符合规划要求、是否满足环境功能要求、是否影响环境敏感区或造成重大资源经济和社会文化损失等方面进行环境合理性论证。如果进行多个厂址或选线方案的优选，应对各选址或选线方案的环境影响进行全面比较，从环境保护角度提出选址、选线意见。

15. 环境影响评价结论

环境影响评价结论是全部评价工作的结论，应在概括全部评价工作的基础上，简洁、准确、客观地总结建设项目实施过程各阶段的生产和生活活动与当地环境的关系，明确一般情况下和特定情况下的环境影响，规定采取的环境保护措施，从环境保护角度分析，得出建设项目是否可行的结论。

环境影响评价的结论一般应包括建设项目的建设概括、环境现状与主要环境问题、环境影响预测与评价结论、建设项目建设的环境可行性、结论与建设等内容，可有针对地选择其中的全部或部分内容进行编写。环境可行性结论应从与法规政策及相关规划一致性、清洁生产和污染物排放水平、环境保护措施可靠性和合理性、达标排放稳定性、公众参与接受性等方面分析得出。

16. 附录和附件

将建设项目依据文件、评价标准和污染物排放总量批复文件、引用文献资料、原燃料品质等必要的有关文件、资料附在环境影响报告书后。

第二节　矿山环境保护与清洁生产

一、矿山环境保护基本内容及原则

1. 矿山环境保护的基本内容

（1）对自然环境的保护。防治由人类生产和生活活动引起的环境污染，包括大气污染、水体污染、噪声污染、固体废弃物污染等。采取的措施主要有不能乱采（矿）滥伐（树）、不能乱排（污水）乱放（污气）、不能过度开荒、不能过度开发自然资源、不能破坏自然界的生态平衡等等。

（2）对人类生活居住环境的保护。防止由各类开发建设活动引起的环境破坏，如矿产资源的开发对环境的破坏和影响，包括对新工业区、新城镇的设置和建设等对环境的破坏、污染和影响。

（3）对特殊价值自然遗迹、生物多样性的保护。包括对特殊的自然遗迹、地质现象、地貌景观、生物多样性、濒临灭绝生物的保护等。

2. 矿山环境保护的基本原则

在矿产开发建设过程中，对环境进行保护必须坚持无害化、资源化以及减量化的原则，在矿山的规划、建设、生产以及关闭等各个阶段，应注意以下原则：

（1）综合效益的实现是矿产资源开发利用的首要关注点。一方面要强调矿业经济本身的发展，另一方面必须综合评价其社会效益以及良好的生态效益，注重所有自然资源的合理配置与利用。只有在经济效益、社会效益、环境及生态效益相统一的基础上，矿山资源的开采才能实现健康、可持续发展。

（2）强化矿业循环经济发展理念。矿业循环经济作为一种经济发展模式，以循环利用的矿产品为基础，以矿产资源的高效利用和循环利用为核心，以"减量化、再利用、资源化"为原则，以低消耗、低排放、高效率为基本特征，即以尽可能小的资源消耗和环境成本，获得尽可能大的经济效益和社会效益，从而使经济发展与自然生态系统的物质循环过程相互和谐，促进矿产资源可持续利用。

（3）改善矿山生产环境。始终贯彻持续改进生产环境与条件的原则，从矿山的设计、建设以及生产的全过程入手，不断提高自动化水平、减轻劳动强度、提高劳动安全标准。

（4）实现废料资源化。矿山产生的废料（废石、尾矿等）会带来很多问题，实现废料资源化不仅能有效抑制矿山开采引起的环境负效应，还能大大提高矿山开发的经济效益。如将废石、尾矿用作充填材料，不仅会减少尾矿、废石堆积占地，而且对于提高矿山开采的回采率、防止地表塌陷、保证矿山安全生产等方面都有很好的效果。

（5）要求废料产出最小化，采用先进技术、工艺、设备，使废料的排放量达到最低程度。既要加强资源的综合回收，又要求尽量采用少废或无废的工艺技术，使矿山开采对环境的负效应极大地降低。

二、矿山清洁生产

1. 矿山清洁生产概念

清洁生产是指将整体预防的环境战略持续应用于生产过程、产品和服务中，以降低环境风险、增加生态效率为宗旨，通过不断改进设计，使用清洁的能源和原料，采用先进的工艺技术与设备，改善管理，综合利用等措施，从源头消减污染，提高资源利用效率，减少或者避免生产服务和产品使用过程中污染物的产生和排放，以减轻或者消除对人类健康和环境的危害。

清洁生产的本质是使自然资源和能源利用合理化、经济效益最大化、对人类和环境的危害最小化。

2. 矿山清洁生产的主要内容

清洁生产的手段是通过改进工艺技术、强化企业管理、不断提高生产效益，以最小的原材料和能源消耗，生产尽可能多的产品，提供尽可能多的服务，降低成本，增加产品和服务的附加值，以获得尽可能大的经济效益，把生产活动和预期的产品消费活动对环境的负面影响减至最小。

从清洁生产的过程看，矿山清洁生产主要包括三方面的内容：

（1）清洁及高效的能源和原材料利用：清洁生产的首要环节是原材料环节，在清洁生产中，应加强对可再生能源及新能源的开发利用，如太阳能、水能、风能、潮汐能、地热能等；对常规能源应加强清洁利用技术，逐步提高液体燃料、天然气的使用比例，同时，在清洁生产中，应尽量少用、不用有毒有害的原料。

（2）清洁的生产过程，就是物料加工和转换的过程，要求选用一定的技术工艺，将废物减量化、资源化、无害化，直至将废物消灭在生产过程之中。实现清洁生产过程的主要措施有：采用少废、无废的生产工艺技术和高效生产设备；减少生产过程中的各种危险因素和有毒有害的中间产品；组织物料的再循环；优化生产组织和实施科学的生产管理；进行必要的污染治理，实现清洁、高效的生产和利用。

（3）清洁的产品，主要包括：在使用过程中以及使用后对人体健康和生态环境不产生或少产生不良影响和危害；产品报废后易于处理、易降解；产品使用后易于回收、重复使用和再生；合理的使用功能和使用寿命；产品设计应考虑节约原材料和能源，少用昂贵和稀缺的原料，多利用二次资源做原料；节约原料和能源，少用昂贵和稀缺原料，尽可能"废物"利用。

3. 实施矿山清洁生产的途径

实施矿山清洁生产的途径主要包括 8 个方面：

（1）合理布局，调整和优化经济结构和产业产品结构，以解决影响环境的"结构型"污染和资源能源的浪费。同时，在科学规划和地区合理布局方面，进行生产力的科学配置，组织合理的工业生态链，建立优化的产业结构体系，以实现资源、能源和物料的闭合循环，并在区域内削减和消除废物。

（2）在产品设计和原料选择时，优先选择无毒、低毒、少污染的原辅材料替代原有毒性较大的原辅材料，以防止原料及产品对人类和环境的危害。

（3）改革生产工艺，开发新的工艺技术，采用和更新生产设备，淘汰陈旧设备。采用能够使资源和能源利用率高、原材料转化率高、污染物产生量少的新工艺和设备，代替那些资源浪费大、污染严重的落后工艺设备。优化生产程序，减少生产过程中资源浪费和污染物的产生，尽最大努力实现少废或无废生产。

（4）节约能源和原材料，提高资源利用水平，做到物尽其用。通过资源、原材料的节约和合理利用，使原材料中的所有组分通过生产过程尽可能地转化为产品，消除废物的产生，实现清洁生产。

（5）开展资源综合利用，尽可能多地采用物料循环利用系统，如水的循环利用及重复利用，以达到节约资源、减少排污的目的，使废弃物资源化、减量化和无害化，减少污染物排放。

（6）依靠科技进步，提高企业技术创新能力，开发、示范和推广无废、少废的清洁生产技术装备。加快企业技术改造步伐，提高工艺技术装备和水平，通过重点技术进步项目（工程），实施清洁生产方案。

（7）改善管理，包括原料管理、设备管理、生产过程管理等。国内外的实践表明，工业污染有相当一部分是由于生产过程管理不善造成的，只要改进操作，改善管理，不需花费很大的经济代价，便可获得明显的削减废物和减少污染的效果。主要方法是：落实岗位和目标责任制，杜绝跑冒滴漏，防止生产事故，使人为的资源浪费和污染排放减至最小；加强设备管理，提高设备完好率和运行率；开展物料、能量流程审核；科学安排生产进度，改进操作程序；组织安全文明生产，把绿色文明渗透到企业文化之中等。推行清洁生产的过程也是加强生产管理的过程，它在很大程度上丰富和完善了工业生产管理的内涵。

（8）开发、生产对环境无害、低害的清洁产品。从产品抓起，将环保因素预防性地注入产品设计之中，并考虑其整个生命周期对环境的影响。

上述途径可单独实施，也可综合实施。采用系统工程的思想和方法，以资源利用率高、污染物产生量小为目标，综合推进这些工作，并使推行清洁生产与企业开展的其他工作相互促进，相得益彰。

4. 矿山清洁生产的特点

（1）清洁生产体现的是集约型的增长方式。传统的末端治理以牺牲环境为代价，建立在大量消耗资源能源、粗放型的增长方式的基础上；清洁生产是走内涵发展的道路，最大限度地提高资源利用率，促进资源的循环利用，实现节能、降耗、减污、增效。

（2）清洁生产体现了预防为主的思想。传统的末端治理与生产过程相脱节，即"先污染、后治理"，重在"治"；清洁生产则要求从产品设计开始，到选择原料、工艺路线和设备，废物利用，运行管理等各个环节，通过不断加强管理和技术进步，提高资源利用率，减少乃至消除污染物的产生，重在"防"。

（3）持续性。清洁生产是个相对的概念，是个持续不断的、创新的过程，没有终极目标。随着技术和管理水平的不断创新，清洁生产应当有更高的目标。

（4）综合性。实施清洁生产的措施是综合性的预防措施，包括结构调整、技术进步和完善管理。

第三节　矿山地质灾害

一、矿山地质灾害主要分类

矿山地质灾害种类很多，按不同的分类标准有不同的种类，按地质灾害的成因分类主要可分为采动引起的灾害、排放物引起的灾害等。按成灾与时间的关系可分为突发性地质灾害和缓发性地质灾害。下面按地质灾害的成因对地质灾害进行分类并说明。

1. 采动引起的地质灾害

大部分地质灾害都由矿山的采动作用引发，由采动所引起的灾害主要有采场边坡失稳、滑坡，采矿诱发地震、地表沉降和塌陷等。

（1）采场边坡失稳、滑坡：露天矿开采后，地表岩层的稳定状态发生变化，若采场边坡角过大，或者岩体中结构面多、岩体破碎时，边坡易在诱发因素下失稳而形成崩塌，构造越发育，岩体越破碎、边坡角越大，越易产生崩塌、落石。在开采中违挖开挖坡脚、改变应力场，也会使坡体内积存的弹性应能释放而造成应力重新分布，岩体产生卸荷裂隙，并使原有裂隙扩展和张开，从而导致边坡岩体失稳而形成崩塌滑坡。目前，露天煤矿、铁矿、采石场所产生的滑坡，大多数由违反设计的开采顺序、乱采滥挖而造成。

（2）采矿诱发地震：采矿诱发地震是指当地下开采的矿山开采到深部，巷道周边和顶底板围岩受强大的地壳应力作用而被强烈压缩，若周边应力过大，一旦采掘活动使原岩中突然出现自由面，高应力区很可能会产生岩石地应力的骤然释放，导致岩石大量破裂成碎块，并向自由空间内大量喷射、爆散，给矿山带来危害和灾难。

3. 地表变形、裂缝和塌陷：主要发生在地下开采的矿山，当地下出现大量采空区后，随着时间的推移，采空区的顶板岩层在自身重力及上覆岩层压力作用下，会产生向下的弯曲和移动，当顶板岩层内部所形成的拉张力超过抗拉强度极限时，直接顶板首先发生断裂和破碎并相继冒落，接着上覆岩层相继向下弯曲、移动，进而发生离层和断裂。这种形式的变形有可能会传递到地表，在地表形成变形、裂缝，当井下空区过大、岩层变形明显时地表还会出现塌陷盆地，从而危及地表的各种建筑物和农田等。地表沉降和塌陷不仅破坏可耕地资源、建筑物，毁坏道路、水库，还可直接导致矿山某些地下巷道的塌毁，或使大气降水和地表水沿塌陷裂隙灌入坑内，造成淹井事故。

（4）地下突水、溃沙：地下开采过程中，由于采掘活动影响，局部地段会因对矿坑涌水量估计不足，采掘过程中打穿老窿，贯穿透水断层，骤遇蓄水溶洞或暗河，导致地下水或地面水大量涌入，造成井巷被淹、人员伤亡灾难。若采掘过程中骤遇蓄水溶洞，常见溶洞中充填的泥沙和岩屑伴随地下水一起涌入，一些透水断层和地裂缝也常会使浅部第四纪沉积物随下漏的地表径流涌入坑内，其结果是使坑道被泥沙阻塞，机器、人员被泥沙所埋，严重时甚至会使矿山遭受毁灭性的打击。

2. 排放物引起的地质灾害：矿山在生产建设过程中以及矿石处理过程中，往往会排放尾矿、废石等物质，这些排放物的堆放、存储不当也会引发地质灾害，如尾矿坝垮塌、排土场失稳引发的泥石流等。

二、地质灾害治理的主要措施

1. 地表裂隙治理

对于一些老矿区，特别是已闭坑的矿区，对已发育的地表裂隙进行治理是非常必要的。治理前，应先调查其几何特征、成因。对于生产矿山，在矿山现有开采条件下应尽可能最大限度地减少地表裂隙产生的机会。地表裂隙治理方法有：

（1）封堵法治理。采用废石土对裂隙直接进行封堵。

（2）灌浆法治理。对于沉降盆地边缘的地裂缝，可采用灌浆法治理。

（3）采取避让和改进结构措施。矿区建筑物首先可以采取避让措施；在无法避让的条件下，采取改进结构措施，如采用整体性好的建筑结构，设置钢筋混凝土基础圈梁，设置变形缝等，避免或降低地面裂缝对建（构）筑物的不利影响。

（4）采用充填采矿法。用废石、尾矿充填采空区，保证采空区围岩的稳定，可避免产生地表裂隙。

2. 地表塌陷治理及预防措施

（1）塌陷区造地复田治理：塌陷区造地复田治理主要有利用湖泥、河泥造地复田和利用废石土造地复田两种方法。

（2）塌陷区改造水塘治理：对于高潜水位塌陷区域，也可根据矿山工程实际，将其改造为蓄水水塘，发展水产、养殖业和调节工农业用水。

（3）塌陷区挖深垫浅治理：挖深垫浅法是指在塌陷坑的基础上采用挖深垫浅的方式，将局部积水或季节性积水沉陷区下沉较大区域挖深，改造成坑塘水面；并将挖出的泥土充填至地面沉陷较小的区域，恢复该区域的耕地。

（4）塌陷区平整土地造林治理：矿山实际塌陷坑的深浅不同，采取不同的治理措施。根据矿山塌陷区治理的实际经验，通常以 0.5 m 为分界线，来划分治理措施。采空塌陷值大于 0.5 m 区域，由于塌陷值较大，先利用采矿废石对塌陷坑进行填补，然后进行表面覆土，覆土厚度约 0.5 m，采用矿山备有土源或从外采购，最后栽植树木。塌陷区位于山坡上时，整治恢复成林地后采用自然排水；塌陷区位于山凹时，需修建截水沟、排水沟。对于采空塌陷值小于 0.5 m 的区域，直接覆土，厚度约 0.5 m，复垦为林地。采空塌陷极其轻微的区域，可挖取塌陷坑周边的土壤直接覆土或者基本维持原貌即可。

（5）地面塌陷地质灾害预防措施：抽排水使地下水位下降，常常造成地面塌陷。合理地控制抽排水的强度，是减少塌陷产生的一个重要途径。采用充填法、加固法及时对采空区进行处理，并对地面产生裂缝及时采用废石土进行封堵，可有效防止或延后地面塌陷。为避免塌陷对地表的危害，应尽量将建筑物建于地表岩石移动范围之外。

3. 地面沉降治理措施

（1）已发生地面沉降地区的治理：采用疏干排水有可能导致地面沉降，其治理基本措施是进行地下水资源管理。防治方法主要有：①对地面沉降的发展趋势做出预测和评价，如沉降范围内有建（构）筑物，应提出控制措施和治理对策；②掌握地下水动态和地面沉降规律，向含水层进行人工回灌；③减少水位降深幅度。

（2）可能发生地面沉降地区的治理：①制定合理的地下疏干排水方案，减少地下水排水量。②调整地下水的开采层次。可将开采上部含水层的层次转向下部含水层，这对地面沉降有一定的缓和作用。③对可能发生的沉降量进行估算，预测其发展趋势。④人工回灌地下水含水层。以提高地下水位，达到缓和地面沉降的效果。⑤采取适当的建筑措施，如采用设置钢筋混凝土基础圈梁，设置变形缝等，避免和降低地面沉降对建（构）筑物的不利影响。⑥建立地面沉降监测网络，加强地下水动态和地面沉降监测工作。

4. 边坡崩塌防治

边坡崩塌防治措施可分为抑制工程和支撑工程，崩塌防治措施分类见表 6 - 7 - 1。抑制工程是指事先除掉雨水及其他引发崩塌的因素，以达到边坡稳定的目的。支撑工程是指采用构筑物防止崩塌体滑落。防治措施的选择需要了解引发崩塌的原因和崩塌形态，同时还要考虑危岩体性质及保护对象的分布、距离，然后根据施工条件和周围环境确定具体防治措施。

表6-7-1　　　　　　边坡崩塌防治措施分类

分类	防治水工程名称	具体措施	适应条件	防治功效
抑制工程	排水工程	地表排水	雨量丰沛地区的砂、土崩塌	使坡面及危岩体不受雨水冲刷和侵蚀
		地下排水	地下水丰富的岩土边坡	
	护面工程	喷射混凝土护坡	松散土质及岩质边坡	
		预制块（石块）铺砌		
		土工膜防渗	陡坡	
		现浇混凝土面板	其他	
		其他护坡	支撑工程防治效果不佳	清除可能崩塌的危岩体
	刷方工程	清除危岩体		
支撑工程	挡墙工程	挡土墙	边坡高度不大	增加平衡力，使外因作用下，危岩体也不会崩塌
	插桩工程	钢轨桩及混凝土桩	基础条件好	
	锚固工程	锚杆及锚索	能够大致判断所需平衡力	
	柔性网工程	挂柔性网	滚石及落块类崩塌	
	混凝土格网工程	钢筋混凝土格网	松散体边坡，配合锚固工程	
	反压工程	崩塌体下部填土	坡脚场地大	
其他	挡墙工程	崩塌体以外拦挡崩塌体	崩塌体体积不大	拦截崩塌体或滚石
	挡石网工程	崩塌体以外拦挡滚石	滚石崩落高度不大	
	桩林工程	梅花桩林	滚石块度大，崩落高度大	

5. 滑坡灾害防治

矿山滑坡防治措施多采用挡、支、排、减、压的综合整治措施，即用抗滑桩、抗滑挡墙、锚固（锚杆和锚索）等工程措施治理滑坡；用地表排水系统如外围截水沟、内部排水沟、排水盲沟、排水钻孔、排水廊道、灌浆阻水等截排滑坡地表水，用地下排水系统，如疏干巷道、水平孔、集水井、垂直钻孔等排除滑坡地下水，提高滑带土力学指标；在一定条件下，也采取消坡减载和在滑坡出口处采用填方反压的措施。

6. 泥石流防治

泥石流有不同的特点，相应的治理措施也不尽相同。在以坡面侵蚀及沟谷侵蚀为主的泥石流地区，应以生物措施为主，辅以工程措施；在崩塌、滑坡强烈活动的泥石流发生区，应以工程措施为主，兼用生物措施；在坡面侵蚀和重力侵蚀兼有的泥石流地区，则以综合治理效果最佳。

（1）生物措施。

泥石流防治的生物措施是包括恢复植被和合理耕牧。一般采用乔、灌、草等植物进行科学的配置营造，充分发挥其滞留降水、保持水土、调节径流等功能，从而达到预防和制止泥石流发生或减小泥石流规模、减轻其危害程度的目的。生物措施一般需要在泥石流的全流域实施，对宜林荒坡更需采取此种措施。但要正确地解决好农、林、牧、薪之间的矛盾，如果管理不善，很难收到预期的效果。

（2）工程措施。

泥石流防治的工程措施是在泥石流的形成、流通、堆积区内，相应采取蓄水、引水工程，拦挡、支护工程，排导、引渡工程，停淤工程及改土护坡工程等治理工程，以控制泥石流的发生和危害。泥石流防治的工程措施通常适用于泥石流规模大，暴发不很频繁，松散固体物质补给及水动力条件相对集中，保护对象重要，要求防治标准高、见效快、一次性解决问题等情况。

第四节　矿山闭坑及土地复垦

一、矿山闭坑一般程序与要求

1. 矿山闭坑的基本要求

闭坑是指采矿权人在批准的开采范围内终止一切采矿活动，关闭全部生产系统。矿山闭坑地质报告是矿山闭坑的主要依据之一。为合理开发利用和有效保护矿产资源，矿山闭坑前，必须编写矿山闭坑地质报告。《中华人民共和国矿产资源法》规定：关闭矿山，必须提出矿山闭坑报告及有关采掘工程、安全隐患、土地复垦利用、环境保护的资料，并按照国家规定报请审查批准。

《矿山储量动态管理要求》规定：矿山闭坑应在开采活动结束的前一年，根据《固体矿产勘查/矿山闭坑地质报告编写规范》（DZ/T0033－2002）等编制闭坑地质报告，履行评审备案程序，进行残留（停办）矿产资源储量登记。

2. 矿山闭坑的程序

（1）开采活动结束的前一年，向原批准开办矿山的主管部门提出关闭矿山申请，并提交闭坑地质报告。

（2）闭坑地质报告经原批准开办矿山的主管部门审核同意后，报地质矿产主管部门会同矿产储量审批机构批准。

（3）闭坑地质报告批准后，采矿权人应当编写关闭矿山报告，报请原批准开办矿山的主管部门会同同级地质矿产主管部门和有关主管部门按照有关行业规定批准。

（4）关闭矿山报告批准后，矿山企业应当完成下列工作：①按照国家有关规定将地质、测量、采矿资料整理归档，并汇交闭坑地质报告、关闭矿山报告及其他有关资料。②按照批准的关闭矿山报告，完成有关劳动安全、水土保持、土地复垦和环境保护工作，或者缴清土地复垦和环境保护的有关费用。③矿山企业凭关闭矿山报告批准文件和有关部门对完成上述工作提供的证明，报请原颁发采矿许可证的机关办理采矿许可证注销手续。

3. 闭坑地质报告与关闭矿山报告的主要内容

（1）闭坑地质报告主要内容：依据《固体矿产勘查/矿山闭坑地质报告编写规范》

（DZ/T 0033—2002），矿山闭坑地质报告应包括以下内容：

①概况：简述矿山交通位置、自然地理概况、所处区域构造位置及矿山地质勘查情况，对矿山设计情况、生产规模、生产情况、矿量等进行简要说明，并说明闭坑（停办）的原因。

②矿山地质简述：简述矿体分布、空间位置、规模、形态、产状等矿体地质特征；简述矿石质量特征及矿床开采技术条件，并说明矿石选冶技术条件，评述矿山地质测量工作及其质量，说明矿山生产过程中累计探明新增（或减少）资源/储量及其品位情况。

③矿山开采和资源利用：对设计利用的资源储量、开采方式、开拓系统、采矿方法、选矿流程、历年采掘工作量、历年采出矿量、采矿回收率、选矿回收率等进行评述，对损失矿量（包括正常和非正常损失）、损失率、贫化率及工业指标实际运用情况及其合理性进行评述；同时，对资源/储量注销概况、剩余资源/储量及剩余原因，对共生、伴生矿产的综合开采、利用情况及矿石加工工艺进行论述。此外，说明通过矿山生产地质工作对地质情况的新认识、新发现及影响矿山开采的主要地质问题。

④探采对比：主要对矿体形态变化、厚度变化、顶板及底板位移、品位变化、资源/储量对比（对比条件、绝对误差和相对误差）、构造变化以及开采技术条件进行对比，并对勘查方法、手段、勘查工程间距、勘探类型及其确定的合理性进行评述，此外，还应评述资源/储量估算方法。

⑤环境影响评估：对地下水疏干范围、水位及其恢复程度、采区地质环境变化，露天采场及其边坡崩落范围等情况进行评述，并说明水体污染及其自净情况、废弃物堆放情况与处理。

⑥结语：简要评述矿山生产的经济、社会、资源效益，并提出矿山闭坑资源/储量的核销结论及能否作为闭坑的依据。提出剩余资源/储量的处理建议、废矿坑利用建议、环境及地质灾害治理建议。

⑦附图：主要包括矿山交通位置图、矿区地质图（含地层柱状图、剖面图及矿体分布）、矿山总平面布置图、中段平面图、资源/储量估算图（平面、剖面、投影图）、探采矿体对比图、矿山闭坑范围及其周边环境地质图等。

⑧附表：包括资源/储量总表（包括历次地质勘查、生产勘探的资源/储量增减），历年采出矿量、损失（包括正常和非正常损失）矿量、采矿回收率、损失率、贫化率统计表，探采矿体形态误差对比表，探采矿体顶板、底板位移误差对比表，探采矿体厚度误差对比表，探采矿体品位误差对比表，矿体地质勘查资源/储量与采准（或备采）矿量对比及其误差表，历年矿山排水量基本情况表，矿山主要水害、工程及环境地质危害的基本情况统计表。

⑨附件：包括采矿许可证（复印件）、矿山投资人或上级主管部门对报告的审核意见，矿产资源储量主管部门对报告的评审认定文件（本文件在报告评审认定之后补入）。

（2）关闭矿山报告主要内容：矿山企业应当按照国家有关规定关闭矿山，对关闭矿山后可能引起的危害采取预防措施。关闭矿山报告应当包括下列内容：采掘范围及采空区处理情况；对矿井采取的封闭措施；对其他不安全因素的处理办法。

二、土地复垦主要方法措施

土地复垦，是指对生产建设活动和自然灾害损毁的土地采取整治措施，使其达到可供利用状态的活动。依据《土地复垦条例》，生产建设活动损毁的土地，按照"谁损毁，谁复垦"的原则，由生产建设单位或者个人（也称为土地复垦义务人）负责复垦。由于历史原因无法确定土地复垦义务人的生产建设活动损毁的土地或者自然灾害损毁的土地，由县级以上人民政府负责组织复垦。

在矿产资源开发建设过程中，因露天采矿等地表挖掘所损毁的土地，地下采矿等造成地表塌陷的土地以及堆放采矿剥离物，废石、矿渣等固体废弃物压占的土地，以及生产建设活动临时占用所损毁的土地，均需进行土地复垦。

1. 露天采坑或地表塌陷地的复垦

露天采坑或地表塌陷地的典型特点是地表形成了坑（以下简称地表坑），对这类土地的复垦治理应区分不同情况，采取充填后种植植被或消除危险后直接种植植被的方式进行复垦。

（1）当地表坑面积较大或体积较大时，附近无法取得足够的充填物或充填成本过高时，应先消除危险，即对露天坑边坡采取削坡、喷射混凝土等方式进行稳定性处理，对存在地下采空区的地表坑底进行防渗处理并对裂缝区进行灌浆，达到这一基本条件后，再酌情选取合理的土地复垦方式进行复垦。

①优先考虑渔业或蓄水利用模式，作为鱼塘、储存水源场所及污水利用场所。

②农林利用复垦模式，在地表坑底及边坡覆土并种植植被、树木，以防止水土流失。

（2）当地表坑体积不大或较平缓、充填物充足时，应优先采取充填垫平的方式，以农林用地为主进行复垦。其基本程序为充填—覆土—平整—农林种植。在这种情况下，可采取的充填物主要有露天开采的剥离废石、井下掘进产生的废石、选矿产生的尾砂。

2. 堆放剥离物、废石、矿渣等固体废弃物的场地复垦

（1）排土场土地复垦：排土场在复垦前，应先采取放坡、整理平台、表土覆盖等措施对边坡进行稳定性处理，通过坡顶到坡脚构建立体防护体系来实现边坡的稳定。再通过覆盖表土层对排土场边坡进行稳定处理，再进行土壤改良，排土场土壤改良包括覆盖表土层、生物改良和化学改良三种方法，其目的是形成适宜种植植被的土壤环境。最后选择生长快、产量高、适应性强、对矿区土壤有改良能力的本地物种或先锋物种，采用乔灌草配置模式、灌草配置模式、草地配置模式等植被配置方式，用穴植或播种的方法进行植被种植。

（2）尾矿库土地复垦：对于尾矿库，通常经土地适宜性评价，并结合当地土地利用规划，因地制宜，一般复垦为林地。采取覆土后，栽植的树种应选择有针对性、适宜

性、抗逆性强的优良品种。

3. 生产建设活动临时占用土地复垦

生产建设活动临时占用土地主要指工业场地的占地，其土地复垦一般采取农林地利用的复垦模式。

对于工业场地占压的土地，经土地适宜性评价并结合当地土地利用规划，因地制宜，可复垦为农业用地、林地。对于工业场地的建筑物，拆除时尽量达到废物利用，拆除物可用于充填地表坑，以减少废弃物量。经土地平整后，田地坡度小于3°，以利于排水和植物种植。

第七篇

金属矿产选矿

金属矿产选矿是提取有用金属元素的重要生产环节

金属矿产选矿原理基于物理学原理和化学原理

"选矿回收率"是衡量有用金属元素回收水平的重要指标

选矿尾矿和废水综合利用是重要的环保之举

选矿自动化可大大提高选矿能力和效率

提高选矿回收率和综合利用率是选矿工艺发展的不懈追求

我国金属矿山选矿技术已达国际领先水平

第一章 概 述

第一节 金属矿产选矿的概念及过程

一、选矿的基本概念

选矿就是利用矿物的物理或物理化学性质的差异，借助各种选矿设备、药剂将矿石中的有用矿物与脉石矿物分离，并达到使有用矿物相对富集的过程。选矿学是研究矿物分选的学问，是一门分离、富集、综合利用矿产资源的技术学科。

选矿的基本依据是矿物的各种物理性质、表面的物理化学性质及化学性质所存在的差异。直接与选矿有关的矿物性质主要有密度、磁性、导电性、润湿性等。

此外，矿物的形状、粒度、硬度、颜色、光泽等也往往是某些特殊选矿方法的依据。根据不同的矿石类型和对选矿产品的要求，在实践中可采用不同的选矿方法或同时使用多种选矿方法。通常的选矿方法有重选法、磁选法、浮选法和电选法。

（一）选矿的含义

选矿就是利用矿物的物理或物理化学性质的差异，利用各种选矿设备、药剂将矿石中的有用矿物与脉石矿物分离，达到使有用矿物相对富集的过程。

（二）选矿术语及技术指标

1. 选矿术语

（1）原矿：从矿山开采出来的矿石。原矿经过分选后，可得到精矿、中矿和尾矿三种产品。

（2）精矿：分选所得到的有用矿物含量较高，适合于冶炼加工的最终产品称为精矿。

（3）中矿：分选过程中得到的，尚需进一步处理的中间产品称为中矿。

（4）尾矿：是指选矿厂在特定经济技术条件下，将矿石磨细、选取有用组分后排放的废弃物，也就是矿石分选后，其中有用矿物含量很低，不需要进一步处理（或技术经济上不适合进一步处理）的废弃物，称为尾矿。一般指由选厂排出的矿浆经沉降脱水后形成的固体工业物料。其中含有一定数量的有用金属和矿物，可视为一种"复合"的硅酸盐、碳酸盐等矿物材料。

2. 主要选矿指标及其计算方法

（1）品位：是指产品中金属量或有用成分的质量与该产品质量之比。品位用化学分析（或其他方法）确定，以百分数表示。例如，钼精矿品位45%，就是说在100 t干的精矿中含有45 t金属钼。

产品的品位通常用希腊字母表示：α 表示原矿品位、β 表示精矿品位、ϑ 表示尾矿品位。

前述品位，系大多数金属矿物表示法；但有的金属（如钨、铝、铀等）和一些非金属矿物（如磷、石灰石等）的品位，则多用其以自然界赋存的化合物表示品位，例如，钛矿以 TiO_2 表示矿石品位等。

（2）产率：产品质量对原矿质量之比叫该产品的产率。产率分理论产率和实际产率；用希腊字母 γ 表示。例如，某矿业选矿厂一昼夜处理原矿1 000 t，获2 t精矿，则精矿实际产率计算如下：

$$\gamma_{精矿} = 精矿量/原矿量 \times 100\% = 2/1\,000 \times 100 = 0.2\%$$

尾矿实际产率计算如下：

$$\gamma_{尾矿} = （原矿重量 - 精矿量）/原矿重量$$
$$= （1\,000 - 2）/1\,000 = 99.8\%$$

或　　　　　　　　　$$\gamma_{尾矿} = 100\% - \gamma_{精矿}$$

精矿的理论产率是根据金属平衡的原理，用各产品的化验品位来计算：

$$\gamma_{精矿} = （原矿品位 - 尾矿品位）/（精矿品位 - 尾矿品位）$$

（3）回收率：精矿中有用成分的质量与原矿中该有用成分的质量之比，称为该有用成分的回收率，常用希腊字母 ε 表示。回收率可通过下式表示：

$$\varepsilon = \gamma\beta/100\alpha \times 100\%$$

式中：ε——回收率，%；

α——原矿品位，%；

β——精矿品位，%；

γ——精矿产率，%。

在实际生产中，由于选矿是个连续的过程，常使用以下方式来计算选矿回收率。

实际回收率计算公式：

$$\varepsilon_{实际} = （精矿重量 \times 精矿品位）/（原矿重量 \times 原矿品位）\times 100\%$$

理论回收率计算公式：

$$\varepsilon_{理论} = \{[\beta（\alpha-\gamma）]/[\alpha（\beta-\gamma）]\} \times 100\%$$

式中：ϑ——尾矿品位，%；其他同上。

（4）选矿比：原矿质量对精矿质量的比值叫做选矿比。通过该比值计算可以得出获得1 t精矿所需原矿石吨数，常用 K 表示。

计算公式如下：

$$K = 原矿质量/精矿质量$$

（5）富集比（或富矿比）：精矿品位与原矿品位的比值叫富矿比（或富集比），常

用 E 表示，$E=\beta/\alpha$。这个比值表示精矿中有用成分的含量，比原矿中有用成分的含量增加多少倍。例如硫化铜矿，原矿中铜品位为 0.9%，精矿中铜品位为 18%，其富矿比计算如下：

$$富矿比 = ［精矿品位（\%）/原矿品位］ = \beta/\alpha = 18/0.9 = 20$$

（6）破碎比：在各个破（磨）碎阶段，给矿最大块度直径与破碎产品中的最大块度直径的比值。

（7）单体解离度：矿石磨碎后，有用矿物与脉石矿物达到单体解离的程度，常用百分数表示。

二、选矿过程

矿石的选矿处理过程是在选矿厂中完成的，不论选矿厂的规模大小，一般都包括以下三个方面的工艺过程。

1. 矿石分选前的准备作业

矿石分选前的准备作业一般包括破碎、筛分、磨矿、分级等工序。对于特殊矿石还包括洗矿或干选抛尾等。本过程的目的是使有用矿物和脉石矿物单体分离，并使各有用矿物间单体解离，为下一步的矿石分选作业创造适宜的条件。

2. 矿石分选作业

矿石分选作业就是借助于重选、磁选、电选、浮选和其他选矿方法将有用矿物同脉石矿物分离，并使有用矿物相互分离获得最终选矿产品（精矿、尾矿、中矿等）。

3. 产品处理作业

产品处理作业包括各种选矿产品（精矿、尾矿、中矿）的脱水，细粒物料的沉淀、浓缩、过滤、干燥和回水澄清、循环利用等。

第二节　选矿工艺流程

一、选矿工艺流程的选择

选矿工艺流程确定的主要依据有矿产资源、地质报告、选矿试验报告、供矿情况等。地质报告描述的矿石类型、矿物的嵌布特征、矿石的结构、构造等都影响矿物分离。选矿试验报告则是根据矿石性质和试验结果，推荐选别流程。试验报告中可能提供了两种或三种比较方案，也可能试验中存在尚未解决或难以解决的问题，在确定工艺流程时应综合考虑以下因素。

（一）产品方案和产品质量指标

这是设计工作中的一项重要内容。研究产品方案时，首先需要做好国内外市场的预测和产品销售情况的调查研究工作，然后根据国家和市场的需要，本着技术先进和工艺、经济可行的原则，确定建设项目的综合回收方案。产品质量要符合市场要求。综合回收及综合利用是有效利用资源、提高矿床经济价值和企业经济效益的有效途径。因此，设计时应尽可能实现综合回收利用。

（二）选矿厂规模

一般来说，小型选矿厂不宜采用复杂的工艺流程。相反，在处理同样矿石情况下，规模大的选矿厂可采用较复杂的流程。这主要是关系到选矿厂的经济效益。选矿厂规模划分见表 7 - 1 - 1。

表 7 - 1 - 1   选矿厂规模划分

规模类型	黑色金属选矿厂		有色金属选矿厂		化工矿山选矿厂	
	Mt/a	相当于 kt/d	Mt/a	相当于 kt/d	Mt/a	相当于 kt/d
大型	>2	>6	>1	>3	>1	>3
中型	0.6 ~ 2	1.8 ~ 6	0.2 ~ 1	0.6 ~ 3	0.2 ~ 1	0.6 ~ 3
小型	<0.6	<1.8	<0.2	<0.6	<0.2	<0.6

（三）预先富集

根据矿石的结构构造特点，利用有用矿物与脉石矿物物理性质上的差异，如粒度组成、形状、脆性、密度、磁性率、放射性元素的反应和色泽等，在试验的基础上，设计中可在破碎和磨矿流程适当位置上增加预选作业，进行预选富集，抛出大量脉石，提高入选矿石品位，节省设备和能耗，降低生产成本，减少基建投资。我国现有选矿厂中，广泛应用的预选作业有拣选（手选、放射性分选、光电分选和荧光分选）、重介质分选、磁滑轮预选及洗矿等。对于入选品位低的矿石，原矿黏土含量和水分含量较高的矿石或存在可溶性盐类和原生矿石的应充分考虑预选作业。

（四）自动化水平

自动化水平对工艺流程的确定也有较大影响。随着我国劳动资源成本和安全生产技术标准的不断提高，选厂自动化水平也大大提高。选矿工艺流程的确定应注重选择有利于自动化控制的流程。

（五）节约能源

制定工艺流程时必须考虑节约能耗问题。在常规碎磨流程中应考虑多碎少磨，尽量降低磨矿机的给矿粒度。磨矿过程中尽量提高分级效率，避免产生过磨现象。根据矿石嵌布特性尽量采用阶段磨矿阶段选别流程。在选择厂址时，尽可能利用地形高差，以减少破碎厂皮带长度，实现工艺过程矿浆自流。

（六）建厂地区的气候和技术经济条件

例如干旱寒冷地区，应选择用水少的流程，如干选流程。

（七）环境保护

工艺流程还要重视环境保护，特别是防止粉尘、废水、废渣、噪声、放射性物质及其他有害物质对环境的污染。进行综合治理和利用，使生产符合国家规定的标准。

（八）安全生产

国家安全监管总局安监总管〔2012〕134 号《关于加强非金属矿山选矿厂安全生产工作的通知》，为进一步加强选矿厂安全生产工作，提高选矿厂安全管理水平，强化选矿厂安全监管，有效防范和坚决遏制各类事故发生，促进金属非金属矿山安全生产形势持续稳定好转，要求将选矿厂和矿山生产系统、尾矿库安全生产标准化建设工作同步部署、同步建设、同步推进。要按照《金属非金属矿山安全标准化规范导则》（AQ2007.1—2006）的有关要求，以班组达标、岗位达标、专业达标为基础，促进企业达标。在工艺流程选择时必须加强安全措施，保证选矿厂安全生产。

　　总之，工艺流程的选择应在充分考虑试验的基础上，结合上述各种因素进行多方案的技术经济比较，选出最优方案。

二、碎磨流程

（一）常见碎磨流程

　　目前，国内外常见的碎磨原则流程有：①破碎—棒磨—球磨流程；②破碎—砾磨—球磨流程；③破碎—球磨流程；④单一自磨流程；⑤自磨（或半自磨）—球磨流程；⑥自磨—砾磨流程；⑦单段半自磨流程；⑧自磨—球磨—破碎流程；⑨破碎—高压辊磨—球磨流程等。前4种属常规流程，矿石经二至三段破碎，粒度缩小至3~25 mm，给入球磨或棒磨机继续磨碎至要求的入选粒度。自磨流程自磨机给矿粒度在200~350 mm，高压辊磨机的给矿粒度一般要求小于50 mm。生产实践表明，每一种流程都有其优缺点。对于特定矿石应选定一种优点大于缺点的流程，并在工业生产上力求流程简化。

（二）影响碎磨流程选择的主要因素

　　破碎、磨矿是矿石入选前的准备作业，是实现有用矿物单体解离、提供经济合理的入选粒度的重要手段。碎磨作业又是选矿厂的关键作业。选择合适的碎磨流程是选厂设计中最重要的决策之一。影响碎磨流程选择的主要因素有：

　　1. 矿石性质

　　主要是矿石的物理性质——硬度、块度、脆性和原生矿泥含量等；矿石的结构构造；矿物组成和黏土矿物含量；矿物的嵌布特性等。一般而言，常规流程除含泥多、含水量大的矿石之外都可应用。而自磨适合于处理晶粒界限分明，稳固岩石组成的矿石类型。自磨过程对矿石的结构、构造以及矿石的粒度组成比较敏感。

　　2. 设备性能

　　碎磨设备都是在一定的粒度范围内工作，所选择的碎磨流程应适应碎磨设备能达到的产品粒度。若选择破碎—球磨流程，虽然目前破碎与磨矿之间的粒度界限向多碎少磨方向发展，但现在常用的短头圆锥破碎机其产品粒度很难做到小于10 mm，也就是说破碎机性能决定其产品粒度的极限值。若选择破碎—棒磨流程，破碎机产品粒度可控制在 -25 mm。

　　3. 能耗与钢耗

　　在任何选厂中，无论是常规流程还是自磨流程，碎磨流程都是耗费能量最多的作业。从国内各类选厂的生产成本统计得知，电耗和钢耗占选矿成本的40%~60%，也就是说降低能耗和钢耗可以提高选厂的经济效益。所以能耗和钢耗在评价碎磨流程时占有重要地位。在工艺可行的条件下应尽量选取耗能、耗材相对较低的设备。

（三）破碎筛分流程的制定

　　破碎筛分流程一般包括破碎、预先筛分和检查筛分，必要时还包括洗矿或预选。一个破碎作业与一个筛分作业组成一个破碎段，多个破碎段组合构成破碎筛分流程。因此，破碎筛分流程制定需解决破碎段数、是否应用预先筛分或检查筛分以及洗矿和预选等问题。

（四）磨矿分级流程的制定

磨矿分级的基本作业就是磨矿和分级。其中磨矿作业指球磨、棒磨、自磨、半自磨和砾磨，分级作业分为预先分级、检查分级和控制分级。磨矿作业与分级作业组合构成闭路磨矿，称为闭路磨矿流程；不与分级作业构成闭路磨矿的称为开路磨矿流程。因此，可能的磨矿单元如图 7 - 1 - 1 所示。这几种单元流程也就是生产中应用的一段磨矿基本流程。以此流程可组合为生产中常用的两段磨矿流程和多段磨矿流程。例如 ab、ac、ad、af 组成第一段开路的两段磨矿流程，由 bc、bd、bf、bb 组成两段全闭路的磨矿流程。总之，根据矿石性质的特点和分选工艺的要求可进行各种组合。

由此可见，制定磨矿分级流程需要解决磨矿段数和开路磨矿或闭路磨矿等问题。

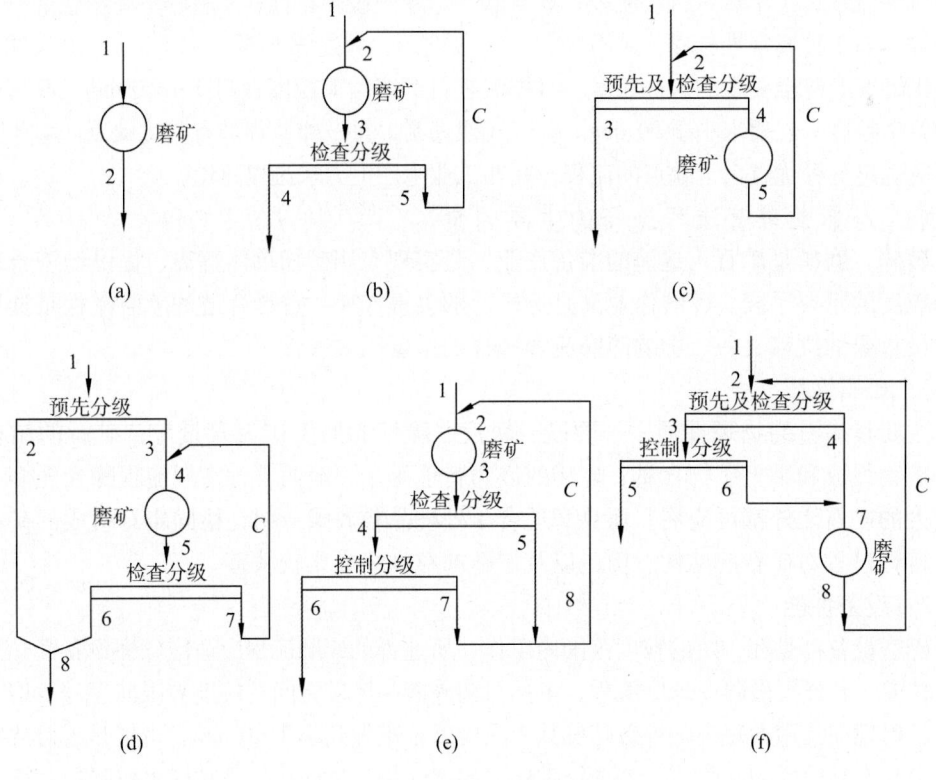

图 7 - 1 - 1　一段磨矿基本流程

三、选别流程

影响选择选别流程的主要因素除矿石中有用矿物的嵌布特性、有价成分的种类和含量及其他物理化学性质外，还有当时技术水平、经济效果和环保规定等。制定选别流程时应考虑以下原则：

（1）可靠、高效和低耗是确定工艺流程的根本原则。在保证同等效益的前提下，选别流程应力求简化。

（2）当原矿中含泥和含废石较高时，应根据试验及技术经济比较结果，确定是否采用洗矿和预选工艺。

（3）确定流程结构时，应根据矿石嵌布粒度特性和试验结果，一般优先考虑采用阶段磨矿阶段选别流程，及时选出合格精矿，抛弃尾矿。

（4）对伴生有工业价值的其他有益元素，必须进行充分试验，采取有效合理工艺，使有用矿物最大限度地综合回收，一时不能回收的，应对有用矿物中矿或尾矿妥善储存，以利今后回收利用。

（5）设计的选别流程应避免造成公害，应符合环境保护的规定。

处理的矿石类型不同，其工艺流程和选别方法也不同。综合各选矿方法的工艺流程主要有浮选、重选、磁选、氰化等单一选矿流程和重选—浮选、浮选—磁选、浮选—磁选—重选、浮选—氰化等联合选矿流程。

四、矿浆流程计算

（一）矿浆流程计算的目的

矿浆流程计算的目的在于保证流程中各作业适宜的液固比，确定各作业、产物的补加水量、返回水量、脱除水量及矿浆体积，为设计和选择工艺设备、供水、脱水、排水设备或设施等提供依据。

矿浆流程计算的原则是进入作业的水量和矿浆量等于该作业排出的水量和矿浆量（体积）。在计算中不考虑机械损失或其他流失。

（二）矿浆流程计算的原始指标

矿浆流程计算用的原始指标，应当选择在操作过程中最稳定和必须加以控制的指标。这类指标主要有如下三种：

1. 适宜的作业浓度和产物浓度

对于许多作业来说，为保证生产操作正常进行，必须保持一个适宜的作业浓度，如磨矿、浮选、湿式磁选、某些重选作业以及过滤、干燥等。同样，有些产物也应具有适宜浓度值，例如机械分级机和水力旋流器的溢流浓度等。所有这些浓度均是在生产操作过程中必须加以保证的，因此，在计算时作为原始指标应预先给以规定。

2. 含水量稳定的产物浓度

如机械分级机的返砂浓度、浮选、重选、磁选的精矿浓度等。尽管这些作业的给水量可能有某些变化，但对其产物的浓度影响较小，故计算时也应作为原始指标。

3. 在生产过程中某些作业的补加水量

如跳汰机补加的上升水、摇床的冲洗水、洗矿的冲洗水、浮选精矿（泡沫）的补加水等，都是在生产过程中所必需的用水。这些水量按单位矿量计算的数值也是比较稳定的，也可作为原始指标。

上述三种指标应根据对流程的分析及选矿试验资料和类似选矿厂的资料来选择。在不同条件下，同类产物的含水量可能有较大的差异，很难规定出一个统一的数值。

第三节　分选前准备作业

该作业包括破碎、筛分、磨矿和分级等，某些选矿厂还包括预选作业和洗矿作业。作业目的是实现有用矿物和脉石矿物单体解离，各种有用矿物间单体解离，为选别作业提供合适入选粒度。

一、破碎工艺

（一）破碎原理

破碎是大块物料在机械力作用下粒度变小的过程，其主要任务是为磨矿作业准备合格的给矿粒度，或者直接为选别或冶炼等用户提供最合适的入选、入炉和实用粒度。

工业中应用的破碎设备种类繁多，其分类方法也有多种。按工作原理和结构特征划分为颚式破碎机、圆锥破碎机、辊式破碎机、冲击式破碎机及近几年兴起的高压辊磨机等。

（二）破碎设备及维修

1. 颚式破碎机

颚式破碎机（图 7 - 1 - 2）的固定颚 1 和动颚 2 构成破碎腔。给入破碎腔内的矿石，由于动颚被转动的偏心轴 4 带动做往复摆动被挤压、劈裂和弯曲而破碎。当动颚离开固定颚时，破碎腔内下部的已破碎到小于排矿口的矿石，靠自重从排矿口排出，位于破碎腔内上部的矿石，还未被破碎到小于排矿口尺寸，只是随着排矿下降一定距离，直到动颚转入向固定颚靠近时，破碎腔内已下降的矿石继续破碎。如此往复循环，直到给入破碎腔中的全部矿石从排矿口排出为止。

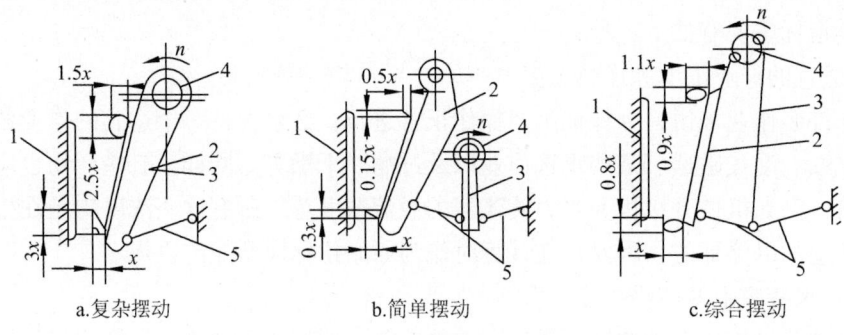

a.复杂摆动　　　　　　b.简单摆动　　　　　　c.综合摆动

图 7 - 1 - 2　颚式破碎机类型

1—固定颚；2—动颚；3—连杆；4—偏心轴；5—推力板

简单摆动颚式破碎机的动颚上每点的运动轨迹为圆弧，而且上端弧度小，下端弧度大，破碎效率较低。但是，由于它采用了曲柄双连杆机构，虽然动颚上受到很大的破碎力，而偏心轴和连杆受力较小。因此，它可以制成大、中型破碎机，破碎坚硬的矿石，其破碎比为 3 ~ 6。

复杂摆动颚式破碎机的动颚，是曲柄连杆机构的连杆，动颚的运动轨迹为椭圆，从上往下椭圆越来越大。由于偏心轴逆时针方向转动，动颚的各点运动方向有促进排矿的作用，又由于动颚直接装在偏心轴上，使偏心轴受力大。因此，复杂摆动颚式破碎机多用于制造中、小型机器，用于破碎中硬矿石，其破碎比可达到 10。

破碎设备的技术性能和参数，主要包括类型、规格型号、最大给料粒度、排料口尺寸、生产能力、功率、设备重量、主轴转速等供选矿选择。

2. 旋回破碎机

工作原理如图 7 - 1 - 3 所示，动锥 1 与固定锥 2 之间形成的空间为破碎腔。电动机经三角皮带轮 3 和圆锥齿轮副 4，使偏心轴套 5 转动，而偏心轴套 5 又带动动锥 1 围绕破碎机中心线做旋摆运动，动锥 1 时而靠近，时而离开固定锥 2，从而使给入破碎腔内的矿石不断受到挤压和弯曲作用而破碎，被破碎了的矿石靠自重从破碎腔底部排出。

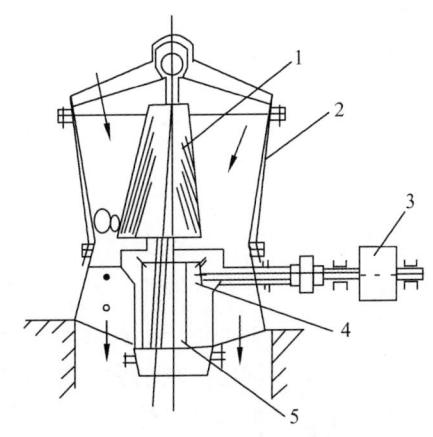

图 7 - 1 - 3　旋回破碎机
1—动锥；2—固定锥；3—三角皮带轮；
4—圆锥齿轮副；5—偏心轴套

旋回破碎机其生产能力比颚式破碎机高3 ~ 4 倍，是大型矿山或其他工业行业粗碎各种坚硬物料的典型设备。破碎设备的技术性能和参数主要包括规格型号、给料口宽度、排料口宽度、最大给料尺寸、生产能力、破碎圆锥底部直径、主电动机、润滑站规格、冷却水耗量、机器重量等供设计选择。

3. 圆锥破碎机

圆锥破碎机的工作原理和旋回破碎机基本相同，只是某些零部件的结构特点有所不同。其主要区别有：

(1) 破碎腔的形状不同。旋回破碎机的两个动锥都是急倾斜型，其固定锥为倒头的截头圆锥（主要是为了满足给料粒度的要求）；圆锥破碎机的两个圆锥均是缓倾斜型的正立截头圆锥；而且为了控制所排产品粒度，在破碎腔的下部设置了一段平行碎矿区，这导致了二者的破碎腔形状不同。圆锥破碎机破碎腔形状如图 7 - 1 - 4 所示。

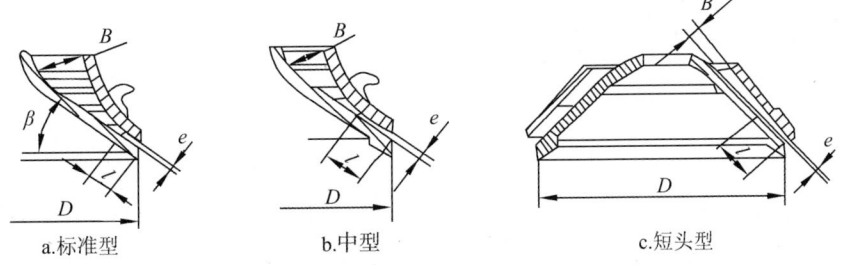

a.标准型　　　　　b.中型　　　　　　　c.短头型

图 7 - 1 - 4　圆锥破碎机破碎腔断面

(2) 动锥的悬挂方式不同。旋回破碎机的动锥悬挂在机架的横梁上，而圆锥破碎机的动锥则由球面轴承支承。

（3）防尘装置不同。旋回破碎机一般采用干式防尘装置，而圆锥破碎机通常采用水封防尘装置。

（4）排料口调节方式不同。旋回破碎机利用动锥的升降来调节排料口的宽度，而圆锥破碎机利用固定锥的高度来调节排料口的宽度。

圆锥破碎机根据调整排矿口和过载保险方式的不同，可分为弹簧保险和液压保险两种形式，液压保险又分为单缸液压和多缸液压，液压保险形式是圆锥破碎机的发展方向。具有破碎比大、效率高、功耗少、产品粒度均匀和适于破碎硬矿石的特点。破碎设备的技术性能和参数，主要包括最大给料尺寸、排料口调整范围、生产能力、偏心套转速、电动机功率、润滑站规格、冷却水耗量等供选矿选择。

4. 锤式破碎机

（1）锤式破碎机工作原理。锤式破碎机是利用高速回转的锤头冲击矿石，使矿石沿自然裂隙和节理面等脆弱部分破碎。当矿石进入破碎腔后，受高速回转的锤头的冲击而破碎。同时，矿石在冲击过程中获得动能，以高速冲向破碎板和筛条而得到进一步破碎。另外，在整个过程中，高速运动的矿石相互碰撞同样也产生破碎作用。矿石破碎后从筛条的缝隙中排出，个别大于缝隙的矿石则在筛条上再经锤头的附加冲击、研磨，直至其粒度小于缝隙排出机外。

（2）锤式破碎机分类。锤式破碎机分类见表 7 - 1 - 2。

表 7 - 1 - 2　　　　　　　　　　锤式破碎机分类

	单转子		双转子
	不可逆式	可逆式	相向旋转
单排锤头			
多排锤头			

5. 反击式破碎机

（1）反击式破碎机工作原理。图 7 - 1 - 5 为反击式破碎机的工作原理示意图。当矿石进入破碎腔后即受到高速回转锤头的冲击而进行选择性破碎。矿石从冲击过程中获得巨大的动能，并以高速抛向第一级反击板，由于反击板的反击作用，矿石再次受到破碎，被反击板弹回来的矿石又再次受到锤头的冲击，继续重复上述破碎过程。之后，此破碎矿石又同样以高速被抛向第二级反击板，进一步得到破碎。这样，矿石经过锤头、反击板的连续多次撞击作用以及矿石之间的相互碰撞作用，不断沿自身的节理面产生裂缝、松散而被破碎。当其粒度小于锤头和反击板之间的缝隙时，就从机器下部排出。

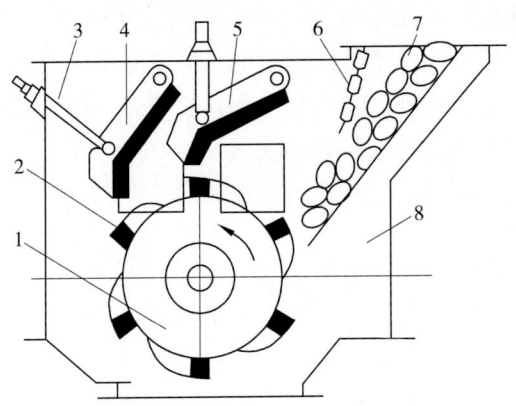

图 7 - 1 - 5　反击式破碎机工作原理

1—转子；2—锤头；3—拉杆；4—第二级反击板；

5—第一级反击板；6—链条；7—给料口；8—机体

（2）反击式破碎机分类。反击式破碎机的类型比较多，主要分为单转子和双转子两大类。其分类见表7 - 1 - 3。

表 7 - 1 - 3　　　　　　　　　　　　反击式破碎机分类

	单转子		双转子		
	不可逆式	可逆式	同向旋转	反向旋转	相向旋转
不带均整栅板			转子位于同水平		
带均整栅板			转子位于不同水平		

6. 辊式破碎机

辊式破碎机的工作原理如图 7 - 1 - 6 所示。两个圆辊相向旋转，矿石进入两个辊子之间，由于摩擦力的作用，矿石被带入两辊之间的空间，受挤压而被破碎。破碎产品在自重作用下，从两辊之间的间隙处排出。两辊之间的最小距离即为排料口宽度，破碎产品的最大粒度即由此决定。

单辊破碎机的工作原理和双辊破碎机类似，但它除了压力和劈碎力外，还利用了剪力进行破碎，而且其破碎腔的破碎路程比双辊式长得多，所以其破碎力比较大，对某些特殊物料，如海绵钛、焦炭等的破碎效率较高。

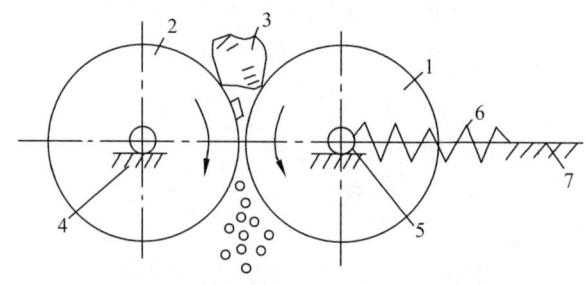

图 7-1-6　双辊式破碎机的工作原理

1、2—辊子；3—物料；4—固定轴承；5—可动轴承；6—弹簧；7—机架

7. 高压辊磨机

高压辊磨机的结构主要由机架、压辊、轴承、驱动装置、喂料装置、液压、润滑和控制等系统组成。电机通过万向联轴器、减速机与安装在机架水平滑辊上的辊子系统（轴承和安装在轴承上的辊子）连接。挤压力是通过两个直径相等、转速相同且相向旋转的辊子压力和物料自重压力形成的。两个压辊一个为定辊，一个可以前后小幅度水平移动的动辊。压力则通过高压油缸加载到动辊两端的轴承座上。其结构如图 7-1-7 所示。

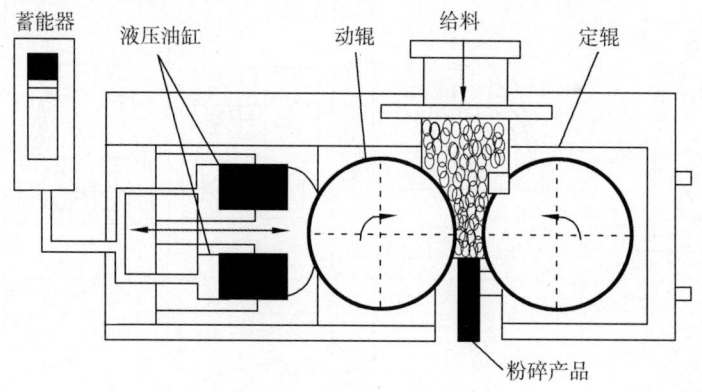

图 7-1-7　高压辊磨机结构

高压辊磨机是基于料床粉碎原理设计的一种新型矿岩粉碎设备，其特点是高压、慢速、满料。高压辊磨机工作时，两个辊子之间留有一定缝隙，以便使垂直于辊隙的物料靠自重的压力挤满粉碎腔，在两个相向旋转的辊子作用下，物料除了受到与辊面直接接触的压力外，又受到自上而下的物料自重压力。料层在高压下形成，压力导致颗粒挤压其他邻近颗粒，在辊缝逐渐减小的情况下被压实和预粉碎，当压力峰

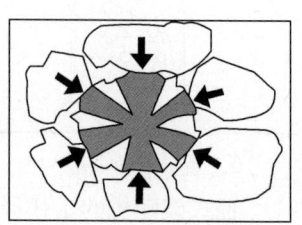

图 7-1-8　高压辊磨机内矿石的受力情况

值达到一定值时，各颗粒之间产生不同程度的粉碎而变形，直至其主要部分破碎、断裂、产生缝隙或劈碎，颗粒的受力情况如图 7 - 1 - 8 所示。

二、筛分工艺

（一）筛分工作原理

筛分是将颗粒大小不同的混合物料按粒度级别分开的作业。筛分得到两种产物：小于筛孔的颗粒通过筛面叫筛下产物，留在筛面上的产物叫筛上产物。要实现筛分过程，物料在筛面上应做相对运动，一方面使筛面上物料层处于松散状态，产生按粒度分层；另一方面，物料和筛子的运动促使堵在筛孔上的颗粒脱离筛面，有利于颗粒透过筛孔。

按筛分在选矿工艺中的作用不同，筛分作业一般分为以下几种：独立筛分、准备筛分和辅助筛分，此外还有以脱水、脱泥或脱介为目的的筛分，在实验室用筛分做筛分分析。

筛分机根据其运动特点和筛面形状可分为三类：固定筛、筒形筛和振动筛。其中常用的筛分设备有固定筛、惯性振动筛、自定中心振动筛、重型振动筛、共振筛和直线振动筛。

（二）筛分设备

1. 筛分机械分类

筛分机械分类见表 7 - 1 - 4。

表 7 - 1 - 4　　　　　　　　　　筛分机械分类

筛分机类型	运动轨迹	最大给料粒度/mm	筛孔尺寸/mm	用途
固定格筛	静止	1 000	25 ~ 500	预先筛分
圆筒筛	圆筒按一定方向旋转	300	6 ~ 50	矿石分级、脱泥
滚轴筛	筛轴按一定方向旋转	200	25 ~ 50	预先分级、大块矿物筛分脱介
摇动筛	近似直线	50	13 ~ 50 0.5	分级、脱水、脱介
圆振动筛	圆、椭圆	400	6 ~ 100	分级
直线振动筛	直线、准直线	300	3 ~ 80 0.5 ~ 13	分级、脱水、脱介
共振筛	直线	300	0.5 ~ 80	分级、脱水、脱介
概率筛	直线、圆、椭圆	100	15 ~ 60	矿物分级
等厚筛	直线、圆	300	25 ~ 40 6 ~ 25	矿物分级

2. 筛分机械用途

（1）预先筛分和检查筛分。在破碎前分出粒度符合要求的合格产品称为预先分级，在破碎后将产品中粒度过大的物料筛出并返回破碎机再破碎称为检查筛分。预先筛分和检查筛分往往又通称为辅助筛分。

（2）准备筛分 。为下一加工分选工序而进行的筛分作业称为准备筛分。例如在选矿厂中进行重选或磁选以前，通常要把矿石筛分成所要求的粒级，然后进行分选。

（3）独立筛分。物料经筛分后即得到最终产品称为独立筛分。例如品位达到要求的富铁矿石经筛分后分为不同的粒级，分别送炼铁厂、烧结厂或球团厂。

（4）脱水、脱泥和脱介筛分。将物料中所含有的较多泥质或水分经筛分脱除，即称为脱泥筛分或脱水筛分。在重介质选矿中，用筛分方法将介质分出以便回收利用，称为脱介筛分。

（5）选择筛分或筛选。当矿物中的有用成分在不同粒级中的分布显著不同时，可用筛分方法将富含有用成分的粒级与其余粒级分离，前者作为粗精矿，后者作为尾矿废弃或送去分选，这种筛分可称为选择筛分或筛选。

三、磨矿工艺

（一）磨矿作业

磨矿作业的主要任务是实现矿物单体解离，为选别作业提供合适的入选粒度，是选矿工艺的关键工序。

磨矿作业主要是机组的形式布置，主要有球磨机螺旋分级机机组、球磨机水力旋流器机组及球磨机高频振动细筛机组。

（二）磨机工作原理

磨矿机的工作原理如图 7 - 1 - 9 所示，原料通过空心轴颈 1 给入空心圆筒 3 （其两端有端盖 2 和 4 ）进行磨碎。圆筒内装有各种直径的磨矿介质（钢球、钢棒或砾石等）。

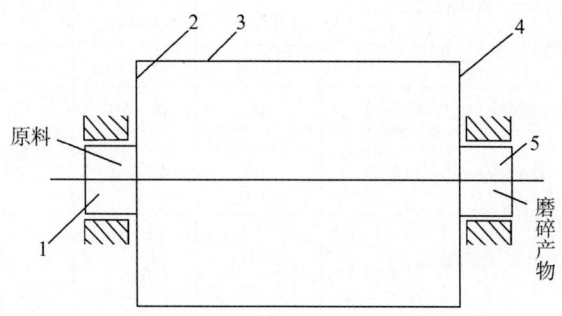

图 7 - 1 - 9　磨矿机工作原理
1、5—空心轴颈；2、4—端盖；3—空心圆筒

当圆筒绕水平轴线以一定的转速回转时，装在筒内的介质和原料在离心力和摩擦力的作用下，随着筒体达到一定高度，当它们自身重力大于离心力时，便脱离筒体内壁抛射下落或滚下，由于冲击力而击碎矿石。同时在磨机运转过程中，磨矿介质相互间的滑动运动对原料也产生研磨作用。磨碎后的物料通过空心轴颈 5 排出。由于不断给入物料，其压力促使筒内物料由给料端向排料端移动。湿磨时，物料被水带走；干磨时，物料被抽出筒外的气流带走。

在磨矿机中，磨矿介质被提升的高度和下落的轨迹与筒体的转速、介质数量及衬板形式有关。一般情况下，按磨机筒体转速由低到高可将介质的运动状态分为三种，如图7－1－10所示。

（1）泻落状态。磨机在低速运转时产生泻落式运动状态（图7－1－10a），物料主要靠介质相互滑动时产生压碎和研磨作用而粉碎。棒磨机和管磨机一般在这种状态下工作。

（2）抛落状态。磨机在较高速运转时产生抛落式运动状态（图7－1－10b），此时磨碎过程以冲击力为主，研磨次之。球磨机一般在这种状态下工作。

（3）离心状态。当筒体转速提高到某极限时，即达到或超过临界转速时，所有介质都随筒体转动而不会下落，此时便称为介质的离心运动状态（图7－1－10c）。在离心状态下，一般不会产生磨碎作用，因此，普通磨机不在这种状态下工作。

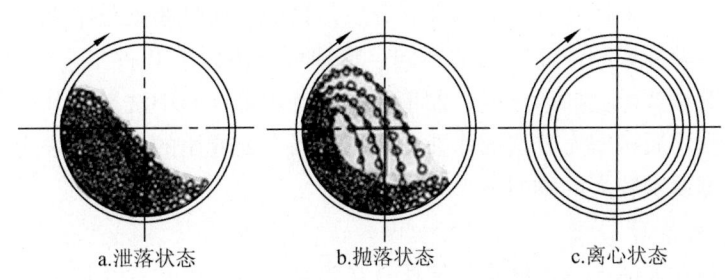

a.泄落状态　　　　　b.抛落状态　　　　　c.离心状态

图7－1－10　磨机在不同转速时的介质运动状态

四、分级工艺

绝大多数矿石有用矿物嵌布得极细，其嵌布粒度可达0.1～0.01 mm，甚至更细，为了把这些细微的有用矿物和脉石分离，必须把矿石磨到一定细度，但又不能过细，过细就会泥化，影响产品质量并增加磨矿费用，为此，经磨矿后的产品必须及时进行分级。

按矿粒在介质中的不同沉降速度，将物料分成若干粒度级别的过程称为分级。分级使用的介质有空气和水，使用空气作为介质的叫干式分级，使用水作为分级介质的称为湿式分级。在湿式分级中，根据作业的目的和使用的设备不同，又可分为水力分级和机械分级。

（1）水力分级。在重选前，这种分级可用来将磨好的矿物在水中按等降性分级，此方法可分为自由沉降和干涉沉降两类。

（2）机械分级。根据选别作业要求，在矿石入选前使用螺旋分级机、水力旋流器和细筛等对矿石进行分级。

螺旋分级机是常规的分级设备，与湿式球磨机形成闭路磨矿共同完成磨碎与分级。水力旋流器常用于二段磨矿分级作业，近来也应用于一段磨矿分级作业。

第四节　选　矿

一、金属重选工艺

（一）重选原理

重选的实质概括起来就是松散—分层和搬运—分离过程。置于分选设备内的松散物料在运动介质中，受到流体浮力、动力或其他机械力的推动而松散，被松散的矿粒群由于沉降时运动的差异，不同比重（或粒度）颗粒发生分层转移。松散和搬运分层几乎都是同时发生的，但松散是分层的条件，分层是目的，而分离则是结果。

根据介质运动形式和作业目的的不同，重选可分为以下几种工艺方法：水力分级、重介质选矿、跳汰选矿、摇床选矿、溜槽选矿、洗矿等。其中洗矿和分级是按密度分离的作业，其他则均属按密度分选的作业。重选是当今最通用的选矿方法之一，尤其广泛的应在处理密度差别较大的物料上。

（二）重选主要设备

重选设备现在大体上分为摇床、溜槽选矿设备、跳汰机和重介质选矿设备 4 类。重选设备是根据有用矿物与脉石矿物密度差进行选别的设备，见表 7 - 1 - 5。

表 7 - 1 - 5　　　金属矿山主要重选设备的应用特点及分选粒度范围

设备类型			分选粒度/mm			应用特点
			一般	最大	最小	
粗粒重选设备	重介质选矿设备	振动溜槽	75 ~ 6	100	3	分选粒度粗，处理量大，分选精度高，适于预选贫化率高的矿石，介质制备及其回收工艺系统复杂
		鼓形分选机	100 ~ 6	300	5	
		圆锥分选机	50 ~ 6	75	1.5	
		涡流分选机	35 ~ 2	75	0.5	
		重介质旋流器	20 ~ 2	35	0.5	
	矩形大粒跳汰机		50 ~ 10	70	0.074	分选精度较差，处理量较大，工艺过程简单，分选精度不如重介质选矿设备
中粒重选设备	跳汰机	旁动隔膜跳汰机	12 ~ 0.1	18	0.074	处理量较大，富集比高，可用于粗选及精选作业
		侧动隔膜矩形跳汰机	12 ~ 0.1	18	0.074	
		复振跳汰机	12 ~ 0.1	18	0.074	
		圆形跳汰机	12 ~ 0.1	18	0.074	
		下动圆锥跳汰机	6 ~ 0.1	20	0.074	
		锯齿波跳汰机	8 ~ 0.074	25	0.074	
		梯形跳汰机	5 ~ 0.074	10	0.037	
	抬浮		5 ~ 0.2	6	0.074	能分离出粗粒硫化矿物，产品多、分选效率高，处理量小

（续表）

设备类型		分选粒度/mm			应用特点
		一般	最大	最小	
砂矿重选设备	摇床	2~0.037	3	0.02	处理量小，富集比高，可得多种产品，多用于精选
	螺旋选矿机 螺旋溜槽 扇形溜槽	2~0.1 0.6~0.05 1.5~0.074	3 1.5 2	0.074 0.037 0.037	处理量较摇床大，省水电，结构简单。富集比低，用于粗选作业
	圆锥选矿机	1.5~0.074	2	0.037	处理量大，省水电，占地面积小，富集比低，用于粗选作业
矿泥重选设备	离心选矿机	0.074~0.01	—	—	处理量大，富集比低，用于矿泥粗选作业
	各种皮带溜槽	0.074~0.01	—	—	处理量小，富集比高，用于矿泥精选作业

（三）摇床

摇床从用途上分为矿砂摇床（处理0.074~2 mm粒级矿砂）和矿泥摇床（处理 -0.074 mm粒级矿泥）、选矿用及选煤用摇床。根据摇床的床头结构、床面型式和支撑方式等结构上的不同，可将其分为6-S摇床、云锡摇床、CC-2摇床、弹簧摇床、离心摇床等选矿用摇床。

（四）溜槽选矿

借助在斜槽中流动的水流进行选矿的方法统称为溜槽选矿，所应用的设备称为溜槽选矿设备，我国溜槽选矿设备的发展比较快，目前主要有不同型式的皮带溜槽、螺旋选矿机、各种螺旋溜槽、圆锥选矿机、离心选矿机等，北矿院选矿室又研制成功连续排矿的射流离心选矿机和振动螺旋溜槽等新型设备。

1. 螺旋溜槽

矿粒在重力、液流动力、离心力、摩擦力和沿内圈给入的冲洗水的联合作用下各自沿不同的轨迹运动，比重大的矿物颗粒绕里圈回转；比重小的矿物颗粒则进入外圈。在不同位置分别接出，即可得不同产品。

2. 离心选矿机

（1）原理：利用离心力强化、按比重选别的过程。

（2）离心选矿机技术操作。

①开车前准备工作：检查转鼓内有无沉渣和杂物，转鼓是否牢固地固定在底盘上；检查给矿及排精矿控制机构电磁铁是否良好；检查高压冲洗水鸭嘴是否畅通；检查电动机地脚螺丝是否松动。

②开车：上述各项检查一切正常，并与上下工序联系后按下列顺序开车：开动电动机，运转正常→打开冲洗水→开始给矿浆；操作过程中注意给矿体积的大小（给矿体积过大，矿浆的轴向流速加快，重矿粒容易损失在尾矿中，此时精矿和尾矿品位均增高，但精矿产率减低，回收率低；给矿体积过小，矿浆流速小，矿层不够松散，不能起到好的分选作用），适宜的给矿体积与作业及原矿性质有关；操作过程中应控制给矿浓度；转鼓转数是转鼓产生离心力大小的源泉，对于一定大小的离心机转数越大，产生的离心力越大，提高转数，尾矿品位降低，回收率提高，精矿品位降低；转速和选矿周期一经确定下来，一般不调节，操作时主要严格控制给矿浓度、给矿体积，经常检查和维护执行机构和控制机构以保证正常而准确地工作。

③停车：停车顺序为先停给矿—再停冲洗水—再停离心选矿机—再拉下电闸刀；打扫离心选矿机及场地卫生；填写设备运转记录；无通知停电或设备故障时，先关离心选矿机电机开关，再拉下电闸刀，然后冲洗干净离心选矿机转数内的矿砂。

（3）维护保养规程。

①定期检查控制机构、时间继电器以保证正常工作状态。

②定期检查执行机构周期给矿和高压水冲洗精矿的工作状态。

③定期检查离心选矿机转数、底盘、给矿嘴、冲矿嘴、接矿槽、分矿器的工作状况。

④定期检查电机运转情况。

3. 跳汰机

（1）跳汰原理。利用垂直交变水流使物料松散，达到按比重分层与选别的过程。跳汰机的基本组成部分是跳汰室，室内置有筛网。水与矿粒的混合物从一端给入跳汰室的筛网上，矿粒在垂直交变水流的作用下运动，交替发生松散和紧密，最后按自身比重差分层。比重小的产品在上层随矿浆流由上部排出；比重大的产品在下层由下部排出。

（2）跳汰机维护与保养。

①检查跳汰机隔膜及筛网有无破损，如有破损及时更换。

②检查筛板是否压紧筛框，若有松动及时压紧。

③检查偏心连杆轴承磨损情况，如磨损过大及时更换轴承。

④检查筛下补加水管是否完好。

⑤检查电机是否有异常声音、是否发热，如果有及时进行检修。

4. 重介质分选机

矿粒借重悬浮液在重力场中按密度完成分选作业所用的设备称为重介质分选机。

（1）重介质分选机分类。重介质分选机分类见表 7 - 1 - 6。

表 7 – 1 – 6　　　　　　　　　　　　　　重介质分选机分类

分类特征	分选机类型	分类特征	分选机类型
分选后的产品种类	两产品分选机	分选槽形式	深槽分选机
	三产品分选机		浅槽分选机
重悬浮液流动方向	水平液流分选机	排矸装置形式	提升轮分选机（斜轮或立轮）
	垂直液流分选机（上升流或是下降流）		刮板分选机
	复合液流分选机（水平—上升流或水平—下降流）		圆筒分选机
			空气提升式分选机

工业上应用于选矿的重介质分选机类型较多，国内外常用的主要有浅槽式、深槽式、离心式和振动式四种类型。现仅介绍分选效果较好的两种。

（2）重介质振动溜槽。重介质振动溜槽是一种在振动过程中利用重悬浮液分选粗粒矿石（鲕状赤铁矿和锰矿等黑色金属）的设备，其基本构造如图 7 – 1 – 11 所示，该机的机体为一长方形的浅槽体。槽体 4 支撑在几组倾斜安装的板弹簧 7 上，凭借给矿端的曲柄连杆机构带动槽体做往复运动，槽体向排料方向倾斜 2°~3°，在槽体末端设有分离隔板 9，用以使轻重产物分开。在槽体底部安装有两层冲孔筛板，筛板以下被分割成 5~6 个独立的槽底水室 6，分别与压水管连接。

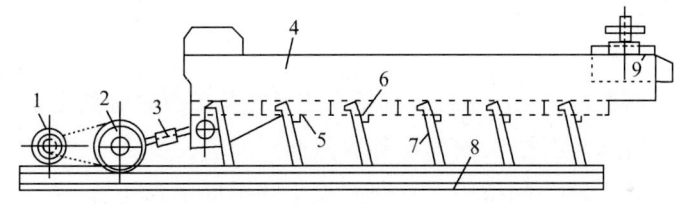

图 7 – 1 – 11　重介质振动溜槽

1—电动机；2—传动装置；3—连杆；4—槽体；5—给水管；
6—槽底水室；7—支撑用的板弹簧；8—机架；9—分离隔板

（3）深槽式圆锥形重悬浮液分选机。深槽式圆锥形重悬浮液分选机槽体较深，分选面大，工作稳定。该机适用于处理轻产物排出量较大的矿物，分选精度较高。深槽式圆锥形分选机机构如图 7 – 1 – 12 所示。

该机为一个倒置的圆锥形槽 2，装在空心回转轴 1 上，由电动机 5 带动旋转。空心轴同时又是排放重产物的空气提升管。在空心轴外面有一个带孔的套筒 3。在套筒上安装两扇三角形刮板 4，以 4~5 r/min 的速度旋转，借以保持上下层悬浮液密度均匀，防止矿石沉积。

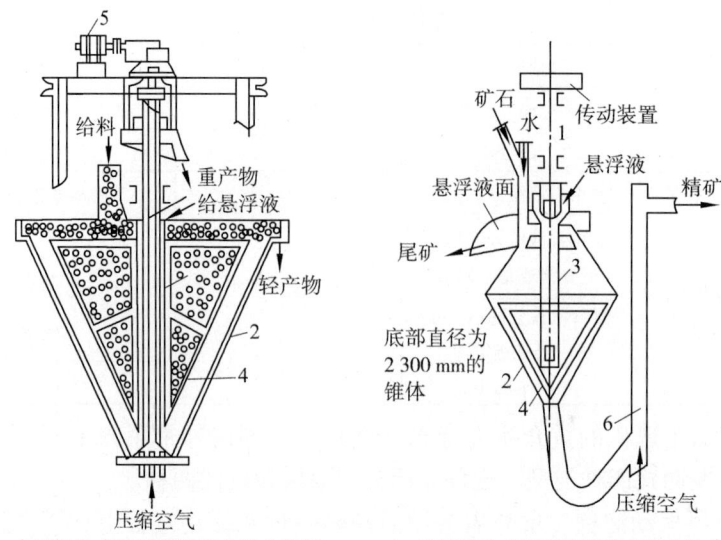

a.内部提升式单圆锥形重介质分选机　　b.外部提升式双圆锥形重介质分选机

图 7 - 1 - 12　深槽式圆锥形重介质分选机
1—回转中空轴；2—圆锥形槽；3—套筒；4—刮板；
5—电动机；6—外部空气提升管

二、磁选工艺

（一）磁选原理

磁选主要是根据各种矿物的磁性差异把有用矿物从矿石中分离出来。磁选在磁选设备的磁场中进行，被选矿石给入磁选设备的分选空间后，受到磁力和机械力（包括重力、离心力、水流动力等）的作用。不同矿粒受到不同的磁力作用，沿不同的路径运动，分别接取就可得到磁性产品和非磁性产品。在选矿工艺上，按比磁化率的大小把所有矿物分成强磁性矿物、弱磁性矿物和非磁性矿物。磁选机根据其磁场强度和磁力的强弱可分为弱磁场磁选机和强磁场磁选机两种。

（二）磁选机械的分类

磁选机械是利用各种矿物比磁化系数的不同，并借助于磁力和机械力将磁性矿物和非磁性矿物分离开来的机械。目前，我国磁选机械制造厂家很多，产品种类繁多、规格复杂，其分类方法也各不相同。尽管各种磁选机械有着不同程度的差别，根据其磁场强度、产生磁场的方法、结构形式、选别作用的不同将磁选机械进行了多种分类，其中在铁矿石选矿厂应用广泛的有磁力滚筒、干式筒式磁选机、干式板式磁选机、湿式筒式磁选机、磁力脱水槽、磁选柱、淘洗磁选机和高梯度强磁选机。

三、电选工艺

（一）电选原理

电选是根据各种矿物的电性质不同，在电场的作用下，矿粒所受到的电力和机械力

（包括重力、离心力、阻力等）不同，产生不同的运动轨迹，从而使之分开的一种选矿方法。可用于有色金属、铁矿石、非金属矿石以及其他物料的选别。电选的内容很广泛，包括电选、电分级、摩擦带电分选、介电分选、高梯度电选、电除尘等。

对于磁性、密度、可浮性都很近似的矿物，采用重选、磁选、浮选均不能或难以有效分选，可利用他们的电性质差别使之分选。目前除少数矿物直接采用电选外，大多数情况下，电选主要用于各种矿物及物料的精选。除介电分选及高梯度电选是在介电液体中进行外，其他均为干式作业，对缺水地区有优越性。电选对周围的环境不产生污染，因此在一些对环境保护要求较为严格的国家和地区，具有很大优势，得到了广泛应用。

电选的有效处理粒度通常为 0.1 ~ 2.0 mm，对于片状或密度较小的物料，如云母、石墨等，其最大处理粒度可达 5.0 mm 左右。目前电选主要应用在有色和稀有金属矿物分选、黑色金属矿物分选、砂金矿的精选、非金属矿物分选和各种固体矿物分级上。

电选时必须使矿物颗粒带电，主要方法有：①摩擦带电；②感应带电；③接触带电；④电晕放电电场中带电等。

（二）电选机

电选设备是以施加到临时带电颗粒上的静电力为基础的。电选机的设计是以矿物带电机理为依据的。根据带电机理，电选机可分为以下 3 类：

（1）自由落体静电电选机（接触带电和摩擦带电）；

（2）高压电选机（电晕带电）；

（3）接触电选机（感应带电）。

四、浮选工艺

（一）浮选原理

浮选法是利用矿物自身疏水亲气或疏水亲油的特性，或经过药剂处理后的疏水亲气或疏水亲油的特性，来让它在水气、水油的界面富集、分离，从而达到有用矿物与脉石矿物分离的目的。

矿石中含有两种或两种以上的有用矿物，其浮选方法有两种，一种叫优先浮选，即把有用矿物依次选出为单一精矿；另一种叫混合浮选，即先把有用矿物同时选出为混合精矿，然后再把混合精矿中的有用矿物一个一个地分选开。根据充气方式的不同，浮选机分为机械搅拌式、充气机械搅拌式和充气式三种。

（二）浮选机械分类

根据浮选机的充气和搅拌方式，可将目前我国生产的浮选机分为三类，见表7 – 1 – 7。

表 7 - 1 - 7　　　　　　　　　　　　我国生产浮选机分类

充气方式	浮选机型号
机械搅拌式	XJ 型（又称 A 型）、XJK 型（XJ 型改进型）、XJZ（XJ 型改进型）、XJQ 型、JJF 型、BS - M 型（XJQ、JJF 和 BS - M 型这三种为参照美国威姆科型）、SF 型、BF 型、SF 和 JJF 联合机组、GF 型、XJB 型（棒型）
充气搅拌式	XJC 型、CHF - X 型、JS - X 型、KYF（KCF）型、BS - K 型、CLF - 4 型（粗粒浮选机）、LCH - X 型、XHP 型、BSP 型、YX 型（闪速浮选机）
充气式	KYZ - B 型浮选柱

五、其他选矿方法及设备

（一）化学选矿

化学选矿是利用矿物化学性质的差异，采用化学处理（如焙烧、浸出、沉淀等）或化学处理与物理选矿相结合的方法，使有用组分得到富集或提纯，最终产出精矿或产品。

1. 焙烧

（1）回转窑。

①原理：生料粉从窑尾筒体高端喂入窑筒体内。由于窑筒体的倾斜和缓慢地回转，使物料产生一个既沿着圆周方向翻滚，又沿着轴向从高端向低端移动的复合运动，生料在窑内通过分解，烧成等工艺过程，烧成熟料后从窑筒体的低端卸出，进入冷却机。

燃料从窑头喷入，在窑内进行燃烧，发出的热量加热生料，使生料煅烧成为熟料，在与物料热交换过程中形成的热空气，由窑进料端进入窑尾系统，然后由余热回收系统回收利用。

②结构如图 7 - 1 - 13 所示。

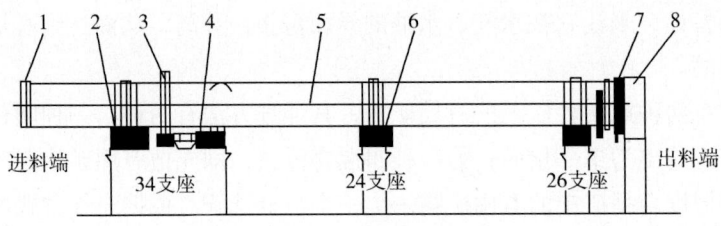

图 7 - 1 - 13　回转窑结构

1—窑尾密封装置；2—带挡轮支承装置；3—大齿圈装置 ；4—传动装置；
5—窑筒体部分；6—支承装置；7—窑头密封装置；8—窑头罩

2. 浸出。

①浸出原理：水溶液和矿物表面进行的多相化学反应过程。

②浸出分类：按浸出药剂种类分为水溶剂浸出和非水溶剂浸出。按物料和浸出剂运动方式分为渗滤浸出和搅拌浸出；按被浸组分化学反应本质分为氧化还原浸出和非氧化还原浸出；按浸出介质分为酸性浸出、中性浸出和碱性浸出；按温度和压力条件分为热压浸出和常温常压浸出；浸出方法及浸出药剂分类见表 7 - 1 - 8。

表 7 - 1 - 8　　　　　　　　　　浸出方法及浸出药剂分类

浸出方法		常用浸出药剂
水溶剂浸出	酸浸	稀硫酸、浓硫酸、盐酸、硝酸、王水、氢氟酸、亚硫酸
	碱浸	碳酸钠、苛性钠、氨水、硫化钠等
	盐浸	氯化钠、氯化铁、氯化铜、硫酸铁、氰化钠等
	细菌浸出	硫酸铁 + 硫酸 + 菌种
	热压浸出	酸或碱
		水
非水溶剂浸出		有机溶剂

③浸出工艺：就地渗浸，分为渗浸未开采的矿体和就地渗浸采空区的残矿两种工艺；机械搅拌浸出槽，有单桨和多桨搅拌两种，机械搅拌器有桨叶式、旋桨式、锚式和涡轮式，矿浆浸出常用桨叶式和旋桨式搅拌器；压缩空气搅拌浸出槽，槽身为一高大圆柱体，底部为锥体，中间位中心循环筒，压缩空气管直通循环筒下部，调节压缩空气压力和流量可控制矿浆的搅拌强度；流态化逆流浸出塔，自下而上流动的浸出剂对悬浮于其中并下沉的矿粒进行流态化浸出，被浸矿浆由上部经给料管进入塔内，浸出剂和洗涤水分别由塔的中下部进入塔内，矿粒与浸出剂及洗水在塔内呈逆流运动；高压釜，可称为压煮器，用于热压浸出，其搅拌方法可分为机械搅拌、气流（蒸汽或空气）搅拌和气流—机械混合搅拌三种，依外形可分为立式和卧式两种。

（二）分拣选矿

根据肉眼能观察到的矿石外观上的差别（一般为颜色和光泽等）而人工拣选的方法。

光电选矿法是基于矿物之间的光电性质（颜色、反射率、受激发光和透明度等）的区别，利用光电效应，采用机械分拣矿物的选矿方法。

（三）摩擦与弹跳分选

摩擦选矿法是根据矿物摩擦系数和弹性的差异而进行分选。选别过程一般在斜面上进行，不同摩擦系数和弹性的矿物与斜面碰撞时，产生不同的反跳，沿斜面有不同的运动速度而形成不同的运动轨迹，最终彼此分离。

（四）油膏分选

根据金刚石和脉石矿物表面亲油性的差异进行分选的特殊选矿设备简称为油选机。根据运动特点的不同，油选机可分为振动型和非振动型；根据设备结构不同又分台式和带式两种。金刚石选矿厂广泛应用振动台式和振动带式油选机。

1. 振动台式油选机

该机实质是一悬挂式偏心振动筛，如图 7 - 1 - 14 所示，但筛面为平整光滑的钢板。工作时，物料给到涂有油膏的台面上，油选机由电机带动偏心轮做惯性振动，同时由悬挂杆上的弹簧造成振动，亲油矿物粘到油膏表面上，脉石颗粒在冲洗水作用下，由分选台排料端排出。该机间断生产，分选一定时间后停车，从台面上刮下粘有矿粒的油膏，进行加热脱油，即得到油膏选精矿。

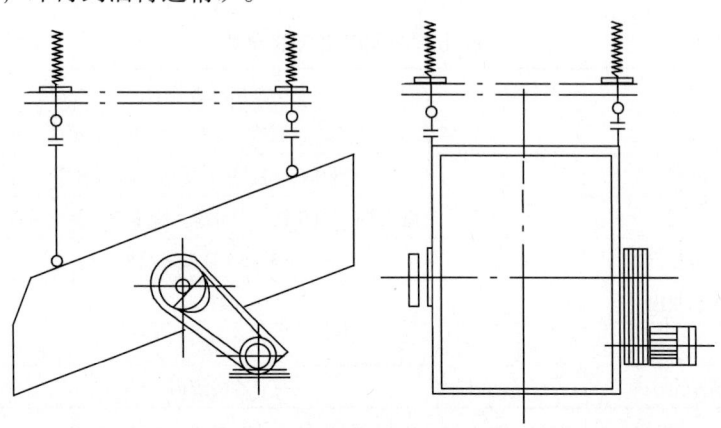

图 7 - 1 - 14　振动台式油选机

2. 带式油选机

分选带是围绕在首轮和尾轮上的无极运输带，如图 7 - 1 - 15 所示。分选带与水平面成一定角度，倾角可根据物料粒度的大小调节。物料由振动给料机给到分选带上，涂油箱安装在分选带的尾轮端，箱内加热的油膏随着分选带的移动而连续地敷在分选带上。在分选带的首轮处装有电热刮刀，不断地刮取一定厚度的粘有矿粒的油膏，刮下的油膏掉入精矿脱油箱，加热脱油分离出精矿。脉石靠分选带上部设置的给水管的冲洗水流作用排入尾矿槽。该机连续工作，生产率较高，但由于分选带无垂直方向振动，金刚石与油膏的接触机会少，影响回收率，处理细粒时效果较差。

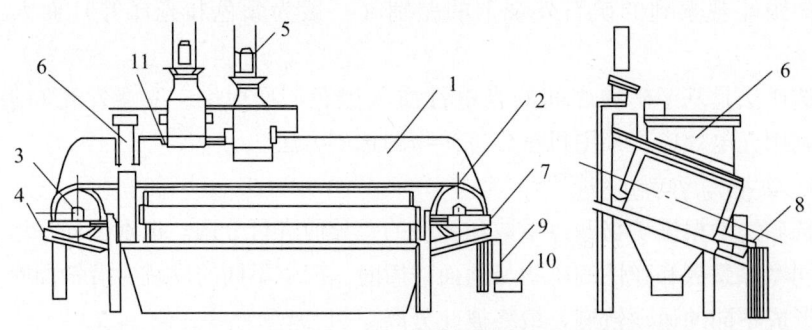

图 7 - 1 - 15　带式油选机构造

1—分选带；2—首轮；3—尾轮；4—机架；5—振动给料机；6—涂油箱；7—电热刮刀；
8—带面倾角调整装置；9—精矿溜槽；10—精矿加热脱油箱；11—给水管

3. 振动带式油选机

该机是在带式油选机的基础上发展而成，其分选过程与带式油选机基本相同，只是在其分选带的下面装有由偏心轮和四个悬吊弹簧组成的振动装置，如图7－1－16所示，增加了矿粒与油膏表面的接触机会，有利于金刚石的黏附，给矿和排尾矿分别在分选带的尾轮和首轮端，矿粒在油膏表面的分选时间长，有利于提高回收率。中国蒙阴金刚石矿的振动带式油选机的回收率可达96%～98%，非洲阿扎尼亚的芬什（Finsch）和金伯利（Kimberley）金刚石矿的振动带式油选机的回收率可达98%～99%。

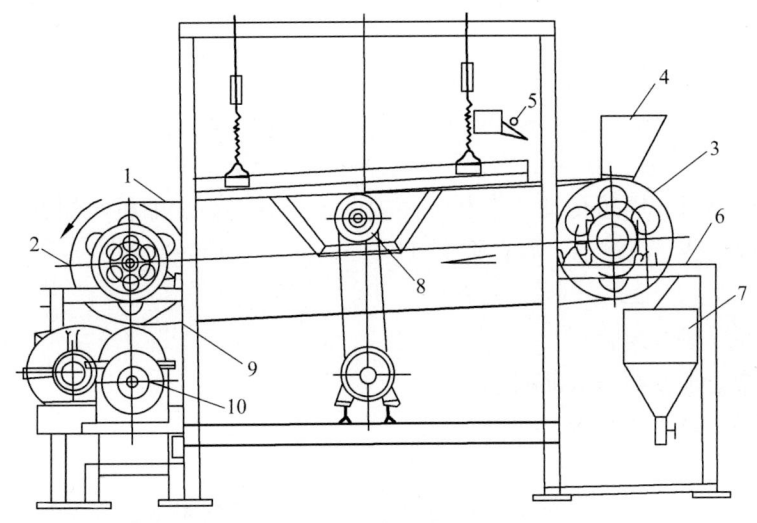

图7－1－16 振动带式油选机构造

1—分选带；2—首轮；3—尾轮；4—加油箱；5—冲洗水管；6—电热刮刀；7—精矿脱油箱；
8—振动部分（偏心轮和悬吊弹簧组成）；9—机架；10—传动部分

第五节 选矿产品处理

一、选矿产品浓缩

1. 浓缩过程

浓缩在选厂一般用于过滤之前的精矿浓缩和尾矿脱水。矿浆的沉淀浓缩是借助重力作用将悬浮在水中的微细矿粒在浓缩池中沉淀，使悬浮液分成澄清液和浓厚的矿浆，这个过程称为沉淀浓缩过程。

矿浆在浓缩池中的沉淀过程如图7－1－17所示。需要浓缩的矿浆首先由给矿筒进入自由沉降区 B，矿浆中的颗粒靠自身的重力下降。当沉降至压缩区 D 时，矿浆已汇集成紧密的类似纤维海绵状的团块组织。当继续下沉到被浓缩了的矿浆区 E，由于刮板的运转，E 区形成一个锥形表面。矿浆受到刮板的压力，使矿浆进一步浓缩，然后由卸料口排出。

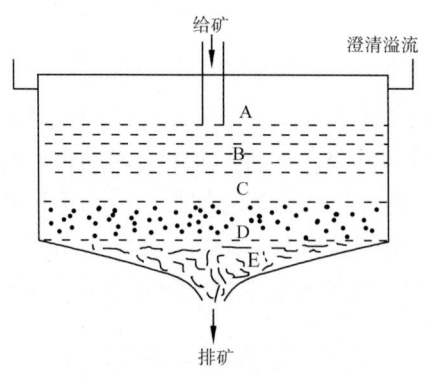

图 7 - 1 - 17　浓缩机的浓缩过程

A—澄清区；B—沉降区；C—过渡区；D—压缩区；E—矿浆区

2. 浓缩设备

中心传动浓缩机、周边传动浓缩机、高效浓缩机、斜板浓缩机、深锥浓缩机、砂仓、脱水筛、旋流器、沉淀池、离心脱水机等。

3. 浓缩形式

（1）浓缩机、砂仓组合。

（2）旋流器、脱水筛、沉淀池组合。

（3）旋流器、浓缩机组合。

4. 砂仓

（1）砂仓分类。锥体、半球体、多锥体立式砂仓，平底型立式砂仓，机械或高椎体立式砂仓，卧式砂仓等。

（2）锥体、半球体、多锥体立式砂仓。采用喷嘴将高压水（或气水联合）喷出实现局部流态化造浆。对细粒全尾砂进行浓缩脱水时，浓缩后的浆体黏度大，用局部流态化造浆不能保证排放浓度。再者，黏度大的浆体容易在砂仓的中、下部结拱，形成倒漏斗状淤积，导致仓体储浆能力减少，浓缩脱水过程恶化，排放浓度和回水质量均不能达到要求指标。

（3）平底型立式砂仓。

①结构：底部结构为平底形，平底平面上均匀布置环状结构的高压给水（给气）管，有若干高压（水或气水联合）喷嘴与之连接；高浓度矿浆排放采用单管中心虹吸式，虹吸管入口与砂仓底平面有一定距离，上方加设嵌入体；尾砂给入方式与通常所用的立式砂仓基本相同。

②技术特点：平面流态化造浆为流体创造了更容易实现的流向（侧向流和上向流）；仓内浆体的浓缩过程是垂直下向运动，内应力逐渐加强，促进了底部平面流态化的形成，阻止流体的上向运动，增加了侧向流速。

③效果：具有更大的储浆能力，保障了浓缩脱水时间和回水质量；有更好的平面流态化造浆功能，可实现高浓度浆体排放；能实现远距离高浓度（膏体）输送；工艺简单、辅助设备少，能耗低；放矿时间短（6~8 h/d），用人少（2 人/班次），生产费用低。

（4）卧式砂仓。既可以储存干料又可以储存含水的较低浓度充填料。

（5）脱水筛。脱水筛采用了双电极自同步技术，通用型偏心块、可调振幅振动器。主要由筛箱、激振器、支承系统及电机组成。通过胶带联轴分别驱动两个互不联系的振动器做同步反向运转，两组偏心质量产生的离心力沿振动方向的分力叠加，反向离心抵消，从而形成单一的沿振动方向的激振动，使筛箱做往复直线运动。

二、选矿产品过滤

1. 过滤原理

过滤是利用压力差而使固体颗粒与液体通过多孔介质（滤布、滤板等）进行分离。

2. 过滤机分类

按照过滤推动力的来源不同，过滤机可分为四大类型，即真空过滤机、压滤机、磁性过滤机和离心过滤机。按照设备的形状及性能特点，其详细分类见表 7-1-9。

表 7-1-9　　　　　　　　　　过滤机分类、性能特点及使用范围

分类及名称	按形状分类	按过滤方式分类	卸料方式	给料	应用范围
真空过滤机	筒形真空过滤机	筒形内滤式过滤机	吹风卸料	连续	用于矿山、冶金、化工及煤炭工业部门
		筒形外滤式过滤机	刮刀卸料		
		折带式过滤机	自重卸料		
		绳索式过滤机	自重卸料		
		无格式过滤机	自重卸料		用于煤泥、制糖厂
	平面盘式过滤机	转盘翻斗过滤机	吹风卸料	连续	用于矿山、冶金、煤炭、陶瓷、环保等部门
		平面盘式过滤机	吹风卸料		
		水平带式过滤机	刮刀卸料		
	立盘式真空过滤机	盘式真空过滤机	吹风卸料		
		陶瓷过滤机	刮刀卸料	间歇	
磁性过滤机	圆筒形	内滤式	吹风卸料	连续	用于含磁性物料的过滤
		外滤式	刮刀卸料		
		磁选过滤	吹风卸料		
离心过滤机	立式离心过滤机		惯性卸料	连续	用于煤炭、陶瓷、化工、医药等部门
	卧式离心过滤机		机械卸料		
	沉降式离心过滤机		振动卸料		

（续表）

分类及名称	按形状分类	按过滤方式分类	卸料方式	给料	应用范围
压滤机	带式压滤机	机械压滤	吹风卸料	连续	用于煤炭、矿山、冶金、化工、建材等部门
	板框压滤机	机械或液体加压	自重卸料	间歇	
	板框自动压滤机	液压	自重卸料		
	厢式自动压滤机	液压	自重卸料	间歇	
	旋转压滤机	机械加压	排料阀排料	间歇	
	加压过滤机（筒式、带式）	机械加压	阀控或压力排料	连续	

三、产品的储存与运输

原矿通过选矿作业，产出的精矿、中矿、尾矿统称为选矿产品。

（一）产品的储存

1. 精矿（中矿）的储存

黑色金属矿产品主要包括铁精矿、锰精矿、铬精矿、钒精矿及钛精矿，一般采用矿仓储存，不同运输工具和运输条件对矿仓的储存时间也有不同的要求。不同的储存时间和矿仓容积决定了矿仓形式的选取。一般储存时间长，对矿仓容积要求大时，选择地面式料仓；储存时间短，对矿仓容积要求小时，多采用高架式或抓斗式料仓。矿仓的工作条件和储矿时间可参考表 7 - 1 - 10 来确定。

表 7 - 1 - 10   储矿仓工作条件和储矿时间参考

序号	工作条件	储矿时间/d	备注
1	国家铁路：车皮供应和线路不紧张	3 ~ 5	取决于生产设备事故多少及厂外运输条件好坏
2	国家铁路：车皮供应和线路紧张	5 ~ 7	
3	企业专用线	2 ~ 3	
4	公路汽车运输：条件较好	3 ~ 10	
5	公路汽车运输：条件较差	3 ~ 15	
6	内河运输	7 ~ 15	
7	国内海运	15 ~ 30	

储矿仓类型的选取还与外部运输选择的交通工具有关，采用火车或汽车运输时，一般选用高架式料仓，仓底有槽型斜底、锥底和圆形平底；采用船舶运输或运送黏性物料时，多采用抓斗式或地面长槽型料仓。

有色金属矿、稀有金属、稀土等选矿精矿，多将产品烘干，采用包装机包装后，储存到精矿仓库中。

2. 尾矿的储存

目前，尾矿的储存主要有三种形式，即尾矿干堆、尾矿库堆存、尾矿充填采空区。

（1）尾矿干堆指利用过滤或压滤机，将选矿排出的尾矿浆挤压成为干片状的尾渣饼，浓度达到80%以上，含水量仅有20%左右，运往尾矿干堆场里采用分层堆放的尾矿堆放方式；或者将选矿排出的尾矿经立式砂仓浓缩或多段浓密，排出膏体或高浓度矿浆，泵送尾矿库堆存。

尾矿疏干一般通过压滤、真空过滤、多段浓密、沉淀池等方法。

尾矿干堆可参照《排土场设计规范》（GB50421—2007）和《金属矿山尾矿干排安全技术标准》DB37/T2040—2012进行设计和管理。

（2）尾矿库堆存尾矿是一种传统的、常用的尾矿储存形式，尾矿库多由堤坝和山谷围截而成。根据库址的地形不同，尾矿库可分为：①山谷型，在谷口一面筑坝；②山坡型，利用山坡两面或三面筑坝；③平底型，四周筑坝。同时在尾矿库中还设有排出库中澄清水和雨水系统的构筑物。尾矿坝广泛采用的为初期坝和后期坝（也称尾矿堆积坝）相组合。初期坝是尾矿坝的支撑棱体，采用当地的土和石料筑成，初期坝的设计尾矿量一般为0.5~1.0a。后期坝是选厂投产后利用尾矿堆积而成的。尾矿库的等级见表7-1-11。

表7-1-11　　　　尾矿库等别

等别	全库容 $V/10^4 m^3$	坝高 H/m
一	二等库具备提高等别条件者	
二	$V \geq 10\,000$	$H \geq 100$
三	$1\,000 \leq V < 10\,000$	$60 \leq H < 100$
四	$100 \leq V < 1\,000$	$30 \leq H < 60$
五	$V < 100$	$H < 30$

注：二者兼备者，以较高等级为准。

（3）尾矿充填采空区已经成为了一种新的尾矿储存方式，原矿经选矿后产生的尾矿，通过充填系统全部或部分充填到井下采空区，即消除了尾矿地面储存的安全隐患和占有土地等问题，又使采空区得到了及时的填充，避免了地表的塌陷，充分回收了可利用资源。

（二）产品的运输

1. 精矿的运输

（1）传统的运输方式。精矿在经过浓缩、过滤或者烘干后，多采用汽车、火车、轮船等方式运输。

汽车运输：比较适合运输距离短、道路状况好、运送物料少的产品运输。该运输方式较为灵活，能够定点运输。一般情况下，不需要二次倒运，但运输费用较高。

火车运输：适合运输距离远、运送物料多的产品运输。该运输方式往往受铁路的限制，只能从一个货场转移到另一个货场，有时需要汽车参与物料的二次倒运，但运输费用较低。

轮船运输：适合于内河和海运。一次运送物料数量较大，但由于受到港口的限制，两头都需要汽车或火车参与运输。运输费用较火车、汽车运输都低。

（2）新型运输方式。主要包括索道运输和高浓度水力运输两种。

①索道运输：又称缆车运输，是一种空中运输方式。索道可跨越山岭、深谷、江河、湖泊。主要适用于矿山交通困难，起伏交错的山区运输。其建设投资费用较高，且运距较短，一般用来运输有色或稀有矿产。

②高浓度长距离管道运输：高浓度管道运输突破了国内长期坚持的低浓度、低压力、大管径的设计理念，采用了高浓度、高压力、小管径的设计理念；选用高扬程、小流量的柱塞泵、隔膜泵、隔离泵等；在管道的选择上也使用了高压力耐磨管道，保证了高浓度管道输送的顺利实施。高浓度长距离管道水力输送具有连续作业、运输能力大、管道埋入地下不占土地、对沿程环境没有污染、不受气候条件影响以及基建投资和运营成本低等一系列优点。精矿浆体长距离输送管线不仅能更好地适应其复杂地形，缩短实际运输距离，降低基建投资和运行成本；且选矿精矿既不需要脱水，也不需要再进行磨矿加工。矿浆长距离管道输送这一先进技术必将在我国冶金矿山获得广泛应用。

2. 尾矿运输

尾矿运输方式主要分为尾矿浆体管道运输和干尾矿运输两种。

（1）尾矿浆体管道运输是常见的浆体管道输送，早期的输送浓度较低，随着浆体管道输送技术的发展，为了节水节能，目前的输送浓度已逐步提高。选矿厂尾矿管道输送作为短距离浆体管道输送系统，由于对浆体的特性要求不十分严格，且多为连续输送（不间断工作），因此一般仅需设浓缩设施，控制流量和浓度即可，而无需设其他设施。输送尾矿的浆体一般向尾矿库排放，在这里同时完成脱水和污水处理，处理后污水回收或排放，在这种情况下不存在浓缩、储浆、过滤、外运的环节。

尾矿高浓度输送是目前尾矿输送的一个发展方向，由于高浓度尾矿具有可塑性强、流动能力差的优点，输送到尾矿库中，便于尾矿库筑坝，尤其是尾矿膏体，基本上具备了干式尾矿的特性，可以实现干式堆存。目前应用最多的高浓度或膏体输送泵有柱塞泵和隔离泵，一般为一级输送。

（2）干尾矿运输一般采用以下几种方式：

①利用箕斗或矿车斜坡轨道提升、运输尾矿，然后倒卸在锥形尾矿堆上，这是一种常用的方法，根据尾矿输送量的大小，可采用单轨或双轨运输，适用于尾矿场地距选厂距离较近，地形较平坦的选厂。

②利用铁路自动翻车运输尾矿向尾矿场倾卸，此方案运输能力大，距选厂较远，尾矿场是低于路面的斜坡场地。

③利用架空索道运输尾矿，适于起伏交错的山区，特别是已具备架空索道运送原矿的条件，可沿索道回线运输废石，尾矿场在索道下方。

④利用移动皮带运输机运送尾矿，运至露天扇形底的尾矿场地。适于气候暖和地区且尾矿场地距选厂较近。

第二章　选矿尾矿及生产废水综合利用

第一节　尾矿综合利用

一、尾矿的分类及特点

（一）尾矿的分类

根据各类矿石的选矿工艺不同和其化学组分的不同，可将尾矿分为选矿工艺类型和岩石化学类型两类。

1. 尾矿的选矿工艺类型

不同种类和不同结构、构造的矿石，需要不同的选矿工艺流程，而不同的选矿工艺流程所产生的尾矿，在工艺性质上，尤其在颗粒形态和颗粒级配上，往往存在一定的差异，按照选厂工艺类型，尾矿可分为如下类型：

（1）手选尾矿：适合于结构致密、品位高、与脉石界限明显的金属或非金属矿，因此，尾矿一般呈大块的废石状。根据对原矿石的加工程度不同，又可进一步分为块状尾矿和碎石状尾矿，前者粒度差别较大，但多数在 100 ~ 350 mm 之间，后者多在 20 ~ 100 mm 之间。

（2）重选尾矿：按照作业原理及选矿机械的类型不同，可进一步分为跳汰选矿尾矿、重介质选矿尾矿、摇床选矿尾矿、溜槽选矿尾矿等，其中前两种尾矿粒级较粗，一般大于 2.0 mm，后两种尾矿粒级较细，一般小于 2.0 mm。

（3）磁选尾矿：主要用于选别磁性较强的铁锰矿石，尾矿一般为含有一定量铁质的造岩矿物，粒度范围比较宽，一般在 0.05 ~ 0.5 mm。

（4）浮选尾矿：典型特点是粒级较细，通常在 0.5 ~ 0.05 mm 之间，且小于 0.074 mm 的细粒级占绝大部分。

（5）电选及光电选矿尾矿：目前这种选矿方法用于分选水分小于 3% 的物料，一般分选砂矿和尾矿中的贵金属，尾矿粒度一般小于 1.0 mm。

2. 尾矿的岩石化学类型

按照尾矿中主要矿物的组成，可将尾矿分为如下 8 种岩石化学类型。

（1）镁铁硅酸盐型尾矿：该类型尾矿的主要组成矿物为 $Mg_2[SiO_4] \cdot Fe[SiO_4]$ 和硅酸铁系列橄榄石及 $Mg_2[Si_2O_6 \cdot Fe Si_2O_6]$ 辉石，以及它们的含水蚀变矿物蛇纹石、硅镁石、滑石、镁铁闪石、绿泥石等，一般产于超基性岩和一些片基性岩、火山岩、镁铁质变质岩、镁矽卡岩中。在外生矿床中，富镁矿物集中时，可形成蒙脱石、凹凸棒石、海泡石型尾矿。其化学组成特点为富镁、富铁、贫钙、贫铝，且一般镁大于铁，无石英。

（2）钙铝硅酸盐型尾矿：该类型尾矿的主要组成矿物为 $CaMg[Si_2O_6]\cdot CaFe[Si_2O_6]$ 系列辉石、$Ca_2Mg_5[Si_4O_{11}](OH)_2\cdot Ca_2Fe_5[Si_4O_{11}](OH)_2$ 系列闪石、中级性斜长石，以及他们的蚀变、变质性岩浆岩、火山岩、区域变质岩、钙矽卡岩。与镁铁硅酸盐型尾矿相比，其化学组成特点为钙、铝进入硅酸盐晶格，含量增高；铁、镁含量降低，石英含量较小。

（3）长石石英型尾矿：该类型尾矿主要由钾长石、酸性斜长石、石英及其它们的蚀变矿物白云母、绢云母、绿泥石、高岭石、方解石等构成，产于花岗岩自变型矿床、花岗岩伟晶矿床、与酸性浸入岩和次火山岩有关的高、中、低温热液矿床、酸性火山岩和火山凝灰岩自蚀变型矿床、酸性岩和长石砂岩变质岩型矿床、风化残积型矿床、石英砂及硅质页岩型沉积矿床。它们在化学组成上具有高硅、中铝、贫钙、富碱的特点。

（4）碱性硅酸盐型尾矿：这类尾矿的矿物组成以碱性硅酸盐矿物（如碱性长石、似长石、碱性辉石、碱性角闪石、云母）及其它们的蚀变、变质矿物（如绢云母、方钠石、方沸石等）为主。产于碱性岩中的稀有、稀土元素矿床，可产生这类尾矿。根据尾矿中的二氧化硅含量，可分为碱性超基性岩型、碱性基性岩型、碱性酸性岩型三个亚类，其中，第三类分布较广，在化学组成上，这类尾矿以富碱、贫硅、无石英为特征。

（5）高铝硅酸盐型尾矿：这类尾矿的主要组成成分为云母类、叶蜡石类等层状硅酸盐矿物，并常含有石英。常见于某些蚀变火山凝灰岩型、沉积页岩型以及它们的风化、变质型矿床的矿石中。化学成分上，表现为富铝、富硅、贫钙、镁，有时钾、钠含量较高。

（6）高钙铝酸型尾矿：这类尾矿主要矿物成分为透辉石、透闪石、硅灰石、钙铝榴石、绿帘石、绿泥石、阳起石等无水或含水的硅酸钙岩。多分布于各种钙矽卡岩型矿床和一些区域变质矿床。化学成分上表现为高钙、低碱、二氧化硅一般不饱和、铝含量一般较低的特点。

（7）硅质岩型尾矿：这类尾矿的主要矿物成分为石英及其二氧化硅变体。包括石英岩、脉石岩、石英砂岩、硅质页岩、石英砂、硅藻土以及二氧化碳含量较高的其他矿物和岩石。自然界中，这类矿物广泛分布于伟晶岩型、火山沉积变质型、各种高温、中温、低温热液型、层控砂（页）岩型以及砂矿床的矿石中。二氧化硅含量一般在 90% 以上，其他元素含量一般不足 10%。

（8）碳酸盐型尾矿：这类尾矿中，碳酸盐矿物占绝对数量，主要为方解石或白云石。常见于化学或生物—化学沉积岩型矿石中。在一些充填于碳酸岩层位中的脉状矿体中，也常将碳酸盐质围岩与矿石一道采出，构成此类尾矿。根据碳酸盐矿物是以方解石，还是以白云石为主，可进一步分为钙质碳酸盐型尾矿和镁质碳酸盐型尾矿两个亚类。

（二）尾矿的特点

矿山选厂尾矿一般具有粒度细、数量大、采取成本低、可利用性大的特点。

1. 尾矿粒度细、泥化严重

尾矿的粒度大小与矿石性质以及选矿过程有关，一般多为细砂或粉砂，具有较低的孔隙度，水分含量也较高，并具有一定的分选性和层理。我国多数矿山矿石嵌布粒度细、共生复杂，为获得高品位精矿，多采用细磨后选别。因此，排出的尾矿中的有价物质多以细粒、微细粒存在，尾矿泥化与氧化程度较高，同时还有未单体解离的连生体存在，相对难磨难选。由于尾矿是矿石磨选后的最终剩余物，因此含有大量的矿泥，且矿泥以细粒、微细粒形式存在，严重影响尾矿中有价物质的回收。

2. 尾矿资源量大、种类繁多

由于矿床成矿条件和成因不同，故矿石类型及主要伴生元素也存在差异，相应的选厂尾矿的性质也有所不同。据不完全统计，我国金属矿山堆存的尾矿中铁矿占 1.3 亿吨，各种有色金属尾矿 1.4 亿吨。尾矿种类繁多、性质复杂，以铁矿为例，鞍山式铁尾矿中 90% 是石英、绿泥石、角闪石、云母、长石、白云母和方解石等矿物；宁芜式铁尾矿中以透辉石、阳起石、磷灰石、碱性长石、黄铁矿及硬石膏等为主；马钢型铁尾矿以透辉石、阳起石、磷灰石、长石、石膏、高岭土、黄铁矿为主，含铝量较高；邯郸型铁尾矿以透辉石、角闪石、阳起石、硅灰石、蛇纹石、黄铁矿为主，钙、镁含量较低等。

3. 尾矿是丰富的二次资源

我国矿山固体废物排放量大，目前，全国工业固体废弃物综合利用率平均为 43%，其中冶炼废渣、粉煤灰、煤矸石的利用率分别为 83%、48%、38%，而尾矿的利用率仅为 8% 左右，但尾矿中含有诸多的有用成分，只是在当前技术、经济条件下，还不能回收利用。随着选矿技术和采选行业的不断发展，尾矿资源逐渐得到国家和投资方的重视，若能充分加以利用，必能创造出不可估量的财富。

二、尾矿综合利用

尾矿综合利用，不仅可以减少尾矿的堆存，节约建坝、防洪等工程费用，改善矿区的环境，而且还能为国家创造财富。对尾矿的综合利用，还可少占地或采取造地还田的方式，这对于解决工业建设与农业发展之间的争地矛盾，具有重要意义。

（一）尾矿再选——回收尾矿中的有用组分

尾矿再选既包括老尾矿库的再选利用，也包括新产生的尾矿的再选利用，以减少新尾矿的堆存量。尾矿再选已成为降低尾矿品位、提高金属回收率和提高企业经济效益的重要途径。一般来说，矿山越老，所产生的尾矿中含有的目的金属就越高。回收其中的有用物质和伴生元素是对尾矿综合利用的最直接的方法。

（二）利用尾矿生产建筑材料

我国铁矿资源嵌布粒度细，一般需经过二段磨矿，少数需三段磨矿、选别，一般尾矿粒度在 -0.074 mm 占 50%～85%。同时尾矿的化学成分接近建筑用陶瓷材料、玻璃、砖瓦等所需要的成分，为开展尾矿用于制作建筑材料创造了条件。大致有以下几个方面：

（1）生产铺路材料、黄砂替代品等。铺路材料、黄砂替代品等是最基本的建筑材料，对化学成分没有严格要求，只要求材料有一定的硬度和粒度。这种产品一般用量较大，可以弥补价格较低的缺点；另一方面，大量出售这种产品，可以解决尾矿堆场紧张的困难。

（2）生产建筑砖。由于实心砖需要使用大量黏土，不仅破坏了环境，也减少了有限的耕地，国家开始制定法规来限制生产使用实心砖。我国在尾矿制转方面进行了积极有效的探索，取得了可喜成果，既可生产建筑用砖，也可生产路面、墙面装饰用砖。根据尾矿的矿物组分和细度，配入轻质材料和添加剂，可生产高层建筑用加气混凝土材料和其他规格品种的建筑用材。

（3）生产水泥和混凝土。尾矿用于生产水泥，就是利用尾矿中的某些微量元素影响熟料的形成和矿物的组成。目前，国内外对利用尾矿煅烧水泥的研究主要是使用铅锌尾矿和铜尾矿，这两种尾矿不仅可以代替部分水泥原料，而且还能起矿化作用，有效提高熟料产量和质量以及降低煤耗。

（4）生产玻璃、微晶玻璃及陶瓷。20世纪90年代以来，国内开始了利用尾矿制取玻化砖及微晶玻璃、陶瓷等的研究。前者将尾矿加适量黏土后，经喷雾干燥、压制成型、高温烧成，供地面、墙面装饰之用；后者以二氧化硅成分为主，尾矿可掺入15%～50%，加上碎玻璃可达80%～90%，经过熔化、水淬、升温晶化后成为玻璃相或结晶相的复合多晶陶瓷，可代替天然花岗岩作高级装饰材料。

（三）用于填充井下采空区

矿山采空区的回填是直接利用尾矿最行之有效的途径之一。一般每采1 t矿石需要回填0.25～0.4 m³废石。而且尾矿作充填料，其充填费用仅为碎石水力充填费用的1/4～1/10。不仅解决了尾矿排放问题，减轻了企业的经济负担，还取得了良好的社会效益。有的矿山由于地形的原因，不易设置尾矿库，将尾矿填入采空区就更有意义。

（四）尾矿复垦及建立生态区

尾矿复垦是指在尾矿库上复垦或利用尾矿在适宜地点充填造地等与尾矿有关的土地复垦。尾矿土地复垦已经成为矿山环境综合治理的一项重要技术，国外对矿山环境治理中土地复垦技术的研究主要是基于生态恢复技术手段的研究与实践，多涉及植被恢复、土地复垦中矿山排放物中有毒物质处理、土地复垦后植物生长机理等方面，侧重矿山生态系统恢复的研究。

第二节　选矿废水循环利用

一、选矿废水及分类

（一）选矿废水及特点

1. 选矿废水的概念

选矿废水包括选矿工艺排水、尾矿池溢流水和选厂环保卫生排水。选矿工艺排水一般是与尾矿浆一起输送到尾矿池，统称为尾矿水，因此选矿废水处理也称为尾矿水处理。

2. 选矿废水的特点

（1）选矿废水量大，一般1 t矿石的选矿用水量为5～10 t，有些难选矿石甚至更多，且其中悬浮物含量高。选矿废水中含有大量的悬浮物，主要为矿石的细小颗粒，经过絮凝、沉淀、澄清后，方可返回工艺流程重新利用。

（2）选矿废水中含有害物质种类较多。选矿污水中的主要有害物质是微细颗粒、重金属离子和选矿药剂。重金属离子有铜、锌、铅、镍、铁、钡、镉以及砷、硫和稀有元素等。在选矿过程中常用的浮选药剂有以下几类。①捕收剂：黄药（ROCSSMe）、黑药 [(RO)_2PSSMe] 白药 [CS(NHC_6H_5)_2]；②抑制剂：氰盐（KCN，NaCN）、水玻璃（Na_2SiO_3）；③起泡剂：松根油、甲酚（C_6H_4CH_3OH）；④活化剂：硫酸铜、重金属盐类；⑤硫化剂：硫化钠；⑥矿浆调节剂：硫酸、石灰等。

（3）不同的选矿工艺产生的选矿污水性质不同。重选、磁选的选矿污水中，以悬浮物和重金属离子为主要污染物。进行处理时，主要以絮凝、沉淀、澄清和活性炭吸附等物理法为主；浮选选矿污水中，以悬浮物、浮选药剂、矿浆pH及重金属离子为主，进行污水处理时，不仅要用到物理法除去其中的悬浮物、重金属离子，还要用到化学法除去其中的选矿药剂和中和矿浆pH等。

（二）选矿废水的危害

选矿废水中的污染物主要有悬浮物、酸碱、重金属、砷、硫、氟、选矿药剂、化学耗氧物质以及其他的一些污染物如油类、酚、铵、膦等等。重金属如铜、铅、锌、铬、汞及砷等离子及其化合物的危害，已是众所周知。其他污染物的主要危害如下：

（1）悬浮物。水中的悬浮物可以发生诸如阻塞鱼鳃、影响藻类的光合作用来干扰水生物生活条件，如果悬浮物浓度过高，还可能使河道淤积，用其灌溉又会使土壤板结。如果作为生活用水，悬浮物是感观上使人产生不舒服感觉的一种物质，而且又是细菌、病毒的载体，对人体存在潜在的危害。甚至当悬浮物中存在重金属化合物时，在一定条件下（水体的pH下降、离子强度及有机螯合剂浓度变化等）会将其释放到水中。

（2）黄药。即黄原酸盐，为淡黄色粉状物，有刺激性臭味，易分解。被黄药污染的水体中的鱼虾等有难闻的黄药味。黄药易溶于水，在水中不稳定，尤其是在酸性条件下易分解，其分解物是硫污染物。

（3）黑药。以二羟基二硫化磷酸盐为主要成分，所含杂质包括甲酸、磷酸、硫甲酚和硫化氢等。呈现黑褐色油状液体，微溶于水，有硫化氢臭味。它也是选矿废水中酚、磷等污染的来源。

（4）松醇油。主要成分为萜烯醇，黄棕色油状透明液体，不溶于水，属无毒选矿药剂，但具有松香味，能引起水体感观性能的变化。由于松醇油是一种起泡剂，易使水面产生泡沫。

（5）氰化物。剧毒物质，进入人体后，在胃酸的作用下被水解成氢氰酸而被肠胃吸收，然后进入血液。血液中的氢氰酸能与细胞色素氧化酶的铁离子结合，生成氧化高铁细胞色素酸化酶，从而失去传递氧的能力，使组织缺氧导致中毒。但氰化物可以通过水体的自净作用而去除，因此，对含氰化物较低的废水利用这一特性，延长选矿废水在尾矿库中的停留时间，可以使之达到排放标准。

（6）硫化物。一般情况下，S、HS⁻ 在水中会影响水体的卫生状况，在酸性条件下生成硫化氢。当水中硫化氢含量超过 0.5 mg/L，对鱼类有毒害作用，并可觉察其散发出的臭气；大气中硫化氢嗅觉阀为 $10 \ mg/m^3$。此外，低浓度 CS 在水中易挥发，通过呼吸和皮肤进入人体，长期接触会引起中毒，导致神经性疾病夏科氏（CharCOte）二硫化碳癔症。

（7）化学耗氧物。化学需氧量是水中的耗氧有机物的量化替代性指标，在选矿废水中的耗氧物，主要是残存于水中的选矿药剂。

（三）选矿废水循环利用现状

对选矿废水单纯进行处理使之达到排放标准，不仅处理难度大，而且处理成本非常高。而对选矿废水进行相应的处理，使废水回用后对生产指标没有影响或者影响甚微则是可行的，不仅节约新水和药剂的用量，而且减少对环境污染，环境效益和社会效益非常显著。

从国外选矿废水的处理现状来看，加拿大某洗选厂回用水与新水的比为 50% ~ 75%，美国、加拿大、日本等国在建设新选厂和改造现有洗选厂时，规定必须实行厂内循环供水。从国内选矿废水的处理现状来看，有些选矿厂实现了选矿废水的部分或全部回用，废水回用率一般在 70% ~ 80% 之间。因此，从国内外选矿废水净化处理的发展趋势来看，结合当地的具体情况，对选矿废水进行适当处理，使之完全回用是今后选矿废水净化处理的主要途径。

减少选矿废水排放量主要有两种途径。一方面要设法减少选矿工艺过程的生产清水用量，另一方面要尽可能地增大循环用水量，使进入生产工艺过程的生产清水小于或等于精矿、尾矿（包括在尾矿坝蒸发及尾矿坝渗漏不参与循环的）带走的水，使选矿不再排废水。

二、选矿废水无害化处理

（一）选矿废水的净化方法

1. 主要取决于有害物质的成分、数量、排入水系的类别以及对回水水质的要求，常用方法有：

（1）自然沉淀法。利用尾矿库或者其他沉淀池，将尾矿矿浆中的尾矿颗粒除去。

（2）物理化学净化法。利用吸附材料将某些有害物质除去。

（3）化学净化法。加入适量的化学药剂，促使有害物质转化为无害物质。

尾矿水经过净化后回水再用，既可以缓解选厂水资源短缺的矛盾，又可以解决环保安全方面的问题。

2. 具体针对选矿废水中的污染物不同，可以采用的处理单元分别如下：

（1）悬浮物。主要采用预沉淀、絮凝沉淀法。

（2）酸碱性废水。主要采用废水相互中和法、尾矿碱度中和酸性。

（3）重金属离子。主要采用调节原水 pH 共沉淀或浮选技术、硫化物沉淀、石灰—絮凝沉淀、吸附技术（包括生物吸附）、螯合树脂法、离子交换法、人工湿地技术。

（4）黄药、黑药。主要采用铁盐混凝或沉淀法、漂白粉氧化、Fenton 氧化降解法、人工湿地技术。

（5）氰化物。主要采用自然净化法、次氯酸盐或液氯氧化法、过氧化氢氧化法、铁络合物结合法、难溶盐沉淀法、酸化—挥发再中和法、硫酸锌—硫酸法、二氧化硫空气氧化法、电解氧化化法、臭氧氧化法、离子交换法、生物降解法、人工湿地。

（6）硫化物。主要采用与含重金属废水互相沉淀、吹脱法、空气氧化法、化学沉淀法、化学氧化法、生化氧化法。

（7）化学耗氧物。主要采用絮凝或沉淀、生物降解、高级氧化、吸附法。

（二）选矿废水的处理

1. 重选废水处理

重选流程产生的废水中，主要污染物为悬浮物和重金属离子。因重选需要的矿石磨矿粒度较粗，尾矿水中的悬浮物较容易沉降，可利用浓密机首先使尾矿矿浆中的悬浮物初步沉降，后在浓密机溢流水中，若存在重金属离子时，可采用离子交换、絮凝沉降、活性炭吸附等方式，降低尾矿水中重金属离子的含量，使之达到回水利用或外排的标准。

2. 磁选废水处理

磁选流程主要用于磁铁矿和锰矿的选矿中，其选矿废水中的污染物主要为固体颗粒悬浮物，重金属离子含量很少。其处理方式主要以絮凝、沉淀为主。与重选流程废水中悬浮物不同的是，磁选流程废水中的悬浮物颗粒较细，不容易沉降或沉降时间较长，需要添加絮凝剂来促使细颗粒快速絮凝、沉降，以加快矿浆沉降速度，缩短沉降时间，减小沉降设备占地面积。

3. 浮选废水处理

浮选流程产生的选矿废水中，由于受到浮选作业条件、添加药剂、选别目的矿物的不同，主要污染物的成分亦不同，其处理方式也不尽相同。大部分选矿药剂在沉淀池或尾矿库中，经过太阳长时间的曝晒，可以完成分解，消除其对环境和回水利用的危害，但也有部分药剂或浮选添加物不能分解，需要经过特殊处理后，方可循环利用或外排。应根据不同的污染物组成，选取不同的处理方式。

4. 氰化废水处理

氰化过程中产生的废水中以氰化物和重金属离子为主要污染物。氰化物和重金属离子对环境和人体的伤害较大，需要慎重处理。国家相关环保部门也对这类污染物的排放做出了明确的要求，要求污水生产单位必须建立污水处理厂，对污水中的氰化物和重金属离子进行净化处理。具体处理方式可参考上述污水处理单元中提出的方式进行。

5. 其他生产用水处理

选矿过程中的其他用水主要指磨矿用水、分级设备冲洗水、设备冷却水、除尘用水、清扫卫生用水等。这些过程中产生的废水中主要污染物以固体颗粒悬浮物为主，个别有色金属选矿过程中会混入重金属离子，其处理方式与重选流程产生的废水处理方式基本相同，在此不做赘述。

三、选矿废水的循环利用

（一）选矿废水循环利用的方法

选矿废水的循环利用是目前国内外废水治理技术的重点，常见方法有：

1. 浓缩池回水

为节省新水水耗，常在选厂内或选厂附近修建尾矿浓缩池或倾斜板浓缩池等回水设施进行尾矿脱水，尾矿砂沉在浓缩池底部，澄清水由池中溢出，并送回选厂再用。浓缩池的回水率一般可以达到40% ~70%。

2. 尾矿库回水

尾矿排入尾矿库以后，尾矿矿浆中所含水分一部分残留在沉积尾矿的空隙中，一部分聚集在尾矿库内自然澄清，降解有毒有害物质，另一部分在库内蒸发。尾矿库回水就是把剩余的这部分澄清水回收，供选厂使用。

3. 水处理后的循环水

选矿过程中，产生的废水有些因含有浮选药剂或pH过高等原因，不能简单的经浓密机或尾矿库沉淀后，返回生产流程中使用，需要通过建设污水处理厂，对污水进行专门中和或降解处理后，再返回到选矿流程循环使用。

（二）选别废水循环利用的方式

在考虑水的循环使用时，选矿用水的性质很重要。这主要是对浮选、絮凝选矿而言，但水的性质对重选、磁选和磨矿、浓缩及过滤也有一定的影响。重选、磁选作业流程中产生的精矿水和尾矿水的性质相近，但对于浮选流程，精矿水和尾矿水的性质差异较大。尾矿水如果在尾矿库内存留时间充分，则尾矿水中所含的有机物通常会分解或吸附，大部分重金属阳离子也将沉淀下来，其中的药剂和重金属离子含量较少，循环利用时可以返回到球磨、分级流程。而精矿水由于沉淀、过滤时间较短，其中的浮选药剂、重金属离子没有得到有效的分解或沉降，会在水中富集，循环利用时可返回至选别环节，作为选别作业的冲洗水或补加水使用。

第三章　选矿自动化

第一节　选矿自动化概述

一、选矿自动化的概念

选矿自动化是在选矿生产中，采用仪表、自动装置、电子计算机等技术和设备，对选矿生产设备状态和选矿生产流程状况实行监测、模拟、控制，并对生产进行管理的技术，包括选矿工艺技术参数检测技术、选矿过程控制、选矿过程模拟以及选矿生产的计算机管理等。选矿自动化综合应用了传感器技术、电子技术、自动控制理论、通讯技术及电子计算机科学等多方面的成就，选矿自动化的发展与这些学科密切相关。同时，选矿自动化又必须以选矿工艺流程以及生产技术经济要求为依据。而矿物资源的贫化，选矿设备的大型化和智能化，以及选矿工艺的不断发展，对设备的效率和可靠性、过程参数的稳定及各段产品的质量提出了更高的要求，这就促进了选矿自动化的发展，使其成为选矿厂正常生产的必要手段和提高选矿厂综合效益的有效途径。

二、选矿自动化的意义

选矿工业是传统的基础工业。存在的突出问题是能耗高、效率低、劳动强度大、选矿技术经济指标低且随矿石性质及操作条件的变化很不稳定。解决这些问题的重要方法就是开发研究选矿工业生产过程控制的关键技术、装备、仪器仪表，实现选矿工业生产过程的自动化，减少人为因素，提高技术经济指标。实践证明，实现选矿工业过程自动化可使破碎机提高处理能力13%～18%，磨矿机提高台时处理量8%～15%，生产成本降低5%～8%，劳动生产率提高25%～60%，使能耗和原材料消耗显著降低，工人劳动强度大大减轻，产品质量提高而且稳定。实现选矿自动化，主要包括破碎作业、磨矿分级作业、选别作业、浓缩过滤作业、尾矿输送作业等全套选矿生产过程的自动控制，通过计算机网络系统实现在线优化生产调度和管理，使整个选矿生产过程处于最佳状态，最大限度地提高产量、精矿品位和金属回收率等技术经济指标，达到高产优质、减人增效、节能降耗的目的。

第二节　选矿自动化的主要功能

（一）工艺过程控制

在选矿厂工艺过程控制时，以选矿厂内的生产设备作为控制对象，不同工艺阶段的生产设备对其生产工艺参数的要求差别很大。为了保证生产工艺系统安全经济运行，必须使它们各自都在要求的运行参数范围内进行控制调节，组成若干相对独立的局部控制系统，例如，破碎筛分、磨矿分级的给矿量、给水量、旋流器的给矿浓度、给矿压力以及浮选系统的自动加药、浮选槽液位等控制系统。

主控制级通常由两部分组成，即指令管理部分和指令控制部分。指令管理部分的主要作用是对外部要求指令进行选择并加以处理，使之转变成为在子系统设备生产能力内安全运行所能接受的实际指令。指令控制部分的主要作用是根据设备的运行条件及要求，选择合适的负荷控制方式，分别产生对磨矿分级子系统、分选作业子系统、脱水作业子系统的控制指令。一般系统如图 7－3－1 所示。

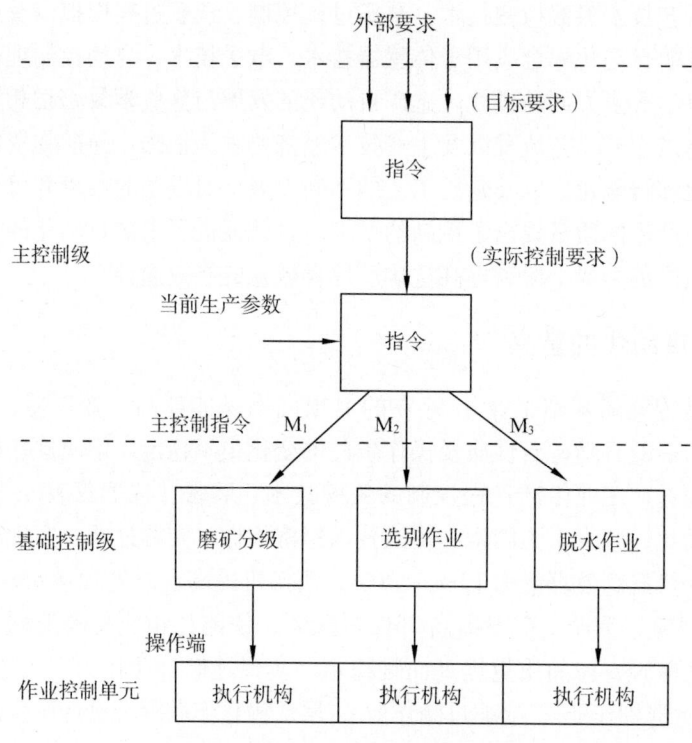

图 7－3－1　选矿工艺过程控制系统

（二）在线检测

在线检测与分析技术是获取生产过程中各种信息的先进工具。对于选矿厂来讲，矿石性质的不确定性、不可测性、不可控性、复杂性和多变性对生产过程的稳定、平衡影响很大。因而选矿过程关键工艺参数的在线检测和分析技术极其重要，同时也是选矿过程优化控制、建模等技术能够有效实施的决定性因素。

选矿过程在线检测分析的内容可以分为两类，一类是设备运行状况的在线检测与分析；一类是过程工艺参数的在线检测分析。

选矿设备运行状况在线检测的目的是及时掌握物料性质及操作条件变化带来的设备负荷、工作能力、生产效果的变化，将这些变化信息及时反映给控制系统，通过调节保证设备在安全完成生产任务的前提下，发挥最大能力。选矿设备运行状况在线检测的主要内容有磨机负荷检测技术、浮选状态分析技术、浓密机负荷监测技术。

工艺过程参数在线检测主要包括矿石粒度、矿浆浓度、矿浆酸碱度各作业液位、料位、产品品位的测定等。选矿过程在线分析技术的发展趋势：①直接物理测量与建模技术相结合，用软测量的方法可以获取更丰富的过程信息变量，因而也能更大限度地满足选矿工业控制需要；②直接测量技术是保障软测量技术的关键，因而对已有的直接测量手段必须充分加以利用，这是提高选矿过程分析技术的必经之路。

（三）选矿厂建模仿真技术

矿物加工过程建模可以分为三种类型：过程模型，系统模型和人工智能模型。过程模型是含有内部变量和外部变量的数学模型，这些变量描述了选矿过程中现实存在的定量和定性物理变量。系统模型可认为是具有标准数学结构（控制方法的一个分支）的模型，它用一种能反映可观测、可控制和可优化性质的方法，对过程输入变量和输出变量的关系进行拟合。人工智能模型可以认为是运用人工智能控制方法的模型，例如专家系统、人工神经网络、模糊控制、基因模型、专家在线。这些方法旨在补充人们非数学知识，对具有未知或模糊的数学结构的东西建立模型，提供一个人们感知与技术模型之间的桥梁。

选矿工艺过程的特征非常复杂，通常都是多参数耦合、时变、大滞后的过程，过程模型往往因为输入输出单一而适用性非常小，只能在较窄的工艺稳定区间内。选矿过程控制建立的模型以系统模型和人工智能模型为主。Outokumpu、MINTEK 的优化控制系统主要是基于大量的生产过程数据分析、模式识别、特征提取、专家学习等人工智能技术形成的优化控制器。这种控制器的特点是交互性和学习性非常强，具有智能化的特点。

由于矿石性质的不稳定性对工艺流程的可靠性挑战很大，也直接制约了选矿自动化的实施。流程的数学建模和数值模拟是研究、设计和优化矿物加工生产流程的有效工具，通过流程建模和过程模拟可以研究和分析流程中各单元作业之间的相互作用以及各种影响因素对流程整体性能的影响。在项目的可行性研究和初步设计阶段，应用流程建模和数值模拟可对各种不同的流程方案进行稳态物料平衡计算，分析比较各方案的优劣。在施工图设计阶段，应用流程建模和数值模拟可对流程中所有的单元设备和物料流进行详细的计算，帮助选择设备尺寸型号并进行项目成本和经济效益分析。流程建模和仿真为检验控制策略的可操作性和效果提供的计算机实验环境，保障了控制系统投用的可靠性和准确度。

第三节　选矿自动化的功能实现

（一）工艺过程

1. 工艺过程控制

选矿工艺和技术在近 5 年来发生了巨大的变化，主要体现在生产规模和设备大型化、自动化上，因此选矿过程控制技术和控制目标也随之发生了变化。选矿过程控制可以分为工艺单回路控制、设备单元控制、工序优化控制三个层次。

（1）碎矿过程控制。圆锥破碎机是碎矿工艺应用最多的设备，这类设备的主要控制手段是在破碎机功率额定的情况下，保证给料斗料位恒定，从而达到挤满给料的目标，使得破碎机发挥最大效能。碎矿优化控制的重点：一是优化粗、中、细碎的负荷配置；二是优化碎矿与磨矿之间的负荷配置。碎矿应尽可能提供最佳入磨粒度分布的矿石产品。我国目前在碎矿过程控制方面主要以连锁控制为主，关键在于设备的电气控制系统是否留有相应的接口。由于设备自动化程度的提高和过程仪表的普遍使用，连锁控制逻辑可以更加精细和可靠，甚至带有一定的智能化。

国内某选厂圆锥破碎机控制系统的主参数控制选取了主传动电机功率和破碎机排矿口尺寸两个参数作为被控变量，通过检测给矿量、油压、功率、油温、排矿口尺寸等来动态调整排矿口尺寸和给矿速度，其目标函数是排矿口尺寸最小、给矿量最大。系统的所有控制动作均是向这两个目标逼近。比较典型的挤满给矿控制策略如图 7 - 3 - 2 所示。

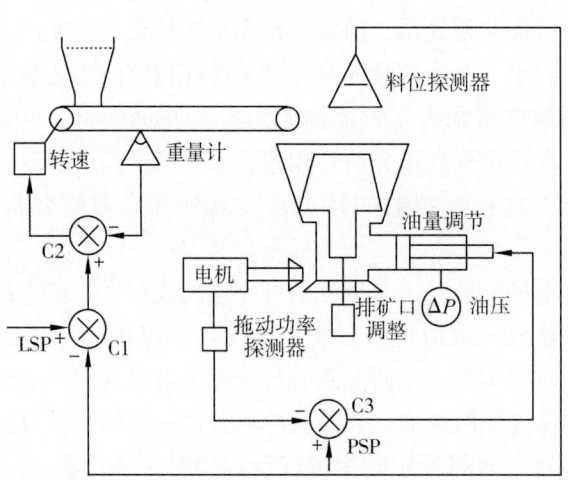

图 7 - 3 - 2　典型的圆锥破碎机挤满给矿控制策略

具体控制过程是在公司、选矿调度室与碎矿车间建立一个技术先进、安全可靠、扩展性强、维护方便的碎矿全流程计算机控制系统和视频监控系统，利用先进的工业光纤数据网络将粗碎、中碎、细碎、高压辊磨（超细碎）、筛分各控制分站的流程组态画面、工艺参数、设备状态、工作场景实况等向中央监控主站进行传送。同时，中央监控系统主站将生产指令传送到粗碎、中碎、细碎以及高压辊磨各分站，对整个系统实现实时有效的监控。

（2）磨矿过程控制。磨矿工艺是选矿厂能耗和材料消耗最大的作业单元。除了给矿量、给水量、泵池液位、旋流器压力等工艺参数的单回路稳定控制外，磨矿工艺过程的节能优化控制更为选矿厂所关注。磨矿过程优化控制软件产品在国外已经实现了商业化，如南非 MINTEK 的 MillStar 控过泵池液位、旋流器入口流量、浓度、压力以及出口浓度、粒度、磨机功耗等参数在线检测，建立磨机装球量、磨机排矿浓度、旋流器溢流粒度的预估模型，以给矿、泵池液位、旋流器组开关、循环负荷、功率等参数为调节手段实现磨矿过程优化。

我国在磨矿过程控制方面上停留在恒定给矿、比例给水控制的阶段，但是工艺技术人员对磨机负荷优化控制更为关注。ABC、AB 等新型磨矿工艺的普遍应用，让半自磨机成为控制核心，例如基于给矿粒度变化的加球量控制，磨机充填率的优化控制等。目前通过工业试验已经证明磨机振动信号检测技术可以帮助挖掘磨机提升工作潜能，达到稳定磨机负荷、提高处理量的目的，但是距离稳定的、商业化的控制软件产品还有一定的距离。

（3）浮选过程控制。浮选过程的液位、充气量、药剂添加、矿浆酸碱度等单回路工艺参数控制已基本实现。浮选过程控制的难点是频繁变化的矿石性质、严格的精矿质量要求及最佳回收率要求之间的矛盾，药剂添加量、泡沫层厚度和充气量是浮选过程的三个重要控制参数。

浮选过程自动化控制系统带给浮选的经济效益主要体现在：①快速液位控制和抗干扰能力使得流程稳定，开停车时间短；②将回收率与浮选时间、液位、充气量、加药等操作建立优化控制回路；③稳定精矿品位，回收率至少可以提高1%。

（4）浓缩过程控制。大型高效浓密机的应用使浓密机的稳定控制和优化控制变得异常重要起来。南非 MINTEK 公司的 LeachStar 软件中包含了浓密机的优化控制模块，该模块旨在减小絮凝剂的消耗，改善浓密机溢流水的澄清状况。通过减少泥床下滑或高扭矩出现的几率来稳定浓密机生产，通过稳定底流流量和浓度来改善下游工序的表现等。

芬兰 OutoTee 公司的 SUPAFLO 高效浓密控制技术可以实现对浓缩过程的控制。絮凝控制是通过调节絮凝剂泵速来实现稳定的絮凝剂用量（g/t）；泥层高度反馈信号来控制絮凝剂用量（g/t）设定点；总固体量是通过调节底流泵速来获得稳定的泥层质量。

2008 年，东北大学进行了浓密机生产过程综合自动化系统的研究，将建模与控制相结合，提出了由基于智能推理技术的浓度智能设定层和底流浓度控制层组成的浓密机生产过程底流矿浆浓度智能优化控制策略。2009～2010 年北京矿冶研究总院在德兴精尾厂 30 m 浓密机上，根据物料平衡和沉降试验数据，建立浓密机负荷预测模型和优化控制模型，对絮凝剂添加量和底流排矿速度给出最优操作值，保证浓密机最佳储泥量和稳定生产状态。该技术将底流浓度提高近一倍，处理能力提高了近50%。

2. 选矿设备启停控制

生产过程顺序控制主要实现破碎设备、筛分设备、球磨设备、分级设备、浮选设备、磁选设备、过滤设备、脱水设备、各类泵之间的电气设备的连锁保护。

设备启动顺序原则上按照物料走向的逆向顺序依次启动，正常停机的顺序按照物料走向的正向顺序依次延时停车，延时时间间隔应足以处理该设备上的剩余物料；根据工艺要求对设备实施设备运行检测、启停控制、开车鸣铃和连锁保护，实现生产过程的集中监视和集中管理。

通过对破碎、筛分、磨矿、分级、选别等工序实现自动控制，使整个工序设备和系统实现运行安全稳定、优化平衡、高效可靠，为后续工序打下良好的基础。

3. 生产过程安全监控

设备保护多由其自身自带的 PLC 控制系统完成，设备参数信号可以经过工业以太网络（或 PROFIBUS 网、MODBUS 网）或者接线方式接入控制系统，实现对设备状态的显示监控和整个系统连锁控制；具体方式要依据设备自身情况来决定。

生产过程中，重要的大型设备的润滑系统的油温、油压及液压也直接影响着设备的正常工作。控制系统对设备的润滑系统的油温、油压及时进行监测，并根据监测到的数据判断设备的运转情况，及时报警并作出保护处理。这样可以更大限度地保证球磨机及整个生产流程的顺利进行。

（二）在线检测

1. 在线检测的内容

选矿过程在线检测的目的是对工艺过程取得定量的结果和数学上的表征，为控制生产过程提供可靠的依据。

选矿过程在线检测的内容取决于选矿方法，也取决于选矿工艺流程，重选厂、浮选厂和磁选厂的工艺过程不同，其可检参数也是有差异的，但最主要的检测项目则是共同的，如必须对原料及产品重量、料位及液位、产品粒度、矿浆浓度、矿浆流量、矿浆流速、原料及产品的品位等进行检测。具体检测的内容见表 7 - 3 - 1。

表 7 - 3 - 1　　　　　　　　　　选矿过程检测内容

选矿过程	在线检测内容
粗碎	矿量、仓中料位、入碎及碎后产品粒度、金属物、磁铁矿含量、碎矿机堵塞
中细碎	矿量、仓中料位、粒度、碎矿机生产率
磨矿和分级	入料粒度及粒度组成、按指定粒度计的生产率、矿量、分级溢流浓度、分级溢流密度、磨矿机充填率、分级产品粒度组成、循环负荷量
磁选	生产率、磁铁矿含量、粒度、浓度
浮选	给矿量、泡沫和矿浆面、pH、药剂浓度和用量、离子成分、温度、产品品位、泡沫层厚度
跳汰	筛下水量、产品密度（或重产品的混杂）、床层厚度及松散度
重介质	入选量、密度、黏度、产率、金属含量（品位）
脱水、过滤	矿浆浓度、水分、过滤机液面、真空度、矿量、助滤剂浓度及用量
浓缩	浓缩机桁架过载、产品浓度、产品密度、溢流浊度、澄清液面高度、絮凝剂用量
干燥	处理量、水分、温度

2. 在线检测的方法

检测方法对在线检测工作是十分重要的，它关系到检测任务是否能完成。因此，要针对不同检测任务的具体情况进行认真分析，找出切实可行的检测方法，然后根据检测方法选择合适的检测技术工具，组成检测系统，进行实际检测。反之，如果检测方法不对，即使选择的技术工具（有关仪器、仪表、设备等）再高级，也不会有正确的检测结果。

对于检测方法，从不同的角度出发，有不同的分类方法。按检测手续可分为直接检测、间接检测和联立检测；按检测方式可分为偏差式检测、零位式检测和微差式检测。除此之外，还有许多其他分类方法，例如，按检测敏感元件是否与被测介质接触可分为接触式检测和非接触式检测；按检测系统是否向被测对象施加能量可分为主动式检测与被动式检测等。

（1）直接检测。在使用仪表进行检测时，对仪表读数不需要经过任何运算就能直接表示检测所需要的结果，称为直接检测。例如，用磁电式电流表检测电路的某支路电流，用弹簧管式压力表检测锅炉压力等。直接检测的优点是检测过程简单、迅速，缺点是检测精确度不高。这种检测方法是工程上大量采用的方法。

（2）间接检测。在使用仪表进行检测时，要分别测出几个被测量的值，然后依一定的物理定律，将检测值代入一定函数关系，经过计算得到所需要的结果，称为间接检测。这时被测物理量不能立即由一次简单测量求得，因为它是几个被测物理量的函数，因此，必须将这几个被测量测出以后，代入有关公式，经计算得到最后结果。间接检测多用于科学实验中的实验室检测，工程检测中有时也应用到这种检测方法。

（3）联立检测（也称组合检测）。在应用仪表进行检测时，被测物理量必须经过求解联立方程组，才能得到最后结果，即将直接检测的数据代入公式，构成一组联立方程。在进行联立检测时，一般需要改变测试条件，才能获得一组联立方程所需要的数据。

（4）偏差式检测法。在检测过程中，用仪表指针的位移（即偏差）决定被测量的方法，称为偏差式检测法。应用这种方法进行检测时，标准量具不装在仪表内，而是事先使用标准量具对仪表刻度进行校准；然后在测量时，输入被测量，按照仪表指针在标尺上的示值，决定被测量的数值，它是以间接方式实现被测量与标准量的比较。例如，用磁电式电流表检测电路中某支路的电流，用磁电式电压表检测某电气元件两端的电压等。采用这种方法进行检测，检测过程比较简单、迅速，但检测结果的精确度较低。这种检测方法广泛地用于工程检测中。

（5）零位式检测法（又称补偿式或平衡式检测法）。在检测过程中，用指零仪表的零位指示检测测量系统的平衡状态，在测量系统达到平衡时，用已知的基准量决定被测未知量的检测方法，称为零位式检测法。应用这种方法进行检测时，标准量具装在仪表内，在检测过程中，标准量直接与被测量相比较，检测时，要调整标准量，即进行平衡操作，一直到被测量与标准量相等，即指零仪表回零。

（6）微差式检测法。微差式检测法是综合了偏差式检测法和零位式检测法的优点而提出的检测方法。这种方法是将被测的未知量与已知的标准量进行比较，并取得差值，然后用偏差式检测法求得此差值。应用这种方法检测时，标准量具装在仪表内，检测过程中，标准量直接与被测量进行比较，由于二者的值很接近，因此在检测过程中不需要调整标准量，只需测量二者的差值。

3. 在线检测技术

（1）设备运行状态在线检测技术。选矿设备运行状况在线检测的目的是及时掌握物料性质及操作条件变化带来的设备负荷、工作能力、生产效果的变化，将这些变化信息及时反映给控制系统，通过调节保证设备在安全完成生产任务的前提下，发挥最大能力。选矿设备运行状况在线检测的主要内容有磨机运行状态检测技术、浮选泡沫状态在线检测技术、浓密机负荷在线检测技术。

①磨机运行状态检测技术。磨机运行状态检测一直是国内外矿业技术研究的焦点和热点。AMIRA（澳大利亚工业研究协会）、CSIRO（澳大利亚科学联邦工业组织）、Out-ok（芬兰著名的矿业技术公司）、COREM（加拿大矿业技术研究组织）都在这方面做了大量的研究工作。

AMIRA 在 2001 年设立了 P667A 项目"基动测量的磨机监测"，研究建立磨机装载量、物料分布的预测模型。2006 年，CSIRO 研制供电系统保证传感器可以得到连续供电，开发了加速度计传感器组和无线多通道信号采集计算机系统。2008 年，AMIRA 利用离散元素法建模方法和振动信号分析技术相结合，在多项磨机运行状态参数检测方面取得了进一步研究成果，包括磨机负荷、磨矿粒度、磨机衬板磨损状况、磨机物料分布范围等。这项技术被要求在 P667 项目赞助企业的厂矿里应用，给这些企业带来了可观的经济效益。

Outokumpu 在 2006 年报道了他们通过磨机功率曲线中的脉动信息预测磨机装载量的研究成果，并开发了磨机装载量分析仪 MillSense。MillSense 对磨机功率信号进行频谱分析，通过幅值和相位预测磨机物料的填充量和所在位置。基于 Morrell 压力模型的假设，Outokumpu 采用扩充卡尔曼滤波器建立一个以磨机功率、轴承压力、电机转矩为输入参数的钢球装载率［钢球装载率 = 钢球质量/（矿石质量 + 钢球质量）］预测模型，来预测钢球装载曲线。此外 Outokumpu 还进行用功率曲线分析磨机衬板磨损和钢球运动轨迹的预测研究。

COREM 与 McGill 大学于 2006 年开发了磨机装载特征在线监测系统 SAG—ToolsTM，并在 Brunswick 选矿厂的 8.5 m×4.3 m 的半自磨机上进行了试验。该系统能够实时预测出磨机内部 14 个变量，包括磨机被填充的体积，磨机物料底部和肩部所在角度等，可以用于对磨机运行状态的监测和控制。

我国同样关注到了这项技术的研究，在"十一五""863"研究计划中立项支持了"磨机/半自磨机负荷监测技术"课题。该课题由北京矿冶研究总院、清华大学共同完成，完全依靠自主研发，在 2010 年取得了较好的成果。试验结果表明：该套装置在硬件性能上已经达到了振动信号采集所需要的精度、强度和稳定性。通过调整磨矿操作条件的试验，证明了磨机振动信号的特征参量与磨机运行状态之间有一定的必然联系。

②浮选泡沫状态在线检测技术。瑞典 SGS 公司开发了一款专用的浮选泡沫状态分析仪 METcam—FC，并已经在工业流程上安装了 2 000 台以上。METcam—FC 实时地采集泡沫和图像信息，可以测量泡沫的移动速度、泡沫稳定性、泡沫大小分布和 6 个图像色彩输出。METcam—FC 是通过无线网络与控制系统进行传输的。

美国的 KSX 公司开发的 Plant Vision 包括了浮选泡沫图像分析系统，该系统可以分析泡沫大小、泡沫颜色成分（红、绿、蓝及灰度）、泡沫纹理、泡沫稳定性、泡沫移动速度。该系统可以完成对浮选设备、浮选作业、浮选系列乃至浮选流程完整的泡沫图像在线分析，完全替代过去靠人工徒步往返观察的模式。

北京矿冶研究总院自 2000 年开始就致力于用图像分析的方法获得浮选泡沫状态，2008 年开发出了 BFIPS—I 型浮选泡沫图像分析系统，该系统据获取的浮选泡沫图像可以计算出浮选泡沫大小、个数、稳定性、速度、颜色、纹理等特征参数。

③浓密机负荷在线检测技术。浓密机负荷主要指的是存泥量，通过测量耙架扭矩、耙架电流、泥床压力、泥层厚度等手段均可以间接反映。泥床压力检测通常需要预先在浓密机锥底进行安装时预埋压力传感器，泥层厚度可以通过超声波物位计或浸入式红外浊度仪来实现，这两种方式的优点是反应存泥量更直接，缺点是需要做大量的标定工作。利用耙架扭矩、耙架电流判断浓密机存泥量很简洁实用，但是反应的设备状态信息很有限，失真率也较高。

北京矿冶研究总院自 2009 年开始研究浓密机负荷软测量技术，根据浓密机的工作原理和输入输出物料、浓密机电流、扭矩等信号进行泥床厚度浮选的预报。该模型通过工业试验证明了浓密机负荷在线预测是可行的和准确的。

（2）工艺过程参数在线检测技术。

①矿石粒度在线检测。美国 SPLITENGEINEERING 公司开 Split – Online Rock Fragmentation Analysis system 利用像分割技术实现了皮带上的矿石块度在线分析，包括对粗碎、细碎的给矿矿石和破碎后矿石，自磨/半自磨机给矿矿石，以及皮带上的钢球、球磨机给矿等，以此为指导进行碎磨控制，能够提高碎矿和磨矿生产效率和处理量。

美国 KSX 公司开发的 Plant Vision 系统中同样包括了矿石粒度图像分析系统，该系统可以分析矿石粒度分布信息、矿石颜色成分（红、绿、蓝及灰度）、F20/F50/F80、最小粒级百分比项检测用于半自磨机的前馈给矿量控制。Plant Vision 可以最多驱动 24 台摄像机进行图像的采集和分析。

北京矿冶研究总院自 2008 年开始 BOSA 型矿石粒度陶像分析系统的研究，该系统在焦家金矿 4 000 t/d 破碎工段进行了工业试验。结果表明该系统可以按照筛分的等级或者用户设定的粒级，对矿石图像处理后输出小于粒级矿石所占的百分比。

②矿浆粒度在线检测。矿浆粒度在线检测已经形成了稳定的检测方案和产品，进口设备包括 OUTOTEC 公司的基于位移原理 PSI300 和基于激光原理的 PSI500 分析仪。德国 SYMPATEC GmbH 生产的在线超声衰减粒度仪 OPUS（Online Particle size analysis by Ultrason Spectroscopy），美国热电公司的 PSM – 400 型粒度仪。国产设备包括北京矿冶研究总院研制的 BPSM 型多流道矿浆粒度仪和丹东东方测控开发的 DF – PSM 超声波在线

粒度仪。采用上述仪器，结合计算机网络技术，均能实现矿浆粒度的在线检测。

③矿浆品位在线检测。自 20 世纪 80 年代以来，矿浆品位在线分析技术主要依赖于进口，进口品牌以 OUTOTEC 公司 Courier 系列产品为主，日前以 Courier6SL 为主。与之前的 Courier 系列产品相比，Courier6SL 增加了多模型功能，并采用了嵌入式工控计算机系统作为人机界面。该仪器最多可以测量 24 个流道，每个流道最多可以测量 6 种元素。

美国热电生产的矿浆品位载流分析仪，以 MSA 多流道载流分析仪为主，可以测量 3 ~ 18 个流道。该仪器先后在澳大利亚、前苏联、英国、南非，赞比亚、新几内亚、菲律宾等国使用，在我国有色行业的应用为数不多。

在国内，北京矿冶研究总院 2008 年成功开发了 BOXA 型鲅流 X 荧光分析仪系统，并在 2009、2010 年取得了工业应用上的成功。BOXA 采用了波长色散加能量色散的分析原理，并内置了多模型技术。近年来，根据有色行业的发展需要，在多金属硫化矿浮选流程上进行硫元素在线分析的探索，通过 BOXA 可以较准确地反应硫元素的变化趋势。

WDPF － 30 微机多道、多探头在线品位分析系统是采用先进的多道能谱分析技术和标准样品的自校正装置而开发研制成功的新一代产品，它主要由引流取样装置、同位素源、正比探测器、电子谱仪多道分析仪、标样自校正装置、工业控制机等组成。它的能谱信息量增至 512 个，极大地提高了矿浆元素测量的准确性，能自动修正各检测点的元素含量计算模型，该系统对作业环境的适应能力较强，可以实现一机多探头安装使用。

④矿浆酸碱度在线检测。我国在矿浆酸碱度在线分析方面进行了较多的实践探索，以克服选矿过程的结钙、结垢等易导致电极被污染、毒化的问题。北京矿冶研究总院自 2007 年升级开发了 BPHM 自清洗矿浆酸度计，该产品通过定时控制电极脱离介质进行泡洗，来达到降低或者消除结钙可能性的目的，从而使得电极的维护量很少，寿命延长。

（三）选厂建模、仿真技术

1. 选厂磨矿作业控制系统

（1）磨矿回路的模糊控制。模糊控制是用语言归纳操作人员的控制策略，运用语言变量和模糊集合理论形成控制算法的一种控制。它不需要对控制对象建立精确的数学模型，只要求把现场操作人员的经验和资料总结成较完善的语言规则，因此它能绕过对象的不确定性、噪音以及非线性、时变性、时滞等的影响，系统性强，尤其适用于非线性、时变、滞后系统的控制。运行结果表明，带控制和不带控制相比，磨机台时处理量可提高 10.77%，处理每吨矿石的电耗下降 9.7%，磨机介质的添加量可减少约 15%。在磨矿自控系统中引入一个 Fuzzy － PID 自适应模糊控制器进行复合控制，起到了 PID 控制器参数自校正作用。

（2）磨矿回路的专家系统。专家系统是一个基于知识的智能推理系统，它拥有某个特殊领域内专家的知识和经验，并能像专家那样运用这些知识，即具有在专家级水平上工作的知识、经验和能力，通过推理作出智能决策。以磨矿分级过程为研究对象，利用神经网络系统的学习联想记忆、非线性并行分布处理功能，建立了基于神经网络的球磨专家系统的基本框架，同时提出了知识表示、获取、推理的神经网络方法。

2．浮选过程控制专家系统

浮选过程控制的主要目标是保持合格的最终精矿品位、提高有用成分的回收率、降低药剂等原材料的消耗量。用作浮选过程控制的控制变量主要有浮选矿浆的 pH、浮选药剂量、浮选槽液位、浮选槽的充气量等。

用神经网络分析法开发了一种对选厂给矿类型进行在线分析分类的专家系统。该专家系统的主要特点是不同类型给矿在选厂分类，并可采用不同的控制策略。除了分类以外，专家系统还有一个能确定给矿类型的信息数据库。自学习数据库可扫描过程历史数据，并为正在处理的矿石类型推荐最好的处理方法。针对工艺流程长、加药点多的特点，浮选自动控制系统跟踪生产指标的好坏可采用4种设置实现控制：

（1）目标下限及模糊化。就是把日常的生产指标表述为"很低"、"较低"、"合适"、"较高"、"很高"5个模糊值，相应地把指标的变化情况也表述为"速降"、"缓降"、"稳定"、"缓升"、"速升"5个模糊值。因此，根据精矿品位和回收率的设定下限，对每一个指标及其变化率都可以给出药剂用量的模糊值。

（2）"事故"原因分析矩阵设置。当浮选指标低于设置的目标下限时，就把它当成一次"事故"来分析。事先对可能影响精矿品位和回收率的诸多因素建立4个不同的判断矩阵，当生产指标不正常时，就利用指标和药剂量的模糊值及判断矩阵，用神经网络进行辨识，找出指标不正常的原因，然后询问专家系统进行调整。

（3）专家系统设置。根据现场技术人员和有经验的操作工人对各种异常指标的调整经验建立相应的专家系统，它是由一系列"如果"、"那么"的条件和决策组成，在"如果"的后面给出决策条件，主要为药剂添加的当前情况，在"那么"的后面给出决策，即药剂调整的类别和方向。

（4）增减药剂步长的设置。就是设定每次调药的量和加药时差。通过专家系统判断选矿条件变化，以此来进行药剂加药量和加药时差的调整。

（四）选矿自动化发展存在的问题及发展方向

1．存在的问题

我国选矿工业发展迅速，对国产自动化的需求十分迫切。过去的10年里，我国矿业界以前所未有的热情进行着选矿自动化技术的研发、应用和推广，但是结果并不令人满意。与国外矿业的发展相比，我国选矿自助化技术的发展还需要一些外部条件支撑。

（1）选矿过程优化控制技术需要工艺、设备、自动化、计算机等多专业交叉融合。同时又急需稳定的工业环境作为研究平台。因此我国非常需要企业、研究院所、高校形成稳定的、持续性发展的研究组织。使得研发、试验、应用形成良好的循环，这样更符合科技向生产力转化的需要。

（2）由于原料性质的千差万别和不断变化，选矿自动化系统应具有良好的、主动的扩展能力，开发者和使用者更应注意对自动化系统的训练和引导。目前，我国矿山企业在这方面的资源配置和发展规划还很不足。

2．发展方向

随着控制技术、计算机技术、仪表技术等的发展，选矿过程自动控制也会逐步由过去简单的 DDC 控制，单机组、单设备的控制发展到整个选矿厂的综合自动化智能控制，稳定可靠的智能化矿山专用检测仪表将不断应运而生，光纤网络技术、多媒体技术也将成为未来矿山现代控制系统发展应用的方向。

综合国内外的研究成果，可以看出选矿自动化控制的发展方向主要表现在以下几个方面。

（1）自动化仪表的数字化、智能化和虚拟化。各种高新技术的迅猛发展，特别是微电子、微机械、新材料和新工艺的发展，计算机、通信技术的广泛应用，正在改变着自动化仪表科技和产业的本质，进而实现传统仪表不可能完成的全新的更佳功能。

（2）控制系统的集成、分布和开放。选矿自动化技术的发展趋势是实现"现代集成制造系统"。它是将先进的工艺制造技术、现代管理技术和以选矿控制技术为代表的信息技术相结合，将企业的经营管理，生产过程的控制管理作为一个整体进行控制与管理，实现企业的优化运行，优化控制与优化管理，从而成为提高企业竞争力的重要技术。

（3）自动控制理论和方法、先进控制软件的创新。20 世纪末以来自动控制理论和方法的产业发展方向是人工智能技术的应用。人工智能技术是神经元网络、模糊控制、专家系统及其相结合的智能控制系统，近年来在工业自动化中得到多方面应用。现在控制理论和人工智能几十年来的发展已为先进控制奠定了应用理论基础，控制计算机尤其是 DCS 的普及与提高为选矿控制（APC）的应用提供了强有力的硬件和软件平台。人们不再停留在传统 PID 控制策略，逐步发展了串级、比值、前馈、均匀、史密特（Smith）预估等复杂控制系统。这些控制策略在很大程度上满足了单变量控制系统的一些特殊控制要求，但并不适用于所有的过程和不同的要求。先进的控制理论和控制软件在选矿自动化的应用，必将大大推动选矿设备的发展。

（4）网络化测控技术。现在，仪器已有能力向网络上传送数据，正向着降低连接成本、支持智能设备的高性能数字网络方向、分布式测控方向发展：相互独立，都可专注于其主要工作，使程序高效运行。节点之间的信息通过网络传递，以达到相互关联的目的。某一节点计算机出现故障，系统照样运行，可靠性大大提高。考虑远方测量、控制和集中数据收集、处理，仪器需要更强的有线（甚至无线）连通性能，随着计算机网络技术进步诞生的 Lntranet 和 Internet 具有这种性能，它们必将在仪器应用中发挥很大作用，并有力地促进仪器和网络测控系统的发展。

第四章 代表性矿山选矿实例

第一节 黄金选矿生产实例

一、山东黄金集团焦家金矿有限公司金矿选厂

山东黄金矿业（莱州）有限公司焦家金矿（以下简称焦家金矿）位于山东省莱州市境内，矿区位于山东省莱州市城东北 32 km，行政区划属莱州市金城镇。1996 年归属山东黄金集团，2004 年被山东黄金矿业股份有限公司收购。随着山东黄金集团发展战略的实施，2006 年年底焦家金矿与莱州金仓的望儿山金矿及仓上金矿寺庄矿区实现了全方位整合。目前，焦家金矿新选矿系统已经完成了二系列改造，处理能力 8 000 t/d，同时保留了 10 000 t/d 的发展余地。

（一）矿石性质

焦家、望儿山、寺庄三矿区矿石均属于低硫化物石英脉含金矿石。主要金属矿物有黄铁矿、黄铜矿、方铅矿、闪锌矿、磁黄铁矿、菱铁矿等。非金属矿物有石英、绢云母、长石、白云母、方解石、碳酸盐类矿物等。金矿物主要为银金矿和自然金。有价值元素主要为金，并伴有低品位的银，其他元素含量较少，不具有回收价值；黄铁矿为主要载金矿物，具有强烈破碎特征，金矿物以微细粒嵌布为主。

（二）工艺流程

1. 破碎流程

破碎采用三段一闭路加洗矿工艺，原矿最大粒度 400 mm，破碎产品粒度 −10 mm，小时处理能力为 550 t。破碎流程如图 7 − 4 − 1 所示。

2. 磨选流程

焦家金矿磨矿作业分为两个系列，单系列处理能力为 4 000 t/d。浮选作业采用闪速浮选加一粗二扫一精的工艺流程，精矿品位 70 g/t，回收率为 91.5%，精矿产量约为 400 t/d。

3. 精矿脱水流程

浮选精矿由精矿泵送入精矿浓密机进行一段脱水，浓密机底流由渣浆泵送入压滤机进行二段脱水，脱水后的精矿含水量一般在 9% ~ 10%，由皮带运输机运到精矿池堆存。浓密机溢流水经沉淀池沉淀后与压滤机滤液水合并进入回水池，返回生产流程循环利用。磨矿脱水流程如图 7 − 4 − 2 所示。

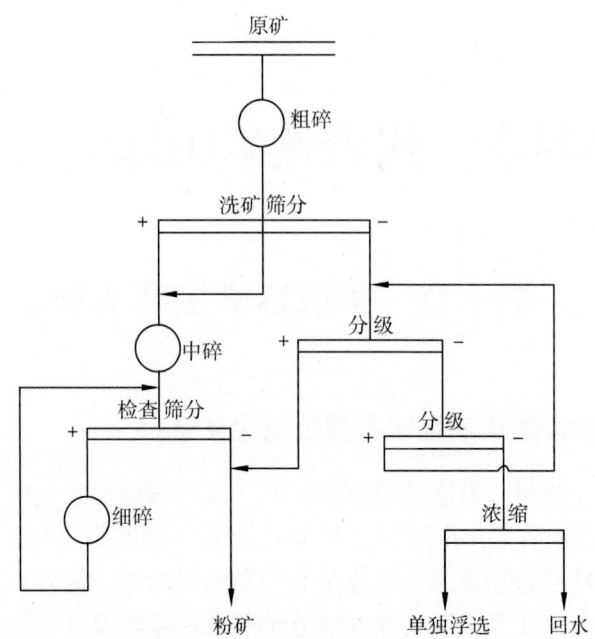

图 7 - 4 - 1　破碎生产工艺流程

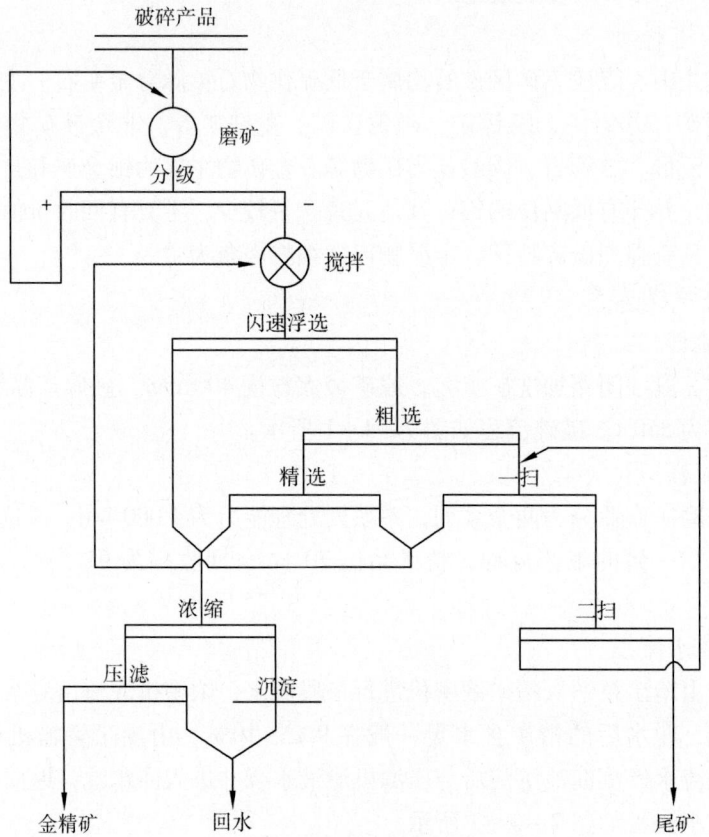

图 7 - 4 - 2　磨选、脱水生产工艺流程

（三）技术指标单位消耗

焦家金矿主要生产技术指标及主要材料消耗见表7-4-1、表7-4-2。

表7-4-1　　　　　　　　主要生产技术指标

序号	指标名称	单位	指标	备注
1	原矿品位	g/t	4.5	
2	精矿品位	g/t	70.00	
3	尾矿品位	g/t	0.2	
4	回收率	%	91.5	

表7-4-2　　　　　　　　主要耗材消耗

序号	耗材名称	单位	数量	备注
1	电	kW·h/t原矿	36.8	
2	浮选药剂	kg/t原矿	0.14	
3	衬板	kg/t原矿	0.10	
4	钢球	kg/t原矿	1.05	

（四）主要设备

焦家金矿选矿厂主要设备见表7-4-3。

表7-4-3　　　　　　　　选厂主要设备

序号	设备名称	规格型号	单位	数量	电机功率/kW 单	电机功率/kW 总	生产厂家	备注
1	颚式破碎机	PE-600 A	台	1	75	75	沈阳重型	
2	圆锥破碎机	GP100SM	台	1	75	75	美卓矿机	
3	圆锥破碎机	H4800F	台	1	200	200	山特维克	
4	圆锥破碎机	PYD-1750	台	1	155	155	沈阳重型	
5	颚式破碎机	C3054	台	1	160	160	美卓矿机	
6	圆锥破碎机	HP4	台	3	315	945	美卓矿机	
7	圆锥破碎机	HP5	台	1	400	400	美卓矿机	
8	圆振动筛	2YKR3060NJ	台	2	45	90	南昌矿机	
9	香蕉筛	双层, 3.0×6.1 m	台	2	37	74	东方力拓	
10	螺旋分级机	2FG-30	台	1	22	22		
11	湿式球磨机	MQS3236	台	1	630	630	沈阳重型	
12	溢流型球磨机	MQY2100×3000	台	1	210	210	济南重型	
13	溢流型球磨机	2100×3000	台	1	210	210	沈阳重型	

（续表）

序号	设备名称	规格型号	单位	数量	电机功率/kW		生产厂家	备注
					单	总		
14	溢流型球磨机	MQY4.57×6.1 m	台	2	2 200	2 200	中信重工	
15	旋流器	Ø660×4	台	2			威海海王	
16	圆形浮选机	SJF10	台	12	22	264	烟台工程	
17	圆形浮选机	SDF30	台	3	45	45	烟台工程	
18	浮选机	KYFⅡ-100	台	9	132	1 188	北京矿院	
19	浮选机	KYFⅡ-8	台	3	15	45	北京矿院	
20	罗茨鼓风机	RRG-400	台	2	355	710		
21	浓缩机	NT-24	台	2	7.5	15	鹏源	
22	浓缩机	NT-53	台	1	15	15	烟台工程	
23	压滤机	KZAGF225/2000-U	台	2	20.7	41.4	山东景津	
24	油隔离泥浆泵	2DGN-280/3	台	2	315	630	本溪	
25	油隔离泥浆泵	ZDGN-250/4	台	1	355	355	本溪	

二、山东黄金集团归来庄矿业有限公司全泥氰化炭浆厂

山东黄金集团归来庄矿业有限公司位于山东省临沂市平邑县境内。矿区距平邑县城东南25 km，行政区划归属平邑县铜石镇。碳浆厂处理能力为2 000 t/d。

（一）矿石性质

矿石中主要有三种金矿物，自然金、碲金矿和少量的碲金银矿；银矿物有碲银矿、辉银矿、辉银汞矿。该矿石的矿物组成较简单，脉石矿物主要为白云石和石英，其次为方解石、云母、长石等；矿石中金属矿物含量较低，以黄铁矿为主。

从金矿物之间矿物量比率来看，自然金占总金矿物量的55.91%，碲金矿占总金矿物量的41.18%，碲金银矿占总金矿物量的2.91%。从金的占有率来看，自然金中的金占矿石中总金的79.72%，碲金矿中的金占矿石中总金的19.10%，碲金银矿中的金占矿石中总金的1.18%。矿石中 Au 的平均品位为5.20 g/t，Ag 为13.47 g/t，含 Fe 为2.88%，含 S 为0.63%，Cu、Pb、Zn 的含量都很低，分别为0.01%、0.017% 和0.17%。矿石中金矿物的嵌布粒度均极细，其粒径范围主要集中于 1～5 μm，这部分金矿物占总金矿物的56.93%；另外就是5～10 μm 和10～17 μm 的金矿物，他们分别占总金矿物的28.36% 和14.47%。

（二）工艺流程

1. 破碎流程

破碎采用一段开路破碎流程。破碎产品粒度为250～0 mm。

2. 磨矿流程

磨矿采用半自磨加球磨二段闭路磨矿流程。

3. 氰化、吸附工艺流程

采用全泥氰化炭浆法提金工艺，矿浆经浓密机脱水浓缩至浓度为 40%，采用边浸出边吸附的炭浆工艺。

4. 解吸—电解、冶炼工艺流程

载金炭采用中温无氰解吸同温电解工艺。解吸剂为无氰组合解吸剂和氢氧化钠混合液，循环电解 12 h。解吸电解金泥经酸洗除杂，干燥、熔炼、铸锭工序得成品金。

5. 尾矿脱水

氰化尾矿泵送至尾矿库附近的压滤车间压滤干堆，滤液经沉淀池沉淀后自流返回选厂回水池循环利用，实现污水零排放。

归来庄金矿生产工艺流程如图 7 - 4 - 3 所示。

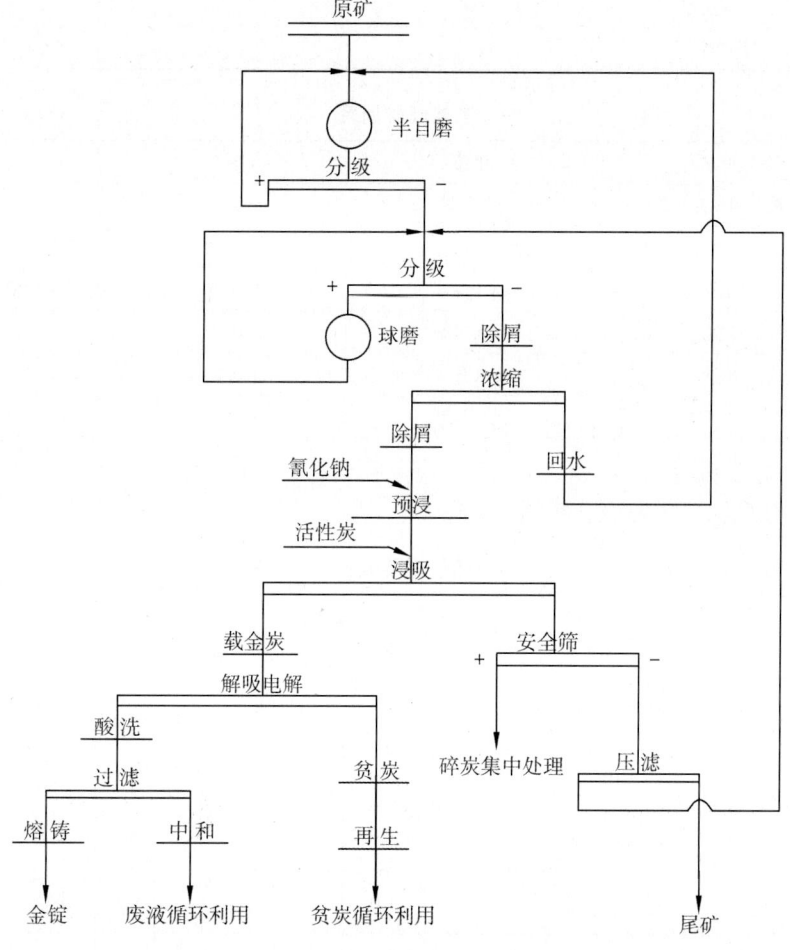

图 7 - 4 - 3　归来庄金矿生产工艺流程

（三）生产技术指标及单位消耗

归来庄金矿主要生产技术指标见表 7 - 4 - 4，主要耗材消耗见表 7 - 4 - 5。

表 7 - 4 - 4　　　　　　　　　主要生产技术指标

序号	指标名称	单位	指标	备注
1	原矿品位	g/t	3.20	
2	浸出率	%	89.19	
3	吸附回收率	%	99.67	
4	解吸回收率	%	99.50	
5	电解回收率	%	99.50	
6	冶炼回收率	%	99.90	
7	选冶总回收率	%	87.92	
8	载金炭品位	g/kg	3.06	
9	载金炭量	t/d	2.86	
10	浸渣品位	g/t	0.35	

表 7 - 4 - 5　　　　　　　　　主要耗材消耗

序号	耗材名称	单位	数量	备注
1	水（补充新水）	t/t 原矿	0.14	
2	电	kW·h/t 原矿	38.90	
3	浸出药剂	kg/t 原矿	1.5	30% 液体氰化钠
4	衬板	kg/t 原矿	0.15	
5	钢球	kg/t 原矿	0.89	
6	生产成本	元/t 原矿	78.61	直接成本

（四）主 要 设 备

归来庄金矿选厂主要设备见表 7 - 4 - 6。

表 7 - 4 - 6　　　　　　　　　选厂主要设备

序号	设备名称	设备型号	单位	数量	重量/t 单	总	功率/kW 单	总	生产厂家	备注
1	重型板式给矿机	ZBG1500×8000	台	1	46	46	30	30	河南	
2	颚式破碎机	C100	台	1	20.1	2.01	110	110	美卓	
3	重型板式给矿机	ZBG1200×6000	台	5	35.6	178	15	75	河南	
4	自磨机	∅5.5×3.5 m	台	1	310	310	1 300	1 300	中信	
5	球磨机	MQY4060	台	1	242	242	1 500	1 500	中信	
6	旋流器	∅350×8	组	2					海王	

（续表）

序号	设备名称	设备型号	单位	数量	重量/t		功率/kW		生产厂家	备注
					单	总	单	总		
7	浓密机	∅53 m，中心传动	台	1			18.5	18.5	中芬	
8	氰化浸出槽	∅10.5×11	台	12			11	132	吉林探矿	
9	解吸—电解、冶炼设备	JH-3000（3 t）系列成套设备	套	2					长春研究院	
10	压滤机	XMZ1060/2000（U）	台	6					景津压滤机	

三、山东招金集团大尹格庄矿业有限公司大尹格庄金矿选厂

山东招金集团大尹格庄矿业有限公司大尹格庄金矿（以下简称大尹格庄金矿）位于山东省招远市境内，矿区距招远市 18 km，行政区划属招远市齐山镇。大尹格庄金矿选矿厂设计生产能力 3 500 t/d，2000 年 10 月建成投产。

（一）矿石性质

大尹格庄金矿原矿平均品位 2.56 g/t，矿石中金主要与黄铁绢英岩和金属硫化物矿相伴生。主要金属矿物为黄铁矿，其次为黄铜矿、闪锌矿、方铅矿、磁铁矿、磁黄铁矿，并含有微量的自然金、自然银、黝铜矿以及银、锌、铋的硫化矿物等。

（二）工艺流程

1. 破碎流程

破碎采用三段一闭路的破碎工艺流程。原矿最大粒度 400 mm，破碎产品粒度为 12~0 mm。

2. 磨矿流程

磨矿采用一段闭路磨矿的工艺流程，磨矿细度 -0.074 mm 占 65%。

3. 选别流程

浮选采用一粗一扫二精的工艺流程，黄药为捕收剂，石灰为 pH 调整剂，浮选矿浆 pH 在 8.0~8.5。

生产工艺流程如图 7-4-4 所示。

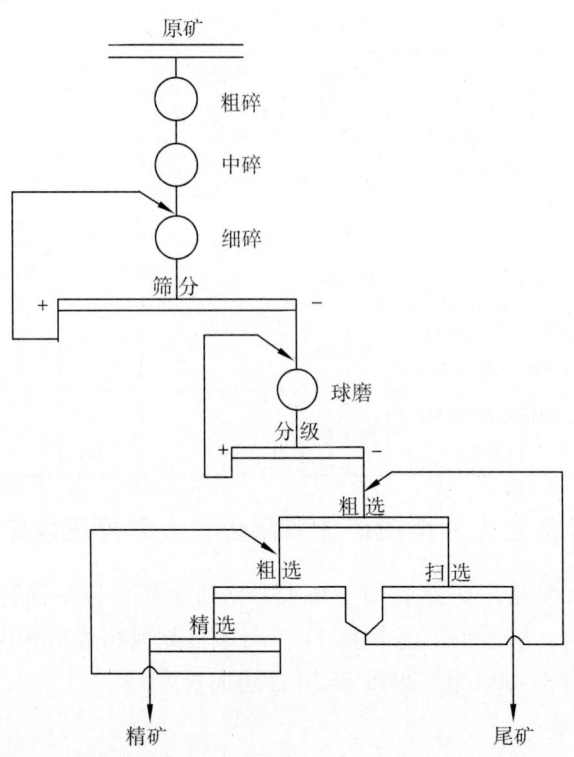

图 7 - 4 - 4　大尹格庄金矿生产工艺流程

（三）主要生产技术指标

大尹格庄金矿主要生产技术指标见表 7 - 4 - 7。

表 7 - 4 - 7　　　　　　　　　　主要生产技术指标

序号	指标名称	单位	指标	备注
1	原矿品位	g/t	2.00	
2	精矿品位	g/t	45.00	
3	尾矿品位	g/t	0.10	
4	回收率	%	93.00	

（四）主要设备

大尹格庄金矿选厂主要设备见表 7 - 4 - 8。

表 7 - 4 - 8　　　　　　　　　　选厂主要设备

序号	设备名称	设备型号	单位	数量	重量/t		功率/kW		生产厂家	备注
					单	总	单	总		
1	颚式破碎机	C110	台	1	25.1	25.1	160	160	美卓	
2	圆锥破碎机	HP500	台	1	37.2	37.2	450	450	美卓	
3	圆锥破碎机	HP300	台	1	31.8	31.8	315	315	美卓	
4	圆振筛	2YK3380	台	1	26.5	26.5	45	45		
5	球磨机	MQG3660	台	1	245	245	1 600	1 600	中信	
6	旋流器	$\varnothing 500 \times 8$	组	2					海王	
7	浮选机	KYF - 16	台	10	6.93	69.3	37	370		
8	浮选机	KYF - 8	台	7	4.14	16.6	22	154		
9	搅拌槽	BJ3000 × 3000	台	1						
10	过滤机	TT - 30	台	1	8	8	18	18		

第二节　铁矿选矿生产实例

一、中国五矿集团鲁中矿业有限公司铁矿选厂

中国五矿集团鲁中矿业有限公司选厂位于山东省莱芜市境内，隶属于莱芜市管辖，处理能力为650万t/a，选厂产品以磁、赤铁精矿为主，兼有部分铜精矿。

（一）矿石性质

鲁中矿业有限公司所属的三个矿山均为高温热液接触交代矽卡岩型含铜钴磁铁矿床，总储量为2.74亿t。原矿的矿物组成比较复杂，矿石中的金属矿物主要为磁铁矿，其次为赤铁矿，少量水赤铁矿、自然铜和褐铁矿，微量黄铁矿、黄铜矿和辉铜矿。脉石矿物主要为蛇纹石、方解石、白云石、绿泥石、透辉石等。矿石中的磁铁矿多为半自形晶粒状结构，结晶粒度0.04~1 mm，一般在0.05~0.3 mm。磁铁矿多受不同程度的赤铁矿化，自颗粒边缘向中心交代，但在矿粒中心尚存氧化的磁铁矿核心，虽然矿石磁性率较低（一般在25%左右），但矿石磁选性能较好。

（二）工艺流程

1. 碎磨工艺流程

碎磨流程采用自磨加球磨闭路磨矿流程。

采出的矿石经地下破碎后（350~0 mm），通过主井箕斗提升卸入箕斗仓，经带式输送机先进行干选，干选精矿和外购矿石送入磨矿仓，干选尾矿给入手选胶带，选出赤铁矿块，直接销售，废石用汽车运往废石场。磨矿仓中的矿石给入∅6 m×3 m湿式自磨机磨矿，自磨机筒筛筛上自返到自磨机内，筛下进入∅3 000高堰式双螺旋分级机分级，返砂给入∅3.2 m×4.5 m溢流型球磨机，与球磨机构成闭路磨矿，分级机溢流粒度为-0.074 mm占70%。

2. 选别流程

选别流程采用弱磁选—强磁选—浮选流程。

分级机溢流给入CTB1200×3000永磁筒式磁选机进行弱磁粗选，粗选精矿进入CTB1050×3000永磁筒式磁选机进行一次弱磁精选，一次精选精矿进入BKJ1050×3000永磁筒式磁选机进行二次弱磁精选。磁选尾矿进入∅45 m中矿浓缩机浓缩，弱磁精矿自流给入德瑞克高频细筛，筛下为最终精矿，筛上用泵给入旋流器分级，旋流器沉砂进入∅3200×5400溢流型球磨机进行再磨，并与旋流器构成闭路；溢流给入BKJ1050×3000永磁筒式弱磁选机（四磁），选出精矿与细筛筛下合并成最终精矿，磁选尾矿进入∅45 m中矿浓缩机浓缩。

∅45 m中矿浓缩机底流返回进入SL-∅1420×1500圆筒筛除渣，再进入SL-∅2000立环脉动高梯度磁选机进行强磁选，强磁尾为最终尾矿；强磁精矿进入∅18 m铁精矿浓缩池浓缩，底流进入CLF-4粗颗粒浮选机浮选，经过一粗一扫一精选出铜精

矿，铜精矿进入现有的脱水系统。浮选尾矿用泵给入旋流器分级，沉砂进入∅3200×5400溢流型球磨机进行二次再磨，并与旋流器构成闭路；溢流和∅45 m中矿浓缩机底流进入SL－∅1420×1500圆筒筛除渣，再进入Slon－∅2000立环脉动高梯度磁选机进行二次强磁选，强磁尾矿为最终尾矿，强磁精矿进入6－S摇床重选，选出赤铁精矿和最终尾矿。

生产工艺流程如图7－4－5所示。

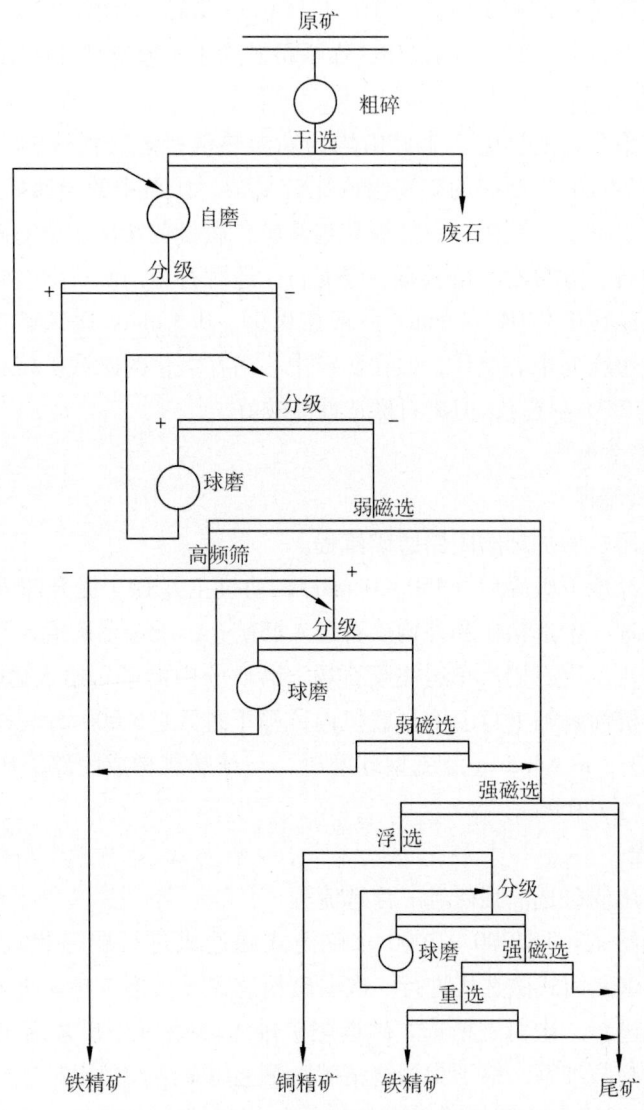

图7－4－5　鲁中矿业生产工艺流程

（三）技术指标及单位消耗

鲁中矿业主要生产技术指标见表7-4-9，主要材料消耗见表7-4-10。

表7-4-9　　　　　　　　　　主要生产技术指标

序号	指标名称	单位	指标	备注
1	原矿品位	%	30	
2	精矿品位	%	64	
3	铁精矿产率	%	36	
4	精矿回收率	%	80	
5	尾矿品位	%	10.5	
6	尾矿产率	%	64	
7	给矿粒度	mm	-350	
8	磨矿细度	-0.074 mm 含量%	65~70	

表7-4-10　　　　　　　　　　主要耗材消耗

序号	耗材名称	单位	数量	备注
1	水（补充新水）	m^3/t 原矿	0.71	
2	电	kW·h/t 原矿	22.4	
3	油脂	g/t 原矿	4.5	
4	衬板	kg/t 原矿	0.24	
5	钢球	kg/t 原矿	0.57	

（四）主要设备

鲁中矿业选厂主要设备见表7-4-11。

表7-4-11　　　　　　　　　　选厂主要设备

序号	设备名称	设备型号	单位	数量	功率（kW）	生产厂家	备注
1	湿式自磨机	$\varnothing$6 m×3 m	台	2	1 250	中信重工	
2		$\varnothing$5 m×1.8 m	台	3	1 000	沈阳重型	
3	球磨机	$\varnothing$3.2 m×4.5 m	台	2	1 250	济南重型	
4	球磨机	$\varnothing$2.7 m×3.6 m	台	3	1 000	沈阳重型	
5	球磨机	$\varnothing$3.6 m×6.0 m	台	5	1 250	济南重型	
6	高堰式双螺旋分级机	$\varnothing$3000 $\varnothing$2000	台	2 3	45	沈矿集团	

（续表）

序号	设备名称	设备型号	单位	数量	功率（kW）	生产厂家	备注
7	磁选机	CTB1200×3000	台	5	7.5	北京雪域火	
8	磁选机	CTB1050×3000	台	5	7.5		
9	磁选机	BKJ1050×3000	台	5	7.5		
10	德瑞克高频细筛	F48-120R-4M	台	10	15	美国	
11	浮选机	CLF-8	台	17	15	北矿院	
12	立环脉动高梯度磁选机	SL-⌀2 000	台	12		赣州和华特	
13	离心机	Slon-2 400	台	24	22	鞍山恒通	
14	双层摇床	S-6	台	10	1.5	江西石城	

二、山东能源集团会宝岭铁矿选厂

山东能源集团会宝岭铁矿选厂位于临沂市苍山县境内，隶属于临沂苍山县管辖。设计规模为300万 t/a，年产65%的铁精粉75万 t，于2010年11月24日开工建设，2012年6月16日选厂正式投入运行。

（一）矿石性质

会宝岭铁矿为鞍山式贫铁矿。铁矿床特征为隐伏矿床，矿床内有北、南两条主矿带，铁矿石资源储量为1.73亿 t，平均品位 TFe 31.48%，MFe 18.77%。矿山服务年限约55年。

矿石中金属矿物主要为磁铁矿、假象赤铁矿以及少量的褐铁矿、黄铁矿、磁黄铁矿及黄铜矿；非金属矿物主要有石英、普通角闪石、铁闪石、透闪石、阳起石以及少量绿帘石、绿泥石、石榴石、方解石、磷灰石等。

磁铁矿主要以条带状结构、散粒状结构、细脉状结构、交代结构等结构形式存在。磁性铁嵌布粒度较细，磨矿细度达到-0.074 mm 占85%~90%，才能单体解离。

（二）工艺流程

1. 破碎工艺流程

破碎采用三段一闭路流程，破碎产品粒度为12~0 mm。

2. 磨选、过滤工艺流程

采用阶段磨矿、阶段选别的工艺流程。矿石经一段闭路磨矿后，进入粗选磁选，粗磁选尾矿作为最终尾矿，粗磁选精矿进入二段闭路磨矿，二段水力旋流器溢流进入二段、三段磁选机，磁选精矿作为最终精矿，经搅拌进入陶瓷过滤机脱水，尾矿与粗磁选尾矿合并，由尾矿泵输送至尾矿库。

工艺流程如图7-4-6所示。

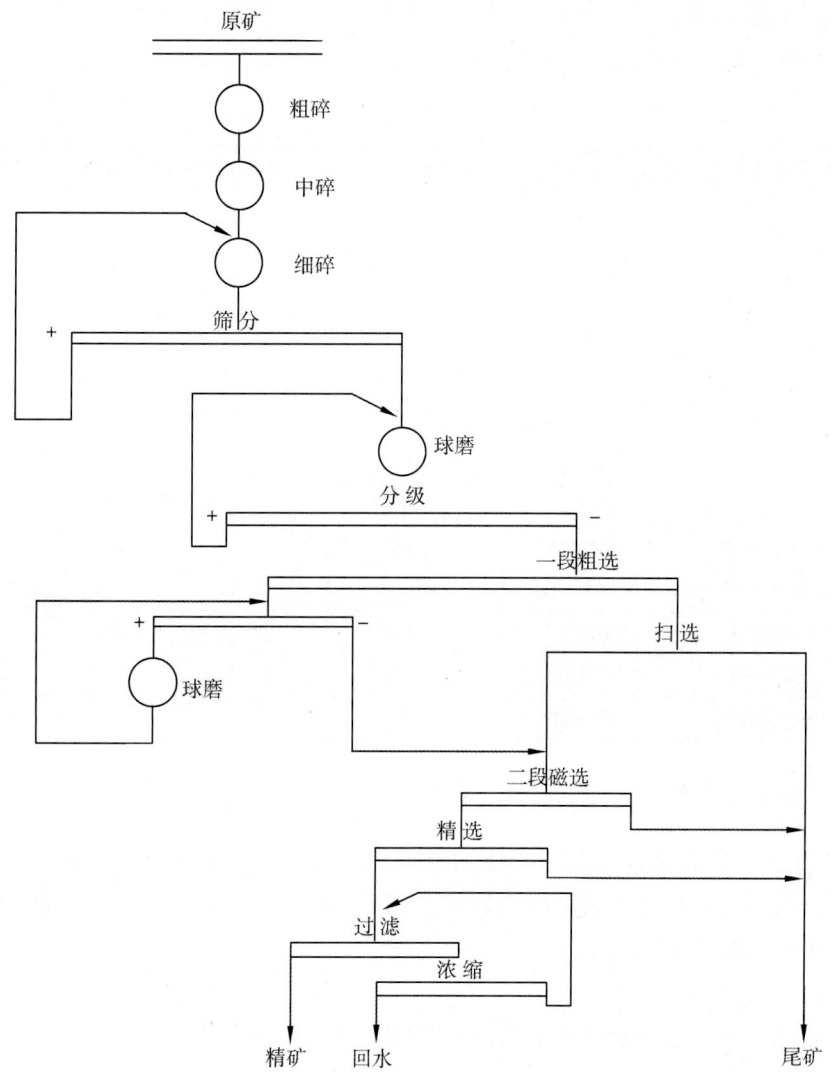

图 7 - 4 - 6　会宝岭铁矿生产工艺流程

（三）生产技术指标

会宝岭铁矿主要生产技术指标见表 7 - 4 - 12。

表 7 - 4 - 12　　　　　　　　　　　　　主要生产技术指标

序号	指标名称	单位	指标	备注
1	原矿品位	%	31.48	
2	精矿品位	%	65	
3	铁精矿产率	%	22.7	
4	精矿磁性铁回收率	%	96.5	
5	尾矿品位	%	16 ~ 17	
6	尾矿产率	%	77.30	
7	球磨给矿粒度	mm	- 12	
8	磨矿细度	- 0.074 mm 含量%	85 ~ 90	

（四）主要设备

会宝岭铁矿选厂主要设备见表 7 - 4 - 13。

表 7 - 4 - 13　　　　　　　　　　　　选厂主要设备

序号	设备名称	型号	处理能力 t/h·台	单位	数量	功率 KW/台	备注
1	颚式破碎机	CJ612	500	台	3	160	
2	中碎圆锥破碎机	CH660EC	606	台	1	315	
3	细碎圆锥破碎机	CH660F	287	台	3	315	
4	圆振动筛	2YKR3060	350	台	4		
5	粗粒湿式预选机	CTS1245	120	台	2	18.5	
6	直线筛	YKR3060	112	台	3		
7	一段球磨机	MQT5585	450	台	1	4 500	
8	一段水力旋流器组	FX660 - 7	1 200 m^3/h	台	1		
9	一段磁选机	CTB1245	120	台	4	11	
10	二段水力旋流器组	FX350 - 12	380 m^3/h	台	1		
11	二段球磨机	MQY3660	120	台	1	1 250	
12	二段磁选机	CTB1230	80	台	4	11	
13	陶瓷过滤机	TT - 60	27	台	4	5.5	

三、莱钢集团莱芜矿业有限公司谷家台铁矿选厂

莱钢集团莱芜矿业有限公司谷家台铁矿选厂位于莱芜市西约 10 km 的方下镇东 1.0 km 处，行政区划隶属于莱芜市莱城区，选厂生产规模 200 万 t/a，产品主要以铁精矿为主，另有铜精矿和钴精矿。

（一）矿石性质

谷家台铁矿为高温热液接触交代矽卡岩型矿床，矿石类型主要为原生矿和氧化矿。原生矿石中，主要金属矿物为磁铁矿，其次为假象赤铁矿、含钴黄铁矿、少量的赤铁矿、褐铁矿、蓝辉铜矿、铜蓝，微量的黄铜矿等；氧化矿中主要金属矿物以假象赤铁矿为主，磁铁矿次之，少量褐铁矿和自然铜。主要脉石矿物有方解石，其次为石英、少量的绿泥石、金云母、透辉石、高岭土、绿高岭土等。矿石构造主要为块状、板状、浸染状，其次为条带状、斑杂状、粒状等。矿石结构主要为他形、半自形和自形晶，其次为压碎结构、溶蚀结构、交代残余结构、包裹结构。原矿含铁 44% 左右，含铜 0.045%，含钴 0.013%；有害元素硫、磷含量较低。

（二）工艺流程

1. 破碎工艺流程

破碎采用三段一闭路流程，破碎产品粒度为 6 ~ 0 mm。

2. 磨选、过滤工艺流程

采用阶段磨矿、阶段选别的磨矿选别流程，磨矿最终粒度 - 0.074 mm 占 80%。矿石经一段闭路磨矿后，进入混合浮选，混合浮选精矿进入二段闭路磨矿，二段水力旋流

器溢流进入分离浮选，分离浮选产品分别进入铜精选与钴精选，铜、钴精选的尾矿与混合浮选的尾矿合并进入磁选，磁选精矿为铁精矿，磁选尾矿为最终尾矿，由尾矿泵输送至尾矿库。

生产工艺流程如图7-4-7所示。

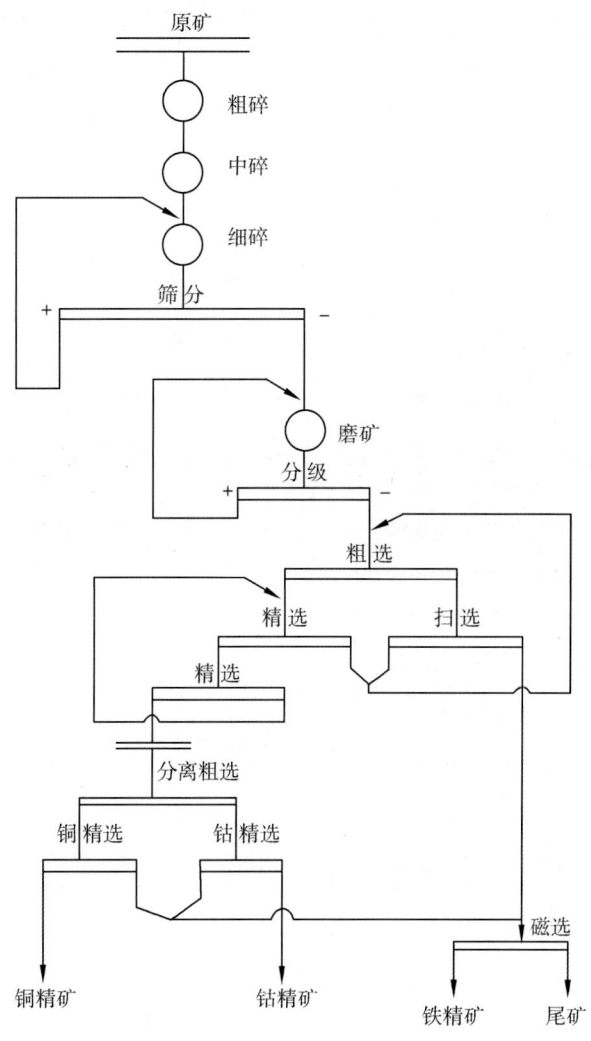

图7-4-7 谷家台铁矿生产工艺流程

（三）生产技术指标

谷家台铁矿主要生产技术指标见表7-4-14。

表7-4-14 主要生产技术指标

产品名称	产率（%）	年产量（万t/a）	品位（%）			回收率（%）		
			Fe	Cu	Co	Fe	Cu	Co
原矿	100.00	200	43.56	0.05	0.0187	100	100	100
铁精矿	58.84	117.68	65.22	0.01	0.03	88.10	12.12	82.66

（续表）

产品名称	产率（%）	年产量（万 t/a）	品位（%）			回收率（%）		
			Fe	Cu	Co	Fe	Cu	Co
铜精矿	0.15	0.30	18.00	21.67	0.22	0.06	65.00	1.80
钴精矿	0.32	0.64	9.45	1.09	0.37	0.07	6.98	6.33
尾矿	32.69	65.38	13.72	0.02	0.005	10.30	15.90	9.21
废石	8.00	16.00	8.00	–	–	1.47	–	–

（四）主要设备

谷家台铁矿选厂主要设备见表 7 - 4 - 15。

表 7 - 4 - 15　　　　　　　　　　　　选厂主要设备

序号	设备名称	设备型号	单位	数量	功率（kW）		生产厂家	备注
					单	总		
1	给矿机	棒条给料机	台	1	37	37	南昌矿机	
2	粗碎	C100 破碎机	台	1	110	110	美卓	
3	中碎	HP400 圆锥破碎机	台	1	315	315	美卓	
4	细碎	RP5 - 120/80 高压辊磨机	台	1	450×2	900	洪堡公司	
5	筛分	RIPL - FLO XH3073 DD 双层振动筛	台	1	30×2	60	美卓	
6	球磨机	∅3.6 m×4.5 m 溢流型球磨机	台	3	1 000	3 000	中信重工	
7	分级机	FX610 - GTx4 旋流器机组	台	2			海王	
8	磁选机	CCTC - 1230 磁选机	台	8	11	88	北京雪域火	
9	浮选机	KYFII - 40 浮选机	台	14	55	770	北京矿院	
10	过滤机	GPT - 72/6 型盘式真空过滤机	台	4	5.5 + 7.5	52	无锡同致人	

四、唐钢滦县司家营研山铁矿选矿厂

唐钢滦县司家营研山铁矿位于河北省滦县城南 3 km，地理坐标为东经 118°45′40″，北纬 39°38′20″～39°39′42″。北距京山铁路滦县车站 8 km，西距迁（迁安）曹（曹妃甸）铁路菱角山站 4 km；距唐钢 55 km。司家营研山铁矿选厂设计规模为 1500 万 t/a，一期工程于 2011 年 3 月 31 日投产，规模为 750 万 t/a。

（一）矿石性质

司家营研山铁矿属"鞍山式"沉积变质铁矿床。矿石类型主要为赤铁石英岩和磁铁石英岩两大类。浅部为赤铁矿石，深部为磁铁矿石。矿石全部为贫铁矿。

赤铁石英岩为区内赤铁矿石中最主要的类型，呈灰褐色，细粒变晶结构，细纹条带状构造。矿物组成中的假像赤铁矿由磁铁矿氧化而成，保留了原来磁铁矿的晶形，许多颗粒中可以见到保留下来的未被交代完的磁铁矿残晶，有的还保留磁铁矿八面体晶面，粒度一般为 0.03 ~ 0.18 mm。

矿石的矿物组成简单，赤铁矿石以假象和半假象磁铁矿为主，其次是磁铁矿，再次是褐铁矿，只有少量的黄铁矿。氧化矿石多元素分析见表 7 - 4 - 16。

表 7 - 4 - 16　　　　　　　　　　氧化矿石多元素分析结果

元素	TFe	FeO	SiO$_2$	CaO	MgO	MnO	Al$_2$O$_3$	Ig	S	P
含量（%）	29.14	3.68	53.15	0.22	0.66	0.94	2.81	0.48	0.012	0.032

（二）工艺流程

1. 破碎工艺流程

破碎采用三段两闭路流程。细碎为高压辊磨，产品粒度 - 6 mm。

2. 磨选、过滤工艺流程

磨选流程采用阶段磨矿、粗细分级、重选—强磁选—反浮选流程。粗细分级细度为 - 0.074 mm 占 95%，第二段磨矿细度为 - 0.074 mm 占 80%。

粉矿经粉矿仓下的 $\varnothing$3.2 m 圆盘给料机，通过集矿皮带和球磨机给料皮带给入一段球磨机。一段球磨磨矿细度 - 0.074 mm 占 55% ~ 60%，经 $\varnothing$660 水力旋流器分级，沉砂返回一段球磨。溢流给入粗细分级 $\varnothing$660 水力旋流器进行粗细粒分级，粗细分级旋流器沉砂给入 $\varnothing$1500 螺旋溜槽粗选，粗选精矿给入精选螺旋溜槽精选，获得最终精矿；粗选尾矿再经螺旋溜槽扫选，扫选的中矿及精选尾矿合起来给入二段水力旋流器分级，二段水力旋流器沉砂进入二段球磨，磨至 - 0.074 mm 占 80%，二段球磨排矿和二次旋流器溢流合并，由粗细分级旋流器进行粗细分级。

扫选螺旋溜槽尾矿给入 $\varnothing$1230 弱磁选机进行扫选，扫选精矿经分级后进入二段球磨再磨，扫选弱磁选尾矿除渣后给入扫选中场强磁选机，精矿返给二段球磨再磨，尾矿为最终尾矿。

粗细分级旋流器溢流经弱磁、浓缩、除渣和强磁后，弱磁和强磁的精矿给入浮选前 $\varnothing$36 m 浓缩机，强磁尾矿为最终尾矿。

浮选前浓缩机底流输送到浮选车间上部矿浆分配器，分别给入两个浮选区的搅拌槽，加药搅拌后进入粗选，粗选的精矿和重选的精矿合并，经陶瓷过滤机过滤，精矿由皮带输送至精矿仓。

粗选尾矿经三段扫选，扫选精矿依次返回到前段作业，三次扫尾矿为最终尾矿，浓缩机溢流进入水处理系统。

生产工艺流程如图 7 - 4 - 8 所示。

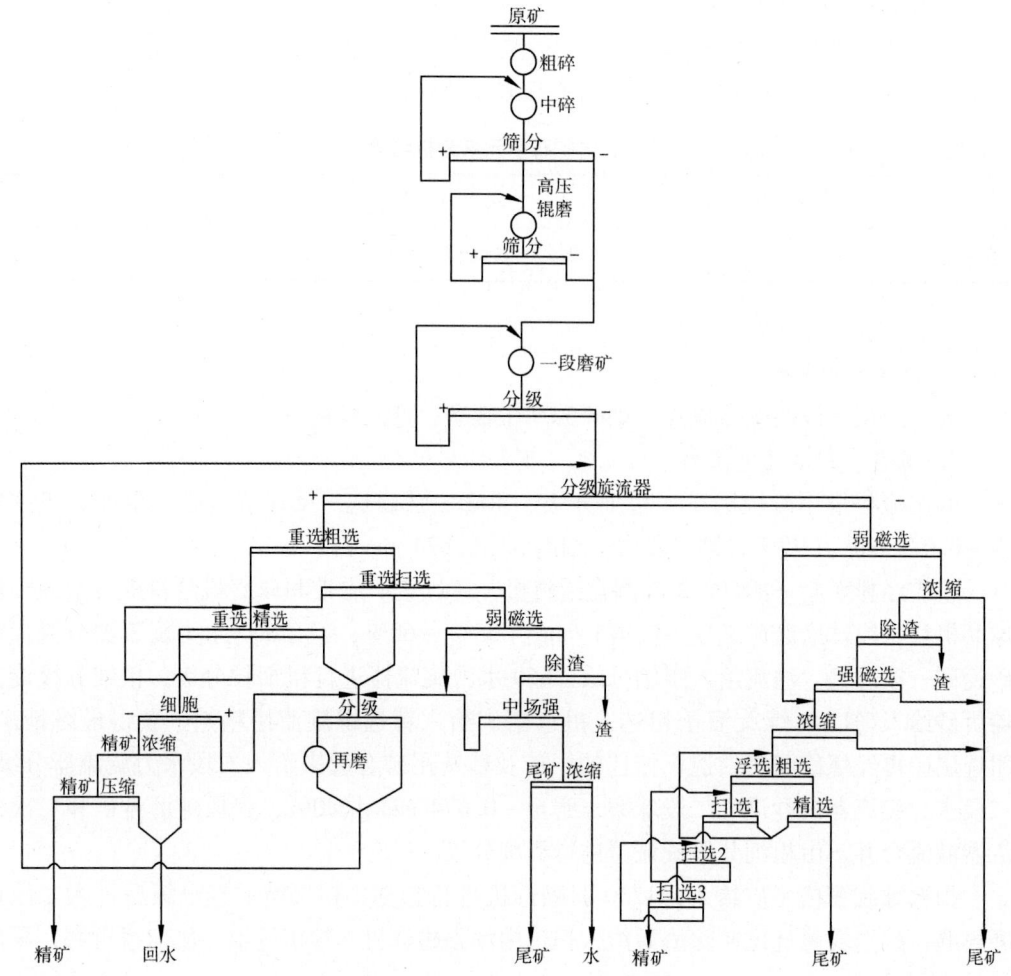

图 7 - 4 - 8 氧化矿生产工艺流程

（三）主要技术指标

主要生产技术指标见表 7 - 4 - 17。

表 7 - 4 - 17   **主要生产技术指标**

序号	指标名称	单位	指标	备注
1	原矿品位	%	26. 78	
2	精矿品位	%	64. 3	
3	尾矿品位	%	11. 4	
4	磨矿细度	- 0. 074 mm 含量%	80	

（四）主要设备

选厂主要设备见表 7 - 4 - 18。

表 7 - 4 - 18　　　　　　　　　　　　　选厂主要设备

序号	设备名称	设备型号	单位	数量	重量/t		功率/kW		生产厂家
					单	总	单	总	
1	旋回破碎机	KB5475	台	1	247	247	400	400	
2	圆锥破碎机	CH870	台	5	50	100	600	1 200	
3	圆振筛	2YAH2460	台	5	14.5	72.5	30	150	
4	高压辊磨机	RP1718	台	2			2 240	4 480	
5	球磨机	MQY5585	台	2			4 500	9 000	中信
6	水力旋流器	$\varnothing$500 m	台	60					海王
7	螺旋溜槽	BL - $\varnothing$1500 m × 1800 m	台	20					
8	磁选机	CTB - 1230	台	10	7.2	72	7.5	75	隆基
9	浮选机	BF - 20	台	20	8.7	174	45	900	

第三节　　有色金属选矿实例

一、山东兴盛集团鲁兴钛业有限公司钛铁矿选厂

山东兴盛集团鲁兴钛业有限公司钛铁矿选厂隶属于沂水县管辖，主要以生产铁精粉和钛精粉为主，选厂处理能力为 60 万 t/a。

（一）矿石性质

鲁兴钛业有限公司矿石主要来自下儒林矿区，矿石中金属矿物主要是磁铁矿、钛磁铁矿和钛铁矿，其次是假象赤铁矿和褐铁矿；脉石矿物以普通角闪石为主，其次是斜长石、金云母、榍石、高岭石和绢云母等。矿石具稀疏浸染状构造。钛磁铁矿和钛铁矿常呈星散状，沿脉石矿物粒间充填。钛磁铁矿的次生变化主要是假象赤铁矿化，部分进一步氧化成褐铁矿。钛铁矿的次生变化以赤铁矿化和榍石化较为常见，其中榍石交代钛铁矿的现象极为广泛。矿石中铁的赋存状态较为复杂，呈磁铁矿产出的铁所占比例很低，分布率仅为 23.50%，而分布在赤（褐）铁矿和硅酸盐中的铁含量较高，二者分布率合计 64.52%。矿石中钛的赋存特点与铁基本相似，呈钛铁矿产出的 TiO_2 为 31.40%。区内矿石中钛磁铁矿和钛铁矿均属中细粒嵌布范畴。原矿中 TFe 含量为 16.6%，其中 MFe 的含量为 3.4%，TiO_2 含量为 7.61%。

（二）工艺流程

1. 破碎流程

破碎采用三段一闭路破碎流程，分别对粗碎产品和振动筛筛下产品进行两次干选，两次干选精矿合并进入磨矿流程。

2. 选铁流程

选铁流程采用阶段磨矿、阶段选别流程，一段磨矿与螺旋分级机形成闭路；二段磨矿与高频筛形成闭路，高频筛筛下矿物经三段磁选后，获得铁精矿，尾矿与一段磁选尾矿合并，进入钛选别流程。选铁生产工艺流程如图 7 – 4 – 9 所示。

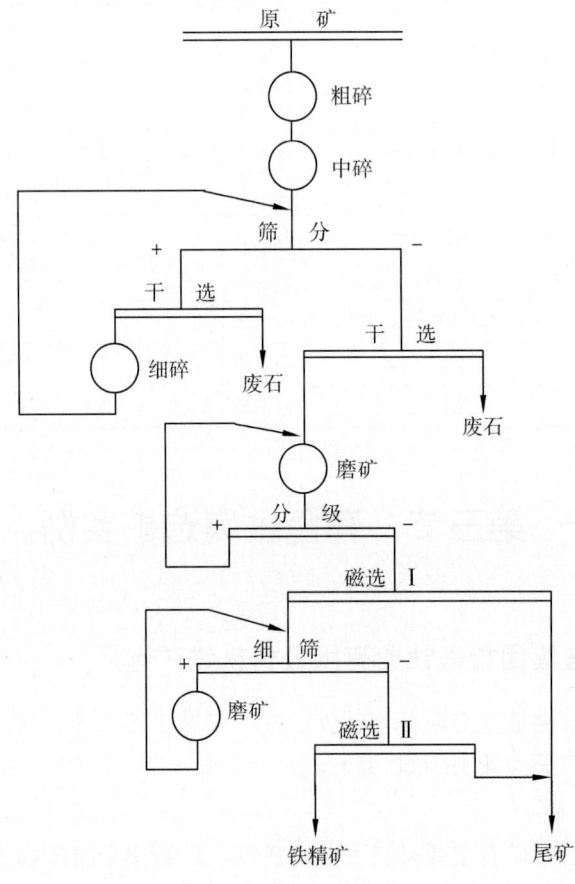

图 7 – 4 – 9   选铁生产工艺流程

3. 选钛流程

选铁尾矿首先经过一段水力旋流器分级，水力旋流器沉砂自流进入高频筛，高频筛筛下物料经螺旋溜槽进行重选一次粗选一次扫选两次精选后，获得的中品位钛精矿，中钛矿烘干后经过强磁选、电选后，获得最终钛精矿；高频筛筛上物料进入二段水力旋流器，二段水力旋器沉砂经再次磨矿后，进入弱磁选流程，获得铁精矿；一段水力旋流器的溢流和二段水力旋流器溢流合并作为最终的尾矿，输送到尾矿库中。选钛生产工艺如图 7 – 4 – 10 所示。

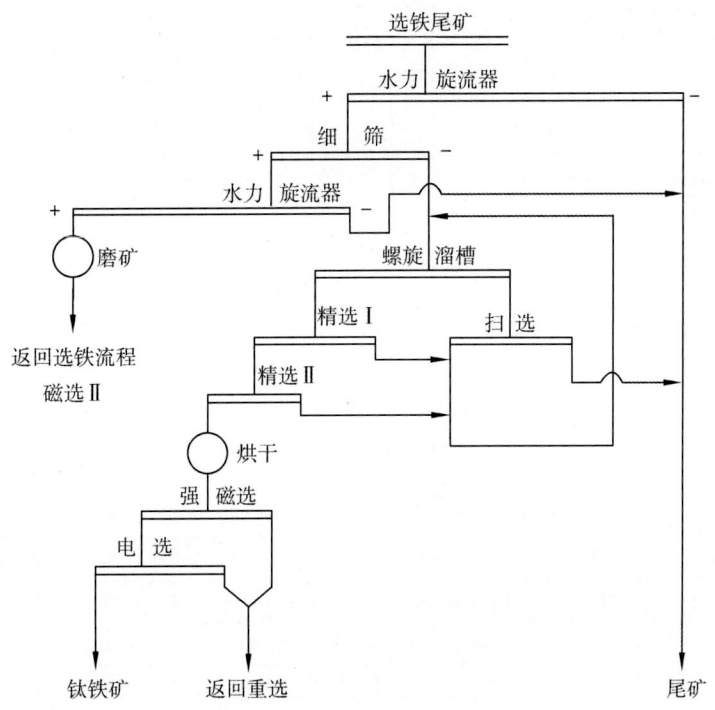

图 7 - 4 - 10　选钛生产工艺流程

（三）主要技术指标

选矿主要技术指标铁精矿 TFe 含量为 57.07%，MFe 回收率约 93%，铁尾矿中 TFe 含量为 12.64%。钛精矿品位为 42.65%，相对于铁尾矿钛精矿的选矿比是 25～30。

（四）主要设备

选厂主要设备见表 7 - 4 - 19。

表 7 - 4 - 19　　　　　　　　　　　　选厂主要设备

序号	设备名称	设备型号	单位	数量	重量/t		功率/kW		生产厂家	备注
					单	总	单	总		
破碎系统										
1	振动给矿机	GBZ1240B	台	1	5.02	5.02	22	22	广东华扬	
2	颚式破碎机	PE750×1060	台	1	26.41	26.41	110	110	广东华扬	
3	标准圆锥破碎机	S155B	台	1	23	23	185	185	广东华扬	
4	振动筛	2YA1640	台	1			22	22		
5	短头圆锥破碎机	S240D	台	1	45	45	240	240	广东华扬	
6	皮带给料机	TDC800	台	4			2.2	8.8	潍坊科华	

（续表）

序号	设备名称	设备型号	单位	数量	重量/t		功率/kW		生产厂家	备注
					单	总	单	总		
选铁系统										
7	格子型球磨机	MQG2736	台	2			380	760		
8	螺旋分级机	FG24	台	2			15	30		
9	磁选机	CTS1230	台	2			11	22		
10	高频筛	XTS2425	台	4			13	52		
11	磁选机	CTB1021	台	2			5.5	11		
12	磁选机	CTB1015	台	1			5.5	5.5		
13	磁选机	CTB1011	台	1			5.5	5.5		
14	球磨机	MQY1535	台	2			95	190	招远黄金	
15	磁选机	NCT1024	台	1			5.5	5.5	兴峰机械	
16	球磨机	MQY2140	台	1			210	210	安丘矿山	
17	尾矿回收机	JHYC－15－10	台	4			7.5	30	博山云翠	
18	过滤机	ZGD30－6	台	1	11.8	11.8	70	70		
选钛系统										
19	旋流器	SFX－600－1	台	1						
20	高频筛	MVS2030	台	4			7.5	30		
21	旋流器	SFX－500	台	4						
22	球磨机	MQY1830×7000	台	2	31.7	63	245	490		
23	磁选机	CTB1018	台	2			5.5	11		
24	螺旋溜槽	Ø1200	组	60						
25	螺旋溜槽	Ø1200	组	90						
26	螺旋溜槽	Ø1200	组	28						
27	螺旋溜槽	Ø900	组	30						
28	过滤机	GLPG－15	台	1	9	9	7	7		
29	筒式烘干机	Ø2.8 m×26 m	台	1						
30	干式强磁选机	XGC－6150	台	5						
31	电选机	DXJ120×1500	台	5						

二、临沂天鑫矿业有限公司选矿厂

临沂天鑫矿业有限公司成立于 2006 年 5 月，为民营股份制企业。矿山位于沂水县杨庄镇辖区内。选矿厂年处理原矿 100 万 t。

（一）矿石性质

临沂天鑫矿业有限公司处理的矿石主要是沂水县和莒县境内的钛铁矿、磁铁矿矿石。主要原料有两种，一是自产的原矿，矿石铁、钛平均品位：TFe 为 20.13%、TiO_2 为 8.87%，为含钛磁铁矿及钛铁矿的角闪石岩，矿体岩石风化剥蚀较强，节理、裂隙发育，弱片麻状构造较多，外力作用下易碎，属较易破碎和研磨的矿石。有用矿物中，钛铁矿的嵌布粒度较粗，钒钛磁铁矿的嵌布粒度较细，有用矿物较易分离，可选性较好；另一部分为收购的低品位钛中矿，矿石品位：TFe 为 24% ~ 28%，TiO_2 为 20% ~ 32%。

（二）选矿工艺流程

1. 破碎工艺流程

破碎筛分系统采用三段一闭路流程，将原矿由 600 mm 的块度破碎至 15 mm 以下。

2. 磨矿选别流程

破碎产品经二段闭路磨矿、分阶段选出钛铁矿和磁铁矿。选铁采用一粗一精一扫的单一弱磁选流程，获得 TFe 60% 以上的铁精矿。选铁后的尾矿进入重选和强磁选联合流程，选出含 TiO_2 约为 36% 的中品位钛精矿，重选设备为螺旋溜槽，磁选设备为高梯度强磁选机。自产的中钛矿（$TiO_2$32% ~ 35%）和外购的中钛矿（$TiO_2$28% ~ 32%）经混磨后烘干，进入干式精选流程。采用强磁干式磁选机精选抛尾后即得到成品钛精矿。外购的低品位粗钛矿（TiO_2 为 20% ~ 28%）经一段开路磨矿，经选铁后的尾矿进入重选和强磁选联合选别流程，选出中钛矿（TiO_2 为 36% 左右），经烘干后进入干选车间。

自采矿生产工艺流程如图 7 - 4 - 11，外购粗钛矿生产工艺流程如图 7 - 4 - 12 所示。

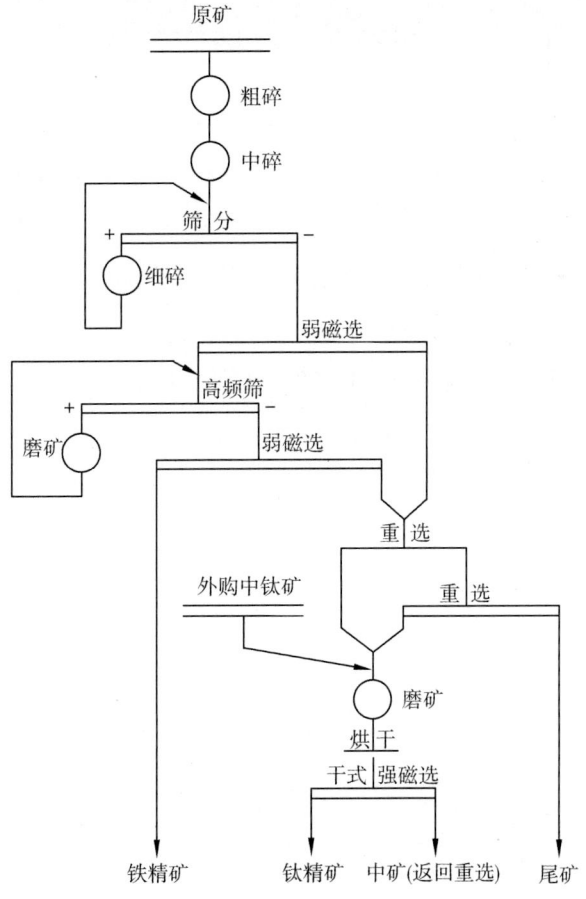

图 7 - 4 - 11　自采矿生产工艺流程

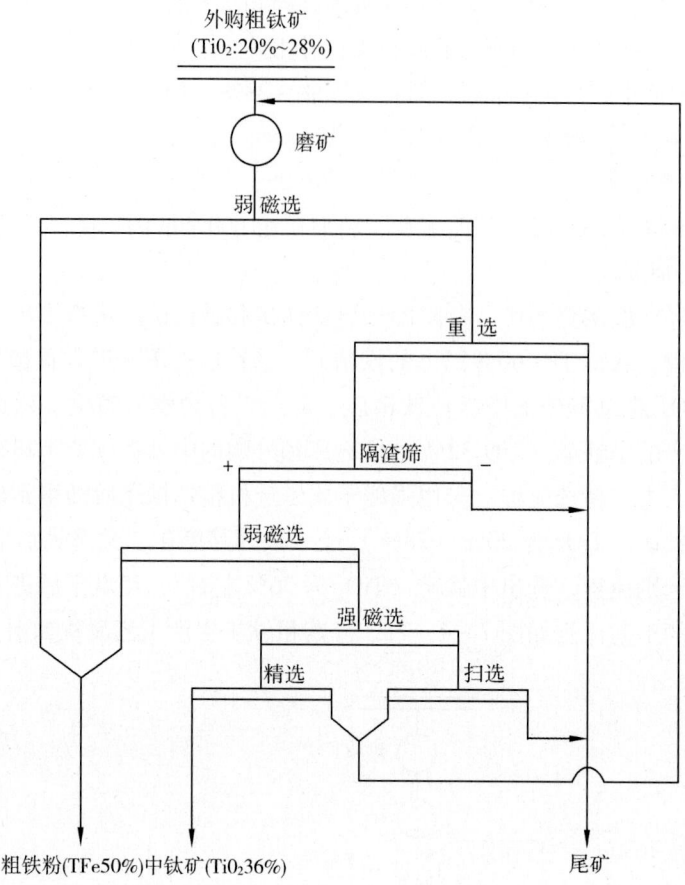

图 7-4-12　外购粗钛矿生产工艺流程

（三）技术指标及单位消耗

破碎、磨矿主要技术指标见表7-4-20，选别主要技术指标见表7-4-21。

表 7-4-20　　　　　　　　　　破碎磨矿主要技术指标

	处理量	给矿粒度	排矿粒度	分级粒度
破碎系统	78 万 t/a	600 mm	15 mm	
一段球磨分级	98 万 t/a	15 mm	0.074 mm 占 27%	0.074 mm 占 40%
二段球磨分级	9 万 t/a	-0.074 mm 占 35%	0.074 mm 占 52%	0.074 mm 占 70%

表 7 - 4 - 21　　　　　　　　　　　　选别主要技术指标

选铁流程	原矿 (TFe %)			精矿 (TFe %)			尾矿 (TFe %)		
	产率	品位	回收率	产率	品位	回收率	产率	品位	回收率
一段磨后弱磁选 (选别铁精矿)	100	22	100	16.7	45	52.8	83.3	14	47.2
二段磨后弱磁选 (选别铁精矿)	100	45	100	60.6	60	80.7	39.4	22	19.3
选铁工序合并 指标	100	22	100	10.12	60	27.7	89.88	17.7	72.3
选钛流程	原矿 (TiO$_2$ %)			精矿 (TiO$_2$ %)			尾矿 (TiO$_2$ %)		
	产率	品位	回收率	产率	品位	回收率	产率	品位	回收率
螺旋溜槽重选 (选别钛中矿)	100	9.8	100	9.6	37	36.4	90.4	6.9	73.6
电磁选 (选别钛中矿)	100	6.9	100	20.3	12	35.3	79.7	5.6	64.7
干式磁选精选 (选别钛精矿)	100	37	100	70.4	45	85.6	29.6	18	14.4
选钛工序合并 指标	100	8.8	100	6.7	45	34.3	93.3	6.2	63.7

按实际消耗量和每年的原矿处理量 78 万 t/a, 外购钛中矿 20 万 t 计算, 每 t 原矿的主要耗材消耗量见表 7 - 4 - 22。

表 7 - 4 - 22　　　　　　　　　　主要耗材消耗

序号	耗材名称	单位	数量	备注
1	水 (补充新水)	m^3/t 原矿	0.15	
2	电	kW·h/t 原矿	19	
3	钢球	kg/t 原矿	0.80	
4	衬板	kg/t 原矿	0.06	
5	润滑油	元/t 原矿	0.74	

(四) 选厂主要设备

选厂的主要设备见表 7 - 4 - 23。

表 7 - 4 - 23　　　　　　　　　　选厂主要设备明细

序号	设备名称	设备型号	单位	数量	功率 (kW)		生产厂家
					单	总	
1	电机振动给矿机	GZG1600	台	2	15	30	鹤壁通用机械厂
2	颚式破碎机	PE75106	台	2	110	220	河南群英机械厂
3	振动筛	ZKG2460	台	3	45	135	河南群英机械厂

（续表）

序号	设备名称	设备型号	单位	数量	功率（kW）单	功率（kW）总	生产厂家
4	圆锥破碎机	Φ1750	台	3	185	555	河南群英机械厂
5	球磨机	MQY2265	台	2	380	760	
6	球磨机	MQG3245	台	1	800	800	河南群英机械厂
7	分级机	2FG-2400	台	1	22	22	河南群英机械厂
8	高频筛		台	1	5.5	5.5	河南群英机械厂
9	湿式磁选机	CTB1030	台	2	11	22	
10	湿式磁选机	CTB0924	台	2	7.5	15	
11	高梯度电磁选机	∅1750	台	4	55	220	赣州金环电磁设备
12	螺旋溜槽	∅1200	台	256			江西石城
13	烘干筒	∅15180	台	1	30	30	
14	烘干筒	∅10150	台	1	15	15	
15	冷却筒	∅10100	台	1	15	15	
16	干式强磁选机	半磁	台	54	2.2	118.8	广西梧州
17	干式强磁选机	全磁	台	9	2.2	19.8	四川西昌

三、山东微山湖稀土有限公司选厂

山东微山湖稀土有限公司始建于1971年5月。2011年与中国钢研科技集团等三家企业合资组建成立股份制矿山企业，为央企直属二级子公司，注册资本7 500万元。现有选厂日处理原矿能力为450 t。

（一）矿石性质

微山稀土矿系石英重晶石碳酸盐稀土矿床。矿石中的稀土矿物以氟碳铈矿、氟碳钙铈矿为主，并含有极少量的铈磷灰石和独居石。脉石矿物主要有方解石、石英、白云石，并伴生有重晶石及少量的萤石。

微山稀土矿的矿石组成简单。稀土元素97%呈单独的稀土矿物形态存在。稀土矿物嵌布粒度较粗，一般在0.5~0.04 mm。矿石易碎、易磨。原矿的主要化学成分见表7-4-24。

表7-4-24　　　　　　　原矿主要化学成分

成分	REO	TFe	SFe	SiO_2	Al_2O_3	BaO	SrO	CaO	MgO
含量 %	4.67	2.81	2.69	47.92	22.48	11.99	0.27	1.18	1.18
成分	K_2O	Na_2O	Nb_2O_5	Ta_2O_5	P	Th	F	S	
含量 %	1.85	3.53	0.012	0.0045	0.12	0.002	0.698	2.1	

（二）工艺流程

破碎段采用两段闭路流程，入磨粒度 -18 mm。磨矿采用一段闭路流程，磨矿细度为 -0.074 mm 占 70%；选别作业采用一粗二扫二精浮选作业流程，精选尾矿和一次扫选精矿由泵输送至水力旋流器分级，旋流器沉砂返回磨机再磨，溢流自流至浮选粗选作业；浮选尾矿进入尾矿泵池，打入充填砂仓进行分级，粗粒级用于井下充填，细粒级及充填剩余部分经压滤机压滤后作为水泥添加剂外销。

选厂生产工艺流程如图 7-4-13 所示。

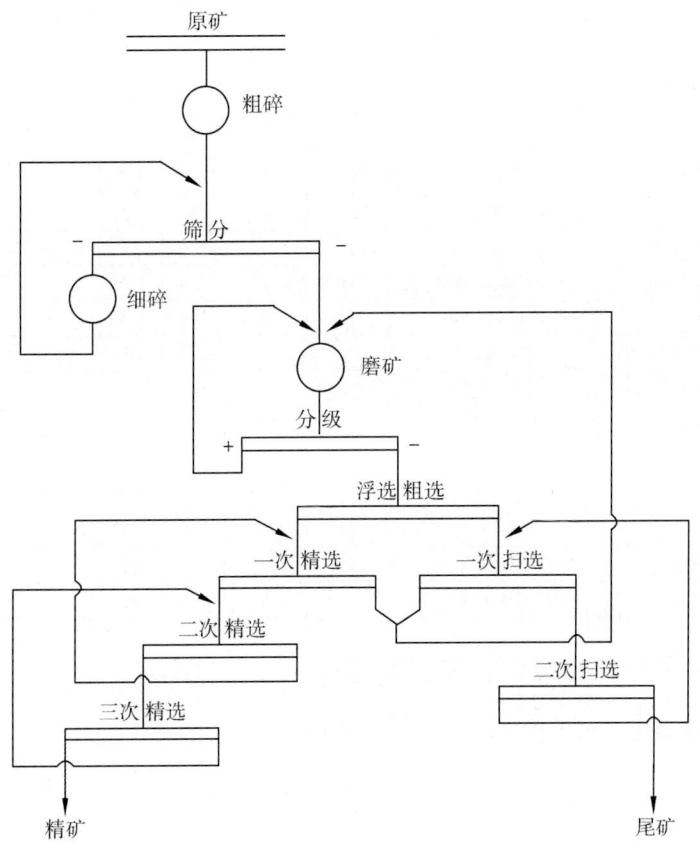

图 7-4-13　微山稀土矿生产工艺流程

（三）选矿工艺指标及单位消耗

主要生产技术指标见表 7-4-25，主要材料消耗见表 7-4-26。

表 7-4-25　　　　　　　　　主要生产技术指标

原矿品位	入选品位	精矿品位	精矿回收率	选矿比
4.61%	4.15%	≥40%	85%	9.4

表 7 - 4 - 26 主要耗材消耗

序号	耗材名称	单位	数量	备注
1	水（补充新水）	m³/t 原矿	1.2	
2	电	kW·h/t 原矿	27	
3	浮选药剂	kg/t 原矿	0.60	
4	衬板	kg/t 原矿	0.22	
5	钢球	kg/t 原矿	1.26	

（四）主要设备

选厂主要设备见表 7 - 4 - 27。

表 7 - 4 - 27 选矿主要设备

序号	设备名称	设备型号	单位	数量	功率（kW）		生产厂家
					单	总	
1	槽式给矿机	CS980×1240	台	1	5.5	5.5	
2	颚式破碎机	PE400×600	台	1	30	30	
3	颚式破碎机	PEX250×1000	台	1	37	37	
4	自定中心振动筛	ZD900×1800	台	1	7.5	7.5	
5	摆式给矿机	BS600×600	台	1	1.5	1.5	
6	湿式格子型球磨机	MQG2230	台	1	210	210	
7	双螺旋分级机	2FD - 2000	台	1	19.4	19.4	
8	旋流器	FX - 125×6	组	1			
9	搅拌槽	XB - 2 000	台	3	5.5	16.5	
10	搅拌槽	XB - 1500	台	3	2.5	7.5	
11	浮选机	XCF - 3	台	12	7.5	90	
12	浮选机	XCF - 2	台	6	5.5	33	
13	压滤机	XMZ120/1250 - U	台	2	15	30	

四、山东梁邹矿业集团有限公司选矿厂

山东梁邹矿业原名邹平铜矿，位于邹平县城西 4 km 王家庄附近，其地理坐标为东经 117°41′15″ ~ 117°41′32″，北纬 36°53′14″ ~ 36°53′27″。始建于 1989 年，设计能力为 300 t/d。

（一）矿石性质

该矿矿石的主要矿物组成：金属矿物以铜钼为主，其次为黄铁矿、斑铜矿及少量砷黝铜矿、闪锌矿、磁铜矿等；非金属矿物主要为斜长石、钾长石、石英及少量黑云母、绿泥石、方解石、榍石、磷灰石等。该矿为铜钼矿，硫化矿约占总铜钼矿物的 95%。

（二）工艺流程

1. 破碎流程

破碎采用两段一闭路破碎工艺流程，破碎产品粒度为 20 ~ 0 mm。

2. 磨矿流程

磨矿采用一段闭路磨矿精矿再磨的工艺流程。

3. 浮选流程

浮选采用先混合后分离的原则流程，混合浮选为一粗二精三扫流程。分离浮选为一次粗选七次钼精选与三次扫选工艺，得到铜精矿与钼精矿。

选厂工艺流程如图 7-4-14 所示。

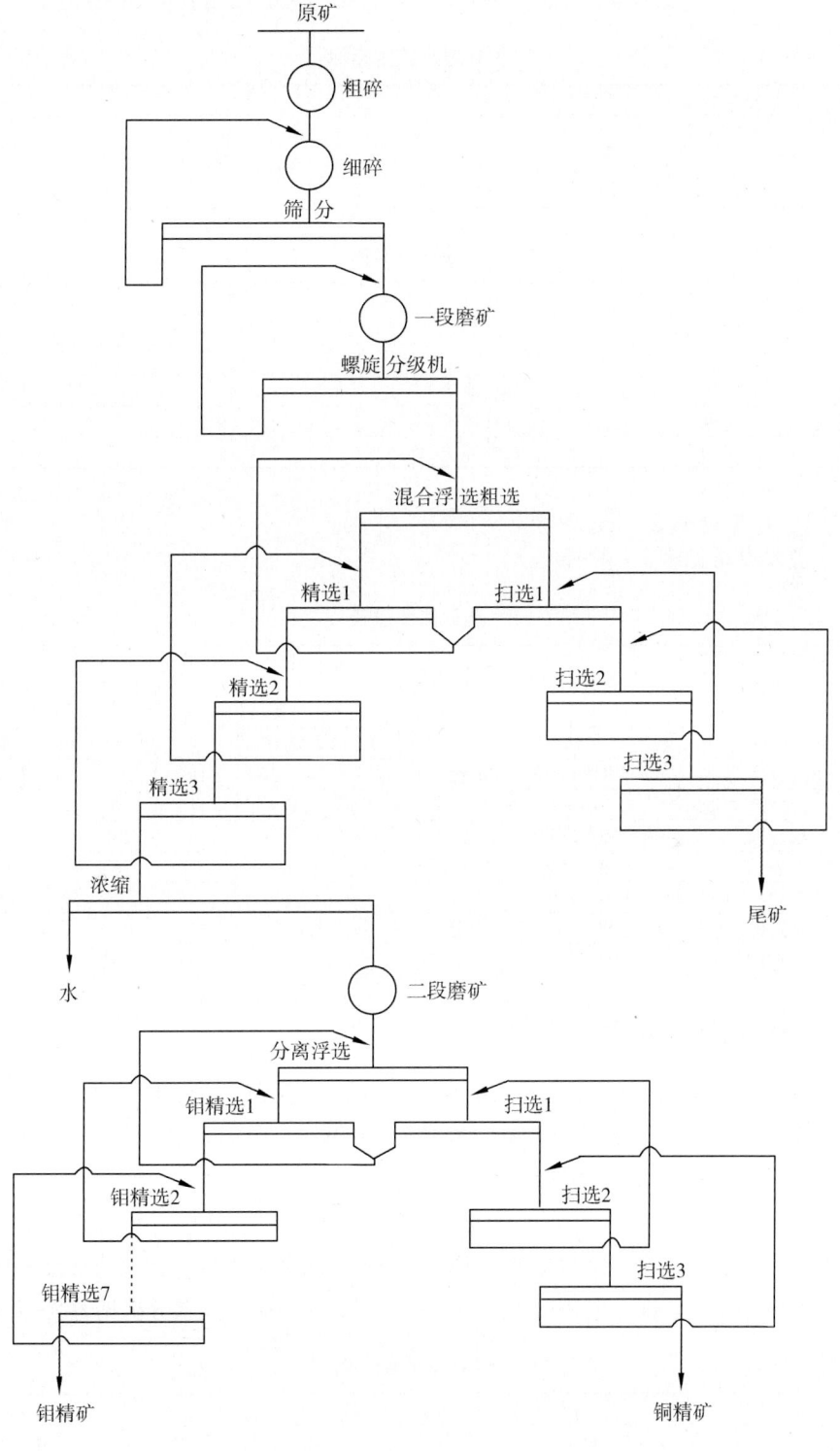

图 7-4-14　选矿生产工艺流程

（三）主要生产技术指标及单位消耗

选矿厂主要生产技术指标见表 7-4-28，主要耗材消耗见表 7-4-29。

表 7-4-28　　　　　　　　　　　主要生产技术指标

序号	指标名称	单位	指标	备注
1	原矿品位	%	Cu 0.7、Mo 0.07	
2	精矿品位	%	Cu 18、Mo 50	
3	综合回收率	%	92	

表 7-4-29　　　　　　　　　　　主要耗材消耗

序号	耗材名称	单位	数量	备注
1	水（补充新水）	m^3/t 原矿	1.7	
2	电	kW·h/t 原矿	38	
3	浮选药剂	kg/t 原矿	0.34	
4	衬板	kg/t 原矿	0.18	
5	钢球	kg/t 原矿	1.35	

（四）主要设备

选厂主要设备见表 7-4-30。

表 7-4-30　　　　　　　　　　　选厂主要设备

序号	设备名称	设备型号	单位	数量	重量/t 单	重量/t 总	功率/kW 单	功率/kW 总	生产厂家
1	颚式破碎机	C80	台	1	20.1	2.01	75	75	美卓
2	颚式破碎机	PEX150×750	台	1	0.36	0.36	15	15	沈阳重型
3	圆振筛	YA1530	台	1	0.47	0.47	11	11	
4	球磨机	MQG2130	台	1	46.8	46.8	185	185	中信
5	球磨机	MQY1540	台	1	32.6	32.6	160	160	中信
6	高堰式螺旋分级机	FG-1500	台	1					海王
7	浮选机	SF-2.8	台	4			18.5	18.5	
8	浮选机	SF-1.2	台	14			11	132	

五、蔡家营铅锌矿选矿厂

蔡家营铅锌矿位于河北省张北县三号乡蔡家营村，隶属河北华奥矿业开发有限公司。矿区距张家口市 115 km，距张北县 64 km。2005 年建成投产，原矿处理能力 32 万 t/a。2007 年选厂进行扩建，扩建后生产能力达到 75 万 t/a。

（一）矿石性质

矿石是以金、银、铅、锌为主要有用矿物的多金属硫化矿，金、银的富集主要以铅锌硫化矿作为载体，金、银一般和铅矿物半生紧密共生。原矿多元素分析见表 7-4-31。

表 7-4-31　　　　　　　　　　　矿石多元素分析

元素	Zn（%）	Ag（g/t）	Au（g/t）	Pb（%）	As（%）	Fe（%）
含量	5.52	30.6	0.35	0.28	0.089	12.19
元素	S	Al_2O_3	Cu	SiO_2	Mg	Ca
含量	5.95	7.93	0.019	36.73	1.47	4.23

（二）工艺流程

1. 破碎流程

破碎采用三段一闭路破碎流程，破碎产品粒度为 10 ~ 0 mm。

2. 磨矿流程

磨矿采用一段闭路磨矿及铅、锌中矿分别再磨工艺流程。

3. 浮选流程

采用优先浮选工艺。铅浮选采用一粗二精二扫中矿再磨，再磨扫选精矿返回精选工艺流程，锌浮选采用一粗二精二扫中矿再磨，再磨扫选精矿返回粗选工艺流程。

选厂生产工艺流程如图 7 - 4 - 15 所示。

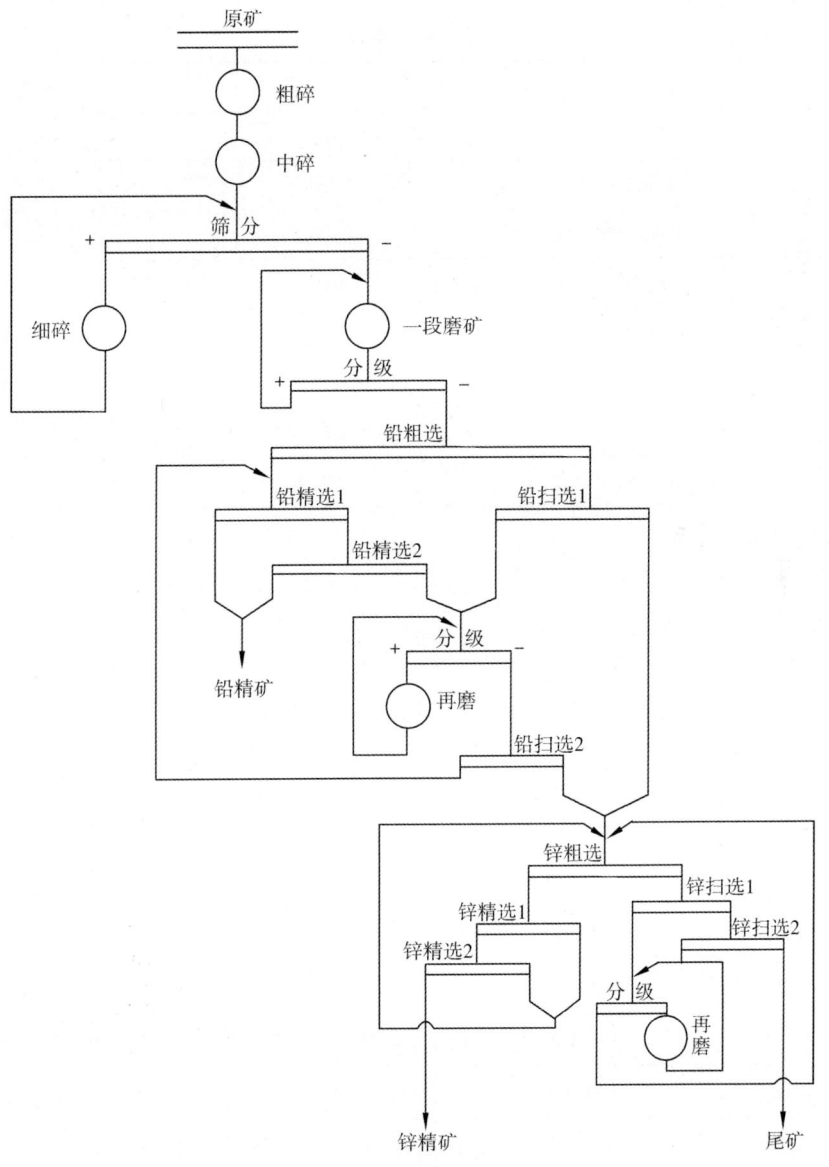

图 7 - 4 - 15　选矿生产工艺流程

（三）主要生产技术指标及药剂制度

选矿厂主要生产技术指标见表7－4－32，选厂药剂制度见表7－4－33。

表7－4－32　　　　　　　　　主要生产技术指标

产品名称	产率（%）	品位			
		Au（g/t）	Ag（g/t）	Zn（%）	Pb（%）
铅精矿	0.434	40.00	3 169.09	12.00	48.00
锌精矿	7.799	0.60	95.00	52.00	0.42
尾矿	91.767	0.13	4.19	0.43	0.103

表7－4－33　　　　　　　　　选厂药剂制度

编号	名称	用量（g/t）	备注
1	石灰	6 100	
2	硫酸锌	2 800	
3	亚硫酸钠	1 400	
4	硫酸铜	300	
5	丁胺黑药	10	
6	SN—9	45	
7	丁黄药	65	
8	2#油	50	

（四）主要设备

选厂主要设备见表7－4－34。

表7－4－34　　　　　　　　　选厂主要设备

序号	设备名称	设备型号	单位	数量	重量/t		功率/kW		备注
					单	总	单	总	
1	颚式破碎机	PE750×1000	台	1	28	28	110	110	
2	圆锥破碎机	PYS－B1620	台	1	43.27	43.27	220	220	
3	圆锥破碎机	PYS－D1608	台	1	43.87	43.87	220	220	
4	球磨机	MQG3645	台	1	190	190	1 000	1 000	一段磨矿
5	球磨机	MQY3245	台	1	129.7	129.7	800	800	铅中矿再磨
6	球磨机	MQY2130	台	1	49.78	49.78	210	210	锌中矿再磨
7	浮选机	KYF－10	台	4	4.89	19.56	30	120	
8	浮选机	KYF－2	台	14	1.16	16.24	7.5	105	

（续表）

序号	设备名称	设备型号	单位	数量	重量/t		功率/kW		备注
					单	总	单	总	
9	浓密机	$\varnothing$15 m	台	1	21.76	21.76	7.4	7.4	尾矿浓缩
10	浓密机	$\varnothing$12 m	台	1	9.82	9.82	3.8	3.8	锌精矿浓缩
11	浓密机	$\varnothing$9 m	台	1	5.1	5.1	3	3	铅精矿浓缩
12	陶瓷过滤机	TT－60	台	1	36	36	12	12	锌精矿过滤
13	陶瓷过滤机	TT－18	台	1	4.2	4.2	16.2	16.2	铅精矿过滤

第八篇

非金属矿产加工技术

非金属矿产品种繁多、用途广泛

大多数非金属矿产可"一矿多用"

部分非金属矿产具有特殊的性能和用途

利用物理和化学方法可加工不同性能的非金属矿产品

非金属矿产性能、加工技术与应用领域不断拓展

非金属矿产的加工应用代表着一个国家和地区的发展水平

第一章 概 述

第一节 现代产业发展与非金属矿产

非金属矿产是人类利用最早的矿产资源。从原始人使用的石斧、石刀，到现在以各种非金属矿产为原（材）料制备的无机非金属材料、有机或无机复合材料、微电子材料、生物医学材料等新材料等，人类在利用非金属矿产方面走过了从简单利用到初步加工后利用，再到深加工和综合利用的漫长历程。非金属矿加工利用技术的每一次进步都伴随着人类科学技术的进步和人类文明的发展。同时，人类科学技术和文明的每一次发展都推动着非金属矿产加工利用的发展。但是，在现代科技革命和新兴产业发展之前的人类漫长历史长河中，基本是以金属材料为主导。现代科技革命、产业发展、社会进步、人类生活水平的提高和环境保护意识的普遍觉醒开创了广泛应用非金属矿产原（材）料的新时代。乃至于在工业发达国家非金属矿产及其加工业的产值早已超过金属矿业，非金属矿产加工利用的水平已公认为反映一个国家发达程度的重要标志之一。非金属矿产加工利用工业（尤其是深加工产业）已被视为 21 世纪的朝阳产业之一。

一、高技术和新材料产业与非金属矿产密切相关

人类在进入 21 世纪后，以信息、生物、航空航天、海洋开发以及新材料和新能源为主的高技术和新材料产业正逐渐壮大。这些高技术和新材料产业与非金属矿物原料或矿物材料密切相关。例如，石墨、云母、石英、锆英石、金红石、高岭土等与微电子、信息技术及其产业有关；氧化硅、石墨、云母、高岭土、硅灰石、硅藻土、滑石、方解石、冰洲石、硅线石、石英、红柱石、蓝晶石、石棉、菱镁矿、石膏、珍珠岩，叶蜡石、金刚石、石榴石、蛭石、透辉石、透闪石、电气石、沸石、玄武岩、辉绿岩等与新材料技术及其产业有关；石墨、重晶石、膨润土、石英等与新能源有关；沸石、麦饭石、硅藻土、凹凸棒石、海泡石、膨润土、蛋白土、珍珠岩、高岭土等与生物技术及产业有关；石墨、石棉、云母、石英等与航空航天技术及产业有关。

二、传统产业的技术进步和产业升级

传统产业的技术进步和产业升级都与非金属矿产紧密相连，是 21 世纪初我国非金属矿产深加工技术和产业发展的主要机遇之一。化工、机械、能源、汽车、轻工、冶金、建材等传统产业将引入新技术和使用新材料，进行技术革新和产业升级。这些技

进步与产业升级都与非金属矿深加工产品密切相关。例如，造纸工业的技术进步和产品结构调整需要大量高纯、超细的重质碳酸钙、高岭土、滑石等高白度非金属矿物颜料和填料；高分子材料（塑料、橡胶、胶黏剂等）的技术进步以及工程塑料、塑钢门窗等高分子基复合材料的兴起，每年需要数以百万吨计的超细活性碳酸钙、高岭土、滑石、针状硅灰石、云母、透闪石、二氧化硅、水镁石以及氢氧化镁、氢氧化铝等功能矿物填料；汽车面漆、乳胶漆等高档油漆以及防腐蚀和辐射、道路发光等特种涂料需要大量的珠光云母、着色云母、超细高白度碳酸钙、超细二氧化硅、针状超细硅灰石、超细高白度煅烧高岭土、有机膨润土等非金属矿物颜料、填料和增黏剂；冶金工业的技术进步和产品结构调整需要高品质的以硅线石、红柱石、蓝晶石等高铝矿物为原料的高铝耐火材料和以镁（菱镁矿）和碳（石墨）为原料的镁碳复合材料；新型建材和防火、节能产品的发展，需要大量的石膏板材和饰面板、花岗岩和大理岩板材及异形材，以硅藻土、超细石英粉、石灰粉等为原料的微孔硅钙板、膨胀珍珠岩、硅藻土等保温隔热材料、石棉制品等；石化工业的技术进步和产业升级需要大量具有特定孔径分布、活性和选择性好的沸石和高岭土催化剂、载体以及以膨润土为原料的活性白土；机电工业的技术进步，需要以碎云母为原料制造的云母纸和云母板绝缘材料、高性能的柔性石墨密封材料、石墨盘根、石棉基板材和垫片；汽车工业的发展，需要大量以石棉、石墨、针状硅灰石等非金属矿为基料的摩擦材料以及以滑石、云母、硅灰石、透闪石、超细碳酸钙等为无机填料的工程塑料和底漆；化学纤维工业的发展，需要超细电气石、二氧化硅、云母等功能无机填料，以生产出有利于人类健康的功能纤维。

三、环境保护和生态建设与非金属矿产密不可分

随着人类环保意识的增强和全球环保标准及要求的提高，环保产业将成为 21 世纪最重要的新兴产业之一。许多非金属矿，如硅藻土、沸石、膨润土、凹凸棒石、海泡石、电气石、麦饭石等经过加工具有选择性吸附有害及各种有机和无机污染物的功能，而且具有原制易得、单位处理成本低、本身不产生二次污染等优点，可以用来制备新型环境保护材料的膨润土、珍珠岩、蛭石等还可用于固沙和改良土壤。此外，大多数非金属矿产都是环境友好材料，例如，在塑料薄膜中加入一定量的超细重质碳酸钙可制成降解塑料。超细水镁石用于高聚物基复合材料的阻燃填料不仅可以阻燃，而且不产生可致人死亡的毒烟。因此，环保产业和生态建设是 21 世纪初我国非金属矿产深加工技术和非金属矿物材料发展的另一个重要机遇。

第二节　非金属矿产的用途分类

非金属矿产种类繁多，而且许多非金属矿产的化学成分复杂，其用途几乎遍及各个产业领域。在同一个领域内，不同种类的非金属矿产又可以相互替代。我国目前按非金属矿产的工业用途分为 6 类：化工原料、建筑材料、冶金工业辅助原料、轻工原料、电

气及电子工业原料、宝石类及光学材料。美国分为 14 类：磨料、陶瓷原料、化工原料、建筑材料、电子及光学材料、肥料矿产、填料、过滤物质及矿物吸附剂、助熔剂、铸型原料、玻璃原料、矿物颜料、耐火原料、钻井泥浆原料。表 8-1-1 是按用途对非金属矿产进行的归纳分类。表 8-1-2 是从非金属矿产材料功能角度进行的分类。

表 8-1-1　　　　　　　　　　　主要非金属矿物和岩石的用途分类

用　途	非金属矿物与岩石
化工原料	岩盐、芒硝、自然硫、天然碱、明矾石、磷灰石、重晶石、天青石、萤石、高岭土、铝土矿、石灰石等
光学原料	冰洲石、光学石膏、方解石、水晶、光学石英、光学萤石等
电力、电子	石墨、石英、云母、水晶、电气石、金红石等
化肥、农药	磷灰石、钾盐、钾长石、芒硝、石膏、高岭土、地开石、膨润土等
磨料	金刚石、刚玉、石榴子石、石英、硅藻土等
工业填料和颜料	大理石、白垩、方解石、滑石、叶蜡石、伊利石、石墨、高岭土、云母、地开石、硅灰石、透闪石、硅藻土、膨润土、皂石、海泡石、凹凸棒石、金红石、长石、锆英石、重晶石、石膏、石英、石棉、水镁石、沸石、透辉石、蛋白土等
吸附、助滤和载体	沸石、高岭土、硅藻土、海泡石、凹凸棒石、膨润土、珍珠岩、蛋白土、石墨、麦饭石、滑石等
保温、隔热、隔音材料	石棉、石膏、石墨、蛭石、硅藻土、海泡石、珍珠岩、玄武岩、辉绿岩、浮石与火山灰等
铸石材料	玄武岩、辉绿岩、安山岩等
建筑	石棉、石膏、花岗岩、大理岩、石英岩、石灰石、硅藻土、砂石、黏土等
玻璃	石英砂和石英岩、长石、霞石正长岩、脉石英等
陶瓷、耐火材料	高岭土、硅灰石、滑石、石英、长石、红柱石、蓝晶石、矽线石、叶蜡石、透辉石、电气石、石墨、菱镁矿、白云石、铝土矿、陶土等
熔剂和冶金	萤石、长石、硼砂、石灰岩、白云岩等
钻探工业	重晶石、石英砂、膨润土、海泡石、凹凸棒石等

表 8-1-2　　　　　　　　　　　非金属矿物材料的类型及应用

序号	材料类型	非金属矿产原料	非金属矿物材料或制品	应用领域
1	填料和颜料	方解石、大理岩、白垩、滑石、叶蜡石、伊利石、石墨、高岭土、地开石、	细粉（10～1 000 μm）、超细粉（0.1～10 μm）、超微细粉或一	塑料、橡胶，胶黏剂、化纤、油漆、

（续表）

序号	材料类型	非金属矿产原料	非金属矿物材料或制品	应用领域
		云母、硅灰石、透辉石、硅藻土、膨润土、皂石、海泡石、凹凸棒石、金红石、长石、锆英砂、重晶石、石膏、石英、石棉、水镁石、沸石、透闪石、蛋白土等	维、二维纳米粉（0.001～0.1 μm）、表面改性粉体、高纯度粉体、复合粉体、高长径比的针状粉体、大径厚比的片状粉体、多孔隙粉体等	涂料、陶瓷、玻璃、耐火材料、阻燃材料、胶凝材料、造纸、建材等
2	力学功能材料	石棉、石膏、石墨、花岗岩、大理岩、石英岩、高岭土、锆英砂、长石、金刚石、铸石、石榴石、云母、滑石、硅灰石、透闪石、石灰石、硅藻土、燧石、蛋白土等	石棉水泥制品、硅酸钙板、纤维石膏板、石料、石材、结构陶瓷、无机或聚合物复合材料（上下水管、塑钢门窗等）、金刚石（刀具、钻头、砂轮、研磨膏）、磨料、衬里材料、制动器衬片、闸瓦、刹车带（片）、石墨轴承、垫片、密封环、离合器面片、润滑剂（膏）、汽缸垫片、石棉橡胶板、石棉盘根等	建材、建筑、机械、电力、交通、农业、化工、轻工、航空航天、石油、微电子、地质勘探、冶金、煤炭等
3	热学功能材料	石棉、石墨、石英、长石、金刚石、蛭石、硅藻土、海泡石、凹凸棒石、水镁石、珍珠岩、云母、滑石、高岭土、硅灰石、沸石、金红石、锆英砂、石灰石、白云石、铝土矿等	石棉布、石棉垫片、石棉板、岩棉、玻璃棉、矿棉吸声板、泡沫石棉、泡沫玻璃、蛭石防火隔热板、硅藻土砖、膨胀蛭石、膨胀珍珠岩、微孔硅钙板、玻璃微珠、保温涂料、耐火材料、镁炭砖、碳—石墨复合材料、储热材料、莫来石、堇青石、氧化锆陶瓷等	建材、建筑、冶金、化工、轻工、机械、电力、交通、航空航天、石油、煤炭等
4	电磁功能材料	石墨、石英、水晶、金刚石、蛭石、硅藻土、云母、滑石、高岭土、金红石、电气石、铁石榴石、沸石等	石墨电极、电刷、胶体石墨、氧化石墨制品、电极糊、沸石电导体、热敏电阻、电池、非线性电阻、陶瓷半导体、石榴石型铁氧体、压电材料（压电水晶、自动点火元件等）、云母电容器、云母纸、云母板、电瓷、电子封装材料等	电力、微电子、通讯、计算机、机械、航空、航天、航海等
5	光功能材料	石英、水晶、冰洲石、方解石、石膏、萤石等	偏光、折光、聚光镜片、光学玻璃、光导纤维、滤光片、偏振材料、荧光材料等	通讯、电子、仪器仪表、机械、航空、航天、轻工等

（续表）

序号	材料类型	非金属矿产原料	非金属矿物材料或制品	应用领域
6	吸波与屏蔽材料	金红石、电气石、石英、高岭土、石墨、重晶石、膨润土、滑石等	氧化钛（钛白粉）、纳米二氧化硅、氧化铝、核反应堆屏蔽材料、护肤霜、防护服、保暖衣、塑料薄膜、消光剂等	核工业、军工、化妆（护肤）品、民（军）用服装、农业、涂料、皮革等
7	催化材料	沸石、高岭土、硅藻土、海泡石、凹凸棒石、地开石等	分子筛、催化剂、催化剂载体等	石油、化工、农药、医药等
8	吸附材料	沸石、高岭土、硅藻土、海泡石、凹凸棒石、地开石、膨润土、皂石、珍珠岩、蛋白土、石墨、滑石等	助滤剂、脱色剂、干燥剂、除臭剂、杀（抗）菌剂、水处理剂、空气净化剂、油污处理剂、核废料处理剂、固砂剂等	啤酒、饮料、食用油、食品、工业油脂、制药、化妆品、环保、家用电器、化工等
9	流变材料	膨润土、皂石、海泡石、凹凸棒石、水云母等	有机膨润土、触变剂、防沉剂、增稠剂、胶凝剂、流平剂、钻井泥浆等	各种油漆、涂料、黏合剂、清洗剂、采油、地质勘探等
10	黏结材料	膨润土、海泡石、凹凸棒石、水云母、碳酸钙、石英等	团矿黏结剂、硅酸钠、胶黏剂、铸模、黏土基复合黏结剂等	冶金、建筑、汽车、铸造、轻工等
11	装饰材料	大理石、花岗岩、岷石、云母、叶蜡石、蛋白石、水晶、石榴石、橄榄石、玛瑙石、玉石、辉石、孔雀石、冰洲石、琥珀石、绿松石、金刚石、月光石、磷灰石等	装饰石材、珠光云母、彩石、各种宝玉石、观赏石等	建筑、建材、涂料、皮革、化妆品、珠宝业、旅游观光业等
12	生物功能材料	沸石、麦饭石、高岭土、硅藻土、海泡石、凹凸棒石、膨润土、皂石、珍珠岩、蛋白土、滑石、电气石、碳酸钙等	药品及保健品、药物载体、饲料添加剂、杀（抗）菌剂、吸附剂、化妆品添加剂等	制药业、生物化学工业、农业、畜牧业、化妆品等

　　随着科学技术的进步，许多以往认为无价值的矿物和岩石，由于得到工业上的应用而进入非金属矿产的行列。因此，非金属矿产及非金属矿物材料的用途十分广泛。

第三节　非金属矿产加工技术的主要内容

非金属矿产加工利用的目的是通过一定的技术、工艺、设备生产出满足市场要求的具有一定粒度大小和粒度分布、纯度或化学成分、物理化学性质、表面或界面性质的粉体材料或化工产品，以及一定尺寸、形状、机械性能、物理性能、化学性能、生物功能等的功能性产品或制品。

一、非金属矿产的加工

依据非金属矿产的加工深度，非金属矿产加工分为初加工、深加工和制品加工。

（一）初加工

指传统的机械加工，包括矿物或岩石的破碎、筛分、磨矿、分级等的粒级加工，以及以提高有用矿物品位为目的的选矿加工。其任务是为材料工业部门提供单体颗粒粒级尺寸及有用矿物品位均合格的原料矿物（或岩石），因此，它属于矿物原料工业的范畴。在方法与原理上，与冶金、煤矿工业的机械加工类相同；所不同的是要尽量保持及发挥目的矿物固有的技术物理特性，如矿物晶体形态、纤维或颗粒特征、界面特性、晶层及层片特性等。

（二）深加工

经初加工后的矿物或岩石产品，再进一步进行深度的精细加工，使之在主要技术物理及界面化学性能上能符合高档次高性能产品的要求。经深加工后的产品，已不再是一种原料，而是具有特定性能，可直接利用的一种材料。深加工产品依然保持着原料矿物（或岩石）的单一材料性与固体分散相特征；其基本构造和化学成分一般不发生本质的改变。但在其所被利用的主要技术物理和化学界面性能上则会有一个质的飞跃，也经常会伴随着发生物理形态或晶层构造方面的变异。例如，各种超纯、超微细矿物产品，膨胀石墨，刮刀涂料级高岭土，有机膨润土等。

（三）制品加工

制品加工是利用经过初加工或深加工矿物（或岩石）作为主要原料（或主要原材料之一），与其他无机或有机材料结合，通过各种工艺手段，制成不同形态的结构材料或功能材料。

二、非金属矿产加工技术

（一）颗粒制备与处理技术

主要包括矿石的粉碎与分级技术、选矿提纯技术、矿物（粉体）的表面或界面改性技术、脱水干燥技术、造粒技术等。它属于非金属矿产初加工和深加工范畴。

颗粒制备与处理技术是指通过一定的技术、工艺、设备生产出满足应用领域要求的具有一定粒度大小和粒度分布、纯度或化学成分、物理化学性质、表面或界面性质的非金属矿物（岩石）粉体材料或产品，是非金属矿产加工利用所必需的加工技术之一。

1. 粉碎与分级技术

是指通过机械、物理和化学方法使非金属矿石粒度减小和具有一定粒度分布的加工技术。根据粉碎产物粒度大小和分布的不同，可将粉碎与分级细分为破碎与筛分、粉碎（磨）与分级及超细粉碎（磨）与精细分级，分别用于加工大于 1 mm、10 ~ 1 000 μm 及 0.1 ~ 10 μm 等不同粒度及其分布的粉体产品。

粉碎与分级是以满足应用领域对粉体原（材）料粒度大小及粒度分布要求为目的的粉体加工技术。主要研究内容包括：粉体的粒度、物理化学特性及其表征方法；不同性质颗粒的粉碎机理；粉碎过程的描述和数学模型；物料在不同方法、设备及不同粉碎条件和粉碎环境下的能耗规律、粉碎和分级效率或能量利用率及产物粒度分布；粉碎过程力学；粉碎过程化学；粉体的分散；助磨剂的筛选及应用；粉碎与分级工艺及设备；粉碎及分级过程的粒度监控和粉体的粒度检测技术等。它涉及颗粒学、力学、固体物理、化工原理、物理化学、流体力学、机械学、岩石与矿物学、晶体学、矿物加工、现代仪器分析与测试等诸多学科。

2. 表面改性技术

是指用物理、化学、机械等方法对矿物粉体进行表面处理，根据应用的需要有目的地改变粉体表面的物理化学性质，如表面组成、结构和官能团、表面润湿性、表面电性、表面光学性质、表面吸附和反应特性等。根据改性原理和改性剂的不同，表面改性方法可分为物理涂覆改性、化学包覆改性、沉淀反应改性、机械力化学改性、胶囊化改性、高能处理改性等。

表面改性是以满足应用领域对非金属矿产粉体原（材）料表面或界面性质、分散性和与其他组分相容性要求的非金属矿产深加工技术。对超细粉体材料和纳米粉体材料表面改性是提高其分散性能和应用性能的主要手段之一，在某种意义上决定其市场的占有率。非金属矿物粉体材料的主要研究内容包括：表面改性的原理和方法；表面改性过程的化学、热力学和动力学；表面或界面性质与改性方法及改性剂的关系；表面改性剂的种类、结构、性能、使用方法及其与粉体表面的作用机理和作用模型；不同种类及不同用途无机粉体材料的表面改性工艺条件及改性剂配方；表面改性剂的合成和表面改性设备；表面改性效果的检测和表征方法；表面改性工艺的自动控制；表面改性后无机粉体的应用性能研究等。它涉及颗粒学、表面或界面物理化学、胶体化学、有机化学、无机化学、高分子化学、无机非金属材料、高聚物或高分子材料、复合材料、生物医学材料、化工原理、现代仪器分析与测试等诸多相关学科。

3. 选矿提纯技术

是指利用矿物之间或矿物与脉石之间密度、粒度和形状、磁性、电性、颜色（光性）、表面润湿性以及化学反应特性对矿物进行分选和提纯的加工技术。根据分选原理不同，可分为重力分选、磁选、电选、浮选、化学选矿、光电拣选等。

非金属矿的选矿提纯是以满足相关应用领域，如高级和高技术陶瓷、耐火材料、微电子、光纤、石英玻璃、涂料、油墨及造纸填料和颜料、密封材料、有机或无机复合材料、生物医学、环境保护等现代高技术和新材料对非金属矿物原（材）料纯度要求的重要的非金属矿产加工技术之一。主要研究内容包括：石英、硅藻土、石墨、金红石、硅灰石、矽线石、蓝晶石、红柱石、石棉、高岭土、海泡石、凹凸棒石、膨润土、伊利石、石榴石、云母、氧化铝、氧化镁等无机非金属矿的选矿提纯原理和方法；微细颗粒提纯技术和综合力场分选技术；适用于不同物料及不同纯度要求的精选提纯工艺与设备；精选提纯工艺过程的自动控制等。它涉及颗粒学、流体力学、岩石与矿物学、晶体学、矿物加工、物理化学、表面与胶体化学、有机化学、无机化学、高分子化学、化工原理、机械学、现代仪器分析与测试等诸多学科。非金属矿物材料选矿提纯的一个重要特点是，其纯度除了化学元素和化学成分要求外，部分矿物还要考虑其矿物成分（如膨润土的蒙脱石含量、硅藻土的无定型二氧化硅的含量、高岭土的高岭石含量）、结构（如鳞片石墨）、晶形（如云母、硅灰石）等。

4. 脱水干燥技术

是非金属矿产加工的后续作业，是指采用机械、物理化学等方法脱除加工产品中的水分，特别是湿法加工产品中水分的技术。其目的是满足应用领域对产品水分含量的要求和便于储存、运输。因此，脱水干燥技术也是非金属矿产必需的加工技术之一。脱水干燥包括机械（离心、压滤等）脱水和热蒸发（干燥）脱水两部分。非金属矿物粉体材料干燥脱水的特点是，部分黏土矿物材料（如膨润土、高岭土、海泡石、凹凸棒石、伊利石等）及超细非金属矿物材料的水分含量高、机械脱水难度大，干燥后团聚现象严重。因此，常规的机械脱水方式难以有效脱水，一般采用压力脱水方式，特别是对于酸洗或漂白后的非金属矿物材料，还需在压滤过程中进行洗涤。为解决干燥后粉体材料，尤其是超细粉体材料的团聚问题，一般采用流态化干燥方式或在干燥设备中或干燥后设置解聚装置。

非金属矿物粉体材料脱水干燥技术的发展趋势是提高效率、降低能耗、减少污染和恢复原级粒度或提高粉体粒度还原率（降低团聚率）。

5. 造粒技术

是指采用机械、物理和化学方法将微细或超细非金属矿粉体加工成具有较大粒度及粒度分布的非金属矿产深加工技术。其目的是方便超细非金属矿物粉体材料应用，减轻超细粉体使用时的粉尘飞扬和提高其应用性能。主要研究内容包括造粒工艺和设备。对于非金属矿物粉体材料，尤其是微米级和亚微米级的超细粉体材料直接在塑料、橡胶、化纤、医药、环保、催化等领域应用时，不同程度地存在分散不均、扬尘、使用不便、难以回收等问题。将其造粒后使用是解决上述问题的有效方法之一，尤其适用于用作高聚物基复合材料（塑料、橡胶等）填料的非金属矿物粉体材料，如碳酸钙、滑石、云母、高岭土等。一般做成与基体树脂相容性好的各种母粒。

目前，造粒方法主要有压缩造粒、挤出造粒、滚动造粒、喷雾造粒、流化造粒等方法。造粒方法的选择要依据原料特性以及对产品粒度大小和分布、产品颗粒形状、颗粒强度、孔隙率、颗粒密度或容重等的要求而定。

（二）非金属矿物材料加工技术

主要包括非金属矿物材料的原料配方技术、加工工艺与设备等。属制品加工范畴。

非金属矿物材料是指以非金属矿产为基本或主要原料，通过物理、化学方法制备的结构性、功能性材料。如机械工业和航空航天工业用的石墨密封材料和石墨润滑剂、石棉摩擦材料、高温和防辐射涂料等；电子工业用的石墨导电涂料、显像管石墨乳、熔炼水晶等；用硅藻土、蛋白土、珍珠岩制备的吸附、助滤材料；以硅藻土、膨润土、海泡石、凹凸棒石、沸石等制备的吸附环保材料以及以纳米光触媒二氧化钛和微细碳酸钙、聚硅氧烷树脂制备的智能生态涂料；以高岭土（石）为原料制备的煅烧高岭土、铝尖晶石、莫来石、赛隆、分子筛和催化剂；以珍珠岩、硅藻土、石青、石灰石、蛭石、石棉等制备的隔热保温防火和节能材料及轻质高强建筑装饰材料；以碎云母为原料生产云母纸和云母板等。其研究内容主要包括：各种非金属矿物材料的结构和性能；非金属矿物材料的制备工艺和设备；原（材）料配方、制备工艺等与非金属矿物材料结构和性能的关系；非金属矿物材料制备工艺的自动控制等。它涉及材料学、材料加工、材料物理化学、固体物理、结构化学、高分子化学、有机化学、无机化学、电子、生物、环保、机械、自动控制、现代仪器分析与测试等学科。其核心技术主要包括原料配方复合技术及加工工艺与设备。

1. 原料配方复合技术

是指根据产品功能需要的原料配方或配置技术，包括无机/无机复合（不同化学组成、结构、粒形非金属矿物原料的配合或复合），有机/无机复合（非金属矿物原料与有机物或有机高聚物的复合），其他助剂的配合等。原材料复合技术是非金属矿物材料或制品的核心技术之一。非金属矿物材料或制品种类繁多，涉及的领域非常广泛。按其功能可分为：结构或力学功能材料（如新型建材、高级陶瓷结构材料、高级磨料、摩擦材料、减磨润滑材料、密封材料等）、热学功能材料（如保温节能材料、高温耐火材料、隔热和绝热材料、导热材料等）、电磁功能材料（如导电材料、磁性材料、半导体材料、压电材料、介电材料、电绝缘材料等）、光功能材料（如光导材料、荧光材料、聚光、透光、感光、偏振材料等）、吸波与屏蔽材料、催化材料、吸附材料、流变材料、颜料、黏结材料、装饰材料、生物医学功能材料等。不同材料的原（材）料配方不同，因此，非金属矿物材料配方技术涉及广泛的学科，如矿物加工、材料加工、无机非金属材料、高分子材料、新型建材、化工工程、机械、电子、生物等，是一种多学科的综合。追求功能化、环境友好和无害化是非金属矿物材料配方技术的主题。

2. 加工工艺与设备

是指非金属矿物材料或制品的成型、固化、煅烧、表面修饰等工艺与设备，是制备非金属矿物材料或制品的关键技术之一。非金属矿物材料或制品的种类很多，一般来说，不同种类和不同用途的非金属矿物材料或制品的生产方法不同，工艺也是千差万别。追求工艺性能和操作参数的优化及降低能耗、物耗等是非金属矿物材料或制品工艺与设备发展的主题。

（三）非金属矿物化工技术

主要是以非金属矿产为主要原料的无机化工产品制备技术。

非金属矿物化工是以非金属矿产品为原料或主要对象，通过对矿物分子结构的改变，提取某种有用元素和提取或制备有用化合物的加工技术。如用含氟矿物萤石制备含氟酸的化合物；用含钡矿物重晶石生产钡盐系列产品；用含铝矿物铝土矿、高岭土等生产氯化铝、硫酸铝、氧化铝等；用含硅矿物石英、蛋白石、硅藻土制备硅酸钠或水玻璃、沉淀二氧化硅或白炭黑等；用含镁矿物菱镁矿、白云石，生产氯化镁、硫酸镁、氧化镁、轻质碳酸镁等；用石灰石生产氧化钙、轻质或沉淀碳酸钙等；用明矾石制备硫酸、硫酸钾等。

非金属矿物化工技术一般包括热化学加工、湿法分解或浸取、过滤分离、溶液精制、结晶、干燥、粉碎等工序。热化学加工可分为煅烧、焙烧、熔融等；湿法分解或浸取是用酸、碱、盐类溶液在水热条件下提取固体物料中有用组分的过程，一般伴有化学反应。

第四节　非金属矿产加工技术的发展趋势

非金属矿物材料的发展经历了矿物（岩石）原料、结构材料、功能材料、智能材料等阶段。21 世纪以来非金属矿产在高技术、新材料、传统产业技术进步和产业升级、环保、生物医药等产业以及人类日常生活中的广泛应用都是以非金属矿物原（材）料中较高的加工技术含量为前提的。因此，深加工是开发利用非金属矿产的必由之路；而功能化则是非金属矿物材料发展的主题。主要体现在精选提纯、超细粉碎、表面改性、非金属矿物化工诸多方面，还体现在保护环境、减少污染以降低能耗和生产成本，这也是非金属矿产加工发展的必然趋势。

未来非金属矿产加工与应用技术研究开发的发展趋势是交叉、融合矿物学、矿物加工、材料学、材料加工、化工、机械、电子及相关应用领域的不同学科，不断发掘和提升非金属矿产品的功能或应用性能，促进相关应用领域的技术进步和产业发展。

一、非金属矿产深加工

（一）精选提纯

为了满足相关应用领域对非金属矿物原（材）料高纯化的要求，微细粒选矿提纯和综合力场（重力、离心力、磁力、电力、化学力）精选技术将成为未来非金属矿提纯技术的主要发展趋势，涉及的非金属矿物将包括石墨、石英、高岭土、云母、滑石、硅藻土、锆英砂、硅灰石、重晶石、金红石、膨润土、萤石、矽线石、红柱石、蓝晶石等。

（二）超细粉碎

由于超细粉体具有比表面积大、表面活性高、化学反应速度快、烧结温度低且烧结体强度高、填充补强性能好、遮盖率高等优良的物理化学性能，因此，许多应用领域要求非金属矿物原（材）料的粒度微细（微米或亚微米级）；部分领域不仅要求粒度超细而且要求粒度分布范围窄，如部分高档纸张涂料要求重质碳酸钙的细度为 $-2\ \mu m$ 不小于90%，粒度分布要求最大粒度不大于 5 μm，−2 μm 不大于 10% ~ 15%；降解塑料要求重质碳酸钙的细度为 −6 ~ 7 μm 不小于 97%，要求最大粒度不大于 8 μm；功能纤维填料要求无机非金属填料的细度不大于 2 μm 为 97%，最大粒度不大于 3 μm；高聚物基复合材料用氢氧化镁和氢氧化铝阻燃填料要求中位径 d_{50} 不大于 1 μm，97% 不大于 5 ~ 6 μm。非金属矿超细粉体加工业将主要围绕方解石、大理石、白垩、滑石、叶蜡石、伊利石、石墨、高岭土、云母、硅灰石、锆英砂、金红石、重晶石、石英、石榴石、碳化硅、氮化硼等发展。同时发展用于生产高长径比硅灰石和透闪石粉体及大径厚比湿磨云母粉的专门的粉碎、分级工艺与设备。

（三）表面改性

许多应用领域都对非金属矿物材料的表面或界面性质有特殊要求，如高聚物基复合材料（塑料、橡胶、胶黏剂等）、多相复合陶瓷材料、油漆涂料、生物医学材料、功能纤维等要求非金属矿物粉体材料表面或界面与有机或无机材料（高聚物、陶瓷坯料、油性漆、水性漆、化学纤维等）及生物基体有良好的相容性；石化工业用的沸石和高岭土催化剂或载体要有特定的孔径分布和较高的比表面积，4A 分子筛要有一定的钙离子吸附能力，炼油脱色用的活性白土（膨润土）以及啤酒过滤用的硅藻土要有较强的表面吸附能力；用于水处理的硅藻精土对有机、无机污染物及重金属离子等要有选择性吸附的能力等。为了满足相关应用领域对非金属矿物原（材）料表面和界面性质的要求，粉体表面改性、活化和复合技术将成为非金属矿物粉体材料最主要的深加工技术之一。硅藻土、沸石、凹凸棒石、海泡石、膨润土等非金属矿产发展开发能显著改善复合材料综合性能的非金属矿物复合活性填料的生产工艺与相关设备。非金属矿物粉体材料的表面改性和活化技术将主要涉及非金属矿物填料、颜料、环保材料、化妆品和生物医学材料等。同时开发相应的生产工艺与相关设备。

二、非金属矿物材料功能化

非金属矿物材料功能化是未来非金属矿物材料的主要发展趋势。为了满足相关应用领域对功能化非金属物材料的要求，非金属矿物材料加工技术将重点发展与航空航天、海洋开发、生物医学、电子、信息、节能环保、生态建设、新型建材、新能源、激光、特种涂料、快速交通工具等相关的功能性非金属矿物材料的加工技术和设备。如石墨密封材料、石墨润滑材料、石墨导电材料、石棉和石墨摩擦材料、石墨插层化合物、黏土插层化合物、高纯超细石墨粉、云母珠光颜料、高温润滑涂料、辐射屏蔽材料、触媒和催化材料、高性能吸附材料、增强填料、抗菌填料、阻燃填料等。其中与高新技术产业相关的高纯超细石墨粉（不大于 2 μm）、石墨密封和润滑材料、石墨导电涂料、石墨插层化合物、黏土插层化合物、云母珠光颜料、辐射屏蔽材料、触媒和催化材料等；与环境保护相关的硅藻土、膨润土、海泡石，凹凸棒石，3A、4A、5A、13A 沸石等有高比表面积和选择性吸附活性的新型非金属矿物环保材料以及对环境可感知、可响应并有发现能力的智能材料；以非金属矿物为基的道路标志，防酸雨、抗氧化、防火、防污、保温隔热等特种涂料；与新型建材相关的轻质、保温、防火、阻燃、节能建材和异形装饰石材；具有耐高温、耐冻、耐磨等功能的路面沥青改性填料；与快速交通工具相关的高性能摩擦材料等都具有广阔的发展前景。

三、非金属矿物化工

非金属矿物化工是综合和高效利用非金属矿物资源的重要途径之一，对于提高资源的利用率、拓展非金属矿物制备的化工产品的品种具有重要意义。特别是对于重晶石、天青石、明矾等硫酸盐矿物，菱镁矿、石灰石、白云石等碳酸盐矿物，金红石、钛铁矿等含钛矿物，高铝黏土矿物，含锆、钾、磷、硫、硼等元素的非金属矿物，具有良好的发展前景。

第二章 硅质原料与硅灰石

第一节 硅质原料

主要是石英砂、石英砂岩和石英岩，常称之为硅砂、硅石。

一、性质

硅砂是以石英为主要矿物成分、粒径在 0.020 ~ 3.350 mm 的耐火颗粒物，根据开采和加工方法的不同分为人工硅砂及水洗砂、擦洗砂、精选（浮选）砂等天然硅砂。硅砂是一种坚硬、耐磨、化学性能稳定的硅酸盐矿物，其主要矿物成分是 SiO_2，硅砂的颜色为乳白色或无色半透明状，硬度7，性脆无解离，贝壳状断口，油脂光泽，相对密度为2.65，其化学、热学和机械性能具有明显的异向性，不溶于酸，微溶于 KOH 溶液，熔点1 750℃。硅砂有较高的耐火性能。

二、主要产品的用途及质量标准

决定硅石工业应用价值的工艺特性在于硅石质地坚硬，摩氏硬度为7，有极佳的耐火性和耐酸性，熔点1 730℃，熔体冷却后变为石英玻璃，结晶体为水晶，具有透过紫外线光能力及压电性。

（一）冶金工业

主要用于制造耐火材料——硅砖，冶炼硅质合金（硅铁、硅锰、硅铬）和作熔剂。质纯的可制结晶硅。结晶硅是生产单晶硅的主要原料，又可制硅铝和有机硅。

（二）玻璃工业

硅石是制造玻璃的主要原料。硅石可作普通及光学玻璃，质纯者可熔炼成优质技术玻璃。耐火砖可作玻璃熔窑的窑衬。

（三）建筑工业

可作重要的建筑基石。碎石可作道路充填石及铁路道砟。砂与沥青混合可铺路，石英还可作硅酸盐水泥的校正材料。

（四）化学工业

硅石可制作各种硅化物和硅酸盐及硝酸盐，质佳者可作耐酸性的硫酸塔中的充填物。

（五）研磨业

石英岩和石英砂岩可制作磨石、油石、砂纸及碳酸硅等研磨材料；石英砂也多用来锯石料、磨光玻璃、磨金属制品及石器制品的表面，石英也用于琢磨珠宝。

（六）其他工业

可作搪瓷和陶瓷原料。质纯者广泛用于无线电工业、超声波技术及现代国防和尖端技术，纯的石英岩具有旋光性和透过紫外线性能，可制造各种光学仪器和医疗用的石英灯等，也是制造金刚砂（碳化硅）的基本原料。

主要质量标准见表 8 - 2 - 1。

表 8 - 2 - 1　　　　　　　　　　　　　　主要质量标准

矿石品质		矿石成分,%				
		SiO_2	Al_2O_3	Fe_2O_3	CaO	其他
硅砖用硅石	特	≥98	≤0.5	≤0.5	≤0.5	耐火度 1 750℃
	Ⅰ	≥97.5	≤1.0	≤1.0	≤0.5	耐火度 1 730℃
	Ⅱ	≥96	≤1.5	≤1.5	≤1.0	耐火度 1 710℃
硅铁用硅石	Ⅰ	≥97.5	≤1.0		≤0.3	P_2O_5≤0.02
	Ⅱ	≥96	≤1.5		≤1.0	P_2O_5≤0.03
熔剂用硅石		≥90~95	≤2~5	≤1~3	≤3.0	
硅铝用硅石		≥98.5	≤0.5			
结晶硅用硅石		≥98~99	≤0.5	≤0.5	≤0.5	P_2O_5≤0.03
石英玻璃用硅石		≥99.95	极微	极微	极微	P_2O_5 极微
玻璃用硅石	一类玻璃要求	>99	≤0.5	≤0.05		Cr_2O_3<0.001 TiO_2<0.005
	二类玻璃要求	>98	≤1	≤0.1		
	三类玻璃要求	>96	≤2	≤0.2		
建筑卫生、日用陶瓷用硅石		>98.5				Fe_2O_3+TiO_2<0.5
无线电、陶瓷用硅石	Ⅰ	>99.5	<0.2	<0.01	<0.1	K_2O+Na_2O<0.2
	Ⅱ	>98.5	<1.0	<0.05	<0.1	MgO<0.1
电瓷用硅石		>98.5		<0.15		

三、主要产品的加工与提纯

常用的选矿方法有洗矿、分级、擦洗、重选、磁选、浮选、化学选矿等。选矿工艺流程应根据矿石性质和对精矿质量的要求而定。原矿化学成分纯净的硅石采用湿法或干法破碎—磨矿—分级工艺即可生产出质量合格的产品。杂质矿物较多的矿石或对产品质量要求高，则需采用包括几种选矿方法的联合流程，如擦洗—脱泥—磁选（或重选）—浮选流程。如原矿是硅石，矿石应先经破碎、筛分、磨矿，然后进入分选作业；原矿是干砂矿时，进入分选作业前应先加水调成矿浆至筛除粗颗粒部分；原矿是湿砂矿时，筛出粗颗粒后即可进入分选作业。

浮选是提高硅砂精矿质量的重要方法。浮选前常需在浓浆条件下强烈搅拌，以除去矿物表面的氧化铁薄膜和矿泥，或用磁选、重选等方法除去含铁矿物。按矿石矿物组成的不同，浮选工艺也各不相同：

（1）含铁但不含或少含云母、长石的矿石，可在碱性矿浆条件下，使用塔尔油或磺化石油浮出含铁矿物，再用胺类捕收剂选得石英精矿。

（2）矿石含长石较多，其他杂质含量少时，可用胺类捕收剂选出石英和长石混合精矿，再用氢氟酸活化并用胺类捕收剂浮出长石，槽内产品为石英精矿。

（3）长石和铁矿物含量较多，不含云母的矿石者，可用前述方法依次浮出铁矿物、长石，然后浮选石英。

（4）含铁矿物、云母和长石的矿石可在酸性矿浆条件用胺类捕收剂先选出云母，然后依次浮选出铁矿物，长石，最后的槽内产品为石英精矿。

第二节　硅灰石

一、性质

硅灰石为三斜晶系，细板状晶体，集合体呈放射状或纤维状。颜色呈白色，有时带浅灰、浅红色调。玻璃光泽，解理面呈珍珠光泽。硬度 4.5～5.5，密度 2.75～3.10 g/cm³。完全溶于浓盐酸。一般情况下耐酸、耐碱、耐化学腐蚀。吸湿性小于4%。吸油性低、电导率低、绝缘性较好。硅灰石是一种典型的变质矿物，主要产于酸性岩与石灰岩的接触带，与符山石、石榴石共生。还见于深变质的钙质结晶片岩、火山喷出物及某些碱性岩中。硅灰石是一种无机针状矿物，其特点是无毒、耐化学腐蚀、热稳定性及尺寸稳定性良好，有玻璃和珍珠光泽，低吸水率和吸油值，力学性能及电性能优良，具有一定补强作用。

二、主要产品的用途及质量标准

由于硅灰石具有针状、纤维状晶体形态和白度高等一系列优异特性，所以广泛地应用于陶瓷工业、化工工业、冶金工业、建筑工业、机械工业、电子工业、造纸工业、汽车工业、农业等部门。主要用途见表8-2-2。

表8-2-2　　　　　　　　　　　硅灰石的主要用途

应用领域	主要用途
化工工业	油漆、涂料、颜料、橡胶、塑料、树脂的充填材料
冶金工业	隔热材料和铸钢的保护渣
建筑工业	替代石棉的辅助建筑材料、白水泥和耐酸碱微晶玻璃的原料、玻璃的助熔剂
电子工业	电子绝缘材料、荧光灯、电视机显像管、X射线荧光屏涂料

（续表）

应用领域	主要用途
机械工业	优质电焊材料和磨具黏合材料以及铸造模具
造纸工业	纸的填料和涂层
汽车工业	离合器、制动器的填料
农业	土壤改良剂和植物肥料
其他方面	过滤介质、玻璃熔窑的耐火材料

由于目前国家尚无统一的硅灰石产品标准，各矿山一般根据用户要求进行生产，主要的伴生元素对产品的影响在不同应用领域有不同要求，下面为伴生元素对硅灰石在陶瓷工业中的影响。

（1）Fe_2O_3：陶瓷工业要求硅灰石产品中 Fe_2O_3 含量尽量低，Fe_2O_3 含量过高会降低坯体的白度甚至发红。日用和卫生陶瓷要求 $Fe_2O_3 \leqslant 1\%$，釉面砖 $Fe_2O_3 \leqslant 2\%$，但作为白面红心釉面砖的原料，其 Fe_2O_3 可高达 80% 或不作要求。

（2）MnO_2：要求 $MnO_2 < 1\%$。

（3）MgO：镁可带入硅灰石的结晶格架而成类质同象以及有共生矿物透辉石存在。由于陶瓷产品品种不同，坯体配料的原料品种不同，坯体成分所属系列不同和烧成制品不同，对 MgO 的要求也不一致。一般陶瓷 $MgO \leqslant 20\%$，无线电陶瓷 $MgO \leqslant 1\%$。

（4）$CaCO_3$：在分解之前起瘠化作用（在釉面砖中），1 000℃时，在陶瓷坯体中起熔剂作用，能降低坯体的烧成温度和熔点。但过量的方解石会引起坯体结构物松弛，需限制 $CaCO_3 < 5\%$。

（5）$K_2O + Na_2O$：在陶瓷中增加坯体的易溶性，使产品表面产生一种无益的浮渣，减弱粒土的塑性。由于 $K_2O + Na_2O$ 在一般硅灰石中含量甚微，无具体要求。一般在无线电陶瓷中限制 $K_2O + Na_2O$ 不大于 0.6%。

三、主要产品的加工提纯

（一）硅灰石主要选矿方法

天然硅灰石矿中硅灰含量波动较大，而且矿物成分复杂，因此一般都需经选矿才能为工业利用。

硅灰石的选矿方法随其产出特征和矿石类型不同而有所不同。手选、光电拣选、磁选、浮选、电选、重选等分选方法均已广泛应用于硅灰石的选矿工艺中。硅灰石的主要选矿加工方法见表 8 - 2 - 3。

表 8 - 2 - 3　　　　　　　　　　　　　　　硅灰石的主要选矿加工方法

选矿方法	原理	应用范围
手选	利用硅灰石与其他脉石矿物成分的颜色与光泽的差异进行分选	适用于品位高的优质矿石、手选并可获得特级、一级、二级硅灰石矿块
光电拣选	利用硅灰石与其他脉石矿物的光学特征（颜色、反射率、荧光性、透明度、投射性等）的差异，利用光学效应进行分选	用光电拣选代替手选，作为提高浮选入选物料品位的手段
磁选	利用硅灰石与其他脉石矿物的比磁化系数的差异进行分选	用于硅灰石与石榴石、透辉石、符山石、透辉石等弱磁性矿物的分离
浮选	利用硅灰石与其他脉石矿物的表面性质的差异进行分选	用于硅灰石与方解石、石英成分的分离
电选	利用硅灰石与其他脉石矿物在高压电场的电性差异进行分选	在干旱缺水地区用于硅灰石与方解石的分离
重选	利用硅灰石与其他脉石矿物的密度差异进行分选	用摇床从硅灰石中除去透辉石、石榴石等脉石矿物

（二）针状硅灰石的加工

硅灰石粉是一种短纤维状的无机粉体。在某些应用领域，如陶瓷、微晶玻璃、冶金保护渣等只对石棉代用品、造纸纸浆代用品、塑料和橡胶的增强填料以及部分涂料填料等，则不仅对其粒度发现和粒度分布有要求，而且还对其纤维状颗粒的长径比有要求。高长径比（＞10）硅灰石粉体可以代替石棉纤维、造纸纤维以及塑料和橡胶等高聚物基复合材料的高级增强填料等，有较大的应用价值和经济价值。因此，高长径比硅灰石针状粉的加工技术是硅灰石的主要深加工技术之一。

目前，400 目以下的普通硅灰石粉大多采用雷蒙磨和球磨机进行加工，国内主要采用雷蒙磨。为了确保大颗粒的含量不超标，可增设分级或筛分设备。这种生产工艺大多采用干法。

高长径比硅灰石和超细硅灰石的主要生产设备有：机械冲击磨机、离心自磨机（如旋风或飓风超细自磨机、LFS 离心式粉碎机）、流态化床式气流粉碎机等。其中，机械冲击磨、离心自磨机等一般适用于生产 400 ~ 1 000 目的高长径比硅灰石针状粉；流态化床式气流粉碎机适用于生产 1 250 目（$d97 \leqslant 10\ \mu m$）超细针状硅灰石粉。上述两类设备用于对偶式干法生产。如果硅灰石在湿法提纯（浮选或湿式强磁选）后再进行超细粉碎加工，可采用湿法工艺，湿法粉碎到要求的产品细度后，再进行脱水（过滤和干燥）。

（三）硅灰石粉应用

硅灰石粉体的针状结构使其可用作塑料、橡胶、尼龙等高聚物基复合材料的无机增强填料。但未经表面处理的硅灰石粉与有机高聚物的相容性差，难以在高聚物基料中均匀分散，必须对其进行适当的表面改性，以改善其与高聚物基料的相容性，提高填充增强效果。例如，用硅烷偶联剂处理的硅灰石填充聚碳酸酯后，其弹性模量是未填充时的 3 倍，强度增加约 15%；填充到聚乙烯中，能改善其强度和电绝缘性能；填充聚丙烯，与未改性的硅灰石填料相比，在填充量相同条件下，拉伸强度、弯曲强度等显著提高。硅灰石粉体的表面积研究是非常重要的，硅灰石粉体的表面积检测数据只有采用 BET 方法检测出来的结果才是真实可靠的。目前，国内外比表面积测试统一采用多点 BET 法，国内外制定出来的比表面积测定标准都是以 BET 测试方法为基础的，我国国家标准为《气体吸附 BET 原理测定固态物质比表面积的方法》（GB/T 19587—2004）。F - Sorb2400 比表面积分析仪是真正能够实现 BET 法检测功能的仪器（兼备直接对比法），该分析仪是迄今为止国内唯一完全自动化智能化的比表面积检测设备，其测试结果与国际一致性很高，稳定性也很好，同时能减少人为误差，提高测试结果精确性。

（四）硅灰石粉体的表面改性主要化学方法

常用的表面改性剂有硅烷偶联剂、钛酸酯和铝酸酯偶联剂、表面活性剂及甲基丙烯酸甲酯等。

1. 硅烷偶联剂改性

硅烷偶联改性是硅灰石粉体常用的表面改性方法之一。一般采用干法改性工艺。偶联剂的用量与要求的覆盖率及粉体的比表面积有关。用氨基硅烷处理硅灰石时，用量为硅灰石质量的 0.5% 左右；甲基丙烯含氧硅烷的用量为硅灰石质量的 0.75%，这两种改性产品分别填充尼龙 6 和聚酯代替 30% 的玻璃纤维，可显著提高制品的力学性能。

2. 表面活性剂改性

用硅烷偶联剂处理硅灰石，可大大改善其与聚合物的相容性，增强填充效果，但硅烷偶联剂改性生产成本较高。因此，在某些应用条件下，可用较便宜的表面活性剂，如硬脂酸（盐）、季铵盐、聚乙二醇、高级脂肪醇聚氧乙烯醚（非离子型表面活性剂）等对硅灰石粉进行表面改性处理。这些表面活性剂通过极性基团与颗粒表面的作用，覆盖于颗粒表面，可大大增强硅灰石填料的亲油性。

3. 有机单体聚合反应改性

有机单体在硅灰石粉体水悬浮液中的聚合反应试验结果表明，其聚合体可以吸附于颗粒表面，这样既不改变硅灰石粉体的表面性质，又不影响其粒径和白度。将此硅灰石粉体作涂料的填料，可降低涂料的沉降性和增强分散性。目前选择在硅灰石粉体水悬浮液中进行聚合反应的单体是甲基丙烯酸甲酯。

第三章 铝土矿、高岭土及膨润土

第一节 铝土矿

一、性质

铝土矿实际上是指工业上能利用的，以三水铝石、一水软铝石或一水硬铝石为主要矿物所组成的矿石的统称。

三水铝石是铝的氢氧化物矿物，在铝土矿床中它是主要的成分。三水铝石的晶体极细小，晶体聚集在一起成结核状、豆状或土状，一般为白色，有玻璃光泽，如果含有杂质则发红色。它们主要是长石等含铝矿物风化后产生的次生矿物。摩斯硬度 2.5 ～ 3.5，比重 2.40。三水铝石主要是长石等含铝矿物化学风化的次生产物，是红土型铝土矿的主要矿物成分。但也可为低温热液成因。

一水硬铝石又称硬水铝矿，常含微量铁、锰等。斜方晶系，通常成细鳞片状集合体或结核状块体，极少呈薄板状。硬度 6～7，密度 3.3～3.5 g/cm^3。玻璃光泽，解理面呈珍珠光泽，白色、灰色、黄褐或黑褐色。性脆，解理平行，板面完全，主要形成于外生作用，广泛分布于铝土矿矿床中。山东淄博地区的"一水型"铝土矿矿床中，即以一水硬铝石为主要矿物成分。是炼铝的重要矿物原料。

二、主要产品的用途及质量标准

（1）炼铝工业。用于国防、航空、汽车、电器、化工、日常生活用品等。

（2）精密铸造。矾土熟料加工成细粉做成铸模后精铸。用于军工、航天、通讯、仪表、机械及医疗器械部门。

（3）用于耐火制品。高铝矾土熟料耐火度高达 1 780℃，化学稳定性强、物理性能良好。

（4）硅酸铝耐火纤维。具有重量轻，耐高温，热稳定性好，导热率低，热容小和耐机械振动等优点。用于钢铁、有色冶金、电子、石油、化工、宇航、原子能、国防等多种工业。它是把高铝熟料放进融化温度为 2 000～2 200℃的高温电弧炉中，经高温熔化、高压高速空气或蒸汽喷吹、冷却，就形成洁白的"棉花"——硅酸铝耐火纤维。它可压成纤维毯、板或织成布代替冶炼、化工、玻璃等工业高温窑炉内衬的耐火砖。消防人员可用耐火纤维布做消防服。

（5）以镁砂和矾土熟料为原料，加入适当结合剂，用于浇注盛钢桶整体桶衬，效果甚佳。

（6）制造矾土水泥、研磨材料、陶瓷工业以及化学工业可制铝的各种化合物。

耐火材料用铝土矿质量标准见表 8 - 3 - 1，研磨材料与高铝水泥质量标准见表 8 - 3 - 2。

表 8 - 3 - 1   耐火材料用铝土矿质量标准

牌号	化学组成（%）					体积密度（g/cm³）	吸水率（%）
	Al_2O_3	Fe_2O_3	TiO_2	$CaO + MgO$	$K_2O + Na_2O$		
GA1 - 88	≥88	≤1.5	≤4.0	≤0.4	≤0.4	≥3.15	≤4
GA1 - 85	≥85	≤1.8	≤4.0	≤0.4	≤0.4	≥3.10	≤4
GA1 - 80	≥80	≤2.0	≤4.0	≤0.5	≤0.5	≥2.90	≤5
GA1 - 70	>70 ~ 80	≤2.0	—	≤0.6	≤0.6	≥2.75	≤5
GA1 - 60	>60 ~ 70	≤2.0	—	≤0.6	≤0.6	≥2.65	≤6
GA1 - 50	>50 ~ 60	≤2.5	—	≤0.6	≤0.6	≥2.45	≤6

表 8 - 3 - 2   研磨材料与高铝水泥质量标准

品级	化学成分		用途举例
	铝硅比	Al_2O_3（%）	
一级品	≥12	≥73	刚玉型研磨材料
		≥69	氧化铝
		≥66	氧化铝
		≥60	氧化铝
二级品	≥9	≥71	高铝水泥、氧化铝
		≥67	氧化铝
		≥64	氧化铝
		≥50	氧化铝
三级品	≥7	≥69	氧化铝
		≥66	氧化铝
		≥62	氧化铝
四级品	≥5	≥62	氧化铝
五级品	≥4	≥58	氧化铝
六级品	≥3	≥54	氧化铝
七级品	≥6	≥48	氧化铝

三、主要产品的加工提纯

（一）焙烧法

现代工业上采用的烧结法均是碱—石灰烧结法。它是将铝土矿配入一定的纯碱和石灰（或石灰石），经高温烧结，使氧化硅与石灰化合成不溶于水的原硅酸钙 $2CaO \cdot SiO_2$，氧化铁生成易于水解的铁酸钠 $Na_2O \cdot Fe_2O_3$（水解后生成苛性碱和氧化铁水合物），而氧化铝与纯碱化合成可溶于水的偏铝酸钠 $Na_2O \cdot Al_2O_3$。将烧结产物熟料浸出时，偏铝酸钠便进入溶液而与原硅酸钙氧化铁水合物分离，经过脱硅精制的铝酸钠溶液（精液），然后用二氧化碳分解便可得的氢氧化铝，再经焙烧即得产品氧化铝。

（二）拜耳法

拜耳法是生产氧化铝的一种主要工业方法。其生产流程主要是在压煮器中用苛性碱浸出铝土矿而制得铝酸钠溶液，稀释后，在有氢氧化铝晶种（或称种子）存在下通过搅拌，使铝酸钠分离得到氢氧化铝，再经焙烧而得产品氧化铝。晶种分解后的母液经蒸发后重新返回浸出铝土矿。拜耳法适宜处理优质的低硅铝土矿。矿石中主要杂质为氧化硅、氧化钛、氧化铁、碳酸盐，有机物、硫化物对拜耳法过程也常有很大影响。

（三）联合法

将拜耳法与烧结法组合起来同时使用即为联合法。联合法，互相取长补短，使流程更加完善。联合法又可分为并联法和串联法。

（1）并联法：由拜耳法和烧结法两种方法平行组成。以拜耳法处理低硅铝土矿，烧结法处理高硅铝土矿。由两个系统所产生的铝酸钠溶液混合，进行晶种分解，该法适合既有高品位铝土矿又有低品位铝土矿的矿石产区。

（2）串联法：用来处理含氧化铁低的高硅铝土矿及中等品位的铝硅比（A/S 为 4~7）的铝土矿。该法首先将矿石用拜耳法处理，所得赤泥含有大量的氧化铝和氧化钠，进一步用烧结法处理，得到的铝酸溶液与拜耳法溶出后的铝酸酸钠溶液混合进行晶种分解。

第二节　高岭土

一、性质

高岭土又称瓷土，是由多种次生水铝硅酸盐矿物组成的黏土状混合物。有珍珠光泽，颜色纯白或淡灰，含杂质较多时则呈黄、褐等色。大部分是致密状态和松散的土块状。容易分散于水和其他液体中，有滑腻感，泥土味。密度 2.54~2.60 g/cm^3。熔点约 1 785℃。具有可塑性，湿土能塑成各种形状而不致破碎，并能长期保持不变。高岭土基本矿物组成和性质见表 8-3-3。

表 8 – 3 – 3　　　　　　　　　　　　高岭土基本矿物组成和性质

组别	矿物名称	密度	硬度	晶系	颜色
高岭石组	高岭石	2.609	2~2.5	单斜或三斜	白、灰白、带黄、带红
	地开石	5.589	2.5~3	单斜	白
	珍珠石	2.581	2.5~3	单斜	带蓝白、带黄白
多水高岭石组	埃洛石	2.1~2.6	1~2	单斜	白、灰绿、黄、蓝、红
蒙脱石组	蒙脱石	2~3	1~2	单斜	白、浅灰、分红、浅绿

二、矿物主要用途及质量标准

高岭土的主要用途见表 8 – 3 – 4。

表 8 – 3 – 4　　　　　　　　　　　　高岭土的主要用途

应用领域	主要用途
陶瓷工业	陶瓷工业的主要原料，用于制造日用陶瓷、建筑及卫生陶瓷、电瓷、化工耐腐蚀陶瓷、工艺美术陶瓷及特种陶瓷等
造纸工业	用于纸张的填料和涂料，提高纸张的密度、白度和平滑度，改善印刷性能，降低造纸成本
耐火材料及水泥工业	耐火度高于或等于 1 770℃ 的纯净高岭土可制熔炼光学玻璃和玻璃纤维用的坩埚及实验室用坩埚，低品位高岭土可制耐火砖、匣钵、耐火泥、出铁泥塞及烧制白水泥等。
橡胶工业	用作补强剂和填充剂，可提高橡胶的机械强度及耐酸性能，改善制品性能，降低成本
石油、化工工业	制高效能吸附剂，代替人工合成化工用分子筛，用作石油裂解催化剂
医药、轻纺工业	作为医药的涂层，吸附层、添加剂、漂白剂、制作去垢剂、化妆品、铅笔、颜料、油漆的填料
农业	用作化肥、农药、杀虫剂的载体
国防尖端技术	原子反应堆、喷气式飞机、火箭燃料室及喷嘴等

工业应用高岭土质量的要求按国家标准（GB/T 14563—93）执行，见表 8 – 3 – 5 ~ 8 – 3 – 10。各类产品水分要求见表 8 – 3 – 11。

表 8 - 3 - 5　　　　　　　　　　　　**产品类别、代号及主要用途**

产品代号	类别	等级	主要用途
ZT - 0A	造纸工业用	优级高岭土	高级加工纸涂料
ZT - 0B			
ZT - 1		一级高岭土	加工纸涂料
ZT - 2		二级高岭土	
ZT - 3		三级高岭土	一般加工纸涂料
TT - 0	搪瓷工业用	优级高岭土	釉料
TT - 1		一级高岭土	
TT - 2		二级高岭土	
XT - 0	橡胶工业用	优级高岭土	白色或浅色橡胶制品半补强填料
XT - 1		一级高岭土	
XT - 2		二级高岭土	一般橡胶制品半补强填料
TC - 0	陶瓷工业用	优级高岭土	电子元件、电瓷及陶瓷釉料等
TC - 1		一级高岭土	电子元件、光学玻璃坩埚、砂轮、电瓷及陶瓷釉料等
TC - 2		二级高岭土	电瓷、日用陶瓷、建筑卫生瓷坯料及高级钵料等
TC - 3		三级高岭土	

表 8 - 3 - 6　　　　　　　　　　　　**各级产品外观质量要求**

产品代号	外观质量要求
ZT - 0A	白色、无可见杂质
ZT - 0B	
ZT - 1	
ZT - 2	
ZT - 3	白色、稍带淡黄、淡类及其他浅色，无可见杂质
TT - 0	白色、无可见杂质
TT - 1	
TT - 2	白色、稍带淡黄及其他浅色
XT - 0	白色
XT - 1	灰白色、微淡黄及其他淡色
XT - 2	米黄、浅灰等色
TC - 0	1 300℃煅烧为白色，无明显斑点
TC - 1	1 300℃煅烧为白色，稍带其他浅色
TC - 2	1 300℃煅烧呈黄色，浅灰或带其他浅色
TC - 3	

表 8 - 3 - 7　　　　　　　　造纸工业用高岭土各级产品化学成分和物理性能

产品代号	白度	小于 2 μm 含量	45 μm 筛余量	分散 沉降物	pH	黏度浓度 (500 MPa·s 固含量)	Al_2O_3	Fe_2O_3	SiO_2	烧失量
	%						%			
	≥		≤		≥	≥			≤	
ZT - 0A	90.0	90.0	0.02	0.02		68.0				
ZT - 0B	87.0	85.0	0.04	0.05		66.0	37.00	0.60	48.00	
ZT - 1	85.0	80.0		0.10	4.0		36.00	0.70	49.00	15.00
ZT - 2	82.0	75.0	0.05			65.0	35.00	0.80	50.00	
ZT - 3	80.0	70.0		0.05				1.00		

表 8 - 3 - 8　　　　　　　搪瓷工业用高岭土各级产品化学成分和物理性能要求

产品代号	Al_2O_3	Fe_2O_3	SO_3	白度	45 μm 筛余量	悬浮度
	%			%	%	mL
	≥	≤		≥	≤	
TT - 0	37.00	0.60		80.0	0.07	40
TT - 1	36.00	0.80	1.50	78.0		60
TT - 2	35.00	1.00		75.0	0.10	80

表 8 - 3 - 9　　　　　　橡胶工业用高岭土粉各级产品化学成分和物理性能要求

产品代号	二本胩吸 着率（%）	pH	降体积 （mL/g）	125 μm 筛余量	Cu	Mn	水分	SiO_2	白度
				%				Al_2O_3	%
				≤					≥
XT - 0			4.0						78.0
XT - 1	6.0 ~ 10.0	5.0 ~ 8.0	3.0	0.05	0.005	0.01	1.50	1.50	65.0
XT - 2	4.0 ~ 10.0		—	0.05				1.80	—

表 8 – 3 – 10　　　　　　　　陶瓷工业用高岭土各级产品化学成分和物理性能要求

产品代号	Al_2O_3	Fe_2O_3	TiO_2	SO_3	63 μm 筛余量
	≥	≤			
TC – 0	36.00	0.50	0.20	0.30	0.50
TC – 1	35.00	0.80			
TC – 2	32.00	1.20	0.40	0.80	
TC – 3	28.00	1.80	0.60	1.00	

表 8 – 3 – 11　　　　　　　　　　各类产品水分要求

产品形态	水分要求（%）
膏状	≤35
块状	≤18
粉状	≤15
喷雾干燥	≤2

三、主要产品的加工提纯

选矿方法对产品质量要求不高时，用手选除去矿石中的大块杂质或用干磨或风力分级等方法；对产品质量要求高时，大多采用湿法选矿。湿法选矿的基本过程有矿石准备、捣浆、除砂、分级、精选、漂白、脱水、过滤、干燥及储运等工序。

（1）重力除砂分级：采用捣浆槽捣浆，通过各种分级设备，如耙式分级机、螺旋分级机、水力旋流器，水力分级机等进行分级，以除去石英、黄铁矿等杂质。载体浮选用石灰石、方解石、萤石、重晶石等矿物作载体，通过适当的药剂处理后，使黏土中杂质矿物团聚在载体矿物表面，并随载体矿物一起进入浮选泡沫产品中，从而达到除去杂质的目的。

（2）泡沫浮选：主要采用反浮选法除去矿石中的明矾石、黄铁矿等含硫矿物。可用氧化石蜡皂等作为捕收剂，水玻璃等作为分散剂。

（3）选择性絮凝：利用水溶性多聚磷酸盐、硅酸盐作为分散剂，矿浆 pH 为 8.5 ~ 10，加絮凝剂，使杂质和高岭土得以分离。

（4）两液分选：利用锐钛矿、电气石等亲油性进入脂肪酸、苯、四氯化碳等有机液体的特性，与分散在水中的高岭土悬浮液分离。

（5）高梯度磁选：用以分离高岭土中含铁、钛矿物。1971 年，美国用 DEM – 84 型高梯度磁选机处理高岭土，取得了良好的分选效果。我国用高梯度磁选法处理江苏省吴县青山瓷土，加六偏磷酸钠作为分散剂，精矿含铁由原矿的 Fe_2O_3 从 2% ~ 3% 降至 0.3% ~ 0.5%，白度提高到 90% 以上。

（6）化学漂白：主要是陶瓷业用的要求，用硫酸调整矿浆使 pH 为 3.0，可溶去部分铁质。再加入强还原剂连二亚硫酸钠，将高价铁还原成可溶于水的低价铁，然后脱水。我国研究成功的二氧化硫电解法，是往矿浆中通入二氧化硫，在电解作用下进行化学反应，将三价铁转化为二价铁而溶于水，再经过滤洗涤将铁除去。

（7）黏附—磁选过滤：该法为前苏联所创。其特点是浮选法和高梯度磁选法相结合。其原理是利用高岭土中杂质的天然磁性和杂质在药剂作用下黏附到疏水性固体表面的特性，使高岭土和杂质分离。

第三节　膨润土

一、性质

膨润土是以蒙脱石为主的含水黏土矿。蒙脱石的化学成分为 $(Al_2Mg_3)Si_4O_{10}(OH)_2 \cdot nH_2O$，由于它具有特殊的性质，如膨润性、黏结性、吸附性、催化性、触变性、悬浮性以及阳离子交换性，所以广泛应用于各个工业领域。

膨润土是一种黏土岩，亦称蒙脱石黏土岩，常含少量伊利石、高岭石、埃洛石、绿泥石、沸石、石英、长石、方解石等；一般为白色、淡黄色，因含铁量变化又呈浅灰、浅绿、粉红、褐红、砖红、灰黑色等；具蜡状、土状或油脂光泽；膨润土有的松散如土，也有的致密坚硬。其主要化学成分是二氧化硅、三氧化二铝和水，还含有铁、镁、钙、钠、钾等元素，Na_2O 和 CaO 含量对膨润土的物理化学性质和工艺技术性能影响颇大。蒙脱石矿物属单斜晶系，通常呈土状块体，白色，有时带浅红、浅绿、淡黄等色，光泽暗淡。硬度 $1 \sim 2$，密度 $2 \sim 3 \ g/cm^3$。按蒙脱石可交换阳离子的种类、含量和层电荷大小，膨润土可分为钠基膨润土（碱性土）、钙基膨润土（碱土性土）、天然漂白土（酸性土或酸性白土），其中钙基膨润土又包括钙钠基和钙镁基等。膨润土具有强吸湿性和膨胀性，可吸附 $8 \sim 15$ 倍于自身体积的水量，体积膨胀可达数倍至 30 倍；在水介质中能分散成胶凝状和悬浮状，这种介质溶液具有一定的黏滞性、能变性和润滑性；有较强的阳离子交换能力；对各种气体、液体、有机物质有一定的吸附能力，最大吸附量可达 5 倍于自身的重量；它与水、泥或细沙的掺和物具有可塑性和黏结性；具有表面活性的酸性漂白土（活性白土、天然漂白土——酸性白土）能吸附有色离子。

膨润土是一种极有价值、多用途的非金属矿物，享有"万能黏土"之称。膨润土及其加工产品具有优良的工艺性能，如分散悬浮性、触变性、流变性、吸附性、膨润性、可塑性、黏结性、阳离子交换性等，可用作黏结剂、悬浮剂、触变剂、增塑剂、增稠剂、润滑剂、絮凝剂、稳定剂、催化剂、净化脱色剂、澄清剂、填充剂、吸附剂、化工载体等，广泛应用于石油、冶金、化工、铸造、建筑、塑料、橡胶、涂料、轻工、环保等。利用蒙脱石层状晶体结构和层间纳米尺度的高分子插层和原位聚合技术是高强度和高性能纳米塑料或纳米高分子材料的主要生产方法之一，有着良好的发展前景。膨润土虽然用途很广，但目前最主要和用量最大的应用领域是冶金、铸造和钻井泥浆，约占膨润土总用量的 75%，其他应用领域约占 25%。

二、矿物的主要用途及质量标准

膨润土的主要用途见表 8-3-12。

表 8-3-12　　　　　　　　　　　膨润土的主要用途

序号	产品用途	基本性能
1	铸造型砂黏结剂、快干涂料	钠基膨润土具有很强的黏结性、可塑性和透气性，故广泛应用于湿模铸造，用量少、成本低、铸造表面光洁度好、落砂性强，如干膜铸造可与高岭土或其他黏土混合使用，效果良好。锂基膨润土由于胶质价和膨胀容相当高，故用于醇基快干涂料，比用有机土成本低、性能好
2	铁矿球团黏结剂	钠基膨润土由于具有很强的黏结性和高温稳定性，在铁精矿粉中加入1%~2%的钠基膨润土，造粒后干燥后成球团，可大幅提高高炉生产能力，现已被各钢厂广泛采用
3	钻井泥浆	在油、气钻探中，膨润土是配制泥浆的主要原料，起保护井壁、上返岩屑、冷却润滑钻头等作用
4	防雷接地	在接地降阻剂中加入膨润土，能提高接地性能，减弱金属腐蚀性，成本低、性能好
5	动物饲料	由于膨润土含有大量微量元素（铁、铜、锌、锰），且本身无毒、颗粒较细，可作为矿物饲料配于动物饲料中
6	建筑	用于大坝防渗墙体材料，建筑地基灌浆材料，地下室、停车场、地铁等防渗漏材料
7	建材	可用其他非金属材料制成各种装饰材料、泡沫绝热材料、无机隔音隔墙板材、各类面砖、地砖、陶瓷油料、涂料等
8	食用油脱色脱脂	由于膨润土具有很强的吸附性，经酸化的活性膨润土广泛应用于各种动、植物油的脱色去脂，性能优良，无毒，是精炼食用油的最佳脱色剂
9	石化工业	膨润土具有优良的脱色性、可塑性、触变性，在石油工业中被广泛应用于炼油催化剂、脱色剂、废油再生剂等
10	农药	由于膨润土具有优良的悬浮性、分散性，可作为水性农药中悬浮剂，粉剂农药中作为分散载体，节约成本，效果良好，对农作物不会产生毒副作用

（续表）

序号	产品用途	基本性能
11	农肥	利用膨润土的黏结性将肥料制成粒肥，既可提高农肥效力又可改良土壤
12	植树造林	利用膨润土制成高吸水材料用于植树造林，成本低，保水效果优良，吸水倍数可达 100 ~ 1 000 倍/g
13	纺织、丝绸印染	可代替淀粉作纺织纱浆粉、印染糊料等
14	日化产品	利用膨润土的吸附性、增稠、增塑性等，可用于液固体洗涤产品，可软化织物，增强洗涤效果，降低生产成本。高纯、高白膨润土可用于牙膏研磨剂，其流动性、保湿性好。用于化妆品具有去污、解毒、止痒、美容、保温等性能
15	食品工业	可用作啤酒澄清过滤剂，降低啤酒中高分子蛋白质，延长保质期
16	医药用品	利用膨润土的强吸附性对若干毒品有解毒作用，用于治癣药物及其他药物，有一定的辅助疗效
17	污水处理	利用膨润土的吸附性、分散性、悬浮性，可用于各种类污水处理剂，有较强的污水处理能力

　　膨润土的技术指标或质量要求因应用领域不同而异。我国于 1995 年制定了机械铸造、铁矿球团和钻井泥浆用膨润土的建材行业标准（JC/T 592—1995）。机械铸造膨润土的质量标准见表 8 - 3 - 13、铁矿球团用膨润土质量标准见表 8 - 3 - 14、钻井泥浆用膨润土质量标准见表 8 - 3 - 15。

表 8 - 3 - 13　　　　　　　　　机械铸造膨润土的质量标准

质量等级	水分/% ≤	粒度干法 (0.07 mm) ≥	吸蓝量 (g/100 g) ≥	湿态抗压强度（kPa）≥	热湿拉强度（kPa）≥
P_{Na} - Z - 1			35	50	2.0
P_{Na} - Z - 2			30	30	1.5
P_{Na} - Z - 3	11	95	20	20	1.0
P_{Ca} - Z - 1			35	50	1.0
P_{Ca} - Z - 2			30	30	0.7
P_{Ca} - Z - 3			20	20	0.4

表 8 - 3 - 14　　　　　　　　　　铁矿球团用膨润土质量标准

质量等级	水分/% ≤	粒度干法 (0.07 mm) ≥	吸蓝量 (g/100 g) ≥	2 h 吸水率 (/%) ≤	膨胀容 (mL/g) ≥
P – Z – 1		99	35	150	15
P – Z – 2	13	99	30	120	12
P – Z – 3		95	20	100	9

表 8 - 3 - 15　　　　　　　　　　钻井泥浆用膨润土质量标准

指标	P – N
悬浮体性能	
600 r/min 时黏度计读数	≥30
屈服值 (Pa)	≤1.44 × 塑性黏度
30 min 滤失量/mL	≤15.0
湿筛分析 +0.075 mm 筛余量 (%)	≤4.0
水分 (%)	≤10

三、主要产品的加工提纯

目前，膨润土的加工技术主要集中于制造有机膨润土、活性白土、钙基膨润钠化、锂基膨润土、层柱状分子筛、蒙脱石块离子导体及其他新型材料等。

1. 有机膨润土的加工

有机膨润土是膨润土改性的深加工产品，亦是一种重要的精细化工产品。由于其具有疏水亲油的特性，在有机溶剂中有良好的分散性、加溶性和乳化性，而广泛用于油漆、油墨、高温润滑脂、化妆品、铸造、石油钻井、农药等工业领域，作为防沉淀剂、稠化剂、增黏剂及悬浮剂等。有机膨润土是用有机阳离子（如有机铵盐、季铵盐等）取代蒙脱石层间的可交换阳离子，从而使膨润土由亲水疏油性改为亲油疏水性的有机土。有机土的制备工艺一般有湿法、干法及预凝胶法。

（1）湿法制备有机土的工艺。湿法制备有机土的工艺流程如下：

膨润土粉→分散制浆→提纯→改型或改性→有机覆盖→过滤→烘干→粉碎→产品

（2）干法制备有机土工艺。这种方法是将含水 20% 以下的精选钠基膨润土与有机覆盖剂直接混合、加热混匀、经挤压而制成含一定水分的有机土，或经进一步烘干、破碎成粉状产品，或直接将其分散于有机溶剂中制成凝胶或乳胶体产品，其工艺流程如下：

提纯钠基膨润土 + 覆盖剂→加热混合→挤压→混合→有机凝胶或干燥→破碎→包装

（3）预凝胶法加工工艺：这种方法是将膨润土分离改型提纯后，在有机覆盖过程中加入疏水有机溶剂（如矿物油）。把疏水膨润土复合物萃取进入有机油，分离出水相，再经蒸发除去残留水分直接制成有机土预凝胶的方法。其工艺流程如下：

原矿粉碎→分散制浆→改型提纯→抽提水分→加热除水→预凝胶产品

2. 钙基膨润土的钠化改型工艺

膨润土的钠化改型是在一定的条件下，通过加入改型剂（如 Na_2CO_3 等）及一系列的加工处理（挤压、碾压等措施），使钙基膨润土转化为钠基膨润土的加工过程。研究表明钙基膨润土在自然条件下以聚集状态存在。因此，钙基膨润土在钠化进程中，除了必需的自由 Na^+ 外，还应当采取一定的措施使晶体分离，增加钙膨润土比表面积，加速 Na^+ 交换 Ca^{2+} 的过程。

钙基膨润土的钠化改型近年来取得了许多进展。归纳起来，人工钠化处理的主要方法有以下几种：

（1）悬浮法。这种方法是在配浆的同时向水中加入钙基膨润土和纯碱，加碱量采用最大湿黏度和最低失水量法确定，一般要加过量碱，液固比为 $1:1 \sim 18:1$；经浸泡打浆后脱水、干燥、磨粉制得钠基土。此法常与湿法提纯相配合使用。

（2）陈化法（堆场法）。在原矿或加工后的干粉中，按所需 Na^+ 量（常为矿石量 $3\% \sim 5\%$ 的 Na_2CO_3 量）制成水溶液加入、拌匀、堆放。整个矿石含水量控制在 30% 左右。堆放时间（陈化）7～10 天，并常翻动拌和，如能辅以碾压更好，陈化后干燥、磨粉。此法钠化效率较差。

（3）挤压法。这种方法是 70 年代以来国内外最常用的钠化改型方法，用此法使钙基土及低级钠基土升级改善，已取得了较好的效果。

地矿部针对山东附马营钙基地研究了一种阻流挤压钠化法，成功地对钙基土进行了钠化改型，使产品的造浆性能达到 API 标准，其工艺流程如下：

钙基土→破碎→阻流挤压（加 Na_2CO_3）→干燥→碾磨→人工钠化土产品

（4）其他方法。氧化镁、碳酸钠联合使钙（钠）基钠化改型的方法，开辟了低级钠土升级改造的新途径。其工艺流程如下：

原矿→手选→干燥→粉碎→混合（加无机盐）→产品

其中加 MgO、Na_2CO_3 可向溶液中提供 Na^+、Mg^{2+}。它们为蒙脱石双电层吸附，改变了双电层中电荷比例。定量加入 Na_2CO_3 不但可以促进 MgO 的快速电离，还可以对过量的 Mg^{2+} 起抑制作用，防止悬浮液的聚结。

第四章 石灰石、菱镁矿及白云石

第一节 石灰石

一、性质

石灰石主要成分是碳酸钙。石灰和石灰石大量用作建筑材料，也是许多工业的重要原料。石灰石可直接加工成石料和烧制成生石灰。石灰有生石灰和熟石灰。生石灰的主要成分是 CaO，一般呈块状，纯的为白色，含有杂质时为淡灰色或淡黄色。生石灰吸潮或加水就成为消石灰，消石灰也叫熟石灰，它的主要成分是 $Ca(OH)_2$。熟石灰经调配成石灰浆、石灰膏等，用作涂装材料和砖瓦黏合剂。

二、主要产品用途及质量标准

（一）最常见的是生产硅酸盐水泥

一般石灰石经过破碎、磨矿后均能达到水泥原料的要求。随着对外开放、国民经济建设的加快，水泥工业发展迅速，据估计国内未来 2 年左右仅水泥工业一项将需求石灰石 290 亿吨。

（二）生产高档造纸用涂布级重质碳酸钙产品

这类高附加值的微细、超细及活性重质碳酸钙在造纸工艺中应用十分广泛，粉碎后一般粒径 $-2\ \mu m$ 不小于 90% 的用于中性施胶造纸工艺；$-2\ \mu m$ 粒径不小于 50% 的主要用于涂布纸的填料。

（三）用作塑料、涂料等生产工艺中的填料

作该类产品原料的天然碳酸钙矿物，即石灰石要求含 $CaCO_3$（干基）：优级品 98.10%，一等品 96.10%，二等品 94.10%，$Fe_2O_3 \leqslant 0.11\%$，$Mn \leqslant 0.102\%$，$Cu \leqslant 0.100\ 1\%$，白度 90% 以上。此外，一般平均粒径 $10 \sim 15\ \mu m$ 的粉矿用作涂料填充。

三、主要产品的加工提纯

（一）石灰石的选矿加工

由于我国石灰岩资源的特点是储量大、质量好、分布广，因此，我国较大的石灰岩矿山都采用洗矿—破碎—分级方法处理石灰岩矿石，以除去地表泥土、砂石、黏性泥团对矿石的污染。对于品位较低的石灰岩或矿石性质差异大的石灰岩，国外有些国家采用浮选法或光电选矿法。如用浮选法进行石灰岩和石英与铁的分离；用浮选法或光电选矿法分离石灰岩和白云石及菱镁矿。石灰岩的选矿方法一般采用以下几种。

（1）破碎—筛分：利用破碎和筛分分级为应用部门提供合格粒级的石灰岩。一般采用一段开路破碎及筛分流程。该方法适用于质地较纯的石灰岩。

（2）洗矿：利用圆筒或槽式洗矿机擦洗除去黏土或砂对石灰岩的污染。该方法适用于被地表泥土或裂黏土、细砂污染的品位较高的石灰岩。

（3）光电选矿：根据白云岩和石灰岩光度的差异，利用光电拣选机分离出白云岩。该方法适用于含白云岩石灰岩，以控制石灰岩中白云岩含量小于2.3%。

（4）浮选：根据方解石与脉石矿物表面性质差异，利用浮选除去杂质。此方法适于除去石灰岩矿石中的石英、云母类、氧化铁、硫铁矿等杂质。由于石灰岩的矿物成分比较单纯，选矿工艺比较简单，因此，国内外的选矿技术水平都比较接近，只是根据各矿区的矿石性质的差异而采用不同的选矿方法和相应的工艺流程而已。

（二）石灰石的深加工工艺

（1）生石灰和熟石灰的生产。生石灰是用石灰岩在900℃以上的温度，在立窑或普通窑中煅烧，经热分解而制得熟石灰。

（2）轻质碳酸钙（沉淀性碳酸钙）的生产轻质碳酸钙是将石灰岩烧成生石灰，再将生石灰熟化成石灰乳，然后通入 CO_2 气体（也可用烧石灰放出的 CO_2 废气），生成碳酸钙的沉淀物。碳酸钙沉淀物经过滤、烘干、磨即制成轻质碳酸钙。

第二节　菱镁矿

一、性质

菱镁矿是一种镁的碳酸盐，其化学分子式为 $MgCO_3$，理论组分为 MgO 占47.81%、CO_2 占52.19%。密度为 2.9～3.1 g/cm^3，摩氏硬度 3～5。菱镁矿根据其结晶状态的不同，可以分为晶质和非晶质两种。晶质菱镁矿呈菱形六面体、柱状、板状、粒状、致密状、土状和纤维状等，其往往含钙和锰的类质同象物，Fe^{2+} 可以替代 Mg^{2+}，组成菱镁矿（$MgCO_3$）—菱铁矿（$FeCO_3$）完全类质同象系列。非晶质菱镁矿为凝胶结构，常呈泉华状，没有光泽，没有解理，具有贝壳状断面。

菱镁矿加热至640℃以上时，开始分解成氧化镁和二氧化碳。在700～1 000℃煅烧时，二氧化碳没有完全逸出，成为一种粉末状物质，称为轻烧镁（也称苛性镁、煅烧镁、α-镁、菱苦土），其化学活性很强，具有高度的胶黏性，易与水作用生成氢氧化镁。在1 400～1 800℃煅烧时，二氧化碳完全逸出，氧化镁形成方镁石致密块体，称重烧镁（又称硬烧镁、死烧镁、β-镁、僵烧镁等），这种重烧镁具有很高的耐火度。在2 500～3 000℃将重烧镁熔融，经冷却凝固发育成完好的方镁石晶体，称为电熔氧化镁或熔融氧化镁，高温煅烧的氧化镁不易与水和碳酸结合，具有硬度大、抗化学腐蚀性强、电阻率高等特性。

二、用途与技术经济指标

冶金工业上菱镁矿主要用作耐火材料，建材工业用菱镁矿制造含镁水泥和其他防热、保温、隔音等建材制品，化学工业上用菱镁矿制造硫酸镁和其他含镁化合物，在橡胶工业上则用其作为填料。菱镁矿也是提炼金属镁的原料。不同用途对矿石质量的要求不一样。冶金工业部 1982 年 5 月 1 日颁布了 YB 321—81 号标准，对用作耐火材料、烧结熔剂等用途的菱镁矿的质量作出了规定，见表 8 - 4 - 1。

表 8 - 4 - 1 菱镁矿质量标准

矿石品级	化学成分（%）			块度	说明
	MgO	CaO	SiO_2		
特级品	≥47	≤0.6	≤0.6	25 ~ 100	制高纯镁砂；作特殊耐火材料用
一级品	≥46	≤0.8	≤1.2	25 ~ 100	制各种镁砖
二级品	≥45	≤1.5	≤1.5	25 ~ 100	制各种镁砖
三级品	≥43	≤1.5	≤3.5	25 ~ 100	供制镁硅砂用时，SiO_2 不得大于 4%，供热选生产用时，SiO_2 不得大于 5%
四级品	≥41	≤6	≤2	25 ~ 100	制冶金镁砂
菱镁石粉	≥33	≤6	≤4	0 ~ 40	供烧结用，块度大于 40 mm 的不得超过 10%，最大者不能大于 60 mm
炼镁	42 ~ 46	≤1.8	≤1.8	R_2O_5≤2	轻烧镁提炼金属镁用

作耐火材料用菱镁矿要煅烧成重烧镁，在煅烧过程中，菱镁矿里的杂质，如 SiO_2、Al_2O_3、Fe_2O_3、CaO 等能与氧化镁形成各种结晶质的和玻璃质的矿物，另外 CaO 在煅烧时呈游离状态，易吸收水分形成 $Ca(OH)_2$ 或其他化合物，从而影响耐火制品的耐火度、烧结性能、荷重软化温度、耐压强度等，因此对作为耐火材料用菱镁矿的杂质含量有严格的要求，见表 8 - 4 - 2，煅烧后的重烧镁的质量也有一定的标准，见表 8 - 4 - 3。

表 8 - 4 - 2 耐火材料用菱镁矿质量标准

品级	MgO（%）	CaO（%）	SiO_2（%）	用途
一级	≥46	≤0.8	≤1.5	镁砖
二级	≥44	≤1.5	≤2.5	镁砖、冶金砂
三级	≥42	≤2.2	≤3	镁砖、冶金砂
四级	≥38	≤6 ~ 3	≤6	冶金砂

表 8 - 4 - 3　　　　　　　　　重烧镁质量标准

品级	MgO（%）	SiO$_2$（%）	CaO（%）	粒度（mm）
一级	97	≤1.3	≤1.5	0~30
二级	95	≤3	≤2.5	0~40
三级	91	≤4	≤2.5	0~90、0~20、0~10
四级	90	≤5	≤3	0~90、0~20、0~10
五级	87	≤5.5	≤5	0~90、0~20、0~10

　　轻烧镁主要用于制造胶凝材料，如含镁水泥、绝热和隔音的建筑材料，也可作为陶瓷原料。将轻烧镁进行化学处理后，可以制成多种镁盐，用作医药、橡胶、人造纤维、造纸等方面的原料。轻烧镁质量标准见表 8 - 4 - 4。

表 8 - 4 - 4　　　　　　　　　轻烧镁质量标准

品级	MgO（%）	SiO$_2$（%）	粒度
一级	≥92	≤2	0~40 mm
二级	≥91	≤3	2~5 mm
三级	≥90	≤5	80目
四级	≥87	≤6	150目

　　菱镁矿也可以作为提炼金属镁的原料，其一般要求 MgO 含量高、杂质含量低。橡胶工业用菱镁矿要有高分散性，不含锰。提炼金属镁用菱镁矿质量标准见表 8 - 4 - 5。

表 8 - 4 - 5　　　　　　　提炼金属镁用菱镁矿质量标准

项目	MgO	轻烧镁 MgO	SiO$_2$	CaO	R$_2$O$_5$
单位（%）	42~46	86~88	≤1.8	≤1.8	≤2

三、主要产品加工工艺

1. 浮选法

　　浮选法是处理菱镁矿的主要提纯方法之一，对于脉石矿物为滑石、石英等以硅酸盐矿物为主的矿石，浮选时通常在矿浆自然 pH 下，添加胺类阳离子捕收剂和起泡剂就能达到良好的效果，可将菱镁矿纯度提高到 95%~97%。

2. 轻烧

　　菱镁矿在 750~1 100℃温度下煅烧称轻烧，其产品称轻烧镁粉。由于菱镁矿烧减量一般为 50% 左右，因此通过轻烧，矿石中 MgO 含量几乎可提高 1 倍。从这一意义上讲，轻烧是最有效的 MgO 富集手段。此外，轻烧也是菱镁矿热选和某些重选的预备作业。轻烧镁具有很高的活性，是生产高体密镁砂的理想原料。

3. 热选法

利用菱镁矿与滑石在热学性质上的差异，经煅烧后造成二者之间的密度差与硬度差，再经选择性破碎及简单的筛分或分级使矿物得到分离。

除了上述浮选法、轻烧法、热选法外，还有重选法、电选法、辐射选矿法、磁种分选法等。

第三节　白云石

一、性质

白云石晶体属三方晶系的碳酸盐矿物。化学成分为 $CaMg(CO_3)_2$。常有铁、锰等类质同象代白云石替镁。当铁或锰原子数超过镁时，称为铁白云石或锰白云石。三方晶系，晶体呈菱面体，晶面常弯曲成马鞍状，聚片双晶常见。集合体通常呈粒状。纯者为白色；含铁时呈灰色；风化后呈褐色。玻璃光泽。遇冷稀盐酸时缓慢起泡。是组成白云岩的主要矿物。海相沉积成因的白云岩常与菱铁矿层、石灰岩层成互层产出。在湖相沉积物中，白云石与石膏、硬石膏、石盐、钾石盐等共生。

二、用途与技术经济指标

白云石广泛应用于建材、陶瓷、玻璃和耐火材料、化工以及农业、环保、节能等领域。

白云石或白云岩的主要用途见表 8 - 4 - 6。

表 8 - 4 - 6　　　　　　　　　　　　白云石或白云岩的主要用途

应用领域	主要用途
冶金耐火材料工业	炼钢铁中作为镁质造渣剂，以结合熔融的硅、铝、硫、磷等不需要或有害伴生元素，变成易于与钢水分离的炉渣；提取金属镁；炼钢耐火材料等
化学工业	生产硫酸镁、氧化镁、轻质碳酸镁（沉淀碳酸镁）、镁砂等，橡胶填料等
建材工业	生产硫酸氧化镁水泥、高性能氯氧化镁水泥、过烧石灰硅酸盐砖、处理石膏制品和木制品的裂缝等
农、林业	酸性土壤改良或中和剂、防疫、杀虫剂等
玻璃、陶瓷	除硅砂和苏打粉外，石灰石和白云石是玻璃原料中的第三大组分、陶瓷的胚料和釉料等
环境保护	水处理用白云石过滤材料等

对白云石技术指标的要求因用途不同而异。冶金耐火材料的质量要求见表 8 - 4 - 7，建筑材料工业用白云石质量要求见表 8 - 4 - 8。

表 8 - 4 - 7　　　　　　　　冶金耐火材料的质量要求

品级	化学成分（%）			
	MgO	CaO	SiO$_2$	说明
一级品	≥19		≤2.0	
二级品	≥19		≤3.5	
三级品	≥17		≤4.0	根据资源条件四级品中 SiO$_2$ 可放宽到 ≤6.0%
四级品	≥16		≤5.0	
镁化白云岩	≥12	≥6	≤2.0	

表 8 - 4 - 8　　　　　　　建筑材料工业用白云石质量要求

用途		化学成分（%）					
		MgO	CaO	Al$_2$O$_3$	Fe$_2$O$_3$	Mn$_3$O$_4$	CaCO$_3$ + MgCO$_3$
玻璃原料	Ⅰ级	>20	>30	≤1.0	≤0.1		
	Ⅱ级	>19	>26	≤1.0	≤0.2		
辉绿岩铸石		>18	>30				
含镁水泥		>18			≤0.5		
陶瓷						≤0.3	>79

三、主要产品加工工艺

（一）冶金行业

原矿粒度为 30 ~ 120 mm 的白云石是生产金属镁的重要原料，目前在国内来说，利用白云石冶炼金属镁一般都采用硅热还原法，该法生产的金属镁纯度高。同时，白云石也是碱性耐火材料的重要原料之一，其重要性仅次于菱镁矿，主要用于炼钢转炉衬、平炉炉膛、电炉炉壁，其次也用于炉外精炼装置和水泥窑等热工设备。

（二）化工行业

白云石在化工行业中经过加工可用来生产碳酸镁。目前，生产的碳酸镁主要有以下三种：轻质碳酸镁、轻质球状碳酸镁和轻质透明碳酸镁。同时，白云石经加工后还可生产出硫酸镁、氧化镁、氢氧化镁等重要的化工原料。

（三）建材行业

制造氯氧镁水泥是白云石的另一重要用途。这种含镁水泥具有良好的抗压、抗挠曲强度和抗腐蚀等特性。此外，通过煅烧白云石生成苛性白云石后，也可加工成氢氧化镁水泥和硫酸氧化镁水泥。这两种非水硬性胶凝材料具有生产工艺简单、凝结硬化快、强度高、黏结力强、弹性好、耐磨、成型方便、低耗能等优点，具有很高的开发和使用价值。同时，白云石的加工和利用也涉及玻璃、陶瓷等领域。

（四）其他行业

随着炼镁工业的发展，越来越多的尾矿渣占用了耕地，增加了环境负荷，如何综合利用这部分资源，目前已找到了较好的出路，即利用白云石冶炼金属镁后的尾矿生产镁钾多元复合肥。此外，还可以用白云石代替蛇纹石生产钙镁磷肥。

总的来说，白云石是一种可以进行多项加工与利用的矿产资源，并且随着现代科学技术的发展，白云石的加工、利用已深入到社会发展的各个领域，成为一种极具经济价值的矿产资源。

第五章 滑石、萤石及重晶石

第一节 滑 石

一、性质

滑石是一种常见的硅酸盐矿物，也是已知最软的矿物，用指甲可以在滑石上留下划痕。

滑石化学组成为 $Mg_3[Si_4O_{10}](OH)_2$，晶体属三斜晶系的层状结构硅酸盐矿物。假六方片状单晶少见，一般为致密块状、叶片状、纤维状或放射状集合体。白色或各种浅色，条痕常为白色，脂肪光泽（块状）或珍珠光泽（片状集合体），半透明。摩氏硬度1，比重2.6～2.8。一组极完全解理，薄片具挠性。有滑感，绝热及绝缘性强。

二、主要用途

滑石粉依其粉碎粒度的大小，分为磨细滑石粉和微细滑石粉两种类型。磨细滑石粉按不同工业用途，分为9个品种，见表8-5-1。

表8-5-1　　　　　　　　　　　滑石粉产品品种及用途

代号	产品品种名称	工业用途
HZ	化妆品级滑石粉	用于各种润肤粉、美容粉、爽身粉等
YS	医药—食品级滑石粉	医药片剂、糖衣、痱子粉和中药方剂、食品添加剂、隔离剂等
TL	涂料级滑石粉	用于白色体质颜料和各类水基、油基、树脂工业涂料，底漆、保护漆等
ZZ	造纸级滑石粉	用于各类纸张和纸板的填料，木沥青控制剂
SL	塑料级滑石粉	用于聚丙烯、尼龙、聚氯乙烯、聚乙烯、聚苯乙烯和聚酯类等塑料的填料
AJ	橡胶级滑石粉	用于橡胶填料和橡胶制品防黏剂
DL	电缆级滑石粉	用于电缆橡胶增强剂、电缆隔离剂
TC	陶瓷级滑石粉	制造电瓷、无线电瓷、各种工业陶瓷、建筑陶瓷、日用陶瓷和瓷陶釉等
FS	防水材料级滑石粉	用于防水卷材、防水涂料、防水油膏等

三、主要产品技术要求

(一) 化妆品级滑石粉的技术要求

化妆品级滑石粉的理化性能应符合表 8-5-2 的规定。

表 8-5-2 化妆品级滑石粉的理化性能指标 (%)

理化性能	优等品	一等品	合格品
白度	≥90.0	≥85.0	≥80.0
水分	≤0.5		1.0
铁盐	不即时显蓝色		
水溶物	≤0.1		
酸溶物	≤1.5	≤2.0	≤4.0
烧失量 (1 000℃)	≤5.50	≤6.50	≤7.00
细度, 通过率	75 μm, ≥98.0		
	45 μm, ≥98.0		
砷	≤3×10^{-4}		
铅	≤20×10^{-4}		
细菌	总数≤500 个/g; 霉菌≤100 个/g; 不得检出致病菌[1]		
闪石类石棉矿物	X 射线衍射分析不得发现		

注: [1]致病菌主要是指大肠杆菌、葡萄球菌、绿脓杆菌。

(二) 医药—食品级滑石粉的技术要求

医药—食品级滑石粉的理化性能应符合表 8-5-3 的规定。

表 8-5-3 医药-食品级滑石粉的理化性能指标 (%)

理化性能	优等品	一等品	合格品
性状	无臭、无味、无砂性颗粒, 有润滑感		
白度	≥90.0	≥85.0	≥80.0
水分	≤0.5		≤1.0
烧矢量 (1 000℃)	≤6.00	≤6.50	
酸溶物	≤1.5		
水溶物	≤0.1		
酸碱性	石蕊试纸呈中性反应		
铁盐	不即时显蓝色		
细度, 通过率	75 μm, ≥98.0		
	45 μm, ≥98.0		

（续表）

理化性能	优等品	一等品	合格品
砷	$\leqslant 3 \times 10^{-4}$		
铅	$\leqslant 10 \times 10^{-4}$		
重金属	$\leqslant 40 \times 10^{-4}$		
细菌	总数 $\leqslant 500$ 个/g，霉菌 $\leqslant 100$ 个/g，不得检出致病菌[①]		

注：①致病菌主要是指大肠杆菌、葡萄球菌、绿脓杆菌。

（三）涂料级滑石粉的技术要求

涂料级滑石粉的理化性能应符合表 8 - 5 - 4 的规定。

表 8 - 5 - 4　　　　　　　　涂料级滑石粉的理化性能指标（％）

理化性能		优等品	一等品	合格品
白度		$\geqslant 80.0$	$\geqslant 75.0$	$\geqslant 70.0$
水分		$0.5 \sim 1.0$		
烧矢量（1 000℃）		$\leqslant 7.00$	$\leqslant 8.00$	$\leqslant 28.00$
细度，45 μm 通过率		$\geqslant 99.0$	$\geqslant 98.0$	$\geqslant 97.0$
粒度分布累积含量	<20 μm	$\geqslant 95$	$\geqslant 80$	$\geqslant 70$
	<10 μm	$\geqslant 70$	$\geqslant 50$	$\geqslant 40$
	<5 μm	$\geqslant 40$	$\geqslant 30$	$\geqslant 20$
吸油量		$20.0 \sim 50.0$		
水溶物		$\leqslant 0.5$		
pH		$8.0 \sim 10.0$		

（四）造纸级滑石粉的技术要求

造纸级滑石粉的理化性能应符合表 8 - 5 - 5 的规定。

表 8 - 5 - 5　　　　　　　　造纸级滑石粉的理化性能指标（％）

理化性能	优等品	一等品	合格品	
			低碳酸盐滑石	高碳酸盐滑石
白度	$\geqslant 90.0$	$\geqslant 85.0$	$\geqslant 80.0$	$\geqslant 80.0$
水分	$\leqslant 0.5$		$\leqslant 1.0$	
尘埃	$\leqslant 0.4$ mm^2/g	$\leqslant 0.6$ mm^2/g	$\leqslant 0.8$ mm^2/g	$\leqslant 1.0$ mm^2/g
碳酸钙	$\leqslant 2.5$	$\leqslant 3.0$	$\leqslant 3.5$	$\leqslant 4.0$
酸溶铁（以 Fe_2O_3 计）	$\leqslant 0.80$	$\leqslant 1.00$	$\leqslant 1.50$	$\leqslant 1.00$
烧矢量（800℃）	$\leqslant 6.00$	$\leqslant 8.00$	$\leqslant 12.00$	$\leqslant 22.00$

（续表）

理化性能	优等品	一等品	合格品	
			低碳酸盐滑石	高碳酸盐滑石
细度，45 μm 通过率	≥98.0	≥96.0	≥95.0	
磨耗度（铜网），mg≤	≤80.0 mg	100.0	—	—
吸油量	20.0~50.0			

（五）塑料级滑石粉的技术要求

塑料级滑石粉的理化性能应符合表8-5-6规定。

表8-5-6　　　　　塑料级滑石粉的理化性能指标%

理化性能		优等品	一等品	合格品
白度		≥90.0	≥85.0	≥80.0
水分		≤0.5	≤1.0	
二氧化硅		≥61.0	≥58.0	≥55.0
氧化镁		≥31.0	≥29.0	≥27.0
三氧化二铁		≤0.50	≤1.00	≤1.50
三氧化二铝		≤1.00	≤2.00	≤3.00
氧化钙		≤0.50	≤1.50	≤4.50
烧矢量（1 000℃）		6.00	8.00	9.00
体密 g/cm³	松密度	≤0.45	≤0.55	≤0.65
	紧密度	≤0.90	≤0.95	≤1.00
细度，45 μm 通过率		≥99.0	≥98.0	≥95.0
粒度分布累积含量	<20 μm	80	72	60
	<10 μm	50	36	26
	<5 μm	30	16	12

（六）橡胶级滑石粉的技术要求

橡胶级滑石粉的理化性能应符合表8-5-7规定。

表8-5-7　　　　　橡胶级滑石粉的理化性能指标（%）

理化性能	优等品	一等品	合格品
水分	≤0.5	≤0.7	≤1.0
细度，75 μm 通过率	≥99.9	≥99.5	≥99.0
烧矢量（1 000℃）	≤7.00	≤9.00	≤24.00
酸溶物	≤6.0	≤15.0	≤20.0
酸溶铁（以 Fe_2O_3 计）	≤1.00	≤2.00	≤3.00

（续表）

理化性能	优等品	一等品	合格品
可溶铜	≤0.005		
可溶锰	≤0.05		
pH	8.0～10.0		

（七）电缆级滑石粉的技术要求

电缆级滑石粉的理化性能应符合表8－5－8规定。

表8－5－8　　　　　　　**电缆级滑石粉的理化性能指标（％）**

理化性能	优等品	一等品	合格品
水分	≤0.5	≤1.0	
细度，通过率	45 μm，≥98.0	75 μm，≥98.0	
烧矢量（1 000℃）	≤6.00	≤8.00	≤10.00
酸不溶物	≥90.0	≥87.0	≥85.0
酸溶铁（以 Fe_2O_3 计）	≤0.20	≤0.50	≤1.00
磁铁吸出物	≤0.04	≤0.07	≤0.10

（八）陶瓷级滑石粉的技术要求

陶瓷级滑石粉的理化性能应符合表8－5－9规定。

表8－5－9　　　　　　　**陶瓷级滑石粉的理化性能指标（％）**

理化性能	优等品	一等品	合格品
白度	≥85.0	≥80.0	≥80.0
二氧化硅	≥61.0	≥60.0	≥58.0
氧化镁	≥31.0	≥30.0	≥29.0
三氧化二铁	≤0.30	≤1.00	≤1.50
三氧化二铝	≤1.00	≤2.00	≤4.00
氧化钙	≤0.50	≤1.00	≤1.50
氧化钾和氧化钠	≤0.40		≤0.50
烧矢量（1 000℃）	≤6.00	≤7.00	≤8.00
酸溶钙（以 CaO 计）	≤1.00		
细度，45 μm通过率	≥95.0		

（九）防水材料级滑石粉的技术要求

防水材料级滑石粉的理化性能应符合表8－5－10规定。

表 8 – 5 – 10　　　　　　　　防水材料级滑石粉的理化性能指标（%）

理化性能	一等品	合格品
白度	≤75.0	≤60.0
密度	≤3.00 g/cm^2	—
二氧化硅和氧化镁	≥77.0	≥60.0
烧矢量（1 000℃）	≤22.00	≤25.00
水分	≤0.5	≤1.0
细度，75 μm 通过率	≥98.0	≥95.0
pH	≤10.0	—

（十）微细滑石粉的技术要求

微细滑石粉的理化性能应符合表 8 – 5 – 11 规定。

表 8 – 5 – 11　　　　　　　　微细滑石粉的理化性能指标（%）

理化性能		一等品	合格品
白度		≥85.0	≥80.0
细度，45 μm 筛余量		≤0.02	≤0.05
粒度分布累积含量	<20 μm	≥98	≥95
	<10 μm	≥85	≥75
	<5 μm	≥70	≥60
	<2 μm	≥30	≥25
体积密度 g/cm^3	松密度	≤0.35	≤0.40
	紧密度	≤0.70	≤0.80
烧矢量（1 000℃）		≤8.00	≤12.00
水分		≤0.5	
水溶物		≤0.5	
吸油量		20.0 ~ 50.0	
pH		8.0 ~ 10.0	

四、主要产品加工工艺

选矿提纯滑石的选矿方法如下。

（一）浮选

由于滑石的天然可浮性好，因此烃类油捕收剂即可浮选。常用的捕收剂是煤油，浮选油作起泡剂。甲基异丁基甲醇（MIBC）生成的泡沫较脆，容易获得优质精矿。滑石浮选流程比较简单，只需一次粗选、一次扫选、2 ~ 4 次精选就可获得最终精矿。

（二）手选

手选是根据滑石和脉石矿物的滑腻性不同用手工进行挑选。滑石具有良好的滑腻性，品位越高，滑腻性越好，凭手感极易鉴别。国内大部分滑石矿山常用手选生产高级滑石块。

（三）静电选矿

滑石矿石中除滑石外，还含有菱镁矿、磁铁矿、磁硫铁矿、透闪石等矿物，嵌布粒度为 0.5 mm 左右。在静电场中滑石带负电荷，菱镁矿带正电荷，而磁铁矿和磁流铁矿均为良导体，因而在电场中很容易将上述矿物分开。

（四）磁选

滑石精矿除要求具有一定的细度外，还要具有一定的白度。由于矿石中染色铁矿物的存在，有时用上述方法还不够，需要用磁选除去铁矿物。采用湿式磁选可使滑石精矿含铁量从 4% ~5% 降到 1% 以下。

（五）光电拣选

光电拣选是利用滑石和杂质矿物表面光学性质的不同而分选的方法。光电分选机包括准备机构（矿仓、给矿机、皮带输送机）、辐射源和探测器（传感器）、电子控制回路及执行机构等。另外利用滑石在紫外线照射下发出白色荧光的特征，可利用光电分选机拣出较纯净的滑石。一般采用劳动特克斯 621 型光选机，如美国塞浦路斯滑石公司用此法将滑石含量为 30% 的贫矿富集到滑石含量达 69% 的富矿，最后磨细到 200 目进行浮选，获得品位 99% 的化妆品级滑石。

第二节　萤　石

一、性质

萤石又称为氟石，化学成分为 CaF_2，晶体属等轴晶系的卤化物矿物。在紫外线、阴极射线照射下或加热时发出蓝色或紫色荧光，并因此而得名。晶体常呈立方体、八面体或立方体的穿插双晶，集合体呈粒状或块状。浅绿、浅紫或无色透明，有时为玫瑰红色，条痕白色，玻璃光泽，透明至不透明。八面体解理完全。摩氏硬度 4，比重 3.18。萤石主要产于热液矿脉中。

二、主要用途及技术要求

萤石中含有卤族元素氟，且熔点低，用于冶金、水泥、玻璃、陶瓷等行业。无色透明的大块萤石晶体还可作光学萤石和工艺萤石。

（一）钢铁工业

炼铁、炼钢的助溶剂、排渣剂，高质量的酸级萤石也用于电炉生产高质量的特殊钢和特种合金钢，小部分用作钢铁铸造业的铸造药剂。

（二）炼铝业

生产人造冰晶石，并可直接加入熔融电解液。

（三）化学工业

生产无水氢氟酸的主要原料。氢氟酸是氟化工业的主要原料，用于生产碳氟化合物、铀的浓缩，石油烷化、氟聚合物、精细化学品等。

（四）玻璃业

生产乳化玻璃、不透明玻璃和着色玻璃的原料，可降低玻璃熔炼时的温度，改进熔融体，加速熔融，从而可缩减燃料的消耗比率。

（五）水泥

生产水泥熟料的矿化剂，可降低烧结温度，易煅烧，烧成时间短，节省能源。

（六）陶瓷

制造陶瓷、搪瓷过程的溶剂和乳浊剂，又是配制涂釉不可缺少的成分之一。

萤石块矿质量标准见表 8 – 5 – 12，萤石粉矿质量标准见表 8 – 5 – 13。

表 8 – 5 – 12　　　　　　　　　　　　　萤石块矿质量标准

品级		特二级	特一级	一级品	二级品	三级品	四级品	五级品	六级品	七级品
化学成分（%）	$CaF_2 \geqslant$	98.0	97.0	95.0	90.0	85.0	80.0	75.0	70.0	65.0
	SiO_2		1.5	2.5	4.5	9.0	14.0	18.0	23.0	28.0	32.0
	S	$\leqslant$	0.05	0.05	0.10	0.10	0.15	0.20	0.20	0.25	0.30
	P		0.03	0.05	0.06	0.06	0.06	0.08	0.08	0.08	0.08

表 8 – 5 – 13　　　　　　　　　　　　　萤石粉矿质量标准

品级	化学成分（%）		
	$CaF_2 \geqslant$	$Fe_2O_3 \leqslant$	
特三级	98.0	0.2	
特二级	97.0	0.2	
特一级	95.0	0.2	
一级品	90.0	0.2	
二级品	85.0	I	II
		0.2	0.3
三级品	80.0	0.2	0.3
四级品	75.0	0.3	
五级品	70.0	—	
六级品	60.0	—	
七级品	50.0	—	
八级品	40.0	—	

注：表中"—"表示含量不规定；该标准适用于陶瓷、搪瓷、玻璃、水泥等行业使用的萤石粉。

三、主要产品加工工艺

从萤石矿石中分选出萤石精矿的过程。萤石除本身即为矿床的主要矿物外，有的是金属矿床，特别是铅、锌矿床的伴生矿物。萤石矿床分石英—萤石矿床、碳酸盐—萤石矿床，多金属萤石矿床3类。

分选萤石采用的选矿方法主要有手选、重选和浮选3种。其中浮选法应用最广。

（1）手选：用于对结晶粗大的块状萤石的处理。可按 + 200 mm，200 ~ 30 mm，30 ~ 15 mm，15 ~ 0 mm 四级进行分选，按精矿品位和杂质含量决定其用途。

（2）重选：适用于冶金用块矿的生产或作为浮选的预选作业。通常是将原矿或手选尾矿破碎至25 ~ 30 mm 以下，经筛分、分级入选。细粒级用跳汰选矿法或摇床选矿法进行分选；粗粒级用重介质选矿法分选，常用硅铁作为加重质。入选矿石中如含有重晶石、方铅矿等重金属矿物时，则将萤石作为第一重物回收，否则，它将富集于重产物中。

（3）浮选：主要用于化工和陶瓷业用的高品位精矿的生产。萤石的可浮性很好，只要加入少量的油酸在矿浆中即能浮起，矿浆的 pH 对萤石的浮选有很大影响，当用油酸作捕收剂时，pH 为 8 ~ 11 时可浮性较好。

第三节　重晶石

一、性质

重晶石是钡的最常见矿物，它的成分为硫酸钡。产于低温热液矿脉中，如石英重晶石脉，萤石重晶石脉等，常与方铅矿、闪锌矿、黄铜矿、辰砂等共生。纯重晶石显白色、有光泽，由于杂质及混入物的影响也常呈灰色、浅红色、浅黄色等，结晶情况相当好的重晶石还可呈透明晶体出现。常呈厚板状或柱状晶体，多为致密块状或板状、粒状集合体。三组解理完全，夹角等于或接近90°。摩氏硬度 3 ~ 3.5，比重 4.0 ~ 4.6。矿石矿物组成见表 8 - 5 - 14。

表 8 - 5 - 14　　　　　　　　　　矿石矿物组成

矿石类型	矿石特点	主要矿物及伴生矿物
沉积型	块状、条纹状、豆粒状构造	重晶石、石英、黏土矿物、黄铁矿等
热液型	致密、灰至白色	重晶石、黄铁矿、黄铜矿、方铅矿、闪锌矿、赤铁矿、萤石、毒重石等

（续表）

矿石类型	矿石特点	主要矿物及伴生矿物
火山沉积型		重晶石、菱铁矿、镜铁矿等
残坡积型	易选、品位较高	重晶石、萤石、方解石、石英等

二、主要用途

重晶石粉主要用于石油、化工、油漆、填料等工业部门，其中 80% ~90% 用作石油钻井中的泥浆加重剂，表 8-5-15 列出了它的应用领域及主要用途。

表 8-5-15　　　　　　　　　　　重晶石的应用领域及主要用途

应用领域	主要用途	备注
石油钻探	油气井旋转钻探中的环流泥浆加重剂	冷却钻头，带走切削下来的碎屑物，润滑钻杆，封闭孔壁，控制油气压力，防止油井自喷
化工	生产碳酸钡、氯化钡、硫酸钡、锌钡白、氢氧化钡、氧化钡等各种钡化合物	广泛应用于试剂、催化剂、糖的精制、纺织、防火、各种火焰、合成橡胶的凝结剂、塑料、杀虫剂、钢的表面淬火、荧光粉、荧光灯、焊药、油脂添加剂等
玻璃	去氧剂、澄清剂、防熔剂	增加剥离的光学稳定性、光泽和强度
橡胶、塑料、油漆	填料、增光剂、加重剂	
建筑	混凝土骨料、铺路材料	重压沼泽地区埋藏的管道，代替铅板用于核设施，原子能工厂、X 光实验室等的屏蔽

三、主要产品的技术要求

我国油田钻井用重晶石粉的质量要求见表 8-5-16。

表 8-5-16　　　　　　　　　　　油田钻井用重晶石粉的质量要求

项目	指标	备注
密度，g/cm^3	≥4.2	
细度，-200 目%、-325 目%	≥97、≥85 ~90	
水溶物，%	≤0.1	
黏土效应，$Pa·s$	≤0.125	加 1% 石膏前后的视黏度
硫酸钡含量，%	≥90	

化工用重晶石分为三级，要求的指标是：$BaSO_4$、SiO_2、Fe_2O_3、Al_2O_3 和水溶性盐的含量，详见表 8 – 5 – 17。

表 8 – 5 – 17　　　　　　　　　　　化工用重晶石质量要求

品级	指标（%）				
	$BaSO_4$	SiO_2	Fe_2O_3	Al_2O_3	水溶性盐
Ⅰ级	95	<1.5	<0.5	<1	<0.3
Ⅱ级	90	<2.5	<1.5	<2	<1.0
Ⅲ级	85	<2.5	<1.5	<2	<1.0

油漆、橡胶填料、普通玻璃、锌钡白生产用重晶石粉的质量要求见表 8 – 5 – 18。

表 8 – 5 – 18　　　　　　　　油漆、橡胶等行业重晶石质量要求

用途	要求指标（%）				备注
	$BaSO_4$	$CaCO_3$	Fe_2O_3	通过粒度，目	
油漆	90 ~ 95		<0.05	<325	要求洁白度高
橡胶填料	≥98	<0.36	微量	<325	不允许含有 Mn、Cu、Pb 杂质
普通玻璃	≥96	<0.1	<0.2	60	SiO_2 <1.5%、Al_2O_3 <0.15%
生产锌钡白	95 ~ 98		<1		SiO_2 <1%、Al_2O_3 越少越好

四、主要产品加工工艺

重晶石选矿方法的选择受矿石类型、原矿性质、矿山规模以及用途等影响。目前采用的主要选矿方法有手选、重选、磁选、浮选。

（1）手选：原矿开采出来后，用简单的人工手选是许多乡村民采小矿常用的选矿方法。一些矿山，由于地质品位高，质量稳定，经过手选可以满足外贸出口要求。手选法简单易行，无需什么设备，但生产率低，资源浪费大。

（2）重选：原矿经洗矿筛分、破碎、分级脱泥，经跳汰选矿流程，可获得质量较好的精矿，产品品位可达88%以上。重晶石嵌布粒度大于 2 mm，通常可用重介质分选、跳汰分选。重介质分选的最大粒度为 50 mm，湿式、干式跳汰选的最大粒度约为 20 mm。嵌布粒度小于 2 mm，可用摇床或螺旋分级机进行分选。精选前需用水力旋流器除去泥料以提高选别效果。

（3）磁选：常用来选出一些含铁矿物，如菱铁矿，用于要求含铁很低的钡基药品的重晶石原料。

（4）浮选：我省重晶石矿贫矿多、富矿少，已探明储量的矿床有 80% 以上是和其他矿种伴生。对于嵌布粒度很细的矿石及重选尾矿的分选必须采用浮选。浮选有正浮选和反浮选两种，反浮选通常是除去碱金属硫化物。重晶石作为一种常见的盐类矿物，其浮选过程按吸附形式分为两种，一种是用脂肪酸烷基硫酸盐、烷基磺酸盐等阴离子捕收剂，按化学吸附的形式在重晶石矿物表面吸附而与其他分离；另一种是用阳离子胺类捕收剂，按物理吸附的形式来浮选重晶石。胺类捕收剂捕收效率低，对矿泥影响极敏感，因此用阴离子捕收剂较为理想。通常在球磨机中添加 NaOH 调整 pH 为 8 ~ 10，水玻璃作为调整剂加入矿浆中，在固体浓度 40% ~ 50% 的条件下用油酸类捕收剂进行浮选。

第六章　石膏、石墨及云母

第一节　石　膏

一、性质

石膏也称二水石膏和软石膏，单斜晶系，摩氏硬度为2，比重2.3，白色，晶体无色透明，混有杂质时可呈各种颜色，易溶于盐酸，难溶于水，加热后溶解度为2.5%～3%，37～38℃时溶解度最大，加热至80～90℃时开始脱水。

硬石膏也称无水石膏，摩氏硬度3～3.5，比重2.8～3.0。白色，晶体无色透明，烧之熔成白色珐琅质块体，火焰呈浅红黄色，经水化作用易变为石膏，转变后体积增大30%以上。

石膏、硬石膏经过加热或水化，二者可互相转化，硬石膏经水作用后，变为石膏，体积可增大30%以上。石膏加热可脱水，变为用途广泛的熟石膏。此外，它具有白度高、质轻、导热率低、不易燃、吸湿、收缩率低、抗震等特征。

二、产品主要用途及质量标准

（一）在建筑及建材工业中的应用

（1）生石膏建筑装饰材料：质地纯净的雪花石膏，用于建筑物装饰材料和雕塑材料。

（2）胶结材料原料：包括建筑石膏及无水石膏胶结材料、高强石膏、填料石膏、石灰质石膏胶结材料。建筑石膏是将二水石膏经煅烧脱水而生成半水石膏（熟石膏，有α、β两种变体），将其加水调和后很快吸水凝结硬化。高强石膏是由α-半水石膏为主组成的气硬性胶凝材料。它是在具有一定蒸汽压力的封闭设备内处理二水石膏或在某些盐类水溶液中加热二水石膏，再经干燥粉磨而制得，它具有抗压强度高的特点。硬石膏胶结材料是由煅烧过的硬石膏同硬化活化剂共同磨细而得到的。

（3）石膏建筑制品：包括轻质墙体材料石膏板、石膏墙体物件。特点是质轻、抗震、导热率低、不燃、隔音、吸湿、收缩率低，可钉可锯等。

（二）在水泥工业中的应用

（1）作硅酸盐水泥缓凝剂：在水泥熟料中加入适量石膏（允许掺入 SO_3 的最大限量我国定为3.5%）能解除水泥快凝，提高水泥强度（特别是早期强度），使水泥制品在空气中的干缩率下降30%～50%，提高水泥的抗冻性、抗化学性和安定性。

（2）作水泥配料：生产二水石膏水泥、硬石膏水泥、普通硅酸盐水泥、石膏矿渣水泥、快凝石膏矿渣水泥、石膏矾土膨胀水泥等。

（三）在化学工业中的应用

（1）生产硫酸：石膏中的$CaSO_4$在焦炭还原作用下分解为SO_2和CaO，前者用于制取硫酸，后者可与黏土质原料制成水泥熟料。

（2）生产硫酸铵化肥：将氨和二氧化碳通入石膏粉的悬浮液中而制得。

（四）在农业中的用途

用二水石膏、烧石膏、硬石膏改良土壤，用于施肥，生产农药。

（五）其他用途

用于油漆、橡胶、塑料、纺织、造纸、粉笔、牙膏、化妆品中的填料，铸造、陶瓷、医疗、文教等行业中的模具，在食品、工艺美术等领域中均有广泛的应用。

工业利用对石膏质量要求见表8－6－1。

表8－6－1　　　　　　　　　　　工业利用对石膏质量要求

用途	质量要求		
	石膏 $CaSO_4 \cdot 2H_2O$（%）	硬石膏 $CaSO_4$（%）	白度
水泥缓凝剂、农用	≥55		
石膏建筑制品	≥75		
模型	≥85		
医用、食品	≥95		
硫酸	≥85		
纸张填料			>95%
油漆填料		≥97	

三、主要产品的加工提纯

（一）选矿加工方法

虽然重介质选矿、光电选矿、浮选、电选等都可用于石膏选矿，但在我国，这些方法还未广泛应用于工业生产。大多数矿山对开采出的石膏矿石只是进行简单的手选，将夹石拣出。一些矿石类型较复杂的矿山，在开采时，用手选分出纤维石膏、泥石膏、普通石膏和少量硬石膏。

生石膏的煅烧工艺分为干法和湿法两种。干法煅烧是在常压下（或水蒸气低分压下）对生石膏加热脱水，并随温度不同而生成β型半水石膏、Ⅱ型无水石膏或过烧石膏。这种产品是建筑中常用的熟石膏、浇注石膏或预制品石膏。湿法煅烧是在高压釜中的水蒸气压下，或在低压下沸点高于100℃的盐溶液中对生石膏进行加热处理，产品为α型半水石膏，可用作浇注的特种石膏基础材料。

（二）工艺流程

β型熟石膏的生产工艺流程一般是：

矿石储存→破碎→均化→煅烧脱水→陈化→粉磨与混合→包装

用炒锅煅烧时先磨粉后煅烧。

生石膏干法煅烧工艺为生石膏从采场运来后先经过储存和精选，以保证给料连续和质量稳定。给料经过一段破碎（颚式破碎机）至8 cm以下，再经二段破碎（锤式破碎机）至2 cm以下，然后经斗式提升机给入煅烧窑中煅烧。通过控制窑的温度，可分别生产β型半水石膏、无水石膏及过烧石膏。

α型湿法煅烧工艺及流程：

石膏原料仓→筛分机→高压釜蒸压及烘干→破粉碎→均化储存→α和β石膏混合→包装搬运

用水热法生产α型半水石膏的流程：

石膏原矿→破碎→磨粉→反应釜（加水与药剂）→清洗→脱水干燥→包装

（三）主要深加工制品品种、用途

1. 生石膏粉

在水泥生产中用于作水泥缓凝剂、特种水泥原料；在化学工业中用于制硫酸、硫酸铵等；在农业上用于改良土壤或作土壤肥料；油漆、颜料、造纸、纺织等行业用作涂料和填料以及用作日化产品如牙膏、雪花膏以及粉笔等行业的填料以及杀虫剂载体；在食品工业中用于净化啤酒厂用水，控制酒的清澈度，或作食用豆腐的凝结剂以及动物饲料添加剂等。磨细的生石膏粉可用于澄清浑浊污水，提炼原油、抛光玻璃及某些贵重金属、装饰品等。天然纯的硬石膏粉还可代替硫酸钠作为玻璃工业的助熔剂。生石膏在我国古籍中又称凝水石、（太阴）玄精石、盐根等，自古就用作中药药石，具有缓脾益气、止渴去火、解饥发汗等功效。

2. 熟石膏粉

在建筑业中用作建筑物墙面的粉刷材料、抹面材料及用于制作熟石膏预制件，可制成各种规格的石膏板、楼房隔墙、天花板及其他各种石膏预制件等；在陶瓷工业中用于制作各种陶瓷模具；在铸造工业中用作铸模；在医学上用于制造牙科模具或用于外科手术固定等；在工艺美术中可作艺术塑像等。

3. 石膏制品

石膏板已是国内外重要的墙体材料，有纸面石膏板、装饰石膏板、纤维石膏板、石膏复合板以及石膏矿渣板、石膏刨花板等，石膏砌块作为墙体材料也在兴起，石膏制品已是世界范围内广泛应用的房建材料。由于无毒和其他许多优点，被誉为绿色建材，有广阔的前景。

第二节　石　墨

一、性质

我国石墨产品分为鳞片石墨和微晶石墨两大类：鳞片石墨指天然晶质石墨，其形似鱼鳞状，由晶质（鳞片状）石墨矿石经加工、选矿、有的经提纯而得的产品；微晶石墨曾称土状石墨或无定形石墨，指由微小的天然石墨晶体构成的致密状集合体，由隐晶质（土状）石墨矿石经加工而得，有的是经选矿、提纯而得的产品。

二、产品主要用途及质量标准

鳞片石墨根据固定碳含量分为高纯石墨、高碳石墨、中碳石墨及低碳石墨4类。高纯石墨（固定碳含量大于或等于99.9%）主要用于柔性石墨密封材料，代替白金坩埚用于化学试剂熔融及润滑剂基料等；高碳石墨（固定碳含量94.0%~99.9%）主要用于耐火材料、润滑剂基料、电刷原料、电碳制品、电池原料、铅笔原料、填充料及涂料等；中碳石墨（固定碳含量80.0%~94.0%）主要用于坩埚、耐火材料、铸造材料、铸造涂料、铅笔原料、电池原料及染料等；低碳石墨（固定碳含量大于或等于50.0%~80.0%）主要用于铸造涂料。

鳞片石墨根据固定碳含量分类见表8-6-2，高纯石墨技术指标见表8-6-3，高碳石墨技术指标见表8-6-4，中碳石墨技术指标见表8-6-5，低碳石墨技术指标见表8-6-6，微晶石墨的技术要求见表8-6-7。

表8-6-2　　　　　　　　　　鳞片石墨根据固定碳含量分类

名称	高纯石墨	高碳石墨	中碳石墨	低碳石墨
固定碳C（%）	C≥99.9	94.0≤C<99.9	80.0≤C<94.0	50.0≤C<80.0
代号	LC	LG	LZ	LD

表8-6-3　　　　　　　　　　高纯石墨技术指标

牌号	指标（%）			
	固定碳不小于	水分不大于	筛余量	主要用途
LC300—99.99	99.99	0.20	≥80.0	柔性石墨密封材料
LC（一）150—99.99			≤20.0	代替白金坩埚，用于化学试剂熔融
LC（一）75—99.99				
LC（一）45—99.99				

（续表）

牌号	指标（%）			
	固定碳不小于	水分不大于	筛余量	主要用途
LC500—99.9	99.90		≥80.0	柔性石墨密封材料
LC300—99.9				
LC180—99.9				
LC（一）150—99.9			≤20.0	润滑剂基料
LC（一）75—99.9				
LC（一）45—99.9				

表 8 - 6 - 4　　　　　　　　　　　　高碳石墨技术指标

牌号	指标（%）				
	固定碳不小于	挥发分不大于	水分不大于	筛余量	主要用途
LG500—99	99.00			≥75.0	填充料
LG300—99					
LG180—99					
LG150—99					
LG125—99					
LG100—99					
LG（一）150—99		1.00	0.50	≤20.0	润滑剂基料、涂料
LG（一）125—99					
LG（一）100—99					
LG（一）75—99					
LG（一）45—99					
LG500—98	98.00			≥75.0	润滑剂基料、涂料
LG300—98					
LG180—98					
LG150—98					
LG125—98					
LG100—98					
LG（一）150—98	98.00	1.00	0.50	≤20.0	润滑剂基料、涂料
LG（一）125—98					
LG（一）100—98					
LG（一）75—98					
LG（一）45—98					

（续表）

牌号	指标（%）				
	固定碳不小于	挥发分不大于	水分不大于	筛余量	主要用途
LG500—97	97.00			≥75.0	润滑剂基料、电刷原料
LG300—97					
LG180—97					
LG125—97					
LG100—97					
LG（一）150—97				≤20.0	
LG（一）125—97					
LG（一）100—97					
LG（一）75—97					
LG（一）45—97					
LG500—96	96.00	1.20		≥75.0	耐火材料、电碳制品、电池原料、铅笔原料
LG300—96					
LG180—96					
LG125—96					
LG100—96					
LG（一）150—96				≤20.0	
LG（一）125—96					
LG（一）100—96					
LG（一）75—96					
LG（一）45—96					
LG500—95	95.00			≥75.0	电碳制品
LG300—95					
LG180—95					
LG125—95					
LG100—95					
LG（一）150—95				≤20.0	耐火材料、电碳制品、电池原料、铅笔原料
LG（一）125—95					
LG（一）100—95					
LG（一）75—95					
LG（一）45—95					

（续表）

牌号	指标（%）				
	固定碳不小于	挥发分不大于	水分不大于	筛余量	主要用途
LG500—94	94.00			≥75.0	电碳制品
LG300—94					
LG180—94					
LG125—94					
LG100—94					
LG（一）150—94				≤20.0	
LG（一）125—94					
LG（一）100—94					
LG（一）75—94					
LG（一）45—94					

表 8 - 6 - 5　　　　　　　　　　　　中碳石墨技术指标

牌号	指标（%）				
	固定碳不小于	挥发分不大于	水分不大于	筛余量	主要用途
LZ500—93	93.00	1.50	1.00	≥75.00	坩埚、耐火材料、燃染料
LZ300—93					
LZ180—93					
LZ150—93					
LZ125—93					
LZ100—93					
LZ（一）150—93				≤20.0	
LZ（一）125—93					
LZ（一）100—93					
LZ（一）75—93					
LZ（一）45—93					
LZ500—92	92.00			≥75.00	
LZ300—92					
LZ180—92					
LZ150—92					
LZ125—92					
LZ100—92					

（续表）

牌号	指标（%）				
	固定碳不小于	挥发分不大于	水分不大于	筛余量	主要用途
LZ（一）150—92				≤20.0	
LZ（一）125—92					
LZ（一）100—92					
LZ（一）75—92					
LZ（一）45—92					
LZ500—91	91.00			≥75.00	
LZ300—91					
LZ180—91					
LZ150—91					
LZ125—91					
LZ100—91					
LZ（一）150—91				≤20.0	
LZ（一）125—91					
LZ（一）100—91					
LZ（一）75—91					
LZ（一）45—91					
LZ500—90	90.00	2.00		≥75.00	坩埚、耐火材料
LZ300—90					
LZ180—90					
LZ150—90					
LZ125—90					
LZ100—90					
LZ（一）150—90				≤20.00	铅笔原料、电池原料
LZ（一）125—90					
LZ（一）100—90					
LZ（一）75—90					
LZ（一）45—90					
LZ500—89	89.00			≥75.00	坩埚、耐火材料
LZ300—89					
LZ180—89					
LZ150—89					

（续表）

牌号	指标（%）				
	固定碳不小于	挥发分不大于	水分不大于	筛余量	主要用途
LZ125—89					
LZ100—89					
LZ（一）150—89				≤20.0	铅笔原料、电池原料
LZ（一）125—89					
LZ（一）100—89					
LZ（一）75—89					
LZ（一）45—89					
LZ500—88					
LZ300—88					
LZ180—88				≥75.00	坩埚、耐火材料
LZ150—88					
LZ125—88					
LZ100—88	88.00				
LZ（一）150—88					
LZ（一）125—88					
LZ（一）100—88				≤20.0	铅笔原料、电池原料
LZ（一）75—88					
LZ（一）45—88					
LZ500—87					
LZ300—87					
LZ180—87				≥75.00	坩埚、耐火材料
LZ150—87					
LZ125—87					
LZ100—87	87.00	2.50			
LZ（一）150—87					
LZ（一）125—87					
LZ（一）100—87				≤20.0	铸造涂料
LZ（一）75—87			1.00		
LZ（一）45—87					

（续表）

牌号	指标（%）				
	固定碳不小于	挥发分不大于	水分不大于	筛余量	主要用途
LZ500—86	86.00			≥75.00	耐火材料
LZ300—86					
LZ180—86					
LZ150—86					
LZ125—86					
LZ100—86					
LZ（一）150—86				≤20.0	铸造涂料
LZ（一）125—86					
LZ（一）100—86					
LZ（一）75—86					
LZ（一）45—86					
LZ500—85	85.00	2.50		≥75.00	坩埚、耐火材料
LZ300—85					
LZ180—85					
LZ150—85					
LZ125—85					
LZ100—85					
LZ（一）150—85				≤20.0	铸造材料
LZ（一）125—85					
LZ（一）100—85					
LZ（一）75—85					
LZ（一）45—85					
LZ500—83	83.00	3.00		≥75.00	耐火材料
LZ300—83					
LZ180—83					
LZ150—83					
LZ125—83					
LZ100—83					
LZ（一）150—83				≤20.0	铸造材料
LZ（一）125—83					
LZ（一）100—83					

（续表）

牌号	指标（%）				
	固定碳不小于	挥发分不大于	水分不大于	筛余量	主要用途
LZ（一）75—83					
LZ（一）45—83					
LZ300—80					
LZ180—80					
LZ150—80				≥75.00	耐火材料
LZ125—80					
LZ100—80					
LZ300—83	80.00				
LZ（一）150—80					
LZ（一）125—80					
LZ（一）100—80				≤20.0	铸造材料
LZ（一）75—80					
LZ（一）45—80					

表 8 - 6 - 6　　　　　　　　　　　低碳石墨技术指标

牌号	指标（%）			
	固定碳不小于	水分不大于	筛余量	主要用途
LD（一）150—75	75.00			
LD（一）75—75				
LD（一）150—70	70.00			
LD（一）75—70				
LD（一）150—65	65.00			
LD（一）75—65				
LD（一）150—60	60.00	2.00	≤25.0	铸造涂料
LD（一）75—60				
LD（一）150—55	55.00			
LD（一）75—55				
LD（一）150—50	50.00			
LD（一）75—50				

表 8 - 6 - 7　　　　　　　　　微晶石墨的技术要求

牌号	指标（%）					主要用途
	固定碳不小于	挥发分不小于	水分不大于	酸溶铁不大于	筛余量不大于	
WT99 - 45	99	0.8	1.0	0.15	15	铅笔、电池、焊条、石墨乳剂、石墨轴承的配料、电池碳棒的原料
WT99 - 75						
WT98 - 45	98	1.0				
WT98 - 75						
WT97 - 45	97	1.5	1.5	0.4		
WT97 - 75						
WT96 - 45	96					
WT96 - 75						
WT95 - 45	95	2.0				
WT95 - 75						
WT94 - 45	94			0.7		
WT94 - 75						
WT92 - 45	92					
WT92 - 75						
WT90 - 45	90					
WT90 - 75						
WT88 - 45	88	3.3	2.0		10	
WT88 - 75						
WT85 - 45	85					
WT85 - 75						
WT83 - 45	83	3.6		0.8		
WT83 - 75						
WT80 - 45	80					
WT80 - 75						
WT78 - 45	78	3.8			1.0	
WT78 - 75						
WT75 - 45	75					
WT75 - 75						

　　微晶石墨分为有铁要求者和无铁要求者 2 类，依照产品固定碳含量、最大粒径分为 60 个牌号，各种牌号石墨产品其外观要求为产品中不得有肉眼可见的木屑、铁屑、石粒等杂物，产品不被其他杂质污染。微晶石墨中酸溶铁含量不大于 1% 者，主要用于铅笔、电池、焊条、石墨乳剂、石墨轴承的配料及电池碳棒的原料等；无铁要求的微晶石墨主要用于铸造材料、耐火材料、染料及电极糊等原料。

三、主要产品的加工提出方法

（一）浮选法

　　浮选法是一种比较常用的提纯矿物的方法。由于石墨表面不易被水浸润，因此具有良好的可浮性，容易使其与杂质矿物分离，在我国基本上都是采用浮选方法对石墨进行选矿。

　　石墨原矿的浮选一般先使用正浮选法，然后再对正浮选精矿进行反浮选。采用浮选法就能得到品位较高的石墨精矿。浮选石墨精矿品位通常可达 80% ~ 90%，采用多段磨选，纯度可达 98% 左右。

　　浮选晶质石墨常用捕收剂为煤油、柴油、重油、磺酸酯、硫酸酯、酚类和羧酸酯等，常用起泡剂为 2# 油、4# 油、松醇油、醚醇和丁醚油等，调整剂为石灰和碳酸钠，抑制剂为水玻璃和石灰。浮选隐晶质石墨的常用捕收剂是煤焦油，常用起泡剂是樟油和松油，常用调整剂是碳酸钠，常用抑制剂是水玻璃和氟硅酸钠。

　　使用浮选法提纯的石墨精矿，品位只能达到一定的范围，因为部分杂质呈极细粒状浸染在石墨鳞片中，即使细磨也不能完全单体解离，所以采用物理选矿方法难以彻底除去这部分杂质，一般只作为石墨提纯的第一步，进一步提纯石墨的方法通常有化学法或高温法。

（二）碱酸法

　　碱酸法是石墨化学提纯的主要方法，也是目前比较成熟的工艺方法。该方法包括 $NaOH - HCl$，$NaOH - H_2SO_4$，$NaOH - HCl - HNO_3$ 等体系。其中 $NaOH - HCl$ 法最常见。

　　碱酸法提纯石墨的原理是将 $NaOH$ 与石墨按照一定的比例混合均匀进行煅烧，在 500 ~ 700℃ 的高温下石墨中的杂质如硅酸盐、硅铝酸盐、石英等成分与氢氧化钠发生化学反应，生成可溶性的硅酸钠或酸溶性的硅铝酸钠，然后用水洗将其除去以达到脱硅的目的；另一部分杂质如金属氧化物等，经过碱熔后仍保留在石墨中，将脱硅后的产物用酸浸出，使其中的金属氧化物转化为可溶性的金属化合物，而石墨中的碳酸盐等杂质以及碱浸过程中形成的酸溶性化合物与酸反应后进入液相，再通过过滤、洗涤，实现与石墨的分离。而石墨的化学惰性大，稳定性好，它不溶于有机溶剂和无机溶剂，不与碱液反应；除硝酸、浓硫酸等强氧化性的酸外，它与许多酸都不起反应，特别是能耐氢氟酸；在 6 000℃ 以下，不与水和水蒸气反应。因此，石墨在提纯过程中性质保持不变。

　　碱酸法可获得固定碳含量为 99% 以上的石墨产品。此法在工业上应用较广，已从土法手工操作过渡到采用熔融炉及 V 形槽连续洗涤的比较先进的工艺。熔融过程可在旋转的管式熔炉中进行，也可用铸铁锅在人工搅拌下进行，但安全性较差。熔融温度为

500~800℃，反应 1 h 左右。用碱量视矿石性质而定，一般为 400~450 kg/t。酸用量为 450~500 kg/t，在常温下进行酸洗。

碱酸法的缺点在于需要高温煅烧，能量消耗大，且反应时间长，设备腐蚀严重。另外从目前的文献来看，其高纯石墨的纯度达不到 99.9% 的要求。

（三）氢氟酸法

任何硅酸盐都可以被氢氟酸溶解，这一性质使氢氟酸成为处理石墨中难溶矿物的特效试剂。1979 年以来，国内外相继开发了气态氟化氢、液态氢氟酸体系以及氟化铵盐体系的净化方法，其中，液态氢氟酸法应用最为广泛，它利用石墨中的杂质和氢氟酸反应生成溶于水的氟化物及挥发物而达到提纯的目的。

氢氟酸法提纯时，把石墨与一定比例的氢氟酸在预热后一起加入到带搅拌器的反应器中，待充分润湿后计时搅拌，反应器温度由恒温器控制，到达指定时间后及时脱除多余的酸液，滤液循环使用，滤饼经热水冲洗至中性后脱水烘干即得产品。

氢氟酸法是一种比较好的提纯方案，20 世纪 90 年代已实现工业化生产，欧美等国比我国使用更为普遍。由于该法对设备腐蚀性大，而且毒性强，十多年前就有人用稀酸和氟化物两步处理来脱除石墨中的杂质。日、法等国专利曾介绍用氟化氢铵或氟化铵与含碳量 93% 的石墨粉反应，可将石墨的固定碳含量提高到 99.95%。鉴于氢氟酸的巨大毒性，生产过程必须有严格的安全防护和废水处理系统。

（四）氯化焙烧法

氯化焙烧法是将石墨粉掺加一定量的还原剂，在一定温度和特定气氛下焙烧，再通入氯气进行化学反应，使物料中有价金属转变成熔沸点较低的气相或凝聚相的氯化物及络合物而逸出，从而与其余组分分离，达到提纯石墨的目的。

石墨中的杂质经高温加热，在还原剂的作用下可分解成简单的氧化物（如 SiO_2，Al_2O_3，Fe_2O_3，CaO，MgO 等），这些氧化物的熔沸点较高，而它们的氯化物或与其他三价金属氯化物所形成的金属络合物（如 $CaFeCl_4$，$NaAlCl_4$，$KMgCl_3$ 等）的熔沸点则较低，这些氯化物的汽化逸出，使石墨纯度得到提高。

以气态排出的金属络合物很快因温度降低而变成凝聚相，利用此特性可以进行逸出废气的处理。

氯化焙烧法具有节能、提纯效率高（>98%）、回收率高等优点。氯气的毒性、严重腐蚀性和严重污染环境等因素在一定程度上限制了氯化焙烧工艺的推广应用。当然该工艺难以生产极限纯度的石墨，且工艺系统不够稳定，也影响了氯化法在实际生产中的应用，此法还有待进一步改善和提高。

（五）高温提纯法

石墨是自然界中熔沸点最高的物质之一，熔点为 3 850±50℃，沸点为 4 500℃，而硅酸盐矿物的沸点都在 2 750℃（石英沸点）以下，石墨的沸点远高于所含杂质硅酸盐的沸点。这一特性正是高温法提纯石墨的理论基础。

将石墨粉直接装入石墨坩埚，在通入惰性气体和氟利昂保护气体的纯化炉中加热到 2 300~3 000℃，保持一段时间，石墨中的杂质会溢出，从而实现石墨的提纯。高温法一般采用经浮选或化学法提纯过的含碳99%以上的高碳石墨作为原材料，可将石墨提纯到99.99%，如通过进一步改善工艺条件，提高坩埚质量，纯度可达到99.995%以上。

高温法能够生产99.99%以上的超高纯石墨，但要求原料的固定碳要在99%以上，而且设备昂贵，投资巨大，生产规模又受到限制，电炉加热技术要求严格，需隔绝空气，否则石墨在热空气中升温到450℃时就开始被氧化，温度越高，石墨的损失就越大。只有对石墨质量要求非常高的特殊行业（如国防、航天等）采用高温法小批量生产高纯石墨。

第三节　云　母

一、性质

云母属层状构造的硅酸盐矿物。云母族矿物包括白云母、黑云母和鳞云母三类。工业上常用的是白云母，其次是金云母。云母矿物性质见表8-6-8。

表8-6-8　　　　　　　　　　　云母矿物性质

分类	常见矿物	化学组成	颜色	光泽	密度（g/cm³）	熔点（℃）	化学稳定性
白云母（铝云母、钾云母）	白云母	$K\{Al[AlSi_3O_{10}](OH,F)_2\}$ 其中SiO_2占45.2%、Al_2O_3占38.5%、K_2O占11.8%、H_2O占4.5% MgO	薄皮透明无色或微带浅色调	玻璃光泽，解理面呈珍珠光泽	2.7~3.1	1 260~1 290	较金云母高
黑云母（镁铁云母）	金云母	$K\{Mg_3[AlSi_3O_{10}](F,OH)_2\}$ 其中SiO_2占38.7%、Al_2O_3占10.8%~17.0%、K_2O占7.0%~10.3%、H_2O占0.3%~4.5%、MgO占21.4%~29.4%	银灰、金黄、黄棕、红棕、红褐、琥珀色、薄片透明	玻璃光泽，解理面呈珍珠至半金属光泽	2.7~2.9	1 270~1 330	不溶于盐酸，在浓硫酸内加热煮沸分解成乳浊液
黑云母（镁铁云母）	黑云母	$K\{(Mg,Fe)_3[AlSi_3O_{10}](F,OH)_2\}$ 各种成分含量变化很大，亦含有Ti、Na、F等元素	黑色、褐黑色，不透明	强金属光泽或半金属光泽，解理面略带珍珠云彩	2.7~3.1	1 145~1 395	在盐酸中微分解，在浓硫酸内加热则全部分解

（续表）

分类	常见矿物	化学组成	颜色	光泽	密度（g/cm³）	熔点（℃）	化学稳定性
鳞云母（锂云母）	鳞云母	$KLi_{1.5}Al_{1.5}[AlSi_3O_{10}](F,OH)_2$	浅紫色、灰白色，半透明	玻璃光泽，解理面呈珍珠光泽	2.8~2.9		
	铁锂云母	$KLiFeAl[AlSi_3O_{10}](F,OH)_2$	黄棕、黑和紫灰等，不透明或半透明	玻璃光泽，解理面呈珍珠光泽	2.9~3.2		粉末能溶于稀盐酸

二、产品主要用途及质量标准

云母的主要用途见表8-6-9。

表8-6-9　　　　　云母的主要用途

种类	来源	用途
片云母	有效面积大于4 cm² 的片状云母	在电气、电子和光学工业中作绝缘和支撑元件
碎云母	云母开采和加工过程中的碎料	磨云母粉
		制云母纸（作绝缘材料）
		制耐热云母板（作绝缘耐热材料，可耐热600℃）
		生产膨胀云母，体积可膨胀5倍以上（作轻质、隔音、隔热建筑材料）
		生产绝缘砖、瓦等建筑材料
云母粉	碎云母磨细产品	制云母玻璃（作电子工业绝缘和耐火材料）
		制云母陶瓷（作电子工业绝缘和耐火材料）
		在水泥、油漆、橡胶、陶瓷中作填料，可改善材料性质

（一）工业原料云母质量标准
见表8-6-10，该标准适用于加工电工、电讯用云母绝缘材料的原料。

表8-6-10　　　　　工业原料云母质量标准

类别	任一面之最大一块有效面积（cm²）	最大轮廓面积（cm²）	各类中另一面有效面积（cm²）
特类	≥65	≥420	≥4
一类	≥40	<420	≥4

（续表）

类别	任一面之最大一块有效面积（cm²）	最大轮廓面积（cm²）	各类中另一面有效面积（cm²）
二类	≥20	＜240	≥4
三类	≥10	＜120	≥4
四类	≥4	＜60	≥4

（二）电子管用云母质量标准

该标准适用于优质天然白云母片。其有效面积内的直径尺寸分为十种规格：∅15、17、19、21、25、30、35、40、45、50 毫米。有效面积占全片面积的百分率应符合表 8 – 6 – 11 规定。厚度、公差及有效面积内任意两点的厚度差应符合表 8 – 6 – 12 规定。

表 8 – 6 – 11　　　　　　　电子管用云母片标准对云母直径规定

直径（mm）	有效面积占全片面积（%）	备注
15、17、19	＞30	云母片边缘最远两点间距不小于 40 mm
21、25、30、35、40、45、50	＞50	

表 8 – 6 – 12　　　　　　　电子管用云母片标准对云母厚度规定

厚度（mm）	公差（mm）	有效面积内任意两点厚度（mm）
0.20 0.25 0.30 0.35 0.40	– 0.05	≤0.02

（三）涂料用超细云母粉标准

涂料用云母质量标准见表 8 – 6 – 13。

表 8 – 6 – 13　　　　　　　　　涂料用云母质量标准

指标		牌号	
		Ⅰ	Ⅱ
颜色		白色	白色
水分（%）		≤1.5	≤1.5
细度	0.15 mm 筛除率（%）	≤0.1	≤0.1
	0.075 mm 筛除率（%）		≤5.0
	0.045 mm 筛除率（%）	≤5.0	
pH		7.5～8.0	7.5～8.0

（四）特种云母超细云母粉标准

特种云母超细云母粉标准见表 8 – 6 – 14。

表8－6－14　　　　　　　　　　　特种云母超细云母粉标准

指标		牌号
		I
颜色		白色
水分（%）		≤1.5
细度	0.08 mm 筛除率（%）	≤0.1
	0.045 mm 筛除率（%）	≤5.0
密度（g/cm^3）		0.2~0.3
磁性物含量（g/kg）		≤0.02
砂石含量（%）		≤0.1
pH		7.0~8.0
HCl 可溶物含量（%）		≤10.0

（五）塑料用超细云母粉标准

塑料用超细云母粉标准见表8－6－15。

表8－6－15　　　　　　　　　　　塑料用超细云母粉标准

指标		牌号	
		I	II
颜色		白色	白色
水分（%）		≤1.5	≤1.5
pH		7.5~8.0	7.5~8.0
细度	0.12 mm 筛余率（%）		≤0.1
	0.075 mm 筛余率（%）	≤3.0	
	0.045 mm 筛余率（%）	≤5.0	
磁性物含量（%）		≤0.05	≤0.02

（六）橡胶用超细云母粉标准

橡胶用超细云母粉标准见表8－6－16。

表8－6－16　　　　　　　　　　　橡胶用超细云母粉标准

指标		牌号
		I
颜色		白色
水分（%）		≤1.5
矿砂含量（%）		≤1.0
细度	0.15 mm 筛余率（%）	≤1.0
	0.045 mm 筛余率（%）	≤5.0
磁性物含量（%）		≤0.05

三、主要产品的加工提出方法

云母矿石的选矿是生料云母的富集过程。生料云母是指原矿中轮廓面积大于或等于 4 cm² 的任意厚度的云母晶体。原矿中生料云母含量的多少称为生料云母含矿率，通常用单位矿石体积内含生料云母的重量（kg/m³）来表示。经选矿所得精矿中生料云母的总重量与原矿中所含生料云母总重量之比称为回收率。

工业上主要是直接利用云母自然晶体加工成所需产品。没有缺陷的云母晶体愈大，其经济价值愈高，因此在云母矿石选矿过程中，要尽可能地保护云母自然晶体不受破坏。

目前，对于晶体轮廓面积大于 4 cm² 的片云母的选矿，主要根据云母晶体与脉石在形状和摩擦系数方面的差异来进行，常用的方法有手选、摩擦选、形状选。对于晶体轮廓面积小于 4 cm² 的碎云母，则主要是根据它与脉石表面物理化学性质的差异来进行分选的，采用的方法为浮选法。

（一）片云母选矿方法及其流程

1. 手选

工人在采矿工作面或坑口矿石堆上，拣选已单体分离的云母；云母与脉石的连生体用手锤敲碎，再选出其中的云母。

2. 摩擦选矿

根据成片状的云母晶体的滑动摩擦系数与浑圆状脉石的滚动摩擦系数的差别，而使云母晶体和脉石分离。所用设备之一为斜板分选机。该机是由一组金属斜板组成，每块斜板长 1 350 mm、宽 1 000 mm，其下一块斜板的倾角大于上一块斜板的倾角。每块斜板的下端都留有收集云母晶体的缝隙，其宽按斜板排列顺序依次递减。缝隙前缘装有三角堰板。在选别过程中，大块脉石滚落至石堆；云母及较小脉石块经堰板阻挡，通过缝隙落在下一斜板。依次在斜板上重复上述过程，使云母与脉石逐步分离。目前，摩擦选矿工艺及设备尚不完善，因此在云母矿石选矿中，该法尚未得到广泛应用。

3. 形状选矿

根据云母晶体与脉石的形状不同，在筛分中透过筛子的筛缝、筛孔的能力不同，使云母和脉石分离。选别时，采用一种两层以上不同筛面结构的筛子，一般第一层筛筛网为条形；第二层筛筛网为方形。当原矿进入筛面后，由于振动或滚动作用，片状云母及小块脉石可以从条形筛缝漏至第二层筛面；因第二层是格筛，故可筛去脉石，留下片状云母。形状选矿法具有流程简单、设备少、生产率高、分选效果好等优点，因而在云母矿山中得到了广泛应用。

（二）碎云母的选矿流程

1. 浮选

依据云母与脉石的表面物理化学性质的不同进行分选。矿石经破碎、磨矿使云母单体解离，在药剂作用下，云母成为泡沫产品而与脉石分离。云母浮选可以在酸性或碱性矿浆中进行，长碳链醋酸铵类的阳离子和脂肪酸类的阴离子为云母的捕收剂。云母浮选工艺流程中需经过三段粗选、三段精选，才能获得云母精矿。因此，云母矿石浮选用以回收伟晶岩和云母片岩中 14 目以下的云母和细粒云母。在我国，云母矿石浮选尚未得到生产应用。

2. 风选

云母风选多通过专用设备来实现。其工艺过程一般为破碎—筛分分级—风选。矿石经过破碎之后，云母基本上形成了薄片状，而脉石矿物长石、石英等呈块状颗粒。据此，采用多级别的分级把入选物料预先分成较窄的粒级，据其在气流中的悬浮速度之差异，采用专用风选设备进行分选。风选法适用于水源缺乏地区，已用于实际生产。

（三）研磨

为了满足不同的工业用途，常需要将鳞片云母研磨成小片，云母研磨一般采用两种方法。

（1）干法采用砾磨机、棒磨机、高速锤式磨机和各种类型的碾磨机及相配合的空气分离装置。通常，干法研磨云母采用高速锤式磨机，其研磨过程为锤磨机连同空气分离器成闭路运转，大尺寸云母返回再磨，细小云母进行分级，分类装袋销售。气流磨也被应用于干法研磨云母：螺旋加料器将云母给到两个水平相对的喷气小室，云母颗粒被带到两个直接对着的空气或水蒸气射流里，并由颗粒之间高速碰撞引起的摩擦而被研磨。磨过的云母移动到空气分级器，大尺寸的云母返回喷气室，小尺寸的云母被筛分除去大粒，最终得到符合粒度要求的云母。气流磨的产品粒度范围较大，最细可达几微米。

（2）湿法研磨在碾压机类型的磨机中进行。磨机由直径 1.8 ~ 3 m、高 0.9 ~ 1.5 m 的圆柱钢容器构成，底部衬以木块，木块置于端部堰流口之上。磨机装有两个或四个木质滚轴，滚轴直径为 0.6 ~ 0.9 m，横断面 0.3 ~ 0.9 m，以 15 ~ 30 转/min 的速度慢速旋转。鳞片云母被送到研磨机，在那里慢慢加水形成浓的糊状物。每批有 1 ~ 2 吨云母，根据给料和产品所需尺寸，云母被研磨 6 ~ 8 小时。研磨完成后，云母被卸到沉降收集器，在那里大于规定尺寸的云母返回到磨机再磨，细小的云母运往转筒筛上过筛，除去外来物质，然后浓缩、过滤、烘气，得到符合规定尺寸的云母。

第七章　饰面石材

饰面石材是具有装饰性能，用作建筑物内外墙、地面楼梯、窗台、窗框、壁炉、小径、水池等部位的饰面材料的石质板材。按岩石成因饰面石材可分为岩浆岩、沉积岩、变质岩三大类。按其产品的商业名称分为花岗岩、大理石和板石三大类。每一类包括多种可利用的岩石。根据石材的产地、颜色、花纹，又可划分和命名为各种饰面石材的商品品种，见表 8 − 7 − 1。

表 8 − 7 − 1　　　　　　　　　　　　　饰面石材岩石分类

成因分类		岩石种类	产品实例
岩类	亚类		
岩浆岩	花岗岩—流纹岩型	钾长花岗岩、二长花岗岩、黑云母花岗岩、花岗岩、花岗闪长岩、花岗斑岩、流纹岩	四川石棉红、福建田中石、广东南山白、广西岑溪红、山东长清花、浙江一品梅、玛瑙红等
	闪长岩—安山岩型	闪长岩—安山岩类、正长岩—粗面岩类、霞石正长岩—响岩类	山东泰安绿、浙江大石青、广东博白黑、穗青花玉、四川米易绿
	辉长石—玄武岩型	橄榄辉长岩、石英辉长岩、辉长岩、辉长辉绿岩、辉绿岩、辉绿玢岩、橄榄玄武岩、角闪玄武岩、玄武岩	山东济南青、黄冈黑、贵州罗甸绿、浙江竹潭绿、福建福鼎黑
沉积岩	陆源碎屑岩型、火山碎屑岩型、化学岩型	砾岩、砂砾岩、砂岩、熔结凝灰岩、玻屑凝灰岩、硅质岩	四川五彩石、（砾岩）、四川喜德红、浙江桔黄、紫檀香
变质岩	片麻岩—混合岩型	角闪斜长片麻岩、角闪二长片麻岩、混合岩、混合花岗岩	山东泰山青、将军红、河南贵妃红、菊花青、玫瑰红
沉积岩	陆源碎屑沉积型	竹叶状灰岩、鳞状灰岩、球状灰岩、瘤状灰岩	河北紫豆瓣、黑玉、安徽黑珍珠
	化学沉积型	灰岩、白云岩、白云质灰岩、灰质白云岩	浙江杭灰、湖北化雨、云南苍白玉、山东雪化、浙江黑玉

（续表）

成因分类		岩石种类	产品实例
岩类	亚类		
变质岩	生物沉积型	藻礁灰岩、生物灰岩、生物泥晶灰岩、含珊瑚化石泥灰岩、生物礁灰岩	安徽红皖螺、贵州残雪、湖南桃花石、河南珊瑚化、湖北白鹤玉
	接触变质型	大理岩、硅灰石大理岩、白云石大理岩、蛇纹石化大理岩、角岩	北京汉白玉、艾叶青、湖南雪花白、陕西香蕉黄、蓝雪花、湖南桃花江黑
	气成热液型	蛇纹石化镁橄榄岩	辽宁丹东绿
	动力变质型	角砾状大理石、微裂隙大理岩、碎裂灰岩	湖北桔香、湖南玫瑰红、安徽红皖玉、湖北粉荷
	区域变质型、混合岩化型	方解石大理岩、白云石大理岩、透辉石大理岩、大理岩、蛇纹石化橄榄矽卡岩、条带状混合岩	北京汉白玉、雪花、河北孔雀绿、四川蜀白玉、辽宁丹东绿、陕西（小秦岭）波浪
岩浆岩	橄榄岩—辉岩岩型、气成热液型	橄榄岩、（岩浆期后气热液形成的）方解石脉	（辽宁丹东绿原岩为橄榄岩，经蛇蚊石化，但还保留有橄榄岩成分和结构，因此也可称岩浆岩与变质岩的过渡类型）、河南内乡和淅川的米黄玉、松香黄为方解石脉
变质岩	区域变质型	板岩、千枚岩、片岩	北京房山板石、陕西紫阳绿板石、浙江"江南黑大王"
沉积岩	黏土岩型	页岩	

第一节　花岗石类

　　花岗岩是指可以开采加工作为饰面石材用的硅酸盐岩石，以硬度大于 6 为特点。包括地质学中的岩浆岩和部分花岗片麻岩、砾岩，只要花色品种、质量、块度、荒料率和采矿技术条件适宜，均可作为花岗石矿来开发利用。

一、分类及性质

（一）花岗岩

花岗岩是花岗石材中应用历史最久、用途最广、用量最多的岩石，也是地壳中最常见的岩石。花岗岩中的体积密度为 $2.63 \sim 2.75$ g/cm³（平均 2.7 g/cm³），孔隙度一般为 $0.3\% \sim 0.7\%$，吸水率一般为 $0.15\% \sim 0.46\%$，饱水度为 0.84%，饱水系数为 0.55，软化系数为 $0.78 \sim 0.86$，压缩强度较高，一般在 200 MPa 左右，细粒花岗石可达 300 MPa 以上，抗弯强度一般在 $10 \sim 30$ MPa；花岗岩耐冻性高，成荒率高，板材可拼性好。色调以淡的均匀色和美丽的花色为主。花岗岩节理发育往往有规律，板材的花纹具有方向性，如黑金砂、海浪花。花岗岩当受热到 $800℃$ 时，即丧失其强度。

（二）正长岩

正长岩是一种浅色调岩石，常呈浅灰、浅红、粉红、淡绿、灰白等色。等粒或似斑状结构，浅成岩可具似粗面结构。

正长岩体积密度为 $2.63 \sim 2.75$ g/cm³，孔隙度及饱水度都很小，压缩强度 $120 \sim 180$ MPa。正长岩的硬度比花岗岩小，具有较大的韧性，因此，易于磨光，结构均匀，可拼性好。

正长岩分布远比花岗岩少，它较少成独立的岩体可供开采，常与花岗岩、碱性的基性岩或霞石正长岩伴生。

（三）闪长岩

闪长岩为中性深成岩的代表岩石，也是花岗石材中主要岩石类型之一。闪长岩是一种颜色较深的岩石，多呈灰黑色、带深绿斑点的灰色或浅绿色。

物理特性：压缩强度 $130 \sim 200$ MPa（干）或 $100 \sim 160$ MPa（湿），抗弯强度为 $10 \sim 25$ MPa，体积密度为 $2.85 \sim 3.00$ g/cm³，孔隙度 0.25%，吸水率 0.45%，饱水系数 0.5%。

（四）辉长岩

辉长岩是入侵岩分布最广的一种岩石。其体积密度为 $2.8 \sim 3.10$ g/cm³，孔隙率很小，压缩强度一般 $200 \sim 280$ MPa，粗粒者较低，耐久性也很高，结构构造均匀，有时具有美丽的花纹图案，磨光后极富装饰性，因而常用作高档饰面石材。

（五）辉绿岩

辉绿岩是一种浅成的基性侵入岩，是黑色、绿色花岗石的主要类型之一。颜色为暗绿或黑色，体积密度为 $2.8 \sim 3.10$ g/cm³，平均压缩强度 200 MPa，硬度中等，具有良好的抛光性能，装饰性能良好。

（六）玄武岩

玄武岩均为暗色，一般为黑色，有时呈灰绿以及暗紫色等。体积密度 $2.8 \sim 3.3$ g/cm³，致密者压缩强度很大，可高达 300 MPa，有时更高。耐久性甚高，节理多，且具脆性。如福建的福鼎黑（玄武黑、珍珠黑）。

二、主要生产加工工艺

（一）矿石选择和开采

花岗岩是天然材料，有不同的颜色和晶粒粗细程度。首先应根据建筑的设计要求，选择色泽符合建筑意图的矿山；其次矿山的储量应远大于幕墙石材的用量，以尽量减少开采出来的石材色差。如果矿储量太少，不得不全部用于幕墙，无筛选余量，必然使石材颜色差别太大。

开采出的荒料应按开采顺序编号、顺序锯片和按顺序加工、使用，这样可以避免产生过大的色差。

幕墙用的石料，必要时可采集样品送地质部门检验合格后再决定采用，以免开采后因为不符合质量要求而放弃。

（二）荒料开片

由矿山采出的荒料体积很大（甚至达 2 m×2 m×2 m），由专用车辆拖运至加工厂，锯成毛料。

小型板材可采用圆盘锯或组合锯等小设备，大尺寸板材则采用砂拉锯等大型切割设备，荒料锯成毛料后，便可移交至下一工序进行成品加工。加工异型材时，可采用圆锯、绳锯等异型锯切割成毛料，以简化后道工序的加工难度，同时也可以节省材料，降低成本。

（三）表面处理

最常用的表面处理是磨光，按表面情况可分别采用平面磨光机和圆柱面磨光机。

另外，建筑上也常用火烧加工后的火烧面，火烧后的表面为凸凹不平的毛面，颜色浅于磨光面，两者配合使用，会使建筑立面富于变化而具有特色。火烧后板的有效厚度减小 3 mm，所以板材下料时应当预留损耗厚度 3 mm。

（四）钻孔、开槽

依照连接方式的不同，成品石板要求相应的钻孔，开槽。

用于钢销式连接的石板，钻孔在石板的侧面，直径 6～7 mm；用于蝴蝶扣、T 形挂件或 S、R 形挂件的石板材，在石板材的上下两边开短槽；用于背栓式连接的，钻孔在板的背面。

钻孔、开槽过程，目前有些是在石材厂完成开槽，以成品交货，这样有利于建筑产品的工厂化加工，可以实现建筑产品的标准化，便于施工管理；也有在工地设临时车间，由施工单位自行现场开槽，这样可以灵活根据现场的实际位置进行槽孔位置的调节，便于现场的施工操作，但不利于实现建筑产品的标准化。

钻孔和开槽后，孔和槽应表面平整，槽孔内的石粉、杂物应清除。

第二节　大理石类

与地质学中的大理石不是同义词。大理石是指可开采加工用作饰面石材的碳酸盐岩和镁质碳酸盐岩、硅酸盐岩以及它们的变质岩，以硬度小于 5 为特点。地质学中的石灰岩、泥灰岩、白云岩、大理岩、蛇纹石化大理石、镁橄榄石矽卡岩、角岩等，只要花色品种、质量、块度、荒料率和开采技术条件合适，均可作为大理石矿加以开发利用。

一、分类及性质

（一）石灰岩

该岩是海相、泻湖相沉积岩，通常呈灰色、黑色，隐晶质结构，致密块状构造，呈层状、厚层状。主要矿物成分为方解石。

石灰岩体积密度为 2.7 g/cm³ 左右，压缩强度 65 ~ 100 MPa，遇冷稀盐酸起泡，摩氏硬度 3.5 ~ 5，孔隙度 0.53% ~ 13.36%，吸水率 0.09% ~ 0.7%，饱水度 0.25%，饱水系数 0.35，具有一定色彩的石灰岩，是一种好的饰面石料。

（二）白云岩

白云岩也是海相、泻湖相沉积岩，多为浅色、白、浅灰白、灰色，偶有黑色。成分以白云石为主。体积密度比石灰岩稍高，一般在 2.88 g/cm³ 左右，压缩强度与石灰岩相似，吸水率 0.04% ~ 1.4%，饱水度 0.92%，饱水系数 0.80。遇冷稀盐酸起泡极为微弱。

（三）大理岩

大理岩属变质岩，通常为白色、浅色、灰白色。方解石大理岩体积密度为 2.7 g/cm³ 左右，白云岩大理岩体积密度为 2.87 g/cm³ 左右，压缩强度在 70 ~ 120 MPa（个别也有较大的，如汉白玉可达 153.38 MPa），弯曲强度 10 ~ 20 MPa。

大理岩是我国大理岩矿床主要来源。如艾叶青、汉白玉、蜀白玉、雪花白等。

二、主要生产加工工艺

由于自然界风霜雨雪使大理石很快失去光泽，因粗糙多孔而迅速破坏，出现退色、裂缝、麻点等质量通病，大理石主要用于建筑物的室内地面、墙面、柱面、墙裙、窗台、踢脚以及电梯厅、楼梯间等处于干燥环境中的部位。当必须将大理石用于室外时，务必在其表面涂刷面硅等罩面材料进行保护。

大理石的磨光面具有很好的装饰效果，因而大理石多数加工成镜面板材和磨砂面，而很少加工成粗面板材。如汉白玉也只有加工面磨砂面，而没有剁面、火烧面、荔枝等其他粗面加工。

大理石加工的主要工序为锯割加工、研磨抛光、切断加工、凿切加工、辅助加工及检验修补。

（一）锯割加工

是用锯石机将大理石荒料锯割成所需厚度的毛板（一般厚度为 20 mm 或 10 mm），或条状、块状等形状的半成品。该工序属粗加工工序。锯割加工常用设备有大理石专用的框架式金刚石大锯、单锯片双向切机、大直径圆盘锯等。传统的摆式砂锯由于效率低、锯割质量差，已逐渐被淘汰。

（二）研磨抛光工序

目的是将锯好的毛板进一步加工，使耐力板厚度、平整度、光泽度达到要求，该工序需要通过几个步骤完成，首先要粗磨校平，还要经过半细磨、细磨、精磨及抛光，是大理石加工中最复杂的作业，装饰板材只有通过研磨、抛光，其固有的颜色、花纹、光泽才能充分显示出来，取得最佳装饰效果。研磨抛光常用设备有十头大理石自动连续磨抛机、桥式研磨机、手扶式研磨机、小圆盘磨机、大圆盘磨机、逆转式粗磨机等。磨机所用磨具、磨料随磨光精度的提高组成粒度逐步减小，常用磨料有刚玉、碳化硅、人造金刚石和立方氮化硼等。

（三）切断工序

是用切机将毛板或抛光板按订货要求的长、宽尺寸进行定形切断加工，得到所需规格板。切断加工常用设备有纵向多锯片切机、双锯片切机、横向切机、桥式切机、悬臂式切机、手摇切机等。

（四）辅助加工

大理石加工除上述主要工序之外，按装修的具体需要，常常要磨边、倒角、开孔洞、钻眼、铣花边等。常用设备有自动磨边倒角机、石材专用仿形铣机、薄壁钻孔机、手持金刚石圆锯、手持磨光抛光机等。

（五）检验修补工序

天然大理石板材难免有裂隙、孔眼，加工过程中也常产生断裂、划痕、碰边等缺陷。通过清洗检验，正品可以入库，缺陷不严重的可以黏接、修补以减少废品率，这一工序通常是手工作业，有些引进生产线采用自动连续修补机。修补处要求与原材质色泽基本一致。常用自动连续修补机、吹洗风干机或人工检验、手工修补。

（六）凿切加工

是古老的石材加工方法，这种方法简单、灵活、方便，适用于外形复杂或表面精度要求不高的制品。如石雕制品，形状复杂的建筑构件，以及岩礁面、隆凸面、网纹面、锤纹面等粗饰面装饰石材。常用手工工具如锤子、剁斧、錾子、凿子等。有些加工可用气动凿岩机、劈石机、刨石机、喷砂机等。

第三节　板石类

与地质学中的板岩含义不同，是指沿层理或片理可剥分成平板的石材。具有这种特性又适宜开采的沉积岩和变质岩，均可作为饰面板和瓦板开发利用。

一、分类及性质

（一）板岩

以泥质和粉砂质成分为主的板状劈理发育的变质岩。原岩成分为黏土岩、粉砂岩或中酸性凝灰岩，经区域低温动力变质作用形成。板岩以矿物颗粒或以隐晶质为主，重结晶作用不发育，具明显的变余结构和构造。根据岩石中杂质成分和颜色，可以划分为碳质板岩、钙质板岩、砂质板岩、斑点板岩等亚类。结构致密、板理发育的板岩可作建筑石材及碑、砚等石料。

（二）千枚岩

与板岩同为泥质、粉砂质或酸性凝灰质岩石经轻微变质而成。变质程度比板岩稍高，空间上常与板岩共生存并相互过渡。一般呈浅色，具明显的丝绢光泽，破裂面较板岩薄，面上常有波状起伏，形成皱纹状，为千枚状构造。

二、主要生产加工工艺

由于天然板岩自身的特性，其不能用作承重或结构材料，只能用作覆层材料。所以天然板岩石制品的产品种类比较单一，主要就是平板（规格板）、蘑菇石、瓦板、乱形和文化石。同样板岩的加工方式也很局限，主要是加工成自然面或是蘑菇面，从工艺上看主要就是切割、劈裂和敲打，少部分需要用到粗磨或是其他的加工，少数品种的板岩还可以进行亚光加工。一般板岩在加工时，先用石材切割锯将板岩切割成一定的规格尺寸，再经过人工劈修及其他加工而成。

第八章　长石、石榴子石及麦饭石

第一节　长　石

一、性质

长石是由钾、钠、钙、钡的铝硅酸盐组成的一族矿物。主要化学成分为 SiO_2，Al_2O_3，CaO，K_2O，Na_2O。长石族矿物是主要的造岩矿物，具有工业意义的长石矿床，只有结晶巨大而易于分离的伟晶岩矿床。按其化学成分和结晶特征，可以分为两个亚族：钾钠长石和斜长石亚族。

长石族矿物一般为白、灰白、浅肉红色，玻璃光泽，节理发育，硬度为 6～6.5，密度为 2.5～2.7 g/cm^3。钾长石的熔点为 1 290℃，钠长石为 1 215℃，钙长石为 1 552℃，钡长石为 1 715℃。熔融间隔比较宽也是长石的优良工艺性能之一，长石组分含量不同，熔融间隔也不一样。钾微斜长石在 1 160～1 180℃时呈液态，至 1 210～1 280℃时才完全熔融。长石熔融时，熔融黏度取决于矿石的矿物组成、化学成分及熔融温度。在同一温度下钾长石熔融液比钠长石熔融液黏度大，而且随着温度增高，钠长石熔融液迅速成为黏度小而易稀释的流体，使陶瓷坯体变形。由于钾长石熔点不高，熔融间隔时间长，熔融液黏度高等优点，故在工业上利用较其他长石更广。

钾长石玻璃和钠长石玻璃均具有高度的化学稳定性，除高浓度的硫酸和氢氟酸外，不受其他任何酸、碱的腐蚀。长石熔融体对其他物质有助熔作用，其助熔能力与温度及长石种类有关。钠长石熔融体对石英的助熔作用大于钾长石熔融体。长石的解理发育，有较好的易磨性和可碾性。

二、长石的用途及质量标准

长石主要用于玻璃和陶瓷行业。长石在玻璃工业中的用量占长石的 50%～60%，陶瓷工业中的用量占 30%，其余用在填料和其他部门。

（一）玻璃熔剂

长石是玻璃混合料的成分之一。主要用来调节玻璃黏度，提高玻璃配料中的氧化铝含量，降低玻璃生产中的熔融温度和增加碱含量，以减少碱的用量。长石熔融后变成玻璃过程比较慢，结晶能力小，可防止在玻璃形成过程中析出晶体而破坏制品。一般作玻璃的混合料等用钾长石和钠长石。长石还可作玻璃纤维原料。玻璃工业长石质量标准见

表 8 - 8 - 1。

表 8 - 8 - 1   玻璃工业长石质量标准

等级	Fe_2O_3（%）	Al_2O_3（%）	$K_2O + Na_2O$（%）	SiO_2（%）	水分（%）	
					干法	湿法
优等	≤0.1	≥18	≥12	≤65	≤1	≤5
一等	≤0.2	≥16	≥11	≤70		
二等	≤0.35	≥15	—	—		
合格	≤0.5	≥14	—	—		

（二）陶瓷原料

烧成前起瘠性原料作用，减少坯体干燥收缩变形，改善干燥性能，缩短干燥时间。烧成时作为熔剂降低烧成温度，促使石英和高岭土熔融，加速莫来石的形成，使坯体致密而减少空隙，提高其机械强度和介电性能，提高坯体的透光性。掺入量一般在20%左右。

釉料主要由长石、石英和黏土原料组成，其中长石含量可达10%~35%。在陶瓷工业中（坯料和釉料）主要是用钾长石。由于长石的熔剂作用，可使釉料熔融充分。长石釉光泽好，釉面平滑透明。陶瓷工业钾长石质量标准见表8-8-2，陶瓷工业钠长石质量标准见表8-8-3。

表 8 - 8 - 2   陶瓷工业钾长石质量标准

等级	$Fe_2O_3 + TiO_2$（%）	TiO_2（%）	$K_2O + Na_2O$（%）	K_2O（%）
优等	≤0.15	≤0.03	≥14	≥12
一等	≤0.25	≤0.05	≥13	≥10
合格	≤0.50	≤0.10	≥10	$K_2O > Na_2O$

表 8 - 8 - 3   陶瓷工业钠长石质量标准

等级	$Fe_2O_3 + TiO_2$（%）	TiO_2（%）	$K_2O + Na_2O$（%）	Na_2O（%）
优等	≤0.15	≤0.03	≥10	≥9
一等	≤0.25	≤0.05	≥9	≥8
合格	≤0.50	≤0.10	≥8	$Na_2O > K_2O$

（三）搪瓷原料

用长石和其他矿物原料掺配制成珐琅。长石的掺配量通常为20%~30%。搪瓷工业长石质量标准见表8-8-4。

表 8 - 8 - 4   搪瓷工业长石质量标准

组分	SiO_2（%）	Al_2O_3（%）	$K_2O + Na_2O$（%）	Fe_2O_3（%）
含量	≤70	≥17	≥14	≤0.3

（四）磨料

制作磨轮时用作陶质胶结物组分，其含量为 28% ~ 30%。研磨工业长石质量标准见表 8 - 8 - 5。

表 8 - 8 - 5　　　　　　　　研磨工业长石质量标准

组分	K_2O（%）	Na_2O（%）	SiO_2（%）	Al_2O_3（%）	$MgO + CaO$（%）	Fe_2O_3（%）
含量	≥10	≤4	≥60	≥18	≤1	≤15

（五）其他

含钾高的长石可用作提取钾肥的原料，生产白水泥的原料之一。造纸、耐火材料、机械制造、涂料、电焊条等作填料。制钾肥用长石质量标准见表 8 - 8 - 6。

表 8 - 8 - 6　　　　　　　　制钾肥用长石质量标准

组分	K_2O（%）	Na_2O（%）	SiO_2（%）	Al_2O_3（%）	$MgO + CaO$（%）
含量	≥9	≤3	≤70	15 左右	≤2

三、长石选矿工艺

根据长石矿床种类和性质不同，而采用不同的选矿方法。一般是手选后破碎、磨矿，然后采用磁选除去铁矿物。近年来，随着长石矿的减少，质量下降，对产品的质量要求不断提高，以及矿山综合回收的发展，引入了重选、浮选、高梯度磁选等较复杂的分选作业，从而达到除去石英、云母、含铁钛等伴生矿物。

（1）伟晶岩中产出的优质长石选矿流程如下：

手选→破碎→磨矿（或水碾）→分级→产品

（2）风化花岗岩中的长石选矿流程如下：

洗矿→破碎→磨矿→分级→浮选（除铁、云母；石英、长石分离）→脱水→产品

（3）细晶岩中的长石（一般含有云母、铁质等）选矿流程如下：

破碎→磨矿→筛分→磁选

（4）长石质砂矿选矿流程如下：

水洗脱泥→筛分（或浮选分离石英等）

第二节　石榴子石

一、性质

石榴子石又有"玉砂"或"天然金刚石"之称，是一种岛状结构的铝（钙）硅酸盐，由于它具有硬度大（7.5 ~ 7.9 摩氏）、熔点高（1 313 ~ 13 180℃）、比重大（3.5 ~

$4.3~g/cm^2$）、耐酸度强、化学稳定性好等特点，故被称为新型耐磨净水滤料。

常见的石榴子石为红色，但其颜色的种类十分广阔，足以涵盖整个光谱的颜色。常见的石榴子石因其化学成分而分为六种，分别为红榴石、铁铝石榴子石、锰铝石榴石、钙铁石榴石、钙铝榴石及钙铬榴石。

二、石榴子石的用途及质量标准

石榴子石的用途及质量标准见表 8 - 8 - 7。

表 8 - 8 - 7　　　　　　　　　　石榴子石的用途及质量标准

工业用途	规格	要求
锯切大理石板材（粗磨料）	14 ~ 24 目	主要为铁铝石榴子石和镁铝石榴子石，颗粒形状、粒度均一，棱角晶体边缘锋利
玻璃制品磨制（中粗磨料）	200 ~ 220 目	同上，纯度在90%以上
玻璃制品磨料（中细磨料）	60 ~ 80 目	同上，纯度在90%以上
显像管磨料	0 ~ 10 μm，< 15% 10 ~ 16 μm，< 30% 16 ~ 20 μm，< 25% 20 ~ 25 μm，> 20% 25 ~ 32 μm，> 5% > 32 μm，< 1%	硬度 > 8，水分 < 2%，纯度 < 98%

三、石榴子石选矿工艺

石榴子石的选矿工艺随其产出特征和矿石类型不同而有所不同。重选、浮选、磁选、电选以及化学选矿等方法，均已应用于石榴子石的选矿工艺中。下面根据不同的矿石类型简要介绍几种典型的石榴子石选矿工艺：

（一）浮选—磁选联合选矿工艺

矿石类型为绢云母石榴子石石英片岩，矿石呈鳞片状变晶结构，片状构造。矿石中主要矿物成分为绢云母 45% ~ 50%、铁铝榴石约 15%、石英 35% 及少量蚀变铁矿物、电气石和十字石共约 5%。

选矿以回收石榴石和绢云母为主，同时综合回收石英。根据矿石中不同矿物可浮性的差异，采用浮选法，依次回收绢云母、石榴子石、石英。浮选药剂采用十二胺作捕收剂；水玻璃、氟硅酸钠作矿泥分散剂；硫酸作 pH 调整剂；氟化钠作石榴子石的活化剂，通过浮选可获得高品位的绢云母精矿，而石榴子石精矿和石英精矿均达不到纯度或有害杂质允许范围，还需进一步磁选精选。最终可获得高纯度的石榴子石精矿和石英精矿。

该工艺综合回收绢云母石榴子石与石英技术上是可行的，石榴子石产品接近单矿物分析指标。

（二）磁选—重选—磁选联合选矿工艺

根据矿石中各种矿物的性质，利用矿物比磁化系数和密度差异，采用干式磁选和湿式重选联合选矿流程选别石榴子石矿石。采用该工艺，最终可获得精矿石榴子石含量93.70%，回收率为58.34%，中矿石榴子石含量85.01%，回收率10.27%的指标。

为了生产细粒级和超细粒级磨料，石榴子石精矿通过振动球磨机进行细磨和超细磨。再经化学选矿处理，用工业盐酸酸浸除铁，经过酸浸后的石榴子石精矿多次水洗涤脱酸，可使石榴子石精矿含量达到96%以上，石榴子石中矿含量达到93.70%。水洗涤后的石榴子石精矿采用干、湿联合分级方法。$+45~\mu m$ 采用干式分级，$-45~\mu m$ 采用湿式分级，最终可获得 $45~\mu m$ 到 $5~\mu m$ 以及更窄粒级的磨料。

（三）重选—磁选—重选联合选矿工艺

矿石类型为榴辉岩型，矿石呈透镜状，亦有扁豆状或不规则状等。矿石中主要矿物成分为石榴子石50%，绿辉石30%，金红石5%，钛铁矿2.5%，其余为石英、蓝闪石、角闪石、白云母、绿泥石、磷灰石、磁铁矿、褐铁矿、钒钛磁铁矿、方解石、蓝晶石、钠长石、榍石等。

首先根据矿石的性质，采用重选法预先富集金红石等含钛矿物，同时得到一部分绿辉石精矿，然后采用磁选法，在 $230 \sim 915~kA/m$ 之间由低至高选用不同的磁场强度。可依次选出钛铁矿、石榴子石、绿辉石、金红石等精矿产品。该工艺流程对榴辉岩中有用矿物利用率高达68.18%。

（四）重介质选矿工艺

矿石类型为有角闪石、长石、辉石、黑云母以及少量磁铁矿、黄铁矿。石榴子石晶体大小波动于几微米至 900 mm 之间，平均为 $100 \sim 150$ mm，四周多为粗晶角闪石所包围。原矿含石榴子石5%～20%，平均为10%左右。

根据石榴子石与主要脉石角闪石的密度差异，可采用重介质选矿方法，始矿粒度为 $1.65 \sim 31$ mm，加重剂使用硅铁，重介质上部密度为 $3.17~g/cm^3$，下部密度为 $3.22~g/cm^3$。选出的重产品进一步采用跳汰进行精选，轻产品部分用作筑路的砂石渣，部分废弃在这一流程中。重介质选矿的尾矿量占选厂尾矿总量的50%～60%（其中用于铺路和废弃的约各占一半）。

第三节　麦饭石

一、性质

麦饭石的主要化学成分是无机的硅铝酸盐。其中包括 SiO_2、Al_2O_3、Fe_2O_3、FeO、MgO、CaO、K_2O、Na_2O、TiO_2、P_2O_5、MnO 等，还含有动物所需的全部常量元素，如

K、Na、Ca、Mg、Cu、Mo 等微量元素和稀土元素，约 58 种之多。

麦饭石是一种天然的药物矿石，含有人体所必需的钾、钠、钙、镁、磷常量元素和锌、铁、硒、铜、锶、碘、氟、偏硅酸等十八种微量元素。微量元素约占人体重的 0.025%，虽然其含量甚微，但是它在人类的生命过程中起着重要作用，在人体中含量不足会影响健康，甚至危及生命。因此，人体必须不断地通过各种途径补充微量元素，以满足人体生长发育和维持正常的新陈代谢水平的需要。

麦饭石中含铝硅酸盐类（长石），对色素和细菌有吸附能力，如果将麦饭石研成粉末，离子溶出和吸附作用增强。麦饭石能吸附水中游离子，麦饭石经水后，可溶出对人体和生物体有用的常量元素 K、Ca、Mg 及 Si、Fe、Zn、Cu、Mo、Se、Mn、Sr、Ni、V、Li、Co、Cr、I、Ge、Ti 等微量元素，麦饭石在水溶液中还能溶出人体所必需的氨基酸。

二、麦饭石的主要用途

（一）吸附力强

所谓吸附是具有多孔性、巨大表面积的固体全部溶化作用，而发生化学的、物理的反应。麦饭石作为中药对皮肤病，特别是拔脓，效果很好。麦饭石是多孔性的，吸附能力很强。也就是说，因多孔性，表面非常大，由于长石部分风化，成高岭土状等，故始终保持很强的吸附、交换作用。

（二）溶出矿物质

矿物质是人体不可缺少的微量元素，对维持生命的饮料水来说，矿物质是非常重要的，这一事实随着近年来对矿物质的研究，已逐渐被人们所认识。

在饮料水中含有适量的矿物质，可以改善水质，也有抑制细菌和吸附有机物质的作用。因此，当将麦饭石投入水中时，可将水中的游离氯和杂质、有机物、杂菌等吸附、分解，而供给水中矿物质，可防止水腐败，得到优质水。

（三）调整水质

以铁、镁、氟等矿物质而论，当水中不存在时它则溶出，相反，水中存在过多时它则吸附。这种作用与 pH 有关，除了过于酸性和过于碱性的水以外，往净水中投入麦饭石，在多数情况（碱性）时采用投入方式，在少数情况（酸性）时采用循环方式可使水接近中性。而且，使水在麦饭石层循环几次后，即使是水量较大，也能调节 pH。

（四）使水中溶解氧量丰富

麦饭石对需氧生物体能起到非常有效的作用。从麦饭石的这种作用来看，它与我们的日常生活和身体机能调节有密切的关系。据研究表明，麦饭石可能与生命起源有关。

三、麦饭石的加工提纯

天然麦饭石矿物经过提纯、破碎、制粉、表面改性（改性之后还要进行打散）之后就变成了具有很强吸附性、溶解性、调节性、生物活性和矿化性，适用于饲料用和化妆品业用的麦饭石微粉。

通常情况下麦饭石产品主要做成以下规格：

（1）颗粒状：产品规格有 1 cm、6～10 目、10～20 目、20～40 目、40～70 目。这种产品一般用对辊破碎机就可以完成。

（2）粉状：产品规格有 80～100 目、100～120 目、120 目、150 目、180 目、200目、325 目、400 目、500 目、800 目、1 000 目、1 250 目、2 000 目。要加工到这种粒度需要雷蒙磨粉机来完成。超过 1 000 目时则要用超细磨来完成。

第九章　磷与硫铁矿

第一节　磷

一、性质

磷矿是指在经济上能被利用的磷酸盐类矿物的总称，是一种重要的化工矿物原料。用它可以制取磷肥，也可以用来制造黄磷、磷酸、磷化物及其他磷酸盐类，用于医药、食品、火柴、染料、制糖、陶瓷、国防等工业部门。磷矿石按其成因不同，可分为磷灰石和磷块岩。磷灰石是指磷以晶质磷灰石形式出现在岩浆岩和变质岩中的磷矿石。磷块岩是指由外生作用形成、由隐晶质或显微隐晶质磷灰石及其他脉石矿物组成的堆积体。自然界中已知的含磷矿物大约有120种，分布广泛。但是按其质和量都能达到可以开采利用的含磷矿物则不过几种。在工业上作为提取磷的主要含磷矿物是磷灰石，其次有硫磷铝锶石、鸟粪石和蓝铁石等。自然界中磷元素约有95%集中在磷灰石中。

磷灰石$[Ca_5(OP_4)_3(F,Cl,OH)]$的主要化学成分是磷酸钙，其中还含有氟、氯等元素。磷灰石晶体呈六方柱状，集合体呈粒状、致密块状、土状和结核状等。无杂质者为透明，常见的有浅绿、黄绿、褐红、浅紫色。玻璃或油脂光泽，比重 3.18 ~ 3.21 g/cm^3，硬度5，加热后发绿光。自然界中最常见的、能够组成矿床的有以下5类：氟磷灰石、氯磷灰石、碳磷灰石、羟磷灰石、碳氟磷灰石。

二、主要产品的用途及质量标准

磷矿主要用途见表8-9-1，磷矿石质量标准见表8-9-2，钙镁磷肥用磷矿质量标准见表8-9-3，黄磷用磷矿质量标准见表8-9-4。

表8-9-1　　　　　　　　　　　　磷矿主要用途

应用领域	主要用途		制品名称
化学工业	化学药品	红磷、硫化磷、氯化磷、磷酸	黄磷（P_4）
		氯化磷	红磷（P_4）
		碳酸盐类	
	清洁剂	清罐剂（锅炉、机车）	磷酸钠、三聚磷酸钠
		家用合成洗涤剂	

（续表）

应用领域	主要用途		制品名称
	电镀、油脂		磷酸、五氧化二磷
农业	磷肥		钙镁磷肥、磷铵、重钙磷肥、硝酸磷肥、普钙磷肥
	农药		红磷、五氧化二磷、五硫化二磷
	饲料		磷酸钙
医学	医药		红磷、磷酸、五硫化二磷、三氯化磷、磷酸钠、三聚磷酸钠
	维生素 B_1		五氯化磷
轻工业	食品工业	食品	磷酸、磷酸铵、三聚硫酸钠
		营养剂	磷酸铵
		发酵粉	磷酸钙
	电灯泡		五氧化二磷
	染料		磷酸、磷酸钠、三氯化磷
	珐琅、纤维加工（染料分散）		磷酸铵
	聚氯乙烯安定剂		三氯化磷
	火柴		红磷
冶金工业	青铜（脱硫、磷青铜）		红磷
	金属表面处理、电解、研磨		磷酸
其他	窑业（玻璃、骨牌用）		磷酸钙
	浮选药剂		五硫化二磷

表 8 - 9 - 2　　　　　　　　　　　磷矿石质量标准

品级	P_2O_5（%）	MgO/P_2O_5	R_2O_5	CO_2
		≥，%		
一级品	28～30	2.0	2.5	3.0
二级品	28～35	5.0	3.0	4.0
三级品	28～35	8.0	3.5	6.0

表 8 - 9 - 3　　　　　　　　　　钙镁磷肥用磷矿质量标准

品级	P_2O_5（≥，%）	Fe_2O_3（≤，%）
一级品	32	2
二级品	30	2.5
三级品	28	3
四级品	26	4
五级品	24	5

表 8－9－4　黄磷用磷矿质量标准

品级	P_2O_5	SiO_2	Fe_2O_3	CO_2
	≥,%		≤,%	
一级品	32	7.0	1.2	4.0
二级品	30	10.0	1.6	5.0
三级品	28	15.0	2.0	6.0

三、磷矿选矿工艺

（一）硅质型磷矿

这类矿脉石主要是石英、玉髓之类的硅质矿物，它与磷灰石可浮性差距大。虽然磷矿粒度微细，一般情况下仍比较好选。常用药剂为碳酸钠、水玻璃、氧化石蜡皂。工艺较简单、指标也较高，但磨矿粒度较细，相对能耗也高。

（二）钙质型磷矿

脉石主要为方解石、白云石，其选矿难度相对要小点，主要有以下方法：

（1）反浮选：即抑制磷、浮选钙质。用硫酸调矿浆 pH，磷酸抑制磷灰石，氧化石蜡皂浮白云石、方解石。

（2）焙烧—消化法：原矿破碎到一定粒度时，在 1 000℃下焙烧，熟料用水消化、分级。粗级别即为磷精矿。焙烧烟气中可回收碘，CO_2 气体返至含石灰乳的尾矿浆，以中和石灰乳，生成碳酸钙排至尾矿场。

（3）光电选：当采矿中混入钙质围岩以及矿石本身有较粗的钙质矿物时，可采用光电选预选出部分钙质矿物，减少了下一步的磨矿负荷。

（三）硅—钙质沉积磷块岩

这类型选矿难度最大，是选矿工作者一直在攻克的难关，因此研究工作比较深、比较广。有些矿区已使用了新技术，并取得了较好效果。但大部分仍处于研究阶段，或半工业性阶段。近年来科研新进展概述如下。

（1）反—正浮选：先选出钙质矿物，然后选磷矿。在 H_2SO_4 介质中用脂肪酸浮钙质矿，用磷酸或 P201 抑制磷灰石，然后再选磷灰石。此工艺实现了较粗磨条件下的常温浮选，浮选温度可降至 9℃。另一方面，钙质和磷矿都含有 Ca^{2+}，用脂肪酸类辅收剂浮钙质矿物时难免造成磷灰石的损失。相反 Ca 质矿物选不好时，磷精矿中的 MgO 仍大于 1.5%。本工艺适用于含 Ca 矿物较低的矿石。

（2）正浮选：即从矿石中直接浮选磷灰石。近十几年来，选矿科技工作者一直在攻克含钙矿物的抑制剂，且取得了很大的进展，使直接浮选磷灰石成为现实，简化了流程，提高了选矿指标。

（3）焙烧—消化—浮选：此工艺与上述的焙烧—消化一样。不同的是消化后的磷品位不高，含有大量的硅质。所以消化后还需进行磷—硅分选，可以正浮选，也可反浮选，视其二种矿物的比例而定。但在浮选前必须碳化，碳化工艺是把炉气中的 CO_2 引入浮选的矿浆中。其目的是消除矿浆中剩余的石灰乳，同时也起到调节矿浆 pH 的作用。此工艺适用于磷矿含 P_2O_5 较高、碳酸盐矿物含量较低的矿物。在具体操作上要严格，在碳化前的矿浆中 CaO 含量应低于 1.5%。碳化不能过度，否则将恶化浮选。

（4）重—浮联合流程：用水力旋流器可得一部分磷精矿（沉砂），这样将减少三分之一的浮选量，药剂也将减少三分之一，从而降低了成本。对于磷灰石型磷矿，属易选矿石。但其品位低，通常 $P_2O_5 < 10\%$，若单一回收磷在经济上是不合算的，必须开展综合利用。

第二节　硫铁矿

一、性质

硫铁矿别名黄铁矿、磁黄铁矿、白铁矿，硫铁矿最常见的晶体是六方体、八面体及五角十二面体。在六方晶体的晶面上有细条纹。有时许多晶体结合在一起，成为各式各样的复晶。有时呈金黄色，有时为黄铜色，并有黄亮的金属光泽。比重 4.95～5.20。硬度 6.0～6.5。条痕为绿黑色。性脆，受敲打时很容易破碎，破碎面是参差不齐的。焚烧时有蓝色火焰并有刺鼻的硫黄臭味。

二、主要用途及质量标准

硫矿物最主要的用途是生产硫酸和硫黄。硫酸是耗硫大户，中国 70% 以上的硫用于硫酸生产。化肥是消费硫酸的最大户，消费量占硫酸总量的 70% 以上，尤其是磷肥耗硫酸最多，增幅也最大。

硫酸除用于化学肥料外，还用于制作苯酚、硫酸钾等 90 多种化工产品；轻工系统的自行车、皮革行业；纺织系统的黏胶、纤维、维尼纶等产品；冶金系统的钢材酸洗、氟盐生产部门；石油系统的原油加工、石油催化剂、添加剂以及医药工业等都离不开硫酸。随着中国经济的发展，近年来各行业对硫酸的需求量均呈缓慢上升趋势，化肥用项是明显的增长点。

高品位硫铁矿烧渣可以回收铁等；低品位的烧渣可作水泥配料。烧渣还可以回收少量的银、金、铜、铝、锌和钴等。

硫黄除了为生产硫酸的原料之外，还广泛用来生产化工产品，如硫化铜、焦亚硫酸钠等。另外，在食糖生产中，要把硫黄氧化为二氧化硫气体用于漂白脱色。在农药生产中也直接或间接使用硫黄；黏胶纤维生产中需用二硫化碳作溶剂；硫化金属矿浮选用的药剂要以二硫化碳为原料；除以上应用外，消费硫黄的行业还有火柴制造、水泥枕轨处理、医药、火药等。

硫铁矿产品质量标准见表 8 - 9 - 5。

表 8 - 9 - 5 　　　　　　　　　　　　　硫铁矿产品质量标准

品级		有效 S（≥,%）	各含率（≤,%）			
			As	F	Pb + Zn	C
优质	一	50	0.05	0.05	0.5	1
	二	48				
	三	45				
一级	一	42	0.07	0.05	1	1.5
	二	40				
	三	38				
二级	一	35	0.10	0.1	1	2
	二	33				
	三	30				
三级	一	28	0.15	0.1	1	3
	二	25				

三、硫铁矿选矿工艺

硫铁矿天然可浮性非常好，这一特性决定了浮选法可用于硫铁矿的提纯与加工。硫铁矿的比重较大，一般为 4.9 ~ 5.2，与其伴生的脉石比重则不超过 3.0，这一特性又决定了重选法也可用于硫铁矿的选矿和提纯。

（一）浮选法

浮选法主要用于细粒浸染低品位硫铁矿的选矿与提纯，浮选法对于硫铁矿的选矿优点在于回收率高，精矿品位有保证。

浮选法选硫铁矿的依据是硫铁矿天然可浮性好，采用常规浮选药剂（丁基黄药和 2# 油）即可获得较好指标，在弱酸性介质中可浮性较好，随 pH 上升，可浮性下降，pH 超过 9 ~ 10，黄铁矿受到抑制（一般氧化钙抑制效果较为明显），可浮性急剧下降；在酸性介质中浮选，最好少使用黄药类捕收剂（在酸性介质中易分解），可使用丁铵黑药替代。

（二）重选法

重力选矿法简称重选法，是利用重力选矿的原理和设备对硫铁矿进行选矿处理的一种方法，通常情况下需要用到跳汰机，摇床等重选设备，其选矿原理大致相同，都是根据硫铁矿与脉石间的比重差进行的重力分选，获得重矿物为硫铁矿，轻矿物为尾矿。

硫铁矿大多以粗粒致密结晶体嵌布在矿石中，通过简单的破碎或研磨就能实现较高的单体解离度，然后通过跳汰机的重选作用提取出粗、中、细粒的精矿。经过破碎和研磨后的硫铁矿进入跳汰机等重选设备中，经过跳汰机所形成的垂直交变水流的作用，不同比重的矿物按照密度重新分层，比重较大的硫铁矿位于下层，透过筛网形成精矿，比重较小的脉石沉降速度较慢，无法透过较大的比重层而从尾矿口溢流，最终得到轻重不同的两种物料，也就是精矿和尾矿。

第十章　非金属矿产加工实例

第一节　山东镁矿菱镁矿浮选厂

山东镁矿浮选厂，1985 年 9 月建成，1986 年 11 月投产，主要处理山东镁矿粉子山矿区的混级菱镁矿石。选厂规模为年处理原矿 15 万 t。

一、矿石性质

菱镁矿选厂处理的矿石为混合矿，有用矿物为菱镁矿，脉石矿物有叶绿泥石、绿泥石、滑石、绢云母、黑云母、金云母等。80% 的脉石矿物构成各种片岩，并在菱镁矿石中呈粗粒层状嵌布；其余的脉石矿物呈网状、柱状、局部粗粒集结状嵌布。矿石比重 2.91，莫氏硬度 3.4 ~ 5.0。矿石矿物组成见表 8 - 10 - 1，化学组成见表 8 - 10 - 2。

表 8 - 10 - 1　　　　　　　　　矿石矿物组成

矿物名称	菱镁石（%）	白云石（%）	绢云母（%）	滑石（%）	绿泥石（%）	石英（%）	黑金云母（%）	其他（%）
含量	87.70	2.50	2.70	2.00	2.60	1.20	1.00	0.30

表 8 - 10 - 2　　　　　　　　　矿石化学成分

化学成分	SiO_2（%）	Al_2O_3（%）	Fe_2O_3（%）	CaO（%）	MgO（%）	酌减（%）
含量	4.95	1.39	0.93	0.86	44.08	47.33

二、工艺流程

破碎段采用三段闭路流程，入磨粒度 - 15 mm。磨矿采用一段闭路磨矿流程，球磨机与螺旋分级机形成闭路，磨矿细度为 - 0.074 mm 占 65% ~ 70%，分级溢流浓度为 30% ~ 33%；选别作业采用先反浮选一粗一扫工艺，选出约 30% 的脉石矿物，然后正浮选，经一次粗选得到菱镁矿精矿，剩余为中矿。菱镁矿精矿经浓缩、过滤、干燥、包装后，送入产品仓库待售。煅烧生产高纯镁砂，用作耐火材料。中矿经压球焙烧生产轻烧镁球，用于熔剂。选厂工艺流程如图 8 - 10 - 1 所示。

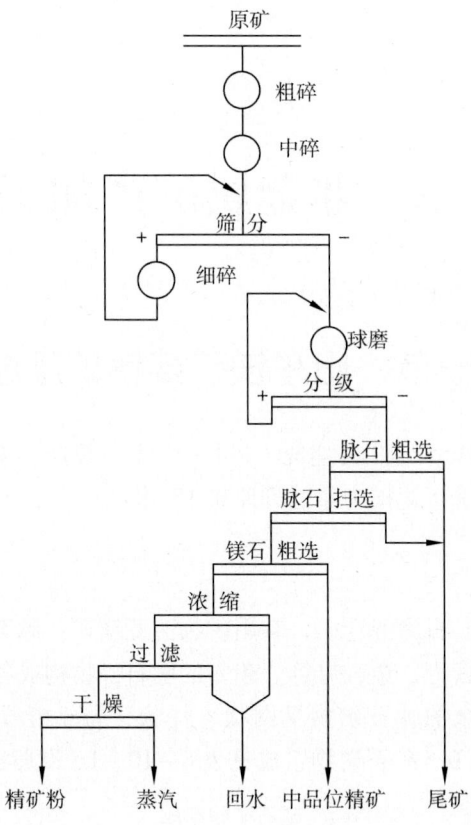

图 8 - 10 - 1　选厂工艺流程

三、选矿工艺指标及单位消耗

主要技术指标：磨矿浓度 70% 左右；溢流浓度 30% ~ 33%；溢流细度 - 0.074 mm 占 65% ~ 70%；选别 pH 为 7；反浮选浮选时间为 18 min；正浮选浮选时间为 9 min；反浮选浮选温度为 15℃；正浮选浮选温度为 20 ~ 30℃。

原矿含硅 5% ~ 6%，精矿产率为 55.40%，MgO46.5%，$SiO_2 \leqslant 0.3\%$，用于生产高纯镁砂；中矿产率为 11.56%，MgO42%，$SiO_2 \leqslant 1.5\%$，用于生产轻烧镁粉；尾矿产率为 33.04%。

所用浮选药剂：反浮选所用药剂为脉石捕收剂十二胺和起泡剂 2# 油；正浮选所用药剂为抑制剂水玻璃和菱镁石捕收剂氧化石蜡皂，药剂用量见表 8 - 10 - 3。

表 8 - 10 - 3　　　　　　　　　　浮选药剂用量

药剂	反浮选（g/t）	正浮选（g/t）
十二胺	210 ~ 300	
2# 油	80 ~ 100	
水玻璃		1 500 ~ 3 000
氧化石蜡皂		1 400 ~ 2 100

第二节　山东某石墨矿选厂

该选厂规模为年处理原矿 35 万 t。

一、矿石性质

该矿生产鳞片石墨。晶体粒径一般为 0.05 ~ 1.50 mm。矿石中主要矿物有晶质石墨，伴生的矿物有云母、长石、石英、透闪石、透辉石、石榴子石等，有时还伴有金红石、钒云母等有用组分。硬度一般为中硬或中硬偏软，原矿品位在 4% ~ 4.5%。经选矿加工后，主要生产含碳量为 88% ~ 89% 的中碳石墨。

二、选矿工艺流程

（一）破碎流程

破碎采用两段一闭路流程，一段破碎使用颚式破碎机，二段破碎使用锤式破碎机，筛分设备使用圆振动筛，破碎产品粒度 –15 mm。

（二）磨选流程

一段闭路磨矿，球磨机与螺旋分级机形成闭路。螺旋分级机溢流进入一粗一扫浮选作业流程，粗选精矿经过四次浓缩再磨再选后，获得石墨精矿；扫选精矿经再选后，再选精矿返回二段再磨再选流程，再选尾矿返回一段球磨分级流程；扫选的尾矿作为最终尾矿。磨选工艺流程如图 8 – 10 – 2 所示。

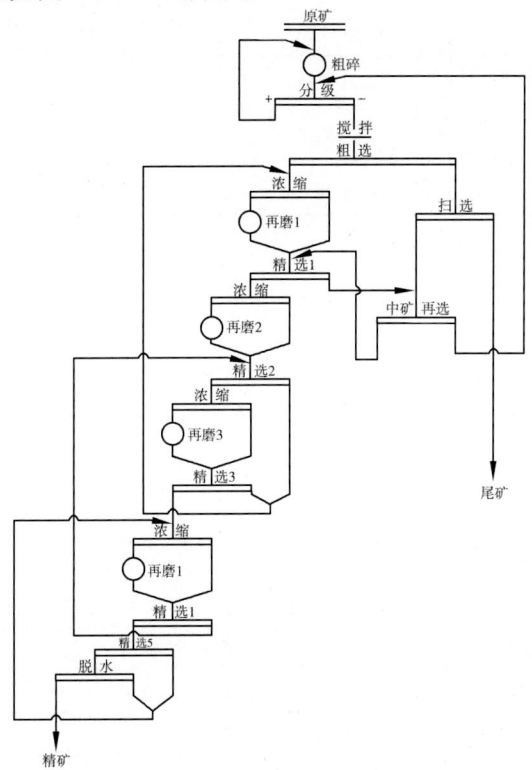

图 8 – 10 – 2　石墨选厂磨选工艺流程

三、选矿技术指标及单位消耗

选矿工艺技术指标见表 8 - 10 - 4，主要材料消耗见表 8 - 10 - 5。

表 8 - 10 - 4　　　　　　　　　　主要生产技术指标

序号	指标名称	单位	指标	备注
1	原矿粒度	mm	450	
2	入磨粒度	mm	15	
3	入选粒度	- 0.15 mm、%	60 ~ 65	
4	原矿品位	%	4.39 ~ 4.45	
5	精矿品位	%	88 ~ 89	
6	尾矿品位	%	0.6 ~ 0.8	
7	回收率	%	80	

选矿药剂：煤油作捕收剂，起泡剂为 2# 油和 4# 油，调整剂为石灰。

表 8 - 10 - 5　　　　　　　　　　主要耗材消耗

序号	耗材名称	单位	数量	备注
1	水（补充新水）	m^3/t 原矿	1.8	
2	电	kW·h/t 原矿	25.9	
3	浮选药剂	kg/t 原矿	0.38	
4	衬板	kg/t 原矿	0.08	
5	钢球	kg/t 原矿	0.43	

四、主要设备

选厂主要设备见表 8 - 10 - 6。

表 8 - 10 - 6　　　　　　　　　　选厂主要设备

序号	设备名称	设备型号	单位	数量	重量/t		功率/kW		生产厂家
					单	总	单	总	
1	颚式破碎机	PE6090	台	1	20.1	2.01	75	75	
2	锤式破碎机	PC88	台	2	3.1	6.2	5.5	11	
3	圆振筛	YA1530	台	1	0.47	0.47	11	11	
4	球磨机	MQY1530	台	3	16.7	50.1	95	285	
5	球磨机	MQY1230	台	2	13.7	27.4	55	110	
6	球磨机	MQY0930	台	1	12.6	12.6	55	55	
7	螺旋分级机	FG - 1200	台	1	6.3	6.3	11	11	

（续表）

序号	设备名称	设备型号	单位	数量	重量/t		功率/kW		生产厂家
					单	总	单	总	
8	浮选机	CHF – 14	台	4	6.8	27.2	30	120	
9	浮选机	XJK – 2.8	台	34	2.2	74.8	5.5	187	
10	离心脱水机	WG – 1200 – 2	台	8	2.3	18.4	11	88	
11	烘干机	$\varnothing 1.5 \times 20$ m	台	1	28	28	7.5	7.5	
12	高方筛	FSP – 4 型	台	2	1.9	3.9	5.5	11	

第三节　中国铝业山东分公司矿山公司选厂

中国铝业山东分公司（以下简称山铝）位于山东省淄博市张店区，行政区划属张店区沣水镇。2006 年建成铝土矿选矿生产线。

一、矿石性质

该厂处理矿石为一水硬铝型铝土矿，有用矿物为一水硬铝石，主要含硅矿物为铝硅酸盐，包括高岭石、伊利石、叶蜡石。一水硬铝石以柱状、粒状、豆鲕状、板状、纺锤状等集合体形式存在，莫氏硬度为 6~7，与铝硅酸盐矿物的硬度差异大。一水硬铝石型铝土矿的磨矿产品粒度分布呈两极化，铝在粗粒级富集，硅在细粒级富集，根据磨矿特性曲线能够以粒度富集形式将一水硬铝石与含硅矿物分离开来。

二、工艺流程

（一）磨矿流程

原矿粒度在 30 mm 以下直接由皮带给入格子型球磨机，采用一段开路磨矿工艺流程，螺旋分级机溢流产品进入浮选作业，以螺旋分级机返砂产品铝硅比大于 8 作为合格产品。

（二）选别流程

旋流器溢流自流到搅拌槽，加入药剂后给入浮选机，反浮选脱硅经过一次粗选二次扫选三次精选后得到最终精矿与最终尾矿。选厂生产流程如图 8 – 10 – 3 所示。

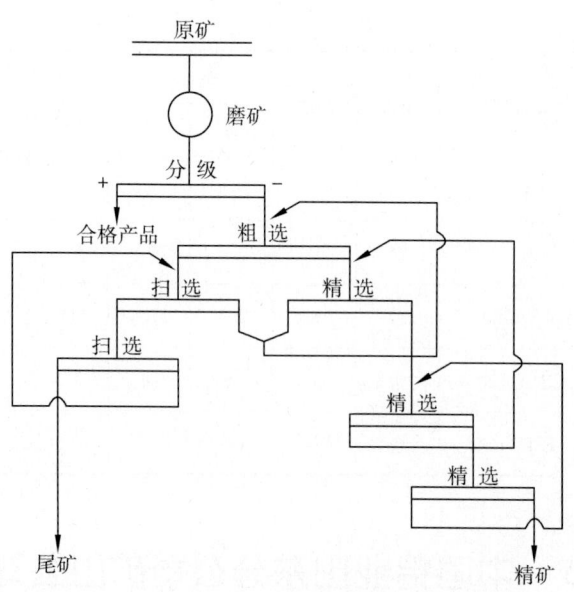

图 8 - 10 - 3　选厂生产流程

三、工艺指标及单位消耗

选矿主要技术指标见表 8 - 10 - 7，主要材料消耗见表 8 - 10 - 8。

表 8 - 10 - 7　　　　　　　　　　　　主要工艺指标

序号	指标名称	单位	指标	备注
1	原矿 A/S		4 ~ 5	
2	精矿 A/S		9	
3	Al_2O_3 回收率	%	80	
4	给料粒度	mm	< 30	
5	磨矿细度	- 0.074 mm,%	75	
6	矿浆 pH		9	
7	作业温度	°C	18	

表 8 - 10 - 8　　　　　　　　　　　　主要耗材消耗

序号	耗材名称	单位	数量	备注
1	6P - 1	kg/t 原矿	0.3	捕收剂
2	Na_2CO_3	kg/t 原矿	3	pH 调整剂
3	起泡剂	kg/t 原矿	0.08	
4	衬板	kg/t 原矿	0.07	
5	钢球	kg/t 原矿	0.8	

四、主要设备

选厂主要设备见表 8 – 10 – 9。

表 8 – 10 – 9　　　　　　　　　　　主要设备

序号	设备名称	设备型号	单位	数量	重量/t		功率/kW		生产厂家
					单	总	单	总	
1	球磨机	MQY3660	台	1	240	240	1 250	1 250	中信
2	高堰式双螺旋分级机	2FG – 2000	台	1	3.65	3.65	22	22	
3	浮选机	XBF – 16	台	10	6.93	69.3	37	370	华天
4	浮选机	XBFF – 8	台	7	4.14	16.6	22	154	华天
5	搅拌槽	BJ3000 × 3000	台	1					

参考文献

[1]李锋,孔庆友.山东地勘读本[M],济南:山东科学技术出版社,2002,6-84.

[2]黄定华.普通地质学[M],北京:高等教育出版社,2004,240-251.

[3]宋春青,邱维理,张振春.地质学基础[M],北京:高等教育出版社,2005.

[4]中国大百科全书总编辑委员会《地质学》编辑委员会.中国大百科全书(地质学)[M],北京:中国大百科全书出版社,1993.

[5]地质矿产部《地质辞典》办公室.地质辞典[M],北京:地质出版社,1983.

[6]傅英,杨季楷等.地质学简明教程[M],北京:地质出版社,1987.

[7]门凤歧,赵祥麟等.古生物导论[M],北京:地质出版社,1984.

[8]谢文伟等.普通地质学[M],北京:地质出版社,2007.

[9]边秋娟等.结晶学及矿物学[M],北京:高等教育出版社,2011.

[10]李昌年.岩石学简明教程[M],北京:中国地质大学出版社,2010.

[11]徐耀鉴,徐汉南,任锡刚.岩石学[M],北京:地质出版社,2007.

[12]孙超等.构造地质学[M],北京:地质出版社,1984.

[13]杜蔚章等.地史学[M],北京:地质出版社,1988.

[14]刘文治等.矿床学[M],北京:地质出版社,1984.

[15]朱家珍等.找矿勘探地质学[M],北京:地质出版社,1989.

[16]马友良等.地貌学及第四纪地质学[M],北京:地质出版社,1995.

[17]同济大学海洋地质系.海洋地质学[M],北京:地质出版社,1982.

[18]林炳营.环境地学基础[M],北京:科学技术文献出版社,1989.

[19]《中国地质大观》编写组.中国地质大观[M],北京:地质出版社,1988.

[20]全国地层委员会办公室.关于推荐《中国地质年代表》修改稿的通告[M].地质论评,1998,44(5):559~600.

[21]翟裕生,姚书振,蔡克勤.2011.矿床学.北京:地质出版社.

[22]薛春纪,祁思敬,隗合明等.2006.基础矿床学.北京:地质出版社.

[23]李万亨,傅鸣珂,杨昌明,田家华.2000.矿产经济与管理.武汉:中国地质大学出版社.

[24]中国地质调查局.区域地质矿产调查技术要求(1:5万)[M].中国地质调查局,2006.12:15-26.

[25]内蒙古自治区地质矿产勘查开发局.1:5万区域矿产地质调查野外工作方法[M].2009.3:10-47.

[26]孔庆友等.山东省矿产资源储量报告编制指南,山东省地图出版社2010.11.

[27]侯德义,找矿勘探地质学地质出版社,1984年4月.

[28]固体矿产地质勘查规范总则GB/T 13908—2002.

[29]王声喜,固体矿产勘查工作程序与方法,辽宁省第十地质大队,2013 年 5 月.

[30]宋青春,邱维理,张振春等.地质学基础.北京:高等教育出版社,2005.

[31]王大纯等.水文地质学基础.北京:地质出版社,1995.

[32]肖长来,梁秀娟,王彪等.水文地质学.北京:清华大学出版社,2010.

[33]徐国柱,王文昭等.专门水文地质学.北京:地质出版社,1993.

[34]曹剑锋,迟宝明,王文科等.专门水文地质学.北京:科学出版社,2006.

[35]倪宏革,时向东等.工程地质.北京:北京大学出版社,2009.

[36]唐辉明等.工程地质学基础.北京:化学工业出版社,2008.

[37]王贵荣等.工程地质学.北京:高等教育出版社,2012.

[38]张咸恭,李智毅,郑达辉等.专门工程地质学.北京:地质出版社,1997.

[39]郭纯青等.中国岩溶生态水文学.北京:地质出版社,2007.

[40]林学钰,廖资生等.现代水文地质学.北京:地质出版社,2005.

[41]万力,曹文炳,胡伏生等.生态水文地质学.北京:地质出版社,2005.

[42]陈述彭,赵英时等.遥感地学分析.北京:测绘出版社,1995.

[43]傅良魁等.电法勘探教程.北京:地质出版社,1983.

[44]王秉忱等.地下水污染水质模拟方法[M].北京:北京师范学院出版社,1985.

[45]王惠濂等.综合地球物理测井.北京:地质出版社,1986.

[46]李鸿业等.矿山地质学通论.北京:冶金工业出版社,1979.

[47]李冬田等.遥感地质学.北京:地质出版社,1988.

[48]陈英俊等.测量学.北京:地质出版社,1991.

[49]徐泉清,孙志宏等.中国旅游地质.北京:地质出版社,1992.

[50]马友良等.地貌学及第四纪地质学.北京:地质出版社,1995.

[51]同济大学海洋地质系.海洋地质学.北京:地质出版社,1982.

[52]林炳营等.环境地学基础.北京:科学技术文献出版社,1989.

[53]彭汉兴等.环境工程水文地质.北京:水利电力出版社,1998.

[54]刘锡清等.中国海洋环境地质学.北京:海洋出版社,2006.

[55]朱大奎等.环境地质学.北京:高等教育出版社,2003.

[56]王焰新等.地下水污染与防治.北京:高等教育出版社,2007.

[57][美]贝迪恩特等.地下水污染迁移与修复.北京:中国建筑工业出版社,2010.

[58]王妙月等.勘探地球物理学.北京:地震出版社,2003.

[59]韩吟文,马振东等.地球化学.北京:地质出版社,2003.

[60]罗先熔,文美兰等.勘查地球化学.北京:冶金工业出版社,2007.

[61]徐道一等.天文地质学概论.北京:地质出版社,1983.

[62][美](F·Hess)F·赫斯等.地理地质学、环境与宇宙.杭州:浙江教育出版社,2008.

[63]刘飞等.城市环境地质学.北京:知识产权出版社,2011.

[64]佚名.中国城市地质.北京:中国大地出版社,2005.

[65]莫伊谢延科.深部地质学原理[M].北京:地质出版社,1986.

[66]李烈荣,姜建军等.中国地质灾害防治.北京:地质出版社,2003.

[67]中国地质调查局.水文地质手册(第二版).北京:地质出版社,2012.

[68]常士骠,张苏民等.工程地质手册(第四版).北京:中国建筑工业出版社,2011.

[69]杨云保等,固体矿产勘查技术,地质出版社,2007年.

[70]山东省国土资源厅资源储量处、山东省国土资源资料档案馆,山东省矿产资源储量报告编制指南,山东省地图出版社,2010年.

[71]侯德义等,矿山地质学,地质出版社,1998年.

[72]《矿山地质手册》编辑委员会,矿山地质手册,冶金工业出版社,1995年.

[73]《水文地质手册》[M].北京:地质出版社,2012.

[74]《冶金矿山地质技术管理手册》[M].北京:冶金工业出版社,2003.

[75]《采矿设计手册》[M].北京:中国建筑工业出版社,1990.

[76]谢广元.选矿学[M]徐州:中国矿业大学出版社,2001.

[77]郝凤印.选煤手册(工艺与设备)[M].北京:煤炭工业出版社,1993.

[78]戴少康.选煤工艺设计实用技术手册[M].北京:煤炭工业出版社,2009.

[79]周曦.洗选煤技术实用手册[M].北京:民族出版社,2003.

[80]选煤厂设计手册(工艺部分)[M].北京:煤炭工业出版社,1978.

[81]王敦曾.选煤新技术的研究与应用[M].北京:煤炭工业出版社,2005.

[82]吴寿培、刘炯天.采煤选煤概论[M].北京:煤炭工业出版社,1991.

[83]选煤实用技术丛书系列[M].徐州:中国矿业大学出版社,2006.

[84]中国冶金百科全书编辑部.中国冶金百科全书:采矿[M].北京:冶金工业出版社,1998.

[85]王运敏主编.现代采矿手册(上册)[M].北京:冶金工业出版社,2011.

[86]王运敏主编.现代采矿手册(中册)[M].北京:冶金工业出版社,2012.

[87]王运敏主编.现代采矿手册(下册)[M].北京:冶金工业出版社,2012.

[88]张富民.采矿设计手册(2)矿床开采卷(上册).北京:中国建筑工业出版社,1987.

[89]《冶金矿山设计参考资料》编写组.冶金矿山设计参考资料(上册)[M].北京:冶金工业出版社,1973.

[90]刘荣,李事捷,卢才武.我国金属矿山采矿技术进展及趋势综述[J].金属矿山,2007,(10):14-17.

[91]周爱民.我国金属矿采矿技术主要成就与评价[J].采矿技术,2001,1(2):1-5.

[92]王运敏.冶金矿山采矿技术的发展趋势及科技发展战略[J].金属矿山,2006,(1):19-25.

[93]王青,史维祥.采矿学[M].北京:冶金工业出版社,2010.

[94]GB 12719—91,矿区水文地质工程地质勘探规范[S].1991.

[95]GB/T 13908—2002,固体矿产地质勘查规范总则[S].2002.

[96]于润沧.采矿工程师手册[M].冶金工业出版社,2009.

[97]解世俊.金属矿床地下开采[M].冶金工业出版社,1990.

[98]采矿设计手册编委会.采矿设计手册矿床开采卷(下册)[M].中国建筑工业出版社,1989.

[99]采矿设计手册编委会.采矿设计手册井巷工程卷(下册)[M].中国建筑工业出版社,1989.

[100]采矿设计手册编委会.采矿设计手册矿山机械卷[M].中国建筑工业出版社,1989.

[101]古德生,李夕兵,等.现代金属矿床开采科学技术[M].冶金工业出版社2006.

[102]王英敏.矿井通风与防尘[M].冶金工业出版社,1999.

[103]王荣祥,任效乾.矿山工程设备技术[M].冶金工业出版社,2007.

[104]采矿手册编写组.采矿手册第5卷[M].冶金工业出版社,1989.

[105]采矿手册编写组.采矿手册第6卷[M].冶金工业出版社,1989.

[106]王荣祥,任效乾.矿山机电设备运用管理[M].冶金工业出版社,2000.

[107]王运敏.露天转地下开采平稳过渡关键技术研究展望[J].金属矿山,2007.

[108]章林,汪为平.露天转地下联合采矿技术发展现状综论[J].金属矿山,2008.

[109]卢宏建,陈超,甘德清.石人沟铁矿露天转地下开采南区房间矿柱稳定性[J].河北理工学院学报,2006.

[110]王艳辉,石人沟露天转地下过渡Ⅰ区采场结构参数研究[J].有色金属,2005.

[111]甘德清,郭志芳,赵广山.露天-地下联合开采露天矿合理境界的确定[J].金属矿山,1999.

[112]蔡美峰,何满潮,刘东燕.岩石力学与工程[M].科学出版社,2009.

[113]潘荣森.露天转地下开采矿山过渡期技术探索[J].金属矿山,2010.

[114]焦玉书.金属矿山露天开采[M].冶金工业出版社,2005.

[115]褚洪涛.我国金属矿山大水矿床地下开采采矿方法[J].矿山技术,2006.

[116]辛小毛,王亮.大水金属矿山防治水综合技术方法的研究[J].矿业研究与开发,2009.

[117]张勇.大水矿山倾斜帷幕下采矿方法实践[J].金属矿山,2009.

[118]张化远.采用盘区和分区开采以提高矿山生产能力[J].中国矿业,1994.

[119]张新华,刘永.铀矿"三废"的污染及治理[J].矿业安全与环保,2003.

[120]王鉴,中国铀矿开采[M].原子能出版社,2003.

[121]张幼蒂,王玉浚.采矿系统工程[M].徐州:中国矿业大学出版社,2000.

[122]刘建华,宗岳洪.采矿系统工程的发展与新趋势[J].现代矿业,2009,(3):7-10.

[123]云庆夏,陈永锋,卢才武.采矿系统工程的现状与发展[J].中国矿业,2004,13(2):1-6.

[124]潘结南,孟召平,甘莉.矿山三维地质建模与可视化研究[J].煤田地质与勘探,

2005,33(1):16-18.

[125]孙豁然,徐帅.论数字矿山[J].金属矿山,2007,(2):1-5.

[126]王李管,曾庆田,贾明涛.数字矿山整体实施方案及其关键技术[J].采矿技术,2006,6(3):493-498.

[127]梁宵,袁艳斌,张帆等.数字矿山应用及其现状研究[J].中国矿业,2010,19(9):94-97.

[128]梁鹏.环境影响评价技术方法[M].北京:中国环境科学出版社,2009.

[129]韦冠钧.矿山环境工程[M].北京:冶金工业出版社,2001.

[130]李迎新.地质灾害分类与防治[J].西部探矿工程,2009,(4):42-46.

[131]王建胜.浅析铁矿山环境地质灾害的治理[J].现代矿业,2010,(489):133-134.

[132]HJ2.1-2011,环境影响评价技术导则,总纲[S].2011.

[133]HJ2.2-2008,环境影响评价技术导则,大气环境[S].2008.

[134]HJ610-2011,环境影响评价技术导则,地下水环境[S].2011.

[135]HJ616-2011,建设项目环境影响评价评估导则[S].2011.

[136]HJ2.4-2009,环境影响评价技术导则声环境[S].2009.

[137]HJ/T169-2004,建设项目环境风险评价技术导则[S].2004.

[138]沈渭寿,曹学章,金燕.矿区生态破坏与生态重建[M].北京:中国环境科学出版社,2004.

[139]冯守本.选矿厂设计[M].北京:冶金工业出版社,1996年10月第一版.

[140]冶金工业部.选矿专业基础理论(中级本)[M].北京,冶金工业出版社,1989年第一版.

[141]杨顺梁,林任英.选矿知识问答[M].北京,冶金工业出版社,1993年12月第二版.

[142]孙长泉,孙成林.选矿厂工艺设备安装与维修[M].北京,冶金工业出版社,2010年5月第一版.

[143]中国选矿设备手册编委会.中国选矿设备手册(上、下册)M].北京,科学出版社,2006年8月第一版.

[144]段希祥.破碎与磨矿[M].北京,冶金工业出版社,2006年8月第二版.

[145]朱俊士.选矿试验研究与产业化[M].北京,冶金工业出版社,2004年7月第一版.

[146]王常任.磁选选矿[M].北京,冶金工业出版社,1986年5月第一版.

[147]董英,王吉坤,冯桂林.常用有色金属资源开发与加工[M].北京,冶金工业出版社,2005年8月第一版.

[148]魏德洲.固体物料分选学[M].北京:冶金工业出版社,2009年9月第一版.

[149]王淀佐.浮选理论的新进展[M].北京:科学出版社,1992版.

[150]王常任等.磁电选矿[M].北京:冶金工业出版社.2002.

[151]李会义.浅谈高压辊磨机的运行及维护[J].烧结球团,2006年第5期:18-21.

[152]刘磊,韩跃新.高压辊磨机工作原理及其工艺性能的探讨[J].金属矿山,2010年第8期:26-29.

[153]张伟,许鹏.高压辊磨机安装施工技术[J].山西建筑,2012(9).

[154]张乐元,孙西欢,李永业,许飞,束德方.浆体管道输送浅谈[J].山西水力技术与应用,2009年第6期:43-44.

[155]邹伟生,袁海燕,罗绍卓.长距离管道输送发展现状及在矿山的应用前景[J].金属材料与冶金工程,2009,37(1):57-60.

[156]李强,王少军,王利民.MSTP在包钢白云矿浆管道输送中的应用[J].包钢科技,2011年2月第1期:64-67.

[157]张晋生,祝庆昌等.尖山铁矿长距离铁精矿浆管道输送技术的实践[J].矿业工程,2003年2月第1期:69-71.

[158]张夏弟,吴青.朝鲜茂山矿至清津市铁精矿高浓度矿浆管道输送技术的简介[J].黑龙江冶金1998年第03期:32-35.

[159]寿国华,甄云军,梁敏.瓮福磷矿精矿浆管道输送能力最大化的研究与实施[J].化工矿业与加工,2006年第8期,42-46.

[160]张锦润,王伟之,李富平,王爱东.金属矿山尾矿综合利用与资源化[M].北京,冶金工业出版社,2002.9.

[161]金属矿山充填采矿法设计参考资料编写组.金属矿山充填采矿法设计参考资料[M].北京,冶金工业出版社,1978年12月第一版.

[162]赵玉娥.黄药、黑药、二号油在水体中的降解试验研究[J].黄金,1995年第7期:49-51.

[163]朱来东,吴国振.某银铅锌多金属矿尾矿废水自然净化试验研究[J].甘肃冶金,2007年8月第29卷第4期:89-91.

[164]汪金峰,孙凤瑶.黄金尾矿废水治理初探[J].辽宁城乡环境科技,17卷3期:45-47.

[165]宋绘.生物接触氧化法处理尾矿废水的研究[J].有色金属设计,1995年第1期60-63.

[166]董丽芳.浅谈金属矿山选矿尾矿及废水处理[J].云南冶金,2001年4月第30卷第2期:61-64.

[167]严群,黄俊文,唐美香等.矿山废水的危害及治理技术研究进展[J].金属矿山,2010年第8期:183-185.

[168]汤琦,王德成,解娟.尾矿废水综合利用工业实践[J].黄金,1996年第12期:53-54.

[169]周俊武,徐宁.选矿自动化新进展[J].有色金属,2011年增刊1:47-54.

[170]单玉江.自动化新技术在选矿厂的应用[J].有色冶金节能,2010年8月第4期:38-41.

[171]全国注册咨询工程师(投资)资格考试参考教材编写委员会.工程项目组织与管理[M].北京,中国计划出版社,2011 年 11 月第一版.

[172]成清书.矿石可选性试验与检查[M].冶金工业出版社,1981 年第一版.

[173]中国铁矿石选矿生产实践编委会.中国铁矿石选矿生产实践[M].南京,南京大学出版社,1992 年 3 月第一版.

[174]王运敏,田嘉印,王华军,冯泉等主编.中国黑色金属矿选矿实践[M].科学出版社,2008 年 8 月第一版.

[175]郑水林非金属矿加工与应用[M].北京:化学工业出版社,第三版,2013.

[176]丁明非金属矿加工工程[M].北京:化学工业出版社,2003 年第一版.

[177]温秉权,黄勇非金属材料手册[M].北京:电子工业出版社,2006 年第一版.

[178]中国非金属矿物加工业发展现状[J].中国非金属矿工业导刊,2006 年第 3 期:3 - 8.

[179]葛鹏,王化军,解琳,赵晶,张强石墨提纯方法进展[J].金属矿山,2010 年第 10期:38 - 43.

[180]张高科滑石在塑料工业中的应用及其前景的探讨[J].中国非金属矿工业导刊2001 年第 2 期:11 - 13.

[181]孙成林,连钦明低品位长石提纯与应用概况[J].中国粉体工业,2007 年第 10期:21 - 30.

[182]依文耐火黏土的主要工业用途[N].中国建材报,2007 - 3 - 21.

[183]冯婕,苑光国,李祎,候利民,王雁,尹国逊耐材用硬质黏土提纯工艺技术[J]现代矿业,2013 年第 8 期:175 - 177.

[184]蔡霞石灰石深加工产品与市场前景[J].金属矿山,2002 年第 7 期:35 - 37.

[185]武英伟,周俊峰天然饰面石材分类及其性能技术指标[J].石材,2004 年第 7期:30 - 31.

[186]席毓春天然石榴石的用途及选矿方法简介[J].西北地质,1992 年第 9 期:25 - 27.

[187]周佳甜麦饭石的特性及其应用研究发展[J].广东化工,2012 年第 10 期:72 - 73.

[188]余永富,葛英勇,潘昌林磷矿选矿发展及存在问题[J].矿冶工程,2008 年第 12期:29 - 33.

[189]胡天喜,文书明硫铁矿选矿现状与发展[J].化工矿物与加工,2007 年第 8 期:1 - 4.

[190]徐修生蔡家营铅锌矿选矿厂改扩建设计及问题探讨[J].金属矿山,2009 年第 3 期:121 - 123.

[191]李强,孙明俊菱镁矿浮选特性研究[J].金属矿山,2010 年第 11 期:91 - 94.